NATURAL HISTORY
UNIVERSAL LIBRARY

西方博物学大系

主编：江晓原

DE HISTORIA STIRPIUM COMMENTARII INSIGNES

植物志

[德] 莱昂哈特·福克斯 著

华东师范大学出版社

图书在版编目(CIP)数据

植物志：拉丁文 / (德) 莱昂哈特 · 福克斯(Leonhart Fuchs)著. — 上海：华东师范大学出版社, 2019
(寰宇文献)
ISBN 978-7-5675-9165-3

Ⅰ. ①植… Ⅱ. ①莱… Ⅲ. ①植物志-德国-拉丁语
Ⅳ. ①Q948.551.6

中国版本图书馆CIP数据核字(2019)第096108号

植物志
(德) 莱昂哈特 · 福克斯 (Leonhart Fuchs)

特约策划　黄曙辉　徐　辰
责任编辑　庞　坚
特约编辑　许　倩
装帧设计　刘怡霖

出版发行　华东师范大学出版社
社　　址　上海市中山北路3663号　邮编 200062
网　　址　www.ecnupress.com.cn
电　　话　021-60821666　行政传真　021-62572105
客服电话　021-62865537
门市（邮购）电话　021-62869887
地　　址　上海市中山北路3663号华东师范大学校内先锋路口
网　　店　http://hdsdcbs.tmall.com/

印 刷 者　虎彩印艺股份有限公司
开　　本　787 × 1092　16开
印　　张　59.25
版　　次　2019年6月第1版
印　　次　2019年6月第1次
书　　号　ISBN 978-7-5675-9165-3
定　　价　920.00元 (精装全一册)

出 版 人　王　焰

《西方博物学大系》总序

江晓原

《西方博物学大系》收录博物学著作超过一百种，时间跨度为15世纪至1919年，作者分布于16个国家，写作语种有英语、法语、拉丁语、德语、弗莱芒语等，涉及对象包括植物、昆虫、软体动物、两栖动物、爬行动物、哺乳动物、鸟类和人类等，西方博物学史上的经典著作大备于此编。

中西方“博物”传统及观念之异同

今天中文里的“博物学“一词，学者们认为对应的英语词汇是Natural History，考其本义，在中国传统文化中并无现成对应词汇。在中国传统文化中原有“博物”一词，与“自然史”当然并不精确相同，甚至还有着相当大的区别，但是在“搜集自然界的物品”这种最原始的意义上，两者确实也大有相通之处，故以“博物学”对译Natural History一词，大体仍属可取，而且已被广泛接受。

已故科学史前辈刘祖慰教授尝言：古代中国人处理知识，如开中药铺，有数十上百小抽屉，将百药分门别类放入其中，即心安矣。刘教授言此，其辞若有憾焉——认为中国人不致力于寻求世界“所以然之理”，故不如西方之分析传统优越。然而古代中国人这种处理知识的风格，正与西方的博物学相通。

与此相对，西方的分析传统致力于探求各种现象和物体之间的相互关系，试图以此解释宇宙运行的原因。自古希腊开始，西方哲人即孜孜不倦建构各种几何模型，欲用以说明宇宙如何运行，其中最典型的代表，即为托勒密（Ptolemy）的宇宙体系。

比较两者，差别即在于：古代中国人主要关心外部世界“如何”运行，而以希腊为源头的西方知识传统（西方并非没有别的知识传统，只是未能光大而已）更关心世界“为何”如此运行。在线性发展无限进步的科学主义观念体系中，我们习惯于认为“为何”是在解决了“如何”之后的更高境界，故西方的分析传统比中国的传统更高明。

然而考之古代实际情形，如此简单的优劣结论未必能够成立。例如以天文学言之，古代东西方世界天文学的终极问题是共同的：给定任意地点和时刻，计算出太阳、月亮和五大行星（七政）的位置。古代中国人虽不致力于建立几何模型去解释七政“为何”如此运行，但他们用抽象的周期叠加（古代巴比伦也使用类似方法），同样能在足够高的精度上计算并预报任意给定地点和时刻的七政位置。而通过持续观察天象变化以统计、收集各种天象周期，同样可视之为富有博物学色彩的活动。

还有一点需要注意：虽然我们已经接受了用“博物学”来对译 Natural History，但中国的博物传统，确实和西方的博物学有一个重大差别——即中国的博物传统是可以容纳怪力乱神的，而西方的博物学基本上没有怪力乱神的位置。

古代中国人的博物传统不限于“多识于鸟兽草木之名”。体现此种传统的典型著作，首推晋代张华《博物志》一书。书名“博物”，其义尽显。此书从内容到分类，无不充分体现它作为中国博物传统的代表资格。

《博物志》中内容，大致可分为五类：一、山川地理知识；二、奇禽异兽描述；三、古代神话材料；四、历史人物传说；五、神仙方伎故事。这五大类，完全符合中国文化中的博物传统，深合中国古代博物传统之旨。第一类，其中涉及宇宙学说，甚至还有“地动”思想，故为科学史家所重视。第二类，其中甚至出现了中国古代长期流传的“守宫砂”传说的早期文献：相传守宫砂点在处女胳膊上，永不褪色，只有性交之后才会自动消失。第三类，古代神话传说，其中甚至包括可猜想为现代“连体人”的记载。第四类，各种著名历史人物，比如三位著名刺客的传说，此三名刺客及所刺对象，历史上皆实有其人。第五类，包括各种古代方术传说，比如中国古代房中养生学说，房中术史上的传说人物之一“青牛道士封君达”等等。前两类与西方的博物学较为接近，但每一类都会带怪力乱神色彩。

"所有的科学不是物理学就是集邮"

在许多人心目中，画画花草图案，做做昆虫标本，拍拍植物照片，这类博物学活动，和精密的数理科学，比如天文学、物理学等等，那是无法同日而语的。博物学显得那么的初级、简单，甚至幼稚。这种观念，实际上是将"数理程度"作为唯一的标尺，用来衡量一切知识。但凡能够使用数学工具来描述的，或能够进行物理实验的，那就是"硬"科学。使用的数学工具越高深越复杂，似乎就越"硬"；物理实验设备越庞大，花费的金钱越多，似乎就越"高端"、越"先进"……

这样的观念，当然带着浓厚的"物理学沙文主义"色彩，在很多情况下是不正确的。而实际上，即使我们暂且同意上述"物理学沙文主义"的观念，博物学的"科学地位"也仍然可以保住。作为一个学天体物理专业出身，因而经常徜徉在"物理学沙文主义"幻影之下的人，我很乐意指出这样一个事实：现代天文学家们的研究工作中，仍然有绘制星图，编制星表，以及为此进行的巡天观测等等活动，这些活动和博物学家"寻花问柳"，绘制植物或昆虫图谱，本质上是完全一致的。

这里我们不妨重温物理学家卢瑟福（Ernest Rutherford）的金句："所有的科学不是物理学就是集邮（All science is either physics or stamp collecting）。"卢瑟福的这个金句堪称"物理学沙文主义"的极致，连天文学也没被他放在眼里。不过，按照中国传统的"博物"理念，集邮毫无疑问应该是博物学的一部分——尽管古代并没有邮票。卢瑟福的金句也可以从另一个角度来解读：既然在卢瑟福眼里天文学和博物学都只是"集邮"，那岂不就可以将博物学和天文学相提并论了？

如果我们摆脱了科学主义的语境，则西方模式的优越性将进一步被消解。例如，按照霍金（Stephen Hawking）在《大设计》（*The Grand Design*）中的意见，他所认同的是一种"依赖模型的实在论（model-dependent realism）"，即"不存在与图像或理论无关的实在性概念（There is no picture- or theory-independent concept of reality）"。在这样的认识中，我们以前所坚信的外部世界的客观性，已经不复存在。既然几何模型只不过是对外部世界图像的人为建构，则古代中国人干脆放弃这种建构直奔应用（毕竟在实际应用中我们只需要知道七政“如何”运行），又有何不可？

传说中的“神农尝百草”故事，也可以在类似意义下得到新的解读：“尝百草”当然是富有博物学色彩的活动，神农通过这一活动，得知哪些草能够治病，哪些不能，然而在这个传说中，神农显然没有致力于解释“为何”某些草能够治病而另一些则不能，更不会去建立“模型”以说明之。

“帝国科学”的原罪

今日学者有倡言“博物学复兴”者，用意可有多种，诸如缓解压力、亲近自然、保护环境、绿色生活、可持续发展、科学主义解毒剂等等，皆属美善。编印《西方博物学大系》也是意欲为“博物学复兴”添一助力。

然而，对于这些博物学著作，有一点似乎从未见学者指出过，而鄙意以为，当我们披阅把玩欣赏这些著作时，意识到这一点是必须的。

这百余种著作的时间跨度为15世纪至1919年，注意这个时间跨度，正是西方列强“帝国科学”大行其道的时代。遥想当年，帝国的科学家们乘上帝国的军舰——达尔文在皇家海军“小猎犬号”上就是这样的场景之一，前往那些已经成为帝国的殖民地或还未成为殖民地的“未开化”的遥远地方，通常都是踌躇满志、充满优越感的。

作为一个典型的例子，英国学者法拉在（Patricia Fara）《性、植物学与帝国：林奈与班克斯》（*Sex, Botany and Empire, The Story of Carl Linnaeus and Joseph Banks*）一书中讲述了英国植物学家班克斯（Joseph Banks）的故事。1768年8月15日，班克斯告别未婚妻，登上了澳大利亚军舰“奋进号”。此次“奋进号”的远航是受英国海军部和皇家学会资助，目的是前往南太平洋的塔希提岛（Tahiti，法属海外自治领，另一个常见的译名是“大溪地”）观测一次比较罕见的金星凌日。舰长库克（James Cook）是西方殖民史上最著名的舰长之一，多次远航探险，开拓海外殖民地。他还被认为是澳大利亚和夏威夷群岛的“发现”者，如今以他命名的群岛、海峡、山峰等不胜枚举。

当“奋进号”停靠塔希提岛时，班克斯一下就被当地美丽的土著女性迷昏了，他在她们的温柔乡里纵情狂欢，连库克舰长都看不下去了，“道德愤怒情绪偷偷溜进了他的日志当中，他发现自己根本不可能不去批评所见到的滥交行为”，而班克斯纵欲到了“连嫖妓都毫无激情”的地步——这是别人讽刺班克斯的说法，因为对于那时常年航行于茫茫大海上的男性来说，上岸嫖妓通常是一项能够唤起“激情”的活动。

而在“帝国科学”的宏大叙事中，科学家的私德是无关紧要的，人们关注的是科学家做出的科学发现。所以，尽管一面是班克斯在塔希提岛纵欲滥交，一面是他留在故乡的未婚妻正泪眼婆娑地“为远去的心上人绣织背心”，这样典型的“渣男”行径要是放在今天，非被互联网上的口水淹死不可，但是“班克斯很快从他们的分离之苦中走了出来，在外近三年，他活得倒十分滋润”。

法拉不无讽刺地指出了“帝国科学”的实质：“班克斯接管了当地的女性和植物，而库克则保护了大英帝国在太平洋上的殖民地。”甚至对班克斯的植物学本身也调侃了一番：“即使是植物学方面的科学术语也充满了性指涉。……这个体系主要依靠花朵之中雌雄生殖器官的数量来进行分类。”据说“要保护年轻妇女不受植物学教育的浸染，他们严令禁止各种各样的植物采集探险活动”。这简直就是将植物学看成一种“涉黄”的淫秽色情活动了。

在意识形态强烈影响着我们学术话语的时代，上面的故事通常是这样被描述的：库克舰长的“奋进号”军舰对殖民地和尚未成为殖民地的那些地方的所谓“访问”，其实是殖民者耀武扬威的侵略，搭载着达尔文的“小猎犬号”军舰也是同样行径；班克斯和当地女性的纵欲狂欢，当然是殖民者对土著妇女令人发指的蹂躏；即使是他采集当地植物标本的“科学考察”，也可以视为殖民者“窃取当地经济情报”的罪恶行为。

后来改革开放，上面那种意识形态话语被抛弃了，但似乎又走向了另一个极端，完全忘记或有意回避殖民者和帝国主义这个层面，只歌颂这些军舰上的科学家的伟大发现和成就，例如达尔文随着“小猎犬号”的航行，早已成为一曲祥和优美的科学颂歌。

其实达尔文也未能免俗，他在远航中也乐意与土著女性打打交道，当然他没有像班克斯那样滥情纵欲。在达尔文为“小猎犬号”远航写的《环球游记》中，我们读到：“回程途中我们遇到一群黑人姑娘在聚会，……我们笑着看了很久，还给了她们一些钱，这着实令她们欣喜一番，拿着钱尖声大笑起来，很远还能听到那愉悦的笑声。”

有趣的是，在班克斯在塔希提岛纵欲六十多年后，达尔文随着“小猎犬号”也来到了塔希提岛，岛上的土著女性同样引起了达尔文的注意，在《环球游记》中他写道：“我对这里妇女的外貌感到有些失望，然而她们却很爱美，把一朵白花或者红花戴在脑后的发髻上……”接着他以居高临下的笔调描述了当地女性的几种发饰。

用今天的眼光来看，这些在别的民族土地上采集植物动物标本、测量地质水文数据等等的“科学考察”行为，有没有合法性问题？有没有侵犯主权的问题？这些行为得到当地人的同意了吗？当地人知道这些行为的性质和意义吗？他们有知情权吗？……这些问题，在今天的国际交往中，确实都是存在的。

也许有人会为这些帝国科学家辩解说：那时当地土著尚在未开化或半开化状态中，他们哪有“国家主权”的意识啊？他们也没有制止帝国科学家的考察活动啊。但是，这样的辩解是无法成立的。

姑不论当地土著当时究竟有没有试图制止帝国科学家的“科学考察”行为，现在早已不得而知，只要殖民者没有记录下来，我们通常就无法知道。况且殖民者有军舰有枪炮，土著就是想制止也无能为力。正如法拉所描述的：“在几个塔希提人被杀之后，一套行之有效的易货贸易体制建立了起来。”

即使土著因为无知而没有制止帝国科学家的“科学考察”行为，这事也很像一个成年人闯进别人的家，难道因为那家只有不懂事的小孩子，闯入者就可以随便打探那家的隐私、拿走那家的东西、甚至将那家的房屋土地据为己有吗？事实上，很多情况下殖民者就是这样干的。所以，所谓的“帝国科学”，其实是有着原罪的。

如果沿用上述比喻，现在的局面是，家家户户都不会只有不懂事的孩子了，所以任何外来者要想进行“科学探索”，他也得和这家主人达成共识，得到这家主人的允许才能够进行。即使这种共识的达成依赖于利益的交换，至少也不能单方面强加于人。

博物学在今日中国

博物学在今日中国之复兴，北京大学刘华杰教授提倡之功殊不可没。自刘教授大力提倡之后，各界人士纷纷跟进，仿佛昔日蔡锷在云南起兵反袁之“滇黔首义，薄海同钦，一檄遥传，景从恐后”光景，这当然是和博物学本身特点密切相关的。

无论在西方还是在中国，无论在过去还是在当下，为何博物学在它繁荣时尚的阶段，就会应者云集？深究起来，恐怕和博物学本身的特点有关。博物学没有复杂的理论结构，它的专业训练也相对容易，至少没有天文学、物理学那样的数理“门槛”，所以和一些数理学科相比，博物学可以有更多的自学成才者。这次编印的《西方博物学大系》，卷帙浩繁，蔚为大观，同样说明了这一点。

最后，还有一点明显的差别必须在此处强调指出：用刘华杰教授喜欢的术语来说，《西方博物学大系》所收入的百余种著作，绝大部分属于“一阶”性质的工作，即直接对博物学作出了贡献的著作。事实上，这也是它们被收入《西方博物学大系》的主要理由之一。而在中国国内目前已经相当热的博物学时尚潮流中，绝大部分已经出版的书籍，不是属于“二阶”性质（比如介绍西方的博物学成就），就是文学性的吟风咏月野草闲花。

要寻找中国当代学者在博物学方面的“一阶”著作，如果有之，以笔者之孤陋寡闻，唯有刘华杰教授的《檀岛花事——夏威夷植物日记》三卷，可以当之。这是刘教授在夏威夷群岛实地考察当地植物的成果，不仅属于直接对博物学作出贡献之作，而且至少在形式上将昔日“帝国科学”的逻辑反其道而用之，岂不快哉！

2018 年 6 月 5 日
于上海交通大学
科学史与科学文化研究院

莱昂哈特·福克斯
（Leonhart Fuchs）

莱昂哈特·福克斯（Leonhart Fuchs，1501—1566），德国植物学家。生于维姆丁一个富裕家庭。16岁取得学士学位，23岁即成为医学博士，并在慕尼黑开业行医多年。后被图宾根大学聘为教授，教授解剖学和草药学，并七次出任该校校长。卒于图宾根。他是和布伦费尔斯（Otto Brunfels，1489—1534）齐名的北方文艺复兴时期植物学大家，其植物学研究，打破了之前1500百年来迪奥科里斯（Dioscorides，20—？）著作《药物论》的垄断地位，改变了西方植物学界只重草药研究的学术习惯，是名副其实的德国植物学之父。

《植物志》于1542年推出时，包括德国在内的西方世界植物学领域仍是《药物论》一统天下的状态。在这本近千页的著作中，福克斯从古代希腊罗马世界的本草学著作出发，旁征博引，不但介绍植物的药效，还详尽描述了植物的生态与外形，推动现代植物学从本草学脱胎而出。本书详细介绍了德国诸邦本地植物400种，外国植物约100种，其中40种为全新分类，以拉丁文及若干其他语言予以分类命名，介绍其各自的形态、产地、气质（当时医学认为植物——特别是药草——分为冷、热、湿、干这四气质）与药效。同时，附有500多幅根据植物标本绘制的精美木版画，确立了后世植物学书籍的刊行模式。今据原版影印。

DE HISTORIA STIRPIVM COMMENTARII INSIGNES, MAXIMIS IMPENSIS ET VIGILIIS ELABORATI, ADIECTIS EARVNDEM VIVIS PLVSQVAM quingentis imaginibus, nunquam antea ad naturæ imitationem artificiosius effictis & expreßsis, LEONHARTO FVCHSIO medico hac nostra ætate longè clarißsimo, autore.

Regiones peregrinas plerique, alij alias, sumptu ingenti, studio indefesso, nec sine discrimine uitæ nonnunquam, adierunt, ut simplicium materiæ cognoscendæ facultatem compararent sibi: eam tibi materiam uniuersam summo & impensarum & temporis compendio, procul discrimine omni, tanquam in uiuo iucundißsimoque uiridario, magna cum uoluptate, hinc cognoscere licebit.

Acceßsit ijs succincta admodum uocum difficilium & obscurarum paßsim in hoc opere occurrentium explicatio.

Vnà cum quadruplici Indice, quorum primus quidem stirpium nomenclaturas græcas, alter latinas, tertius officinis seplasiariorum & herbarijs usitatas, quartus germanicas continebit.

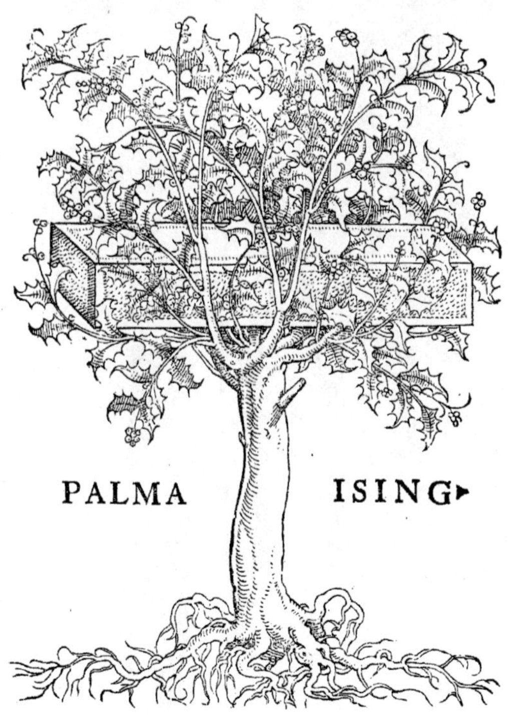

Cautum præterea est inuictißsimi CAROLI *Imperatoris decreto, ne quis alius impunè usquam locorum hos de stirpium historia commentarios excudat, iuxta tenorem priuilegij antè à nobis euulgati.*

BASILEAE, IN OFFICINA ISINGRINIANA, ANNO CHRISTI M. D. XLII.

LEONHARTVS FVCHSIVS
AETATIS SVAE ANNO XLI.

ILLVSTRISSIMO ET CHRISTIANISSIMO PRINCIPI AC DOMINO, DOMINO IOACHIMO, SACRI ROMANI IMPERII ELECTORI, MARCHIONI BRANDENBVRgensi, Stetinæ, Pomeraniæ, Cassuborum, Sclauorumq; Duci, Burggrauio Norimbergensi, necnon Rugiæ Principi, Domino suo longè clementissimo, LEONHARTVS Fuchsius medicus S. P. D.

VANQVAM uniuersa medicina nullis non seculis gloriosa & diuina sit habita, Illustrissime ac generosissime PRINCEPS, *tamen in hoc eius summo splendore semper plus laudis, admirationis ac ponderis, ea illius pars quæ naturas stirpiũ uestigat rimaturq;, obtinuit: idq; partim quod uetustate, cuius maxima semper apud omnes autoritas & ueneratio fuit, esset antiquissima: partim etiam quod iucunda, utilis & necessaria eius esset cognitio. Nam cum reliquæ propémodum omnes artes, simulatque à Deo opt. max. creatus est homo, inuentæ sint, ac subinde multorum industria auctæ, solæ herbæ post condita statim elementa, nulloq; adhuc existente homine, unà cum diuinis suis uiribus, ita iubente Deo, è terræ latebris eruperũt. Vt hoc nomine nullius rei aut artis inuentio uerius quàm medicinæ et stirpium, Deo aßignetur. Quod si tamen quispiam ijs quæ asseruimus impudenter reclamare audeat, huic quidem Mosen, omnium qui scripserunt uetustissimum testem, utpote ante quem nullum alium inuenies scriptorem, neq; apud Chaldæos, neq; Aegyptios, neq; Phœnices, neque Græcos, quæ tamen sunt uetustiores nationes, opponemus, qui palàm quod nos, in Genesi sua affirmat. Neq; est cur insolenter & contumeliose quis illius testimoniũ repudiet aut aspernetur, ut quem nõ nostri modò, sed & profani quiq; nunquam non admirati sunt, summisq; extulerunt laudibus: quem etiam uenerandum ueridicumq; ipsa uetustas facit. Siquidem hæc ipsa, Cicerone teste, proximè ad deos accedit: quapropter quo propius abest ab ortu, et diuina progenie, hoc melius ea quæ uera sunt retinet. Proinde haud temerè quotquot unquam extiterunt homines, adhiberi fidem uenerandæ uetustati constanter asseruerunt. Cæterum non solum Moses, sed etiam quotquot eum sequuti sunt poëtæ & historici, Aegyptia exculti disciplina, herbarum originem & inuentionem dijs tribuerunt. Græcorum nanque antiquissimi poëtæ Homerus & Hesiodus (neque enim quicquam Græci habent quod ante illos citent) apertè stirpium diuinam esse originem testantur. Hic quidem dum homines ignorare tradit, quantũ in Malua & Asphodelo reconditum sit. Nam ijs uerbis subobscurè admodum herbarum uires in intimis earundem medullis reconditas esse, hominibusq; ignotas, nec nisi dijs ipsis, qui illarũ sunt inuentores, perspectas innuit. Ille uerò, dum Moly herbæ laudatissimæ, & contra Circes ueneficia mirè efficacis, inuentionem Mercurio deorum apparitori acceptam refert, hominibusq; inuentu difficilem, dijs uerò nõ item, esse scribit. Quinetiam in suis Theriacis Nicander Panaces, quod ipso statim nomine morborũ omniũ remedia pollicetur, à dijs ipsis inuentũ esse, huicq; adeò Chironium, Asclepium & Herculeum appellatum, memoriæ prodidit. Quod græci poëtæ particulatim atq; de singulis ferè generibus asseruerunt, hoc inter Latinos Ouidius, quem unum pro multis nunc produxisse testem satis sit, in uniuersum de omnibus, dum ita loquentem de seipso Apollinem fingit, affirmare uoluit, dicens:*

Inuentum medicina meum est, opifexq; per orbem
Dicor, & herbarum subiecta potentia nobis.

Quare nunc omnibus perspicuum esse arbitror, si antiquitatem diuinamq; originem spectemus, herbaria medicina nihil usquam esse laudabilius, splendidius, honorificentius. Quod

Herbariã medicinam multũ admirationis & laudis semper obtinuisse.

Stirpium origo diuina.

Moses scriptor omniũ antiquissimus.

Vetustatis autoritas.

Homerus & Hesiodus Græcorũ scriptores antiquissimi.

Herbariæ medicinæ utilitas.

Si uerò utilitatis magnitudinem, quam hæc ipsa hominibus affert, animo expendas, quid ea præstantius sit non uideo. Nam nulla alia re magis bonam corporis ualetudinem conseruamus, tuemur, sustentamus, quàm stirpium omnis generis subsidio. Valetudine autem bona nihil neq; melius, neq; præstantius, neq; optabilius existit, utpote sine qua nec potẽtia, nec diuitiæ, nec ullæ aliæ res suaues, & usui esse possunt: ut præclarè ab Hippoc. nostro dictũ sit, οὐδὲν ὄφελός ἐστιν οὔτε χρημάτων, οὔτε σώματος, οὔτε τῶν ἄλλων οὐδενὸς, ἄτερ τῆς ὑγιείης. Neque præsentem tantum ualetudinem herbarum beneficio tuemur, sed & labefactatam & conuulsam ijs ipsis corrigimus, emendamus ac restituimus. Vt enim apes ex illarum floribus materiam colligunt unde mel conflant, ita nos ex immensa earundem uarietate aduersus morbos remedia decerpimus.

Herbariæ medicinæ necessitas.

Porrò cum innumeri ferè sint morbi qui nobis à fronte, tergo, lateribus insidias tendunt, summè necessariam quoque esse exquisitam stirpium notitiam nemini obscurum fore, sed constare inter omnes puto. Neq; enim sine diuinis illarum uiribus ut à nobis propulsemus morbos licebit.

Iucunditas cognitionis stirpium.

Quantum uerò iucunditatis ac delectationis habeat stirpium cognitio, non est cur pluribus exponam, cum nemo sit qui nesciat nihil esse in hac uita iucundius, delectabiliusq;, quàm syluas, montes, campos, uarijs ijsq; elegantissimis flosculis ac herbis redimitos & ornatos peragrare, intentisq; oculis intueri. Voluptatem uerò ac iucunditatem illam non parum auget, si earundem facultatum ac uirium accedat notitia. Neque enim minor in cognoscendo, quàm aspiciendo suauitas & delectatio. Quare cum ueteres illi diuinam esse stirpium originem, easq; in tanta uitæ humanæ fragilitate non modò usum & fructum immensum habere, sed & summè necessarias esse animaduerterent, non solum de hac parte medicinæ honorifice sentire cœperunt, uerumetiam nihil in ipsa natura quod suspicerent dignius, aut quod inuestigarent & perscrutarentur pulchrius, aut quod cognoscerent iucundius esse duxerunt. Proinde se totos & animo & corpore in earundem inquisitionem atque indagationem contulerunt. Et hoc studio uestigandarum stirpium non plebeij tantum & abiectæ sortis homines tenebantur, sed & ex omni genere hominum potentia, diuitijs, prudentia & doctrina præstantes. Quanto enim illi generis nobilitate clariores, prudentiaq; & doctrina præstantiores fuerunt, atq; adeò de hac parte medicinæ incorruptius iudicare potuerunt, tanto magis ad sectandum hoc studium animi illorum sunt excitati ac inflammati.

Reges olim studio perscrutandarum stirpium mirificè occupati.

Hinc est quod plerique Reges, potentia & prudentia excellentes, neglecto interim regij fastigij honore, cum toto regiæ dignitatis satellitio, per uastas multarum regionum solitudines ire, inuia montium iuga peragrare, lacus inaccessos lustrare, abditas terræ fibras scrutari, hiantes uallium sequi specus, minime grauati sunt. Quod ut facerent, non tam eos immensa iucunditas & uoluptas, quibus tum fruebantur quum uaria loca uarijs floribus ac herbis ornata obibant, inuitauit, quàm ut de humano genere, adeoq; tota posteritate optimè mererentur, & immortale nomen adipiscerentur, ardor quidam impulit. Quare de illis quas quisque inuenit sibi asserendis non minus acriter & strenuè, quàm de imperio, aut uita ipsa, qua nihil charius, dimicarunt: id quod uerum esse multarum stirpium nomina testantur. Neque enim Polemonia herba alia de causa etiam Philetæria, teste Plinio, dicta est, quàm propter certamen inuentionis regum.

Gentius Illyriorum rex.

Nónne Gentiana etiam ipsa, cui à Gentio Illyriorũ rege eius inuentore nomen inditũ est, satis docet quàm ille studiosus herbarum fuerit? utpote quem etiam inter media arma earundem indagationi operam nauare, & Gentianæ rimari facultates non piguit, idq; nullo alio nomine, nisi ut hac ratione memoriam sibi perpetuam ac nunquam intermorituram conciliaret.

Lysimachus Macedonum rex. Mythridates Ponti rex.

Porrò Lysimachum Macedonum regem non tam animi magnitudo uiriumq; gloria nobilitauit, quàm Lysimachia herba, quæ in hunc usque diem nomen eius retinet. Mithridates sanè, Ponti et Parthorũ rex maximus, ne uiginti quidem duarũ

linguarum

linguarum peritia, uarijsq́ hinc inde uictorijs nomen sibi parasse contentus fuit: sed ut clarior celebriorq́ euaderet, in eam quoque curam fortiter incubuit, ut omnium simplicium medicamentorum, eorum maximè quæ letalibus aduersantur, exactam notitiam nancisceretur. Quàm uerò intentum in eam rem animum habuerit, quantumq́ hinc laudis & gloriæ consequutus sit, nihil attinet dicere, quod idipsum abundè satis medicamentum hoc quod in hodiernum usque diem nomen eius retinet, ac Mithridaticum appellatur, quodq́ adhuc hodie ad arcenda uenena à medicis usurpatur, declaret. Et quidem Scordium herba, quæ non alia de causa, Crateia herbario autore, nominata Mithridatia est, quàm studiosus ille fuerit stirpium satis etiam monstrat. Prædictis tam regibus nobis adijciendus uenit omnium quotquot fuerunt unquam regum sapientissimus opulentissimusq́ Solomon, ad cuius immensas laudes, quas illi sacra Bibliorum historia defert, hoc ueluti maximum, & quod reliqua omnia superare uidetur, accedit, quod de singulis stirpibus sapientissimè disserere potuerit. Præterea primus Pergami rex Attalus, ut testis est grauissimus autor Galenus, omnis generis medicamentorum studiosissimus fuit, ita ut multas ac uarias compositiones, quæ adhuc extant, & nominis eius inscriptionem retinent, construxerit. Euax etiam Arabum rex tanto studio inquirendarum stirpium flagrasse dicitur, ut de simplicium effectibus ad Neronem scripserit. Iuba denique Mauritaniæ rex herbarum studio quàm regno memorabilior factus est. Quantam enim huic Euphorbium herba, quam ille à se inuentam medici sui nomine appellauit, mirisq́ laudibus priuatim ei dicato uolumine celebrauit, pepererit, neminem esse puto qui ignoret. Cæterum quum sequentibus subinde annis Romanorum reges & Imperatores propter publicas, easq́ uarias & maximas, occupationes, indagandis stirpibus operam nauare non possent, hoc saltem studiose & diligenter curarunt, quod idem Galenus testatur, ut uarijs in locis, maximis quidem impensis, herbarios alerent: idq́ nulla alia de causa, quàm ut studium hoc cognoscendarum stirpium, hominibus non minus utile quàm necessarium, fouerent, & ab interitu conseruarent. Verum relictis nunc regibus, alijsq́ multis insignibus heroibus, Teucro Aiacis fratre, qui Teucrio nomen dedit: Achille, à quo Millefolia Achilleia cognominata est: Chirone Centauro, à quo Centauriũ nomen accepit: Hercule, qui Hyoscyamũ inuenisse traditur: quantum operæ ac studij in perquirendis omnis generis stirpibus ueteres tum Græci tum Latini poëtæ & philosophi posuerint, breuiter perstringemus. Atqui ex compluribus paucos aliquot, eosq́ optimos produxisse sufficiat. Plinius quidem inter Græcos antiquissimum poëtam Orpheum (nemo enim ante hunc apud illos memoratur, siquidem ante omnes alios poëtas & philosophos floruit) de herbis aliqua, curiosius etiam, prodidisse, & post eum Musæum & Hesiodũ Polium herbam miris laudibus celebrasse scribit. Præterea rerum humanarũ peritissimũ uatem Homerum curam cognoscendarũ stirpium magni fecisse, nec à se reiecisse aut aspernatum fuisse, Nepenthe, Moly, Lotos, & Alcinoi hortus satis ostendunt. Virgilium autem, Latinorũ poëtarũ principem, stirpium fuisse peritissimũ, tam crebræ earundem in suis uersibus mentiones palàm testantur. Quare nõ raro etiã interpretibus grammaticis facessit negociũ, illum miseris modis enarrantibus. Quàm uerò studiosus herbarũ fuerit Ouidius, nemini nõ notũ est, nisi qui illius carmina introspicere dedignatus est. Philosophos autem herbariam medicinã non neglexisse aut contempsisse hinc colligitur, quod literis proditum sit Pythagoram, clarum sapientia uirum, integro uolumine Bulbos celebrasse, perinde atq́ Chrysippum Brassicam, Zenonem Capparim: quod facere tanti philosophi nunq̃ in animum induxissent, si nõ optimè de hac medicinæ parte sensissent. Aristotelem præterea, summũ certè philosophum, aliquot de stirpibus libros reliquisse nemo nescit: unde quanti fecerit herbarum cognitionem, tam excellentis ingenij uir, quiuis cõiecturam fa-

Solomon rex Hebræorum.

Attalus Pergami rex.

Euax Arabum rex.

Iuba Mauritaniæ rex.

Cæsares Romani suis impensis herbarios alucre

Poëtarũ & philosophorũ in uestigandis stirpibus studium.

Orpheus.

Musæus.

Hesiodus.

Homerus.

Virgilius.

Ouidius.

Pythagoras.

Chrysippus.

Zeno.

Aristoteles.

cit. Sed desino tandem illustrium uirorum qui de herbaria medicina honorificentissimè & senserunt & scripserunt, texere catalogum, ubi prius unam etiam è præclaris mulieribus, Artemisiam Mausoli Cariæ reguli uxorem, quæ ab hoc indagandarum stirpium studio non abhorruit, illis adiecero. Quàm enim incredibili quodam ardore ac desiderio cognoscendarum herbarum hæc ipsa flagrarit, Artemisia stirps, quæ in hunc usque diem nomen eius retinet, cum antea Parthenis sit appellata, loquitur. Vt nunc omnibus perspicuum sit, omnis & ætatis & generis homines, eosq́ nobilitate ac doctrina præstantissimos, non solum de herbaria medicina præclarè sensisse, uerumetiam ut illam perdiscerent plurimum operæ, studij, diligentiæ & laboris contulisse. Atqui cognoscere fortassis à nobis quispiam huic parti medicinæ parum æquus desiderabit, quid tandem illi per nos longo ordine commemorati, hoc studio inquirendarum stirpium cõsecuti sint? Rem sanè longè præstantissimam, nullisq́ neq́ diuitijs, neque uoluptatibus postponendam, memoriam scilicet apud posteros immortalem ac sempiternam. Tandiu enim firma & illabefacta eorum manebit memoria, quandiu tellus fida & optima rerum parens Gentianam, Lysimachiam, Scordium, Eupatorium, Euphorbium, Clymenon, Polemoniam, et id genus alias stirpes quibus præclarissimorum regum indita sunt nomina, producet. Viuunt itaque hodie grata hominum memoria, illorum nomina, alioqui statim simulatq́ è uiuis excessissent cum ipsis peritura, nisi illa stirpibus indita post se reliquissent. Et à nobis certè meritò hoc omniũ longè præclarissimum ac saluberrimum tantorum regum & doctissimorum hominum studium atque certamen laudibus ad cœlum usque extollitur, quoties quàm optimis donis uitam nostram excoluerint, & quàm de nobis præclarè sint meriti recordamur. Quare uerissime Plinius dixit: Singula quosdam inuenta deorum numero addiderunt, omniumq́ uitam clariorem fecerunt cognominibus herbarum, tam benignè gratiam memoria referente. Quod ubi mecum reputo, mirari subit cur nemo propémodum principum nostrorum, ueterum regum & heroum exemplum imitari studeat, atque iuuare saltem eos qui hoc studio indagandarum herbarum tenentur, in animum inducat. Scio quidem eos molestis & operosis negocijs sic implicitos, modò Spartam quæ illis obtigit, probè tueri uelint, ut inquirendis stirpibus operam dare ipsi non possint. Attamen illorum nihilominus erat hortos optimis, & à longè etiam petitis herbis consitos construere, atque qui easdem subinde colant, augeant & conseruent herbarios, quod etiam olim Cæsares Romanos fecisse suprà cõmemorauimus, suis impensis alere. Idq́ ea potissimum de causa, quod nulla sit res unde sibi plus laudis & gloriæ aucupari ualeant, aut de tota posteritate melius mereri, quàm si hac ratione stirpium notitiam conseruare studuerint. Optarem itaque aliquam saltem partem, eamq́ planè minimam suorum sumptuum, quos magna ex parte in res fluxiles ac momentaneas, ne quid grauius dicam, collocant, ad illustrandam hanc medicinæ partem, quæ nunc quasi caput suum è profundis tenebris exerit, ponerent. Sed prò Deum immortalem, quid mirum reges & principes hoc studium indagandárum stirpium non admodum respicere, cum nostræ ætatis etiam medici sic ab eo abhorreant, ut inter centum uix unum qui pauculas saltem herbas exactè cognitas habeat, reperire liceat. Quod quidem alia de causa fieri nõ iudico, quàm quod eam medicinæ partem quæ stirpium cognitionem tradit, ad se pertinere haud putent: aut uiliorem inhonestioremq́ esse censeant, quàm ut ad se pertinere patiantur. Dignitati enim existimationiq́ suæ non parum detractum iri arbitrantur, si ea tractent, quorum seplasiarij & quidam alij, si dijs placet, sibi iam cognitionem uendicarunt. Hinc est quod totam hanc curam in pharmacopolas, indoctum mehercule magna ex parte hominum genus, & in stultas mireq́ superstitiosas mulierculas reijciant. Adeò ut nostra tempestate uniuersa herbaria medicina in manibus sit rusticarũ & uetularum mulierũ, ineruditorumq́ hominũ, qui errorem sub-

Quid ueteres studio inquirendarũ stirpium consecuti sint.

A principib. herbarij alendi, aut sumptus ad inquirẽdas herbas suppeditandi.

Medici nostri tẽporis à studio indagandarum herbarũ abhorrent.

Herbariam medicinam hodie in manibus esse imperitæ plebis.

rem subinde errore cumulant. Meritò itaq; reprehensionem & obiurgationē nostram multorumq; aliorum bonorū uirorum incurrunt medici, qui hanc cognoscendarū stirpium curam funditus repudiant, aspernantur, & pro nihilo putant. Quis enim æquo animo ferret hoc sibi studium ignominiosum existimare, quod olim regibus, Græcorumq; ducibus, adde etiam poëtis & philosophis, fuisse longè honorificentissimū demonstrauimus? Quod si uerò quispiam secum etiam reputet quàm utilis quamq; necessaria medicis sit hæc herbarū notitia, longè maxima castigatione & obiurgatione dignos censebit. Nam nemo illorum morbis rectè mederi potest, aut medicamenta componere, aut antea inuentis commodè & opportunè uti, nisi simplicium exactam habeat notitiam. Id quum omnibus sit manifestissimū, cur pluribus demonstremus nihil opus est. Ad hanc autem consequendam notitiam non satis est semel aut bis térue illorum discrimina, Galeno etiam nostro teste, sed frequenter admodum inspexisse. Proinde cum ueteres olim cum philosophi tum medici αὐτοψίαν propriamq; inspectionem ad exquisitam stirpium notitiam consequendam necessariam esse perspectum haberent, harum inquirendarum munus non rudibus & imperitis seplasiarijs, non horum ministris æquè imperitis, aut multò rudioribus, non etiam stultæ & ineptæ plebi permiserunt: sed ad se potius pertinere hanc prouinciam arbitrati, non unius & item alterius tantum regionis tractus, sed magnam orbis partem peragrarunt, ut non solum suis ipsorū oculis omnis generis herbas contuerentur, uerumetiam manibus contrectarent, degustarentq;, ut scilicet hac ratione non tantum earundem imagines, sed & uires planè addiscerent. Sic sanè Theophrastū, qui nobis nouem de historia libros certè præstantissimos reliquit, multas peragrasse prouincias constat: neq; enim aliàs tam exquisita ratione singulas stirpium differentias, quas diuersarum regionum ratione habent, tradere potuisset. Dioscorides quoq;, ut metipse testatur, incredibili quodam cognoscendarum herbarum desiderio ductus, multa admodum in militari labore loca perlustrauit, tantam hinc consecutus peritiam stirpium, ut post se de ijsdem, Galeno etiam teste, absolutissimos reliquerit libros, quos multi hodie herbariæ medicinæ studiosi, magno cum fructu, non tantum assiduè domi legunt, sed & secum nunquam non circunferunt. Prætereo nunc lubens Crateiam, Dionysium, Methrodorum, utpote quorum scripta non extent, temporumq; iniuria perierint. Omitto etiam Plinium Secundum, diuini illius operis De mundi historia autorem, quem omnes plurimū operæ non solum in hoc cognoscendarum stirpium, uerumetiam multarum aliarum rerum studio posuisse, ac tandem mortem oppetijsse sciunt. Quàm uarias autem terræ regiones ut medicam materiam exactè cognosceret, uitamq; mortalium iuuaret, Galenus lustrauerit, nemo qui libros eius paulò diligentius legit, ignorare potest. Nam metallorum gratia in Cyprum, quæ ibidem multa sunt: bituminis & aliorum quorundam causa, in Syriam Palæstinam nauigauit. Quantum uerò studij & operæ in sola dignoscenda terra Lemnia posuerit, ijs qui nauigationis suæ descriptionem legerunt notum est. Hæc longius commemorauimus nulla alia de causa, quàm ut hinc nostri seculi medici discerent, quantum ipsi à ueterum abessent diligentia: quos maximo etiam rerum suarum, adeoq; corporis dispendio, in densissimis syluis & nemoribus oberrare, altissimaq; montium iuga conscendere ut exactam stirpium notitiam consequerentur, haud piguit: & ut uel tantorum uirorū exemplo tandem conuicti, stirpiū cognoscendarū studium ad se pertinere credant. Quod si tamen ijs exemplis parum mouentur, ad hanc suscipiendam curam uel pudor eos impellat adigatq;. Nemo enim est cæterorū artificum qui sibi nō ignominiosissimū esse duceret, si suæ artis instrumenta & materiā quā quotidie manibus cōtrectat, ignorare iudicaretur. Cum itaq; in manuarijs artibus omnes eum ridendū esse artificem existiment, qui artis eius quam profitetur materiā nō satis perspectā habeat: multò certè maiori cachinno dignus erit medicus, qui suæ artis materias,

Stirpium notitia medicis tum utilis tum necessaria

Veterum medicorum circa simplicium medicamentorum cognitionem studium.

Theophrastus.

Dioscorides.

Plinius Secundus.

Galenus.

Medicū ignorare materiam medicam, ridiculū.

atq; adeò sanandi instrumenta, ignorat. Et detestanda quidem si nullo alio, hoc tamen potissimum nomine, hæc medicorum quorundam inertia, desidia, socordia, & negligentia, quod effecerit ut propémodum omnis stirpium cognitio extincta & funditus deleta fuerit. Atque actum planè de medicina herbaria fuisset, nisi aliquot bonos, eruditos, & diligentes uiros Deus excitasset, qui hoc studium quod iam ad internitionem tendebat, & propè totum obliteratum erat, maximis & uigilijs & laboribus iuuare, atq; ab interitu uindicare uoluissent. Inter eos autem qui strenuè in hanc curam incubuerunt, mea quidem sententia primas tenet genere & eruditione clarus Hermolaus Barbarus, qui primus omniũ, quod sciam, nostra ætate facinus longè pulcherrimũ aggredi, eamq; medicinæ partem neutiq; contemnendam, à tenebris in lucem reuocare ausus est. Nam initio suscepti illius laboris præstantissimũ, atq; multis iam seculis cõprobatũ medicæ materiæ scriptorẽ Dioscoridem Latio donauit. Quo feliciter peracto labore, Corollarium adiecit, quo nihil eruditius, nihil copiosius, nihil deniq; magis uarium post Plinium in latina lingua editum esse docti unanimi sententia fatentur. Quicquid enim à Theophrasto, Athenæo, Oribasio, Aëtio, Paulo, Polluce, Plinio alijsq; cum Græcis tum Latinis eruditis admodum hominibus, quos nominare nunc nihil attinet, sparsim notatũ est, hoc totum in Corollario suo, uno quasi fasce, complexus est Barbarus. Et quidem huius celeberrimi uiri studiũ eò magis à nobis prædicandum esse censeo, quod ipse primus, q̃uis professione medicus nõ esset, securè interim in utramuis aurem dormitantibus medicis, nutanti tum breuiq; casuræ rei herbariæ auxiliares manus porrigere dignatus sit. Incõparabilis huius uiri exemplum ac institutũ, paulò pòst imitatus est Ioannes Ruellius Gallus, homo supra linguarũ peritiã nõ uulgari rerum cognitione præditus: is enim pari conatu ac studio cum prodigiosis monstris congressurus, eum primũ nobis autorem latinitate donatum exhibuit, unde ueram exquisitamq; materiæ medicæ cognitionem petere liceret, ut scilicet proscriptis & explosis tandem Auicennæ & aliorum Arabum insulsis, erroribusq; nõ leuibus refertis de re herbaria placitis, è purissimo fonte Dioscoride stirpium notitiam hauriremus. Certarunt itaq; inter se hi duo insignes uiri uter alterũ uinceret: honestum sanè, Hesiodo & Galeno nostro testibus, certamen, è quo uterq; immortalem est consecutus gloriam. Cæterum cum Ruellius ueteres atq; adeò legitimas stirpium nomenclaturas, quibus eas Dioscorides appellauit, accessione nouarũ, quas nobis magna ex parte monachorũ & muliercularũ superstitio peperit, obscuratas nunc & obliteratas esse, neq; etiam singulas stirpes ab uno Dioscoride descriptas animaduerteret, paucis abhinc annis opus, ut apparet, multis uigilijs adornatũ, cui de stirpium natura titulum indidit, edere uoluit. In quo sanè quicquid usquam ferè apud Theophrastum, Plinium, Galenum, aliosq; ueteres & recentes probatos autores de stirpibus scriptum est, complecti magno studio annixus est. Quare à plerisq; hodie uir ille bonus male audit, eò quod complura admodum ad uerbum aliunde, è Plinio præsertim ac Hermolai Corollario, transcripta, suppressis eorundem nominibus, in suos transtulerit cõmentarios: quasi uerò illi quibus hoc suum tueretur factum, modò superstes esset, ueterum eorumq; probatissimorũ scriptorum exempla deessent. Atqui ut mortuo iam nõnihil patrocinemur, unum tantũ cõmemorabimus. Neminẽ esse arbitramur qui nesciat Plinium uastum hoc suum & immortalitate dignum de historia mundi opus ex antiquissimis ac uarijs autoribus contexuisse: is tamen non quouis in loco eorum unde singula descripsit nominatim mentionẽ facit, cõtentus idipsum semel fecisse. Quare cum in Plinio haud culpetur quod non nisi semel, libro nimirum primo, eorum unde sua transcripsit meminerit, qui fit ut hoc ipsum Ruellio uitio detur? cum tamen constet hunc in præfatione eius operis ingenuè fateri, ea quæ sparsim à ueteribus tradita sunt, se ueluti in compendium digessisse, atq; usqueadeo ab ijs adiutum esse, ut eis penè totum acceptũ referat.

Hermolaus Barbarus.

Corollarium Hermolai.

Ioannes Ruellius.

Monachos & mulierculas, ueteres stirpiũ nomenclaturas obscurasse.

Ruellij opus de natura stirpium.

Ruellius à calumnia defenditur

Proinde cum is aliorum scriptis cõmodè usus sit, eaq́ quasi in ordinem digesserit, atq́ adeò sua fecerit, nõ erat cur paßim autorum unde singula mutuauerat nomina, maximo legentium fastidio apponeret. De ijs itaq́ Ruellij laboribus alij statuant ac iudicent quicquid uelint: scio enim quàm disparia, & magna ex parte iniqua, multorum de ijs ipsis sint iudicia: me certè non pudebit apertè fateri, mihi eius cõmentarios multum profuisse. Quamuis nec illud nobis dißimulandum sit, nos non raro ab illo dissentire, tantum abest ut quispiam me in uniuersum omnia quæ in ijs libris de natura stirpium decernit, probare existimet. Vtcunq́ autem multa sint in Ruellij cõmentarijs quæ nõ probemus, debet tamen nihilominus eius studium nobis esse longè gratißimum, ut qui in tanta rei herbariæ caligine plus tamen omnibus qui hunc antecesserunt præstiterit. Sed de Ruellio satis, aut certè plura quàm oportuerit diximus, præsertim cum non desint suæ gentis homines tum eruditi tum eloquentes, qui illi multò rectius quàm ego patrocinari in hac causa poßint. Ad Marcellum igitur Virgilium Florentinum, qui post Ruellium hanc medicinæ partem illustrare aggressus est, accedamus. Quamuis uerò ille non magnam admodum herbarum notitiam habuisse uideatur, ut qui profeßione medicus non fuerit, eoq́ tempore quo densißimis tenebris res herbaria obducta iacuit sua ediderit, tamen quia complura obscura & deprauata Dioscoridis loca enucleauit, & pristino nitori restituit, debet uel hoc saltem nomine illius studium & conatus nobis probari, cum nihil æque ad recte intelligendũ Dioscoridem aliosq́ autores conducat, ac exemplariorũ integritas & puritas. Quod uerò nõnunquam à uerbis Dioscoridis paulò longius recesserit, nec eorum legitimũ & genuinũ sensum assecutus fuerit, id illi uitiũ cum cæteris interpretibus cõmune est, utpote qui nõ raro Plinij magis quàm Dioscoridis sensum exprimere ac sequi studuerint. Quod uerò nõnulli Marcellum Dioscoridis interpretem planè grammaticũ esse iudicant, nõ magnopere reprehendo. Sed quod adijciũt eum in hac arte nõ satis tritum, hoc faciunt more suo, ne non palàm omnibus insanire ac furere uideantur, dum ita sinistrè ac temerè de hoc uiro multisq́ alijs de literis et re medica optimè meritis iudicare audent. Ego uerò omni asseueratione affirmare nihil metuo, Marcellum in tanta etiam rerum omnium caligine, plures herbas cognitas habuisse, magisq́ grammaticũ fuisse, quàm illi hodie, qui tam impudenter de fama illius et aliorũ eruditorũ hominũ detrahere nõ uerentur. Verum omißis nunc exteris, ad Germanos nostros, uiros aliquot bonos & eruditos, qui editis scriptis medicinæ herbariæ lucem afferre, & eam quasi in integrũ restituere conati sunt, ueniamus, ut ne eos etiã merita defraudemus laude. Inter hos autem primus fuit Otto Brunfelsius, uir quidem eruditus & planè φιλόπονος, qui primũ latino, dein etiã germanico scripto herbariã medicinã iuuare & illustrare conatus est. Quamuis autẽ multa in illius scriptis desiderentur, utpote quod descriptiones picturis paßim nõ respondeãt, et quod paucas admodum, & uulgares tantũ stirpes protulerit, quodq́ sæpe nõ suis & legitimis nominibus appellauerit herbas: nihilominus tamen ut hunc omnes certatim laudibus efferant uel unica hac de causa meritus est, quod ipse primus omniũ rectam pingendarum stirpium rationem denuò in Germaniam nostram inuexerit, alijsq́ hanc imitandi occasionem præbuerit. Cætera quæ in eo desiderantur, cum illa præstare non potuerit multas ob causas, potißimũ uerò propter crebras ac multas typographi molestias, qui importunè insistebat, editionemq́ ut metipse in aliquo suarum uigiliarũ loco fatetur, maturabat, ueniam merentur. Quid multa? cum constet Brunfelsium primum fuisse in Germania nostra qui herbariam medicinam propémodum extinctam è craßißimis eruere tenebris attentauerit, certe hoc nomine, quanquam non omnia ex sententia ceciderint, uenia dignißimus est: nam etiam iuxta prouerbium, συγγνώμη τῷ πρωτοπείρῳ. Præterea cum huic optimo uiro nihil optatius fuerit, quàm ut posteritati plurimum prodesset, æqui boniq́ faciendos studiosis omnibus

Marcellus Virgilius Florentinus.

Defenditur ab iniuria Marcellus.

Otto Brunfelsius

eius labores, qualescunq; sunt, censeo. *Brunfelsio in hoc studio illustrandæ rei herbariæ*

Euricius Cordus

successit Euricius Cordus, uir præter singularem poëtices, aliarumq; disciplinarũ eruditionem, integerrimus ac diligentissimus. Quantum autem rei herbariæ uindicandæ ab interitu profuerit, Botanologicon quod ille posteritati suæ diligentiæ testem reliquit, abundè testatur, adeò ut nunc nostra cõmendatione huic non opus sit. Hoc tamen in præsentia dicere uolui, uirum hunc longiori uita fuisse dignissimum, ut qui opera sua instaurandæ herbariæ medicinæ plurimum momenti adferre potuisset. Sed quod parenti per ipsa fata non fuit integrum perficere, hoc filius, quem post se reliquit,

Valerius Cordus

Valerius Cordus, optimæ spei iuuenis, et incredibili quodam cognoscendarũ stirpium studio amoreq; flagrans, nisi dij quoq;, quod longè absit, illi uitam longiorẽ inuideant, cumulatè præstabit. Cum enim nunc paternis uestigijs strenuè insistat, nõ est cur uelit quasi in medio cursũ gradum sistere. *Post Euricium Cordum*

Hieronymus Tragus.

in hanc arenam descendit Hieronymus Tragus, qui anno abhinc altero, cum iam propémodum hos cõmentarios absolueramus, germanicũ scriptum bene longum de stirpibus publicauit. Cuius quidem conatus mihi ualde probantur. Nam etsi mihi cum eo nulla intercedit familiaritas, apparet tamen in hoc homine mira quædam in inquirendis stirpibus diligentia. Et quidem hunc non esse imperitum herbarum, earundem descriptiones quas affert palàm testantur. Eiusmodi enim magna ex parte sunt, ut oculis suis inspexisse hũc herbas quas pingit abundè demonstrent. Atq; hoc quidem nomine laudem meritus est nõ uulgarem, potuissetq; multorũ euitare reprehensionẽ, nisi singulis ferè herbis sua ex Dioscoride nomina accersere uoluisset: quasi uerò Dioscorides omnium regionum stirpes descripsisset, cognitasq; habuisset, cum tamen cõstet quamuis propémodũ terram suas priuatim ferre herbas. Dum itaq; omnibus stirpibus sua ex Dioscoride nomina imponere studet, dictu mirum quàm interdum temerè admodum, probatas & multis iam seculis receptas Dioscoridis lectiones immutare ac deprauare cogatur. Quod quidem ius præter necessitatem immutandi loca autorũ non solum sibi Tragus, uerumetiam alij quidam, idq; magno cum supercilio, usurpant: ut nihil mirum sit raros esse admodum autores, quamuis optimi sint, quos nõ infinitis mendis contaminatos uideamus. Neque enim alia est maior deprauandi bonos autores occasio, quàm cum quisq; quod maximè placet in ijs immutandis statuit. Qui enim fieri potest ut dum quiuis pro suo arbitrio nunc demit, nunc adijcit aliquid, maneat illabefacta genuina & legitima scriptoris sententia? Quare non minus uerè quàm lepidè quidam dixit, eos libros esse optimos, qui nullam prorsus lituram experti essent. Cum igitur is mos temerè quæuis in bonis autoribus immutandi nobis semper suspectus & infensus fuerit, diligenter admodum cauimus ne quid facile in Dioscoride mutaremus, nisi ut idipsum faceremus manifestissimæ coniecturæ, aut Plinius, aut alius quispiam fide dignus autor moneret cogeretue. Sed ad Tragum reuertamur, qui quum strenuè annititur ut singulis herbis nomina ex Dioscoride imponat, in alterum peccatum incidit, ut nõ raro falsas & adulterinas facultates, quod perniciosissimũ esse nemo nõ nouit, eisdem assignet. *Hactenus tum exterorũ, tum etiam nostræ gentis uirorum aliquot sanè eruditorum, qui editis scriptis rem herbariam iuuare studuerunt, honorificam facere mentionem uoluimus, ut quàm bene de nobis totaq; posteritate meriti essent ostenderemus, & ut extaret etiam erga iam mortuos aliqua gratitudinis nostræ significatio. Cæteros qui de ea medicinæ parte scripserunt nihil moror, ut quos constet plus illi tenebrarũ offudisse, quàm lucis attulisse, taceo quod eorum scripta multis ac grauibus erratis plena sint. Verũ inter omnes herbarios libros qui hodie extant, nulli sunt qui plus crassissimorum*

Egenolphi herbarij libri.

errorum habeant, quàm illi quos iam iterum atq; iterum edidit Egenolphus typographus. Nam multis in locis unam atq; eandem herbam pro duabus tribúsue, ijsq; & forma & facultatibus distantibus, pingit. Sic ex uno quidem Polygonato, Dictamnũ & Elleborum

borum album facit. Vna etiam pictura Atriplicem & Mercurialem exprimit. Gladioli nomine tres inter se differentes herbas describit. Omitto alia multa quæ quiuis, modò pertenuem herbarum notitiam habeat, primo statim aditu deprehendet. De picturis eius hoc dixisse satis sit, me mirari maiorem in modum cur suis pyxidibus non appinxerit etiam assidentes pharmacopolas, aut illorum ministros præcinctos corio, cum melli aduolantes muscas, & aquæ naues, atq; in ijs ad transtra sedentes nautas adhiberi curauerit. Sed cum non magni faciat cōmoda studiosorū, & ad rem augendam magis attentus sit, nihil mirum ex illius officina prodire eiusmodi libros. Porrò ut eô tandem quô tendebat animus perueniam, ego quidem paulò antè cōmemoratorum longè doctissimorum uirorum studium imitatus, hos de historia stirpium commentarios maximis cum uigilijs tum sumptibus confeci. In quibus initio quicquid ad uniuersam cuiusque stirpis historiam attinet, omnibus superuacaneis recisis, breuiter, & ordine, ut confidimus, optimo, eodemq; perpetuo, complexi sumus. Deinde singulis stirpium historijs, uiuas & ad naturæ æmulationem à nullo unquam, pace omnium dixerim, artificiosius expressas imagines adiecimus: idq; nulla alia de causa, quàm ut ea quæ nudis uerbis exponit historia, certius exprimeret, atqueadeo altius animo infigeret pictura. Neque sanè peregrinarum tantum stirpium, suaq; sponte in Germania nostra haud prouenientium, quarum tamen plus centum ijs in commentarijs studiosi reperient, picturas dedimus: uerumetiam uulgarium, & earum quæ iuxta sepes ac dumeta passim proueniunt. Idq; ut faceremus duabus potissimum rationibus moti sumus. Primum ut herbariæ medicinæ studiosi earundem etiam historiam integram, & in ordinem digestam haberent, quæ magna ex parte à ueteribus non est tradita, apud recentiores uerò non nisi manca & confusa. Dein ne posteris nostris accidat quod nobis euenisse nemini obscurum est, ut scilicet quæ hodie sunt omnibus notissimæ stirpes, illis prorsus incognitæ fiant. Nam quis est qui nesciat Dioscoridis seculo plerasq; herbas tam notas fuisse, ut illum piguerit earundem notas, quibus à posteris suis agnoscerentur, tradere? Quod si tamen hodie peritissimos etiam herbariæ rei homines percontens, nemo erit qui eas cognoscet. Quare ne nostra negligentia, aut temporum iniuria eueniat ut è notitia hominum uulgares nunc plebeisq; cognitæ stirpes excidant, earundem etiam historias & imagines ijs nostris commentarijs inserendas esse duximus. Et quare notas & uulgares admodum stirpes contemneremus, cum sæpius maior illis uis insit, quàm ijs quæ à remotissimis extremisq; orbis partibus, non sine maximis sumptibus conquisita, importantur? Nam quid Polygono magis uulgare? quid contemptius? omnium siquidem conculcatur pedibus: quod si tamen uim eius quam in sistendo sanguine obtinet experiri uolueris, nihil eo præstantius dices. Possem huic similia multa commemorare, sed in re nota non est cur temerè uerba fundamus. Quid multa? ut tanquam diuersis copijs iunctis nobis contra uarios morborum insultus aciem instruere liceret, tam nostratium quàm exterarum stirpium tum historias tum imagines studiosorum oculis subijcere placuit. In acquirendis autē peregrinis et radicibus & seminibus quæ subinde terræ mandata nobis feliciter prouenere, multū nobis profuit Hieronymus Schallerus medicus Noricus, homo & herbarū aliarumq; multarū rerum peritissimus. Quod hoc loco cōmemorare uolui, ut nostræ amicitiæ ac charitatis aliquod apud posteros extaret testimoniū, & ut studiosi quantum huic bono & erudito uiro, qui sua nobis nunquam defuit opera, deberent palàm intelligerent. Cæterum cum multarum stirpium quas neq; Dioscorides neq; alij ueteres cognouerunt historias huic operi inseruerimus: nam cum magna ex parte sint uulnerariæ, atq; adeò in quotidiano multorū, maximè chirurgorū, usu, prætereundas minimè putauimus: illarū certè usitatis atq; adeò barbaris nobis utendum fuit nomenclaturis, quandoquidem latinis destitueremur. Maluimus enim uti ineptis minusq; latinis appellationibus, quàm

Consilij sui rationem in conficiendis ijs de stirpium historia cōmentarijs exponit.

Vulgatissimarū etiam herbarum picturæ non contemnendæ.

Hieronymus Schallerus.

Quare interdū usitatis & barbaris usus sit nomenclaturis.

illis adulterinas uel græcas uel latinas accersere, ne scilicet cum illegitimis earundem nomenclaturis adulterinæ etiam illis facultates ascribendæ nobis essent: quod cõtigisse nõnullis qui de re herbaria scripserunt, suprà cõmemorauimus. Quare ubi potuimus habere dictionem græcam per omnia germanicæ appellationi respondentẽ, hanc potius quàm falsam aliquam ex Dioscoride illis imposuimus. In alijs stirpibus quas Dioscorides cognouit unicè cauimus, ne omnes earundem nomenclaturas quæ initio capitum reperiuntur cõmemoraremus, quod sciremus propémodum omnes à sciolis quibusdam ex Apuleio, aut alio eius generis autore adiectas, & in contextum Dioscoridis temerè raptas esse: & quod perspectum habeamus, nihil æque herbarum cognitioni obfuisse, maioremq́; iacturam attulisse, ac illam confusam appellationum coaceruationem. Præstat igitur paucis admodum, ijsq́; ueris & legitimis uti, ne nominum confusio, rerum etiam nobis cõfusionem pariat. Porrò adiecimus etiam aliquot arborum historias & imagines, non quod nobis consilium fuerit singulas uelle describere, id enim infiniti laboris erat: sed cum Dioscorides alijq́; rei herbariæ scriptores illis stirpium quarundam folia assimilent, atq; adeò sine earum deliniatione tota historia satis intelligi non possit, harum etiam aliquas ijs cõmentarijs inserere uoluimus, ad quas in cognoscenda stirpium historia studiosi respicerent. Quapropter quod fecimus, non errore, sed iudicio factum æqui iudices iudicabunt. In facultatibus cõmemorandis summa diligentia cauimus, ne alicui stirpiũ adulterinas ac illegitimas, quod pleriq; nõ sine maximo errato & uitæ humanæ dispendio fecerũt, assignaremus. Quare in historia stirpiũ quas ueteres cognouerunt, eas duntaxat quæ à Dioscoride, Galeno, Plinio, interdũ etiã quæ ab Aëtio, Paulo, & Simeone Sethi tradũtur retulimus. Idq́; ea maximè de causa, ut omnes scirent eas facultates in quibus illi tres concordes sunt, esse eiusmodi, ut in ijs, tanquã maximè legitimis, spem certam ponere liceat. Nam si inter se dissentiunt, tum Galeni potius quàm Dioscoridis, & huius rursus magis quàm Plinij erit sequenda sententia. Cur autem Galeni sententia omnibus alijs sit præferenda, nulla alia est ratio, quàm quod is stirpium facultates partim certa quadam ratione & methodo, quam literis subinde mandauit, cognouerit, partim etiam experientia didicerit. In reliquis quidem stirpibus quæ ignotæ ueteribus fuerunt, Galeni secuti sumus exemplum: nam eas tantum facultates cõmemorauimus, quas multorum experientia comprobauit, quæq́; longo usu receptæ sunt ab omnibus, & quæ ab earundem qualitatibus non abhorrebant. Quod uerò in ijs cõmentarijs græcarum literarum ordinem secuti sumus, id necessitate ipsa quasi nos cogente fecimus. Nam multò maluissemus, Dioscoridis exemplo, congeneres sibi herbas passim connectere, quàm eum quem instituimus sequi ordinem, nisi idipsum per picturas nobis non licuisset. Siquidem cum nullius stirpis historiam sine uiua eiusdem imagine ijs nostris cõmentarijs inserere constituissemus, stirpes uerò ipsas ac earundem genera non nisi diuersis temporibus, & nonnunquam aliquot annorum interuenientibus interuallis nanciceremur, hunc literarum græcarum sequi ordinem coacti sumus. Quanquam non uideam cur mihi tam exquisita opus sit excusatione, cum hunc etiam ordinem sequi Galenum, Plinium, & post eos Paulum, Aëtium, aliosq́; complures nõ puduerit. Quod ad picturas ipsas attinet, quæ certe singulæ ad uiuarum stirpium lineamenta & effigies expressæ sunt, unicè curauimus ut essent absolutissimæ, atqueadeo ut quæuis stirps suis pingeretur radicibus, caulibus, folijs, floribus, seminibus ac fructibus, summam adhibuimus diligentiam. De industria uerò & data opera cauimus ne umbris, alijsq́; minus necessarijs, quibus interdum artis gloriam affectant pictores, natiua herbarum forma obliteraretur: neq; passi sumus ut sic libidini suæ indulgerent artifices, ut minus subinde ueritati pictura responderet. Pictorum miram industriam præclarè imitatus est Vitus Rodolphus Specklin sculptor Argentoracensis longè optimus, qui uniuscuiusq́; picturæ sculpendo

Cur multæ & cõfusæ apud Dioscoridem stirpiũ nomenclaturæ prætèritæ.

Arborũ quarundam historiæ & imagines cur adiectæ.

Quid in cõmemoratione facultatum stirpiũ considerandum.

Ordinis in ijs cõmentarijs ratio.

Picturæ & imagines quales.

Vitus Rodolphus Specklin sculptor.

pendo lineamenta tam affabrè expreßit, ut cum pictore de gloria & uictoria certasse uideatur. Sed etsi multis & impensis & sudoribus picturas parauerimus, tamen non defuturos scimus qui easdem ueluti inutiles ac nullius momenti damnabunt, atque huic quidem suæ ineptißimæ sententiæ Galenum patrocinari clamabunt, ut qui ne describi quidem stirpes uoluerit, tantum abest ut earundem picturas probauerit.

In contemptores picturæ.

Quanquam uerò neminem esse putem qui non quantũ illi insaniant intelligat, tamen eos hoc in loco rogare haud pigebit, ostendant nobis ubi locorum Galenus stirpium descriptiones & picturas damnarit? cum certò sciam hoc illi ne per somnium quidem uenisse in mentem. Atqui respondebunt statim, Galenum idipsum libro sexto de simpliciũ medicamentorũ facultatibus, capite de Abrotono, disertè aßerere. Verum nos uicißim illis respondemus: fateri nos quidem Galenũ noluisse stirpium formas ac species describere, non tamen quod eas ipsas damnaret aut inutiles esse iudicaret, sed quod idipsum post tot tantosq́; uiros, Dioscoridem præsertim, qui hoc, Galeno etiam ibidem teste, absolutißimè præstitit, conari planè superuacaneum existimaret. Sed quid multis moror? quis quæso sanæ mentis picturam contemneret, quam constat res multò clarius exprimere, quàm uerbis ullis, etiam eloquentißimorũ, deliniari queant.

Picturæ laus.

Et quidem natura sic comparatum est, ut pictura omnes capiamur: adeoq́; altius animo insident quæ in tabulis aut charta oculis exposita sunt & depicta, quàm quæ nudis uerbis describuntur. Hinc multas esse stirpes constat, quæ cum nullis uerbis ita describi poßint ut cognoscantur, pictura tamen sic ob oculos ponuntur, ut primo statim aspectu deprehendantur. Proinde nõ immeritò bonis pictoribus suus semper apud omnes ætates honos fuit. Et in uniuersa Græcia hunc morem fuisse notũ est, ut ingenui et liberè educati pueri ante omnia, aut saltem unà cum literis picturam docerentur, quòd illis constaret, hanc ipsam esse quæ singularũ rerum non solum naturam exprimeret, sed & memoriam conseruaret. Quare ea quoq́; ars in primum gradum liberaliũ artium recepta est, semperq́; honos ei fuit, ut ingenui eam exercerent, mox ut honesti, perpetuo interdicto, ne seruitia docerentur: ideoq́; in hac nullius qui seruierit opera celebrantur. Atqui de pictura, quam quidã satis certè imprudenter explodunt, hæc dixisse satis sit.

Explicatio quarundã uocum cur adiecta.

Præterea cum in texenda stirpiũ historia uocabulis paulò obscurioribus, & ab imperitorũ intelligentia sensuq́; distunctis nobis utendũ fuerit, operæpreciũ nos facturos duximus, si horum breuem quandam explicationẽ adijceremus, ne inter legendum parum peritos remorarentur.

Quatuor Indicũ ratio.

Porrò cum singulis ferè stirpibus quatuor nomenclaturas inditas esse constet, græcam nimirum, latinam, barbaram, qua officinæ seplasiariorũ utuntur, & germanicam, quadruplicem etiam Indicem concinnauimus, ut quisq́; statim audito nomine, cuiusq́; stirpis historiam quærere nullo labore poßit. De nobis insuper hoc affirmare poßumus, nos neq́; impensis neq́; laboribus in ijs adornandis cõmentarijs pepercisse, ut multorum de nobis expectationi satis faceremus. Neq́; enim grauati sumus in campos & syluas creberrimè excurrere, altißima iuga montium cõscendere, multaq́; artificum tædia, quæ illis erratorum interdum emendatio peperit, deuorare: quod quiuis rerum æquus æstimator per se statim deprehendet, ita ut non opus sit nostram operam parum modestè prædicare. Quod si tamen quid nobis humanitus accidit, sat scimus uenia dignos esse nos boni quiq́; iudicabunt, quòd unius hominis non sit rem herbariam funditus propémodum obscuratam, ita in integrũ restituere, ut omni prorsus reprehensione uacet, in hac præsertim rerum omniũ difficultate, ac ueterũ de stirpibus cõmentariorũ inopia. Inter omnia enim ueterum de stirpium natura scripta quæ earundẽ coniunctim notas tradunt, nullum prorsus nisi Dioscoridis extat: qui tamen nec omnes, ut suprà cõprehensum est, describit, nec quas pingit semper diligenter & accuratè deliniat. Nam in facie stirpium repræsentanda interdum uarius esse apparet, nonnunquã etiam tam multas præterit notas, ut nihil minus quàm eam

Dioscorides in repræsentanda stirpium facie interdum uarius & negligens.

de qua illi sermo est stirpem exprimere uideatur. Id quod tum maximè fit, ubi à se non uisas, & ex aliorum sententia stirpes depingit. Præterea non pudebit etiam nos errata, si qua commisisse conuincamur, agnoscere, atque palinodiam canere: tantum abest ut indignè laturi simus, si quod nos non potuimus, impediti aut negligentia, aut iudicij tenuitate, alij inueniant aut sarciant, modò omissis maledictis & conuicijs, ut ueritatis studiosos decet, rationibus potius & probatissimorum scriptorum testimonijs sententiam nostram reuellant & conuincant. Quod si uerò quispiam omnino stomachari, & malignè in conuicia prorumpere perget, hunc ipsum suæ magis quàm nostræ existimationi obfuturum arbitramur: quod nemo eum bonum uirum reputet, qui temerè detrahere de fama alterius audeat. Et certè qui tam prompti & parati sunt ad alienos labores uel extenuandos, uel contemnendos, uel prorsus repudiandos, magna ex parte in tenebris delitescunt, & in angulis se continent, ubi apud sui similes & imperitos asinos mirè triumphant. Quod si tamen momi illi aliquando è tenebris erumperent, & in apertum prodirent, nemo non statim intelligeret quàm inani eruditionis fastu turgeant, quamq; sint impudentes nugatores. Et nos certè istos conuiciatores sic exciperemus, ut sese in latebris continuisse, & lucem nunquam affectasse optarent. Nam ad illos probè tractandos, ac eorundem tela & iacula fortiter propellenda retorquendaq;, neque uires neque artes nobis defuturas confideremus. De Michaëlis Isingrinij typographi Basiliensis diligentissimi, in excudendo hoc opere industria & sedulitate hoc in loco plura dicerem, nisi has ipsas ex alijs multis quæ nunc annis aliquot ex illius officina prodierunt, satis cognitas ac testatas esse sciremus. Et quidem opus ipsum per se satis loquitur quàm in eo imprimendo diligens fuerit. Quantos autem fecerit sumptus, facile quiuis æstimabit qui operis magnitudinem & picturas ipsas pro rei dignitate expendere uoluerit. Plurimum itaque huic uiro debent rei herbariæ studiosi, ut qui neque impensis neque laboribus, quo illorum commodis inseruiret studiaq; iuuaret, pepercerit. Cum uerò hodie multos esse typographos compertum sit, qui instar fucorum alienis insidientur laboribus, librosq; optimis ac elegantissimis typis excusos, & præstantissimis picturis ornatos, inepta sua æmulatione deforment atque contaminent, idq; nulla alia de causa, quàm ut ex aliorum incommodis sua comparent cōmoda, Isingrinij etiam, qui immensos in hoc opere excudendo sumptus fecit, ratio habenda fuit: ideoq; ne quis alius hos nostros commentarios usquam locorum impunè imprimat, Cæsareo decreto, quod initio etiam operis monuimus, cautum & prospectum est. Quum uerò usitato more patronum aliquem ijs nostris commentarijs quærerem nobilitate & uirtutum splendore excellentem, nemo omnium cui iustius quàm tibi Illustrissime Princeps IOACHIME, clarissimo heroi, hos dedicandos esse putarem occurrebat. Nam si generis tui uetustatem atque nobilitatem specto, nemo te hodie Principum aut melior, aut præstantior, utpote cuius maiores à Guelfis, qua uix ulla in Germania uetustior est nobilitas, ortos esse constat. Quod si eorundem uirtutes expendo, nullam prorsus uirtutem magnis & bonis Principibus dignam illis defuisse uideo. Omni uerò genere uirtutum fuisse claros uel inde maximè colligi potest, quod Franciæ pars ad Mœnum sita, cuius tamen gens libertatis tuendæ semper studiosissima fuit, non alio nomine quàm nobilitate & uirtute eorum inuitata, ijs parêre cœperit. Possem nunc singulorū maiorum tuorū qui res maximas gesserunt uirtutes cōmemorare, si longius euagari epistolæ ratio permitteret: quare prætereo cæteros, atq; unū eumq; præcipuū produco ALBERTVM illum, quem ut reliqui propter insignem fortitudinē, inq; prælijs dexteritatem ac felicitatem, germanici Achillis cognomine celebrarūt: ita ego propter singularem prudentiā, atq; in rebus agendis miram industriā & solertiam, germanicū Vlyssem meritò appellandū esse censeo. De huius autē multis ac uarijs uirtutib. multa extant præclara testimonia in eorū libris, qui Prin-

IOACHIMI electoris, Marchionisq; Brandenburgensis laus.

Albertus Marchio Brandenburgensis germanicus Achilles & Vlysses.

qui Principum Germaniæ res bene gestas memoriæ prodiderunt, adeò ut de ijs nunc longius mihi differendũ minimè sit. Ad tuam itaq; celsitatem redeo, de qua uerißimè dici potest quod semina uirtutis à bonis parentibus in posteros propagentur. Tantum enim abest ut à maioribus tuis Principibus opt[imis] degeneraueris, ut plerosq; etiam ingenio & uirtute superaueris. Nam ut multas eo[s]q; præclaras & magno Principe dignas uirtutes tuas, iustitiam in imperio, pacis tuendæ cũram, magnitudinẽ animi, integritatẽ, modestiam, clementiã, & eximiam bonitatem, omittam, nónne hæc uerè in te regia est uirtus quod studia literarũ quæ tamen uulgus Principum odit cane peius & angue, adiuuare, ornareq; tantopere studes? Quod autem immenso fauore literarum prosequaris studia maximo est argumento, quod non solum scholam, sed & aulam doctißimis uiris, quorum opera ad studiorum ac rerum gubernationem uteris, quorumq; te colloquio oblectas, pulchrè ornatam habeas. In eo autem quod literas earumq; cultores amas, obseruas, tueris, amplißimisq; honoribus auges, singularis tua elucet prudentia: intelligis nanq; sapientiæ studio, atqueadeo literis ipsis florentibus, res omnes quibus humana societas constat cõseruari. Literis enim debemus quod hodie doctrinæ cœlestis, aliarumq; disciplinarum puritate fruamur. Iisdem etiam acceptum referendum quod aliquid, quicquid est, adhuc restat, quodq; non omnia unà cum corporibus eodem puluere obruta & sepulta sint. Quid enim maiorum nostrorũ uirtutes, atq; res præclarè gestas ab interitu & obliuione uindicauit nisi literæ ipsæ? Quid aliarum rerum omnium memoriã usq; ad hæc nostra tempora conseruauit nisi literæ? Sed idipsum uno & item altero exemplo breuiter demonstremus. Nemo hodie animantium naturas exploratas haberet, nisi Aristoteles præclarißimos illos de eorundem historia libros conscribere uoluisset. Quod ut præstare posset non parum Alexandri adiutus est liberalitate, qui ad conducendos uenatores & alendas bestias illi octingenta talenta, hoc est, quadringenta & octoginta millia coronatorũ transmisit. Nullam præterea stirpium peritiam hodie apud ullam gentem reperire liceret, si Dioscorides, Theophrastus, Plinius, & alij quidam earundem notas quibus deprehenduntur, literis non mandassent. Meritò igitur hæc uerè regia in te uirtus nobis multis modis prædicanda erit, hoc præsertim tempore, quo maximus literarum omnium contemptus nõ tantum rusticas irrepsit casas, & artificum tabernas, sed & magnatum domos ac Principum aulas. Quotus enim quisq; hodie est Principũ, quem hæc cura conseruandorum studiorum tangat? ita ut nobis metuendum sit, nisi C. T. aliorumq; quorundam, paucorum tamen prò dolor, Principum patrocinio & liberalitate adiutæ fuerint, ne propediem è manibus nostris elabantur, redeatq; pristina illa uerè Scythica barbaries. Quare ut literas quemadmodum cœpisti perpetuò ames, foueas, & conserues, non solum hortor, imò etiam per CHRISTVM oro. Siquidem dum eas iuuare & ornare studes, simul etiam religionem, cuius in primis cura habenda est, naturæ cognitionem, leges, & quicquid est ad reipub. pacem & tranquillitatem conseruandam necessarium, tueris. Proinde non est cur C. T. eius liberalitatis, qua in conseruatione literarũ uteris, pœniteat: dum enim harum cultoribus succurris, atq; adeò ut suum cursum strenuè urgeant efficis, tibi etiam simul sempiternam laudem paras. Quum enim illis non sit quod pro tantis tibi beneficijs quibus eos ornas rependant, tamen hoc præstabunt uicißim, ut memoria tua apud posteros perpetuò sit duratura. Nam quanquam reliqua humana omnia, utcunq; in speciem uideantur firma & solida, cum annis simul labantur & deficiant; sola tamen laus quam doctrinæ conseruatio peperit, immortalis existit. Quapropter neq; ampliorem, neq; splendidiorem famam & gloriã tibi, imò toti tuæ ornatißimæ familiæ, comparare poteris, quàm doctrinæ & studiorũ conseruatione. Vt autem id quod nunc facis perpetuò quidem facias, in primis te necessitas ipsa, quam paulò antè exposui, cohortetur: dein diuinum etiam præceptum quod hoc ipsum abs te

Virtutes Principe magno dignæ.

Studia literarum iuuare uirtus regia.

Literarum cõmoda.

Alexandri liberalitas in Aristot.

Hodierno tempore maximus literarũ cõtemptus.

Quæ commoda literarum conseruationem sequantur.

aliisq́; Principibus seuerè admodum exigit, ut liberalitate uestra sic iuuetis studia, ut horum subsidio publica pax & tranquillitas conseruetur. Sed non est cur C. T. sponte currenti calcaria addam, quũ inter omnes Germaniæ nostræ Principes uix alius reperiatur qui æquè atq; tu literas, eosq́; qui opinione aliqua eruditionis clari sunt, amet, foueat, tueatur, ornet.

Dedicationis causæ.

Nobilitatis itaq; tuæ, multarumq́; aliarum præclarissimarũ quæ in te elucent uirtutũ splendore motus, hos, quos multis sanè sudoribus & impensis adornaui, de Stirpium historia cõmentarios Celsitati tuæ inscripsi. Perspectum enim habebam eos nõ uulgare, sed excellens aliquod patrocinium requirere, quandoquidem uix ulla alia possit esse cõmentatio quæ plurium calumnijs pateat & exposita sit, quàm ea quæ de stirpium natura explicanda suscipitur. Proinde cum in spem certissimam adduceremur, nostras has uigilias non uulgarem gratiam ex amplissimi nominis tui inscriptione apud candidos & æquos inituras, foreq́; ut eam ob causam maledicorum conuiciatorũ petulantia perfringeretur, te quidem in tanto ornatissimorum Principum numero mihi delegi, cui potissimum has ipsas consecrarem. Quare cum eas suscipies illustriss. PRINCEPS, cõmendari tibi defensionem & conseruationem huius partis medicinæ quæ stirpium naturas inquirit, statues. Quam ut cupidè & libenter in te recipias multa, scio, mouebunt: potissimum uerò hoc ipsum, quod uix ex ulla alia re magis diuina præsentia & benignitas eluceat, quàm ex tam uaria stirpium tum forma, tum natura, dum scilicet omnes illas ad usum hominis conditas à Deo ipso perpendimus. Si quid igitur aliud, herbarum certè diligens contemplatio exuscitat, imò cõfirmat in animis nostris opinionem hanc, quod homines Deo curæ sint, qui tam anxiè laborauit in ijs iuuandis ac tuendis, dum tot elegantissimis atq; præstantissimis stirpibus, quibus illi tam uarios morbos propulsare possunt, terram exornauit.

Diuina præsentia & benignitas ex stirpibus ipsis elucet.

Non parum etiam ad eam suscipiendam curam te præclarissimorũ tum Regum tum Principum exempla, quæ suprà recitauimus, hortabuntur. Sed omnium maximè immensa cõmoditas quæ ex istius partis medicinæ conseruatione ad uniuersos perueniet. Ad herbariæ deniq; medicinæ tum amorem tum defensionem mira quoq; iucunditas, quæ in contemplandis tot herbarũ generibus animũ subibit tuum, inuitabit. Quid enim iucundius, quid delectabilius quàm intueri stirpes, quas Deus opt. max. tot tamq; uarijs pinxit coloribus, tot elegantissimis redimiuit floribus, quorum colorem nullus unquam pictor satis exprimere potuit: tot deniq; seminibus & fructibus, quorum & in culina & in medicina usus est maximus, ornauit? Verum non est cur te pluribus in admirationem huius partis medicinæ pertrahere coner, utpote qui antea studio & amore eius sic tenearis, ut uix sit aliud quod te magis delectet. Nunquam enim in extruendis hortis tot arboribus atq; herbis consitis tantum operæ & impensarum poneres, si non illuc te rei iucunditas ac singularis amor pertraheret. Reliquum nunc est illustriss. PRINCEPS, ut pro tua excellenti humanitate, quæ uestræ familiæ cognata est, munus hoc nostrũ tanquã specimen & testem mei erga C. T. amoris & obseruantiæ, exporrecta lætaq́; fronte accipias, atq; me tuo fauore cõplectaris, & autoritate ab inuidorum calumnijs defendas. Bona autem spes est hunc hortum quem donamus C. T. fore longè gratissimum, non tantum quod in eo omnis ferè generis herbas elegantissimè pictas reperire queas, uerumetiam quod inde ad quæuis morborũ genera remedia decerpere tibi liceat. Deus opt. max. te tuamq́; ditionem incolumem seruet, ut Reipub. Christianæ atque literis diutissimè prodesse possis. Tübingæ, Calen. Martijs, Anno à nato Christo M. D. XLII.

EXPLICATIO QVARVNDAM VOCVM TOTO HOC opere paſsim occurrentium, in quibus aſſequendis non admodum peritus lector hærere poſſet.

Acetabula. 

ACetabula ab aceto denominata uidentur: quãuis alij ab accipiendo dictum putent, atque hinc eſt quod ſcribant acceptabulum: uaſculaq; fuerunt orbiculata, concaua, ſine marginis latitudine, quæ aceto plena ad intinctus ponebantur. Dehinc uox ad omnia alia quæ ſimilem cõcauitatem habent, translata fuit. Primumq; ſic concauas partes in polyporum flagellis, quibus id animal nititur, & uelut adminiculis fultum exurgit, nominauerunt. Translata etiam uox ad fœminarum locos, uocaueruntq; acetabula uenarum arteriarumq; ora, quæ in uterũ feruntur hiantia. Tranſtulerunt poſtremò etiam hoc nomen ad herbam, quam eam ob cauſam Acetabulum dixerunt, quod folia acetabulo ſimilia in orbem circumacta, ſenſimq;, ſic ut ſenſum fallant, in concauam lacunam deſcendentia, habeat. κοτυληδόνες græcè nominantur.

Acinus. Acinus non tantum grana interna uuæ, quemadmodum quidam exiſtimant, ſed totũ fructum, qui ex ſucco, & parte quæ ueluti caro eſt, & ex uinaceis, & ambiente forinſecus cute cõſtat, ſignificat. Teſtis Galenus, qui libro 2. de facultatibus alimentorũ ſic ſcriptũ reliquit: Acini corpus ex quatuor partibus conſtat, ex ea ſcilicet quæ eius ueluti caro eſt; exq; humore per eam diſperſo, unde uinum: præterea ex nucleo, atq; eo quod omnia hęc foris circuncludit membranoſo tegumento. ῥάξ Græcis dicitur.

Aculei. Aculei, quæcũq; duriuſcula in cuſpidem turbinata punctionem infligũt ſpiculorũ modo, nominantur.

Acus. Acus, purgamentũ frumenti, leuiſsimũ ſcilicet in eo quod uentilabris extra aream iaculatur.

Adnata. Adnata, uel Adnaſcentia, ſiue Appendices, ramuli dicuntur quos caulis nõnunq; ex ſe mittit, quaſi nouã adſcititiamq; prolem. Sic autem uocantur, quod quaſi cauli adnaſcantur & ſuperaccedant. Græci παραφυάδας, quod circum caulem erũpentes accreſcant, appellarũt.

Alæ. Alæ, caui inter caulem, & ramulos anfractus, unde ſinuatim noua proles egreditur, facta ab humanis alis translatione, dicuntur. Græci μασχάλας uocant.

Alabaſtra. Alabaſtra ſunt ſeruandis odoribus ex ſolidiſsima & frigidiſsima materia facta uaſcula, ſic dicta Græcis quod ob læuorem ſuum capi tenerique manibus non facile poſſent, lubricaq; dilaberentur. Hinc alabaſtrites lapis, quem nunc alabaſtrum uocant, quoniam ex eo alabaſtra fierent, denominatus eſt.

Aluta. Aluta pellis ſeu corium dicitur poſtquã ad uſum & opus calceorũ & aliarum rerum concinnatũ eſt. Hinc alutamen, ſiue alutamentũ, opus ex cõcinnatis pellibus factum. Et alutarij, pellium & coriorũ cõcinnatores.

Alſioſa. Alſioſa nõ dicuntur ea quæ frigidis locis gaudent, ſed contrà potius quæ algores ferre non poſſunt.

Amuleta. Amuleta remedia ſunt præſentanea aduerſus uenena & faſcinationes, qualia quidã in annulis, & è collo ſuſpenſa geſtare ſolent.

Amphora. Amphora menſura eſt quę capit duas urnas, ſeu octo congios.

Apices. Apices quæ in medio calycis ſeu folliculi quo flos claudit̃ erumpũt, ſtamina ſunt, quę ueluti filamenta ab intimo floris ſinu proſiliũt. Habent apices ſæpius in ſummo quidpiam craſsiuſculum, à qua ſimilitudine nomẽ acceperũt.

Arbor. Arbor eſt quicquid à radice ſtatim ſimplici caudice, brachiatũ ramis, ſurculoſum, diſſolutuq; contumax aſſurgit.

Articuli. Articuli ſunt partes quæ in nodos quoſdam intumeſcũt, à quibus perſæpe ramuli prodeũt.

Aſparagi. Aſparagi quę primum in lucem prodeũt olerũ germina, priuſquam in folia explicent̃, recentiſſimiq; turiones qui edendo ſunt, dicunt̃.

Ariſta. Ariſta, eſt quę ut acus tenuis, longa, eminet à gluma. In ſumma, ariſtę quaſi apices & cornua ſunt ſpicarũ.

B

Baccæ. BAccę ſunt fœtus minutiores herbarũ, fruticũ, arborum'ue, qui diſperſius rariuſq; enaſcunt̃: ut ſunt partus lauri. Atq; in hoc ab acinis differunt, quod ij denſius proueniant.

Brachia. Brachia ſunt plantarũ, præcipuè autẽ arborum ramuli, quod inſtar brachiorũ in homine extendant̃.

Bulbi. Bulbi radices ſunt rotũdæ tunicatæ, quales ſunt hyacinthi, aſphodeli, & colchici.

C

Cachryes. CAchryes ſunt oblonga panicularum modo nucamenta, quę ſquamatim cõpacta propendent è ramis. Creſcũt hyeme, uere dehiſcũt in flaueſcentes ſquamulas, & folio prodeunte, decidunt: qualia in abiete, picea, & alijs permultis uidere licet. Plinius pilulas nominat.

Pilulæ.

Calathus. Calathus eſt rectus turbo, hoc eſt, id quod ex anguſtijs in latitudinem ſe diffundit. Calathi effigiem planè referunt flores liliorũ.

Calyx. Calyx folliculus eſt, quo flos primũ, mox ſeminis fœtus clauditur.

Capillamẽta. Capillamenta particulæ teretes & oblongæ in capilli modũ extenuatæ dicuntur.

Caput. Caput eſt id quod ſurſum deorſum'ue in globũ extuberat, aut in orbem glomeratur. Si magnitudine ceſſerit, capitulũ nominat̃. Extremã tamen uitis partem caput etiam uocant, id eſt, ultimũ & productiſſimũ flagellum.

Capreoli. Capreoli ſunt coliculi intorti ueluti cincinni quidã in ipſis pampinis teneriorибus apparentes, quibus uitis ueluti manibus quibuſdam adminicula cõplectitur, ac cõprehendit. Ii enim ut uitem teneant, ſerpunt ad locum capiendum: unde à capiendo capreoli dicti ſunt.

Caro. Caro dicit̃ id quod cortici ſubeſt.

Caudex. Caudex dicitur in arboribus & fruticibus, id quod à radice ſupra terrã ſimplex aſſurgit, & in quod à radice fertur alimonia.

Caulis. Caulis

uerò idem quod supra solũ simplex prosilit in
herbis nominatur. Sic utiq; caudex ad frutices
& arbores, caulis ad herbas duntaxat pertinet.
Ceruix. Ceruix est pars illa à capitatis radicibus pro
diens, prælonga, teresq;: sic dicta, quod in colli
Cyathus. speciem figuretur. Cyathus Græcis ἀπὸ τοῦ
χύειν, id est, à fundendo dictus, est duodecima
Cymæ. pars sextarij. Cymæ herbarũ delicatiores te
neriores q; coliculi, quos à prima germinatione, & in summa stirpe proferũt. Nam cum uer
num tempus appetit, primo quoq; foliorũ pul
lulatu, præclusis adhuc florũ calycibus, quosdam quasi turiones, olus subministrat, in quibus floris primũ, mox seminis fœtus cõcludi-
Cirri. tur. Cirri sunt capillamenta quæ contorta
Claiculæ. crispantur. Clauiculæ coliculi sunt, quibus
quasi manib. proreptans uitis adminicula cõ-
Coma. prehendit. Coma est quicquid hilari uenu-
state criniũ modo, summa ramorũ uel colicu-
Congius. lorum exornat. Congius, qui græcè χοῦς dici
tur, sex sextariorũ capax mensura est. Eadem
Conus. etiã congiariũ appellatur. Conus Græcis, uel
pyramis, est inuersus turbo, hoc est, id quod
ex latitudine in arctius protrahitur ac fastigia-
tur. Cui calathus, ut diximus, cõtrarius existit.
Cor. Cor est quod in medio ligni residet, & tertiũ
à cortice cõtinetur, uelut in ossibus medulla.
Matrix. Ab alijs matrix, à nõnullis medulla nominatur.
Corymbus Corymbus est hederarũ uua dependentib.
acinis coacta. Transfertur tamen ad multos her
Cortex. barũ fructus. Cortex pars est ultima à subiecto corpore separabilis, ueluti crusta quædã
Cotyle. ad tegendũ data. Cotyle uox est in Græcia
nata, nam Romani heminæ uocabulo utuntur.
Crenæ. Vide in dictione Hemina. Crenæ sunt quæ
dam in extremis oris incisuræ, à quibus crenata herbarũ folia uocantur, hoc est, serrata, per
Cubitus. ambitũq; secta. Cubitus est mensura quãta
patet à cubiti flexura usq; ad summũ mediũ di
gitũ, quæ sex palmis digitis'ue uiginti quatuor
Culmus. cõstat. Culmus frumẽti calamus est, qui spi
cam sustinet.

D

Decussis. DEcussis antiquis ad X literæ figurã fiebat, quæ apud Latinos decem significat.
Hinc decussari est in speciem literæ X diduci.
Dilutum. Dilutũ dicitur, quod est mixtũ: unde uinum
aqua mixtũ dicitur dilutũ. Dilutum uerò sub
stantiuũ factũ, est id liquidum, in quo aliquid
certo tempore maceratũ & infusum fuit: ut si
in uas uini appositũ absinthiũ fuerit, deinde
post interiectũ tempus abstractũ, id uinum ab
Dodrans. sinthij dilutũ uocatur. Dodrans est mensura duodenũ digitorũ. Aliàs palmus maior La
tinis, & Græcis σπιθαμὴ dicitur. Dodrantalis
itaq; cauliculus uocatur, qui longitudine duo
denos æquat digitos.

E

Echinus. ECHinus est quicquid numerosa congerie
aculeorum stipatur, siue tegmen, siue caput, siue cacumẽ fuerit: sic dictus quod globo
so spinarũ agmine maris herinaceũ mentiatur.

F

FIbræ capillamẽtis germanæ sunt, quæ her Fibræ.
barum arborumq; minutiores sunt radiculæ, in quas uelut extremas, crassiores effusæ
sparguntur. Fimbriæ sunt uestium extremi Fimbriæ.
tates, à quibus & fimbriata folia dicuntur,
quæ in ambitu in quasdam fimbrias exeunt.
Flagella dicuntur cymæ arborum & ipsarũ Flagella.
summæ partes, quæ ad cuiusq; uenti flatũ mo
uentur: unde etiam nomen traxerunt ab eo
quod flatibus petantur. Flagella etiam sunt ui
tium rami oblongiores, & productiores, alijs
tamen minores, ab ipsis brachijs sursum ascen
dentes: dicta flabella prius, à uenti flatu scilicet. Folliculus theca rei cuiuslibet, quæ gra Folliculus.
num uel semen cõtinet inuolutum. Sic mem-
branosa cutis acini folliculus dicitur. Fru- Fructus.
ctus, quod carne & semine cõpactum est. Fre
quenter tamen pro eo, quod inuolucro perin
de quasi carne & semine coactum est, accipi so
let. Frutex est quod à radice caudice multi- Frutex.
tiplici, ramosumq; sese attollit, ut rubus.
Frons interdũ pro ramo ponitur. Propriè Frons.
tamen dicitur id quod ipse ramus circunqua-
que producit, multa interdũ folia habens, &
nonnihil corticis, ac ueluti cauliculi.

G

GEmma in uite idẽ est quod oculus, quia Gemma.
ueluti ocellus quidã cõspicuus, aut gem
ma quædam excellens conspici possit, cum
primũ è uite prodit, aut sarmento. Hæc ineun
te uere sese ostendit, & ab ea primũ flos, deinde
fructus prodit tam in ipsis uitibus, quàm arbo
ribus. Geniculi siue genicula sunt nodi qui Geniculi.
in herbis, aut leguminibus, aut etiam subfruti
cibus apparent. Sic geniculatæ radices nominantur, quæ nodis quibusdã interstinctæ pro
tuberãt, rotundæ & leuiter capitulatæ. Glu Gluma.
ma est folliculus grani quod in spica continetur,
uel grani theca. Grossi appellãtur fici, quæ Grossi.
nõ maturescũt. Priuatim tamen in bifera fico
eas intelligunt, quæ per messes maturantur.
Has grossulos Græci uocant ὀλύνθους.

H

HEmina Romana uox est, ex græco quidẽ Hemina.
ἥμισυ, quod dimidia sextarij pars sit, deri
uata. Græcis κοτύλη nominatur. Capit uncias
decem mensurales, ut copiosè in annotationibus nostris in quartũ de tuenda sanitate librũ
Galeni demõstrauimus. Herba est quod à ra- Herba.
dice foliatum, sine caudice prouenit, sæpiusq;
semen in caule fert.

I

INternodiũ, quod inter artus uel genicula Internodiũ
mediũ intercedit, dici cõsueuit. Interue- Interueniũ
nium, quod inter uenas intercipitur. Iuba est Iuba.
arũdinacea coma effusa, qualis in milio est: me
taphora desumpta à iubis, hoc est crinibus ani
maliũ à collo pẽdentib. Iulus tam Græcis q̃ Iulus.
Latinis est quod in corylo cõpactili callo racematim

matim cohæret, & ueluti prælongus uermis, singulari pediculo pensile nititur, & fructum præcedit.

L

Lachryma. LAchryma est is humor, qui statim desecto caudice, uel ramo, aut tantum ipso ligno, prosilit, & apparet. Lanugo. Lanugo in herbis atq; arboribus lanata quædam est hirsuties, qua folia, coliculiq; canescunt. Liber. Liber pars corticis interior quæ ligno pressius adhæret. Is quibus scribimus libris nomen dedit. Libra. Libra Romana capit uncias duodecim mensurales. Ligula. Ligula quarta pars cyathi dicitur, hoc est, semuncia, demptis scilicet duobus scriptulis. Loculaměta Loculamenta sunt seminũ inuolucra, quæ ueluti paruæ capsulæ ea recludunt. Lomentum. Lomentum, fabarum farina est. Laciniæ. Laciniæ partes sunt extremæ particulatim decoris causa concisæ, orarumq; summarum cæsuræ. Inde folia membratim per flexuras digesta, uel natiuis segminibus discreta, laciniata uocitantur. Sunt tamen qui laciniosum pro sinuoso usurpent.

M

Malicorium MAlicorium est mali punici putamen. Malleolus. Malleolus nouellus est palmes innatus prioris anni flagello, cognominatus à similitudine rei, quod in ea parte qua deciditur ex uetere sarmento, prominens utrinq; malleoli speciem præbet. Vel, quod capillatus utrinq; & surculatus solebat seri. Matrix. Matrix, uide in dictione Cor. Medulla. Medulla, uide ibidem. Mucro. Mucro est acumen in quod pars quæcunque desinit. Sic foliorum multorũ, siliquarum quarundam, & spinarum omniũ extrema in mucronem acuminantur. Muscus. Muscus est id quod in ipsa corticis superficie quarundam arborum lanuginosum apparet, ueluti cani quidã ipsarum arborum uilli. In quibusdam etiam quædam ipsarum arborum quę uisitur uillosa flosculorum congeries, quæ quod conferta sit densaq; florescat, muscus dici consueuit: ut in Ligustro, & compluribus alijs. Muscaria. Muscaria sunt in orbem radiatæ herbarũ comæ, cacuminaq; in fasces coacta: à flabri similitudine, cuius uentilatu muscæ cõuiuijs abigunt, dicta.

N

Nucamenta NVcamenta dicuntur ea quæ callo squamatim compactili pendent è ramis nucum, roborum, picearum: sic dicta, quod sint quasi quędam naturæ rudimenta, pineam nucem facere condiscentis.

O

Oculus. OCulus gemmula illa in herbarũ surculis, primum germinationis argumentũ dicitur.

P

Palma. PAlma dicitur maius uitis flagellum, unde nascuntur uuæ. Palmus. Palmus ueteribus duplex fuit. Minor digitorum quatuor habebatur, Græcis παλαιστὴς uocatus. Maior digitorũ duodecim, σπιθαμὴ Græcis dictus. Palmites. Palmites dicuntur qui è stirpibus ac surculis quotannis prodeunt: sic nominatæ, quod in modum humanarũ palmarum uirgulas quasi digitos ædant. Pampini. Pampini sunt frondentium ramusculorum comæ coliculiq; fructum fouentes, & ab impendente uindicantes iniuria. Hinc pampinare, est pampinos superfluos ex uinea detrahere, posteaquàm fronduit. Panicula. Panicula dici potest quicquid sublonga uel subrotunda effigie tumet, ut quæ pendet è picearum ramis. Lanosam quoq; comã in milio, panico, arundine, & qualem in aruis complures herbæ, & in palustribus iunci gerunt, Latini paniculam dixere. Pappus. Pappus tam Græcis quàm Latinis est lanugo ex floribus aut fructib. decidua. Sic etiam lanosi quidam uilli, qui deflorescentibus aliquot herbis remanent, & postmodum in auras euanescũt, pappi sunt, ut in senecione, soncho, & plerisq; alijs fit. Pediculus. Pediculus, siue quod idem habet, Petiolus, id est quo foliũ, fructus, aut flos dependet. Pedamenta Pedamenta quibus stat recta uinea dicuntur, hoc est, quibus ueluti pedibus nititur. Nominant etiam à quibusdam pedamina. Pilula. Pilula, uide Cachrys. Pyramis. Pyramis, uide Conus. Propago. Propago dicitur uitis uetula depressa, atq; in terrã per inflexos arcus submersa, ut ex una plures emergant. Pulpa. Pulpa in arboribus est, quod nos in animalium corporibus musculum appellamus. Puluinus. Puluinus est quod inter sulcos eminulũ protumet, sic dictus quod quandam referat puluinorum in quibus sedemus similitudinem.

Q

QVincuncialis figura, eius figuræ quę decussim antiquis significabat, media est. Fiebat uerò decussis ad X literę formam, quę quidem apud Latinos decem significat. Atq; hæc si per medium secetur, remanebit V figura, quę quinarium numerũ, atqueadeo quincuncem demonstrat. Sed hęc quidem multoties tum superius, tum etiam inferius multiplicata, figuram facit, quæ quincuncialis appellatur. Talem planè Trichomanis cauliculi efficiunt. Typos formæ quincuncis, & quincuncialis ordinis, subijcere placuit.

Quincunx. *Ordo quincuncialis.*

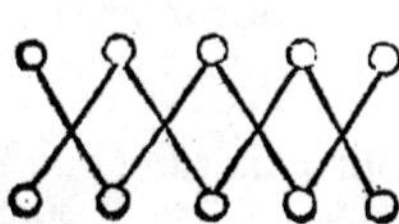

R

Racemus RAcemus pro uua accipitur. Neq; tantũ ipsius uitis est, sed etiam hederę, & aliarũ herbarũ, aut fruticum uuas quasdam producentiũ. Dicitur etiam ramosum id, quo dependent acini. Rami. Rami sunt, qui in caule fissi multiplices sparguntur.

Sarmenta. SArmenta prælongæ sunt uitium uirgulę,
in quas uitis luxurians spargitur: hoc est,
uitis ipsius brachiorum & caulium ligna, tam
dum sunt in ipsa uite, quàm dum execta, & ex
Scapus. empta sunt. Scapus est caulis qui in styli
modum sursum prorepat, aut in altũ fertur,
ducta à columnaribus scapis similitudine.
Scopus. Scopus ramosum id, quo dependẽt acini.
Sesqui. Sesqui uocabulum cum aliqua mensura
uel modi, uel numeri, uel temporis collocatũ,
non integrum modò id cui iungitur explicat,
sed integrum & semis. Sic sesquilibra, libram
unam & semis significat. Sesquimensis inte-
Sextarius. grum mensem cum dimidio. Sextarius ca
Siliqua. pit uncias uiginti mensurales. Siliqua te-
gumentum est, quo uel grana leguminũ, uel
herbarũ semina concluduntur. Nam non mo
dò legumina, sed & complures quoq; & her-
Sinus. bæ & frutices siliquas proferunt. Sinus a-
Spica. larum caua sunt. Spica est quod culmus
extulit. Hanc antiquitus rustici specam uoca-
bant, & à spe uidetur nominata: eam enim
quod sperant fore, ferunt. Tria uerò continet,
granum, glumam, & aristam. Spica mutica
est quæ non habet aristam. Et mutica, quasi
Spongiæ. mutila nominatur. Spongias antiqui oli-
tores uocarunt radiculas illigatas & conne-
xas. Hinc Asparagi satiui & altilis radices mul
tis irretitæ capillamentis coalescentes, & inter se implicatæ, ac quasi in unitatem cocũn-
tes spongiolæ, & spongiæ spongiosæq; appel-
Stamina. lantur. Stamina sunt qui in medio calycis
erumpũt apices: sic dicta, quod ueluti filamen
Stipulæ. ta ab intimo floris sinu prosiliant. Stipulæ
Striæ folia sunt culmũ ambientia. Striæ partes
sunt quædam quæ protuberant & eminent.
Hinc striatus caulis, qui huiusmodi strijs est
præditus, aut striaturis exasperatus. Strigiles
etiam, si Vitruuio credimus, appellantur.
Stolones. Stolones appellantur coliculorum sobo-
Suffrutices. les, inutilisq; è radicibus fruticatio. Suffru
tices sunt quæ cõpluribus ramulis surculisq;
lignosis scatent, sed minutis constant folijs.
Surculus. Surculus, quod ex ramis simplex ac indi-
uiduum oritur, estq; uelut germen quoddam
ex ipso trunco uel caudice productum.

T

Thyrsus. THyrsus est caulis, idq; nomen sibi uendicauit, quod uirgulæ in modũ, uel teli re-
Tomentum. ctitudinem consurgat. Tomentũ Latinis
omne id quo culcitræ ad molliorem & calidio
rem quietem infarciuntur, dicitur, siue id lana
sit siue pluma, siue quod uoluerit aliquis, exci
piendis molliter & fouendis calore corporib.
nostris aptum. Sic Dictamni folia, quod mollia uidentur esse, tomentitia & lanea dicuntur
Tori. à Dioscoride, hoc est, γναφαλώδη. Tori pro
minentes partium calli, & in se pulparum mo
do collecti nominantur. Græci κονδύλους uoca
cant. Hinc κονδυλώδης, id est, torosus, quod
idem Latinis est ac nodi formã præ se ferens.
Triens quatuor cyathi. Tunica est te- Triens.
nuis cortex & ueluti membranaceus, quo uel Tunica.
arbor, uel radix inuestitur. Sic cæpe folliculis
est tunicatum. Turbo dicitur quicquid ex Turbo
acumine tendẽs in amplius spaciatũ. Hinc tur-
binatum, quod ex angusto continenter in latius prodit. Sic turbinata conspicitur pyrorũ
forma. Permulta etiam herbarum folia in mu
cronem turbinantur. Turiones sunt tene Turiones.
ritates summitatũ ipsarum arborum, quæ singulis annis crescunt. Topiarium opus est Topiarium
quod ex arbore, frutice, uel herba ad decorem
componitur in testudines aut cameras forni-
catum. Hinc topiariæ dici merentur arbores uel herbæ quæ nimirum huic operi, quod
flexiles sunt, ac suo lentore sequaces, accom-
modantur.

V

VAscula, seminũ inuolucra sunt. Ve- Vascula.
næ sunt quę in plantarũ folijs apparent, Venæ.
& ramulos & humorẽ habentes. Vermi- Vermicu-
culatum quod rosæ modo, quasi purpurisso, latum.
rutilat, dicitur. Verticillum florum uel fo Verticillum.
liorũ ambitus, qui coliculos aut ramulos herbarum coronat, existit: ab instrumenti mulie-
bris similitudine dictum, quod fuso uertendi
gratia solitum est adhiberi. Vinacei, gra- Vinacei.
na sunt acinorum, γίγαρτα Gręcis nominant̃,
quæ pressis uuis cum folliculo abijciuntur.
Virga est quę ex radicibus, aut caudicis la Virga.
teribus exit. A nõnullis uirgæ appellatæ sunt
soboles. Virgultum surculus is est, qui ter Virgultum
ræ cõmittitur, ut in arborẽ insurgat. Viti- Viticulæ.
culæ non palmites aut sarmenta sunt, sed flagella quę uitis modo reptantia longè lateq; ua
gantur, ac uicinos frutices nacta sic intricant
eos, ut ijs perinde quasi pedaminibus abutan-
tur: uel scandentia suis irretiũt clauiculis, quibus quasi digitis hærent, quales in cucumeribus, cucurbitis, & plerisq; alijs inueniuntur.
Vmbella est floris seminis'ue pedamentũ, Vmbella.
in plures digestum longiores pediculos, qui si
mul ex fastigio eodem orti, in latius continuò
radiantur, singuliq; uel florem, uel semẽ susti-
nent, in orbem circumactum. Gręci hunc flo
ris habitum σκιάδιον, Latini uerò quoniã umbellæ, qua mulieres uultum uindicant à sole,
& æstum arcent, circinatã effigiem gerit, umbellam dixerunt. Vmbilicus id in pomis Vmbilicus.
est, quod in eis medium uel prominet, uel con
ditur. Vngues in rosis & foliatis floribus Vngues.
intellexerunt ueteres, imas suorum foliorum
partes, quibus in capite suo cohærent, decolo
resq; dependent. Vel breuius: Vnguis infima pars foliorum rosæ alba appellatur.

GRAECARVM NOMENCLATIONVM

Indexcuius numerus paginam, litera sequens eiusdē paginæ partem, designat. Picturas, uel ante, uel post capita locatas, uel iisdem insertas reperies.

LATINARVM APPELLAtionum Index.

Apios

INDEX NOMENCLATIONVM quibus officinæ seplasiariorũ, & herbarij nostri temporis utuntur.

Catapu-

Scro-

GERMANICARVM APPELLATIONũ Index.

Stein-

Sequentes duæ appendices suis capitibus adijciantur.

Appendix in caput de Colutea. Pag. 445.

Dum hosce cōmentarios conscriberemus non erat ad manū græcus Theophrastus: quare cum latino tantū utendum esset exemplari Theophrasti, nō satis cōijcere potuimus an per y aut per ου uox ipsa scriberetur, cum nō raro Latini eas uoces in quibus græcè υ est, per u efferant. Quare latinè dici hanc herbam Coluteam & Colyteam putauimus. Sed nacto tandem græco Theophrasti codice, statim deprehendimus κολουτέαν à κολυτέα diuersam esse: idipsum enim Theophrastus manifestè innuit. In latina uerò Theodori uersione perperàm pro Colytea scribitur Colycea: id quod nobis etiam tenebras offudit. Legendum itaq; initio capitis de Colutea in eum modum erit: κολουτέα Græcis, Colutea Latinis dicitur &c. Expungenda itaq; dictio Colytea, & passim in hoc capite pro Colytea legendum Colutea.

Colutea differt à Colytea

Appendix in caput de Trifolio odorato. Pag. 816.

Non latet hanc herbam propè accedere ad descriptionē Loti syluestris. Caulem nanq; fert bicubitalem, & aliquando maiorē, numerosis alarum cauis. Folia Trifolio quod in pratis nascitur similia: semen Fœnogræco ita respondens, ut nisi minus esset, uix ab inuicem discerneres: sapore item medicato. Tamen non minus accedit etiam ad Trifolij acuti picturam. Frutex enim uerius esse quàm herba uidetur, cubito maior, uirgas habens tenues, nigras, iuncosa adnata obtinentes, in quibus sunt folia Loti, in singulis pediculis tria, in ambitu cuspidibus serrata, ut hinc cōmodissimè dici mereatur ὀξύφυλλον. Hæc etiam odorata sunt uehementer, ut nonnullis caput offendant: & ad bituminis certè odorem proximè accedunt, sed non parum tamen suauior & iucundior est. Florem præterea ex se mittit purpureum, hoc est, ad purpuræ colorem nonnihil accedentem: ex albo enim purpureus, aut subcœruleus est. Semen etiam modicè latum, & subhirsutum, ex altero fine ueluti cornu obtinens. Quod ego non de ipso quidem nudo semine, sed de eius potius folliculo, quod in cacumine planè aculeatum ac ueluti cornutum existit, intelligendum puto. Radix deniq; illi longa, gracilis, & tenax existit, nihilq; est in tota descriptione quod ei aptissimè nō quadret. Accedit prǽterea amaritudo quæ in semine non est obscura, pulchrè sibi etiam Trifolij odorati facultates uendicans: mouent enim quæ amara sunt urinam, menses ducūt, comitialibus prosunt, aliaq; quæ Dioscorides Trifolio huic adscribit efficere possunt. Quare ijs rationibus motus, à concepta sententia discedere nondū queo, nisi contingat nobis aliam intueri stirpem, cuius semina, atque adeo grana ipsa hirsuta, & cornuta existant. Quanquā non lateat parum admodum referre utram sententiā, nostram aut aliorum amplectaris, cum Lotus & Trifolium facultatibus non multum aut ferè nihil distent. In hoc tamen semine, quod nos Trifolij odorati esse contendimus, nulla inesse apparet adstrictio, quam tamen in Loti semine Dioscorides requirit. Quod pro confirmanda nostra sententia adijcere uoluimus.

Errata quædam momentanea ad finem operis quære.

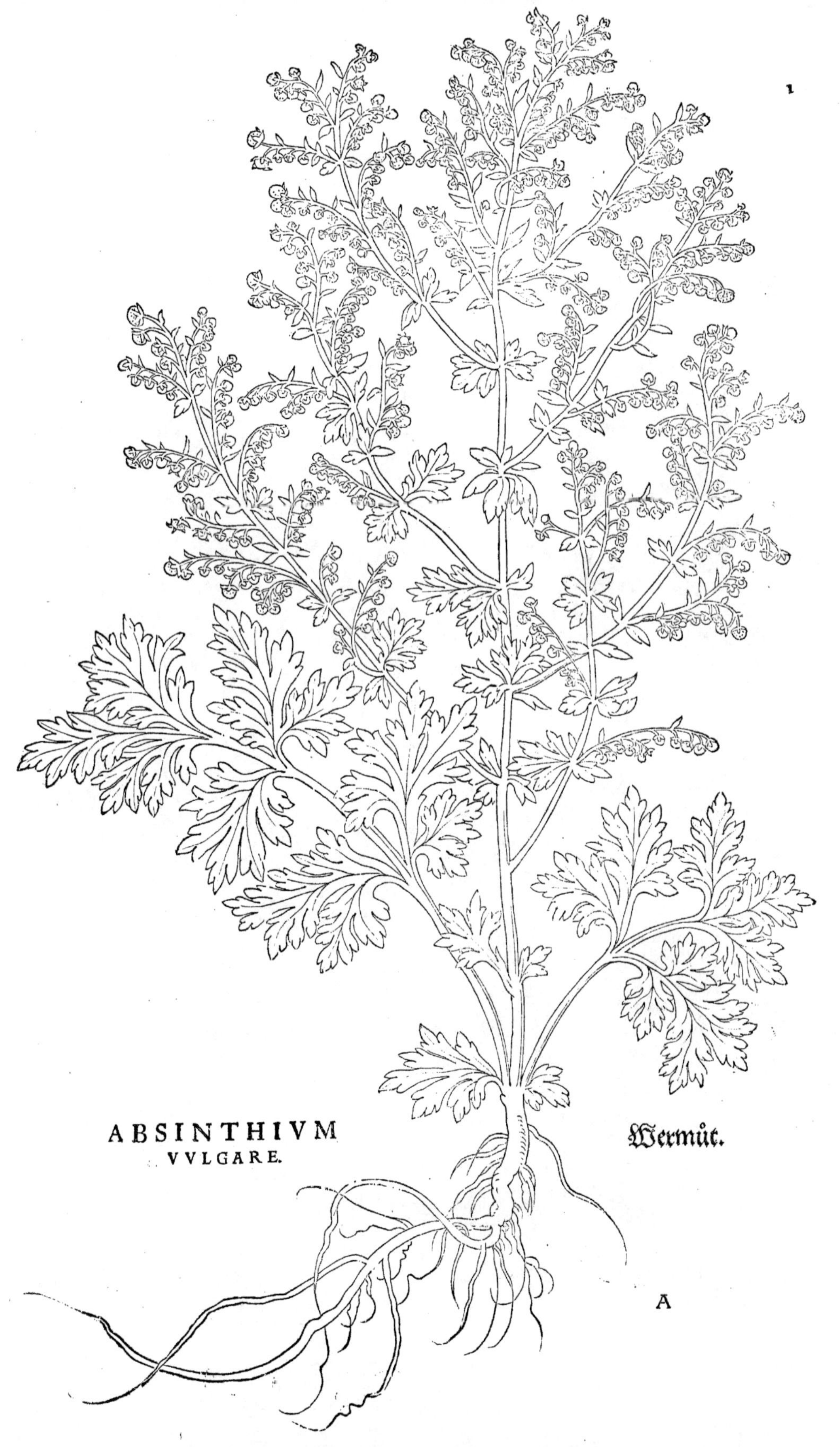
ABSINTHIVM
VVLGARE.
Wermůt.
A

2
Welsomen.
SERIPHIVM
absinthium.

NOMINA.

A 

ΨΙΝΘΙΟΝ gręcè, Absinthium latinè appellatur. In officinis suam appellationem retinuit. Germanicè **wermůt** / quasi prohibens hilaritatem & alacritatem, ob immensam suam amaritudinem, nominatur. Nomen hoc Græci ab ἀψαύω, id est, contrectando, per ἀντίφρασιν deflexerunt, quod nullum animal, ob eximiam amaritudinem, hanc herbam attingat. Veteres Græci Comici ἀπίνθιον quoque conformi etymo, quasi impotabilem dixerũt, quod hanc nemo, propter insignem amarorem, bibere posit. *Absinthium unde dictum.*

GENERA.

Absinthij genera sunt tria, Galeno & Dioscoride testibus. Vnum quod Romanum, uulgare seu cõmune uocant, & est id quod pasim in Germania nostra nascitur, & cuius picturam hic damus. Huius generis est quod à Ponto regione, in qua nascitur, Ponticum cognominatur, estq; cęteris multo præstantius. Alterum genus est marinũ, quod Seriphium nominant. Germani **welsomen**. Tertium Santonicũ, à Santonibus Gallię populis, apud quos plurimum gignitur, dictum est. Hinc nonnulli eius semen corrupta uoce Sanctum, quoniam Sanctonicum dicendum esset, appellant. Nisi id nominis ob insignẽ eius efficaciã, quam in necandis lumbricis obtinet, illi imposuerint. Hodie semen lumbricorũ nuncupãt, germanicè **wurmsomen**. *Vulgare Absinthium. Ponticum. Seriphium. Santonicum.*

FORMA.

Absinthiũ uulgare, herba est caule ramoso, folijs incanis, multipliciter sectis, aureo flore, semine rotundo, racematim cohærente. Seriphium uerò herba est prætenues ramos cirrósue habens, minori similis Abrotono, exiguis referta seminibus,
B subamara, & graui odore. Ex qua deliniatione omnibus perspicuum fit, herbam cuius effigiem damus esse Seriphium. Siquidem herba est tenuibus cirris, Abrotono fœminæ similis, semine in siliquis paruo, grauiter odorata, & subamara. Santonicũ simile est Absinthio, sed non adeò copioso semine scatens, & subamarum. *Vulgare. Seriphium. Santonicum.*

LOCVS.

Nascitur, Oribasio & Apuleio autoribus, locis cultis, montosis & saxosis: plurimum autem præstantisimumq; in Ponto, Cappadocia, & Tauro monte. Seriphiũ pasim circa itinera, macerias uinearum, & sępes prouenit: ut uerum sit quod à Plinio dictum est, plerasq; herbas pedibus cõculcamus, quarum si nobis uirtus perspecta esset, eas in cœlum laudibus ferremus. Santonicum in Gallia, ut diximus, copiose gignitur.

TEMPVS.

Colligendum in fine Iulij mensis, ac in umbra exiccandum, quo etiam tempore floribus & semine prægnans est.

TEMPERAMENTVM.

Ponticum minus calefacit, quod adstrictionis multæ sit particeps. Minus etiam cæteris generibus extenuat, nõ minus tamen resiccat. Galeno itaq; autore calidum in primo gradu, & siccum in tertio statuitur. Succus autem eius longè quàm herba ipsa calidior est. Vulgare quidem adstrictoriam, amaram & acrem qualitatem obtinet, haud secus atq; Ponticum. In hoc tamen ab eo differre uidetur, quod in illo maior sit amaritudo quàm adstrictio. Quamuis neque Ponticum modicè amarum sit, quod Ouidius satis ijs innuit uersibus:

Turpia deformes gignunt Absinthia campi,
Terraq; de fructu, quàm sit amara docet.

Loquitur autẽ de Ponto. Seriphium ipsum Abrotono minus est calidum, uerum Absinthio calidius. Santonicum in extenuando & calefaciendo desiccandóue, Seriphio paulò imbecillius.

VIRES. EX DIOSCORIDE.

C Absinthium calfacit, adstringit, bilemq; stomacho & uentri inhærentem expurgat. Vrinas cit. Crapulam præsumptum arcet. Inflationibus, uentrisq; & stomachi doloribus, cum Seseli & Nardo Gallico potum prodest. Fastidia discutit. Morbo regio correptos, dilutum aut decoctum eius per singulos dies cyathis tribus haustũ sanat. Menses cum melle sumptũ aut appositum euocat. Strangulationibus fungorum ex aceto potum subuenit. Ixiæ, cicutæ, muris aranei morsibus, & draconi marino cum uino aduersatur. Anginis cum melle & nitro inungitur. Contra epinyctidas ex aqua, sugillata uero & oculorum caligines cum melle, similiter auribus ex quibus manat sanies, illinitur. Decocti eius uapor suffitúsue, dentium auriumq; dolores lenit. Decoctum cum passo dolentibus oculis oblinitur. Præcordijs, iecinori, & stomacho dolenti, ac longo tempore affecto, cum cerato Cyprino tritum illinitur. Stomacho autem cum rosaceo subactum. Cum ficis, nitro, & farina loliacea, aquæ inter cutem, lienosisq; subuenit. Prçterea uestiarijs arcisq; inditum Absinthiũ, uestes ab erodentium iniurijs seruat. Culices cum oleo perunctum à corporibus abigit & arcet. Atramentum librariũ ex diluto eius temperatum, literas à murium erosione tuetur. Par est etiam succum hæc omnia facere, attamen in potionibus improbatur, stomacho enim obest, & capitis dolores adfert. Seriphium uero per se, uel cum oryza decoctum, & cum melle sumptum, ascaridas & rotundos lumbricos necat, aluum simul leuiter subducens. Eadem potest præstare cum edulio aut lenticula decoctum. Santonicum eadem quæ Seriphium potest.

EX GALENO.

Absinthium adstrictoriam, amaram, & acrem simul qualitatem possidet, excalfaciens pariter & extergens, roborans & desiccans. Proinde biliosos uentris humores per egestionem infernam propellit, ac per urinam euacuat. Magis uero quod in ue-
D nis est biliosum per urinas expurgat. Ideo contentam in uentre pituitam, sumptum nihil iuuat. Sic neq; si in thorace aut pulmone contineatur: nam adstringens in eo facultas, quàm amara ualentior est.

EX PLINIO.

Stomachum corroborat, & ob hoc sapor eius in uina transfertur. Bibitur decoctum in aqua, & postea nocte & die refrigeratum sub dio: decoctis sex drachmis foliorum cum ramis suis in cœlestis aquæ sextarijs tribus. Oportet & salem addi. Tritum, ut aiunt, raro in usu est, sicut & succus expressus. Bibitur & madefacti dilutũ. Exprimitur autem cum primum semen turgescit, madefactum aqua triduo recens, aut siccum septem diebus, deinde coctum in æreo uase ad tertias, decem heminis, in aquæ sextarijs quadragintaquinq;, iterumq; percolatum, herba eiecta, lente coquitur ad crassitudinem mellis, qualiter ex minore Centaurio quæritur succus. Sed hic Absinthij succus inutilis stomacho capitiq; est, cum (ut tradunt) sit illud decoctũ saluberrimum: nam stomachum adstringit, bilemq; detrahit, urinam cit, aluum emollit, & in dolore sanat, uentris animalia pellit. Malaciam stomachi & inflationes cum exiguo Sili & Nardo Gallico, addito aceto, discutit. Fastidia abstergit, concoctiones adiuuat. Cruditates detrahit cum ruta, & pipere, & sale. Antiqui purgationis gratia dabant cum marinæ aquæ ueteris sextario, seminis sex drachmis, cum tribus salis, & mellis cyatho. Efficacius purgat duplicato sale. Quidam in polenta dedere supradictum pondus addito Pulegio. Alij contra paralysin. Alij pueris folia in fico, sic ut amaritudinem fallerent. Facile thoracem purgat cum Iride sumptũ. In regio morbo crudum bibitur cum Apio, aut Adianto. Aduersus inflationes calidum paulatim sorbetur ex aqua. Iecinoris causa cum Gallico Nardo, lienis cum aceto, aut pulte, aut fico sumitur. Aduersatur fungis ex aceto. Item uisco, cicutæ ex uino, & muris aranei morsibus, draconi marino, scorpionibus. Oculorum claritati multum cõfert. Epiphoris cum passo imponitur, sugillatis cum melle. Aures eius

decoctum

A decoctum uaporis suffitu sanat: aut si manat sanies, cum melle tritum. Vrinam ac menses ciunt tres quatuórue ramuli, cum Gallici nardi radice una, cyathis aquæ vi. menses priuatim cum melle sumptum, & in uellere appositum. Anginis subuenit cum melle & nitro. Epinyctidas ex aqua sanat: uulnera recentia, priusquam aqua tangantur impositum: prętereaq; capitis ulcera. Peculiariter ilibus imponitur, cum cypria cera, aut cum fico. Sanat & pruritus. Non est dandum in febri. Nauseas maris arcet in nauigationibus potum: inguinum tumorem in uentrali habitum. Somnos allicit olfactum, aut inscio sub capite positum. Vestibus insertum tineas arcet. Culices ex oleo perunctis abigit, & fumo si uratur. Atramentum librarium ex diluto eius temperatũ, literas à musculis tuetur. Capillum denigrat absinthij cinis, unguento rosaceoq; permixtus. Marinum, quod quidam seriphium uocãt, stomacho inimicum. Aluum mollit, pellitq; animalia interaneorum. Bibitur cum oleo & sale, aut in farinæ trimestris sorbitione dilutum. Coquitur quantum manus capiat, in aquæ sextario ad dimidias.

VINI ABSINTHITIS VIRES, EX DIOSCORIDE.

Absinthites uinum stomacho accõmodatum est, urinam cit. Tarde cõcoquentibus utile: iecinorosis itidem, nephriticis, & regio correptis morbo. Cibum nõ appetentibus, & stomacho male affectis, & longis præcordiorum distensionibus ac inflationibus, rotundis lumbricis, & suppresis mensibus auxiliatur. Contra ixiæ uenena hausta, copiosius potum, & uomitionibus redditum prodest.

CONFECTIO.

Variæ uini absinthitis sunt confectiones, ut ex Dioscoride constare potest. Optimum tamẽ fit, si tusæ Pontici absinthij drachmæ octo, linteo raro ligatæ, in amphoram uini cõijciuntur. B Mustum deinde mittitur, relicto uno uasis spiraculo ne efferuescens foras exiliat.

APPENDIX.

Santonici, quod ut cõmemoratum est, hodie semen lumbricorũ uocant, præcipuus hoc tempore ad lumbricos ex corpore pellendos & enecandos usus est. Et si genuinum est, magna efficacia cum melle assumitur tam à pueris, quàm adultis. Seriphium quoq; aduersus lumbricos à multis cõmendatur, eoq; nomine mors uermium appellatur. Sunt etiam qui lumbricorũ semen nominent.

Semen lumbricorum.

Mors uermiũ.

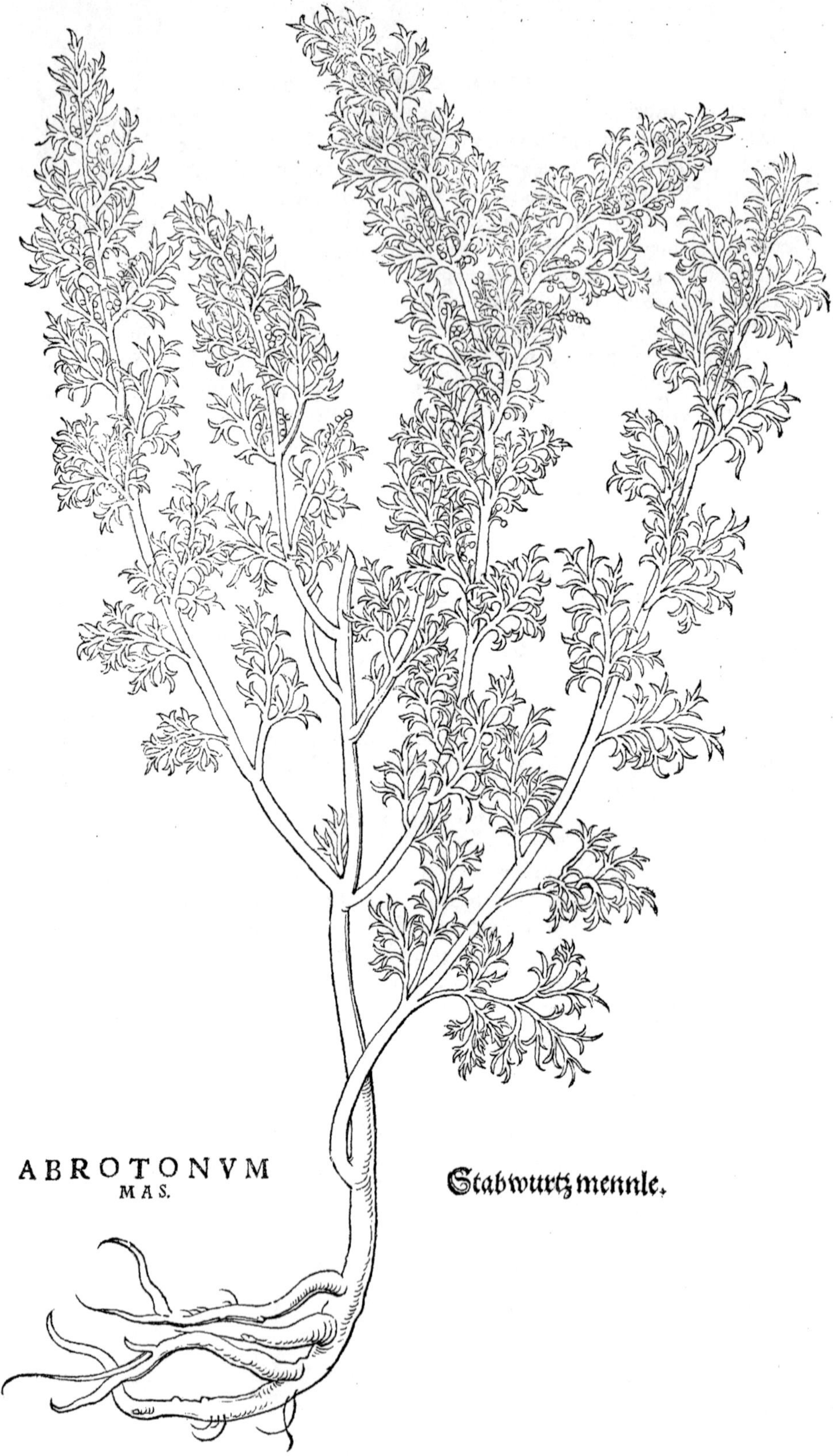

ABROTONVM
MAS.

Stabwurtz mennle.

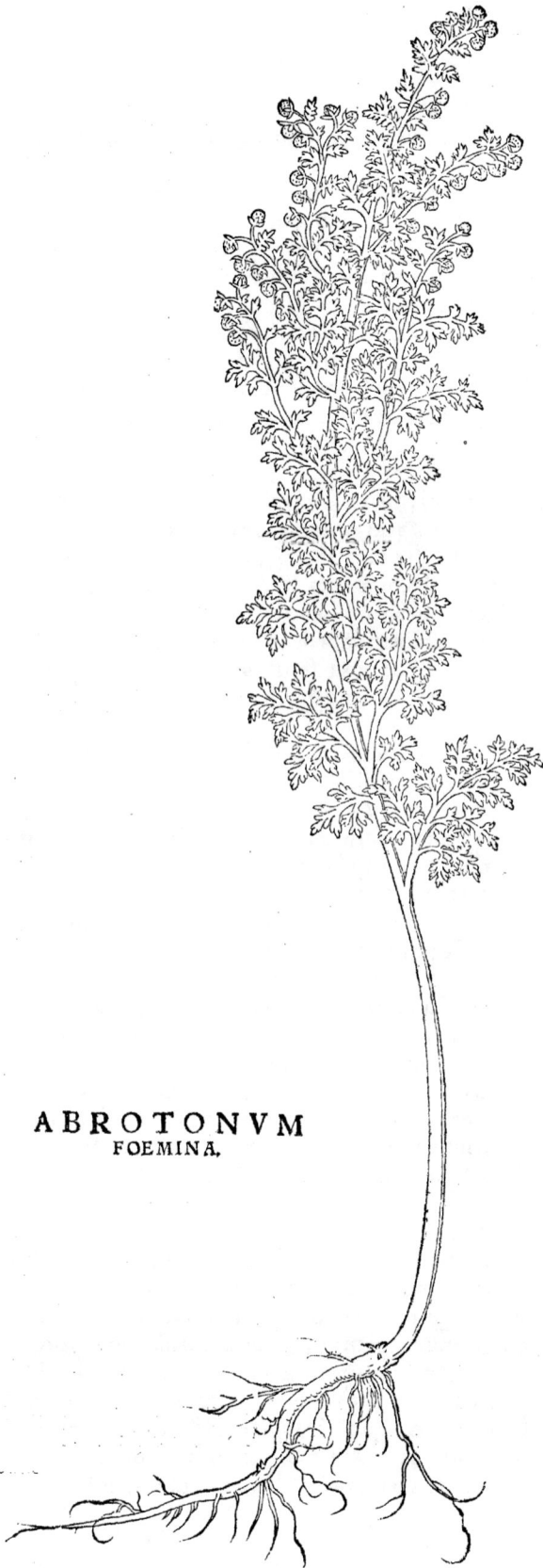

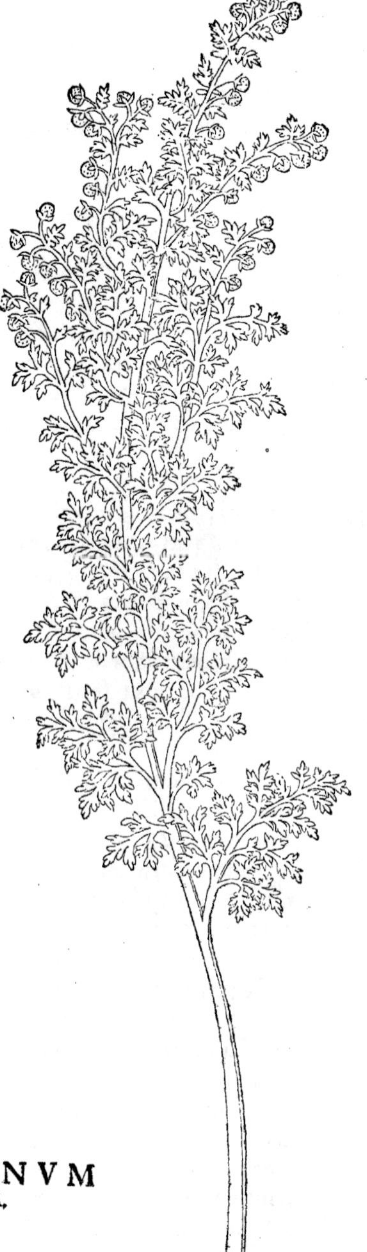

ABROTONVM
FOEMINA.

Stabwurtz weible.

C

NOMINA.

Abrotonum unde dictum.

ΑΒΡΌΤΟΝΟΝ Græcis, Abrotonum Latinis nominatur. Officinæ antiquũ nomen retinuerunt. Germanis **Garthagen/Stabwurtz/Schoßwurtz/Gertwurtz/Kutelkraut/Affruisch/** appellatur. Hoc autem nomen sibi usurpauit, ut Nicandri testatur interpres, διὰ τὸ πρὸς ὄψιν ἁβρὸν, καὶ ἁπαλὸν φαίνεσθαι. ἄλλως τε καὶ διὰ τὸ δυσάπνουν εἶναι. hoc est, quod conspectu tenerum, molle & delicatum appareat, aut quod grauem, acrémue & difficilem halitum prospiret.

GENERA.

Abrotonũ duorum est generum, ueterum & recentiorũ omnium sententia, mas & fœmina. Plinius lib. xxi. cap. vij. mas quidem campestre uocat Abrotonum, fœminam uero mõtanum. Vulgus, syluestrem Cypressum, à similitudine & odore foliorum eiusdem, nomenclaturæ herbæ fruticisue uocat. Germanicè **weiß garthan/oder wilder cypreß.**

FORMA.

Abrotonũ mas.

Abrotonũ, quod mas appellamus, sarmentosum, minutis folijs, minus album quàm fœmina, tenui semine ac numeroso uti Absinthiũ. Semen autem nõ quouis tempore producit, sed ad Septembris duntaxat mensis initia, quo si diligenter obseruabis tempore, semine prægnans esse comperies. Recte igitur λεπτόκαρπον in Dioscoride legitur, huic lectioni nõ solum ueterum codicum fide, uerumetiã sensu suffragante.

Abrotonum fœmina.

Fœmina frutex est, arboris speciem habens, candicantibus folijs, Seriphij modo minutim circum ramulos incisis, floribus refertus, in summo auri fulgore comantes corymbos obtinens, odoratus etiam cum grauitate quadam.

LOCVS.

Mas pasim apud Germanos in hortis, & in campestribus nascitur: fœmina uero in collibus & montibus sua sponte prouenit.

D

TEMPVS.

Floret utrunq; Augusto. Colligitur autem in autumno, potisimum Septembri mense: hoc enim tempore semen, ut diximus, profert.

TEMPERAMENTVM.

Abrotonũ calidum & siccum, inq; tertio ordine seu recessu post media situm est, id quod amaritudo eius, quam gustu præ se fert, facile monstrat.

VIRES. EX DIOSCORIDE.

Vtriusq; abrotoni semen feruefactũ & crudum tritum cum aqua potum nõ nisi recta ceruice spirantibus, ruptis, conuulsis, ischiadicis, urinæ difficultatibus, & suppresis mensibus auxiliatur. Potum in uino exitialium uenenorum antidotum est. Cum oleo rigentibus illinitur. Serpentes lecto instratum & suffitum fugat. Cum uino potum aduersus eorundem morsus, peculiariter autem scorpionum & phalangiorum, prodest. Oculorum inflammationibus cum cotoneo cocto, aut pane illitum subuenit. Tritum cum farina hordeacea decoctumq; tubercula discutit. Admiscetur irino unguento.

EX GALENO.

Non instrenue excalfacit & desiccat. Nam siue comã cum floribus (reliqua enim eius palea inutilis est) cõtusam ulceri puro illinas, mordax & irritans uidebit̃, siue eo in oleo macerato, caput aut uentrem perfundere uoles, admodũ calefacere reperies. Quin & si qui per circuitum rigoribus capiuntur, eos ante inuasionem rigorum hoc uoles confricare, minus utiq; rigore concutientur, imò & sensus confestim ubi admotum fuerit ipsum calfacere percipit. Porrò quod lumbricos interimat par est, nimirũ quum sit amarum. Protinus uero quod & digerendi & incidendi uim habeat scies. Præterea abrotonum ustum calidum & siccum facultate est, magis etiam quàm cucurbita sicca usta, & anethi radix. Illa enim ulceribus humidis

simul

A simul & citra phlegmonem callo induratis prosunt, ac proinde maxime ulceribus ijs quæ in pudendorum præputijs sunt competere uidentur: at cinis Abrotoni ulceribus omnibus mordax est, ac idcirco cum oleo tenuium partium, Cicino scilicet, aut Raphanino, aut Sycionio ueteri, potissimum Sabino, ad alopecias confert. Barbam etiam segnius tardiusq; enascentem cum aliquo dictorum oleorum elicit: sed nec minus illis, lentiscino maceratum. Rarefaciendi enim uim, eò quod tenuium est partium, obtinet, & mordax est, & calidum. Abrotonum uero inimicum stomacho existit.

EX PLINIO.

Vsus est & folijs, sed maior semine, ad calefaciendum, ideo neruis utile, tussi, orthopnoicis, urinæ, torminibus, conuulsis, ruptis, lumbis. Datur bibendum manualibus fasciculis decoctis ad tertias partes. Ex his quaternis cyathis bibitur. Datur & semen tusum in aqua drachmæ pondere. Prodest & uuluæ. Concoquit panos cum farina hordeacea, & oculorum inflammationibus illinitur cotoneo malo cõcocto. Serpentes fugat. Contra ictus eorum bibitur in uino, illiniturq;. Efficacissimum contra ea quorum ueneno tremores & frigus accidunt, ut scorpionum & phalangiorũ, & contra alia uenena. Prodest quoquomodo algentibus, & ad extrahenda ea quæ inhęrent corporibus. Pellit interaneorum mala. Ramo eius si subijciatur puluino, uenerem stimulari tradunt: efficacissimamq; herbam esse contra omnia ueneficia, quibus coitus inhibeatur.

DE ASARO. CAP. III.

B

NOMINA.

ΑΣΑΡΟΝ græcè, Asarũ latinè dicitur. Officinis hodie nomen retinet. Germanicè Haselwurtz. Asaron autem dictum est, quod in ornatũ non ueniat, uel ut Plinius lib. xxi. cap. vi. inquit, quoniam in coronas atq; serta non addatur: uel quod manualibus scopis, quę odoris gratia gestantur, minimè solitum sit inseri. *Asaron cur dictum.*

FORMA.

Folia hederæ similia habet, longè tamen molliora, rotundioraq;. Flores inter folia ad radicem purpureos, odoratos, Hyoscyami cytino similes, in quo semen acino nõ dissimile. Radices multas, geniculatas, tenues, obliquas, gramini persimiles, longè tamen graciliores, odoratas, calefacientes, & linguam admodum erodentes. Cæterum hic admonendum esse lectorẽ duximus, omnia Dioscoridis exemplaria hoc in loco deprauata esse, perperamq; habere uel πυκνότερα uel μικρότερα, cum potius scribendum sit μαλακώτερα, id quod partim Plinij testimonio, partim etiam iudice sensu ipso comprobari potest. Plinius siquidem lib. xij. cap. xiij. Asarum sic depingit: Est hederę folijs, rotundioribus tantum, mollioribusq;. Si quis uero ea de re ad iudicem sensum referat, Asarumq; cum hedera conferat, Asari certè folia neq; densiora, neq; minora hederæ folijs esse comperiet, quum Asari folia maiora multò sint quàm hederæ. Proinde cum folia hederæ illorum comparatione multò minora sint, euidentissimum est pro μικρότερα legendum esse μαλακώτερα, huic nimirum lectioni adstipulantibus Plinio & sensus iudicio, ut dictum est: ad tactum enĩ huius folia longè sunt hederæ molliora. Accedit quod ab una dictione in aliam facilis sit transitus. His itaque rationibus motus, Asari folia μαλακώτερα, hoc est, molliora hederæ folijs esse dixi, ut reuera etiam sunt. *Dioscoridis locus emendatus.*

LOCVS.

Nascitur in umbrosis locis, montibus potissimum & syluis: aspera enim macráue & sicca loca amat.

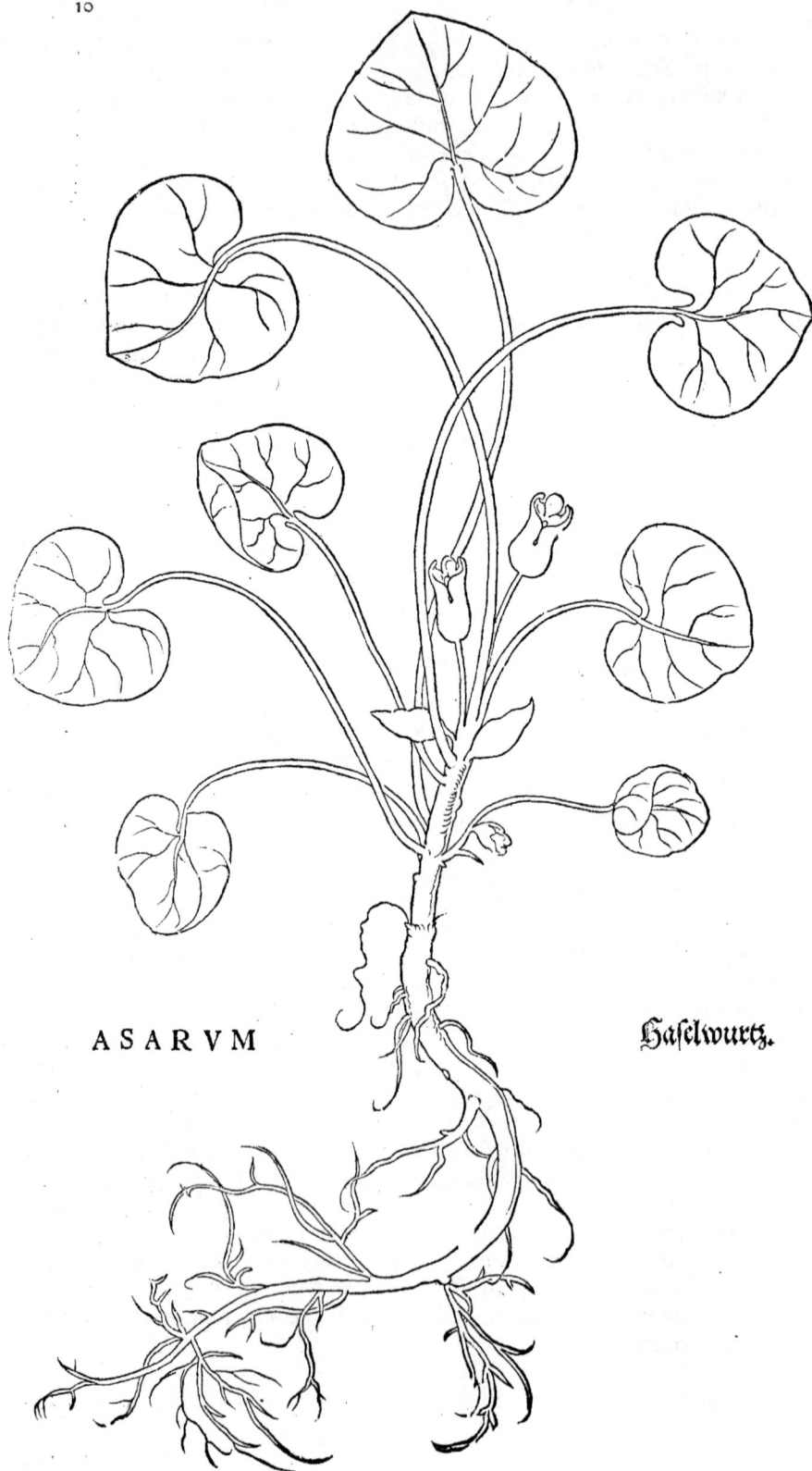

ASARVM

Haselwurtz.

A TEMPVS.

Bis anno, uere nimirum & autumno floret. Colligendúm in fine Augusti, à die uidelicet decimoquinto eius mensis, usq; ad octauum Septembris.

TEMPERAMENTVM.

Asarum in calefaciendo & exiccando ordinis tertij existit, radices potissimũ eius.

VIRES. EX DIOSCORIDE.

Radices Asari calefaciunt, & urinam mouent. Hydropicis & ischiadicis diuturnis prosunt. Ducunt menses pondere drachmarum sex cum mulso potæ. Purgant Ellebori albi modo. Ruptis præterea, conuulsis, tussi ueteri, difficultati spirandi, & urinæ conferunt. Cum uino potæ ferarum morsibus salutares. Folia adstringunt. Illita capitis doloribus, oculorum inflammationibus, ægilopis incipientibus, mammis à partu tumentibus, ignibusq; sacris prosunt. Coma somnum etiam conciliat. Sic Crateias herbarius de Asaro proditum reliquit.

EX GALENO.

Asari radices utiles sunt, facultate similes radicibus Acori, intensiores tamẽ. Itaq; ex ijs, quæ de illis prodita sunt, hic facienda coniectura.

EX PLINIO.

Nardi uim habet Asarum, quod & ipsum aliqui syluestre Nardum appellant.

EX MARCO AEMYLIO.

Est Asaron græcè Vulgago dicta latinè.
Hæc calidæ & siccæ uirtutis dicitur esse.
Tertius est illi gradus, ut dicunt, in utroque.
Prouocat urinam, potataq; menstrua purgat.
Hocq; modo iecoris medicatur sumpta dolori.
B *Hydropicosq; iuuat, schiasim fugat hausta frequenter.*
Et uuluæ morbis decoctio subuenit eius.
Dicitur ictericum potata repellere morbum.
Elleboriq; modo uomitu præcordia purgat.
Sed non est huius purgatio tam uiolenta,
Nec metuenda quidem, si fiat taliter illa:
De folijs eius triginta recentia tollens,
Adde meri tantum quo possint cuncta recondi.
Tota nocte mero facias macerentur in illo,
Mane terens, uino quo sunt macerata resolue.
Tunc olus excoctum cum pingui carne recenti
Porcina, prius ægroto da sufficienter,
Et sumat uini uult quantum fortis & albi,
Sic Asari succum colatum trade bibendum.
Fortibus & magnis est hic numerus foliorum
Sufficiens, reliquis, ut diximus, est minuendus
Iuxta quod uires, ætas, & cætera poscunt.

APPENDIX.

Lixiuium in quo Asarum decoctum est, si eo caput lauetur, cerebrum roborat, & memoriam. Succus etiam eius cum Pompholyge, caligantibus oculis confert.

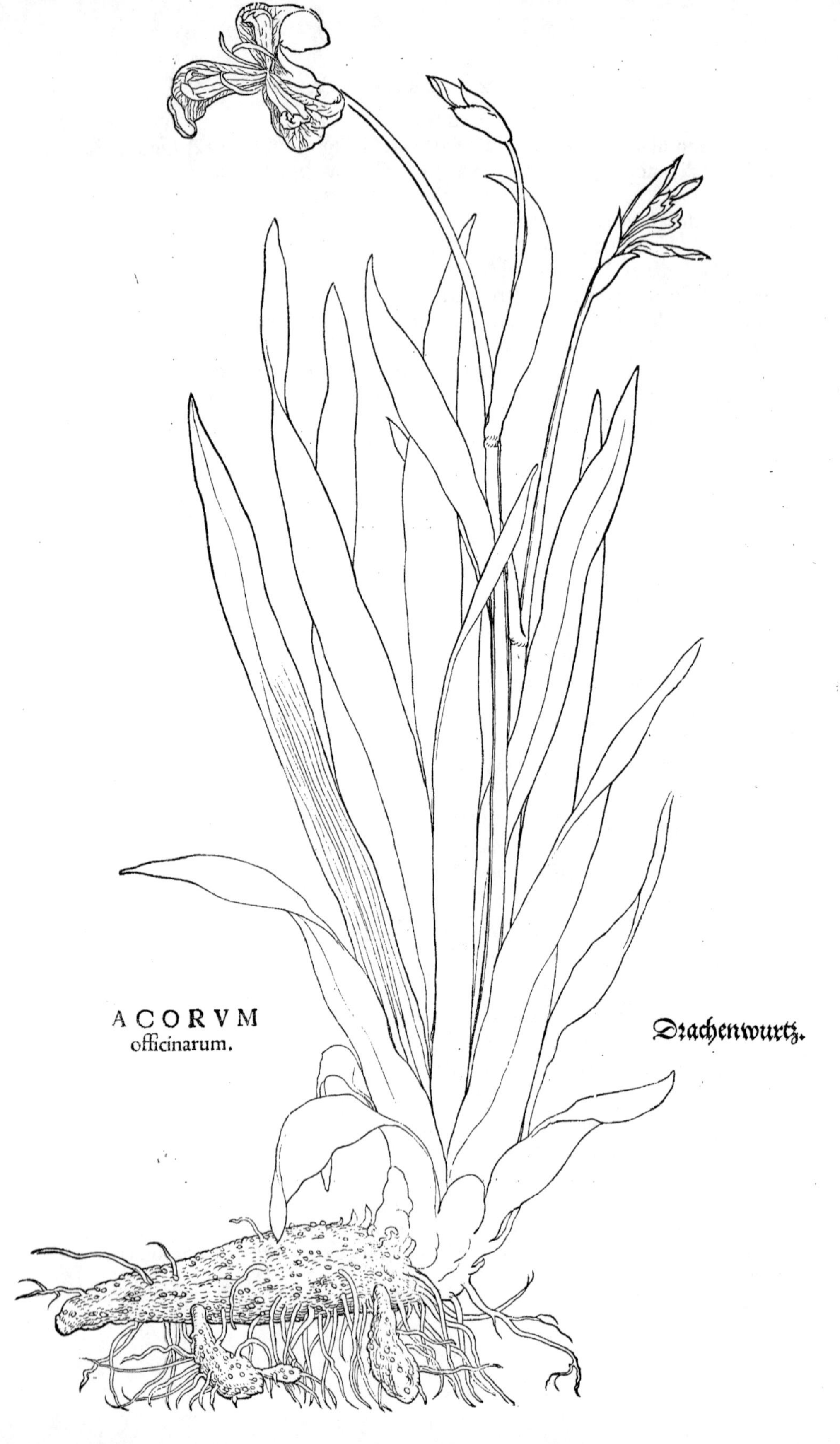
ACORVM
officinarum.
Drachenwurtz.

NOMINA.

AKOPON græcè, Acorũ latinè appellatur. Officinis nomen retinet. Germanicè Gel lilgen/Drachenwurtz oder Ackerwurtz uocatur. Acoron aphrodisiam quasi ueneream Græci etiam uocant. Apuleius, quicunq; ille fuerit, in cõmentariolo quod de aliquot herbis scriptũ à se reliquit, Piper apium dictam fuisse hanc herbam testatur, quod ea in aluearijs suspensa, nunquam diffugiant apes.

FORMA.

Folia Iridis habet, angustiora tamen. Radices non dissimiles, implicatas, neq; in rectum enatas, sed obliquas, & in superficie existentes, geniculis seu internodijs distinctas, subalbas, gustu acres, odore non ingratas. Præstat densum, candidum, nõ cariosum, plenum & odoratum, cuiusmodi est in Colchide & Galatia. Ex qua sanè Dioscoridis descriptione satis liquet Acorum nostrum, quo hodie officinæ utũtur, etsi nõ uerũ sit, tamen aliquã saltem Acori speciem esse: Iridis enim folia obtinet, angustiora tamen. Radices quoq; similes, implicatas & inuicem adnatas, nõ in rectũ, sed in obliquum tendentes: non in profundo delitescentes, sed in superficie existentes, & modico cespite tectas: deniq; geniculis seu internodijs interceptas. Neq; etiam in colore ab eo quem Dioscorides pingit uariare uidetur: nostrũ enim Acorũ nõ raro ὑπολεύκους, hoc est, subalbas seu candicantes radices habere conspicitur. Accidit autem ut & rubentes intus habeat radices, quæ tamen cum candicantes passim intercurrentes uenas obtineant, recte subalbæ dici possunt, quod nimirũ neq; uere rubescant, neq; candidum etiam prorsus colorem referant, sed eum potius qui ex rubro & candido mixtus sit. Cæterũ radices Acori quæ intus candicant, foris ut plurimũ subrubẽt. Hinc est quod Serapion in Acori descriptione Dioscoridis uerba referẽs,
B ὑπολεύκους dictionẽ ita uertere uoluit: Et color radicũ exterior tendit ad rubedinem. Proinde qui hac sola ratione, quod Acori radix intus interdum rubescat, mouẽtur, ut diuersum nostrũ prorsus à Dioscoridis credant, ij non utuntur argumento quod tanti momenti sit, ut quod conãtur, persuadere alijs possit. Cum enim Dioscorides Acori radices ὑπολεύκους, hoc est, albicantes faciat, noster certe nunquam non tales habere deprehenditur: uel enim uere candicantes sunt, uel subrubentes, quas etiam ὑπολεύκους recte dici posse iam ostendimus. Porrò quamuis odoratæ non sint eius radices, tamen nihil obstare posset odor, quo minus nostrum uerum esse putaremus Acorum, quum abunde constet illum, haud aliter quàm colorem, secundum diuersas regiones in eadem sæpe herba mutari: si non esset aliud, quod ut diuersum certo crederemus nos urgeret, hoc nempe, quod nostri Acori radices gustu acres nõ sint, quod tamen omnes ueteres uno ore de Acoro affirmant, sed potius adstringentes. Quapropter etsi tota ferè descriptio illi respõdere uideatur, tamen quia acris nõ est, uires eas quas uero Acoro tribuunt ueteres, habere non potest: ut hoc nomine uehementer errent qui à solis descriptionibus tantũ pendent. Nec minus hallucinantur officinæ quæ ad urinas mouendas, aut menses euocandos, lienésue minuendos eo utuntur. Perperàm etiam Diacori compositionem ex eodem conficiũt. Curent itaq; ut uerum Acorum habeant, quod iam in multis Germaniæ officinis prostare puto. Nam radix illa quæ à nonnullis seplasiarijs nunc sub nomine maioris Galangæ uenditur, si cætera etiam respondeãt, haud dubie radix ueri Acori est. Et debent seplasiarij ea uti, quoties in compositionibus medicamentorũ Acori fit mentio, præcipuè autem in Diacori compositione apparanda, quod hæc calefaciendo cõcoctionem stomachi supra modum iuuet. Et hoc eò confidentius faciendum esse hortor, quod Galangam maiorẽ ueri Acori radicem esse existimem: geniculis enim scatet, foris subrubra, intus subalba, gustu acris, odore nõ ingrata, ut hoc nomine illa tutò & sine errore officinæ pro Acoro uti queant.

Acorum officinarum non est uerũ Acorum.

C

LOCVS.

Apuleius locis cultis, pratis ac hortis nasci, raramq; inuentu herbam hanc tradit. Nostrum Acorum iuxta amnes, & passim in aquosis & palustribus locis prouenit.

TEMPVS.

Legitur radix Acori æstatis initio, & siccatur in umbra digitalibus frustis.

TEMPERAMENTVM.

In calefaciendo & desiccando tertij est ordinis. Nostrum quidem desiccat, at citra calefactionem.

VIRES. EX DIOSCORIDE.

Acori radix calefaciendi uim habet. Decoctum eius potum, urinam cit. Prodest lateris, thoracis & iecoris doloribus: torminibus, ruptis, conuulsis. Lienes minuit. Vrinæ stillicidio, & uenenatorũ morsibus subuenit. Insessu, quemadmodum Iris, ad muliebria utilis est. Succus radicis caligines oculorum discutit. Antidotis præterea radix utiliter miscetur.

EX GALENO.

Acori utimur radice quæ gustu acris est, & modicè amara, odoreq; non iniucunda. Hinc manifestum est hanc facultate calidam, & cõsistentia tenuium partium esse. Huic consentaneũ est, ut urinam moueat, & lienes induratos iuuet, tum corneæ membranæ crassitiem detergeat simul atq; extenuet. Ad hoc autẽ melior est ipsius succus. Omnino uero siccificum esse clarum est.

EX PLINIO.

Vis ei est ad calefaciendum extenuandumq; efficax, contra suffusiones & caligines oculorum succo eiusdem poto, cõtraq; serpentes. Pectoris doloribus subuenit, & ideo antidotis miscetur. Iecinori medetur, thoraci quoq; & præcordijs. Vrinam cit eius decoctum, & omnia uesicę uitia sanat. Testium tumores radix decocta in ui-
D no, tritaq; & illita mirè discutit. Duritias & collectiones omnes sanat, decocto huius herbæ fouentibus. Cõtusis & euersis pota duobus obolis in mulsi cyathis tribus radix prodest. Acoron quoq; utile est interioribus fœminarum morbis.

ACORI OFFICINARVM VIRES.

Acori adulterini facultates.

Gustus abunde monstrat eius radicem immensam adstringendi facultatem obtinere. Hinc est quod diuersam planè à ueri Acori radice uim sortita sit. Nam ut hęc tenuium est partiũ & facultate calida, atq; adeò detergit, extenuat atq; discutit: ita illa consistentia crassarũ partium, ac facultate frigida, constringit, densat, cogit & contrahit. Quare urinam nõ cit, ut uerum Acorum, nec menses euocat, sed potius supprimit. Sanguinem etiam undecunq; manantem cohibet. Proinde rectè Pandectarum autor scribit, eum qui secum Acori radicem gestet, à nullo sanguinis profluuio corripi. Et ex recentioribus aliqui hanc facultatem Acori nostri obseruarunt, atque hinc adeò tradunt eius succum igne expressum, menses nimium promanantes constringere posse, id quod certè de Acoro affirmare uanissimũ erit. Ex ijs itaq; intelligent iam seplasiarij, quis usus nostri etiam in medicina sit Acori: nec cõmittent, ut fanatici cuiusdam, qui nuper Morophrasti impudentis hominis pestilentissimas nugas & ineptias tegere, atq; adeò epistola aliqua operi illius temerè præfixa cõmendare, ac prę illo monstro reliquos omnes medicos, si dijs placet contemnere ausus est, cõsilio obsecuti, hoc prorsus abijciant, cum illius immensa sit adstringendi, quod demonstrauimus, facultas.

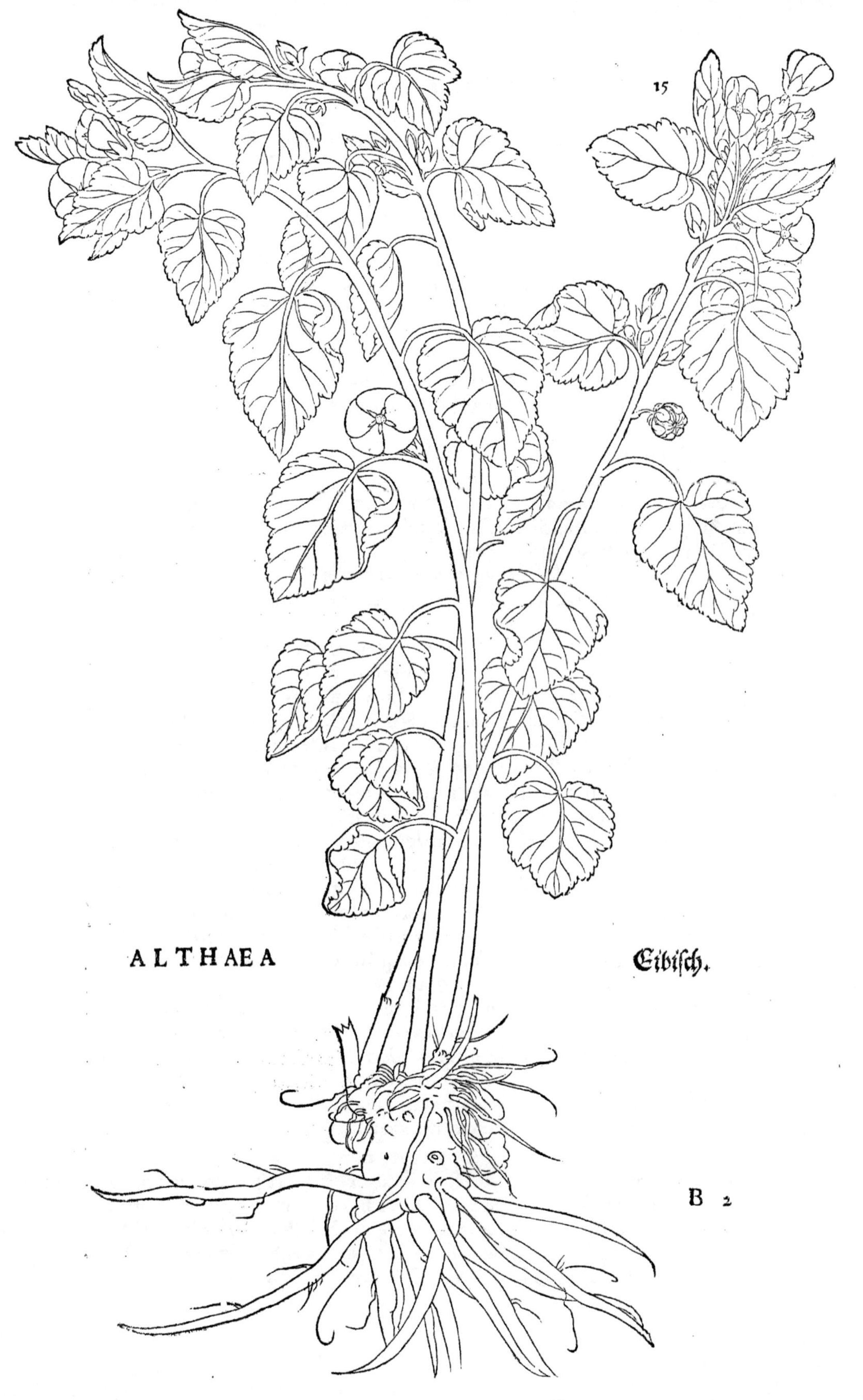
ALTHAEA
Eibisch.

C

NOMINA.

Bismalua. Maluauiscus.

Αλθαία, ἰβίσκος, ἰβίσκος græcè: Althæa, Ebiscus, Ibiscus latinè dicitur. Officinę, quæ ut plurimũ barbaris uocibus gaudent, Bismaluam, Maluauiscum, & simpliciter Euiscum nominant. Maluauisci autem uox corrupta est, ex malua nimirũ & euisco composita, quasi dicat aliquis Malua ebiscus, hoc nomine illam ab alijs maluis, quæ sanè multæ sunt, segregans. Germanicè Ibisch/oder Eibisch/Groß oder wild pappeln. Althæa uero à multiplici remediorũ potestate & usu, uel ut Plinius ait, ab excellentia effectus nominata est. Siquidẽ ἀλθαία Græcis idem ualet, ac si à medendo medicã simpliciter dicas. Nam ἀλθαίνειν illis mederi significat, ἄλθος uero remedium & medicinam.

Althæa unde dicta.

FORMA.

Syluestris Maluæ genus est, cui folia ut Cyclamino rotunda, lanuginosa, flos rosaceus, caulis cubitorum binûm, radix lenta uiscosaꝗ, intus candida.

LOCVS.

Locis humentibus, pinguibusꝗ gaudet.

TEMPVS.

Radices, ut reliquarum ferè herbarum omnium, inter autumni initia, hoc est, in fine Augusti, & Septembris mensis principio, legendæ. Folia uero & semen in æstate. Floret Iulio & Augusto mensibus.

TEMPERAMENTVM.

Folia & flores calidi & sicci primo excessu seu ordine. Radices uero in principio secundi.

VIRES. EX DIOSCORIDE.

Radix in aqua mulsa aut uino cocta, aut per se pota, ad uulnera, parotidas, strumas, abscessus, mammarũ inflãmationes, sedis contusiones, inflationes, neruorum
D distentiones, efficax est. Siquidem discutit & maturat, aut rumpit, & ad cicatricem perducit. Cocta quo dictum est modo, & cum adipe anserino aut suillo, uel terebinthina subacta, ad uteri inflammationes & præclusiones utiliter admouetur. Decoctum eius idem præstat, secundasꝗ à partu relictas educit. Decoctum radicis cum uino potum, urinę difficultati, calculosorũ cruditati, dysentericis, ischiadicis, tremulis, & ruptis succurrit. Dentium mitigat dolorem cum aceto decocta, colluto inde ore. Semen autem uiride siccumꝗ tritum, cum aceto in sole perunctum alphos extergit. Cum aceto & oleo inunctum à uenenatorũ morsibus præseruat. Valet ad dysenteriã, sanguinis reiectionẽ, & alui fluores. Seminis decoctum in posca aut uino contra omnes apum & minutarũ ferarum ictus bibitur. Folia cum exiguo oleo, morsibus & ambustis illinuntur. Addensat aquam sub diuo radix trita & admixta.

EX GALENO.

Digerendi, laxandi, phlegmone leuandi, mitigandi, concoquendi coctu difficilia tubercula. Porrò radix eius & semen cætera quidem pari herbæ uiridi modo agunt, uerum tenuiorum partium, magisꝗ exiccatoriam, ad hęc magis extersoriam quàm illa facultatẽ ostendunt, ut & alphos detergant, & semen renum calculos confringat. Radicis autem decoctum, dysenteriæ, alui profluuio, & sanguinis reiectioni utile est, nempe cum adstringentem quandam facultatem possideat.

EX PLINIO.

Althææ contra omnes aculeatos ictus efficacior uis, præcipuè scorpionum, uesparum, similiumꝗ, & muris aranei. Quin & trita cum oleo, hac peruncti antè, uel habentes eam, non feriuntur. Eius radix præcipuè cõuulsis ruptisꝗ efficax est. Cocta in aqua aluum sistit. Ex uino albo strumas & parotidas, & mammarum inflammationes, & panos in uino folia decocta & illita tollunt. Eadem arida in lacte decocta,

A cocta, quamlibet perniciosæ tussi citissimè medentur. Hippocrates uulneratis, sitientibusq; defectu sanguinis, radicis decoctæ succum bibendum dedit. Et eam uulnerib. cum melle & resina, item cõuulsis, luxatis, tumentibus, & musculis, neruis, articulis imposuit. Et asthmaticis ac dysentericis in uino bibendam dedit. Mirum, aquã radice ea addita addensari sub dio, atq; elactescere. Efficacior aũt quo recẽtior.

EX THEOPHRASTO.

Vsus eius ad rupta, & tusses è uino dulci, & ad ulcera in oleo. Aliàs si carnibus concoquas, in idem aggregare, ac ueluti conglutinare posse affirmant.

DE ANAGALLIDE. CAP. VI.

NOMINA.

ΑΝΑΓΑΛΛΙΣ gręcè, Anagallis latinè, officinis inusitata, germanicè Gauchheyl / oder Colmarkraut. Hoc nominis fortè à Germanis inditum est, quod Anagallis in limine uestibuli suspensa maleficiorum introitũ pellere credita sit. Errant qui Morsum gallinæ seu Passerinã uulgò dictam herbam, Anagallida putant: haud secus atque ij, qui Auriculam muris pro Anagallide depictam ostendunt herbarij.

Gauchheyl Germanis quare dicta.

Anagallis non est Morsus gallinæ, neque Auricula muris.

GENERA.

Duo duntaxat Anagallidis esse genera ueterum omniũ testimonio constat, marem scilicet & fœminã, quæ sanè nullo nisi florũ discrimine distant. Mas enim puniceo, fœmina uero cœruleo flore conspicitur. Proinde hallucinari iuniores ac barbaros medicos euidentissimũ est, qui plura duobus Anagallidis genera constituunt.

FORMA.

B Frutices sunt Anagallides parui in terra iacentes, folia in quadrangulis caulibus pusilla habentes, & modicè rotunda ad Helxines similitudinem. Semen gerunt rotundum. Non quicquam sanè certius hac scriptorum pictura respondet, cum duplex sit in flore color, puniceus nimirũ & cœruleus, quadranguli caules per terram sparsi, folia non toto ambitu rotunda, & semen coriandro nõ dissimile circinatum. Non est tamen quod sic humi prostratos hos frutices intelligas, ut prorsus nõ suppullulent. Nam in altum etiam surgunt, non tamen altius, quàm ipsa tibi examussim pictura monstrat.

LOCVS.

Pedibus in aruis uineisq; ubiq; calcatur, neq; quicquam nũnc Anagallide despectius est, cum tamen in antiqua medicina multus eius fuerit usus. Licet autem ubique ferè proueniat, in uliginosis tamen lætior.

TEMPVS.

Per æstatem utriusq; prouentus maximus est, potissimum autem mense Augusto. Florent autem à Maio mense usque in autumnum.

TEMPERAMENTVM.

Anagallidis uterq; sexus calidam & siccam facultatẽ obtinet, quod scilicet extergere possint. Mulieres nanq; quę asperiorẽ & decolorẽ à natura cutem acceperunt, ad leuorem nitoreq; uultus harum succo utuntur, ut hac ratione errare necesse sit, qui Anagallidas frigidas & humidas esse statuunt.

Error quorundã detegitur.

VIRES. EX DIOSCORIDE.

Vtraq; mitigandi facultatẽ habent. Inflãmationes arcent, surculos extrahunt, ulcera serpentia cõpescunt. Succus earũ gargarissatus pituitã capitis purgat. Per nares infusus dolorẽ dentiũ lenit, si in contrariã narem injciat. Argema cum Attico melle emendat, & oculorũ caligines iuuat. Contra uiperarũ morsus, renum & iecinoris uitia, ex uino potus prodest. Tradunt nonnulli eam quæ cœruleum florem habet, prociduam sedem reprimere: quæ uero puniceum, illitu euocare.

ANAGALLIS MAS.

Gauchheyl mennle.

ANAGALLIS
FOEMINA.

Gauchheyl weible.

C

EX GALENO.

Anagallis utraque, tam ea quæ florem parit cœruleum, quàm ea quæ puniceum, admodum extergendi facultatem obtinent. Quendam etiam calorem attractoriũ possident, ita ut impactos corpori refigant aculeos. Succus earum ex naribus purgat eadem de causa. Et ut summatim dicatur, exiccatoriam citra mordicationẽ facultatem habent, quamobrẽ uulnera glutinant, & putrida adiuuant.

EX PLINIO.

Vtriusque succus oculorum caliginem discutit cum melle, & ex ictu cruorem, & argema rubens, magis cum Attico melle inunctus. Pupillas dilatat, & ideo hoc inunguntur antè, quibus paracentesis fit. Iumentorũ quoque oculis medentur. Succus caput purgat per nares infusus, ita ut deinde uino colluat. Bibitur & contra angues succi drachma in uino. Mirum, quod fœminam pecora uitant. At si decepta similitudine (flore enim tantum distant) degustauere, statim eam quæ Asyla uocatur, in remedio quærunt. Ea à nostris ferus oculus nuncupatur. Præcipiunt aliqui effossuris, ante solis ortum, priusquã quicquid aliud loquantur, ter salutare eam, tunc sublatam exprimere, ita præcipuas esse uires. Vrinam cient Anagallides. Iecinori mirè prosunt. Cohibent quas nomas uocant. Vtiles & recentib. plagis, præcipuè senum corpori. Ad recentia quoque uulnera tanta traditur uis, ut saniem ossibus extrahant. Anagallis cœrulea procidentia sedis retro agit, è diuerso rubens proritat.

Superstitiosum.

DE ALSINE. CAP. VII.

NOMINA.

Morsus gallinæ.

D

ΑΛΣΙΝΗ græcè, Auricula muris latinè, Morsus gallinæ uulgò appellatur. Pauerina Italicè, quod paueris, id est, iunioribus anseribus gratum pabulum sumministret. Auiculas caueis inclusas, cum fastidiunt escã, aucupes hac herba recreare solẽt. Hinc germanicè Vogelkraut/ Hünerserb/ Hünerderm/ Hünerbiß uocatur. Alsine autem dicta est, quod lucos, quæ Græci ἄλση nominant, nemorosaque & umbrosa loca amet. Auricula uero muris, quod musculorum auribus folia similia habeat.

Alsine cur dicta.

Auricula muris.

GENERA.

Quamuis Dioscorides & alij unam tantum Alsinen faciunt, nos tamen tria eiusdem genera, licet plura adhuc inueniantur, damus. Primum genus Alsinen maiorẽ uocauimus, quod scilicet uera sit Alsine, & alijs maior, germanicè Hünerderm nominatur. Alterius generis plantam Alsinen mediã appellauimus, germanicè Hünerserb. Hæc quod ad flores attinet, qui cœrulei sunt, à descriptione uariat: eiusdem tamen cum priore facultatis. Tertij generis herbam Alsinen minorem uocauimus. Hæc, quidem, ut prima, pulchrè descriptioni respondet, germanicè Kleinvogelkraut nuncupatur.

FORMA.

Cauliculis serpit rotundis, è quorum geniculis exiles ramuli prosiliũt, folijs Helxines minoribus, minusque hirsutis, flore exiguo, candido, foris herbaceo. Hæc cum teritur cucumis odorem refert. Non autem illam Peponis maturi iucunditatem, sed herbaceum cucumeris odorem subolet. Porrò cum Dioscorides Helxinæ similem esse Alsinen tradit, non de ea Helxine quæ uulgò Parietaria, sed ea potius quæ alio nomine Cissampelos dicitur, intelligas oportet: hæc enim folia Hederæ haud dissimilia obtinet. Adeò ut liquidò iam cõstet, Alsinen esse eam herbam quam passim hodie Morsum gallinæ appellant. Huc accedit quod facultates, ut ex sequentibus patebit, quas uulgus Morsui gallinæ tribuit, ab Alsines uiribus nihil uarient.

Helxine duplex.

LOCVS

Nascitur in lucis, hortis, & maximè in parietibus, macerijs, opacisque locis.

TEMPVS.

ALSINE
MAIOR
Hünerderm.

ALSINE MEDIA.

Hünerserb.

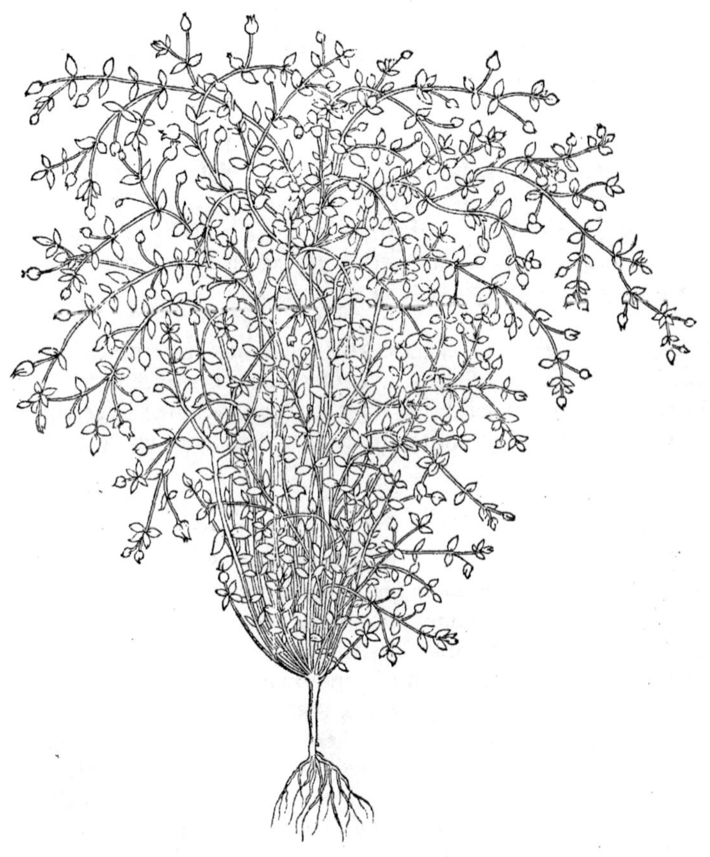

ALSINE MINOR.

Kleinuogelkraut.

C

TEMPVS.

Incipit à media hyeme. Arescit autẽ æstate media. Cum prorepit, musculorũ aures imitatur folijs.

TEMPERAMENTVM.

Refrigerantem & humectantem haud secus quàm Helxine obtinet facultatem: est enim aqueæ essentiæ frigidæq́; quare & citra adstrictionem refrigerat.

VIRES. EX DIOSCORIDE.

Alsine refrigerandi facultatem obtinet. Oculorũ inflammationibus cum polenta illita cõuenit. Succus eius aurium doloribus instillatus prodest. In uniuersum eadem quæ helxine potest.

EX GALENO.

Ad feruentes phlegmonas, & mediocria erysipelata competit.

EX PLINIO.

Vsus eius ad collectiones inflammationesq́;. Quin emendat omnia quæ Helxine, sed infirmius. Epiphoris peculiariter imponitur: item uerendis ulceribusq́; cum farina hordeacea. Succus eius auribus infunditur.

APPENDIX.

Easdem facultates, herbis quas morsus gallinæ uulgò nominant, nostri temporis herbarij tribuunt, quod scilicet ad feruentes inflammationes, ac erysipelata prosint. Omnes enim, ut dictum est, refrigerant atque humectant. Hinc est quod minorem aliqui Germanorũ Fieberkraut uocent, quia scilicet febribus accõmoda, & utilis sit.

DE ANTHEMIDE. CAP. VIII.

NOMINA.

D

Chamæmelon cur dictum.

ΑΝΘΕΜΙΣ, ἢ χαμαίμηλον græcè, Anthemis, Chamæmelon latinè, officinis corrupto nomine Camomilla dicitur, Germanicè Camillen. Chamæmelon, quoniam odorem habeat mâli, appellant, id quod de primo genere potissimum intelligendum uenit.

GENERA.

Tria eius genera, floribus tantum distantia, inueniuntur. Hi enim etsi intus aurei sint, tamen foris per ambitũ illis adiacent folia aut candida, aut lutea, aut purpurea. Quæ foris in orbem candida folia obtinet, ea est quæ à Dioscoride propriè λευκάνθεμον, & uulgò hodie Camomilla uocatur. Quę uero luteis per ambitum folijs cõstat, ea haud dubie est, quã priuatim Dioscorides à suis floribus χρυσάνθεμον nominat, Germani autem, pulchrè ad græcam appellationem alludẽtes, Goldtblůmen / Gel camillen / Streichblůmen appellant. Tertia species chamæmeli, quę nimirũ purpurea per orbem folia habet, nulla alia est nisi ea quam hodie uulgus medicorum Consolidam regalem, Germani autẽ à similitudine calcaris, cui respondet flosculus eius herbæ, & à colore lepido regioq́;, qui aspectari nunquã satis potest, Ritterspořn uocant. Dioscorides peculiariter ἠράνθεμον, eo quod uere floreat, dici tradit. Tria itaq́; in uniuersum Anthemidis seu Chamæmeli genera sunt, quorum sanè primum Chamæmelon leucanthemon, alterũ Chamæmelon chrysanthemon, tertium Chamæmelon eranthemon Dioscoridi nominatur. De duobus primis generibus neminẽ dubitare, quin uera & legitima sint, arbitramur, quod nihil in ijs sit quod Dioscoridis descriptioni, quam mox subijciemus, non respondeat. Tertium fortè nonnullis qui morosius omnia obseruant, minime genuinum Chamæmeli genus esse uidebitur: ideoq́; quibus simus argumentis & cõiecturis impulsi, ut tertium Anthemidis esse genus credamus, necesse erit ostendere. Potissimũ autem quod nos in hanc sententiam pertraxit est, quod singula in Dioscoridis descriptione illi congruant, rami scilicet palmum non excedentes, fruticosi, multas alas habentes, parui & exigui, capitula

Leucanthemon.

Chrysanthemon

Eranthemon.

Consolida regalis est tertia chamæmeli species.

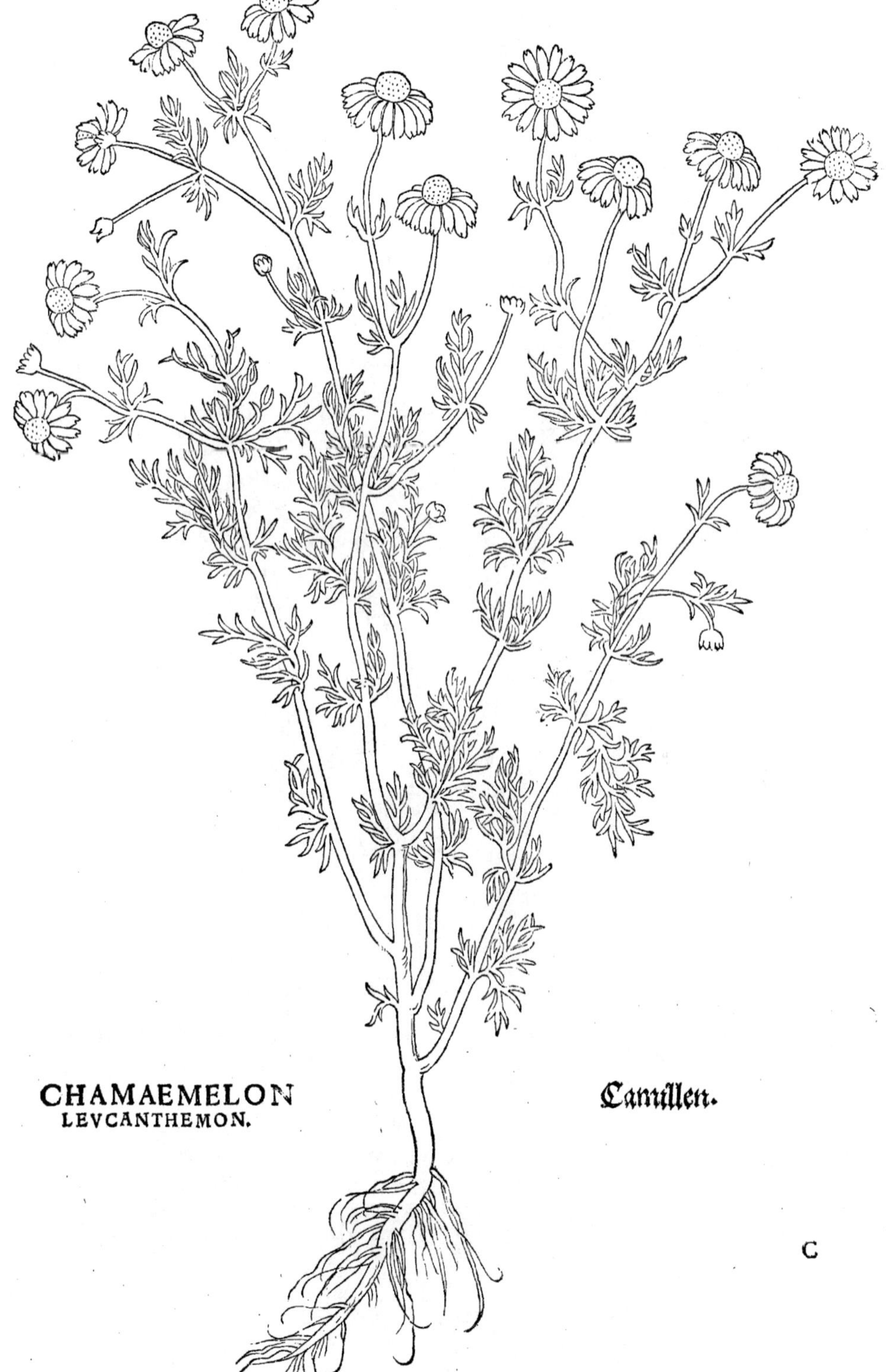

CHAMAEMELON
LEVCANTHEMON.

Camillen.

CHAMAEMELVM CHRYSANTHEMON.

Gel camillen.

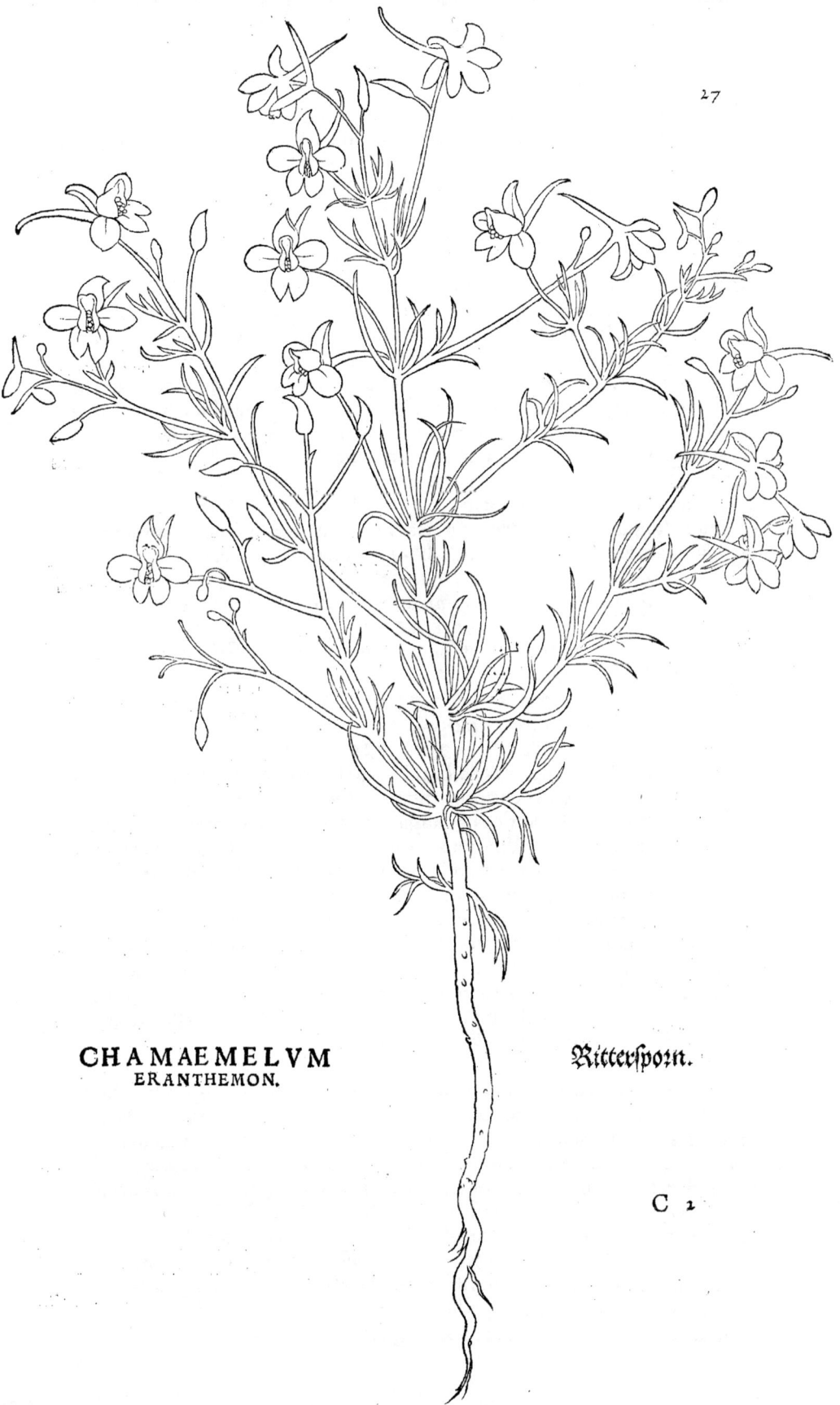

CHAMAEMELVM ERANTHEMON.

Rittersporn.

C pitula rotunda, aurea, foris purpureis folijs, magnitudine in nullo alio genere Rutę folijs magis ſimilibus circundata. Deinde ſententiam hanc noſtram cõfirmauit antiquiſsimus codex manuſcriptus, in quo pictura exquiſitiſſimè Regalem dictã con-
» ſolidã refert, quam ijs ſanè uerbis deſcribit: Herba eſt quam quidã Monachellã, ſiue
» Capuciariã uocant (à cucullo hauddubiè monachorũ, quem flores illius herbæ re-
» ferunt, nomen imponentes) Dioſcorides Eranthemon appellat, & eſt una ſpecies
» Anthemidis, quæ folia inſtar Camomillæ habet, nigriora tamen: florem autem uio
» læ ſimilẽ. Hæc ille. Quibus omnibus illud etiã accedit, noſtram de hac herba ſententiam mirificè corroborans, quod uulgus hodie medicorũ Conſolidã regalẽ calculoſis, & oculis prodeſſe tradat, adeò ut illius etiã conſpectũ multos ex oculis laborantes ſanaſſe dicant. Atq; hinc fit ut ſtudioſi paſſim eam herbã in ſuis muſæis ſuſpenſam habeant, oculis hac ratione cõſulere uolentes. Has autem omnes facultates ut ex ſequentibus patebit, Eranthemo ſuo Dioſcorides etiam adſcribit. Quamobrem nihil certius eſt, quàm Conſolidam regalem tertium eſſe Anthemidis genus, id quod argumenta noſtra iam adducta palàm euincunt.

FORMA.

Rami palmum non excedunt, fruticoſi, frequentes alas habentes, parui, tenues & multi, capitulis rotundis. Flores intus aureos continent, foris uero per ambitum candidos, aut luteos, aut purpureos, foliorum Rutæ magnitudine.

LOCVS

Naſcuntur in aſpero, ſicco, macroq; ſolo, & iuxta ſemitas atq; itinera.

TEMPVS.

Colliguntur uere, in calidis potiſſimum regionibus, in noſtris inter æſtatis initia, hoc eſt, Iunio menſe.

D

TEMPERAMENTVM.

Calefaciunt & deſiccant in primo ordine.

VIRES. EX DIOSCORIDE.

Vim habent radices, flores & herba calfaciendi, extenuandiq;. Potu & inſeſſione menſes, fœtus, calculos & urinam pellunt. Aduerſus inflationes, & tenui inteſtini dolores bibuntur. Bile ſuffuſos expurgant, & iecinoroſis medentur. Decocto earum ueſicæ uitia fouentur. Efficacius ex omnibus generibus eſt, quod florem fert purpureum, cęteriſq; maius exiſtit, idq; propriè Eranthemon uocatur. Quod uero Leucanthemon & Chryſanthemon cognominãt, uehementius urinam ciunt. Aegilopijs illitæ medentur. Commanducata oris ulcera ſanant. Nonnulli in clyſteribus ex oleo utuntur, terentes ipſas ad pellendos febrium circuitus. Folia & flores reponi debent, & ſeparatim contuſa in paſtillos conformari. Radix quoq; ſiccatur, & uſu poſcente interim partes duas herbæ, floris aut radicis modò unam: interim contrà floris duas, & herbæ unam, alternis diebus duplicantes pondus, dare conuenit. Bibere autem oportet in uino diluto mulſo.

EX GALENO.

Tenuium eſt partium, quamobrem digerendi, rarefaciendi, & laxandi facultatẽ obtinet. Eſt itaq; Chamęmelon tenuitate Roſę perſimile, calore uero ad olei facultates magis accedit, animali familiares, & temperatas. Quapropter laſſitudinib. ut ſi quid aliud, cõfert, doloreſq; mitigat. Præterea tenſa remittit & laxat, quæq; mediocriter dura ſunt emollit, quæq; cõſtipata cõdenſatáue ſunt rarefacit. Ad hæc febres quæ citra uiſceris alicuius inflammationẽ infeſtant, diſſoluit, præſertim quæ ex humorib. bilioſis, aut cutis denſitate cõſiſtunt. Qua de re & ab Aegyptiorũ ſapientiſſimis Soli cõſecrata eſt, febriumq; omniũ remediũ putaſ. Verum hac quidem in re à ueritate aberrãt: ſolas enim quas diximus febres ſanare poteſt, easq; quæ iam cõcoctæ ſunt. Iuuat autem pulchrè reliquas etiam omnes quę melancholicæ ſunt aut pituitoſæ, aut ex uiſceris inflãmatione prognatę: nam & harum remediũ Chamæ-

melum

A melum uel ſtrenuiſſimũ eſt, ubi iam cõcoctis adhibetur: quapropter & hypochondrijs, ut ſi quid aliud, gratum exiſtit.

EX PLINIO.

Medici uere folia tuſa in paſtillos digerunt: item florem & radicem. Dantur omnia mixta drachmæ unius pondere contra ſerpentum ictus. Pellit mortuos partus, item menſtrua in potu, & urinam, calculosq́: inflationes, iecinorũ uitia, bilem ſuffuſam, ægilopia. Cõmanducata ulcerum manantes in ore eruptiones ſanat. Ex omnibus ijs generibus ad calculos efficaciſſima eſt, quæ florem purpureum habet, cuius & foliorum & fruticis amplitudo maiuſcula eſt. Hanc propriè quidem Eranthemon uocant.

DE ANETHO. CAP. IX.

NOMINA.

ΑΝΗΘΟΝ græcè, Anethum latinè appellatur. Nomen in officinis genuinum retinet. Germanicè Dyllen/ & Hochkraut nominatur.

FORMA.

Anethum ſeſquicubitali proceritate aſſurgit, multicaule, rmoſum, exilitate folij in ſtaminis penè modum extenuata, luteolo floſculo, ſemine lato & quaſi foliato, radice lignoſa, neque adeò prolixa, umbella fœniculi, cui cognatum quaſi genus, propter ſimilitudinem uideri poteſt.

LOCVS.

In hortis ſeritur: interdum & ſponte, fœniculi modo, prouenit.

TEMPVS.

B Floret in æſtate, Iunio & Iulio menſibus.

TEMPERAMENTVM.

Anethum adeò calefacit, ut habendum ſit aut ſecundi ordinis intenſi, aut tertij remiſſi. Exiccantiũ uero ordinis eſt ſecundi incipientis, aut primi finientis. Vſtum autem tertij tum calfacientium, tum deſiccantium ordinis ſit.

VIRES. EX DIOSCORIDE.

Anethi aridi comæ ſeminisq́ decoctum potum lac euocat. Tormina & inflationes ſedat. Aluum leuesq́ uomitiones ſiſtit. Vrinam cit. Singultus lenit. Oculos hebetat, & genituram aſſiduè potum extinguit. Decoctum eius mulieribus præfocatione uuluæ laborantibus ad inſidendum utile. Semen eiuſdem uſtum & illitum condylomata tollit.

EX GALENO.

Anethum in oleo decoctum digerit, ſedat dolores, ſomnum conciliat, crudos & incoctos tumores concoquit. Fit enim ex eo oleum, cuius propinqua ſit temperies pus mouentibus, & maturantibus uocatis medicamentis, niſi quatenus paulò illis tum calidius, tum tenuiorum partium eſt, atqueadeo digerẽdi facultate prȩditum. Vſtum ulceribus admodum humidis illitum prodeſt, potiſſimum ijs quæ in pudendo conſiſtunt. Quæ autem in præputio ſunt inueterata, ijs probè cicatricem inducit. Cæterum uiride humidius eſt, & minus calidum, itaq; magis cõcoquit ſicco, & ſomnum cõciliat, ſed minus digerit. Idcirco mihi uidentur ueteres coronis ex eo concinnatis in ſympoſijs uſi eſſe.

EX PLINIO.

Anethũ ructus mouet, & tormina ſedat. Aluum ſiſtit. Epiphoris radices illinuntur ex aqua uel uino. Singultus cohibet ſemen feruens olfactum. Sumptũ ex aqua ſedat cruditates. Cinis eius uuam in faucibus leuat, oculos & genituram hebetat.

EX SIMEONE SETHI.

Ad craſſorũ humorũ inflationes prodeſt. Quidã ſanè ipſum ſtomacho bonum

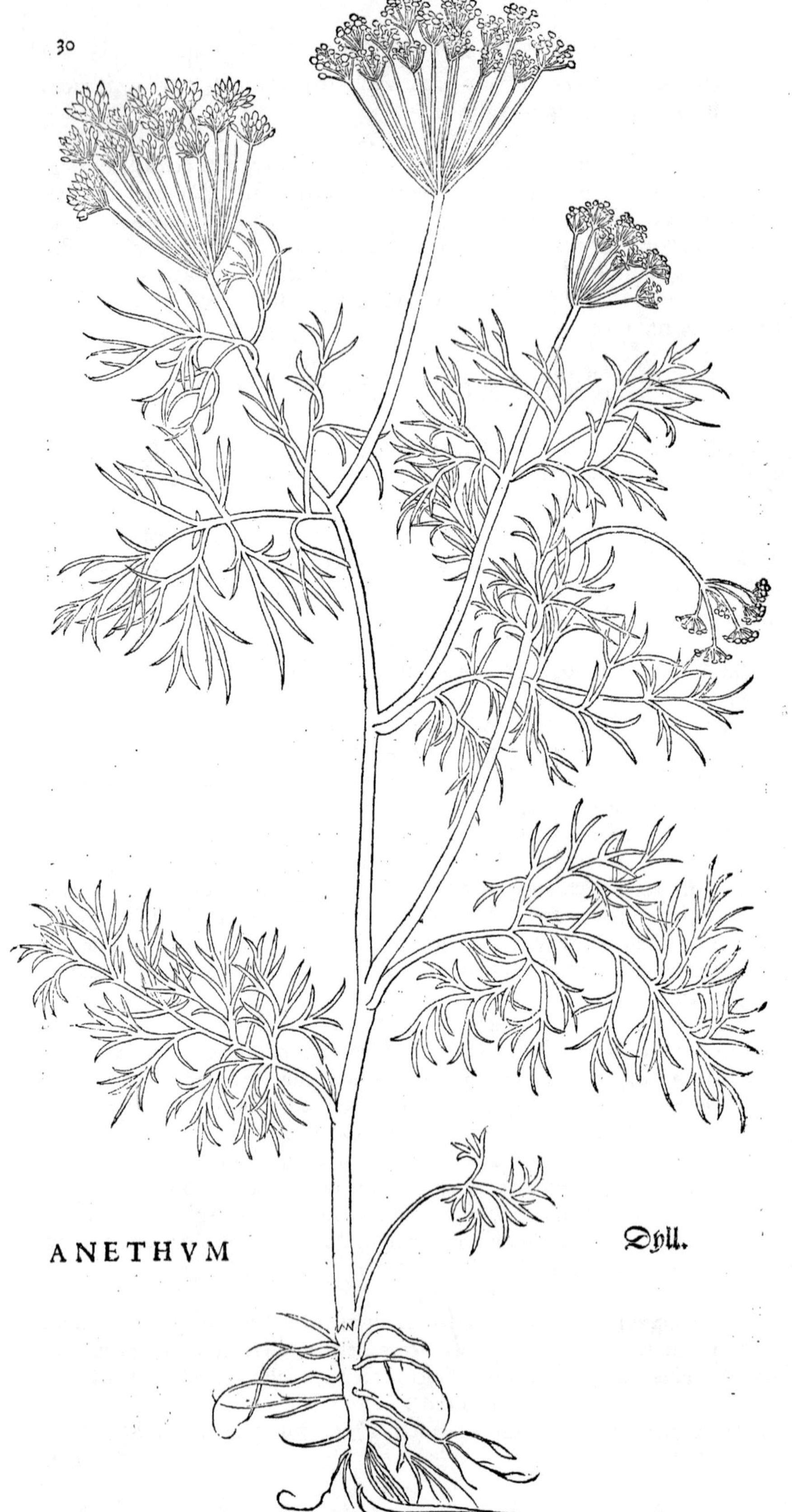
ANETHVM
Dyll.

A esse, alij uero minimè, dixerunt. Illi quidem ad eius caliditatem, & facultatē quæ humiditatem cōcoquit, & flatus qui sunt in uentriculo discutit, respexerunt: ij uero ad substantiam eius, quæ crassarum est partium, concoctu difficilis, & nauseosa. Oleo incoctum discutit, & somnum conciliat. Inunctū tumores crudos concoquit. Inflationes quoque quæ in uentriculo generantur, digerit. Corpus ex immodico labore defatigatum, curat. Renes uero, ut quidam aiunt, lædit.

DE AIZOO. CAP. X.

NOMINA.

AEIZΩON græcè: Aizoon, Sedum, Semperuiuum latinè nominatur. Postremum nomen officinæ obtinuerunt. Vulgò Iouis barba, Germanicè Hauswurtz / Donderbar dicitur, quòd scilicet nonnullis locis plebis animos iampridem inuaserit opinio, non feriri fulmine domum, in cuius tegulis uireat Sedum. Porrò Aizoon & Semperuiuum appellant, quod perpetuò, tam æstate quàm hyeme uirescat, nec ullis frigoribus, aut cœli iniuria quantumuis frigida, emoriatur. *Iouis barba.*

GENERA.

Dioscoridem sequentes tria eius genera statuimus. Primum Aizoon seu Sedum maius, quod folia latiora habeat. Alterum Sedum minus, quod Græcis etiam τριθαλὲς, quia ter floreat in anno, uocatur. Vulgò Vermicularis, à similitudine foliorum, quæ rotunda sunt, & figuræ oualis, ut uermiculos putes, & Crassula minor nominatur. Huius iterum duo sunt genera: alterum enim mas est, quod nimirum floribus luteis spectatur, & Germanis klein hauswurtz das mennle appellatur. Alterum fœmina, quod pallidis seu candidis conspicitur floribus, Germanicè klein hauswurtz das weible uocatur. Tertium genus est quod Aizoon syluestre, ab alijs Portulaca syluestris, aut Illecebra minus rectè & impropriè dicitur. Nam Portulaca *Aizoon maius.* *Vermicularis.* *Crassula minor.* *Aizoon minus.* *Tertium genus Aizoi.*

B syluestris diuersa ab hoc tertio Sedi genere herba est, ut suo dicemus loco. Illecebræ autem nomen aliæ debetur herbæ, quæ Telephion uocatur, ut in eiusdem historia docebimus. Nomina uero hæc generi illi indiderunt, seducti errore eorum qui Portulacam syluestrem cum tertio Aizoo apud Dioscoridem confuderunt, atque adeò quæ debent Portulacæ & Telephio nomina, Aizoo temerè assignarunt. Vt enim uiribus diuersa est Portulaca syluestris ab hoc genere tertio Aizoi, ita etiam nomine & forma. Quare meritò reprehendendi sunt qui duo hæc capita sic sibi temerè miscuerunt. Vulgares herbarij Vermicularem minorem uocant, Germani Katzentreuble oder Maurpfeffer.

FORMA.

Semperuiuū maius caules profert cubitales, interdū etiam maiores, pollicis crassitudine, pingues, egregiè uirentes, incisuras Characiæ Tithymalli instar habentes. Folia pinguia, pollicis magnitudine, in cacumine linguæ similia, alia in terram resupinata, alia in capite inuicem contracta, circulo oculi figuram circunscribunt. Minus Aizoon caules ab una radice exeuntes multos habet, tenues, folijs plenos rotundis, pinguibus, paruis, in summo acuminatis. Emittit autē è medio caulem palmi altitudine, umbellam & flores pallidos luteósue sustinentem: χλωρὰ enim hoc loco, ut aliàs sæpe, pro ὠχρὰ accipitur, id quod ex Serapione etiam abunde constare potest, qui hunc Dioscoridis locum ita reddidit: Et habet uirgam in medio longam, circa longitudinem palmi, super quam est capitellum, in quo est flos citrinus, subtilis. Eam autem Semperuiui minoris speciē quæ flosculis luteolis spectatur, dilucidioris doctrinæ gratia, marem appellauimus. Alteram uero quæ candidos obtinet flores, fœminā. Tertium Semperuiui genus syluestre dictum, foliola habet pinguiora, ad Portulacæ figuram accedentia, & hirsuta, breuioriq́ cacumine. His uerbis ex- *Maius.* *Minus.* *χλωρὰ.*

 quisitè

SEDVM MAIVS

Groß haußwurtz.

SEDVM MINVS
MAS.

Klein haußwurtz
mennle.

SEDVM MINVS FOEMINA.

Klein haußwurtz weible.

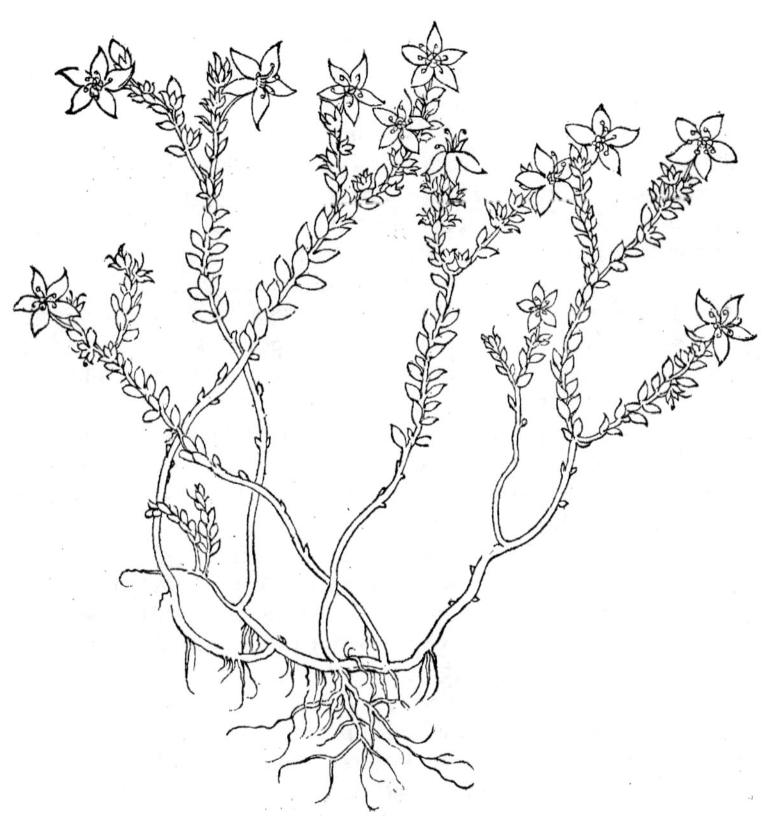

SEDI TERTIVM GENVS.

Katzentreuble.

C quiſitè admodum Dioſcorides & Plinius tertium Aizoi genus, quod uermicularē minorem hodie appellant, deliniarunt. Habet enim pinguia admodum foliola, ad Portulacæ ſylueſtris formam nonnihil accedentia, hirſuta, & breuiori quàm in Aizoo minori cacumine. Reliqua quæ ſequuntur in quibuſdam Dioſcoridis exemplaribus, manifeſtè adulterina ſunt. Necꝗ ijs plura habet Aldinū exemplar, & alia quæ paulò ſunt caſtigatiora.

LOCVS.

Maius naſcitur in montanis & teſteis. Nonnulli autem in tectis domorum conſerunt. Minus Aizoon in muris & petris, macerijs uinearū, parietibusꝗ prouenit. Tertium in petroſis locis, ſepulchris umbroſis, oppidorumꝗ foſsis.

TEMPVS.

Florent Maio & Iunio menſibus maius & minus. Tertiū autem genus in Maio tantum floribus ornatur luteis.

TEMPERAMENTVM.

Aizoon utrunque, tam maius quàm minus, deſiccant modicè, uehementer autem refrigerant: ſunt enim ex tertio ordine & receſſu refrigerantium. Tertium genus calidum eſſe, Dioſcoridis & omniū ueterum teſtimonio conſtat. Guſtus etiam minimè reclamat: ſi enim guſtaueris, linguam uehementer urit.

VIRES. EX DIOSCORIDE.

Maius uim obtinet refrigerandi & adſtringendi. Conferunt ad eryſipelata, herpetas, nomas, oculorū inflammationes, ambuſta, podagras, folia per ſe, & cum polenta illita. Succus uero cum polenta & roſaceo, capiti in doloribus infunditur. Datur à phalangio morſis in potu, diarrhœa laborātibus, dyſentericisꝗ. Teretes lumbricos cum uino potus excutit. Subditus in peſſo, muliebres fluxiones ſiſtit. Succus etiam lippientibus à ſanguine utiliter inungit̄. Minoris folia antedicto eandem D facultatem habent. Tertium genus calfaciendi uim habet, acrem, & exulcerantem. Cum axungia illitum, ſtrumas diſcutit.

EX GALENO.

Semperuiuū utruncꝗ tam maius quàm minus deſiccat quidem modicè, quandoquidē & mediocriter adſtringat, omnis alterius uehementis qualitatis expers: quare in eo aquea eſſentia abundat. Refrigerat non mediocriter, ideoꝗ ad eryſipelata, herpetas, & à fluxione natas phlegmonas prodeſt.

EX PLINIO.

Vtriuſꝗ uis eadem, perfrigerare & adſtringere. Medentur epiphoris folia impoſita, uel ſuccus inunctus. Purgant enim ulcera oculorum, explentꝗ, & ad cicatricē perducunt. Palpebras deglutinant. Eadem capitis doloribus medentur, ſucco uel folio temporibus illitis. Aduerſantur phalangiorum ictibus: aconito uero maius Aizoum præcipuè. A ſcorpionibus quoque feriri id habentem negant. Medentur & aurium dolori.

APPENDIX.

Errat non parum hodie magna medicorū pars, qui Sedi genus tertium refrigerare, aſſerere haud uerent̄. Et mirum ſanè cur ab eo errore illos Dioſcorides non reuocet, qui diſertè ait, hoc ipſum calefaciendi, & exulcerandi facultatem habere. Sed fortè non magnopere laborant quid de hac planta Dioſcorides tradat: debuiſſet tamen erroris huius admonuiſſe eos ſaltem germanica eius plantæ nomenclatura. Neque enim alia ratione Maurpfeffer noſtris Germanis dicta eſt, niſi quod in muris proueniat, guſtuꝗ acris admodum ſit.

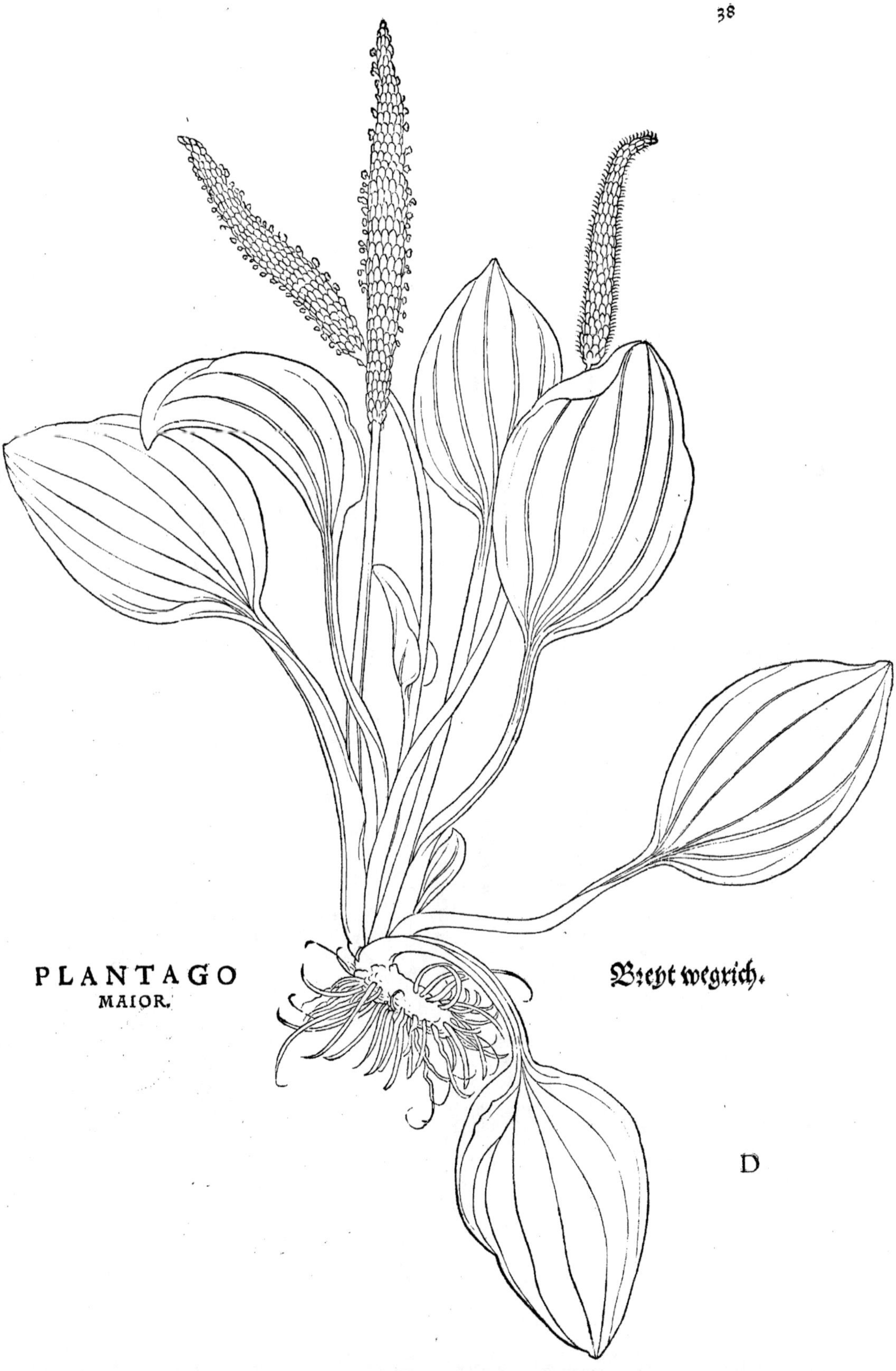

PLANTAGO
MAIOR.

Breyt wegrich.

D

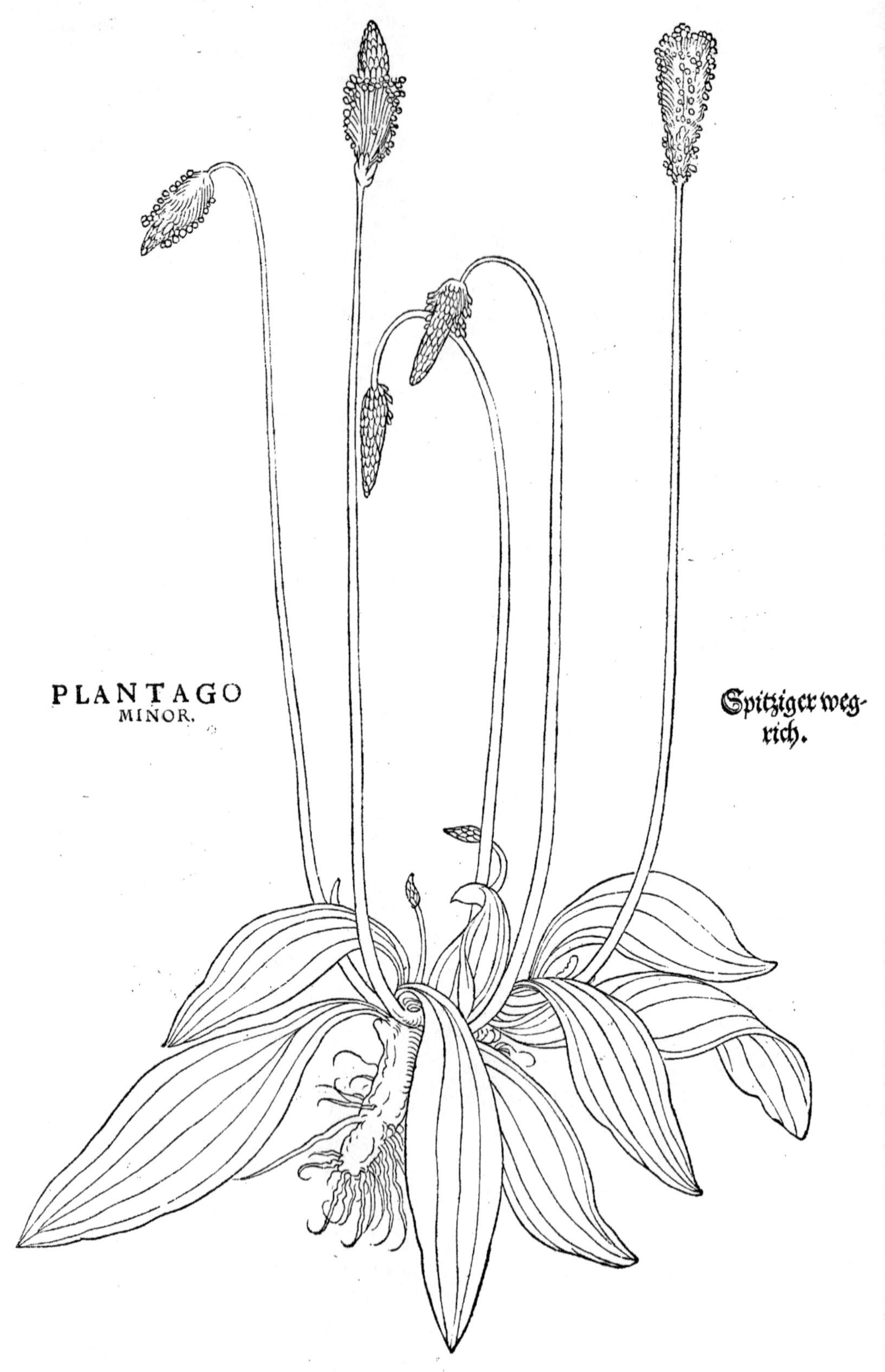
PLANTAGO
MINOR.
Spitziger weg-
rich.

NOMINA.

ΑΡΝΟΓΛΩΣΣΟΝ Grecis: Arnogloſſum, Plantago Latinis nominatur. Nomen latinũ Plantaginis officinę retinuerũt. Germanicè Wegerich/ Schafzungen/ quod nomen græco pulchrè reſpondet, dicitur. Arnogloſſum, quod eius folia agninæ linguæ ſimillima ſint, appellarũt Græci. Latini autem Plantaginem, ducto à planta uocabulo, nuncuparunt. Sunt tamen qui à multitudine neruorum, quibus quaſi coſtis in dorſo per longitudinem folia eius diſtincta ſunt, Polyneuron uocant.

Arnogloſſum unde dictum. *Plantago.* *Polyneuron.*

GENERA.

Duo Plantaginis ſunt genera, ueterum omnium ſententia, maior & minor. Maior, quam peculiariter à ſeptenis quæ in folijs apparent coſtis, græcè ἑπτάπλευρον, id eſt, Septineruiã uocant, Germanis noſtris à foliorum latitudine groſſer oder breyter wegrich nominatur. Minor, eo quod eius folia fibris quinq; tanquã neruis diſtincta ſunt, πεντάνευρον, id eſt, Quinqueneruia dicitur. Officinę, quoniam folium arctius deſinit in acumen, & uelut in lanceæ mucronẽ faſtigiatur, Lanceolatam, uulgus autem Lanceolam appellat. Germanicè klein oder ſpitziger wegerich/ quia ſcilicet acuminatior & longior eſt, & ab equinę coſtæ ſimilitudine, Roſzripp uocaẽ.

FORMA.

Minor Plantago anguſtiora, minora, molliora, leuiora & tenuiora folia habet, caule anguloſo, in terram inclinato: flores pallidos: ſemen in ſummis caulibus. Maior contrà craſſior uegetiorq;, latiore folio, betaceo. Folia ſiquidem maioris Plantaginis betaceorum effigiem, nõ alterius oleris referunt, quod Dioſcorides λαχανώδη dixit. Nam apud Athenienſes λάχανον pro Beta ſæpe ſumi ſolet, à cuius folijs non multum Plantaginea uidentur abhorrere. Non itaq; olus intelligere potuit, cum in exprimenda ſimilitudine ſpeciatim loqui, non generatim conueniat. Huius caulis anguloſus, ſubruber, altitudine cubitali, à medio ſui ad uerticẽ uſq; tenui ſemine circundatus, floſculum in ſpica luteum, nõnunquam herbaceum oſtentat. Radices ſubſunt illi teneræ, hirſutę, candidę, digitali craſſitudine. Deſcriptiones hæ Dioſcoridis pulchrè picturæ reſpondent. Antiquus etiam herbarius eaſdem pro maiori & minori Plantagine herbas exhibet.

Minor. *Maior.* *λάχανον.*

B

LOCVS.

Maior in paluſtribus potiſſimum naſcitur. Vtraq; autem circum ſepes, aggeres, prata, & lacunoſa loca.

TEMPVS.

Herba & flores in æſtatis initio, Maio & Iunio menſibus, ſemen uero Auguſto carpitur menſe.

TEMPERAMENTVM.

Mixtæ eſt temperaturæ Plantago, habet enim quiddam aqueũ frigidum: habet uero & auſterum quiddam, id quod terreum eſt, ſiccum, frigidum. Itaq; refrigerat ſimul & deſiccat, & in utroq; ſecundi receſſus à medijs eſt.

VIRES. EX DIOSCORIDE.

Vim habent folia exiccatoriã & adſtringentẽ, ideo ad omnia ulcera maligna, elephantica, quæ humore ſcatent, & ſordida, cõferunt. Eruptiones ſanguinis, nomas, carbunculos, herpetas, epinyctidasq; cohibent. Vlcera uetera & inæqualia cicatrice obducunt. Medentur & ijs quæ Chironia nuncupãtur. Sinus glutinant. Morſibus canis, ambuſtis, inflammationibus, parotydi, panis, proſunt. Strumis & ægilopis cum ſale illita cõferunt. Olus coctũ cum aceto & ſale dyſentericis & cœliacis ſumptum ſubuenit. Datur & in locum Betæ cum lenticula coctum. In leucophlegmatia poſt aridas epulas in medio herba decocta datur. Comitialib. & aſthmaticis data proficit. Foliorũ ſuccus oris ulcera continua collutione purgat. Cum creta cimolia &

C lia & cerusa ignibus sacris medetur. Fistulas infusus sanat. Auriũ doloribus & lippitudinibus succus instillatus, & collyrijs additus prodest. Gingiuis sanguinolentis, & sanguinẽ reijcientibus potus cõfert. Dysentericis subter per aluum inijcitur. Bibitur contra tabem. Aduersus uteri strangulationes in lana apponitur: item uuluæ fluxiones. Semen cum uino potum alui fluxiones, & sanguinis excreationes sistit. Radix decocta collutione, & cõmanducata, dentiũ dolores sedat. Eadem cum folijs in passo ad uesicæ renumq; ulcera præbetur. Ferunt tres radices cum tribus uini cyathis, & pari aquæ potas, tertianis auxiliari, & quatuor quartanis. Sunt qui radice è collo suspensa ad strumas discutiendas utantur.

EX GALENO.

Quæcunq; medicamenta cum hoc quod refrigerant unà etiam adstringunt, ea & ad ulcera maligna omnia, & ad fluxiones, & putredines prosunt, atqueadeo etiã ad dysenterias: nam & sanguinis eruptiones sistunt, & si quid aduratur refrigerant. Sinus quoq; glutinant, & alia ulcera recentia simul & uetera. In omnibus ferè id genus medicamentis primas tenet, aut certè nulli secundũ est Arnoglossum, idq; temperaturæ symmetria. Nam siccitatem obtinet morsus expertem, & frigiditatẽ quæ nondum obstupefaciat. Semen eius & radix similis sunt facultatis, attamen siccioris, & minus frigidæ. Semen etiam subtilium est partium, radices autem crassiorũ. Et huius herbę folia exiccata, subtilioris & minus frigidę facultatis fiunt, nempe difflato ex eo ac digesto excremento aqueo. Hac ratione radicibus utuntur ad dentiũ dolores, tum manducantes, tum collutionibus incoquentes. Præterea ad iecinoris & renum obstructiones non has tantum adhibent, sed folia quoque & multò magis semen: hæc enim quandam abstergendi in se facultatẽ habent, quam & in herba uiridi inesse satis conijci potest, uerum ab humiditatis copia uinci.

D EX PLINIO.

Vis mira in siccando densandoq; corpore, cauterij uicem obtinens. Nulla res æque sistit fluxiones, quas gręci rheumatismos uocant. Stomachũ corroborat Plantago per se sumpta in cibo cum lente alicæúe sorbitione. Strumis medetur. Semen eius in uino tritum, uel ipsa ex aceto cocta, aut alica ex succo eius sumpta dysentericis datur. Lichenis fœdo malo medetur trita. Vitia sedis & attritus celerrimè sanat. Ex aqua mulsa duabus horis ante accessionem pota duabus drachmis, tertianas leniores facit, uel succus radicis madefactæ uel tusæ, uel ipsa radix trita in aqua ferro calefacta. Quidam ternas radices in tribus cyathis aquæ dederunt. Iidem in quartanis quaternas fecerunt. Hydropicos sanat in cibo cum prius panem siccum comederint sine potu. Folia podagras refrigerant, & in primo impetu podagrę rubentis, hoc est, calidæ, conueniunt. Oris ulcera succus emendat, & folia radicesq; cõmanducata, uel si rheumatismo laboret os. Vitio reiectionis sanguinis idem medetur. Phthisim sanat si bibatur, & ipsa decocta in uino cum sale & oleo à somno matutino refrigerat. Luxatis dolores & tumores tollunt folia tusa, addito sale modico. Fistulis infusus succus auxilio est. Sanguinis profluuium sistit semen, si ore reijciatur, siue aluo fluat, siue fœminarum utero. Succus uomentibus sanguinem datur. Contusis, euersis omnibus modis ipsa sumitur. Medetur omnium generum ulceribus, peculiariter fœminarum, senum, & infantium, igne mollita, melior & cum cerato.

DE ALI-

PLANTAGO
AQVATICA.
Wasserwegrich.

C

NOMINA.

Plantago aquatica.

ΑΛΙΣΜΑ, ἢ δαμασώνιον græcè: Alisma, Damasonium latinè nominatur. Sunt qui eam herbam esse putent, quam herbarij & uulgus nominant Barbam syluanam, & Plantaginē aquaticam: nōnulli uero eam, quam multi pastoralem fistulam uocāt. Prior Germanis Wasser wegrich/ & Froschlöffel/ quod scilicet in palustribus nascatur, ubi frequentes sunt ranæ. Altera uero ijsdem Hirtenpfeiff nominatur. Plantaginem autem aquaticā, ob natales & similitudinem quæ illi cum uera Plantagine est, dixerunt: quemadmodū fistulam pastoralem, quod singulari scapo rudis fistulę & longitudinē & effigiem quandam uideatur imitari. Quæ uero nostra de ijs sit sententia paulò pòst indicabimus.

FORMA.

Alisma folia Plantagini similia habet, angustiora tamen & in terram reflexa, demissaq́. Caulis illi est tenuis, simplex, altitudine cubitum excedente, thyrso similis, capitula habens. Flores tenues, candidos & aliquatenus pallidos obtinet. Radices ut Ellebori nigri tenues, odoratas, acres, modiceq́ pingues. Ex qua quidē deliniatione satis constat neutram herbarum quarum picturas damus, esse Alisma. Nam herba quam hodie Plantaginem aquaticam uocant, non per omnia historię respondet. Vt enim alia prætercam, radix eius neque odorata, neque acris est. Alterius autem, quam pastoralem fistulam nominauimus, etsi radix odorata sit, minimè tamē acris existit. Quicquid tamen sit, hac potius quàm altera pro Alismate utendum esse censeo. Eius effigiem suo loco dabimus.

LOCVS.

Aquosa amat loca, in quibus passim nascitur.

TEMPVS.

D In æstate colligi potest, tum enim floribus abundat.

TEMPERAMENTVM.

Calidam esse hanc herbam satis monstrant radices, quas acres esse constat. Abstersoriam etiam quandam in se facultatem obtinent.

VIRES. EX DIOSCORIDE.

Radix unius aut alterius drachmæ pondere cum uino pota, his qui leporem marinum deuorarunt, prodest, & quos rubeta rana momorderit, quiq́ opium hauserunt. Torminibus & dysenteriæ per se, aut cum Dauco pari pondere pota confert. Conuulsis itidem & uteri strangulationibus. Herba sistit aluum, menses ducit, & œdemata illita lenit.

EX GALENO.

Damasonium aut Alisma. De hac herba in tertio libro tradit Dioscorides, quod radix eius epota dysenterias sanet, & aluum sistat, atq́ œdemata mitiget. Nos uero ea experti non sumus. Quod autem cōstitutos in renibus calculos aqua in qua decocta fuerit pota cōminuat, casu experti sumus. Ex quo liquet, quod abstersoriam quandam facultatem obtinet.

EX PLINIO.

Vsus in radice aduersus ranas & lepores marinos. Lepori marino aduersatur in uino potum. Strumis imponitur ex aqua cœlesti folium tritum, uel radix cum axungio tusa, ita ut imposita folio suo operiatur. Sic & ad omnes ceruicis dolores, tumoresq́, quacunq́ in parte.

DE ARTE-

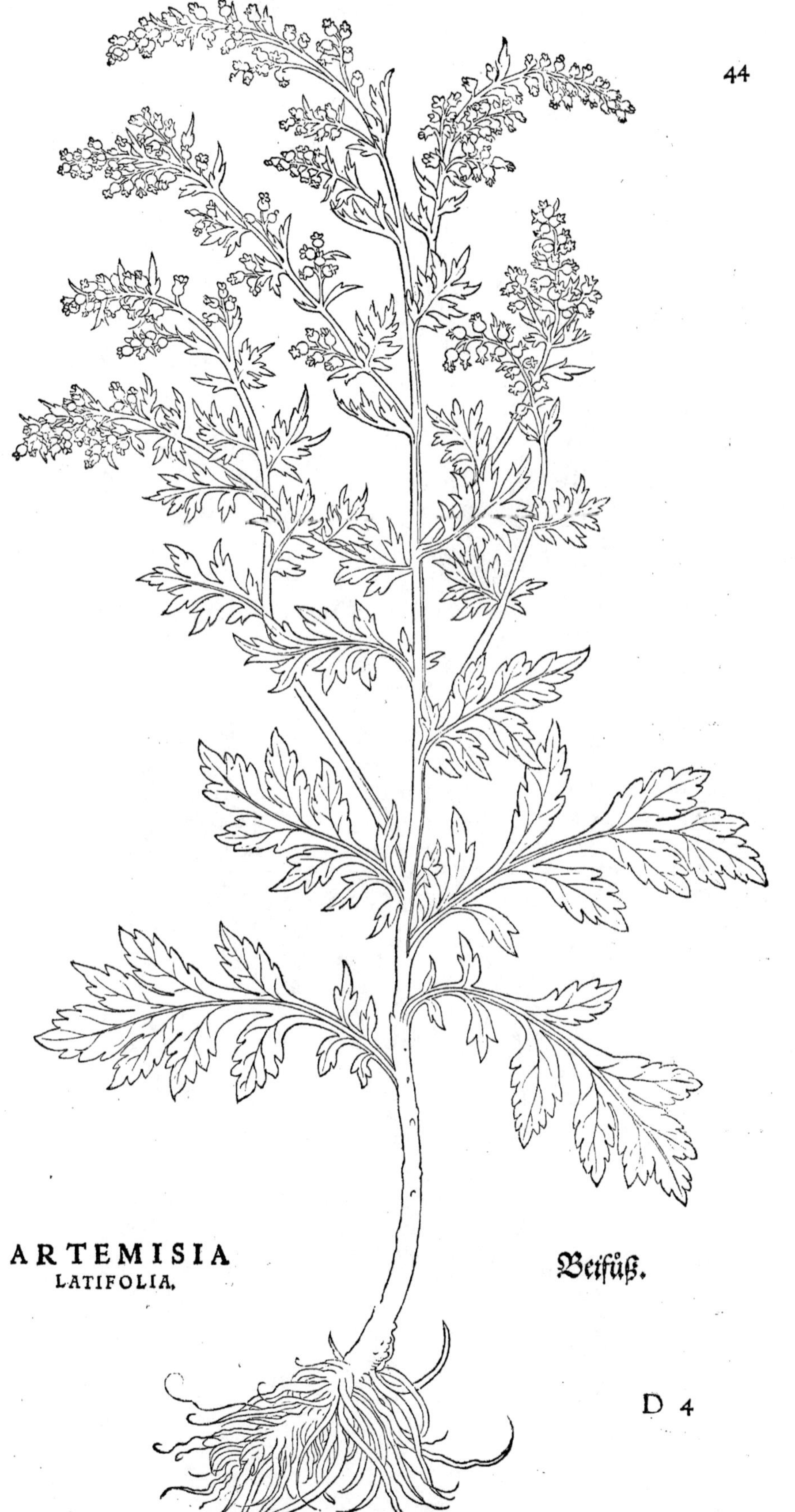
ARTEMISIA
LATIFOLIA.
Beifůß.

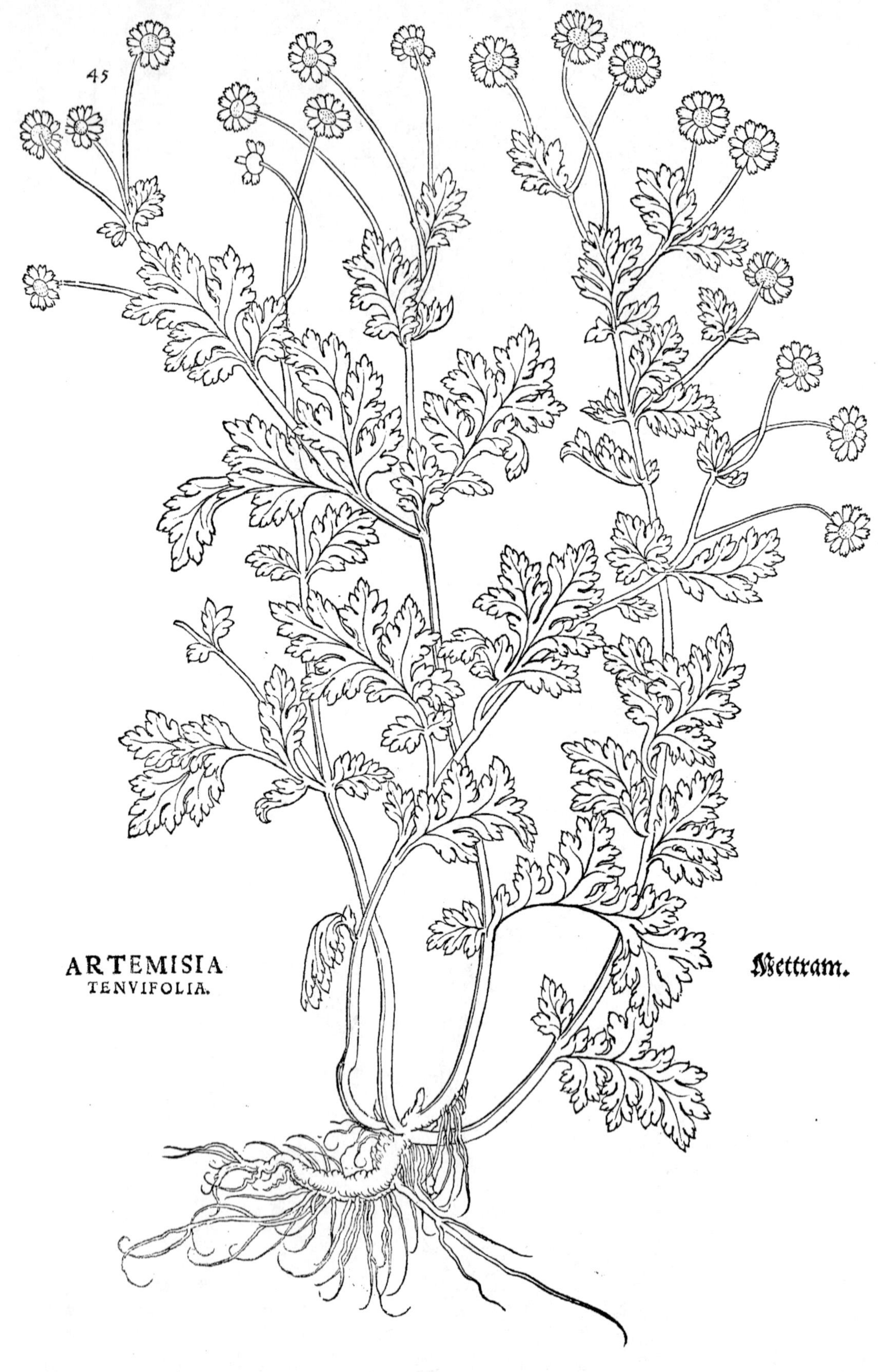
45
ARTEMISIA
TENVIFOLIA.
Mettram.

ARTEMISIA
MONOCLONOS.
Reinfarn.

47
TAGETES
INDICA.
Indianische
negelen.

A

NOMINA.

ΑΡΤΕΜΙΣΙΑ Græcis, Artemisia latinis, Germanis Beyfüß/Bucken/ S. Johans gürtel/Sonnenwend gürtel/oder Grosser reinfarn appellatur. Officinę ueterem appellationẽ retinent. Nomen herbę inditum putant ab Artemisia uxore Mausoli regis, quę sibi hanc herbam adoptauit, cũ antè Parthenis, id est, uirginalis, quod uirgo dea illi nomen dederit, uocaretur. Non desunt qui ab Artemide cognominatã arbitrentur, quod priuatim fœminarũ malis, quibus ἄρτεμις, hoc est, Diana præest, medeatur. Nomen Germanicũ S. Johans gürtel, quasi diui Ioannis zonam dicas, à superstitiosulis nõnullis monachis & mulierculis herbæ huic impositum est. Nam fuerunt qui non coronas duntaxat, sed etiam zonas ex ista herba cõfecerunt, quas tandem in ignem, qui in die diuo Ioanni baptistæ sacro, in singulis plateis urbium succendebatur, nescio in quem euentũ, proiecerunt, hauddubiè hac herba in deserto diuum Ioannem cinctum fuisse somniati. *Artemisia unde dicta.*

GENERA.

Tres sunt, Dioscoride teste, Artemisię species, quę etiam hodie apud nos passim reperiuntur. Prima πλατύφυλλος, latinè Artemisia latifolia dici potest. Ea autem est quæ simpliciter hodie Artemisia uocatur. Huius iterũ duo sunt genera colore duntaxat distantia: unũ caule & floribus rubens, Germanis Rot bucken/uel Rot beyfüß dicitur: alterum candicans caule, floribus uero flauis, Germanicè weiß bucken appellatur. Altera grecè λεπτόφυλλος, latinè uero Tenuifolia nominatur: quod quidẽ genus uulgus hodie Matricariã, Germani Müterkraut/& Mettram, quod uteri, quem matricẽ uocant, morbis medeat. Tertia species Artemisia monoclonos dici-
B tur, Tanacetũ corrupto nomine pro Tagetẽ hodie nominant, Germani Reinfarn, quod filicis ferè speciem referat, & in aquarum ripis nascatur. Alio nomine Wurmkraut, quoniã lumbricos è uentre pellat. Esse uero hanc herbam aliquam Artemisiæ speciem uel hinc etiam cõstare potest, quod primam speciẽ, ut diximus, nõnulli Germanicè Grossen reinfarn uocant: hac enim nomenclatura manifestè docent, & eam quam Tagetem appellant Artemisiæ esse congenerem, quod scilicet eandem habeat appellationẽ. Huius hauddubiè generis est herba quæ elegantissimos profert flores, garyophyllos Indos uocatos: nulla enim in re nisi floribus, qui sunt elegantiores & longè maiores, ab hac nostra distat: odore tamẽ nostrã hanc etiam uincit. Hinc est quod Tagetẽ Indicam appellauerimus, Germanicè autem Indianische negelen. His autẽ herbis tribus cõuenire Dioscoridis descriptiões facilè unusquisque ex ijs quæ paulò pòst dicemus cognoscet. Esse autem Artemisiæ genera ex manuscripto codice, quem ob uetustatem lubens cito, manifestè colligi potest. Is enim pictas ordine tres iam cõmemoratas herbas ita ob oculos ponit, ut nemo qui illas uel semel saltem uiderit, non agnoscat. Picturæ accedunt descriptiones, & nomenclaturæ hodie etiam usitatæ. Primam enim Artemisiam, alteram Leptophyllon & Matricariam, tertiam uero Tagetem, quo nomine Apuleius usus est, & Tanacetum appellat, ita ut nemo deinceps quin uera sint Artemisiæ genera dubitare debeat, aut meritò possit.

Artemisia latifolia. Artemisia tenuifolia. Matricaria. Artemisia monoclonos. Tanacetum. Tagetes.

FORMA.

Prima species quæ priuatim Artemisia dicitur, fruticosa est herba, Absinthio similis, maiora tamen & pinguiora folia habet, quæ supernè ex nigro uirescunt, subter autem candicãt, crebrò etiam resecta sunt. Flos illi tenuis, & semen rotundũ. Altera, folia tenuiora obtinet, flores exiguos, tenues, albos, & grauiter olentes. Porrò Sampsuchi odorem cõfricata eius folia & flores referũt. Quę utique descriptio ita Matricariã uulgò dictam herbã exprimit, ut nemo non, nisi talpa cęcior sit, hanc esse al- *Artemisia.*

teram

C teram Artemisiæ speciem uideat. Fruticosa enim herba est Matricaria, folijs quàm sit Artemisia propriè dicta gracilioribus, floribus tenuioribus, per ambitum albis, (intus enim lutei existũt) grauiter cum uniuersa herba olentibus. Hallucinant̃ itaque qui Serapionis interpretem secuti, Dioscoridis Parthenium esse putant, ut suo loco abundè demonstrabimus. Tertia μονόκλωνος, hoc est, unicaulis dicta, simplici caule consurgit, folijs minutim scissis. Caulis in summo floribus luteis & tenuibus abundat. Hæc odoris iucunditate priorem uincit. Quæ sanè descriptio pulchrè herbam Tanacetum appellatam hodie, deliniat, ita ut tertiam esse Artemisiæ speciem nemo dubitare debeat, aut saltẽ iure queat. Tagetes Indica caule exurgit rubescente, ramulis multis brachiato, folijs tenuibus, minutim scissis, & grauiter odoratis, floribus in summo caule luteis, & croci ferè colorem referentibus, elegantia nulli alteri cedentibus.

Parthenium non est Matricaria.

Tanacetum.

LOCVS.

Prima nascitur in aquosis, incultis, asperisq; locis. Altera in hortis, locis siccis & lapidosis. Tertia in aquarum ripis, atque uinearum aggeribus passim prouenit, unde Germanicè apposito uocabulo Reinfarn uocatur. Indica Tagetes non nisi sata prouenit in Germania.

TEMPVS.

Singula genera tria æstate, potissimũ cum uua maturescit, tunc enim abundant floribus, colliguntur. Indica paulò tardius in nostra regione floret.

TEMPERAMENTVM.

Calefaciunt & modicè desiccant, & sunt, quod ad calefactionem attinet, ordinis secundi: quod uero ad resiccationem, aut primi intensi, aut secundi remissi. Sunt etiam modicè tenuium partium.

VIRES. EX DIOSCORIDE.

Excalfaciunt & extenuant. Feruefactę prosunt ad insessus muliebres, ducendos D menses, secundas, & fœtus. Vteri præclusionem atque inflammationẽ iuuant, lapides frangunt, & urinæ suppressionem tollunt. Herba ipsa imo uentri illita copiosa, menses mouet. Succus eius cũ myrrha subactus & admotus, ex utero elicit quæcunq;, & insessio. Bibitur etiam coma trium drachmarum pondere eorundem ducendorum gratia. Si quis stomacho laborans Artemisiam leptophyllon contuderit probè cum oleo amygdalino, & ueluti malagma confecerit, stomachoq; imposuerit, sanabitur. Neruorum quoque dolore si quis affectus fuerit, ac succum eius cum oleo rosaceo miscens inunxerit, curabitur.

EX GALENO.

Ad renum calculos mediocriter, & ad uteri fomentationes prosunt.

EX PLINIO.

Artemisia priuatim fœminarum malis medetur. Eandem quoq; secum habentibus, negant nocere mala medicamenta, bestiámue ullam, ne solem quidem. Bibitur & hæc ex uino aduersus opium. Alligata priuatim potens traditur, potáue aduersus ranas. Alligatam qui habet uiator, negatur lassitudinem sentire.

APPENDIX.

Pręter dictas facultates usu compertum est, flores Tanaceti pueris ex uino uel lacte datos, mirificè ex uentre lumbricos pellere, ideoq; Germanis herba lumbricorũ, ut paulò antè diximus, appellata est hæc Artemisiæ species.

DE APA-

APARINE Klebkraut.

DE APARINE. CAP. XIIII.

C

NOMINA.

Errant qui putāt legendū esse ὀμφακόκαρπος, nam Dioscoridis & Pauli exemplaria castigatiora omnia habent ὀμφαλόκαρπος: Cui sanè lectioni & ratio ipsa subscribit, cū sic nominata sit ab umbilici specie, quā fructus eius refert. Quare cum altera lectio ratione omni destituta sit, immeritò ab Orosio Hispano Hermolaus, Marcellus, et Ruellius Dioscoridis interpretes ὀμφαλόκαρπος legētes taxantur.

Omphalocarpos. Philanthropos.

ΑΠΑΡΙΝΗ, ἡ ὀμφαλόκαρπος, ἡ φιλάνθρωπος grecè, Aparine latinè, Klebkraut Germanicè nominat. Omphalocarpos ab umbilici similitudine, quam semē eius refert, rectè dicta est. Philanthropos autem uox humanitatis, amoris & comitatus illi imposita est, quod blanda, comis, & hospitalis herba sit, nec aliter prætereuntiū uestes apprehendat, quàm solent amici & hospitaliores à se discedentes comprehensa ueste retinere, aut si id nequeant, aliquandiu sequi. Quam appellationem pulchrè Germani exprimentes, Klebkraut nominant: est enim illis kleben/ quod latinis tenaciter adhærere. Officinæ & herbarij nōnulli Aspergulam hodie uocant: rectius tamen una detrita litera nominarent Asperulā, quod asperitate sua attingentiū uestimentis pertinaciter hæreat.

FORMA.

Ramulos habet Aparine multos, exiguos, quadrangulos, & asperos. Folia per ambitum orbémue Rubiæ modo per interualla, circumposita. Flores albos. Semē durum, candidum, rotundum, à medio, umbilici modo, leniter cōcauum. Ipsa herba uestibus adhærescit.

LOCVS.

Nascitur in frumentario agro, aut hortis circa sepes & maceries.

TEMPVS.

Colligitur æstate dum semine prægnans est.

TEMPERAMENTVM.

Aparine modicè extergit & desiccat, habetq; nonnihil tenuium partium: unde satis constat hanc aliquam etiam caloris in se portionem habere.

D

VIRES. EX DIOSCORIDE.

Aparines seminis, caulium & foliorum succus cum uino potus, phalangiorū & uiperarū morsibus auxiliatur. Infusus doloribus aurium medetur. Herba ipsa cum axungia trita coacta, strumas discutit.

EX PLINIO.

Efficax Aparine contra serpentes, semine poto ex uino drachma: & contra phalangia. Sanguinis abundantiam ex uulneribus reprimunt folia imposita. Succus auribus infunditur.

DE ACANTHO. CAP. XV.

NOMINA.

Branca ursina.

Marmoraria.

Dioscoridis locus emendatus.

ΑΚΑΝΘΟΣ, ἡ ἄκανθα Græcis, Acanthus siue Acantha Latinis dicitur. Officinæ à similitudine, quam eius folia cum anterioribus ursorum pedibus habent, Brancā ursinam uocant. Ad quam etiam similitudinem respicientes Germani, Bernklaw oder Berntatz nominant. Illud non prætereundū esse putaui, hanc herbam olim etiam Romanis Marmorariam esse dictam: quæ uox in omnibus Dioscoridis exemplaribus deprauata est, ac in Mamolariam detorta: quòd eius folia columnarū maximè Corinthiarum capitulis insculpebantur, quarum identidem tam scapi quàm uertices marmore splendebant. Antiqui etiam Acantho pateras pingebant.

GENERA.

Duo Acanthi genera damus. Primum quidem legitimam Acanthum nominauimus, quòd scilicet descriptioni per omnia respondeat. Germanis dicitur Welsch bernklaw. Alterum Germanicā, quod nimirum in Germania officinæ omnes pro Acantho hanc usurpent herbam. Germanis simpliciter Bernklaw uocatur.

FORMA.

ACANTHVS
VERA.

Welſch bernklaw.

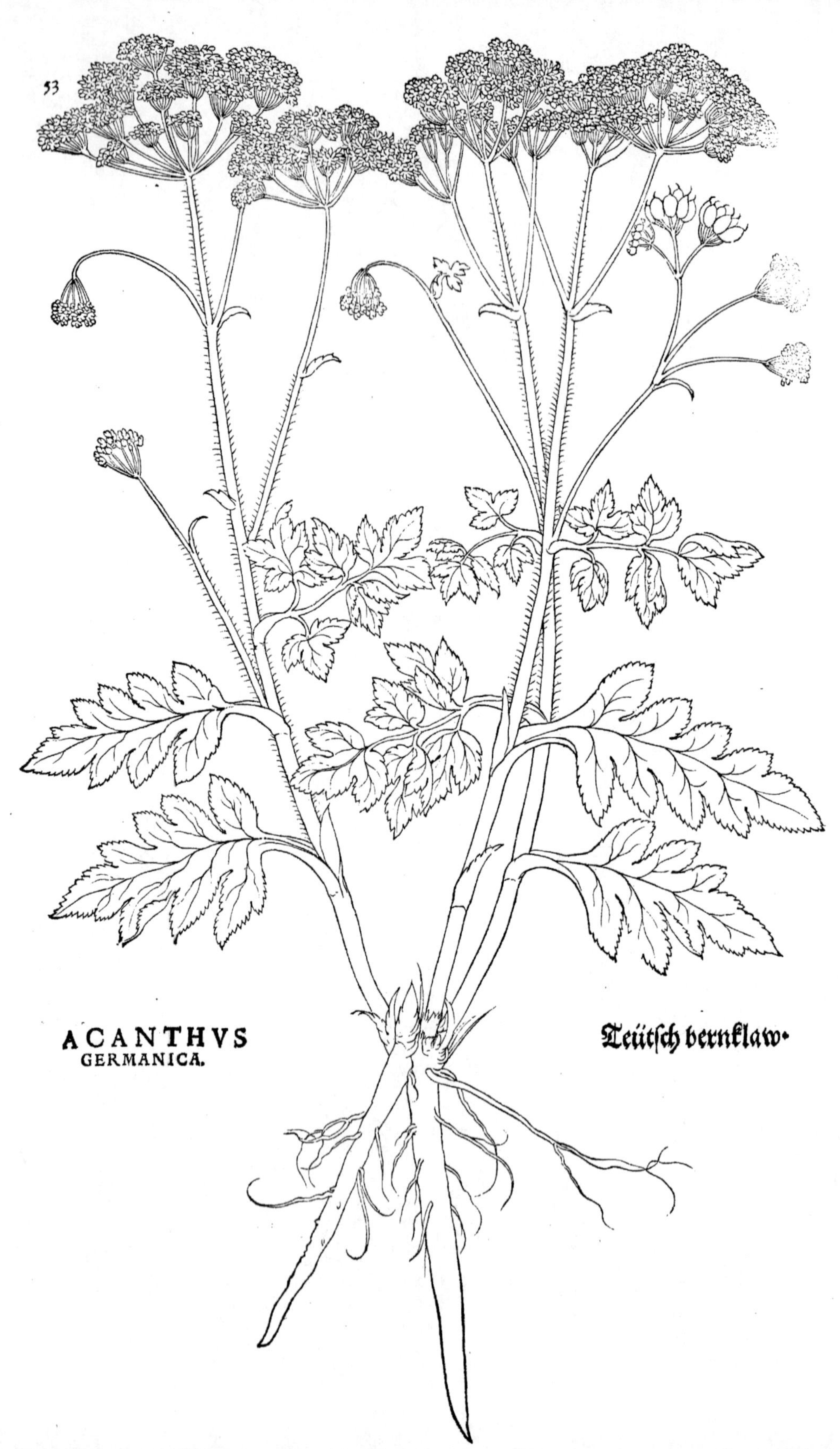
ACANTHVS
GERMANICA.
Teütsch bernklaw.

A FORMA.

Folia habet multò quàm Lactuca latiora & longiora, Erucæ modo inciſuris diuiſa, nigricantia, pinguia, leuia. Caulem leuem, binûm cubitorum, digitali craſſitudine, ex interuallis ſub ipſum uſq; uerticem foliolis quibuſdam oblongis ueluti nucamentis, aculeatis, ex quibus candidus promitur flos. Semen illi eſt oblongum, luteum, caput thyrſi ſpecie. Radices ſubſunt glutinoſæ, mucoſæ, rubentes, longæ. Hactenus Dioſcorides. Si autem ueri Acanthi picturam diligenter ſpectare uolueris, huic deſcriptioni prorſus quadrare uidebis, ita ut nulla ſit nota quæ illi non ad amuſſim reſpondeat. Neque impedit quod Acantha ſpinam ſignificet, ſpinoſa enim & hæc quidem herba eſt, ſed mollibus duntaxat ſpinis, ideoq; à Vergilio mollis Acanthus dicitur. Germanicam tamen Acanthum ad Dioſcoridis picturam non penitus accedere, eſt euidentiſsimũ. Poteſt tamẽ in prioris inopia, huius etiam cõmodus eſſe uſus, ut ex ijs quæ paulò pòſt dicemus, patebit.

LOCVS.

Naſcitur uera in hortis, petroſis & humentib locis. Germanica in hortis & pratis undique.

TEMPVS.

Colligitur in æſtate dum floribus & ſemine abundat, Iunio præcipuè & Iulio menſibus.

TEMPERAMENTVM.

Folia Acanthi mediocriter digerentem facultatem obtinent. At radix exiccatoria eſt, & leuiter inciſoria, & tenuium partium. Hanc uim Acantho etiam Germanico ineſſe, guſtus abunde monſtrat. Folia enim eius modicè amara, radix autem ſubacris eſt.

VIRES. EX DIOSCORIDE.

B Acanthi radices uſtis & luxatis illitæ proſunt. Potæ urinam mouent, & aluum ſiſtunt. Tabidis, ruptis, conuulſis, mirè utiles ſunt.

EX PLINIO.

Radices Acanthi uſtis luxatisq; mirè proſunt. Item ruptis, conuulſis, & phthiſin metuentibus incoctæ cibo, maximè ptiſana. Podagris quoq; illinuntur tritæ & calefactæ calidis.

APPENDIX.

Etſi noſtræ Brancæ urſinæ facies picturæ Acanthi non undiquaq; reſpondeat, tamẽ eius radicem eandem habere cum Acanthi ueri radice facultatẽ eſt euidentiſſimum. Cum enim guſtu ſubacris ſit, neceſſe eſt ut exiccet, incidat, & tenuium ſit partium. Errant itaq; noſtræ ætatis medici, qui neglecta prorſus radice, folijs tantum utuntur, quæ quidem mediocriter diſcutere ualent.

DE SPINA ALBA. CAP. XVI.

NOMINA.

AKANΘA λευκὴ græcè, Spina alba latinè, Officinę Bedegarim ſeu Bedeguar Pęno nomine appellant, Germani Weißdiſtel/oder Stechkraut. Nomen herba hæc ab albis folijs ſeu lacteis maculis, quibus folia conſperſa ſunt, accepit. *Bedeguar.* *Spina alba unde dicta.*

GENERA.

Quamuis Dioſcorides Spinæ albæ duntaxat unum faciat genus, tamen cũ plures inueniantur apud nos herbæ quæ deſcriptioni reſpondent, plura etiam ut illius ſtatuamus genera neceſſe eſt. Vnum itaq; genus eſt, quod hodie uulgò Carduus Mariæ dicitur, Germanis uero Mariendiſtel oder Frawendiſtel nominatur. Nos ſpinam albam hortenſem, quod nimirum in hortis tantum proueniat, appellaui-

C mus. Alterum genus syluestre est, proximè ad Dioscoridis deliniationẽ accedens, ideoq; à Germanis Weißwegdistel uocatur. Cæterum uidimus herbam peregrinã siccam, quæ syluestri, quod ad formam attinet, per omnia respondebat, quæ hauddubiè uera spina alba erat, & descriptioni prorsus cõueniebat. Picturam eius, quod uiridi destituebamur, dare non potuimus.

FORMA.

Folia albo Chamæleonti similia habet, angustiora tamen & candidiora, subdensa, subasperáue, & aculeata. Caulem binos cubitos excedentẽ, digiti magni aut minoris crassitudine, subalbum, intus cauum. In cacumine eius caput est aculeatum, Echino marino non absimile, minus tamen & oblongũ. Flores purpureos, in quibus semen Cnici forma, sed rotundius. Quæ descriptio in uniuersum quadrare uidetur herbæ quæ uulgò Carduus Mariæ appellatur. Folia siquidem Chamęleonti non dissimilia, angustiora, candidioraq;(albis enim maculis undiq; cõspersa, unde tam Græcum quàm Latinum, adde etiam Germanicum nomen Weißdistel/ut diximus, illi impositum est) subdensa, subasperáue, & minimè mollia, & mirum in modum aculeata sunt, ita ut contrectata immodicè pungant. Caulis eidem supra bina cubita altus, digiti maioris aut minoris crassitudine, & inanis. In summo uertice Echino marino haud dissimile caput aculeatum obtinet. Flores denique purpureos, in quibus semen Cnico simile, sed rotundius habet, id quod ex utriusq; seminis collatione pulchrè deprehendes. His accedit, quod facultates quas albæ Spinæ Dioscorides tribuit, similes sint ijs quæ Carduo Mariæ à nostris hodie herbarijs assignantur, ut ex sequentibus innotescet clarius. Syluestri sic quadrat descriptio ut nihil magis. Nam, ut cætera omittã, radix desiccatoria est & modicè adstringens, atqueadeo genuinas Spinæ albæ facultates obtinet.

D LOCVS.

Nascitur in montibus & syluosis locis. Hodie in hortis passim etiam plantatur, ut alia quædam Carduorũ genera. Syluestre in locis incultis & arenosis prouenit.

TEMPVS.

Colligenda est herba in æstate dum semine pręgnans est. Floret autem Iunio & Iulio mensibus.

TEMPERAMENTVM.

Radix eius desiccatoria est, & modicè adstringens. Semen uero tenuis essentiæ, & calidæ facultatis.

VIRES. EX DIOSCORIDE.

Radix huius pota, sanguinẽ excreantibus, stomachicis & cœliacis prodest. Vrinam cit. Oedematis illinitur. Decocto eius dentes in dolore colluuntur. Semen potum conuulsis infantibus, & à serpente demorsis auxiliatur. Ferunt etiam quod amuletum ex eo uenenatas bestias abigat.

EX GALENO.

Radix cœliacis & stomachicis succurrit. Sanguinis reiectiones cohibet, & œdemata illita contrahit, ac dentes dolentes iuuat, si decocto eius colluantur. Semen potum ijs qui conuelluntur prodest.

DE ASPA-

SPINA ALBA
HORTENSIS,

Marien distel.

SPINA ALBA
SYLVESTRIS.

Weiß wegdistel.

ASPARAGVS
Spargen.

C

NOMINA.

ΑΣΠΑΡΑΓΟΣ græcè, Asparagus latinè uocatur. Officinæ extrita priore litera Sparagum nominãt, Germani Spargen. Sic autem potissimũ altilis satiuusq́; de quo nobis hic sermo est, nominatur, eò quod coliculos hos, qui prima germinatione prodeunt è terra, præcipuos habeat.

Asparagus unde dictus.

FORMA.

E radiculis thyrsus primum exilit, cacumine in torulos turbinato, quod tandem increscens explicatur in prægrandes ramos, quibus insunt folia capillamenti modo, & ut Fœniculi tenuata, quæ per uetustatem occalescunt in spinulas. Florem fundit paruulum, quo decusso baccæ dependent primum uirides, quæ tandem maturitate rubescunt, seminibus refertæ. Radices spongiosæ, longæ & rotundæ.

LOCUS.

In hortis seritur & plantatur, inq́; nõnullis locis lapidosis sponte prouenit.

TEMPUS.

Thyrso primũ cum uer appetit emicante uiret, spica tum cibis expetita. Recentes hos thyrsulos in uoluptatem gulæ uerterunt helluones. Hodie decoctus in iure Asparagus, aceto, sale, & oleo conspersus, magno gulæ delectamento comeditur, & in principum delicijs est. Semen suo legitur tempore, nimirum æstate.

TEMPERAMENTUM.

Abstergendi facultatem habet Asparagus, idq́; citra manifestam aut caliditatem, aut frigiditatem.

VIRES. EX DIOSCORIDE.

Asparagi coliculi cocti & comesti aluum molliunt, & urinam mouent. Radicum uero decoctum, difficultati urinæ, regio morbo correptis, nephriticis, ischiadicis:
D cum uino autem idem decoctum phalangiorum morsibus auxiliatur. Si decoctum super dente retineatur, eius dolori medetur. Facit ad eadem omnia semen etiam potum. Ferunt mori canes decoctum eius bibentes.

EX GALENO.

Renes ac iecur infarctu liberat Asparagus, & maximè herbæ ipsius radices & semen. Quin & dentiũ dolores sanat siccitatis nomine, quam uel maximè dentes requirunt.

EX PLINIO.

Vtilissimus stomacho cibus, ut traditur, Asparagi. Cumino quidem addito inflationes stomachi coliq́; discutiunt. Iidem oculis claritatẽ adferunt. Ventrem leniter molliunt. Pectoris & spinę doloribus, intestinorumq́; uitijs prosunt. Vino cum coquuntur addito, lumborũ & renum dolores mitigant. Venerem stimulant. Vrinam cient utilissimè, præterquã quod uesicam exulcerant. Radix quoq; plurimorum prædicatione trita, & in uino albo pota, calculos exturbat. Quidam ad uuluæ dolorem, radicem cum uino dulci propinant. Eadem in aceto decocta contra elephantiam proficit. Asparago trito cum oleo perunctum pungi ab apibus negant.

EX SIMEONE SETHI.

Asparagus olerum omniũ maximè nutrit. Proinde si quis dicat eius naturã positam esse mediã inter olera & carnes, non procul à uero aberrabit, propter nutriendi facultatem plantarũ & carnium, quæ similiter se habet. Vrinam quoq; cit, & obstructiones iecoris & renum aperit: id quod manifestũ ex eo, quod urinæ odorem in suum transmutat, ut hunc qui aliquantulũ eius ederint, sentiant. Neq; quispiam admiretur illum statim urinæ suam qualitatẽ indere: nam & rubea tinctorum si manibus contineatur, urinam in suum colorem transmutat: quod paradoxum etiam esse uidetur, ut extrinsecus impositum urinam tingat. Asparagi colicis & renum affectibus, qui à pituita proueniunt, auxiliantur: semen genitale augent, & celerius quàm reliqua olera in sanguinem mutantur. Menses ciunt. Cordis palpitationib. succurrunt: dentibus prosunt: sed nõ semper stomacho boni sunt, propterea garo & oleo condîtis, cum mediocriter cocti sunt, ijs uti oportet.

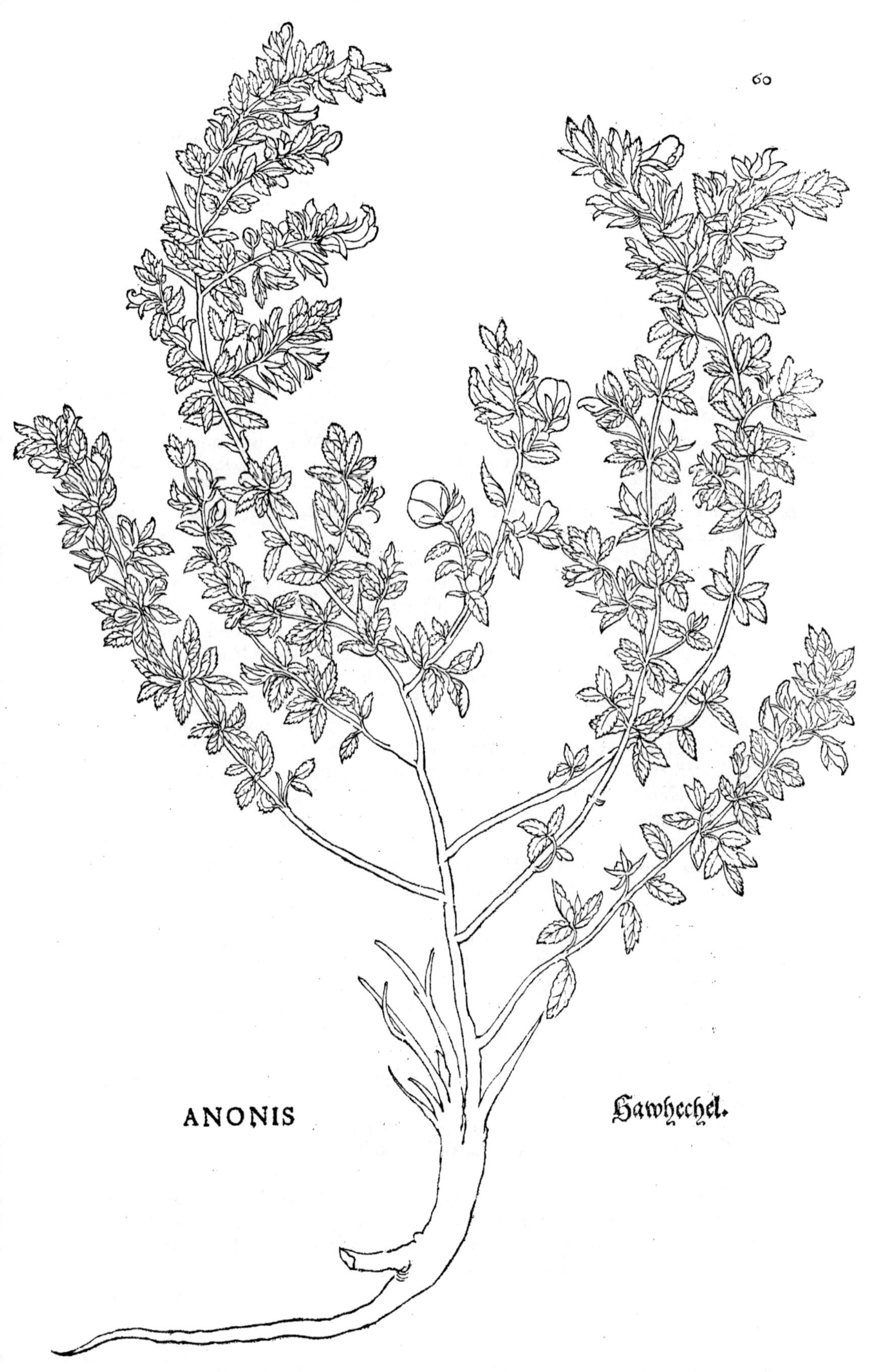

ANONIS Hawhechel.

DE ANONE CAP XVIII

NOMINA.

Resta bouis. Remora aratri. Acutella.

ANONIS, ἀνωνὶς Grecis: Anonis & Ononis Latinis appellatur. Vulgus herbariorū Restam bouis, quod in opere arantes boues subinde sistat, nominare solet. Nōnulli Remoram aratri, quod altis & duris radicib. in agris aratrum remoretur, appellant. Sunt qui Acutellam uocent, quod suis scilicet spinis ingredientium pedes pungat & offendat. Germanis Hawhechel nuncupatur, & Ochsenbrech/ quia crebris inter folia aculeis, haud secus ac instrumentum hoc quo mulieres linum carminãt, & à crassiore purgant stuppa, horreat: uel quod ligone ad aculeatam hanc herbam eruendam & extirpandam cum in altum agitur, & sese propagat, opus sit. Equites Germani Stalkraut/ eò quod decoctum eius meiere nequeuntib. equis offeratur, uocant. Binominis autem antiquis est scriptoribus, una tantum litera mutata. Sunt enim qui Ononim, ut Theophrastus & Galenus: sunt etiam qui Anonim, ueluti Dioscorides & Plinius, nominent.

Anonis cur dicta. Ononis unde.

Anonis hauddubiè à non iuuando, quod nullo iuuamine polleat, dicta est. Siquidem aratoribus inimica est, uiuaxq́ nimis fruges opprimit, suisq́ aculeis nocet. Ononis uero, quod asinos, quos Græci ὄνους uocant, sese terentes ad illam scabentesq́ iuuet. Complures quoq́ Graij herbam sic appellari prodiderunt, quod in ea se uolutantes, spinis eius dorsum libenter affricent & scabant. Officinis prorsus ignota, & inusitata.

FORMA.

Ramos habet palmares, aut maiores, fruticosos, frequentibus geniculis cinctos, cauis alarū multis, capitula rotunda. Folia exigua, tenuia ceu Lentis, ad Rutæ, aut fœnarij Loti figuram accedentia, subhirsuta, odorata, nec iniucundè olentia. Ramuli acutas spinas, spiculis acuminatis similes, solidasq́ gerunt. Radice candida nititur. Theophrastus toto caule foliatam esse tradit, ut ueluti coronam ex interuallis tota species repræsentet. Florem quoque illi esse minutulum, & in siliqua non undique septum scribit. Quæ sanè singula pulchrè picturæ respondent, & Anonim esse hanc herbam quam Restam bouis hodie herbarij nominant, euidenter, nulla reclamante nota, ostendunt. Nam hæc ramos spargit fruticosos, palmo longiores, frequentibus cinctos articulis, à quibus alæ funduntur. Capitula exerit orbiculata, folia Lentis parua, ad Rutæ uel pratensis Loti figurã accedentia, hirsuta, iucundum odorem expirantia, inter quæ nocentiores, & mucronatæ cuspidis aculei quasi spicula subrigunt. Flos ferè Pisi dilutiore micat purpura, in siliqua non undiquaque septus. Radix in nigro candicans.

LOCVS.

Nascitur culto solo, pingui, & glutinoso, præcipuè autem in segetibus & aruis, inimica agricolis, uiuaxq́ supra modum. Cum enim altam lætámue nacta tellurem fuerit, protinus in altum agitur, & singulis annis, surculis in latus emissis, rursus anno postero deorsum uersus acta pluribus ramis luxuriat, ideoq́ runcanda & radicitus extirpanda uenit.

TEMPVS.

Aestate germinare incipit, à frugibus perficitur, autumno sui incrementi finem faciens. Floret autem Iulio mense, & Augusto.

TEMPERAMENTVM.

Ononis radix tertio quadantenus ordine excalfacit.

VIRES. EX DIOSCORIDE.

Antequam spinosa fit sale conditur, & est cibis gratissima. Radix eius calefacit, et extenuat, cuius cortex cum uino potus urinã ciet, calculos rumpit, crustasq́ abstergit. Decocta radix in posca dentium dolorem collutione mitigat. Huius decoctum potum, hæmorrhoidas sanare creditur.

A EX GALENO.

Radicis cortex maximè utilis est, habens quippiã absterſoriũ & inciſorium. Proinde non tantum urinas ducit, ſed & lapides confringit. Eadem facultate & cruſtas cõfeſtim detrahit. Vtuntur quoq; ea ad dentium dolores in poſca decoquentes, & collui decocto eius iubentes.

EX PLINIO.

Radix decoquitur in poſca dolori dentium. Eadem cum melle pota, calculos pellit. Comitialibus datur in oxymelite, decocta ad dimidias.

DE ANISO. CAP. XIX.

NOMINA.

ANISON græcè, Aniſum latinè uocatur. Officinis nomen genuinum retinuit, germanicè Eniß appellatur.

GENERA.

Aniſum caule, folio, flore, Apio par eſſe uidetur. Caulem nanque tenuiter ſtriatum, rotundum, multisq; ramulis brachiatum obtinet. Folium ubi primum enaſcitur, rotundum, ſed deinceps Apij modo diſſectum. Florem candidum, muſcarium fœniculi. Tota herba, haud aliter quàm ſemen, odorata eſt.

LOCVS.

Ex Syria originẽ habet, iam autem paſſim ſatum in Germaniæ hortis prouenit.

TEMPVS.

Iunio ac Iulio menſibus floret, ſemineq; prægnans eſt.

TEMPERAMENTVM.

Calefacit & deſiccat in tertio ordine.

VIRES. EX DIOSCORIDE.

B Aniſum in uniuerſum calefacit, exiccat. εὔπνουν rectius mea ſententia interpretabitur pro eo quod eſt, facilè ſpirare facit. Oris halitum iucundiorem facit. Anodynum eſt, dolorémue leuat. Vrinã cit. Diffundit. Hydropicis potum ſitim arcet. Prodeſt ad uenenata animalia, & inflationes. Aluum, & album fœminarũ profluuium ſiſtit. Lac ad mammas elicit, & Venerem ſtimulat. Suffitum naribus capitis dolorem ſedat. Tritum, cumq; roſaceo inſtillatum, aurium medetur rupturis.

EX GALENO.

Aniſi ſemen maximè utile eſt, acre & ſubamarum, ut propè ad urentium accedat caliditatem. Proinde & urinam cit, & digerit, atq; uentris inflationes ſedat.

EX PLINIO.

Aniſum aduerſus ſcorpiones ex uino bibitur, à Pythagora inter pauca laudatũ, ſiue crudum, ſiue decoctum. Item uiride aridúmue, omnibus quæ cõdiuntur, quęque intinguntur deſideratũ. Panis etiam cruſtis inferiorib. ſubditum. Saccis quoq; additur. Cum amaris nucibus uina cõmendat. Quin ipſum oris halitum iucundiorem facit, fœtoremq; tollit manducatum matutinis cum Smyrneo, & melle exiguo. Mox uino collutum uultum iuniorem præſtat. Inſomnia leuat ſuſpenſum in puluino, ut dormientes olfaciant. Appetentiã ciborum præſtat. Dolores capitis leuat ſuffitum naribus. Epiphoris oculorũ radicem eius tuſam imponit Iollas: ipſum cum croco pari modo & uino, & per ſe tritum cum polenta, ad magnas fluxiones, extrahendaq; ſi qua in oculis inciderint. Narium quoq; carcinôdes conſumit illitum ex aqua. Sedat anginas cum melle & Hyſſopo ex aceto gargarizatũ. Auribus infunditur cum roſaceo. Thoracis pituitas purgat toſtum, cum melle ſumptum melius. Cũ acetabulo Aniſi nuces amaras quinquaginta purgatas tere in melle ad tuſsim. Præcipuum autem eſt ad ructus, ideo inflationib. ſtomachi & inteſtinorũ torminibus, & cœliacis medetur. Singultus & olfactum decoctũ potumq; inhibet. Potum

F ſomnum

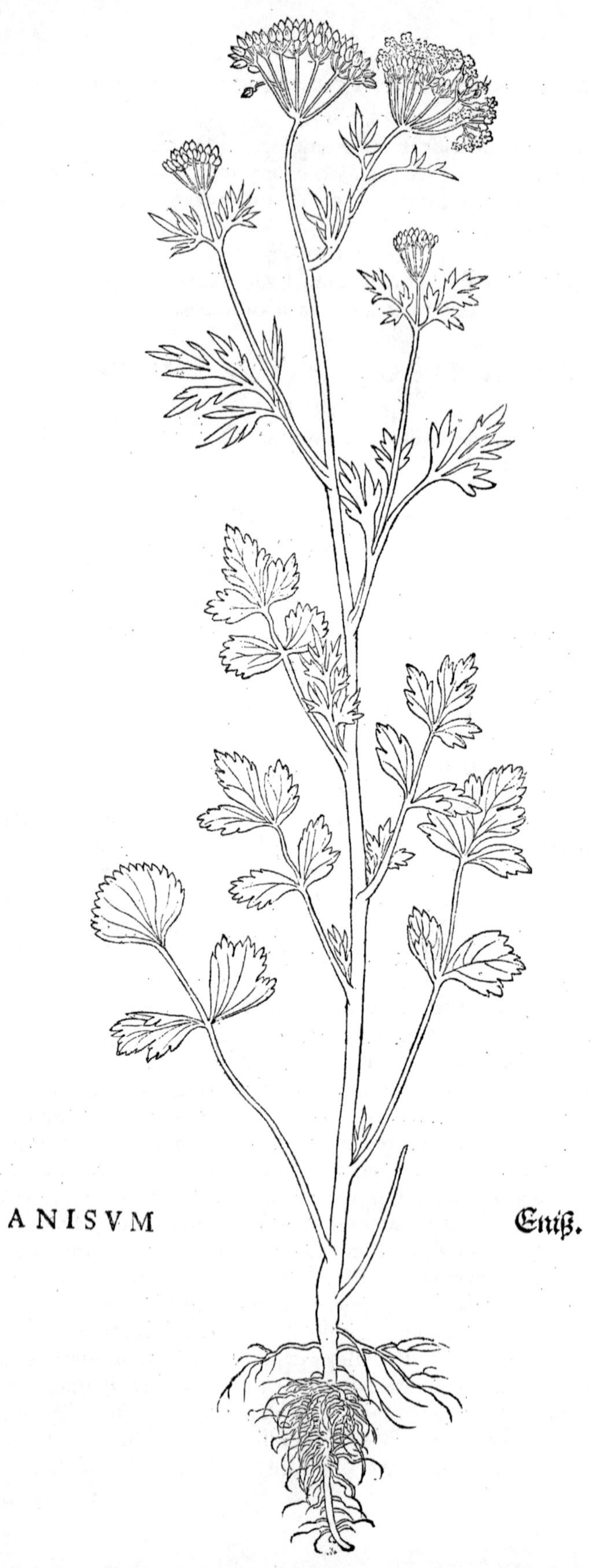

ANISVM Eniß.

A somnum concitat. Calculos pellit. Vomitiones cohibet, & præcordiorũ tumores. Et pectorum uitijs, neruis quoq; quibus succinctũ est corpus, utilissimũ. Prodest eius & capitis doloribus instillari succum cum oleo decocti. Non aliud utilius uentri & intestinis putant, ideo dysentericis & tenasmis datur tostum. Dalion herbarius dedit bibendum cum anetho parturientib. Phreneticis quoq; illinunt recens cum polenta. Sic & infantibus comitiale uitium aut cõtractionem sentientibus. Pythagoras quidem non corripi uitio comitiali in manu habentes, ideoq; quamplurimum domi serendum. Parere quoq; facilius olfactantes. Sosimenes contra omnes durities ex aceto usus est. Semine eius poto, lassitudinis auxiliũ uiatoribus spopondit. Strangulationes uuluæ, si manducetur & linatur calidum, uel si bibatur cum castoreo in aceto & melle, sedat. Vertigines à partu cum semine cucumeris & lini pari mensura trinum digitorum, uini albi tribus cyathis, discutit. Vrinam ciet. Venerem stimulat. Cum uino sudorẽ leniter præstat. Vestes quoq; à tineis defendit.

EX SIMEONE SETHI.

Prodest ad uetustos ex frigore iecoris affectus, & ad spirandi difficultatem quæ ex pituita proficiscitur. Flatus qui in uentriculo sunt, digerit. Obstructiones tollit, & lactis copiam facit.

DE ACTE. CAP. XX.

NOMINA.

Ακτη Græcis, Latinis Sambucus nominatur. Reliqua nomina dicemus paulò pòst, ubi huius genera indicabimus. Sambucus porrò uidetur ab authore appellata, cui nomen Sambyx fuit: uel à sabuca musico instrumento, quod alij pectida nominant, alij magadin. Atque hinc est quod Sabucus potius quàm Sambucus, si Serenio Quinto credimus, scribendum sit. *Sambucus unde dicta.*

B

GENERA.

Duo eius genera. Vnum arborescit, quod priuatim officinæ Sambucum, Germani Holder à cõcauitate uocant. Alterum Græcis χαμαιάκτη, quasi humilis, & coactæ breuitatis Acte nominatur, Latinis Ebulus, Germanis Attich / uel niderer holder. *χαμαιάκτη. Ebulus.*

FORMA.

Sambucus in arborem assurgit, uirgis harundinũ modo rotundis, subcauis, candicantibus, proceris. Folia tria, aut quatuor, aut quinq;, aut sex, aut septem per interualla circa uirgas obtinet, nucis iuglandis similitudine, graueolentia, pluribus incisuris, in summis ramis siue caulibus umbellas rotundas ferentia. Flores albos, fructum acinúmue Terebinthi in nigro purpureum, racemosum, succosum, & uinosum. *Sambuci.* Ebulus humilis minorq; est, herbaceo generi propius accedens, quadrangulo caule, densis geniculis. Folia ex interuallis circa singulos geniculos Amygdalæ similia alæ instar expanduntur, per ambitũ serrata, longiora, graueolentia. Vmbellam in summo fert Sambuco similem, flores itidem & fructum. Radice nititur longa, digitali crassitudine. *Ebuli.*

LOCVS.

Vtrunq; genus in opacis, asperisq; potissimũ locis, & iuxta aquas emicat. Ebulus uero in agris etiam quibusdam prouenit.

TEMPVS.

Parum ante Solstitium æstiuum floret Sambucus. Tardius autem Ebulus, Iunio nimirum & Iulio mensibus. In Augusto uero baccas suas profert.

TEMPERAMENTVM.

Sambucus uterq; calefaciendi ac desiccandi facultatem habet, id quod amaritudo, & adstrictio modica abunde monstrant.

64
SAMBVCVS
Holder.

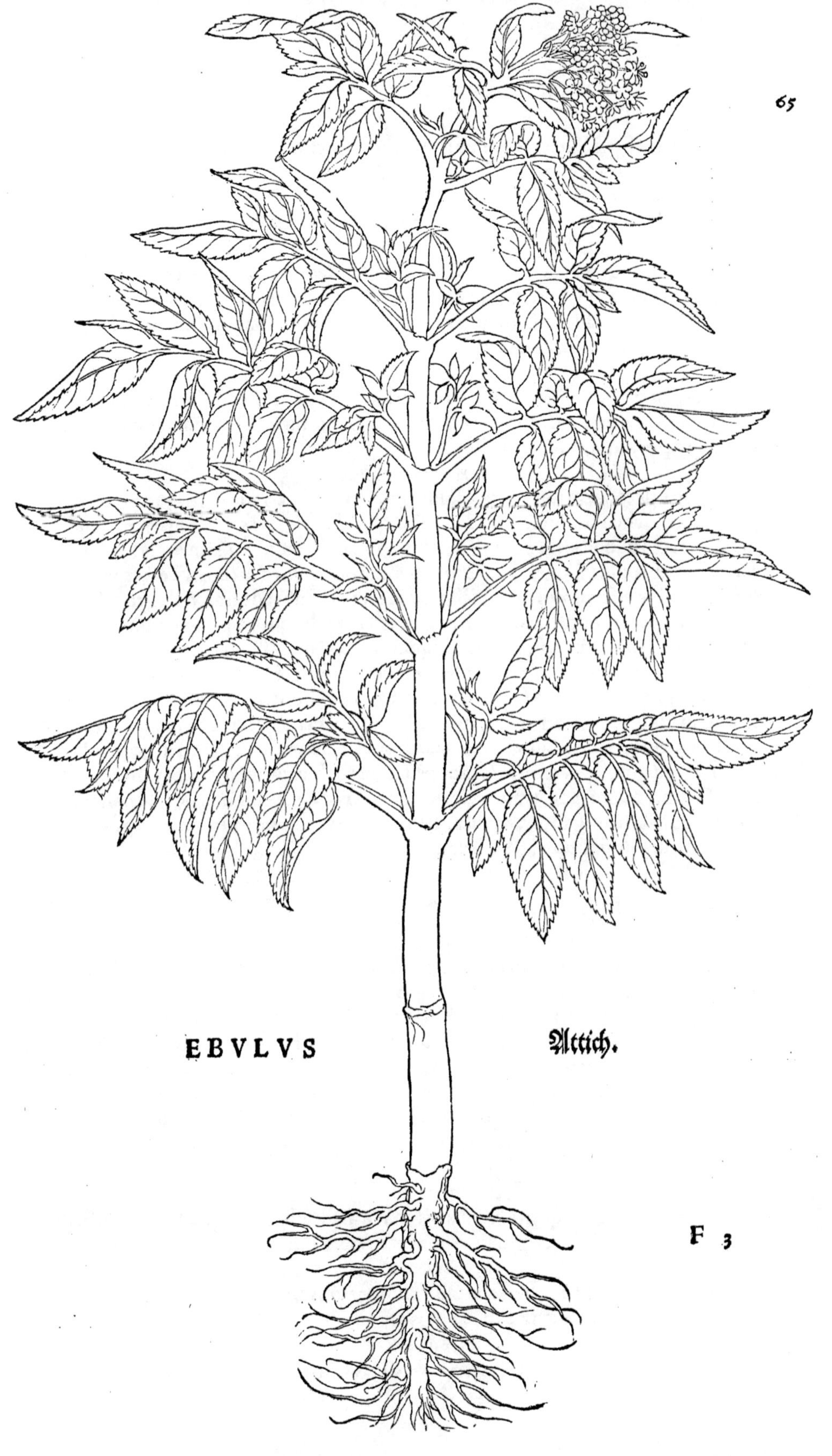
EBVLVS
Attich.

C VIRES. EX DIOSCORIDE.

Eadem utriſq; facultas, & par uſus, exiccās ſcilicet, aquā educens, ſtomacho nocens. Folia olerum modo decocta, pituitam & bilem purgant. Quinetiā teneri caules in olla cocti, eadem præſtant. Radix in uino decocta & in cibis data hydropicis auxiliatur. Eodem modo pota uiperarum morſibus ſubuenit. Vuluas emollit & aperit: & quæ circa eas ſunt affectiones, decocta cum aqua inſeſsione corrigit. Fructus cum uino potus eadem efficit. Illitus capillos denigrat. Folia recentia ac tenera cum polenta illita inflammationes mitigant. Ambuſtis etiam, & canis morſibus illita ſuccurrunt. Profunda & quæ in cauernas dehiſcunt ulcera agglutinant. Podagricis, cum taurino hircinóue adipe illita, auxiliantur.

EX GALENO.

Vtraq; Sambucus, & arboreſcens & herbacea, exiccandi, conglutinandi, modiceq; digerendi facultatem obtinent. Paulus Aegineta hæc adijcit: Potę & manducatæ aquam per aluum educunt.

EX PLINIO.

Vtriuſq; decoctū in uino ueteri, foliorū, uel ſeminis uel radicis, ad cyathos binos potum ſtomacho inutile eſt, aluo detrahēs aquā. Refrigerat etiam inflammationē, maximè recentis ambuſti: & canis morſum cum polenta, molliſsimis foliorū illitis. Succus cerebri collectiones, priuatimq; membranæ quæ circa cerebrū eſt, lenit infuſus. Acini eius infirmiores quàm reliqua: tingunt capillū: poti acetabuli menſura, urinam mouent. Foliorū molliſſima ex oleo & ſale eduntur ad pituitam bilemq; detrahendam. Ad omnia efficacior quę minor. Radicis eius in uino decoctæ duo cyathi poti, hydropicos exinaniunt: uuluas emolliunt foliorū decocto inſidentiū. Caules teneri minoris Sambuci in patinis cocti, aluum ſoluunt. Reſiſtunt folia ſerpentū ictibus in uino pota. Podagris cum ſeuo hircino uehementer proſunt cauliculi illiti.
D Iidemq; in aqua macerantur, ut ea ſparſa pulices necentur. Foliorū decocto ſi locus ſpargatur, muſcę necantur.
Boa. Boa appellatur morbus papularū, cum rubent corpora, Sambuci ramo uerberatur. Cortex interior tritus, ex uino albo potus, aluum ſoluit. Ebuli fumo fugantur ſerpētes. Tenerum cum folijs tritum, ex uino potum, calculos pellit. Impoſitum teſtes ſanat.

DE AMMI. CAP. XXI.

NOMINA.

Ammi Gręcis, Ammi Latinis, Ameos officinis corruptè, Germanis Amey appellari poteſt.

FORMA.

Ammi caule rotundo & herbaceo cōſtat, ſurculis multis & exiguis: folio oblongo, anguſto, per ambitū inciſuris diuiſo: flore paruo, candido, umbella Anethi: ſemine exiliori multò quàm Cuminū, guſtu Origanū pręſe ferente, acri & ſubamaro: radice candida & multifibra. Eſſe autem hanc herbam uerum
Ammi uerum. Ammi, ſeminis in guſtu ſapor, qui ſubamarus & acris eſt, omniū maximè oſtendit: talem enim in eo saporē Galenus requirit. Origanū etiam guſtu referre uidet. Quibus accedit antiqui & manuſcripti herbarij teſtimoniū, cuius pictura & deſcriptio ſatis docent, hanc herbam eſſe Ammi genuinū. Inter cætera enim ſemen Ammios piper guſtu referre, ideoq; à nonnullis piperculā dictā eſſe ait. Id quod certe uerisſimum eſſe cōperies, ſi ſemen guſtaueris: miram enim huic acrimoniā ineſſe ſenties.

LOCVS.

Nuſquam in Germania ſua ſponte naſcitur. Satum tamen facilè & magna copia prouenit, ſic ut deinceps extirpari uix queat.

TEMPVS.

Auguſto menſe floret, ac deinceps ubi defloruit, ſemen abundè producit.

TEMPERA-

AMMI
Amey.

C

TEMPERAMENTVM.

Ammi semen in calefaciendo desiccandoq́; ex ordine tertio intenso existit.

VIRES. EX DIOSCORIDE.

Vis semini excalfactoria, feruens & exiccās. Facit ad tormina, urinæ difficultatē, uenenatorū morsus cum uino potum. Menstrua ciet. Miscetur derodentib. ex cantharidibus confectis medicamentis, ut inde exortis urinæ difficultatibus resistat. Sugillata cum melle illitum tollit. Colorem potum & inunctū in pallorem mutat. Suffitum cum uua passa aut resina uuluas purgat.

EX GALENO.

Herbæ quam uocant Ammi, semē maximè est utile. Facultatis est excalefactorię & desiccatoriæ, tenuiumq́; partium. Sed & gustu subamarū est, & acre. Et clarum est quod digerat, & urinam moueat.

EX PLINIO.

Inflationes & tormina discutit. Vrinam & menstrua ciet. Sugillata & oculorum epiphoras mitigat. Cum lini semine scorpionū ictus in uino potum drachmis duabus: priuatimq́; cerastarum cum pari portione myrrhæ. Colorem quoque bibentium similiter mutat in pallorem. Suffitum cum uua passa, aut resina, uuluas purgat. Tradunt facilius concipere eas, quæ odorentur id per coitum.

DE ARO. CAP. XXII.

NOMINA.

ARON, ἢ ἀρίσαρον græcè, Arum & Aris latinè dicitur. Officinę corrupto, ut solent, uocabulo Iarum appellāt. Quidam, quod folium effigie bubuli

D

uestigij prodeat, Pedem uituli uocarunt. Alij, quod dracunculū æmulatur, sola magnitudine discrepans, Serpentariā minorem appellant: neq́; id sanè temerè. Videtur enim Aron esse Dracunculus minor, cui Dioscorides folia κισσοειδῆ, hoc est, Hederę similia esse dicit, quę prorsus Ari sunt, nisi quod paulò sint longiora. Plinius etiam Aro eas facultates tribuit, quas Dioscorides Dracunculo minori. Vt hinc conijcere liceat, Arum cum Dracunculo minori miscuisse ueteres. Vulgus, quod pistillum promit exerti ferè genitalis effigie, Sacerdotis uirile nominat. Id quod & Germani nostri faciunt, qui sua lingua Pfaffenpint nuncupant. Aliàs Aron, & ob uehementem acrimoniam, teütschen Ingber uocant.

Pes uituli.

Serpentaria minor.

Sacerdotis uirile.

FORMA.

Folia emittit Dracunculo similia, sed longiora & minus maculata: caulē dodrantalem, purpurascentē, pistilli figura, à quo croci colore fructus exit. Radix illi candida, Dracunculo similis, quę quod minore acrimonia est, cocta comeditur. Hę utiq́; deliniationes ad amussim, nulla reclamante nota, nostro Aro cōueniunt. Siquidem folia promit Dracunculi, longiora, & paucioribus. maculis respersa, caulem dodrantem altum, in purpuram leniter tendentem. Ante seminis partum, sagaci naturę artificio dignum, erumpit inuolucrum & cucullum, quod mucronata in turbinem uaginula pistillum complectitur, & suo fouet sinu. Verum ubi fructu prægnans fatiscit in hiatum, solida pistilli facies dilutiore purpura rutilans emergit, & anfractu penitus tandem patente, primum uiridia, dein crocea spectantur semina, quæ in coronæ modum concinnè contexta, imam eius partem ambiunt. Radicem etiam obtinet albam, ad Dracunculi radicem accedentem, ut pictura graphicè monstrat. Neque obstat quod Galenus radicem Ari elixam mandi scribat, nostri autem tam acris sit ut uix gustari ob miras & diutinas, quas in lingua ac palato excitat puncturas, possit, tantum abest ut edendo esse queat. Siquidem Galeno libro secundo de alimentorum facultatib. teste, non parem in omnibus regionibus acrimoniam obtinet, sed in nonnullis minimam, ut Cyrenis. Et Plinio quoque lib. xix.

Obiectionis dissolutio.

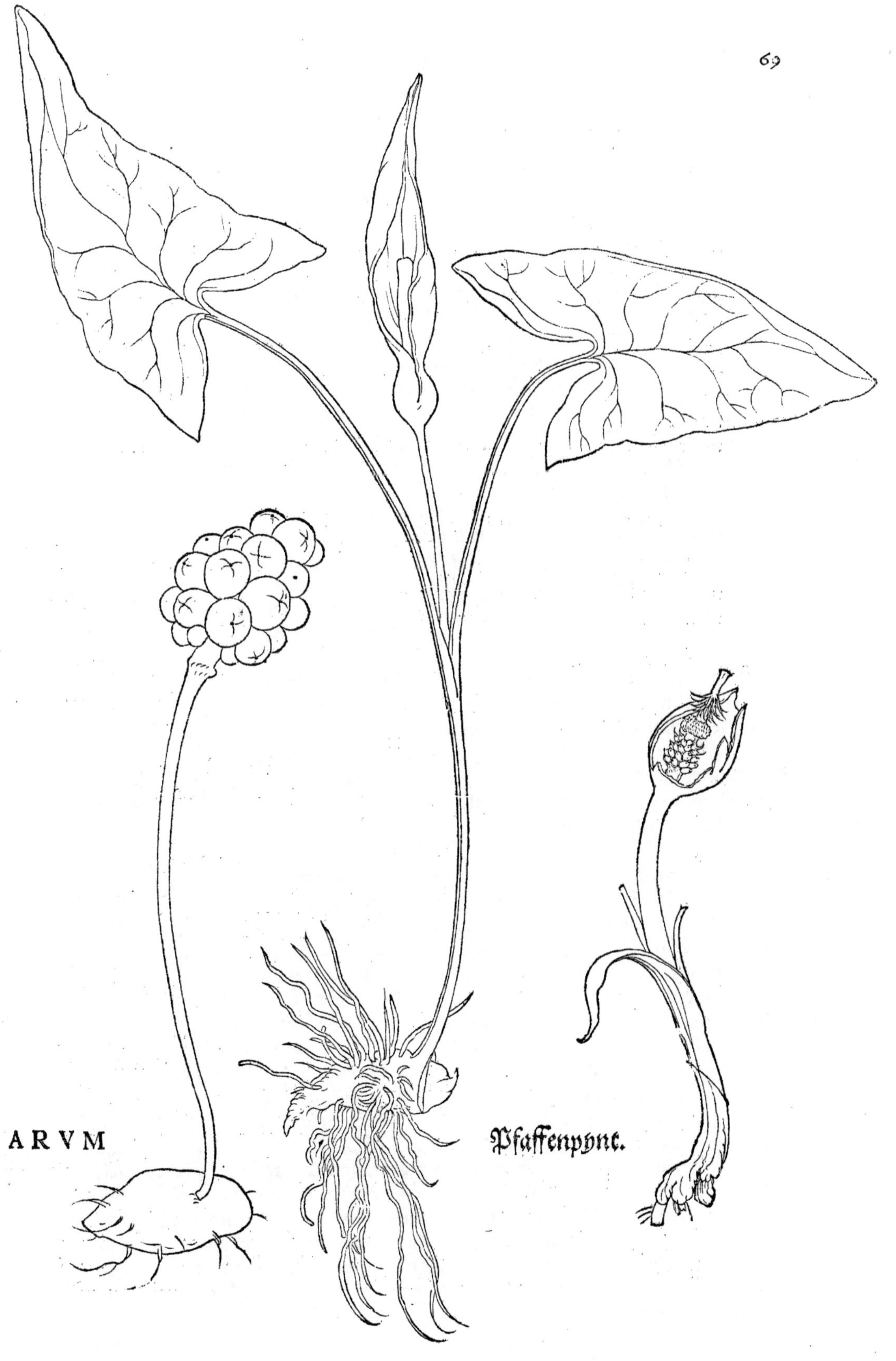
ARVM
Pfaffenpynt.

C lib. xix. cap. v. teste, in Aegypto Aron nascitur radice mollioris naturæ, quæ etiam cruda editur. In quibusdam, ut Germania nostra, maximam. Verba Galeni paulò pòst in facultatum cõmemoratione citabimus. Hinc discendũ erit, multa nobis in scriptoribus rei herbariæ, primo statim obtutu pugnantia uideri, quæ, si ad cœli regionumq́ꝫ diuersitatẽ respexerimus, nihil prorsus pugnantiæ aut absurditatis habebunt. Quod nisi diligenter animaduertas, multas genuinas herbas pro adulterinis abijcias necesse erit. His accedit quod Galenus nõ simpliciter dicat mandi Ari radicem, sed elixam. Non est autem mirum si acria etiam edendo fiant, si elixentur. Bis enim aut ter in aqua decocta, Galeno lib. ij. de aliment. facul. cap. ultimo teste, acrimonia spoliantur. Porrò si ista sciolis quibusdam haud satisfecerint, dicendũ planè erit Arum Germaniæ nostræ esse Arisaron, quod gustu, Dioscoride & Galeno autoribus, acrius est. Quamuis ego cum Ruellio, diligentissimo earum rerum inquisitore, Arisaron ab Aro differre haud putem, quod scilicet forma utrisq; eadem sit. Cuius etiam rei fidem facit ipsa nomenclatura, quæ utriusq; retinuit appellationem: duobus tandem uocabulis in unum coalescẽtibus, dici cœpit Arisaron. Apud ueterrimos enim Aris primum; dein posterioribus, copulatis unà nominibus, Arisaron confictum est nomen.

LOCVS.

Nascitur in syluis, locis umbrosis, humidis & frigidis.

TEMPVS.

Folia statim in Martio, inter primas herbas ueris exiliunt, in Iunio dispereunt, ita ut haud facilè hoc nomine herba ipsa reperiri queat. Semen Iulio & Augusto mensibus reperitur, primùm, ut diximus, uiride, mox croceum.

TEMPERAMENTVM.

D Arum Galenus in calefaciendo & desiccando primi ordinis esse statuit. Et locutus est de Aro qui non uehementi acrimonia pollet. Nostrum hauddubiè in tertio ordine calidum & siccum est, ob multam, qua præditum est, acrimoniam.

VIRES. EX DIOSCORIDE.

Radix, semẽ, & folia Ari easdem Dracunculo uires habent. Radix priuatim cum fimo bubulo illita podagricis prodest. Dracunculi more reponitur. In totũ, ob mitiorem eius acrimoniam edendo est.

EX GALENO.

Arum terrena essentia cõstat, sed calida: proinde extergendi facultatẽ possidet, uerum non ualentẽ, sicut Dracontiũ. Radices eius maximè sunt utiles. Siquidẽ comesæ crassitiem humorũ mediocriter incidunt, adeò ut excreationib. ex pectore idoneæ sint: sed magis tamen aptum est Dracontiũ. Et in libro secundo de alimentorũ facultatibus sic de Aro scribit: Ari radix rapi modo manditur. Quibusdam autem in regionibus acrior nascitur, ut Dracontio ferè similis sit. Dum rectè parare uoles, prioris decoctionis aqua effusa, repentè in alteram calidam inijcere oportet, ut in Brassica & Lente dictũ est. Cyrenis cõtrà quàm in nostra regione planta se habet: nam illic minimũ medicamentosi, minimũq; acrimoniæ habet, adeò ut uel rapis utilior reputetur: idcirco radicẽ quoq; in Italiam cõportant, ut quæ absq; ut putrescat aut regerminet, longo tempore perdurare possit. Perspicuũ uero est alendis corporibus hanc accõmodatiorẽ esse. Si quis autem in thorace ac pulmone collectos crassos lentosq́; humores extussire studeat, acrior ac medicamẽtosior magis cõueniet. In aqua elixa estur cum sinapi aut aceto, ex oleo & garo. Quinetiã cum obsonijs, & sale, & ijs quæ caseo cõstant, sumitur. Haud uero obscurũ est, succum eius qui in iecur ac uniuersum corpus diffunditur, quo uno animal nutritur, crassiorem esse, idq́; maximè quum radix, quemadmodũ sunt quæ Cyrenis aduehuntur, medica ui caruerit. Apud nos nanq; in Asia, plerǽq; Ari radices acriores sunt, & medicamentosam iam uim obtinent.

EX PLINIO.

A Aron miris laudibus extulere Græci, primum in cibis † fœminarum præferentes, quoniam mas dulcior esset, & in coquendo lentior, pectorisq́ue uitia expurgaret: aridum in potione insperſum, aut ecligmate, urinam & menses cieret. Sic & in oxymelite potum, stomacho: interaneis exulceratis ex lacte ouillo bibendum, ad tussim in cinere coctum ex oleo dedere. Alij coxere in lacte, ut decoctum biberetur. Epiphoris elixum imposuere: item sugillatis, tonsillis. Ex oleo hæmorrhoidum uitio infudere, lentigines ex melle illinentes. Laudauit Cleophantus & pro antidoto contra uenena, pleuriticis, peripneumonicis quoque & tussientibus. Semen intritum cum oleo aut rosaceo infundens, aurium dolori Dieuches. Cleophantus tussientibus aut suspiriosis & orthopnoicis, & purulenta excreantibus, farina permixtum in pane cocto dedit. Diodotus phthisicis è melle eclígmate, & pulmonis uitijs, ossibus etiam fractis imposuit. Partus omnium animalium extrahit naturæ circumlitum. Succus radicis cum melle Attico, oculorum caligines, ac stomachi uitia discutit. Tussim decocti ius cum melle. Vlcera omnium generum siue phagedænę sint, siue carcinomata, siue serpant, siue polypi in naribus, succus mirè sanat. Folia ambustis prosunt ex uino & oleo cocta. Aluum inaniunt ex sale & aceto sumpta. Etiam luxatis cocta cum melle prosunt. Item articulis podagricis cum sale, recentia uel sicca. Hippocrates ad collectiones cum melle imposuit. Ad menses trahēdos seminis uel radicis drachmæ duæ in uini cyathis duobus sufficiunt. Eadem potio si à partu nō purgantur, & secundas trahit. Hippocrates & radicem ipsam apposuit. Dicunt & in pestilentia salutarem esse in cibis. Ebrietatem discutit. Serpentes nidore cum crematur, priuatimq́ue aspides fugat, aut inebriat, ita ut torpentes inueniantur. B Perunctos quoq́ue Aro ut laureo oleo fugiunt, ideo & contra ictus dari potu in uino nigro putant utile. In folijs Ari caseus optimè seruari traditur.

† aliàs fœminã.

APPENDIX.

Posteriores medici Aron discutiendi, extenuandi, extergendiq́ue facultatem habere tradunt: ideoq́ue tumoribus aurium, ficubus, strumis, scirrhisq́ue mederi, faciei deformitatem cutisq́ue auferre, eius denique radicem in puluerem redactam supercrescentem in uulneribus carnem minuere scribunt. Id autem posse pręstare, acrimonia ipsa uehemens quæ gustu sese exerit, abundè monstrat. Dioscorides etiam Arisaron acrimonia haud exigua præditum scribit, ideoq́ue illitum nomas sistere, collyriaq́ue efficacissima ex eo cōtra fistulas fieri. Deniq́ue radicem cuiuscunq́ue animalis pudendo impositam, id corrumpere tradit. Plinius quoq́ue Arisaron ulceribus mederi manantibus, item cōbustis & fistulis, scriptum reliquit. Præterea cōmixtum collyrio nomas sistere ait.

Recētiores quas facultates Aro tribuant.

DE ARCIO. CAP. XXIII.

NOMINA.

ΑΡΚΕΙΟΝ, ἢ προσώπιον, ἢ προσωπὶς Græcis, Personatia Latinis dicitur. Officinæ Lappam maiorem, uulgus Bardanam uocat, Germani Groß kletten. Personatia hac quondam ad personas utebātur, quoties in theatris alijsúe locis qui cognosci à populo nollent, egisse quidpiā uolebant. Est enim foliorū eius tanta amplitudo, ut tota humana facies ijs tegi possit: atque hinc hauddubiè tam Græci quàm Latini, nomen illi Prosopij & Personatiæ indiderūt.

Lappa maior. Personatia unde dicta.

FORMA.

Personatia folia Cucurbitæ similia habet, maiora tamen, duriora, nigriora & hirsuta. Caulem subcandidum, interdum nullum. Radicem grandem, candidā intus, foris nigram. Ex qua descriptione nemo nō intelligit, Personatiā esse eam herbam

quam

PERSONATIA Groß kletten.

A quam hodie uulgus Bardanam uocat, quæ folio constat omnium lapparum maximo, parte auersa herbido, aduersa cano, caule in purpureo albicante, grandibus lappis, quæ transeuntium uestibus adhærent, in quibus flos purpureus nascitur, non euidens, sed occultus, intra se germinans, radice grandi, intus candida, foris atra. Bardana.

LOCVS.

Nascitur ubiq;, potissimũ circa margines pratorum, & agrorum.

TEMPVS.

Mense Iulio lappas cum floribus suis producit Personatia.

TEMPERAMENTVM.

Digerit simul & desiccat, sed & adstringit nonnihil.

VIRES. EX DIOSCORIDE.

Radix Personatiæ drachmæ pondere cum pineis nucibus pota, sanguinẽ & purulenta excreantibus auxiliatur. Articulorũ quoq; dolores, qui ex membrorũ fractionibus collisionibúsue fiunt, trita & illita sedat. Quinetiam folia uetustis ulceribus utiliter illinuntur.

EX GALENO.

Arcium, quod Prosopida uocãt, cuiusq; folia Cucurbitę simillima sunt, nisi quatenus tum maiora, tum duriora, discutit simul & desiccat, sed & adstringit mediocriter: quamobrem folia eius ueteribus ulceribus mederi possunt.

EX APVLEIO.

Personatiæ herbæ succus cum uino ueteri in potionem datus, omnes morsus serpentium mirificè sanat. Eiusdem folijs cinges febricitantẽ, & statim febrem mitigat, caloremq; sanat. Vulnus, etiam si cancer erit, cum aqua decoctionis foliorũ eius foueto: deinde ipsam cum nitro & axungia, cum aceto tere, & in panno inducito & imponito. Ad canum rabidorũ morsus radix cum modico sale trita imponitᷣ morsui, & statim ęger liberabitur.
B Succus foliorum eius cum melle potui datus, urinam prouocat, & uesicæ dolorem tollit. Puluis seminis eius cum uino optimo per quadraginta dies datus, ischiadicos mirabiliter sanat. Folia trita cum albumine oui & imposita, ambusta mirificè curant.

EX L. COLVMELLA.

Venena uiperæ pellit super scarificationẽ ferro factam herba Personatia trita & cum sale imposita. Plus etiam eiusdem radix contusa prodest contra serpentes. Ex uino bibitur duûm denariorum pondere. Strumis radix eius medetur: item cum axungia operitur folio suo imposita.

DE ASCYRO. CAP. XXIIII.

NOMINA.

ΑΣΚΥΡΟΝ, ἢ ἀσκυροειδὲς græcè, Ascyron latinè nominatur. Officinis ignotum. Germanicè Harthöw/id est, durum fœnum appellatur. Græci à cõtrario, huic herbæ nomen imposuisse uidentur, σκῦρος enim illis asperitatem significat. Pulchrè igitur ad Græcam appellationem Germanica alludere uidetur. Ascyron cur dictum.

FORMA.

Hyperici species est Ascyron, magnitudine differens, maioribus ramis, fruticosius, puniceo colore rubens. Flores fert luteos, semẽ Hyperico simile, odore resinæ, quod cum atteritur digitos ferè cruentat.

LOCVS.

In cultis & asperis locis prouenit.

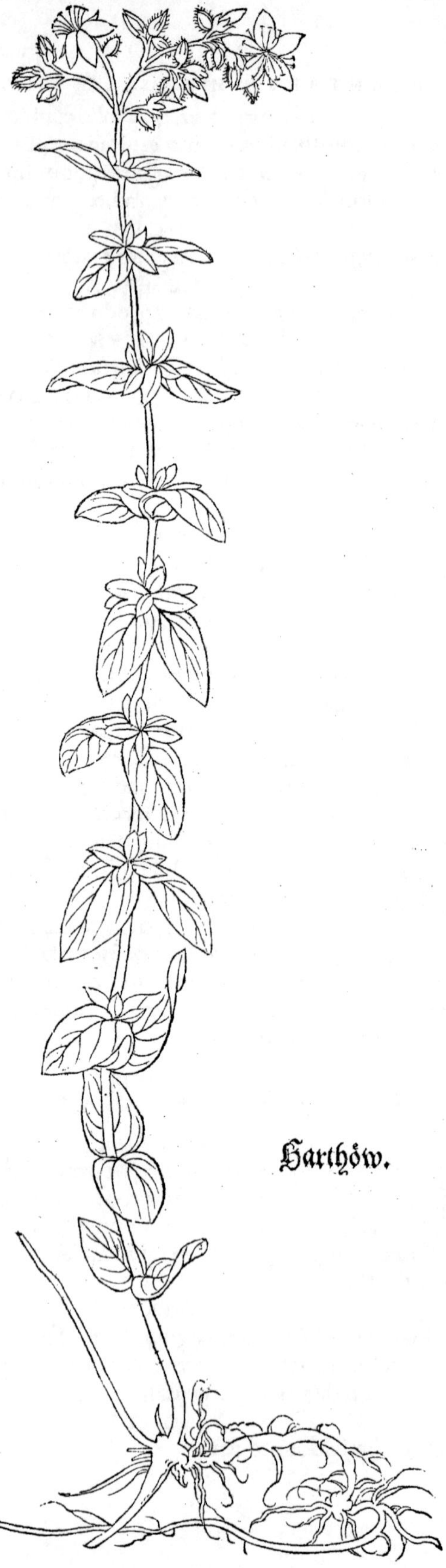

ASCYRVM

Harthöw.

A TEMPVS.

Aestate, potissimum uero Iulio & Augusto mensibus, floret.

TEMPERAMENTVM.

Essentia tenue est, ideoq; calefacit & desiccat.

VIRES. EX DIOSCORIDE.

Semen Ascyri potum in hydromelitis heminis duabus, ad ischiadicos prodest dolores: biliosa enim multa excrementa ducit. Sed assiduè dari oportet donec conualescant. Praeterea illitum ad ambusta conducit.

EX GALENO.

Semen eius purgatoriũ. Foliorum uero facultas modicè extergens & desiccans, ut & ambusta sanare credantur. Caeterum in uino austero decocta, uinum ipsum magnorum uulnerum glutinatorium efficiunt.

EX PLINIO.

Vsus seminis ad ischiadicos, potus duabus drachmis in hydromelitis sextario. Aluum soluit, bilem detrahit. Illinitur & ambustis.

DE ANDROSAEMO. CAP. XXV.

NOMINA.

ΑΝΔΡΟΣΑΙΜΟΝ Graecis, Androsaemon pariter Latinis dicitur. Officinis incognitum. Germanis Kunrath/ quasi graecè dicas Thrasibula, nominatur. Dictum Androsaemon, quod aut coma, aut floribus eius tritis, hominis sanguinem referat. *Androsaemon unde dictũ.*

FORMA.

B Differt ab Hyperico & Ascyro Androsaemon. Frutex est praetenuib. ramis, surculosus, puniceo colore rubentibus uirgis, folijs triplo quadruplóue maioribus quàm Rutae, quae contrita sanguineum succum remittunt. Alarum caua habet plura, in summo alarum auium modo pennata expansáue, circa quas flosculi pusilli lutei. Semen in calyce, nigro papaueri simile, ueluti punctis depictum distinctúmue. Coma trita resinosum odorem reddit.

LOCVS.

Locis ijsdem quibus Ascyron prouenit.

TEMPVS.

Iulio & Augusto mensibus floret.

TEMPERAMENTVM.

Calefacit & desiccat.

VIRES EX DIOSCORIDE.

Androsaemi semen tritum, potumq; duarum drachmarum pondere, biliosa alui excrementa ducit. Ischiadicis autem potissimum medetur, sed à purgatione aquam sorbere oportet. Herba illita ambusta sanat, & sanguinem compescit.

EX GALENO.

Easdem cum Ascyro facultates obtinet.

EX PLINIO.

Vsus ad purgandam aluum tusae cum semine, poteq; matutino, uel à coena duabus drachmis in aqua mulsa, uel uino, uel aqua pura, totius potionis sextario. Trahit bilem, prodest ischiadicis maximè. Sed postera die, capparis radicem resinę permixtam deuorare oportet drachmae pondere, iterumq; quatridui interuallo idem facere. A purgatione autem ipsa robustiores uinum bibere, infirmiores aquã. Imponitur & podagris, & ambustis, & uulneribus, cohibens sanguinem.

ANDROSAEMON

Kunrath.

A

NOMINA.

Ἀρκευθος, ἢ ἀρκευθὶς græcè, Iuniperus latinè uocatur. Officinæ latinam appellationem retinuerunt. Germanicè Weckholder/Kramatber/id est, turdorum baccæ uocantur, quod fructibus eius turdi pinguescant. Iuniperus autem dici uidetur, quod iuniores & nouellos fructus pariat: sola enim ferè arborum fœtus suos in biennium prorogat, qui ne maturescunt quidem, nouis superuenientibus.

Iuniperus unde dicta.

GENERA.

Iuniperus Dioscoridi duplex est, maior & minor, sola arboris & seminis magnitudine inter se differentes. Minor humilis est, sessilibus in terra ramulis, baccis minoribus, radicibus summo cespite fusis. Maior altius adolescit, & in iustam arboris magnitudinẽ exurgit, caudice procero, cortice fragili, ligno fuluo, odorato, latioribus ramulis, aculeorum aceruo stipatis, baccis alteri similibus, maioribus tamen.

FORMA.

Vtriusque facies horrida, coma uirent perpetua, spinaq́ꝫ potius quàm folio, sed herbacea uestiuntur. Cortex illis membraneus, fragilis, nec difficulter satiscens, materies fulua, quæ si ignibus dicatur, non iniucundũ fumum expirat, qui odoris suauitate grassantia pestilentiæ cõtagia depellit. Ex ea etiam, ut recentiores Græci tradunt, æstiuis temporibus lachryma thuris odorem atque colorem æmulans sudat, quæ caloris officio durata, coëat in gummi. Arabum familia, non sine magna cõfusione nominum, Sandaracham appellat. Officinæ uero Vernicem uocant. Baccas ferunt primum uirentes, deinde per maturitatem nigras, quæ biennio antequam maturescant in ramis pendent. Hinc sunt qui baccas in ijs esse ternas eodem tempore dicant, anni proximè exacti nondum maturas, & tertij ante præsentem iam maturas, tertias nouas & recentes. Cæterum nõ desunt qui nostram Iuniperũ non genuinam putẽt, quod baccæ eius ad Dioscoridis magnitudinẽ, quæ nucis est ponticę aut fabę, non accedant. Sed cogitent locum in causa esse cur minores producantur: ut plurimum enim omnia quæ in Germania proueniunt, ijs quæ in Græcia nascuntur minora sunt. Nobis etiam Iuniperi grana aliunde allata uisa sunt, quæ nucis auellanæ quantitatem æquabant: ob id ut magnitudinem ac formam eorundem etiam exprimeret pictor, curauimus.

Sandaracha Arabum. Vernix.

B

Obiectionis dissolutio.

LOCVS.

Amant Iuniperi montes, & maritima loca, in planisq́ꝫ & cultis nasci recusant.

TEMPVS.

Autumno fructus Iuniperorũ decerpuntur, sed ad bimatum prorogati.

TEMPERAMENTVM.

Iuniperus calida & sicca, utrinque tertij ordinis. At fructus similiter quidem calidus est, sed non similiter siccus: uerum in hoc primi fuerit ordinis. Vernix calefacit & exiccat secundo recessu.

VIRES. EX DIOSCORIDE.

Acris utraque est, calefacit, & urinam mouet. Incensæ suffitu serpentes fugant. Earum fructus, hic quidem fabę, alius uero nucis ponticæ magnitudine inuenitur, rotundus, odoratus, in mandendo dulcis, & subamarus. Modicè calefacit & adstringit, stomacho utilis. Potus ad uitia thoracis, tusses, inflationes, tormina, & uenenata, prodest. Vrinam cit. Conuulsis, ruptis, & uuluę strangulationibus confert. Folia acria obtinet Iuniperus, ideoq́ꝫ tam ipsa quàm eorum succum ex uino contra uiperarum morsus illini & bibi prodest. Cortex præterea crematus & cum aqua illitus, lepras eximit. Ramentum uero ligni deuoratum, interficit.

IVNIPERVS MINOR.

Weckholder.

A

EX GALENO.

Iuniperi fructus iecur renesq; expurgat, nimirum crassos & glutinosos humores extenuando, eaq; de causa salubribus medicamentis immiscetur. Perexiguum corpori humano alimentum ex eo apponitur. Affatim sumptus hic fructus stomachũ mordicat, caputq; calefacit: ex quo illud quandoq; implens, dolore diuexat. Alui excrementa nec retinet, nec propellit. Vrinam ciet mediocriter.

EX PLINIO.

Vtraq; excalfacit & extenuat. Accensa serpentes fugat. Semen stomachi, pectoris, laterisq; doloribus utile. Inflationes languoresq; discutit, tusses concoquit & duritias. Illitũ tumores sistit: item aluum, baccis ex uino nigro potis: item uentris tumores illitis. Miscetur & antidotis oxyporis. Vrinas cit. Illinitur & oculis in epiphoris. Datur conuulsis, ruptis, torminibus, uuluis, ischiadicis cum uino albo potum pilulis quaternis, aut decoctis uiginti in uino. Sunt & qui perungant corpus è semine eius in serpentum metu.

VERNICIS VIRES EX RECENTIORIBVS GRAECIS.

Profluentem è naribus sanguinem sistit, si ex candido oui liquore trita temporibus & fronti illinatur. Eadem uomitionẽ ex polline thuris & oui albo excepta supprimit. Item profluentem aluum cum eisdem illita firmat. Stomachum in biliosos uomitus effusum, deuorata in ouo sorbili polenta eius cohibet, cruentamq; alui proluuiem retinet. Destillationes suspendit suffitæ nidor, arcetq; ne præcipites ad ima decumbant. Pituitam quæ in stomacho aut intestinis coijt, digerit. Humorẽ etiam coërcet, qui pernix à cerebro deuoluitur. Tineas & cætera uentris animalia necat. Vliginosos fistularum sinus indita reficcat. Menstruos continet fluxus. Grauedini suffitus eius auxiliatur. Hiantibus manuum & pedum rimis illitu succurrit. Et in
B summa Succini pollet uiribus, sed paulò efficacioribus: quæ si desit, duplo pondere in uicem substituitur.

DE ALCEA. CAP. XXVII.

NOMINA.

ΑΛΚΕΑ Græcis, Alcea Latinis uocatur. Officinis ignota. Vulgares herbarij & Empirici Simeonis herbam, Germani nostri Sigmarskraut/ oder Sigmundswurtz/ & Hochleuchten appellant. Simeonis herba.

FORMA.

Syluestris maluæ species est Alcea, folia Verbenacæ modo secta habens, caules ternos aut quaternos, corticem Cannabi similem obtinentes. Florem exiguum Rosæ similem. Radices albas, latas quinque aut sex, cubitales.

LOCVS.

Nascitur in pingui loco, nec sicco.

TEMPVS.

Floret Iulio & Augusto mensibus.

TEMPERAMENTVM.

Ex emplasticorum medicamentorũ numero esse Alceam, & folia, quæ glutinosum quid ac lentorem quendam prę se ferunt, & radix ipsa quæ glutinosa, dulcis, & modicè adstringens apparet gustantibus, abunde monstrant. Hinc satis constat Alceam extra omnem insignem tum caliditatẽ, tum frigiditatem siccare, ac planè emplasticorum consistentiam obtinere. Vide Galenum lib. iiij. de simpl. medi. facult. cap. iiij. & sequenti.

VIRES. EX DIOSCORIDE.

Alceæ radices in uino aut aqua potæ, dysentericis & ruptis medentur.

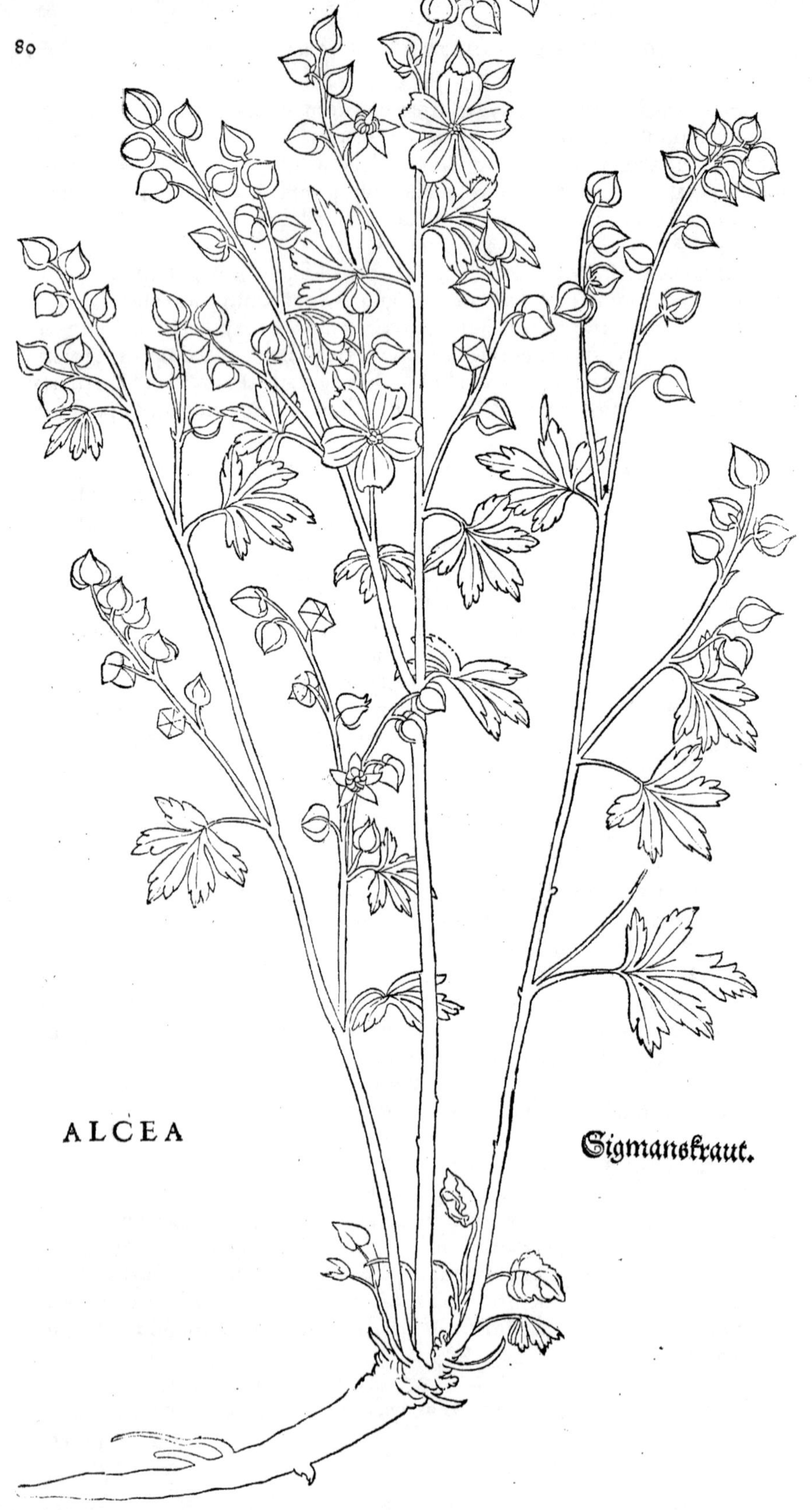
ALCEA
Sigmanskraut.

A EX PAVLO.

Alcea syluestris maluæ genus est. In uino pota dysenteriæ & rupturis medetur, potissimum ipsius radix.

EX PLINIO.

Vsus radicis Alceę ex uino uel ex aqua, dysentericis, aluo citæ, ruptis & cõuulsis.

APPENDIX.

Celebratur ad caliginem oculorum ab Empiricis, ita ut non desint qui credant radicem Alceæ è collo suspensam, aciem oculorũ supra modũ acuere, & tueri posse.

DE ADIANTO. CAP. XXVIII.

NOMINA.

ADIANTON, ἢ πολύτριχον, ἢ καλλίτριχον, ἢ ἐβγνότριχον græcè: Adiantum, Polytrichum, Callitrichum, Cincinnalis, Terrę capillus, & Supercilium terrę latinè appellatur. Officinæ hodie Capillum Veneris uocant, quo etiam nomine appellari Latinis Apuleius testatur. Germani Frawenhar / uel Junckfrawenhar. Adiantum nomen ab euentu accepit, quod folium eius perfusum aqua οὐ διαίνεται, id est, non madeat, sicco semper simile, ut autor est Theophrastus libro septimo de Plantarum historia, cap. xiij. Id quod minimè intelligendum erit de mersione longiore in aqua: nam diutius mersum ac irrigatum, æquè ac aliæ herbæ madescit. Quare rectius de imbre descendente è cœlo, cuius stillicidium folijs eius non insidet, ut testis est in Theriacis Nicander, accipiendũ uenit. Vel, quod magis arridet, ab interioribus puteorũ parietibus, & fontium marginibus quas coronat, dictum est Adiantum, quod nimirum quasi sitiens illorum
B aquas, quas tamen odit & respuit, quærat. Polytrichon autem quasi multicomum, quod capillos multos ac densos faciat, eiusq; defluuia expleat. Callitrichon uero quasi pulchricomũ, quod capillos tingat, pulchrioresq; reddat. Nec alia ratione capillus Veneris hæc herba dicta est, quàm à speciosis reddendis capillis: nec alio nomine Veneris uox adiecta est, quàm quod hæc pulchricoma pingat. Hinc patefit maximus pharmacopolarũ nostri temporis error, qui sub tribus nominibus, unã & eandem duntaxat herbã significantibus, tres diuersas herbas designatas esse putant. Aliam enim Polytrichum, aliam Callitrichũ, quam tamen corrupto uocabulo Gallitrichũ uocãt: aliam etiam Capillum Veneris esse herbam existimant. Quales autem herbæ sint, Polytrichum, & Gallitrichum illis nominatæ, suis locis ostendemus.

Capillus Veneris. *Adiantum unde dictum.* *Polytrichon.* *Callitrichon.* *Capillus Veneris cur dicta.* *Pharmacopolarum error.*

FORMA.

Folia albicantia Coriandro similia habet, in summo incisuris diuisa. Caules ex quibus nascuntur prodeúntue, nigros, admodum tenues, dodrantales, nitentesq;. Neq; florem, neq; semen creat. Folijs uero Coriandri iam quidem erumpentis, uel paulò antea enati, necdum caulescentis, quæ quidem in infima eius parte quodammodo lata sunt, & in extremitatibus incisa, constare Adiantum sciendum erit. Ex qua nimirũ descriptione manifestissimũ est, eam herbam qua ferè omnes Officinæ pro Capillo Veneris utuntur, & quam nos à muris in quibus prouenit, Germanicè Maurrauten / & Steinrauten uocamus, non esse uerum Capillum Veneris, aut Adiantum: caules siquidem eius non sunt nigri, sed uirides: neque admodum tenues, sed pro herbæ quantitate crassi: neque splendentes. In summa, neque figura, neque magnitudo, neq; color, nec natales etiam respondent, quia in siccis & soli expositis muris nascitur, in humidis contrà Adiantum.

Ruta muraria non est Adiantum.

LOCVS.

Locis opacis, palustribusq;, & humentibus muris, & prope fontes nascitur. In Germania

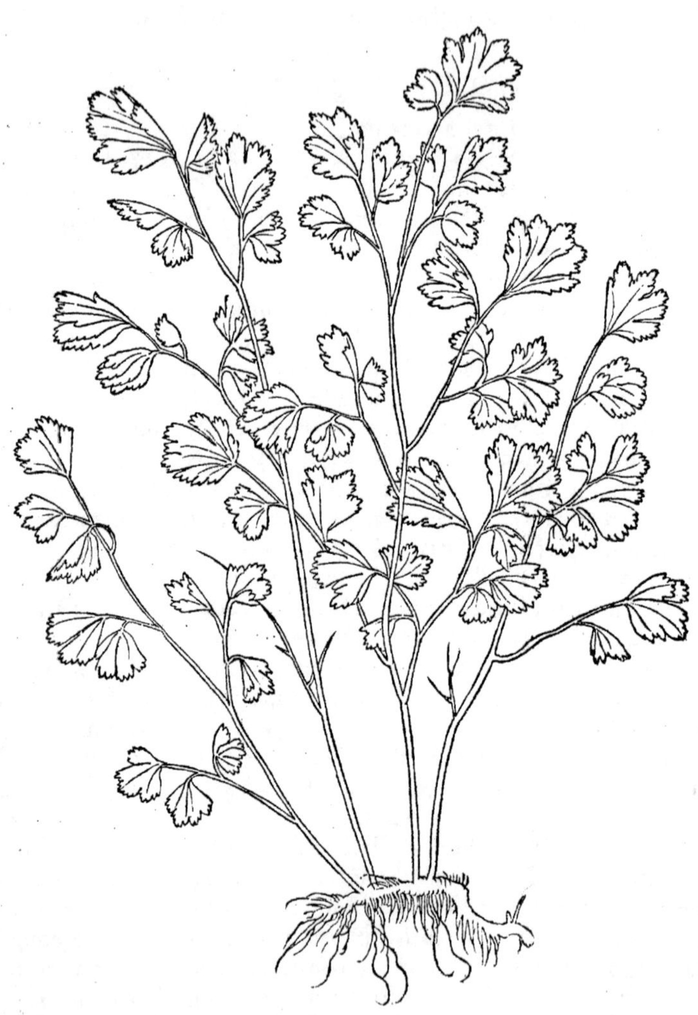

ADIANTVM Frawenhar.

A Germania tamen nostra, quod sciam, non prouenit: copiose autem in Narbonensi Gallia, & Italia.

TEMPVS.

Aestate uiret, bruma non marcescit.

TEMPERAMENTVM.

Adiantum in caliditate quidem & frigiditate symmetrum est, uerum desiccat.

VIRES. EX DIOSCORIDE.

Decoctum eius herbę potum, asthmaticis, difficultate spirandi laborãtibus, ictericis, lienosis, & urinæ difficultatibus auxiliatur. Calculos conterit, & aluum cohibet. Venenatorum morsibus, & stomachi fluxionibus cum uino potum prodest. Menses cit & secundas. Sanguinis reiectionem sistit. Cruda herba ad uenenatorũ morsus illinitˈ. Alopecias capillis explet. Strumas disijcit. Furfures & achores cum lixiuio exterit. Cum ladano, myrthino & susino, aut hyssopo & uino, capillos defluentes cõtinet. Decoctũ eius cum lixiuio & uino abstergit. Gallinaceos & coturnices cibis eorum additũ pugnaciores facit. Seritur & magna utilitate circa ouilia.

EX GALENO.

Extenuat Adiantum & discutit. Alopecias capillis uestit, strumas & abscessus digerit, lapidesq́ue frangit epotum. Viscosorum crassorumq́ue ex thorace pulmoneq́ue excreationibus non mediocriter confert, & uentris fluxiones sistit.

EX PLINIO.

Vide infra caput de Trichomane.

B

DE VITE VINIFERA. CAP. XXIX.

NOMINA.

ΑΜΠΕΛΟΣ οἰνοφόρος καὶ ἥμερος græcè, Vitis uinifera & satiua seu culta latinè appellatur. Germanicè Weinreb. Vitis autem, quod inuitetur ad uuas pariendas, dicta esse primo uidetur. *Vitis unde dicta.*

GENERA.

Innumera uitium reperiuntur genera, quæ singula persequi superuacaneũ esse uidetur. Si quis tamen illa disquirere desiderat, rei rusticæ scriptores, Pliniumq́ue libro xiiij. naturalis historiæ, qui diligentissimè de ijs scripsit, legat.

FORMA.

Vitis caduca est, & nisi sit fulta, fertur ad terram. A radice eius caudex unus contortus exit, qui in ramos frequentes scinditur. Multiplici cortice cingitur, rimoso, flagellis longè lateq́ue uagantibus, quibus se quasi suis manib. erigit, & quicquid nacta est complectitur. Sarmentis, folijs latis, & in extremitatibus incisis, lasciuientibus. Floribus fructum ambientibus lanugineis. Vua compluribus acinis aceruata, qui interdum purpureo, nõnunquam roseo, aliquando uiridi colore fulgent. Seminibus tunica clausis.

LOCVS.

Passim & in multis Germaniæ nostræ regionibus nascitur: & uix hortum inuenies in quo non proueniat.

TEMPVS.

Floret solstitio uitis, autumno autem uuas maturas profert.

TEMPERAMENTVM.

Omnium partium uitis temperamentũ ex facultatum enarratione patescet. Vuę tamen immaturæ & acerbæ frigidæ & siccæ sunt: maturæ uero calidæ & humidæ in primo gradu, autore quidem Simeone Sethi.

VIRES

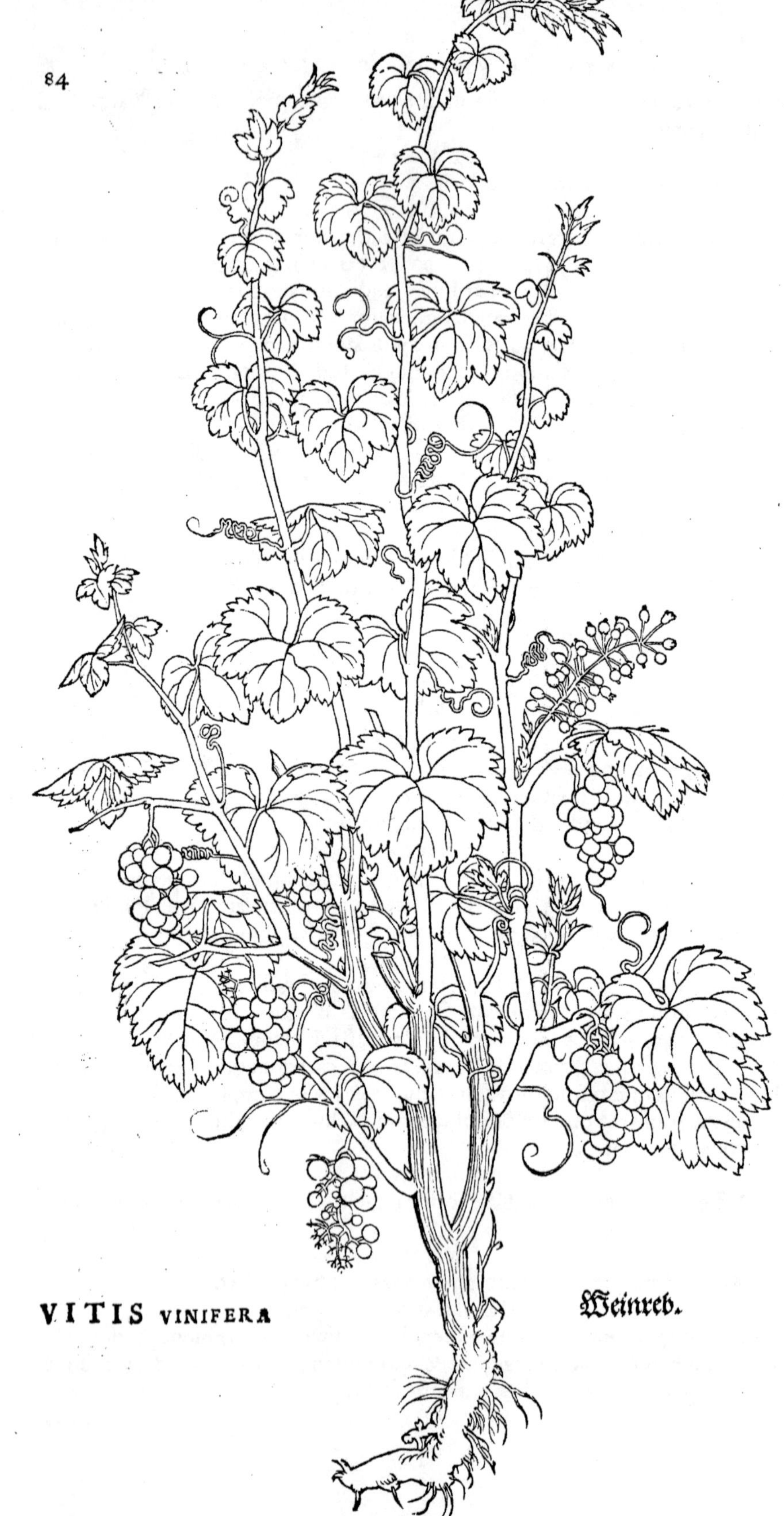

VITIS VINIFERA Weinreb.

VIRES. EX DIOSCORIDE.

A Vitis uiniferæ folia capreoliq́ trita & illita capitis dolores, stomachiq́ inflammationes & ardorem cum polenta mitigant. Folia etiam per se imposita, utpote quæ refrigerant & adstringunt. Succus ex ipsis potus dysentericis, sanguinem expuentibus, stomachicis, & citta laborantibus mulieribus prodest. Madefacti in aqua capreoli & poti, eadem efficiunt. Lachryma uero eius quæ ueluti gummi in caudicibus cõcrescit, pota cum uino calculos pellit. Illita lichenas, scabies & lepras sanat. Oportet tamen locum antea nitro cõfricasse. Eadem cum oleo frequenter inuncta, pilos denudat: potissimum ichor, aquosúsue humor, qui ex incensis uiridibus sarmentis exudat. Hic etiam myrmecias inunctus eijcit. Cinis sarmentorũ & uinaceorum circa sedem quæ antea ablata amputatáue sunt condylomata & thymia, cum aceto illitus sanat. Confert luxatis & uiperarũ morsibus. Lienis inflammationibus cum rosaceo & ruta, & aceto illitus. Vua recens quæuis aluum turbat, & stomachũ inflat. Minus horum particeps quæ aliquandiu decerpta pependit, quòd in ea copia humoris exaruerit. Stomacho accõmodata est, appetentiaq́ cibi excitat, & imbecillis cõuenit. Quæ autem in uinaceis, aut uinario uase seruatæ sunt, ori & stomacho gratæ sunt. Aluum sistunt, uesicam tamen & caput tentant. Prosunt sanguinẽ excreantibus. Similes ijs sunt quæ in mustum cõiectæ sunt. Quæ uero sapa aut musto cõditæ, stomachum magis infestant. Reponunt & cœlesti cum aqua prius passæ factæ, minusq́ uinosæ fiunt, siticulosis, ardentibus & longis febribus utiles. Vinacei carum reconditi, inflammatis, duris, turgentibusq́ mammis cum sale illinuntur. Vinaceorũ decoctum dysentericis, cœliacis, & fluxui muliebri infusum cõfert. Ad insessiones quoq; ac clysteres assumitur. Nuclei acinorum adstringunt, stomacho grati. Tosti autẽ & triti & pro farina illiti, dysentericis, cœliacis & stomacho resolutis prosunt. Vua autem passa alba magis † extenuat. Caro illarum comesta, arteriæ, tussi, renibus ac uesicę confert. Estur in dysenteria per se cum nucleis. Admixta milij & hordei farinæ & ouo, ac cum melle frixa, & per se etiam sumpta, atque cum pipere cõmanducata, ad capitis pituitam purgandam ualet. Testium inflammationes sedat, cum fabarum & cumini farina illita. Epinyctidas, carbunculos, fauos, & in articulis putredines & gangrænas, sine nucleis trita, & cum ruta imposita, sanat. Podagræ cum opopanace illita auxiliatur. Mobiles ungues illita celeriter adimit. Vini facultates tu ipse ex Dioscoride, Galeno, & Plinio pete: superuacaneum enim, imò tędio plenum esset eas in uniuersum omnes cõmemorare.

Folia & Capreoli. *Lachryma.* *Vua.* *Vide Galenũ libro ij. de alimentorũ facul. triplicem hunc seruãdarum uuarum modum explicantem.* *Serapion legit, adstringit.*

B

EX GALENO.

Vitis satiuæ & cultę adsimilis facultas est syluestri, sed ad omnia imbecillior. Vitis uero syluestris racemi, extergendi uim obtinẽt, ut ephel[illegible]s & næuos, & id genus quæcunq; in cutis superficie fiunt, curare possint. Habent uero & adstrictionem quandam ipsi, & extrema germina, quæ & sale condiri assolent. Plura de uuis habet idem Galenus lib. ij. de aliment. facul. cap. de uuis.

EX SIMEONE SETHI.

Vuæ plus nutriunt reliquis oporis, minus tamẽ ficis: neq; mali succi sunt, si maturæ fuerint exquisitè. Tamen his nõ robusta, nec densa, sed laxa & flaccida caro gignitur. Maximum quidem harum bonum, ait Galenus, quod celeriter subeunt, atque ideo si retineantur, lædunt: nec enim tunc probè cõcoquuntur, sed crudum gignunt humorem, qui non facilè in sanguinẽ transmutetur. Nucleorum natura, sicca & quodãmodo adstringens est. Pertranseunt igitur omnia intestina, non alterati. Pensiles uero uuæ, neq; sistunt uentrem, neque proritant, cæteris autem facilius cõcoquuntur. Neq; uuarum parua est in dulcedine, & austeritate, & aciditate differentia. Dulces quidem calidiorem habent succum, austeræ uero & acidæ frigidum Aluum subducũt dulces, & maximè quando humidæ fuerint. Omnium itaq; tutissimus usus est quãdo carnosæ fuerint & maturæ, & mediocriter quis ipsas assu-

C mat. Vuæ quæ albæ ſunt, magis ſubducunt aluum quàm nigræ. Omnes uero ciborum appetentiã excitant, & uenerem. Conuenit cum eduntur membranã & nu
cleos expuere, quod difficulter cõficiantur. Quæ immaturæ ſunt, uentrem ſiſtunt,
& ſtomacho bonæ. Caliditatem à flaua bile ortam ſedant. Minus uero nutriunt.
Oportet autem nõ ſolum uuas, ſed etiam omnes fructus molli cortice prȩditos humidos, ante reliquos cibos apponere.

DE ACONITO. CAP. XXX.

NOMINA.

Aconitum cur dictum.

AKONITON Græcis, Aconitum Latinis dicitur. Sic autem Theophraſto lib. ix. de Plantarũ hiſtoria teſte, non ἀπὸ τῶν ἀκονῶν, id eſt, à cautibus,
ſed ab Aronis Periandynorũ pago, ad Heracliam Ponti ſito, uocatum
eſt. Alij quod uis eadem in mortem eſſet, quæ cotibus ad ferri aciem detrahendam, ſtatimq́ue admota uelocitas ſentiretur. Sunt qui aliam ob cauſam, quam
referre minimè neceſſarium duco, ſic nominatum fuiſſe exiſtiment.

GENERA.

Pardalianches. Duo Aconiti ſunt genera: unum Græcis Pardalianches dictum, quod pardi eo
Scorpium. necentur. Vocatur etiam Scorpium, quod radicẽ Scorpioni ſimilem habeat. Vul-
Vua uerſa. gus herbariorũ Vuam uerſam, & uulpinã, Germani Wolffsbeer / & Dolwurtz
Lycoctonon. nominant. Alterum Lycoctonon Græcis dicitur, quoniam deuoratum lupos con
Luparia. feſtim interficit. Vulgus Lupariam, Germani Wolffswurtz appellant.

FORMA.

Pardalianches deſcriptio. Pardalianches folia habet tria aut quatuor Cyclamino uel ſylueſtri Cucumeri
ſimilia, minora tamẽ, & ſubaſpera. Caulem dodrantalem. Radicem ſcorpionis cau-
D dæ ſimilem, alabaſtri modo nitentem. Ex hac deſcriptione omnibus liquidò apparet, herbam eam quam Vuam uerſam aliqui nominant, cuiusq́ue hic picturam exhibemus, primum eſſe Aconiti genus: habet enim tria aut quatuor folia, eaq́ue Cyclami
ni ſpecie. Caulem palmi altitudine, & radicem incuruam, ſcorpionum caudȩ ſimilem, alabaſtriq́ue modo ſplendentẽ. Quibus etiam accedit quod manuſcriptus & ue-
tuſtiſſimus herbarius planiſſimè eam herbã quam hic damus pro Aconito pingat.
Germanica etiam nomenclatura ſatis indicat hanc herbam ob ſuam facultatẽ perni
Lycoctonon. cioſam eſſe Aconiti ſpeciem. Lycoctonon Platani folia habet, magis tamen inciſa
diuiſáue, longiora & nigriora. Caulem ueluti Filix, cubiti altitudine, aut maiorẽ: pe
diculum glabrum. Semen in ſiliquis aliquatenus longis. Radices cirris marinarum
Luparia. ſquillarum ſimiles, nigras. Vnde iterum conſtat Lupariam uulgò appellatam, eſſe
alteram Aconiti ſpeciẽ: ea enim folia Platani, quæ Cici aut Vitis folijs ſimilia ſunt,
multas habentia diuiſuras, obtinet. Caulem Filici ſimilem, pediculũ glabrum. Florem oblongum, luteum, poſt quem longæ proueniunt ſiliquæ, in quibus eſt ſemen. Radices etiam nigras, ut nemo ſubinde quin uerum ſit Aconitum dubitare
poſſit.

LOCVS.

Primum Aconiti genus paſſim in nemoribus & collibus quibuſdam naſcitur:
alterum autem in montium uallibus altiſſimis. Magna autem illius copia eſt circa
montem haud ultra unum lapidem à Tubinga ſitum, quem Germanica uoce Far
renberg nominant.

TEMPVS.

Aconiti primum genus Maio menſe potiſſimum erumpit. Alterum autem æſta
te, Iunio & Iulio menſibus floret.

TEMPERAMENTVM.

Eroſione & putrefactione enecant Aconita, ideo toto genere letalia ſunt.

VIRES

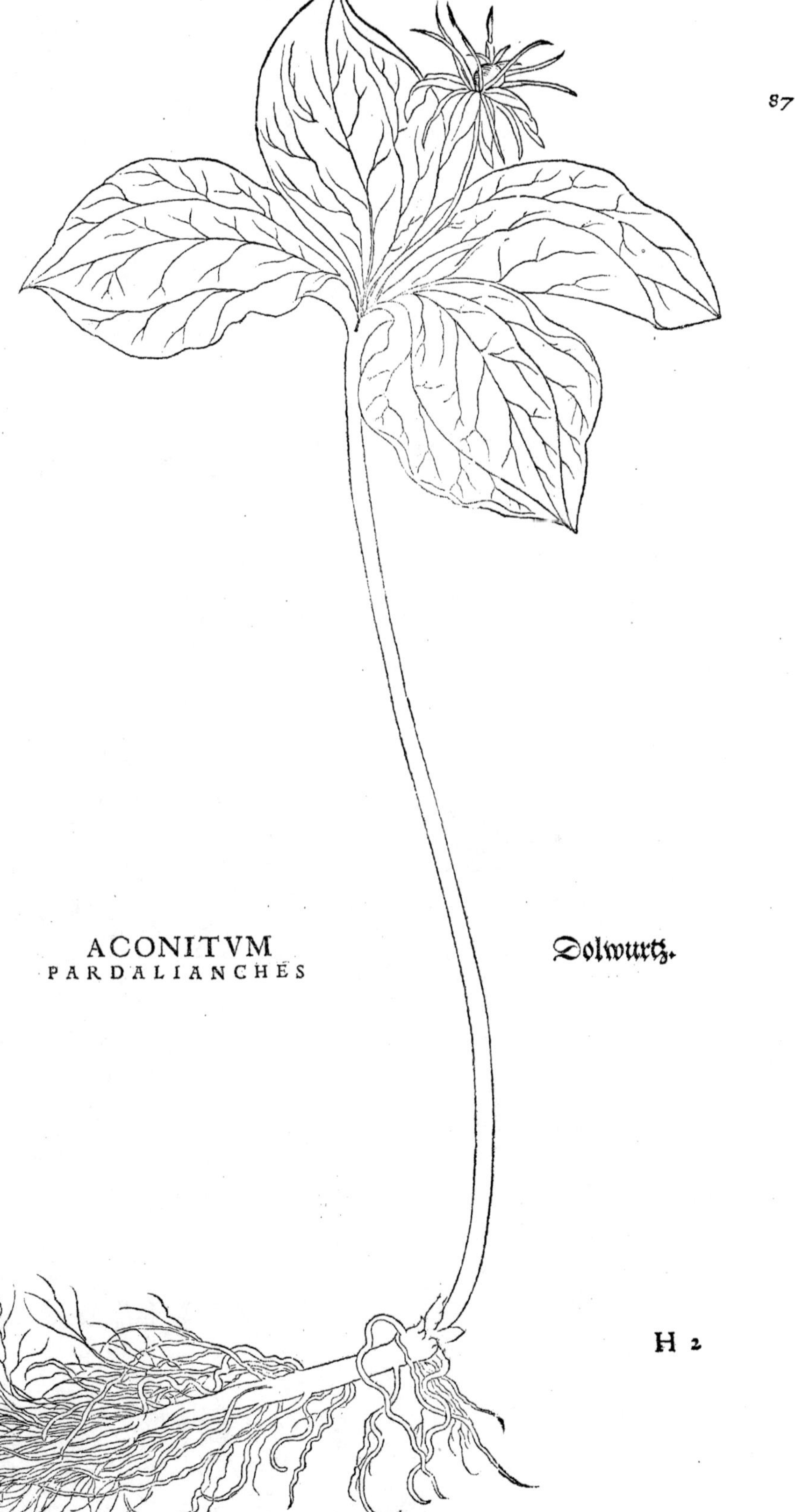

ACONITVM
PARDALIANCHES

Dolwurtz.

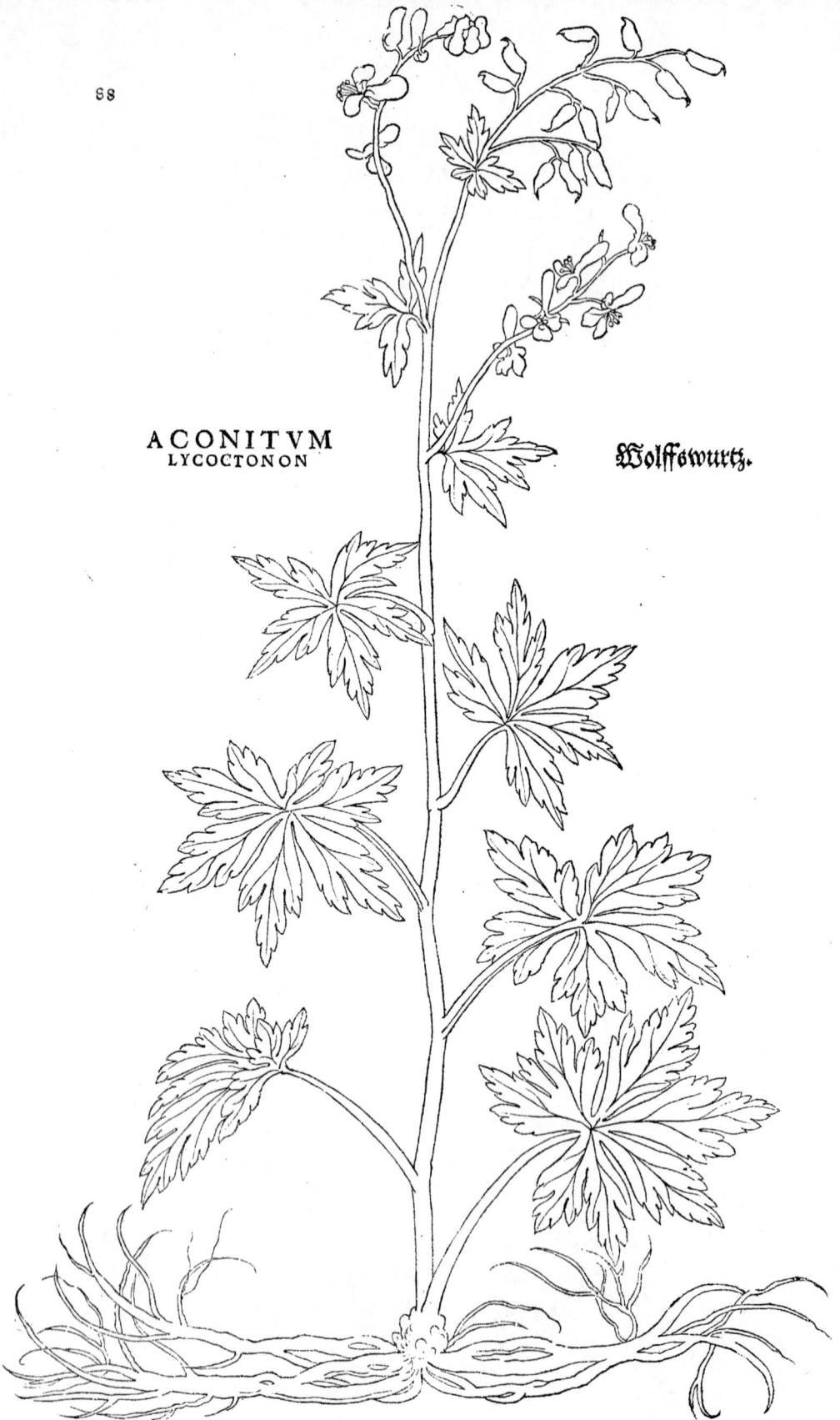

ACONITVM
LYCOCTONON

Wolffswurtz.

A

VIRES EX DIOSCORIDE.

Ferunt Aconiti primi radicem ſcorpioni admotam eum reſoluere, & è diuerſo admoto elleboro excitari. Ocularibus medicamentis dolorem tollentibus miſcetur. Enecat pardos, ſues, lupos, & feras omnes, carnibus impoſitum & obiectum. Alterius radice ad luporum uenationes utuntur. Inſertæ carnibus crudis, & à lupis deuoratæ, eos enecant.

EX GALENO.

Aconitum Pardalianches putrefaciendi facultatem obtinet & letale eſt, itaq; in cibo potuq; fugiendum: attamen ad putrefaciendũ colliquandúmue quædam extra corpus, aut circa ſedem, idoneum eſt. Herbæ uero radix ad hæc utilis eſt. Alterum ſimilem priori facultatem habet, ſed peculiariter lupos, ſicut illud pardos, interficere conſueuit.

Legendum enim τινὰ τῶν ἐκτὸς σώματος, & non τινὰ τοῦ σώματος, ut habet exemplar Aldinum: aſtipulantibus huic lectioni Aëtio, Paulo, & antiquo interprete latino.

EX PLINIO.

Conſtat omnium uenenorũ ocyſsimum eſſe Aconitum, & tactis quoq; genitalibus fœminini ſexus animaliũ, eodem die inferre mortem. Hoc tamẽ in uſus humanæ ſalutis uertêre, ſcorpionũ ictibus aduerſari experiendo aconitum datum in uino calido. Ea eſt natura ut hominẽ occidat, niſi inuenerit quod in homine perimat: cum eo ſolo colluctatur, uelut pari intus inuento. Sola hæc pugna eſt cum uenenũ in uiſcerib. repererit: mirumq́; exitialia per ſe ambo cum fuerint, duo uenena in homine cõmoriuntur, ut homo ſuperſit. Imò uerò etiam ferarum remedia antiqui prodiderunt, demonſtrando quomodo uenenata quoque ipſa ſanarentur. Torpeſcũt ſcorpiones Aconiti tactu, ſtupentq́; pallentes, & uinci ſe confitentur. Auxiliatur eis elleborum album, tactu reſoluente: ceditq́; aconitum duobus malis, ſuo & omnium. Tangũt carnes aconito, necantq́; guſtatu earum pantheras, ob id quidam Pardalianches appellauere.

B

DE ARISTOLOCHIA. CAP. XXXI.

NOMINA.

ΑΡΙΣΤΟΛΟΧΙΑ Græcis, Ariſtolochia Latinis, barbaris & officinis corrupta uoce Ariſtologia, quemadmodũ etiam Germanis Holwurtz/ & Oſterlucey nominatur. Dicta autem eſt Ariſtolochia, quod ἀρίστη τοῖς λοχοῖς, id eſt, optima puerperis ſit, utpote quæ remoratos menſes, hærentes ſecundas, & reliquias omnes à partu expellat.

Ariſtolochia unde dicta.

GENERA.

Ariſtolochiæ Dioſcorides & alij Græci tria eſſe genera ſtatuunt. Vna eſt quę rotunda & fœmina dicitur. Altera longa & maſcula. Tertia Clematitis, quaſi dicas ſarmentaria, appellatur. Harum certè nullam præter longam officinæ Germaniæ noſtræ agnoſcunt. Nam qua ſub Ariſtolochiæ rotundæ nomine utuntur herba, minimè genuina eſt, ut paulò pòſt euidentiſſimis argumentis oſtendemus. Plinius tribus ijs generibus addit quartum, ac Piſtolochiã uocat, quæ certè ea eſt quam noſtræ officinæ Ariſtolochiam rotundam, & Germani Runde Holwurtz falſo appellant, ut in eius deſcriptione fuſius docebimus.

Germaniæ officinæ ſolam longã Ariſtolochiã agnoſcunt.

Piſtolochia quæ.

FORMA.

Ariſtolochia rotunda folia Hederæ ſimilia habet, cum acrimonia odorata, ſubrotunda, tenera, cum multis in una radice germinibus: ſarmenta illi ſunt oblonga, flores candidi, pileolis ſimiles, in quibus quod rubet grauiter odoratũ eſt. Radix illius rotunda, rapo ſimilis. Ex ijs quidem uerbis ſole clarius fit Ariſtolochiã rotundam officinarum, & qua cõmuniter omnes utuntur, non eſſe eam quam Dioſcorides atque alij ueteres pingunt. Hæc enim non Hederæ folia, ſed Rutæ potius, maiora tamen habere deprehenditur. Neque etiam odorata, neq; ſubrotunda ſunt. Grauis

Ariſtolochia rotunda.

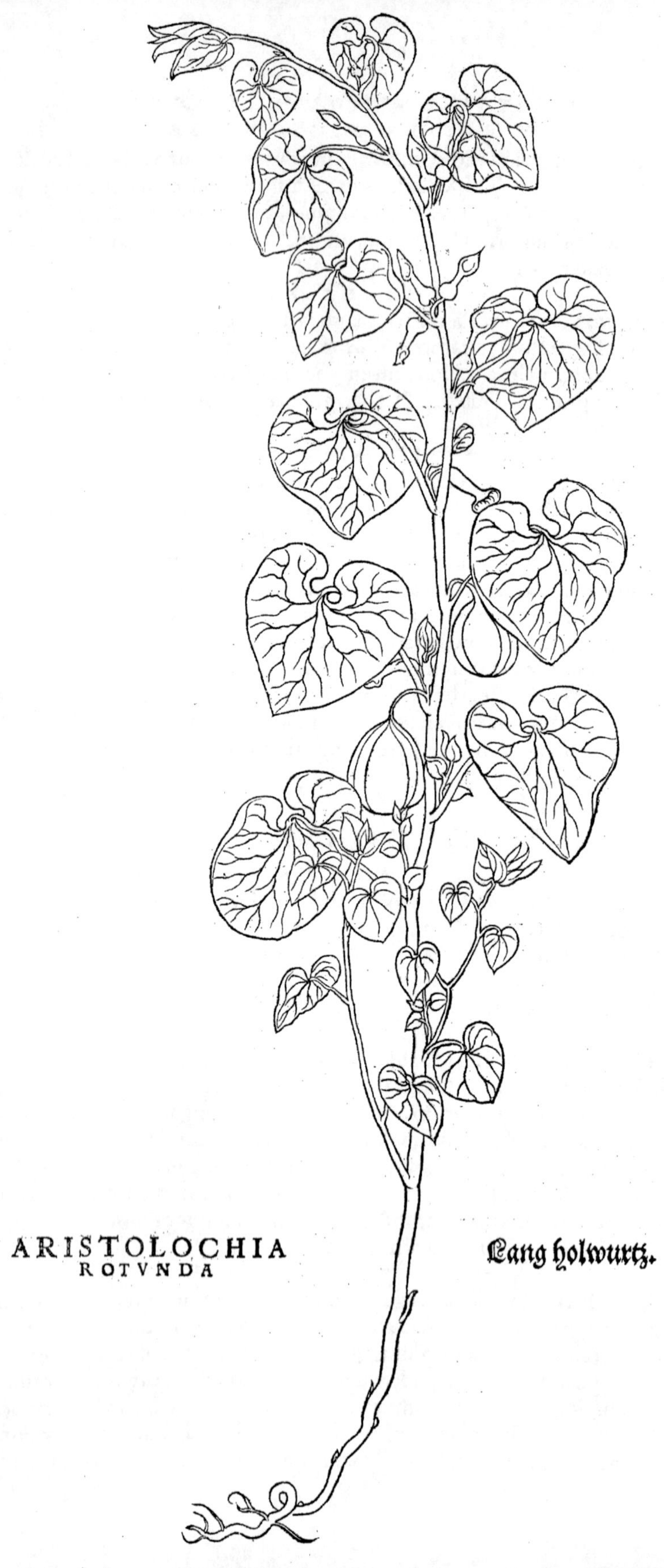

ARISTOLOCHIA
ROTVNDA

Lang holwurtz.

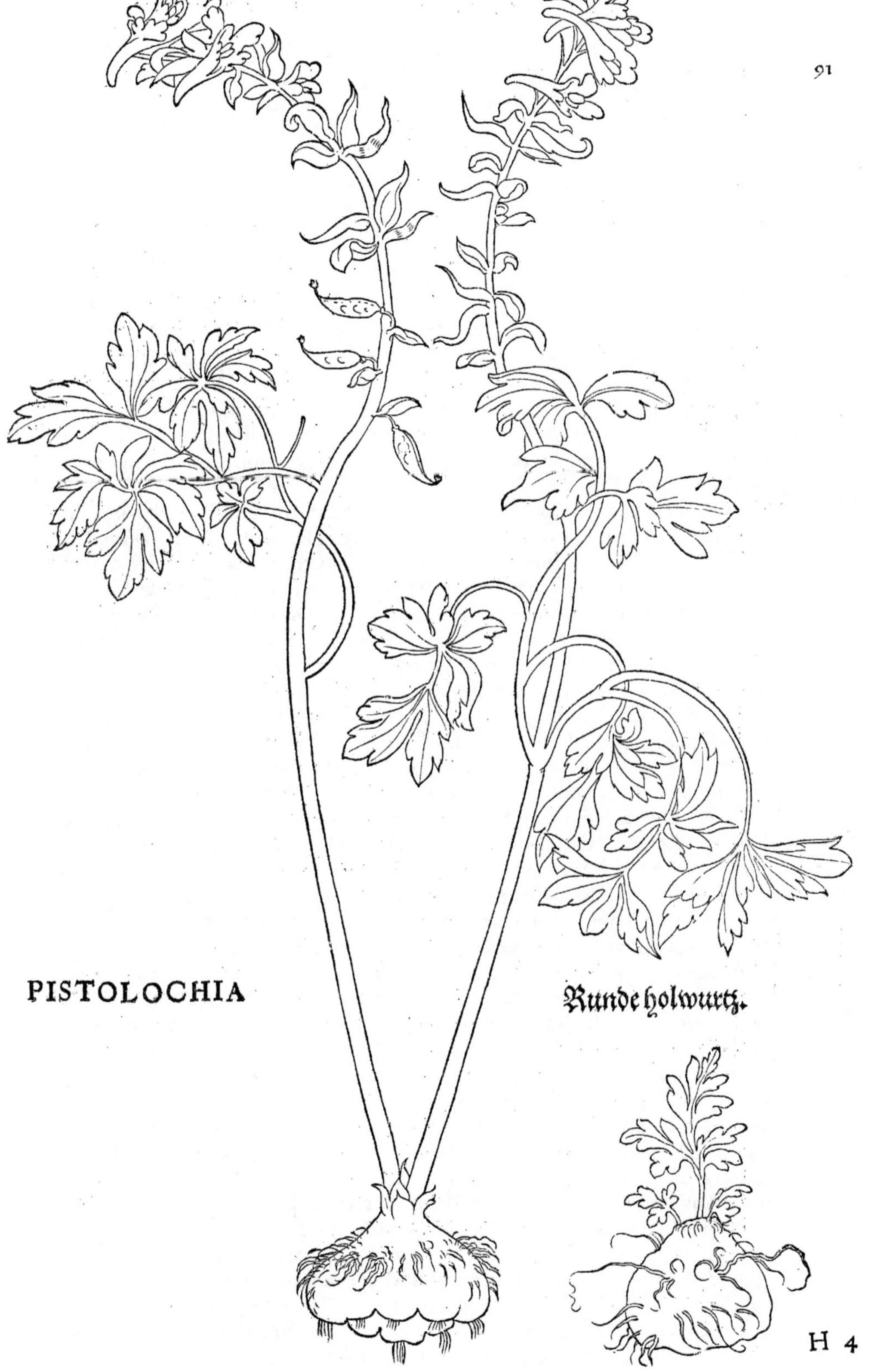

Radix rotúnda & solída.

C etiam qui ex floribus exhalat odor, in nostræ Aristolochiæ floribus nusquam apparet. Radix denique etsi rotunda sit, tamen quia concaua est, globiq; formam obtinet, rapo, quod solidum est & oblongum, similis dici non potest. Non latet tamen interdum etiam reperiri eius generis radices prorsus rotundas ac solidas, ut altera pictura monstrat: uerũ cum reliquæ Dioscoridis notæ absint, legitima Aristolochia esse haud potest. His accedit, quod manuscripti herbarij pictura planè hanc Aristolochiã Hederæ folia habere doceat, ut hinc etiam euidentissimũ sit nostram nõ esse genuinã. *Aristolochia longa.* Aristolochia longa, folia quàm rotunda longiora habet. Ramulos tenues, altitudine dodrantales. Florẽ purpureũ, grauiter odoratũ, qui cum defloruerit pyro similis fit. Radicẽ digiti crassitudine dodrantalẽ, aut longiorẽ. Tam huius uero quàm prioris radix colore buxeo, gustu amara, & odore uiroso est. Hęc sanè descriptio non abhorret à nostra Aristolochia, quæ Hederę etiam folijs cõstat, *Obiectionis dissolutio.* ramulisq; tenuibus. Neq; obstat quod hæc non purpureos, sed luteos potius flores habeat: nam ut in Symphyto magno uberius dicemus, non ubiq; terrarum, earundem etiam herbarum flores similes esse, *Earundẽ etiam herbarum flores non ubiq; terrarum esse similes.* euidentissimũ fit in Boragine, & Consolida maiore hodie nominatis herbis. Quamuis autem lutei sint, grauiter tamen odoratos esse constat. Dein ubi flos nostrę etiam Aristolochiæ defloruerit, tum pyro similis fit, ut pictura etiam pulchrè monstrat. Sed hic obtrudet nobis quispiam Dioscoridem, *Obiectionis dissolutio.* qui Gentianæ radicem Aristolochię longę similem, crassamq; esse scribit: huius autem nostræ nedum digiti crassitudinẽ obtinet, tantum abest, ut quantitate Gentianæ radici similis esse queat. Respondeo, hæc quidem uera esse, sed nihil mirum esse si apud nos minor reperiatur: uariatur enim in una etiam & eadem herba iuxta regiones diuersas radicũ magnitudo. Sic uisa est nobis radix Aristolochiæ rotundę multò quàm sit maximus digitus maior & crassior. Hæc tamẽ in Italia pro
D uenerat. Neq; dubiũ est quin nostræ etiam radix maior futura sit ubi cultus, & terra apta admodum accesserit. Nam ut Theophrastus lib. i. de histo. plant. cap. v. autor est, quædam ob culturam diuersa efficiuntur, atque à sua natura discedunt. Sic Malua in altum se attollit, & arborescit, atq; in longitudine & crassitudine instar hastæ grandescit. Quid multa? cum nostra maxima etiam prædita sit amaritudine, tutò illa pro uera & genuina, nihil obstantibus floribus luteis, & radice minima, uti licebit. *Clematitis.* Clematitis ramulos habet tenues, folijs subrotundis, minori Semperuiuo similibus, plenos: flores Rutę haud dissimiles. Radices longiores, tenues, corticem crassum habentes, & odoratum. *Pistolochia.* Pistolochia à Plinio lib. xxv. cap. viij. ijs pingitur uerbis: Est & quæ Pistolochia uocatur, quarti generis, tenuior quàm tertia, densis radicis capillamentis, iunci plenioris crassitudine. Hanc quidam Polyrhizon cognominant. *Aristolochia nostra rotunda, est Pistolochia.* Ex ijs autem uerbis nemo nõ intelligit, Aristolochiam rotundam uulgò uocatam, esse Pistolochiam: hæc enim supra modum tenuis, uel ut apertius dicam, tenera herba est. Radix etiam multis capillamentis uestita, crassioris etiam iunci magnitudine, atqueadeo concaua, ut pictura monstrat. His accedit, quod hęc quæ rotunda uocatur cauis ulceribus prosit, quam etiam facultatem Pistolochiæ, ut paulò pòst patebit, Plinius tribuit. Et quid multis opus est uerbis? nomẽ ipsum abundè docet esse Pistolochiam: creditur enim, quamuis reuera non sit, esse Aristolochia hodie quoq;, haud secus quàm Plinij temporib. Hæc, ut totam eius faciem teneas, caulem habet rotundum, leuem, folia Rutæ hortensis, latiora tamen, flores ferè Eranthemi, purpureos: illa candidos, ut pictura quæ utrosque unà complectitur, pulchrè monstrat, quibus abeuntibus, siliquas profert refertas semine atro, lentibus haud dissimili: radices, ut ostensum est, hæc rotundam & cauam, illa uerò rotundam, at omni tempore solidam obtinet, colore subcroceam.

LOCVS.

Vera rotunda, quod sciam, nusquã in Germania nostra nascitur. Longa passim in uineis, ac hortis alijs prouenit. Pistolochia in syluis & locis umbrosis.

TEMPVS.

A TEMPVS.

Longa Iunio & Iulio mensibus floret. Pistolochia in Martio & Aprili, quo præterito statim etiam disperit.

TEMPERAMENTVM.

Cum supra modum amaræ & subacres sint Aristolochiæ, calidas & siccas esse in secundo, uel, quod magis credibile est, in tertio ordine rectè statuemus.

VIRES. EX DIOSCORIDE.

Rotunda contra alia uenena ualet. Longa uero drachmæ unius pondere cum uino pota & illitaa, duersus serpentes & letalia. Menses, secundas & fœtus omnes in utero consistentes cum myrrha & pipere pota pellit. In pesso subdita eadem potest. Rotunda ad eadem omnia ad quæ prædicta conducit: ampliusque asthmati, singultui, rigori, lieni, ruptis, cōuulsis, laterisque doloribus ex frigida aqua pota auxiliatur. Surculos & spicula extrahit. Squamas ossium illita educit. Putrescentia excarificat, & sordida ulcera expurgat. Caua cum Iride & melle explet. Exterit gingiuas & dentes. Creditur & Clematitis ad eadem prodesse, efficacia tamen prædictis minor inferiorque est.

EX GALENO.

Aristolochiæ radix ad medicationes utilissima est, amara & subacris. Sed ex illis tenuissima est rotunda, & in omnibus efficacior. Aliarum uero duarum Clematitis uocata magis odorata est: itaque ea ad unguenta utuntur unguentarij: sed ad sanationes infirmior. Longa uero minus quidem tenuis est quàm rotunda, sed nec ipsa inefficax, uerum abstergendi & calefaciendi facultatem possidet, minus tamen quàm rotunda abstergit atque digerit: sed non minus calefacit, imò fortassis etiam plus. Itaque in quibus usus est mediocriter abstergere, cōmodior est longa, quemadmodum in carnis exulcerationibus, & in uteri fomentationibus. In quibus autem

B crassum humorem ualidius extenuare oportet, illic usus est rotundæ. Quapropter dolores ab obstructione aut crassitie crudorum flatuum natos magis curat rotunda, & surculos extrahit, & putredines sanat, & sordida ulcera repurgat, ac dentes gingiuasque candidas efficit. Auxilio est asthmaticis, singultientibus, comitialibus, podagricis cum aqua frigida pota. Ruptis etiam conuulsisque, ut si quod aliud medicamentum, idonea est.

EX PLINIO.

Valent radice tantum. Rotunda contra serpentes. Oblonga in summa tamen gloria est etiam modo. A conceptu admota uuluis in carne bubula, mares figurat, ut traditur. Quæ Pistolochia & Polyrhizos cognominatur, cōuulsis, contusis, ex alto præcipitatis, radice pota ex aqua, utilissima esse traditur. Semine pleuriticos & neruos confirmare, excalfacere. Putrida ulcera exest, sordida expurgat, uermesque extrahit Aristolochia. Clauos in ulceribus natos, & infixa corporis omnia, præcipuè sagittas, & ossa fracta, cum resina. Caua ulcera explet per se, & cum Iride: recētia uulnera ex aceto.

APPENDIX.

Etsi nostram Aristolochiā rotundam nō genuinam esse dixerimus, tamen ob id in medico usu non repudianda erit. Quum enim habeat & in folijs & in radice acrimoniam, eamque non leuem quidem, si genuina desit, sine omni discrimine illa uti licebit ad omnia ea ad quæ uera usurpatur.

94
VITIS ALBA
Stickwurtz.

A

NOMINA.

ΑΜΠΕΛΟΣ λευκὴ, ἢ βρυωνία, ἢ ψίλωθρον græcè: Vitis alba, Psilothrum latinè appellatur. Officinis & herbarijs Bryonia. Vulgus Viticellam nominat. Bryonia. Germanicè Stickwurtz/Schießwurtz/Raßwurtzel/Hundskürbß/Römischrüb/Wilder zitwan/Teüfelskirß uocatur. Vitis alba uero dicta, non quod uitis sit, sed quod uiti similis existat. Vitis alba cur dicta. Sic etiam Viticella. Psilothrũ, quod ex eius acinis coria depilari ac cõfici possint. Psilothrum unde. Bryonia uero à βρύω fortè, quod est pullulo atque adeo extollo, & exalto, eò quod in adiacentes sibi frutices scandens se exaltet atq; latè pullulet. Bryonia.

FORMA.

Sarmenta, folia, capreoli, satiuæ uiti similia sunt, hirsutiora tamen omnia. Propinquis fruticibus se implicat capreolis apprehendens. Fructum habet racemosum, rubentem, quo coria depilant. Radix alba, crassa & magna.

LOCVS.

Passim in sepibus & senticetis nascitur, eosq; quos prope se nanciscitur frutices scandit, ut eleganter in carmine suo Columella cecinit, dicens:

Quæq; tuas audax imitatur Nysie uiteis,
Nec metuit senteis: nam uepribus improba surgens
Achrados, indomitas bryonias alligat ulmos.

TEMPVS.

Floret tota æstate in bonam usq; partem autumni, in quo fructum producit, qui primum uiridis est, dein ubi maturitatem consecutus fuerit, rufus esse incipit.

TEMPERAMENTVM.

Prima germina subamaram & modicè acrem adstrictionem habent. Radix autem desiccat & moderatè calefacit.

B

VIRES. EX DIOSCORIDE.

Bryoniæ in prima germinatione asparagi elixi manduntur, urinam & aluum cientes. Folia, fructus & radix, acrem uim habent: eapropter chironijs, gangrænicis, phagedænicis, & tibias putrefacientibus ulceribus cum sale illita auxiliantur. Radix abstergit corpus & erugat. Vitia faciei, uaros, lentigines, & cicatrices nigras, cum eruo, terra chia, & fœnograeco emendat. Ad eadem prodest decocta in oleo usquedum liquescat. Sugillata tollit, & digitorũ pterygia compescit. Cum uino illita inflammationes discutit, & abscessus rumpit. Ossa extrahit, trita & illita. Miscetur aptè medicamentis quæ exedendo sunt. Bibitur comitialibus drachmæ pondere quotidie per annum. Attonitis & uertigine laborantibus consimiliter assumpta prodest. Cõtra uiperarum ictus pota drachmis duabus prodest. Fœtus necat. Mentem aliquando subturbat. Cit urinam pota. Eclegma ex ea fit cum melle, quod præfocatione oppressis, tussientibus, latera dolentibus, & ruptis datur. Apposita utero, fœtus & secundas trahit. Lienem trium obolorum pondere ex aceto triginta diebus pota consumit. Illinitur utiliter cum fico ad eadem. Ad insessus decoquitur: uuluas siquidem purgat, & abortum facit. Vere ex radice eius exprimitur succus, bibiturq; cum aqua mulsa ad eadem, pituitam ducens. Fructus eius ad psoras & lepras illitus & inunctus facit. Lactis abundantiam efficit succus eius fructus, si cum tritico decocto sorbeatur.

EX GALENO.

Vitis albæ, quam etiam Bryoniã uocant, prima quidẽ germina ab omnibus pro more per uer eduntur, utpote eduliũ stomacho eò quod adstringat gratũ. Habent etiam amaram & modicè acrem adstrictionẽ, quare urinã moderatè mouent. Radix autem abstergentem nonnullam, desiccantem & tenuium partium, ac moderatè ca-

C ratè calidam uim obtinet, quamobrē & lienes induratos liquefacit tum epota, tum foris cum ficubus imposita. Psoram etiam ac lepram sanat. Racemosus eius fructus pelles tingentibus utilis est.

EX PLINIO.

Bryoniæ asparagi decocti in cibo aluum & urinam cient. Folia & caules exulcerant corpus: utique ulcerum phagedænis, & gangrænis, tibiarumq; tędio cum sale illinuntur. Semen in uua raris acinis dependet, succo rubente postea croci. Nouere id qui coria perficiunt: illo enim utuntur. Psoris & lepris illinitur. Lactis abundantiam facit coctum cum tritico, potumq;. Radix numerosis utilitatibus nobilis: contra serpentium ictus trita drachmis duabus bibitur. Vitia cutis in facie, uarosq; & lentigines, & sugillata emendat, & cicatrices. Eademq; præstat decocta in oleo. Datur & comitialibus potus. Item mente cōmotis, & uertigine laborantibus, drachmæ pondere quotidie anno toto. Et ipsa autem largior aliquanto, purgat sensus. Illa uis pręclara, quod ossa infracta extrahit in aqua imposita, ut Bryonia: quare quidam hanc albam Bryoniam uocant. Suppurationes incipientes discutit, ueteres maturat & purgat. Cit menses & urinam. Eclegma ex ea fit suspiriosis, & cōtra lateris dolores, uulsis, ruptis. Splenem ternis obolis pota triginta diebus cōsumit. Illinitur eadem cum fico & pterygijs digitorum. Ex uino secundas fœminarum apposita trahit: & pituitam, drachma pota ex aqua mulsa. Succus radicis colligi debet ante seminis maturitatem: qui illitus per se & cum eruo, lætiore quodam colore, & cutis teneritate mangonizat corpora: serpētes fugat. Tunditur ipsa radix cum pingui fico, erugatq; corpus, si statim bina stadia ambulentur. Aliàs urit, nisi frigida abluat.

DE AMPELOMELAENA. CAP. XXXIII.

NOMINA.

D Vitis nigra unde dicta.

Αμπελος μέλαινα Græcis, Vitis nigra Latinis nominatur. Officinis incognita. Germanis **Waldreben/oder Lynen/oder Lenen** uocat. Nigra uero uitis dicta est à radice nigra, & quod uitis similitudinē obtineat.

FORMA.

Folia Hederæ similia habet, magis tamen ad Smilacis folia accedentia, cui & caules similes obtinet: maiora tamen eius folia quàm illius sunt. Clauiculis hæc etiam arbores amplectitur. Semen racemosum, initio herbaceum, cum maturuit deinde nigrum. Radicem foris nigram, intus buxei coloris. Ex qua deliniatione omnibus cōstat herbam hanc cuius picturā exhibemus, esse uitem nigram. Folijs enim Hæderę, maioribus tamen, Smilaci proximioribus, caulibus quoq; cognatis. Clauiculis suis arbores perinde atque adminicula comprehendit. Semen racematim cohæret, inter principia uirens, post maturitatem nigrescens. Radix foris atra, intus buxeo colore nitet. Flores eius, quod omisit Dioscorides, sunt candidi, & odorati, quibus decidentibus semen subnascitur plumis quasi uestitum, aut barbæ canæ effigiem præbens

LOCVS.

In frutetis & dumetis potissimum nascitur.

TEMPVS.

Floret Iulio mense, Augusto uero semen profert.

TEMPERAMENTVM.

Idem quod uitis alba temperamentum habet.

VIRES EX DIOSCORIDE.

Huius caules in prima germinatione olerum modo manduntur, urinæ & mensibus ducendis utiles. Iidem lienes minuunt. Comitialibus, uertiginosis, & resolutis accōmodati sunt. Radix eadem pręstat quæ uitis albæ, minus efficax tamen. Folia cum

VITIS NIGRA
Lynen.
I

C lia cum uino illita ad iumentorum ceruices exulceratas conducunt. Quinetiam luxatis eodem modo imponuntur.

EX GALENO.

Viti albæ ad omnia similis, nisi quod imbecillior.

EX PLINIO.

Asparagi eius in cibo urinæ ciendæ, lienięq; minuendo utiles. Radix ossa infracta efficacius extrahit quàm suprà dicta. Cæterum eidem peculiare est, quod iumentorum ceruicibus unicè medetur. Aiunt si quis in uilla extruxerit, fugere accipitres, tutasq; fieri aues uillaticas. Aliter eadem in iumento hominecq; flegma aut sanguinem qui screatur, talos circunligata sanat.

DE AMARANTO. CAP. XXXIIII.

NOMINA.

ΑΜΑΡΑΝΤΟΣ Græcis, Amarantus Latinis dicitur. Medicis & herbarijs nostræ ætatis ex amore & anthos dictionem cōponi credentibus, Flos amoris uocatur. Hanc appellationem usurpantes Germani, Floramor nominant, aliàs Samatblům/ & Tausentschön appellatur. Amarantus autem non alio nomine dici cœpit, quàm quod flos eius nunquam marcescat. Hinc est quod puellæ hyemales sibi corollas ex eo cōficiant: id quod Erfordiæ, ubi non solum æstate, uerumetiam hyeme gestant coronas, fieri potissimū solet.

Amarantus unde dictus.

GENERA.

Duplex est Amarantus: unus luteus, qui Dioscoridi ἑλίχρυσον, Galeno Amarantus, officinis & imperitis Stichas citrina, uel ut ipsi loquuntur, Sticados citrinum, Germanis Rheinblůmen/ quòd in regionibus quæ Rheno adiacent, potissimum D uero quæ intra Spiram & Vuormaciam sunt, proueniat: oder Mottenblům/ oder Jüngling appellatur. Helichryson dictum, quod ad solis repercussum comantib. in orbem florum folijs, fulgorem auri præ se ferat. Alter purpureus, qui hodie Flos amoris uulgò, & Germanis Floramor/ oder Samatblům uocatur, ut paulò antè à nobis dictum est.

Stichas citrina. *Helichryson unde dictum.* *Flos amoris.*

FORMA.

Amarantus luteus qui Helichryson alio nomine dicitur, uirgam habet tenuem, uirentem, rectam, solidamq;. Folia angusta ex interuallis, Abrotono similia. Comā orbicularem, auri modo fulgentem. Vmbellam rotundam, ueluti corymbos arescentes. Radicem tenuem. Ex qua descriptione planum fit eam herbam quam hodie officinæ solœcismo utentes Stichada citrinam nominant, esse Helichryson. Est enim herba surculosa, exilibus ramulis, folio ut Hyssopus angusto, gustu amaro, & instar Abrotoni albicante: coma orbiculari, auri modo splendente: umbella rotunda ueluti corymbos arescentes: radice gracili. Et ut paucis dicam, non est nota quæ illi non aptissimè quadret. Purpureus uero pedali altitudine surgit, caule purpurascente, folijs Ocymo similibus, maioribus tamen & longioribus, spica purpurea, uerius quàm flore, inodora, qua nihil gratius aspectu cernitur.

Amarantus luteus. *Amarantus purpureus.*

LOCVS.

Nascitur in asperis, sabulosis, siccis & conuallibus locis luteus. Alter autem in hortis & fictilibus seritur.

TEMPVS.

Helichrysum Iunio & Iulio mensibus floret. Amarantus uerò purpureus æstate, potissimū autem Augusto mense.

TEMPERAMENTVM.

Luteus calidus & siccus hauddubiè est, id quod amaritudo in gustu & facultates eius abundè demonstrant. Purpureus autem recentiorum herbariorū sententia frigidus est & siccus.

VIRES.

AMARANTVS LVTEVS.

Rheinblůmen.

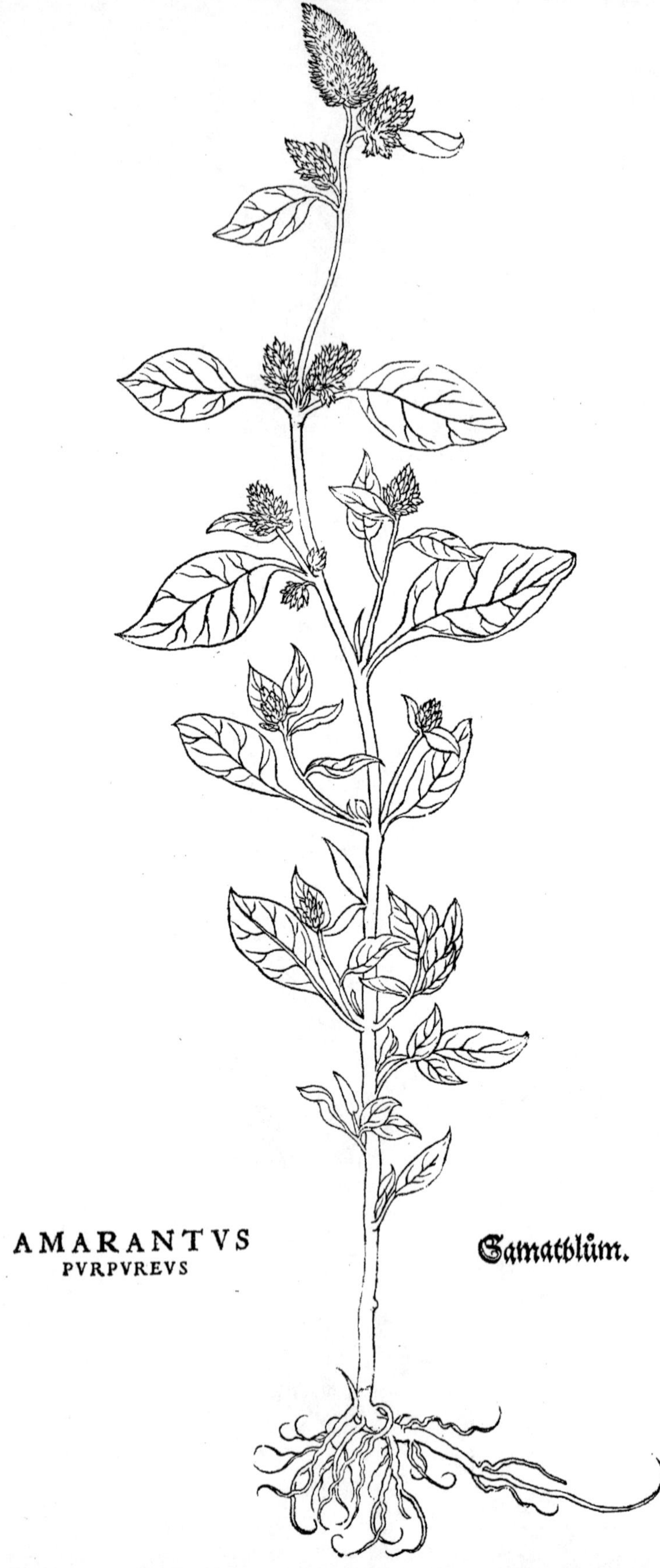

AMARANTVS
PVRPVREVS

Samatblům.

A VIRES EX DIOSCORIDE.

Coma Helichrysi cum uino pota difficultatibus urinæ, serpentium ictibus, coxendicum doloribus, & ruptis auxiliatur. Menses ducit, & sanguinis grumos in uesica aut aluo cum oxymelite pota liquefacit. Destillationem trium obolorum pondere cum uino diluto albo ieuno data compescit. Reponitur etiam cum uestibus, quas ab erosione integras seruat. Vnde iterum colligere licebit, herbam quam Rheinblůmen uocant, esse Helichrysum, quod illam hac facultate ut uestes à tineis tueatur præditam esse, omnibus in confesso est.

EX GALENO.

Amarantus, luteus nempe, facultatis est incidentis & extenuantis. Quapropter coma eius cum uino pota menses educit, & sanguinis grumos liquare creditur, non solum in uentre, sed & in uesica. Sed tunc potius illam cum mulso bibere conuenit. Omnes uero simpliciter fluxiones pota desiccat, stomacho tamen aduersa.

EX PLINIO.

Heliochrysum ciet urinas è uino pota, & menses. Duritias & inflammationes discutit. Ambustis cum melle imponitur. Contra serpentium ictus & lumborum uitia bibitur. Sanguinem cõcretum uentris ac uesicæ absumit cum mulso. Folia eius trium obolorum pondere sistunt profluuia mulierum in uino albo. Vestes tuetur odore non ineleganti.

APPENDIX.

Recentiores purpureum Amarantum uehementer siccare tradunt, ideoq; cum uino sumptum alui fluxiones sistere scribunt: sed, ut aiunt, stomacho aduersatur. Lutei floribus in uino decoctis, ad lumbricos educendos utuntur: & ad pediculos enecandos in lixiuio coctis.

B

DE AQVILEGIA. CAP. XXXV.

NOMINA.

QVAE Aquilegia uulgò ab omnib. appellatur herba, ea Germanis Ackeley / Agley / & Ageley nominatur. Quo uero nomine Græcis aut Latinis medicis uocata sit, nobis nondum constare potuit. Non esse enim Græcorum Aegilopa, ut non solum uulgares herbarij, uerumetiam magni nominis medici putant, notius est quàm ut demonstrari à me debeat. Nam nihil in uniuersa Aegilopis, quæ alterum Auenæ genus est, historia reperitur, quod ad Aquilegiam referri queat. Neque enim tam ab anguilla cancer, quàm Aegilops ab Aquilegia dissidet: ut hoc nomine errare toto cœlo euidentissimũ sit, qui Aegilopa esse Aquilegiam arbitrantur.

Aquilegia non est Aegilops.

Aegilops quid.

FORMA.

Folia Chelidonij maioris habet, sed paulò rotundiora, ac molliora. Caulem cubitalem, & interdum proceriorem, in cuius summo flores purpurei sunt, ex caudis quibusdam ueluti muliebres loculi propendentes. His decidentibus capitula subnascuntur, haud secus atque in melanthio, in quibus semen atrum est. Radix eius crassa.

LOCVS.

Nascitur passim in hortis, & pinguibus quibusdã pratis. Inuenitur etiam in montibus syluosis, & interdum in petris & muris.

TEMPVS.

Maio & Iunio mensibus floret.

TEMPERAMENTVM.

In gustu dulcedinem quandam præ se ferre uidetur, ut hoc nomine mediocriter

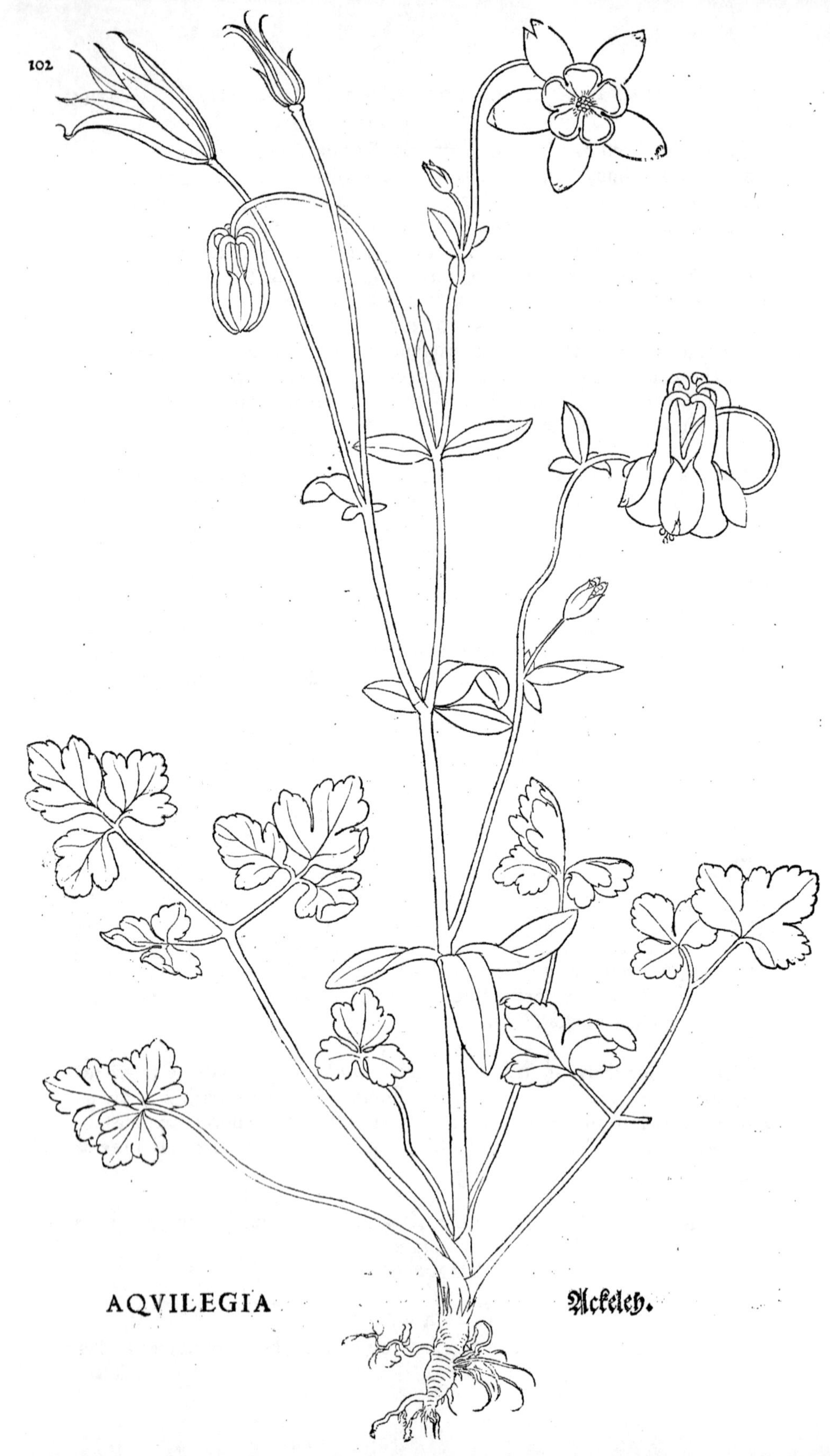

AQVILEGIA Ackeley.

A calidam esse, ac modicè digerendi uim habere uerisimile sit.

VIRES. EX RECENTIORIBVS.

Recentiores omnes, tum herbarij, tum medici, Aquilegiæ omnes Aegilopis facultates tribuunt, at quàm rectè ipsi uiderint. Neque enim uerisimile est herbę quę subacris non est, tantam discutiendi inesse facultatem posse. Quum uero modicè digerat & exiccet, scabiei & fistulis, potissimum si illi farina cõmisceatur triticea, conferre potest.

DE ALLIARIA. CAP. XXXVI.

NOMINA.

NONDVM constat quo nomine ueteribus Græcis & Latinis herba hæc appellata sit. Vulgò tamen, eò quòd trita eius folia ingratum ac planè alliaceum odorem redolent, Alliaris & Alliaria nominatur. Germanicè Knoblochkraut/oder Leuchel/oder Saßkraut. Pandectarum autor Pedem asininum uocat. *Alliaria unde dicta.* *Pes asininus.*

FORMA.

Folia eius cum primum emicant subrotunda sunt, uiolæ similitudine, aliquantulum tamen maiora. Adulta autem in angulos exeunt. Herba ipsa bicubitali proceritate consurgit, caule tereti, folijs Vrticæ, nisi quod leuiora sunt, parcius fimbriata, & à pediculo latiora, Allij odoratu cum teruntur, flore lacteo albóue, exili in siliquis semine, atro colore, radice oblonga, eiusdem cum folijs odoris.

LOCVS.

B Passim propter sepes & agrorum margines prouenit.

TEMPVS.

Folia statim primo uere, atqueadeò Martio ipso erumpunt. Floret autem æstate, atque deinceps semen profert.

TEMPERAMENTVM.

Quum prorsus suboleat Allium, necesse est ut temperamento eodem prædita sit. Calefacit igitur hauddubiè & desiccat, non tamen perinde atque Allium in excessu quarto.

VIRES.

Easdem propè Allij facultates habere uel hinc conijci potest, quod nonnulli in iuribus tortiuisq; succis pro Allio substituant. Proinde corpus calefacere, crassos humores in eo extenuare, glutinosos incidere potest. Omnia tamen hæc minori quàm Allium efficacia. Semen eius cum aceto emplastri modo mulieribus strangulatu uteri laborantibus impositum, & uuluæ admotum prodest, ac easdem excitat. Et summatim, omnia quæ Nasturtij semen, sed minori efficacia, potest.

ALLIARIA
Knoblochkraut.

A

NOMINA.

Ἀκαλύφη, ἢ κνίδη Græcis, Vrtica Latinis nuncupatur. Officinæ latino nomine utuntur, Germanis Nessel appellaẽ. Acalyphe uero dicta est, Athenæo autore, quod iniucundo sit tactu, & pruriginem cieat. Cnide autẽ, quod uellicet, pungat, ac suo morsu sensum lacessat, à uerbo κνίζειν, quod pungere & uellicare significat. Vrtica ab urendo, quod pruritum pustulasq; igni similes excitet.

Acalyphe unde dicta.
Cnide.
Vrtica.

GENERA.

Dioscorides duo facit genera. Vnam asperam, quam hodie Romanam uocant: & est ea quam pictam damus. Huius quidem semine in officinis utendum, non alterius quæ passim in sepibus ac dumetis nascitur. Germanicè Welschnessel appellatur. Alteram minus asperam, quam ob id mollem nominãt. Hanc nondum uidere potuimus. In Germania nostra pręter hæc genera, alia duo inueniuntur. Vnum maius, quod germanicè Heyternessel nominãt: alterum minus, germanicè Brennessel/ uel Habernessel/ quod nimirum in auena nascatur, appellari solet. Harum etiam picturas adijcere placuit, quod non prorsus inefficaces esse putemus, quandoquidem haud secus atq; Romana pungere uideantur.

Vrtica romana.
Vrtica nostra maior.
Vrtica minor.

FORMA.

Romana caule est rotundo & aspero, syluestrior etiam & asperior, latior & nigrior folijs, semine haud dissimili in globulis quibusdam semine lini, sed minore. Altera priori similis est, nisi quod non similiter aspera est, tenuiusq; semen habet.

LOCVS.

Romana apud nos non nisi sata prouenit, non secus atque mollis uocata urtica. Vulgares passim in dumetis ac sepibus gignuntur. *Romana.*

B

TEMPVS.

Semen messibus colligi oportet.

TEMPERAMENTVM.

Subtilium est partium, & temperaturæ siccæ, non tamen tantum habet caliditatis ut iam mordicet.

VIRES. EX DIOSCORIDE.

Vtriusq; folia cum sale illita canis morsibus, gangrænis, malignis ulceribus, cancris, sordidisq;, luxatis, tuberculis, parotidibus, phygethlis, & abscessib. medentur. Lienosis cum cerato imponuntur. Profluuia sanguinis ex naribus cum succo trita & imposita sistunt. Cum myrrha trita & imposita menses mouent. Recentia admota uteri procidentias emendant. Semen cum passo potum uenerem stimulat, & uuluas aperit. Cum melle linctum orthopnœas, pleuritidas, & peripneumoniã iuuat. Ea quæ in thorace sunt educit. Miscetur & exedentibus medicamentis. Folia cum conchulis decocta aluum molliunt, urinasq; mouent. Cum ptisana decocta ea quæ in thorace sunt educunt. Decoctum foliorum cum exiguo myrrhę potum menses elicit. Succus gargarissatus, uuam inflammatam reprimit.

EX GALENO.

Herbæ semen & folia, nam hæc potissimũ in usum adhibentur, digerentis sunt facultatis, adeò ut tubercula & parotidas sanent. Sed & quiddam flatuosum obtinent, quo & uenerem extimulant, maximè ubi cum passo semen bibitur. Porrò quod non uehementer calefaciat, sed admodum tenuium sit partium, testatur crassorum uiscosorumq; humorum ex thorace & pulmone eductio, tum quod partes quas contigerit pruriant. Cæterum flatuosum eius, cuius particeps esse dicta est, dum concoquitur, nascitur: non enim actu flatuosa est, sed potentia. Ventrem autem mediocriter subducit ipsa duntaxat abstersione, ac ueluti titillatione, non purgatione

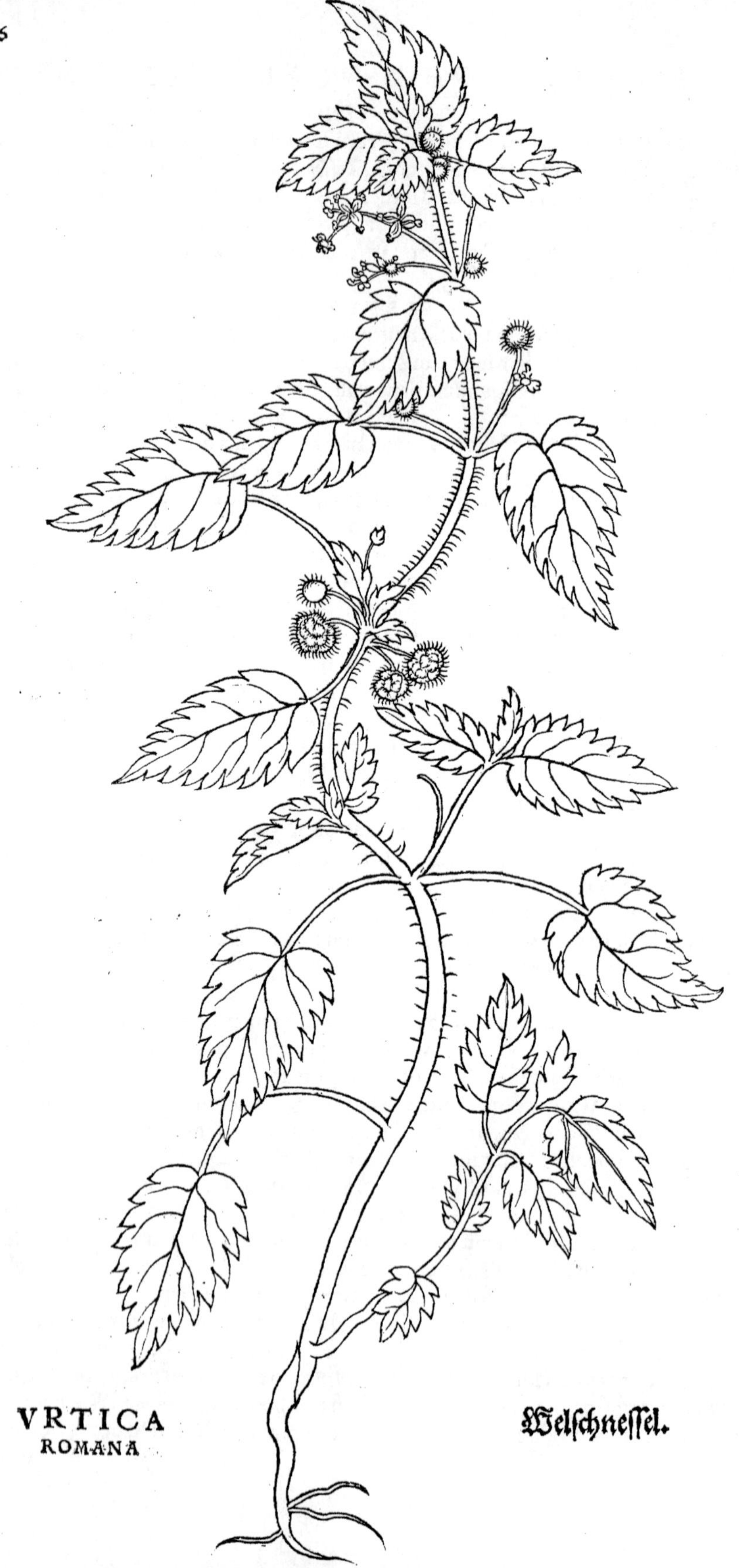

VRTICA ROMANA

Welſchneſſel.

VRTICA
MAIOR
Heyternessel.

VRTICA
MINOR

Brennessel.

A gatione. Gangrenosa & cancrosa, & in totum quæ exiccari citra mordacitatem postulant, ea conuenienter sanat.

EX PLINIO.

Vrtica plurimis scatet remedijs. Semen eius Cicutæ contrarium esse Nicander affirmat. Item fungis, & argento uiuo. Apollodorus & Salamandris cum iure decoctæ testudinis. Item aduersari Hyoscyamo, & serpentibus, & scorpionibus. Quin illa ipsa amaritudo mordax, uuas in ore, procidentesq; uuluas, & infantium sedes, tactu resilire cogit. Lethargicos expergisci tactis cruribus, magisq; fronte. Eadem canis morsibus addito sale medetur. Sanguinem trita naribus indita sistit, & magis radice. Carcinomata & sordida ulcera, sale ammixto: item luxata. Sanat & panos, parotidas, carnesq; ab ossibus recedentes. Semen potum cum Sapa, uuluas strangulantes aperit, & profluuia narium sistit impositum. Vomitiones in aqua mulsa sumptum à cœna, faciles præstat, duobus obolis. Vno autem in uino poto, lassitudines recreat. Vuluæ uitijs tostum, acetabuli mensura. Potum in sapa, resistit stomachi inflationibus. Orthopnoicis prodest cum melle, & thoracem purgat eodem ecligmate. Et lateri medetur cum semine lini: addunt Hyssopum & piperis aliquid. Illinitur lieni. Difficilem uentrem tostum cibo emollit. Hippocrates uuluam purgari poto eo pronunciat. Dolore leuari tosto acetabuli mensura dulci poto, & imposito cum succo maluæ. Intestinorum animalia pelli cum hydromelite & sale. Defluuia capitis, semine illito cohonestari. Articularibus morbis & podagricis plurimi cum oleo uetere, aut folia cum ursino adipe trita imponunt. Ad eadem radix tusa cum aceto, non minus utilis. Item lieni. Et cocta in uino discutit panos, cum axungia uetere salsa. Eadem psilothrum exiccat. Condidit laudes eius Phanias physicus, utilissimam cibis coctam conditámue professus arteriæ, tussi, uentris destillationi, stomacho, panis, parotidibus, pernionibus: cum oleo sudorem, B coctam cum conchulis ciere aluum, cum ptisana pectus purgare, mulierumq; menses cum sale, ulcera quæ serpunt cohibere. Succus quoque in usu est. Expressus illitusq; fronti sanguinem narium sistit, potus urinam ciet, calculos rumpit. Vuam gargarissatus reprimit. Si quadrupedes fœtum non admittant, urtica naturam fricandam monstrant.

DE APHACE. CAP. XXXVIII.

NOMINA.

AΦΑΚΗ Græcis, Aphace Latinis, uulgò Syluestris uitia, & Os mundi, Germanis Wildwicken/oder S. Christoffelßkraut uocatur. Alia est ab Aphaca Theophrasti, quæ syluestrium olerum genus est, de qua suo loco plura dicemus.

FORMA.

Exiguus frutex est, lenticula altior, tenuioribus folijs. Quæ nascuntur in ea siliquæ lente maiores, terna aut quaterna semina nigriora & minora continent.

LOCVS.

In aruis sponte nascitur.

TEMPVS.

Maio mense floret, & subinde semen in siliquis producit.

TEMPERAMENTVM.

Moderati caloris est, ualentius autem desiccat.

VIRES EX DIOSCORIDE.

Semina adstringendi uim habent, quapropter stomachi & alui fluxiones tosta, fracta, & decocta lentis instar sistunt.

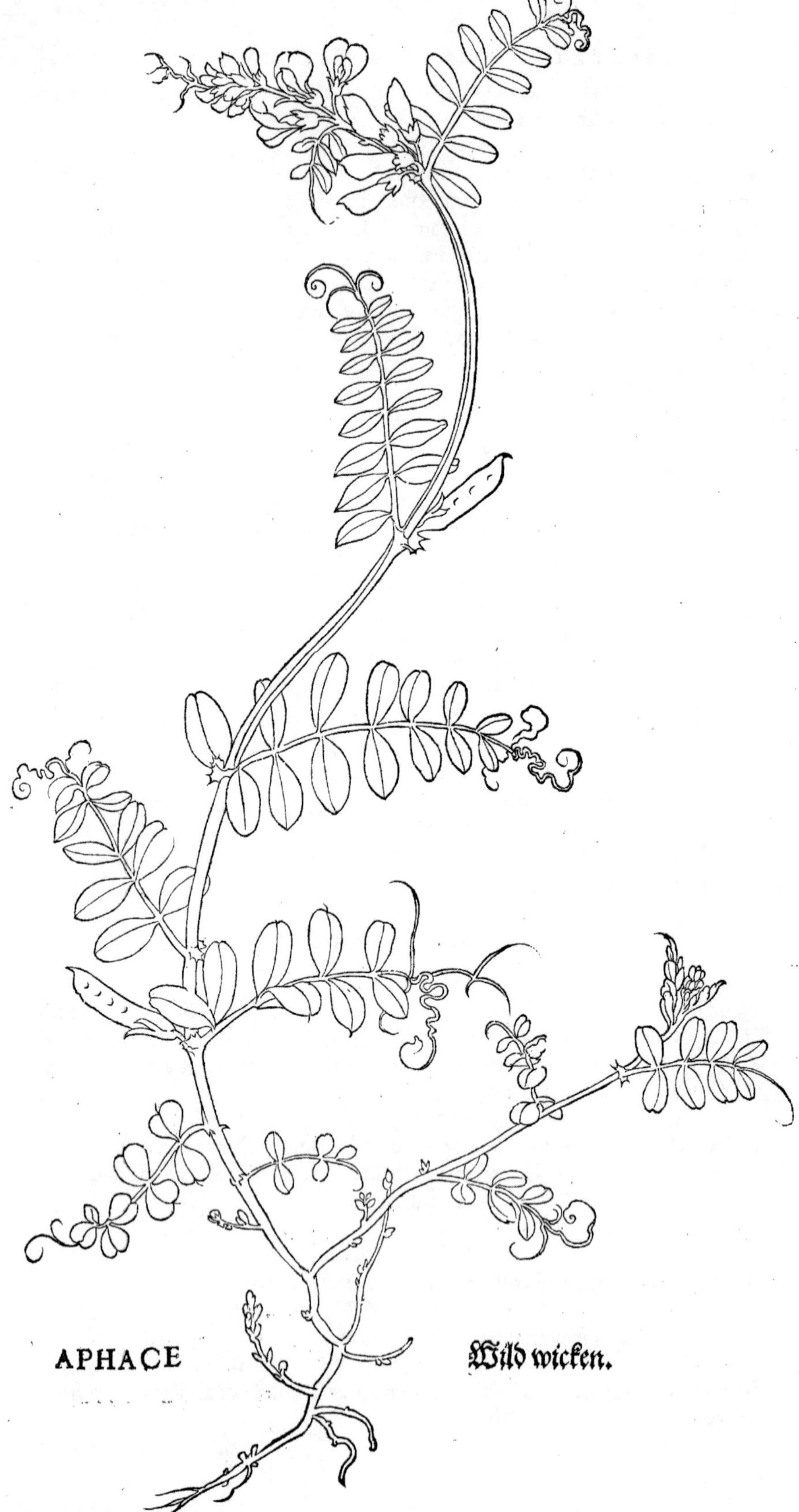

APHACE

Wild wicken.

A EX GALENO.

Aphace facultatem obtinet adstrictoriam, sicut & ipsa lenticula. Sed & similiter ut lenticula edi solet: cæterum ægrius quàm illa concoquitur. Aluum retinet.

EX PLINIO.

Natura ei ad spissandum efficacior quàm lenti. Reliquo usu eosdem effectus habet. Stomachi aluiq́ꝫ fluxiones sistit semen decoctum.

DE ANDRACHNE. CAP. XXXIX.

NOMINA.

Ἀνδράχνη Græcis, Portulaca Latinis & Officinis, Germanis Burtzelkraut dicitur, corrupta tamen uoce, cum efferendum esset Portzelkraut/ ac si porcellorũ herbam dicerent. Aliàs Sawbon ijsdem appellatur. *Portulaca.*

GENERA.

Portulaca in duas distribuitur species: unam hortensem, & alteram syluestrem, quæ non est tertium Aizoi genus, ut aliqui seducti mendosis Dioscoridis exemplaribus credunt. Nam quod pleriq́ꝫ nomina harum duarum plantarũ cõfuderint, factum subinde est ut multa adulterina, quę scilicet tertij generis Aizoo debentur, capiti de Portulaca syluestri inserta sint, quę omnia prorsus expungenda ueniunt, ut paulò pòst clarius mõstrabimus. Hortensem Germani simpliciter Burtzelkraut/ syluestrem uerò wild oder ackerburtzel uocant. *Portulaca hortensis. Syluestris.*

FORMA.

Hortensis caules habet crassos, pingues, teretes, in altum erectos, lentè uergentes in puniceũ, folia pinguia, à tergo candida, flores exiguos luteos, semina nigra in herbaceis calycibus cõtenta. Syluestris folia oleæ obtinet, minora tamen multò, nu B merosiora & tenera, rubentes cauliculos ab una radice multos in terra sessiles, qui cõmanducati succo abundãt, glutinosiq́ꝫ, & sapore salsi sunt. Hæc est genuina apud Dioscoridẽ Portulacæ deliniatio, reliqua uero omnia sunt adulterina, & ab imperito aliquo rerũ, ex capite de tertio Aizoo excerpta, & huic sine omni iudicio inserta.

LOCVS.

Prouenit in hortorum areolis, uineis, & alijs cultis locis, hortensis. Cæterum syluestris in petrosis & incultis etiam nascitur.

TEMPVS.

Iunio & Iulio potissimũ mensib. carpenda folia & flores: semen uerò sequentib.

TEMPERAMENTVM.

Refrigerat utraq́ꝫ quidem in tertio ordine à temperatis ac medijs, humectat uero in secundo: quare uiribus etiam non distant. Hinc quæ in Dioscoride leguntur non sunt propriæ, sed Aizoi tertij generis, & à sciolo aliquo temerè Portulacæ syluestri attributæ.

VIRES. EX DIOSCORIDE.

Portulaca uim habet adstrictoriam. Cum polenta illita, capitis doloribus, oculorum inflammationibus, & aliarum partiũ, stomachi ardoribus, erysipelatis, & uesicæ doloribus auxiliatur. Cõmanducata dentium stuporẽ, stomachi & intestinorũ æstuationem fluxionesq́ꝫ sedat. Renes erosos & uesicã adiuuat. Veneris impetus exoluit. Pari effectu & succus eius prodest potus, & in febribus etiam ualens. Contra rotundos lumbricos, sanguinis excreationẽ, dysenterias, hæmorrhoidas, profluuia sanguinis percocta efficax. Contra Sepis morsus. Ocularibus medicamẽtis utiliter cõmiscetur. Intestinis fluxione laborantibus, aut uulua erosione affecta infunditur. Contra dolores capitis ex ustione cum rosaceo aut oleo ex alto destillatur. Exanthemata in capite cum uino exterit. Vulneribus ad syderationem spectantib. ex polenta illinitur.

PORTVLAC.
HORTENSIS
Burtzelkraut

PORTVLACA
SYLVESTRIS

Wilde burtzel.

C

EX GALENO.

Portulaca frigida & aquea temperamento eſt, paucæ cuiuſdam auſteritatis particeps. Proinde fluxiones reprimit, maximè bilioſas & calidas, cum eo quod eas mutet, & in qualitate alteret, magnopere refrigerans. Hac ratione & æſtuantes, ut ſi quid aliud, adiuuat, tum uentris oſculo impoſita, tum totis hypochondrijs, potiſsimum in hecticis febribus. Præterea dentium ſtuporem ſanat, nempe quæ ab acidorum contactu aſperè exiccata fuerant, leniens atq; replens, utpote cum uiſcoſam habeat humiditatem. Similiter uero & ſuccus eius. Itaq; non foris modò impoſitus, ſed epotus quoq; refrigerat. Hoc ſanè & toti herbæ comeſæ accidit. Quoniam autem adſtringit, utiliter dyſentericis editur, & in muliebri profluuio, & ſanguinis reiectionibus. Sed ad hæc multò quidem efficacior eſt herbæ ſuccus.

EX PLINIO.

Portulacæ memorabiles uſus traduntur. Sagittarum uenena, & ſerpentium hæmorrhoidum & preſterum reſtringit, pro cibo ſumpta, & plagis impoſita extrahit. Item hyoſcyamo poto, è paſſoq; expreſſo ſucco. Cum ipſa non eſt, ſemen eius ſimili effectu prodeſt. Reſiſtit & aquarum uitijs, capitis dolori, ulceribusq; in uino tuſa & impoſita. Reliqua ulcera cum melle cõmanducata ſanat. Sic & infantiũ cerebro imponitur, umbilicoq; prociduo. In epiphoris uero omniũ, fronte temporibusq; cum polenta. Sed ipſis oculis, è lacte & melle. Eadem, ſi procident, prodeſt, folijs tritis cum corticibus fabæ. Puſtulis cum polenta & ſale, & aceto ac cera. Et ulcera oris, tumoremq; gingiuarum cõmanducata cruda ſedat. Item dentium dolores. Tonſillarum ulcera ſuccus decoctæ. Mobiles dentes ſtabilit cõmanducata. Cruditates ſedat, uocemq; firmat, & ſitim arcet. Ceruicis dolores cum Galla & Lini ſemine pari menſura ſedat. Mammarũ uitia cum melle aut cimolia creta. Salutaris & ſuſpirio-
D ſis, ſemine cum melle hauſto. Stomachũ in acetarijs ſumpta corroborat. Ardentib. febribus imponitur cum polenta. Et aliàs manducata refrigerat etiam inteſtina. Vomitiones ſiſtit. Dyſenteriæ & uomicis datur ex aceto, uel bibitur cum Cumino. Tenaſmis autem cocta, & comitialibus cibo uel potu prodeſt. Purgationibus mulierum, acetabuli menſura in ſapa. Podagris calidis, cum ſale illita, & ſacro igni. Succus eius potus renes iuuat & ueſicas. Ventris animalia pellit. Ad uulnerum dolores, ex oleo cum polenta imponitur. Neruorũ duritias emollit. Venerem inhibet, Venerisq; ſomnia. Prætorij uiri pater eſt, Hiſpaniæ princeps, quem ſcio propter impatibiles uuæ morbos, radicem eius filo ſuſpenſam è collo gerere, præterquam in balneis, & ita liberatum incõmodo omni. Quinetiam inueni apud autores, caput inde litum deſtillationem toto anno non ſentire. Oculos tamen hebetare putatur.

DE ASPHODELO. CAP. XL.

NOMINA.

Affodillus.

ΑΣΦΟΔΕΛΟΣ Grecis, Aſphodelus Latinis, Officinis corrupta uoce Affodillus, Germanis Goldwurtz nominatur.

GENERA.

Duo Aſphodeli genera.

Albucus.

Heſiodus fœminæ mentionẽ feciſſe uidetur.

Duo eſſe Aſphodeli genera, utcunq; uno contentus ſit Dioſcorides, teſtatur Plinius libro xxi. cap. xvij. marem nimirum & fœminam. Mas propriè Albucus nominatur, fœmina uerò Haſtula regia, quod ſcilicet dum floret prorſus regij ſceptri effigiẽ referat, Germanicè Goldwurtz. Marem depingit Dioſcorides, & radicem eius acrem atque adeo cibo inutilem eſſe tradit. Fœminæ Theophraſtus libro vij. de hiſtoria plantarum cap. xij. & Heſiodus mentionem facere uidentur, quandoquidem eius uſum in cibo quotidianum fuiſſe ſcribant. Hoc enim de mare dici haud poſſe, radicis mirifica acrimonia facit. Galenus etiam libro ſecundo

de ali-

ASPHODELVS FOEMINA

Goldwurtz weible.

C de aliment. facult. Asphodelon fœminam cognouisse uidetur, dum scribit, Asphodeli radicem Scyllæ radici, magnitudine, figura & amaritudine quadantenus similem esse. Hæc enim de Dioscoridis Asphodelo uerè dici non possunt, cuius quidē radix non Scyllæ, sed Pæoniæ potius similis est. Denicꝫ non est ut fœminæ amara, sed acris. Necꝫ obstat quod nostra Hastula regia tantā amaritudinē, quantā ei Galenus tribuit, non habeat. Nam necꝫ ea quam Hesiodus suo carmine tantopere celebrauit, tanta prædita fuit amaritudine: aliàs enim citra cocturā multam, cuius tamē ille non meminit, cibo quotidiano idonea esse non potuisset. Et certè ut Aron non in omnibus regionib. parem acrimoniā obtinet, ita nec Hastula regia parem amaritudinem omnibus in locis sortitur. Adeò ut dubium non sit Hesiodum de nostra Asphodelo, quę fœmina est, loquutū esse. De fęmina autem loquutū esse Hesiodū, cōfirmat quod alibi tradat in syluis nasci Asphodelū. Quod certè de ea quam fœminam fecimus, rectè dici potest, quando raro alibi quàm in syluis nascatur. Sententiā nostram firmare uidetur Apuleius ille, qui in libro suo de herbis inscripto, seorsim & Asphodelum, & Hastulam regiam describit.

FORMA.

Asphodelus mas. Asphodelus mas folia habet Porro maiori similia. Caulem leuem in summo florēm ferentē, Anthericū uocatum. Radices sublongas, rotundas, glandibus similes, *Fœmina.* gustu acres. Nos marem hac uice habere nō potuimus. Fœmina folia habet oblonga, angusta, leuiter lenta, Plantagini minori non dissimilia: caulem leuem, in summo non unum, sed plures flores pingues retrorsum incuruos, plenos puniceis maculis, radicem itidem bulbosam, capillis Alliꝭ instar multis sub bulbo enascentibus, comatam, gustuqꝫ glutinosam.

D

LOCVS.

Mas non prouenit in Germania nisi in hortis culta & plantata. Fœmina uero in montibus & syluis sua sponte ac copiose nascitur.

TEMPVS.

Iunio mense florent.

TEMPERAMENTVM.

Maris radix calida & sicca est. Fœminę folia cum amara nōnihil sint & acria, itidem calida & sicca esse, quemadmodū etiam radicem, constat.

VIRES. EX DIOSCORIDE.

Radices Albuci uim calefaciendi obtinent, urinas & menses potæ mouent. Lateris doloribus, tussibus, cōuulsionibus, ruptionibus, drachmę pondere ex uino potę medentur. Cōmanducata astragali mensura uomitiones adiuuat. A serpente demorsis datur utiliter trium drachmarū pondere. Illinire autē oportet morsus folijs, radice, & floribus cum uino. Item ulcera sordida, & depascentia. Mammarū quoqꝫ & testium inflammationes, tubercula & furunculos, decocta in uini fæce radice: ad recentes autē inflammationes cum polenta. Radicis succus, adiecto uetere uino dulci, myrrha & croco simul decoctis, perquam utile fit oculis medicamentū. Ad purulentas aures per se, & cum thure, melle, uino & myrrha tepefactus prodest. In contrariam aurem per se infusus dentium dolorē mitigat. Cinis è radice cremata illitus, alopecias capillis explet. Oleum in excauatis radicibus igni decoctum, illitum exulceratis pernionibus, & ambustis igni conducit. Dolori aurium instillatus auxiliatur. Candidam uitiliginem linteo antea perfrictam in sole, illita radix emendat. Semen & flores in uino poti, scolopendræ & scorpionum uenenis egregiè aduersantur. Aluum quoque deijciunt.

EX GALENO.

Asphodeli radix utilis est, perinde atqꝫ Ari, Asari & Dracontij. Extergētis siquidem &

A dem & discutientis facultatis. Vstæ tamen cinis calidior, & exiccantior, magis tenuium partium, & ad discutiendum potentior efficitur, propterea & alopecias sanat. Inest itaq; ei extenuandi facultas, atq; obstructa demoliendi, ueluti etiam Dracontio. Ideoq; ipsius coliculus arquatis tanquam summum præsidium exhibetur.

EX PLINIO.

Defectis corporib. & phthisicis constat bulbos eius cum ptisana decoctos aptissimè mederi, panemq; ex his cum farina subactum saluberrimum esse. Nicander et contra serpentes & scorpiones, uel caulem uel semen, uel bulbos dedit in uino tribus drachmis: substrauitq; somno contra hos metus. Datur & cõtra uenenata marina, & contra scolopendras terrestres. Folia quoq; illinuntur uenenatorũ uulneribus ex uino. Bulbi neruis articulisq; cum polenta tusi illinuntur. Prodest & concisis ex aceto lichenas fricare. Item ulceribus putrescentib. ex aqua imponere. Mammarum quoq; & testium inflammationib. Decocti in fæce uini, oculorũ epiphoris supposito linteolo medentur. Folijs in quocunq; morbo decoctis magis medici utuntur. Item ad tetra tibiarum ulcera, rimasq; corporũ quacunq; in parte, farina are factorũ. Succus quoq; ex tusis expressus, aut decoctus, utilis fit corporis dolori cum melle. Idem odorẽ corporis iucundũ affectantibus, cum Iri arida & sale exiguo. Folia etiam supradictis medentur, & strumis, panis, ulceribus in facie, decocta cum uino. Cinis è radice alopecias emendat, & rimas pedum. Decoctæ radicis in oleo succus, perniones & ambusta. Et ad grauitatem aurium infunditur. A contraria aure in dolore dentium. Prodest & urinæ pota modicè radix, & menstruis, & lateris doloribus. Item ruptis, conuulsis, tussibus, drachmæ pondere in uino pota. Eadem & uomitiones adiuuat cõmanducata. Semine sumpto turbatur uenter. Chrysermus & Parotidas in uino decocta radice curauit. Item strumas, admixta cachry ex uino.

B Quidam aiunt, si imposita radice pars eius in fumo suspendatur, & quarta die soluatur, una cum radice arescere strumam. Sophocles ad podagras utroq; modo, cocta crudaq; usus est. Ad perniones decoctã ex oleo dedit, & suffusis felle in uino, & hydropicis. Venerem quoq; concitari cum uino & melle perunctis, aut bibentibus, tradiderunt. Xenocrates & lichenas & psoras, radice in aceto cocta tolli dicit. Item si cocta sit cum hyoscyamo & pice liquida, alarum quoq; & feminum uitia. Et capillum crispiorẽ fieri, raso prius capite, si radice ea fricetur. Lapides renum in uino decocta atq; pota eximit. Hippocrates semen eius ad impetus lienis dari censet. Iumentorũ quoq; ulcera ac scabiem, radix illita, aut decoctę succus ad pilum reducit.

APPENDIX.

Animaduertendũ facultates à Dioscoride & Galeno cõmemoratas, Albuco seu Asphodelo mari conuenire, huius enim radix gustu acris est. Quæ uero à Plinio recensentur, hæ partim mari, partim fœminæ debentur. Fœminę, cuius radix & folia glutinosa & amara sunt, ulcera glutinandi, scabiem, rimasq; corporum, & si quæ similes sunt facultates conueniunt, quas periti methodi simplicium medicamentorũ facilè discernent. Experientia etiam quotidiana testatur, huius usum esse in ulceribus malignis salutarem. Quæ autem mari sint tribuendæ, ex Dioscoride, Galeno, & gustu quiuis deprehendere poterit. Nos in transcursu tantum parum attentos monere uoluimus, ne indiscriminatim & promiscuè utriq; generi has facultates inesse putarent.

ATRIPLEX
HORTENSIS
Molten.

ATRIPLEX
SYLVESTRIS

Wild molten.

C

NOMINA.

Atraphaxis quare dicta. ΤΡΑΦΑΞΙΣ, ἢ χρυσολάχανον Græcis, Atriplex Latinis & Officinis, Germanis Molten oder Milten nominat. Atraphaxis Atticis d literam in t mutare frequēter amantibus, dicta est, quòd ἀθρόως αὔξει, id est, statim in amplitudinē adolescat. Siquidem octauo à satu die prosilit, confestimq́ incremento proficere uidetur. Fidem celeris augmēti facit ereptum in confinio cęteris herbis alimentum. Ac ne in hortis quidem iuxta eam nasci quicquam tradūt, nisi languidum. *Chrysolachanon.* Chrysolachanon uerò, id est, aureum olus dixerunt, à luteo quem profert flore.

GENERA.

Duo Atriplicis sunt genera, satiua seu hortensis, & syluestris. Satiuam simpliciter Germani Molten/ syluestrem uerò cum adiectione aliqua, Wild molten/oder Ackermolten/oder klein scheißmilten nominant.

FORMA.

Atriplex hortensis. Hortensis caulem fundit quadratum, ramis brachiatum, quibus primum flores lutei exigui, dein foliatum semen & obductum cortice promitur. Radicem unam habet in altum descendentem, non glabram, sed fibris quibusdam capillatā. *Syluestris.* Syluestris tam luxuriosa proceritate prodit, ut quaternos sæpe cubitos excedat: caule ut hortensis anguloso, ramoso, & purpurascente: folio hortensi non admodum dissimili, potissimum quod ad colorem attinet: flore luteo exiguo, semine racematim congesto, radice simplici in altum descendente, ex qua se multæ promunt.

LOCVS.

Hortensis non nisi sata prouenit. Syluestris sua sponte nascitur. Vtraque autem
D assiduo humore satiari amat.

TEMPVS.

Vtraque Iunio & Iulio mensibus floret, deinde semen proferunt.

TEMPERAMENTVM.

Atriplex humida in secundo ordine, frigida autem in primo. Hortensis tamen syluestri humidior frigidiorq́ existit.

VIRES. EX DIOSCORIDE.

Estur olerum modo elixum. Aluum mollit. Crudum uel coctum illitum panos discutit. Semen eius potum cum aqua mulsa morbum regium sanat.

EX GALENO.

Atriplex celeriter, ob lubricitatē, uentrem permeat. Parum autem omnino eius est, quod digerendi obtinet facultatem. Phlegmonis & phygethlis quidē incipientibus, crescentibus, & mollibus adhuc, ac ueluti feruentibus, hortensis: uigentibus uero, declinantibus, & indurescentibus cōmodior est syluestris. Semen eius abstergentis est facultatis, proinde ad morbum regium ex iecoris obstructione prognatum utilis est.

EX PLINIO.

Coquitur difficillimè. Addidere Dionysius & Diocles, plurimos gigni ex eo morbos, nec nisi mutata sæpius aqua coquendum: stomacho cōtrarium esse, lentigines & papulas gignere. Hippocrates uuluarū uitijs id infundi cum Beta. Lycus Neapolitanus cōtra cantharidas bibendū dedit. Panos, furunculos incipientes, duritias omnes, uel cocto uel crudo illini utiliter putant. Item ignem sacrum, cum melle, aceto, nitroq́. Similiter podagris. Vngues scabros detrahere dicitur sine ulcere. Sunt qui morbo regio dent semen eius cum melle, arterias & tonsillas nitro addito perfricent, aluum moueant, cocto aut per se, aut cum malua, aut lenticula concitantes uomitiones. Syluestri capillos tingunt, & ad supradicta utuntur medicina.

ATRACTYLIS
MITIOR

Wilder feldsaffran.

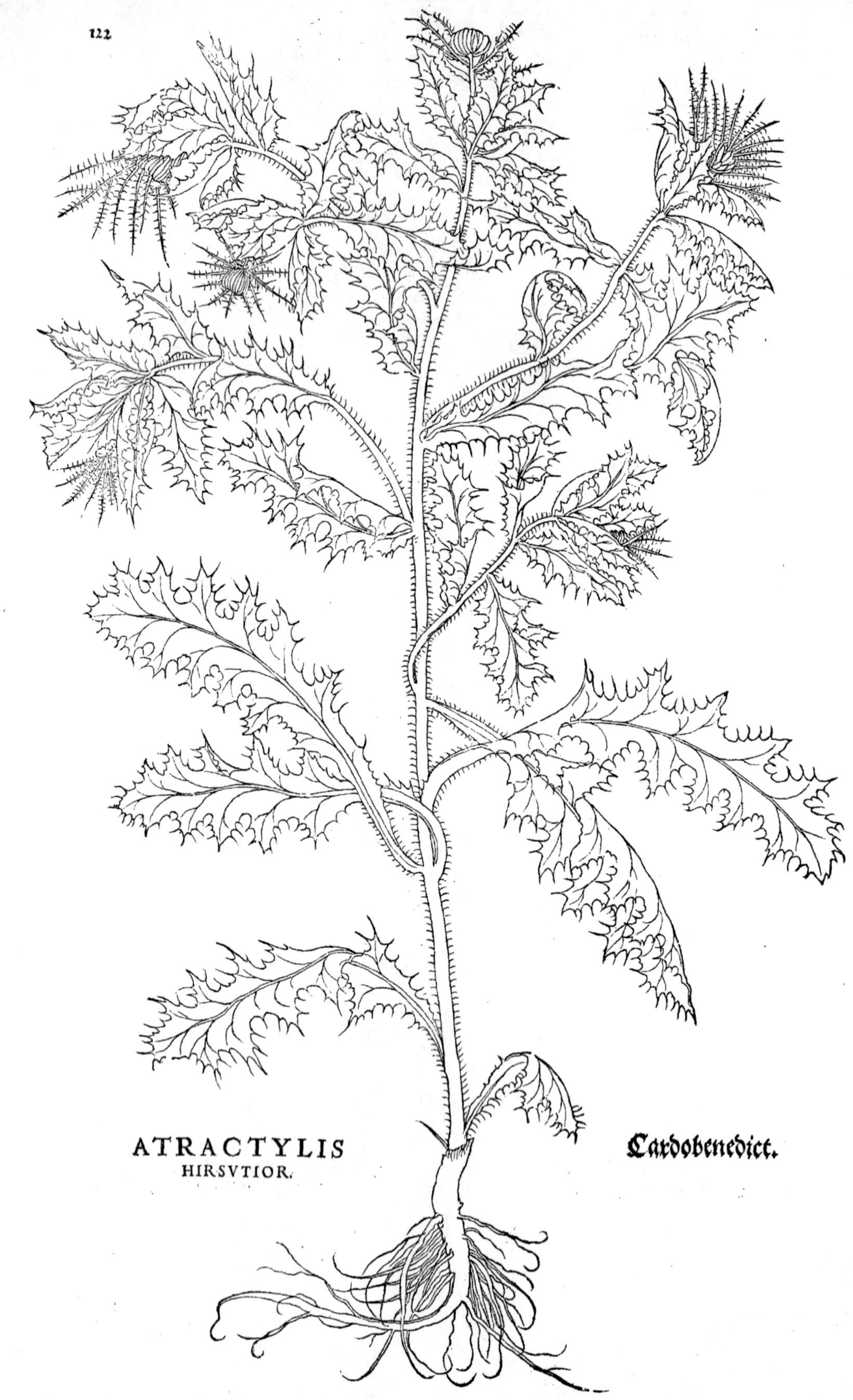

ATRACTYLIS
HIRSVTIOR.

Cardobenedict.

A EX SYMEONE SETHI.

Ventrem quidem cit, prodest ad caliditatem iecoris, ac ictericis, & calidam temperaturam habentibus succurrit. Cõmodissima autem biliosis. Cum malua illita, inflammationes sedat.

DE ATRACTYLIDE. CAP. XLII.

NOMINA.

ἈΤΡΑΚΤΥΛΙΣ, ἢ κνῖκος ἀγρία Græcis: Atractylis, Cnicus syluester Latinis dicitur. Atractylis autem ideo dicta, quod ea antiquæ mulieres pro fuso utebantur: ἄτρακτος enim fusus est Grecis. Syluestris uero Cnicus, quia Cnico urbano similis est.

Atractylis unde dicta.
Syluestris cnicus.

GENERA.

Syluestris Cnici seu Atractylidis, Plinio lib. xxi. cap. xv. & Theophrasto libro vi. cap. iiij. autoribus, duæ sunt species. Vna mitior, & Cnico satiuo similior. Hanc propriè Greci Atractylida, Latini uero fusum agrestem, aut colum rusticam, quod eius caule rigido admodũ & exili, ueteres mulieres pro colu, ut dictum est, utebantur, nominabant. Sunt qui Cartamũ syluestrem appellant. Germanicè itaq; uocetur **wilder feldsaffran**/ ut hac ratione discernatur à Cnico, quem aliqui Cartamũ, & Crocum hortensem nominãt. Altera hirsutior, caules & folia Soncho nõ asperæ similia habens, quę Officinis omnibus & uulgo Carduus benedictus nuncupatur. Germanicè **Cardobenedict/Bornwurtz/oder gesegneter distel** uocatur.

Atractylis propriè dicta.
Cartamus syluestris.
Carduus benedictus.

FORMA.

Spina est Cnico similis, in summo autem uirgularũ folia multò longiora habẽs, caulem magna ex parte nudũ, asperumq;, quo etiam mulieres pro fuso utuntur. Capitula in cacumine aculeata, florẽ pallidũ, radicẽ tenuem, inutilem. Ex qua sanè descriptione omnib. perspicuũ esse putamus, spinã quam pictã exhibemus esse Atractylida, quod Cnico satiuo similis admodũ sit, & in cacumine uirgularũ folia quàm Cnicus longiora habeat, caulem deniq; magna ex parte nudũ, autumni potissimũ tempore, quo folia sua sponte decidũt, & minimè leuẽ, sed asperũ striatũq; obtineat. Idem etiam rigidus & exilis est, ut fusi usum præbere queat. Summitati quoq; eius capitula insident spinosa, flos illi pallidus, radix tenuis: & in summa, nulla est nota quę huic non respondeat. Carduum autem benedictum uulgò nominatum esse alteram Atractylidis speciem, ex Theophrasti & Plinij uerbis ostendi potest: hirsutus enim est, caulibus Soncheis, humi ferè reptantibus: propter sui enim mollitiem ueluti sessilis caducusq; solo procumbit, semine minuto, frequenti, amaro, & pilis barbato, quod molli lanugine operitur. Flos ei pallidus luteúsue.

Atractylis propriè dicta.

B

Carduus benedictus.

LOCVS.

Mitior Atractylis in aruis & montibus, hirsutior autem in hortis iam passim prouenit.

TEMPVS.

Prior Augusto mense apparet, eius tamen semen ante autumnum non maturescit. Posterior citius nascitur, eius tamen semen serò etiam ad maturitatẽ peruenit.

TEMPERAMENTVM.

Gustu cum amaræ sint spinæ hæ, euidentissimũ est calido & sicco temperamento esse præditas, id quod ex earundem etiam facultatibus colligi potest.

VIRES. EX DIOSCORIDE.

Atractylidis folia, coma & semen trita cum pipere uinoq; pota, contra scorpionũ ictus prosunt. Sunt qui dicant à scorpionibus percussos quandiu teneant eam herbam, non sentire dolorem, deposita uero, dolore affici.

EX GALENO.

Atractylis aut Cnicus syluestris. Hæc planta ex spinarũ est genere. Facultatẽ habet desiccandi, & modicè digerendi.

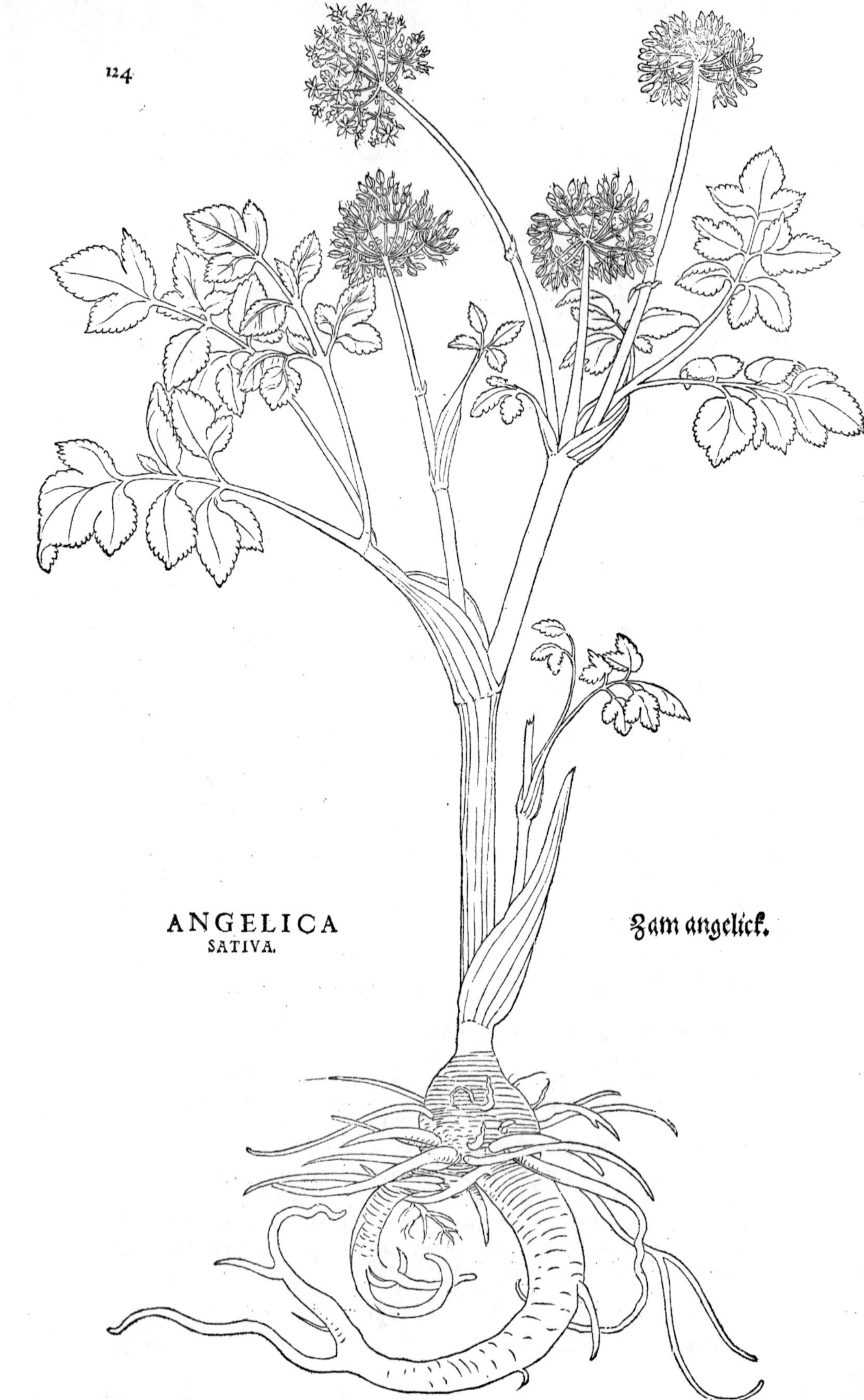
ANGELICA
SATIVA.
Zam angelick.

ANGELICA
SYLVESTRIS.

Wild angelick.

C

APPENDIX.

Prima spina in sanandis ulceribus & fistulis diuturnis efficacissima est. Altera quam Cardum benedictum uocãt, obstructiones internorũ uiscerum tollit, urinã mouet, calculum frangit, ulcera, potissimũ pulmonis, sanat. Percussis à feris uenenatis medetur. Negant etiã pestis experiri contagia, qui aut cum cibo, uel potu prae sumpserit. Iam quoq; correptis magno fore remedio sibi uulgus persuasit. Ex quibus etiam omnibus fit perspicuũ, easdem quas ueteres Atractyli tribuerũt, utranq; spinam habere facultates. Item herbam quam Cardum benedictum uocant, contra serpentum & scorpionũ morsus ualere omnibus in confesso est: quam sanè facultatem cum Atractyli etiam asignet Dioscorides, cõsequitur ab eadem diuersam nõ esse. Recentiores Cardum benedictum cõtra capitis uehementissimos dolores, uertiginem, memoriam amissam, in cibo aut potu sumptum ualere tradunt. Item ad putrescentia ulcera, mammarum potissimũ, si in puluerem redactus inspergatur.

DE ANGELICA. CAP. XLIII.

NOMINA.

Angelica nõ est Smyrnion, neq; Silphion.

NVNQVID ueteribus cognita fuerit haec herba, & quo nomine appellata sit, nondũ scire licuit. Neq; enim Smyrnion est, quod scilicet umbellam Anethi & semen rotundum, aliaq; multa quae descriptio requirit, nõ habeat. Silphion etiam esse haud poterit, quod folia Apij habere minimè deprehendatur. Recentiores autem uno ore omnes Angelicam, & Sancti spiritus radicem, à suauissimo eius radicis odore, quem spirat: aut ab immensa contra uenena facultate, appellant. Germanis Angelick/oder des Heiligen geysts wurtz/oder Brustwurtz uocatur.

Sancti spiritus radix cur dicta.

D

GENERA.

Hortensis. *Syluestris.*

Duo eius herbae inueniuntur genera. Vna enim mitior est, cuius quidem radix ualde odorata, à Germanis zam Angelick nominatur. Altera syluestris, eius radix suaui odore restituitur, & à Germanis wilde Angelick nominatur.

FORMA.

Caulem profert duûm cubitorum, cõcauum: folia oblonga, per ambitum serrata, subnigra: flores in purpura candidos, semen latum, foliaceum: radicem crassam & multam, foris nigricantem, intus candidam.

LOCVS.

Mitior in hortis plantata prouenit, & in montosis etiam nonnullis locis, perinde atque syluestris.

TEMPVS.

Iulio & Augusto mensibus floret.

TEMPERAMENTVM.

Calefacientem & desiccatoriam uim in tertio ordine ei asignant herbarij recentiores.

VIRES.

Aperit, extenuat, discutit, ut recentiores perhibent. Vnicè uenenis aduersatur. Pestilentiae populatim saeuientis arcet cõtagia. Corpora à lue pestifera uindicat, si tantũ, ut affirmãt, in ore teneatur. Per hyemem ciceris magnitudinẽ cum uino, per ęstatẽ ex stillatitio rosarũ liquore sumpsisse satis est. Nec sensurũ eo die contagionẽ pollicent, quo quis deuorarit: nam urina & sudore uenenũ abigit. Lentitiã pituitae digerit, quapropter tussi, quam frigus attulerit, medet. Crassa quę in thorace coierint, discutit. Herba ipsa in uino & aqua cocta uulnera interna glutinat. Cõcretum sanguinẽ resoluit, stomachũ esu corroborat. Cor recreat. Pituitã uentriculi deijcit, fastidia

LOLIVM
Ratten.

C faſtidia ciborum diſcutit, & elangueſcentē inuitat appetentiam. Rabioſi canis morſu, aut ſerpentis ictu liberat, ſi contrita cum ruta & melle folia indantur, dein cocta in uino bibantur. Libidinem extinguit ore ieiuno ſumpta. Laſsitudines reficit, thoracem expurgat. Supra febricitantis caput impoſita, fertur ad ſe feruorē elicere. Valere contra faſcinationes adfirmant, ſi quis eam ſecum geſtarit.

DE AERA. CAP. XLIIII.

NOMINA.

ἾΡΑ, ἡ θύαρος, ἡ ζιζάνιον Græcis: Lolium Latinis dicitur. Officinæ nõnullæ, non ſine magno errore, pro Melanthio ſeu Nigella utuntur, ut non temerè etiam Pſeudomelanthion dici queat. Germanis Ratten / oder Kornnegele appellatur.

Officinarum error.

FORMA.

Folio conſtat anguſto, Theophraſto lib. viij. de plantarũ hiſtoria, cap. vij. teſte, pingui & piloſo, flore ſubpurpureo, ſemine exili in ſiliqua hiſpida, uel ut Plinius ait, in cortice aculeato. Ex qua ſiquidem deſcriptione ſatis perſpicuum fit omnibus, Pſeudomelanthion hoc eſſe Lolium: folia nanqꝫ Porri habet, oblonga, hirſuta, florem purpureũ, ſemen in piloſa, longa, angulata, ac per interualla ſtriata ſiliqua. Et ut paucis ſingula complectar, hordeo, cuius ut reliquarũ frugum peſtis & uitium eſt, tota effigie non diſsimile eſt.

Pſeudomelanthion eſt Lolium.

LOCVS.

Non ſolum in triticea & hordeacea, ſed in omni ferè alia ſegete per ſe prouenit. Frugum acerba peſtis, ideoqꝫ à Vergilio infelix appellatum.

D

TEMPVS.

Iunio menſe floret, & ſubinde ſemen profert.

TEMPERAMENTVM.

Deſiccat & calfacit efficaciter, ut propinquum ſit acribus magis quàm Iris: ſed non eſt perinde ut illa tenuium partium, uerum multum abeſt. Secundum hoc ponat ipſum quiſpiam in principio tertij ordinis excalefacientium, in fine uero ſecundi exiccantium.

VIRES. EX DIOSCORIDE.

Lolium molitum nomas, putredines, & gangrænas cum raphanis & ſale illitum compeſcit. Feras impetigines, & lepras cum ſulphure uiuo & aceto ſanat. Strumas quoque cum fimo columbino & lini ſemine in uino decoctum diſcutit. Quæ ægrè maturantur rumpit. Decoctũ ex aqua mulſa & illitum, iſchiadicis prodeſt. Si cum polenta, aut myrrha, aut croco, aut thure ſuffitum, conceptiones adiuuat.

EX PLINIO.

Lolium molitum ex aceto coctum impoſitumqꝫ, ſanat impetigines, celerius quo ſæpius mutatum eſt. Medetur & podagris, alijsqꝫ doloribus cum oxymelite. Curatio hæc à cæteris differt. Aceti ſextario uno dilui mellis uncias duas iuſtum eſt: ita temperatis ſextarijs tribus, decocta farina Lolij ſextarijs duobus uſque ad craſsitudinem, calidumqꝫ ipſum imponi dolentibus membris. Eadem farina extrahit oſſa fracta. Magis etiam cæteris purgat ulcera uetera, & gangrænas. Cum raphano & ſale & aceto lichenas. Lepras cum ſulphure uiuo. Et capitis dolores cum adipe anſerino impoſita fronti. Strumas & panos concoquit cum fimo columbino, & lini ſemine decocta in uino.

APPENDIX.

Iam cõmemoratas facultates huic etiam herbæ, quã Germani Ratten nominãt, recentio-

ASCLEPIAS
Schwalbenwurtz.

C recentiores tribuunt. Mirificè enim hanc in sanandis impetiginibus, alijsq́ scabiei generibus cõmendant. Item in uulneribus glutinandis, ac fistulis curandis, compescendoq́ sanguine, eius esse usum tradunt, ut hinc etiam liqueat hanc ipsam à Lolio non esse diuersam.

EX SYMEONE SETHI.

Vim æqualem Iridi obtinet.

DE ASCLEPIADE. CAP. XLV.

NOMINA.

Asclepias unde dicta.
Hirundinaria.
Vincetoxicum.

ΑΣΚΛΗΠΙΑΣ Græcis, Asclepias Latinis, herbarijs Hirundinaria, Officinis Vincetoxicum, Germanis Schwalbenwurtz appellatur. Asclepias autem ab Aesculapio antiquo medicinę autore nominata est. Hirundinaria uerò à siliquis quas producit, quę dehiscẽtes plumosum semen ostendunt, atque adeò hirundinis effigiem referũt. Vincetoxicũ, uel rectius νικητοξικόν haud dubiè dicta est, quod illi insignis aduersus uenena uis sit, ut paulò pòst fusius docebimus.

FORMA.

Ramulos profert longos, in quibus folia longa Hederæ similia. Radices numerosas, tenues, odoratas. Flores grauiter olentes. Semẽ Securidacę seu Hedysari. Ex qua deliniatione nemini non perspicuũ fit Vincetoxicũ appellatã herbã, esse Asclepiada. Fruticosa siquidẽ herba est, caulem obtinens rotundũ, leuem, tenuem, ac ferè iunceũ, ramulis longis, folio hederaceo, sed oblongiori, in uiridi nigricante, florib. exiguis, candidis, aut uerius in albo pallescentibus, grauiter odoratis, ex quibus siliquæ oblongæ fiunt, quæ dehiscentes semen plumosum Securidacæ simile, hoc est,
D rufum & latum ostendunt, radicibus multis, exiguis, tenuibus, & odoratis, adeò ut nulla sit prorsus nota quæ illi non respondeat aptissimè. His accedunt locus natalis & facultates, quæ singula cum Asclepiade illi communia sunt, quemadmodũ ex ijs quæ statim subijciemus manifestissimum fiet.

LOCVS.

Prouenit in montibus asperis, altis ac arenosis. Copiosissimè autem nascitur in monte haud procul à Tubinga sito, in quo olim arx posita fuisse fertur.

TEMPVS.

Augusto mense floribus abundat, ac subinde semina in folliculis oblongis, formam hirundinis cum dehiscunt referentibus, profert.

TEMPERAMENTVM.

Asclepias, Paulo teste, calida, sicca, & tenuis substantiæ est. Quo sanè temperamento Hirundinaria etiam prædita existit: amara siquidẽ & parum glutinosa eius est radix, folia uero aliquam præ se ferunt adstrictionem: ut iterum euidenter appareat, Hirundinariam esse Asclepiada.

VIRES. EX DIOSCORIDE.

Radices cum uino potæ, torminibus, & uenenatorũ morsibus subueniunt. Folia uero illita maleficis in mammis & utero uitijs opitulantur.

EX PAVLO.

Torminibus in uino pota competit. Illita uero uenenatorum morsibus, & malignis mammarum & uteri uitijs succurrit.

EX PLINIO.

Radices torminibus medentur, & contra serpentium ictus non solum pota, sed etiam illita prosunt.

APPENDIX.

Recentiores radice eius magna efficacia ad mensiũ prouocationẽ utuntur, & ad rabidi

APIOS

Erdnussen.

C rabidi canis morsum, uenenisq; potenter resistere affirmāt, unde etiam haud temerè Victrix toxici ab ijsdem appellata est. Hydropicis etiam radicem in uino maceratam & subinde coctam, mirificè auxiliari tradūt. Flores pręterea foliaq; siccata, mox trita, uulneribus utiliter inspergi aiunt. Sordida etiam ulcera purgare, & ad cicatricē perducere, genitaliumq; uitijs & rupturis egregiè mederi docent. Quæ in uniuersum omnes facultates cum ijs quas Asclepias obtinet pulchrè quadrant, ut eandem esse Hirundinariam uocatam herbam, nullus deinceps dubitare debeat.

Victrix toxici.

DE APIO. CAP. XLVI.

NOMINA.

ΑΠΙΟΣ, ἢ ἴσχας, ἢ χαμαιβάλανος Græcis: Apios, Raphanus syluestris Latinis dicitur. Officinis incognita. Germanis Erdnuß/Erckelen/Erdfeigen/& Erdmandel appellatur. Apion uero dixerunt Græci, quod radicis extremum in pyri formam turbinatur. Eadem etiam ratione ischas & chamæbalanos ab ijsdem nominata est, quod in ficus, uel glandis effigiem radicis extremū turbinetur. Quapropter non ineptè Latinis etiam glans aut ficus, seu carica syluestris nominabitur.

Apios cur dicta.
Ischas.
Chamæbalanos.

FORMA.

Ramulos duos aut tres iunceos, tenues, rubentesq; profert, qui supra terram parum se attollunt. Folia rutæ similia, longiora tamen, & uirentia. Semen exiguū. Radicem Asphodelo similem, & ad pyri figuram accedentem, rotundiorem tamen, & liquore plenam, intus candidam, foris nigro cortice tectam. Hæc Dioscorides. Alij
D adijciunt Apion habere tenues capreolos, florem Piso nō dissimilem, sed longè minorem. Quę singula satis declarāt herbam cuius picturam exhibemus, esse Apion: ramulos enim magna ex parte duos, uel ternos, imò ut Theophrastus ait quaternos, & interdum plures emittit, iunceos, tenuesq;, & infima parte rubentes, qui supra terram parum se extollunt. Folia quoque Rutæ habet, at longiora & uirentia. Semen etiam exiguum. Radicem denique Asphodelo mari similem, & ad pyri effigiem accedentem: quod tamen nō de tota radice, quę longissima est & tenuis, intelligendum uenit, sed de extremis eiusdem, hoc est, nucibus seu glandibus ab ea dependentibus, pyri aut ficus formam habentibus, qualibus etiam Pæoniæ fœminæ radix assimilatur. Succosa quoq; radix est, intusq; candida. Quibus omnib. accedunt flores Piso similes, & mirificè odorati, minores tamen: necnon capreoli tenues. Cōueniunt etiam uires, ut ex sequentibus patebit, ita ut prorsus nulla sit nota quæ reclamare uideatur.

LOCVS.

Prouenit in frumentaceis agris, hordeaceis potissimū, tritici & zeæ, quos interdum sues, ductæ cupiditate eius radicis, seu rectius nucum ex radice dependentiū, prorsus euertunt. Atque hinc est quod panis porcinus à quibusdam nominetur.

Panis porcinus cur dictus.

TEMPVS.

Floribus abundat odoratis admodum Iunio mense.

TEMPERAMENTVM.

Apios temperatura calida est & sicca mediocriter, id quod ex gustu facilè deprehenditur.

VIRES. EX DIOSCORIDE.

Pars radicis superior sumpta, uomitione bilem pituitamq; extrahit. Inferior per aluum. Tota uero utrinque purgationes mouet. Succus eius sesquioboli pondere haustus, utraque parte, hoc est, suprà & infrà purgat. Cum uero liquorem colligere uolueris, tundito radices, coniectisq; in craterem aqua plenum misceto, tum penna collectum qui supernatabit liquorem siccato.

EX PLI-

A

EX PLINIO.

Succus pũrgat utraque parte sesquiobolo in aqua mulsa. Sic & hydropicis datur acetabuli mensura.

APPENDIX.

Experientia testatur nuces has nauseam atque adeò uomitionem ciere, si q̃uis illis uescatur.

DE ASTERE ATTICO. CAP. XLVII.

NOMINA.

ΑΣΤΗΡ ἀττικὸς, βουβώνιον Græcis: Aster atticus, Inguinalis Latinis dicitur. *Inguinalis.* Officinis ignota herba. Germanis Sternkraut cõmodè appellari potest. Asteris autem nomen, non à foliorum in caulibus, sed in floribus *Aster unde dicta.* potius figura & situ, accepit. Siquidem foliorum in huius herbę flore numerus & forma, stellam præ se ferunt, uel ut Plinius ait, capitula per ambitum diuisa folijs pusillis, stellæ modo radiata sunt. Errant itaque qui singula folia in caulibus stellæ formam repræsentare putant. Bubonium & Inguinalis, quod inguinum *Inguinalis quare appellata.* præsentaneum sit remedium, dicta est.

FORMA.

Cauliculus lignosus, purpureũ & luteum in summo florem habens, ueluti Chamæmeli capitulum, undique per orbem incisuris diuisum, foliolis stellæ similibus. Quæ uero circa caulem sunt folia, oblonga & densa hirsutáue. Ex qua quidem deliniatione omnibus perspicuum fit, herbam cuius picturam exhibemus esse Astera atticum. Nam caulis eius lignosus est, folijs uestitus oblongis & densis, in cacumi-
B ne flos illi purpureus & luteus, stellæ modo radiatus, qui subinde in pappos abit: radix fibris multis capillata.

LOCVS.

Nascitur in collibus, montibus altis, & syluis.

TEMPVS.

Augusto mense ut plurimum floret, durantq́; in magnam autumni partem eius flores.

TEMPERAMENTVM.

Mixtæ est potentiæ, uti rosa: refrigerat enim, non tamen uehementer, & digerit atque exiccat, quod scilicet illi amara insit qualitas.

VIRES. EX DIOSCORIDE.

Aestuanti stomacho illita cõfert. Succurrit etiam oculorum inflammationibus, bubonibus, & procidenti sedi. Tradunt partem in flore purpuream, si bibatur ex aqua, angina correptis, & puerorum comitialibus opitulari. Recens inguinum inflammationibus illita prodest. Sicca sinistra manu dolentis decerpta, inguini adalligata doloribus liberat.

EX GALENO.

Non tantum illitum, sed etiam suspensum bubonas sanare creditur. Habet uero quiddam etiam digerens, ut mistæ sit facultatis, uerum id non adstringit.

EX PLINIO.

Bibitur aduersus serpentes. Sed ad inguinum medicinam sinistra manu decerpi iubent, & iuxta cinctus alligari. Prodest & coxendicis dolori adalligata.

ASTER ATTICVS.

Sternkraut.

A

NOMINA.

Αγρωστις Græcis, Gramen Latinis, Germanis Graß appellatur. Gramen uero dictum est, quod geniculatis internodijs mirifice serpat, à gradiendo, uel à gignendi fœcunditate: siquidē crebrò ab ijs nouas spargit radices. *Gramen unde dictum.*

FORMA.

Geniculatis per terram serpit ramulis, & ab ijs dulces geniculatasq́ radices spargit. Folia eius acuminata, dura, & ut paruę arundinis lata, quæ iumenta bouesq́ pascunt. Ex quibus uerbis planum fit omnibus, plantam hanc, cuius picturā damus, esse ueri graminis genus: geniculatis enim ramulis per terrā serpit, & ab ijs dulces, geniculatas, & exiguas admodum ac tenues radices spargit. E dodrantalibus etiam ramulis circa unumquenq́ geniculū bina folia acuminata, dura ac lata emittit. Floribus deniq́ ad gramē Parnasi accedere uidetur: candidi enim sunt, & quinis distincti folijs, & his ipsis dissectis: quibus decidentibus folliculi rotundi lini instar, semine pleni exiguo, ut Parnasi gramen, prodeunt. Adeò ut nemo sit qui non uideat illi per omnia graminis respondere notas. Quare reprehensione digni sunt, qui Euphrasiam esse putant. *Error quorundā seplasiariorum.*

LOCVS.

Passim nascitur in umbrosis locis, & dumetis.

TEMPVS.

In fine ferè Aprilis floribus suis candidis & elegantibus ornatur.

TEMPERAMENTVM.

Radix graminis mediocriter frigida & sicca est, mordacitatē quandam exiguam, & partium tenuitatem obtinens. Herba uero ipsa in primo quidem excessu refrigerat, in humiditate uero & siccitate moderata. Semen alibi quidem imbecillum est, in Parnaso uero desiccatorium, & tenuium partium & subacerbum.

B

VIRES. EX DIOSCORIDE.

Graminis radix trita & illita uulnera conglutinat. Decoctum eius in potu torminibus medetur, & urinæ difficultatibus. Calculosa etiam uesicæ excrementa cōminuit.

EX GALENO.

Radix cruenta ulcera glutinat. Cæterū mordacitas & tenuitas quæ radici inest, exigua est quidem, sed interdum tamen frangere lapides assolet, si quis ipsam decoquens bibat. Semen autem alterius quidem imbecillum est, eius uero quod in Parnaso nascitur, urinam ciet, & fluxus uentris & stomachi resiccat.

EX PAVLO.

Gramen Parnasi maximè utile est, siccat, modicè refrigerat, tenuiū partiū, & subacerbum, eoq́ uulnera cruenta glutinat, & decoctū eius uesicę calculos confringit.

EX PLINIO.

Decoctum gramen uulnera conglutinat, quod & ipsa herba tusa præstat: tueturq́, & ab inflammationib. placat. Decocto adijcitur uinum ac mel: ab aliquibus & thuris, & piperis, & myrrhæ tertiæ portiones. Rursusq́ coquitur in æreo uase ad dentiū dolores & epiphoras. Radix decocta in uino, torminibus medetur, & urinæ difficultatibus, ulceribusq́ uesicæ. Calculos frangit. Semen uehementius urinā impellit. Aluū uomitionesq́ sistit. Priuatim autē draconū morsibus auxiliatur. Sunt qui genicula nouē uel unius, uel è duabus tribúsue herbis, ad hunc articulorū numerū inuolui lana succida nigra iubeāt, ad remedia strumę panorúmue. Ieiunū debere esse qui colligat. Ita ire in domū absentis cui medeat̄, superuenientiq́ ter dicere, Ieiunio ieiunū medicamentū dare, atq́ ita alligare, triduoq́ id facere. Quod è graminū genere septē internodia habet, efficacissimè capiti cōtra dolores adalligat̄. Quidā propter uesicæ cruciatus decoctū ex uino gramē ad dimidias è balneis bibi iubent. *Superstitiosum.*

GRAMEN.
Graß.

A

NOMINA.

ΑΛΟΗ Græcis, Aloë Latinis appellatur. Officinæ ueterem appellationē retinuerunt. Germani destituti peculiari nomenclatura, pariter Latinis Aloën uocant. Sunt qui hanc à crassis folijs, & similitudine quam cum Semperuiuo habet, Semperuiuum marinum nominent. *Semperuiuum marinum.*

FORMA.

Scyllę folium habet Aloë, crassum, pingue, modicè latum, rotundū, repandumq́. Folia utrinq; gerunt ex obliquis aculeos raros, & breues. Caulem profert Antherico similem, florem album, semen Asphodelo simile. Graui est tota herba odore, & gustu amarissima. Radice una, pali in terram adacti specie. Nostra pictura non nisi radicem & folia ob oculos ponit, reliqua hoc tempore habere non potuimus. Dabimus autem operam, modò Deo sic uisum fuerit, ut aliquando integræ plantę picturam studiosis exhibere liceat.

LOCVS.

Nascitur copiosissima in India, præpinguisq́, unde succus quoq; defertur. Prouenit etiam in Arabia Asiaq́, & in maritimis aliquot locis, & insulis, ut in Andro. Nunc in aliquot hortis Germaniæ nostræ plantatur.

TEMPVS.

Neque florem neque semen in stirpe nobis uidere contigit, quare de ijs quo nimirum proueniant tempore nihil certi monstrare possumus.

TEMPERAMENTVM.

Aloë calefacientiū est primi ordinis intensi, aut secundi remissi, tertij autem exiccantium.

VIRES. EX DIOSCORIDE.

B Duo sunt succi concreti genera. Vnum arenosum, quod sedimentū purissimæ aloës uidetur (hoc officinis Caballinū uocatur.) Alterum iecinoris modo coactum (Succotrinū barbari appellāt.) Eligito purā quæ nihil doli sensit, sine calculis, splendentem, subruffam, friabilē, iecinoris modo concretā, facilè liquescentē, eximię amaritudinis. Reprobato autem nigram, & fractu contumacē. Est aloë uis adstringere, somnum cōciliare, exiccare, corpora densare, aluum soluere, & stomachū purgare. Pondere cochleariū duorū in aqua frigida, aut tepida pota, sanguinis excreationes sistit. Regium morbū purgat tribus obolis ex aqua, aut drachmę pondere in potu. Deuorata cum resina, aut cum aqua, aut cocto melle excepta, aluū soluit. Trium drachmarū pondere perfectè purgat. Mixta alijs purgatorijs medicamentis, stomacho minus noxia ea reddit. Siccata & inspersa, uulnera glutinat, & ulcera ad cicatricem perducit, compescitq́. Priuatim autem exulceratis genitalib. medetur, & rupta infantium præputia agglutinat. Condylomata, rimasq́ sedis cum passo mixta sanat. Sanguinis eruptiones ex hæmorrhoidibus factas compescit. Digitorum reduuias ad cicatricem perducit. Liuores & sugillata cum melle delet. Palpebrarū scabrities, angulorumq́ prurigines lenit. Dolorem capitis sedat temporibus & fronti ex aceto cum rosaceo inuncta. Capillos fluentes cum uino compescit. Tonsillis, gingiuis, & omnibus oris ulcerib. ex melle & uino prodest. Torretur oculorum medicamentis in testa pura & candente, rudiculaq́ subinde uersatur donec ęqualiter torreatur. Lauatur ut quod est arenosissimum subsidat, tanquam inutile, & leue & pinguissimum assumatur.

EX GALENO.

Hæc herba non admodum apud nos prouenit: & quæ in magna nascitur Syria aquosior est, & facultatis imbecillioris: attamen usqueadeò desiccare potest, ut uulnera conglutinet. At in regionib. calidioribus, qualis est Cœlesyria & Arabia, multò est melior. Optima uero Indica, cuius liquor est id quod ad nos importatur medicamentū cognominatū aloë, ad plurimas res propter siccitatē mordicationis expertem utile. Est autem nō simplicis naturæ, sed, ut indicio est gustus, adstringit simul

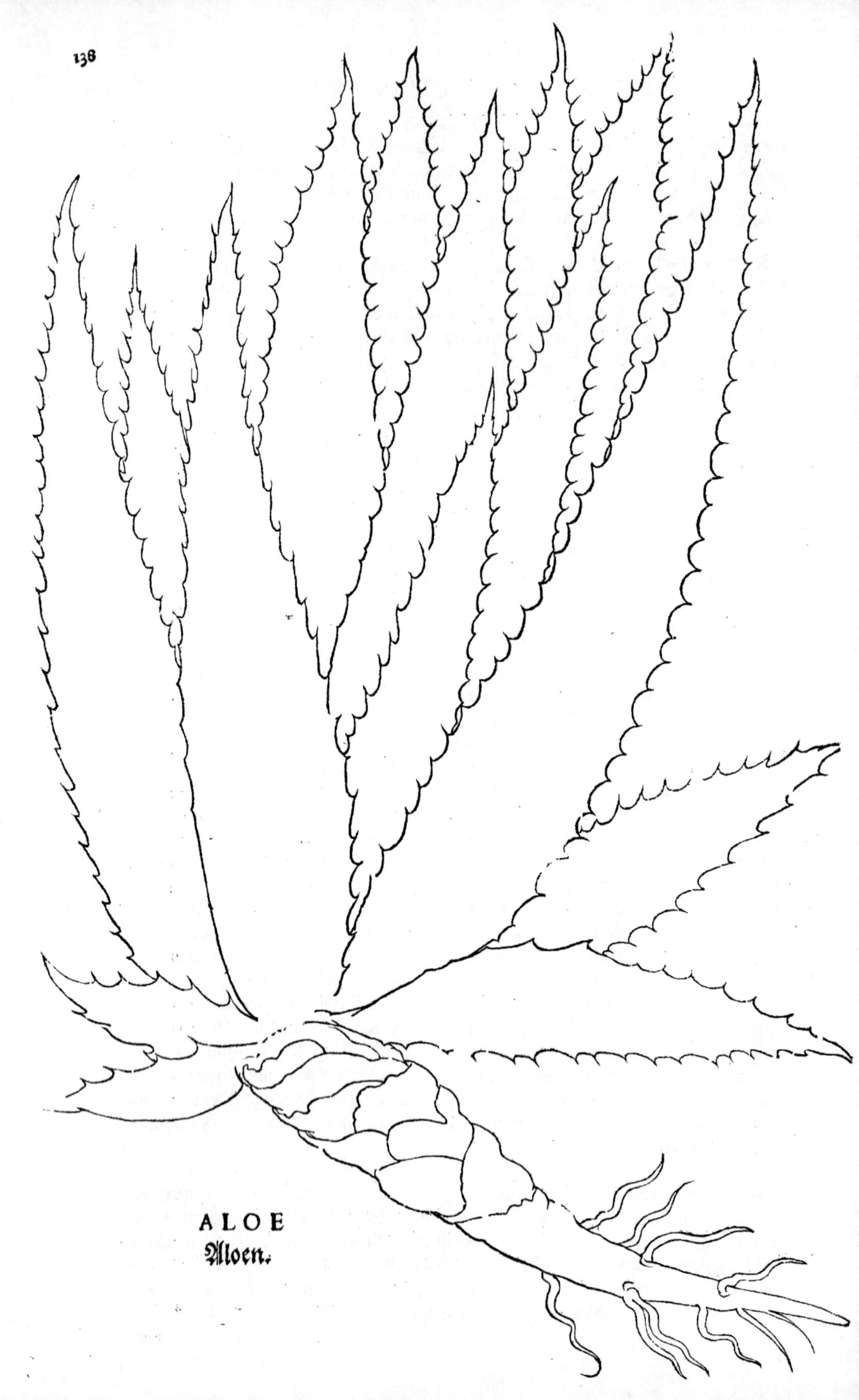

ALOE
Aloen.

A & amara eſt. Adſtringit quidem mediocriter, ſed uehementer amara eſt. Subducit & uentrem, utp uta ex numero medicamentorũ quæ Græci ab excernendo ſtercore uocant ἐκκοπρωτικά. Verum & ipſius facultatis miſturam atteſtantur particularia eius opera: nam & gratum ſtomacho eſt medicamen, ut ſi quid aliud, & ſinus glutinat. Sanat & ulcera quę ægrè ad cicatricẽ duci poſſunt, & maximè quæ in ano ſunt & pudendo. Iuuat etiam eorum inflammationes aqua liquata, & uulnera ad eundem modum glutinat. Congruit ſimiliter utenti & ad inflammationes in ore, naribus, & oculis. In ſumma, repellere & diſcutere ſimul poteſt, cum hoc ut paulum extergeat, quantum uidelicet ulceribus puris non ſit moleſtum.

EX PLINIO.

Natura Aloës ſpiſſare, denſare, & leuiter calfacere. Vſus in multis & principalis, aluum ſoluere, cum penè ſit ſola medicamentorũ quę per ſe id præſtant. Confirmat etiam ſtomachũ, adeò ut non infeſtet ulla uis contraria. Bibitur drachma. Ad ſtomachi uerò diſſolutionẽ, in duobus cyathis aquæ tepidæ uel frigidæ, cochlearis menſura, bis téruè in die ex interuallis, ut res exigit. Purgationis etiam cauſa plurimum tribus drachmis. Efficacior, ſi pota ea ſumatur cibus. Capillũ fluentem continet cum uino auſtero, capite in ſole contra capillũ perunɔ̃to. Dolorem capitis ſedat, temporibus & fronti impoſita, ex aceto & roſaceo. Dilutiorq; infuſa, oculorũ uitia omnia ſanari ea conuenit. Priuatim prurigines & ſcabiem genarũ, item inſignita ac liuida, illita cũ melle, maximè Pontico: tonſillas, gingiuas, & omnia oris ulcera. Sanguinis excreationes, ſi modicæ ſint, drachmæ pondere ex aqua, ſi minus, ex aceto pota. Vulnerũ quoq; ſanguinẽ, & undecunq; fluentẽ ſiſtit per ſe, uel ex aceto. Aliàs etiam eſt uulnerib. utiliſsima, ad cicatricẽ perducens. Eadẽ inſpergitũ exulceratis genitalibus, uirorum cõdylomatis, rimiſq; ſedis, aliàs ex uino, aliàs ex paſſo, aliàs ſicca per ſe, ut exigit mitiganda curatio, aut coërcẽda. Hæmorrhoidũ quoq; abundan-
B tiam leniter ſiſtit. Dyſenterię infunditur. Et ſi difficilius concoquantur cibi, bibitur à cœna modico interuallo. Et in regio morbo tribus obolis ex aqua. Deuorãtur pilulæ cum mellis decocto, aut reſina terebinthina, ad purganda interiora. Digitorũ pterygia tollit. Oculorum medicamentis lauatur, ut quod ſit arenoſiſsimum ſubſidat. Aut torretur in teſta, pennaq; ſubinde uerſatur, ut poſsit æqualiter torreri.

DE BECHIO. CAP. L.

NOMINA.

BHXION Gręcis, Latinis Tuſsilago aũt Farſaria dicitur. Sic uocata quod βῆχας, hoc eſt, tuſſes iuuare credita ſit. Herbarijs & officinis hodie Vngula caballina appellatur. Germanis Roßhůb / oder Brandtlattich / quod ſcilicet equinæ ungulæ perſimilis ſit, & ambuſtis medeatur.

Bechion unde dictum.

Vngula caballina.

FORMA.

Folia hederæ habet, ſed maiora, ſex aut ſeptẽ à radice prodeuntia, ſupernè uirentia, inferiore autem ſui parte albida, plures angulos habentia. Caulem palmum altum. Florẽ uere prodeuntẽ pallidũ, quem unà cum caule cõfeſtim abijcit. Inde nõnulli exiſtimauerũt ſine caule hanc herbã naſci. Radix illi tenuis eſt, quę minimè inutilis eſſe poteſt, quandoquidẽ illius, ut ex ſequentib. patebit, in rumpendis thoracis abſceſsibus, & eijciendo ex utero emortuo fœtu uſus ſit. Subeſſe itaq; errorẽ in Dioſcoride manifeſtiſſimũ eſt, ubi radicẽ Tuſsilaginis ἄχρηστον eſſe inquit, quem tamen nemo interpretũ, quod ſciam, animaduertit. Hoc etiam adijciendũ duxi pro confirmanda Dioſcoridis deſcriptione, & confutanda erronea quorundam ſententia, flores Tuſsilaginis eſſe fugaciſsimos: ijs enim enatis breui uigor uitaq; durat, longiſsimaq; mora triduum aut quatriduum, poſt quod ilico tempus flacceſcentes in

Bechion non naſcitur ſine flore.

Dioſcoridis locus emendatus.

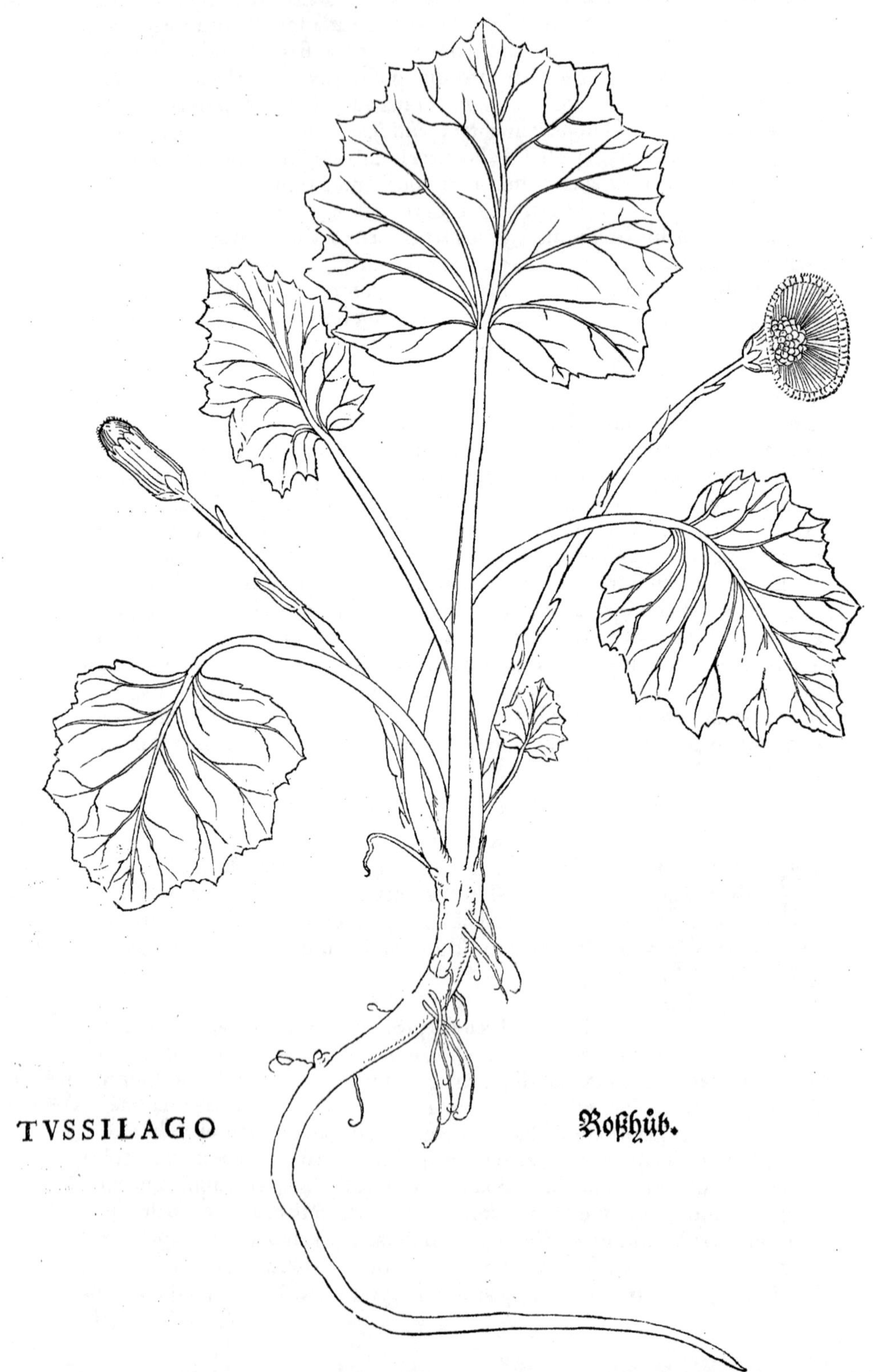

TVSSILAGO Roßhüb.

A tes in pappos euanescunt, & caduci marcent, ita ut non nisi uere sese fortefortuna ferant obuiam, quo potissimum tempore flos & caulis sine folijs uident. Quapropter qui herbam ipsam hoc tempore non cōspexerunt, & tam subitam floris & caulis iacturam haud animaduerterūt, sine utrisque nasci crediderunt. Nos tamen & florem & caulem sępius oculis contemplati sumus, ideoque ut utriusque pictura accederet diligenter curauimus.

LOCVS.

Nascitur prope fontes, & in aquosis locis.

TEMPVS.

Flores uere, & in Aprili colligunt: ab hoc enim tempore, ut paulò antè diximus, nusquam apparent. Folia & radix tota æstate durant.

TEMPERAMENTVM.

Folia Tussilaginis uirentia aqueæ substantiæ admistionem habent, ut hac ratione frigida & humida dici possint. Sicca uero acriora sunt, ideoque calida.

VIRES. EX DIOSCORIDE.

Tussilaginis folia trita cum melle illita, ignibus sacris, & inflammationibus cunctis medentur. Eadem sicca incensa, eos qui sicca tussi & orthopnœa infestantur, quum fumum per infundibulum hianti suscipiunt ore, sanant. Abscessus thoracis rumpunt. Eadem radix suffita potest, fœtumque emortuum in aqua mulsa cocta & pota eijcit.

EX GALENO.

Bechium ideo nuncupatum est, quod βῆχας, id est, tusses & orthopnœas iuuare creditum sit, si quis uidelicet folia arida aut radicem in prunis accendens, ascendentem inde fuliginē inspiratu attrahat. Est autem modicè acris, ut sine molestia noxáue omnes thoracis abscessus credita sit rumpere. Sanè folia uiridia partes cruda in-

B flammatione obsessas illitu extrinsecus adiuuant, propter aquæ humiditatis admistionem, qua omnia uirentia tenera, alia plus, alia minus participant. Nam sicca Bechij folia acriora sunt, quàm ut inflammatione laborantibus partibus conueniant.

EX PLINIO.

Tussilaginis aridę cum radice fumus per arundinem haustus aut deuoratus, ueterem sanare dicitur tussim: sed & in singulos haustus passum gustandum est.

DE BVGLOSSO. CAP. LI.

NOMINA.

Βούγλωσσον Græcis: Buglossum, Bubula lingua, Bouis lingua Latinis, quod scilicet eius folia bubulæ linguæ similia sint: officinis & herbarijs Borrago, Germanis Burretsch dicitur. Alia uero herba est quæ hodie Buglossa uulgò nominatur, ut suo loco indicabimus. Borrago.

FORMA.

Buglossum Verbasco simile est, folium habens in terram depressum, asperum, nigrius, bubulæ lingue non dissimile. Florem cœruleum, speciosum. Quæ nimirū descriptio ita hodie uocatæ Borragini herbæ quadrat, ut nemo non, nisi talpa cæcior sit, ueterum esse Buglossum uideat. Qui tamen eius rei plura argumenta desiderat, ea quæ libro primo, cap. xxxiij. nostrorum Paradoxorū produximus, legat, & nihil puto deinceps dubitabit.

LOCVS.

Nascitur in planis & sabulosis locis. Passim etiam hodie in hortis seritur, ob id olitoribus optimè cognitum.

TEMPVS.

Carpitur Iulio mense.

BVGLOSSVM
Borragen.

TEMPERAMENTVM.

A Buglossum calidi humidiq; temperamenti est.

VIRES. EX DIOSCORIDE.

Folium Buglossi in uinum deiectum animi lętitiam efficere creditur. Aiunt quæ tres caules emittat si cum radicibus & semine tota teratur, & in potu detur, contra tertianos rigores prodesse: ad quartanas uero quæ quatuor. Horum autem decoctio in uino fiat. Herbam abscessibus etiam utilem esse ferunt.

EX GALENO.

Buglossum uinis iniectum lætitiæ & hilaritatis causa esse creditum est. Sed & ijs qui ob faucium asperitatem tussiunt, in melicrato coctum conuenit.

EX PLINIO.

Buglosso præcipuum quod in uinum deiecta, animi uoluptates auget, & uocatur Euphrosynum. Buglosso inarescente, si quis medullam è caule eximat, dicatq; ad quem liberandum febre id faciat, & alliget ei septem folia ante accessionẽ, aiunt à febre liberari.

EX SYMEONE SETHI.

Buglossum urinam cit, & sitim sedat. Caules eius cocti & crudi comesti iecoris affectibus prosunt. A uiatoribus ex eo conficitur zulapion, & est utile.

DE BVPHTHALMO. CAP. LII.

NOMINA.

BΟΥΦΘΑΛΜΟΝ Græcè, Buphthalmũ Latinè. Hodie oculus bouis aut uaccæ, & Cotula non fœtida herbarijs uocatur. Germanis Rindsaug/ oder Küaug. Buphthalmum autem non alia ratione dixerunt ueteres, quàm quod eius flores oculi imitentur formam, & boum potissimũ ocu-
B lis similes sint. Germanicè etiam Küdill/ hoc est, uaccinum anethum dicitur, quod scilicet uerum Anethum eius folia referre uideantur.

Cotula non fœtida. *Buphthalmum cur dictum.* *Anethum uaccinum.*

FORMA.

Buphthalmum caulem tenerum emittit, folia fœniculo similia, flores luteos Anthemide maiores, oculorum figura, unde & nomen traxit. Hæ siquidem notæ adamussim conueniunt herbæ quam uulgus herbariorum Cotulam non fœtidam uocant: caules siquidem eius teneri, folia fœniculo similia. Nec te moueat quod à Dioscoride Buphthalmo lutei flores tribuuntur, Cotulę autem non fœtidę albi sint: ad discum enim mediúmue Dioscorides respexit, quod luteum est, non ad ambitum, in quo folia radiata candida, ut in Chamæmelo, existunt. Quod dicimus, confirmant quę Galenus lib. vi. de simpl. medic. facul. in hunc modum scribit: Buphthalmi, inquiens, flores colore Anthemidis floribus simillimi sunt, sed multò maiores. Serapion quoq; florem eius magis luteum flore Chamæmeli esse ait. Si itaq; Anthemidis floribus simillimi sunt, nec nisi sola magnitudine differunt, & Anthemidis propriè dictæ flores in medio lutei, & per ambitum candidi existunt, necesse est ut Buphthalmi etiam flores tales sint, ut scilicet candida illorum folia, luteum medium cingant. Quid multa? Buphthalmi flores ab Anthemidis floribus nõ nisi sola magnitudine differũt: grandiores enim Buphthalmi flores quàm Anthemidis conspiciuntur, reliqua facie quam simillimi. Quod igitur ad colorem attinet, in nullo uariant. Iam dictis accedit, quod Serapionis interpres sub Cotulæ nominè Buphthalmum deliniat. Deniq; congenerem esse planè herbam Buphthalmum cum Anthemide Dioscoridis tractandi ordo abundè docet, quum constet illum tres herbas sibi admodũ similes, Chamæmelũ nempe, Partheniũ, & Buphthalmũ, uno in loco describere. Vnde iterũ palnũ fit Buphthalmũ esse Cotulã non fœtidam, quod scilicet Chamæmelo prorsus similis sit, excepto duntaxat flore, qui in illa maior est.

Obiectionis solutio.

LOCVS.

BVPHTHALMVM

Rindßaug.

A

LOCVS.

In campis & circa oppida naſcitur.

TEMPVS.

Carpitur Iulio Auguſtoq́; menſibus, & durat etiam uſq; ad autumni medium.

TEMPERAMENTVM.

Flores Buphthalmi acriores ſunt Chamæmeli floribus, ob id illis ſunt calidiores.

VIRES. EX DIOSCORIDE.

Buphthalmi flores cum cerato triti, œdemata & durities diſcutiũt. Ferunt poſt exitũ à balneo potam, regio morbo correptis coloris bonitatẽ tractu temporis reddere.

EX GALENO.

Buphthalmi flores Anthemidis floribus uehementius diſcutiunt, adeò ut & durities ex cerato mixti ſanent.

EX PLINIO.

Buphthalmos cum cera ſcirromata diſcutit.

DE BELLIDE. CAP. LIII.

NOMINA.

BELLIS neq; à Dioſcoride, neq; à Galeno, nec alijs etiam Græcis, quod ſciam, deſcripta eſt, ideoq́; græco nomine deſtituitur. Latinam itaq; duntaxat appellationem habet, & Bellis ſiue Bellius, autore Plinio, nominatur.

GENERA.

Duorum eſt generum, maioris & minoris diſcrimine inſignis. Minor Bellis eſt
B ea quam officinæ Conſolidam minorem appellant. Hæc iterum duum eſt generum. Quædã enim hortenſis & domeſtica eſt Bellis, hanc Germani Monatblümle / oder rote blümle nominant. Altera ſyluestris, quam uulgus herbariorum Primulam ueris, quod ſcilicet uere inchoante mox erumpat, Germani autem Maßlieble / & Kleinzeitlößle nuncupant. Maiorem officinæ nõnullæ Conſolidam mediam, quod credatur uulnera glutinare, Germani Genßblům uocant. Nos aliam Conſolidam mediam infrà deſcribemus.

Cõſolida minor. *Primula ueris.* *Cõſolida media.*

FORMA.

Minor hortenſis, ſylueſtri, præter florem qui rubicundus eſt, per omnia ſimilis eſt. Conſtant uero flores ij interdum ſimplici, interdũ multiplici foliorum cõtextu, ut pictura affabrè oſtendit. Sylueſtris, Plinio lib. xxvi. cap. v. teſte, flore cõſtat albo, aliquatenus rubente, quinquageniſternis, interdũ etiam quinquageniſquinis barbulis circinato, folio pingui, in terra iacente, in rotundum oblongo, leuiſsimè ſerrato. Neq; obſtat quod Plinius lib. xxi. cap. viij. Bellio luteum eſſe florẽ tradat, quia non ad ambitum, ſed ad diſcum mediúmue floris, quod ſanè luteum eſt, reſpexit. Hinc eſt quod à quibuſdam Plinij locus ita legatur: Luteum & Bellio, ut ſubaudiatur ſemen. Maior Bellis procerior aſſurgit, folio non admodum diuerſo, altioribus duntaxat crenaturis laciniato, coliculis tenuibus, ſurculoſis, cubitũ altis, flore priori non diſsimili, maiore, paucioribus tantum barbulis, & in uniuerſum candidis, medium luteum in orbem concinnè cingentibus.

Minor. *Plinij locus explicatur.* *Maior.*

LOCVS.

Paſsim in pratis uterque naſcitur Bellius. Iam & in hortis ſeritur, ſed flore multiplici, barbularum ſtipatu denſiore.

TEMPVS.

Minor primo ſtatim uere apparet, & tota ferè æſtate durat. Maior autem in Maio menſe floret, quo etiam tempore carpi debet.

TEMPERAMENTVM.

Bellius uterque calidus & ſiccus eſt, id quod ex Plinio colligi poteſt, qui illorum

BELLIS MINOR
HORTENSIS.

Monatblům.

BELLIS MINOR
SYLVESTRIS.

Maßlieben.

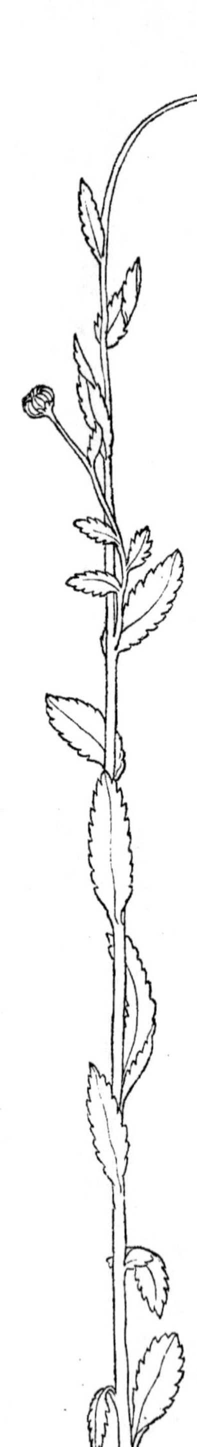

BELLIS MINOR

Genßblům.

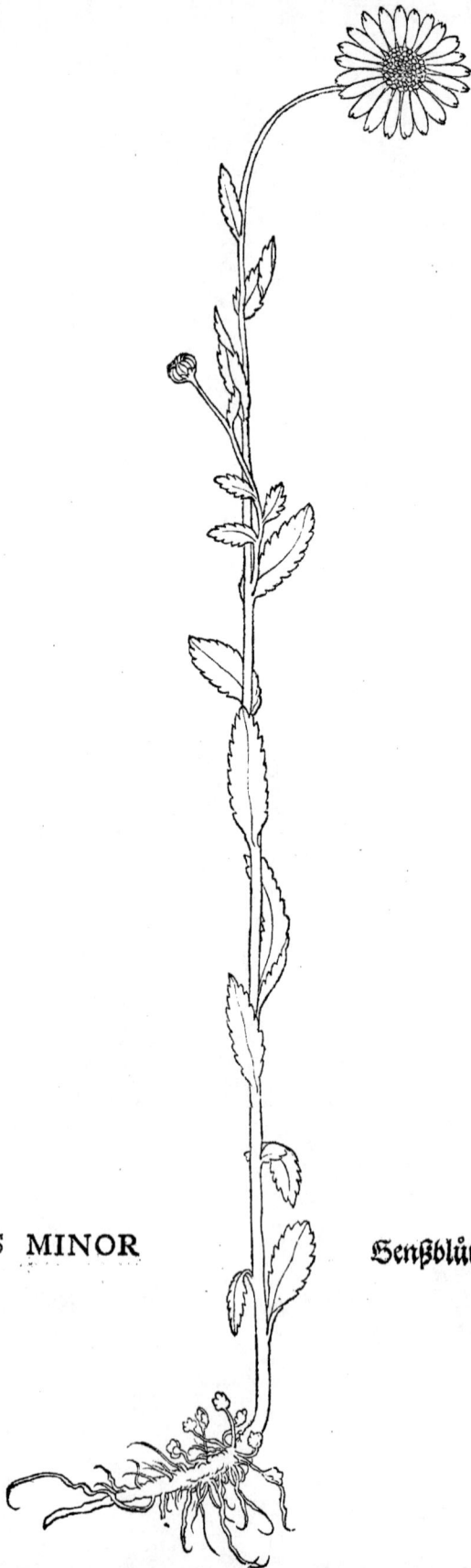

A ad discutiendas strumas usum esse scribit. Acetosus tamen sapor quem in gustu minor præ se fert, aliquam frigiditatis in ea portionem esse monstrat. Quicquid tamẽ sit, exiccare Bellios euidentissimum est.

VIRES.

Quotquot hodie uiuunt uulnerariã herbam Bellium esse nouerunt, ualetq́ potissimũ in capitis fractura admota. Succus etiam herbæ utiliter uulneratis bibitur. Laudatur etiam herba ad membrorum resolutionem, quam Græci paralysin uocant: itemq́ ad podagras, ischiada, & aduersus strumas.

DE BRATHY. CAP. LIIII.

NOMINA.

BΡΑΘΥΣ καὶ βάρυθρον Græcis, Sabina uel Sauina Romanis, Sevenbaum Germanis dicitur. Officinæ nomen uetus retinuerunt.

GENERA.

Duûm est generum Sabina. Vnum quod hic pictum exhibemus: alterum Tamaricis folia habens.

FORMA.

Primi generis Sabina folijs Cupresso similis est, spinosior tamen, graui odore, acris & feruens. Arbor breuis, & in latitudinem magis se fundens & explicans. Topiarius itaq́ frutex est, immortali coma uirẽs, patulo fastigio, iuniperi similitudine.

LOCVS.

Passim in hortis nascitur.

B

TEMPVS.

Quouis tempore colligi potest, potissimũ autẽ autumno dum semine pręgnans est.

TEMPERAMENTVM.

Tertij est ordinis excalfacientiũ & desiccantium, & ex numero eorum quæ uel maximè tenuium sunt partium.

VIRES. EX DIOSCORIDE.

Prioris folijs nonnulli pro suffitu utuntur. Vtriusq́ folia nomas sistunt. Inflammationes illita mitigant. Cum melle illita nigritias repurgant, itemq́ sordes & carbunculos abstergunt. Cum uino pota sanguinem per urinam ducunt, fœtumq́ excutiunt. Idem apposita & suffita præstant. Miscentur unguentis excalefacientibus, priuatim Gleucino.

EX GALENO.

Sabina ex numero est fortiter exiccantiũ, idq́ secundum tres qualitates quas in gustu præ se fert similiter Cupresso, nisi quod ea acrior est, & ut sic dicã, magis aromatica, seu odoratior. Igitur huius quam modo dixi qualitatis est particeps, nempe acrimoniæ cõsistentis in calido temperamento, pręterea amaritudinis & adstrictionis obscurioris quàm in Cupresso. Siquidẽ quanto magis acrimonia superat, tanto etiam potẽtius digerit. Itaq́ glutinare nequit ob siccitatis & caliditatis robur. Nam utriusq́ illi tantum inest, ut etiam tendat, & inflammationẽ afferat. At putredinibus similiter Cupresso accõmodari potest, maximè ijs quæ maligniores fuerint, & diuturniores. Nam hæ citra noxam medicamenti uehementiam perferunt. Quin & quæ atra sunt reddita, & admodum sordida, ea cum melle expurgat. Carbunculos item soluit. Porrò ob essentiæ partiúmue tenuitatem menses quoq́ prouocat, ut si quid aliud. Et sanguinem per urinas mouet. Fœtum etiam uiuentem interficit, & mortuum ejicit. Vnguentis inditur, & potissimũ Gleucino, & in multas antidotos injicitur. Quidam uero etiam Cinnamomi uice duplum eius adijciunt: est enim extenuandi & digerendi facultatis, si pota fuerit.

EX PLINIO.

Sabina à multis in suffitus pro thure assumitur. In medicamentis uero duplicato

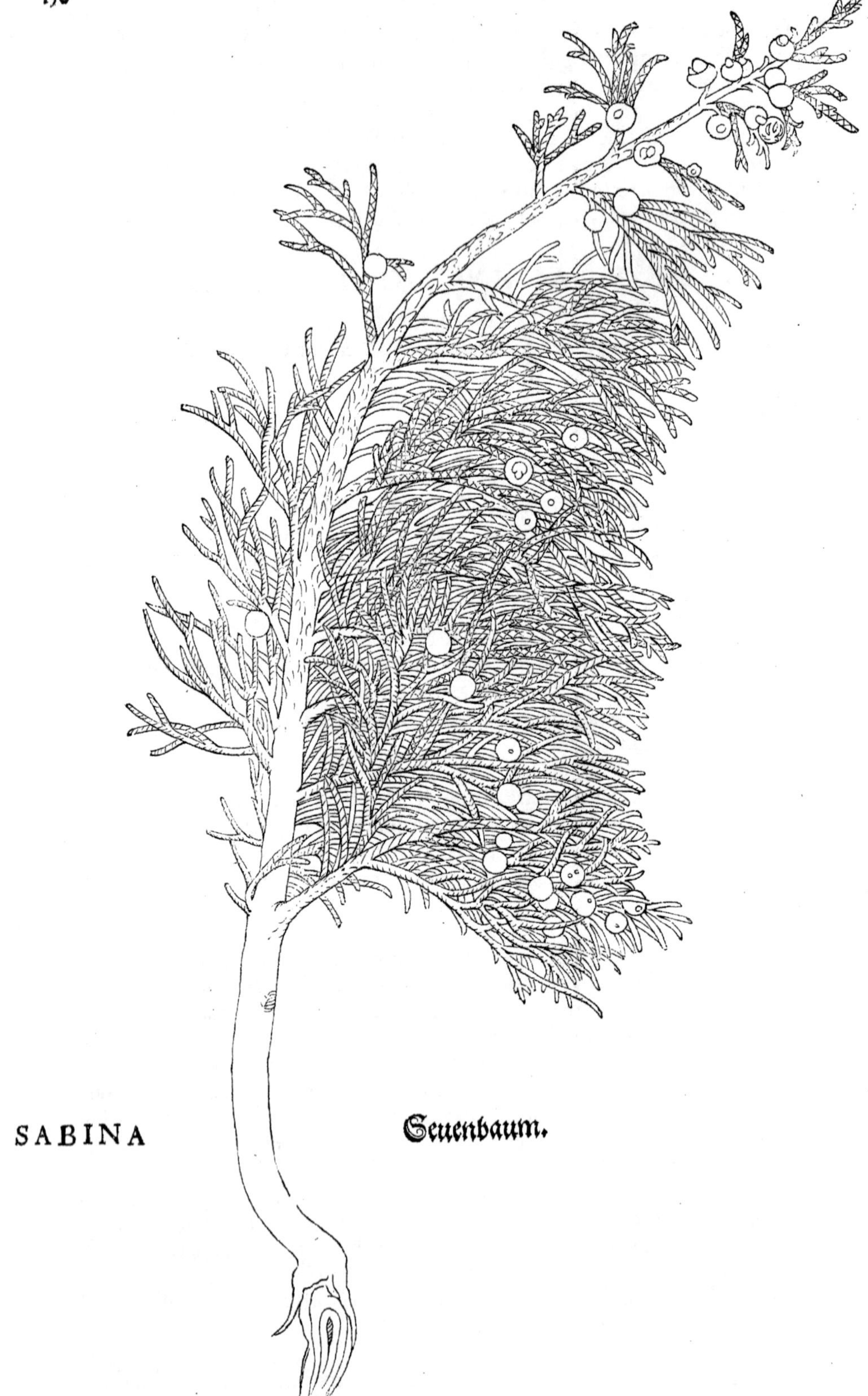

SABINA Seuenbaum.

A ponderc eoſdem effectus habere quos cinnamomum traditur. Collectiones minuit, & nomas compeſcit. Illita ulcera purgat. Partus emortuos appoſita extrahit & ſuffitu. Illinitur igni ſacro & carbunculis. Cum melle & uino pota, regio morbo medetur. Gallinacei generis pituitas fumo eius herbæ ſanari tradunt.

DE BATO. CAP. LV.

NOMINA.

BATOΣ Grȩcis, Rubus aut ſentes Latinis uocatur. Aliquibus Mora uaticana, corrupta uoce, eius fructus dicuntur, cum dicendum eſſet mora uacinia. Nam in hodiernum uſque diem Græci mora illa à βάτου, βάτινα καὶ βατίνια cognominant. teſtis Galenus libro ſexto, de compoſ. medica. ſecundum locos, cap. primo. Vergilius in Bucolicis unius literæ immutatione uacinia uocauit, inquiens: Alba liguſtra cadunt, uacinia nigra leguntur. Eclog. ij. A noſtræ ætatis medicis barbaris & herbarijs mora bacci appellantur, cum illis dicendum eſſet mora bati. Theophraſto libro iij. de plantarum hiſtoria, cap. xviij. Chamæbatos, quaſi dicas humilis rubus, appellatur, Germanicè Bromber.

FORMA.

Rubum omnes nouerunt, ubique enim ueſtibus prætereuntium ſeſe affigit, remoramq́ue uiatoribus inijcit. Caulem habet minacibus ac pungentibus ſpinis & aculeis ueſtitum. Folia inciſuris diuiſa, nigricantia ab uno latere, altero candentia. Florem initio rubeſcentem, dein candidum profert, quo abeunte fructus exit, qui cum maturuerit moro perſimilis fit nigreſcens, auibus gratus, nec hominibus inſuauis cibus. Ineſt illi ſuccus ſanguineus, & ueluti cruore atro manus inficiens.

LOCVS.

B Paſsim in dumis prouenit Rubus, qui protinus quàm paulò accreuit, retro uergit in terram, atque ita radicatur, iterumq́ue ex ſe naſcitur.

TEMPVS.

Diuerſis temporibus folia, flores & fructus Rubi colliguntur. Folia nanque in uere: flores ȩſtatis initio, Iunio nimirum & Iulio menſibus: fructus autem ubi iam maturuerit per meſſes & extrema æſtate decerpitur.

TEMPERAMENTVM.

Rubi folia, germina, flores, fructus & radix qualitate adſtringente participant, eaq́ue non obſcura. Sed hoc inter ſe differūt, quod folia potiſsimū & recens nata plurimum in ſe habeant aqueæ ſubſtantiȩ, parum uero adſtringant. Eadem ratione & germina. Eſt itaq́ue eorum temperies ex terrea frigida eſſentia, & aquea tepida. Fructus autem, ſi quidem maturus fuerit, non parum habet ſucci temperati calidi, qui dulcis eſt. Proinde eam ob rem, & propter modicam adſtrictionem, eſui non inſuauis eſt. At immaturus à frigida terrea ſubſtantia uincitur, ac proinde acerbus eſt, & exiccatorius. Vterq́ue autem ſiccatus reconditur, ualidius quàm recens deſiccans.

VIRES. EX DIOSCORIDE.

Rubus adſtringit & deſiccat. Capillos tingit. Ramorum eius decoctum potum aluum ſiſtit, & fœminarum profluuia cohibet. Preſteris morſui utile. Gingiuas firmat. Oris ulceribus folia cōmanducata medentur. Cohibent herpetas, & in capite achoras, oculosq́ue procidentes, condylomata & hæmorrhoidas, illita folia ſanant. Cardiacis & ſtomachi doloribus trita & impoſita ſubueniunt. Succus ex caulibus, folijsq́ue eius expreſſus, & in ſole coactus, efficacius omnibus iam dictis medetur. Fructus eius optimè maturi ſuccus, ad oris medicamenta cōuenit. Siſtit & aluum in media maturitate comeſtus. Flos quoq́ue eius in uino potus aluum ſiſtit.

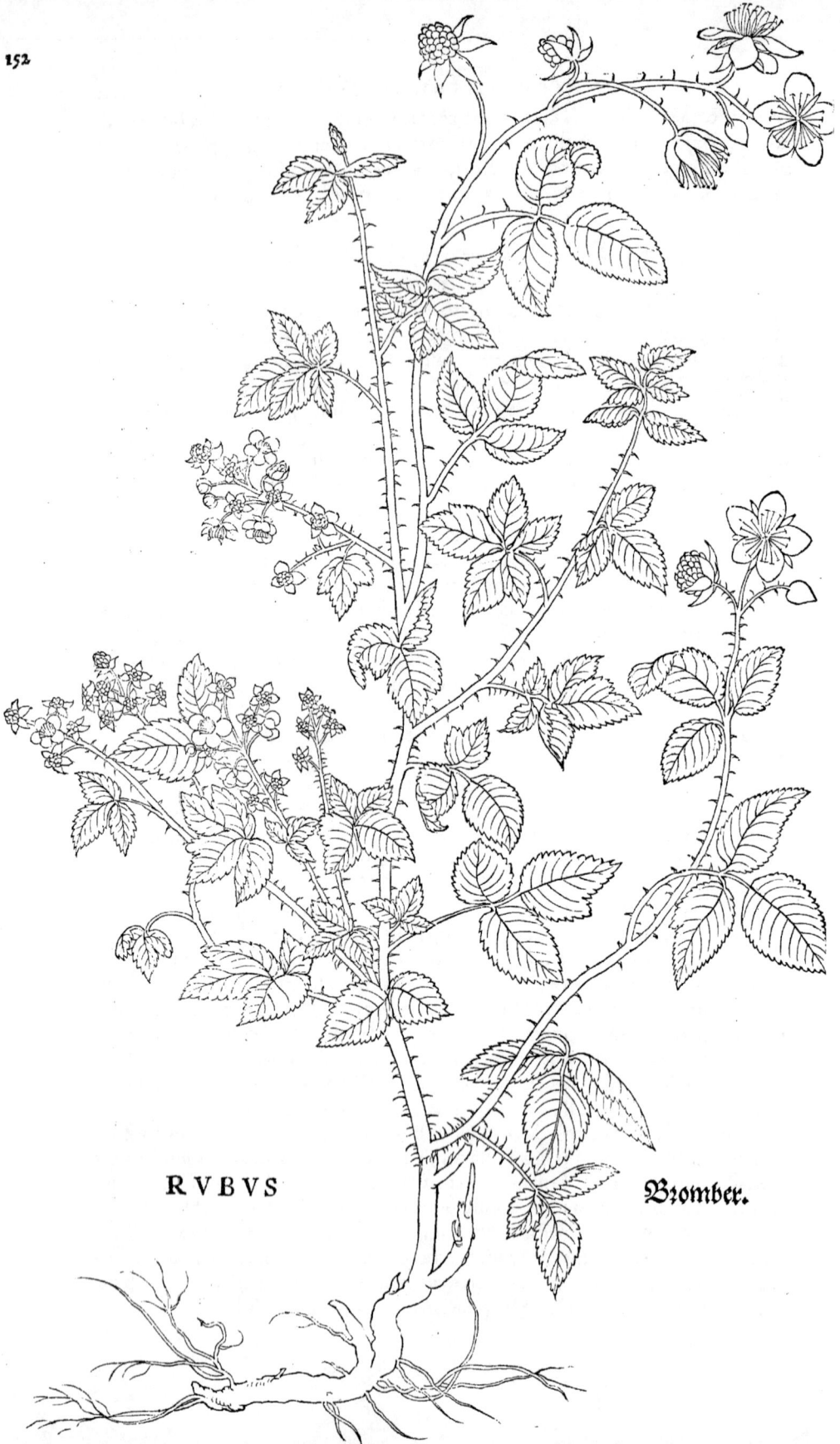

RVBVS

Bromber.

A

EX GALENO.

Folia & germina Rubi si mandantur, aphthas & alia oris ulcera sanant. Quin & alia uulnera glutinare ualent. Flos eius eandem fructui immaturo facultatem possidet: utraq; ad dysenterias, & uentris profluuia, eiusq; robur deperditũ, & sanguinis expuitiones, idonea remedia. Radix præter adstrictionẽ non paucã in se habet substantiam tenuem, propter quam etiam in renibus lapides comminuit.

EX PLINIO.

Nec Rubos ad maleficia tantum genuit natura, ideoq; ex eis mora uel hominib. cibos dedit. Vim habent siccandi, adstringendiq;, gingiuis, tonsillis, genitalibus accõmodatissimi. Aduersantur serpentium sceleratissimis, hæmorrhoidi & presteri, flos & mora. Scorpionum uulnera sine collectionum periculo iungunt. Vrinam ciunt. Caules eorũ tunduntur teneri, exprimiturq; succus, mox sole cogitur in crassitudinem mellis, singulari remedio contra mala oris, oculorumq; sanguinem excreantes, anginas, uuluas, sedes, cœliacos, potus aut illitus. Oris quidem uitijs etiam folia cõmanducata prosunt, & ulceribus manantibus, aut quibuscunq; in capite illinuntur. Cardiacis uel sic per se imponuntur à mamma sinistra. Item stomachi doloribus, oculisq; procidentibus. Instillatur succus eorum & auribus. Sanat condylomata cum rosaceo cerato. Calculorum ex uino decoctum præsentaneũ est remedium. Item per se in cibo sumpti cymæ modo, aut decocti in uino austero, labantes dentes firmant. Aluũ sistunt & profluuia sanguinis. Dysentericis prosunt. Siccantur in umbra, ut cinis crematorum uuam reprimat. Folia quoque arefacta & contusa, iumentorum ulceribus utilia traduntur. Mora quę in ijs nascuntur, uel efficaciorem stomaticen præbuere quàm satiua morus. Eademq; compositione, uel cum hypocisthide tantum & melle bibuntur in cholera, & à cardiacis, & contra araneos. Inter medicamenta quæ styptica uocant, nihil efficacius Rubi mora ferentis
B radice decocta in uino ad tertias partes, ut colluantur eo oris ulcera, & sedis foueantur, tantaq; uis est ut spongiæ lapidescant.

DE BALLOTE. CAP. LVI.

NOMINA.

ΒΑΛΛΩΤΗ, ἢ μέλαμ πράσιον Græcis, Ballote Latinis, Officinis Marrubiũ nigrum, aut Marrubiastrum, aut Prasium fœtidum dicitur. Germanis schwartz Andorn/oder Andorn weible. Marrubium à similitudine foliorum, nigrum à caulis colore, qui niger est Marrubij respectu, dicta Ballote est.

Marrubium nigrum cur dictũ.

FORMA.

Caules ex se mittit Ballote quadrangulos, nigricantes, subhirsutos, ab una radice complures. Folia Marrubio similia, maiora tamen, subrotunda, pilosa, per interualla in caule disposita, Apiastro similia, graueolentia, unde aliqui Apiastrum eam uocarunt. Flores in rotæ speciem caules circumiacent. Theophrastus etiam lib. vi. cap. ij. de historia plantarum, Balloten folio herbido, serratiori, incisurisq; profundioribus & conspectioribus discreto constare scribit. Vnde liquidò constat hanc quam pictam damus esse ueram Balloten, quod illa sit herba fruticosa, quadrangulis caulibus assurgens, nigris, hirsutis ferè, folio Marrubij, sed maiore, piloso, cingente per intercapidines caulem, odore graui, orbiculato florum purpureorũ ambitu, qui scapos uerticillatim obducunt.

LOCVS.

Nascitur propter uias, domos, sepes, cœmiteria, & alijs umbrosis in locis.

TEMPVS.

BALLOTE

Schwartz andorn.

A

TEMPVS.

Floret in fine Iunij mensis, & initio Iulij, quo sanè tempore carpi cõmode potest.

TEMPERAMENTVM.

Amara & acris est, ideoq; calefacit in secundo ordine iam completo, aut tertio remisso: desiccat autem in tertio.

VIRES. EX DIOSCORIDE.

Huius folia cum sale illita, canis morsibus medentur. Feruenti cinere flaccescentia, condylomata reprimunt, sordida q; ulcera cum melle purgant.

EX PAVLO.

Ballote, quod alij Marrubium nigrum dicunt, acris est & abstersoriæ facultatis. Illitum cum sale canis morsibus medetur.

EX PLINIO.

Vis eius efficax aduersus canis morsus, ex sale folijs tritis imposita. Item ad condylomata, coctis cinere, in folio oleris. Purgat & sordida ulcera cum melle.

DE BATRACHIO. CAP. LVII.

NOMINA.

BATPAXION Græcis, Batrachium & Ranunculus Latinis dicitur. Apuleius Sceleratã nominat. Vulgus medicorum perperàm Pedem corui uocat. Sunt etiam qui Flammulam, ab urendi facultate, appellant. Germani Hanenfüß. Batrachion autem siue Ranunculus dicta est hauddubie, quod limitibus humidis opacisq; marginibus ranarum more lætetur: aut quod aquis ubi ranæ degunt potissimũ, gaudeat, aut quia inter eius frutices ranæ frequenter inueniantur. Agreste uero Apium seu Apiastrum, quod folijs apium æmuletur.
B Scelerata, eo quod comesta noxia sit: uel, quod magis arridet, quia ualidi sceleratiq; mendicantes sibi crura & lacertos hac ipsa dilaniant, quò possint impudentius stipem extorquere, atque hac impostura pecuniolam aucupari.

Scelerata. Flammula. Ranunculus unde dictus. Agreste apium. Scelerata.

GENERA.

Plura sunt Ranunculi genera, Dioscorides uero & Galenus quatuor potissimũ esse tradunt. Primum duplex est: huius enim generis Ranunculus quidam syluestris est: & hic iterum duabus discriminatur differentijs. Vnus enim luteos flores profert, & Germanis weisser Hanenfüß dicitur. Alter uero purpureos, qui mihi, quod sciam, nondum uisus est. Quidam autem hortensis, qui nisi cultura accedat prouenire haud solet. Hic itidem duplex est. Vnus qui simplici florum textura constat, Germanicè vngefülter garten hanenfüß. Alter multiplicẽ foliorũ in floribus cõpagem obtinet, ideoq; Germanis gefülter garten hanenfüß dictus est. Alterum quod à foliorum similitudine quam cum Apij folijs obtinet, à nõnullis σέλινον ἄγριον, id est, Apium syluestre, uel Apium risus cognominatur. Germani Wasserhanenfüß uocãt. Tertium genus exiguum est, ob id etiam Germanis kleiner Hanenfüß nominatur. Quartum etiam minimum, germanicè Waldthenle appositissima uoce appellatur: est enim inter reliquas herbas quæ germanicè Pedes galli uocantur, & minima, & non nisi in syluis ut plurimum prouenit, adeoq; composita uoce rectissimè Waldhenle nominatur, quasi dicas minima inter pedes Galli, & in syluis prognata. Estq; duûm generum: unum quidem lacteo flore, alterum luteo, ut pictura docet. Primũ autem quod lacteo flore ornatur, est id quod à Dioscoride pingitur, germanicè uocatur Weiß waldhenle. Alterum, das gelb waldhenle.

Syluestris ranunculus. Hortensis. Apiũ syluestre.

FORMA.

Primum Ranunculi genus folia Coriandro similia habet, latiora, uel ut Plinius ait, ad maluæ latitudinẽ accedentia, subalbida & pinguia. Florem luteum, interdũ purpureum. Caulem non crassum, cubitali altitudine. Radicem paruam, albam, amaram,

Primum genus.

RANVNCVLI PRIMA SPE-
CIES SYLVESTRIS.
Weisser hanenfüß.

RANVNCVLI HORTENSIS SIMPLICIS PRIMA SPECIES.

Vngefülter garten hanenfüß.

RANVNCVLI PRIMA SPECIES HORTENSIS MVLTIPLICIS.

Gefülter hanenfüß.

RANVNCVLI
SECVNDA SPECIES.

Wasser hanenfüß.

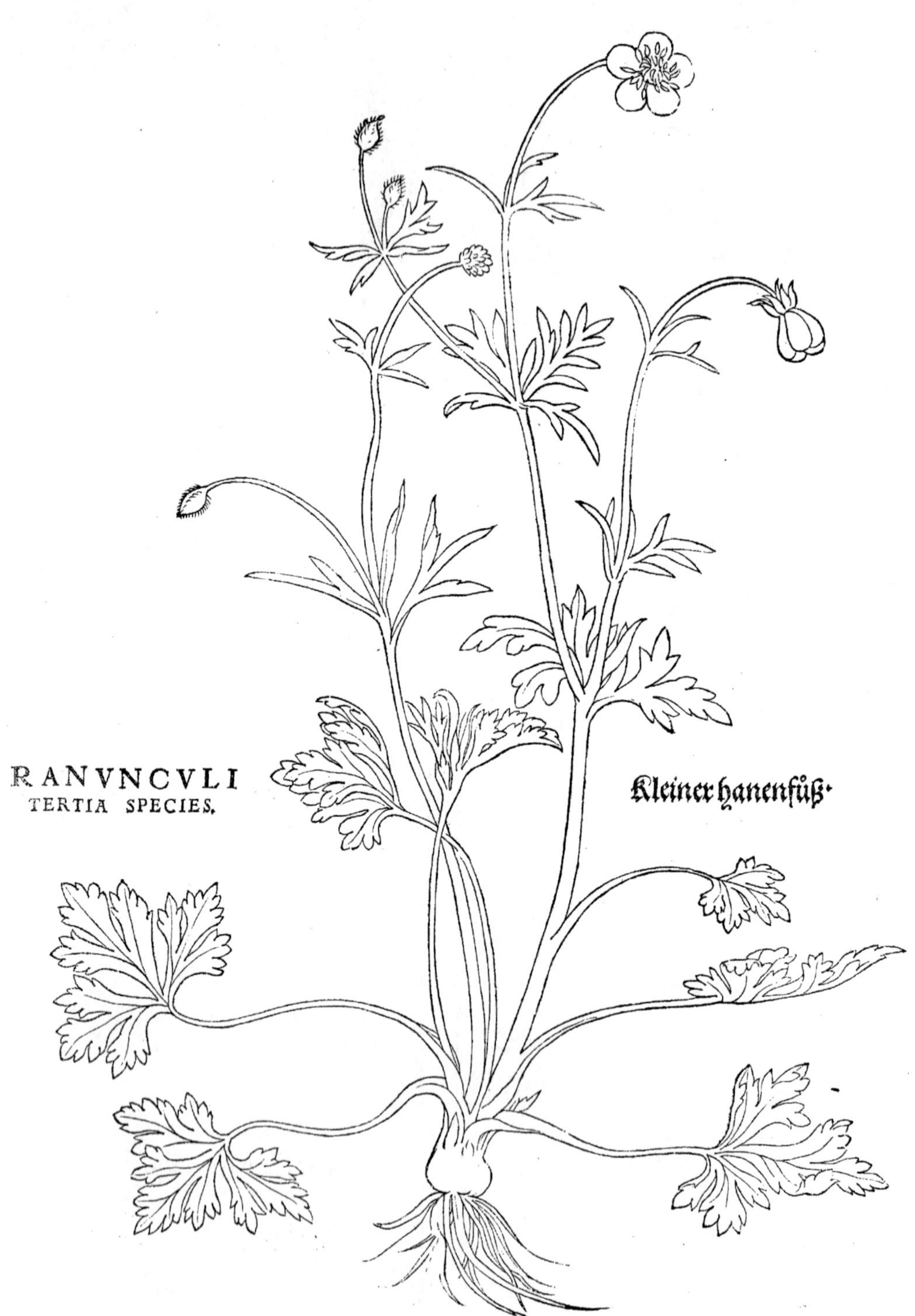
RANVNCVLI
TERTIA SPECIES.
Kleiner hanenfüß·

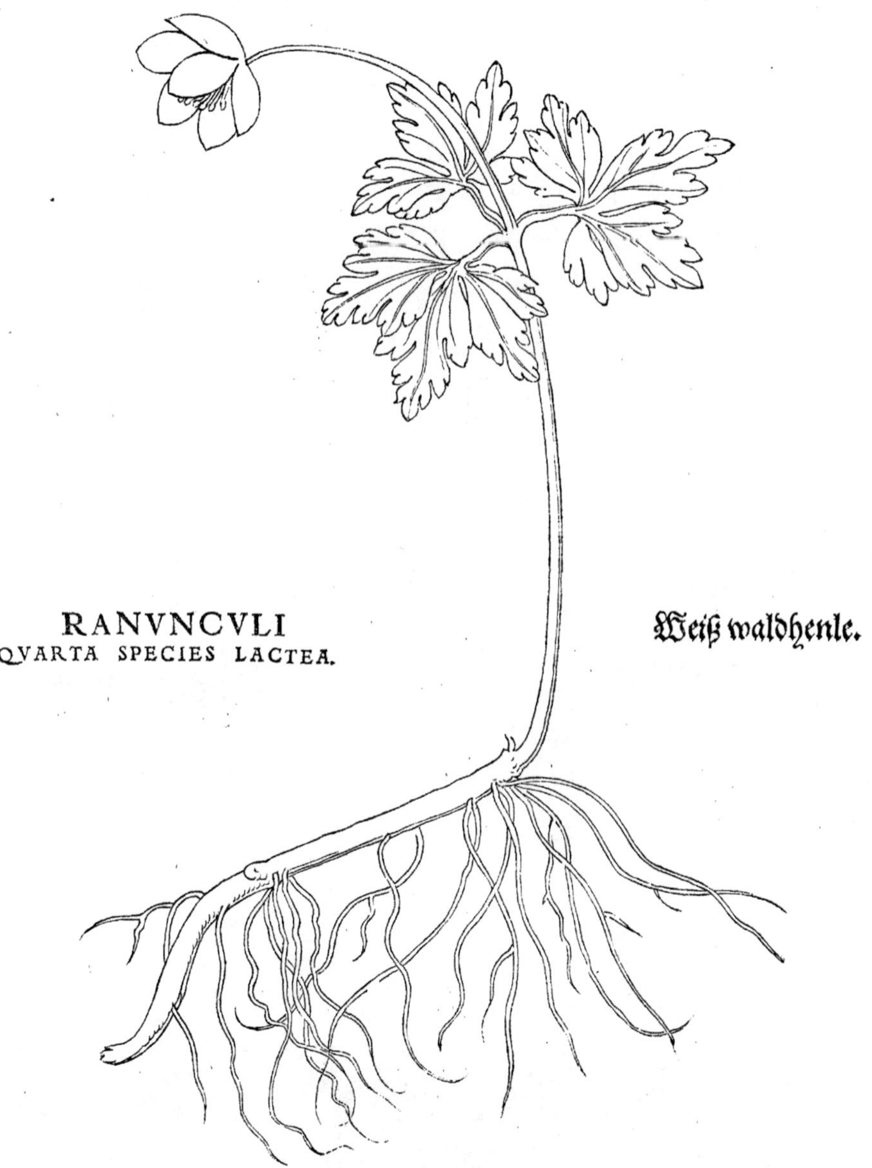

RANVNCVLI
QVARTA SPECIES LACTEA.

Weiß waldhenle.

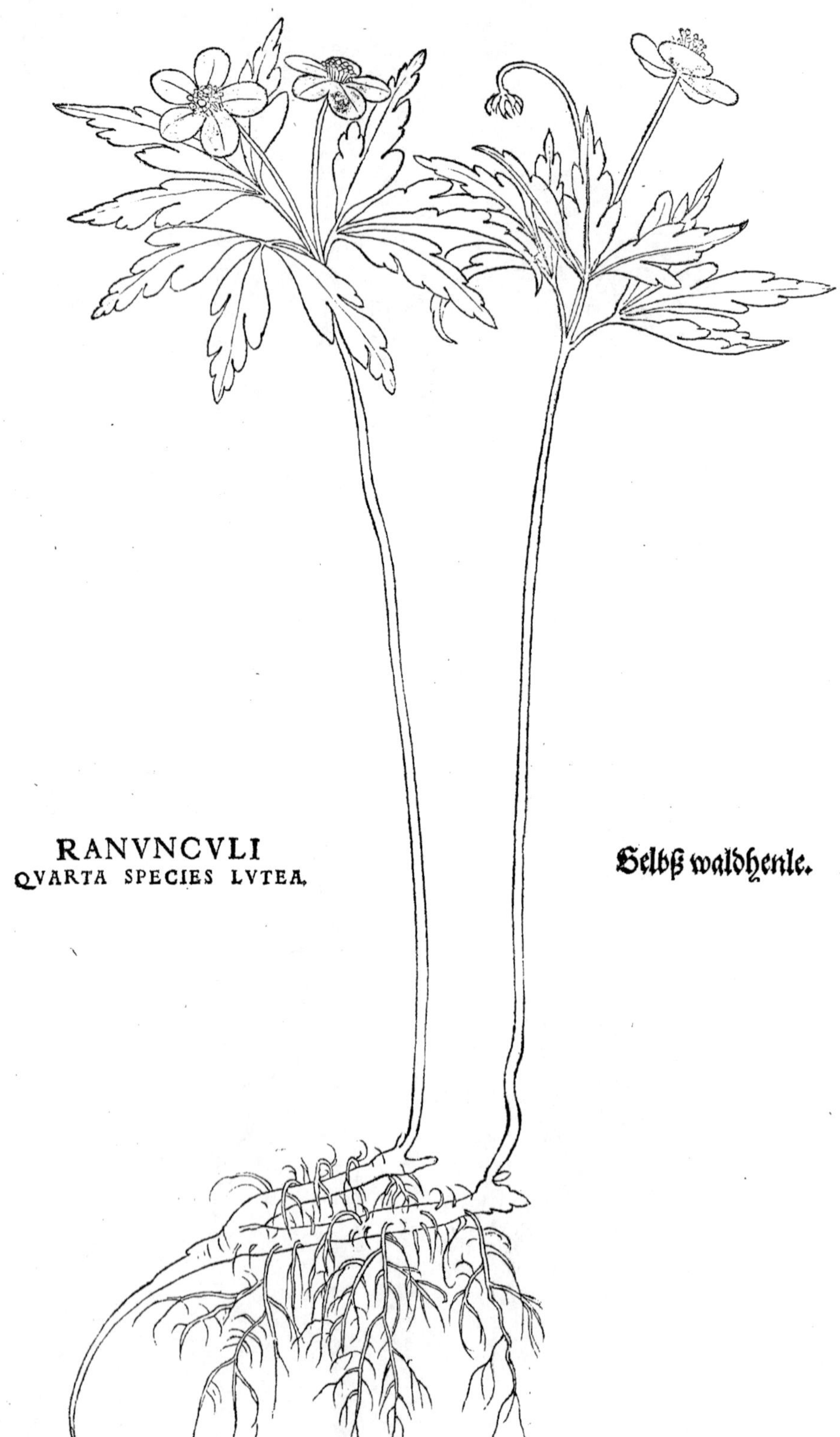
RANVNCVLI
QVARTA SPECIES LVTEA.
Gelbß waldhenle.

A amaram, adnascentias Ellebori modo habentem. Cæterum effecit cultura, ut qui in limitibus simplici foliorum compage flores oriantur, gemino quodam densoq; ac multiplici foliorum stipatu nunc in hortis collucescāt, quemadmodū pictura affabrè monstrat. Alterum genus lanuginosius, uel ut Plinius inquit foliosius, altiore caule, pluribus foliorum incisuris, copiosissimū in Sardinia, acerrimumq;, quod iam Apium syluestre nominant. Tertium genus ualde paruum, graui odore, flore qui auri speciem refert. Quartum huic simile, flore autem lacteo aut luteo, radice longiore, & modo quodam nodosa, gustu acri.

Alterum. *Tertium.* *Quartum.*

LOCVS.

Primum genus Ranunculi syluestris lutei sine cultura circa fluenta, & in limitibus pratisq; humidis & uliginosis prouenit. Hortensis uero adhibito cultura in hortis nascitur. Alterum genus secus aquas & fontes gignitur, & apud Sardos copiosissimum. Ea si comedatur, uescentibus neruos contrahit, rictuq; ora diducit, ut qui mortem oppetunt, uelut ridentiū facie intereant. Ob id Sardonius risus in prouerbium cessit. Etsi autem nostra non perinde efficax sit atq; ea quæ in Sardinia nascitur, tamen hanc uehementissima etiam erodendi facultate esse præditam, gustus ostendit. Tertium genus in pratis & campestribus passim prouenit. Quartum, ut Germanicum nomen palàm demonstrat, syluis familiare est. Luteum uero in ualle supra & infra Bebenhusum monasterium iuxta aquas copiosissimè nascitur.

Sardonius risus.

TEMPVS.

Primum genus hortensis Ranunculi lutei, statim inter initia Aprilis floret: Maio autem mense disperit, & nusquam subinde conspicitur. Secundum & tertium genus itidem tota æstate inueniri possunt. Quartum in uere, Aprili nimirum mense, tantum apparet, quo sanè tempore hoc ipso syluę, luci & nemora scatent, floribusq; eius candicant.

B TEMPERAMENTVM.

Omnium tum radix, tum uniuersa herba uehementer calida & sicca est. Primi tamen generis syluestris lutei, nō perinde ac reliquorū acris admodum est facultas.

VIRES. EX DIOSCORIDE.

Omnium folia & caules teneri si illinantur, exulcerandi, & crustas cum dolore creandi uim habēt. Proinde scabros ungues & scabiem tollunt, & stigmata delent, myrmecias, acrochordonas & alopecias modico tempore illita sanant. Tepido eorundem decocto perniones fouentur. Radix sicca tritaq;, sternutamēta naribus admota ciet. Dentium dolores adhibita lenit, eos tamen conterit.

EX GALENO.

Quatuor habet speciatim Ranunculus differentias. Omnes uerò uehementer acrem facultatem possident, adeò ut cum dolore exulcerēt. Hac itaq; ratione si moderatè utare, psoras & lepras excoriant, & ungues leprosos diuellūt, ac stigmata discutiunt, & acrochordonas & myrmecias detrahunt. Quin & alopecias iuuant pauco tēpore admota. Nam si diutius inhæreant, non excoriat̃ solum cutis, sed & in crustam uritur. Atq; igitur hæc omnia caulis & foliorum sunt opera, si illinantur uiridia. Porrò radix arefacta sternutatoriū est medicamentū similiter alijs quæ ualenter desiccāt. Sed & dentium dolores iuuat, ut & eos, uehementer scilicet exiccando, frangat.

EX PLINIO.

Omnibus uis caustica, si cruda folia imponantur, pustulasq; ut ignis faciūt. Ideo ad lepras & psoras utuntur, & ad tollenda stigmata, causticisq; omnibus miscent. Alopecijs imponunt, celeriter remouentes. Radix in dolore commanducata diutius, rumpit dentes. Eadem sicca concisa, sternutamentū facit. Nostri herbarij strumeam uocant, quoniam medetur strumis, & panis, parte in fumo suspensa.

LVPVS SALICTARIVS.

Hopffen.

A

NOMINA.

BRYON Græcis recentioribus, Lupus ſalictarius Latinis, Lupulus officinis, uulgo Humulus uocatur. Aliquot Italiæ rura, ad græcam appellationem alludentes, Bruſcandulam, quaſi Bryon ſcanſile nominãt. Germani Hopffen. Græci autem Bryon à Bryoniæ ſimilitudine hauddubiè nominarunt. Lupus uero ſalictarius, quia ſubit ſcanditq; ſalices, & arbuſta omnia circumuoluendo ſe circumplectitur, appellatus eſt. Hinc quoque Lupus reptitius nonnullis nominatur.

Lupulus. Humulus. Bryon. Lupus ſalictarius. Lupus reptitius

FORMA.

Caules habet aculeatos, longiſsimosq;. Folia uitis albæ, hiſpida, & nigriora. Flores cinereos ſeu candicantes, ac multis exilibus folliculis ſquamatim compactiles. Radicem ſubnigram, longam.

LOCVS.

Paſsim & copioſe in Germania noſtra iuxta uepres & ſalicta prouenit, ex eaq; ceruiſiam potum, quo uini uice utuntur, Germani conficiunt. Ideoq; in hunc uſum in hortis plantatur.

TEMPVS.

Auguſto menſe floret & Septembri.

TEMPERAMENTVM.

Sunt qui refrigerare Lupulum dicant, alij temperamento medium eſſe putant. At utriq;, mea quidem ſententia, falluntur: flores enim quorum potiſsimũ uſus eſt, calidos & ſiccos eſſe, odoris & grauitas, & immodica amaritudo teſtant̃. Antiquus etiam herbarius calidum & ſiccum in ſecundo ordine eſſe tradit. Denique conſtat radices quoque eius calidas eſſe.

B

VIRES. EX RECENTIORIBVS.

Bilem utranq; detrahit. Abſceſſus diſcutit. Pituitam in aqua inter cutem per aluum ducit. Succus eius crudus hauſtus uentrem magis ſubducit, minus uero obſtructiones aufert. Coctus uero magis ab obſtructionibus liberat, minusq; uentrem ſubducit. Auribus inſtillatus eas à putredine uindicat, & à fœtore liberat. Radices obſtructiones tollunt, lienis potiſsimum & iecoris.

DE VERO-

VERONICA
MAS.
Erenbreiß mennle.

VERONICA
FOEMINA.
Erenbreiß weible.

C

NOMINA.

Veronica. ETERIBVS Græcis & Latinis cognita fuerit nec ne hæc herba, nondun conſtat. Vulgus autem herbariorũ hodie Veronicam, Germani Erenbreiß oder Grundheyl / ob mirificam ſanandi ulcera & uulnera facultatem nominant.

GENERA.

Duûm eſt generum Veronica: una mas, altera uerò fœmina. Diſcrimina earum ex deſcriptionibus patebunt.

FORMA.

Veronica mas herba eſt per terram ſerpens, cauliculo dodrantali & nonnunquã etiam longiore, rubeſcente & lanuginoſo, folijs oblongis, nigris, hirſutis & ſerratis, floribus in cacumine purpureis, ſemen in uaſculis loculi ſpeciem habentibus, radice tenui. Fœmina itidem per terram ſerpit caule lanuginoſo, folijs rotundis inſtar herbæ quæ Centummorbia & Nummularia hodie uocatur, minimè in ambitu inciſis, paulò quàm maris uiridioribus, floribus in luteo purpureis, ſemine in uaſculis rotundis, radice, ut mas, tenui.

LOCVS.

Naſcitur incultis & ſylueſtribus locis.

TEMPVS.

Iunio menſe floribus & ſemine abundat.

TEMPERAMENTVM.

Amaritudinem quandam & uehementem adſtrictionem in guſtu præ ſe fert, ut hinc calidam & ſiccam eſſe conijcere liceat.

D

VIRES.

Mirificè ad cruẽta ac uetera uulnera & ulcera ſananda confert. Scabiei denique & omnibus cutis uitijs medetur. Ferũt quondam huius herbæ adiumento Regem Galliæ elephantiæ morbo correptum, à quodam uenatore ſanatum eſſe, cum is ceruum à lupo uulneratum eius herbæ comeſtione, & aſsidua in illa uolutatione, curaſſe ſeipſum animaduertiſſet. Tumores etiam, in quacunqꝫ corporis parte fuerint, potiſsimum autem in ceruice, diſcutere poteſt. Recentiores huius uſum unicè commendant in febribus peſtilentialibus, iecoris & lienis obſtructionibus, potiſsimum uero pulmonis exulcerationibus.

DE BVLBO SYLVESTRI. CAP. LX.

NOMINA.

Cepa ſylueſtris. Bulbi. ΟΛΒΟΣ ἄγριος Græcis, Bulbus ſylueſtris Latinis. Sunt quibus Cepa ſylueſtris appellatur. Germanicè Feld/wild oder ackerzwibel. Bulbos autem nominant radices ſuis membranis tunicatas, ſiue pluribus capitulis coagmententur, uno folliculo omnes ambiente, ſiue quadantenus diſtinctæ ſeparentur.

FORMA.

Herba eſt caule dodrantali, cauo, folijs porraceis, floribus lilij ſinuatim emicantibus, ſpecioſis, ſex folijs è calatho ſtellatim radiatis, ex uiridi in luteum tendentibus, capillo intus croceo, capitulo floribus decidentibus triangulari, ſeminibus pleno, radice bulboſa ceu Allium, citra odorem glutinoſa.

LOCVS.

In locis umbroſis, circaqꝫ margines quorundam pratorũ copioſe prouenit. Quare in uallibus non procul à Tubinga iuxta monaſteriũ Bebenhuſenſe ſitis, & radice montis Auſtriaci ad pratum tenue uocatum, Bulbus plurimus naſcitur.

TEMPVS.

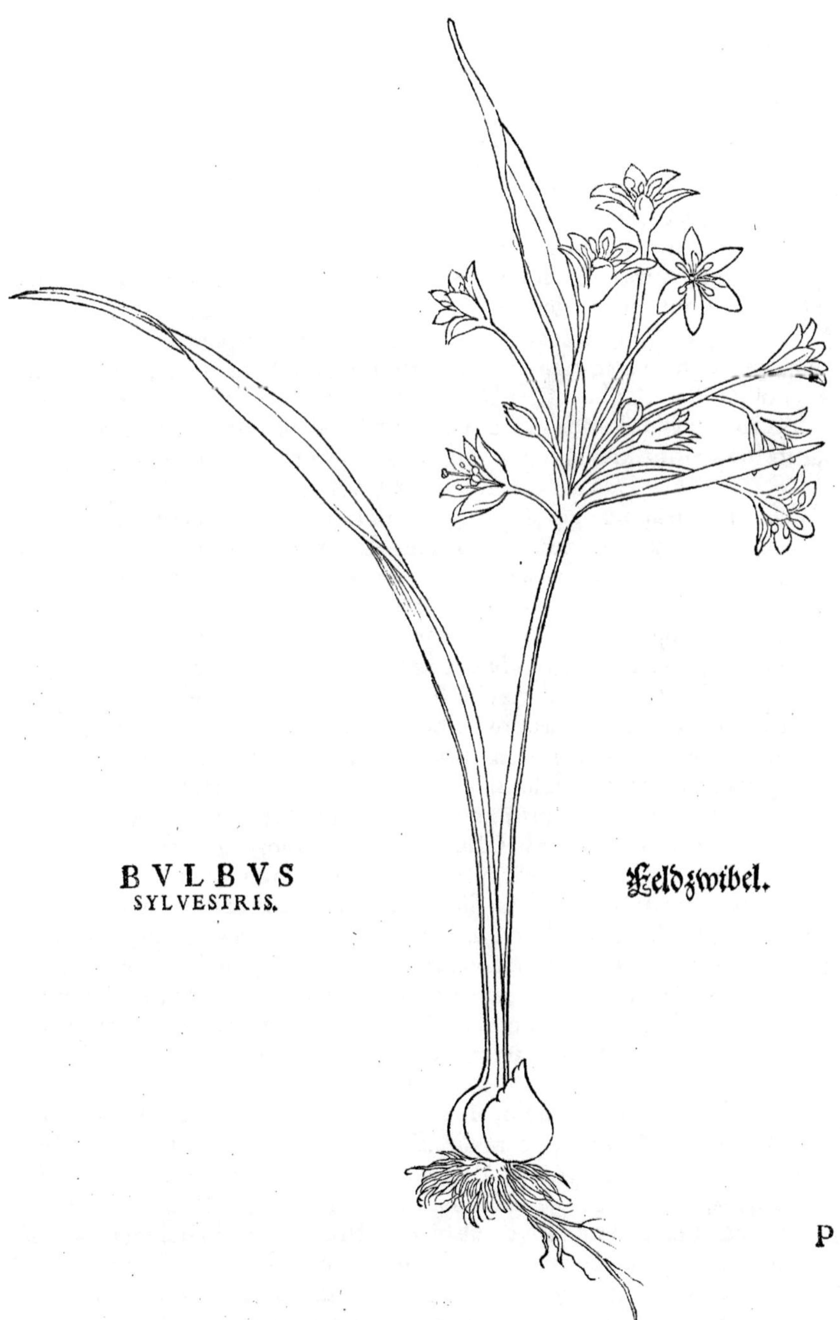

P

C

TEMPVS.

Per initia ueris, Martio & Aprili menſibus erumpit, ac ſtatim ſubinde euaneſcit. Semen non tantum in caulibus, uerumetiam iuxta radicem profert.

TEMPERAMENTVM.

Amara auſteraꝗ qualitate præditos inueniet, non hunc, ſed & alios bulbos, qui guſtum exactè conſuluerit. Proinde hos abſtergere ſimul & glutinare, & nimirum etiam exiccare poſſe, nemini non notum eſt.

VIRES. EX DIOSCORIDE.

Omnes bulbi acres ſunt & calefaciunt, uenereḿꝗ ſtimulant. Linguam & tonſillas exaſperāt. Multum nutriunt. Carnes procreant, flatuſꝗ faciunt. Ad luxata, colliſa, ſurculos, articulorumꝗ dolores illiti cōducunt. Gangrænis & podagris cum melle, & per ſe, hydropicorūꝗ tumoribus & canum morſibus proſunt. Cum melle pariter & pipere trito illiti, ſudores cohibent, & ſtomachi dolores ſedant. Furfures & achoras cum nitro toſto exterūt. Sugillata & uaros per ſe, aut oui luteo purgant, & lentigines cum melle aut aceto. Fractis auribus cum polenta, & cōtuſis unguibus proſunt. Ficos in calidis cineribus toſti, & cum mænarum capitibus crematis appoſiti, tollunt. Cōbuſti uerò & Alcyonio permiſti uitia cutis in facie, & nigras cicatrices in ſole illiti emendant. Cum aceto elixi & in cibo ſumpti ad rupta faciunt. Cauere uerò eorum in cibo copiam oportet, quoniam neruoſas partes tentant.

EX GALENO.

Bulbi amaram auſteramꝗ uim manifeſtam obtinent, quamobrem elangueſcentis ſtomachi aliquatenus auiditatem excitant. At uerò neꝗ ijs inutiles ſunt, quibus è thorace & pulmone pus expuendum erit, quanquam craſſiore ac glutinoſiore ſit corporis ſubſtantia: etenim amaritudo craſsitudini aduerſatur, lenta craſſaꝗ nata incidere. Quapropter bis elixi uberius quidem alunt, ſed excreare uolentibus reluctabuntur, utpote omni amaritudine exuti. Tum uerò ex aceto, oleo garoꝗ miſtis,

D eſitare ſatius fuerit: nam ita magis oblectabūt ac nutrient, minuſꝗ inflabunt, & facilius cōcoquentur. Quidam horum cibo abunde & immodicè uſi, planè ſeminis auctam copiam, inꝗ uenerem ſe eſſe promptiores ſenſerunt. Hos quoꝗ homines uariè apparant. Non enim ſolum aqua elixos, uerumetiam patinas ex ipſis uariè conditas inſtruunt. Alij quidam in ſartagine frigunt, multi in craticula aſſant. Verum hi multam coctionem haud ſuſtinent, admodum pauca cōtenti. Sunt qui nihil prorſus præcoquant: delectat nanꝗ eos amaritudo ipſa ac auſteritas integra, quippe qui amplius ab ea ad cibum alliciantur: quanquam ad huiuſmodi illecebrā duo aut tres plus ſatis faciēt. Si uerò liberalius ſic apparati ſumantur, præſertim ubi, ut mos eſt, crudiores ingeruntur, amplius cruditatem generabūt. Quidam etiam non probè cocti, inflationes & tormina pariūt. Qui ad hunc modum eſitantur, alimentum minimè boni ſucci procreant. At plurimum decoctorum, aut bis etiam, ſuccus craſſior quidem ille erit, cætera uerò melior ac alibilior reddetur.

EX PLINIO.

Bulbi ex aceto & ſulphure uulneribus in facie medentur: per ſe uero triti neruorum cōtractionem, & ex uino porrigines. Succū cum melle canum morſibus. Eraſiſtrato placet cum pice. Sanguinem idem eos ſiſtere tradit illitos cum melle. Alij ſi è naribus fluat, Coriandrū & farinam adijciūt. Theodorus & lichenas ex aceto bulbis curat, & erumpentia in capite cum uino auſtero aut ouo. Et bulbos epiphoris idem illinit, & ſic lippitudini medetur. Aequè uitia quæ ſunt in facie, eorum rubentes maximè in ſole illitis, cum melle & nitro emendant. Lentiginem cum uino, aut cum cumino coctis. Vulnerib. quoꝗ mirè proſunt per ſe, aut, ut Damion, ex mulſo, ſi quinto die ſoluantur. Iiſdem & auriculas fractas curat, & teſtium pituitas. In articulorum doloribus miſcent farinam. In uino cocti illiti uentri, duritiem præcordiorum emolliunt. Dyſentericis in uino ex aqua cœleſti temperato dantur. Ad con

uulſa

A uulſa intus cum Silphio pilulis fabæ magnitudine. Ad ſudorẽ tuſſi illinuntur. Neruis utiles. Ideo & paralyticis dantur iuxtà in pedibus. Qui ſunt ruffi ex his, citiſsimè ſanant cum melle & ſale. Venerem ſtimulant. Syluestres interaneorũ plagas & uitia cum Silphio pilulis deuoratis ſedant. Et ſatiuorum ſemen contra phalangia bibitur in uino. Ipſi ex aceto illinuntur contra ſerpentiũ ictus. Semen antiqui bibendum inſanientib. dabant. Flos bulborum tritus crurum maculas uarietatesq́ igne factas emendat. Elixos aſsis minus utiles adijciunt eſſe, & difficilè concoqui ex ui uniuſcuiuſq́ naturæ.

APPENDIX.

Hic quem pictum damus Bulbus, facultatẽ emolliendi & diſcutiendi duros tumores habet. Humidis denique & depaſcentibus ulceribus toſtus calido cinere, & cum melle tritus atque admotus prodeſt.

DE BICIO. CAP. LXI.

NOMINA.

BIKION Græcè, Vicia Latinè nominatur. Officinæ non ſine maximo errore ea pro Orobo utuntur. Germani alludentes ad græcam appellationem, Wicken ſimpliciter, uel cum adiectione Zam wicken uocant. Vicia autẽ, ut Varroni placet, dicta eſt à uinciendo, quod item ut uitis capreolos habeat, quibus ſurſum uerſus ſerpit. *Officinarum error.* *Vicia unde dicta.*

FORMA.

Cubitali altitudine ſurgit, folijs Aphaces, anguſtioribus tamen, flore Piſi, minutis nigricantibusq́ in ſiliquis ſeminibus, quorum quidem figura non rotunda eſt, ſed, ſimiliter lenti, latiuſcula.

LOCVS.

Sicca loca maximè amat, inter autem ſegetes copioſe prouenit.

B

TEMPVS.

Iunio menſe floribus & ſemine prægnans eſt.

TEMPERAMENTVM.

Medium tenet caliditatis & ſiccitatis, ualidius tamen ſiccat, in ſecundo nimirum ordine.

VIRES. EX GALENO.

Semina hæc non ſolum inſuauia, ſed concoctu etiam difficilia, & aluum retinentia. Perſpicuum ergo eſt, quum huiuſmodi naturam obtineant, alimoniam quoq́ quæ ex ipſis in corpus permanat, improbi craſsiq́ ſucci eſſe, idoneam ad humoris melancholici generationem.

VICIA Wicken.

A

NOMINA.

BAITTON Græcis, Blitum siue Blitus Latinis uocatur. Officinæ hanc herbam cum Beta cõfundunt non sine magno errore. Germanis Maier dicitur. Blitum nomen inde traxit, quod iners & fatuum olus esset, sine sapore aut acrimonia ulla. Nam βλίτους stolidos & ignauos Græci dixerunt. Sic hodie græca imitatione socordes, & nullius momenti homines, bliteos appellamus. Ita Plautus in Truculento bliteam meretricem nominauit.

Officinarum error.

Blitum unde dictum.

βλίτοι.

FORMA.

Blitum non pingitur à Dioscoride, sed ab Hermolao Barbaro, homine non minus docto quàm diligente, in suo Corollario ijs uerbis describitur: Blitum erumpit ocyssimè, folijs betaceis, sine acrimonia fatuis & insipidis, semine ut Beta corticeo, copioso, racemoso, ut Atriplex. Radice non una, non in rectum tendente, sed multiplici, obliqua, & prolixa. Ex quibus utiq; uerbis omnibus perspicuum fit, herbam quam depictam damus esse Blitum. Hæc siquidem ocyssimè erumpit, atq; in altum tollitur, foliaq; Betacea prorsus habet. Insipida denique & sine acrimonia. Semen eius ut Betæ corticeum, copiosum, racematim singulis ramis insidens. Radice non una nititur, sed multiplici ac longa, non in rectum, sed obliquum tendente. Rectiorem tamen & magis descriptioni respondentẽ si quispiam protulerit, non grauabimur nostram mutare sententiam, ut qui probè perspectum habeamus in ijs herbis quæ à Dioscoride non descriptæ sunt, facillimè aliquem in tanta rerum penè omniũ caligine aberrare posse.

LOCVS.

Etsi sponte sua interdum herba hæc proueniat, tamen ut de Blito etiam tradunt, si culto solo semel nata fuerit, ipsa se per multa secula seminis deiectione reparat, ut
B etiam si uelis uix posit aboleri, sic semel nata pluribus annis restibili fertilitate prouenit.

TEMPVS.

Floret æstate & autumno, semineq; prægnans est.

TEMPERAMENTVM.

Blitum frigidum & humidum in secundo ordine.

VIRES. EX DIOSCORIDE.

Blitum oleris uice in cibum uenit. Aluo utile est, nullam tamen medicamentosam uim obtinet.

EX GALENO.

Aquosum est olus, ac uti quis non absurdè dixerit qualitatis expers, & insipidũ: quapropter non ex solo oleo garoq;, sed addito aceto sæpius meliusq; assumitur. Nõnihil etiam ad leuigandã aluum momenti affert, uerum idipsum perquam exiguum est, quoniam nulla ipsis acris nitrosaúe adest qualitas, quæ aluum ad excretionẽ irritare posit. Liquet etiã quod minima ab ipso alimonia in corpus dimanet.

EX PLINIO.

Blitum iners uidetur ac sine sapore aut acrimonia ulla. Vnde cõuicium fœminis apud Menandrum faciunt mariti. Stomacho inutile est. Ventrem adeò turbat, ut choleram faciat aliquibus. Dicitur tamen aduersus scorpiones potum è uino prodesse, & clauis pedum illini. Item lieni & temporum dolori ex oleo. Hippocrates menstrua sisti eo cibo putat.

BLITVM
Maier.

A

NOMINA.

BOYNIAΣ Græcis, Romanis Napus, Germanis Steckrüb appellatur. Buniadis autem appellationẽ à tumente figura quam præ se fert, Græci deduxerunt. Nanq; radix Napi buniadis in amplitudinẽ excrescit, & in rotundum extuberat. Cliuos siquidem, colles, uerrucosaq; loca βουνὸς nominant.

Napus.

Bunias quare dictus.

βουνοί.

GENERA.

Napi buniadis, quem Galenus & alij ueteres in Raporum censum reponunt, duo sunt genera. Vnum satiuum, quod forma proximè ad Brassicam tertiæ speciei accedit, radicemq; oblongiorem obtinet. Germani huius generis Napos, Trucken steckrüben nominant. Alterum syluestre, quod folijs suis Erucæ non dissimile est, radice ampliore, & rotundiore. Germanicè Naßsteckrüben appellantur eius generis Napi.

Napus Bunias satiuus.

Syluestris.

FORMA.

Folia habet Rapi, leuiora, Erucæ modo laciniata, caulem cubitalem, interdum altiorem, rotundum, flores luteos, Brassicæ proximos, semen in siliquis, radicem oblongam.

LOCVS.

Bunias gaudet frigidis locis.

TEMPERAMENTVM.

Cum easdem quas Rapum uires habeat Bunias, necesse est idem etiam ut obtineat temperamentum. Est itaq; Napus bunias in secundo ordine calidus, & in primo humidus.

VIRES. EX DIOSCORIDE.

Radix Buniadis elixa, flatus creat, minus tamen quàm Rapum nutrit. Semen
B eius potum letalia uenena inefficacia reddit. Miscetur antidotis. Radix etiam eius sale conditur.

EX GALENO.

Easdem quas Rapa uires obtinent. Vide itaque caput de Rapis.

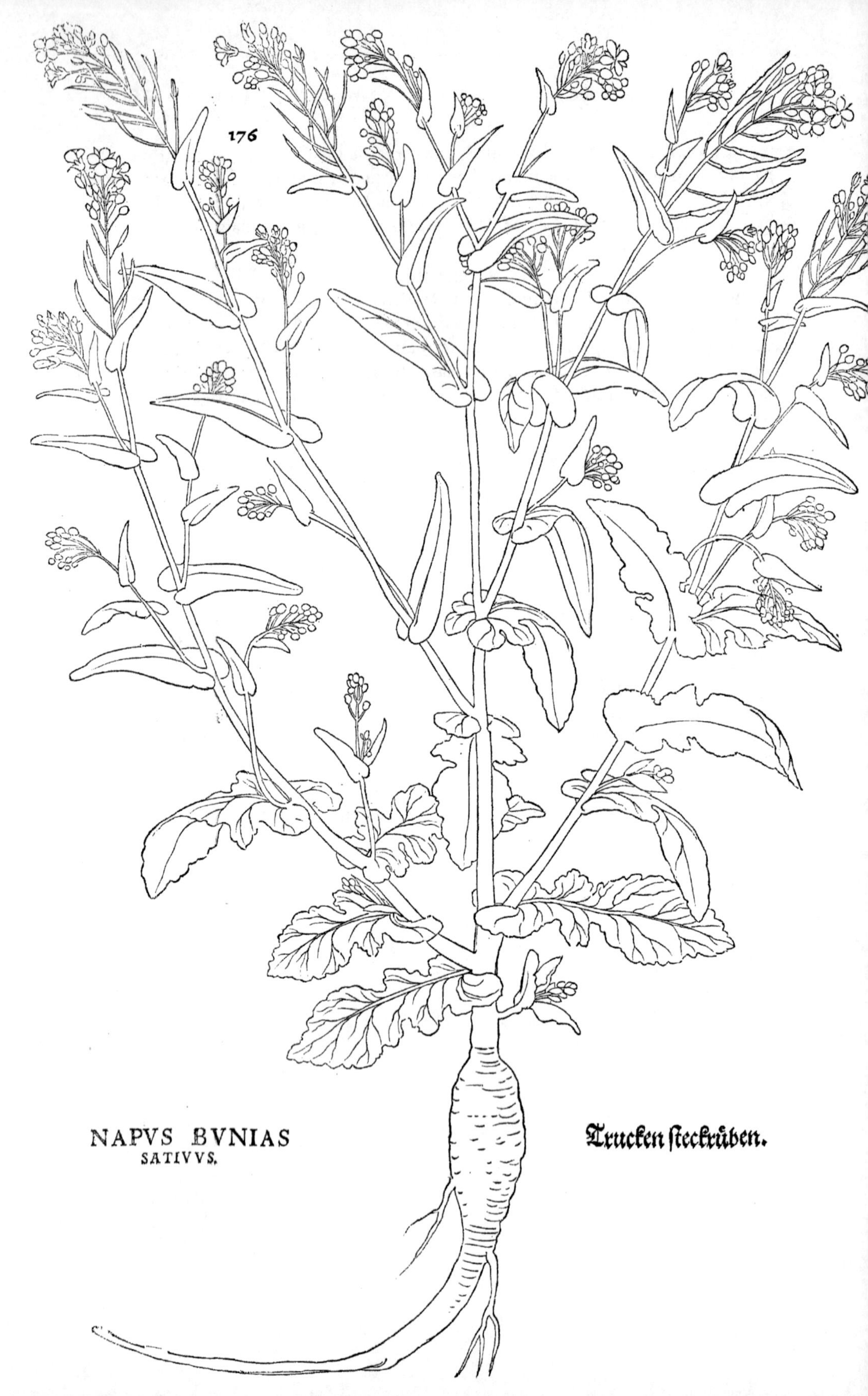

NAPVS BVNIAS SATIVVS.

Trucken steckrüben.

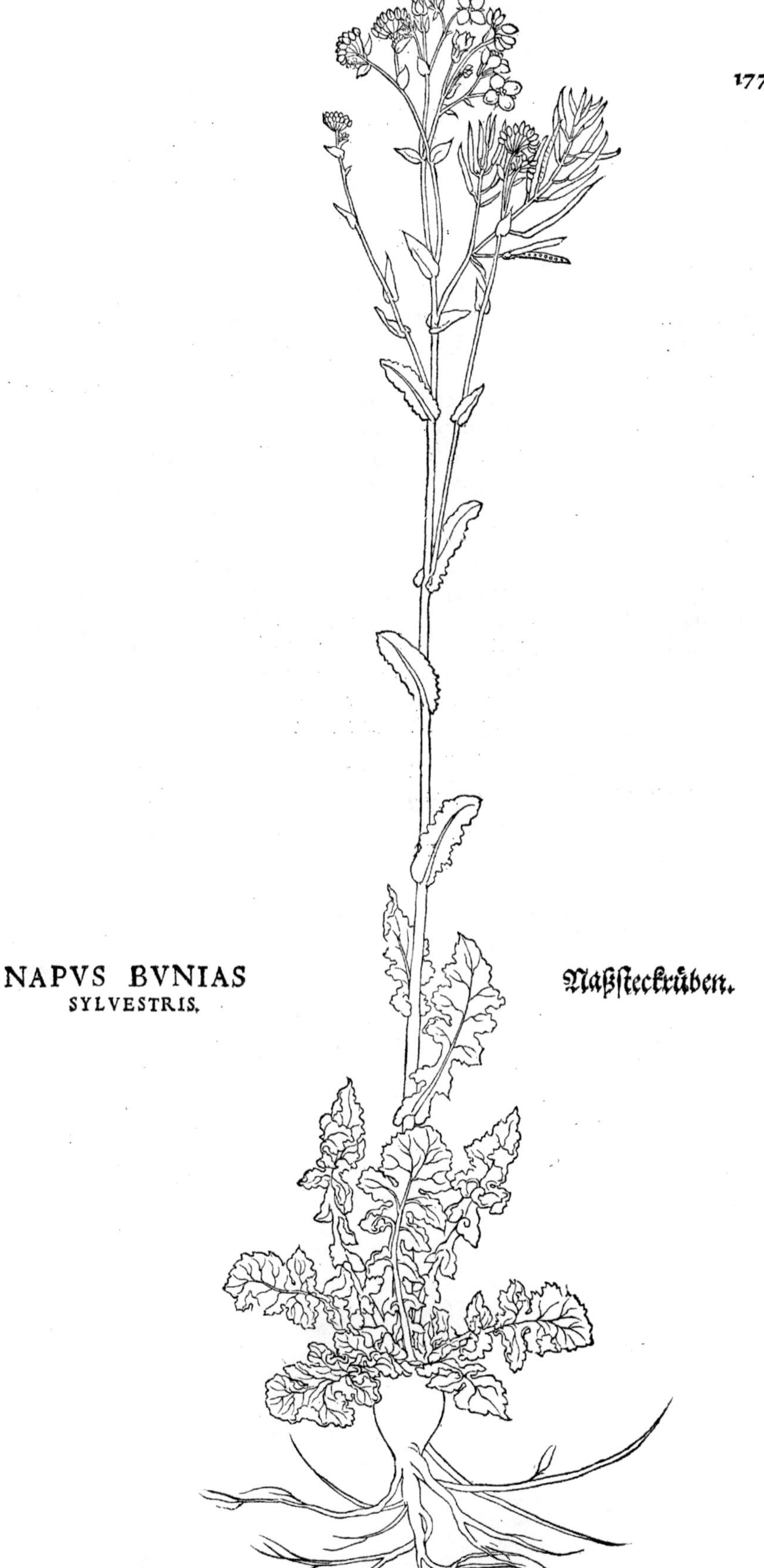

NAPVS BVNIAS SYLVESTRIS.

Naßsteckrüben.

C

NOMINA.

Botrys unde dicta.

BOTPYΣ Græcis, Botrys Latinis appellatur. Officinis & uulgaribus herbarijs incognita. Germanis haud inepte Traubenkraut nominabitur. Botrys uero dicta est à semine, quod racematim ramulis adnascitur.

FORMA.

Herba tota est lutea, fruticosa, sparsa, multaque alarum caua habens. Semen totis ramulis adnascitur. Folia Cichorio similia obtinet, totaque ualde odorata est, ideoque uestibus apponitur. Ex qua quidem descriptione omnibus manifestum fit, herbam cuius picturam exhibemus esse legitimã Botryn: uniuersa enim herba ad luteum colorem uergit, fruticosa est, & multis stolonibus fusa, folijs Cichorij, odoratis, semine circa ramulos totos in racemos collecto nascente. Quid multa? nulla est prorsus nota, quæ illi non appositissime quadret.

LOCVS.

Nascitur circa profluentes aquas & torrentes. In Germania tamen, quod equidem sciam, non nisi sata prouenit.

TEMPVS.

Augusto & Septembri ad maturitatem maxime peruenit: quibus etiam mensibus, ut Ruellius annotauit, uenalis herba per Parisiensium urbem defertur. Odoris enim gratia Galli uestimentis, pannis, & linteis curiose interponunt. Apud Germanos tamen eius herbæ nulla est gratia, quod illis hactenus ignota fuerit.

TEMPERAMENTVM.

Calidam & siccam esse Botryn amaritudo eius quæ gustui occurrit, facile monstrat. Item uis eius incidendi, quæ illi propter calorem, tenuitatemque inest.

D

VIRES. EX DIOSCORIDE.

In uino pota orthopnœas lenit.

EX PAVLO.

Planta est admodum odorata, quæ cum uino pota non nisi recta ceruice spirantibus auxiliatur.

EX PLINIO.

Medetur orthopnoicis.

DE BARBA

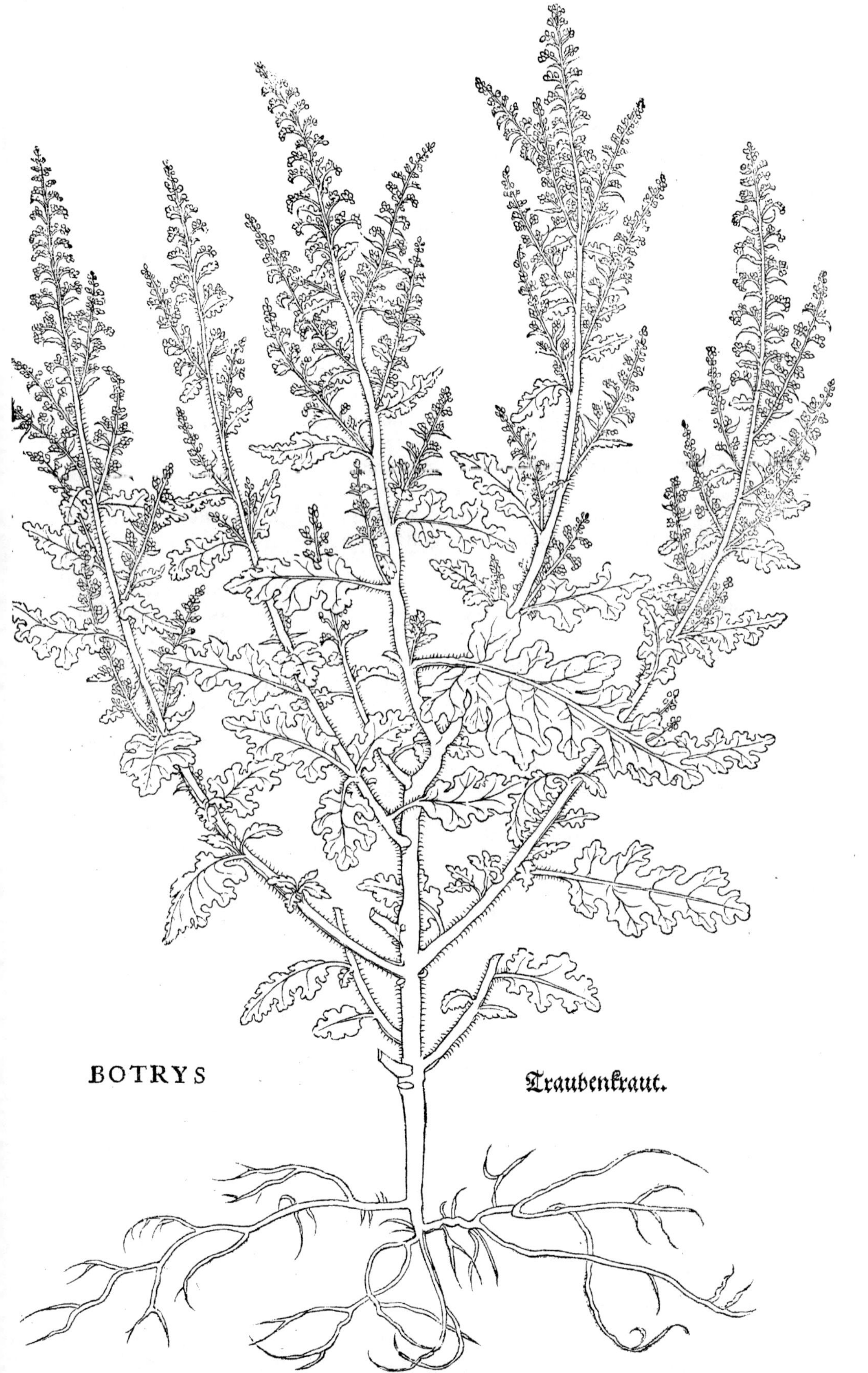

BOTRYS

Traubenkraut.

NOMINA.

Hæc herba non est Pycnocomõ.

Barba capri cur dicta.

VO nomine ueteribus Græcis & Latinis hæc herba uocata sit, nobis nondum compertum est. Neque enim Pycnocomon est, quòd à descriptione illius prorsus abhorreat. Quare Barbam caprinã interea donec certius nomen nacti fuerimus, nuncupabimus, à florum nimirum figura, quæ caprinam barbam referre uidetur. Germanicè Wald geißbart/ ut eam segregaremus ab altera eiusdem nominis, quæ non in syluis, ut hæc ipsa, nascitur, sed in pratis & senticetis, appellare nobis placuit.

FORMA.

Caulem habet tricubitalem, angulosum, folia Castaneę aut Corylo similia, in ambitu serrata, flores candidos, exiguos, racematim compactos, instar barbę canæ dependentes, radicem nigram, lignosam, intus candidam. Flores eius in iulos abeũt.

LOCVS.

Prouenit in obscuris syluis, & uallibus nonnunquam minus apricis.

TEMPVS.

Floret Iunio mense, ac subin de semen profert.

TEMPERAMENTVM.

Calidam & siccam esse hanc herbam facilè ex gustu deprehenditur: miram enim amaritudinem, in radice potissimum, gustata exhibet.

VIRES.

Abstergit hauddubiè expurgatq;, & quæ in uenis est crassitiem incîdit. Quamobrem menses ducit, educendoq; ex thorace, & pulmone puri auxiliatur. Et in summa, siue crassa in eis pituita, siue pus, siue aliud quippiam continetur eiusmodi, expurgat. Hac utiq; ratione & morbo comitiali competit. Extrinsecus illita & imposita, tumores ex pituita ortos discutit.

D

BARBA CAPRI

Waldgeißbart.

NOMINA.

Blattaria unde dicta.

NVM Græcis autoribus cognita hæc herba fuerit, nondum cõpertum habeo. Plinius certè libro xxij. cap. ix. Blattariam nominat. Inuenit autem nomen hoc Latinum, à colligendis in se blattis. Ideoq; cõuenientissimo nomine Germanis appellabitur Schabenkraut.

FORMA.

» Plinius loco iam citato Blattariam sic pingit: Blattaria est similis Verbasco her-
» ba, quæ sæpe fallit pro ea capta, folijs minus candidis, cauliculis pluribus, flore luteo. Ex qua pictura satis constat, herbam cuius picturam damus esse Blattariam: sic enim Verbascum mentitur, ut pro eo sæpius ab imperitis decerpatur. Et sunt non pauci herbarij, qui hac similitudine decepti, eam inter Verbasci genera connumerent. Folia tamen, quæ minimè sunt hirsuta & candida, sed potius uiridia, facilè ab hoc errore paulò attentiores reuocare possunt. Plures deniq; cauliculos habet, flores item luteos, ad Verbasci flores proximè accedentes. Folliculos quoque lini instar, in quibus semen continetur.

LOCVS.

Nascitur iuxta aquas, & fluminum ripas.

TEMPVS.

Floret Iunio & Iulio mensibus.

TEMPERAMENTVM.

Vehemens amaritudo eius satis docet esse calidam & siccam.

VIRES. EX PLINIO.

Hæc abiecta blattas in se contrahit, ideoq; Romæ Blattariam uocant.

APPENDIX.

D Non plura de huius herbæ facultatib. apud probatos autores inuenio, sed haud dubiè si quis ea uti uoluerit, eadẽ quæ alia amara, in corpore nostro efficere potest. Quæ qualia sint, ex capite præcedente facilè intelliges.

DE BROMO.

BLATTARIA

Schabenkraut.

C

NOMINA.

BPΩΜΟΣ Græcè, Auena Latinis ac Officinis, Germanis Habern dicit.

FORMA.

Folijs & culmo Tritico similis, geniculis intersecto. In summo uerò fructum habet ueluti locustas duplici crure diuaricatas, in quo semen includitur. Radicem copiosam.

LOCVS.

Passim in Germanię agris nascitur, ac iumentorum potius quàm hominum pabulum existit.

TEMPVS.

Seritur Martio mense, metitur autem Augusto.

TEMPERAMENTVM.

Auena ut medicamētum refrigerat, Galeno autore: ut alimentum uerò, eodem teste, calefacit sufficienter. Vtroque uerò modo exiccat.

VIRES. EX DIOSCORIDE.

Semen eius haud secus quàm hordeum ad cataplasmata utile. Puls etiam ex ea fit cohibendæ aluo accōmodata. Succus eius in sorbitione acceptus, tussientibus prodest.

EX GALENO.

Auena ut medicamentum similem hordeo uim obtinet. Nam illitum desiccat, & digerit mediocriter, & sine morsu. Nonnihil etiam adstrictionis obtinet, ut uentris profluuia iuuet.

EX PLINIO.

D Semen utile ad cataplasmata atque hordeum & similia. Prodest tussientibus succus. Auenæ farina in aceto tollit næuos.

DE VVA

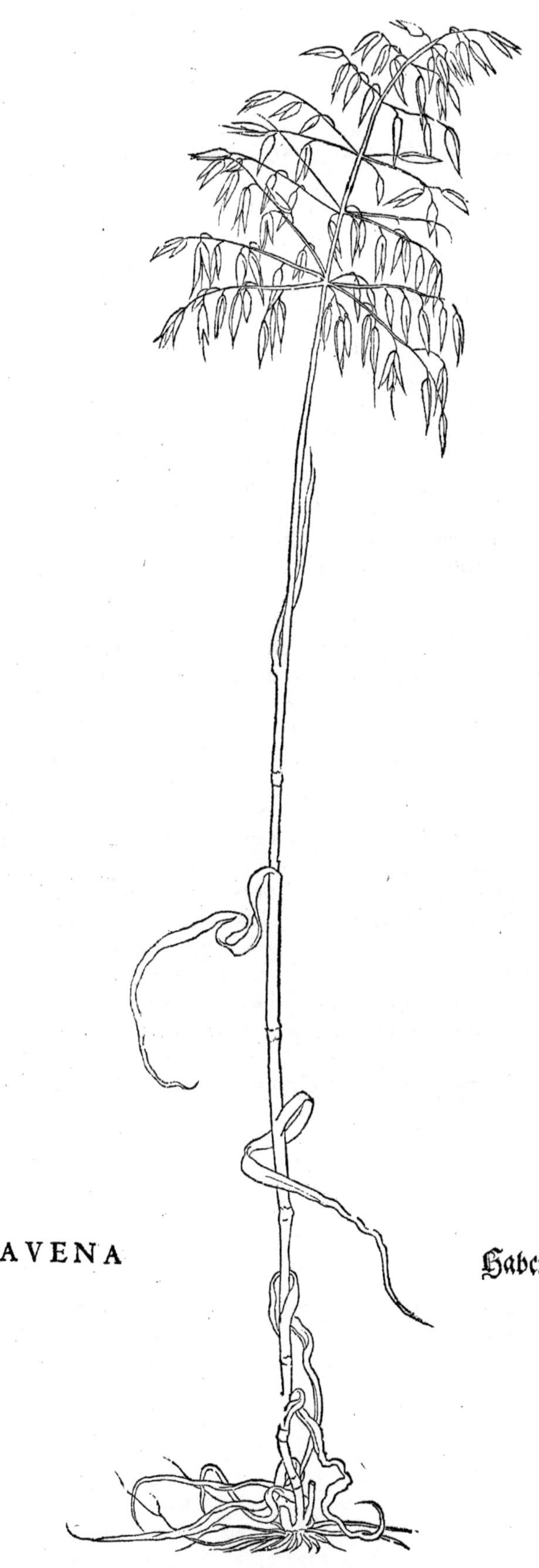

AVENA

Habern.

C

NOMINA.

VETERIBVS ne Græcis & Latinis frutex ille cognitus fuerit, me ignorare adhuc ingenuè fateor. Quare cum nomen aliud quo hunc appellaremus in promptu non esset, uulgarē & qua omnes hodie herbarij utuntur nomenclaturam usurpare uoluimus. Vuam autem crispam fruticem hunc dixerunt ab intortis ferecꝫ in circulum uersis (crispa alij uocant) folijs, & acinis quos producit. Quo etiam respicientes Germani nostri, Krußbeer / oder Krüselbeer uocant. Latinius fortè uua intorta nuncuparetur.

Vua crispa cur dicta.

FORMA.

Frutex est ramulis multis, aculeatus, rectocꝫ spinarū mucrone horridus, folijs intortis ac circinatæ rotunditatis, Apij modo dissectis, flore ex herbido purpurascente, acinis candicantib. & splendescentibus, primum acerbis, à maturitate dulcibus. Ex ijs abunde constare putamus, fruticem hunc cuius picturā exhibemus, non esse primam, ut nonnulli arbitrantur, Rhamni speciem. Nam etsi cætera respondeant, tamen folia quæ rotunda & minimè oblonga sunt, ut Rhamni, repugnare manifestè uidentur. Posset tamen citra aliquod uitæ discrimen Rhamni generibus annumerari, quod scilicet uiribus illi similis admodum sit, quas etiam illi suo loco adscribemus.

LOCVS.

In frutetis & sepibus nascitur, non tamen passim. Nusquam autem copiosius quàm Tubingæ luxuriat, ubi circa omnes ferè sepes sese profundit.

TEMPVS.

Veris statim initio frutex ille pubet, primum hoc tempore folia, dein flores, ac
D non diu pòst acinos seu baccas acerbitate gratas profert.

TEMPERAMENTVM.

Hauddubiè idem quod Rhamnus temperamentum obtinet. Vt enim hic adstringit & refrigerat, sic etiam illa. Refrigerat autem in primo completo, aut secundo incipiente, desiccat uerò in secundo.

VIRES. E DIOSCORIDE.

Folia ignibus sacris & herpetis illita auxiliantur. Fertur & ramos eius foribus & fenestris appositos ueneficiorū arcere maleficia. E quibus Dioscoridis uerbis satis liquet, Vuam intortam non hoc tantum nomine sepibus apponi ut easdem muniat, atqueadeò alienorum ingressum prohibeat, uerumetiam ut ueneficia ab hortis propulset. Vt hinc quocꝫ colligere liceat, eiusdem cum Rhamno esse facultatis.

E GALENO.

Herpetes sanat, & erysipelata non magnopere calida. Porrò ad hæc teneris utendum est folijs.

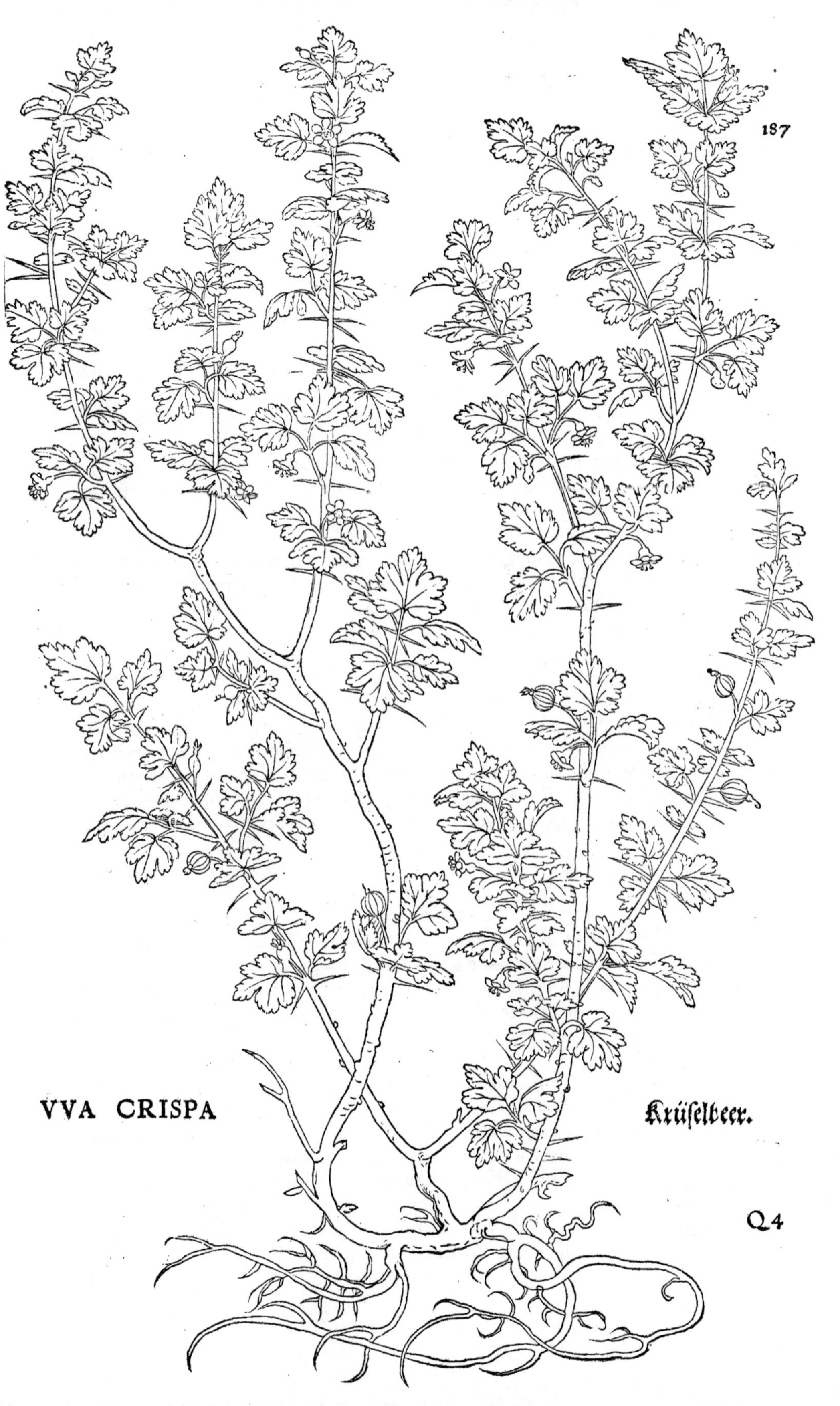

VVA CRISPA

Krüſelbeer.

C

NOMINA.

QVO nomine ueteribus tum Græcis cum Latinis appellatæ sint hæ plantę, me ignorare ingenuè fateor. Puto autem illis planè fuisse incognitas, quod de ijs ne uerbum quidem apud eosdem scriptum inueniatur. Hodie Balsamines nomine uocant. Causam indicabimus paulò pòst. Germani ad latinam nomenclationem alludentes, Balsamkraut/ haud (arbitror) ineptè appellabunt.

GENERA.

Prima Balsamine. *Hierosolymitanum pomum.* *Mirabile pomũ.* *Charantia.* *Altera Balsamine.* *Balsaminum.*

Duo Balsamines genera damus. Primam, quam nos certioris discriminis gratia marem fecimus, Ligures Padani Balsaminã uocãt, Hierosolymitanũ pomum Hetruria, Mirabile Gallia, uulgus Italorum Charantiam, quoniã septi modo in hortis fenestrisq; per cancellos opere topiario facilè digeratur. Alteram, quam fœminã nominauimus, Itali neutro genere Balsaminũ appellãt, priori quidem quod ad fructum attinet similis, nisi quod minor est, in alijs dissimilis: neq; enim folijs, neque etiam floribus respondet. Vtraq; planta uisu pulcherrima est, ut hoc saltem nomine pingi meruerint. Etsi præstet etiam harum habere picturas, ut de ijs plura inuestigandi posteris occasio aliqua sit.

FORMA.

Primæ. Prima tenuibus prælongisq; flagellis ultro citroq; reptantib. euagatur, folijs Vitis albæ seu Bryoniæ, articulatioribus, exilibus pampinis ex alarum sinu prodeuntibus, quibus illigantes sese cancellatim uicinis implicant pergulis: flore cucumeris ex albo in luteum languescẽte, turbinato utrinq; fructu, carnosa cute, & per uersus uerrucosa, ac rigidioribus bullis intumescẽte, cucumeris syluestris pusilli similitudi

D

ne, puniceus maturo color, cartilago intus punicea uel lutea, sanguineusq; succus. Pomum maturitate dissilit, inanitasq; confracto patet, semina intus pomi formam referentia continens. *Alterius.* Altera caulem habet crassissimũ, Portulacæ assimilem, in herbaceo colore rufescentẽ, folia Salicis, in ambitu incisis, flores magnos, purpureos, instar Consolidæ hodie regalis uocatæ herbæ caudatos, fructum priori non dissimilem, primo herbaceũ, dein pallidum luteúmue, pilosum, qui maturitate dissilit, inanitasq; confracto apparet, semina intus aliquot lenticulæ ferè figura continentẽ.

LOCVS.

Non nisi satæ in Germania proueniunt. Sed iam in multorum hortis plantatæ nascuntur.

TEMPVS.

Floribus & fructibus prægnantes sunt Augusto & Septembri mensibus.

TEMPERAMENTVM.

Idem quod Telephium temperamentũ, potissimum alteram, obtinere arbitror. Quare in secundo ordine intenso, aut certe principio tertij exiccare, nec insigniter calefacere, primo nimirum ordine, est uerisimile.

VIRES.

Ex primi generis Balsamines seminibus oleum exprimitur, ad uulnera, quod in Corollario suo annotauit doctissimus Hermolaus, præcipuum. Nõnulli pomum oleo prius imbutum aliquot dies insolant, deinde uel fimo, uel terra tantisper obruunt, dum prorsus intabuerit, sic Balsami uires glutinandis uulneribus adsciscere pollicentur, inde tractum Balsaminæ uocabulum. *Balsamine uox unde nata.* Quid multa? in uulneribus sanandis Telephio non inferiores esse conijcio, hincq; Balsaminas appellatas. Nos tamen de ijs peculiarem experientiam nullam habemus. Poterunt itaque alij, si lubet, earundem uirium facere periculum.

DE GLYCYR-

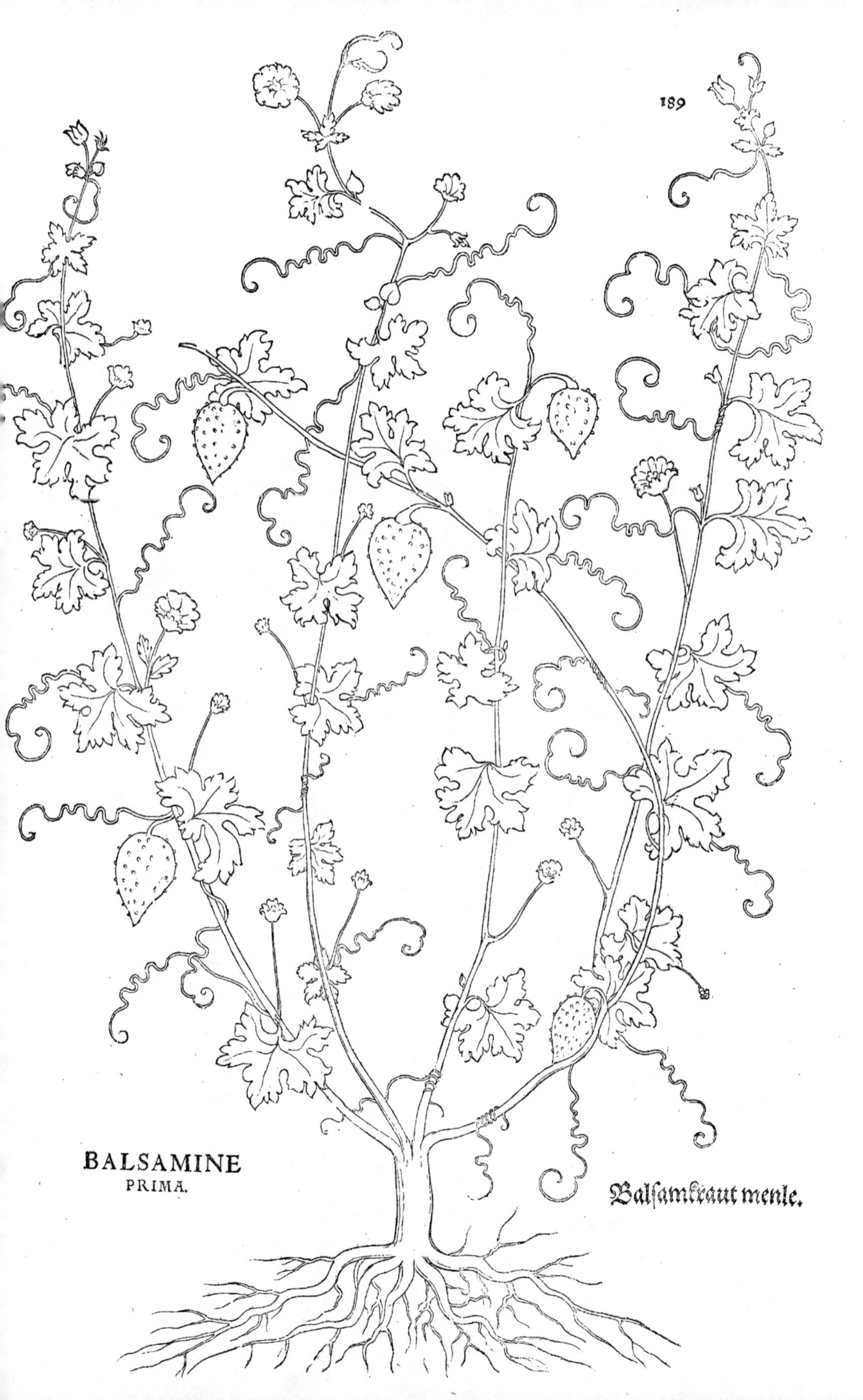

BALSAMINE
PRIMA.

Balſamkraut menle.

BALSAMINE ALTERA.

Balſamkraut weible.

A

NOMINA.

ΓΛΥΚΥΡΡΙΖΑ Græcis, Dulcis radix Latinis, Liquiritia officinis, Germanis Süßholtz dicitur. Nomen tum apud Græcos, tum etiã Latinos à dulcedine, qua radix eius prædita est, inuenisse notius est, quàm ut dici debeat. Theophrastus nono de plantarũ historia libro, Scythicam nominauit radicem, quod in Scythia circa Mæotim paludem plurimum proueniat. Sunt etiam qui ἄδιψον uocitent, quod sitim retenta in ore arceat.

Liquiritia. *Glycyrrhiza unde dicta.* *Scythica radix.*

FORMA.

Breuis frutex est, ramos binûm cubitorum altitudine spargens, in quibus folia densa, Lentisco similia, pinguia, tactuq; glutinosa. Florem fert Hyacintho similem. Fructum pilularum Platani magnitudine, asperiorem tamẽ, siliquas Lentis modo rubescentes, breuesq; habentẽ. Radices illi sunt longæ, colore buxeæ ut Gentianę, subacerbæ, sed dulces, quæ Licij modo in succum coguntur & densantur. Hæc delineatio ita Liquiritiæ hodie uocatæ quadrat, ut nulla penitus sit nota quæ in illa non reperiatur. Fruticosa enim est, ramos bicubitales emittens, folijs lentiscinis, densis, pinguibus, tactuq; sequaci lentore glutinosis. Flore Hyacinthi, fructu pilularũ Platani crassamento, sed asperiore, siliquas Lentis figura, & breues habente. Radicibus prælongis, buxeo colore, & dulcibus.

LOCVS.

Plurima & optima in Cappadocia ac Ponto nascit. Multa præterea nec ignaua aliquot Germanię nostræ locis, Pabenbergensi pręsertim agro, IOACHIMI nostri Camerarij, uiri doctissimi, patria, producitur. Et hodie nusquam ferè nõ seritur in hortis. His quæ semel comprehenderit, tam pertinaci fertilitate cohæret, ut uix unquam posit radicitus extirpari, tam restibili fœcunditate regerminat.

Pabenbergensis ager Glycyrrhiza fœcundus. *Ioach. Camerarius.*

B

TEMPVS.

Carpitur Septembre mense, quando semine prægnans est, aut Vergiliarum occasu. Flores suos Iulio mense profert.

TEMPERAMENTVM.

Natura eius nostræ temperaturæ familiaris est: nam tale monstratum est esse id quod dulce est. Sed quum adstrictio quædam adiuncta sit, uniuersum eius temperamentum quantum ex caliditate & adstrictione est, tepidę potissimum caliditatis fuerit, quamproximè ad symmetrum temperatúmue accedens. Porrò quum etiam dulcis sit, humida quoq; sit oportet.

VIRES. EX DIOSCORIDE.

Succus radicis ad arteriæ exasperationes utilis est, oportet autem ut linguæ subditus eliquescat. Ardori stomachi, & ad iecinoris thoracisq; uitia prodest. Vesicæ scabiem, & renum uitia cum passo potus emendat. Idem eliquatus sitim restinguit. Vulneribus prodest circunlitus. Cõmanducatus stomacho succurrit. Radicum recentium decoctum ad eadem conuenit. Radix uero sicca in puluerem trita, pterygijs commodissimè inspargitur.

EX GALENO.

Huius fruticis radicum succus in primis utilis est, similiter ut eius radices dulcis, simulq; modicè adstringens. Proinde asperitates lenire potest, nõ solum in arteria, uerumetiam scabra uesica, idq; temperaturæ mediocritate. Quoniam autem temperie quoque humidum est quod modicè dulce est, iure sanè sitim arcens medicamentum est, nimirum modicè humidum, simul & natura humana frigidius. Refert Dioscorides, radicem siccam ad leuorem redactam, pterygiorum illitu idoneum esse remedium.

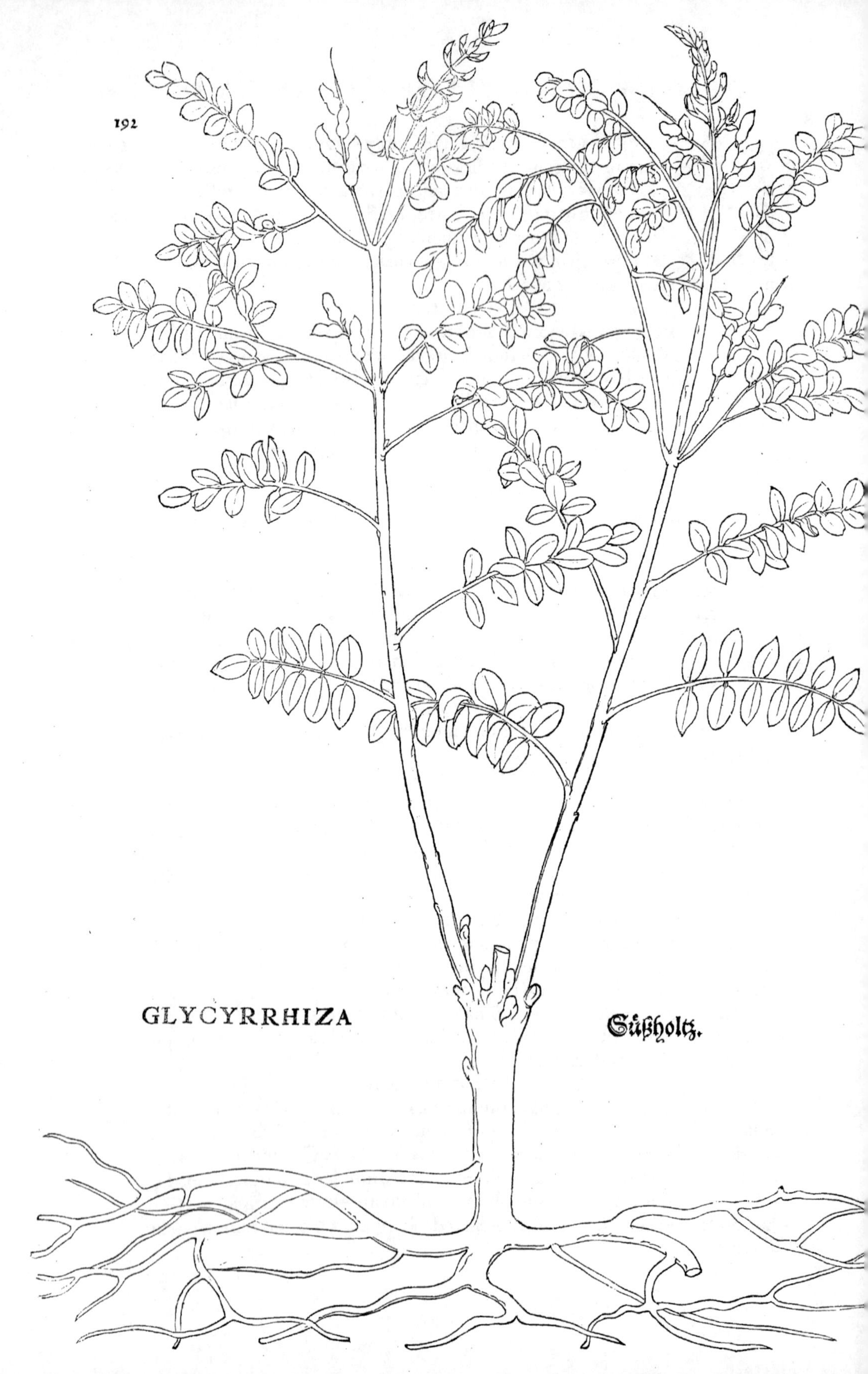
GLYCYRRHIZA
Süßholtz.

A EX THEOPHRASTO.

Dulcis & Scythica radix utilis ad suspiria, & tussim siccam, atque in totum thoracis laborantis medicamento cōmoda redditur. Quin & ex melle ulceribus mederi potest. Sitim quoque extinguit, si teneatur in ore. Qua de causa tum ea, tum Hippace, Scythas decem & duodecim dies degere, & uitam prorogare affirmant.

EX PLINIO.

Radicis usus in subditis decocta ad tertias, cętero ad mellis crassitudinē, aliquando & tusa. E quo genere & uulnerib. imponitur, & faucium uitijs omnibus. Item uoci utilissimo succo, sic ut spissatus est linguæ subdito: item thoraci & iecinori. In ore habentes sitim non sentiunt: ob id quidam Adipson appellauerunt eam, & hydropicis dedere ne sitirent. Non parum auxilij confert ijs qui perpetua siti excruciantur: ideo cōmanducata & stomatice est, & ulceribus oris inspergitur, sæpe & pterygijs. Sanat uesicæ scabiem, renum dolores, condylomata, ulcera genitalium. Dedere eam quidam potui in quartanis, drachmarum duarum pondere, & pipere, hemina aquæ. Cōmanducata sanguinem sistit ex uulnere. Sunt qui & calculos ea pelli tradiderunt.

Adipson.

DE GALEOPSI. CAP. LXXI.

NOMINA.

ΓΑΛΗΟΨΙΣ, ἢ γαλεόβδολον græcè: Galeopsis, Vrtica labeo latinè, uulgo & officinis Scrophularia maior, Ficaria, Millemorbia & Castrangula dicitur. Germanicè Braunwurtz/Sauwurtz/groß feigwartzenkraut. Appositè autem Galeopsis appellatur, nomine ex græco & latino composito, quod eius flores prorsus galeæ aspectum referant. Aut si græca cum latinis componi haud possunt, γαλήοψις cum η & non ι, ut habent multa exemplaria, scribendum erit, ut idem ualeat ac mustelæ aspectum referens: flores enim nō dissimiles esse capiti illius animalis uidentur. Et ita legendum esse Plinius etiam testatur, qui Galeopsin hanc nominat herbam. Scrophulariam autem à curandis strumis, quas scrophulas uocant recentiores, dixerunt.

Scrophularia maior.

Galeopsis cur dicta.

B

FORMA.

Totus cum suo caule & folijs frutex Vrticæ similis est, læuiora tamen habet folia, & cum teruntur grauiter odorata. Flores illi tenues, & purpurascentes. Huius deliniationis notæ in uniuersum omnes, nulla prorsus reclamante, herbæ quam uulgus Scrophulariam maiorem nominat, conueniunt. Frutex enim est qui ad humani corporis ferè longitudinem interdum assurgit, foliaque Vrticæ habet, sed læuiora, & quæ trita grauem fundunt odorem. Flores tenues, atque purpurascentes. Respondet etiam locus natalis, ut ex sequentibus patebit. Esse autem ueterum Galeopsin uulgi Scrophulariam maiorem, præter ea quæ iam diximus, manuscriptus quoque codex euidenter ostendit, in quo pictura ita Scrophulariam refert, ut nemo sit qui eam non agnoscat. Huc accedit quod in descriptione, quam ex Dioscoride desumpsit, apertè testatur Scrophulariam maiorem alio nomine dictam esse Galeopsin & Galeobdolon. Neque facultates discrepant, sed utrarunque similes sunt, adeò ut hauddubiè ueterum Galiopsis, recentiorum herbariorum sit Scrophularia maior.

LOCVS.

Nascitur circa sepes, semitasque, & in areis ædificiorum passim.

TEMPVS.

Colligitur Iunio & Iulio mensibus, tum enim potissimum floret.

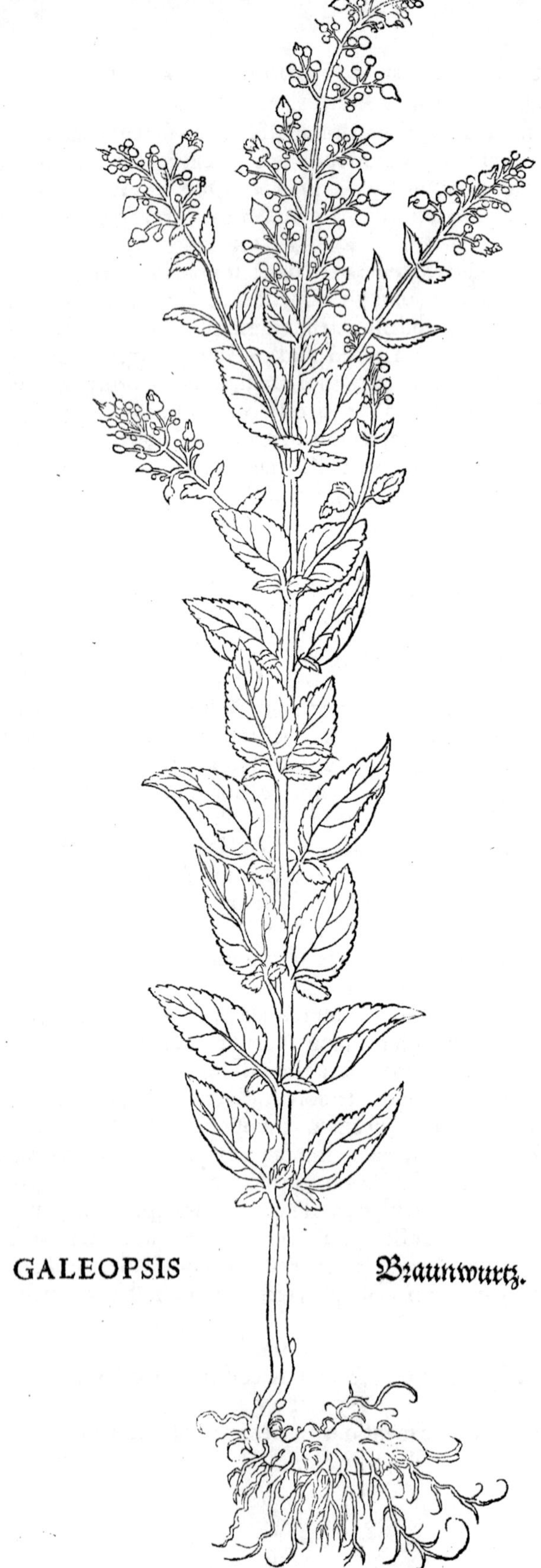

GALEOPSIS Braunwurtz.

A

TEMPERAMENTVM.

Desiccat, extenuat, & discutit, adeoque partium est tenuium, id quod amaritudo quam in gustu præ se fert, satis indicat.

VIRES. EX DIOSCORIDE.

Folia, succus, caulis & semen, duritias, carcinomata, strumas, parotidas & panos disijciunt. Oportet autem bis die cum aceto tepidum cataplasma imponere. Fouentur & decocto eius utiliter. Ad nomas, gangrænas, & putrescentia cum sale illita prosunt.

EX PAVLO.

Galeopsis, quam alij Galeobdolon appellant, urticæ similis herba est, maiorem tamen læuorem habet, & odorem grauem. Scirrhosos tumores dissipat & emollit. Item ad nomas cataplasmatis modo illita confert.

EX PLINIO.

Galeopsis folia caulesque, duritias & carcinomata sanant ex aceto trita & imposita. Item strumas, panos & parotidas discutiunt. Ex usu est & decocto succo fouere. Putrescentia quoque & gangrænas sanat.

APPENDIX.

Recentiores etiam Scrophulariæ tribuunt facultatem sanandi ulcera putrescentia, & mariscas. Succum eius mederi deformitati faciei iam ferè elephanticę tradunt, ut inde satis constet à Galeopsi non diuersam esse. Semen in expellendis & enecandis lumbricis esse efficax adijciunt, id quod ab eius amaritudine non abhorret.

DE GALLIO. CAP. LXXII.

B

NOMINA.

ΓΑΛΛΙΟΝ, ἢ γαλλέριον, ἢ γαλάκτιον Grȩcis, Gallion Latinis. Officinis, ut multæ aliæ optimæ herbæ, neglecta & incognita est. Germanis Unser lieben frawen weg/oder wal/oder betstro dicitur. Nomen inuenit ex eo quod uim coagulandi, ac spissandi lactis habeat. *Gallion unde dictum.*

FORMA.

Ramulos rectos, & folia Aparinæ simillima habet. Florem in summo luteum, tenuem, frequentem, ualde odoratum.

LOCVS.

Nascitur in aruis & humidis palustribúsue locis.

TEMPVS.

Iunio & Iulio potissimum mensibus floret.

TEMPERAMENTVM.

Gallium siccum est & subacre.

VIRES. EX DIOSCORIDE.

Flos eius ambustis illinitur, & sanguinis profluuia cohibet. Idem cerato rosaceo miscetur, insolaturque donec albescat, & sic lassitudines recreat. Radix uenerem stimulat.

EX GALENO.

Gallium inde adeò nomen sortitum est suum, quod lac coagulet. Facultatem obtinet exiccatoriam & subacrem. Flos eius sanguinis profluuijs competere uidetur, & ambustis mederi. Est autem boni odoris, & coloris lutei.

GALLIVM

Vnser frawen wegstro.

A

NOMINA.

ΓΛΗΧΩΝ, ἢ βλήχων Grecè, Pulegium Latinè uocatur. Officinæ latinum nomen retinent. Germanicè Poley. Blechona autem appellarũt, quod gustatum à pecore cum floret, balatum concitet. Id quod Plinio lib. xx. cap. xiiij. autore, de syluestri uerè dicitur. Pulegiũ uerò, quod eius flos recens incensus pulices interficiat. *Blechon.*

GENERA.

Plinius & Apuleius duo Pulegij faciunt genera, alterum fœminam, alterum marem: nec alia ratione differre scribunt, nisi quod mas candidum, fœmina uerò purpureum florem habeat. Dioscorides Pulegium masculum, quod satiuum alio nomine in Dictamni descriptione uocat, duntaxat depingit. Syluestre autem secundam Calaminthæ speciem facit, quam Latini propriè Nepetam nominant, ut suo loco dicemus. *Satiuum Pulegium. Syluestre.*

FORMA.

Pulegium mas seu satiuum, cuius hic picturã damus, fruticosum assurgit, & ad cubiti altitudinem increscit, maximè si sit quo sustentetur: folijs Sampsychi, surculis hirsutis, rubicantibus, & per interualla purpureo flore orbiculatim coronatis.

LOCUS.

Prouenit locis cultis & aquosis: semelq; satum diutina durat ætate.

TEMPUS.

Carpitur dum floribus prægnans est, id quod Iulio & Augusto mensib. accidit.

TEMPERAMENTUM.

Pulegium quum acre & subamarum sit, ualde tum excalefacit, tum extenuat,
B ideoq; in tertio ordine calidum & siccum esse statuunt.

VIRES. EX DIOSCORIDE.

Extenuat, calefacit, & cõcoquit. Potum menses, secundas, & fœtus trahit. Cum melle & aloë potum, ea quæ circa pulmonem sunt, educit, & conuulsis auxiliatur. Nauseas stomachiq; morsus cum posca potum lenit. Atram bilem per aluum educit. Cum uino potum uenenatorum morsibus succurrit. Defectos animo cum aceto naribus obiectum recreat. Siccatum & in puluerem tritum crematumq; gingiuas firmat. Illitum cum polenta inflammationes omnes mitigat. Podagris per se confert usquedum rubescat cutis. Cum cerato uaros tollit. Lienosis cum sale utiliter illinitur. Decoctum eius prurigines si eo lauantur sedat. Inflationes, duritias, & conuersiones uuluæ in desessionibus iuuat.

EX GALENO.

Pulegium calefacere abunde magnum est testimonium, quod illitum rubrificat, & quod, si quis diutius toleret, exulceret. Extenuare uerò satis indicat, quum humida, crassa & lenta ex thorace & pulmone excreatu facilia faciat, mensesq; moueat.

EX PLINIO.

Magna societas cum Mentha, ad recreandos defectos animo, Pulegio cum surculis suis in ampullas uitreas aceti utrisque deiectis. Qua de causa dignior è Pulegio corona uertigini quàm è rosis, cubiculis nostris pronunciata est. Nam & capitis dolores imposita dicitur leuare. Quin & olfactu capita tueri contra frigorum æstusq; iniuriam, & à siti traditur: neque æstuare eos qui duos è Pulegio surculos impositos auribus in sole habeant. Illinitur etiam in dolorib. cum polenta & aceto. Nauseas cum sale & polenta in frigida aqua pota inhibet. Sic & pectoris ac uentris dolorem. Stomachi autem ex aqua item rosiones sistit, & uomitiones cum aceto & polenta. Intestinorum uitia melle decocta & nitro sanat. Vrinam pellit ex uino, &

PVLEGIVM

Poley.

A si aminæum sit, & calculos, & interiores omnes dolores, ex melle & aceto sedat. Menstrua & secundas, uuluas conuersas corrigit, defunctos partus eijcit. Comitialibus in aceto cyathi mensura datur. Si aquæ insalubres bibendæ sunt, tritum inspergitur. Salsitudines corporis si cum uino tradatur minuit. Neruorum causa & in contractione, cum sale, aceto & melle confricat̃ opisthotono. Bibitur ad serpentium ictus decoctum. Ad scorpionum, in uino tritum, maximè quod in siccis nascitur. Ad oris exulcerationes, ad tussim efficax habetur. Flos recentis incensus, pulices necat odore. Xenocrates Pulegij ramum lana inuolutum, in tertianis ante accessionem olfactandum dari, aut stragulis subijci, & ita collocari ægrum, inter remedia tradit.

EX SYMEONE SETHI.

Pulegium attenuat & calfacit uehementer, quapropter humida & crassa in thorace, & in pulmone humida & glutinosa iuuat, & ut excreentur efficit. Cum uino albo coctum & potum, calidumq́ue syncerum menses prouocat. Extrinsecus illitum ischiadicis, & alijs partibus frigore affectis auxiliatur.

DE GENTIANA. CAP. LXXIIII.

NOMINA.

Gentiane græcè, Gentiana latinè appellatur. Nomen apud omnes officinas retinet. Germanicè Entzian / oder Bitterwurtz nominatur. Sic à Gentio Illyriorum rege, qui in bello primus eius uires reperit, dicta est. *Gentiana unde dicta.*

FORMA.

Folia Gentianæ iuxta radicem erumpunt iuglandi aut Plantagini similia, sub-
B rubentia: sed quæ à medio caule, præsertim autem cacumine prodeunt, breuioribus incisuris secta sunt. Caulis illi inanis, leuis, digiti crassitudine, binûm cubitorũ altitudine, geniculis intersectus, ex maioribus interuallis folia proferens. Flores eius lutei primum calycibus conclusi, postea intumescentes explicantur. Semen in calycibus obtinet latum, leue, glumosum, ad Spondilij semen accedens. Radicem mittit longam, similem Aristolochiæ longæ, crassam, & amaram.

LOCVS.

Nascitur in altissimis montium cacuminibus, umbrosis locis & aquosis. Plurima uerò & copiosissima sub Alpinis montibus in Illyrio, & in monte Farrenberg haud procul à Tubinga sito.

TEMPVS.

Floret æstate, Iunio potissimum mense, dein Iulio semen producit.

TEMPERAMENTVM.

Amaritudo immensa satis monstrat radicem eius esse calidam & siccam.

VIRES. EX DIOSCORIDE.

Gentianæ radix calefactoriam & adstringentem uim habet. Venenatorũ morsibus succurrit duarum drachmarum pondere cum pipere, ruta & uino pota. Succi drachma, laterum doloribus, ex alto cadentibus, ruptis & cõuulsis opitulatur. Hepaticis, stomachicis pota cum aqua subuenit. Radix collyrij modo subdita fœtus eijcit. Vulneraria est, imposita ut lycium, uulneribusq́ue sinuatim depascentibus, potissimum succus, medetur. Oculis inflammatione laborantibus illinitur. Pro meconio collyrijs acribus miscetur succus. Radix alphos abstergit. Contusa radix diebus quinque aqua maceratur, postea in eadem decoquitur, dum aquæ radices superstent emineántue: deinde ubi refrixerit aqua linteolo percolatur, iterumq́ue decoquitur, dum mellis crassitiem contrahat: demum in uase testaceo reconditur.

GENTIANA

Entzian.

A

EX GALENO.

Radix Gentianæ herbæ admodum efficax est quum opus est extenuatione, purgatione, abstersione, obstructionis liberatione. Nec mirum si hæc possit, quum impense amara sit.

EX PLINIO.

Vsus in radice & succo. Radicis natura est excalfactoria, sed prægnantibus non bibenda. Præcipuè aduersus angues duabus drachmis cum pipere & ruta, uini cyathis sex, siue uiridis siue sicca pota prodest. Tanta huic uis est, ut iumentis etiam nō tussientibus modo, sed ilia quoq; trahentibus auxilietur pota. Stomachum corroborat ex aqua pota. Farina eius ex aqua tepida fabæ magnitudine pota, interaneorum uitijs occurrit. Radix trita uel decocta, à ruptis, conuulsis, & ex alto deiectis potatur.

DE GLYCYSIDA. CAP. LXXV.

NOMINA.

ΓΛΥΚΥΣΙΔΗ, ἢ παιωνία Græcis, Pæonia & Casta herba Latinis dicitur. Nomē Pæoniæ in officinis seruat. Germanis Peonienblům/Königßblům/Gichtwürtz/Benignenroß/Venedischroß/Benedictenroß/Pfingstroß uocatur. Glycysida porrò dicta est, quod grana mali punici acinis similia habere uideatur. Nam sidia mali punici grana à Bæotis nominantur. Pæonia ab eius inuentore, medicinæ peritissimo, Pæone appellata est. *Glycysida unde dicta.* *Pæonia cur dicta.*

GENERA.

Duo eius genera sunt, mas & fœmina. Mas in uulgaribus herbarijs Niniuenwurtz/fœmina uero Peonienblům/alijsq; nominibus Germanicis paulò antè commemoratis nuncupatur. Iidem, magno errore, Pæoniam à Pionia differre putant, atqueadeo diuersis etiam capitibus, imò & uiribus disiungunt. Ferendus tamen is *Error herbariorum.*
B error esset nisi utriq; etiam herbæ, hoc est, Pæoniæ & Pionię, duplex genus assignarent, marem nimirum & fœminam, cum tamen sub una Pæoniæ nomenclatura, utrunq; genus Dioscorides & alij ueteres complexi sint.

FORMA.

Caulis duorum ferè dodrantū altitudine nascitur, multas propagines habens. Mas Iuglandi nuci folia similia obtinet: fœmina uero Smyrnij modo diuisa. Summo caule siliquas quasdam Amygdalis similes profert, in quib. quum aperiuntur, grana rubra, multa, exigua, punici mali acinis similia inueniuntur, in medio nigra, purpurea, quinq; aut sex. Radix maris digiti crassitudine, dodrantali uero longitudine, gustu adstringens, alba. Fœminæ propagines sobolésue ceu glandes septem aut octo, ut Asphodelus habet. Ex qua siquidem descriptione abundè liquet, Pæoniam quæ passim in hortis nascitur, & cuius hic picturam damus, esse fœminam, quod eius folia Smyrnij modo sint laciniata, & quod radix septem aut octo ueluti glandibus constet. Reliquæ notę, potissimum quod in siliquis grana alia rubentia, alia nigra sint, utriq; generi cōmunes existunt.

LOCVS.

Nascitur in altissimis montibus, & passim hodie, fœmina potissimum, in hortis prouenit.

TEMPVS.

Maio floret mense.

TEMPERAMENTVM.

Pæonia radicem habet leuiter adstringentem cum quadam dulcedine. Si uero plusculum dentibus mandas, acrimoniā item quampiam subamaram subesse percipies, id quod in radice etiam nostratis Pæoniæ, quam fœminā esse diximus, deprehendes.

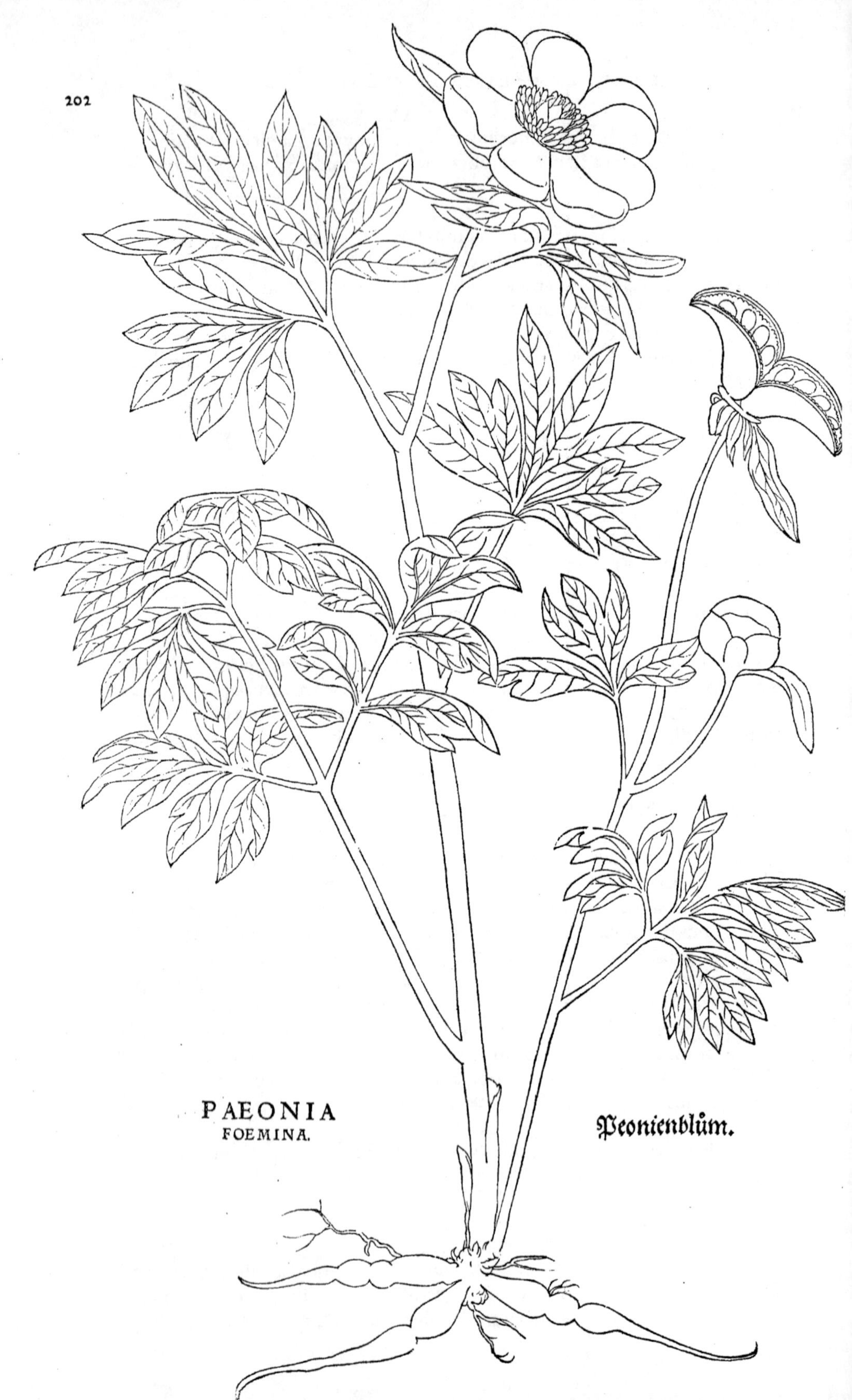

PAEONIA
FOEMINA.

Peonienblům.

A hendes. Pæoniæ uerò in uniuersum temperamentum tenuium est partium, exiccatorium, haud tamen insigniter calidum, sed aut symmetrum, aut paulò calidius.

VIRES. EX DIOSCORIDE.

Datur radix mulieribus à partu non purgatis. Cit menses Amygdalæ magnitudine pota. Ventris doloribus cum uino pota auxiliatur. Regio morbo correptis prodest, renum ac uesicæ doloribus. Decocta in uino & pota, aluum sistit. Seminis grana rubra decem aut duodecim pota in uino austero, nigro, rubentem fluxionē sistit. Stomachicis & erosionibus comesta prosunt. A pueris pota & comesta, initia calculorū eximunt. Grana nigra nocturnis suppressionibus, ephialtas nominant, uuluæ strangulationibus, & uteri doloribus in aqua mulsa aut uino quindecim pota, opitulantur.

EX GALENO.

Radix Pæoniæ menses cit ex mulsa Amygdalæ quantitate pota. Sanè tundere eam oportet ac cribare, & sic inspergere. Expurgat etiam iecur obstructū & renes. Sed hæc efficere nata est quà acris & subamara est, quà uerò quiddam etiam adstrictorium obtinet, fluxiones uentris sistit. Oportet autem tunc in austerorum uinorum quopiam eam decoctam bibere. Est omnino resiccatoria uehementer, ut non desperauerim eam ex collo pueris suspensam, meritò comitialem morbum sanare. Equidem uidi puellum quandoque octo totis mensibus morbo comitiali liberum, Historia. ex eo quo gestabat radicem tēpore. Vbi autē fortefortuna quod à collo suspensum erat decidisset, protinus morbo correptus est: rursusq; suspenso in illius locum alio, inculpatè postea se habuit. Visum uerò est mihi satius esse denuò id certioris experientiæ gratia detrahere, id quum fecissem, ac puer iterum esset cōuulsus, magnam ac recentem radicis partem ex collo eius suspendimus, ac deinceps prorsum sanus B effectus est puer, nec postea conuulsus. Rationabile itaque erat aut partes quaspiā à radice defluentes, ac deinde per inspirationem attractas, ita affectos locos curare, aut aërem à radice asiduè mutari & alterari. Nam hoc pacto succus Cyrenaicus columellam phlegmone affectam iuuat, & Nigella fricta palàm destillationes & grauedines desiccat, si quis eam in calidum linteum rarum liget, asiduecq; calorem ex ea per inspirationem quæ per nares fit, attrahat. Quinetiam si compluribus linis, maximè marinæ purpuræ, collo uiperæ inieceris, illis uiperam præfocaueris, eaq; postea cuiuspiam collo obuinceris, mirificè profuerit tum tonsillis, tum omnibus ijs quæ in collo expullulant.

EX PLINIO.

Pæonia medetur Faunorum in quiete ludibrijs. Rubra grana rubentes menses sistunt quindecim ferè pota in uino nigro. Nigra grana uuluis medentur, ex passo aut uino totidē pota. Radix omnes uentris dolores sedat in uino, aluumq; purgat. Sanat opisthotonum, morbum regium, renes, uesicam. Matricem autem & stomachum decocta in uino, aluumq; sistit. Estur etiam contra malum mentis, sed in medendo quatuor drachmæ satis sunt. Grana nigra auxiliantur & suppresionib. nocturnis in uino pota quo dictum est numero. Stomacho uerò & erosionibus, & esse ea & illinire prodest. Suppurationes quoq; discutiuntur recentes nigro semine, ueteres rubro. Vtrunq; auxiliatur à serpente percusis, & pueris contra calculos incipiente stranguria.

DE GERA-

GERANIVM
PRIMVM.
Storckenschnabel.

GERANIVM
ALTERVM.

Dauben füß.

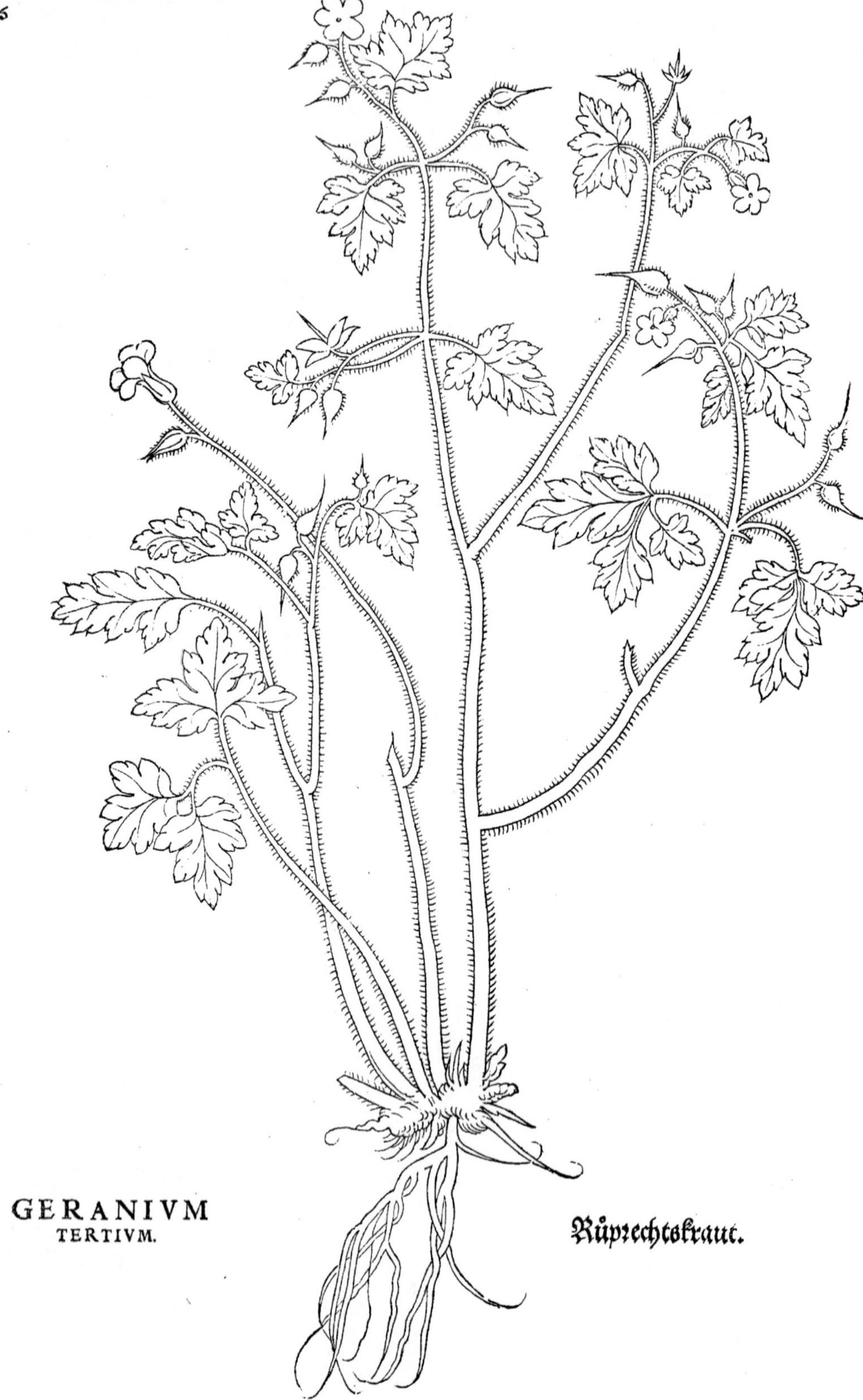

GERANIVM
TERTIVM.

Rûprechtskraut.

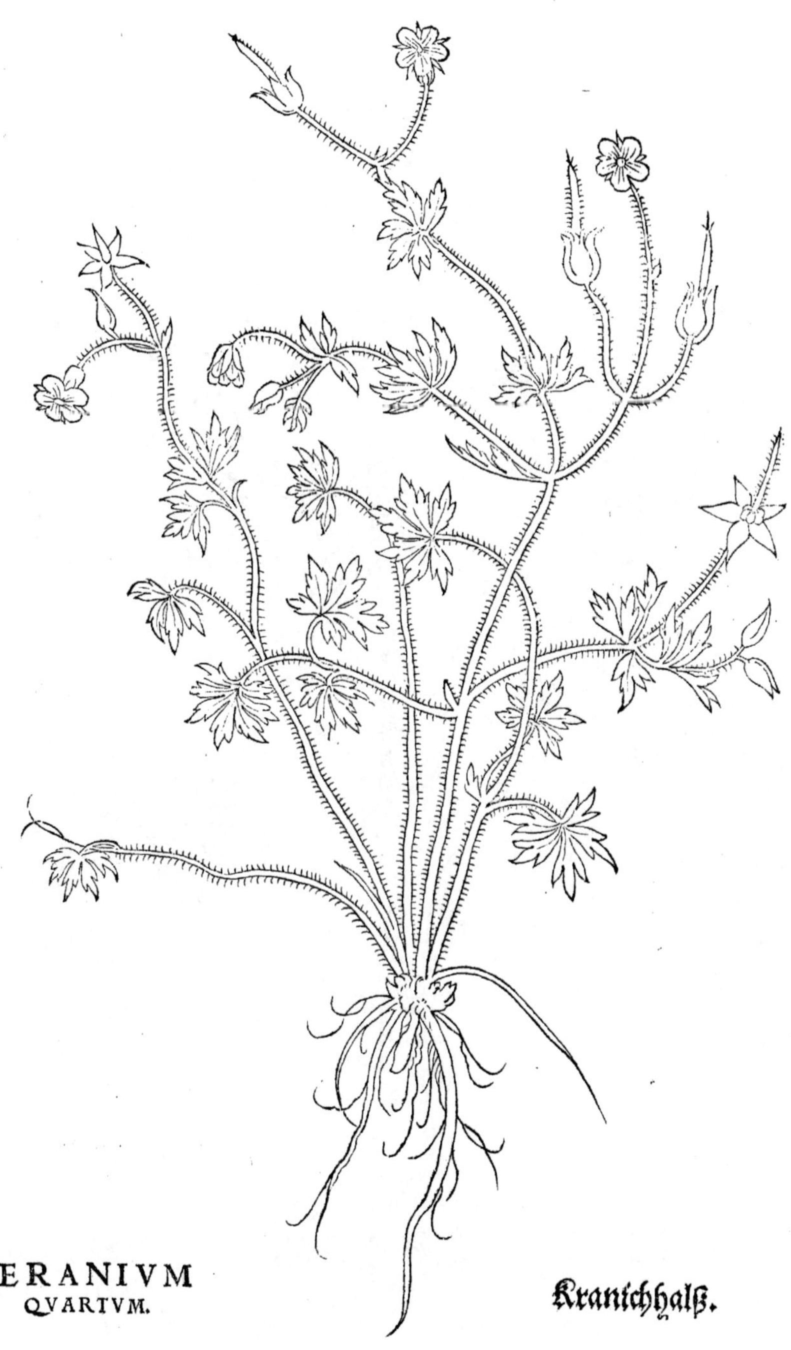

GERANIVM
QVARTVM.

Kranichhalß.

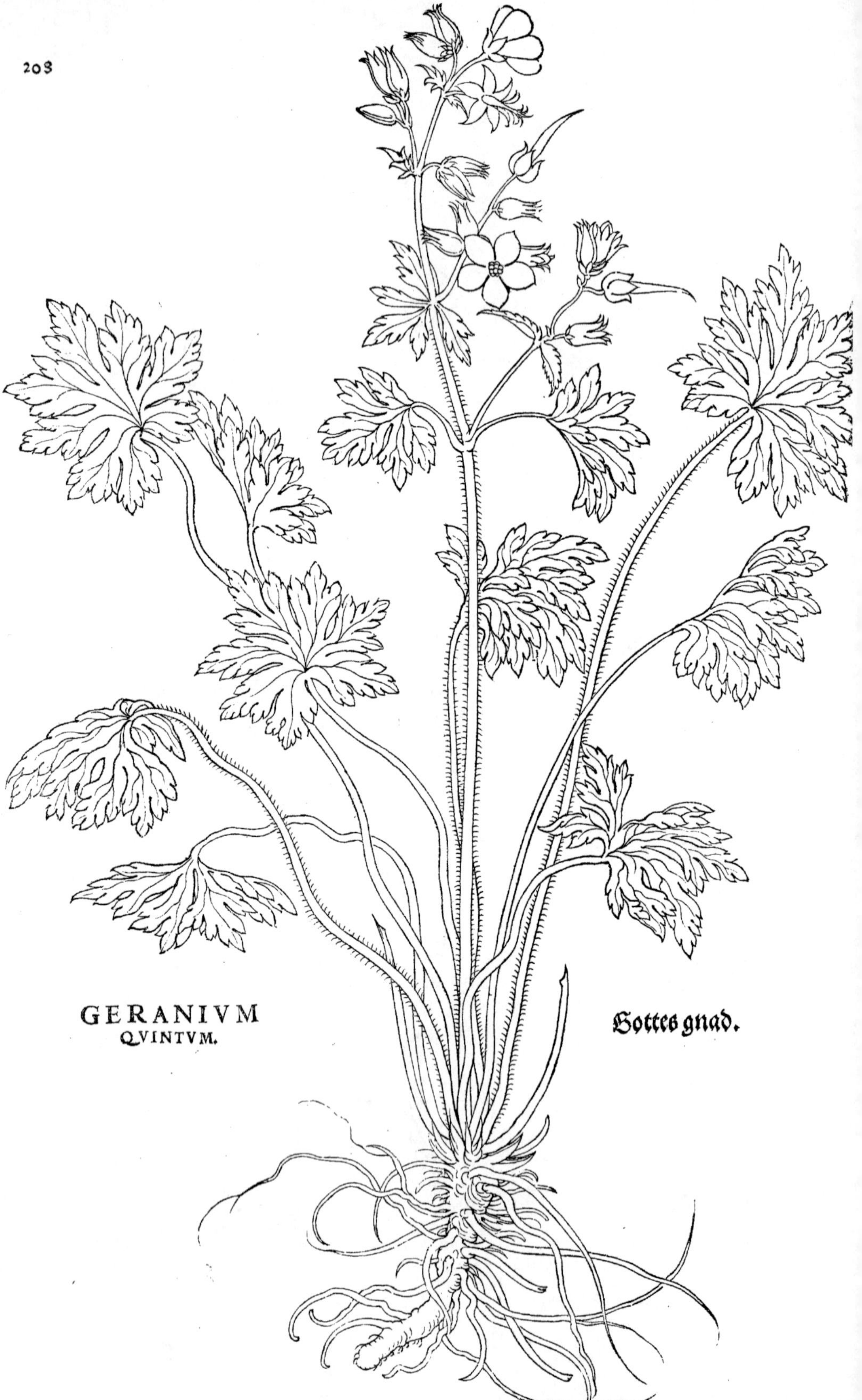

GERANIVM QVINTVM.

Gottes gnad.

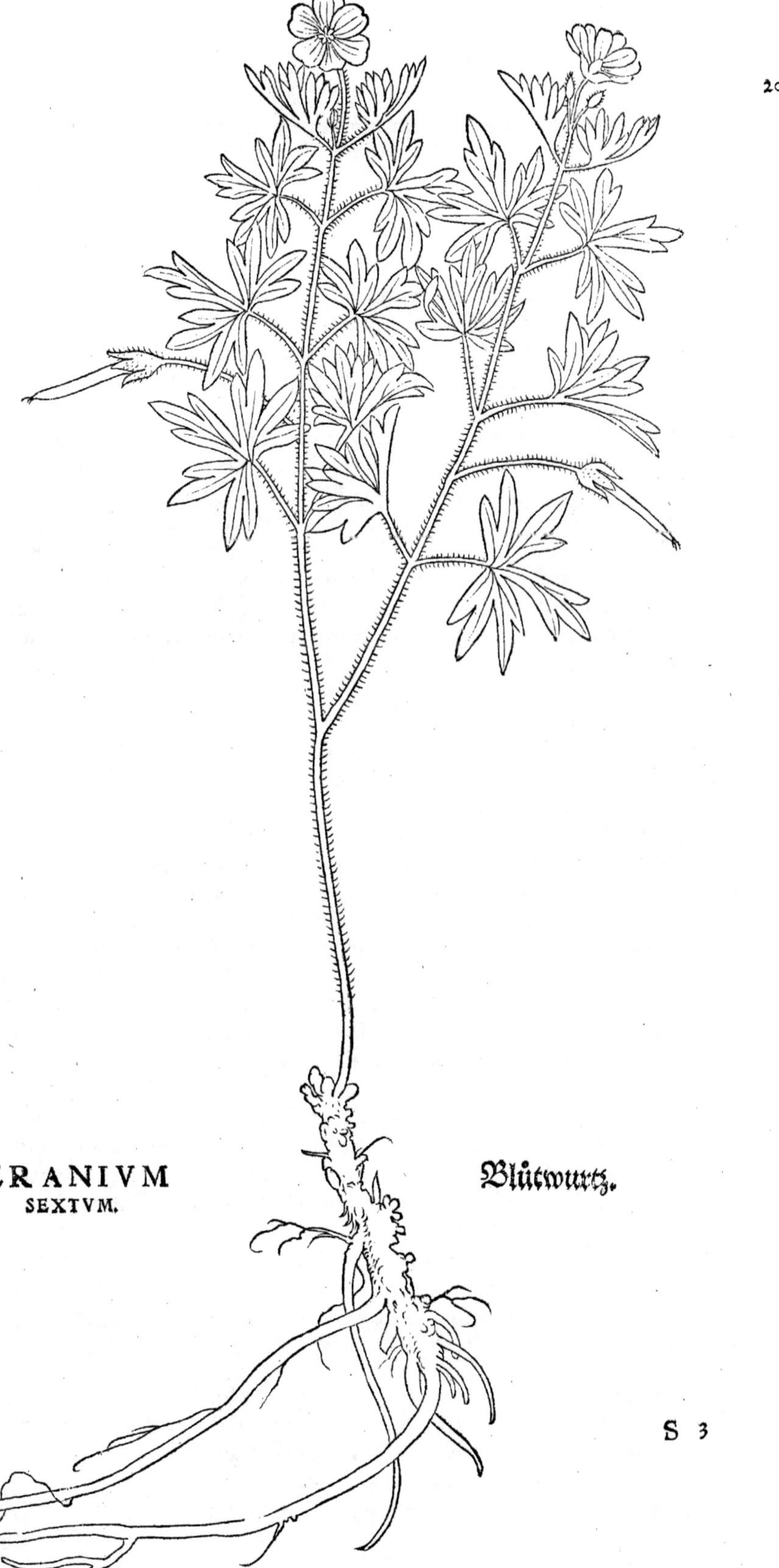

GERANIVM SEXTVM.

Blůtwurtz.

C

NOMINA.

Rostrū ciconiæ. Geranium unde dictum.

ΕΡΑΝΙΟΝ græcè, Geranium latinè, uulgo & herbarijs Rostrum ciconiæ appellatur. Geranium autem à gruini capitis imagine, quæ summo eius plantæ capitulo inest, Græcis aptissima similitudine dictum est. Sic recentioribus à ciconiæ rostri effigie, Rostrum ciconiæ nominatū est.

GENERA.

Primum genus. Duo Geranij Dioscorides tradit genera. Primum quod longioribus rostris, & in mucronem acuminatis constat. Hoc hodie officinis & herbarijs Acus pastoris & *Secundum.* Muscata, Germanis uerò Storckenschnabel dicitur. Alterum quod maluæ folia habet, Pes columbinus uulgo nominatur. *Amomū non est Pes columbinus.* Sunt qui turpiter aberrantes, Amomū esse existimant. Germanicè Taubenfüß/oder Schartenkraut appellatur. Præter *Tertium.* hæc duo alia adiecimus genera, inter quæ id quod tertium ordine est, folijs Artemisiæ tenuifoliæ uel Chærephyllo simile existit, herba Roberti & *Robertiana.* Robertiana à nonnullis, hauddubiè à superstitione aliqua Diui, qua superior ætas mirificè imbuta fuit, appellatur, germanicè Ruprechtskraut. *Quartum.* Quartum folia obtinens laciniata, germanicè pro certiori discrimine Kranichhalß uocari potest. *Quintum.* Quintum, quod folia Ranunculi habet, gratia Dei nominatur, germanicè Gottes gnad / ab insigni in sanandis uulneribus effectu. *Sextum.* Sextum, quod forma quarto generi simillimum est, nec ferè ab illo nisi sola magnitudine foliorū, florum & radicis distat, germanicè Blůtwurtz / à rubro colore aut mirifica in sistendo sanguinis profluuio facultate uocatur.

FORMA.

Primi. Geranium primum caules habet à radice rubentes, lanuginosos, folia Anemones, diuisuris incisa, flores purpureos, & in cacumine caulium fastigia capitulis ciconię aut gruum cum rostellis longitudine acus emicantia. Radicē oblongā & subrotundā dulcemq;. D *Secundi.* Alterū ut pręcedēs caules tenues, rubentes à radice statim, lanuginososq; obtinet, folia maluæ similia, candidiora, flosculos subpurpureos, capitella gruini capitis modo rostrata, radicem tenuem & oblongam. *Tertij.* Tertium, caules habet à radice rubescentes, lanuginosos, geniculatos, saporis & odoris iniucundi, folia Chærephyllo aut Artemisiæ tenuifoliæ similia, flores purpureos, capitella gruini capitis modo rostrata, radicem intus uiridem, & adstringentem. *Quarti.* Quartum, cauliculos itidem ut reliqua rubentem, lanuginosum, folia laciniata admodū, flores purpureos, ex quibus capitella gruini capitis instar rostrata, & in ijs semina quinq; nascuntur: radicem intus candidam, extrà subluteam. *Quinti.* Quintum reliqua omnia magnitudine excedit, caules emittit oblongos, rotundos, modicè lanuginosos, à radice statim rubentes, folia Ranunculo similia, flores ferè cæruleos, capitella pręcedenti Geranio similia, radicem crassam & longam, multis exiguis radiculis uelut capillamentis quibusdam fibratā. *Sexti.* Sextum ramos habet tenues, lanuginosos, folia laciniata, tenuia, flores in summo purpureos, ex quibus, ut in quarto, capitella gruini capitis formam referentia proueniunt. Radicem extrà & intus rufam.

LOCVS.

Omnia Geranij genera in incultis proueniūt. Primum passim in campestribus, & nōnunquam inter segetes nascitur. Alterum in colliculis. Tertium in umbrosis locis & dumetis. Quartum in agrorum limitibus, & iuxta sepes. Quintū in pratis. Sextum in locis montosis & saxosis.

TEMPVS.

Primū statim inter initia ueris Aprili mense flores suos ostendit, & subinde per integram æstatem. Alterum, tertium, & quartum, Maio mense florent. Quintum Iunio & Iulio mensibus, quemadmodum etiam sextum.

TEMPERAMENTVM.

Omnium folia & radices, primo excepto, cuius radix dulcis est, quodammodo,

atque a

A atqueadeò discutiendi ui prædita, adstringunt ac siccant.

VIRES. EX DIOSCORIDE.

Radix Geranij primi in uino drachmæ pondere pota, uteri inflationes discutit. Secundum nullum habet in medicina usum.

EX PAVLO.

Geranium quod folijs respondet Anemones, radicem habet esculentã, quę cum uino drachmæ unius pondere sumpta, uteri inflationes dissoluit. Altera Geranij species in re medica inutilis est.

EX PLINIO.

Primæ Geranij speciei radix, reficientibus se ab imbecillitate utilissima. Bibitur contra phthisin drachma in uini cyathis tribus bis die. Item contra inflationes, quæ & cruda idem præstat. Succus radicis auribus medetur. Opisthotonicis semen drachmis quatuor cum pipere & myrrha potum.

APPENDIX.

Etsi secundum Geranij genus à Dioscoride alijsq; nõnullis, tanquam nullius in medicina usus damnatũ sit, tamen posterior ætas quotidiana experientia in sanandis uulneribus & fistulis, eius ac reliquorum etiam mirum esse effectum comperit: proinde eas herbas his ipsis in potu mirificè cõferre tradunt. Et certè nõ mirum est earundem uires olim fuisse ignoratas, cum & aliarum multarum plantarum facultates, quas constat esse hodie notissimas, ueteribus fuisse incognitas, notius sit quàm ut demonstrari debeat. Antiquus quoq; herbarius, prædictorum Geraniorũ folia magnam uim obtinere in glutinandis uulneribus, & articulorum doloribus lenien dis tradit. Primi autem radicem mouendi urinam facultatem habere ait, ideoq; calculosis, stranguriæ & difficultati urinæ prodesse. Tertium genus ad oris, mammil
B larum, pudendorumq; ulcera sananda unicè cõducit. Reliqua similiter ad glutinanda ulcera mirificè prosunt. Nullum uerò ad sanguinem undecunq; emanantẽ compescendũ præstantius sexto est: unde etiam Germani, ut comprehensum est, Blůtwurtz/hoc est, sanguinariam radicem appellare uoluerunt.

DE GONGYLE. CAP. LXXVII.

NOMINA.

ΓΟΓΓΥΛΗ, ἡ γογγυλὶς Græcis, Rapum Latinis & Officinis, Germanis Růben appellatur. Græci autem à figura eius, quæ plerunq; rotunda esse solet, uocabulum detorserunt. Nanq; quod in rotunditatem coactum est, uel in orbem circumagitur, γογγύλιον dixerunt. Rapa uerò, quod ex terræ rure, quasi ruapa, Varrone teste, nominata est.

Gongyle quare dicta. *γογγύλιον.* *Rapa unde.*

GENERA.

Rapi duo sunt genera. Vnum satiuũ, quod simpliciter Germani Růben uocãt. Estq; id iterum duûm generum. Vnum candidum, quod Germani etiam weiß-růben uocant: & alterum rubrum, rot růben ijdem appellant. Alterum syluestre, quod uulgus Rapunculum, quasi paruũ rapum, Germani Rapuntzeln nominãt. *Rapunculus.*

FORMA.

Rapum satiuũ caule & folijs raphano simile est: floribus uerò & siliquis, in quibus semen profert, Napis aut Brassicis. Syluestre frutex est cubitali altitudine, ramosum, in summo leue, folia nimirum leuia habens, digitali latitudine, aut maiora. Semen in calyculatis fert siliquis: dehiscentib. uerò seminũ inuolucris, alia intus capitũ specie est siliqua, in qua semina parua nigra sunt, sed quæ fracta intus albicent. Flos eius in purpureũ uergit colorem. Radix digitalis ferè est. Quę deliniatio prorsus alludit ad hanc herbam quam uulgus Rapunculum nominat: siquidem cubitalis est, fruticosa, ramosa, folio digitali, nigro in siliquis semine, quod cum frangitur album intus apparet. Flos etiam purpurei coloris est, radixq; digiti magna ex parte magnitudine constat. *Syluestre rapũ.*

RAPVM SATIVVM.

Weiß rüben.

RAPVM
RVBRVM.

Rot rüben.

RAPVM
SYLVESTRE.

Rapuntzeln.

A LOCVS.

Satiuum ſolum putre & ſolutum deſiderat. Syluestre in aruis naſcitur paſsim.

TEMPVS.

Satiuum rapum floret æſtate, ac ſiliquatur ſubinde. Syluestre autem uerno quidem tempore priuſquam in caulem attollitur, acetarijs frequenter inſeri ſolet, erutum radicitus cum folijs ſuis iam recens enatis, quo ſanè tempore à pueris etiam agnoſcitur. Deinceps uerò exit in caulem & adoleſcit, ac Iunio menſe flores, ac ſubinde ſemina profert.

TEMPERAMENTVM.

Rapa calida ſunt in ſecundo ordine, & humida in primo.

VIRES. EX DIOSCORIDE.

Satiui rapi elixa radix nutrit, inflat, carnem flaccidam generat, uenerem ſtimulat. Decocto eius podagræ ac perniones fouentur. Ipſa etiam radix trita illita prodeſt. Si uerò quiſpiam in excauata radice roſaceum ceratum feruenti cinere liquefecerit, exulceratis pernionibus proficiet. Aſparagi eius decocti eduntur ciendæ urinæ accõmodi. Semen in antidota & theriaca, præſertim quæ dolores mitigare poſſunt, aptè additur. Potum uenenis aduerſatur. Venerem concitat. Muria condîtum, comeſtum minus nutrit, ſed appetentiam excitat. Syluestre rapum miſcetur medicamentis quæ ad detergendam faciem reliquumq; corpus, ex lupinorum, aut tritici, aut lolij, aut erui farina conficiuntur.

EX GALENO.

Rapi ſemen uenerem excitat, utpote ſpiritum flatuoſum procreans. Sic & radix concoctu difficilis eſt, inflatq; & ſemen generat. Succus ex ea in corpus digeſtus, temperato craſsior eſt: ideoq; ſi quis ultra modum eſitauerit, & maximè ſi perfectè conficere eam nequeat, crudum ſuccum in uenis congeret. Ad alui deiectionem
B nec conferre quicquam, nec officere dixeris, potiſsimum quando bene fuerit percocta, ut quę longam elixationem requirat, optimaq; ſit bis decoctionem perpeſſa. Sin crudior ingeratur, concoctioni pertinacius reſiſtet, pariet inflationes, & ſtomachum infeſtabit, nõnunquam etiam mordere illum non uerebitur.

EX PLINIO.

Rapo uis medica ineſt. Perniones feruens impoſitum ſanat. Item frigus pellit è pedibus aqua decoctum. Et ius feruens podagris etiam frigidis medetur. Et crudum tuſum cum ſale cuicunq; uitio pedum. Semen illitum & potum in uino, cõtra ſerpentes & toxica ſalutare eſſe proditur. A multis uero antidoti uim habere in uino & oleo. Democritus in totum ipſum abdicauit in cibis propter inflationes. Diocles magnis laudibus extulit, etiam uenerem ſtimulari ab eo profeſſus. Item Dionyſius: magisq; ſi eruca condiretur. Toſta quoque articulorum dolori cum adipe prodeſt. Syluestri ad leuigandã albicandámue cutem in facie totoq; corpore, utuntur, mixta urina pari menſura. Eius ſuccus circa meſſem exceptus, oculos purgat, medetur caligini admixto lacte mulierum.

EX SYMEONE SETHI.

Admodum nutriunt rapa, urinam ciunt, inflant, genitale ſemen gignũt, fauces leniunt atque thoracem. Crebrior illorum uſus craſſum humorem generat, & obſtructiones iecoris parit. Ventrẽ nec ſiſtunt, nec mouent. Si cum aceto & ſale edantur, appetentiam excitant. Horum ſemen tritum & hauſtum magna copia, uenerem ſuſcitat. Fertur quod ſi quis hoc ipſum ſemẽ cum Calamintha & Lemnia terra cõmixtum ſumat, eo die neque ueneno, neque morſu uenenati animalis lædi. Appenſum inguinum morbis peculiari quapiam proprietate medetur.

GINGIDIVM
Kerbelkraut.

A

NOMINA.

ΓΙΓΓΙΔΙΟΝ græcè, Gingidium latinè, officinis Chærefoliũ, Germanicè Kerbelkraut dicitur. Chærefolium autem, græca uoce & latina coalescentibus in unum nomen, ob id dictum est, quod folijs luxuriet. Ne tamen uocabulorum uicinitas aliquam pariat cõfusionem, imperitoq́ lectori nomenclationũ similitudo imponat, sciendum est officinarum Chærefolium diuersum esse à Chærefolio Plinij. *Chærefolium.* *Chærefoliũ unde dictum.*

FORMA.

Herba est syluestri Pastinacæ similis, tenuior tantum & amarior. Radicula subcandida, amaricante. Vnde satis liquet herbam quam hodie Chærefolium nominant, esse Gingidiũ. Nam erraticæ Pastinacę folium æmulatur, aliquanto tenuius, radicula subalba, amaricante, floribus candidis, semine in siliquis exiguis oblongo, angusto & acuminato.

LOCVS.

Paßim hodie in hortis colitur.

TEMPVS.

Maio mense floret, & subinde semen profert.

TEMPERAMENTVM.

Sicut gustu amaritudinem & adstrictionem præfert, sic temperamento quoque ipso caliditatem & frigiditatem. Secundum uerò utranq; qualitatem desiccatoriũ in secundo ordine est: unde iterum colligi potest, Chærefolium esse Gingidium, quod ipsum gustui amarorem & adstrictionem euidentißimè repræsentet.

VIRES. EX DIOSCORIDE.

Crudum & coctum olerum modo esui idoneum est. Editur etiam sale cõdîtum
B seruatúmue. Stomacho utile. Vrinam ciet. Decoctum eius cum uino potum, uesicæ accommodum est.

EX GALENO.

Estur Scandicis modo. Stomacho mirè utile siue crudum, siue elixum libeat sumere. Longioris decoctionis impatiens est. Nõnulli ipsum ex garo oleoq́ esitant. Alij uinum aut acetũ adijciunt, ac multo sic magis stomacho conducit. Cum aceto assumptum, fastidiosos ad cibum inuitat. Perspicuum uerò est hanc herbam medicamentum magis esse quàm cibum, quippe quæ & adstrictionis & amaritudinis non obscuræ nec exiguæ particeps est.

EX PLINIO.

Coctum crudumq́ stomachi magna utilitate estur. Siccat enim ex alto omnes humores eius.

APPENDIX.

Facultates iam cõmemoratas etiam Chærefolio suo tribuunt recentiores: scribunt enim mirificè conferre uentriculo, ciendisq́ mensibus, & urinę in uino decoctum, ut iterum hinc constet à Gingidio non esse diuersum.

GENISTA

Ginſt.

DE GENISTA. CAP. LXXIX.

NOMINA.

GENISTA Latinis rei ruſticæ ſcriptoribus & Plinio nominatur. Officinis & barbaram ſectantibus medicinam, Geneſta & Geneſtra. Germanis Ginſt uel Geniſt appellāt. Geniſtam autem uocāt hauddubiè quod genu modo flexilis ad nexus ſit: uel, ut alijs placet, quia genibus medeatur dolentibus. Alia autem eſt à Sparto, quod hoc uirgas habeat longas ſine folijs, ut ſuo dicemus loco, illa autem minutis folijs ſcatet.

Geneſta. Geniſta unde dicta. Geniſta non eſt eadē cū Sparto.

FORMA.

Geniſta fruticat ramis herbaceis, ſcabris, folijs minutis ſcatentibus, flore luteó, apibusq́ gratiſsimo, ſemine lenticulis haud abſimili, quod ſiliquis innaſcitur, radice ſublutea.

LOCVS.

Perarida loca amat, ideoq́ in ſyluis, & iuxta ſyluas naſcitur.

TEMPVS.

Floret Maio & Iunio menſe, ac ſubinde in ſiliquis hirſutis ſemen profert.

TEMPERAMENTVM.

Calefacit & ſiccat in altero ordine, id quod amaritudo quā guſtata refert, & eius facultates abundè docent.

VIRES. EX PLINIO.

Semen Geneſtæ purgat Ellebori uice, drachma & dimidia pota in aquę mulſæ cyathis quatuor ieiunis. Ramis ſimiliter cum fronde in aceto maceratis plurib. diebus & tuſis, ſuccum dant iſchiadicis utilem, cyathi unius potu. Quidā marina aqua macerare malunt, & infundere clyſtere. Perunguntur eodem ſucco iſchiadici, addito oleo. Quidam ad ſtranguriā utuntur ſemine. Geniſta tuſa cum axungia, genua B dolentia ſanat.

APPENDIX.

Ex iam cōmemoratis uerbis perſpicuum omnibus fit, Sparto & Geniſtæ, nō obſtante quod forma nonnihil diſtent, eandem ineſſe facultatem: ut enim Spartum pituitam per ſuperna & inferna purgare poteſt, ſic etiā Geniſta. Hinc adeò fit ut eius ſeminis hodierno tempore contra podagram magnus ſit uſus. Vrinam etiam amaritudinis ratione mouet, & quia incidendi & extenuandi facultatem habet, lapidem tum in renibus, tum in ueſica cōfringere, ut etiam recentiores tradunt, poteſt. Strumas denique atq́ alios tumores diſcutere poſſe ijdem ſcribunt.

DE GENISTELLA. CAP. LXXX.

NOMINA.

PRIORI non admodum diſsimilem herbam nonnulli Geniſtellam uocant, quod ſcilicet Geniſta exilior & humilior ſit. Germanicè appellari poteſt, die ſtechende Ginſt. Alij uocāt Erdpfrymen/oder klein ſtreichblůmen. Sunt qui non ſine magno errore pro Geniſta utantur, quum facultatibus diuerſis prædita ſit. Sunt qui Roſmarinum aculeatum nominent, quod eius folia Roſmarino ferè ſimilia ſint.

Geniſtella. Roſmarinus aculeatus.

FORMA.

Frutex eſt Libanotidis coronariæ, quam Roſmarinum uocāt, penè folio, ſed rigido ac pungente, flore luteo, piſo non diſsimili, ſemine in exiguis ſiliquis ruſo, radice ſublutea.

LOCVS.

Naſcitur in arenoſis locis, ſecus uias.

GENISTELLA
Stechende Ginst.

A TEMPVS.

Maio mense flores luteos producit, quibus pastæ apes improbũ mel conficiunt.

TEMPERAMENTVM.

Adstringentem cum amaritudine facultatem possidet, ac proinde ualenter, simulq́ue citra mordacitatem exiccantem.

VIRES.

Semen eius serpentibus aduersari tradunt. Decoctum foliorum, profluuiũ menstruorum sistit. Idem etiam potum uentris fluori succurrit. Et ut rem in pauca contraham, idem Genistella quod Hippuris seu Cauda equina potest.

DE GNAPHALIO. CAP. LXXXI.

NOMINA.

ΓΝΑΦΑΛΙΟΝ Græcis, Centunculum aut Centuncularis herba Latinis nominat̃. Officinis ignota. Germanis Rhürkraut appellat̃. Gnaphaliũ uerò uocata est hæc herba, Galeno autore, à candidis mollibusq́ue eius folijs, quibus ἀντὶ γναφάλων, hoc est, pro tomentis utuntur. Gnaphalion itaque dicitur, quasi tomentitia. Centunculum autem dixerũt, quod centonibus cum tomento maxima sit cognatio. Germanicam nomenclaturam ab eius facultate aduersus dysenteriam illi inditam esse nemini non notum est.

Centunculum. Centuncularis herba. Gnaphaliũ quare dictum. Centunculus cur uocata.

GENERA.

Duûm esse uidetur generum: unum enim paulò latioribus ac candidioribus folijs constat: alterum uerò tenuioribus & minus candidis, quodq́ue flores in summitate ac cacumine tantum profert. Verum cum forma parum admodum, facultatibus

B uerò nihil distent, nos una pictura genus utrunq́ue complexi sumus.

FORMA.

Candida & mollia Gnaphalium obtinet folia, atque adeò tomentitia, floresq́ue luteos, radicem uero capillatam ac tenuem, ut pictura ipsa monstrat.

LOCVS.

Vulgaris herba ubiq́ue scatens Gnaphalium, in locis siccis potissimum, interdum etiam pinguibus proueniens.

TEMPVS.

Iunio & Iulio mensibus floret.

TEMPERAMENTVM.

Adstringit atque adeò exiccat Gnaphalium.

VIRES. EX DIOSCORIDE.

Gnaphalij folijs aliqui pro tomento utuntur. Tamen faciunt hæc ipsa in austero uino pota ad dysenteriam.

EX GALENO.

Folia Gnaphalij mediocriter adstringunt, ac proinde quidam id exhibent ex austerorum uinorum quopiam dysentericis.

EX PLINIO.

Datur in uino austero ad dysenteriam, uentris solutiones, mensesq́ue mulierum sistit. Infunditur autem tenasmo. Illinitur & putrescentibus ulcerum.

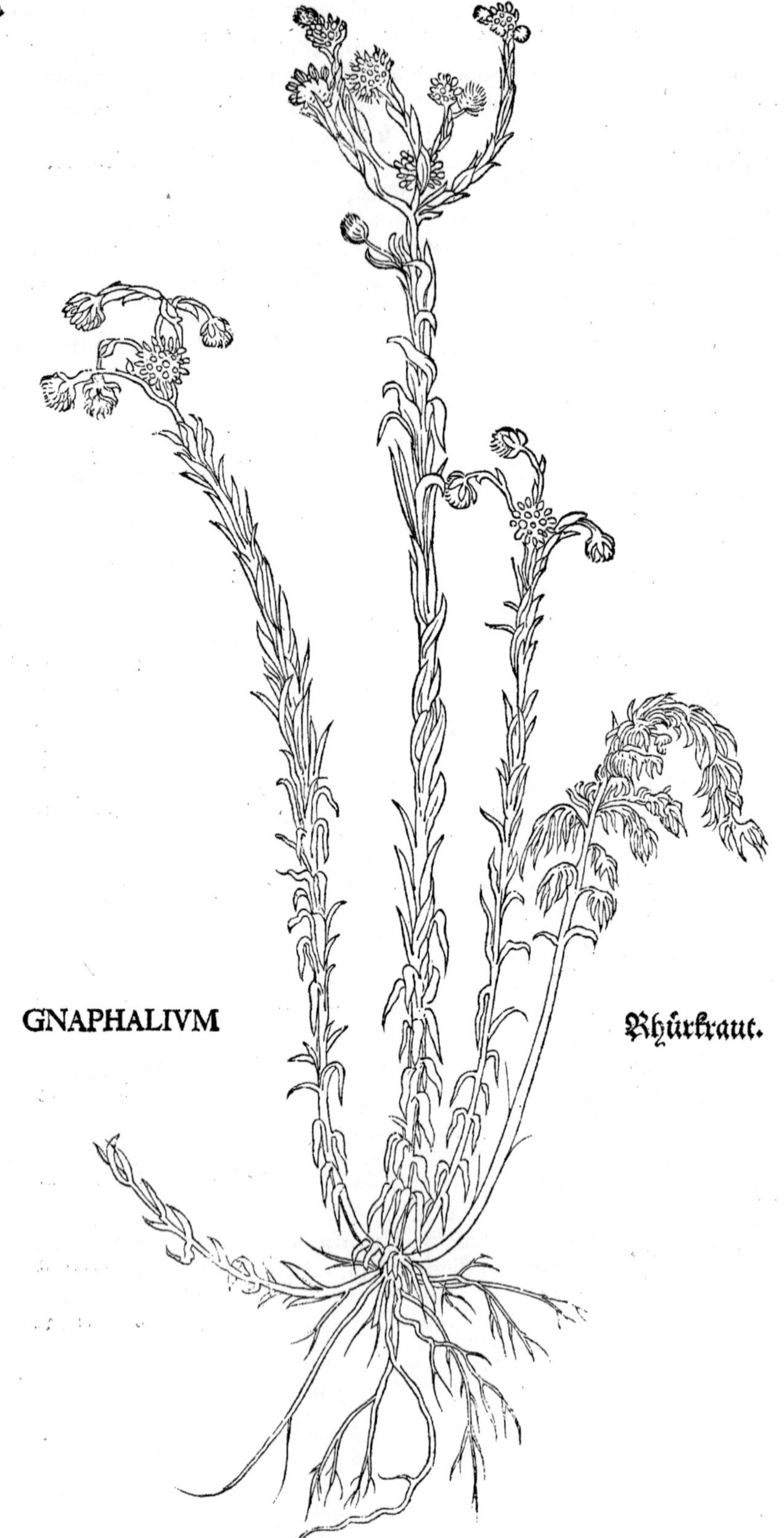

GNAPHALIVM

Rhůrkraut.

A

NOMINA.

ΔΙΨΑΚΟΣ Græcis, Labrũ ueneris, Carduus ueneris Latinis, Virga pastoris officinis, & Cardo fullonum dicitur. Germanis Kartendistel/Bübenstrel/Weberkarten. Dipsaci autẽ nomen à contrario inuenit, quoniam concauo alarum sinu rorem uel imbrem recipiat, quo uelut ad abigendas sitis iniurias abutitur. Labri ueneris nomenclationẽ à carinato foliorum habitu contraxit, quæ se anfractuosa sinuantia ambage, peluis uel lauacri speciem cõstituunt, & intra se humorẽ nunquam nõ retinent. Virga pastoris hauddubiè dicta est, ob longas uirgas, quibus cardui ad poliendos pannos utiles insident, quas pastores fortè sumunt, & ea parte qua posit manu capi aculeis nudant, reliqua autem aculeata parte gregem ducunt. Carduus uerò fullonius cœpit appellari, quod ea rudes pannos uelut echino quodam expoliunt, detractisq; floccis concinnant. Errat mirum in modum Serapionis interpres, qui sub Virgæ pastoris nomine, Polygonon Dioscoridis deliniat.

Virga pastoris. *Dipsacus unde dicta.* *Labrum ueneris* *Virga pastoris.* *Carduus fullonius.* *Serapionis interpres perstringitur.*

GENERA.

Duûm est generum. Vnum quod à fullonibus in hortis plantatur, alterũ quod sua sponte passim prouenit. Differunt inter se hac quidem ratione, quod primum folia latiora & profundius in ambitu incisa, flores candidos, echinataq; capitula magis aculeata habeat: alterum contrà angustiora & minus laciniata folia, flores purpureos, capitulaq; minus aculeata obtinet. Nos discriminis illius rationem habentes, primi generis appellauimus Dipsacum album, alterius uerò Dipsacum purpureum, ad florum nimirum respicientes diuersitatem.

FORMA.

B Aculeatarum generis est hæc herba. Caulem habet altum, spinis horrentẽ, folia caulem amplectentia, lactucæ similia, in singulis geniculis bina, oblonga, aculeis armata, quæ in dorsi medio ueluti bullas intus & extrà spinosas habent, cõcauo quo se in geniculis cõiungunt sinu, quo aquæ, rores, & imbres asseruantur, unde Dipsaci quasi sitientis nomen traxit. In cacumine caulis, singulis surculis capitulũ unum echino simile inest, oblongum, aculeatum, quod postquam exaruerit candidũ apparet. Dissectũ per mediam medullam caput, uermiculos habet. Quod si itaq; contempleris eam quam herbarij hodie Virgã pastoris & Carduum fullonũ nominãt herbam, offendes omnes huic notas respondere. Siquidem hæc pastoria uirga profert caulem binûm cubitorũ, imò qui sæpiusculè supra hominis altitudinẽ increscat, spinis horridum, geniculatũ, folia lactucæ, in singulis geniculis bina, prælonga, aculeata, quorum toruli bullantibus turgent spinis, dorsoq; nocentibus aculeis rigent, carinato alarũ sinu, qui peluis uel labri modo roris & imbris pluuij capax sit. Gnaræ laticis huius auiculæ, cum solis ardentissimus opprimit æstus, huc appelluntur ad satianda sitis desideria, illis facta bibendi potestate anfractu liberalem potum ministrante. Scaporum fastigia echinato minantur uertice, resupina hamulorũ flexura, mucronibusq; leuiter uncinatis, quibus rude lanificiũ aspero ductu læuigatur. Singuli echini è rotundo in oblongum quodantenus turbinantur, inter quorum spicula candicans aut purpureus emicat flos. His dissectis in medullo uermiculos identidem nobis in autumno quum exiccari incipit licet inuenire. Vermiculus autem albus est, qui per cauitatem echini dimouetur, & in caudicem transit. Hyeme etiam eundem uidere licebit antequam præ frigore moriatur. Imò etiam ueris initio in quibusdam uermiculi à nobis reperti sunt, partim uiui, partim mortui.

Vermiculi in echinis Dipsaci inuenti.

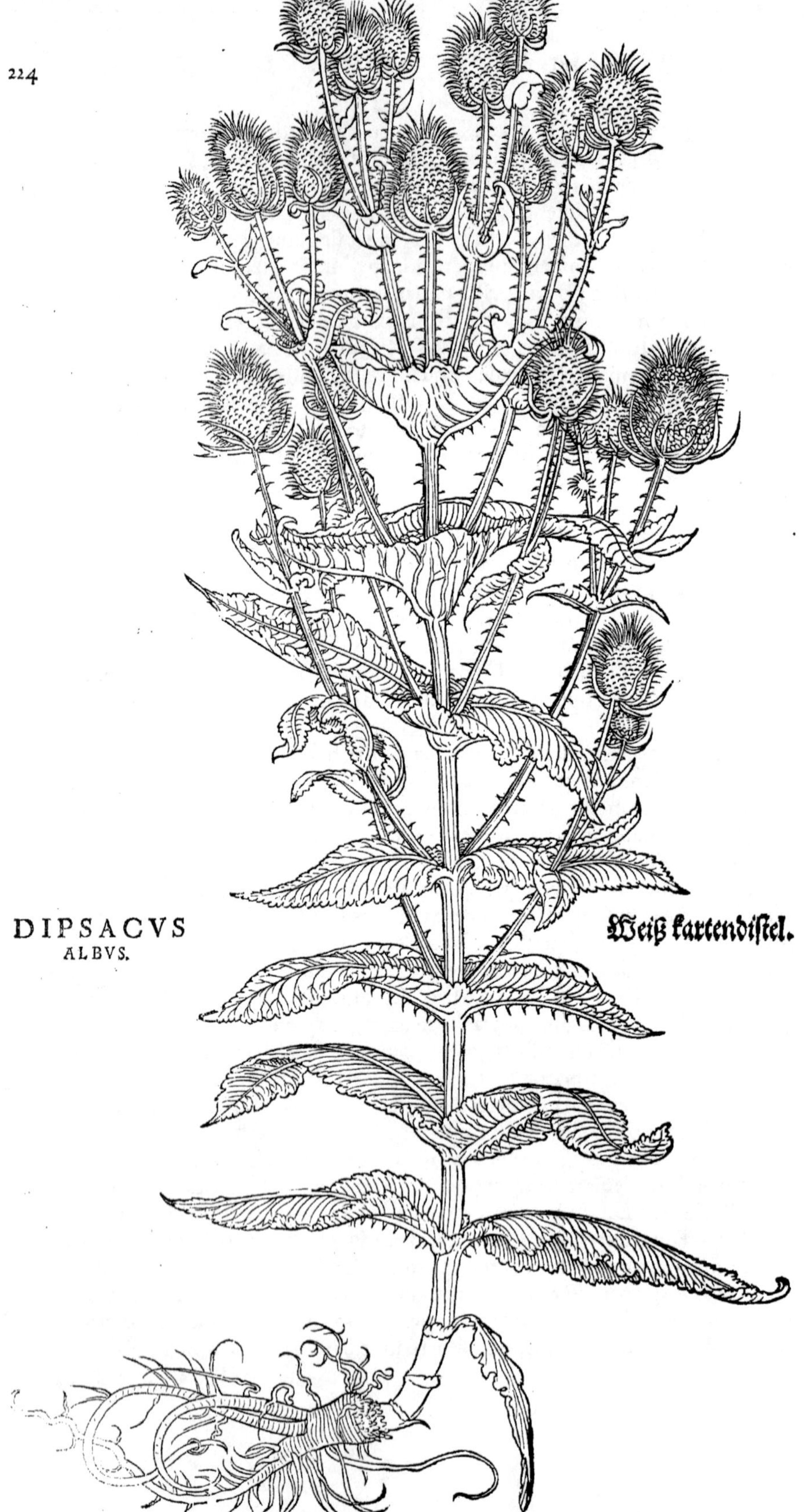

DIPSACVS
ALBVS.

Weiß kartendistel.

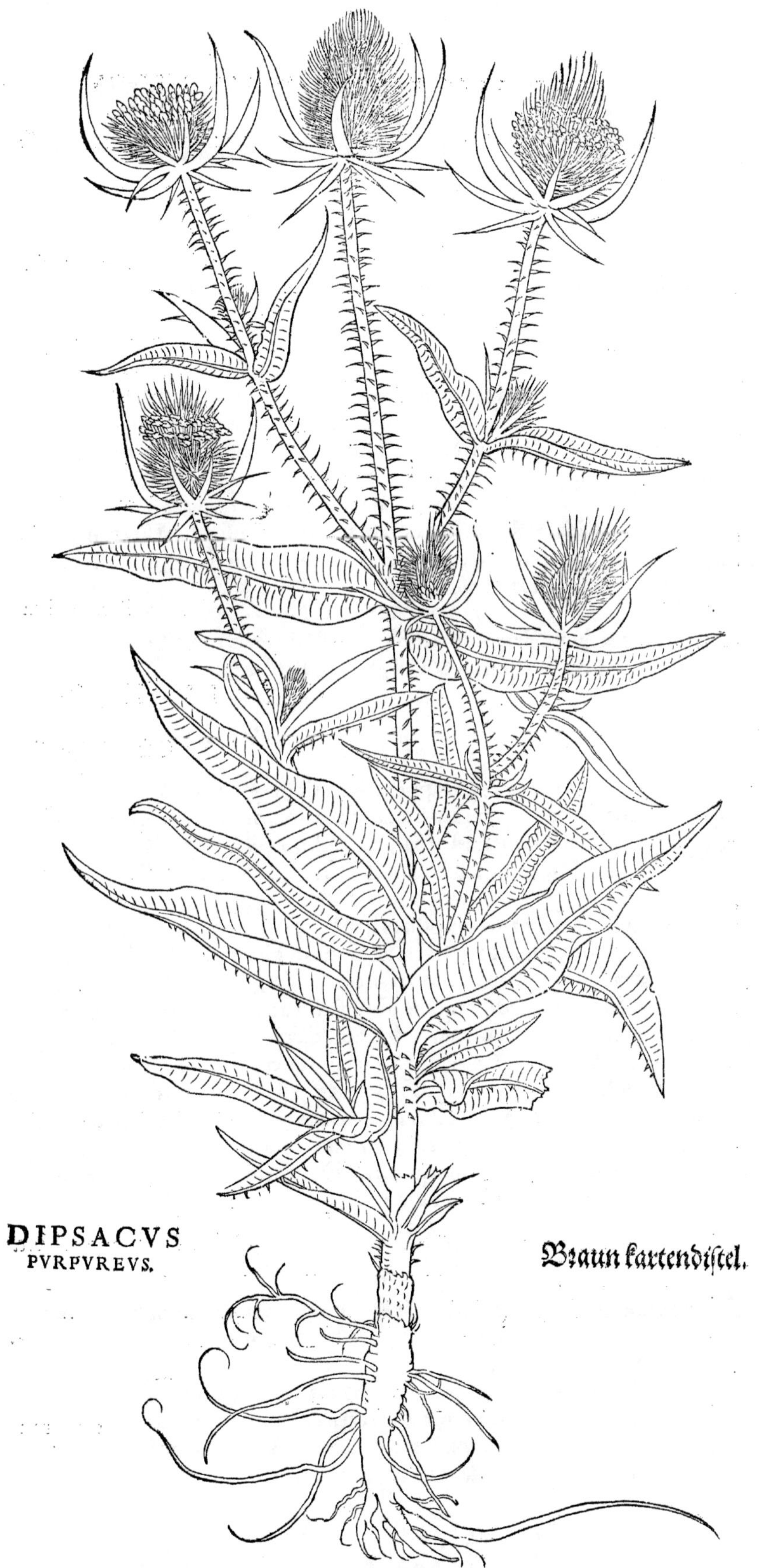

DIPSACVS PVRPVREVS.

Braun kartendistel.

C

LOCVS.

Naſcitur humectis locis, iuxta riuos aquarum & fontes: quapropter nonnulli Dipſacon à Græcis nominatum eſſe arbitrantur.

TEMPVS.

Carpitur in æſtate, Iunio & Iulio potiſsimum menſibus.

TEMPERAMENTVM.

Dipſaci ſpinæ radix ex ſecundo ordine exiccantium eſt, habetq; nonnihil abſterſorium.

VIRES. EX DIOSCORIDE.

Huius radix cum uino decocta & tuſa uſq; dum cerati craſsitudinē accipiat, impoſita rimas fiſtulasq; ſedis ſanat. Oportet autem medicamentum hoc ærea pixide recondere. Ferunt præterea formicis & uerrucis penſilibus remedio eſſe. Vermiculi capitis eius in folliculo clauſi & collo aut brachio appenſi, quartanas ſanare produntur.

EX PLINIO.

Sanat rimas ſedis, item fiſtulas decocta in uino radice uſq; dum ſit craſsitudo ceræ, ut poſsit in fiſtulam mitti. Item uerrucas omnium generū. Quidam & alarum, quas modo diximus, ſuccum ijs illinunt.

APPENDIX.

Aliæ facultates quæ à Serapionis interprete & alijs recentioribus illi concedu ntur non ſunt genuinæ, ſed ſpuriæ, & Polygono adſcribendæ.

DE DAPHNOIDE. CAP. LXXXIII.

D

NOMINA.

ΔΑΦΝΟΕΙΔΕΣ græcè, Daphnoides latinè nominatur. Officinis & noſtræ ætatis herbarijs, græcam imitantibus uocem, Laureola. Germanis Zeilant/ & Zeidelpaſt nuncupatur. Daphnoides autem & Laureola, à Lauri forma & ſpecie, quam in folijs & fructu refert, dicta eſt.

Laureola. *Daphnoides unde dicta.*

FORMA.

Frutex eſt cubitalis, ramos complures habēs lori inſtar flexiles, à medio ſurſum uerſus folioſos. Cortex ramos ueſtiens admodum glutinoſus lentúsue eſt. Folia Lauro ſimilia, molliora tamen, tenuiora, nec facilè fragilia, os & fauces erodentia, incendentiaq;. Flores candidi. Fructus ubi ematuruerit ſubniger. Radix inutilis. Quę in uniuerſum omnes notę Laureolę hodie dictæ cōueniunt. Nec obſtat quod Dioſcorides ſuę Daphnoidi candidos tribuat flores, cum Laureola purpuraſcentes potius habeat: ſolet enim color ſecundū diuerſas regiones in eadem ſæpè herba mutari, ut fuſius in Symphyto maiore dicemus. Et certè nihil incōmodi erit ſi etiā Laureolæ flores quiſpiam candidos dixerit, cum albi coloris non minor quàm purpurei in ijs portio reluceat. Veriſimile quoq; eſt Dioſcoridem ab extremo potius colore, quàm medio flores appellare uoluiſſe.

Obiectionis diſſolutio.

LOCVS.

Naſcitur in montanis & ſylueſtribus locis.

TEMPVS.

Floret primo ſtatim uere anteq; folia erumpunt. Fructū autē autumno profert.

TEMPERAMENTVM.

Calida eſt admodum & ſicca.

VIRES. EX DIOSCORIDE.

Ducit per inferna pituitoſa ſiccum aut recens Daphnoidis folium. Vomitus & menſes cit. Cōmanducatum capitis pituitas elicit. Sternutamenta itidem mouet. Purgant etiam ſeminis eius pota grana quindecim.

EX PLI-

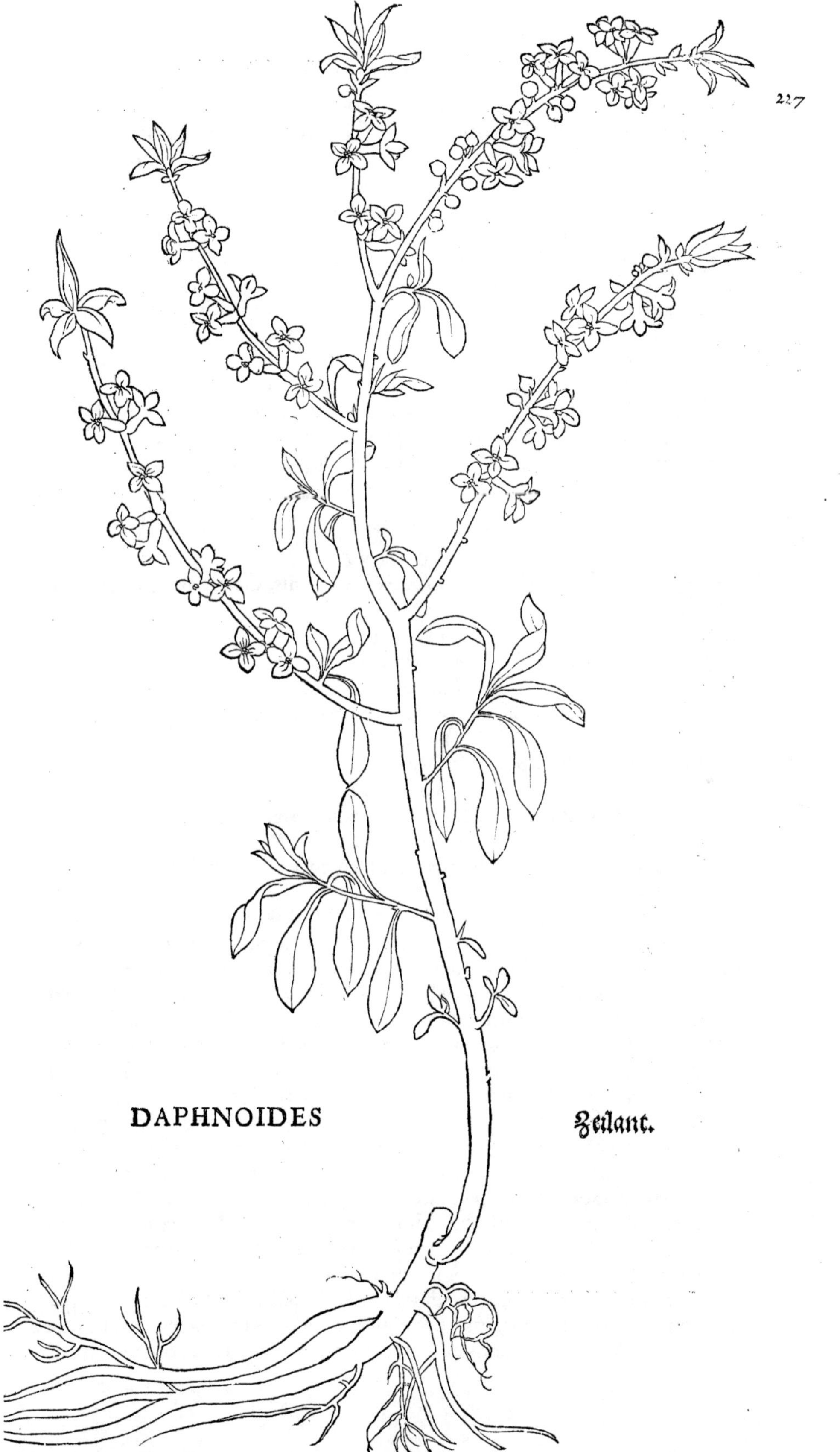
DAPHNOIDES
Zeilant.

C

EX PLINIO.

Daphnoides siue syluestris laurus aluum soluit, recenti folio uel arido drachmis tribus cum sale & hydromelite manducata. Pituitas extrahit foliū & uomitus. Stomacho inutile. Sic & baccæ quinæ denæúe purgationis causa sumuntur.

APPENDIX.

Officinarum error. Animaduertendū hoc loco mirum in modum errare officinas, propterea quod folijs Daphnoidis pro Mezereon, quæ tamen græcorum est Chamelæa diuersa ad modum à Daphnoide, utantur: & eius fructu pro cocco cnidio, quod fructum Thymelææ esse notius est quàm ut demonstrari debeat. Sic in manifestissimis cæcutire solent officinæ, pulchrè interim ad eos errores conniuentibus medicis, non minus *Thymelæa non est laureola.* quàm illi rei herbariæ imperitis. Thymelæan uerò non esse laureolam hodie appellatam herbam, ex eo colligi potest, quod hęc ipsa, Dioscoride autore, linum nōnullis nominata sit, non alia quidem ratione, quàm quod satiui lini similitudinem referat, cui quàm dissimilis laureola sit, nemo non nouit. Sunt etiam qui ad hanc similitudinem respicientes, in hodiernum usque diem linum syluestre appellant.

DE DRYI. CAP. LXXXIIII.

NOMINA.

ΔΡΥΣ Græcis, Quercus Latinis & Officinis, Germanis Eychenbaum appellatur.

FORMA.

Notissima est arbor Quercus, procera, crassiore & asperiore caudice, ramosa, folijs profundè laciniatis. Glandes producit optimas, & grandissimas, gallas item & uiscum. Radix eius latissimè circumiacentem terram amplectitur.

D

LOCVS.

Passim in syluis alijsq́ue locis nascitur.

TEMPVS.

Vere quidem germinat, sed tardius multis alijs arboribus.

TEMPERAMENTVM.

Desiccat, adstringit & excalfacit paulò infra media, in genere scilicet eorum quæ tepida sunt.

VIRES. EX DIOSCORIDE.

Quercus omnis adstrictoriam facultatē habet, præsertim id quod inter corticem & caudicem membranæ simile clauditur: quinetiam membrana putamini glandis subiecta. Decoctū ex ijs datur dysentericis & sanguinē excreantibus, & in pessis tritum contra fluxiones mulierum apponitur. Glandes idem possunt. Vrinam ciunt, capitis dolorem, & flatus comestæ pariunt. Resistunt esitatæ uenenatorum ictibus. Decoctum corticis cum lacte bubulo potum, contra toxica prodest. Crudæ autem tritæ & illitæ inflammationes leniunt. Ad malignas duritias, & malefica ulcera cum adipe suillo salso cōueniunt. Galla fructus est quercus. Aliqua omphacitis appellatur, parua quidem, præ se ferens formam in digitis articulorum, solida, nullo foramine peruia. Altera leuis, plana, perforata. Eligi debet omphacitis quæ efficacior est. Vtraq́ue uehementer adstringit. Carniū excrescentias tritæ, fluxiones gingiuarū & columellæ, atq́ue in ore aphthas reprimunt. Nucleus earum cauernis dentium inditus, dolores sedat. Crematæ carbonibus donec igne flagrent, & uino aut aceto, aut oxalme extinctæ, sanguinem reprimunt. Decoctum earum ad insessus utile, contra uuluæ procidentias, fluxionesq́ue. Capillos denigrāt aceto aut aqua maceratæ. Cœliacis, dysentericis, cum uino aut aqua trita conuenienter illinuntur aut bibuntur. Vtiles & obsonijs mixtæ, aut integræ in aqua præcoctæ, in qua aliquid co-

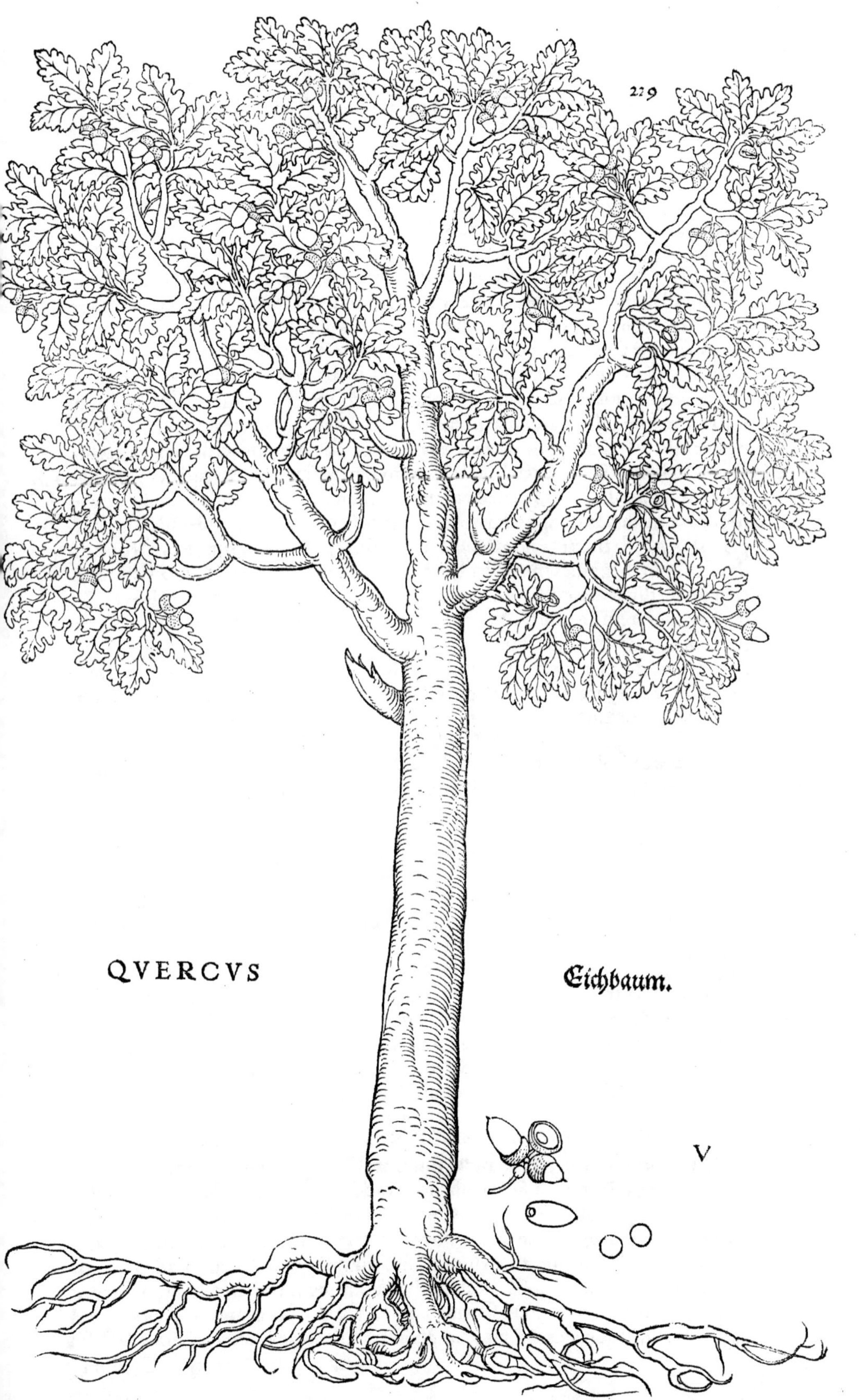

QVERCVS

Eichbaum.

C quid coquendum sit quod ipsis cōferat. In summa, galla utendum quoties opus est adstrictione & exiccatione.

EX GALENO.

Quercus omnes partes adstrictoriæ facultatis participes sunt. Sed plus tamē quę in trunci cortice membrana subest, tum quę sub glandis putamine, ea uidelicet quę fructus carnem conuestit. Quamobrē ad fluxum muliebrem, sanguinis expuitiones, uentrisq́ue diuturnos fluxus, cōmodam esse credunt. Maximè uerò ea utunt̄ decocta. Siquidem ego quandoq́ue glutinasse me uulnus memini securi inflictū, quum nullum ad manum esset medicamentū præter ipsius Quercus folia. Terebam uerò in leui saxo, & uulnus cum circumiacentibus locis illinebam. Eandem folijs uim habet & fructus Quercus, eoq́ue medici nōnulli ad incipientes, & crescentes phlegmonas utuntur. Nam quæ iam uehementes sunt, adstringentibus haud indigent. Galla quæ omphacitis nuncupatur, admodum acerbum est medicamentū, plurimum terrenæ & frigidę substantię particeps, per quam desiccat & reprimit fluxiones: adhæc constringit contrahitq́ue partes laxas ac languidas, omnibusq́ue fluxionū affectib. strenuè resistit. Esto uerò tertij in desiccando, secundi autem in refrigerādo ordinis. Altera autem galla, flaua, laxa, & magna, exiccat quidem etiam ipsa, sed tanto, quanto acerbæ qualitatis minus est particeps. Cocta itaq́ue ipsa per se, ac deinde trita cataplasma non instrenuum est sedis phlegmonarū, ac procidentiarum. Porrò coquenda est in aqua, si modica opus sit adstrictione: sin uehementiore in uino. Et si augere insuper adstrictionem sit opus, uino etiam utare austeriore. Deniq́ue gallæ combustæ sanguinis reprimendi facultatem acquirunt, ac nimirum etiam calorem & acrimoniam ex ustione assumunt, suntq́ue ijs quæ ignem non expertæ fuerint, tum subtiliorum partiū, tum maiore desiccandi potestate. Cęterum quum ad sanguinis suppressionem præparare eas uoles, carbonibus impositas dum undequaq́ue candeant, aceto aut uino extinguere oportebit.

Vsta acrimoniā assumunt.

D

EX SYMEONE SETHI.

Glandes difficilis sunt coctionis, & ualde nutriūt, tardius descendunt, crudosq́ue humores generant, proptereaq́ue illarum usum deuitari præcipimus.

DE DAVCO. CAP. LXXXV.

NOMINA.

ΔΑΥΚΟΣ græcè, Daucus latinè nominatur. Officinæ alijs & adulterinis herbis sub hoc nomine utuntur. Germanicas appellationes in generū explicatione indicabimus.

GENERA.

Dioscorides tria Dauci cōmemorat genera. Primum Creticum daucum uocat. Germanis Berwurtz/ propter capillatam radicem, aut quia uteri dolorem, qui ijsdem Bermůter appellatur, sanat. Alterum nomine peculiari caret, folijs Laserpitio simile, Germanis weiß Hirtzwurtz dicitur. Tertium genus itidem nomine destituitur proprio, Germanis autem nonnullis schwartze Hirtzwurtz nominatur.

Berwurtz cur dicta.

FORMA.

Creticus daucus

Creticus daucus folia Fœniculo similia habet, minora tamē & tenuiora. Caulem dodrantalem, umbellam Coriandro similem. Flores candidos, & post hos semen acre, candidum, hirsutum, & in cōmanducando odoratum. Radicem crassitudine digitali, & longitudine dodrantali. Omnes huius descriptionis notę, herbæ quam Berwurtz Germani uocant conuenire ad unguem uidentur, una duntaxat excepta: siquidem semen non est hirsutum. Sed quum omnia alia, atqueadeò facultates etiam ipsę respondeāt, nō est cur una hæc nota nos impediat, cur minus Creticū daucum credamus, aut saltem Germanicū qui Cretico per omnia respondeat. Vel si prorsus alicui non satisfaciunt, quæ diximus, dicat planè hanc herbam esse Seseli

Creticum,

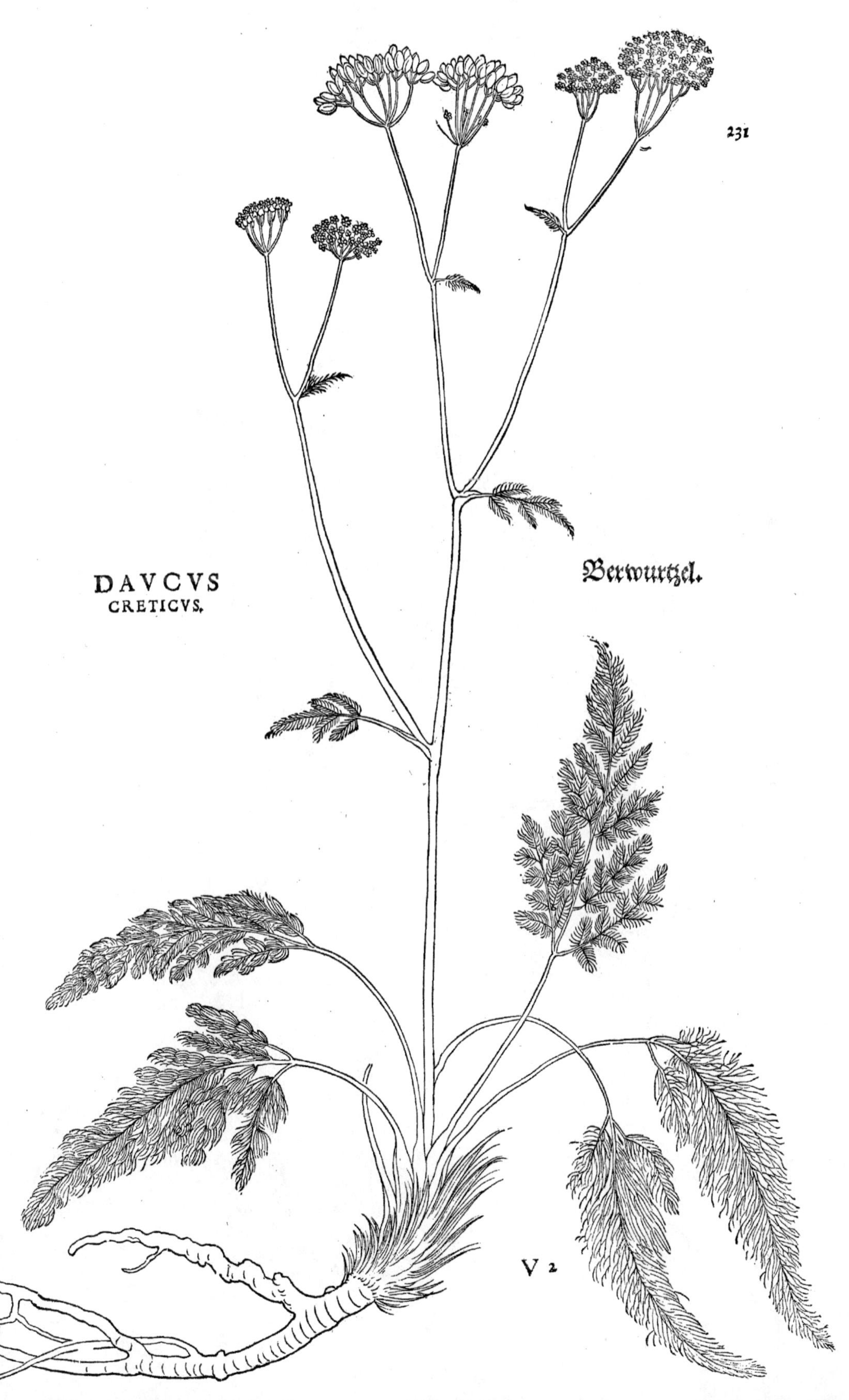
DAVCVS
CRETICVS.
Berwurtzel.

DAVCI
ALTERVM GENVS.

Weiß hirtzwurtz.

DAVCI
TERTIVM GENVS.

Schwartz hirtzwurtz.

C Creticum, cuius etiam herbæ notę omnes huic noſtrę cōueniunt, neq; etiam facultates quas ſimiles Dauco cretico habet, diſcrepāt. Alterum Apio ſyluestri, uel, ut antea diximus, Laſerpitio ſimile eſt: aromatū modo odoratum, acre, guſtanti odoratum & feruens. Tertiū folijs Coriandro aſsimilatur, flore candido, capite & ſemine Anethi, in quo umbella erraticæ Paſtinacæ ſimilis eſt, ſemine oblongo plenum, ſapore ut Cuminum acri.

LOCVS.

Primum in petroſis & apricis locis naſcitur, nuſquam uerò in Germania copioſius quàm in Martianæ ſyluæ quibuſdam pratis prouenit. Reliqua duo genera in altis montibus gignuntur.

TEMPVS.

Iunio & Iulio menſibus florent.

TEMPERAMENTVM.

Semen Dauci admodum calefacit & exiccat. Idem etiam, ſed minori efficacia, facit herba.

VIRES. EX DIOSCORIDE.

Omnium Daucorum ſemen calefaciendi uim obtinet. Potum menſes, fœtus, & urinas mouet. Torminibus liberat. Tuſſes diutinas lenit. Succurrit phalangiorum morſibus cum uino potum. Oedemata illitum diſcutit. Ex alijs ſeminis tantū uſus eſt, ex Cretico radicis etiam, quæ cum uino præſertim ad uenenata bibitur.

EX GALENO.

Dauci ſemen efficax admodum tum mouendæ urinæ medicamentū, tum prouocandis menſibus. Multum etiam diſcutere foris impoſitum ualet. Ipſa etiam herba eandem uim obtinet, ſemine tamen inferiorem, nimirum ob aqueæ humiditatis miſturam.

D

EX PLINIO.

Vehementer urinam impellit. Creticum magis contra ſerpentes pollet. Bibitur è uino drachma una, datur & quadrupedibus percuſsis, aduerſatur phalangio, capitis dolori medetur, tuſsi ſubuenit, ſtranguriæ medetur drachma ſeminis. Eius radix in uino pota, dyſenteriam ſiſtit. Contuſis & euerſis potū duobus obolis in mulſi cyathis tribus ſubuenit, aut ſi febris adſit in aqua mulſa. Menſes & ſecundas potum facillimè pellit. Calculos eijcit. Folia omnia tela infixa corpori extrahunt.

DE DRACONTIO MAGNO. CAP. LXXXVI.

NOMINA.

Serpentaria maior.

Dracunculus unde dicta.

Colubrina.

ΔPAKONTIA μεγάλη, ἢ δρακόντιον μέγα Græcis, Dracunculus maior Latinis, nonnullis Serpentaria maior dicitur. Officinis ignota herba. Germani Schlangenkraut uocant. Nomen autem à figura ſumpſit: caulis enim glaber, purpureisq́; reſperſus lituris, uerſicolori facie, corpus anguinum repreſentat & æquat longitudine. Vertex quoque ſinuoſo oris hiatu linguam exerens cruentam, caput exprimit. Atque hinc eſt quod ueteribus etiam Romanis Colubrina ac Serpentaria nuncupata ſit: uel ſic dicta, Plinio autore, quod è terra ad primas ſerpentiū uernationes exeat, rurſusq́; cum iiſdem ſe in terram recondat, nec omnino occultata ea appareat ſerpens.

FORMA.

Caulē habet glabrū læuumq́;, rectū, bicubitalē, baculi craſsitudine, uerſicolorē, ut angui ſimilis uideaī, purpureis etiā maculis abundat. Folia fert Rumicis inflexa, & plicata. Fructū in ſummo caule racemoſum, coloris inter initia cineracei, poſtea q̄ maturuit crocei & punicei. Radicē grandē, rotundā, candidā, tenui cortice ueſtitā. Ex qua deliniatione omnib. perſpicuū fit, plantā eam cuius picturā exhibemus, eſſe Dracunculū maiorē. Simplici enim caule attollit, binū cubitûm alto, lęui glabróue, recto, baculi craſsitudine, uerſicolorib. anguiū maculis uariegato, purpureis etiā

intercur-

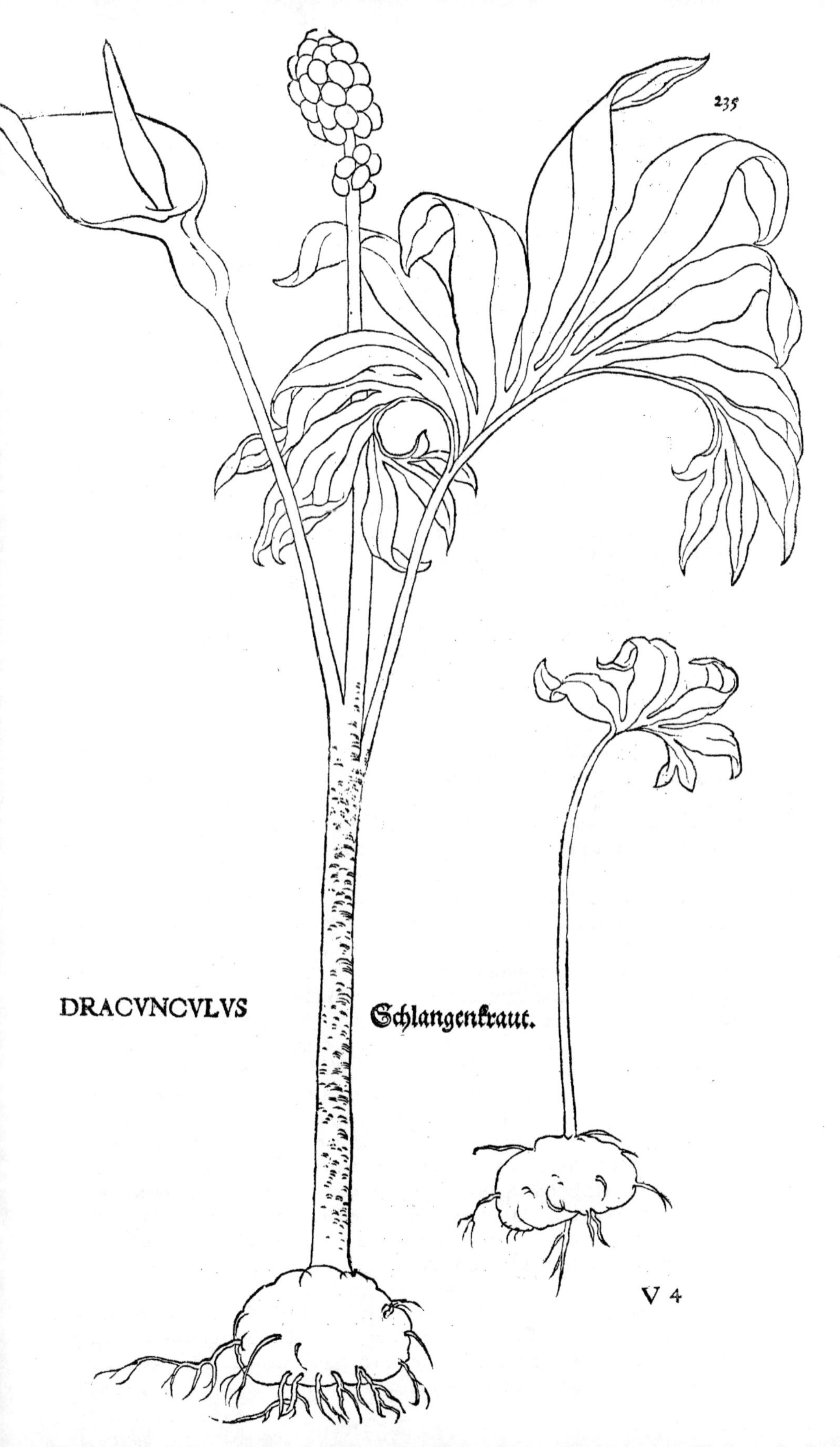
DRACVNCVLVS
Schlangenkraut.

C intercũrsantib. lituris, ita ut planè serpentis habitum coloremq; mentiri uideatur. In uertice comoso folia prodeunt sena septenáue, crassiore pediculo digitorũ modo propendentia, puniceis respersa notis, Rumicis primi generis figura. E foliato scapi fastigio, uagina quędam foris herbacea prosilit, in mucronem sensim turbinata, uelut erupturi partus inuolucrum, quæ cum dehiscens sese pandit, purpureum cornu in acumen fastigiatum demonstrat. Ea seminis incremento distenta dissilit in rimam, & tandem elanguescens flaccescit, subarescensq; perit relicto cornu. Cuius imam partem racemosus fructus ambit, acinis primo uirentibus, dein croceo & puniceo colore rutilantibus. Radix denique magna, rotunda, alba, tenuiq; cortice uestita. Et in summa, nulla est prorsus nota, quæ reclamare uideatur.

LOCVS.

Nascitur in opacis sepibus.

TEMPVS.

Carpitur semen cum maturitate nigrescit. Radix per messem effoditur, hoc est, Iulio mense, aut initio Augusti.

TEMPERAMENTVM.

Dracunculus acris & amarus est, leuiculamq; quandam adstrictionem habet, ut calidam & siccam esse nullus dubitare possit.

VIRES. EX DIOSCORIDE.

Radix calefaciendi uim obtinet. Tosta & elixa cum melle delincta orthopnoicis, ruptis, conuulsis, tussibus, & destillationibus prodest. Pota cum uino uenerem stimulat. Concisa & ex melle illita, ulcera maligna atq; phagedænica expurgat, præsertim cum uite alba. Ex ea & melle collyria ad fistulas, & fœtus euocandos componuntur. Ad uitiligines cum melle efficaciter illinitur. Polypos & carcinomata absu-
D mit. Succus eius ad oculorum medicamenta, item contra nubeculas, albugines, caliginemq; utilis est. Odor herbæ radicisq;, recens cõceptos abortu uitiat. Idem præstant triginta grana eius in posca pota. Sunt qui eius succum cum oleo aurium doloribus infudere. Quinetiã folia eius, utpote adstringentia, uulneribus recentibus imposuere, in uino autem cocta pernionibus. Ferunt non feriri à uipera eos qui folia manibus affricuerint, aut radicem gestauerint.

EX GALENO.

Dracuntium quiddam Aro persimile habet, tum folijs, tum radice. Acre etiam est & amarum, tenuiumq; partium. Obtinet quoque leuem quandam adstrictionem, quæ quandoquidem cum prædictis duabus qualitatibus, acri scilicet & amara, coniuncta est, medicamentum factum est, ut quę maximè efficax. Nam radix uiscera omnia expurgat, crassos potissimũ & lentos humores extenuãs. Optimumq; remedium est contumaciũ ulcerum. Expurgat extergetq; strenuè tum alia quæ extersionem desiderant, tum alphos cum aceto. Folia quoque, utpote similem facultatem habentia, ulceribus, uulneribusq; recens inflictis accõmoda sunt, & quanto minus fuerint sicca, tanto magis conglutinant: nam quæ sicciora sunt, uiribus sunt acrioribus quàm ut uulneribus cõueniant. Creditum est caseum humidũ si illis foris tectus reponatur, ob temperaturæ illorum siccitatẽ, à putredine cõseruari. Fructus ualentior est, nõ folijs tantum, sed & radice: proinde & cancros, & polypodas eliquare creditus est. Succus quoq; eius uitia oculorum expurgat. Dracontij radicem bis terúe elixam, quo omnem exuat medicamentosam uim, in cibo interdum Ari modo exhibemus, quum crassi ac glutinosi thoracem pulmonemq; infestantes humores fortiore ui expellendi ueniunt.

EX PLINIO.

Omnino habentẽ Dracunculũ serpentes fugiunt. Ideo percussis prodesse in potu maiorẽ aiunt: ut & menses, si ferro non attingatur, sistat. Succus eius & aurium dolori prodest. Reliquas facultates in Ari descriptione offendes. Videntũ enim ueteres Arum cum Dracunculo minori miscuisse.

APPEN-

APPENDIX.

A Hæc est uera Serpentaria quæ officinis utendum erit, & minimè ea quam alio nomine Bistortam uocant. Nam uiribus planè ab ea quæ genuina est dissidet, ut suo etiam loco monuimus. Quare non est cur deinceps eandem medicamentis quæ thoraci expurgandò adhibentur admisceant medici, sed hanc potius, cuius picturam oculis subiecimus.

DE DAPHNE ALEXANDRINA.

CAP. LXXXVII.

NOMINA.

ΔΑΦΝΗ ἀλεξανδρεία, ἢ ἰδαία Græcis: Laurus Alexandrina, aut Idæa Latinis, officinis Vuularia, nōnullis Bonifacia, multis etiam Pagana lingua, Germanis Zäpflinkraut / hauckblatt / & auffenblatt dicitur. Theophrastus appellat ἐπιφυλλόκαρπον, quod fructum super folijs ferat. Alexandrinam autem laurum dictam putamus, quod Alexander uictor ea usus fuerit. Hinc est quod Apuleius hanc Victorialam nominet, quod nimirū uictores ea pro Lauro in triumphi & uictoriæ signum uterentur: quanquam in eo capite Daphnoida cum Victoriala confundat. Idæa uerò ab Ida monte, quo in loco speciosior & copiosior nascatur.

Vuularia. *Epiphyllocarpos.* *Alexandrina laurus cur dicta.* *Victoriala.* *Idæa.*

FORMA.

Folia Rusco seu Myrto syluestri similia habet, maiora tamen, molliora & candidiora. Fructum in medijs folijs fert rubentem, Ciceris magnitudine. Ramos spargit à terra dodrantales, & aliquādo ampliores. Radicem Rusco similem, maiorem B tamen, odoratam, & molliorem. Ex qua sanè deliniatione satis perspicuum fit, eam herbam cuius picturam damus, esse Laurum Alexandrinā. Folio siquidem Myrti syluestris, sed ut Plinius lib. xv. cap. xxx. ait, acutiore, molliore, & candidiore, fructu inter folia rubro, magnitudine Ciceris, ramulis à terra sparsis dodrantalibus, radice syluestri, Myrto proxima, odorata & molli.

LOCVS.

Nascitur in locis montanis, & in Ida monte, ut cōprehensum est, speciosissima. Nunc adfertur ex inferiore Pannonia, atque in nonnullis hortis plantata prouenit.

TEMPVS.

Fructum in æstate in medio folij, in geniculo alterius folij quod maiori supernascitur, profert.

TEMPERAMENTVM.

Calida & sicca est, id quod gustus euidenter monstrat. Siquidem gustantibus acris simul & subamara est.

VIRES. EX DIOSCORIDE.

Radix eius pota pondere senum drachmarū cum dulci uino, difficulter parientibus, & stillicidio urinæ laborantibus succurrit. Sanguinem quoque menstruū elicit.

EX GALENO.

Pota tum urinas, tum menses prolicit.

EX PLINIO.

Celeres partus facit, radice pota trium denariorū pondere, in uini dulci cyathis tribus. Secundas etiam pellit mensesque, eodem modo pota.

APPENDIX.

Recentiores in fauciū ulceribus, & humecta supra modum columella utuntur. Hinc est quod nonnulli appendant hanc herbam pueris, ut nimia illorum humiditas exiccetur.

DE EPHE-

LAVRVS ALEXANDRINA.

Zäpfflinkraut.

A

NOMINA.

ΕΦΗΜΕΡΟΝ, ἀγρία ἴρις Græcis, Ephemeron, Iris syluestris Latinis dicitur. Cum autem Galeno, Paulo, & Dioscoride testibus, duo sint Ephemeri genera, alterum, quod Colchicon à natali solo dicitur, interficiens, de quo suo loco plura: alterum quod non letale est, & præcipuo nomine Ephemerũ dicitur, hic de secundo, nempe non interficiente, nobis sermo duntaxat erit. Ephemerũ autem nominatum est, non quod eadem die iugulet (nulla enim ei uis mortifera inest) sed quod flos illius confestim marcescat, nec longius uno & altero die cõmoretur. Vulgus & officinæ Lilium cõuallium, quod in opacis & lucis nascatur, appellant. Germani Mayenblümle.

Ephemeri duo genera.

Ephemerum cur dictum.

Liliũ conualliũ.

FORMA.

Caulẽ & folia Lilio similia habet, tenuiora tamẽ. Flores candidos amarosq;. Fructum mollẽ. Radicẽ unam digitali crassitudine, longam, adstringentẽ, odoratam. Quæ siquidẽ deliniatio ita herbę illi quam uulgus Lilium cõuallium nominat conuenit, ut nulla prorsus in ea sit nota, quæ ei nõ respondeat. Caulem enim & folia Lilij habet, sed tenuiora. Flores candidos & suauiter olentes, gustu amaros. Fructum mollem, colore puniceum, asparagi fructui non dissimilem. Radicem singularem digiti minimi crassitudine, longam, adstringentem & odoratam. Nec obstat quod nunquam aut rarissimè apud nos reperiatur radix quę minimi digiti crassitudinem æquet. Dioscorides enim cum alicui herbæ aut radici mensuram tribuit, id facit ut maiori parti indiuiduorũ illius speciei quadret, nec adeò statam mensurã assignat, quin quandoq; infra aut supra hanc esse possit. Cui hoc etiã accedit, quod magnitudo secundũ diuersas regiones in una eademq; herba sæpe uariatur, ita ut nihil mirũ sit radices nostri Ephemeri, paulò quàm illius quas Dioscorides uidit minores esse.

Obiectio diluitur.

B

LOCVS.

Nascitur in syluis & umbrosis locis.

TEMPVS.

In Maio mense flores illius magna copia erumpunt, ac mox iterum euanescunt atq; decidunt. Deinde Iulio mense fructus profertur Asparago haud dissimilis, ut dictum est.

TEMPERAMENTVM.

Mistæ est temperaturæ, Galeno teste, nempe repellentis & discutientis, quia scilicet radix adstringit, floresq; amari sunt.

VIRES. EX DIOSCORIDE.

Huius radix in dentium doloribus remedio est, si decocto eius colluuntur. Folia in uino decocta & illita œdemata & tubercula, quæ nihil adhuc puris cõtraxerunt, discutiunt: φύμα enim & non ὑγρὸν legendum, ut ex Galeno liquet.

EX GALENO.

Ephemerum non illud letale, quod etiam Colchicum nominant, sed alterum, quod & Irin agrestem uocant, folia & caulem Lilio similem obtinet, radicem oblongam, non rotundam ceu Colchicum: digiti autem potissimũ crassitudine est, adstringens & boni odoris. Ex quibus palàm fit quod mistæ sit facultatis, nempe repellentis, & halitu digerentis. Testificantur uerò id quæ particulatim ædit opera. Siquidẽ non inefficaciter radix eius in dentium doloribus colluitur. Folia tuberculorum tum augmento, tum uigori congruunt. Oportet autẽ in uino decocta prius quàm pus moueas illinere.

EX PLINIO.

Radicem unam digiti crassitudine obtinet, dentibus præcipuam cõcisam in aceto, de-

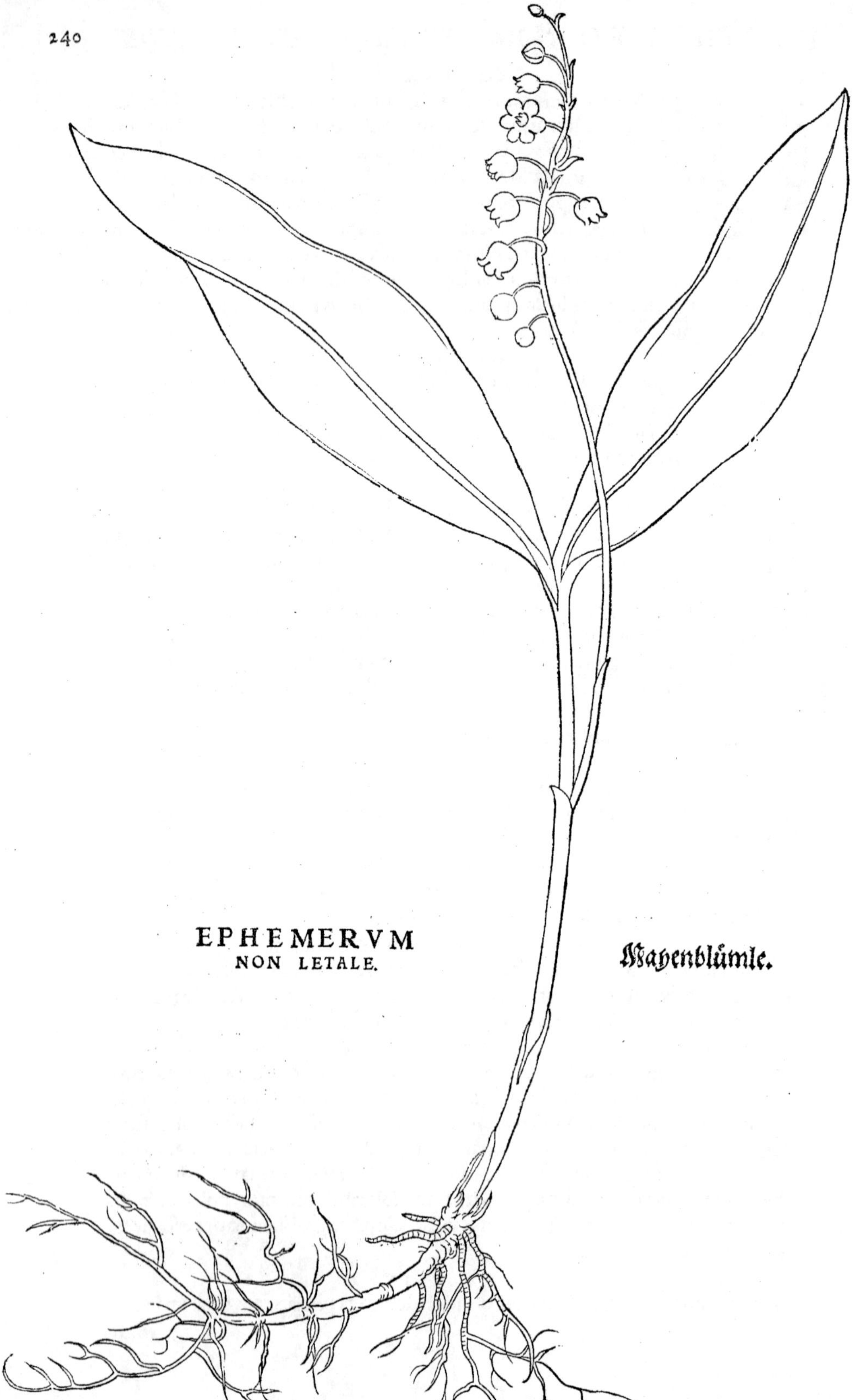

EPHEMERVM
NON LETALE.

Mayenblümle.

A to, decoctamꝙ ut tepido colluantur. Et ipſa etiam radix mobiles ſiſtit, cauis & exeſis imprimitur.

APPENDIX.

Recentiores roborare cor, iecur, cerebrumꝙ tradũt. Hinc eſt quod eius ſuccum aut decoctum ſyncopa, uertigine, morboꝙ comitiali correptis, attonitis, & phreneticis exhibeant. Cæterum incipienti elephantiæ, ne latius ſerpat, & altius radices agat, uiam præcludere ſcribũt. Ocularij medici ad oculorum caligines diſcutiendas eo etiam utuntur.

DE ELENIO. CAP. LXXXIX.

NOMINA.

Ἑλένιον Græcis, Elenium & Inula Latinis, officinis Enula, ruſticis Campana, uulgo iunctis utriſꝙ uocabulis Enula campana dicitur. Germanis Alant. Elenium autem ab Helenæ lachrymis, è quibus natum fabulantur, quidam dictum eſſe uolunt. Alij quoniam cõtra ſerpentes ex eo primum ab Helena remedium inuentum ſit.

Enula campana
Elenium unde dictum.

FORMA.

Caulem ex ſe mittit Elenium craſſum, hirſutum, cubitalem, & aliquando maiorem (interdum enim iuſtam hominis ſtaturam altitudine æquat) anguloſumꝙ. Huic supernè lutei flores inſident, & in his ſemen Verbaſco ſimile, tactu pruritum excitans. Folia anguſtifolio Verbaſco ſimilia obtinet, lanuginoſiora tantum & oblonga. Radicem ſubruffam, odoratam, magnam, ſubacrem, ex qua ad conſitionem Liliorum aut Ari inſtar, pingues propagines appendicésue auferunt. Hæ ſiquidẽ
B notæ Enulæ campanæ uulgo dictæ pulchrè quadrant, neꝙ obſtat quod nõ in cunctis græcis exemplaribus omnes illæ habeantur, cum in nonnullis, ijsꝙ probatiſsimis ſaltem, legant. Sic Marcellus Virgilius Florentinus in ſuis quos ędidit in Dioſcoridem cõmentarijs teſtatur, ſibi uiſum eſſe antiquiſsimũ ac probatiſsimũ codicem, in quo adhuc omnes ſeruentur. Et certè nihil abſurdi cõmittemus, ſi nonnullas Dioſcoridẽ notas ſubticuiſſe dicamus, cum euidentiſsimũ ſit Inulam nõ paſsim una forma præditam naſci, quando, eodem Dioſcoride teſte, in quibuſdã locis caulem haud emittat: in irriguis deniꝙ procerior & elegantior, quàm in ſicciorib. proueniat. Huc accedit quod aliàs ſæpe notas etiam admodũ neceſſarias prętermittat.

Obiectio diluitur
Marcellus Florentinus.

LOCVS.

Naſcitur montanis, umbroſis, & ſiccis locis. In hortis etiam paſsim hodie plantatur.

TEMPVS.

Radix æſtate effoditur, & conciſa ſiccatur. Floret Iulio menſe.

TEMPERAMENTVM.

Elenij radix non primo ſtatim occurſu excalefacit, ac proinde non dicenda eſt calida & ſicca exactè, ceu mel & piper album, ſed cum recrementitio humore.

VIRES. EX DIOSCORIDE.

Radicis Elenij decoctũ potum, urinam & menſes ducit. Ipſa deniꝙ in eclegmate cum melle ſumpta, tuſsi, orthopnœæ, rupturis, cõuulſionibus, inflationibus, uenenatorum morſibus prodeſt, calefaciendi ui quam in uniuerſum habet. Folia eius in uino cocta iſchiadicis utiliter illinuntur. Radix etiam Elenij in paſſo condita, ſtomacho utilis eſt. Siquidem ſalgamarij paululum ſiccatam eam, mox decoctam, frigida aqua demergunt, poſtremo in defrutum coniectam, ad uſum recondunt. Ea trita & pota ſanguinem excreantibus auxiliatur.

EX GALENO.

Elenij radix maximè utilis eſt. Eclegmatis quæ faciunt ad educendos lentos &

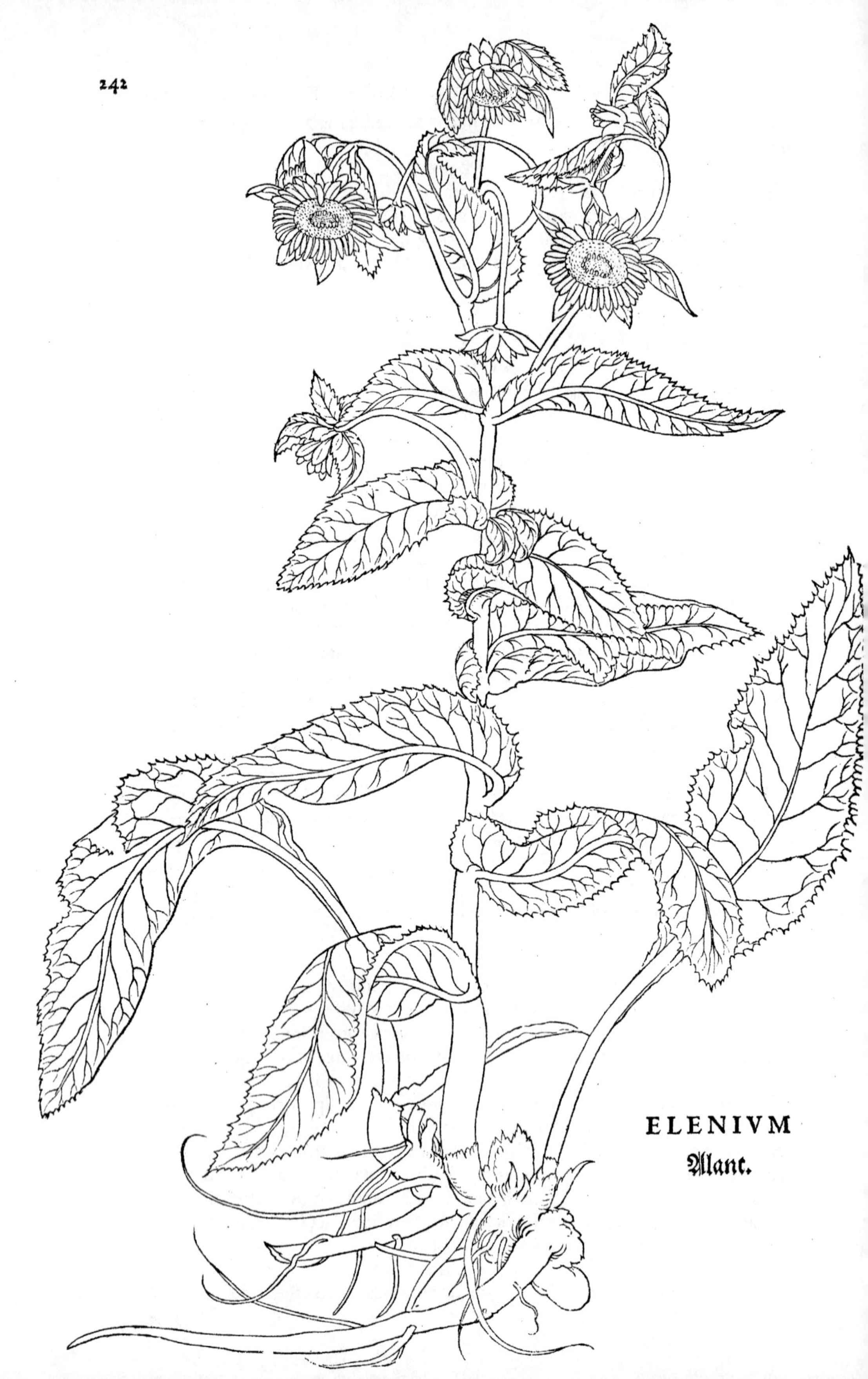
ELENIVM
Alant.

A crassos qui sunt in thorace & pulmone humores commodè miscetur. Rubrificant quocꝫ ea partes frigidis & diuturnis uexatas affectibus, cuiusmodi sunt nonnullæ coxarum pasiones, ischiadas uocant, & exiguæ asiduæcꝫ quorundam articulorũ præ humiditate luxationes.

EX PLINIO.

Inula à ieiunis cõmanducata dentes confirmat, si ut eruta est, terram non attingat. *Superstitiosum.* Condita tussim emendat. Radicis uerò decoctæ succus tineas pellit. Siccata autem in umbra farina tusa, & conuulsis, & inflationibus, & arterijs medetur. Venenatorum morsus abigit. Folia ex uino lumborum dolori illinuntur.

DE EVPATORIO. CAP. XC.

NOMINA.

Ευπατώριον, ἢ ἡπατώριον græcè, Eupatorium & Hepatoriũ latinè, officinis Agrimonia dicitur. Germanis Odermenig/Bruchwurtz. *Agrimonia.* Eupatorium ab Eupatore rege, qui illam primus inuenit, nominatam esse uolunt. *Eupatorium cur dictum.* Hepatorium uerò quoniam iecori præcipuè medeatur. *Hepatorium.*

FORMA.

Fruticosa est herba, unum, interdum alterum etiam scapum efferens, tenuem, lignosum, rectum, nigrum, hirsutum, cubitalem, aut etiam maiorem. Folia per interualla partibus potisimũ incisa quinqꝫ, & aliquando pluribus, Quinquefolij uel Cannabis potius folijs similia, nigricantia, & serræ modo in extremitatibus incisa. Semen à medio caule enascitur, deorsum inclinatũ, hirsutum, adeò ut siccatum uestibus hæreat. Hæ deliniationes adamusim, nulla reclamante nota, herbæ quam
B uulgus & officinæ uocant Agrimoniam conueniunt. Quapropter hanc uerum & genuinum esse Eupatorium facilè deprehendet, qui singulas descriptionis partes diligenter expendet. *Agrimonia est uerum Eupatorium.* Siquidem Agrimonia fruticosa est herba, scapum unum aut alterum obtinẽs, lignosum, tenuem, rectum, nigricantem, hirsutum, cubitalem uel maiusculũ. Folia ex interuallis Cannabina, aut Quinquefolio similia, quinquepartita uel plurifariã incisa, per ambitum serrata. E medio caule semen erumpit deorsum spectans, subhirsutum, ut resiccatum uestibus adhærescat. Proinde præfracta quadam ac immedicabili cæcitate captos esse eos iudico, qui hoc ipsum hodie non animaduertunt.

LOCVS.

Nascit̃ pasim locis montosis, campestribus etiam, pratis nempè, & circa sepes.

TEMPVS.

Carpitur in æstate, dum floribus abundat.

TEMPERAMENTVM.

Eupatoriũ herba tenuium partium, incidendi extergendícꝫ facultatem citra manifestam caliditatem obtinet. Inest ei & adstrictio modica.

VIRES. EX DIOSCORIDE.

Contrita huius folia & cum ueteri suillo adipe imposita, ulceribus difficilè cicatricem contrahentibus medentur. Semen aut herba in uino pota, dysentericis, iecinorosis, & serpentium morsibus auxiliatur.

EX GALENO.

Obstructiones iecoris expurgat, & robur huic uisceri addit.

EX PLINIO.

Semen dysentericis in uino potum auxiliatur unicè.

EVPATORIVM
Odermenig.

A

NOMINA.

HAVDDVBIE Euphrasiæ herbæ nomen à græcæ linguę imperitis pharmacopolis deprauatum est, cum olim εὐφροσύνη dicta sit, quod nimirum oculos, quorum caliginem discutit, delectet. Ad quod nomen Germani nostri pulchrè alludentes Augentrost / hoc est, oculorũ solacium appellant. Nonnulli hac quoque ratione moti ophthalmicam & ocularíam nominant. Officinę, ut ferè in omnibus alijs herbis, corruptã uocem retinentes, Euphrasiam uocant. Etsi autem herba hæc græco & eleganti nomine donata sit, nihil tamen de ea, quod sciam, apud ueteres Græcos & Latinos, nempè Dioscoridem, Plinium, Galenũ, adde etiam recentiores, Aëtium, Paulum, & Actuarium scriptum reperitur. Cum uerò appellatio ipsa græcam testetur originem, uidetur sanè à Buglosso ueterum mutuata & desumpta esse. Vt enim hoc in uinum coniectum animi læticiam parit, atque adeò εὐφρόσυνον dictum est, ita etiam illa quia oculos iuuat & delectat, εὐφροσύνη appellari cœpit. Quam subinde uocem imperiti linguæ, ut diximus, deprauantes, in Euphrasiam uerterunt.

εὐφροσύνη cur dicta.

ophthalmica.

FORMA.

Herba est parua, palmę unius longitudine, Hyssopo similis, cauliculis purpureis, folijs exiguis, per ambitum serratis, flosculis albicantibus, radice exigua & inutili. Nec obstat quod Hermolaus, immensæ eruditionis uir, libro tertio, capite decimo octauo sui Corollarij, luteolos esse dicit: is enim ad partem duntaxat florum respexit, quæ lutea esse euidenter apparet. Certè si flores Euphrasiæ exquisitè considéres, neque prorsus luteos, neque in uniuersum etiam candidos esse deprehendes: tribus enim coloribus, nempe purpureo, candido & luteo, ut pictura ipsa ostendit, maculati sunt. Quum uerò potior florum pars candido colore constet, factum est
B ut fermè omnes herbã hanc depingentes, albos illi assignarint flores, nobis autem hos candicantes dicere placuit.

Hermolaus Barbarus.

LOCVS.

Nascitur in apricis collibus, & pratis ferè omnibus.

TEMPVS.

Inter autumni initia magna copia erumpit.

TEMPERAMENTVM.

Quas particulatim facultates obtinet, abundè docent calidam & siccam esse herbam.

VIRES.

Vtuntur ea ad oculorum caligines & suffusiones, uel per se imposita, uel ex uino decocta. Memoriam etiam oculorumque aciem redacta in puluerem, & in uino albo pota, mirificè roborat, amissamque reparat.

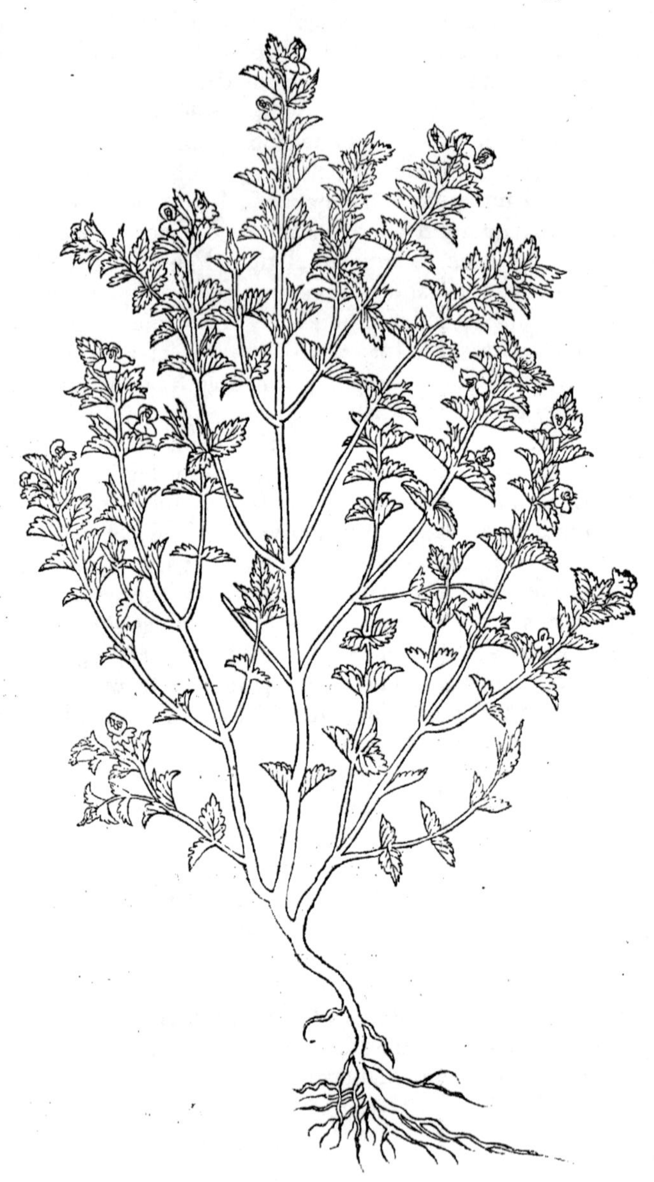

EVPHRASIA Augentrost.

A
NOMINA.

ΕΛΕΛΙΣΦΑΚΟΝ Græcis, Saluia Romanis & officinis, Germanis Salbey appellatur. Porrò cum ipsa herba semper retorrida & exucca uideatur, factum est, ut Græcis Elelisphacon, quasi in tabem redacta, uel in syderationem flaccescens dicta sit, ἐλελίζειν & σφάκος uocibus in unam coalescentibus appellationē. Est autem σφάκος, seu potius σφάκελος, malum in plantis quum per æstatem & ardentissimũ canis æstum ui solis altius penetrante, humoreq; quo nutriuntur deficiente, languent & arescunt. Latini syderationē nominant. Saluia autem dicta Latinis, quod ad multa, præsertim ad fœcunditatē, salutaris sit.

Elelisphacon unde dicta. *σφάκελος* *Saluia cur uocata.*

GENERA.

Duo sunt Saluiæ genera, quemadmodũ etiam plebeij abundè nouerũt. Vnum quod priuatim Elelisphacon dicitur, squalidius folio & scabrius, lacunosa facie præasperum, multo latius, quasi cultum senserit, adeò ut domestica aut hortensis Saluia dici possit. Nos euidentiori distinctione usi, Saluiam maiorem nominauimus. Germanis etiam groß oder breyt Salbey uocatur. Alterum folio leuius & cõtractius, quasi syluestrem ob id referat figurã, syluestris Saluia appellari potest, minus etiam squalore obsitũ est. Nos Saluiam minorē diximus. Germani creütz Salbey / oder klein Salbey / oder spitz Salbey / edel Salbey nominant. Dioscorides utrunq; genus sub uno Elelisphaci nomine complexus est, quod scilicet facultate nihil distent, sed idem prorsus efficiant.

Saluia maior. *Saluia minor.*

FORMA.

Frutex est oblongus, ramosus, quadrangulas & candidas uirgas habens. Folia mali Cotonei effigie, oblongiora tamen, asperiora, & crassiora, quæ sensim attritarum uestium modo hirsuta, subalbida, uehementer odorata, sed uirosa sunt. Semē in summis caulibus syluestri Ormino simile gerit.
B Hæc descriptio, nulla prorsus reclamante nota, cum herba quam Saluiam uulgo uocant quadrat: nanque ea fruticosa est, rugosis folijs, extritarum latenter uestium asperitatem scabritiámue referentibus, incanis, uehemēter odoratis, purpureo in spica flore, in aquilini rostri speciem falcato, semine syluestris Ormini, ut pictura graphicè monstrat.

LOCVS.

Nascitur in locis asperis, & utrunq; genus hodie passim in hortis inuenitur.

TEMPVS.

Carpitur in Iunio & Iulio mensibus, quando nimirum floribus & semine prægnans est.

TEMPERAMENTVM.

Elelisphacos euidenter excalfacit, ac leuiter adstringit.

VIRES. EX DIOSCORIDE.

Foliorum ramorumq; decoctũ potum urinam cit, menses fœtusq; extrahit. Pastinacæ marinæ ictibus auxiliatur. Capillos denigrat. Vulneribus herba utilis est, sanguinemq; compescit. Ferina tetráue ulcera purgat. Pudendorum pruritus foliorum & ramorum decoctum cum uino, si eo abluantur, sedat.

EX AETIO.

Tradunt quidam suffitam Saluiam menses immoderatè fluentes, & omnino muliebre profluuium compescere. Agrippa sacram herbam uocauit, quam prægnantes mulieres si fluidæ laxæq; fuerint, utilissimè comedunt: cõtinet enim conceptũ uitalemq; reddit: ac si succi huius heminam cum modico sale quarto à secubitu die mulier potauerit, deinde uiro misceatur, proculdubio concipiet. Aiunt in quodam Aegypti loco post sæuas pestilentias ab his qui supersunt, ad eum succum bibendũ mulieres cogi, plurimosq; inde produci fœtus. Dato, inquit Orpheus, sanguinem

SALVIA
MAIOR.
Groß Salbey.

SALVIA
MINOR.

Creütz salbey.

C expuentibus succi Saluiæ cyathos duos, ieiunis cum melle bibendos, & sanguis ilico cohibet. *Pilulæ.* Tabidis pilulæ in hunc modum parantur. Spicæ nardi, Zingiberis singul. drach. ij. seminis Saluiæ assati triti & cribrati drach. viij. Piperis longi drach. xij. cum succo Saluię pilulas conficito, & mane ieiunis drachmam unam exhibeto, eodemq; modo in uespere, ac postea aquæ puræ quippiam propinato.

EX PLINIO.

Menses Saluia cit & urinas. Pastinacæ marinæ ictus sanat. Torporem autem inducit percusso loco. Bibitur cum Absinthio ad dysenteriã. Cum uino eadem commorantes menses trahit. Abundantes sistit decocto eius poto. Per se imposita uulnerum sanguinem cohibet. Sanat & serpentium morsus. Et si in uino decoquatur, pruritus testium sedat. Partus emortuos apposita extrahit, item uermes auriũ. Ad tussim laterisq; dolores bibitur. Contra scorpiones eadem & dracones marinos efficax. Contra serpentes quoq; ex oleo perungi ea prodest.

DE ERPYLLO. CAP. XCIII.

NOMINA.

Serpyllum unde dictum. ΕΡΠΥΛΛΟΝ græcè, Serpyllum latinè. Officinæ latinum nomen retinuerunt. Germanicè Quendel/Kinlin/Hünerköl appellatur. Serpyllum autem, ut autor est Varro, ab eo quod serpat tam Gręcis quàm Latinis dictum est, quoniã si qua eius particula terram attingit, inibi radices demittit. Est enim ut Theophrastus libro sexto de plantarum historia, capite septimo ait, proprium quoddam eius ramulorum incrementũ, quippe cum possit in quantam uoluerit quispiam longitudinẽ trahi, adiecto illi pedamento aliquo, aut si pro-
D pè sepes plantetur, aut ex altiore loco aliquo deorsum demittatur: sic enim in longum protrahuntur: & ab hac plantę in ramulis eius natura, quòd in longum serpit, Græci & Latini peculiariter Serpyllum nominauerunt.

GENERA.

Serpyllum hortense. Duo eius genera. Hortense, quod germanicè heymischer Quendel dicitur. *Syluestre.* Syluestre, quod priuatim Zygis uocatur, quòd fortè eo iugarentur uites. *ζυγοῦν.* ζυγοῦν enim Gręcis interdum idem quod Latinis ligare & uincire significat. Germanicè simpliciter Quendel dicitur. Nos syluestris tantum Serpylli picturam damus.

FORMA.

Hortense. Hortense nõ dissimile est Origano, potissimum quod ad folia & ramulos ipsos attinet, quos candidiores tantum habet, odore tamen prorsus Sampsychum repræsentat. Repit humi, & in rectum non attollitur. *Syluestre.* Syluestre contrà humi non serpit, sed rectum exilibus ramulis & lignosis attollitur, Rutæ folijs plenis, angustioribus tamen. Flosculos habet subpurpureos, gustu acres, odore iucundo, radicem multifidã. *Plinij erratum.* Plinius secus quàm Dioscorides hortense serpyllum nequaq;, syluestre uero humi serpere asserit, adeo ut subesse in hoc mendã uerisimile sit: res enim ipsa & uiuæ herbarum imagines satis testantur, Dioscoridis sententiam esse ueriorem. Dioscoridi subscribit Aëtius. Neq; mirũ est magis humi reptare cultum, quod infirmius humoris copia est, atqueadeò ramis inualidioribus stare nequit, quàm syluestre, quod illo rigidius ac lignosius existit.

LOCVS.

Hortense non nisi satum prouenit, & Columella teste, neq; pinguem, neq; stercoratum, sed apricũ locum desiderat, ut quod macerrimo solo nascatur. Syluestre autem in petris, collibus, & montibus plerisq; copiosissimè nascitur, ita ut eo quasi uestiri uideantur.

TEMPVS.

Syluestre tota æstate floret, hortense autem Iunio & Iulio mensibus.

TEMPERA-

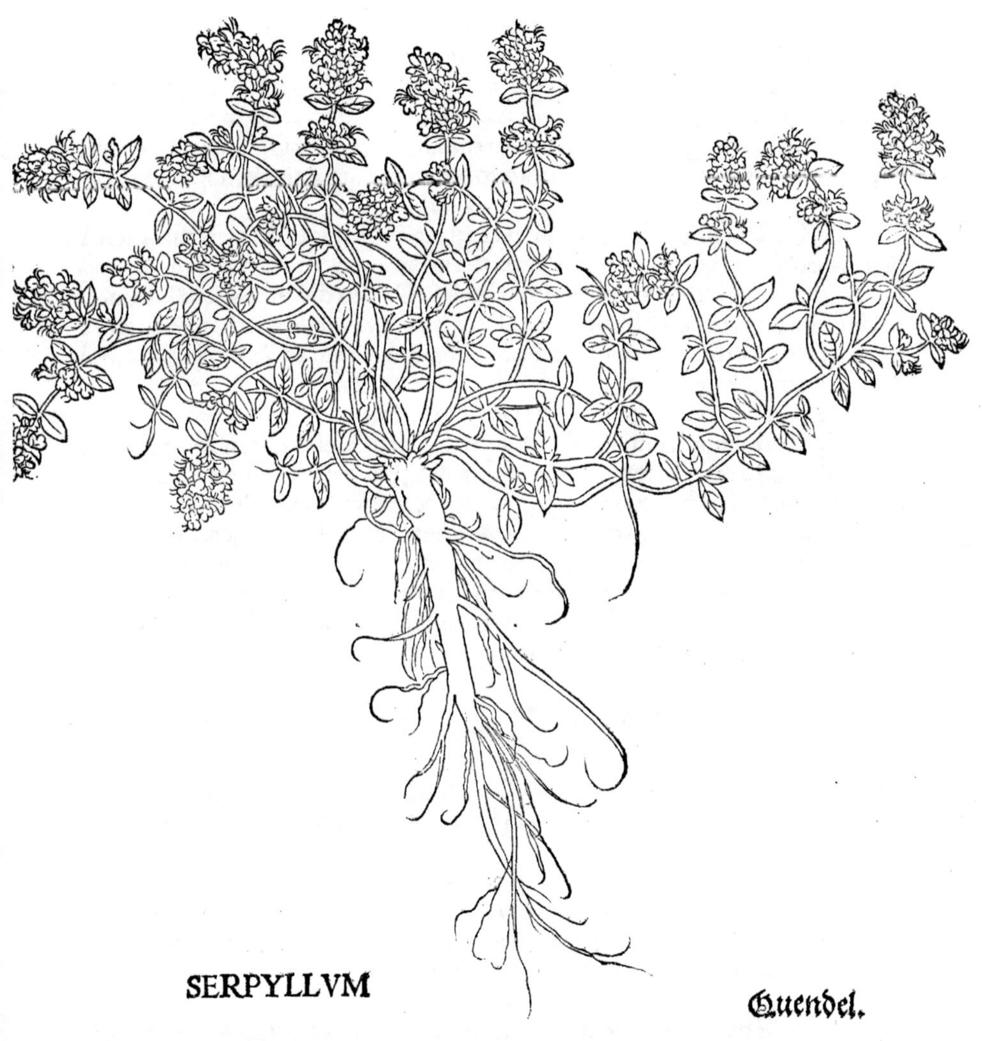

SERPYLLVM

Quendel.

C TEMPERAMENTVM.

Serpyllum gustu acre est, ob id calidum ualde, ita ut menses & urinam moueat.

VIRES. EX DIOSCORIDE.

Syluestre efficacius & maiori calefaciendi ui quàm hortense, atque ad usum medicinæ aptius. Menses trahit, & urinam cit potum. Torminibus, ruptis, conuulsis, iecinoris inflammationibus auxiliatur. Aduersus reptilia potum & illitum. Capitis dolores sedat coctum adiecto rosaceo, & aceto madefactũ. Maximè uero lethargo & phrenitidi cõuenit. Sanguinis uomitum sedat succus eius quatuor drachmis cum aceto potus.

EX AETIO.

Serpyllum ita calefacit ut menses & urinam ducat. Huius genus duplex. Syluestre efficacius calidiusq́ hortensi, atq; omnino usus eius in medicina pręfertur. Prodest torminibus, cõuulsionibus, rupturis, inflammationib. iecinoris, reptilibusq́. Potum ac illitum capitis dolores sedat. Madefactum autem aceto ac decoctum admixto rosaceo lethargicis, & diutinam phrenitim patientibus summopere cõgruit. Pręterea drachmæ unius pondere ex aceto bibitum, sanguinis eiectiones cõpescit.

EX PLINIO.

Aduersus serpentes efficax, maximè Cenchrin & Scolopendras terrestres ac marinas & scorpiones, decoctis in uino ramis folijsq́. Fugat & odore, cominus si uratur, & contra marinorũ uenena præcipuè ualet. Capitis doloribus decoctũ in aceto illinitur temporibus, ac fronti cum rosaceo. Item phreneticis, lethargicis, contra tormina & iecinorum dolores. Folia obolis quatuor dantur ad lienem ex aceto. Ad cruentas excreationes teritur in cyathis duobus aceti & mellis.

EX PLINIO VALERIANO.

Serpyllum calidum, simul nobis utile medicinæ usus ostendit. Capitis dolores
D coctum ex aceto & rosaceo tempori ac fronti illitũ mitigat. Serpentes & omnia animalia uenenata adustum nidore repellit, ideo & messoribus in cibo miscetur, ut si fatigatos fortè somnus oppresserit, tutè quiescant contra animalia quæ hoc tempore uenenatis hausibus sęuire consueuerunt. Contusi puluis ex scrupulis xij. in aqua datus tormina emendat, urinæ difficultates resoluit, lienis quoq; iniuriæ idem puluis ex aceto mixtus occurrit. Nec minus cruentis excreationibus subuenit, ex duobus cyathis mellis & aceto temperatus.

DE ELYMO. CAP. XCIIII.

NOMINA.

Panicum quare dictum.

ΕΛΥΜΟΣ Græcis, Panicum Latinis, Germanis Heydelpfenich/oder Fenich dicitur. Panicum autem à paniculis in quibus semen est, Latini appellauerunt.

FORMA.

Milij similitudine prosilit, denis ut plurimum folijs luxurians, culmo penè in surculum extenuato, nutante, rubido panicularũ fastigio, prædensis aceruato granis, aliàs purpureis, aliàs rufis, nigris aliàs, item & candidis.

LOCVS.

Satum facilè quouis ferè loco prouenit, leuem autem & solutam terram potissimum desiderat. Nec in sabuloso duntaxat solo, sed in arena quoq; nascit̃, modo humidum cœlum, uel riguum solum sortiatur.

TEMPVS.

Quadragesimo die postquã satum est absolui, ut omnia æstiua, inter omnes conuenit.

PANICVM
Pfenich.

c uenit. Quocunq; igitur tempore satum fuerit, ubi semine prægnans erit, tum carpendum uenit.

TEMPERAMENTVM.

Refrigerat & exiccat, præsertim si foris illinatur.

VIRES. EX DIOSCORIDE.

Milij similitudinem refert, eodemq; modo in panes defingitur, & ad idem accõmodatum est, minus tamen quàm Milium nutrit & adstringit.

EX GALENO.

Panicum facultate pauci nutrimenti, & exiccatoria. Sistit quoq; nõnihil uentris fluxus, ceu ipsum etiam Milium. Panis itaq; eius exigui est alimenti & refrigerans. Constat insuper præaridũ & instar arenæ aut cineris friabilem esse: caret enim penitus pinguedine & lentore. Iure igitur aluum humentem desiccat. Agricolæ farina huius cocta admisto adipe suillo & oleo uescuntur. Panicum in omnibus Milio cedit, insuauius esu, concoctu difficilius, uentremq; magis coërcet, minusq; nutrit. Huius farinã interdum cum lacte coctam, rustici ueluti triticeam esitant. Clarumq; est id edulij tanto quàm illud per se solum assumptũ melius esse, quanto lac huius seminis natura ad boni succi procreationẽ, aliaq; omnia eminentius habetur. Dico autem alia omnia, cõcoctionem, uentris subductionem, in totum corpus distributionem, adeoq; ipsam in edendo suauitatem & uoluptatem. Hoc nanq; semen nulla gratia aut iucunditate commendatur.

EX PLINIO.

Panicum Diocles medicus mel frugum appellauit. Effectus habet quos Milium. In uino potum prodest dysentericis. Similiter ijs quę uaporanda sunt excalfactum imponitur. Sistit aluum in lacte caprino decoctum, & bis die haustum. Sic prodest

D & ad tormina.

DE ERICA. CAP. XCV.

NOMINA.

Ἐρείκη Gręcis, Erica Latinis, Heyd Germanis dicit. Officinis inusitata.

FORMA.

Erica fruticosa arbor est Tamarici similis, multò tamen breuior. Eius flore utentes apes, reprobũ mel conficiunt. Plinius lib. xxiiij. cap. ix. fruticem esse scribit nõ multum à Tamarice differentem, colore Rorismarini, & penè folio. Id quod uerè de ea Erica, cuius nos picturam damus, dicitur. Theophrastus etiam Rosmarino similem Ericam facit. Habet flores in candido purpureos.

LOCVS.

In montibus & syluis locisq; arenosis nascitur.

TEMPVS.

Autumno floret sola ferè in syluis.

TEMPERAMENTVM.

Calida & sicca est Erica, id quod in gustu amaritudo satis docet.

VIRES. EX DIOSCORIDE.

Ericæ coma & flores illita serpentium morsibus medentur.

EX GALENO.

Discutiendi facultate prædita est Erica: flore eius potissimũ & folijs utendum.

EX PLINIO.

Ericen aduersari serpentibus tradunt.

APPENDIX.

Recentiores herbarij præter iam cõmemoratas, alias facultates addunt, nimirũ florum decoctum lumborũ ac uentris dolores lenire posse. Succum ex folijs floribusq; elicitum, oculis imbecillibus guttatim instillatum, aut foris inunctũ cõferre.

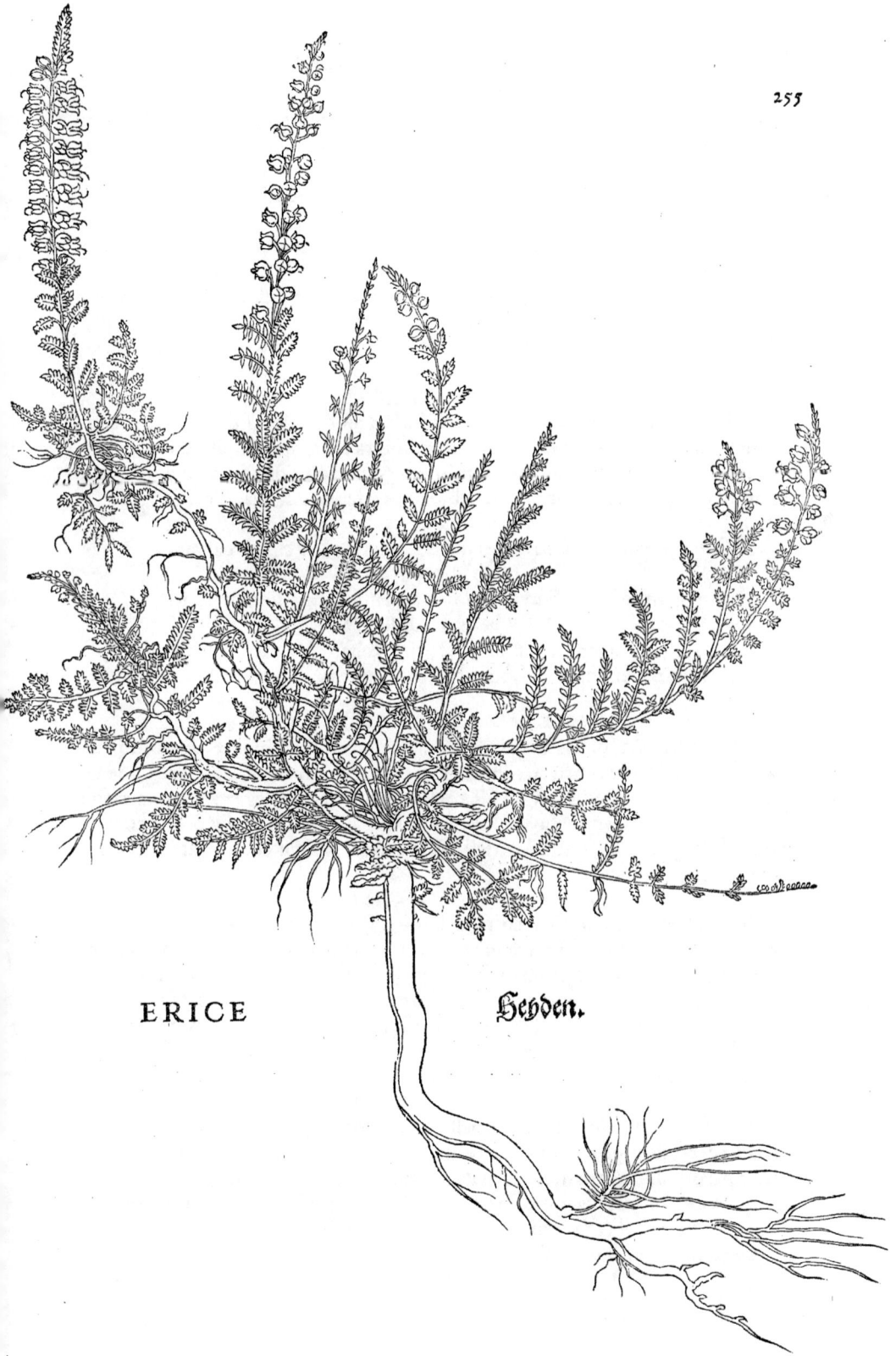

ERICE Heyden.

C

NOMINA.

ΕΡΥΣΙΜΟΝ grçcè, Irion latinè uocatur. Officinis noſtris incognita. Vulgares herbarij non ineptè Sinapim ſylueſtrem, nōnulli etiam Rapiſtrū, Germani Hederich & Wilden ſenff appellant. Sunt qui perperam, eo quod guſtu Erucam imitatur, ſylueſtrem Erucam nominant. Alia enim eſt Eruca ſylueſtris ab ea quam Rapiſtrum nominant herba, ut ſuo loco dicemus. Eryſimon quidam ἀπὸ τοῦ ἐρέικειν nomen mutuatum eſſe credunt, id eſt, à multiplici foliorum ſectione: nam Erucæ modo laciniata cōſpiciuntur. Alij ab oleris præſtantia dictum uolunt, quaſi ἐρίτιμον, quod eſt precioſum & nobile. Mihi ἀπὸ ἐρύειν potius dictum eſſe uidetur, quod ob ſuam caliditatem maxima trahendi facultate prędita ſit. Latini autem Irionem ab irruendo dixerunt, quod ignea ui, & feruido ſapore irruat in guſtum.

Rapiſtrum non eſt ſylueſtris Eruca.

Eryſimon unde dictum.

Irion quare uocata.

FORMA.

Folia habet ſylueſtri Erucæ ſimilia, caules lori modo flexiles, flores luteos. In cacumine ſiliquas corniculorum figura, ut Fœnigræci graciles, in quibus ſemina continentur parua, Naſturtio ſimilia, guſtu feruido. Hæ utique notæ in uniuerſum omnes, herbæ illi quam pictam hic exhibemus adamuſsim quadrant.

LOCVS.

Naſcitur paſsim propè urbes, domorum areas, rudera & hortos.

TEMPVS.

Per integram æſtatem floret, autumno autem ſemen in ſiliquis profert.

TEMPERAMENTVM.

Semen Eryſimi haud ſecus quàm Naſturtij calfacit & exiccat. Herba etiam ipſa arefacta ſimilem ſemini uim obtinet. Humida tamen ac uiridis, multo ſemine inferior eſt.

D

VIRES. EX DIOSCORIDE.

Eryſimi ſemen thoracis fluxionibus purulentis, tuſsientibus, regio morbo, coxendicum doloribus linctum cum melle confert. Bibitur etiam contra letalia uenena. Ex aqua aut melle illitum, occultis carcinomatibus, duritijs, parotidibus, teſtiū ac mammarum inflammationibus prodeſt. In uniuerſum extenuat & calefacit. Mitius ad eclegmata fiet, ſi aqua madefiat & torreatur, aut linteolo illigatum circumlita paſta peraſſetur.

EX GALENO.

Irionis ſemen ſicut guſtu Naſturtio ſimile apparet, ita facultate igneum eſt & excalefactorium. Porrò ubi in eclegmate uti ex uſu eſt, præſtat aqua præmaceratum torrere, aut linteolo illigatum ſubindeq; cruſtæ piſtoriæ inuolutū aſſare. Vtile eſt cum eclegmatis ad promouendas craſſorum lentorumq; in thorace & pulmone humorum expuitiones. Quin & parotidas induratas, atq; duritias mammarum & teſticulorum ueteres iuuat. Refert Dioſcorides, quod cum aqua & melle illitum, occultis proſit cancris.

EX PLINIO.

Vtiliſsimum tuſsientibus cum melle, & in thoracis purulentis excreationibus. Datur & regio morbo, & lumborū uitijs, pleuriticis, torminibus, cœliacis. Illinitur uerò parotidum & carcinomatū malis. Teſtium ardoribus ex aqua, àliàs ex melle. Infantibus quoq; utiliſsimum. Item ſedis uitijs & articularijs morbis cum melle & fico. Contra uenena etiam efficax potum. Medetur & ſuſpirioſis. Item fiſtulis cum axungia ueteri, ne intus addatur.

IRION Hederich.

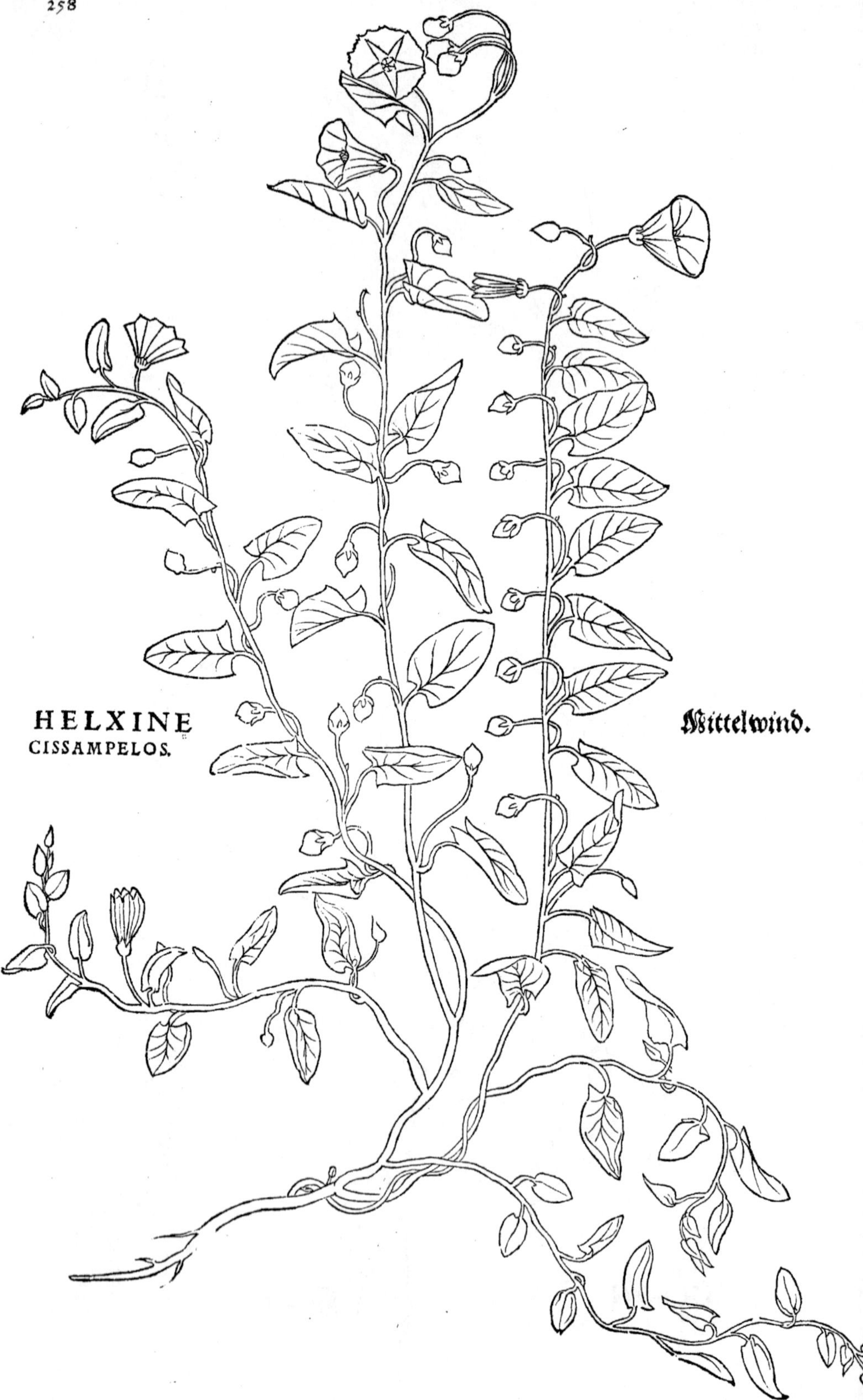
HELXINE
CISSAMPELOS.
Mittelwind.

A

NOMINA.

ΕΛΞΙΝΗ κισσάμπελος Græcis, Helxine cissampelos & Conuoluulus Latinis nominatur. Vulgus herbariorum & officinę, Volubilem mediam & Vitealem appellāt, Germani Mittelwinden/oder Weingartenwinden. Rectè autem Cissampelos dicitur: in uineis enim potissimum nascitur, & folio hederaceo. Conuoluulus uerò, quod crebra reuolutione uicinos frutices & herbas implicet.

Vitealis.
Cissampelos quare dicitur.
Conuoluulus.

FORMA.

Folia habet Hederę similia, minora tamen. Ramulos exiguos circumplectentes quodcunque contigerint. Folia denique eius scansili ordine alterna subeunt. Flores primum candidos Lilij effigie, dein in puniceum uergentes, profert. Semen angulosum in folliculis acinorum specie.

LOCVS.

In uineis nascitur, unde etiam ei appellatio Cissampeli, ut diximus, indita est.

TEMPVS.

Aestate, potissimum autem Iulio & Augusto mensibus, floret.

TEMPERAMENTVM.

Calidam esse ex uiribus quas illi ueteres tribuunt, facilè conijcere licebit.

VIRES. EX DIOSCORIDE.

Succus foliorum eius potus, aluum subducendi facultatem obtinet.

EX GALENO.

Helxine, quæ & Cissampelos nuncupatur, digerendi facultatem habet.

B

DE HEPTAPHYLLO. CAP. XCVIII.

NOMINA.

ΕΠΤΑΦΥΛΛΟΝ græcè, Septifolium latinè, uulgò Tormentilla nominatur. Sunt ex recentioribus qui perperam Bistortam uocent. Germanicè Tormentill/Rot heil wurtz appellatur. Heptaphyllon autem à septenario foliorum numero dicta est.

Tormentilla.
Heptaphyllon unde dictum.

FORMA.

Quinquefolio simillima est, nisi quod septem non quinque habet folia, utrinque lanuginosa, exigua, parua, serrata, caulem certis ferè interstitijs ambientia, flores luteos, radicem puniceam ac modicè intortam. Ex hac descriptione omnibus constare puto, herbam nostris Tormentillam dictam, non esse Dioscoridis Quinquefolium. Hoc enim, ut reliqua omittam, radicem non intortam, sed rectam & oblongam habet. Plinius etiam libro xxv. capite ix. herbam Quinquefolium incipere & desinere cum uite scribit. Tormentilla autem non maturè prouenit, sed cum uites iam florent. Accedit quod hæc in montosis & syluestribus incultisque, hoc uerò pratis, cultis & aquosis in locis potius prouenit. Apuleius etiam utranque herbam seorsim describit.

Tormentilla nō est Quinquefolium.

LOCVS.

Nascitur montosis, ut diximus, locis ac syluis.

TEMPVS.

Serò ac cum iam uites florent herba hæc apparere incipit.

TEMPERAMENTVM.

Recentiores iudicant hanc herbā in tertio ordine frigidam & siccam esse. Cęterū non esse frigidam, potissimū in tertio ordine, facultates eius abundè declarant. Gustus etiam adstrictionē illam tanta frigiditate prorsus carere palàm ostendit. Quare cum easdem quas Quinquefoliū facultates habeat, idem etiam temperamentū obtineat

HEPTAPHYLLVM

Tormentill.

A tineat necesse est. Erit itaque radix desiccatoria ex tertio ordine, nullatenus tamē manifesta caliditate participans.

VIRES EX APVLEIO.

Heptaphyllo herba trita & cū oleo mixta pedes perunges, & tertio die dolorē tollit.

EX RECENTIORIBVS.

Facultatem obtinet glutinandi uulnera. Farina herbæ uel radicis ex succo Plantaginis propinatur in difficultate urinæ. Eadem respersu uulnera ad cicatricem perducit. Cum albo oui subacta & figlino decocta, datur cholericis. Foliorū uis deploratis fistulis instillatur, necque non oculis ad discutiendas nubeculas. Ad putrescentia oris ulcera herba & radix cōmanducata, & in ore retenta ualēt. Herpetas, strumas, duritias, tumores, aneurismataque sanat. Et ut antea diximus, facultates ferè easdem quas Quinquefolium obtinet. Quapropter uenenis resistit, dysenterias, & omnes sanguinis eruptiones compescit.

DE ERVCA. CAP. XCIX.

NOMINA.

EVZΩMON Græcis, Eruca Latinis, officinæ latinum nomen retinuerūt, Germanis Weiß senff appellatur. Euzomos autem Græcis, quoniam iura cōmendet, habeatque in eisdem peculiarē gratiam dicta est. Erucam uerò ideo nominatam uolunt quod erodat: hęc enim ubi degustaueris, os & linguam satis acriter uellicat. *Euzomos unde dicta. Eruca.*

GENERA.

Duplex est Eruca. Vna hortensis seu satiua, quæ Germanis zam weiß senff dicitur. Altera syluestris, ijsdem wilder weiß senff appellatur.

B FORMA.

Sesquipedali thyrso consurgit satiua, folio longo, angustoque, in profundas sed rariores crenas laciniato, gustu præter modum acri, floribus pallidioribus, semine in siliquis rapi, uel sinapi, firmo, radice candida. Syluestris folio satiuæ simili, strictiore tamen & minore, flore luteo.

LOCVS.

Satiua in hortis nascitur. Syluestris Hispaniæ familiaris: propè tamen aquas prouenit magna copia. Quæ autem apud nos creditur esse syluestris Eruca, ea non est sed Erysimon, de qua quidem herba suo in loco abundè scripsimus.

TEMPVS.

Satiua tota æstate floret: syluestris autem circa Calendas Iunij potissimum erumpit: alio enim tempore uix reperitur.

TEMPERAMENTVM.

Temperamentum Erucæ idem cum temperamento Erysimi.

VIRES. EX DIOSCORIDE.

Cruda Eruca satiua largius comesta uenerem stimulat. Idem potest semen eius, quod urinam cit, coctionē adiuuat, aluumque bonum efficit. Vtuntur semine ad condimenta. Quod ut plurimo tempore seruetur, aceto uel lacte maceratum, & in pastillos digestū recondunt. Syluestris semine homines in Hispania sinapis uice utuntur. Est autem ad ducendam urinam efficacior, & multo quàm satiua acrior.

EX GALENO.

Olus hoc perquā manifestè calefacit, adeò ut nō facilè solum absque iunctis Lactucæ folijs edatur. Quinetiam genitale semen augere creditur, & in uenerem stimulos addere. Caput magis dolore afficiet si solum edatur.

EX PAVLO.

Eruca temperamento Erysimo similis, flatulenta est, ob quod ad uenerem instigat. Semen eius urinam quoque mouet. Cæterū syluestris, domestica ualentior est.

EX PLI.

ERVCA
SATIVA.

Zam weiß senff.

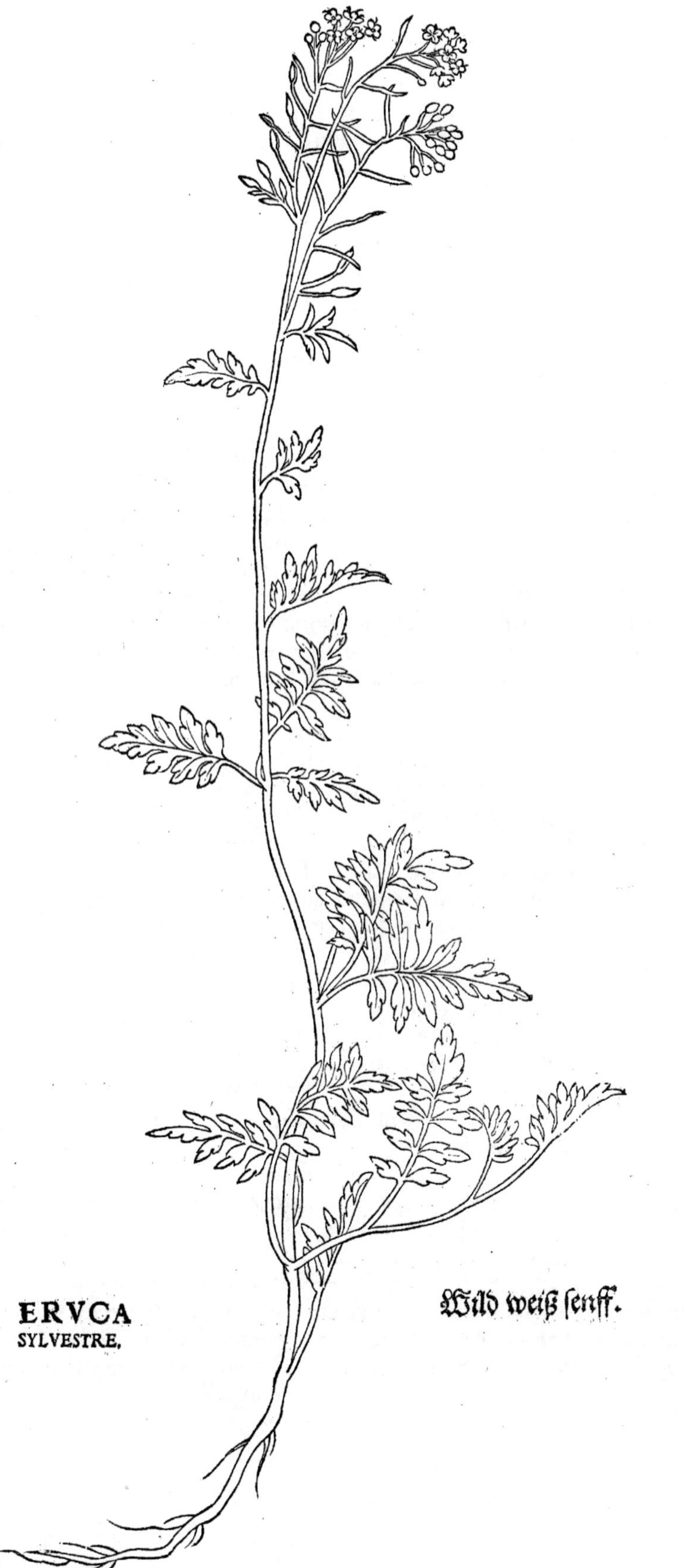

ERVCA
SYLVESTRE.

Wild weiß senff.

C

EX PLINIO.

Eruca diuersæ est quàm Lactuca naturæ: concitatrix ueneris: idcirco iungitur illi ferè in cibis, ut nimio frigori par feruor immixtus temperamentũ æquet. Eius semen scorpionum uenenis & muris aranei medetur. Bestiolas omnes innascentes corpori arcet. Vitia cutis in facie cum melle illitum. Lentigines ex aceto. Cicatrices nigras traducit ad candorem cum felle bubulo. Aiunt uerbera subituris potum ex uino, duritiam quandam contra sensum induere. In condiendis obsonijs tanta est suauitas, ut Græci euzomon appellauerint. Putant subtrita Eruca si foueant̃ oculi, claritatẽ restitui. Tussim infantium sedari. Radix eius in aqua decocta, fracta ossa extrahit. Tria folia syluestris Erucę sinistra manu decerpta, & trita in aqua mulsa, si bibantur, uenerem stimulant.

DE EVPATORIO ADVLTERINO. CAP. C.

NOMINA.

Officinarum error.

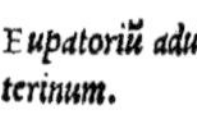

Eupatoriũ adulterinum.

NVM herba hæc ueteribus Græcis & Latinis cognita fuerit, & quo nomine ab ijsdem appellata sit, mihi nondum constare ingenuè fateor. Officinæ tamen ferè omnes pro Eupatorio uero, cum tamen non sit, haud sine magno errore utuntur. Hinc cum nomen aliud non esset quo illam appellaremus, Eupatorium adulterinũ nominare placuit. Germanicè Kunigundkraut/ hoc est, herba S. Kunigundi uocatur, & Wasserdost/ ab Origani similitudine, & quod iuxta aquas proueniat. Alijs Hirtzenklee/ quod uulnerati cerui sibi hac medeantur herba.

FORMA.

Caulem ędit rotundum, purpureũ, geniculatũ, solidum & hirsutum, circa quem D alæ panduntur, folia longa, Canabinis ferè similia, amaraq́ꝫ. Flores in summo paruos coaceruatos, in candido purpurascentes, tandẽ in pappos tenues abeuntes. Radicem multis fibris capillatã & inutilem. Errant hauddubiè qui herbam hanc Dioscoridis Hydropiper esse putant. Nam etsi ferè tota eius herbæ facies, floribus demptis, Hydropiperis deliniationi respondeat, tamen quia nulla prorsus piperis in folijs aut floribus acrimonia apparet, non est cur Hydropiper dici possit aut mereat̃.

Eupatoriũ adulterinum non est Hydropiper.

LOCVS.

In fluminum ripis, alijsq́ꝫ locis humidis nascitur: potissimum uerò iuxta resides aquas, aut tardo fluxu prorepentes.

TEMPVS.

Iulio & Augusto mensibus floret.

TEMPERAMENTVM.

Gustu uehementer amara est, ut calidam & siccam esse in secundo ordine, aut in medio tertij non sit dubium.

VIRES.

Hauddubiè herba hæc abstergit, expurgatq́ꝫ, & quæ in uenis est crassitiem incidit: quamobrem menses & urinas mouet, educendoq́ꝫ ex thorace pulmoneq́ꝫ puri auxiliatur, aliasq́ꝫ facultates amari saporis, quas recenset Galenus lib. iiij. de Simp. med. facul. cap. xvij. obtinet. Potest itaq́ꝫ obstructiones iecoris & lienis aliarumq́ꝫ partium corporis soluere. Ex recentioribus sunt qui hanc Vulnerariã esse tradunt, neq́ꝫ temerè: idipsum enim posse, siccitas eius testatur. Suffitum præterea eius herbę, uenenatas fugare feras ijdem scribunt. Euidentissimũ uerò est hanc etiam contra uenena esse admodum efficacem.

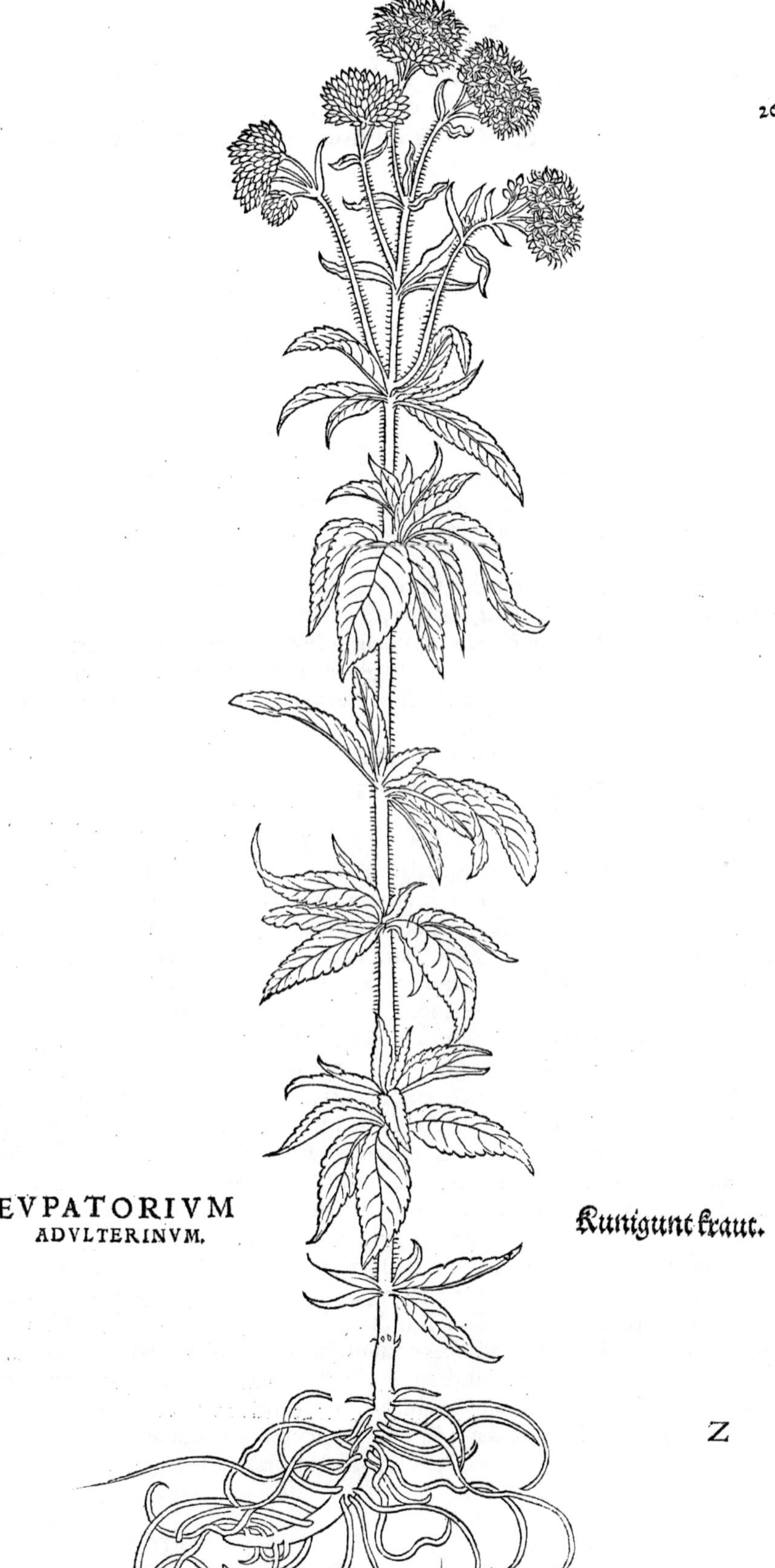

EVPATORIVM ADVLTERINVM.

Kunigunt kraut.

C

NOMINA.

ΕΡΕΒΙΝΘΟΣ græcè, Cicer latinè, officinæ latinum nomen retinuerunt, germanicè zyssern nominatur.

GENERA.

Tria præcipua sunt Cicerum genera, album, rufum & nigrum. Nos ex ijs tribus nigri tantum picturam damus. Differunt potissimum in floribus: hoc enim ut cernis purpureos, album uerò candidos flores producit.

FORMA.

Cicer satiuum caule est lignoso, obliquo, folijs exiguis, multis, circinatis, flore albo uel purpureo, siliquis rotundis, radice tenui & non admodum longa.

LOCVS.

Pullo crassoq́; solo gaudet.

TEMPVS.

Floret Iunio & Iulio mensibus, atq; subinde in siliquis semen producit.

TEMPERAMENTVM.

Calidum & siccum est primo in ordine.

VIRES. EX DIOSCORIDE.

Cicer satiuũ bonam facit aluum, urinam cit, inflationes parit, cutis colorem commendat, menses & fœtus educit, lac auget. Cum Eruo decoctum illinitur ad inflammationes testium & myrmecias. Ad scabiem, achoras, impetigines, ulcera concrescentia & maligna, cum hordeo & melle. Alterum genus arietinum nominatur. Vtrunq; cit urinas, dato cum Rosmarino contra regium morbũ & cutem subeuntes aquas eorum decocto. Lędunt autem uesicam exulceratã & renes. Contra myrmecias & acrochordonas iubent aliqui noua luna singula earum capita eminentiásue singulis Ciceribus tangere, deligataq́; in lintheolo semina illa post se abijcere, ut acrochordones decidant.

D

EX GALENO.

Cicer legumen est flatuosum quod nutrire potest, aluo mouendæ habile, ciendæ urinę idoneũ, & semini generando aptum. Prolicit uerò & menses. Porrò quod uocatur arietinum, cæteris efficacius urinam prouocat. Decoctum eius calculos renum confringit. Reliquum autem Cicerum genus quod Orobiæũ uocant, eadem ui pollet, puta attrahendi, digerendi, incidendi, extergendi. Lienem & iecur, & renes expurgant, scabiesq́; & impetigines extergunt. Parotidas & testes induratos discutiunt. Maligna etiam ulcera cum melle sanant.

EX SYMEONE ANTIOCHENO.

Cicera difficulter concoquunt & excrementa gignunt. Venerem stimulant, magisq́; quàm fabæ nutriunt, obstructiones tollunt, & menses educunt. Habent salsam simul & dulcem qualitatẽ, & ob salsuginem uentrem mouent, propter dulcedinem autem urinam. Inflationes quoq; faciunt, & lac gignunt, extergendiq́; facultatem obtinent. Nigra medicamentosam uim habent: urinam enim uehementissimè mouent, & calculos renũ & uesicæ frangunt. Nullum uero legumen sic ut Cicera, præcipuè autẽ nigra & parua, lapides frangere potest. Id uerò magis eius ius, quod tamen uesicæ morbis supra cætera legumina officit. Cicera uerò rubra calidiora & crassiorũ sunt partium quàm alba. Omnia autem urinam ducunt. Madefacta nocte una in aqua & sumpta, lumbricos eijciunt, sed qui utitur sex ieiunet horas oportet. Imposita ut cataplasma parotidibus, molliunt & discutiunt tumorẽ. Farina horum aceto subacta, & scabiosis inuncta prodest. Ius eorundem ictericos iuuat, & urinam albam reddit. Oportet uerò ijs neque ante cibum, neque post uti, sed in medio.

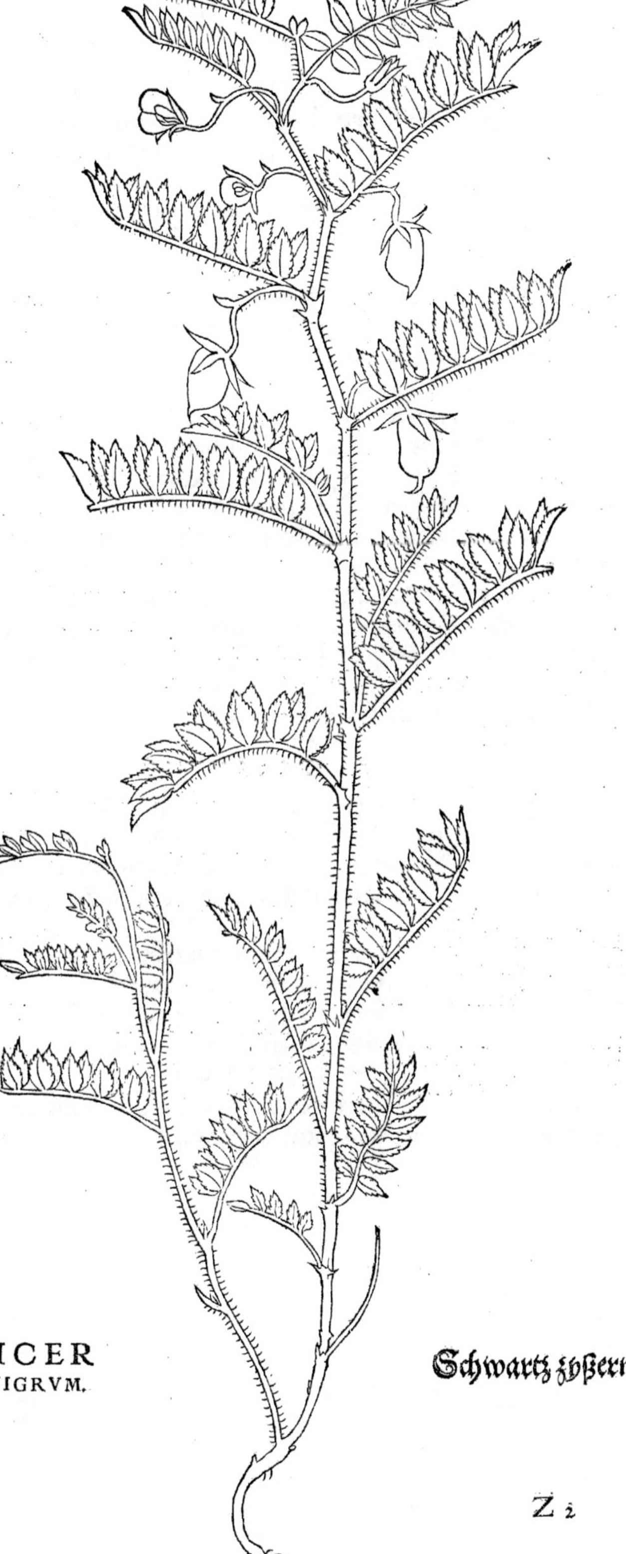

CICER
NIGRVM.

Schwartz zyßern.

C

NOMINA.

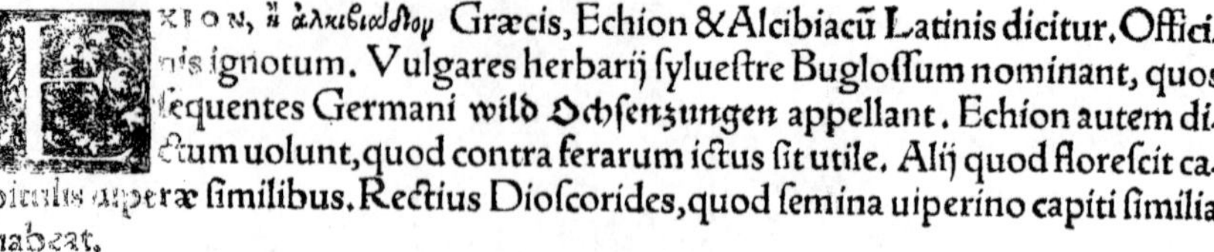

Buglossum syluestre. *Echion quare dictum.*

EXION, ἢ ἀλκιβιάδιον Græcis, Echion & Alcibiacū Latinis dicitur. Officinis ignotum. Vulgares herbarij ſylueſtre Buglоſſum nominant, quos ſequentes Germani wild Ochſenzungen appellant. Echion autem dictum uolunt, quod contra ferarum ictus ſit utile. Alij quod floreſcit capitulis uiperæ ſimilibus. Rectius Dioſcorides, quod ſemina uiperino capiti ſimilia habeat.

FORMA.

Folia obtinet oblonga, aſpera, tenuia, Anchuſæ proxima, minora tamen & pinguia. Habet & aculeos exiles folijs adiacentes. Cauliculos tenues multos, & utrinque foliola tenuia, pennata, nigra, minora proportione ad cacumen caulis. Iuxta folia flores purpureos, in quibus ſemē eſt uiperino capiti ſimile. Radix digito exilior, ſubnigra. Ex qua ſanè deliniatione ſole clarius fit, herbam cuius picturam hic exhibemus eſſe Echion. Folia enim habet prælonga, hirſuta, tenuia, ad Anchuſam accedentia, minora tamē pinguiaq́, tenuibus ſpinis horridula, cauliculos tenues, numeroſos, minutaq́ folia utroq́ latere dependentia, nigra, in ſummo caule minuſcula, inter quæ purpurei flores emicant, in quibus ſemina uiperarum capitulis ſimilia inſident, à ceruice paulatim in roſtellum extenuata, tumidiore ſuperna parte, in qua quædam prominulæ quaſi ſedes oculorū apparent, id quod ego hiſce oculis non ſemel, ſed iterum atq́ iterum conſpexi. Radix digito tenuior nigricat.

LOCVS.

Vbiq́ ferè ad itinera, & in aſperis locis naſcitur.

TEMPVS.

Iunio menſe floret.

D

TEMPERAMENTVM.

Calidum eſſe citra tamen inſignem ſiccitatē inde conijcitur, quod lactis procreatricem facultatem obtinet. Medicamenta enim, Galeno libro quinto capite uigeſimo de Simpl. med. facul. teſte, quia pituitoſos humores calefacientia in ſanguinem uertunt, lac procreare ſolent.

VIRES. EX DIOSCORIDE.

Radix non ſolum ijs qui à ſerpentibus morſi ſunt ſuccurrit pota cum uino, uerūmetiam præſumentes eam ne feriantur facit. Idem præſtant folia & ſemen. Sedat etiam dolores lumborum, & cum uino aut ſorbitione ſumpta lac proritat.

EX PAVLO.

Echion ſpinoſa herba eſt, quæ non modo à ſerpente commorſis cum uino pota auxiliatur, ſed præſumentes quoq́ percuti non patitur.

ECHION
Wild ochsenzungen.

APIVM
PALVSTRE.

Waſſer eppich.

DE ELEOSELINO. CAP. CIII.

A NOMINA.

ΕΛΕΟΣΕΛΙΝΟΝ, ἢ ὑδροσέλινον Græcis, Apium paluſtre & ruſticum Latinis, Germanis Waſſer epff/oder Eppich/oder bauren eppich nominatur. Sic dictum Grçcis, quod in paludibus & aquoſis locis proueniat.

Apium paluſtre Eleoſelinon unde dictum.

FORMA.

Apio ſatiuo maius eſt, caule tenero, concauo, folio molli, raro nec hirſuto, ſimile Apio ſapore, odore, floribus, ſemine & radice.

LOCVS.

Naſcitur in paludibus & aquoſis locis.

TEMPVS.

Iulio menſe floribus & ſemine prægnans eſt.

TEMPERAMENTVM.

Idem quod Apium ſatiuum temperamentum obtinet.

VIRES. EX DIOSCORIDE.

Eadem omnia quæ ſatiuum poteſt.

EX PLINIO.

Eleoſelino uis priuata contra araneas.

DE ELLEBORO ALBO. CAP. CIIII.

NOMINA.

ΕΛΛΕΒΟΡΟΣ λευκὸς Græcis, Elleborus candidus, & Veratrum album Latinis, officinis pariter Latinis Elleborus albus, Germanis weiß nieß-wurtz appellat. Elleboron autem Græci dictum uolunt, quod cibū corporis eripiat. Album à radice uocarunt, quæ nigri reſpectu candida eſt.

Elleborus cur dictus.

Albus quare cognominatus.

B FORMA.

Plantagini ſimilia folia obtinet, aut Betæ ſylueſtris, breuiora tamen, nigriora, & colore rubentia. Caulem palmi altitudine, cauum, quum ſiccari incœperit corticibus ſeu tunicis inuolutum. Radices illi ſubſunt numeroſç, tenues, ab exiguo & oblongo capite ceparū modo prodeuntes. Quod autem Dioſcorides dicit colore rubere folia, id de coſtis eorum intelligendum erit.

LOCVS.

Naſcitur in montanis locis frigidis & aſperis.

TEMPVS.

Radices eius per meſſem legendæ ſunt.

TEMPERAMENTVM.

In tertio ordine eſt excalefacientium & exiccantium.

VIRES. EX DIOSCORIDE.

Optimus habetur qui mediocriter extentus eſt & albus, fragilis, carnoſus, non acuminatus, iunceuſq́;, aut quum frangitur puluerulentus, exilem interiorem medullam habens, guſtu non admodum feruens, neq; ſaliuā confertim ciens. Huiuſcemodi autem ſtrangulat. Purgat uomitionib. uaria educens. Miſcetur collyrijs, quç claritati oculorum officientia purgare poſſunt. Menſes ducit, & fœtus in utero appoſitus enecat. Sternutamenta cit, & mures interficit, cum melle & polenta ſubactum. Carnes ſimul coctum minuit. Datur ieiunis per ſe & cum Seſamo, aut Ptiſanç ſucco, aut Alicæ, aut mulſa, aut pulte, aut lenticula, aut alia ſorbitione. Pani cōpinſitur & torret. Apparatus & uictus ratio ab ijs tradita eſt, qui de ratione & modo dandi eius, dicato priuatim opere, ſcripſerunt. Potiſsimum autem Philonidi Siculo ab Enna ſubſcribimus. Longum enim eſſet ei qui de medica materia agit, curandi quoq; rationem docere. Dant autem aliqui cum copioſa ſorbitione, aut ſuc-

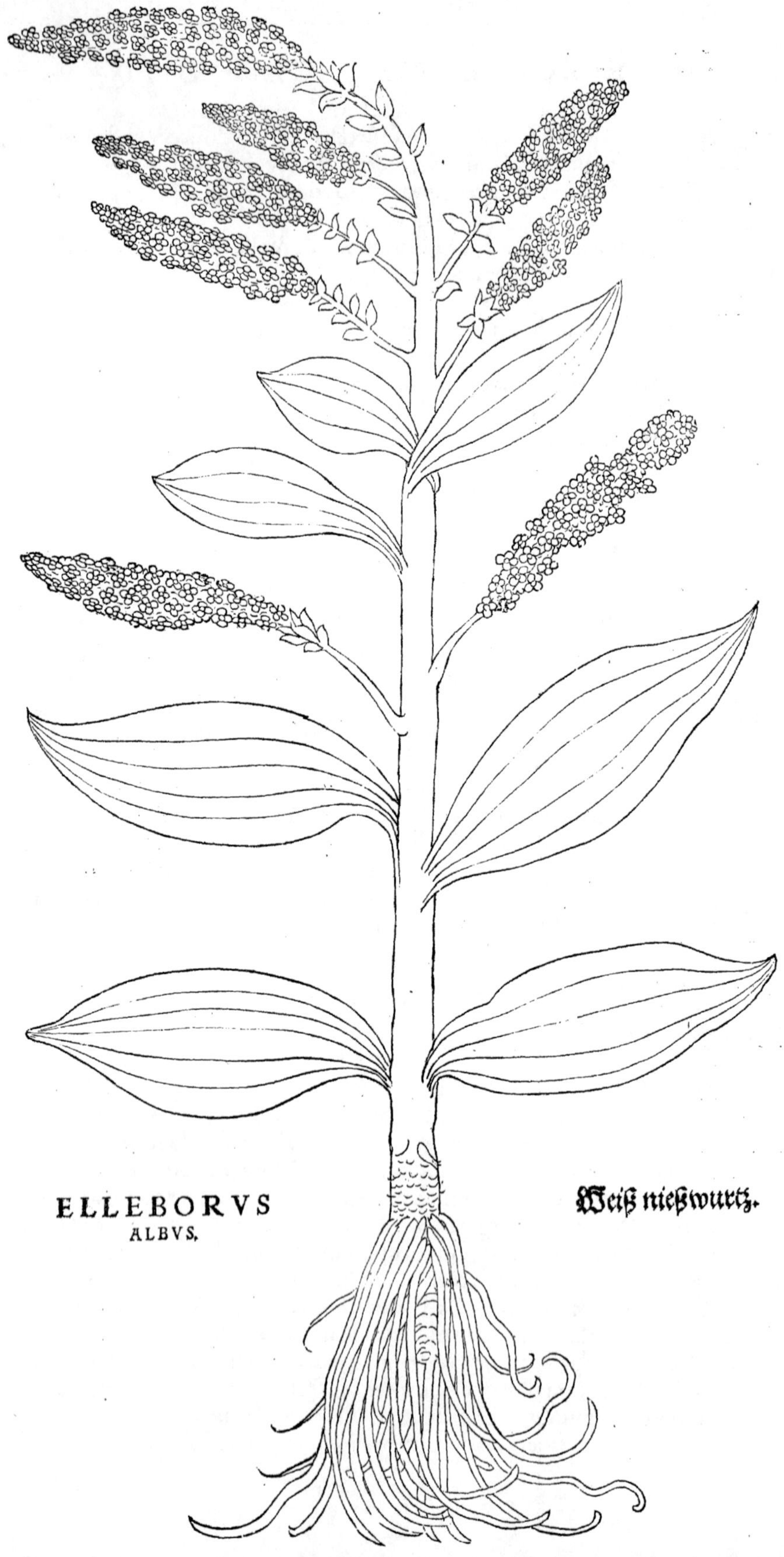

ELLEBORVS
ALBVS.

Weiß nießwurtz.

A co multo, aut modicum cibum dari præcipientes, statim Elleborum offerunt, præsertim ijs in quibus suspecta timendáue erit strangulatio, aut corporis imbecillitas imminet: tuto enim ea sic peragitur purgatio, quod non intempestiuè medicamentum corporibus cibo munitis accedat. Sedi etiam balani ex Elleboro subditæ cum aceto, uomitiones eliciunt.

EX GALENO.

Elleborus extergentis simul & excalfacientis facultatis est. Quamobrem ad alphos, impetigines, scabies, leprasq; accōmodus est. Quinetiam si in fistulam callo induratam infundatur duobus tribúsue diebus, callum detrahit. Dentibus si cum aceto colluantur prodest.

EX PLINIO.

Candidū ueratrum uomitione, causasq; morborū extrahit: quondam terribile, postea tam promiscuum, ut pleriq; studiorū gratia ad prouidenda acrius quæ commentabant, sæpius sumptitauerint. Carneadem responsurū Zenonis libris: Drusum quoq; apud nos, tribunorū popularium clarissimū, cui ante omnis plebs adstans plausit, optimates uerò bellum Marsicum imputauere, constat hoc medicamento liberatū comitiali morbo in Anticyra insula. Ibi enim tutissimè sumitur, quoniam, ut diximus, Sesamoides admiscent. Italia ueratrum uocat. Farina eius per se & mixta radiculę qua lanas diximus lauari, sternutamentū facit, somnumq;. Leguntur autem tenuissimæ radices breuesq; ac ueluti decurtatæ etiam hæ. Nam summa quæ est crassissima, cepis similis, canibus tantum datur purgationis causa. Antiqui radicē corticemq; carnosissimū eligebant, quò tenuior eximeretur medulla. Hanc humidis spongijs opertam turgescentemq;, in longitudinē findebāt. Deinde fila in umbra siccabāt, ijs utentes. Nunc ramulos ipsos à radice sua grauissimi corticis, ita
B dantes. Optimū quod acre gustu, feruensq; in frangendo puluerem emittit. Optimum præterea quod celerrimè mouet sternutamenta, sed multo terribilius nigro, præcipuè si quis apparatū poturorū apud antiquos legat, contra horrores, strangulatus, intempestiuas somni uires, singultus infinitos, aut sternutamenta, stomachi dissolutiones, tardiores uomitus aut longinquiores, exiguos aut nimios. Sed antiquorum uitium erat, quod propter hos metus parcius dabant, cum celerius erumpat, quo largius sumitur. Themison binas nō amplius drachmas donauit. Sequentes & quaternas dedere, claro Herophili præconio, qui Elleborum fortissimi ducis similitudini æquabat. Concitatis enim intus omnibus, ipsum in primis exire. Præterea mirum inuentum est, quod incisum forficulis, cortex remanet. Hoc inanito, medulla cadit. Hæc in nimia purgatione data, uomitiones sistit. Cauendum est felici quoque cura, ne nubilo detur die, quippe impatibiles cruciatus existunt. Nam æstate potius quàm hyeme dandum, non est in dubio. Corpus septē diebus præparandū cibis acribus, abstinentia uini, quarto & tertio die uomitionibus, pridie cœnæ abstinentia. Album è dulci datur, aptissimè uerò in lacte aut pulte. Nuper inuenere diffectis raphanis inserere Elleborum, rursusq; comprimere raphanos, ut transeat uis, atq; eo lenimento dare. Reddi post quatuor ferè horas incipit. Totum opus septenis peragitur horis. Medetur in morbis comitialibus, uertigini, melancholicis, insanientibus, lymphaticis, elephantię albæ, lepris, tetano, tremulis, podagricis, hydropicis, incipientibusq; tympanicis, stomachicis, spasticis, clinicis, ischiadicis, quartanis quæ aliter non desinant, tussi ueteri, inflammationibus, torminibus redeuntib. Vetant dari senibus & pueris. Item mollibus & fœminei corporis animęue exilibus, aut teneris, & fœminis minus quàm uiris. Item timidis, aut si exulcerata sint pręcordia, uel tumeant, minimeq; sanguinē excreantibus, uel latere uel faucibus. Medetur extra corpus eruptionibus, pituitæ cum axungia illitum. Item suppurationi ueteri. Mures polenta admixtū necat. Muscæ quoq; necantur albo trito, & cum lacte sparso. Eodem & phthiriasis emendatur.

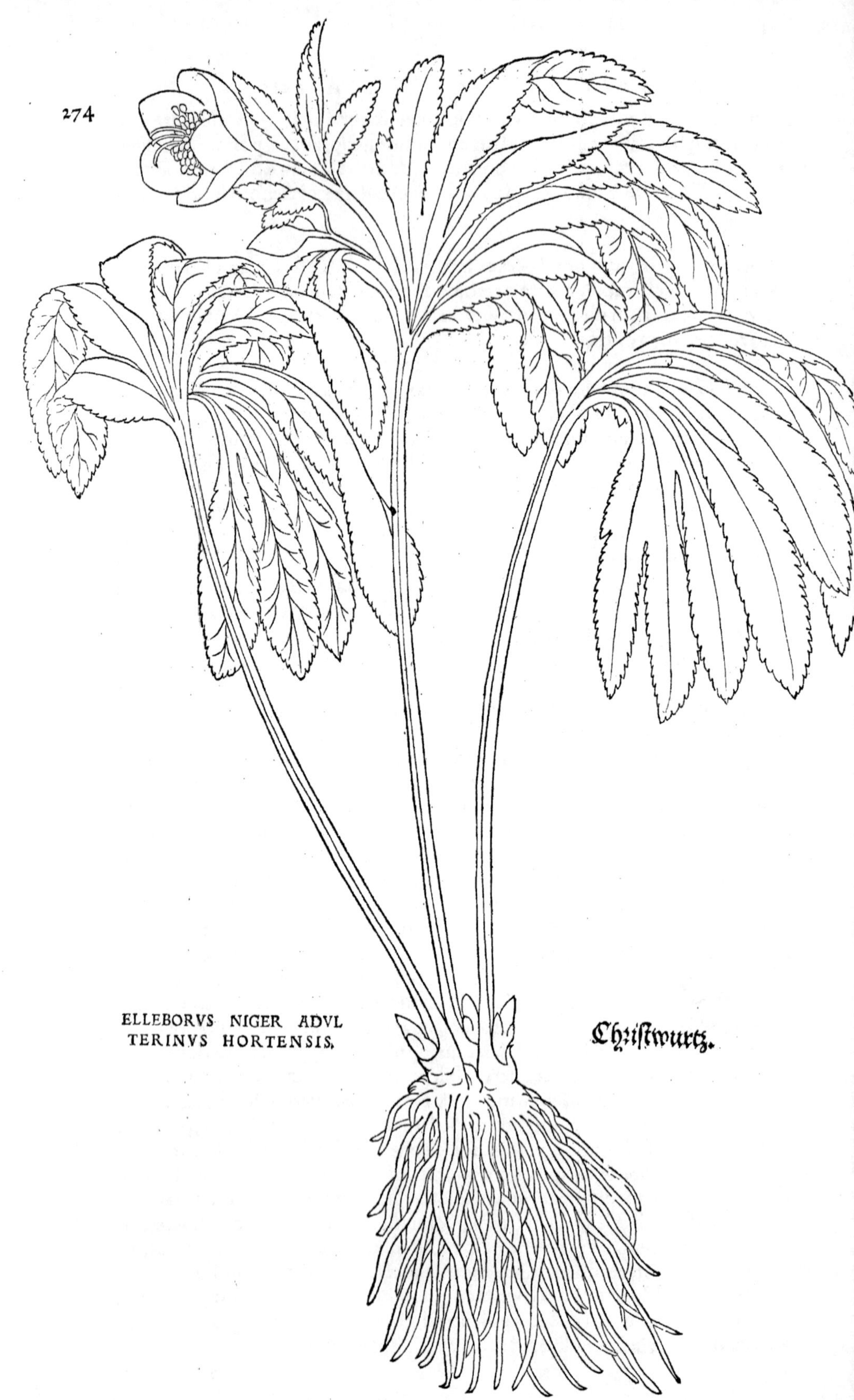
ELLEBORVS NIGER ADVL
TERINVS HORTENSIS.
Chriſtwurtz.

LLEBORVS NIGER
VLTERINVS SYLVESTRIS
Leüßkraut.

C

DE ELLEBORO NIGRO ADVLTERINO. CAP. CV.

NOMINA.

Elleborus niger adulterinus cur dictus.

HERBAM hanc cuius picturam damus non esse uerum Elleborum facilè constabit, si eam ad descriptionē referas. Verum quum magna pars hodie medicorum pro Elleboro nigro, necq; tamen citra summam efficacitatem, utatur, adulterinum nigrum Elleborum appellare placuit. Germanis Christwurtz dicitur, non alio sanè nomine quàm quod circa seruatoris nostri CHRISTI natalem diem flores, modo calido in loco sita sit herba, producat. Cæterum etsi genuinus Elleborus non sit, tamen non admodum ab illo abludit descriptio, nec uiribus multo inferior est, ut in alterius inopia huius usus citra errorem esse posit.

GENERA.

Duo eius esse genera deprehendimus. Vnum quod officinæ hodie Elleborum nigrum, Germani uerò Christwurtz/ ut diximus, nominant. Nos certioris discriminis causa, Elleborum nigrum adulterinum hortensem appellauimus, quod scilicet sua sponte, & nisi plantatum sit, in hortis non proueniat. Alterum quod syluestre sit, & sponte sua nascitur, Elleborum nigrum adulterinum syluestrem nuncupauimus. Germanis Leüßkraut dicitur.

Hortensis.

Syluestris.

FORMA.

Hortensis caulem, uel potius pediculum, habet oblongum & folijs nudum, nisi in summo, ubi folia oblonga, angusta, pluribusq; diuisuris incisa, atqueadeò in ambitu serrata producit. Florem habet herbacei coloris. Radices tenues, nigras, ueluti à capitulo ceparum pendentes. Syluestris priori non admodum dissimilis est, nisi quia caulem obtinet crassiorem, foliaq; minora. Florem etiam etsi herbaceū habeat, tamen è medio eius, folliculi, aut siliquæ duæ aut tres, in quibus semen est, exeunt.

LOCVS.

D

Hortensis, ut dictum est, passim in hortis nunc prouenit: syluestris in montibus asperis, lapidosis ac sublimibus.

TEMPVS.

Hortensis hyeme, circa CHRISTI nimirum natalem, ut comprehensum est, floret. Syluestris autem uere & initio æstatis.

TEMPERAMENTVM.

Quum experientia testetur Elleborum nigrum adulterinum, potissimū hortensem, eandem quam genuinus habere facultatē, idem etiam obtineat temperamentum necesse est. Calidus itaq; & siccus in tertio ordine erit.

VIRES.

Purgat perinde atq; genuinus inferiorem uentrem, pituitam & flauam bilem ducens. Prodest comitiali morbo laborantibus, melancholicis, insanientibus, articulorum doloribus correptis, & resolutis. Menses in pesso subditus trahit. Fœtus necat. Porrò cum illis etiam insit extergendi uis, alphos, impetigines, scabiem, lepras q; curant. Erodentibus medicamentis cōmiscentur. Ideoq; syluestris non temerè, quod pediculos interficiat, Leüßkraut à Germanis meis dicitur. Non uero pediculos tantum, uerum etiam oues & alia animantia comestus necat.

a

C

NOMINA.

ΕΛΞΙΝΗ, ἢ περδίκιον græcè, Helxine & Vrceolaris latinè nominatur. Officinæ uocant Parietariam, & dempta una litera Paritariã. Vulgus Muralium & Muralem. Germani Tag vnd nacht / S. Peterskraut / oder Glaßkraut. Helxine autem ab aspero semine quod tenaci nexu uestibus adhæret, dicta est. Perdicium uerò, quod ea perdices præcipuè uescantur. Vrceolaris autem, quod detergendis uitreis, urceolis uasisq; efficax sit. Muralis & Parietaria, quod muros ac parietes natales locos sibi fecerit.

Helxine unde dicta. Perdicion. Vrceolaris. Muralis. Parietaria.

FORMA.

Cauliculos habet tenues, subrubentes, folia Mercuriali similia, hirsuta, circa caules ueluti exigua semina, aspera, uestibus adhærentia. Hæc sanè pictura sic plantæ illi respondet, ut nulla prorsus sit nota quæ illi non adamussim conueniat. Est enim fruticosa, cubitalis, cauliculis tenuibus, leniter rubescentibus, folijs Mercurialis herbæ, hirsutis, floribus purpureis minutissimis, exili per ambitum eius semine, aspero, uestibus adhærente, radice subrubra, fibris capillata.

LOCVS.

Nascitur in sepibus, muris, macerijs, parietibus & uinetis. Nunc in hortis etiam plantata prouenit.

TEMPVS.

Iulio mense floret.

TEMPERAMENTVM.

Facultas Perdicio inest abstergendi & cõstringendi cum humiditate subfrigida.

VIRES. EX DIOSCORIDE.

Folia refrigerandi cõstringendiq; uim obtinent. Quare illita sacros ignes sanant, D condylomata, adusta, incipientes panos, inflammationes omnes, & œdemata. Succus eius cerussæ mixtus, ignibus sacris & ijs quæ serpunt malis utiliter illinitur. Inungitur podagris cum cerato Cyprino, uel seuo hircino. Diuturnas tusses adiuuat, cyathi mensura absorptus. Contra inflammatas tonsillas gargarissatus & illitus prodest. Aurium quoq; dolores cum rosaceo infusus iuuat.

EX GALENO.

Vim habet abstergendi & paulatim constringendi ac refrigerandi. Quare phlegmonas omnes inter initia, & in augmento usq; ad statum sanat, maximè calidas. Quinetiam incipientib. phygethlis cataplasmatis ritu illinitur. Succus quoq; eius ad dolores phlegmonosos mediocriter profuerit. Gargarizandũ item nonnulli exhibent ad paristhmia. Aliqui etiam medicorum ijs qui diutina tussi uexantur, illam exhibuerunt. Certè euidens extergendi experimentum præbet & in uasis uitreis.

EX AETIO.

Exterit alopecias & impetigines priuatim assiduè illita. Sedis hæmorrhoidas aperit, fistulis medetur, & sinus cohibet trita & cum modico sale apposita.

EX PLINIO.

Hæc inficit lanas, sanat ignes sacros, tumores, collectionesq; omnes & adusta. Panos succus eius cum psimmythio, & guttura incipientia turgescere. Item ueterem tussim cyatho hausto. Et omnia in humido. Sicut tonsillas & uarices cum rosaceo. Imponitur & podagris cum caprino seuo ceraq; Cypria.

APPENDIX.

Monendi sunt hoc loco medici ut rectum Helxines usum discant. Nam hactenus non rectè eam in frigidis uitijs pro fomento usurparunt, cum refrigerandi constringendiq; uim habeat. Cæterum cum abstergendi quoque illi facultas insit, potest etiam calculosis, & ijs qui difficultate urinæ laborant exhiberi, potissimum si aliquid

A aliquid consimilem facultatem obtinens ei admisceatur. Sic Aëtius sedis hæmorrhoidas aperire tradit, si trita cum sale, cui etiam abstergendi uis inest, apponatur. Quare qui calculosis hanc herbam propinant, curent ut aliquid quod abstergendi facultatem habeat, commisceant.

DE ERYTHRODANO. CAP. CVII.

NOMINA.

ΕΡΥΘΡΟΔΑΝΟΝ græcè, Rubia latinè uocatur. Officinæ Rubeam tinctorum appellant. Germanicè Rôte nominat. A rubore radicis, quo lanæ & coria tinguntur, factum illi utrunque nomen est. *Rubia cur uocata.*

GENERA.

Dioscoridi & alijs duo Rubiæ sunt genera. Altera enim satiua est, altera uerò sponte prouenit, & syluestris existit: nec esse uidetur alia quàm quæ à nostris Stellaria uocatur. *Satiua.* *Syluestris.*

FORMA.

Caules satiuæ quadranguli, longi, asperi, similes Aparinæ, multo tamẽ maiores robustioresque, folia per interualla in singulis geniculis habentes, stellarũ modo in orbem circũiacentia. Fructus rotundus, per initia uiridis, mox ruber, postea cum maturuit niger. Radix tenuis, longa, rubra. Syluestris itidem caules quadrangulos, ut diximus, emittit, folia per interualla in singulis geniculis stellarum instar in orbem circumiacentia, flores candidos, radicem tenuem, longam & rubram, adeò ut suo colore tingere etiam uideatur.

LOCVS.

B Nascitur in plerisque nunc Germaniæ locis, agro potissimum Argentoracensi & Spirensi. Seritur autem propter emolumentũ quod ex ea quęstuosissimũ sentitur.

TEMPVS.

Aestatè colligitur fructus, & subinde etiam effoditur radix.

TEMPERAMENTVM.

Calida est in secundo ordine, & sicca in tertio.

VIRES. EX DIOSCORIDE.

Radix urinam ciet, qua de causa regio morbo laborantibus cum aqua mulsa auxiliatur: item ischiadicis & resolutis. Vrinam multam & crassam ducit, nonnunquam etiam sanguinem. Bibentes quidem quotidie lauari oportet, & excrementorum quæ redduntur differentiam spectare. Aduersus uenenatorũ morsus succum cum folijs bibere prodest. Semen ex oxymelite potum, lienem absumit. Apposita radix, fętus, menses, & secundas trahit. Albas uitiligines ex aceto illita sanat.

EX GALENO.

Rubia tinctorum radix acerba & gustu amara est. Itaque quæcunque agere diximus ubi eiusmodi coiuerint qualitates, ea omnia in hac radice luculenter conspicies: quippe quum & lienem & iecur expurget, & urinam crassam copiosamque, ac nonnunquam etiam sanguinolentam moueat. Quin & menses ciet, ac mediocriter quæ extersionem postulant, extergit: proinde uitiligines albas cum aceto illita iuuat. Sunt qui eam ischiadicis & resolutis in potu cum melicrato exhibeant.

EX PLINIO.

Erythrodanum, quam nos Rubiam uocamus, qua tinguntur lanæ, pellesque perficiuntur, in medicina urinam cit, morbum regium sanat ex aqua mulsa, & lichenas ex aceto illita: & ischiadicos & paralyticos, ita ut bibentes lauentur quotidie. Radix semenque trahunt menses, aluũ sistunt, & collectiones discutiunt. Contra serpentes rami cum folijs imponunt. Folia & capillum tingunt. Inuenio apud quosdam morbum regium sanari hoc frutice, etiam si adalligatus spectetur tantum.

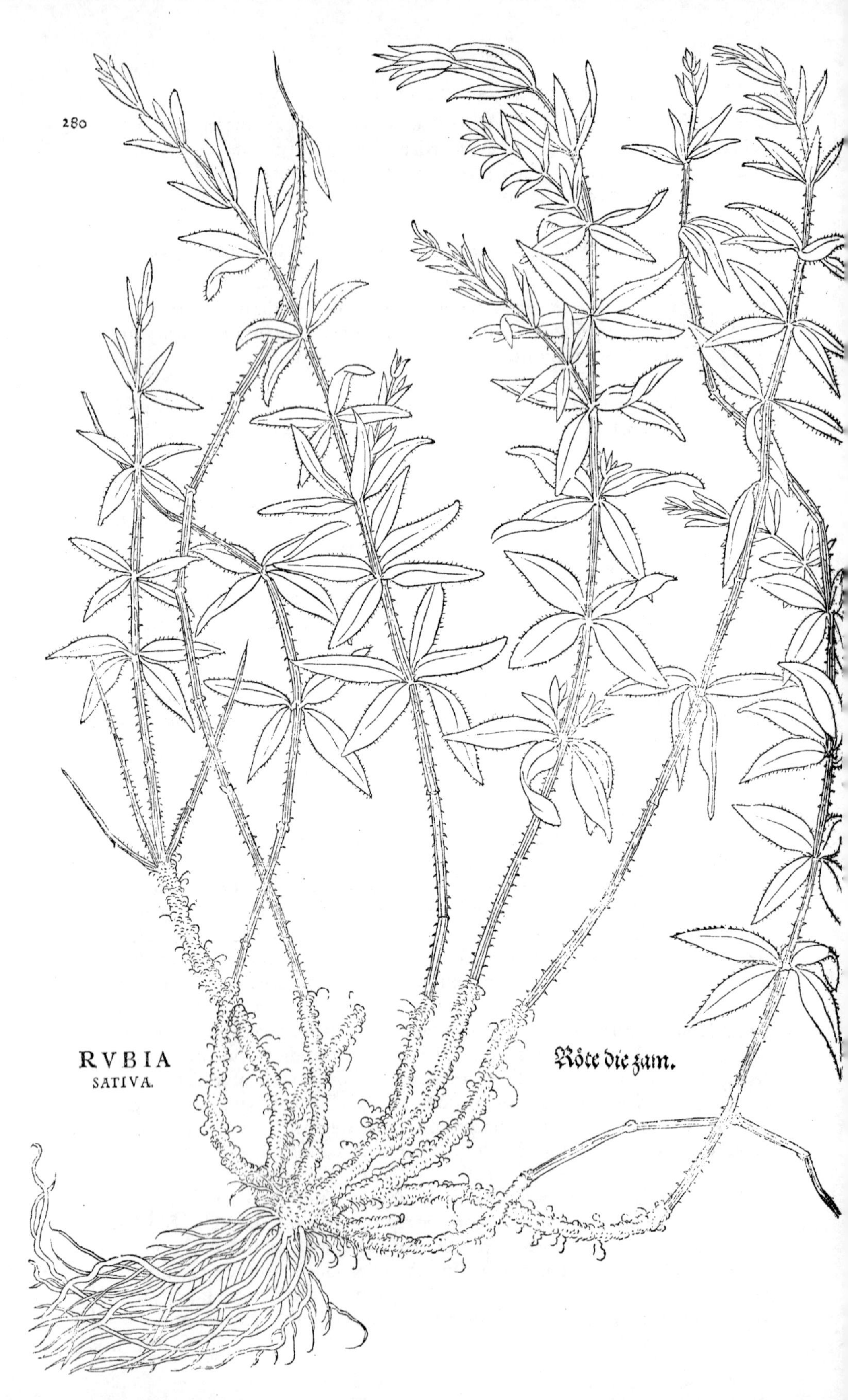

RVBIA SATIVA.

Röte die zam.

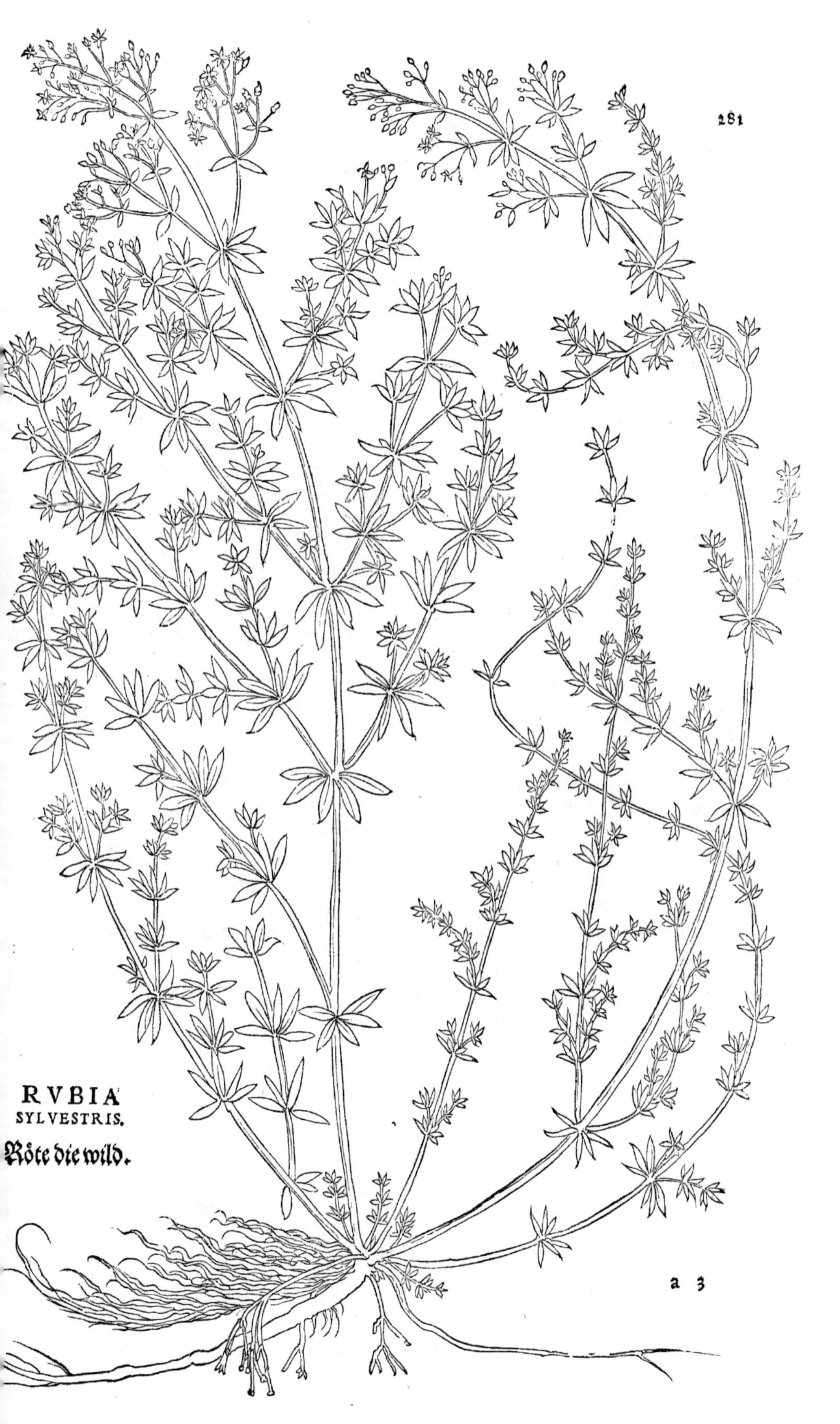

RVBIA SYLVESTRIS.

Rôte die wild.

C

NOMINA.

Semen cur dicta Zea. ζείδωρος ἄρουρα.

EIA Græcis, Zea & Semen Latinis, uulgo & Italis Spelta dicitur. Semen autem Latini à præſtantia frugis appellarunt. Hinc eſt quod Homerus etiã hanc celebrauerit dicens, ζείδωρος ἄρουρα. Quib. ſanè uerbis innuit aruum Zeam largiens, non ut nonnulli arbitrantur quod uitam donet, Plinio autore.

GENVS.

Duo Zeæ Dioſcorides facit genera. Vnum cuius grana in ſingulis tunicis ſeu glumis gemina, quod Græcis eã ob cauſam δίκοκκος cognominatur. Germanis hoc genus Spelz/oder Dinckelkorn uocatur. Alterum ſimplicis eſt grani, & germanice nominatur Einkorn/oder S. Peters korn. *Δίκοκκος.*

FORMA.

Primum genus. Primum genus culmo, geniculis & ſpica tritico ſimile eſt, duobúsque utriculis *Alterum.* iunctis duo grana ſimul fert. Alterum culmo & ſpica eſt breuioribus, grana ſingula in ſingulis tunicis duplici ordine ſeu uerſu diſpoſitis proferens, ac in ſummitate ariſtis ſuis planè hordeum refert.

LOCVS.

Lætum pingueq́ꝫ ſolum deſiderat.

TEMPVS.

Iunio menſe floret, Iulio autem maturitatem conſequitur.

TEMPERAMENTVM.

Zea media quodammodo eſt inter triticum & hordeũ, quatenus ad calefaciendi & refrigerandi facultatem attinet, placide uero exiccat.

VIRES. EX DIOSCORIDE.

D Zea magis nutrit quàm hordeum. Ori ſuauis eſt. Digeſta in paniſicia minus quàm triticum alit.

EX GALENO.

Zea uniuerſa ſua facultate quodammodo in medio eſt tritici & hordei: itaq́ꝫ ex illis cognoſcatur.

EX PLINIO.

Zeæ farina efficacior hordeacea uidetur, trimeſtris mollior. Ex uino rubro ad ſcorpionum ictus tepida, & ſanguinem excreantibus. Item arteriæ. Tuſſi cum caprino ſeuo aut butyro. Ex Fœnogræco molliſſima omnium. Vlcera manantia ſanat, & furfures corporis, ſtomachi dolores, pedes & mammas cum uino & nitro cocta.

EX SYMEONE SETHI.

Zea facultatem habet proximam tritico, Eſt uero facilis concoctionis, boniq́ꝫ ſucci: ad hæc etiam emplaſtica exiſtit.

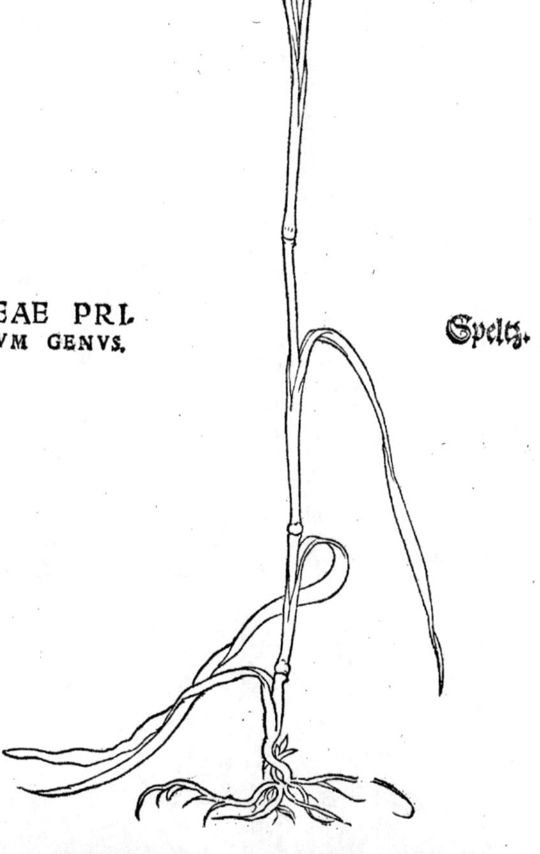

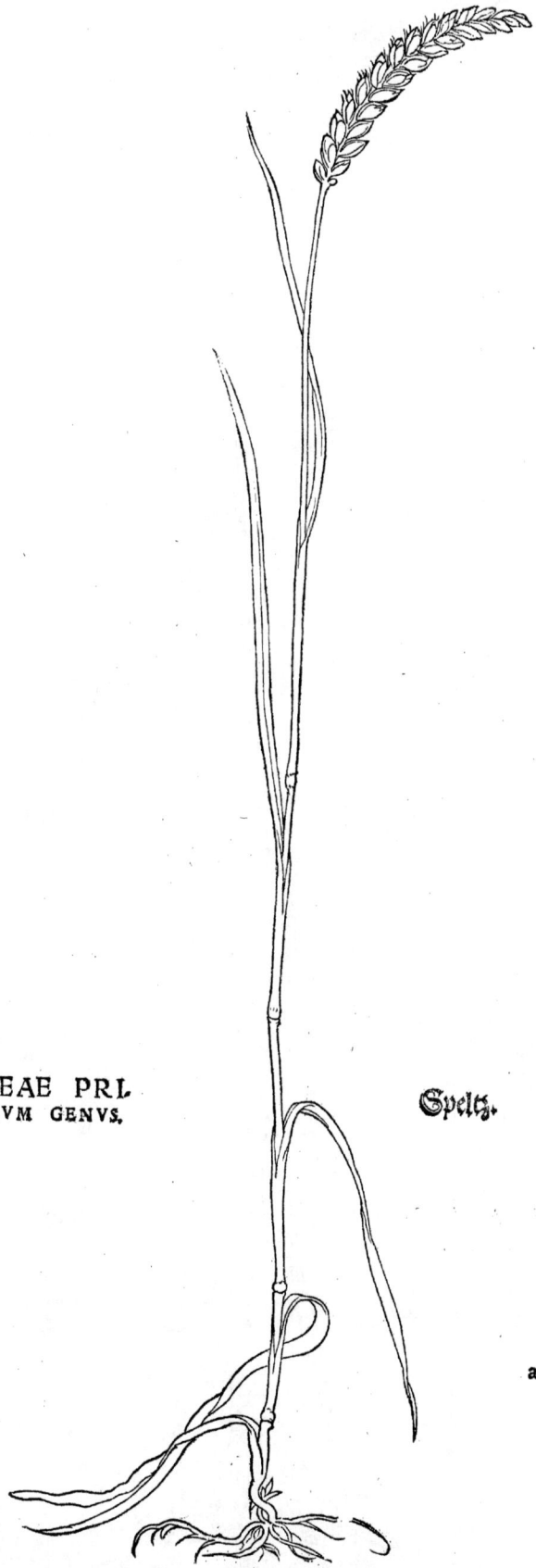

ZEAE PRI
MVM GENVS.

Speltz.

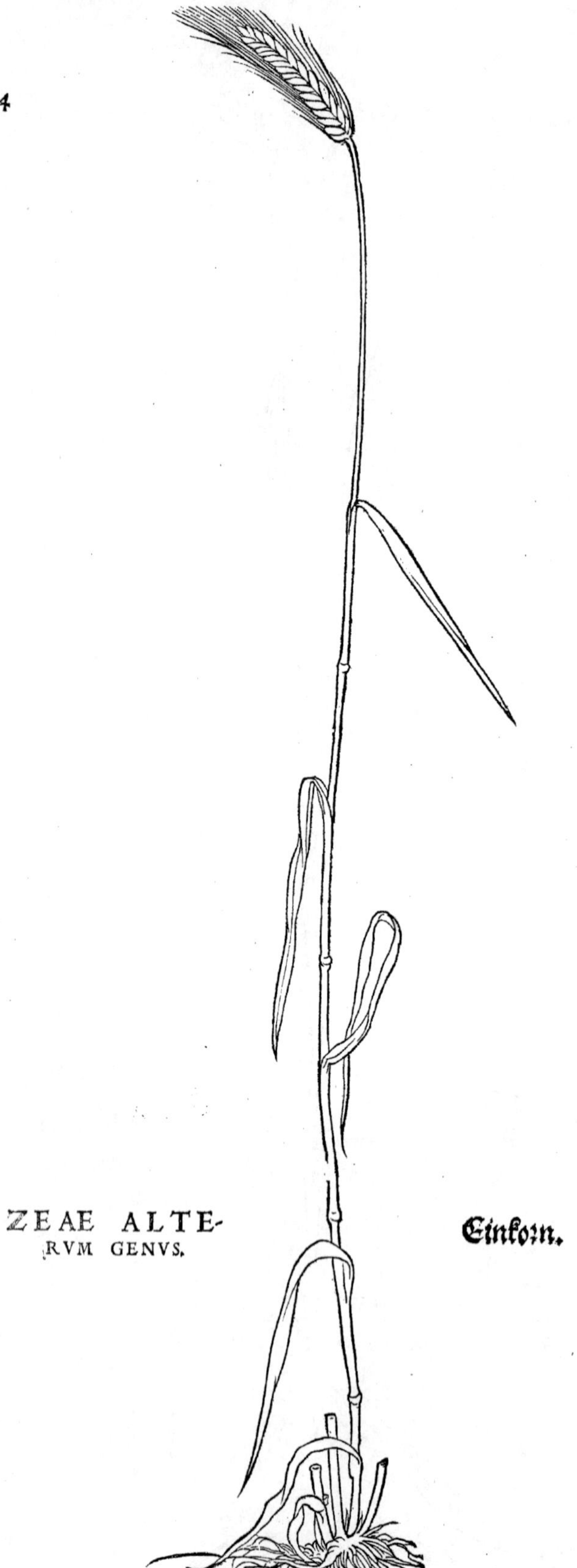

ZEAE ALTERVM GENVS.

Einkorn.

A

NOMINA.

ΗΡΙΓΕΡΩΝ Græcis, Senetio Latinis, officinis inusitata, Germanis Grindtkraut dicitur. Græcis autem Erigeron quasi uernus senex nominatur, seu citò uel uere senescens, quod celeriter in pappum & lanuginem abeat. Itaque compositione nominis, tempus simul quo floret, & floris mox deflorescentis euentum, indicare uoluerunt Græci, ut quo tempore quærenda, & quibus notis inuenienda esset omnes scirent. Non igitur senectutis ratio aliqua in ea est, sed canescentes humani capilli modo post florem eius pappi, ut à senectute denominaretur, effecerunt. Eam etiam ob causam Romani Senetionem illam uocauerunt.

Erigeron cur dicta.

Senetio.

FORMA.

Herba est cauliculo cubitali, subrubro, folijs continuis, in extremitatibus Erucæ modo incisuris diuisis, sed minoribus multo: floribus luteis, celeriter scissis dehiscentibúsue, & in pappos deflorescentibus: unde & Erigeron dicta est, quod uere scilicet capilli modo flores canescant. Radice inutili. Omnes hæ Dioscoridis notæ, herbæ quam Germani Creutzwurtz & Grindtkraut nominant, respondere deprehenduntur. Siquidem cauliculus est illi cubitalis, subruber, folia continua habens, per extremitates Erucæ instar laciniosa, minora tamen. Flores lutei, qui scissi statim in lanuginem abeunt. Errant toto cœlo qui Senetionem Nasturtium esse garriunt.

Senetio non est Nasturtium.

LOCVS.

Nascitur passim in sepibus, & circum oppida.

TEMPVS.

Vere erumpit, quo etiam tempore, ut dictum est, canescit, & durat ferè tota æstate eius herbæ prouentus.

B

TEMPERAMENTVM.

Erigeron, Paulo Aegineta autore, mixtam temperaturam obtinet: refrigerat enim & modicè discutit.

VIRES. EX DIOSCORIDE.

Folia cum floribus refrigerandi uim obtinent, quapropter cum exiguo uino, aut per se illita folia, testium sedisque inflammationes sanant. Cum manna, tum reliquis uulneribus, tum neruorum quoque medentur. Idem præstant pappi per se ex aceto illiti, uerum recentes epoti strangulant. Totus autem caulis in aqua decoctus, & cum passo potus, stomachi dolores à bili contractos persanat.

EX PLINIO.

Lanugo eius cum croco & exiguo aquæ frigidæ tritæ illinitur epiphoris. Tosta cum mica salis strumis. Erigeron quoque cum farina thuris & uino dulci, testium inflammationes sanat.

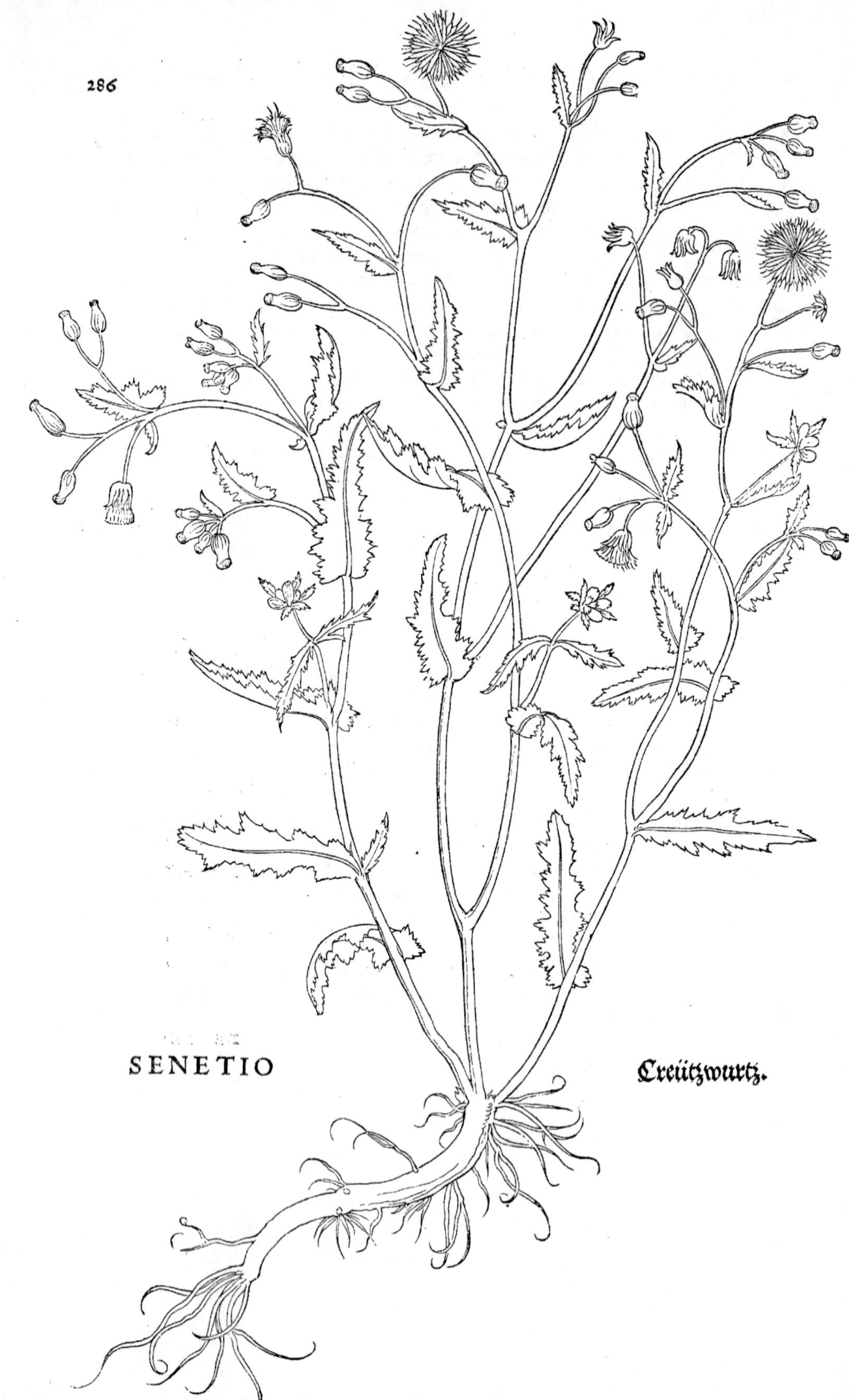
SENETIO
Creützwurtz.

A NOMINA.

HΔΥΟΣΜΟΣ, ἡ μίνθη græcè, Menta latinè dicit. Officinę nomen latinum retinuerunt. Germanicè Müntz uocatur. Hedyosmon Græci, quod suauem spiret odorem, nominauerunt. Menta autem dicta est, quod odore suo mentem excitet, aut quod grato, ut ait Plinius, odore mensas percurrat. Hedyosmon unde dictum. Menta.

GENERA.

Mentæ in uniuersum duo sunt genera. Vna enim satiua & hortensis est: altera syluestris & fera. Satiuæ iterum quatuor præcipua sunt genera. Vna est quam Germani Deyment simpliciter, uel krauß Deyment uocant. Altera, quam ijdem krauß Balsam. Tertia, quæ ijsdem Balsammüntz appellatur, & vnser Frauwen müntz / oder spitz müntz: à nostræ ætatis herbarijs Romana uel Saracenica. Quartam Germani quidam Hertzkraut / nonnulli Balsamkraut uocant. Per me tamen licebit has species, quandoquidem facultatibus similes sint, ut cuiuis placuerit nominare. Nobis autem ut certius discernerentur prædictis nominibus appellare placuit. Syluestris, quæ Latinis Mentastrum uocatur, & uulgo equina Menta, germanicè Roßmüntz / wilder Balsam / oder wild müntz dicitur. Non ignoramus plures esse Mentæ species, nos tamen eas duntaxat quas uidimus, pictas exhibemus. Satiuæ genera.

FORMA.

Satiua prima caulem habet quadrangulum, à radice lentè punicantem, & lanugine pubescentem, folium ferè rotundum, serratum, molle & odoratum, flosculos purpureos internodia geniculatim coronantes, uerticillato semper ambitu. Altera priori per omnia similis est, nisi quod illi subpurpureus flos circa cauliculorum fa-
B stigia spicatur. Tertia folio longiore & acutiore constat, flosculis purpureis coliculorum cacuminib. spicatim insidentibus. Quarta itidem longioribus folijs est, floribusque purpureis internodia geniculatim, haud secus quàm in prima, caules coronantibus. Mentastrum uerò folijs lanugine canescentibus, atque hirsutioribus, Sisymbrio procerius, odore magis uiroso, flosculis spicatim coliculorum fastigia coronantibus. Prima. Secunda.

LOCVS.

Satiuæ passim in hortis proueniunt. Amant apricum locum, nõ pinguem, non stercoratum, humidis facilius adolescunt. Syluestris autem, quæ Mentastrum alio nomine appellat, uliginosis gaudet locis, passimque irrigua hoc Mentastro pubent.

TEMPVS.

Florent omnes mense Augusto.

TEMPERAMENTVM.

Vtraque, tam hortensis scilicet quàm syluestris, gustu acris, & facultate calida est, ex tertio ordine excalefacientium. Infirmior tamen est hortensis, minusque calefacit. Exiccat autem in secundo ordine: illi enim ex cultura aliquid humiditatis accedit.

VIRES. EX DIOSCORIDE.

Calefaciendi, adstringendi atque exiccandi uim habet Menta hortensis. Proinde sanguinem sistit succus eius cum aceto potus. Lumbricos rotundos enecat. Venerẽ concitat. Singultus, uomitiones, choleramque sedant duo aut terni surculi cum acidi granati succo poti. Cum polenta illita abscessus discutit. Imposita fronti, capitis dolores mitigat. Mammas quæ tendunt, aut lacte turgent, compescit. Cum sale canum morsibus illinitur. Aurium doloribus eius succus cum aqua mulsa subuenit. Mulieribus ante coitum admota, conceptioni resistit. Linguæ scabritiem confricata leuigat. Lac coire densarique in caseum non finit, immersis in eo folijs. In summa, stomacho utilis est, & in condimentis peculiarem usum habet. Syluestris in sanitate deterioris usus est quàm satiua.

EX GA-

MENTA Krauß deyment.

MENTA HORTENSIS SECVNDA.

Krauß balsam.

b

MENTA
HORTENSIS TERTIA

Vnser frawen müntz.

MENTA
HORTENSIS QVARTA
Hertzkraut.

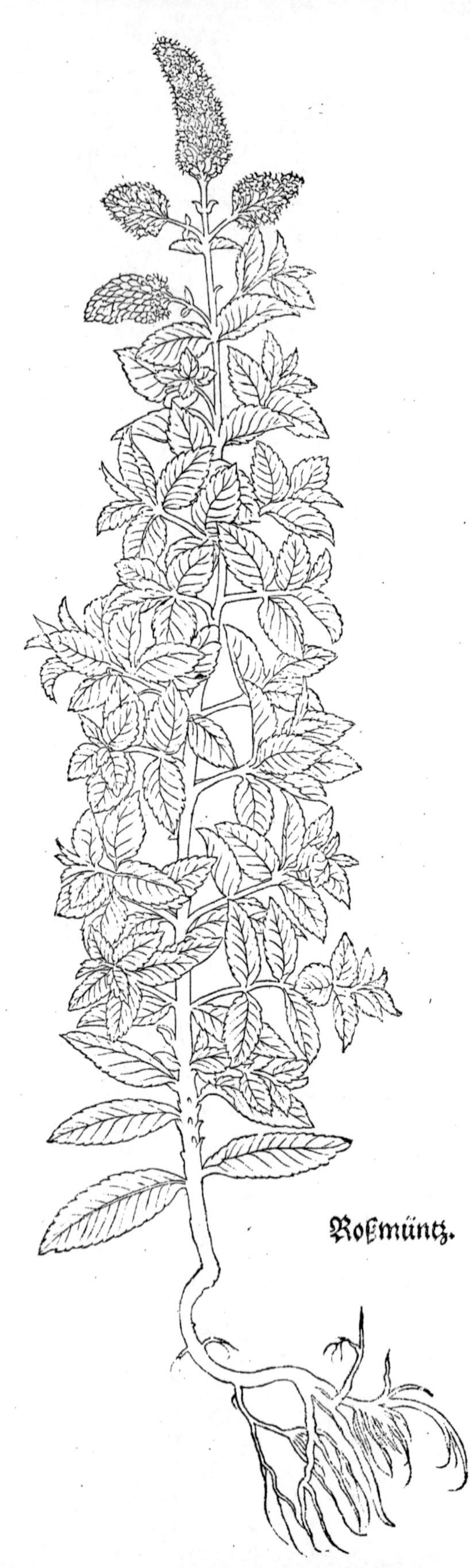

MENTASTRVM Roßmüntz.

A EX GALENO.

Menta satiua ad uenerem mediocriter excitat, id quod omnibus inest quæ humiditate semicocta & flatuosa participant. Denique in abscessibus aliqui eam cum polenta imponunt. Habet etiam quiddam amarum in se & acerbum: illo quidem lumbricos interficit, acerbitate uero si cum oxycrato bibatur, recentes sanguinis excreationes reprimit. Substantia est, ut si qua alia herba, tenuium partium. Aëtius addit, potum eius decoctum tribus seriatim diebus, colicos omnino sanare.

EX PLINIO.

Mentæ hortensis odor animũ excitat, & sapor auiditatem in cibis: ideo in mammarum mixtura familiares ipsæ accessere, ut coire densarique lac nõ patiantur. Quare lactis potionibus additur, ne huius coagulati potu strangulentur. Data in aqua & mulso, eadem ui resistere & generationi creditur, cohibendo genitalia densari. Aeque maribus & fœminis sanguinem sistit, & purgationes fœminarum inhibet. Cum amylo ex aqua pota, cœliacorum impetus. Syriation & uomicas uuluæ curauit. Ille & iecinorum uitia ternis obolis ex mulso datis. Item sanguinem excreantibus in sorbitionem. Vlcera in capite infantiũ mirè sanat. Arterias humidas siccat, siccas adstringit, pituitas corruptas purgat in mulso & aqua, Voci succus sub certamine utilis duntaxat, qui & gargarisatur uua tumente, adiecta ruta & coriandro ex lacte. Vtilis & contra tonsillas cum alumine, linguæ asperæ cum melle. Ad cõuulsa intus per se, uitijsque pulmonis. Singultus & uomitus sistit cum succo granati, ut Democritus monstrat. Recentis succus narium uitia * spiritu subducto emendat. *Aliàs spiritus subductos.
Ipsa trita choleras in aceto quidem pota. Sanguinis fluxiones intus. Ileum etiam imposita cum polenta, & si mammæ tendantur. Illinitur & temporibus in capitis dolore. Sumitur & contra scolopendras, & scorpiones marinos, & ad serpentes.
B Epiphoris illinitur, & omnibus in capite eruptionibus, item sedis uitijs. Impetigines quoque, uel si teneaẽ tantum, prohibet. Auribus cum mulso instillatur. Aiunt & lieni mederi eam in horto gustatam, ita ne uellatur. Aridæ quoque farinam tribus digitis apprehensam, & stomachi dolorem sedare in aqua, & similiter aspersa in potionem, uentris animalia pellere.

APPENDIX.

Animaduertendum, ea quæ Plinius Mentastro tribuit, Calaminthæ deberi, ut satis liquet Dioscoridem legenti. Neque sanè mirum, quandoquidem autores societate quæ est inter Mentam, Mentastrum & Nepetam decepti, tum species, tum nomina confundunt.

APPENDIX ALTERA.

Cæterum appendicis etiam uice hic annotandum erit, Aristotelem sectione xx. proble. secundo, cum asserit Mentam refrigerare posse corpora, non pugnare cum Galeno alijsque medicis qui illam esse calidã affirmant. Per se nanque calida est Menta: at quia esa libidinem proritat, & hęc cum immodica fuerit corporis uires deijcit, atque adeò animum & corpus refrigerat, ideo eam ex accidente, quia uidelicet ut in uenerem immodice ruamus efficit, refrigerare dixit Aristoteles.

EX SYMEONE SETHI.

Iuuat iecur frigidum, & uentrem corroborat ac stomachum, coctionem facit, uomitum sedat & singultum. Prodest etiam ad cordis morsus, & appetitionem suscitat. Flatus discutit, & lumbricos interimit, potissimum syluestris Mentę ius. Venerem stimulat, & iecinoris obstructiones tollit. Verum hoc uesci ad satietatem non oportet, quoniam sanguinem extenuat, & serosum facit, & ipsum in flauam bilem mutat: dein efficit ut sanguis qui maxime est tenuium partiũ discutiatur, & crassus ac melancholicus relinquatur, atque idcirco oportet biliosos ab ea abstinere. Cõtrita cum sale, & morsui rabiosi canis imposita, medicamentum fit salubre. Arida uero

HEMIONITIS

Hirſzungen.

A trita,& post cibum sumpta,ad cōcoctionem facit,& lienosos iuuat. Cum uino pota difficulter parienti succurrit. Ferunt etiam quod mansa lippienti imposita,fiat remedium:quodq; eius decoctum absorptum,confestim sanguinem è faucib. eijcientes sanet. Huius semen uentrem purgat,& pulmonem lædit.

DE HEMIONITIDE. CAP. CXI.

NOMINA.

HMIΩNITIΣ,ἢ σπλήνιον Græcis, Hemionitis Latinis, Plinio Teucrion, officinis & herbarijs Scolopendria & lingua ceruina, Germanis Hirßzung nominatur. Alia tamen est à Dioscoridis Scolopendrio, quę Asplenon alio nomine dicitur. *Scolopendria officinarum.*

FORMA.

Folium Dracunculo simile profert,lunatum. Radices uero illi multæ subsunt, tenues. Neq; caulem, neq; semen,neq; florē fert. Ex qua descriptione satis liquet, eam herbam quā uulgus Scolopendriā uocat, esse Hemionitin, quod tota illi Dioscoridis pictura,nulla reclamante nota, conueniat. Sunt enim illi folia Dracunculi seu Ari,instar lunę corniculantis falcata. Etsi enim interdum in altū surgant,tamen inter initia potissimum incurua, & lunæ crescentis modo falcata sunt. Radicibus etiam cohæret multis exilibus, nunquam florescens, nec caulem, nec semen proferens. Non esse autem Phyllitim in primis folia docent,quę in ea sunt recta,& minime sicut in Lingua ceruina lunata. Dein in tergo ueluti uermiculi,qui in Phyllitide pensiles, in Lingua ceruina autem sessiles & nequaquā propendentes, sed liratim digesti sunt. Tertio natales ipsi: Phyllitis enim in umbrosis opacisue, & hortis nascitur, Scolopendria uero seu Hemionitis in petrosis. Quarto,quod me omniū maxime mouet, Phyllitidi nulla prorsus lienem liquandi facultas inest, quam tamen Scolopendrię uulgari adesse præter cōmunem consensum,quotidiana etiam experimenta demonstrant. His itaq; de causis Phyllitis, Scolopendria uulgaris esse aut dici non debet. Dato enim quod descriptio per omnia conueniret,facultates tamen ipsæ,quæ diuersæ sunt,aliam à Scolopendria esse manifeste docerent. *Scolopendria est Hemionitis.* *Scolopendria nō est Phyllitis.*

B

LOCVS.

Nascitur locis umbrosis, montosis ac petrosis, copiosissime autē iuxta montem haud procul à Tubinga situm, quem Germanico uocabulo Farnberg nominant, prouenire solet. Nunc passim in hortis habetur.

TEMPVS.

Æstate usq; ad autumnum abunde nascitur.

TEMPERAMENTVM.

Adstringens simul & parum amara est, unde credibile est in primo ordine esse calidam,& in secundo siccam.

VIRES. EX DIOSCORIDE.

Herba gustu adstringit. Hæc autem cum aceto pota lienem liquat.

EX GALENO.

Hemionitis simul & adstrictionē & amaritudinem possidet: quamobrem cum aceto pota,lienosis auxilio est.

EX PLINIO.

Medetur lienibus. Constatq; sic inuentum: cum exta super eam proiecta essent, fertur adhæsisse lieni,eumq; exinanisse. Ob id à quibusdam Splenion uocat. Narrant sues qui radicem eius edunt,sine splene inueniri. *Splenion unde dictum.*

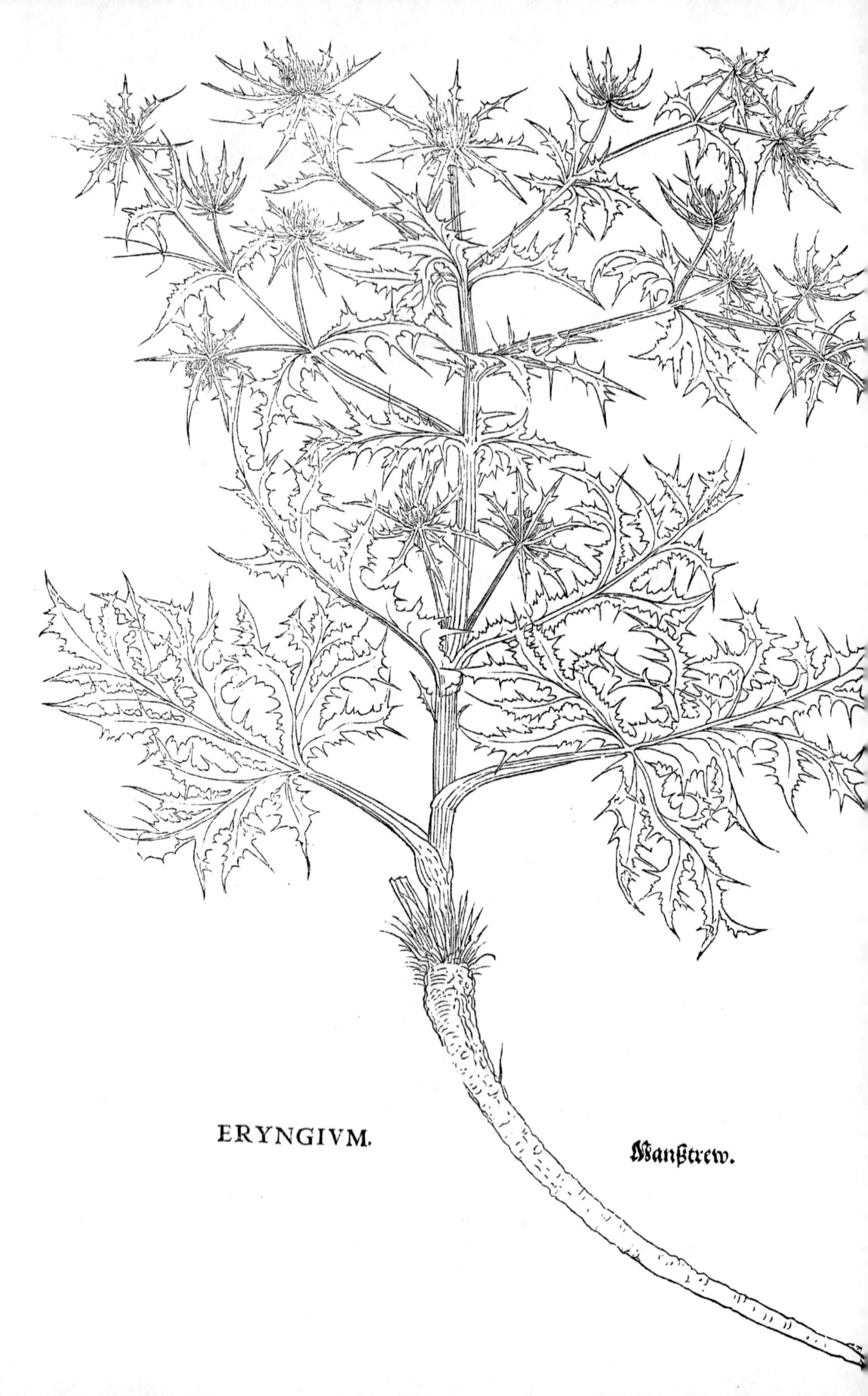
ERYNGIVM.
Manßtrew.

A

NOMINA.

HPYTTION Græcis, Eryngiũ Latinis, officinis corrupto uocabulo Iringus uocatur. Pleriq; etiã Centumcapita nominant, à numero nimirum capitum quæ in summo obtinet. Plinij tamen Centumcapita, ab Eryngio est diuersa, ut etiã Serapionis. Si quis enim diligenter eius descriptionem excutiat, eam planè esse deprehendet, quæ Dioscoridi Aster Atticus & Inguinalis appellatur. Vtriusq; enim picturæ sic sibi respondent, ut planè una esse herba uideat. Germanis Eryngiũ nominatur Manßtrew/Brachendistel/& Raddistel.

Iringus. *Centumcapita.* *Serapionis Centumcapita est Aster.*

FORMA.

In genere aculeatarum stirpium est Eryngium, cuius folia initio sale condita olerum modo comeduntur. Sunt aũt lata, & in ambitu aspera, gustu odorata. Quum uero adolescunt, in multis caulium eminentijs spinis aculeant: in quorum summitatibus globosa capita, durarũ acutissimarumq; spinarum ambitu stellæ instar circumuallantur, quorum color modo uiridis aut candidus, interdum cęruleus inuenitur. Radix illi oblonga, lata, foris nigra, intus alba, pollicis crassitudine, & odorata. E qua nimirum deliniatione omnibus perspicuũ fit, spinam cuius picturã nunc exhibemus, esse Eryngium: aculeatis enim folijs & per extrema spinosis conspicitur, odoratis, caule cubitali, in cuius uertice coacta in globum capitula, durorum & acutissimorum spiculorum uallo, stellę instar radiantur, quorum color in pubertate uiridis, adultæ cœruleus, flaccescenti candidus conspicitur: radice pollicari, intus candida, foris nigra, sed odorata.

LOCVS.

Nascitur in campestribus & asperis locis. Prope Argentoratum eiũs magna est copia.

B

TEMPVS.

Colligi hanc quidam, ut Plinius tradit, cum sol Cancri hospitium tenet, hoc est, sub solstitio, iussere.

TEMPERAMENTVM.

Eryngium caliditate aut parum aut nihil ea quæ moderata & temperata sunt superat. Siccitatem uero in tenui essentia consistentem non exiguam obtinet.

VIRES. EX DIOSCORIDE.

Vim habet calefactoriam radix. Pota menses & urinas pellit. Tormina & inflationes discutit. Cum uino iecinorosis, uenenatorum morsibus, & ijs qui letiferum hauserunt succurrit. Bibitur aduersus plurima cum Staphylini semine pondere drachmæ unius. Appensa & illita tubercula discutere proditur. Radix cum hydromelite pota, opisthotonicis & comitialibus medetur.

EX AETIO.

Potum radicis decoctum colicis medetur. Mulso addito calculos, stillicidia, difficultates urinæ, & renum uitia sanat: quod per quindecim iugiter dies, & ieiunos, & in lectum ituros bibere oportet. Quod si cum eo Sium quoq; decoxeris, magis proficies. Affirmabat quidam assiduo Eryngij usu, nunq; postea minxisse calculos, cum prius eo morbo frequentissime uexaretur.

EX PLINIO.

Clara in primis aculeatarum Eryngion est, contra serpentes & uenenata omnia nascens. Aduersus ictus morsusq; radix eius bibitur drachmę pondere in uino: aut si plerunq; tales iniurias comitatur febris, ex aqua. Illinitur plagis, peculiariter efficax contra chersydros ac ranas. Omnibus uero contra toxica & aconita efficaciorem Heraclides medicus, in iure anseris decoctam, arbitratur. Apollodorus aduersus toxica cum rana decoquit, cæteri in aqua.

DE THRI-

C

NOMINA.

Lactuca unde dicta.

[Θ]ΡΙΔΑΞ Grecè, Lactuca Latinè: officinæ latinum nomen retinuerunt: Germanicè Lattich/oder Lactuck nominatur. Dicta autem Lactuca est, quòd copia lactis, quod credebatur leniter mouere uentrem, exuberet: unde apud ueteres in primis epulis ueniebat, quod Martialis etiam ijs testatur uerbis:

Prima tibi dabitur uentri Lactuca mouendo Vtilis.

GENERA.

Lactuca primum in satiuam & syluestrem deducitur. Satiuæ tria sunt genera, crispa nimirum, rotunda, & capitata. Nos una icone duo complexi sumus genera. Folium enim quod statim à radice erumpit, eam Lactucam refert quæ Latinis crispa, à folijs crispissimis, Germanis krauser Lattich/appellatur. Columella lib. xi. cap. iij. Cecilianam & Beticam à regionibus in quibus crescit, nominat. Reliqua folia eam quæ Rotunda à folijs rotundis uocatur, præ se ferunt. Germanicè breiter Lattich nominatur. Tertij generis Lactuca, quę Capitata dicitur, à folijs suis, quæ ubi parum à terra attolluntur, mâli cuiusdam speciem rotundam obtinent, & instar Brassicæ capitatæ, in capitis ferè formam extuberant. Germanis grosser Lattich/uel weisser Lattich à semine candido nominatur. Syluestris Lactuca satiuę opponitur, sponte enim sua in aruis nascitur. Germanis wilder Lattich nuncupatur.

Crispa Lactuca. Rotunda. Capitata.

FORMA.

Satiua prima, cuius imaginem hic damus, folia Intybo satiuo haud dissimilia habet, in rectumque surgit, caulibus in summo brachiatum, in quorum cacumine flores sunt lutei. Altera folijs, quę crispa admodum sunt, duntaxat à priori uariat, aliàs per omnia similis. Sic etiam capitata non nisi folijs suis, idque dum paululum creuerunt, à priorib. differt. Ideoque duab. picturis, quę omnes referunt, contenti fuimus.

D

Syluestris similis est satiuæ Lactucæ, radice tamen breuior, proceriore caule, candidioribus folijs, gracilioribusque, asperioribus, & gustu amaris, quæ, ut addidit Theophrastus, ubi cõsummata sunt aculeantur. Ex qua deliniatione abunde constat, Lactucam syluestrem esse eam herbam, quæ passim nunc ab officinis & herbarijs, nõ sine magno errore, Endiuia dicitur. Ea enim in aruis & uinearum limitibus sponte nascitur, folio Lactucæ, & cum adoleuit per oras aculeato, & laciniatim serrato, caulib. bicubitali proceritate consurgentibus, spinulis inhorrescentibus, quibus succus inest lacteus, amarusque, flore ut Lactuca satiua luteo. Desinant itaque deinceps ea herba pro Endiuia uti medici, si modo recte consultum ægris cupiunt.

Lactuca syluestris. Officinarum error.

LOCVS.

Satiua in hortis prouenit. Syluestris in aruis & uinearum hortorumque macerijs sua sponte nascitur.

TEMPVS.

Florent Iulio mense, atque subinde semen proferunt.

TEMPERAMENTVM.

Lactuca satiua humidum est frigidumque olus, non tamen extremè: siquidẽ edendo non foret: uerum maxime secundum aquæ, ut sic dicam, fontanæ frigiditatem. Symeon Sethi frigidam & humidam in tertio ordine statuit. Syluestris autem minus refrigerat & humectat.

VIRES. EX DIOSCORIDE.

Satiua Lactuca stomacho accommodata est, refrigerat, somnũ conciliat, aluum mollit, lactis abundantiam facit. Elixa magis alit. Illota autem comesta stomachicis prodest. Semen eius potum uenerem assidue somniantibus opitulatur, & concubitum arcet. Ipsæ tamen frequentiores in cibo, claritati oculorum officiunt. Condiuntur muria. Quum in caulem prodierunt, uim quandam nanciscuntur succo

aut

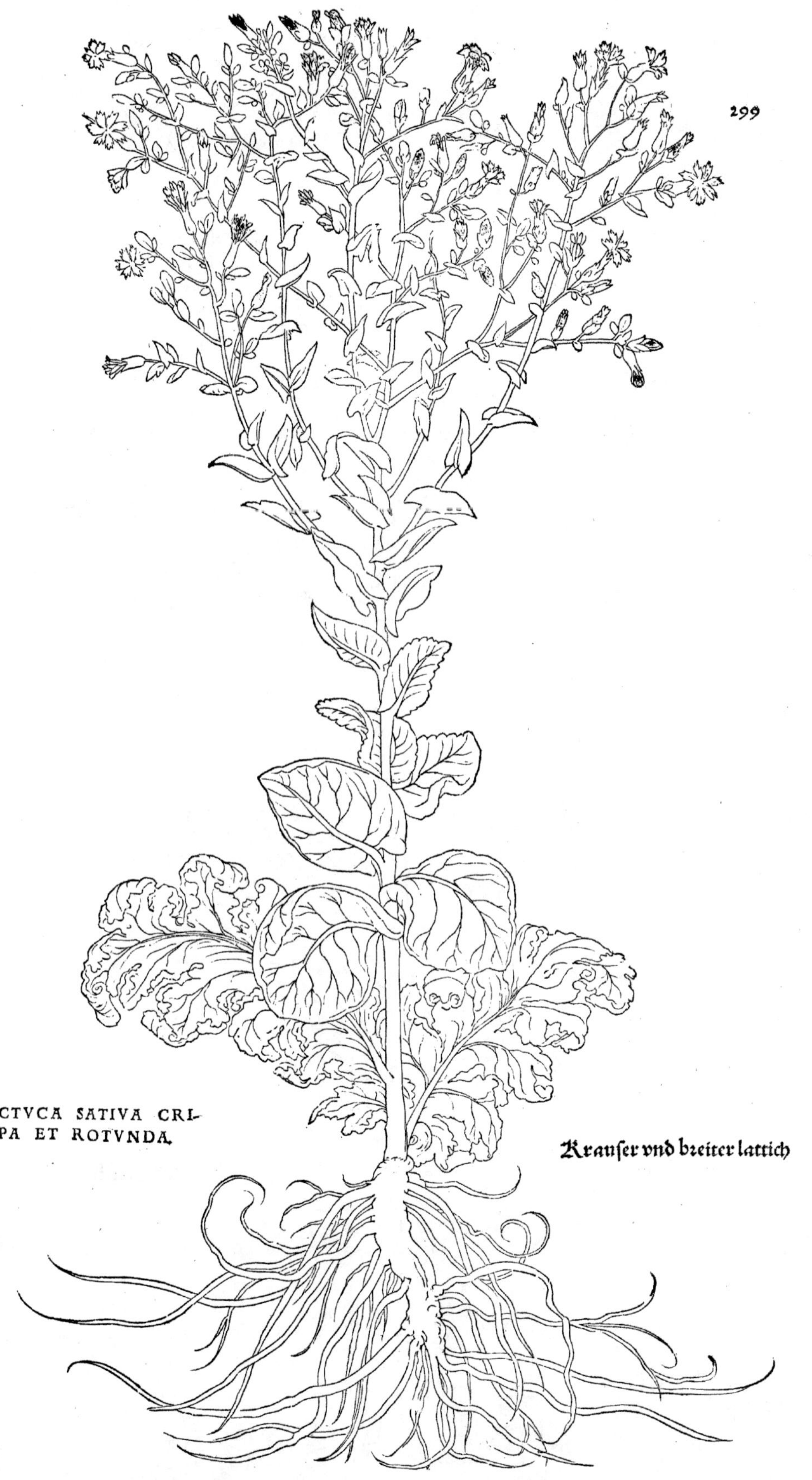

ACTVCA SATIVA CRISPA ET ROTVNDA.

Krauser vnd breiter lattich

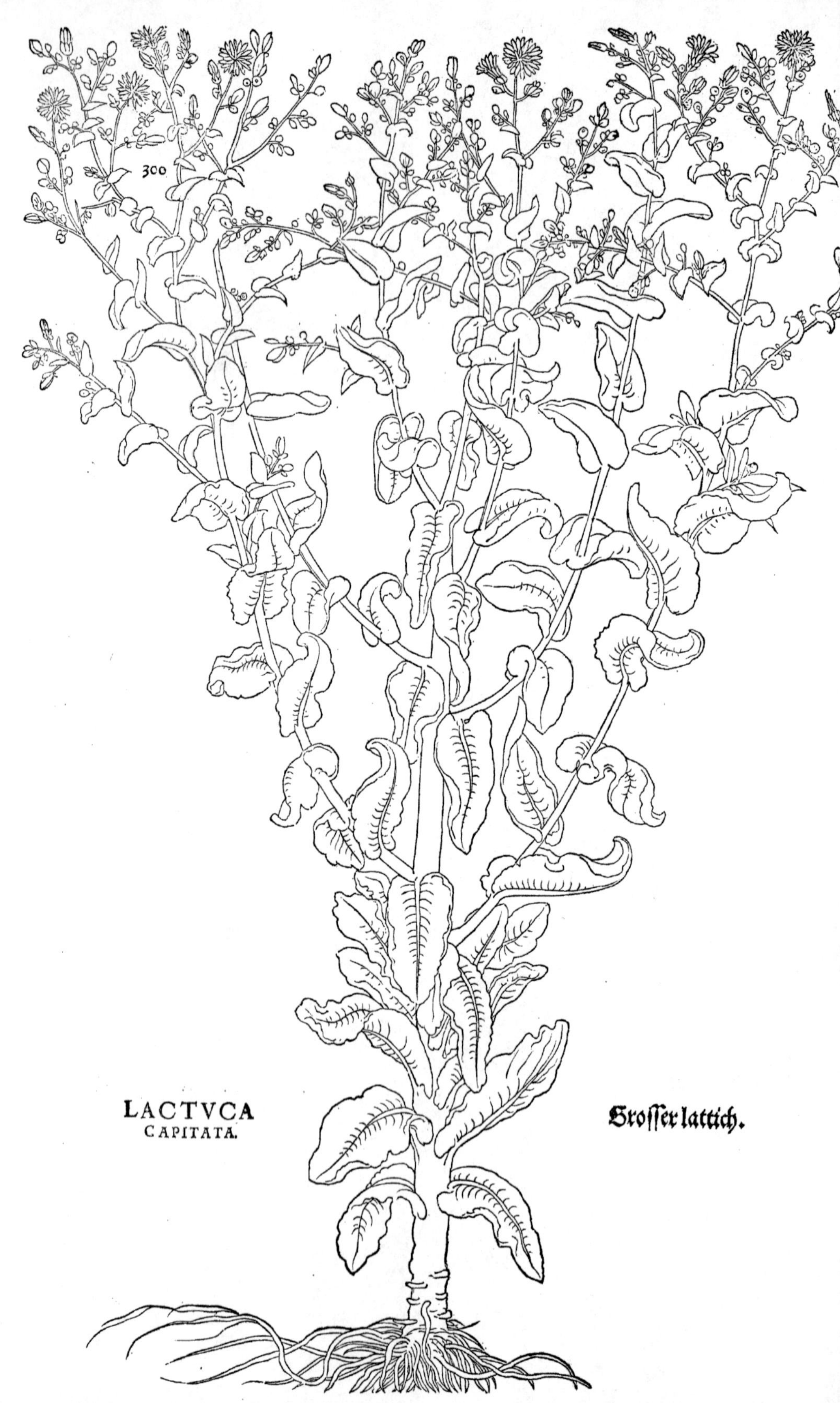
300
LACTVCA
CAPITATA.
Grosser lattich.

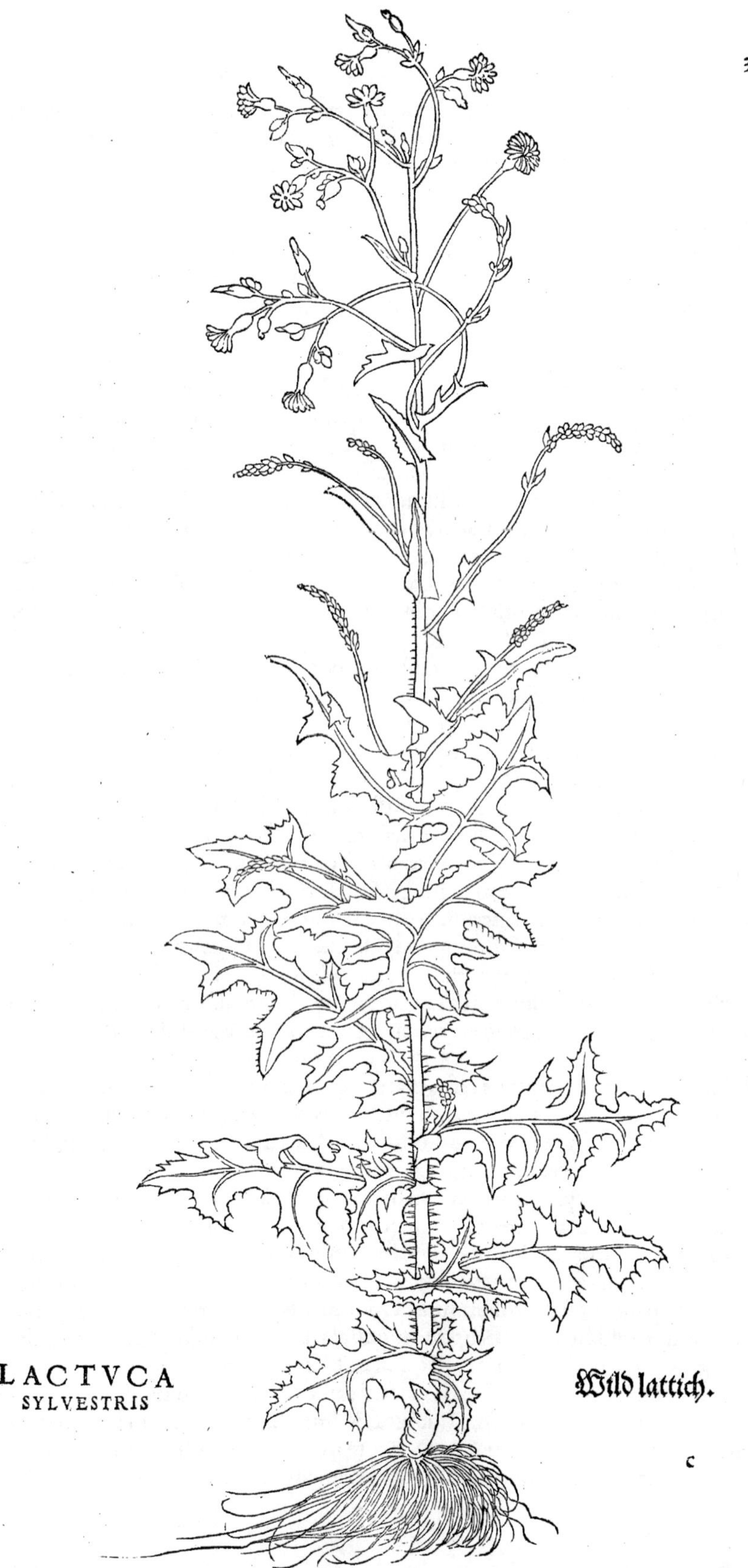

LACTVCA
SYLVESTRIS

Wild lattich.

c

C aut lacti syluestris Lactucę similem. Syluestris uirib. in totum Papaueri similis est, unde aliqui eius succum Meconio permiscuerunt. Aquosa per aluum purgat potus in posca liquor obolorum duorum pondere. Exterit argema & caliginẽ. Cum lacte muliebri inuncta ad ambusta prodest. In uniuersum soporifera est, & dolorem leuat. Menses trahit. Contra scorpionum ictus, & phalangiorum morsus bibitur. Semen haud secus quàm satiuę libidinum imaginationes in somno, ac uenerem arcet. Succus ad eadem ualet, sed uiribus infirmior. Reponitur succus eius in fictili uase, antea, ut in aliꝭs liquaminibus moris est, insolatus.

EX GALENO.

Lactuca ad calidas phlegmonas accõmoda est, & ad parua & leuia erysipelata, maioribus tamen satisfacere minime idonea est. Est etiam edulium sitim arcens. Semen potum genituræ profluuium cohibet: quamobrem etiam ꝭs qui libidinosis somniꝭs uexantur, datur. Sic & syluestris Lactucæ semen. Cuius quoq; succus colligitur, argema & caliginem expurgans. Ad adustiones cum lacte mulierum inungitur. Omnibus aliꝭs oleribus paucissimum sanguinem & uitiosum generantibus, ex sola Lactuca non multus quidem, nec uitiosus, haud tamen omni ex parte laudabilis gignitur. Vt plurimum cruda ipsa uescuntur. Æstate autem cum in semen iam proruptura est, in aqua dulci præcoquentes, cũ oleo, garo & aceto assumunt, aut cum aliquo ex condimentis, obsonꝭsúe, præsertim ꝭs quæ caseo constant. Pleriq; etiam antequam excaulescat, in aqua elixa utunť: uti ego iam facio, ex quo dentes mihi deteriores esse cœperunt. Nam amicus quidam meus, quum olere hoc à longo tempore me ut familiari cibo usum fuisse sciret, uideretq; pòst mandi à me citra magnam molestiam non posse, cocturæ rationem indicauit. In iuuentute enim, quoniam assiduo os uentriculi bile efferuescebat, æstus moderandi gratia Lactu-
D cis utebar. Quum autem ad prouectã ætatem peruenissem, olus hoc contra quàm in iuuentute, somnum iam studio & industria accersenti mihi, auxilio fuit: quippe qui etiamnum iuuenis uigilꝭs dedita opera me assuefeceram, declinante iam ætate, ipsa ex se insomni, grauius hoc incommodo molestabar. Aduersus quod unicum mihi præsentissimum remedium Lactuca uespere cõmanducata semper fuit. Frigidum ergo humidumq; succum profert, haudquaquam tamen uitiosum. Itaq; sicut alia olera à iusta concoctione non excidit, neq; aluum cohibet, uti neq; impellit. Atq; hęc illi non immeritò accidunt, quum nec austera, nec acerba sit, quibus facultatibus in uniuersum aluus sistitur, quemadmodum à salsis, acribus, & omnino abstergendi uim habentibus ad excretionem concitať, quorum nihil Lactucę inest.

EX PLINIO.

Est quidem natura omnibus refrigeratrix, & ideo ęstate gratæ à stomacho fastidium auferunt, cibiq; appetentiam faciunt. Diuus certe Augustus Lactuca conseruatus in ægritudine fertur, prudentia Musæ medici, cum priores eam ob religionẽ minimè commanducarent, in tantum recepta commendatione, ut seruari etiam in alienos menses eas oxymelite repertum sit. Venerem inhibent, ęstum refrigerant, somnumq; faciunt. Cruditatem ipsæ nequaquam faciunt, nec ulla res maiorem in cibis auiditatem incitat inhibetq;. Ambustis prosunt recentibus, priusquam pustulæ fiant, cum sale illitæ. Vlcera etiam quæ serpunt, coërcent initio cum aphronitro, mox in uino tritæ. Igni sacro illinuntur. Conuulsa & luxata caulib. tritis cum polenta ex aqua frigida leniunt. Eruptiones papularum ex uino & polenta. In cholera quoq; coctas patellis dederunt, ad quod utilissimæ quammaximi caulis & amaræ. Quidam lacte infundunt. Deferuefacti ꝭ caules & stomacho utilissimi traduntur, sicut somno, & satiua maxime Lactuca, & amara lactensq;, quam Miconidem uocauimus. Hoc lac & oculorum claritati cum muliebri lacte utilissimum esse præcipitur, dum tempestiuè capiti inunguntur. Semen satiuarũ contra scorpiones dari, Se-

A ri. Semine trito ex uino poto & libidinum imaginationes in ſomno compeſci. Tentantes aquas non nocere Lactucam edentibus. Quidam tamen frequentiores in cibo officere claritati oculorum tradiderunt.

DE THYMBRA. CAP. CXIII.

NOMINA.

ΘΥΜΒΡΑ Græcis, Thymbra, Cunilaq; Latinis, Kunel Germanis appellat̃.

GENERA.

Thymbræ ſeu Cunilæ duæ ſunt ſpecies. Vna hortenſis ſeu ſatiua, quę quia minori eſt acrimonia, in cõdimentario genere edulijs cõcoquitur: hinc à ſaturando Satureia dici cœpit. Alij tamen à Satyris nomẽ traxiſſe putãt, quod ſcilicet marceſcentes coitus ſtimulet. Germanicè Saturon/Hünerſül/Joſeplen/Zwibel oder Gartenhyſop/oder Sergenkraut nominatur. Altera agreſtis ſiue ruſtica Cunila eſt, quæ peculiariter Thymbra nuncupatur. *Hortenſis.* *Satureia unde dicta.* *Syluestris.*

FORMA.

Thymbra ſimilis eſt Thymo, ſed minor atq; tenerior, ferens ſpicam floribus plenam, coloris uiridis. Satureia pedali altitudine ſurgit, fruticoſa, ſurculoſis utrinq; cauliculis, folio Hyſſopi, floſculis per interualla ex purpura candicantibus, odore ſaporeq; gratiſſimo. *Satureia.*

LOCVS.

Thymbra in tenui ſolo, & aſperis locis naſcitur. Satureia in hortis ſeritur paſſim.

TEMPVS.

Æſtate utraq; Cunila floret.

TEMPERAMENTVM.

B Thymbra calida & ſicca in tertio ordine.

VIRES. EX DIOSCORIDE.

Thymbra eadem quæ Thymus præſtat ſi conſimiliter ſumatur. Vtilis etiam in ſanitate eius uſus. Eſt etiam ſatiua Thymbra, in cunctis ſylueſtri minor: ad cibum uero utilior, propterea quod non adeò efficax illi ſit acrimonia.

EX PAVLO.

Thymbra ſylueſtris eadem quæ Thymus præſtat. Hortenſis autem omnibus quidem imbecillior, ſed ad cibum laudatior.

EX PLINIO.

Nuſquam utrunq; Thymbræ genus additur, quippe ſimilis effectus.

EX HERBARIO ANTIQVO.

Farina eius ex uino pota, medetur pulmonis, thoracis, & ueſicæ uitijs. Ciet urinas, mẽſes pellit. Herba ipſa cum floribus Lethargicos excitat calfactu, aut coronę modo capiti impoſita. Succus cum roſaceo auribus infunditur. Cum triticea farina coxendicibus illinitur. Satureiæ uſus marceſcentes coitus ſtimulat, quare à Satyris traxiſſe nomen putant. Stomachi concoctiones adiuuat, faſtidia diſcutit, hebetes oculos exacuit.

SATVREIA
SATIVA.

Joseplen oder Saturon.

NOMINA.

ΘΛΑΣΠΙ, ἢ θλασπίδιον, ἢ σίνηπι ἄγριον Græcis dicitur: Thlaſpi, Capſella, & Scandulaceum Latinis. Sunt huius temporis herbarij qui Naſturtium tectorum, & Sinapi ruſticum, quod digitis friatum ſinapim ſuboleat, appellent. Alij Burſam paſtoris uocant, non ſanè quod ſit reuera eius herbæ ſpecies, ſed quod ad formam illius quamproximè accedat. Sic antiquo herbario Burſam paſtoris appellare Thlaſpin placuit. Thlaſpi autem Græcis à fructus forma dictum eſt, qui Naſturtio ſimilis eſt, ſed latior, & uelut infractus & contuſus. θλᾶσαι enim ijſdem contundi eſt & infringi, infringendoque quod globoſum tumidúmue erat malleo, lapide, pedéue cum dilatatione exæquare.

Naſturtium tectorum. Sinapi ruſticum. Burſa paſtoris. Thlaſpi unde dictum.

GENERA.

Duo Thlaſpis genera damus. Vnum latioribus folijs, quod ad Dioſcoridis deſcriptionē proximè accedit. Hoc germanicè Baurnſenff/ oder Kreß nominatur. Alterum folijs anguſtioribus conſtat, & germanicè Beſemkraut/ quod ſcoparum uices ſuppleat uocatur. Quare ſi quiſpiam hæc duo genera ab inuicem diſtinguere certis appellationibus uoluerit, primum Thlaſpi maius aut latifolium, alterum uero minus aut anguſtifolium appellet. Dioſcorides etiam duo Thlaſpios genera facit, unum latifolium, alterum anguſtifolium.

FORMA.

Herbula eſt anguſtis folijs ad digiti longitudinem, in terram uerſis, in extremitatibus inciſis, ſubpinguibus. Caulem tenuem, duorum drodantum emittit, adnaſcentes ſibi paucos ramulos habentē, & per totum eius ambitū̄ fructus eſt in ſum-
B mo modicè latus, in quo ſemen exiguum Naſturtio ſimile, diſci figura, ueluti conquaſſatum, unde & nomen inuenit. Florem obtinet album, ſemenque acre. Ex ea ſanè deſcriptione ſatis cōſtat, herbam hanc quam pictam damus eſſe Thlaſpin, anguſta enim folia habet, potiſsimū̄ ſuprema eius parte, digitali longitudine, in terram ſe conuertentia, per extrema leniter inciſa, caulem duûm dodrantum, agnatis in eo paucis calycibus, breui pediculo nitentibus, quadam ligularum uel cochleariorum effigie, in quibus ſemen continetur Naſturtio ſimile, ſed latius & ueluti conquaſſatum, quod acerrimi eſſe guſtus deprehenditur, ita ut manſum Sinapis modo os & linguam uellicet.

LOCVS.

In foſsis, ſemitis, & ſepibus prouenit.

TEMPVS.

Maio & Iunio menſibus floribus & ſemine prægnans inuenitur.

TEMPERAMENTVM.

Semen calfacit & exiccat in quarto ordine.

VIRES. EX DIOSCORIDE.

Calefacit, bilem per ſuperna & inferna purgat acetabuli menſura potū̄m. Iſchiadicis in clyſtere infunditur. Potum ſanguinem ducit, & interiores abſceſſus rumpit, menſes cit, & fœtus necat.

EX PAVLO.

Semen Thlaſpi facultatē habet acrem, adeò ut internos abſceſſus potum diſrumpat. Menſes cit, & fœtus enecat. Per ſedem infuſum ſanguinolenta euacuans iſchiadibus prodeſt. Poteſt enim alioqui tum ſuperne, tum inferne bilioſos uacuare humores acetabuli menſura epotum. Infunditur & contra coxendicū̄ dolores. Quinetiam potum ſanguinem trahit, & internos abſceſſus rumpit.

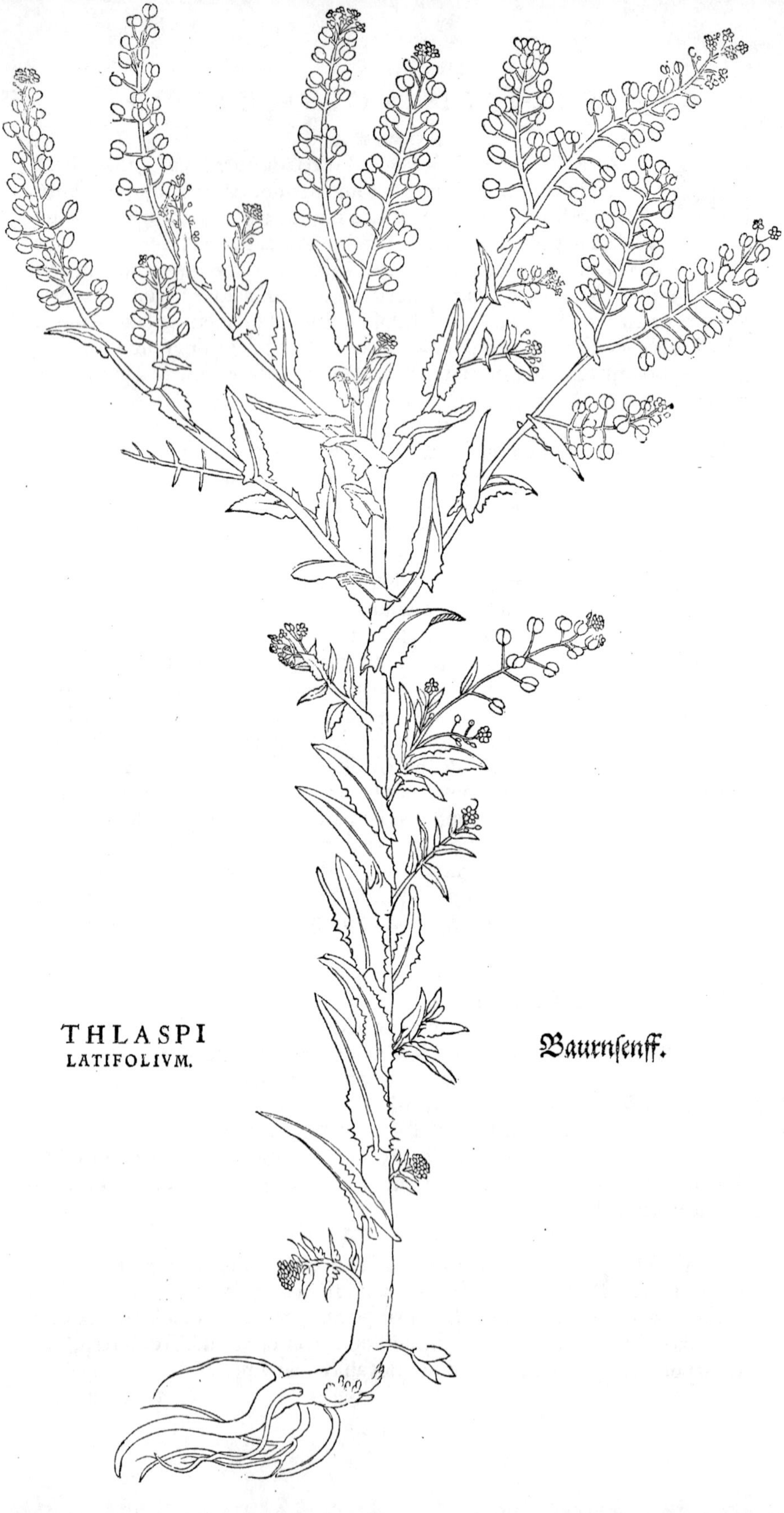

THLASPI
LATIFOLIVM.

Baurnsenff.

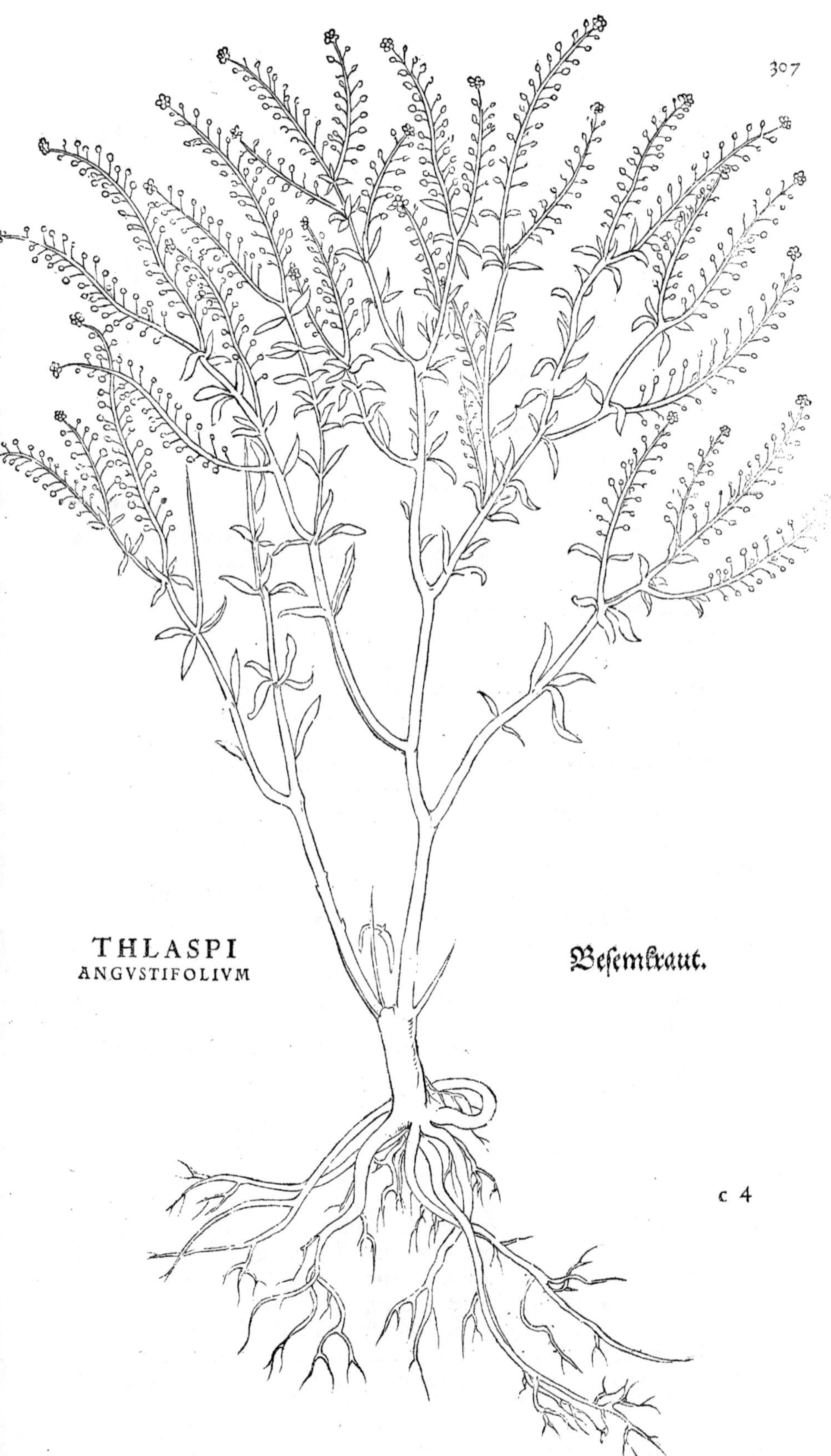

THLASPI
ANGVSTIFOLIVM

Besemkraut.

C

EX GALENO.

Thlaſpi ſemen facultate acre eſt, adeò ut internos abſceſſus potũ rumpat. Menſes mouet, & fœtus necat. Per ſedem infuſum ſanguinolenta euacuans iſchiadibus prodeſt. Eſt enim alioqui tum inferne, tum ſuperne bilioſorum humorum euacuatorium, acetabuli menſura potum.

EX PLINIO.

Semen aſperi guſtus, bilem & pituitam utrincꝫ extrahit. Modus ſumendi acetabuli menſura. Prodeſt & iſchiadicis infuſum, donec ſanguinem extrahat. Menſes quocꝫ cit, ſed partus necat.

DE THERMIS. CAP. CXV.

NOMINA.

ΘΕΡΜΟΣ ἥμερος Græcis, Lupinus ſatiuus Latinis: officinæ latinum nomen retinuerunt: Germanis Feigbon appellatur.

FORMA.

Vnicum caulem obtinet Lupinus, folium quinquefariam aut ſeptifariam diſſectum, florem candidum, ſiliquas in quibus quina ſenáue intus grana, dura, lata, rufacꝫ continentur. Radicem luteam capillamentis fibratam.

LOCVS.

Exilem amat terram, arenoſam & rubricam præcipue. Limoſo agro non exit, culturamcꝫ reformidat.

TEMPVS.

D Ter floret, primum Maio, deinde Iunio, & tertio Iulio menſe. Poſt unumquemque florem ſiliquas producit.

TEMPERAMENTVM.

Immenſa amaritudo euidenter calidum & ſiccum eſſe monſtrat.

VIRES. EX DIOSCORIDE.

Farina eius cum melle lincta lumbricos pellit. Ipſi quocꝫ macerati, & amari adhuc comeſti idem efficiunt. Decoctum eorundem cum Ruta & Pipere potũ idem facit: unde & lienoſis prodeſt. Eodem gangrænas, ulcera tetra, incipientẽ ſcabiem, alphos, maculas, exanthemata, & achoras perfundere utile. Menſes & fœtus idem decoctum cum myrrha & melle ſubditum trahit. Farina eorum cutem liuoremcꝫ expurgat. Inflãmationes cum polenta & aqua mitigat. Iſchiades & tubercula cum aceto lenit. In aceto cocta & illita ſtrumas diſſipat, & carbunculos rumpit. Decocti pluuiali aqua donec in ſuccũ liqueſcant faciem abſtergunt. Cum radice nigri Chamæleonis ouium ſcabiei medentur, ſi tepido decocto abluantur. Radix cum aqua cocta & pota cit urinam. Vbi autem edulcati fuerint, triti cum aceto & poti ſtomachi faſtidium leniunt, & cibi auiditatem excitant.

EX GALENO.

Lupinus editur coctus, multis antè diebus maceratione in aqua amaritudinem deponens, fitcꝫ tunc nutrimentum craſſi ſucci. Cæterum ut medicamen ita præparatus ex genere eſt emplaſticorum. Qui uero natiuam amaritudinem habet, huic extergendi & digerendi uis ineſt. Lumbricos occidit illitus, & cum melle linctus, aut cum poſca potus. Quin & decoctum eius lumbricos eijcere poteſt. Foris identidem perfuſum, alphos, achoras, exanthemata, ſcabies, gangrænas, ulceracꝫ maligna iuuat, partim extergendo, partim digerendo, citracꝫ mordacitatem ſiccando. Expurgat iecur & lienem cum Ruta & Pipere ſuauitatis gratia aſſumptum. Elicit menſes ac fœtum cum myrrha & melle adpoſitum. Porrò Lupinorum etiam farina ſine mordacitate digerit: nec enim liuida tantum, ſed & ſtrumas & tubercula curat: atqui tunc in aceto, aut oxymelite, aut poſca hanc decoquere oportet,

pro

LVPINVS

Feigbon.

C pro laborantis nimirum temperamento, & affectus diuersitate, quod ex usu est inueniendo. Digerit item quæ liuida sunt, & quæcunque modo dictum est præstare decoctum, eadem omnia efficit & farina. Sunt uero etiam qui Ischiadicis cataplasmatis modo illinunt.

EX PLINIO.

Ex omnibus quæ eduntur sicco nulli minus ponderis est, nec plus utilitatis. Mitescunt cinere aut aqua calidis. Colorem hominis frequentiores in cibo exhilarant. Amari cōtra aspidas ualent. Vlcera atra, aridi decorticatique triti, supposito linteolo, ad uiuum corpus redigunt. Strumas, parotidas in aceto cocti discutiunt. Succus decoctorum cum ruta & pipere, uel in febri datur ad uentris animalia pellenda, minoribus triginta annorum. Pueris uero impositi in uentrem ieiunis prosunt. Et alio genere tosti, & in defruto poti, uel ex melle sumpti. Iidem auiditatem cibi faciunt, fastidium detrahunt. Farina eorum aceto subacta, papulas pruritusque in balneis illita cohibet, & per se siccat ulcera. Liuores emendat. Inflammationes cum polenta sedat. Si ad mellis crassitudinem decoquant̃, uitiligines nigras & lepras emendant. Rumpunt carbunculos impositi, panos & strumas minuunt, aut maturant. Cocti ex aceto cicatricibus candidum colorem reddunt. Si uero cœlesti aqua decoquantur, succus ille smegma fit, quo solent fouere gangrænas, eruptiones pituitę, ulcera manantia, utilissimum. Expedit ad lienem bibere, & cum melle menstruis hærentibus. Lieni crudi cum fico sicca triti ex aceto imponuntur. Radix quoque in aqua decocta, urinas pellit. Medentur pecori cum Chamæleonte herba decocti, aqua in potum collata. Sanant & scabiem quadrupedum omnium in amurca decocti, utroque liquore postea mixto. Fumus crematorum culices necat.

D

DE IO. CAP. CXVI.

NOMINA.

ION πορφυροῦν Græcis, Viola muraria uel purpurea Latinis, blaw Veiel oder Mertzen violen Germanis dicitur. Officinæ simpliciter Violam nominant. Nicander Ion Gręcis dictam credit, quod Nymphæ quædam Ioniæ, florē illum Ioui primum dedere muneri. Alij Græci Ion uocatum putant, quod cum Io in uaccam à Ioue conuersa esset, terra florem illum pabulo bouis eius fuderit. Latini quoque detrita t litera, Violam quasi uitulam imitatione græca uideri possunt appellasse.

Ion quare dicta.

Viola unde uocata.

FORMA.

Folium habet minus tenuiusque quàm Hedera, nigrius tamen nec dissimile. Cauliculus statim à radice medius prosilit, in quo flosculus suauiter olens, purpureus. Humilis præterea est, statimque à numerosa radice orbiculata folia sine ramis exeūt. Semen quoque minutum in folliculis uasculisue rotundis, ut pictura indicat, extrema ferè æstate producit.

LOCVS.

Nascitur in opacis & asperis locis, ad radices maxime murorum, hortorum marginibus, & sepibus.

TEMPVS.

Viret hæc perpetuò, Theophrasto teste, si cultus adhibeat̃: tamen uere, & Martio mense floret, quo potissimum tempore colligi flores eiusdem debent. Semina uero in æstate, ut dictum est.

TEMPERAMENTVM.

Violæ folia aqueam & subfrigidam substantiam superantem possident. Frigidę autem sunt primo ordine, humidæ uero secundo.

VIOLA
PVRPVREA

Mertzen veiel.

C VIRES. EX DIOSCORIDE.

Refrigerandi uim obtinet. Folia eius per se & cũ polenta illita, stomacho ęstuanti, oculorum inflammationibus, sedisq́ procidentijs auxiliantur. Praeterea id quod in flore purpureum est cum aqua potum, angina correptis, & puerorum comitialibus mederi affirmant.

EX GALENO.

Folia per se, aut cum polenta illita, calidas phlegmonas mitigant. Imponunt & ori uentriculi aestuanti, & oculis.

EX PLINIO.

Purpureae uiolae refrigerant. Contra inflammationes illinuntur stomacho ardenti. Imponuntur & capiti in fronte. Oculorũ priuatim epiphoris, & sede procidente, uuluáue. Et contra suppurationes. Crapulam & grauedines capitis impositis coronis olfactúue discutiunt. Anginas ex aqua potę. Id quod purpureum est ex ijs comitialibus medetur, maxime pueris, in aqua potum. Semen scorpionibus aduersatur.

EX SYMEONE SETHI.

Prosunt ad intestinorum dolores, cor uero offendunt. Dolores capitis qui fiunt à flaua bile sopiunt potae & odoratae. Ventriculũ irritant, & flauã in eo inuentam bilem. Caput siccum humectant, calidumq́ refrigerant suo odoratu. Somnum inducunt. Humida capita destillationibus obnoxia reddunt.

DE VIOLA MATRONALI. CAP. CXVII.

NOMINA.

D 
Eteribus Graecis & Latinis cognitae fuerint nec ne Violae quae hodie, quod eas matronę colere soleant, matronales uocantur, nondum compertum habemus. Quare uulgari & usitato nomine, donec rectius inuentũ fuerit, utemur. Germanicè, quod rarae adhuc in Germania dum ista scriberemus fuerint, welsch Veiel appellare uoluimus, ut nimirum hac nomenclatura à Leucoijs, de quibus suo dicemus loco, segregaremus. Possent etiam haud inepte Frawenueiel/ ad imitationem latini nominis appellari.

GENERA.

Tria Violarum matronalium damus genera. Primi enim generis candida est, alterius punicea, tertij purpurea: nec differre admodum nisi solis floribus uidentur.

FORMA.

Fruticosa est herba, cubitali altitudine, ramosa, caule & folijs lanuginosis, oblongis, angustis, mollibus ac canescentibus, floribus aut albis, aut puniceis, aut purpureis quadrifolijs, semine in oblongis siliquis lato ac tenui, radice longa, lignosa, subrufa & acri.

LOCVS.

In hortis & cultis locis proueniunt.

TEMPVS.

Iulio & Augusto mensibus florent.

TEMPERAMENTVM.

Admodum calidas esse sapor foliorum & radicis, qui acris est, abunde docet. Humiditatem autem multã, Galeno lib. 4. cap. 18. de simpli. medi. facul. teste, eo quod amarae non sint, admistam habent.

VIRES.

Incidendi & digerendi per halitum uim obtinent. Ideoq́ radix aut folia decocta in aqua, cõuulsis, difficultate spirandi laborantibus, & ueteri tussi auxiliantur. Vrinam & menses ducunt, sudoresq́ ciendi facultatem habent.

DE IRIDE.

VIOLA
MATRONALIS ALBA

Weiß welsch Veiel.

VIOLA MATRONALIS PVNICEA

Rot welsch Veiel.

VIOLA MATRONALIS PVRPVREA.

Braun welsch Veiel.

C

NOMINA.

ΙΡΙΣ Græcis, Iris Latinis appellatur: officinis ſuam appellationem retinuit. Germanis blaw Gilgen/ blaw Schwertel/ Veielwurtz dicitur. A cœleſtis arcus ſimilitudine, quam flores eius repræſentant, ut paulò pòſt dicemus, nomen accepit Iris. Sunt qui non ſine pudendo errore aliam aſsignent herbam recto, aliam caſui paterno, ita ut Iris ab Ireos, tanquã purpureus color à niueo, diſtingui putetur imperitis herbarijs. Promanaſſe autẽ hunc errorem ex græca uoce λείριον, qua Lilium, quod candidos profert flores, genti illi ſignificatur, parum per unius literæ abiectionem deprauata, uериſimile eſt. Primam nanque literam abijcientes, ultimam uerò in σ uertentes, εἴριος dixerunt pro λείριον. Sed hæc opinio indigna eſt quæ explodatur, cum Dioſcoridem & alios ueteres omnes ſeorſim de Iride & Lirio ſiue Lilio agere conſtet.

Iris unde dicta.

Cauſa uulgaris erroris.

FORMA.

Folia Gladiolo ſimilia fert, maiora tamen, latiora & pinguiora. Flores in caule æqualibus inuicem ſpacijs diſtantes, inflexi, uarij. Aut enim candidi, aut uirides, aut lutei, aut purpurei, aut cœrulei conſpiciuntur. Vnde ob hanc uarietatem arcui cœleſti aſsimilata eſt. Radices ſubſunt geniculatæ, ſolidæ, odoratæ: quæ ſimulatq; fuerint diſſectæ, ſiccantur in umbra, & filo traiectæ reconduntur. Hæc Dioſcoridis pictura tota huic herbę, quam Irim hodie herbarij & officinæ uocant, ſuffragatur. Siquidem ea radicibus nititur ſolidis, geniculatis & odoratis, adeò ut uiolarũ purpurearũ odorem prorſus referre uideatur, & hoc nomine à Germanis noſtris Veielwurtz/ hoc eſt, Violacea radix, ſit appellata. Folia Gladioli faciem ſimulant, maiora duntaxat, latiora & pinguiora. Caule recto ſeſquipedali, è cuius faſtigijs pari interuacante ſpatio flores erumpunt, inflexis mutuò foliorũ labris, qui nitent uaria colorum miſtura, inſtar cœleſtis arcus. Quemadmodũ enim aquarius ille arcus, qui eſt imago malè expreſsi ſolis, caua nube recepta, uarios mentitur colores, ſic ut cœruleas, uirides, luteas, purpureasq; lineas ducat, ita cauo calyculi ſinu uerſicolores lituras flores oſtendunt, qua diuerſa ſpecie cœleſtem æmulantur arcum. Falluntur itaque qui in toto floris ambitu huiuſcemodi uarietatem perquirunt, cum inflexa foliorum labra uel purpureus, uel cœruleus ſemper color inficiat.

Violacea radix.

D

LOCVS.

Paſsim in hortis & macerijs uinearum prouenit. Laudatiſsima tamen eſt quæ in Illyrio & Macedonia naſcitur, & melior inter has quæ denſa & breui radice conſtat, quæque frangenti contumax eſt, colore ſubruffa, admodum odorata, guſtuq; feruida.

TEMPVS.

Floret uere, Maio potiſsimũ menſe, quo ſanè tempore flores colligi debent. Radices autem ſuo tempore, hoc eſt, autumno.

TEMPERAMENTVM.

Iris in altero calefacit ordine, in tertio aũt deſiccat. Abſtergit quoq; & maturat.

VIRES. EX DIOSCORIDE.

Irides omnes calefaciendi extenuandiq; uim obtinent. Contra tuſsim efficaces, humoresq; nõ facilè excreabiles extenuant. Biles ex hydromelite drachmarum ſeptem pondere potæ purgant. Somnum conciliant. Lachrymas cient. Torminibus medentur. Cum aceto potæ uenenatorum morſibus, lienoſis, conuulſis, refrigeratis, rigentibus, & quibus genitura effluit, auxiliatur. Menſes cum uino potæ ducunt. Decoctũ earum ad muliebria fomenta utile, molliens aperiensq; locos. Iſchiadicis infunditur. Fiſtulas & ſinus carne explent. Quinetiã glandis modo cum melle appoſitæ, fœtus extrahunt. Strumas ueteresq; durities coctæ & illitæ emolliunt.

Aridæ

IRIS
GERMANICA.

Blaw Gilgen.

C Aridæ ulcera explent, & cum melle purgant. Nudata oſſa carne operiunt. Doloribus capitis cum aceto & roſaceo utiliter illinuntur. Lentigines, cutis in facie uitia cum Elleboro albo, & duabus mellis partibus illitæ emendant. Peſsis, malagmatis & acopis miſcentur. In uniuerſum magni uſus ſunt.

EX PAVLO.

Iris tuſsi utilis. Humores in thorace nō facilè excreabiles extenuat. Torminibus medetur, ulceraq́ſ ſordida expurgat. Cum mulſa pota aluum ducit.

EX PLINIO.

Infantibus eam circunligari ſalutare eſt. Dentientibus præcipua eſt & tuſsientibus, tinearúmue uitio laborantib. inſtillari. Cæterum ulcera purgat, capitis præcipuè, ſuppurationes ueteres. Aluū ſoluit duabus drachmis cum melle. Tuſsim, tormina, inflationes, pota. Lienes ex aceto. Contra ſerpentiū & araneorū morſus, ex poſca ualet. Contra ſcorpiones, duarum drachmarū pondere in pane uel aqua ſumitur. Contra canum morſus ex oleo imponitur. Et contra perfrictiones. Sic & neruorū doloribus. Lumbis uerò & coxendicibus cum reſina illinitur. Vis ei concalfactoria. Naribus ſubdita, ſternutamenta mouet, caputq́ſ purgat. Dolori capitis cum Cotoneis mâlis aut Strutheis illinitur. Crapulas quoq́ſ & orthopnœas diſcutit. Vomitiones cit, duobus obolis ſumpta. Oſſa fracta extrahit, impoſita cum melle. Ad paronychias farina eius utunt̄. Halitus oris cōmanducata abolet, alarumq́ſ uitia. Succo duritias omnes emollit. Somnum conciliat, ſed genituras cōſumit. Sedis rimas & condylomata, omniaq́ſ in corpore excreſcentia ſanat.

DE HIERACEO. CAP. CXIX.

D

NOMINA.

IΕΡΑΚΙΟΝ, ἢ σογχίτης Græcis, Hieraceum Latinis dicitur: officinis inuſitatum. Germanicè, quum aliud nomen expiſcari non potueramus, Habichkraut appellauimus, ad græcam alludentes appellationem: neque enim alia ratione Greci hanc herbam Hieraceū nominarunt, niſi quod accipitres, quos illi ἱέρακας dicunt, ſcalpendo eam, ſuccoq́ſ oculos tingendo, obſcuritatem cum ſenſere diſcutiant. Sonchites autem dicta eſt, quod Soncho nō admodum diſsimilis ſit, maximè quod ad eius circunferentiam & extremam partem, in qua caules & flores ſunt, attinet. Hæc enim & illa cōcauo, & lacteum ſuccum emittente caule, luteisq́ſ floribus eſt. Apuleius Lactucam ſyluaticam appellat. Plinius quoque libro uigeſimo, cap. ſeptimo, ut alij omnes ferè, in Lactucarum ſponte naſcentium numero, propter ſimilitudinem, Hieraceon hoc habet. Quàm autem inuicem ſimiles ſint Hieraceum & Lactuca ſylueſtris, utriuſq́ſ icones & effigies collatæ monſtrabunt.

Hieraceum unde dictum. *Sonchites.* *Lactuca ſyluatica.*

GENERA.

Hieracij duo ſunt genera, maius nimirum & minus. Maius germanicè groß Habichkraut, minus autem klein Habichkraut nominatur.

FORMA.

Hieraceum maius.

Hieraceum maius caulem habet aſperum, modicè rubentem, ſpinoſum, concauum. Folia per interualla rariuſculè diuiſa, Soncho per circunferentiam ſimilia. Flores in oblongis capitulis luteos. Quæ deſignatio prorſus hanc quam pictam damus herbam exprimit. Siquidem caulem emittit ſcabrum, ſubrubrum, ſpinulis horrentem, cauum, folia ex interuallis & raro laciniata, Sonchi folijs non diſsimilia. Flores in longiuſculis capitulis luteos. Minus Hieraceum folia ex interuallis per

Hieraceū minus.

HIERACEVM MAIVS.

Groß Habichkraut.

HIERACEVM MINVS.

Klein Habichkraut.

A lis per ambitum diuisuris scissa obtinet. Caules de se emittit cauos, teneros & uirides, in quibus flores lutei circulum circunscribentes. Quę itidem notæ omnes herbæ illi, cuius picturam exhibemus, conueniunt.

LOCVS.

Vtrunq; in quibusdam pratis prouenit.

TEMPVS.

In fine Iulij mensis, & per uniuersum Augustum floret Hieraceum. Succus eius carpitur per messes inciso caule.

TEMPERAMENTVM.

Maius Hieraceum planè Sonchi temperamento constare uidetur, refrigerat itaque & mediocris adstrictionis est particeps. Minus in gustu paulò maiorem amaritudinem refert.

VIRES. EX DIOSCORIDE.

Vim habet Hieraceũ maius refrigerandi, & modicè adstringendi, ideoq; æstuanti stomacho, & inflammationib. illitum prodest. Succus erosionem eiusdem in sorbitione mitigat. Herba ipsa cum radice illita scorpionum ictibus auxiliatur. Minus facultates habet superiori easdem.

EX PLINIO.

Succus sanat omnia oculorum uitia cum lacte mulierum. Arcet nubeculas, cicatrices, adustionesq; omnes, præcipuè caligines. Imponitur etiam oculis in lana contra epiphoras. Idem succus aluum purgat, in posca potus ad duos obolos. Serpentium ictibus medetur in uino potus. Et folia tosta, thyrsiq; triti ex aceto bibuntur. Vulneri illinuntur, maximè contra scorpionum ictus. Verum contra phalangia,
B commixto uino ex aceto.

APPENDIX.

Sunt qui tantam inesse huic herbæ uim contra oculorum uitia credant, ut radicem etiam à collo suspensam caliginem oculorum sanare posse dicant.

DE HIPPVRI. CAP. CXX.

NOMINA.

ΙΠΠΟΥΡΙΣ Græcis, Equisetum, herba aut salix equinalis Latinis, recentioribus herbarijs uerbum uerbo reddentibus Cauda equina, Germanis Roßschwantz / Pferdtschwantz / Roßwadel / Katzenwedel / Katzenzagel / Kantenkraut / Schaffthöw nominatur. Nomen tam Græcum quàm Latinum à caudæ equinæ imagine, quam comæ illius præ se ferunt, accepit.

Equisetum. *Cauda equina.* *Hippuris cur dicta.*

GENERA.

Eius duo sunt genera. Vnum longius, quod nonnulli ætatis nostræ herbarij ab asperitate quam obtinet Asprellam uocant. Hinc est quod materiarij fabri ligneã pectinum & aliorum minutorũ operum ruditatem huius herbæ scabritia in nitorem expoliant. Germanicè groß Roßschwantz dicitur. Alterum breuius est, ad abstergenda uasa aptum. Germani klein Roßschwantz appellant.

Asprella.

FORMA.

Primum Equiseti genus cauliculos habet inanes, leniter rubentes, subasperos, solidos, geniculis qui inuicem inseruntur dissectos, in quibus folia iuncea, crebra, & tenuia. In altitudinem adsurgit, scandendo proximas stipites comis circunfusa dependet multis, nigris ut equorum cauda. Radix illi est lignosa, dura. Alterũ comas per interualla habet breuiores, candidiores & molliores.

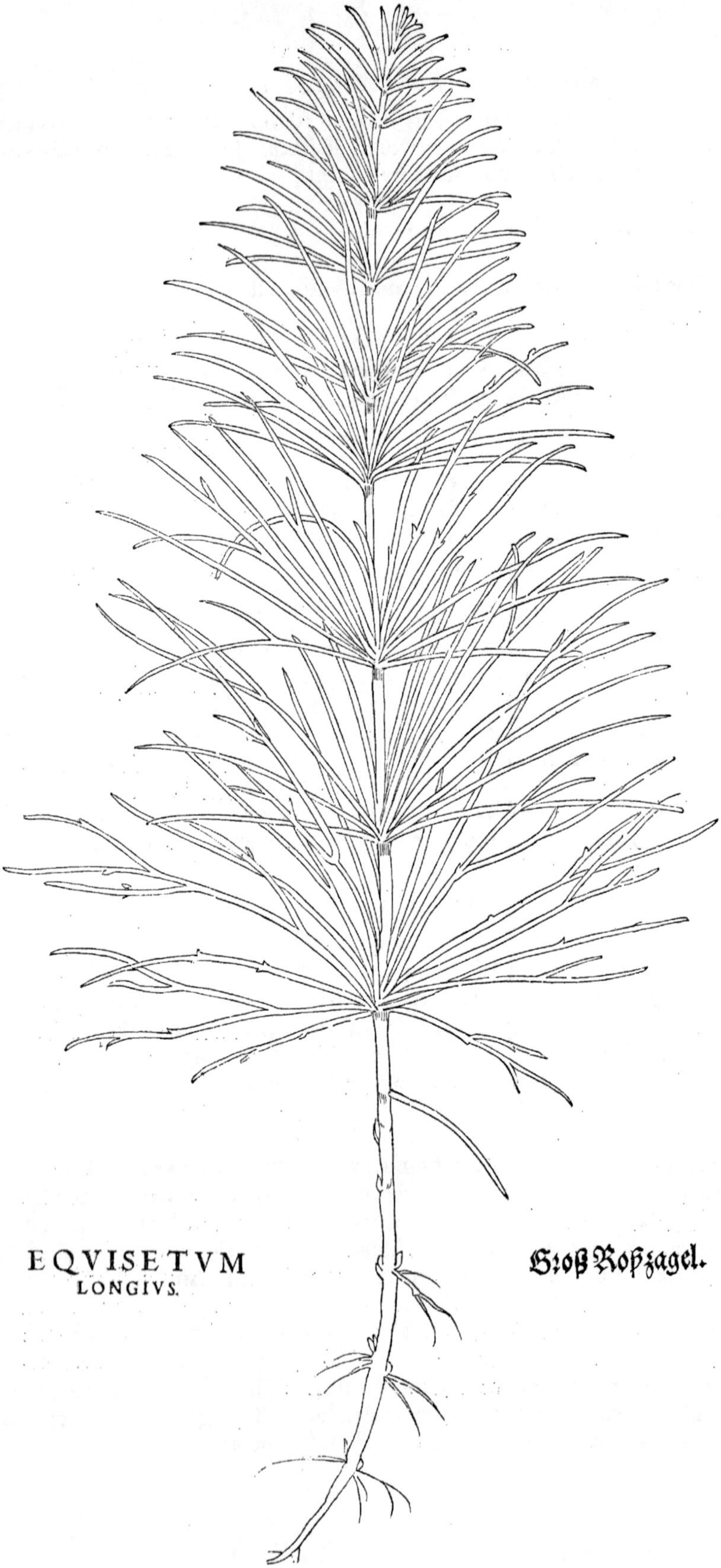

EQVISETVM LONGIVS.

Groß Roßzagel.

EQVISETVM
MINVS.
Klein Roßschwantz

C

LOCVS.

Longius Equisetũ in aquosis locis & scrobibus prouenit, nec eo in fossis prope aquas & umbrosis locis alia planta frequentior est, ut hoc nomine χαράδραιον Græcis dictum sit. Neq; enim χαράδρα aliud est illis nisi terræ rima & fissura. ἔφυδρον etiam non alia ratione, quàm quod in aquosis produceretur, nominauerunt. Alterum in pratis inuenitur, nec ferè frequentius occurrit, inuisa fœnisecis.

Χαραδραιον. ἔφυδρον.

TEMPVS.

Vtrunq; æstate suis in locis copiose prouenit.

TEMPERAMENTVM.

Adstringentem cum amaritudine facultatem, ac proinde ualenter simulq; citra mordicationem exiccantem, obtinet.

VIRES. EX DIOSCORIDE.

Herba ipsa adstringit, quapropter succus eius sanguinem ex naribus erumpentem sistit. Dysentericis cum uino potus confert. Vrinam cit. Folia cruenta uulnera glutinant trita & insperſa. Herba & radix tussientibus, orthopnoicis, ruptisq; succurrit. Quinetiam intestinorum diuisiones, uesicæ dissectionem, & intestinorum ramicem coalescere cogiq; folia in aqua pota feruntur.

EX GALENO.

Vulnera maxima conglutinat, etiamsi præsectos esse neruos contingat: præterea intestinorum ramices cogit. Cæterum ad sanguinis reiectionem, ad fluxũ muliebrem, potissimum rubrum, ad dysenterias, & ad alia uentris profluuia generosum est medicamentum herba ipsa aut ex aqua, aut ex uino epota. Sunt qui de ea scriptum reliquerunt, quod nonnunq; etiam uesicæ, & tenuium intestinorum uulnera succus ipsius sanauerit. Prodest etiam profluuio sanguinis ex naribus, tum

D fluxu obnoxijs in uentre affectibus ex austerorum quopiam uinorum potus, ac si febre teneatur ex aqua.

EX PLINIO.

Vis eius spissare corpora. Succus sanguinem è naribus fluentem inclusus sistit, item aluum. Medetur dysentericis in uino dulci potus cyathis tribus. Vrinam cit. Tussim, orthopnœam sanat: item rupta, & quæ serpunt. Intestinis & uesicæ folia bibuntur. Enterocœlen cohibet.

DE HIBERIDE. CAP. CXXI.

NOMINA.

Ibeρις, ἢ καρδαμαντικὴ, ἢ ἀγριοκάρδαμον Græcis, Galeno & Paulo alio nomine Lepidion: Hiberis, Nasturtium agreste Latinis appellatur. Officinis nostris incognita. Germanis Gauchblům/ non alia ratione quàm quod plerosq; qui in illius notitiam nondum peruenerunt, infatuet. Potest etiam cõmodè dici wilder Kreß. Cardamantice, & Agriocardamũ Græcis appellata, quod radici odor insit Nasturtij: uel quod eius folia partim Nasturtio aquatico, quod à Dioscoride Sisymbrium cardamine dicitur, partim etiam hortensi, quod Cardamon Græcis nominat, similia sint: uel quod gustu Nasturtiũ referant.

Nasturtium agreste.

Agriocardamon cur dicta.

FORMA.

Folia Nasturtio similia habet, uerno tempore uirentia, cubitali longitudine, aut minore, flore lacteo, radicibus duabus, sed una apud nos frequentius, nititur, odore Nasturtij quamacerrimo. Ex qua nimirum descriptione omnibus perspicuum fit, herbam cuius picturam exhibemus esse Hiberida: caulem enim cubitalem obtinet, foliaq; Nasturtio similia. Quæ enim à radice statim exeunt, aquatici, quæ uero in supremo caule emicant hortensis Nasturtij folia referunt. Verno quoq; tempore uirent, flos deniq; lacteus est, hoc est, in albo purpurascens: hunc enim Dioscoridem

ridem

NASTVRTIVM
AGRESTE.
Gauchblům.

C ridem uocare lacteum florem, ſatis teſtatur quarta Ranunculi ſpecies, cuius etiam florem, qui colore huic ſimilis eſt, lacteum eſſe ſcribit. Semen quoque in ſiliquulis tam exiguum producit, ut, Plinio etiam teſte, uix aſpici poſsit: radicem autem exilem atque acrem, cui ineſt Naſturtij odor.

LOCVS.

Naſcitur incultis locis, circa itinera & prata.

TEMPVS.

Verno tempore apparet, Aprili potiſsimum menſe & Maio, duratq; ad æſtatis initia, quo potiſsimum tempore lacteum florem fundit: initio enim purpureo colore maculatus uidetur: efficacioremq; uſum obtinet, quod tum ſemen etiam in ſiliquulis proferat.

TEMPERAMENTVM.

Ex quarto eſt ordine calefacientium, ut Naſturtium, minus tamen eo deſiccat.

VIRES. EX DIOSCORIDE.

Radix calefacit & adurit. Vtilis eſt ad coxendicis dolores cum ſuillo adipe ſalſo, emplaſtri modo quaternis horis illita. Deinde in balneū deſcendatur, & oleo cum lana locus perungatur.

EX GALENO.

Similis Naſturtio tum odore, tum guſtu, tum uiribus.

EX PLINIO.

Coxendicibus & articulis omnibus cum axungia modica utiliſsima, uiris plurimum quaternis horis, fœminis minus dimidio adalligata, ut dein in balneum deſcendatur in calidam, & poſtea oleo & uino corpus perungatur, diebusq; uicenis interpoſitis idem fiat, ſi qua admonitio doloris ſuperſit. Hoc modo rheumatiſmos omnes ſanat occultos. Imponitur in ipſa inflammatione, ſed imminuta. Adalligata
D capiti cum Quinquefolio, epiphoras & ſi qua in oculis uitia ſunt, emendat.

APPENDIX.

Recentiores herbarij eius herbæ cuius picturam damus uſum probant contra pediculos ſi lixiuio incoquatur. Vnde colligere licebit, eam exiccandi & ex alto euocandi trahendiq; facultatem, haud ſecus atq; Naſturtiū aut Sinapi, habere. Nam, Galeno lib. i. de compoſit. med. ſecundum locos, cap. vij. teſte, medicamenta quæ phthiriaſi medentur neceſſariò exiccant atq; ex alto trahunt. Vt iterum euidentiſſimum ſit hanc herbam, eo quod Naſturtij facultates obtineat, eſſe ueram Hiberida, non obſtante quod raròaut nunquā duabus, ſed una potius & exili nitatur.

DE HIPPOSELINO. CAP. CXXII.

NOMINA.

Officinarum error. ΙΠΠΟΣΕΛΙΝΟΝ Græcis, Olus atrum Latinis dicitur: officinæ eius ſemine perperam pro Petroſelino macedonico utuntur. Germanis groß Epffich/oder groß Eppich appellatur. *Hipposelinū unde dictum.* Hipposelinon autem à magnitudine dictum eſt: ſiquidem Græci magnis & amplis rebus hippo præponere ſolent, adeò ut Hipposelinū Latinis nihil aliud niſi grande Apiū ſit. *Olus atrū quare appellatum.* Olus autem atrum uel pullum à folijs, quæ atro colore nitent, appellatum eſſe uidetur.

FORMA.

Maius eſt hortenſi Apio, caule cauo, alto, tenero, ueluti lineas habente, folijs latioribus, ſubpuniceis, Libanotidis coma, plena flore, in corymbos antequā defloreat cōgeſta, ſemine nigro, oblongo, ſolido, acri, odorato, radice odorata, intus candida, ori grata, pro caulis magnitudine non admodū denſa. Porrò ne mireris quod picturæ non ex omni parte reſpondeat deſcriptio: neq; enim Hipposelinum integrum, & quod ad perfectam peruenit ætatem, floresq; & ſemen produxit, damus,

ſed id

HIPPOSELINVM
Groß Epffich.

C sed id tantum quod primo erumpit. Radicem itaq; tantum & folia depingi curauimus, ut quæ Oleris atri, cuius sæpè fit apud Dioscoridem mentio, forma, saltem in folijs & radice, esset, cerneres. Annitemur tamen ut aliquando integram eius herbæ picturam exhibeamus.

LOCVS.

Nascitur in umbrosis, & iuxta paludes.

TEMPVS.

Satum tardè prouenit, ideoq; factum ut integrè depictum dare nobis haud licuerit. Floret, Plinio teste, æstate.

TEMPERAMENTVM.

Calidum est in secundo ordine, ut Apium, & siccum in medio tertij.

VIRES. EX DIOSCORIDE.

Estur olerum modo ceu Apium. Radix etiam cocta & cruda estur. Quinetiam folia & caules cocti manduntur, & per se aut cum piscibus præparantur. Crudaq; ad salgama condiuntur. Semen potum in mulso menses ducit. Rigore concussos calfacit potum & illitum. Vrinæ stillicidio auxiliatur. Radix eadem præstat.

EX GALENO.

Hipposelini similis Apio uis est, ualidior tamen. Mensium autem & urinæ ciendæ potissimum facultatem habet, ut liquet ex capite eiusdem de Smyrnio.

EX PLINIO.

Olus atrum quod Hipposelinum uocant, aduersatur scorpionibus. Poto semine torminibus interaneis medetur. Itemq; difficultatibus urinæ semen eius decoctum ex mulso potum. Radix eius in uino decocta calculos pellit, & lumborum ac lateris dolores. Canis rabiosi morsibus potum & illitum medetur.

D

DE IXO. CAP. CXXIII.

NOMINA.

IXOΣ Græcis, Viscum Latinis & officinis, Germanis Mistel/oder Affolter nominatur.

FORMA.

Planta est fruticosa, lenta, semper uirens, intus porracei coloris, extrà subflaua, folijs buxi, acinis exiguis, sine flore.

LOCVS.

Nunq; in terra, sed semper in arbore, quercu præsertim, pyro, mâloq; prouenit.

TEMPVS.

Autumni initio cum suis acinis decerpitur.

TEMPERAMENTVM.

Calefacit cum acrimonia: ex plurima enim aëria & aquea, paucissima terrena constat. Igitur acrimonia in eo amaritudinem excellit.

VIRES. EX DIOSCORIDE.

Discutit, emollit, attrahit: tubercula, parotidas, cæterosq; abscessus cum resina & pari cæra mixtum, maturat. Epinyctidas in splenio curat. Cum thure antiqua ulcera, & malignos abscessus mollit. Lienes cum calce, aut gagate lapide, aut asio coctum & impositũ minuit. Cum auripigmento aut sandaracho illitum, ungues extrahit. Mixtum cum calce & fæce, uim suam intendit.

EX GALENO.

Valenter ex alto humores extrahit: nec tenues tantum, sed & crassiores, eosq; diffundit ac digerit. Est autem ex eorum genere quæ non protinus admota calfaciunt, sed quæ tempus requirunt, uelut Thapsia.

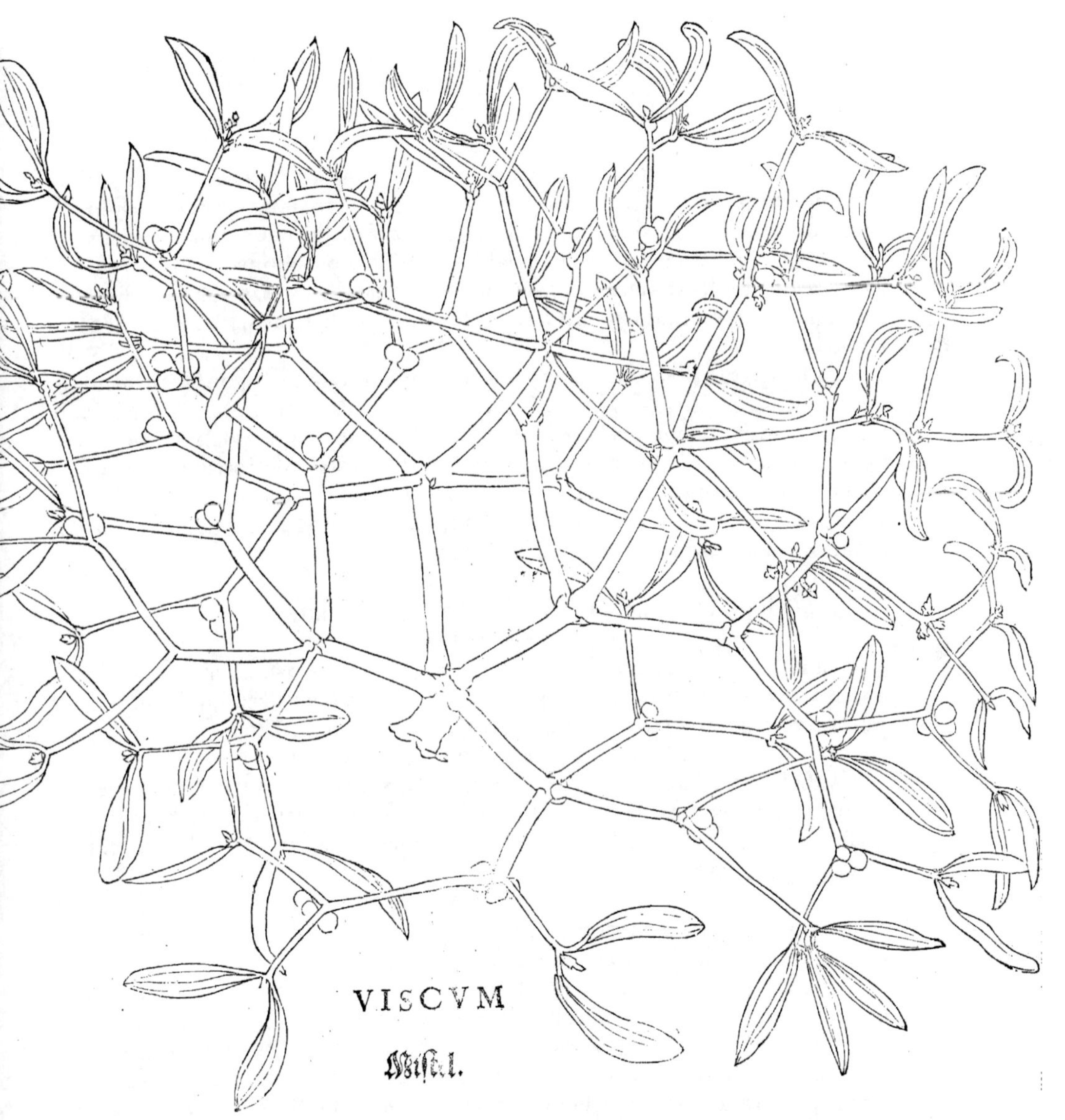

VISCVM

Mistel.

C

NOMINA.

Guadum. Nilech. Indicum. Oſatis.

ΙΣΑΤΙΣ Græcis, Iſatis Latinis uocatur. Gallis, ut in cōmentarijs ſuis teſtatur Cæſar, Glaſtum olim dicebatur, nunc Guadum. Germanis autem ad hoc nomen alludentibus, Weydt nominat̃. Arabibus Nil, Nilech, & Indicum, ut lib. i. Paradox. cap. uigeſimoſexto monſtrauimus. Barbari deprauata uoce Oſatim appellant.

GENERA.

Duo Iſatidis ſunt genera. Vna enim ſatiua, qua tingendis lanis infectores utuntur. Altera uerò ſylueſtris, qua lanarum infectores haud utuntur. Priorem Germani ſimpliciter Weydt/alteram uerò cum adiectione wild Weydt nominant.

FORMA.

Satiua. Satiua folia habet Plantagini ſimilia, ſed pinguiora, nigrioraq́ꝫ, caulē duobus cubitis altiorē. Hęc Dioſcorides, qui reliquas notas, quę ſylueſtri ſimiles per omnia ſunt, cōmemorare noluit. Ex ſylueſtris tamen effigie facilè quales ſint æſtimare poteris: Syluestris. hęc em̄ teſte Dioſcoride, ſatiuæ ſimilis eſt, folia tamē maiora obtinet, ad Lactucę folia accedentia: caules etiā tenuiores, multifidos, rubicantes, qui in cacumine folliculos linguarū figura multos dependentes habent, in quibus ſemen. Flos ei luteus & tenuis.

LOCVS.

Iſatis ſatiua copioſe in Germania prouenit, pręſertim agro Erphordiano, cui magnum quæſtum adfert. Viridem enim herbam truſatilibus molis premunt, ut herbaceā ſaniem excludant: dein abacto liquore digerunt in magnos globos, quos tabulatis cōputreſcere in æſtate feruente ſinunt. Hos cortinis infectoriæ coquunt officinæ, & laneos pannos, ac uellera demergunt, ut cœruleū imbibant colorem. Syl-
D ueſtris ſua ſponte in quibuſdam Germaniæ locis naſcitur, ut Tubingæ, ubi omnes uinearum maceries hac herba ſeptæ uidentur.

TEMPVS.

Maio & Iunio menſe florent, ac ſubinde ſemen proferunt.

TEMPERAMENTVM.

Iſatis ſatiua ualenter admodum exiccantis, nondum tamen mordentis facultatis eſt: amara enim ſimulatque adſtringens exiſtit. Sylueſtris uerò acre quiddam, tum guſtu, tum actione præfert: proinde ualentius quàm ſatiua deſiccat.

VIRES. EX DIOSCORIDE.

Iſatidis ſatiuæ folia omnia œdemata & tubercula illita diſcutere poſſunt. Cruenta uulnera glutinant. Sanguinis profluuia ſiſtunt. Vlcera phagedænica, herpetas, eryſipelata, & putreſcentia ſanant. Sylueſtris eadem quæ ſatiua poteſt. Lienoſis etiam pota & illita auxiliatur.

EX GALENO.

Satiua magna ulcera durorum corporum glutinat, etiamſi in capitibus muſculorum fuerint, & ſanguinis profluuio laborantibus partibus utiliter illinitur. Tumores œdematodes mirificè diſcutit, ſimul & reprimit, omnibusq́ꝫ ulceribus malignis mirabiliter reſiſtit, etiamſi putreſcant, etiamſi erodantur. Quod ſi quando laborantis natura ualidior appareat, folijs eius tritis aut panem, aut hordeaceā farinam, aut triticeam, aut polentam, pro uincente in unoquoq́ꝫ affectu, miſcere oportebit. Sylueſtris uerò potentiſsimè humidis putredinib. obſiſtit, ad cętera uerò iam comprehenſa deterior: immoderatius enim & cum mordacitate deſiccat, talia nanque irritantur hoc pacto, & phlegmone grauari incipiunt. Cæterum ob facultatis robur lienoſis quoq́ꝫ utilis eſt, quum altera prodeſſe nondum poſsit.

EX PLINIO.

Iſatidis folia trita cum polenta, uulneribus proſunt. Sanguinem ſiſtit. Phagedænas & putreſcentia ulcera, & quæ ſerpunt, ſanat. Item tumores ante ſuppurationē. Contra ignem ſacrum, radice uel folijs prodeſt, uel ad lienes pota.

ISATIS SATIVA.

Weyde.

ISATIS SYLVESTRIS.

Wild Weydt.

A **NOMINA.**

ITEA Græcis, Salix Latinis, **Weiden/ oder Felber** Germanis appella-
tur. Salix uerò à ſaliendo dicta eſt, quod ea celeritate creſcat, ut quaſi ſa- *Salix cur dicta.*
lire uideatur. Sic etiam Iteam quaſi Salicem uocauerunt Græci. *Itea unde uo-*

GENERA. *cata.*

Tria Salicis genera Theophraſtus lib. iij. cap. xiij. de hiſtoria plantarū recenſet.
Primā nigram nominari dicit, quod nigro aut puniceo cortice obducta ſit. Secun- *Salix nigra.*
dam candidam, quod candido obducatur cortice. Tertiam coactę breuitatis ac pu- *Candida.*
milam, Helicen Arcadibus appellari ſcribit. Plinius etiam lib. xvij. cap. xxxvij. tria *Pumila.*
Salicis nomina cōmemorat: Viminalem, eandemq; purpureā: Vitellinam à colo- *Viminalis.*
re luteo, graciliorē priore: Gallicam, quæ ſit tenuiſsima. Lucius Columella lib. iiij. *Vitellina.*
cap. xxx. eiuſdem quoque tria facit genera, Græcam, Gallicam, & Sabinam, quam *Gallica.*
etiam Amerinam uocari à plurimis ſcribit. Gręcam flaui coloris, Gallicam obſoleti *Græca.*
purpurei, tenuiſsimiq; uiminis, Sabinam gracilibus uirgis atq; rutilibus eſſe aſſerit. *Sabina.*
Quæ ſanè ſingula pulchrè cum ijs quæ Theophraſtus tradit, conuenire uidentur.
Nam primam Salicis ſpeciem, quam Theophraſtus nigram aut puniceam uocat, *Prima Salicis*
Plinius Viminalem, Columella uerò Sabinam & Amerinam appellat, Germani *ſpecies.*
rot Weiden nominant. Secundam ſpeciem, quam Theophraſtus candidam, Pli- *Secunda.*
nius Vitellinam, Columella autem Græcam uocat, Germani **geel Weiden**. Ter- *Tertia.*
tiam, quæ Theophraſto Helix dicitur, Plinius & Columella Gallicam appellant,
Germani uerò à tenuitate **klein Weiden**.

FORMA.

Salix breui caudice conſurgit, ramis longis, è trunco extrèmo ueluti à capite pro-
B deuntibus, lentis, flexilibus: folijs longis, ſubtus incanis, supernè uirentibus: flore
ſeu nucamento ſquamatim compactili, lanuginoſo, propendente, fructu qui facilè
ante maturitatem euaneſcat.

LOCVS.

Aquoſis lætatur, ideoq; auctu perquam facilis.

TEMPVS.

Floret primo ſtatim uere. Ocyſsimè amittit fructum, antè quàm omnino maturitatem ſentiat, ob id dicta Homero ὠλεσίκαρπος, hoc eſt, frugiperda, Odyſſ. κ. ubi ſic canit: μακραί τ' αἴγειροι καὶ ἰτέαι ὠλεσίκαρποι. Fructum ſiquidem fert, Plinio autore, abeuntem in araneam antequam percoquatur.

TEMPERAMENTVM.

Salicis tum folia, tum flores, citra mordacitatem exiccantis ſunt facultatis, ac modicè adſtringunt. Cortex tamen eius ſiccior.

VIRES. EX DIOSCORIDE.

Adſtringunt Salicis folia, fructus, cortex & ſuccus. Folia trita cum exiguo pipere & uino pota ileoſis conueniunt. Per ſe etiam cum aqua ſumpta, præſtant mulieribus ne concipiant. Fructus potus ſanguinē expuentibus prodeſt. Cortex eadem pręſtat. Vſtus & cum aceto ſubactus, clauos & callos illitus tollit. Ex folijs & cortice ſuccus in putamine mâli punici cum roſaceo calfactus, aurium doloribus auxiliatur. Decocto eorum podagras foueri optimū. Furfures exterit. Excipitur etiam è Salice ſuccus exciſo cum floret cortice: in interiore enim eius parte concretus inuenitur. Vim autem habet exterendi quæcunq; pupillæ claritati obſtant.

EX GALENO.

Salicis folijs ad cruenti uulneris glutinationē quis uti poſſet. Verū floribus eius maximè propè omnes utunt medici ad exiccantis emplaſtri pręparationē: eſt enim uis eorum deſiccatoria: habent etiam quandam adſtrictionē. Sunt qui ſuccum ex ea expreſſum, medicamen ſeruent mordacitatis expers & exiccatorium, ad multas

res uti-

PRIMVM SA-
LICIS GENVS.
Rot Weiden.

ALTERVM SALI-
CIS GENVS.
Seel Weiden.

TERTIVM
SALICIS GENVS.

Klein Weiden.

A res utile. Haud enim inuenias quid ad plures res utilius medicamento citra mordacitatem exiccante, quod paulum etiam adstringat. Porrò arboris cortex similem facultatem obtinet, tum floribus, tum folijs, nisi quod temperaturæ sit siccioris, uelut omnes cortices. Sed hunc quidam comburunt, eiusq; cinere utuntur ad ea omnia quæ ualenter desiccare oportet. Nam clauos quos uocant, callos, myrmeciasq; tollunt, aceto ipsum macerantes acri. Nonnulli autem dum floret Salix, corticem eius incidunt, & succum quendam colligunt, utunturq; ad ea quæ pupillas obfuscant, extergente uidelicet simulq; tenuium partium medicamine. Vti uerò illo ad multa alia quis posset, siquidem talis sit.

EX PLINIO.

Salicis fructus ante maturitatem in araneam abit. Sed si prius colligatur, sanguinem reijcientibus prodest. Corticis è ramis primis cinis, clauum & callum aqua mixta sanat. Vitia cutis in facie emendat, magis admixto succo suo. Est autē hic trium generum. Vnum arbor ipsa exudat gummi modo. Alterum manat in plaga cum floret, exciso cortice trium digitorū magnitudine. Hic ad purganda quæ obstant oculis, item ad spissanda quæ opus sunt, ciendamq; urinam, & ad omnes collectiones intus extrahendas. Tertius succus est detruncatione ramorū à falce destillans. Ex ijs aliquis cum rosaceo in calyce mâli punici calfactus, auribus infunditur: uel folia cocta, & cum cera trita imponuntur. Item podagricis. Cortice & folijs in uino decoctis fouere neruos utilissimum. Flos tritus cum folijs furfures purgat in facie. Folia trita & pota intemperantiam libidinis coërcent, atque in totum auferunt usum sæpius sumpta.

B

DE CAPNO. CAP. CXXVI.

NOMINA.

ΚΑΠΝΟΣ Grecis, Fumaria Latinis: officinis Fumus terrę, Germanis Erdrauch/Daubenkropff/Katzenkörbel appellatur. Fumaria uerò hæc herba dicta est, propterea quod succus eius oculis inditus, ueluti fumus lachrymas mouet, oculosq; mordicat. *Fumus terræ.* *Fumaria unde dicta.*

FORMA.

Fruticosa herbula est, Coriandro similis, tenera admodum: folijs candidioribus, cineracei coloris, undiq; numerosis: flore purpureo.

LOCVS.

Nascitur in segetibus hordeaceis, hortis, uineis, sepibus, & macerijs, alijsq; locis incultis atque pinguibus.

TEMPVS.

Carpitur in fine Maij mensis & Septembris.

TEMPERAMENTVM.

Capnos calida & sicca in secundo esse uidetur ordine, id quod ex gustu patet: acris enim & amara est.

VIRES. EX DIOSCORIDE.

Huius succus acris est, uisum acuit, lachrymas ducit, unde & nomen traxit. Illitus cum gummi duplices palpebrarum pilos renasci non sinit. Cōmanducata herba biliosam urinam trahit.

EX GALENO.

Capnos acris simul & amaræ qualitatis est particeps, nec tamen planè expers est acerbæ. Quamobrem biliosam urinam multam prouocat, sanatq; iecinoris obstructiones & debilitates. Succus eius oculorum aciem acuit, non parum lachrymarū trahens, uelut ipse fumus: nam hinc ei appellatio indita. Plebeius quidam ea uti solebat ad stomachum roborandum, unaq; uentrem lubricandū. Siquidem herbam

FVMARIA
Erdrauch.

A primum deſiccatam condebat: dein cum uti uolebat ſubductionis quidem gratia melicrato inſpergebat: roborandi uerò cauſa, uino nimirum diluto.

EX PLINIO.

Claritatẽ facit inunctis oculis, delachrymationemq́ ceu fumus, unde nomen accepit. Eadem euulſas palpebras renaſci prohibet. Bilem per urinam trahit.

DE CICI. CAP. CXXVII.

NOMINA.

KIKI, ἢ κρότων Græcis, Ricinus Latinis, Mauritanis Kerua, officinis nonnullis Cataputia maior, quibuſdã etiam Pentadactylon & Palma Chriſti, quod ſcilicet eius folia in humanæ manus effigiem articulentur: Germanis Wunderbaum/oder Creutzbaum dicitur. Croton autem & Ricinus à ſimilitudine animalis, quod ſemen eius referre uidetur, nominata eſt. Sunt enim Græcis κρότωνες, & Latinis Ricini, inſecta animantia, quæ canibus præſertim adhærent, quibus cibi nullus exitus eſt, colore liuido, nullis diſcreta membris, in globum continuè creſcentia, donec plenius ſaginata, poſt aliquot dies ſponte ſua decidant. Hinc eſt quod à Germanis noſtris Zeckenkörner nominentur.

Cherua. *Cataputia maior* *Croton & Ricinus unde dicta.* *κρότωνες.*

FORMA.

Arbor eſt paruę ficus magnitudine, folia Platano ſimilia habens, maiora tamen, læuiora & nigriora. Caudices uerò & ramos arundinis modo concauos. Semen in uuis racemiſue aſperis, quod cortice nudatum, Ricino animali ſimile eſt. Quæ deſcriptio ita picturæ quadrat, ut nihil magis.

LOCVS.

B Naſcitur nuſquam in Germania noſtra, niſi ſatum fuerit. Satum autem ſemel copioſe prouenit. Sine difficultate etiam paſsim iam in hortis prouenit.

TEMPVS.

Carpitur Autumno dum ſemine abundat.

TEMPERAMENTVM.

Ricinus in ſecundo uel ſummum tertio ordine calefacientium & ſiccantium eſſe apparet.

VIRES. EX DIOSCORIDE.

Ex ſemine Ricini oleum nomine Ricininum exprimitur, ad edendum minimè aptum: alioquin tamen lucernis & emplaſtris utile. Grana triginta numero putaminibus purgata, trita & pota, pituitam, bilem, & aquam per aluum deijciunt. Vomitiones etiam mouent. Eſt uerò iniucunda admodum & laborioſa huiuſcemodi purgatio: ſtomachũ enim ualidè ſubuertit. Tuſa & illita uaros, maculasq́ ſole cõtractas purgãt. Folia trita cum polenta, oculorũ œdemata & inflammationes ſedant, mammasq́ turgentes cohibent. Per ſe aut cum aceto illita ignes ſacros reſtinguũt. *Oleum Ricininũ*

EX GALENO.

Semen Ricini, quod etiam purgat, extergendi & digerendi facultatem obtinet. Sic uerò & folium, ſed undequaq́ debilius. Oleum quod ex ſemine cõficitur, tum calidius, tum tenuiorum partium, quàm eſt oleum commune, ac proinde quoque digerit.

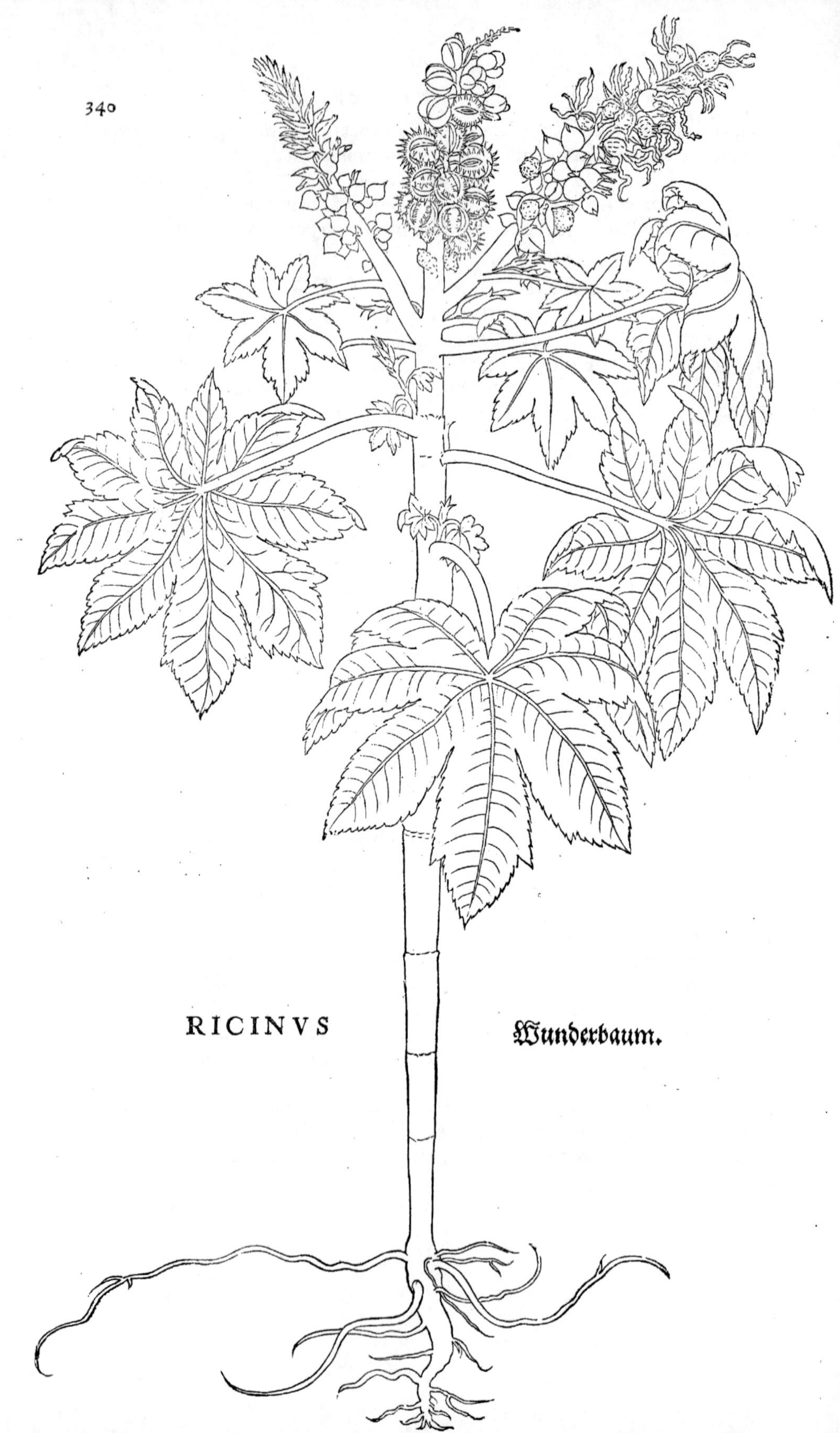

RICINVS Wunderbaum.

A

NOMINA.

Κίρσιον græcè, Spina mollis, Buglossum magnum latinè nominatur: officinæ, necnon herbarij Buglossam uel Linguam bouis uocant. Cirsion autem eò quod uarices, quos Greci κιρσοὺς nominãt, sanet, dicta est. Germanis Ochsenzung appellatur.

Buglossa.

Cirsion cur dicta

GENERA.

Nos duo damus genera, quorum unum Germanicum, alterum uerò Italicum est, in quo omnia sunt maiora.

FORMA.

Caulis est tener, duûm cubitorum, triangularis. Ab inferiore parte foliolis rosaceorum figura, angulos spinosos per interualla, sed molles habentibus. Folia Buglosso similia, modicè hirsuta, longiora, albicantia, extremitatibus aculeata obtinet. Cacumen in caule orbiculatum, hirsutum, in quo capitula in summo purpurea, quæ in lanugines euanescunt. Hæc sanè descriptio satis monstrat, Cirsion esse Buglossam hodie uocatam, cum ei deliniationes omnes, nulla ferè reclamante nota, conueniant. Siquidem caulis ei tener, bicubitalis, triangularis, spinosis per interualla angulis, sed mollibus & innoxijs aculeis. Folia Buglosso similia, longiora tamen, aut lege, μικρότερα, hoc est, minora, cum Plinio: subcandida, leniter hirsuta, in extremis partibus aculeata. Cacumen quoque caulis circinatum, hirsutum, in quo capitula purpurea. Etsi uero reliqua omnia conueniant, tamen capitula purpurea non abeunt in pappos neq; in nostra, neq; in Italica.

Buglossa nostra.

Locus Dioscoridis emendatur.

LOCVS.

Producitur locis cultis & incultis, arenosis potissimum & petrosis. Italicũ etiam

B hodie in multis hortis magna copia nascitur.

TEMPVS.

Carpitur Iunio & Iulio mensibus.

TEMPERAMENTVM.

In primo calefacere & humectare ordine apparet.

VIRES. EX DIOSCORIDE.

Radicem Cirsij laboranti loco adalligatam, dolores uaricum sedare Andreas scripsit.

EX PLINIO.

Hanc herbam radicémue eius adalligatam, dolores uaricum sanare tradunt.

APPENDIX.

Non plures iam cõmemoratis facultates Cirsio, Dioscorides & ueteres alij tribuunt. Videant igitur nostrę ætatis medici, ne temerè Buglossæ suæ quas non obtinet uires adscribant.

CIRSIVM
GERMANICVM.

Teütsch Ochsenzung.

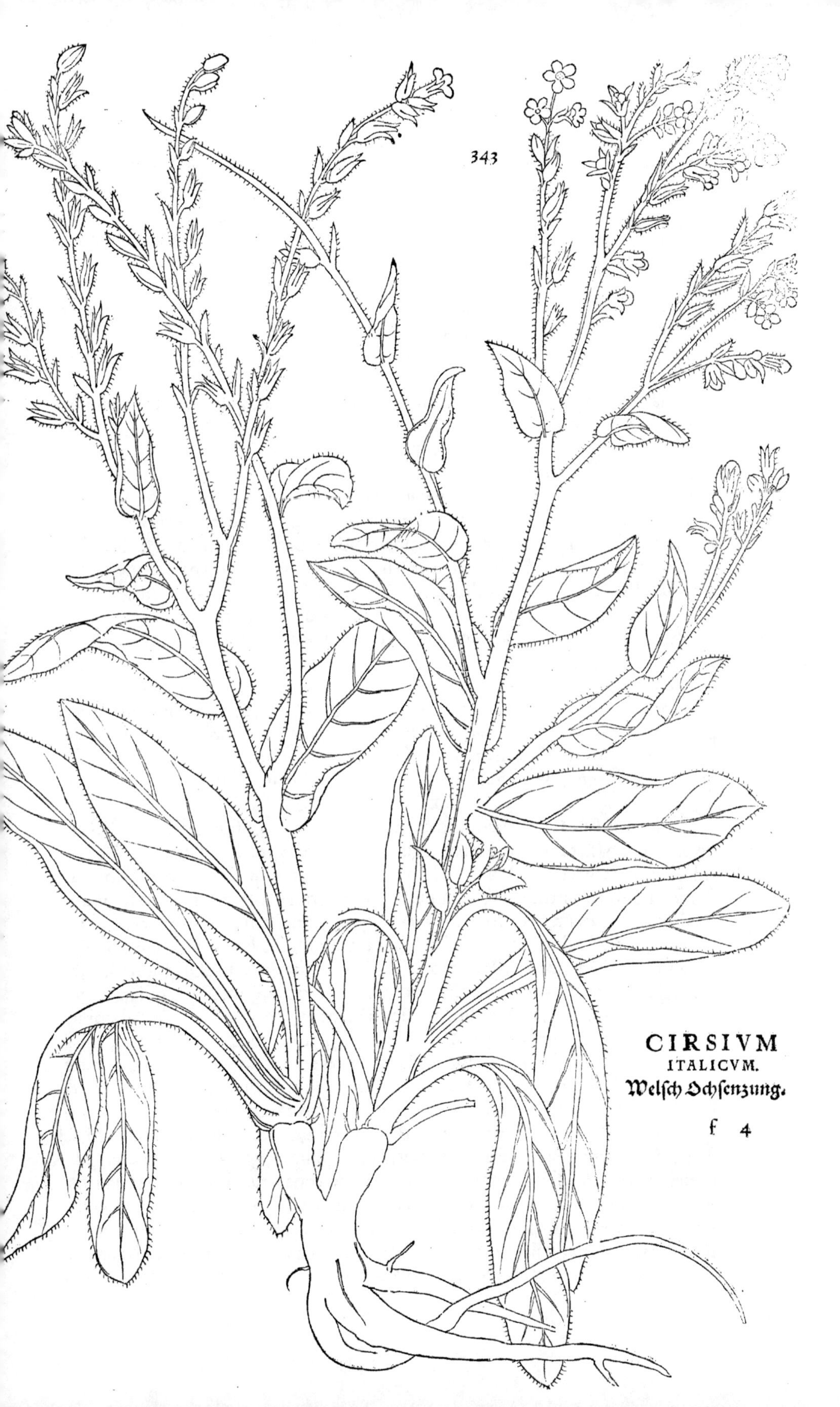

CIRSIVM
ITALICVM.
Welſch Ochſenzung.

C

NOMINA.

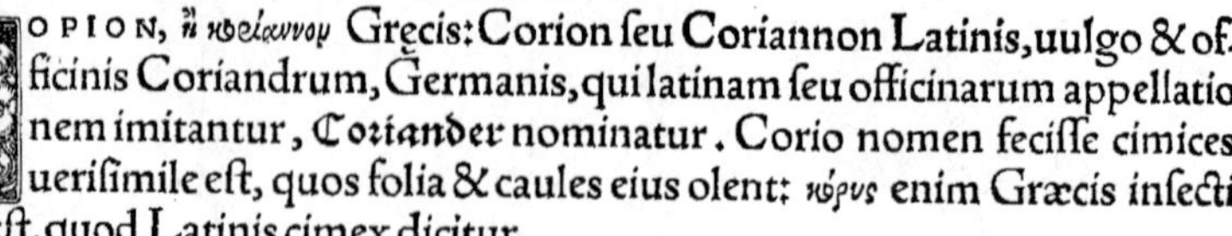

Coriandrum. Corion quare uocatum. κόρυς.

KOPION, ἢ κορίαννον Grecis: Corion seu Coriannon Latinis, uulgo & officinis Coriandrum, Germanis, qui latinam seu officinarum appellationem imitantur, Coriander nominatur. Corio nomen fecisse cimices uerisimile est, quos folia & caules eius olent: κόρυς enim Græcis insecti id genus est, quod Latinis cimex dicitur.

FORMA.

Caulis Corianno exilis, sesquicubitalis, ramosus. Folium dum primũ erumpit Adianti, dein Fumariæ, odore graui. Flores candidos. Semen rotundũ ac nudum, firmum & diutinum. Radicem breuiusculam, ligneam, neq; admodum fibratam.

LOCVS.

Amat terram pinguem, Palladio teste, sed & macro solo nascitur. Nunquam autem nisi satum prouenit.

TEMPVS.

Autumno dum semine prægnans est carpitur.

TEMPERAMENTVM.

Coriandri temperamentũ minimè frigidum ac simplex est, sed uariè coalitum & compositũ. Est enim copiosæ quidem amaritudinis particeps, quę in tenui simul ac terrestri substantia fundatᷓ: sed & aquosæ humiditatis tepidę ei nõ parum inest. Habet etiã adstrictionis nõnihil, sicut paulò pòst ex Galeni uerbis clarius innotescet.

VIRES. EX DIOSCORIDE.

Hæc Dioscoridis uerba paulò pòst Galenus exibilat

Vim refrigeratoriã habet Coriandrum, unde illitum cum pane aut polenta erysipelatis, & herpetibus medetur. Epinyctidas, testium inflammationes, carbunculosq; cum melle & uua passa sanat. Cum lomento strumas & tubercula discutit.
D Lumbricos semen cum passo potũ pellit, geniturámq; auget. Largius tamen sumptum, mentem non sine periculo mouet, quapropter copiosiorẽ & cõtinuum eius usum cauere oportet. Succus cum cerussa, aut argenti spuma, necnon aceto & rosaceo illitus, ardentes in summa cute inflammationes iuuat.

EX GALENO.

Dioscorides reprehenditur.

Coriannon siue Corion, aut utcunq; uocare lubet. Vetustiores Græci Coriannon nominabãt, ac recentiores omnes medici Corion appellitant, sicut & Dioscorides refrigeratoriã esse herbam dictitans, sed perperã. Siquidem ex contrarijs constat facultatibus, plurimũ habens amaræ essentiæ, quam ostendimus esse tenuium partium, & terrenam, nec modicum etiam aqueę humiditatis obtinentẽ, quæ est facultatis tepidæ. Habet autem & adstrictionis pauxillum. Ex quibus omnibus uariè quidem agit ea quæ scribit Dioscorides, & non tantum ex refrigeratione. Cæterum ego cuiusq; particulatim actionis causam enarrabo, tametsi propositum fuerat mei unius duntaxat hoc in libro sententiã expromere. Sed fortè nihil obstabit, imò si uerum fatendum est, proderit nõnihil superiores methodos, quæ in paucis medicamentis sunt dictæ, hunc in modum repetere. Primum ergo nõ Dioscorides tantum, sed & alij complures medicorũ indeterminatè & citra limitationẽ de morbis pronunciant, sicut sanè hac quoq; tempestate non paucos reperias medicos insignes, præter alia, hac in re maximè hallucinantes. Interdum enim atra, liuida, frigidáq; reddita parte quæ erysipelas habuit, nec amplius refrigerantia poscente medicamenta, ceu antea, sed ea quæ infixum parti præter naturam humorem euacuent, ij tamen refrigerare perseuerant. Aliquando autem ad digerentia quidẽ transeunt, cæterum erysipelas sanare dicunt. Et sanè scribunt incipientibus etiamnum & crescentibus erysipelatis alia cõuenire medicamenta, aliáq; declinantibus. Verum res ita non habet. Neq; enim erysipelas etiam uocari debet posteaquam inflammatio

eius

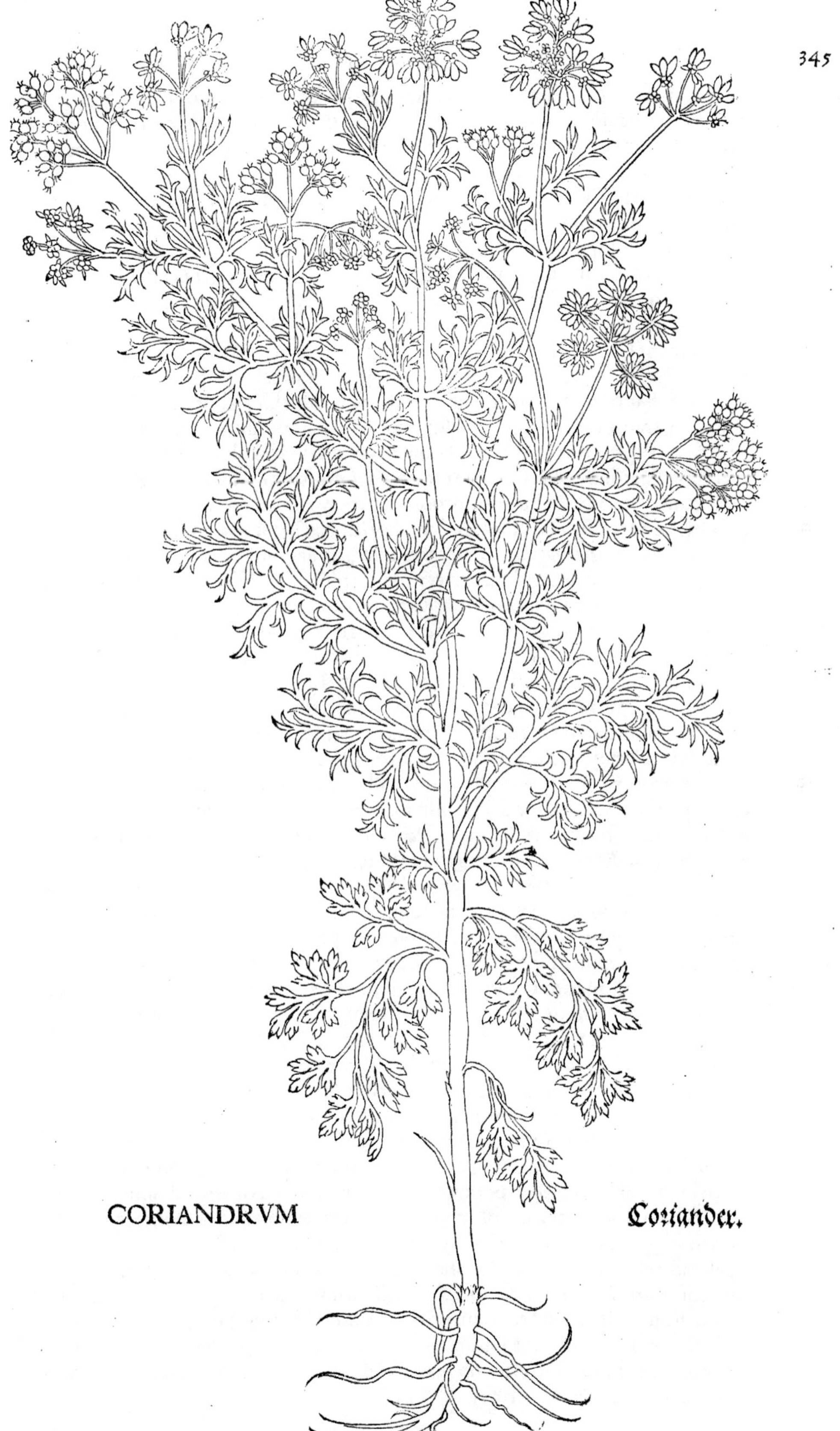

CORIANDRVM Coriander.

C eius & feruor, ac biliosum illud abierint: neq; quę facultate sunt frigida, neq; quę illa sanant, remedio esse putandum est, sed uelut si uel initio protinus aut percussis, aut alia de causa quauis tumor in parte quapiã aut liuidus, aut niger extiterit, eum frigidum esse affectum existimabis, & quæ digerant excalfaciantq; poscere: ad eundem modum si calida affectio in frigidam reciderit, negligenda quidem prior est, sed secunda alio nomine appellanda. Aut si displicet nominis mutatio, saltem sicut aliqui alia scribunt principij, alia declinationis remedia, haud frigida esse autumantes declinationis remedia, concedendũ sanè est, si cui ita placet, ut talis affectio etiam erysipelas uocetur: sed eam etiam calidã dicere ubi iam refrigerata est, id uerò neutiquam concedendum. Itaque ne quod tunc ei auxilio est, refrigeratorium esse credamus, sicut Dioscorides Coriannon, quod, ut ipse ait, cum pane aut polenta illitum erysipelas sanet. Nam quod exquisitum est erysipelas, & iam utique inflammatum & flauum est, nequaquam cum pane sanabit Coriannon, sed illud quod iam refrigeratum est. Proinde nos superioribus uoluminibus, quum determinata ac definita experientia cuiusq; medicamenti facultatem explorandam censuimus, quammaximè fieri posset simplicissimum eligi affectum consuluimus. At plerique medici, neq; quod uel plurimi morborum protinus ab initio compositi inuadant, norunt, neque quod alius affectus sit erysipelas exactum, alius uerò is qui uocatur ab omnibus nobis usitatè, ut à ueteribus quoq;, phlegmone. Alij autem inter hos medij plurimi, partim ut sic dicam erysipelata phlegmonode, partim phlegmonæ erysipelatodes. Ac inuenias nõnunquam ubi neutrum uincat, sed ad unguem paria sint. Quinetiam nõnunquam œdematodes esse erysipelas cõspicitur, sicut aliud

D scirrhodes, ut compositorũ morborum haud paruus aceruetur numerus. De quibus copiosius cum alibi disseruimus, tum in libris de curandi ratione. Dicetur autem & nunc, quoad saltem eorum meminisse necesse est, quod exactum erysipelas haud unquã ab antedicto cataplasmate curari posit. Voco autem exactum, quum à biliosa fluxione pars impleta fuerit. Porrò quod longè à refrigeratione absit Coriandrũ, uel ex ijs quæ ipse scripsit Dioscorides discere licet. Nam strumas, inquit, cum lomento discutit. Quod uerò nullum refrigerantiũ medicamentorũ idoneum sit discutiendis strumis, uel ipsum Dioscoridẽ non dubitare arbitror, ut qui sexcenta scripserit medicamenta strumas sanare potentia, quæ omnia temperie calida, & actionibus digerentia esse cõfessus est. Hactenus Galenus: cuius quidẽ, etsi prolixa sint, uerba ideo recensere placuit, ut uulgi & nõnullorum etiam medicorũ errorẽ detegeremus, qui pręter ueritatẽ Coriandri temperamentũ esse frigidum asserunt. Deniq; ut ex hoc loco discerent studiosi, quàm periculosum sit Dioscoridis ac aliorũ ueterum scripta sine limitatione sequi. Admonitos quoq; lectores esse uolumus, hoc caput ex eorum esse numero, in quo Galenus à Dioscoride dissentit.

Libro xiiij.

Exquisitum erysipelas.

Periculosum Dioscoridis scripta sine limitatione legere.

EX PLINIO VALERIANO MEDICO.

Non dubitanter Coriandro refrigeratrix potestas datur, nõ tamen simplex, ut prudentissimè Galeno uidetur, sed cui quædã portio austeritatis immixta sit, inde quod quædã ex eo uitia curantur, quæ nunquã omnino curaret, si sola uirtute frigida niteret. Cum melle & uua passa tritũ & impositũ, omnes tumores collectionesq; compescit. Præcipuè tamen isto genere medicaminis doloribus testium subuenit. Succo mâli granati et oleo in potione permixtum, animalia interaneis innata persequit. Semen ex aqua potum solutionẽ uentris stringit. Scriptũ à multis legitur tria Coriandri grana tertianas excludere ante accesionẽ si fuerint deuorata. Iisdẽ quoq; repellendis efficax est ipsum Coriandrũ ante solis ortum ignoranti ceruicali uiride subiectũ. Mirum est quod Xenocrates tradit, si unum seminis granũ fœmina biberit uno die menstrua cõtineri, biduo si duo, & totidẽ diebus quot grana sumpserit.

Eadẽ ferè sunt quæ alter Plin. lib. naturalis histo. xx. cap. xx. scribit, ideoq; omittere placuit. Tantũ addit, Marcum Varronẽ putare Coriandro subtrito cum aceto, carnem incorruptã æstate seruari.

APPENDIX.

A Non transeundum silentio erit quod Dioscorides hic diligenter monet, Coriandri copiosum & cõtinuum usum esse fugiendum. Ideoq; errare uehementer recentiores medicos, qui eo tam frequenter, potissimum ad caput roborandũ, cui infensissimum est, utuntur, manifestius est quàm ut probatione indigeat. A quo sanè errore uel id saltem reuocare eos deberet, quod idem Dioscorides, libro sexto, Coriandrum inter uenena connumeret.

Coriandro nõ copiose & cõtinuò utendum.

EX SYMEONE SETHI.

Stomacho bonum est, & eundem corroborat. Cibos in uentriculo donec probè cõcoquantur retinet. Tostum igne uentrem sistit. Prodest ad phlegmonas & calidas temperaturas. Sanguinis profluuiũ potum, & si imponatur, compescit. Cum uino potum, lumbricos educit: immodicus tamen eius usus delirium facit. Huius etiam succus potus uenenum est & occidit. Qui enim hunc bibunt, muti fiunt, & desipiunt.

DE CASSVTHA. CAP. CXXX.

NOMINA.

KAΣΣYΘA recentioribus Græcis: Cassutha, y litera in u transeunte, ut sæpè fieri solet, Latinis appellatur: officinis & herbarijs nostræ ætatis hinc deflexa quadam pristini nominis umbra, Cuscuta dicitur, cum primum Cassutha, dein cõuersa Cascutha, postremo Cuscuta cœperit appellari. Sunt qui podagram lini uocant, quod quasi compedibus id cui insederit illiget, nec uinctum eo facilè possit extricari. Germanis Filtzkraut/oder Flachßseiden/
B oder Todtern dicitur. Errant qui Dioscoridis Androsacen esse putant, cum ueteres Græci, quod sciam, de Cuscuta hodie dicta, nihil memoriæ prodiderunt. Plinius tamen lib. xvi. cap. ultimo, eius uidetur meminisse ijs uerbis: „Est & in Syria herba quæ uocatur Cassythas, non tantum arboribus, sed ipsis etiam spinis circumuoluens sese: Cassytas enim legendum non Cadytas: sic enim codices aliquot Pliniani, ut in suis annotationibus doctissimus Hermolaus admonet, ijq; emendatiores, habent. Iam igitur memoria Plinij Cassytas herba suo nomine Syriaco uenerat in Latium, quod multis postea seculis usurpantes tam Pœni quàm Arabes, suis scriptis protriuerunt. Quod autem Plinius sine spiritu protulit, id librariorum culpa factum esse suspicor, qui inuertentes mutarunt Cassytha in Cassytas.

Podagra lini.

Androsace non est Cassutha.

Plinij locus emendatus.

FORMA.

Herbosis fruticibus adnascitur, earum adminiculo fulta: radice nulla, sed uelut ab alarum sinu prodeunte cirro capillamentóue miræ longitudinis, statim ab eius ortu sese ramulis conuoluente. Quæ iam ueluti clauiculis nixa, sensim proserpens herbarum fastigia scandens, & crebris uolutionibus opere topiario per uertices rotata, comas herbarum complectitur: tam uolubilis illi natura est. Folijs uidua cernitur. Florem fundit album, semine quoq; scatet tenui. Cirri dilutiore rutilant purpura, nõnunquam ex rubro rufescunt, fidibus lyrarum crassitie pares.

LOCVS.

Non in terra, sed in herbis arboribusq; passim nascitur Cassytha, quas tam spisso sæpius irretit cõtextu, ut tentorij modo herbosum cespitem à sole uindicet. Nonnunquam cacuminib. impendens stirpes humi deturbat, propriamq; parentẽ suis laqueis strangulat, aut continuò materni alimenti suctu perducit ad tabem.

TEMPVS.

Aestate, Iulio potissimum & Augusto mensibus, maximus illius in Germania prouentus esse solet: hoc enim tempore tanta eius est luxuria, ut mole sua stirpes oneratæ ferè procumbere uideantur.

TEMPERA-

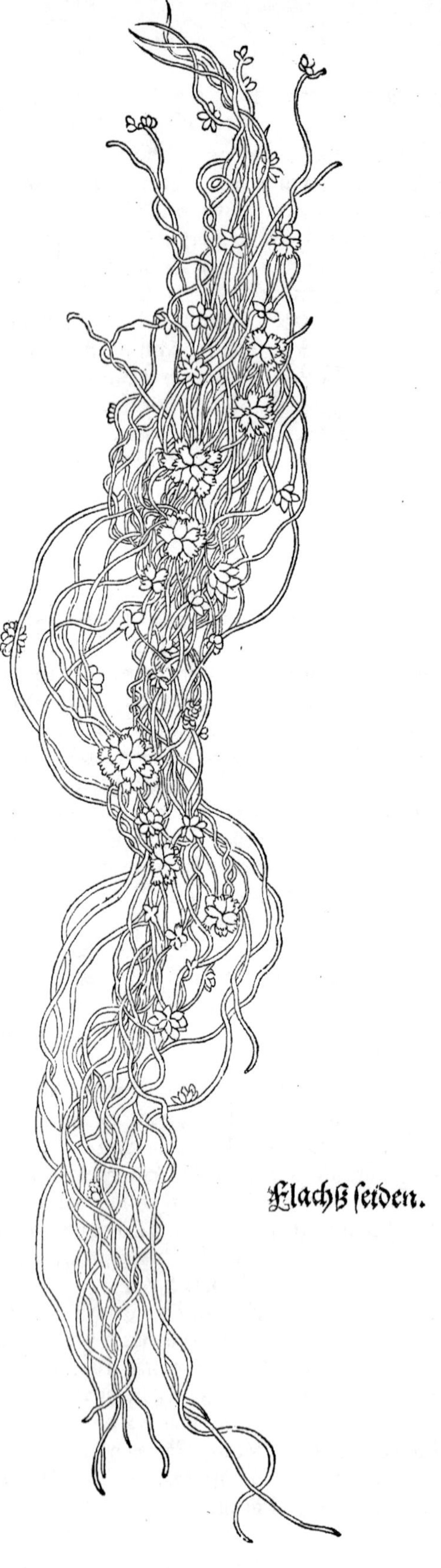

CASSVTHA

Flachß seiden.

A TEMPERAMENTVM.

In primo calefacientium abscessu seu ordine, & desiccantium secundo statuendum: quandam enim resipit amaritudinem.

VIRES.

Abstergendi naturam obtinet, & cum quadam adstrictione roborandi facultate prædita est. Iecinoris impedimenta laxat, infarcti & obstructi lienis expedit uitia, uenas pituitosis atque biliosis exonerat humoribus, pellit urinam. Regio morbo subuenit qui iecinoris obstructionibus contrahitur. Febribus ijs auxiliatur quæ pueros malè habent: sed usu nimio stomachum sua astrictione grauat: uerum noxa tollitur, si Anisi momentū adijciatur. Natura eius flauam bilem per aluum exigere, sed efficaciorem cum Absinthio præbet effectum. Hæ quidem ex Pœnorum ac Arabum sententia facultates Cassuthæ tribuunt͂, qui utique uires illius longè magis gliscere pollicentur, si parentis ingenium ei patrocinetur. Hinc est quod hanc forsitan ueteres Græci, quamuis triuialem, eo nomine subticuerunt, quod natiuas suæ merito parentis dotes adsciuisset, è sinu cuius uernaculum ebibens humorem aleretur. Nam ut testatum ijdem Arabicæ factionis medici reliquerunt, si calidæ insidet herbæ arboriue, calidam sortietur facultatem, & si decubuerit frigidæ, uim sibi frigidam uendicabit.

DE CESTRO. CAP. CXXXI.

NOMINA.

ΚΕΣΤΡΟΝ græcè, Betonica seu Vetonica latinè: in officinis antiquū nomen retinuit, Braunbetonick germanicè appellat͂. A uarietate autem
B & copia remediorū, Cestron à Grecis dicta est: hac siquidem uoce opus interpunctū, acuúe pictum nominauere. Libri etiam à uarietate subiecti, ab aliquot Græcis hoc titulo inscripti sunt. Plinius quoque aliquando Ebur cestrum, id est, picturatum dixit. Betonica uerò ab inuentoribus Vetonibus, Hispaniæ populis, nominata est. *Cestron unde dicta.* *Betonica.*

FORMA.

Herba est caulem tenuem obtinens, cubiti altitudine, aūt maiorem, quadrangulum. Folia longa, mollia, quernis similia, per ambitum incisuris diuisa, odorata, prope radicem maiora. In summo caulium semen ueluti Thymbræ spicatum inest. Radices subsunt tenues ut Ellebori.

LOCVS.

Nascitur in pratis, syluis, montosis, frigidis & opacis locis, ideoque Grecis ψυχότροφον uocata est. *ψυχότροφον.*

TEMPVS.

In Maio & Iunio mensibus floribus abundat.

TEMPERAMENTVM.

Calida & sicca in primo ordine completo, aut in medio secundi.

VIRES. EX DIOSCORIDE.

Folia Betonicæ carpunt͂ & siccantur plurimos ad usus. Radices cum hydromelite potę, pituitosam uomitionē eliciūt. Folia dantur ruptis, cōuulsis, uuluæ affectionibus, & eiusdē strangulationib. drachmę unius pondere cum hydromelite. Ternę in uini sextarijs duobus cōtra serpentiū morsus ebibunt͂. Herba ipsa illita uenenatorū morsib. prodest. Aduersus etiā uenena drachma ex uino pota cōuenit. Hanc si quis præsumpserit, letale haustū uenenū nihil nocebit. Vrinā cit. Aluum subducit. Medet͂ comitialibus & furiosis cum aqua pota. Iecinoris & lienis uitijs drachmę pondere cum aceto mulso pota succurrit. Concoctionē adiuuat, si quis à cœna eam

g fabæ

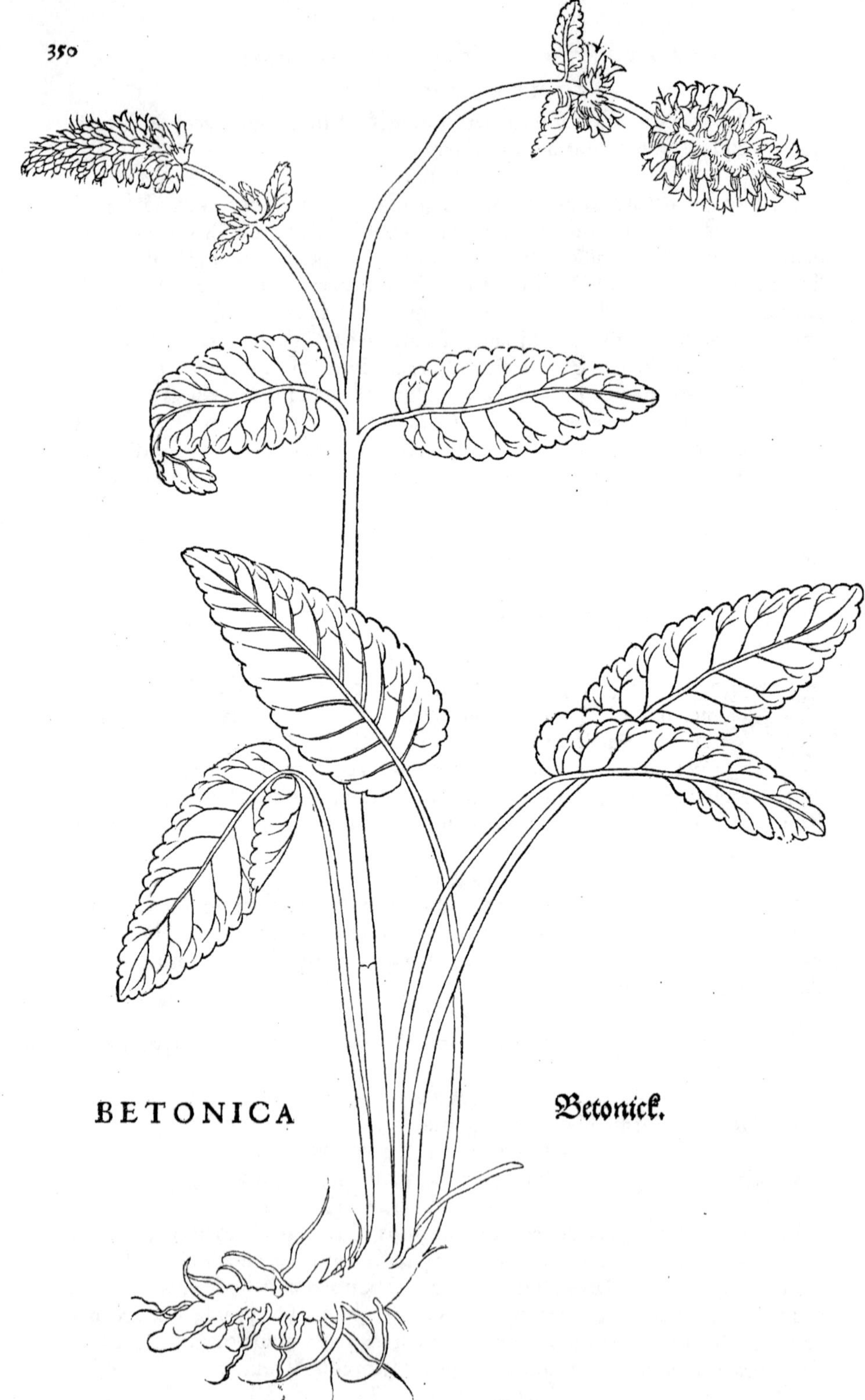
BETONICA
Betonick.

A fabæ magnitudine cum melle cocto deuorauerit. Eodem modo & acida ructantibus propinaт. Stomachicis eam manducare, & succum deuorare proderit, si postea dilutum uino sorbeatur. Datur sanguinem excreantibus trium obolorũ pondere cum diluti uini cyatho uno. Ischiadicis, renum & uesicę dolorib. ex aqua. Hydropicis autem binis drachmis, febrientibus cum hydromelite, non febricitantib. cũ mulso. Regio morbo laborantes recreat. Menses ducit drachmæ pondere cum uino pota. Aluum purgant drachmę quatuor cum hydromelitis cyathis decem potæ. Cum melle tabidis, purulentis auxiliatur. Folia cum inaruerint trita ad hos effectus fictili uase reponuntur.

EX GALENO.

Vim habet incidendi, ut gustus indicat. Amariuscula enim est, & subacris ipsa herba, id quod & particulatim edita ostendit actio. Nam consistentes in renibus lapides rumpit, & pulmonẽ & thoracem & iecur expurgat, abstergitq́. Menses mouet, & comitialibus prodest. Rupta atq; conuulsa curat, & omnibus bestiarũ morsibus illita ulceri auxiliatur. Acidum ructantibus & ischiadicis bibita succurrit.

EX PLINIO.

Morsibus serpentum imponitur Betonica præcipuè, cui uis tanta perhibetur, ut inclusæ circulo eius serpentes, ipsæ sese interimant flagellando. Datur & ad ictus semen eius denarij pondere cum tribus cyathis uini, uel farina drachmis tribus sextario aquæ imponitur. Obolis tribus in aqua, contra purulentas, contraq́; cruentas excreationes facit. Faciles præstat uomitiones radix eius Ellebori modo quatuor drachmis in passo aut mulso. Ischiadicos dolores & spinæ leuat eiusdem farina ex aqua mulsa. Aluum soluit drachmis quatuor, in hydromelitis cyathis nouem. Folia siccantur in farinam plurimos ad usus. Fit uinum ex ea & acetum, stomacho &
B claritati oculorũ. Paralysin sanare dicitur. Eadem torpentibus membris prodest. Ad lateris & pectoris dolores farina eius bibitur.

DE BETONICA ALTERA. CAP. CXXXII.

NOMINA.

DVAS esse Betonicæ species præter Paulum Aeginetam lib. vij. Plinius etiam lib. xxv. cap. viij. abundè docet: & in aliquibus Dioscoridis codicibus huius quoque secundæ Betonicæ mentio fit. Hanc itaque posteriorem, tam officinæ quàm herbarij medici Tunicam, detractis à Betonica duabus literis prioribus, nominãt. Germanis Graßblůmen & Negelblůmen/ quod flores eius garyophyllorũ odorem referant, appellare placuit. *Herba Tunica.*

GENERA.

Duûm est generum. Vna siquidem syluestris est, quam Germani wild Negelblůmen/ hoc est, syluestrem Garyophylleam, & Dondernegele/ Feldtnegele/ & Blůtströpffle. Altera altilis est, quę alio nomine Betonica seu Vetonica coronaria, quod illius in coronis nimius usus sit, dicitur. Germani heymisch Negelblůmen/ quasi domi natam Garyophylleam appellant. *Syluestris.* *Altilis.*

FORMA.

Specie multum à priore Betonica differt. Radicem enim totam rubram, odoratamq́; habet. Folia porracea, oblonga, stamine quo medium diuiditur puniceo ac rubente, cum recto calamo triangula, floribus in uertice purpureis. Hæc Dioscoridis deliniatio utriq; generi cõmunis est: priuatim tamen syluestris Betonica herba fruticosa est, folijs porri, oblongis, angustis, per extremũ mucronatis, cæsijs, concoloribus calamis, teretibus, geniculatis, cubitalibus, floribus speciosis, simplicibus, qui quinis, senisue folijs constant, lentè fimbriatis, magna ex parte purpureis, quamuis & interdum niuei conspiciant. Altilis seu coronaria, folijs est porraceis, *Syluestris Betonica.* *Altilis seu coronaria Betonica.*

 oblon-

BETONICA
SYLVESTRIS VNA.

Dondernegele.

BETONICA
SYLVESTRIS ALTERA.

Wildnegele.

354
BETONICA
ALTILIS.
Negelblům.

A oblongis,per extremum mucronatis,cõcoloratu cæsijs,teretibus cauliculis sesquicubitalibus,geniculatis, coeuntibus pyxidatim internodijs, floribus omnium speciosissimis, Garyophyllorum odoratu,sed longè suauissimo,quandoquidem alius cocco rutilat,alius saturata nitet purpura,alius candido, alius emaculato blanditur colore,alius uersicolore uariatur cõmistu. Omnibus teres longiusculusq; calyx spectatur,orbiculo superiore denticulatus,à quo quina senáue folia prodeũt,lentè quidem fimbriata. Nonnulli tamen flores frequentiore coma stipantur,geminis utrinque emicantibus stamineis apicibus.

LOCVS.

Syluestris in pratis,montibus,nitidisq; locis nascitur. Coronaria uerò passim in fictilibus uasis alitur,neq; facilè ædes inuenies, ante quas non expositam intuearis.

TEMPVS.

In æstate utriusq; magna est copia. Coronaria tamen longiori tempore durat, atq; æstiuas,autumnales,hyemalesq; struit coronas.

TEMPERAMENTVM.

Calidam & siccam esse tum amaritudo, tum odor & alia multa declarant.

VIRES. EX DIOSCORIDE.

Animas hominum & corpora custodit. Contra nocturnas peregrinationes, loca insidiosa, & difficiles somnos cõmendatur. In totum,ad omnem medendi rationem celebrata. Recens trita uulneribus capitis indita dolorem finit. Vulnera glutinat. Fracta ossa extrahit,& hoc quotidie efficit,donec persanescat. Dolori capitis medetur, si decocta ea ex aqua caput perfundatur, aut temporibus cum bitumine illinatur,aut radix eiusdem suffiatur.

EX INCERTO.

B Farina eius tam aduersus toxica quàm serpentũ & scorpionũ ictus ex albo uino bibitur. Quartanæ reliquarumq; febrium horrores discutit. Comitialibus opitulatur sub ipsam accessionem propinata. Eadem per se carcinomatis inspergĩt,quæ tamen præstiterit herbæ succo prius abluisse. Estur contra uentris tineas. Succus pestis arcet contagia,atque etiam haustus,si iam morbus inuaserit,liberat. Fit ex flore oleum ad canis rabiosi morsus, ad fistulas & parotidas, quibus illitu medetur. Visus aciem exacuit. Ieiuno sumpta dolorem dentium sedat,iure decocti colluto ore. Discutit grauedines. Partum,qui sine febre sit,accelerat. Neruorũ uulneribus imponitur. Præsumpta ebrietatem arcet. Intertriginem in itinere faciundo non sentient qui ex uino biberint. Fastidia cum aceto mulso discutit. Iis qui ex morbis sese recolligunt aluum ex aqua calida dejcit. Vomitiones cohibet. Dolores podagræ ac inflationes uentris sedat. Venena rabiosi canis morsu impressa elicit plagæ diutius illigata.

APPENDIX.

Recentiores syluestris Betonicę succum mirificè cõmendant in atterendo & educendo calculo, & medendis comitialibus. Altilis autem radicem contra pestis contagia utilem esse tradunt. Hanc ob causam ex floribus etiam eiusdem, medicamentum conficiunt,quod Conseruam hodie uocant,quod ad eundem usum adhibent.

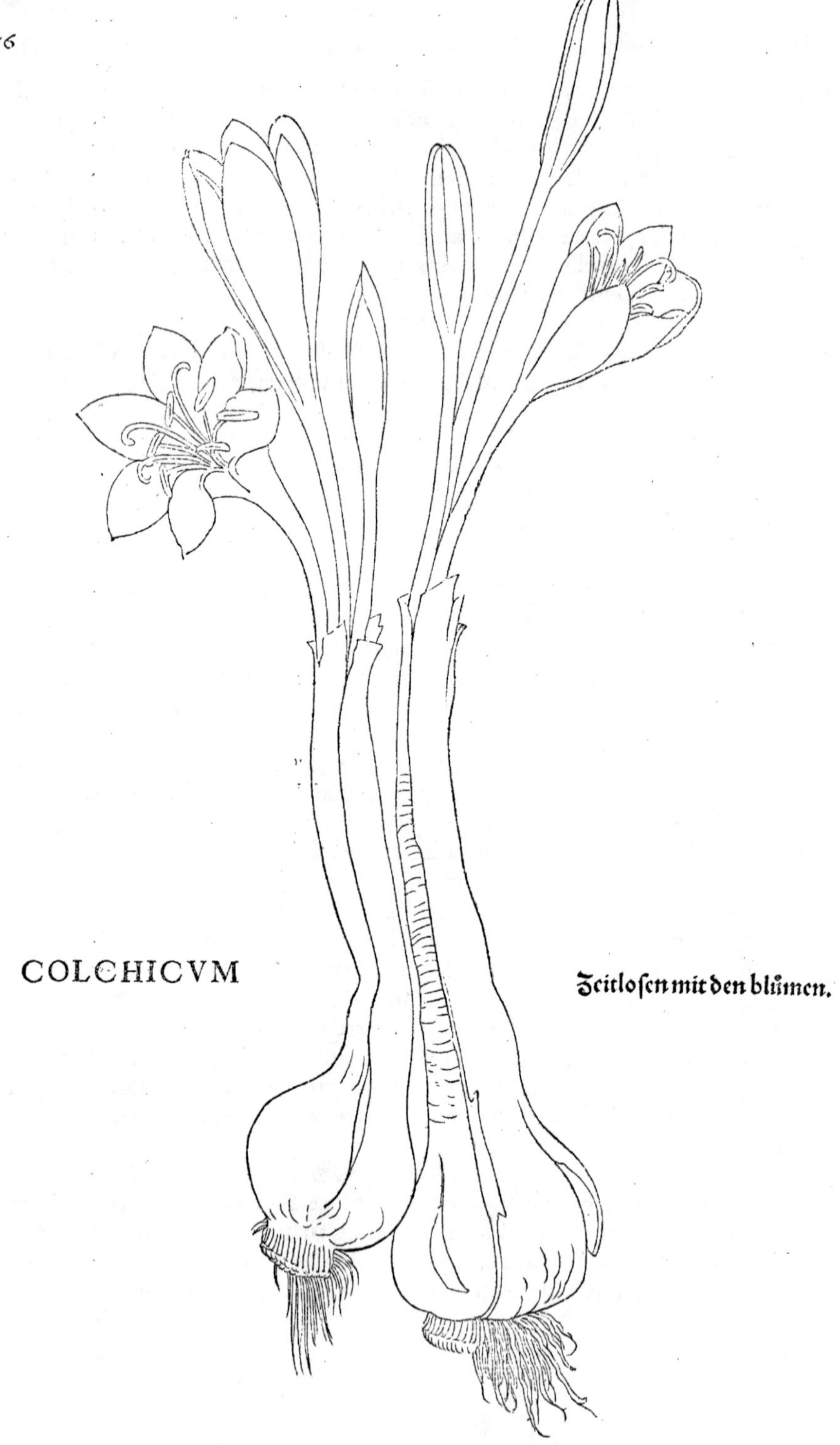

COLCHICVM

Zeitlosen mit den blůmen.

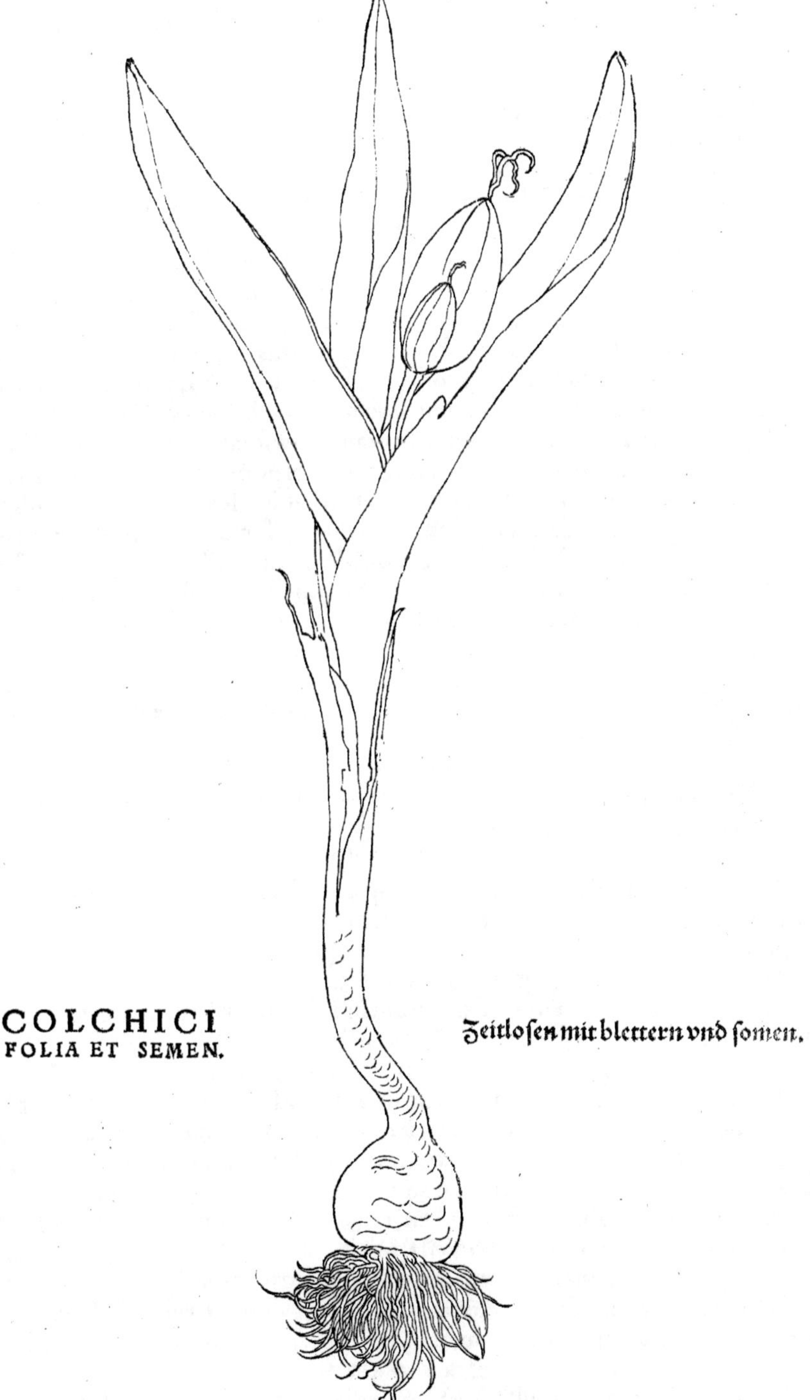

COLCHICI FOLIA ET SEMEN.

Zeitlosen mit blettern vnd somen.

C

NOMINA.

ΟΛΧΙΚΟΝ, ἢ ἐφήμερον Græcis, Bulbus agreſtis Latinis, officinis & herbarijs Hermodactylus dicitur. Germanis Zeitloſen. Colchicum à Colchide ueneni ferace, in qua naſcitur, nomẽ deſumpſit. Dictum uerò eſt Ephemerum, quoniam uno die ſumptum interficiat, atqueadeo ab altero Ephemero, quod minimè letale eſt, & de quo ſuo loco diximus, non ſolum figura, uerumetiam facultatibus differt. Etſi uerò Ephemeron Colchicum etiam ſignificet, tamen præcipuè id Ephemeron quod ueneno caret, hoc nomine intelligitur.

Hermodactylus. Colchicum cur dictum. Ephemerum.

FORMA.

Autumni exitu florem ſubcandidum, crocino ſimilem profert. Poſt florem folia Bulbo ſimilia, pinguiora tamen. Caulem palmo altum, ruffum ferentẽ ſemen. Radicem habentem corticem in nigro rufeſcentem, quę cortice ſuo nudata, alba, tenera, ſucco plena, & dulcis inuenitur. Habet Bulbus eius in medio rimam fiſſurámue unde flos erumpit. Huius deſcriptionis in uniuerſum notæ omnes ita Hermodactylo noſtro conueniunt, ut nemo, niſi Tireſia cæcior ſit, Dioſcoridis eſſe Colchicũ ambigere poſsit. Exitu enim autumni in pratis florem ædit albicantem, croci floribus ſimilem. Poſterius, Februario nimirũ menſe & primo ſtatim uere, folia Bulbi, ſed pinguiora. Caulem palmeũ ferentem ſemen rufum. Radicem cortice in nigro, colore rufeſcente, quæ decorticata candicat, teneráq;, ſucco plena, & dulcis apparet. Bulbus etiam eiuſdem diuiſionẽ in medio obtinet, ex qua flos erumpit, ut pictura exquiſitè tibi monſtrat. His accedit, quod Serapio Arabs ſub nomine Hermoda-
D ctyli, Dioſcoridis Colchicon prorſus depingat. Alium tamen eſſe à noſtro Hermodactylo illum putamus, quem Aëtius, Paulus Aegineta lib. vij. & Actuarius peculiariter & priuatim articulorum doloribus conducere ſcribunt. Paulus enim ſeparatim tanquam diuerſorum mentionẽ fecit, & de Colchico & Ephemero diuerſa ab Hermodactylo capita conſtituit.

Hermodactylus recentiorum græcorum.

LOCVS.

Magnus Colchici in Meſſenia, & apud Colchos prouentus. Naſcitur & paſsim in omnibus pratis Germaniæ noſtræ.

TEMPVS.

Flores in Autumni exitu, ut diximus, apparent. Folia autem poſt flores generantur, & primo ſtatim uere è terra erumpunt. Semen in æſtate Iunio potiſsimũ menſe producitur.

TEMPERAMENTVM.

Calidum & ſiccum nonnulli Colchicum in ſecundo ordine ſeu à medio receſſu ſtatuunt.

VIRES. EX DIOSCORIDE.

Radix eius comeſta fungorum modo ſtrangulando enecat. Hanc autem depinximus ne pro Bulbo deuorata aliquem lateat. Mirum eſt enim quantum ignaros propter ſuauitatẽ inuitet. Hæc Dioſcorides. Proinde ſatis liquet Hermodactyli huius noſtri uſum minimè tutum eſſe: uenenum enim eſt, & uſq; ad ſanguinis excretionem per inferna ſubducit. Eius tamen, radicis potiſsimum & foliorum, ad enecandos ac abigendos pediculos uſus eſſe poteſt.

REMEDIA CONTRA COLCHICVM.

Remedio ſunt edentibus quęcunq; contra fungos opem ferunt. Bubulum etiã lac potum, adeò ut quoties hoc affuerit, nullum pręterea quærendum præſidiũ ſit.

EX PAVLO.

Ephemeron, quod nonnulli Colchicon, eò quod in Colchide naſcatur, uocant, aut Bulbum agreſtem, epotum protinus totum corpus prurire facit, uelut urtica & ſcilla

A ſcilla tactum irritatumq́; interiora erodit, ſtomachum urit cum ponderoſa grauitate. Inualeſcente autem malo, cruenta ſtrigmentis miſta per aluum egeruntur. Succurrendum, ut Salamandræ, uomitionibus & clyſteribus. Sed antequam uires ſibi adſciſcat uenenum, dari debet foliorum quercus, aut glandiū, aut malicorij, aut ſerpylli decoctum cum lacte bibendum: aut Polygonij ſuccus, aut ſurculorum uitis, aut rubi, aut tenerarum ferularum medullæ, aut myrti cum uino. Benefacit etiam caſtanearum interior tunicula, ſi cum aliquo è ſuccis, quos prędiximus, aſſumatur. Origanum quoq; cum lixiuia potum, in idem efficax eſt. Adeò uerò exactum præſidium eſt lac uaccinum calidum potum, & ſimul in ore contentum, ut hoc præſente nullum aliud deſideretur.

DE CLEMATIDE DAPHNOIDE. CAP. CXXXIIII.

NOMINA.

ΚΛΗΜΑΤΙΣ δαφνοειδὴς Græcis, Clematis Daphnoides Latinis, Peruinca officinis, Vincaperuinca uulgo nominatur. Germanis, eò quod ſemper uireat, Yngrün/ uel Syngrün. Clematida Græci, quoniam κλήματα, hoc eſt, ſarmenta ſeu uiticulas per terram ſpargat, dixerunt. Daphnoida uerò à foliorum Lauri, quam eius folia habent, figura. Plinius lib. xxiiij. cap. xv. Clematida Ægyptiam nominat: libro autem xxi. cap. xi. Vincamperuincam, alioq; nomine Chamædaphnen dici tradit, quod ſcilicet humilis uideat̃ Laurus, ut nomen ſonat. Non eſt autem cur eam Chamædaphnen putes quæ Romanis Laureola aut Laurago dicta eſt: hæc enim à Vincaperuinca genere & facultatibus diuerſa eſt, & ſeorſim illam Chamædaphnen depingit Plinius lib. xxiiij. cap.
B xv. ut hinc manifeſtiſsimū ſit Plinio duplicem eſſe Chamædaphnen. Vnam quam ſic appellant Dioſcorides, Galenus & alij Græci. Alteram quam priuatim Vincamperuincā alio nomine uocat Plinius. Sic autem, quod humi ſerpat, & ſe in modum funiculi porrigat uicina quæq; uinciens, appellat.

Clematis unde dicta. *Daphnoides.* *Chamædaphne.* *Plinio duplex Chamædaphne.*

FORMA.

Sarmenta oblonga habet, junceæ craſsitudinis. Folium exiguum, Lauro figura & colore ſimile, multo tamen minus. Iam ſi quis imaginem & effigiem Clematidis daphnoidis exquiſitius exploret, ea deprehendet̃ eſſe quæ hodie uulgò Vincaperuinca nominatur. Hæc enim humiles & graciles ſpargit iuncos, foliaq; Lauri figura & colore obtinet, multo tamen minora: flore hyacinthino ſeu in purpuram cœruleo, inodoro, rotundo, folijs quinque ſed continuis diſtincto. Ea etiam, ut Plinius ait, ſemper uiret, in modum lineę folijs geniculatim circundata. Hybernas ſua perpetua fronde texit coronas.

Vincaperuinca.

LOCVS.

Gignitur pingui, umbroſo, lætoq; ſolo, ſed inculto, in agrorū uinearumq; marginibus.

TEMPVS.

Hæc etſi nunquam non uireſcat, uere tamen duntaxat floreſcere uidetur, Martio potiſsimum menſe & Aprili.

TEMPERAMENTVM.

Siccitas in Clematide, Paulo Aegineta teſte, cæteris qualitatibus præualet. Id quod guſtus etiam oſtendit: guſtanti enim adſtrictionem quandam & amarorem habere uidetur. Adſtringit autem modicè, ſed fortiter amara eſt. Siccat itaque, at citra mordicationem.

VIRES. EX DIOSCORIDE.

Huius caules ac folia in uino pota, alui profluuia & dyſenterias finiunt. Vteri dolores cum lacte & roſaceo, aut cyprino in peſſo appoſita ſanant. Commanducata dentium

CLEMATIS
DAPHNOIDES.

Syngrün.

A dentium dolorem mitigant. Venenatorũm morſibus impoſita proſunt. Feruntur & aſpidum morſibus cum aceto pota auxiliari.

EX GALENO.

Clematis daphnoides nequaquam eſt exulceratoria, neque acris, imò alui profluuijs & dyſenterijs cum uino pota prodeſt, dentiũq; dolores manſa mitigat. Vteri doloribus in peſſo admotum uſui eſt, tantum abeſt ut urat aut ulceret.

EX PAVLO.

Clematis quibuſdam Daphnoides, alijs Myrſinoides, nõnullis Polygonoides, ſarmenta habet prælonga, craſsitudine iunci, folium uerò Lauri. Siccandi facultate pollet, qua alui fluores, difficultates inteſtinorum, & dentium dolores finit. Contra uenenatorum morſus prodeſt.

APPENDIX.

Iam cõmemoratæ facultates ſatis oſtendũt Clematida daphnoida eſſe Vincamperuincam: nam codex antiquus manuſcriptus, quem in rebus dubijs lubens cito & ſequor, eaſdem prorſus uires Peruincæ tribuit. Sanguinis enim è naribus profluuio mirũ in modum prodeſſe tradit. Item ijs qui ſanguinẽ uomunt aut ſpuunt. In ſumma omnem ſanguinis fluxum folia eius ſiſtere aſſerit, ita ut euidentiſsimum ſit Peruincam officinarum eandem eſſe cum Clematide hac noſtra. Quibus etiam accedit pictura & deſcriptio eiuſdem, quæ utraque adamuſsim Peruincæ noſtræ reſpondent.

DE CARDAMO. CAP. CXXXV.

NOMINA.

B KAPΔAMON græcè, Naſturtiũ ſatiuum latinè dicitur. Officinis latinum nomen retinuit. Barbari noſtrę ætatis herbarij Creſsionem hortenſem uocant. Germanicè Gartenkreß dicitur. Cardamũ uerò Græcis nonnulli dictum eſſe arbitrantur, ἀπὸ τῆς καρδίας, quod cor foueat, & in ſyncope illa, quam Cardiacam nominant, plurimum ualeat. Alij diuerſa ratione uſi, ſic dictum quod caput edomet, quaſi καρήδαμον, putant. Nam arcem mentis obſidens ſuo ferit acremento, & ignea ui præditum caput tentat. Sunt è Græcis qui παρὰ τὸ κόρας μύειν, id eſt, quod pupillas oculorum coëuntibus unà palpebris abſcondat, ita dici cenſeant. Nam luminibus admotum ſubinde cogit conniuere. A quo, ut uolunt, euentu καρδαμύττειν uerbum declinarunt, quod conniuere noſtra lingua dicimus. Naſturtium autem appellatum eſt, Varrone & Plinio teſtibus, à naribus torquendis, quod odore & ſeminis acrimonia ſternutamenta prouocet.

Creſsio hortenſis

Cardamum unde dictum.

καρδαμύττειν

Naſturtiũ quare appellatum.

FORMA.

Naſturtium caulibus aſſurgit ſeſquipedalibus, ſtatim à radice minutorũ foliorum pediculo, floribus candidis, ſemine per ramorum latera copioſo, firmo, calyculis orbicularibus contento, acri ſapore.

LOCVS.

Paſsim in hortis ſatum prouenit.

TEMPVS.

Floret æſtate, Iunio potiſsimũ menſe. Sequenti tempore ſemine prægnans eſt.

TEMPERAMENTVM.

Naſturtij ſemen calefacit & deſiccat ordine quarto. Herba quoque ſicca ſimilem ſemini facultatem poſsidet. Humida autem adhuc & uiridis propter aqueæ humiditatis admiſtionem multo inferior eſt, adeoq; ſic mordacitas eius moderata eſt, ut cum pane ea uti liceat ceu obſonio.

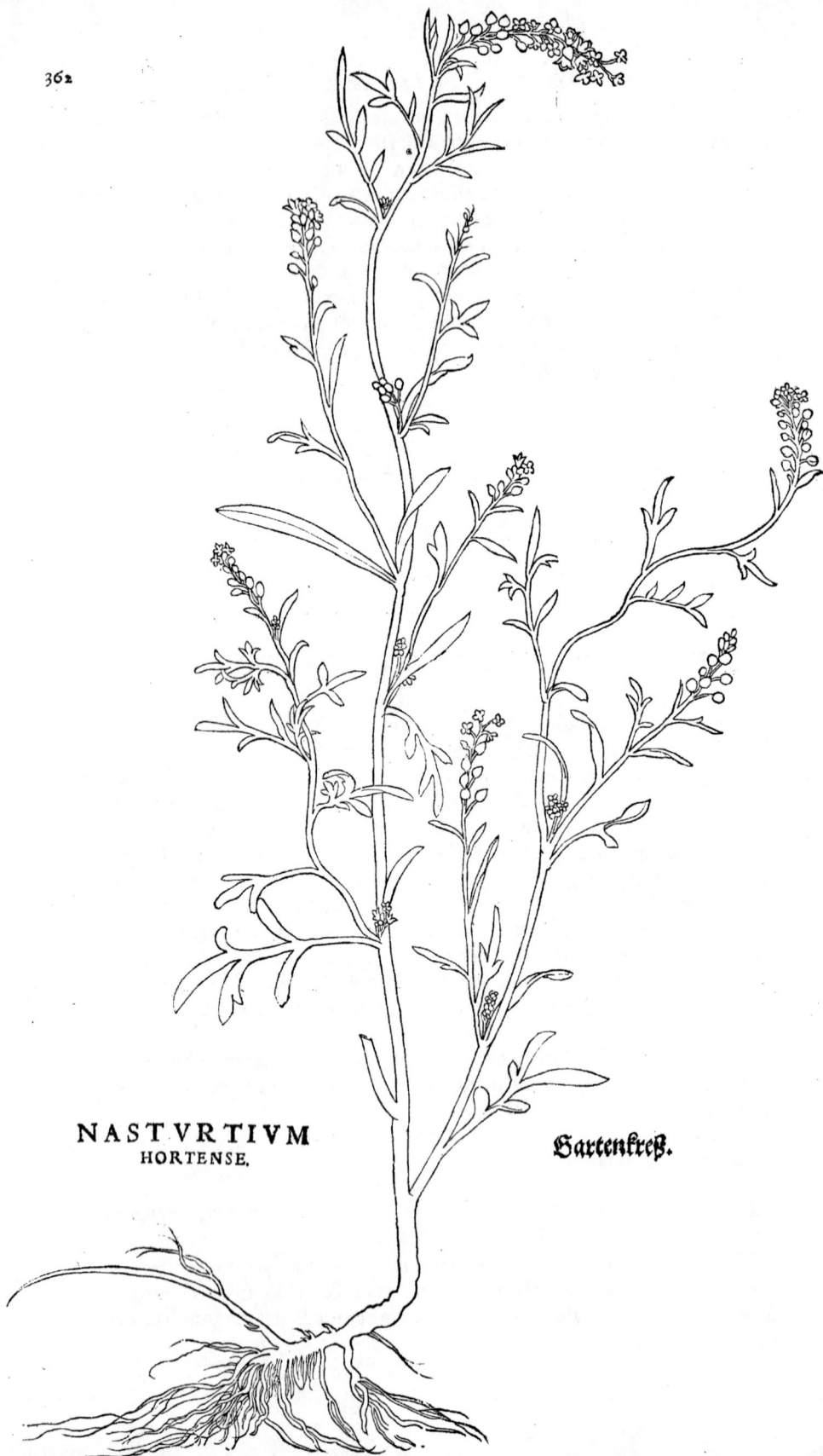

NASTVRTIVM
HORTENSE.

Gartenkreß.

A VIRES. EX DIOSCORIDE.

Omnium semen calefacit, acre est, & stomacho inimicum. Aluum turbat. Lumbricos pellit. Lienem imminuit. Fœtus in utero enecat. Menses cit. Venerem excitat. Sinapis & Erucæ semini simile est. Lepras & impetigines abstergit. Lienem illitum cum melle extenuat & reprimit, & fauos expurgat. Sorbitionibus incoctum ea quæ in pectore sunt educit. Potum serpentibus aduersatur. Suffitu easdem fugat. Capillos deciduos continet. Carbunculos rumpit ad suppurationem ducens. Ischiadicis cum polenta & aceto illitum confert. Oedemata & inflammationes discutit. Furunculos cum muria illitũ ad suppurationes ducit. Herba omnia eadem, sed minore effectu, potest.

EX GALENO.

Nasturtij semen adurentis est facultatis particeps sicut Sinapi. Proinde coxendicis & capitis dolores, atque adeò quodcunque rubrificationẽ postulat, eo perinde atque Sinapi excalefaciunt. Miscetur quoq; remedijs quæ exhibentur asthmaticis, tanquam id quod crassos humores ualenter incidere ualet, uelut & Sinapi. Nam per omnia ei simile est.

EX PLINIO.

Nasturtium Venerem stimulat, animum exacuit, aluum purgat. Detrahit bilem potum in aqua decem denariorũ pondo. Cum lomento strumis illitum, opertumq; Brassica, præclarè medetur. Capitis uitia purgat, uisum clarificat. Cõmotas mentes sedat ex aceto sumptũ. Lienem ex uino potum, uel cum fico extenuat. Tussim ex melle, si quotidie ieiuni sumant. Semen ex uino omnia intestinorũ animalia expellit, efficacius addito Mentastro. Prodest & contra suspiria cum Origano & uino dulci. Pectoris doloribus decoctum in lacte caprino. Panos discutit cum pice,
B extrahitq; corpori aculeos. Et maculas illitum ex aceto. Contra carcinomata adijcitur ouorum album. Et lienibus illinitur ex aceto. Infantibus uerò è melle utilissimè. Sestius adijcit hoc serpentes fugare, scorpionibus resistere. Capitis dolores contritum, & alopecias emendare addito Sinapi: grauitatẽ aurium trito imposito auribus cum fico. Dentium dolores infuso in aures succo. Porriginem & ulcera capitis cum adipe anserino. Furunculos concoquit cum fermento. Carbunculos ad suppurationẽ perducit & rumpit. Phagedænas ulcerum expurgat cum melle. Coxendicibus & lumbis cum polenta ex aceto illinitur. Item licheni & unguibus scabris: quippe natura eius caustica est.

DE CRINO. CAP. CXXXVI.

NOMINA.

Κρίνον καὶ λείριον Græcis, Lilium siue Iunonis rosa Latinis, Lilium album officinis, weiß Lilgen/ oder Gilgen Germanis dicitur. Veteres Græcorũ poëtæ fingunt è Iunonis lacte respersa terra natum Lilium. *Iunonis rosa quare dictum Liliũ.* Nanq; cum Hercules puer, quem ex Alcmene sustulerat Iupiter, Iunonis dormientis uberibus admotus esset, & lacte se replesset, post suctum digressus mamma lacte copiose profluxit. Quod in cœlo à puero uago & incerto suctu perfusum est, lacteam effecit uiam: quod humi sparsum est, Lilium lacteo flore nitentẽ creauit, unde rosa Iunonis dictum.

FORMA.

Lilium caule simplici, raro duplici, tricubitali, comoso, folijs longis, Satyrij effigie, ex herbaceo nitentibus, flore eximij candoris, folijs foris striatis, & ab angustijs in latitudinem se paulatim laxantibus, forma calathi, resupinis per ambitum labris, luteis emicantibus ex fundo calycis apicibus, alterius quàm flos odoris, constat.

LILIVM

Weiß Gilgen.

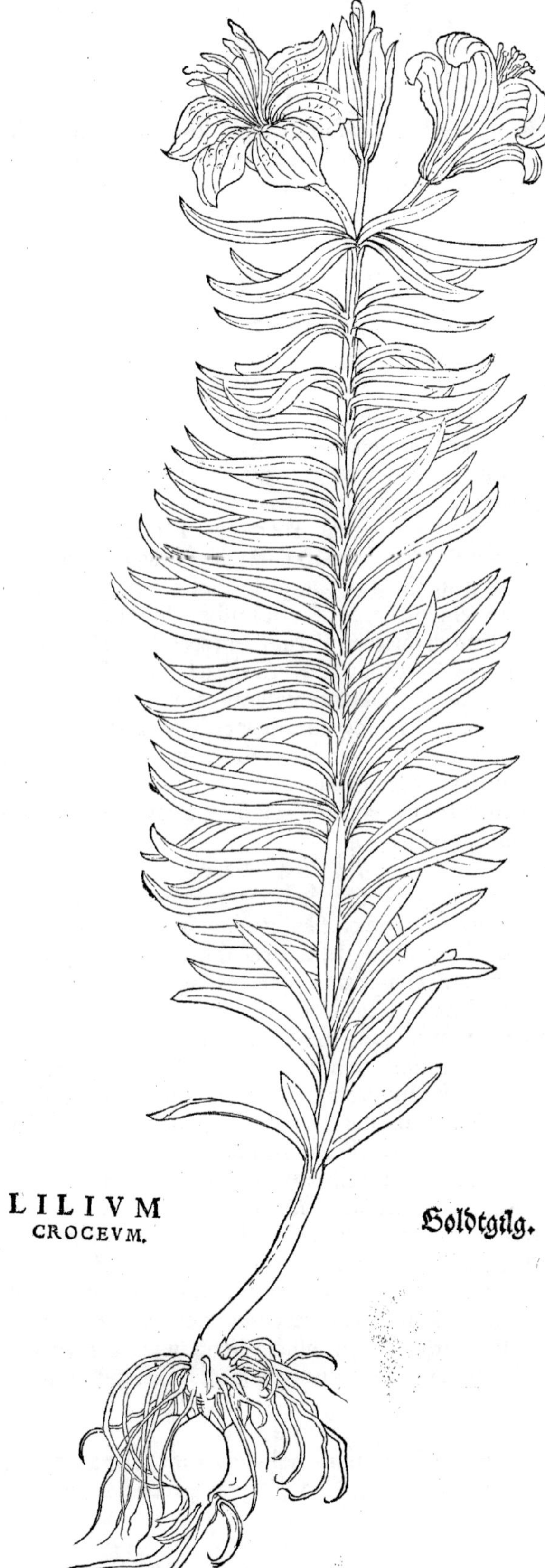

LILIVM CROCEVM.

Goldtgilg.

C Flos ille languido semper collo est, nõ sufficiente capitis oneri. Radix bulbosa. Hęc descriptio planè huic Lilio cõuenit, quod hodie candidum uocamus. Nos alterius etiam generis picturam adiecimus, quod Croceum appellauimus, à flore eius, qui non, ut in priore, candidus, sed croceus est. Folia quoq; eius angustiora sunt quàm prioris, aliàs simile, ut pictura luculenter ostendit.

LOCVS.

Paßim apud nos in hortis prouenit.

TEMPVS.

Floret initio mensis Iunij.

TEMPERAMENTVM.

Lilij flos temperaturã mistam obtinet, partim ex tenui, partim ex terrena essentia, ex qua utiq; in gustu amaritudinẽ habet, partim ex aquea, eaq; temperata. Radix autem & folia primi ordinis sunt exiccantiũ & abstergentium. Plus tamen inest abstergentis facultatis in radice quàm in folijs.

VIRES. EX DIOSCORIDE.

Lirinum oleum. Ex Lilij flore unguentũ fit quod ab alijs Lirinum, ab alijs Susinum appellatur, ad emolliendos neruos, priuatimq; uuluarum durities aptum. Folia herbę illita, serpentium morsibus subueniunt. Feruefacta ambustis prosunt. Eadem in aceto condita uulneribus opitulantur. Succus foliorum cum aceto & melle in æreo uase coctus, cõtra uetusta ulcera, & recentia uulnera medicamentũ fit. Radix assa, aut cum rosaceo trita ambustis medetur, uuluam emollit, menstrua ducit, & ulceribus cicatricem inducit. Cum melle subacta neruorum præcisionibus & luxatis auxiliatur. Alphos, lepras, furfuresq; emendat. Achores abstergit, faciemq; emendat & erugat. Testiculorũ inflammationes trita cum aceto, aut Hyoscyami folijs, & farina tri
D ticea demulcet. Semen contra serpentiũ morsus potum ualet. Illinuntur sacris ignibus semen & folia cum uino trita.

EX GALENO.

Quod ex flore Lilij conficitur oleum & unguentum, citra mordicationem digerendi simulq; emolliendi facultatem obtinet. Vnde fit ut uteri duritiebus sit aptissimum. Porrò radix foliaq; per se trita desiccant & abstergunt & digerunt moderatè: proinde quoque ambustis competunt: siquidem hæc quoq; moderatè desiccantem extergentemq; facultatem postulãt. Radicem ergo assam tostámue, ac deinde cum rosaceo cõtritam, ambũstis quoad obducatur cicatrix imponunt: quippe cum alioqui & aliorum ulcerum omniũ bonum sit inducendæ cicatrici remediũ. Quinetiam uteros emollit, mensesq; prouocat. Folia uerò præcoquentes, & ipsa ad obductam usq; cicatricem imponunt, non in ambustionibus duntaxat, sed alijs quoq; uulneribus. Sed sunt qui aceto ea cõdientes ad uulnera suo tempore utant̃. Quum alphos, aut psoram, aut lepram, aut achoras, aut aliquid id genus extergere uolumus, cõmiscemus illi aliquid aliorum medicamentorũ ualidius extergentiũ, cuiusmodi mel est. Cæterũ si id moderatè illi ac cõuenienter admisceatur, & ad neruorũ diuisiones competit, & ad alia uniuersa quæ ualenter exiccari postulant absq; morsu. Imposuimus uerò etiam quandoq; & foliorũ succum cum aceto & melle coctũ. Quinque partibus succi plus utroq; erat, atq; insigne medicamen ad omnia ea quę exiccari postulant absq; morsu fuit, ceu uulnera omnia ingentia, & maximè quæ in capitibus musculorũ eueniunt, & quæcunq; humida flaccidáue, diuturna & ægrè ad cicatricem perducuntur.

EX PLINIO.

Lilij radices multis modis florem suum nobilitauerunt, contra serpentium ictus ex uino potæ, & contra fungorum uenena. Propter clauos pedum in uino decoquuntur,

A quuntur, triduoq́ non ſoluuntur. Cum adipe aut oleo decoctæ pilos aduſtis reddunt. E mulſo potæ inutilem ſanguinem cum aluo trahunt. Lieni & ruptis & uulſis proſunt. Et menſtruis fœminarum in uino decoctæ. Impoſitæq́ cum melle neruis præciſis medentur. Lichenas, lepras & furfures in facie emendant. Erugant corpora. Folia in aceto cocta uulneribus imponuntur. Epiphoris teſtiũ in melle cum Hyoſcyamo & farina tritici. Semen illinitur igni ſacro. Flos & folia ulcerum uetuſtati imponuntur. Succus qui flore expreſſus eſt ab alijs mel, ab alijs ſyrium uocatur, ad emolliendas uuluas utilis. Sudores mouet, ſuppurationes concoquit.

EX SYMEONE SETHI.

Odoratum frigido capiti prodeſt. Oleum uerò quod ex ipſo paratur, uim habet diſcutiendi & emolliendi. Huius autem radice quidam utuntur ad uulnerum ſanationem.

DE CVCVRBITA SATIVA. CAP. CXXXVII.

NOMINA.

ΚΟΛΟΚΥΝΘΑ ἐδώδιμος Græcis, Cucurbita Latinis uocatur: officinæ latinum nomen retinuerunt. Germanis Kürbß. Græci ex aduerſo uocabulum impoſuere, κολοκύνθην nominantes, quod ſcilicet pumili breuesq́ ſint partus, quos ipſa paſsim enititur, cum tamen corporis mole omnes herbarum arborúmue fructus uideantur ſuperare. Cucurbitã uerò Latini à concuruatu hauddubiè dixerunt, quod facilè ſi quid obſtiterit aut fuerit impedimento quo minus extendatur, incurueſcat.

κολοκύνθα quare nominata.

Cucurbita cur dicta.

GENERA.

B Plinius lib. xix. cap. v. duo ſatiuæ Cucurbitæ genera facit. Vnam camerariã uocatam, quæ facili & admodũ flexibili ramorũ curuitate, tecta, pergulas & teſtudines operit. Alterã plebeiam, quæ ſcilicet ſuis flagellis humi repit. Nos ad formã reſpicientes tria eiuſdem genera fecimus. Vnam maiorẽ, altera uerò minorem. Maiorem uocauimus ſic à floribus & fructu, quos maiores habet. Minorem contrà, quę prædicta minora obtinet. Tertiam longiorẽ, à fructu oblongiore diximus.

FORMA.

Cucúrbita amplexicaulis eſt, reptantibus flagellis in altum ſcandens, in ramosq́ uitis modo ſe diffundit: tamen ob caulis infirmitatẽ, humi ſpargitur, ni propius adſit cui caducus innitatur: folio rotundo, Perſonatiæ aut Aſari folijs haud diſsimili: flore candido, fructu coloris herbacei primum, flaui paulò pòſt, pyri forma turbinato, qui aut in longum prorogatur, aut in orbem collectus intumeſcit, aut in breue craſſamentũ cogitur. Cortex recenti tener, inueterato durus, quo carne prius exinanito peregrè proficiſcentes urceorũ uice frequenter utuntur in eo uina condentes, quo per iter ſe à ſitis iniuria uindicare poſsint.

LOCVS.

Amat rigua & aquoſa loca Cucurbita, nec niſi ſata prouenit.

TEMPVS.

Tardius in Germania ob ſoli frigiditatem fructus Cucurbitæ matureſcit, ideoq́ uix ante exactum autumnũ maturum eius fructum inuenies. Cibus autem quotidianus, donec ligneſcat, eſſe poteſt.

TEMPERAMENTVM.

Cucurbita frigidæ humidæq́ temperaturæ eſt, utraq́ qualitate ſecundi ordinis.

VIRES. EX DIOSCORIDE.

Cucurbita cruda trita & illita, œdemata, abſceſſusqúe mitigat. Ramenta eius

CVCVRBITA
MAIOR.
Groß Kürbß.

CVCVRBITA
MINOR.
Klein Kürbß.

CVCVRBITA
OBLONGA.
Lang Kürbß.

A infantibus contra capitis ardorem, quam siriasin uocant, in sincipite utiliter illinuntur. Oculorũ inflammationes, podagrasq́ similiter iuuant. Succus è ramentis contusis per se, & cum rosaceo instillatus, aurium doloribus auxiliatur. Adustiones cutis inunctus adiuuat. Totius Cucurbitæ elixæ & expressæ succus cum exiguo melle & nitro potus, aluum leniter soluit. Si quis in Cucurbitã crudam excauatã uinũ infundat, & sub dio habeat, temperatumq́ ieiunus bibat, aluum leniter molliet.

EX GALENO.

Succus ramentorũ Cucurbitę ad aurium dolores cum phlegmone iunctos, cum rosaceo utentibus prodest. Sic tota quoq́ illita calidas phlegmonas mediocriter refrigerat. Comesta humida est, & sitim arcet. Cruda cibo insuauis est, stomacho perniciosa, & concoctu planè inexpugnabilis, adeò ut si quis alterius cibi inopia ingerere eam cõpellatur, ceu quidam iam ausus est, pondus cum algore uentriculo incumbere sit sensurus, stomachumq́ euertet, & ad uomitionẽ concitabit, quæ una eum ab urgentibus symptomatis liberare potest. Hanc igitur, aliaq́ ex fugacibus cõplura, aut mox quàm elixata est, aut frictam in sartagine, aut assam omnes homines esse consueuerunt. Ipsa quantum in se est, humidũ frigidumq́ corpori alimentũ præbet, ac idipsum ea de causa exiguum, sed leuiter per aluum subit, cum ob suæ substantiæ lubricitatem, tum ob cõmunem omnium humidorũ ciborũ rationem, qui scilicet citra adstrictiones tales sunt. Nec sanè infeliciter cõcoquitur, modo non anteuertat corruptio. Plura lib. ij. de aliment. facult. Galenus.

EX PLINIO VALERIANO.

Veteres medici de Cucurbita ita senserunt, ut eam aquam dicerent coagulatã. Galenus humidæ putat uirtutis & frigidæ, idq́ ex eo probat, quod ipsa in cibo sumpta stomachũ relaxat, bibendi desideria non excitat. Cætera etiam in Cucurbita talia
B ut apertè frigidæ potestatis exempla demonstret. Crudæ & tritæ leniunt omnẽ tumorem. In cibo sumptæ molliunt uentrem. Succus earum, ut Galenus ait, ad cõpescendum uelociter auriculæ dolorem tepefactus infunditur. Idem succus & dolorem dentiũ mitigat, si diutius in ore teneatur. Sed & rosaceo mixtus, & unctioni corporis admotus, febriũ restinguit ardores. Cinis aridæ corticis efficaciter potest combusta sanare. Eundem cinerẽ didicimus ab expertis uulnera in uerretro iam in putredinem uersa purgare, & ad cicatricem usq́ perducere. Semini sicco illa uis traditur, ut in puluerem tusum & inspersum impleat uulnera quæ cauata sunt. Quidam illud in uino bibendum dedere, ut solutiones alui fluentis inhiberet. Viticulæ quoq́ Cucurbitę iam senescentes cum passo & aceto dysentericis datæ, miro modo saucia intestina componunt.

EX SYMEONE SETHI.

Concoctu facilis, boniq́ succi est, & admodũ nutrit. Sitim sedat, urinã cit, & uentrem mouet. Calidis & siccis tẽperaturis prodest, & inflãmationes uentris & iecoris sedat. Pituitosos autem lędit, colicosq́ affectus. Si malos humores assequitur, ab ijs corrumpitur, & malum succum generat. Semen genitale minuit, & Veneris appetentiam extinguit. Sanguis ex ea procreatus, consistentia tenuis est. Thoraci, pulmoni & uesicæ prodest. Succus ramentorum eius, cum rosaceo impositus, ad aures inflammatione laborantes confert. Integra uerò illita, calidas inflammationes refrigerat.

DE CO-

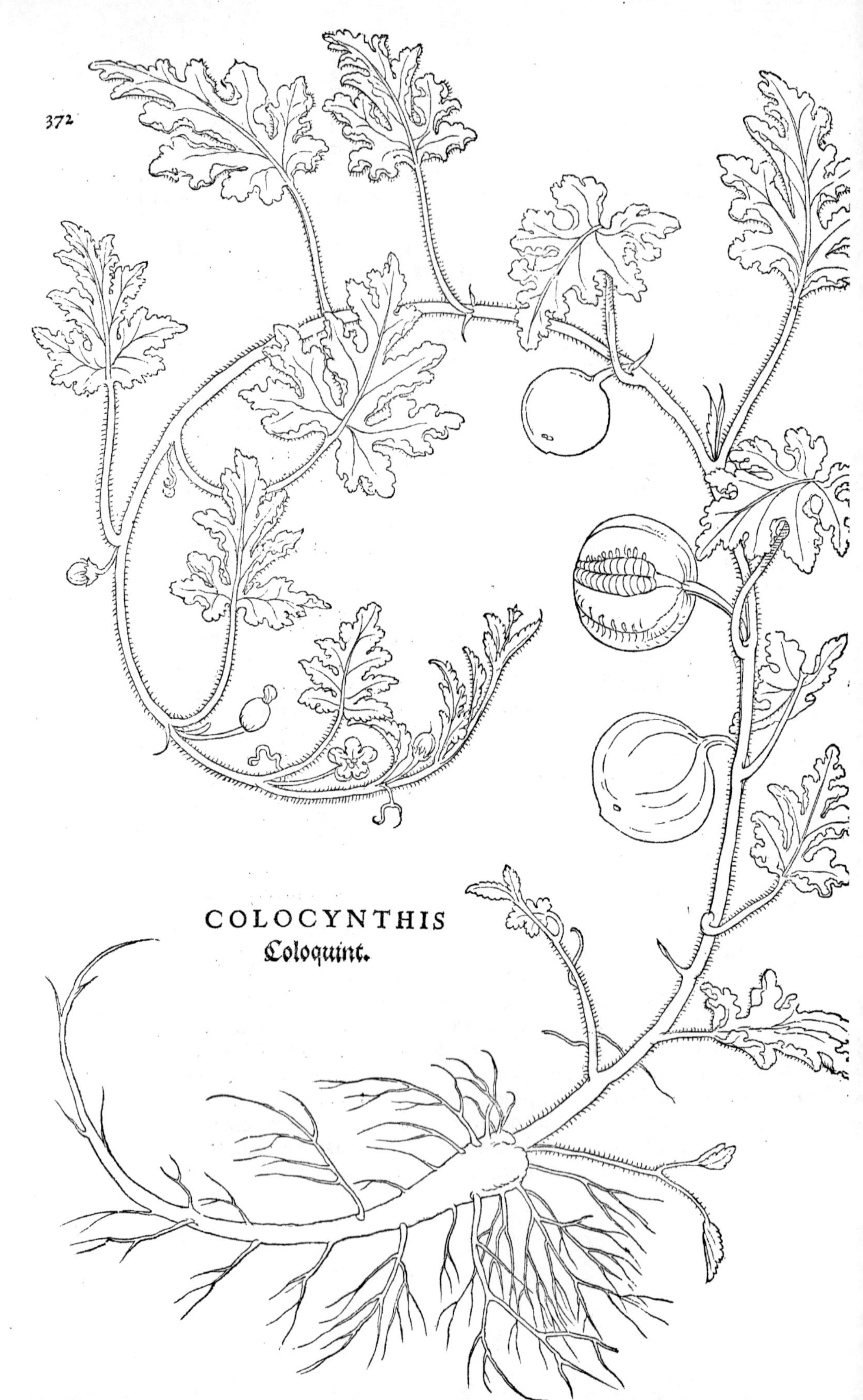
COLOCYNTHIS
Coloquint.

A

NOMINA.

ΚΟΛΟΚΥΝΘΙΣ Græcis, ſylueſtris Cucurbita Latinis, Coloquintida barbaris & officinis, Germanis wilder Kürbß / uel Coloquint appellatur. Sic autem nominata eſt, quaſi parua Cucurbita. Nam ſi eius fructum cum fructu ſatiuæ contuleris, quantitate longe minor erit, ac pilæ forma in orbem coactus.

Coloquintida. *Colocynthis unde dicta.*

FORMA.

Viticulas foliaq; per terram ſtrata emittit, ſatiuo Cucumeri, ei nimirum quem Citrulum hodie officinæ uocant, ſimilia, diuiſuris ſciſſa, fructum rotundũ, mediocri pilæ ſimilem, uehementer amarum, fungoſa candidaq; intus medulla: flores, quod Dioſcorides omiſit, palleſcentes ac luteos, Cucumeri iam nominato ſimiles.

LOCVS.

In Germania ſua ſponte non naſcitur, ſata tamen prouenit, ſed rariſsimè perfectionem attingit, quod frigidior ſit eius terra quàm quod in ea fructum proferre poſsit. In orientalibus enim & calidioribus locis nata ad nos defertur.

TEMPVS.

Eius flores in fine ferè æſtatis, fructus autem extremo autumno apparent, qui primum quidem herbacei, mox pallidi fiunt. Legendi uerò ſunt cum cœperint in pallidiorem colorem demutari. Et durat integris natura & uiribus ad quinq; annos.

TEMPERAMENTVM.

Calefacit & deſiccat in tertio ordine.

VIRES. EX DIOSCORIDE.

Medulla fructus purgandi uim habet, quatuor obolorum pondere cum mulſa aqua ſumpta, & cum nitro, myrrha & melle coacta in catapotium. Arefactæ pilæ
B tritæ, utiliter miſcentur clyſteribus iſchiadicorum, reſolutionis neruorum, & colico dolore affectorum, pituitam, bilem & ſtrigmenta, interdum etiam cruenta educentes. Appoſitæ fœtus enecant. Dentium dolores, ſi quis repurget hanc, & luto oblinat, & in aceto nitroq; inferueſcat, & ad colluendos dentes det, tollit. Si uerò quis aquam mulſam aut paſſum in ea decoxerit, & ſub dio refrigeratum bibendum dederit, craſſos humores & ſtrigmenta purgat. Stomacho ſupra modum aduerſatur. Sedi etiam ex ea balani ſubijciuntur, ad excrementa eijcienda. Quinetiã uirentis ſucco, iſchiadici utiliter perfricantur.

EX GALENO.

Colocynthis guſtu amara eſt. Sed quæ amariſsimo dum potatur adſunt opera medicamento, ea euidenter efficere nequit, ob purgatoriam facultatem quam ualidam in ſe continet, nimirum cum ijs quæ expurgat, per aluum & ipſa excerni præuertens. Viridis ipſius ſuccus intritus iſchiadicis prodeſt.

EX PLINIO.

Herbacea arefacta per ſe inanit aluum. Infuſa quoque clyſteribus inteſtinorum omnium uitijs medetur, & renum, & lumborum, & paralyſi eiecto ſemine. Aqua mulſa in ea decoquitur ad dimidias, ſic tuſsienti infunditur obolis quatuor. Prodeſt & ſtomacho, farinæ aridæ pilulis cum decocto melle ſumptis. In morbo uerò regio utiliter ſemina eius inſumuntur, & protinus aqua mulſa. Carnes eius cum abſinthio & ſale dentium dolorem tollunt. Succus uerò cum aceto calefactus mobiles ſiſtit. Item ſpinæ & lumborum ac coxarum dolores, cum oleo ſi infricetur. Præterea, mirum dictu, ſemina eius ſi fuerint pari numero adalligata febribus, ſanare dicuntur quas Græci periodicas uocant.

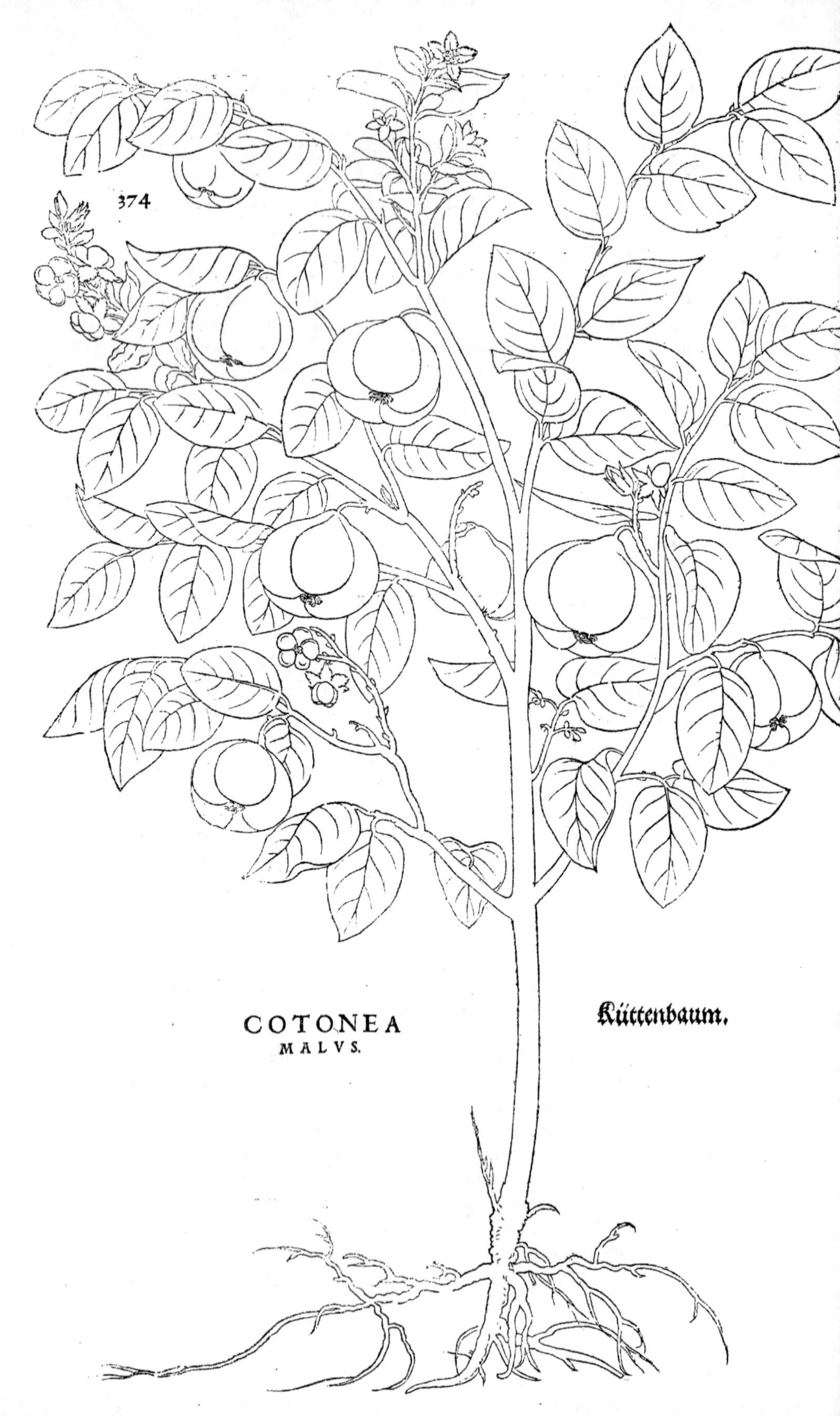
COTONEA
MALVS.
Küttenbaum.

A

NOMINA.

Kυδωνια μηλέα Græcis, Mâlus Cotonea & Cydonia Latinis, officinis Citonia, Germanis Küttenbaum nominatur. Cydoniam uerò Græci à Cydone Cretæ oppido, unde primum aduecta est, dixerunt. Cotonea uerò à Sidonte Corinthi uico nominata est. Sunt tamen qui sic uocatam uelint, quod mâla eius lana quadam tegi uideantur, quæ coton dicitur. Atqui in re non admodū magni momenti, parum refert utram amplectaris sententiā.

Cydonia unde dicta.

Cotonea.

GENERA.

Cotoneæ arboris mâla Dioscoride & Galeno autoribus duûm sunt generum. Alia enim minora, rotunda, odoratioraq́ sunt, quæ uera Cotonea appellant. Alia autem maiora, dulciora, ac minus acerba, Galeno in fine libri sexti de tuenda sanitate teste, Struthea nuncupantur.

Struthea.

FORMA.

Arbor notior est quàm ut debeat repræsentari. Mâlo uulgari haud dissimilis est, nisi quod infra magnitudinem illius subsidet, fructu scilicet incuruatos deprimente ramos, prohibenteq́ parentem crescere. Folium quoque eius angustius à terra albicat. Poma tenui lanugine pubescunt, & incisuris crispantur, ut pictura affabre ostendit.

LOCVS.

In cultis & hortis prouenit. Locum tamē peculiariter & frigidum & humidum desiderat. Si in calido statuitur, assidua irrigatione illi succurri opus est: fert tamen mediocris situs, inter frigoris & caloris naturam, statum. Planis & decliuis gaudet.

TEMPVS.

Autumno poma eius maturescunt.

B

TEMPERAMENTVM.

Mâla Cotonea frigido & terrestri temperamento donata sunt, propterq́ uincentem adstrictionem minus cæteris mâlis humida existunt. Frigida itaque sunt primo ordine, & sicca secundo.

VIRES. EX DIOSCORIDE.

Cotonea stomacho accōmodata sunt, urinam mouent. Tosta mitiora fiunt. Cœliacis, dysentericis, purulenta excreantibus, cholericis prosunt, præsertim cruda. Maceratorū liquor potus stomachi atque alui fluxionibus opitulatur. Succus crudorum assumptus orthopnoicis auxilio est. Decocto eorum sedes & uuluæ procidentes proluuntur. Quæ melle condiuntur, urinam cient, mel autem naturam eorum induit: quippe adstringens & conspissans obstruensue fit. Quæ autem cum melle coquunt̃, stomacho utilia sunt, & gustu iucunda, minus autem cōstringunt. Cruda cataplasmatis miscentur ad cohibendam aluum, contraq́ stomachi subuersionem & ardorem, mammarum inflammationes, lienes induratos & cōdylomata. Fit uinum ex ijs tusis & expressis, sed quo perduret, sedecim sextarijs succi, unus mellis adijcitur, alioqui acescit. Prodest autem ad omnia quæ dicta sunt. Vnguentum etiam ex ipsis cōficitur, quod Melinum appellat̃, quo utimur quando adstringenti oleo opus est. Eligi oportet uera, quæ parua, rotunda & odorata sunt. Struthea autem uocata & magna, minus utilia. Flos & uiridis & siccus cataplasmatis utilis, ijs potissimum quæ adstrictionem desiderant conueniens. Inflammationibus oculorum, sanguinis reiectionibus, alui fluxionibus, mensiumq́ impetui cum uino potus prodest.

Vnguentum melinum.

EX GALENO.

Eximium quid Cotonea præ alijs mâlis possident: nam & plus adstringunt, & durabilem succum habent, si cocta cum melle asseruare quis cupiat. Aliorū succus

C repositus acescit, utpote frigida humiditate multa redundans. Strutheorum quoq; succus perennare potest ubi recte fuerit præparatus, quemadmodũ & Cotoneorum: uerũ hic minus suauis & iucundus est, maximeq; adstringit, ita ut huius quoque aliquando usus sit idoneus ad uentris maiorem in modum dissoluti robur restituendum.

EX PLINIO.

Cotonea cocta suauiora. Cruda tamen duntaxat matura, prosunt sanguinẽ excreantibus, ac dysentericis, cholericis, cœliacis. Non idem possunt decocta, quoniã amittunt cõstringentem illam uim succi. Imponunt & pectori in febris ardoribus, & tum decoquuntur in aqua, ad eadem quæ suprascripta sunt. Ad stomachi autem dolores cruda decoctáue cerati modo imponuntur. Lanugo eorum carbunculos sanat, cocta in uino, & illita cum cera. Alopecijs capillum reddunt. Quæ ex ijs cruda in melle cõdiuntur, urinam mouent. Mellis autem suauitati multum adijciunt, stomachoq; id utilius faciunt. Quæ uerò in melle condiuntur cocta, quidam ad stomachi uitia trita cum rosaceo folijs decoctis dant pro cibo. Succus crudorum lienibus, orthopnoicis, hydropicis prodest. Item mammis, condylomatis, uaricibus. Flos & uiridis & siccus, inflammationib. oculorum, excreationibus sanguinis, mensibus mulierum. Fit & succus ex ijs mitis, cum uino dulci tusus, utilis & cœliacis & iecinori. Decocto quoque eorum fouentur, si procidant uuluæ & interanea. Fit & oleum ex ijs, quod Melinum uocauimus, quoties nõ fuerint in humidis nata. Minus utilia Struthea, quamuis cognata.

EX SYMEONE SETHI.

Stomachũ adstringunt & corroborant, & ante cibum sumpta uentrẽ cohibent, urinam prouocant. Si ad satietatẽ edantur, difficulter cõcoquuntur. Dulcia minus
D adstringũt, acida uerò magis, uomitumq; compescunt. Post cibum sumpta uentrẽ mouent: sed quibus est imbecilla facultas uentris retentrix, & excretrix ualida, plus cibi accipiant. Mansa à potu, uini uaporẽ in caput distribui prohibent. Si qua prægnans, ut fertur, crebrius hæc comedat, puerum industrium & uersutum pariet.

DE CASTANEA. CAP. CXL.

NOMINA.

ΚΑΣΤΑΝΑ, ἡ διὸς βάλανος, ἡ σαρδιανὰ βάλανος, ἡ λόπιμον Græcis: Castanea, Sardiana glans, Iouis glans, Nuxq; castanea Latinis appellatur. Germanis nostris Castani/uel Kesten uocant. Castaneæ autem à Castano Magnesiæ oppido, unde primum aduectæ sunt, nominatas esse cõstat. Sardianæ uerò glandes, quoniam in Sardinia optimæ nascantur.

Castaneæ unde dictæ.

Sardianæ glandes.

FORMA.

Arbor est uulgò cognita, Iuglandi haudquaquam dissimilis, folio tantum uenosiore & fimbriato. Nux quam producit intus solida, & plurimum plana, triplici tegminis ambitu septa, membrana primum amara, mox lento cortice, demum echinato calyce.

LOCVS.

Puram & resolutã terram desiderat, opacoq; & septentrionali cliuo lætat. Montes & ualles diligit. In plerisq; Germaniæ locis copiosissima prouenit.

TEMPVS.

Ineunte uere germinat, seriusq; Vergiliarum occasu fructificat.

TEMPERAMENTVM.

Adstringit & exiccat Castanea haud secus quàm aliæ glandes. Calida uerò & sicca est primo ordine.

VIRES.

CASTANEA
Keſten.

C

VIRES. EX DIOSCORIDE.

Castaneæ adstringunt, eademq́; quæ glandes possunt. Potissimũ autem quę inter carnem & corticem membrana est. Caro his qui Ephemeron, hoc est, Colchicon, biberunt, accommodata est.

EX GALENO.

Castaneæ inter omnes glandes principatum tenent, solæq́; syluestrium fructuũ alimentum memorabile corporibus præbent.

EX PLINIO.

Castaneæ uehementer sistunt stomachi & uentris fluxiones, sanguinẽ excreantibus prosunt, carnes alunt.

EX PLINIO VALERIANO.

Castaneæ ex omnibus fortissimũ quidem cibum corpori præstant, sed qui difficilè concoquatur. Coctæ autem in carbonibus, uel in fictili uase sicco assatæ, & cum melle ieiunis datę, tussientibus prosunt. Aqua in qua cum suo cortice decoquũtur, cœliacis, dysentericis, sanguinemq́; excreantib. bibenda haud inutiliter propinãt. Interior membrana quæ corticẽ fructumq́; discernit, ad tertiam partem decocta in aqua & potui oblata, mirè aluum fluentẽ refrenat, adeò ut Dioscorides putet etiam cathartico dato, per hanc potionem iri obuiam posse, si plusquã necesse sit, purget.

EX SYMEONE SETHI.

Copiosum corpori alimentum præbent, tardè transeunt, & difficulter coquuntur. Crassum humorẽ, capitis dolorem, & flatus efficiunt, uentremq́; sistunt. Si torreantur, aut siccentur, multum nocumenti deponunt.

APPENDIX.

Capitis dolores creant. Inflationes pariunt, cõcoctu difficiles. Tostæ tamen crudis innocentiores sunt. Arefactæ multum noxæ remittunt. Tritæ cum melle & sale rabiosorum canum morsibus imponuntur. Mammarũ duritias discutiunt, cum hordeaceo polline & aceto impositæ, ijsq́; uino maceratis, & cum farina subactis, pessi uice utuntur ad supprimendos menses.

D

DE CARYO BASILICO. CAP. CXLI.

NOMINA.

Caryon unde Græci appellarint.

KARYON βασιλικὸν Græcis, Regia nux & Persica, Iuglansq́; Latinis: officinis Nux simpliciter, Germanis Welschnuß appellatur. κάρυον autem Græcis à capitis grauedine uocatam esse notissimum est. Nam folia arboris huius grauem expirant halitũ, uiresq́; eius in cerebrum penetrãt, atqueadeo eos sopore tentans lædit qui sub arbore decubuerint. Basilicã uerò, Regiámue & Persicam, eò quod è Perside primum in Græciam à regibus delata sit, dictam esse constat. Iuglandem à iuuando & glande nominatam existimant.

Basilica & Persica cur dicta.

Iuglans.

FORMA.

Vmbra Iuglandis arboris insalubris.

Arbor est prægrandis, multis prælongisq́; nixa radicibus, procero caudice, multis summatim ramis ingentibus brachiato, ad binûm ternúmue cubitorũ complexus sæpius crassescente, cortice hiulco, & in rimas altas dehiscente, folijs latis, oblongis, è iucundo grauiter subolentibus, patulamq́; iaculantibus umbram & insalubrem, per autumnum deciduis. Verni temporis initio ueluti quodam gestiente foliorum conceptu, panicula prælonga, callo squamatim compactili protracta, ordine nucis pineæ protuberat, dehiscitq́;. Flauescens statim quàm frondem facere cœpit, nutans caducaq́; prolabitur. Tum super ramenti huius pediculũ flos erumpit, totidemq́; calyculacea tegumenta quot flores petiolo contrahuntur, singulisq́; ijs singulæ includuntur nuces, multis munitæ inuolucris, primum herbaceo cortice, mox ligneo putamine, dein tenui tunica. Crispi intus nuclei quadripartitò digerun-

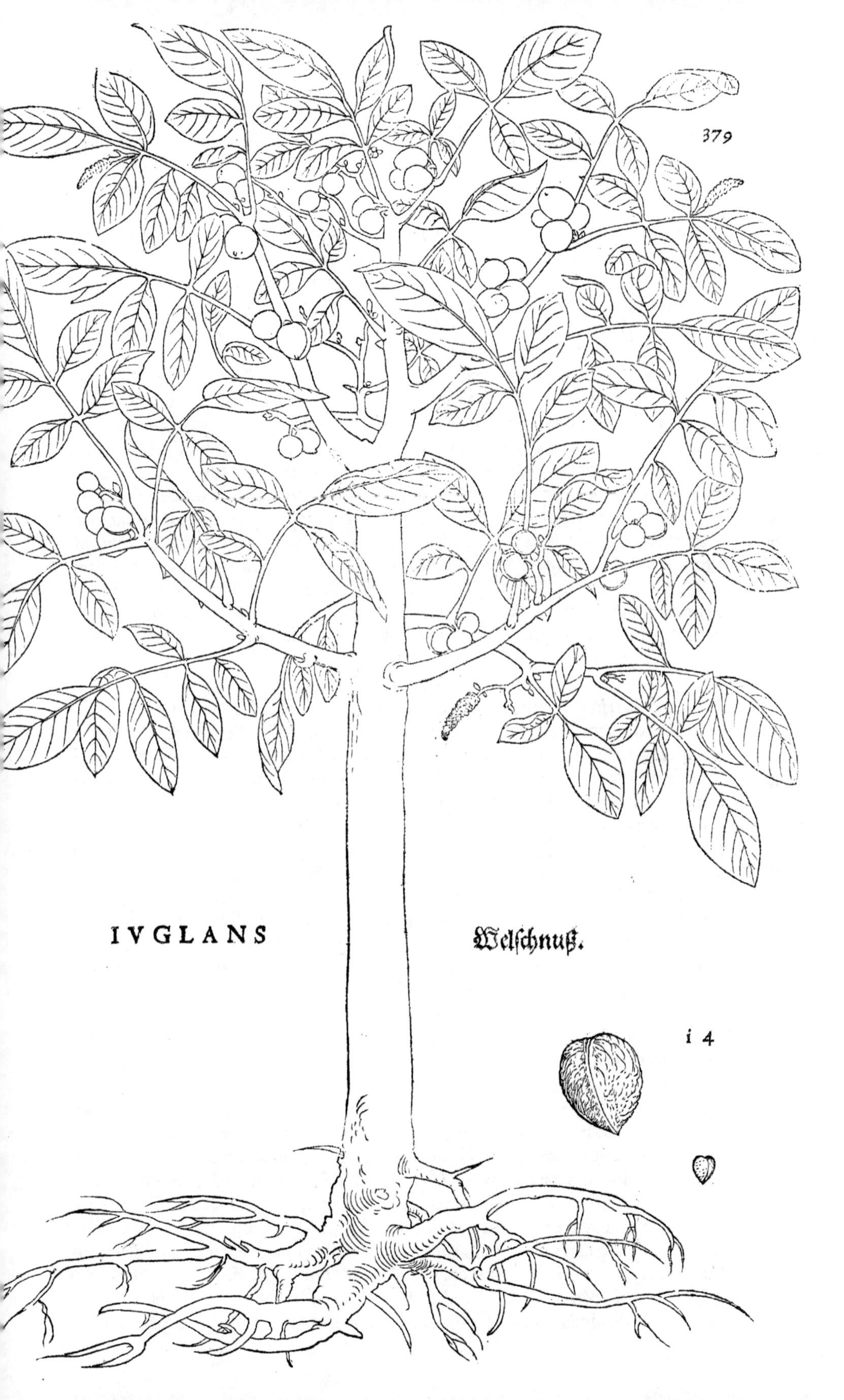

IVGLANS Welschnuß.

C gerũntur, lignosa intercedente membrana.

LOCVS.

Montibus lætatũ, aquasq; odit. Paſsim in omnib. ferè Germaniæ hortis prouenit.

TEMPVS.

Germinat post afflatum Fauonij, non cacumine, ut maxima pars arborum, sed lateribus impulso priore pullulo. Fructificat autumno.

TEMPERAMENTVM.

Huius temperamentum ex uirium enarratione patebit. Virides uerò nuces primo ordine siccæ, secundo uerò calidæ censentur.

VIRES. EX DIOSCORIDE.

Nuces iuglandes difficiles cõcoctu, stomacho inutiles, bilem augent, capitis dolorem faciunt, tuſsientibus inimicæ. Ad uomitiones ieiunis in cibo utiles. Præsumptæ & à cibo comestæ cum caricis & ruta letalibus uenenis aduersantur. Largius esitatæ latos lumbricos pellunt. Illinuntur mammarũ inflammationi, absceſsibus, luxatisq; cum exiguo melle & ruta. Cum cepa uerò, sale & melle, canis hominisq; morsui conferunt. Tormina cum putamine suo crematæ & umbilico admotæ sedant. Cortex combustus, tritusq; in uino & oleo, infantibus inunctus capillos elegantes efficit, alopeciasq; replet. Sistit menses crematum tritumq;, & cum uino admotum quod intra nuces clauditur. Vetustarũ autem nucum nuclei illiti, gangrænas, carbunculos, ægilopas & alopecias cõmanducati & impositi celeriter sanant. Fit etiam ex ijs contusis & expreſsis oleum. Recentes nuces stomacho minus nocent, dulciores enim sunt. Quam ob causam allijs miscentur, ut acrimoniam auferant. Illitu liuores quoque tollunt.

EX GALENO.

D Arbor tum in germinibus, tum in folijs adstrictionem quandam poſsidet. Cæterum euidentem & plurimam in nucis putamine recenti & sicco: proinde eo fullones quoq; utuntur. At nos ea exprimentes, succo similiter ut mororum & ruborũ decocto in melle, ut stomatico medicamento utimur, & ad omnia reliqua ad quæ modo dicti succi cõueniunt. Porrò nucis ipsius quod edendo est, oleosum est & tenuium partium, ideoq; etiam facilè † exprimitur: & quo diutius reconditum fuerit, magis tale efficitur. Quamobrẽ oleum ex eo inueterato exprimere licet: tunc sanè admodum discutiens fit, ut eo nõnulli gangrænas, & carbunculos, & ægilopas sanent: nõnulli uerò etiam ad neruos uulneratos utuntur. Cæterum si recens sit adstringentis nõnihil qualitatis quoq; obtinet. At quod imperfectũ est etiamdum, & nondum siccum, ueluti reliqui fructus omnes qui uirides sunt, plenum est semicoctæ humiditatis. Cortex tamen eius ubi inaruit, tenuium partium & exiccatoriũ est medicamentum, morsus expers.

† Aliàs ἐκχολοῦται, *in bilem uertitur.*

EX PLINIO.

Arborum ipsarum foliorumq; uires, in cerebrũ penetrant, hocq; minore momento, sed in cibis, nuclei faciũt. Sunt autem recentes iucundiores, siccæ unguinosiores, & stomacho inutiles, difficiles cõcoctu, dolorẽ capitis inferentes, tuſsientibus inimicæ, & uomituris ieiunis aptæ in tenasmo solo: trahunt enim pituitã. Eædem præsumptæ uenena hebetant. Item anginam cum ruta & oleo. Item aduersantur cepis, leniuntq; earum saporem. Auriũ inflammationi imponuntur cum mellis exiguo. Item cum ruta mammis & luxatis. Cum cepa autẽ & sale & melle, canis hominisq; morsui. Putamine nucis iuglandis, dens cauus inuritur. Putamen combustum tritumq; in oleo aut uino, infantiũ capite perunctо, nutrit capillum: & ad alopecias sic utuntur. Quo plures quis nuces ederit, hoc facilius tineas pellit. Et quæ peruete res sunt nuces gangrænis & carbunculis medentur. Item sugillatis. Cortex iuglandiũ lichenum uitio & dysentericis prodest. Folia trita cum aceto, aurium dolori. In sanctuarijs Mithridatis maximi Regis deuicti, Cn. Pompeius inuenit in peculiari cõmenta-

A mentario ipsius manu compositionē antidoti, duabus nucibus siccis, item ficis totidem, & rutæ folijs uiginti simul tritis, addito salis grano: & qui hoc ieiunus sumat, nullum uenenum nociturum illo die. Contra rabiosi quoq; canis morsus, nuclei à ieiuno homine cōmanducati illitiq;, præsenti remedio esse dicuntur.

EX PLINIO VALERIANO.

Nux uiridis, utpote adhuc aquatioris humoris, styptica & frigida uirtute censet. Potest deniq; & stomacho aliquid uigoris acquirere, & uentrē cum garo sumpta mollire. Nuces autē siccæ, duræ, cum caricis duabus, & uiginti rutæ folijs addito salis grano simul cōteruntur, nullisq; uenenis opprimi poterit ea die quisquis ieiunus acceperit. Inter Calendas & Idus Iulij centum numero nuces statim ut arbori demptæ sunt cortice adhærente quassantur: his admiscentur aluminis scissi libræ tres, & in nouo fictili uase ponuntur: super hæc infunduntur olei boni libræ tres, & diligenter in loco neq; humido, neq; nimium sicco obruunt, post nonaginta dies dabunt oleum, quod fluentium capillorum damna restituit.

EX SYMEONE SETHI.

Virides uentrem mouent, quamobrē quidam ante cibum cum sapo cōmedunt. Facilius etiam quàm amygdalæ concoquuntur. Aridæ in ore inflammationes & plagas efficiunt. Stomacho meliores fiunt, si cum caricis edantur. Ferunt etiam eum qui nuces cum caricis & ruta ante reliquos cibos esitauerit, non magnopere à uenenatis medicamentis lædi. Cōcoquuntur facilè nuces in frigidis uentriculis, in calidis uerò in bilem magis mutantur. Faucium & capitis dolorem afferunt, & tusses augent. Ante alios cibos sumptæ, uomitum adiuuant. Ad satietatem comestas, lumbricos educere scimus. Ad dentium pruritum utiles sunt.

B DE CALTHA. CAP. CXLII.

NOMINA.

QVO nomine Græci plantam hanc appellauerint, fateor ingenuè mihi nondum constare. Latinis autem dicta uidetur Caltha uel Calthula, quam uocē deinde corrumpentes officinæ, in Calendulam immutarūt. Quanquam uerisimile etiam sit, sic nominatam esse, quod omnibus mensium Calendis fruticare comperiatur. Atque hinc fit quod nonnulli florem omnium mensium appellent. Germani Ringelblůmen uocant, ab intorto, & in circulum acto semine.

Calendula quare dicta.

Flos omnium mensium.

FORMA.

Herba est fruticosa, caule dodrantali, lignoso, folijs longiusculis, in angustum desinentibus, floribus speciosis, croceis luteisue, non ingrati, quamuis grauis, odoris, qua dote in coronamenta uenit: semine, cuius uagina scorpionis caudam imitatur: radice simplici, multo capillitio fibrata. Cur autem hanc herbam Caltham esse credam, facit inprimis Plinius, qui lib. uigesimoprimo, capite sexto, Caltham odore grauem esse scribit. Dein Virgilius qui Ægloga secunda sic canit: Mollia luteola pingit uacinia Caltha. Luteolam, à luteo florū hauddubiè colore, nominans.

LOCVS.

Prouenit in cultis, atq; uix hortum inuenies in quo non copiose nascatur.

TEMPVS.

Singulis ferè mensium Calendis, ut diximus, florere deprehenditur, Maio incipiens mense. Magis autem autumno eiusdem emicant flores.

TEMPERAMENTVM.

Calidam & siccam esse statuunt, neq; id immeritò, quandoquidē dulcedine modica cum amaritudine coniuncta participet.

VIRES

CALTHA Ringelblům.

A VIRES EX RECENTIORIBVS.

Herba ipsa adhibetur condimentis & acetarijs. Flos ex uino potus ciet menses: item herbæ succus, quo in dentium dolore os præsentaneo remedio colluitur. Non parum etiam eius flos ad flauos reddendos capillos conducit. Idem, perinde atque ipsa herba, secundas educit mirificè, si aridus suffitibus admotus fuerit.

DE CARYOPHYLLATA. CAP. CXLIII.

NOMINA.

QVALITER Græcis & antiquis Latinis scriptoribus hæc herba nominata sit, nondum compertum habeo. Cur enim Dioscoridis Lagopum non esse credam, etsi paniculum pedi leporino prorsus similem habeat, facit quod in manuscripto & peruetusto herbario seorsim descriptã & depictã utrancp herbam uiderim. Pictura autem Lagopi longè aliam herbam, quę in segetibus nascitur, quàm sit Caryophyllata, exprimit: de qua suo loco dicemus. Necp desunt qui herbam hanc de qua agimus, Geum Plinio dictam uelint, quorũ certè sententia periculo uacat, quod eadem facultas utriscp radicibus sit. Sed ad institutum reuertamur. Herbam quam recentiores Latini Caryophyllatam, ab odoris suauitate quam radices de se præbent, nominant, uulgus herbam Benedictam, à diuina sua efficacia, & Sanamundam appellant. Germani **Benedictenwurtz**.

Caryophyllata nõ est Lagopus. *Benedicta.* *Sanamunda.*

GENERA.

Duo esse eius herbæ genera animaduerti, non tamen multum à se dissidentia. Primum genus Caryophyllatam hortensem uocauimus, cui ex cultura aliqua teneritas accedit in folijs, floribus & paniculis. Flos huic paulò minor & pallidior quàm syluestri. Germanicè **garten / oder heymisch Benedictenwurtz** appellari B potest. Alterum huius herbæ genus Caryophyllatam syluestrem diximus, quod scilicet citra culturam proueniat. Flores eius multo maiores, magiscp ad croci colorem accedunt. Germanicè **wild Benedictenwurtz** nominari cõmodè potest. Differentiam tamen nemo rectius quàm ipsa pictura demonstrabit.

Caryophyllata hortensis. *Caryophyllata syluestris.*

FORMA.

Caulis illi sesquicubitalis, geniculatus, angustus, terna è pediculo longo folia articulatim exeuntia, per ambitum serrata, bina etiam prioribus minora, singula genicula cingunt. E medio alarum sinu ramuli funduntur tenues, quibus in summis flos luteus emicat, quo succusso caput extuberat circinatis acinulis cumulatè stipatum, quasi rudimentum eluceat naturæ fragum inchoantis. Radix multis luteis capillamentis fibrata, Caryophyllon olet.

LOCVS.

Primum in hortis plantatum prouenit. Alterum in montanis, opacis, & iuxta sepes nascitur.

TEMPVS.

Floret Maio & Iunio mensibus.

TEMPERAMENTVM.

Recentiores, & peruetustus etiam herbarius, calidam & siccam esse in secundo ordine statuunt. Folia sanè in gustu non mediocrem adstrictionem ostendunt. Radix itidem haud paruam adstrictionem obtinet.

VIRES EX RECENTIORIBVS.

Radix eius luto & sordibus eluta siccatur, & imbre aceti respersa arcas & uestes iucundo cõmendat odore. Decoctum huius sumitur ad perficiendas concoctiones, sedandoscp coli dolores. Radix eius pectoris laterisc dolores & cruditates iucundo sapore discutit. Manuscriptus herbarius facultatem habere dissoluendi, digerendi, & obstructiones tollendi scribit. Fomentũ item ex uino decoctionis eius menses

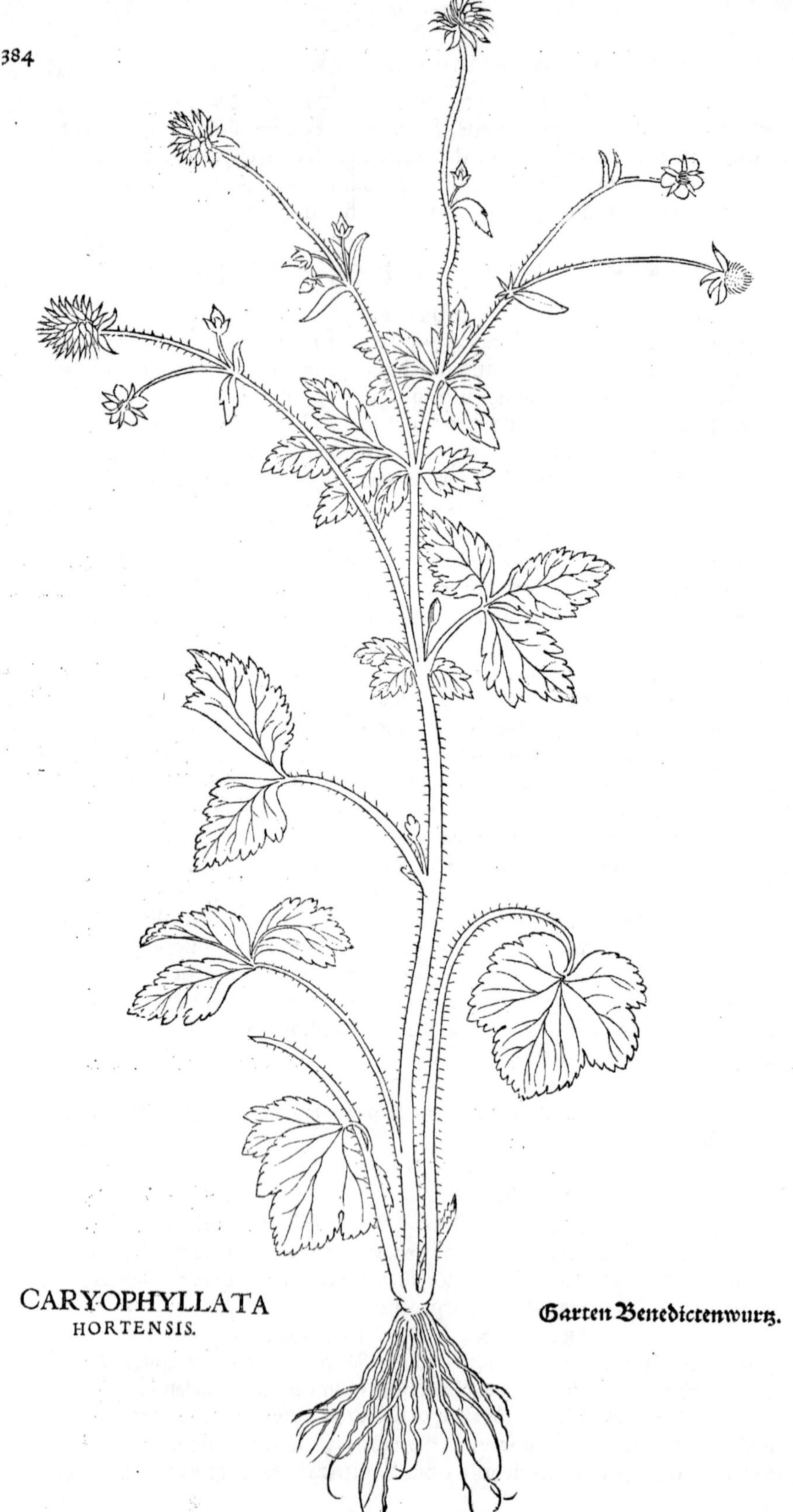

CARYOPHYLLATA
HORTENSIS.

Garten Benedictenwurtz.

CARYOPHYLLATA SYLVESTRIS.

Wild Benedictenwurtz.

C mensés ciêre. Contra uenena tritam cum uino sumptam ualere. Cõcoctionem præterea roborare, dolorem uentriculi & intestinorũ à frigiditate aut flatibus ortum, decoctam in uino sanare ait. Mirificè etiam ad interna uulnera huius herbæ decoctum confert. Externa uerò ex ea collui debent.

DE CENTAVRIO MINORE. CAP. CXLIIII.

NOMINA.

Centaurium unde dictum. *Limnesium.* *Febrifuga.* *Fel terræ.*

KENTAYPION μικρὸν, ἢ λιμνήσιον, καὶ λιμναῖον Græcis, Febrifuga & Fel terræ Latinis, officinis Centauria minor, Germanis klein Tausendtguldenkraut/Fieberkraut/Erdtgall/& Biberkraut appellatur. Centaurium, quod ea curatus dicit̃ Chiron Centaurus, cum Herculis excepti hospitio pertractanti arma sagitta excidisset in pedem. Limnesion & Limnæum, quod secundũ aquarum scatebras ac paludes, quas Græci λίμνας dicunt, nascatur. Febrifuga, eo quod febres fugat, & procul è corpore pellat. Fel terræ, ob summam quam habet amaritudinem.

FORMA.

Herba est Hyperico Origanóue similis, caulem habens altitudine supra dodrantem, angulosum. Flores in puniceo colore subpurpurascentes, ad Lychnidis flores accedentes. Folijs paruis & oblongis ueluti Rutæ. Semen tritico simile. Radicem exiguam, inutilem & leuem.

LOCVS.

Propter lacus & rigua loca, Dioscoride autore, nascitur. Apuleio uerò teste in solidis & fortibus quoque locis prouenit, id quod non raro in Germania nostra accidere compertum habeo. D

TEMPVS.

Floret æstate & autumno, quo maximè tempore, quia semine est prægnans, colligitur.

TEMPERAMENTVM.

In folijs & floribus uincit qualitas amara paulum obtinens adstrictionis, atque propter eiusmodi temperamentum admodum exiccatorium est medicamentum, expers mordacitatis.

VIRES. EX DIOSCORIDE.

Herba ipsa adhuc uirens tusa & illita uulnera glutinat. Vlcera uetera purgat, & cicatrice obducit. Biliosa & crassa per aluum ducit. Decoctum eiusdem ischiadicis cõmodè infunditur, sanguinem educens, & à dolore leuans. Succus ad oculorum medicamenta perutilis, cum melle quæ pupillas obtenebrant expurgans. In pesso admotus menses ac fœtus educit. Priuatim potus neruorum affectibus succurrit.

EX GALENO.

Centaurij minoris radix prorsus inefficax est. Rami uerò & potissimum folia quæ in ijs sunt atque flores, utiliora. Vlcera magna herba ipsa adhuc recens illita glutinat. Vetera quoque & quæ ægrè ad cicatricem perduci possunt eodem modo utentibus cicatrice obducuntur. Arefacta glutinatorijs & desiccatorijs miscetur facultatibus, ijs uidelicet quæ sinus & fistulas sanare sunt natæ, & ueteres duritites emollire, tum ulcerum maligna sanare. Miscetur etiam ijs quæ rheumaticis affectibus medentur, in quibus ea medicamenta optima sunt quæ uehementer desiccantia cum quadam adstrictione nullam habent mordacitatem. Decoctum herbę quidam ischiadicis infundunt, ceu biliosa ac crassa ducens: nam & talia purgat. Quanquam quum adeò uehementer operabitur ut cruenta euacuet, tunc magis proderit. Suc-

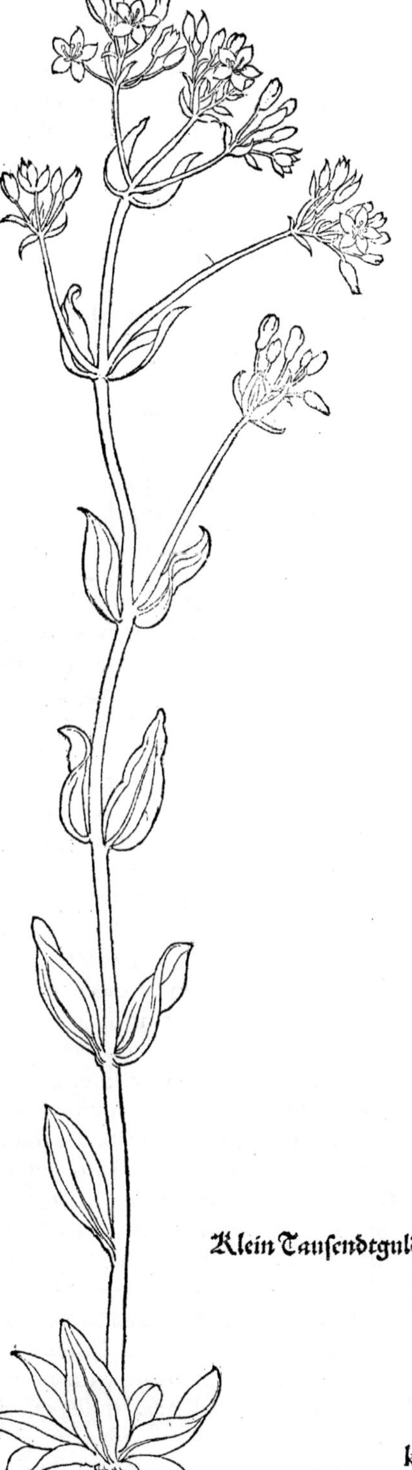

CENTAVRIVM MINVS.

Klein Tausendtgulden.

C rit. Succus porrò eius quum adsimilis sit facultatis, hoc est, exiccatoriæ & abstersoriæ, & reliqua iam dicta pulchrè efficere potest. Cum melle etiam oculis illinitur,
mensesq́ & fœtum appositus in pesso euocat. Sunt qui ipsum præbeant & ijs quibus nerui affecti sunt, ut qui euacuet & desiccet innoxiè quæ impleta sunt. Optimũ
etiam medicamentum est ad iecinoris obstructiones soluendas. Bonum quoq́ lieni indurato foris impositum, & nihilo secius si quis bibere sustinuerit.

EX PLINIO.

Purgat aluum succus Centaurij minoris drachma in hemina aquæ cum exiguo
salis & aceti, bilemq́ detrahit.

DE CYAMO. CAP. CXLV.

NOMINA.

KYAMOΣ Græcis, Faba Latinis dicitur. Officinæ Latinum nomen retinent. Germanis Bonen appellatur.

FORMA.

Sola Faba inter legumina sine adminiculo nititur, folio carnoso, Por
tulacæ simili, flore cristato, uersicolore, partim albo, partim purpureo, atris quibusdam maculis notato, quas M. Varro lugubres uocat literas: siliqua plerunque se-
mipedali, fructu intus lato humani unguis effigie, colore non simplici, sed aut fuluo, aut nigro, iam uerò etiam herbaceo & coccineo: radice singulari, lignosa, & capillata fibris. Quæ hic à quibusdam, quasi nostra non esset uera Faba, afferuntur
argumenta, non tanti momenti sunt ut confutatione indigeant: constat enim nostram, eas quas ueteres illi adscripserunt, habere notas & facultates. Non tamen ne
D gamus in diuersis terris maiorem aut minorem produci posse.

LOCVS.

Passim in hortis sata prouenit. Lætatur loco pinguissimo & stercorato.

TEMPVS.

Floret æstate.

TEMPERAMENTVM.

Faba in refrigerando & exiccando ad mediam temperaturam propinquissimè
accedit. Est itaque frigida & sicca in primo ordine.

VIRES. EX DIOSCORIDE.

Spirituosa, inflans, concoctu pertinax, insomnia tumultuosa faciens. Tussi tamen confert, carnesq́ generat. Decocta in posca, & cum cortice comesta, dysenterias & cœliacas fluxiones sistit. Vtilis contra uomitiones in cibo sumpta. Minus
inflat priore aqua in decoctione effusa. Viridis magis stomacho nocet, plusq́ inflat. Farina eius per se & cum polenta illita, ex plaga inflammationes mitigat, & cicatrices ad reliqui corporis colorẽ reducit. Mammis in quibus lac in grumos cogitur, & inflammatione laborantibus auxiliatur, lacq́ extinguit. Cum melle & fœnigræ
ci farina furunculos, parotidas ac sugillata oculorum discutit. Cum rosa, thure, &
oui albo, procidentes oculos, staphylomata & œdemata compescit. Macerata in ui
no suffusiones & ictus oculorum sanat. Ad sistendas fluxiones sine cortice commanducata fronti imponitur. Testium inflammationes in uino decocta sanat. Pue
rorum pubi illita diu impuberes seruat. Alphos exterit. Euulsos pilos ut non nutriantur & graciles fiant, cortices illiti efficiũt. Cum polenta, alumine & oleo ueteri
illiti strumas discutiunt. Decoctum illorum lanas tingit. Factas ab hirundinibus
sanguinis eruptiones, cortice ablato, Faba qua parte cohæret diuisa, si dimidia apponatur, compescit.

EX GALE.

FABA
Bonen.

C

EX GALENO.

Caro Fabæ paulum quid abstergentis facultatis cõtinet, sicut cortex adstringentis: idcirco medicorum nonnulli totam Fabam cum polenta decoctam dysentericis, cœliacis & uomentibus exhibuerunt. Porrò ut edulium flatulenta est, & coctu difficilis, ut si quid aliud. Excreationibus quidem ex thorace & pulmone idonea. Vt medicamentum uerò foris imposita sine molestia exiccat. In podagricis ea sæpenumero usi sumus ex aqua decocta, deinceps adipem suillum admiscentes. Ad neruorum tum contusiones, tum uulnerationes, farinam eius cum oxymelite imposuimus. Ad eos qui ex ictu iam phlegmone occupabantur, cum polenta. Sed & testium & mammarum bonum est cataplasma. Nam hæ partes cum phlegmone tenentur, moderatè refrigerari amant, maximè cum mammæ ex lacte in ipsis concreto phlegmonen patiantur. Quin lac quoque ab eo cataplasmate extinguitur, sicut puerorum pubes farina fabacea illita plurimo tempore glabra permanet. Manifestè fabacea farina cutis sordes detergere conspicitur, quod intelligentes mangones, ac mulierculæ, in balneis quotidie hac utuntur. Illinunt præterea & hac faciem quemadmodũ ptisana: nam quæ in summa cute eminent lentes exterit, & maculas uelut ex sole contractas.

EX PLINIO.

Faba hebetare sensus existimata, insomnia quoq; facere. Solida fricta, feruensq; in acri aceto coniecta, torminibus medetur. In cibo fressa, & cum allio cocta, contra deploratas tusses suppurationesq; pectorum, quotidiano cibo sumitur: & commanducata ieiuno ore, etiam ad furunculos maturandos discutiendósue imponitur, & in uino decocta ad testium tumores & genitalium. Lomento quoq; ex aceto decocto, tumores maturat atq; aperit. Item liuoribus, combustis medetur. Voci eam prodesse, autor est M. Varro. Fabalium etiam siliquarum cinis, ad coxendices, & ad neruorũ ueteres dolores, cum adipis suilli uetustate prodest. Et per se cortices decocti ad tertias sistunt aluum.

D

DE CONSOLIDA MEDIA. CAP. CXLVI.

NOMINA.

Consolida media.

INTER multas alias herbas quibus uulnera glutinandi facultas inest, & hæc cuius picturam damus cõnumeratur. Hinc est quod uulgus herbariorum illam Consolidam mediam nominet. Qua etiam appellatione nos uti uoluimus, quod nobis quo nomine ueteribus Græcis aut Latinis appellata sit nondum constaret. Rectius tamen Solidago diceretur. Germanis Gulde guntzel nuncupatur.

FORMA.

Caulem habet quadrangulum, lanuginosum, ex quo per interualla folia bina ex singulis geniculis in extremitatib. laciniata, Menthæ similia emicant. A medio caulis ad fastigium usq; ex singulis foliorum alis, flores sex aut septem in purpureo cœrulei exeunt. Radix illi subest lignosa, quæ multas à se exiguas radices capillamentorum instar per terram latè serpentes propagat.

LOCVS.

Passim in pratis nascitur.

TEMPVS.

Floret copiose Maio mense.

TEMPERAMENTVM.

Gustu adstringit & amara est, ut calidam & siccam esse nemo dubitare posit.

VIRES.

Vulnera glutinat, Sanguinis grumos ex casu, uel cõtusionib. coactos in corpore disijcit

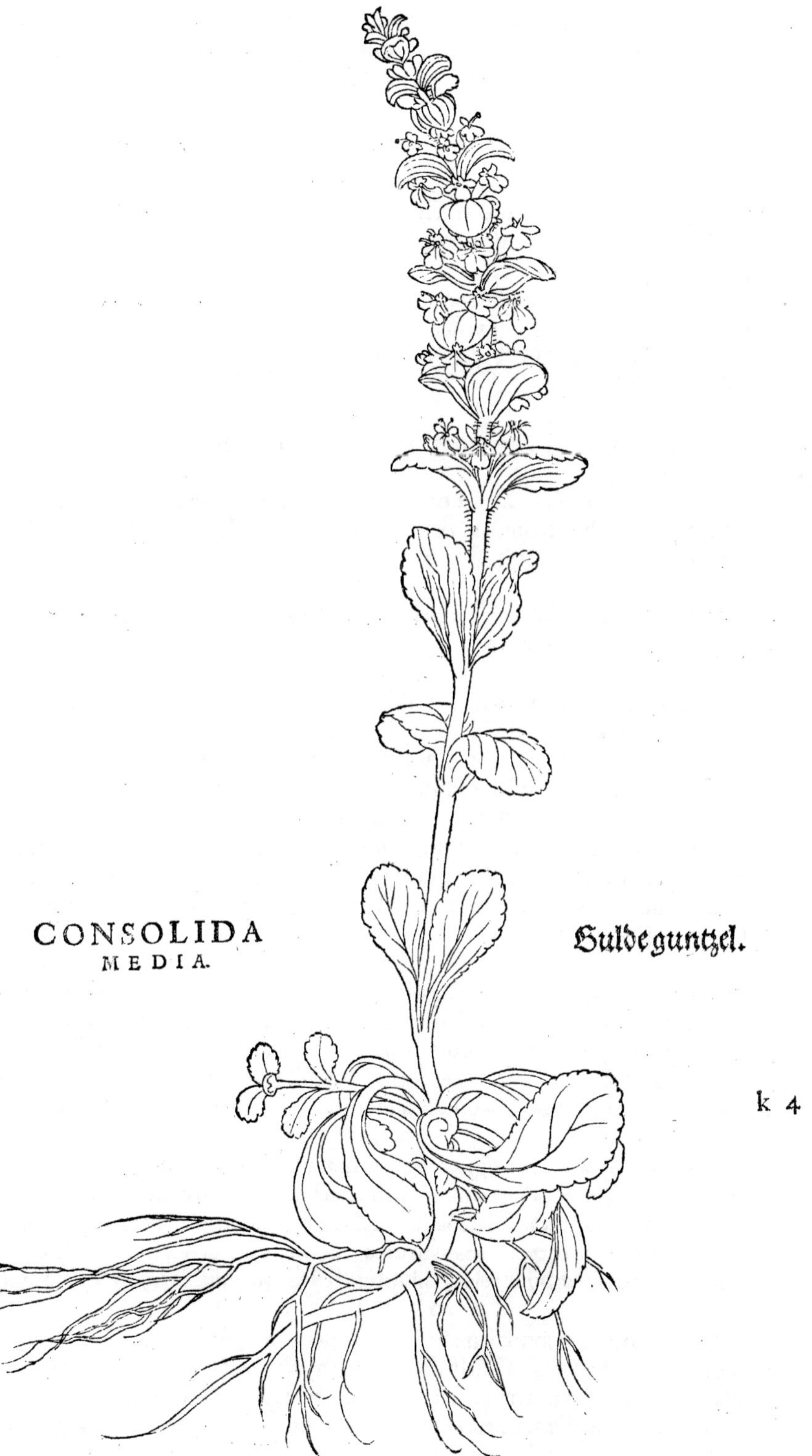

CONSOLIDA MEDIA.

Guldeguntzel.

C disijcit & dissoluit. Præsens remedium est aphthis & ulceribus in ore serpentibus. Decoctum eius tumoribus illitum eos dissipat. Vsus etiam eius ad intertrigines, ulcera pudendorum, & intestinorum exulcerationes prodest.

DE CANNABE. CAP. CXLVII.

NOMINA.

KANNABIΣ Græcis, Cannabis Latinis, Barbaris & uulgo Canapus dicitur, Germanis autem Hanff.

GENERA.

χοινόστροφος. Cannabis duo sunt genera. Vna enim satiua est, quam Græci χοινοστρόφον, quod magni in uita usus sit ad robustissimos funes texendos. Germanis zamer Hanff dicitur. Altera syluestris, quam Latini Terminalem uocant, Germani wilden Hanff.

FORMA.

Satiua Cannabis. Satiua Cannabis folia fert fraxino similia, grauis odoris, caules longos, inanesque, semen rotundum. Syluestris. Syluestris uerò uirgas fundit Altheæ similes, nigriores, asperiores & minores, cubitali altitudine. Folia satiuæ similia, asperiora & nigriora. Flores subrubeos, Lychnidi similes. Semen & radicem Altheæ similia. Eius effigiem uidere nobis nondum licuit.

LOCVS.

Satiua, in locis cultis sata prouenit. Syluestris in syluis & asperis locis, Apuleioque teste, iuxta semitas & sepes nascitur.

TEMPVS.

Herba ad usus medicos carpitur dum maxime uiret. Semen autem eius, Plinio
D autore, cum maturum est, id quod prope autumni æquinoctium accidit.

TEMPERAMENTVM.

Admodum calefacit & exiccat.

VIRES. EX DIOSCORIDE.

Satiuæ maiori copia sumptum genituram extinguit. Ex uiridi autem succus expressus, contra aurium dolores utiliter instillatur. Syluestris radix decocta illitaque, inflammationes mitigat. Tumores discutit, & callos disijcit. Huius cortex texendis funibus utilis est.

EX GALENO.

Cannabis semen flatus extinguit, adeoque desiccat, ut si plusculum edatur genituram exiccet. Sunt qui ex uiridi succum exprimentes, ad aurium dolores ab obstructione, ut mihi uidetur, natos utuntur. Semen etiam cannabinum difficulter concoquitur, stomacho & capiti aduersatur, prauosque humores creat. Admodum excalfacit, ideoque caput æstuoso ac medicamentoso halitu sursum misso tentat.

EX PLINIO.

Semen Cannabis extinguere genituram uirorum dicitur. Succus ex eo uermiculos aurium, & quodcunque animal intrauerit, eijcit, sed cum dolore capitis. Tantaque uis ei est, ut aquæ infusa, coagulare dicatur, & ideo iumentorum aluo succurrit pota in aqua. Radix cōtractos articulos emollit in aqua cocta. Item podagras & similes impetus. Ambustis cruda illinitur, sed sæpius mutatur priusquam arescat.

EX SYMEONE SETHI.

Semē Cannabis comestum idem nocumentum quod Coriandrū affert: immodicè enim si estur, ut illud, deliriū facit. Folia uero arida pota, ueluti farina, aut magis pro potione hæc farina exiccata, ebrietatem quandam hospitalem facit, & quæ ab hauriente non sentiatur. Apud Arabas enim pinsitur, subigitúrue pro uino, & inebriat. Desiccat uerò semen genitale ut Caphura.

APPEN-

CANNABIS SATIVA.

Zamer Hanff.

C

APPENDIX.

Quum ex iam dictis cōstet Cannabinum semen caput facilè tentare, atqueadeo lædere, imprudenter faciunt, qui uulgi errorē sequentes, in morbis, ijsq; maximis, capitis, ex hoc semine confecta iuscula ægrotantib. magno eorum malo exhibent.

DE CARDIACA. CAP. CXLVIII.

NOMINA.

Cardiaca cur dicta.

QVO nomine herba hæc ueteribus sit appellata, nondum nobis constat. Nostri tamen temporis herbarij Cardiacam uocant. Germani Hertzgspan/oder Hertzgspert. Cardiaca uerò hauddubiè à recentioribus nominata est, quod cordis palpitationi, quam illi perperàm καρδιακὴν appellant, mirificè conferre uideať. Alia est hæc à Ballote, de qua suo loco diximus.

FORMA.

Cardiaca caulem ex se mittit quadrangulum, geniculatum, nigrum: folia laciniata, nigra, per interualla in caule ex singulis geniculis prodeuntia: flores in candido purpureos orbiculato ambitu caules circumiacentes: radicem luteam, intortam, capillamentis fibratam.

LOCVS.

Passim in ruderibus & circa sepes nascitur.

TEMPVS.

Iulio mense floribus abundat.

TEMPERAMENTVM.

Amara admodum existit, ut hoc nomine calidam esse in secundo ordine, & siccam in tertio constet.

D

VIRES.

Recentiores recte contra cordis palpitationem, conuulsionem & resolutionem cōducere tradunt: potest enim quum amara sit herba, sua caliditate & siccitate crassos humores qui in uenis & alijs partibus, neruosis potissimum, sunt, incidere, extenuare & discutere. Hac etiam ratione morbo comitiali confert, urinas mouet, & menstrua educit, aliasq; facultates quas Galenus libro quarto de simpl. med. facult. cap. xvij. amaris tribuit, obtinet.

DE CARO.

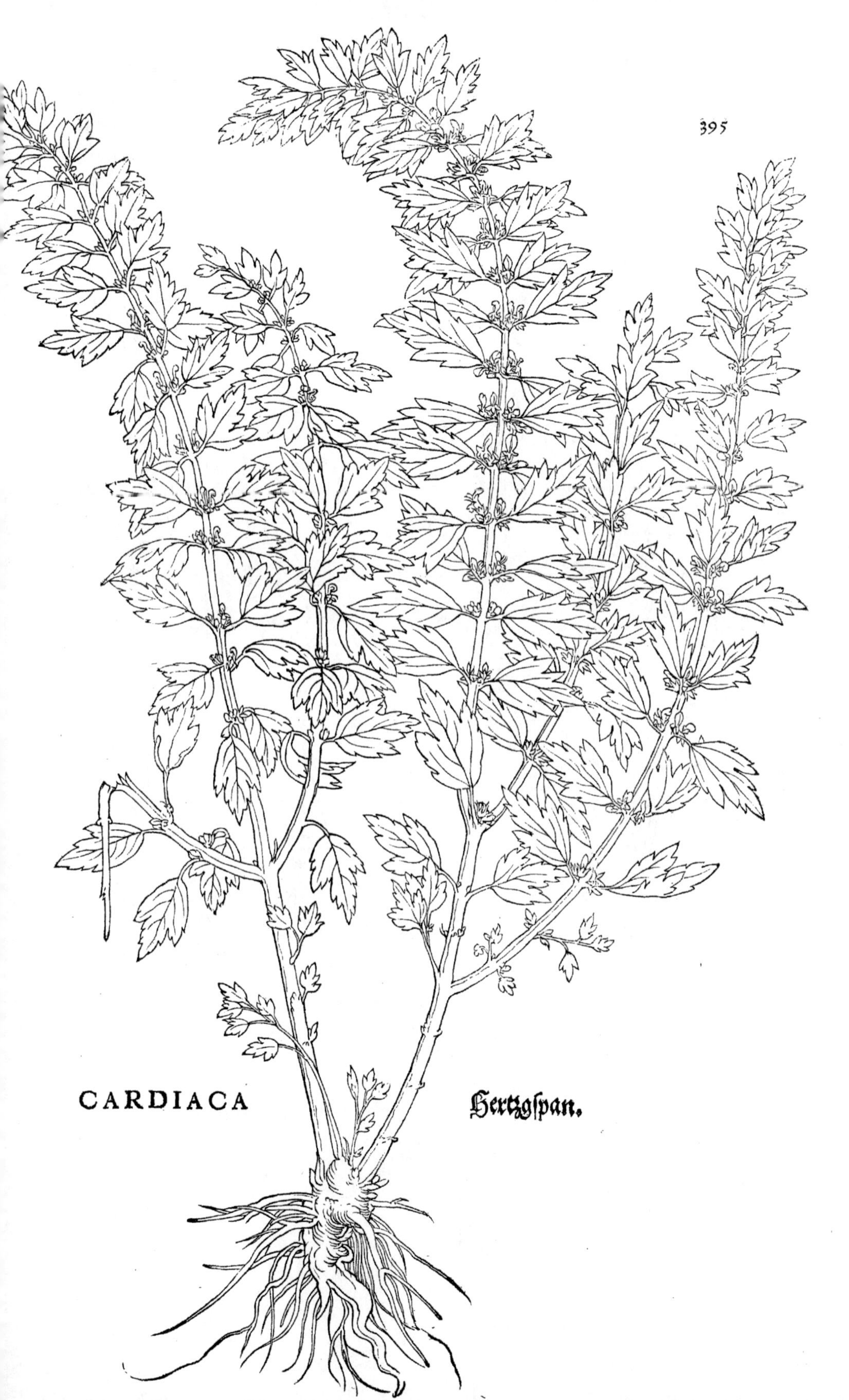
CARDIACA
Hertzgspan.

CAROS

Feldkümich.

A

NOMINA.

KAPOΣ Grecis, Caron uel Careum Latinis, officinis Carui nominatur. Germanis Mattkümich / oder Wysenkümel dicitur. A Caria forte regione, in qua laudatissimum nascitur, appellationem accepit. *Carui. Careum unde dictum.*

FORMA.

Caules emittit quadrangulos ab una radice multos, folia Staphylini, flores candidos, & in caulium summo semen angulosum ac copiosum, radicem oblongam & luteam.

LOCVS.

Passim in pratis Germaniæ nostræ prouenit. Optimum tamen est quod in Caria, ut diximus, nascitur.

TEMPVS.

Iunio mense floribus & semine prægnans est.

TEMPERAMENTVM.

Cari semen calfacit & exiccat tertio quodammodo ordine, moderate acrem qualitatem possidens.

VIRES. EX DIOSCORIDE.

Semen Cari calfacit, urinam cit, stomacho & ori gratum accõmodumq́;. Concoctiones adiuuat. Antidotis & oxyporis utiliter miscetur, Aniso proportione respondens. Radix elixa Pastinacæ syluestris modo edendo est.

EX GALENO.

Flatus extinguit & urinas ciet, non semen tantum sed & planta.

DE CARYO PONTICO. CAP. CL.

B

NOMINA.

KAPYA ποντικὰ, ἢ λεπτοκάρυα Græcis: Auellanæ nuces, & Prænestinæ Latinis, Haselnuß Germanis nominantur. Ponticæ autem uocantur, quod in Asiam Græciamq́; e Ponto uenerunt. Paruæ, quod Iuglandibus minores sint. *Auellanæ. Ponticæ quare uocatæ. Paruæ.*

GENERA.

Duo eius sunt fastigia. Vna enim est syluestris, quam priuatim Germani nostri Haselnuß nominant. Altera uero urbana seu domestica, quam ijdem Rotnuß / oder Kürnuß appellant.

FORMA.

Corylus arbor in qua Auellana nux prouenit, caudice est multis inferne stolonibus fruticante, superne ramis brachiato, uirgis breuibus, sine alarum sinu enodibus, crassisq́; nõnullis, folijs ab una parte nigris, altera uero subalbis, per ambitum serratis, materia admodum lenta, cortice summo tenui, pingui, maculis albis uario, medulla tenui & flaua. Non floret, sed floris uice quidam in eo peculiares compactili callo racematim cohærentes, & ueluti prelongi uermes singulari pediculo pensiles iuli erumpunt, qui ineunte uere dehiscunt ac defluunt cum folia prosiliunt, ac tum calyculacea tegumenta totidem summatim fimbriata, quot iuli supra pediculum exeunt, eorumq́; singulis nuces singulæ insunt. Domestica non differt a syluestri, nisi quod eius folium maius, & caudex procerior, melior fructus, rubra membrana inclusus. *Corylus. Iuli. Domestica.*

LOCVS.

Gaudet argillosis & uliginosis locis: nascitur itaque in plano. Nemora etiam & montes Corylis uestiuntur.

TEMPVS.

Autumno leguntur Auellanæ nuces.

398
AVELLANA NVX
SYLVESTRIS.
Haselnuß.

AVELLANA DOMESTICA.

Rotnuß.

TEMPERAMENTVM.

C Tum cortex,tum planta,tum fructus gustanti austerior quàm Iuglans apparet, plus itaque habet essentiæ terrestris & frigidæ. Symeon Sethi calidas & humidas esse Auellanas asserit.

VIRES. EX DIOSCORIDE.

Stomacho aduersantur Auellanæ. Tritæ in aqua mulsa,& potę ueterem tussim sanant. Tostæ uerò & cum exiguo pipere comestæ destillationem maturant. Totæ crematæ,tritæ cum axungia aut seuo ursino & inunctæ alopecias explent. Ferunt aliqui usta earum putamina, & in puluerem redacta cum oleo cæsiorum oculorũ pupillas infantibus denigrare,perfuso syncipite.

EX GALENO.

Valentiores sunt Auellanæ quàm Iuglandes:nam densior strictiorq; his est substantia,ac minus oleosa. Cætera magnæ nuci similia sunt.

EX AETIO.

Auellana,quę & Nux pontica nuncupatur,quod in Euxino ponto frequens sit, præter quod frigidior, austerior, terrestriorq; est, in reliquis Iuglandi assimilatur. Comesta dolorem capitis inuehit.

EX SYMEONE SETHI.

Magis nutriunt quàm Iuglandes nuces, difficiliusq; cõcoquuntur. Inflationes faciunt,&,ut quidam aiunt,ieiunum intestinũ lædunt. Facilius autem cõcoquuntur,minusq; uentrem sistunt,si interior earum cortex abijciat̃. Dicitur quod si quis ante reliquos cibos cum ruta sumpserit,huic neq; morsus,neq; uenena officere illo die posse,& scorpiones ab ipso fugere. Sumptæ cum caricis, iam à scorpione ictos D iuuant. Ad aciditatem à nigro humore excitatam omnino confert.

DE CENTVMMORBIA. CAP. CLI.

NOMINA.

Centummorbia unde dicta.

HVIC herbæ,ut alijs multis,nomẽ aliud imponere non licuit,quàm,quo uulgò hodie appellari solet, Centummorbiæ. Sic autem hauddubiè à chirurgis, qui illa quotidie utunt̃,à mirifica sua quam in plurimis ulceribus medendis obtinet facultate,dicta est. Sunt qui à foliorũ similitudine,quę nummi speciẽ referũt,Nummulariã uocant. A nõnullis Hirudinaria,quod passim terræ hirudinis instar affixa sit, dicitur. Nec desunt qui Serpentariam appellent, quod compertum sit serpentes hac herba si uulnerentur sibi mederi. Germanicè Egelkraut/oder klein Naterzung/oder Pfennigkraut nominatur.

Nummularia.

FORMA.

Serpit per terram,exiguisq; radiculis è coliculis latis prodeuntibus nititur. Folia habet ex utroq; caulis latere rotunda,pinguiaq;:flores luteos.

LOCVS.

Prouenit in locis humidis,potissimum uerò circa fluenta.

TEMPVS.

Maio mense apparet,Iulio autem floret.

TEMPERAMENTVM.

Gustu admodum adstringit, ut hinc constet secundi aut tertij ordinis exiccantium esse herbam.

VIRES.

Huius flores & folia trita adeò desiccãt adstringuntq;,ut quæuis ulcera glutinare ualeant. Ideoq; pota cum uino dysenterias,uentris imbecillitates,fluxusq; ac humiditates sanant. Cataplasmatis ritu illita ulcerũ putredinosa iuuant. Prosunt etiam

ad san-

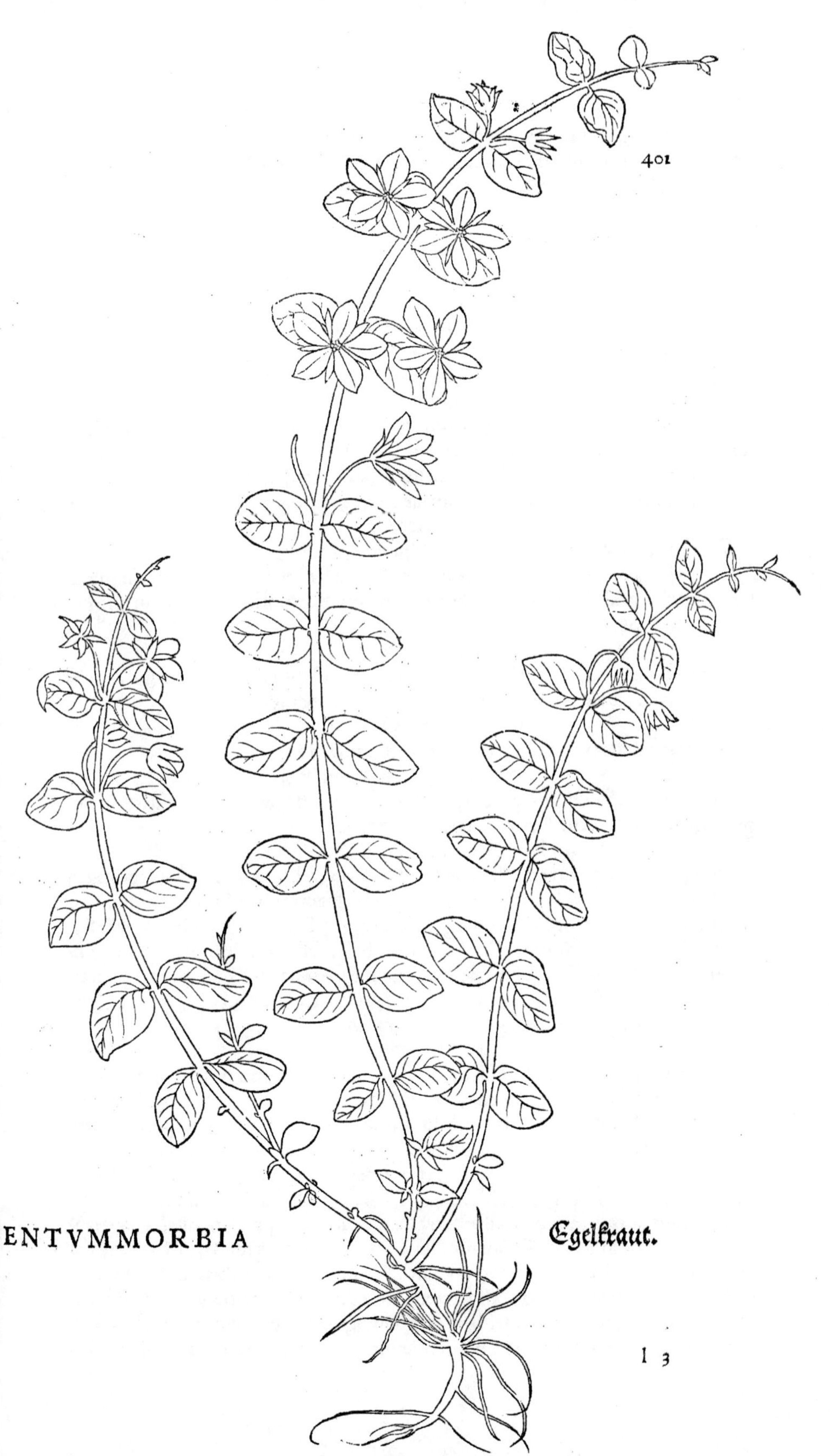

CENTVMMORBIA Egelkraut.

C ad sanguinis reiectiones, profluuia muliebria, & ad omnia interanea uulnera & ulcera, potissimũ pulmonis. Externis etiam ulceribus summè confert, si uino in quo herba hæc decocta est, lauentur atque abstergantur.

DE COCCIMELEA. CAP. CLII.

NOMINA.

ΚΟΚΚΙΜΗΛΕΑ Græcis, Prunus Latinis & officinis, Germanis eius arboris fructus Pflaumen/oder Prumen dicuntur.

GENERA.

Satiua Pruna. Duo sanè Prunorũ habentur genera. Vnum satiuorũ, in quo genere sunt nigra, candicantia, uersicoloria, cerea, hoc est, ex candido in luteum pallescentia, purpurea, Damascena, & si qua sunt alia. Alterum syluestriũ, quę Galeno lib. ij.

Pruneola. de alimentorum facultatib. ἀγριοκοκκυμήλα, & in Asia προῦμνα, Pruneola siue Prunula uulgo nominant, Germanicè Schlehen. Caue eorum amplectaris sententiam, qui Poterium esse putant: neque enim facultates, neq; notæ Prunulis respondent.

FORMA.

Prunus arbor est radicibus summo cespite uagantibus paucis, caudice subrecto, scabro, multis brachiato ramis, folio ex oblongo ferè rotundo, per oras minutim serrato, flore candido, foliato, pomo carne cuteq; uestito, osse intus duro in quo nucleus includitur.

LOCVS.

Satiua Prunus in hortis nascitur. Damascena in Damasco Syriæ, à quo cognominata sunt. Syluestris autem passim in sepibus reperitur.

TEMPVS.

D Satiua in æstate poma sua profert, syluestris autem autumno.

TEMPERAMENTVM.

Satiuæ Pruni fructus mediocriter humectant & refrigerant. Syluestris adstringunt, ut fusius ex eorundem facultatibus innotescet.

VIRES. EX DIOSCORIDE.

Eius pomum estur, stomacho tamen aduersatur. Aluum mollit. Syriaca autem pruna, & præsertim in Damasco genita, exiccata stomacho utilia sunt, & aluum cohibent. Folia in uino decocta & gargarissata columellam, gingiuas & tonsillas fluxione laborantes reprimunt. Præstant idem & syluestrium Prunorũ fructus cum maturuerunt siccati. Cum sapa decocti stomacho utiliores, & ad cohibendam aluum aptiores redduntur. Gummi Prunorũ glutinat. Potum in uino calculos conterit. Ex aceto illitum, impetigines infantium sanat.

EX GALENO.

Pruni fructus uentrem subducit, recens quidem plus, aridus uerò minus. Cæterum Dioscorides, haud scio cur, Pruna Damascena siccata uentrem sistere ait, quum tamen & ipsa palàm etiam subducant, minus tamen ijs quæ importantur ex Iberia. Damascena quidem magis adstringunt: at quæ Iberia fert, dulciora sunt. Quin & ipsæ arbores fructibus proportione respondent: minus enim adstringunt quæ in Iberia nascuntur, magis uerò quę Damasci. Porrò ut in summa dicam, quarum in folijs aut germinibus adstrictio quædam inesse apparet manifesta, ijs decoctis phlegmonę in columella aut tonsillis existentes colluuntur. Syluestriũ fructus euidenter adstrictorius est, uentremq; sistit. Gummi autẽ arboris sunt qui dicant cum uino potum lapides confringere, cum aceto uerò puerorũ sanare impetigines. Ac si id præstat, clarum est incidendi tenuandiq; illi facultatem inesse. Raro fructum hunc austerum aut acidum, aut omnino iniucundum inuenias, ubi exactam maturi-

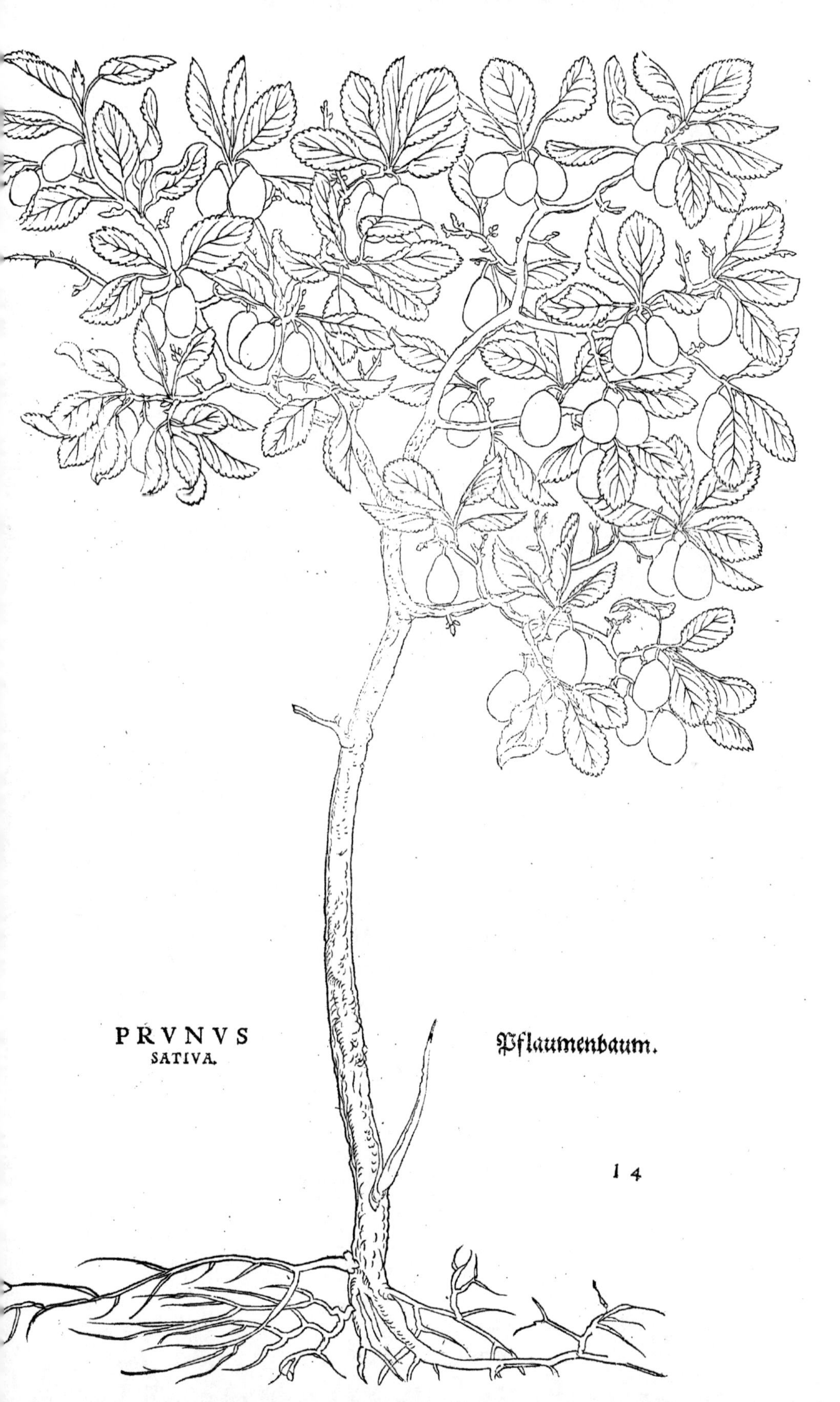
PRVNVS
SATIVA.
Pflaumenbaum.
14

PRVNVS SYLVESTRIS.

Schlehen.

A maturitatem fuerit assecutus. Priusquam enim eò perueniat, nullus est fermè qui non acorem, aut acerbitatem præ se ferat: est qui & amaritudinem. Proinde ex hoc fructu minimum alimenti corpus accipit. Verum quum humectare & refrigerare mediocriter uentrem statuemus, utilis erit: quem subducit humiditatis & lentoris sui gratia. Prunis porrò æque ac ficubus concessum est, ut uel exiccata utilia permaneant. Damascenis prima laus bonitatis magna hominum opinione defertur. Proxima ijs quæ in Iberia & Hispania proueniunt. Probatissima in Damascenis sunt, quæ cum mediocri adstrictione magna laxaꝗ́ sunt. At parua, dura, acerbaꝗ́ & in cibo permolesta, & uentri subducendo minus idonea, cui officio Iberica maximè cõueniunt. In melicrato plus mellis habente, abundè uentrem molliunt, etiamsi sola comedantur, & multo magis si melicratum ipsum subsorbeatur.

EX PLINIO.

Pruni folia decocta tonsillis, gingiuis, uuæ prosunt in uino decocta, & subinde ore colluto. Ipsa Pruna aluum molliunt. Syluestriũ quidem Prunorum baccæ, uel è radice cortex, in uino austero si decoquat̃, ita ut triens ex hemina supersit, aluum & tormina sistunt. Satis est singulos cyathos decocti sumi. Et in ijs & satiuis Prunis est limus arborum, quem Græci Lichena appellant, rhagadijs & condylomatis mirè utilis.

DE CONIO. CAP. CLIII.

NOMINA.

B ΚΩΝΕΙΟΝ græcè, Cicuta Latinis & officinis, Germanis Wutzerling / Wundtscherling / Schirling / oder Wüterich / quasi tyrannus dicitur, quod scilicet hominẽ interficiat, si intra corpus sumatur. Hinc est quod Athenienses eius succo in interimendo sapientissimo philosopho Socrate, quem falso Anytus & Melytus quasi parum recte de Dijs sentiret, accusarunt, usi sunt.

FORMA.

Caulem profert geniculatum Fœniculi modo, magnum. Folia ferulæ, uel, ut Plinius ait, Coriandro similia, angustiora tamen & graueolentia. In cacuminibus adnascentes ramulos & umbellã. Florem subalbum, semen Aniso simile, albidius tamen. Radicem concauam nec profundam.

LOCVS.

Passim in pratis, locis incultis & umbrosis nascitur.

TEMPVS.

Iulio mense flores & semina profert.

TEMPERAMENTVM.

Summam habet refrigerandi uim Cicuta, atqueadeo uenenum est.

VIRES. EX DIOSCORIDE.

Inter letalia connumeratur Cicuta, sua frigiditate enecans. Remedio est meraci uini potus. Succus exprimitur ex eius cacuminibus contusis, priusquam semen & coma arescat, expressusꝗ́ in sole densatur. Multus aridi ad medendi rationem usus est. Miscetur utiliter collyrijs, quæ leuandi doloris gratia adhibentur. Herpetas & erysipelata illitus restinguit. Herba cum coma trita & testibus circunlita, libidinum in somno imaginationibus auxiliatur, sed genitalia illita resoluit, languidaꝗ́ reddit. Lac extinguit, mammas in uirginitate increscere prohibet. Puerorum testiculos tabescere facit.

EX PLINIO.

Cicuta uenenum est, publica Atheniensium pœna inuisa, ad multa tamen usus non omittendi. Semini & folijs refrigeratoria uis, quæ si enecat, incipiunt algere

CICVTA Wüterich.

A algere ab extremitatibus corporis. Remedio est, priusquam perueniat ad uitalia, uini natura excalfactoria. Sed in uino pota, irremediabilis existimatur. Succus exprimitur folijs floribusq́: tunc enim maximè tempestiuus est & melior. Semine trito expressus, & sole densatus in pastillos, necat sanguinẽ spissando. Hæc altera uis. Et ideo sic necatorũ maculæ in corporibus apparent. Ad dissoluenda medicamenta utuntur illo pro aqua. Fit ex eo ad refrigerandũ malagma. Præcipuus tamen est ad cohibendas epiphoras æstiuas, oculorumq́ dolores sedandos circunlitus. Miscetur collyrijs, & alios omnes rheumatismos cohibet. Folia quoq; tumorem omnem doloremq́ & epiphoras sedant. Anaxilaus autor est, mammas à uirginitate illitas, semper staturas. Quod certum est, lac puerperarum mammis imposita extinguit, ueneremq́ testibus circa pubertatem illita.

DE CYNOGLOSSO OFFICINARVM. CAP. CLIIII.

NOMINA.

ΚΥΝΟΓΛΩΣΣΟΝ græcè, latinè Lingua canina: officinæ græcam appellationem retinuerunt, Germanicè Hundßzung appellãt. Animaduertendum tamen nos non temerè adiecisse officinarum: neque enim Dioscoridis damus Caninam linguam, quæ uidua caule est, & uiribus etiam ab hac nostra diuersa.

Lingua canina.

Dioscoridis Cynoglosson.

FORMA.

Caulem obtinet cubitalem, & interdum longiorem, hispidum, surculosum: folia angusta, prælonga & lanuginosa, non uenosa, molliaq́: florem primum purpureum, dein cœruleum, stamina habentẽ purpurea: radicem oblongam, & profun-

B dè terram penetrantem.

LOCVS.

Passim circa itinera prouenit.

TEMPVS.

Iunio & Iulio mensibus floret.

TEMPERAMENTVM.

Recentiores herbarij frigidam & siccam esse statuunt in ordine secundo.

VIRES.

Oris & alijs maleficis ulceribus medetur. Dysenteriæ etiam prodest. Debet itaque illius herbę usus esse in omnibus ulceribus, uulneribus, scabie Hispanica, & similibus morbis. Auxiliatur etiam gonorrhœæ & destillationibus: atque hinc est quod catapotiorum compositioni, quorum nomenclatura est ad omnes morbos catarrhi, aut de Cynoglosso, admisceatur.

Catapotia de Cynoglosso.

DE CNICO.

CYNOGLOSSVM
OFFICINARVM.

Hundßzung.

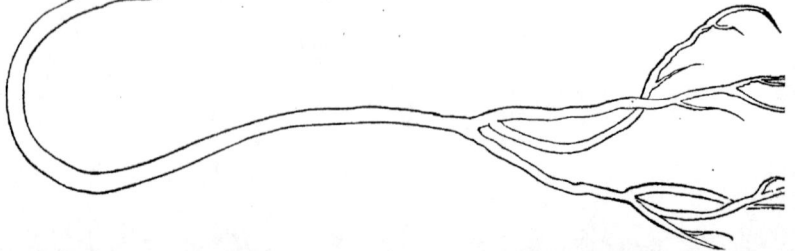

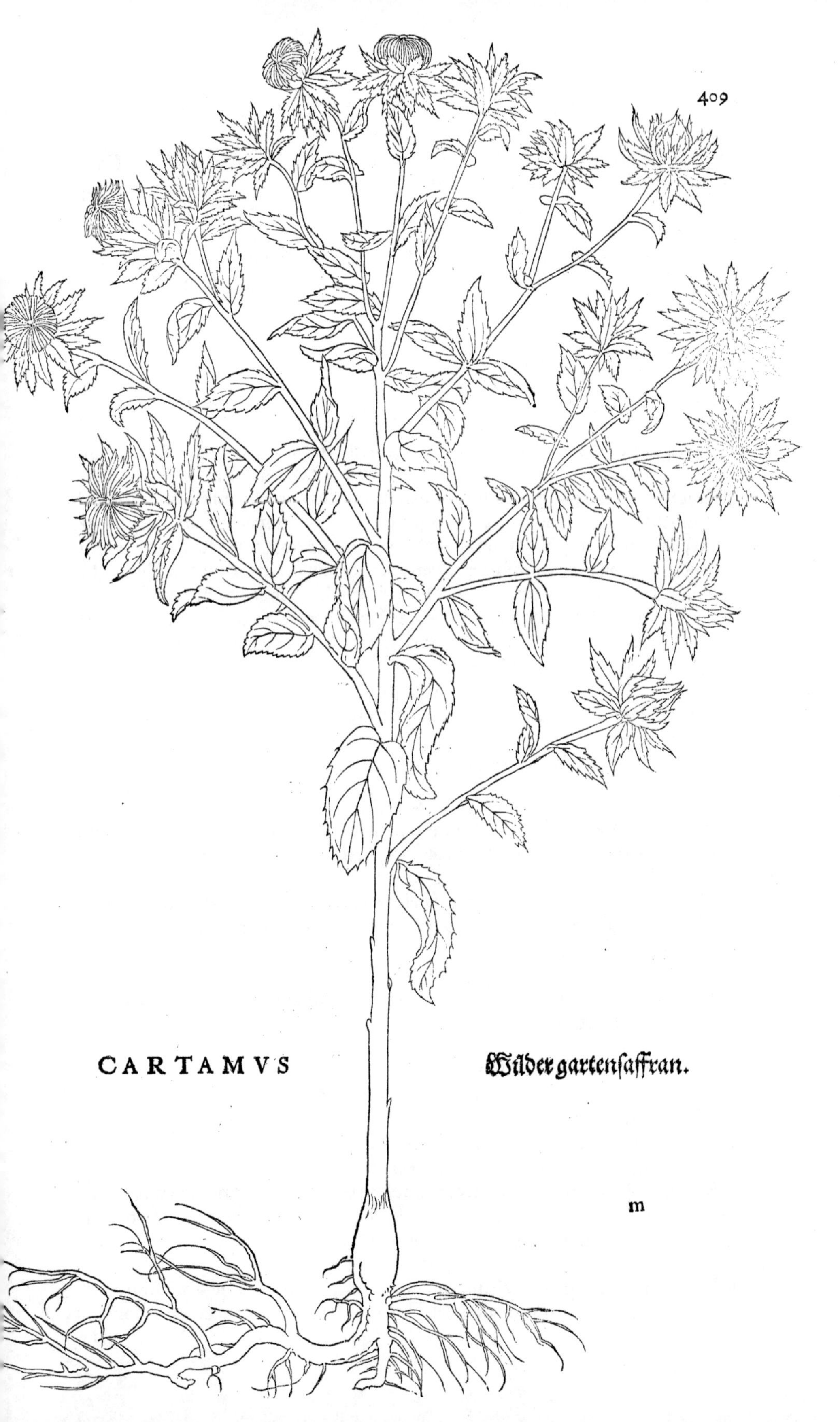

CARTAMVS Wilder gartensaffran.

DE CNICO. CAP. CLV.

C

NOMINA.

Cartamus. Crocus hortensis.

ΝΙΚΟΣ græcè, Cnicus & Cnecus latinè nominatur. Officinæ Cartamum & Crocum hortensem appellant. Germani Wilden gartensaffran / ad differentiam Atractylidis, de qua suprà dictum est.

FORMA.

Folia habet oblonga, incisuris diuisa, aspera, aculeata. Caules cũbitales, in quibus capita oliuæ magnitudine. Florem similem Croco, semen candidum & rufum, oblongum, angulosum.

LOCVS.

Nascitur in hortis & agris satus.

TEMPVS.

Floret Iulio & Augusto mensibus, ac subinde semen etiam profert.

TEMPERAMENTVM.

Tertij est ordinis excalefacientium eius semen, si quis foris eo uti uolet.

VIRES. EX DIOSCORIDE.

Huius flore utuntur in obsonijs. Semen tundit̃ & ex eo exprimit̃ succus qui cum hydromelite aut gallinaceo iure datus aluum purgat. Stomacho tamẽ aduersatur. Fiunt etiam placentæ quæ aluum emolliunt, si succus eius amygdalis, nitro, aniso, & melli cocto misceatur. Oportet autem ante cœnam in partes quatuor diuisas Iuglandis nucis quantitate duas aut tres sumere. Eas hoc modo conficere oportet. Sumatur Cnici candidi sextarius, amygdalarũ tostarum & decorticatarũ cyathi tres, anisi sextarius unus, aphronitri drachma una, caricarum triginta carnes. Seminis succus lac cogit, & ad soluendum aluum efficacius efficit.

EX GALENO.

D Cnici semine duntaxat ad purgationes utimur.

DE CENCHRO. CAP. CLVI.

NOMINA.

Milium unde dictum.

ΚΕΓΧΡΟΣ Græcis, Milium Latinis & officinis, Germanis Hirß appellatur. Nomen, Festo autore, à miliaria summa deriuatum.

FORMA.

Frumenti genus stipula cubito altiore, geniculata, folio arundinaceo, semine in iuba tereti & pendulo, folliculo concluso, radice numerosa, capillata, ac multiplici fruticante culmo.

LOCVS.

Satum in aruis prouenit. In frigido & aquoso solo prius serendum, postea in calido præcipiunt. Gaudet solo limoso uliginosoq́;.

TEMPVS.

Augusto mense demetendum.

TEMPERAMENTVM.

Milium primo ordine refrigerat, exiccat autem tertio exoluto, aut certè secundo intenso. Paululum etiam tenuium est partium.

VIRES. EX DIOSCORIDE.

Minus cæteris frugibus alit. In panes autem coactum, aut tanquam puls confectum aluum sistit, urinam autem mouet. Tostum uero saccis inditum & fomenti loco appositum, torminibus & alijs doloribus auxilio est.

EX GALENO.

Milium ut ferculum comestum inter omnia frumentacea edulia minimũ nutrimenti confert. Sed & uentrem desiccat. Porrò foris impositum in sacculis idoneum est fo-

MILIVM
Hirß.

C est fomentum ijs quæ citra morsum exiccari postulant. Cataplasmatis etiam modo illitum exiccare potest, attamen admodum friabile est, proinde difficilis est eius in Panis ex milio. cataplasmatis usus. Panis ex milio exigui est alimenti & refrigerantis. Constat insuper præaridum & instar arenulæ aut cineris friabilem esse: caret enim penitus glutinoso pingui: iure itaque aluum humentem desiccat. Milium tamen ad omnia panico præstantius, nam & suauius editur, facilius concoquitur, uentremq́ minus cohibet, ac magis nutrit. Huius farinam lacti incoctam esitant, ueluti triticeam agricolæ: clarumq́ est id edulij tanto quàm illa quę per se sola sumuntur melius esse, quanto lac milij natura ad boni succi procreationem, aliaq́ omnia eminentius habetur. Dico autem alia omnia, concoctionem, uentris subductionem, in totum corpus distributionem, adeoq́ ipsam in edendo suauitatem ac uoluptatem.

EX PLINIO.

Milio sistitur aluus, discutiuntur tormina, in quem usum torretur antè. Neruorum doloribus & alijs feruens in sacco ponitur, neque aliud utilius, quoniam leuissimum mollissimumq́ est, & caloris capacissimum. Itaque talis usus eius est ad omnia quibus calor profuturus est. Farina eius cum pice liquida, serpentium & multipedæ plagis imponitur.

EX SYMEONE SETHI.

Difficulter concoquitur, uentrem sistit, parumq́ nutrit. Iuuat eos qui refrigeratione & exiccatione uentriculi indigent. Sumptum cum lacte, uel amygdala thasia facilius concoquitur, & humidius fit.

DE CRAMBE SATIVA. CAP. CLVII.

D NOMINA.

KPAMBH ἡ κράμβη græcè, Brassica satiua latinè, officinis & uulgo Caulis, Germanicè Kól appellat. Crambe Gręcis dicta censetur quasi κοράμβλη, quod pupillas oculorum, quas Gręci κόρας uocant, obtundat, hebetetq́. In qua certè sententia fuisse Columellam hoc eius de cultu hortorum carmen testatur:

Nunc ueniat quamuis oculis inimica Coramble.

Attici integro nomine κοράμβην protulerunt, alio sed potiore etymi sensu, quasi κόρῳ ἀμβῇ, uel rectius ἀντιβῇ, id est, crapulæ satietatiq́ contraueniat. Nam uino aduersatur, ut inimica uitibus. Antecedens in cibis ebrietatem arcet, & postea sumpta crapulam discutit.

GENERA.

Etsi plurima sint Brassicæ genera, ut ex ueteribus rei rusticæ scriptoribus liquet, quatuor tamen duntaxat, quæ hodie usitatæ sunt, producemus: quarum una Græ Brassica leuis. cis λεία, hoc est, leuis nominatur, grandibus & latis folijs, caule magno: Germanis breiter oder grosser Kól uocatur. Altera crispa, quæ à similitudine apij σελινοειδὴς, Apiana. id est, Apiana nuncupatur. Vulgo crispus caulis, Germanicè krauser Kól. Ter Crambe. tia propriè uocatur Crambe, minutioribus caulibus, & tenuioribus folijs, flore luteo, Germanicè kleiner Kól/ ut ab alijs discernatur, nominari potest, aut simplici Capitata. ter & sine adiectione Kól. Quarta sessilis est, folio & capite patula. Vulgus caputos caules, quasi capitulatos appellat, quoniam in capitis formam extuberant. Folia enim horum in orbem glomerantur, exterius callosa & per ambitum rugata, multis intus carinarum uoluminibus, externis semper interiora complectentib. Huc alludentes Germani Cappiskraut uocant. Nonnulli à candore foliorum Brassicam albam, & caules albos appellare maluerunt. Hoc genere Brassicæ in plerisque Germa-

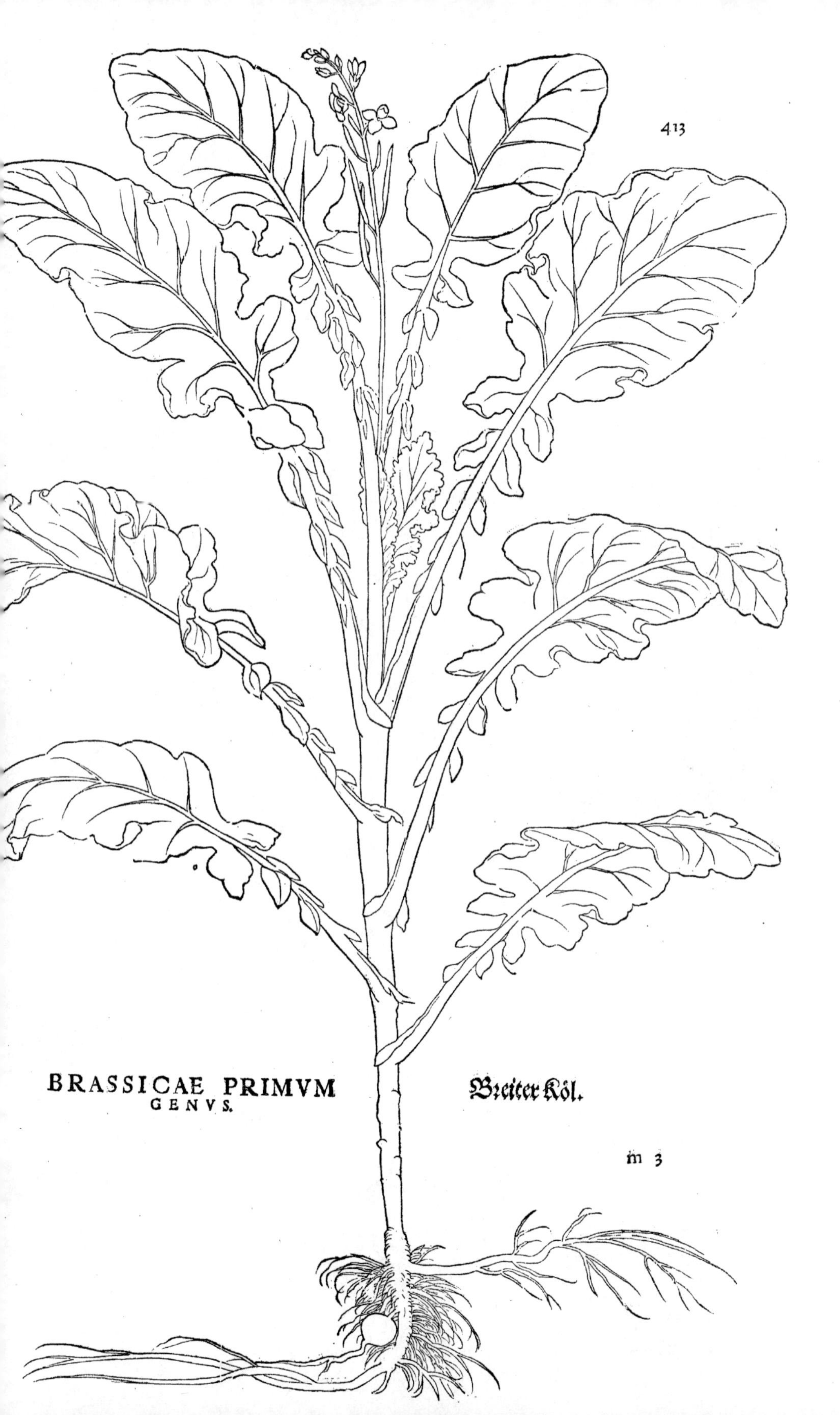
BRASSICAE PRIMVM GENVS.
Breiter Köl.

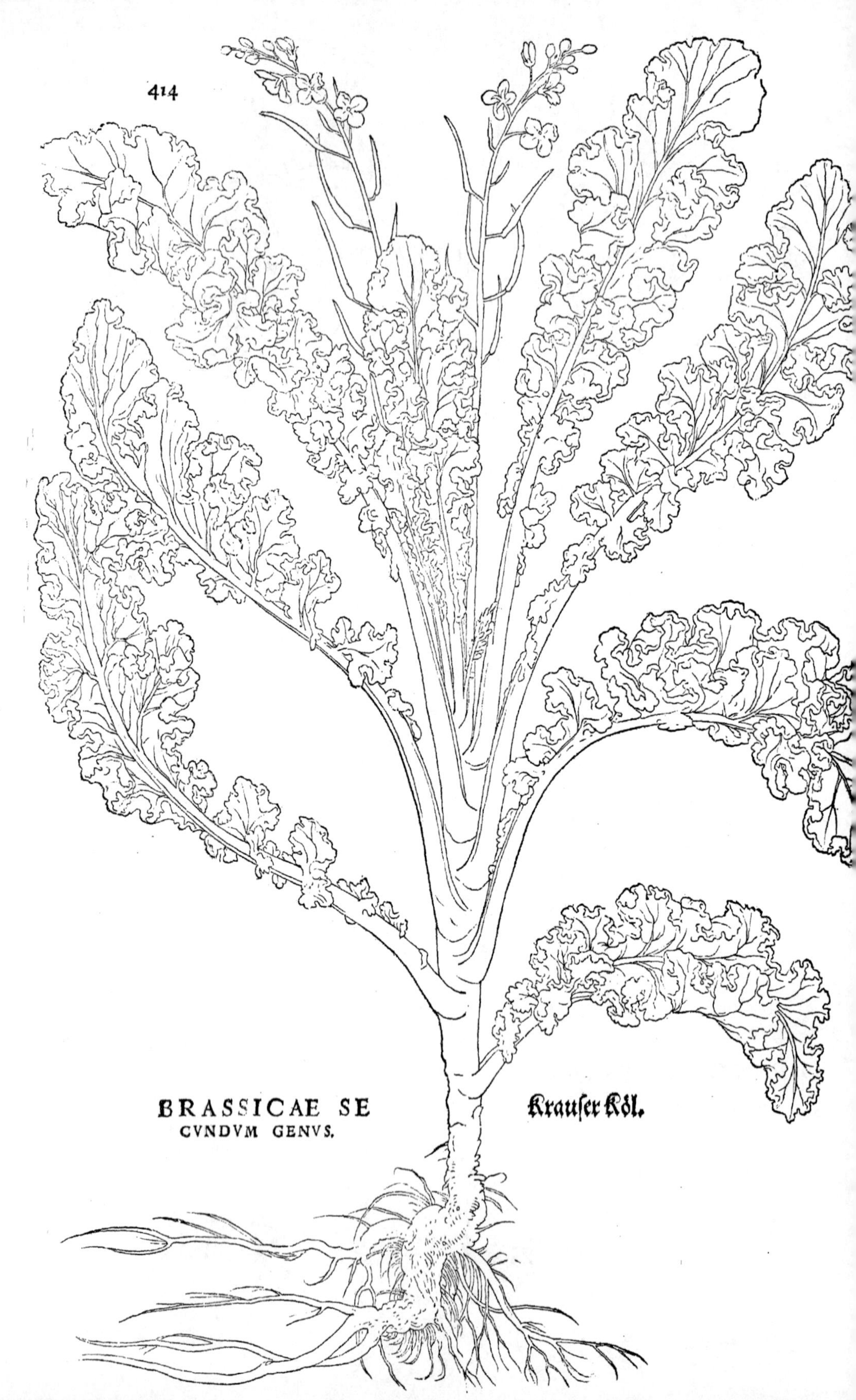
BRASSICAE SE
CVNDVM GENVS.
Krauser Köl.

BRASSICAE TERTIVM GENVS.

Kleiner Köl.

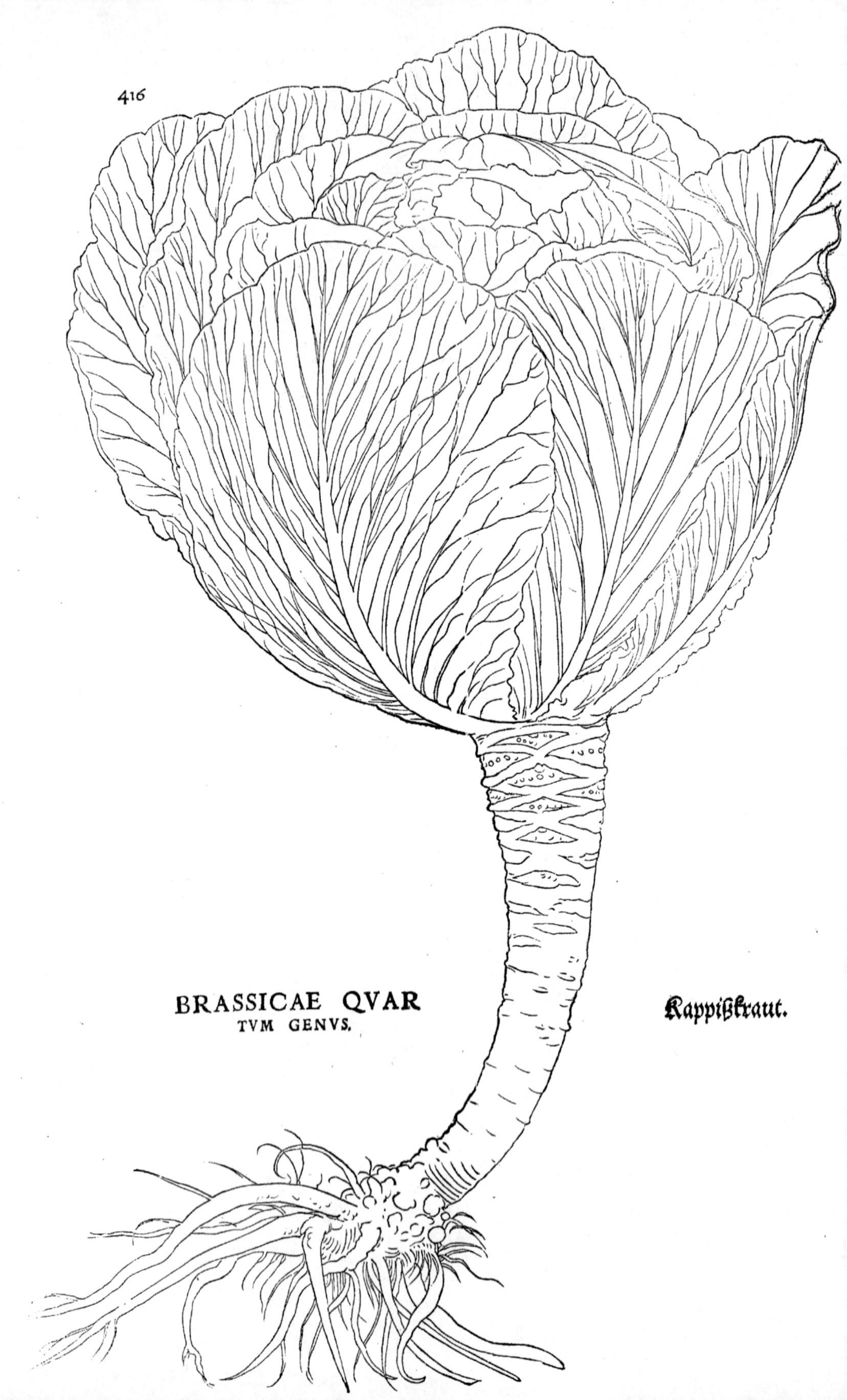
BRASSICAE QVAR
TVM GENVS.
Kappißkraut.

A Germaniæ partibus, Boioaria potißimum, per integrum anni curriculum quotidie uictitant, quod illic eius prouentus sit uberrimus.

FORMA.

Caule est Braßica leuiter rubente, craſſo, folio prægrandi, carnoſo, ex cæſio candicante, in latus utrinq; diffuſo, prominulis uenarum toris fruticante, cyma patula, flore tum luteo, tum albo, ſemine in ſiliquis.

LOCVS.

In hortis hodie paßim proueniunt Braßicæ. Frigidis uero & pluuijs regionibus poſitio earundem optima.

TEMPVS.

Auguſto menſe potißimum florent, ac ſubinde ſemen etiam proferunt.

TEMPERAMENTVM.

Braßica tum manducata, tum foris impoſita exiccat. Sicca uero & calida primo ordine.

VIRES. EX DIOSCORIDE.

Braßica ſatiua aluo eſt idonea, ſi leuiter feruefacta edatur. Percocta uero aluũ ſiſtit, & multo magis bis cocta, & in lixiuio decocta. Æſtiua ſtomacho nocet & acrior eſt. In Aegypto propter amaritudinẽ nõ eſtur. Obſcuritate uiſus laborantib. & tremulis comeſta auxiliat᷑. A cibo ſumpta ex crapula & uino noxas reſtinguit. Cyma eius ſtomacho utilior, ſed acrior, & ad ciendã urinã ualidior. Cõdita ſale ſtomacho inimica eſt, aluumq; cõturbat. Crudus eius ſuccus cũ iride & nitro deuoratus aluũ mollit. Cũ uino potus uiperarũ morſib. ſuccurrit. Cum Fœnigræci farina, podagricis & articulorũ doloribus correptis, ulceribusq; ſordidis & uetuſtis illitus prodeſt. Caput purgat per ſe naribus infuſus. Menſes ducit cum loliacea farina inditus. Fo

B lia per ſe aut cum polenta trita, omnibus inflammationibus & œdematis cõferunt. Eryſipelatis, epinyctidis & lepris medent᷑. Cum ſale carbunculos rumpunt. Capillorum in capite defluxũ retinent. Cocta autem & melli mixta gangrænarũ paſcentibus malis opitulant᷑. Cruda ex aceto comeſta lienoſis proſunt. Manſa uerò deuorato ſucco uocem amiſſam reſtituunt. Decoctũ eius potum, aluum & menſes mouet. Flos poſt conceptionẽ in peſſo ſubditus ſterilitatẽ facit. Semen eius, præſertim quæ in Aegypto naſcitur, potum lumbricos pellit. In antidota cœliacorũ additur. Faciem lentiginesq; expurgat. Cauliculi uirides cum radice cremati, & adipe porci uetuſto excepti, diuturnos laterum dolores impoſiti mitigant.

EX GALENO.

Braßica eſculenta deſiccandi uim habet tum eſa, tum foris impoſita, non tamen etiam admodum acrem. Alioqui & ulcera glutinat, & maligna ulcera ſanat. Præterea phlegmonas iam induratas, ac ægrè ſolubiles, & id genus quoque eryſipelata. Eadem facultate epinyctidas & herpetes ſanat. Habet quiddam etiam in ſe abſterſorium, quo lepras curat. Porrò ſemen eius potum lumbricos interficit, maximẽ Braßicæ Aegyptiæ, quanto ea ſcilicet temperatura ſiccior eſt. Sanè amaræ qualitatis particeps ſemen eſt, ſicut uidelicet omnia alia medicamenta quæ ad lumbricos idonea ſunt. Secundũ eandem facultatem ephelidas, lentigines, & quæcunq; alia modicã abſterſionẽ poſtulant, adiuuat. Caules Braßicę combuſti, cineres efficiunt admodum deſiccantes, ut uidelicet iam & adurentẽ uim participent. Hac ratione ei ueterem adipem cõmiſcentes, ad inueteratos laterum dolores, & ſi quid eius fuerit generis, adhibent. Nam ualenter digerens medicamentum efficitur. Braßicę quoque ſuccus purgandi quandam uim obtinet: contrà ſolidum eius corpus ſiccitatis ratione cohibere magis quàm incitare deiectionem poteſt. Proinde quum expellere alui excrementa propoſitum erit, aheno in quo elixa unà cum aqua fuit, propius admoto, ipſam eximere confeſtim, uaſculoq; in quo paratur, oleum cum garo

inijce-

C inijcere oportebit. At humentē aluum ſiccare uolentes, quum mediocriter bulijſſe uidebitur, priore aqua effuſa repentè aliam calentem inijcimus, ac ita rurſus in ea diſcoquimus uſquedum tenera flaccidaq́; euaſerit.

EX PLINIO.

Cato criſpam maximè probat, dein leuem grandibus folijs, caule magno. Prodeſſe tradit capitis doloribus, oculorū caligini, ſcintillationibusq́;, uel ſtomachi doloribus, crudam ex aceto & melle, coriandro, ruta, mentha, laſeris radicula, ſumptā acetabulis duobus matutino. Tantamq́; eſſe uim, ut qui terant hæc, ualidiores fieri ſe ſentiant. Ergo uel cum uino tritam, ſorbendam, uel ex olei intinctu ſumendā. Podagræ autem, morbisq́; articularijs illini cum rutæ, coriandri & ſalis mica, hordei farina. Aqua quoque eius decocta, neruos articulosq́; mirè iuuari. Si foueantur uulnera & recentia & uetera, etiam carcinomata, quæ nullis alijs medicamentis ſanari poſſunt. Foueri prius aqua calida iubet, & bis die tritam, imponi. Sic etiam fiſtulas eluxatas, & tumores reuocari, quæque diſcuti opus ſit. Inſomnia etiam, uigiliasq́; tollere decoctam, ſi ieiuni edant quamplurimam ex oleo & ſale. Tormina, ſi decocta iterum decoquatˉ, addito oleo & ſale, cumino, polenta. Si ita ſumatur ſine pane, magis profuturā. Inter reliqua bilem detrahit per uinum nigrum pota. Quin & urinam eius qui Braſsicā eſitauerit, aſſeruari iubet, calefactamq́; neruis remedio eſſe. Auribus quoq; ex uino ſuccum Braſsicæ tepidum inſtillari ſuadet. Idq́; etiam tarditati audientium prodeſſe aſſeuerat. Et impetigines eadem ſanari ſine ulcere. Græci biles detrahere non percoctā putant. Item aluum ſoluere, eandemq́; bis coctam ſiſtere. Vino aduerſari, ut inimicam uitibus. Antecedente in cibis caueri ebrietatem. Poſtea ſumpta crapulam diſcuti. Hunc cibum & oculorū claritati conferre multum, ſucco uerò crudæ angulis uel tantum tactis cum Attico melle, plurimū.
D Hippocrates cœliacis, dyſentericis bis coctā cum ſale dari iubet. Item ad tenaſmon, & renum cauſas. Lactis quoq; ubertatem puerperis hoc cibo fieri iudicans, & purgationem fœminis. Crudus quidem caulis ſi edatur, partus quoq; emortuos pelli. Inuenio & à podagra liberatos edendo eam, decoctæq́; ius bibendo. Hoc & cardiacis datum & comitialibus morbis addito ſale. Item ſpleneticis in uino albo per dies quadraginta. Contra uerò ſingultus cum coriandro, & anetho, & melle, ac pipere, & aceto. Illitam quoque prodeſſe inflationibus ſtomachi. Item ſerpentiū ictibus, & ſordidis ulceribus & uetuſtis, uel ipſam aquam cum hordeacea farina. Succū ex aceto, uel cum Fœnogræco. Sic aliqui & articulis, podagrisq́; imponunt. Epinyctidas ac quicquid aliud ſerpit in corpore, impoſita leuat. Item repentinas caligines: has & ſi mandiˉt ex aceto. Sugillata uerò & alios liuores pura illita. Lepras & pſoras cum alumine rotundo ex aceto. Sic & fluentes capillos retinet. Epicharmus teſtium & genitalium malis hanc utiliſsimè imponi aſſerit. Efficacius eandem cum faba trita. Item conuulſis cum ruta. Et muris aranei morſus, foliorum aridorum farina alterutra parte exinanit. Stirpium Braſsicæ aridorum cinis, inter cauſtica intelligitur. Ad coxendicū dolores cum adipe peruetuſto. Plura de Braſsicæ uiribus uide apud Catonem de re ruſtica, cap. clvij.

EX SYMEONE SETHI.

Malum & melancholicū ſuccum procreat. Viſum hebetat, & ſomnū per contraria inſomnia interturbat. Succus eius aliquatenus purgat: corpus uerò eius uentrē ſiſtit. Quapropter in quibus humectā aluum exiccare uolumus, ipſam modicè decoquentes, aquamq́; primam abijcientes, confeſtim alteri aquæ feruenti indimus: nihil enim neque aëris, neque frigidæ aquæ quod bis coquitur tangere debet. Æſtiua Braſsica peioris ſucci eſt quàm hyberna. Cit uerò urinam, lumbricos interficit, & ijs qui ex uino crapula laborant auxiliatur. Fertur autem quod ab humiditate ortam hebetudinem ſanet. Cocta cum pingui carne, plurimum noxæ atque uitij amittit.

A amittit. Flos eius proprietate quadam ſemen genitale corrumpit, utero impoſitus, & mulieres concipere prohibet. Pulmonem lædit. Tradunt quoque ſi ante alios cibos aſſumpta fuerit, ebrietatem arcere. Et quod eius ſuccus cum melle ſumptus, magnificè defectiones uocis iuuet. Vulneribus impoſita, ea conglutinat, & maleſica ulcera, & induratas inflammationes ſanat.

DE CRVCIATA. CAP. CLVIII.

NOMINA.

QVO nomine ueteres hanc herbam appellauerint nondum compertum habeo. Neque enim Iſatis eſt, quam uulgus Saponariam uocat, ut ſuo loco docebimus, ideoq; nomen quo illam nominaremus fingendum fuit. Ad imitationem autem Germanicæ nomenclaturæ Cruciatam diximus, quod eius radix in modum crucis transfoſſa ſit. Vt hoc etiam nomine græcè σταυρότυπος dici poſſet. Germanicè Creutzwurtz / Sperenſtich / & Madelgeer nuncupatur.

Cruciata cur dicta.

σταυρότυπος.

FORMA.

Caulem rotundum obtinet, dodrantalem, in ſummo rubentem, alas multas habentem, è quibus ſingulis bina folia craſſa, anguſta & oblonga, floresq; orbiculatim purpurei è ſiliquis coloris herbacei prodeunt. Radicem albam, longam, crucis inſtar ab utroq; latere perforatam, à qua illi nomen inditum eſt.

LOCVS.

Naſcitur locis incultis.

TEMPVS.

B Floret Iulio menſe.

TEMPERAMENTVM.

Admodum amara eſt, unde facilè colligere licet calidam & ſiccam eſſe.

VIRES.

Recentiores eius eſſe magnum contra peſtilentiæ uenena uſum tradunt. Item quod ea quæ in thorace ſunt educere ualeat. Quæ ſanè ſingula præſtare poſſe amarus ſapor qui illi ineſt abundè docet. Abſtergunt enim expurgantq; amara, & quæ in uenis eſt craſsitiem incìdunt, Galeno libro quarto de ſimpl. medicamentorũ facultatib. cap. decimoſeptimo, autore. Quamobrẽ menſes etiam mouet, comitiali morbo competit, & alia quæ amaris ab eodem tribuuntur, præſtare poteſt.

Vulneribus etiam glutinandis mirificè conducit.

DE CISSO.

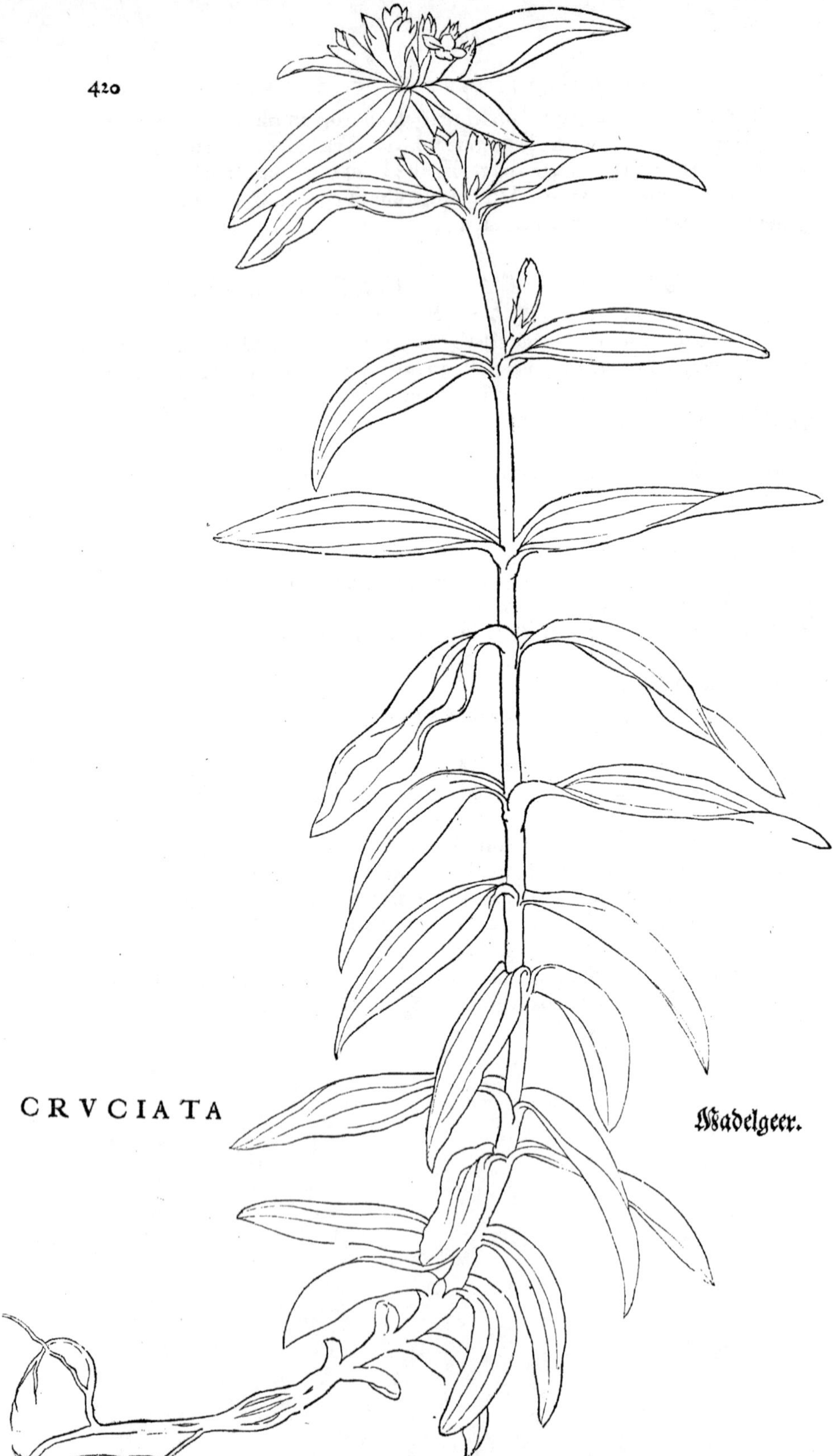

CRVCIATA

Madelgeer.

A

NOMINA.

KISSOS grecè, Hedera latinè, Ephew Germanicè dicitur. Athenienses Bacchum appellarunt Citton, quo nomine rigens Hedera quæ sine adminiculo stat, sola omnium generum ob id uocata est Cissos: è diuerso nunquã nisi repens humi Chamæcissos. Sic Dionysia, hoc est, Bacchica nominata est à Baccho, qui primus ex Indis in Græciam Hederam asportauit: uel quod in tutela eius fuerit. Nam ut ille iuuenis semper, ita hæc uiret. Nec secus omnia, sicut ille mentes hominum, illigat. Hedera uerò dicta est, quod uetustis parietibus hæreat: uel potius quia edita petat, & altè diuagetur: uel quia id cui adhæserit, edat atque corrumpat.

Cissos cur nominata.

Dionysia.

Hedera unde appellata.

GENERA.

Plurimas, Dioscoride autore, sigillatim habet species, sed maximè generales tantum tres. Candida enim quędam dicitur, eo quod candidũ fert fructũ: hæc fœmina à Plinio uocat. Germanis weisser Ephew nominari cõmodè potest. Altera nigra, quæ nigrum producit fructum: hæc Plinio mas nominatur. Germanis schwartzer Ephew. Hæc etiã parietibus obrepit, murisq́ pertinacius hæret quàm ut possit abire, hinc Maurephew Germanis uocatur, & Baumephew / quod scilicet arbores suo complexu strangulet. Tertia priuatim Helix, id est, clauicula, & hederula nuncupatur. Germanis klein Ephew / oder Erdephew.

Candida.

Nigra.

Helix.

FORMA.

Nigra, quæ in Germania nostra prouenit, arbores & parietes radicosis amplectitur brachijs, in totum fruticosa, folia primùm cum pubescit angulosa, compluri-mum in triangulam faciem exeuntia habens. Vetustiori rotundantur, pinguia, dura, immortali uirore: flore exili, uitigineo, non inodoro: baccis primum herbaceis,

B mox atris, & nonnunquã croceis, longiori pediculo in uuæ modum dependentibus, sparsioribus racemis non in globum candidæ modo coëuntibus, sed in acinos discretis. Radice numerosa, densa, flexuosa, cõtorta, ac surculosa, nec admodũ profunda. Candida inter media folia emittit brachia, quibus arbores complectitur, maximè ramosa & robusta, corymbis, hoc est, racemis in orbem circumactis, aut folio albicat. Helix quantumuis diu uiuat, Theophrasto autore, nunquã fert fructum, adeoq́ sterilitate à cæteris distat. Parua tenuiáue huic folia, angulosa & rubra, uiticulæq́ tenues sine corymbis.

Nigræ.

Candidæ.

Helicis.

LOCVS.

Hedera aquis gaudet. Nigra pasim circa muros crescit. Helix uerò in syluis humi serpit.

TEMPVS.

Nusquam non uiret Hedera.

TEMPERAMENTVM.

Hedera ex contrarijs cõposita est facultatibus: habet enim quiddam adstringentis substantiæ, quæ terrena & frigida est. Habet etiam nõnihil acris, quæ calida est. Nec deest tertia, aqueam nanq́ substantiam quandam tepidam obtinet, certè si uiridis sit. Siquidem dum arescit, hæc prima exhalet necesse est, manetq́ quæ terrea est & frigida adstringensq́, & ea quæ calida & acris.

VIRES. EX DIOSCORIDE.

Hedera omnis acris & adstringens est. Neruos tentat. Flores trium digitorum carptu, in uino bis die poti, ad dysentericos faciunt. Ambustis cum cerato illiti prosunt. Tenera folia ex aceto cocta, aut cruda cum pane detrita, lienes sanant. Foliorũ & corymborum succus cum irino unguento, melle, aut nitro naribus infunditur. Et contra ueteres capitis dolores ualet, atque eo perfunditur caput cum aceto & rosaceo. Dolentibus & purulentis auribus cum oleo medetur. Nigræ hederę succus,

HEDERA
NIGRA.

Maurephew.

HEDERA
HELIX.

Klein Ephew.

C aut epoti corymbi imbecillitatẽ pariunt, mentemq́ turbant largius sumpti. Pilulæ quinque corymborũ tritæ calefactæq́ in malicorio cum rosaceo si instillentur in contrariã aurem, dolorem dentium mitigant. Denigrant capillum illiti corymbi. Folia in uino decocta, omniũ ulcerum generi, etiamsi cacoëthe sint, illinuntur. Vitia cutis in facie & ambusta, uti iam diximus decocta, sanant. Mouent menses triti & subditi corymbi. Iidem poti post purgationes fœminarũ drachmę pondere sterilitatem faciunt. Pediculus foliorũ melle irrigatus, ac uuluæ inditus, menstrua & fœtus extrahit. Succus instillatus in naribus, graueolentiã & putredines expurgat. Lachryma eius depilat, pediculosq́ illita necat. Radicum succus cum aceto potus, phalangiorum morsibus succurrit.

EX GALENO.

Viridis, folijs eius in uino decoctis, ulcera grandia conglutinat, quæque maligna sunt, ad sanitatem reducit. Igne etiam factas exulcerationes cicatrice includit. Cum aceto decocta folia lienosis prosunt. Flores autem quodammodo ualidiores sunt, ut ad leuorem redacta cum cerato ambustis conueniant. Præterea succus medicamentũ est, quod naribus infusum capiti purgando idoneum existit. Vetustas aurium fluxiones sanat: ad hæc ulcera uetera tum in auribus, tum in naribus. Porrò si acrior appareat, aut rosaceo, aut dulci oleo misceatur. Lachryma eius pediculos interimit, pilis nudat, usqueadeo calidæ potestatis ut obscurè adurat.

EX PLINIO.

Natura omnium Hederarũ in medicina anceps. Mentem turbat & caput purgat largius pota. Neruis intus nocet, iisdem neruis adhibita foris prodest. Eadem natura quæ & aceto, ei est. Omnia genera eius refrigerant. Vrinam ciunt potu, capitis dolorem sedant, præcipuè cerebro: continentiq́ cerebrũ membranæ utiliter
D mollibus folijs impositis, cum aceto & rosaceo tritis & decoctis, addito postea rosaceo oleo. Illinuntur autem fronti, & decocto eorũ fouetur os, caputq́ perungitur. Lieni & pota & illita prosunt. Decoquuntur & contra horrores febrium, eruptionesq́ pituitæ, aut in uino teruntur. Corymbi quoque poti uel illiti lienem sanant: iecinora autem illiti. Trahunt & menses appositi. Succus Hederæ tædia nariũ graueolentiamq́ emendat, præcipuè albæ satiuæ. Idem infusus naribus caput purgat, efficacius addito nitro. Infunditur etiam purulentis auribus, aut dolentibus cum oleo. Cicatricibus quoque decorem facit. Ad lienes efficacior albæ est, ferro calefactus: satisq́ est acinos sex in uini cyathis duobus sumi. Acini quoque ex eadem alba terni, in aceto mulso poti, tineas pellunt: in qua curatione uentri quoque imposuisse eos utile est. Hederæ quam chrysocarpon appellauimus, baccis aurei coloris uiginti, in uini sextario tritis, ita ut terni cyathi potentur, aquã quæ cutem subierit, per urinam educit Erasistratus. Eiusdem acinos quinq́ tritos in rosaceo oleo, calefactosq́ in cortice punici, instillauit dentium dolori à contraria aure. Acini, qui croci succũ habent, præsumpti potu, à crapula tutos præstant. Item sanguinẽ excreantes, aut torminibus laborantes. Hederæ nigræ candidiores corymbi poti steriles etiam uiros faciunt. Illinitur decocta in uino omniũ ulcerum generi, etiamsi cacoëthe sint. Lachryma Hederæ psilothrum est, phthiriasimq́ tollit. Flos cuiuscunq́ generis trium digitorũ carptu, dysentericos & aluum citam emendat, in uino austero bis die potus. Et ambustis illinitur utiliter cum cera. Denigrant capillum corymbi. Radicis succus in aceto potus, contra phalangia prodest. Huius quoq́ ligni uase spleneticos bibentes sanari inuenio. Et acinos terunt, moxq́ cõburunt, & ita illinunt ambusta, prius perfusa aqua calida. Sunt qui & incĩdãt succi gratia, eoq́ utantur ad dentes erosos, frangiq́ tradunt, proximis cera munitis ne ledantur. Gummi etiam in Hedera quærunt, quod ex aceto utilissimum dentibus promittunt.

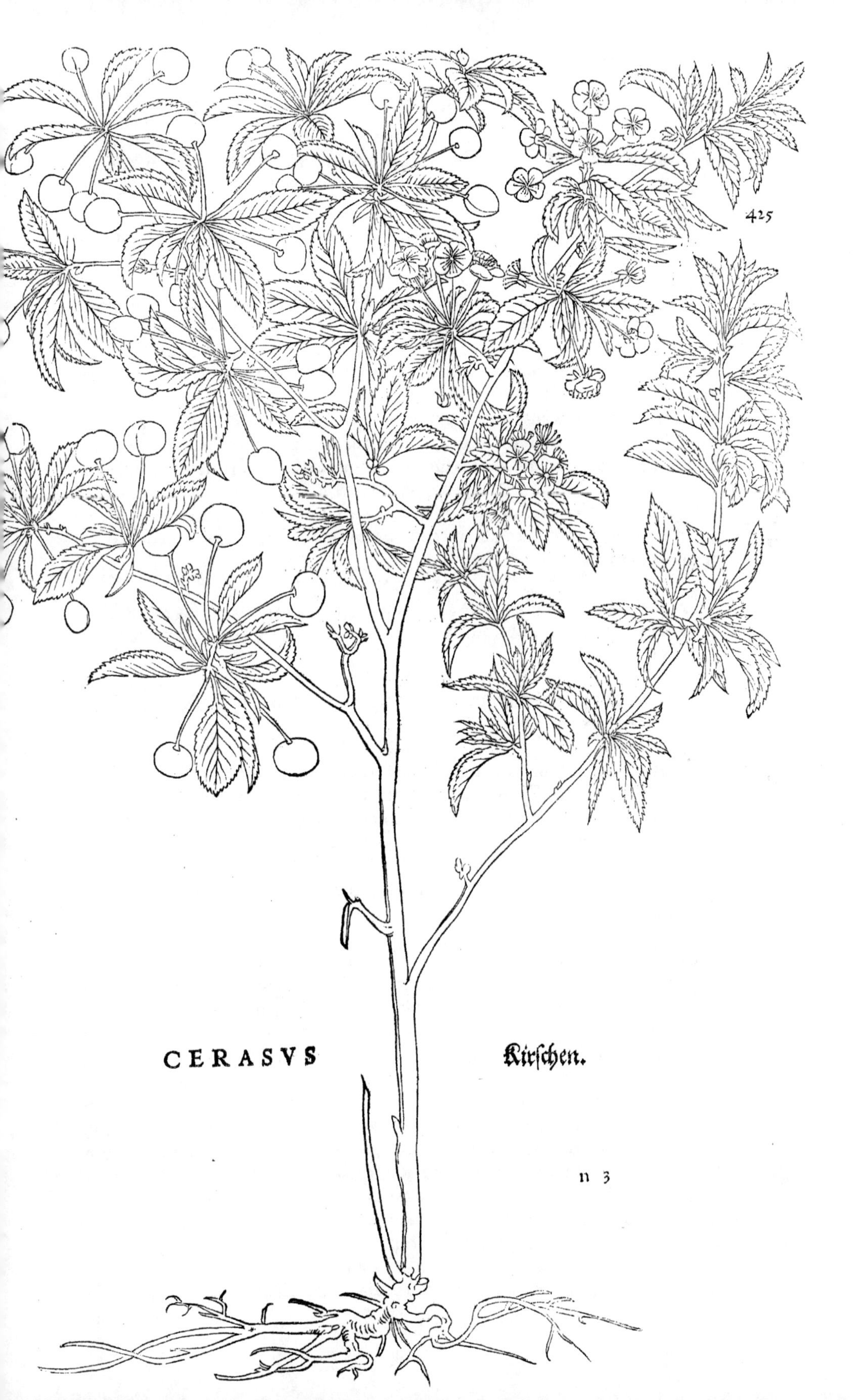

CERASVS Kirschen.

C

NOMINA.

KΕΡΑΣΟΣ Græcis, Cerasus Latinis, Germanis Kirschenbaum dicitur. Cerasum autem arborem, ut Athenæus refert lib. ij. Dipnosoph. à Cerasunte Pontica ciuitate, primus in Italiam Lucullus intulit, debellato Mithridate. Ille idem est qui etiam fructum cognomine ciuitatis appellauit Cerasium.

Cerasus unde dicta.

GENERA.

Multa Cerasiorum sunt genera, in Germania tamen tria, quod sciam, duntaxat proueniunt. Primi enim generis sunt rotunda, ac maxime rubent, suaque uoce illis dicuntur Amarellen. Alterius generis, quod ad figuram attinet, prioribus similia sunt, differunt autem colore, qui illis ad nigredinem accedit. Vocantur autem horum lingua Weichsel. Tertij generis prædictis minora sunt ac longiora, partimque rubent, partim nigricant: à nonnullis priuatim Kirschen uel Kerschen appellantur. Nos una icone omnia tria complexi sumus. Quæ in utroque genere nigra sunt, ea uescentiũ manus & labra succo suo, qui sanguineus est, mororũ instar inficiunt.

Primum. Secundum. Tertium.

FORMA.

Cerasus folio ferè Mespili, duro, latiore, & in ambitu serrato cõstat, cortice læuo, in candido nigricante, flore albo racematim congesto, fructu rubro aut nigro, magnitudine fabæ.

LOCVS.

Frequens est in omnibus hortis Cerasus. Quæ tamen posterioris generis Cerasia profert, in syluis nonnunquam & nemoribus etiam reperitur. Gaudet autem aquosis montibus.

TEMPVS.

D

Iunio ac Iulio potissimum mensibus fructus maturitatem consequitur. Flores primo statim uere apparent.

TEMPERAMENTVM.

Cerasorum non unum idemque est temperamentum, quod ex eorundem facultatibus perspicuum fit. Symeon tamen Sethi frigida & humida esse tradit.

VIRES. EX DIOSCORIDE.

Cerasia quidem ipsa si uiridia sumantur, uentri utilia sunt. Eadem siccata aluum sistunt. Gummi Cerasorum cum uino diluto sumptũ, uetustæ tussi medetur. Colorem commendat. Visum exacuit. Appetentiam inuitat. Idem ex uino potũ calculosis auxilio est.

EX GALENO.

Cerasus arbor fructũ fert non paris adstrictionis in omnibus particulatim plantis participem. Nam & in horum, sicut etiam malorum granatorum, & malorum, quibusdam austera qualitas, in quibusdam uero dulcis, in nonnullis autem acida exuperat. Quinetiam ipsorum dulcium ea quæ nondum concocta sunt ac matura, quædam admodũ acerba sunt, quædam similiter moris acida. Sed in moris immaturis acida qualitas acerbã exuperat, in Cerasijs non semper. Ergo quæ dulcia sunt, magis quæ in intestinis sunt subducunt, sed minus apta stomacho sunt. Contrà austera. Quæcunque uero acida sunt, ea pituitosis excrementosisque stomachis conueniunt. Siquidem austeris magis exiccant, & nonnihil etiam incîdunt. Porrò ipsius arboris gummi cõmunem omnibus uiscosis & mordacitatem expertis medicamentis facultatem obtinet, quæ & ad arterias exasperatas accõmoda est. Propriè autem (si quidem uerum est quod quidam scribunt) calculis uexatos cum uino potum adiuuat. Nam sic illi tenuium partium quædam facultas inest.

EX PLINIO.

Cerasa & aluum molliunt, stomacho utilia. Eadem siccata aluum sistunt, urinã

ciunt.

A ciunt. Inuenio apud autores, si quis matutino roscida deuoret cum suis nucleis, in tantum leuari aluum, ut pedes morbo liberentur.

EX SYMEONE SETHI.

Cerasia mali succi sunt, uentrem subducunt, humidum uentriculũ lędunt, præsertim cum non sunt matura. Prosunt autem calidis & siccis uentriculis ac temperaturis. Gummi uerò arboris cum uino sumptum calculosis auxiliatur.

APPENDIX.

Sunt qui tradunt gummi quod ex arbore destillat ueteri tussi mederi, exꝗ uino sumptum gutturis lenire asperitates, fastidia discutere, & ciborum appetentiam moliri. Colorem cutis facere gratiorem, & oculis afferre claritatem. Lichenes infantium ex aceto sanare.

DE CYANO. CAP. CLXI.

NOMINA.

KYANOΣ Græcis, Plinio & Latinis alĳs Cyanus appellatur. Nonnullis Baptisecula, quod secantibus & metentibus officiat, retusa in eius occursu falce. Nam & seculam ueteres falcem dixerunt. Rectius tamen Blaptisecula uocaretur, quod βλάπτειν Græcis nocere significet. Nostri florem frumentorum, Germani autem blaw Kornblůmen nominant, quod scilicet in frumentario nascat᷑ agro. Cyanos uerò dicta est hæc planta, ob florem quem profert cœruleum, aut quod honorem nomenꝗ dederit cœruleo colori. Hinc est quod pueri in hodiernum usque diem barbulas calycibus erutas, ex candido oui liquore terant, quo in pingendis grandioribus literis cœrulei nitorem mentiantur.

Baptisecula. *Flos frumentorũ* *Cyanos cur dictu*

B FORMA.

Caulis illi est angulosus, folia angusta & oblonga, calyces rosarum, sed squarosi atque tristes, quos plurimæ cœruleæ stipant barbulæ. Radix oblonga, lignosa, fibris quibusdam capillata.

LOCVS.

Triuialis flos est, passim in frumentis nascens.

TEMPVS.

Iunio potissimum mense floret, nec parum gratiæ suo cœruleo colore frumentis adfert. Hinc est quod rusticorum etiam coronis inseratur, quanquam inodorus prorsus sit.

TEMPERAMENTVM.

Frigidæ est temperaturæ atque adeo repellentis, id quod gustus etiam facilè indicat, uiscositatem manifestam, & nullum prorsus caloris indicium præ se ferens.

VIRES.

Recentiores rectè tradunt huic herbæ facultatem inesse, qua oculis alĳsꝗ partibus inflammatione laborantibus prosit.

CYANVS
Blaw kornblůmen.

A
NOMINA.

KPOMMYON Græcis, Cepa, & in neutro Cepe, Latinis dicitur. Officinę genuinum nomen retinuerunt. Germanis Zwibel appellatur: quod sanè uocabulum à Gallico detortum esse uidetur: quandoquidem Galli sua lingua Cepam uocent Siboulam. Crommyon autem, Aristotele in problematis autore, dictum est, quod oculi pupillam comprimi cogat. Nam oculos uellicando expresis subinde lachrymis contrahi pupillas certum est. Itidem libro nono Dipnosoph. testatur Athenæus. Cepa uerò à capitis magnitudine.

Crommyon unde dictum. *Cepa quare uocata.*

FORMA.

Folia habet ferè porracea, intus concaua: caulem teretem rotundumq;, per cuius fastigium flores primùm candidi, ac subinde semen, in orbem sparguntur: radicem capitatam pluribus compactã tunicis, quę summatim prætenuibus rufisq; uestitur membranis, uertice nigricantẽ, à quo fibræ capillitij modo fruticant.

LOCVS.

Terram Cepæ amant pinguem, uehementer subactam & irriguam, pasimq; hodie in omnibus plantantur hortis.

TEMPVS.

Floret Iulio potisimũ mense, & deinceps semen profert, quod non antè legendum, quàm cum nigrum colorem præ se feret. Siquidem eo colore perfectionem fatetur, nigritiaq; maturitatis index est.

TEMPERAMENTVM.

Ex quarto est ordine excalefacientiũ, essentiaq; eius crassarum est partium. Si succum eius exprimas, quod reliquum est admodum terreæ substantiæ est, eiusq; calidæ: at succus aqueæ aëriæq; caliditatis.

B
VIRES. EX DIOSCORIDE.

Cepa longa acrior est quàm rotunda, item flaua quàm candida, sicca quàm uiridis, & cruda quàm cocta, aut sale condita. Omnes tamen mordicant, flatus gignunt, appetentiam inuitant, extenuant, sitim excitant, fastidium pariunt & expurgant. Aluo utiles sunt. Detractis tunicis inq; oleum coniectæ, ac pro glandibus subditæ, hęmorrhoidas, reliquasq; excretiones aperiũt. Succus cum melle illitus, oculorum hebetudinibus, argemis, nubeculis, & incipientibus suffusionibus auxiliatur, anginaq; laborantibus. Suppressos menses mouet. Caput purgat naribus infusus. Canis morsibus cum sale, ruta & melle illinitur. Cum aceto autem in sole inunctus alphos sanat. Cum pari spodio, scabras lippitudines sedat. Varos cum sale reprimit. Contra calceamentorum attritus, cum gallinaceo adipe utilis est. Alui fluoribus prodest. Aurium grauitati, ac sonitui confert. Ad purulentas aures, & eliciendam aquam in ijs interceptam ualet. Alopeciæ earum succo utiliter perfricantur: celerius enim quàm Alcyonium pilos euocat. Largior Ceparum cibus capitis dolores ciet. Cocta uehementius urinam pellit. In morbis, cocta etiam, copiosius comesta, lethargũ efficit. Cum pasis uuis, & fico illita, tubercula cõcoquit & rumpit.

EX GALENO.

Hęmorrhoidas aperit, tum apposita, tum cũ aceto inuncta. In sole alphos abstergit, & alopecijs attrita pilos Alcyonio citius restituit. Porrò succus eius ijs qui suffusione oculorũ laborant, aut aciem oculorũ obtusam præ crasitudine humorũ obtinent, inunctus prodest. Tota Cepa manducata flatuosa est. Itaq; quę temperatura sunt sicciore, minus flatuũ generant. Crassos corporis humores extenuat, glutinososq; incidit. Bis tamen aut ter in aqua decocta, acrimonia spoliatur, quanquam ne sic quidem uim perdit extenuandi; uerum facultatẽ quandam obscurisimã alendi

corpo-

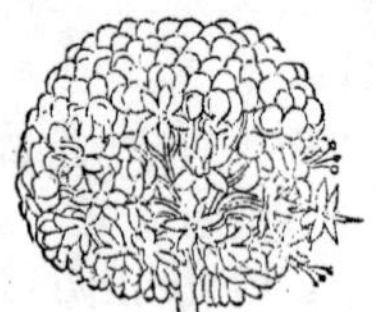

CEPA

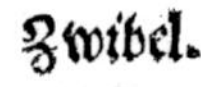

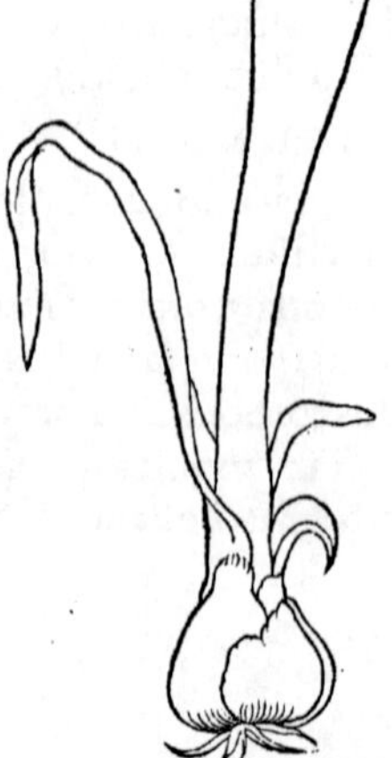

A corporis exinde acquirit, cuius antea quàm decoqueretur, nihil prorsus obtinebat.

EX PLINIO.

Cepæ olfactu ipso & delachrymationi, & caligini medentur, magis uero succi inunctione. Somnum etiam facere traduntur, & ulcera oris sanare, commanducatæ cum pane. Et canis morsus uirides ex aceto illitæ, aut siccę cum melle & uino, ita ut post diem tertium soluantur. Sic & trita sanant. Tostam in cinere epiphoris multi imposuere cum farina hordeacea, & genitalium ulceribus. Succo & cicatrices oculorum, & albugines, & argemas inunxere, & serpentium morsus, & omnia ulcera cum melle. Item auricularum cum lacte mulierum, & in iisdem sonitū ac grauitatem emendantes, cum adipe anserino, aut cum melle stillauere. Et ex aqua bibendum dederunt repente obmutescentibus. In dolore quoq; ad dentes colluendos instillauere, & plagis bestiarum omnium, priuatim scorpionum. Alopecias fricuere & psoras tusis cepis. Coctas dysentericis uescendas dedere, & contra lumborum dolores. Purgamenta quoq; earum cremata in cinerem, illinentes ex aceto serpentiū morsibus, inter ipsas quoq; multipedes ex aceto. Reliqua inter medicos mira diuersitas. Proximi inutilia esse præcordiis & concoctioni, inflationemq; & sitim facere dixerunt. Asclepiadis schola ad ualidum quoq; colorē profici hoc cibo. Et si succum ieiuni quotidie edant, firmitatem ualetudinis custodiri, stomacho utilia esse, ac spiritus agitationi, uentrem mollire, hæmorrhoidas pellere subditas pro balanis, succum cum succo fœniculi contra incipientes hydropises mirè proficere. Item contra anginas, ruta & melle. Excitari eisdem lethargicos.

EX SYMEONE SETHI.

Cepa lotium cit, & semen genitale gignit. Cibi appetentiam excitat. Capitis do-
B lores facit, & stomacho officit. Rationem etiam, ut aliqui ferunt, lædit. Si uero coquatur, plurimum malignitatis deponit, & utilis fit ad thoracis asperitates, & tusses. Hæmorrhoidas imposita aperit, & cum aceto inunctum alphos extergit. Etsi autem crassarum partium substantiā habeat, humores tamen crassos & lentos extenuat. Ventriculum uero inflat. Si crebrius quis ea utatur, in lienis uitia incidit.

DE CAMPANVLA. CAP. CLXIII.

NOMINA.

CVVM nobis non constet quo nomine ueteribus appellata sit hæc herba, placuit illam Campanulam, à florum similitudine, qui campanā planè referunt, nominare. Germanis Halßkraut, hoc est Ceruicaria, dicitur, quod scilicet ad oris, & ceruicis, fauciumq; mala mirifice conferat.

Campanula unde dicta. Ceruicaria.

FORMA.

Caulem profert quadrangularem, hirsutum, rubescentē, folia oblonga, hirsuta, in extremitatibus incisa & serrata, ad Vrticam proxime accedentia, flores purpureos campanæ aut calatho similes, in medio luteum quid prominens obtinentes, quibus emarcescentibus in rotundis capitulis semen prouenit. Radicem multifariam intortam, & candidam.

LOCVS.

Gignitur in pratis siccis, in quibus dumeta plurima existunt. Propemodū enim nunquam nisi in dumetis reperiri potest.

TEMPVS.

Floret Iunio & Iulio mensibus.

TEMPERAMENTVM.

Gustu adstringit, ut hinc exiccandi illi uim esse quisq; coniicere queat.

VIRES.

Adstringendi habet facultatem, ideoq; decoctum illius unicè ad oris exulcerationes,

CAMPANVLA
Halßkraut.

A tiones, aliaꝗ eiuſdem mala quæ adſtrictione indigent, confert. Vtilis etiam haud-dubiè ad alia quæuis ulcera, ob inſignem quam obtinet in exiccando facultatem.

DE CALAMINTHA. CAP. CLXIIII.

NOMINA.

KΑΛΑΜΙΝΘΗ Grecis, Calamintha Latinis, officinis Calamentum nominatur. Germanicas appellationes paulò pòſt indicabimus. Calamintha uerò dicitur quaſi uel bona, uel utilis mentha: nanꝗ nidore ſuo ſerpentes fugat. Quod teſtatur etiam Ariſtophanes ijs uerbis: σὺ δὲ ὄζεις καλαμίνθης, ὄφεως ἐλαστικοῦ. Niſi quis exiſtimet à κάλου, hoc eſt, ligno, quaſi lignoſam appellari mentham. *Calamintha quare dicta.*

GENERA.

Calaminthæ Dioſcorides tria facit genera. Primum amat montes, ideo huius generis Calamintha montana uocatur. Germanis **Stein oder Katzenmüntz** dicitur. Alterum Latini propriè Nepetam, uulgus eò quod Pulegio ſimile ſit, ſylueſtre Pulegium nominat. Germani etiã uulgi opinionẽ ſequentes, **wilden Poley** & **Kornmüntz** uocant. Officinæ pro Calamento hoc ſolo genere utuntur. Tertium Mentaſtro ſimile eſt, Germanicè **Geelmüntz** cõmodè appellatur. *Primum.* *Secundum.* *Pulegium ſylueſtre.* *Tertium.*

FORMA.

Primum Calaminthæ genus folia Ocymo ſimilia habet, ſubalba, ramulos anguloſos, florem purpureũ. Alterum Pulegio ſimile eſt, maius tamen, propter quod quidam, ut dictum eſt, ſylueſtre Pulegium nominant, quoniam & odorem illius æmuletur. Tertium Mentaſtri ſimilitudine eſt, longioribus folijs, caule & ramis
B prædictis maius, ſed minus efficax: flore luteo.

LOCVS.

Primi generis Calamintha in montibus & aſperis gignitur, unde & montana dicta eſt. Alterius in campeſtribus & agris. Tertij in aquoſis locis.

TEMPVS.

Florent Iunio, potiſsimum uerò Iulio, menſe.

TEMPERAMENTVM.

Calamintha eſſentia eſt tenui & calida, ſiccaꝗ in tertio quodammodo ordine. Horum manifeſta ſunt indicia, partim guſtu apparentia, partim experientia cognita. Guſtu quidẽ acris & palàm calida eſt, ac paulum omnino amaritudinis obtinet.

VIRES. EX DIOSCORIDE.

Omnium folia guſtu feruentia admodum & acria. Radix inutilis. Pota aut illita demorſis à ſerpente opitulatur. Decoctum eius potum urinas & menſes expellit. Ruptis, conuulſis, orthopnœæ, torminibus, choleræ, rigoribusꝗ auxiliatur. Præſumpta in uino uenenis reſiſtit. Regium morbũ expurgat. Lumbricos & aſcaridas cum ſale & melle pota, enecat. Nec ſecus cocta crudaꝗ ſi terat̃. Elephanticos eſitata adiuuat, ſi poſtea ſerum lactis bibatur. Folia trita & appoſita, menſes ducunt, & fœtus interimunt. Accenſa aut ſubſtrata ſerpentes fugant. Nigris cicatricibus candorem reddunt, in uino cocta & illita. Sugillata tollunt. Iſchiadicis imponitur, ut humorem ex alto euocet, meatusꝗ tranſmutet, ſummam cutem exurens. Vermes necat ſuccus auribus inſtillatus.

EX GALENO.

Periclitantibus & corpori admouentibus extrinſecus impoſita, primũ quidem ualde excalfacit & mordicat, cutemꝗ laniat, poſtremo etiam ulcus efficit. In corpus autem intrò aſſumpta, tum ipſa per ſe ſicca, tum etiã cum melicrato, perſpicuò calfacit, & ſudorem ciet, omneꝗ corpus tum digerit, tum exiccat. Ea ratione ducti quidam ipſam contra rigores per circuitũ repetentes adhibuerunt, foris quidem oleo

CALAMINTHAE PRI
MVM GENVS.

Katzenmüntz.

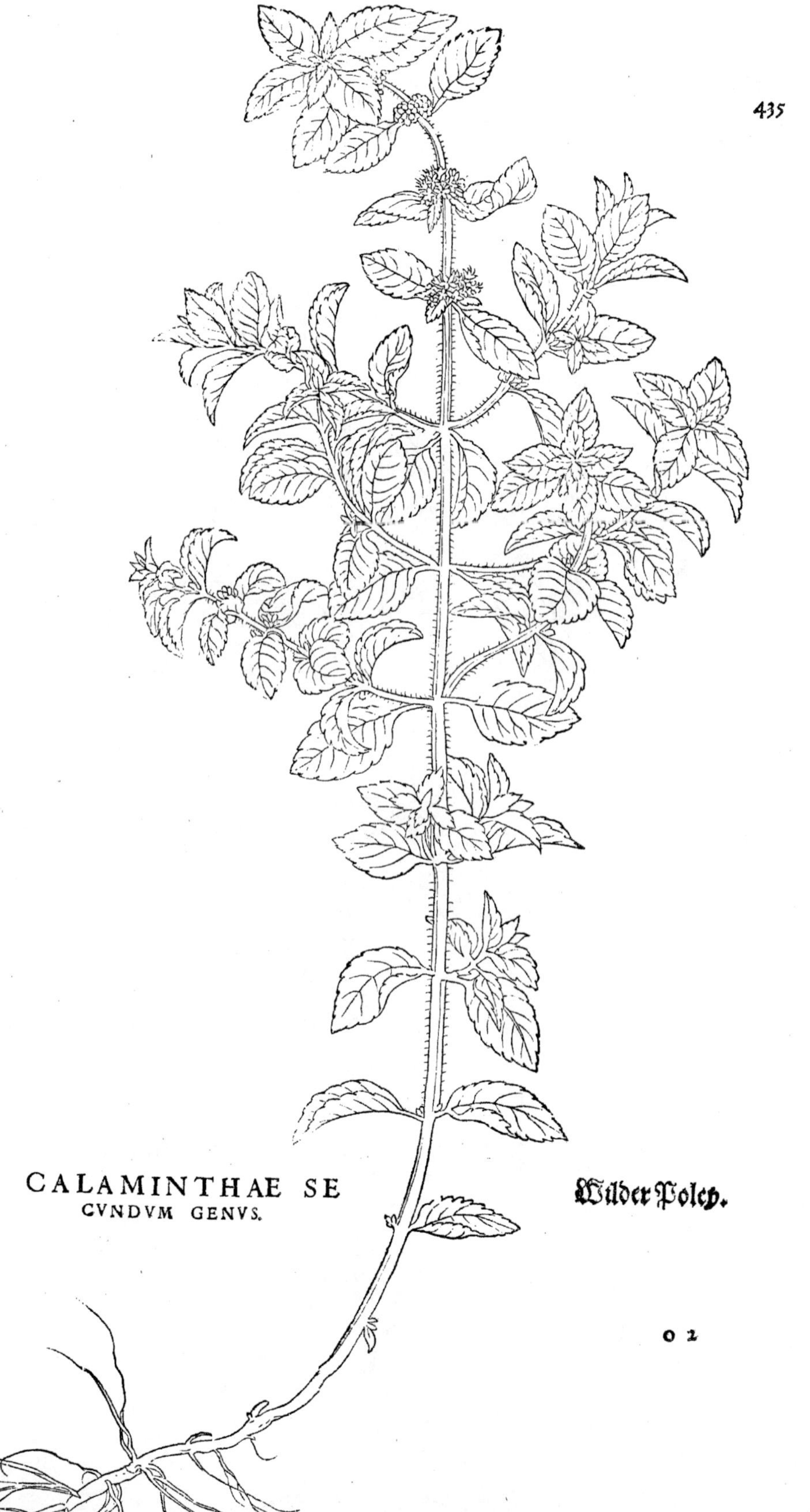

CALAMINTHAE SE
CVNDVM GENVS.

Wilder Poley.

CALAMINTHAE
TERTIVM GENVS.
Secle Müntz.

A incoctam toti corpori inungentes cum frictione non segni, intrò uero assumentes, sicuti est dictum. Quinetiã & coxendicibus eam quidam in ægritudinibus ischiadicis tanquã strenuum remediũ illinunt: trahit enim quæ in profundo hærent, totumq́ adeo articulum excalfacit, cutemq́ non obscurè adurit, mensesq́ tum pota, tum apposita admodũ efficaciter prouocat. Bonum etiam elephanticorũ remediũ, non eò tantum quod strenuè tenues humores digerat, uerumetiã quia extenuet & incidat ualenter crassos, quales sunt qui hunc morbũ procreant. Sic & cicatricibus atris candorem reddit, & sugillata digerit. Sed ad talia recentem magis quàm arentem adhibere præstat. Quippe arefacta uehementior redditur, & ad urendũ promptior. Porrò talis cum sit, ad uenenatarũ bestiarũ morsus assumitur, uelut etiã cauteria, & quæcunq́ medicamenta calida sunt & acria, tenuiumq́ partiũ, quæq́ facilè ex alto ad sese circumiacentẽ omnem humiditatẽ possunt attrahere. Cæterũ quæ illi inest amaritudo, planè exigua est, uerum ad quædã ita efficaciter agit, ut quæ ualentissima est, nimirũ quum cõiuncta sit uehementi calori cum tenui essentia. Quare & ascaridas & lumbricos succus eius infusus aut potus enecat. Eadem ratione aurium uermes, aut si alicubi in parte corporis sinuosa aut implicata quæ putredine tentetur, talis prouenerit affectus. Sic & conceptũ seu pota, seu admota interimit & eijcit. Igitur incidendi quidem ei uis adest propter calorẽ eius, tenuitatem, & amaritudinẽ: abstergendi uero propter unicam amaritudinẽ. Itaq́ asthmaticis ob omnia antedicta prodest. Ictericis uerò potissimum ob amaritudinẽ, sicut alia ferè omnia amara, utpote abstergentia & expurgantia in iecinore prouenientes obstructiones. Ad omnia iam dicta efficacior est montana.

EX PLINIO.

Decocta in aqua ad tertias discutit frigora. Mulierũ menstruis prodest. Aestate
B sedat calores. Vires quoq́ contra serpentes habet. Fumũ ex ea nidoremq́ fugiunt, quam & substernere in metu obdormituris utile est. Tusa ægilopis imponitur, & capitis doloribus recens, cum tertia parte panis temperata aceto illinit. Succus eius instillatus naribus supinis, profluuiũ sanguinis sistit. Item radix cum myrti semine in passo tepido gargarizata, anginis medetur.

DE CRITHE. CAP. CLXV.

NOMINA.

KPIΘH Græcis, Hordeũ Latinis & officinis dicitur. Germanis Gersten. Ex eo polenta, quam Græci ἄλφιτον nominant, & Ptisana, medicamenta ueteribus usitatissima, conficiuntur. *Polenta.*

GENERA.

Rustici duo esse Hordei genera tradunt. Vnum Polystichũ, quod sic dictum est quia in multos uersus spicatur. Sunt enim ex hoc genere quę spicam tribus, interdũ quatuor, nunc sex, nunc octo uersibus distinctã proferunt. Germanis groß Gerst/ hoc est, Hordeũ magnum uocatur. Alterum Distichũ nominatur, quod scilicet in duos duntaxat uersus spicetur. Germani klein Gersten/id est, Hordeum exiguum appellant. *Hordeum polystichum.* *Distichum.*

FORMA.

Culmum habet tritici, fragiliorẽ tamen minoremq́, quinque, sex, & interdum pluribus geniculatũ articulis, simplici in stipula folio, & eo quidem scabro ac lato. Grana ferè nuda, longiore capillamento, mordaciq́ arista. In uersus spicatur, radice frequenti, capillis fibrata.

LOCVS.

Hordeum pinguissimum amat agrum.

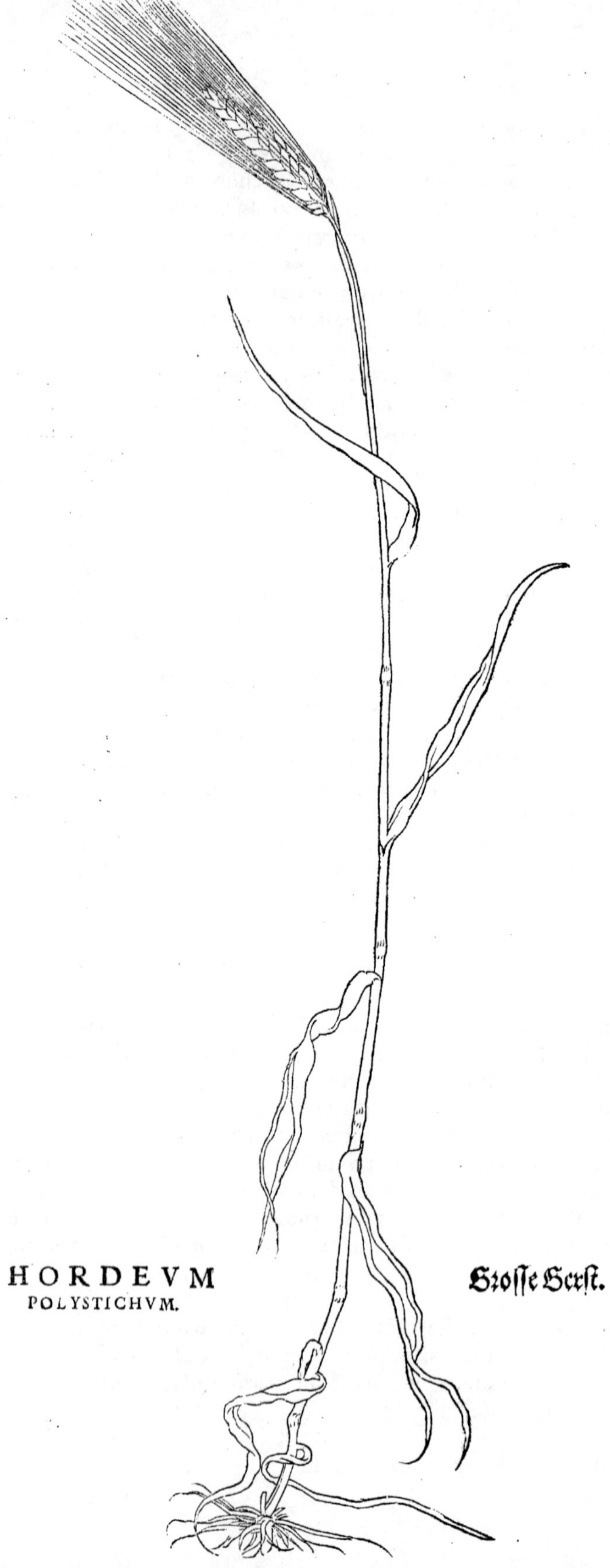
HORDEVM
POLYSTICHVM.
Grosse Gerst.

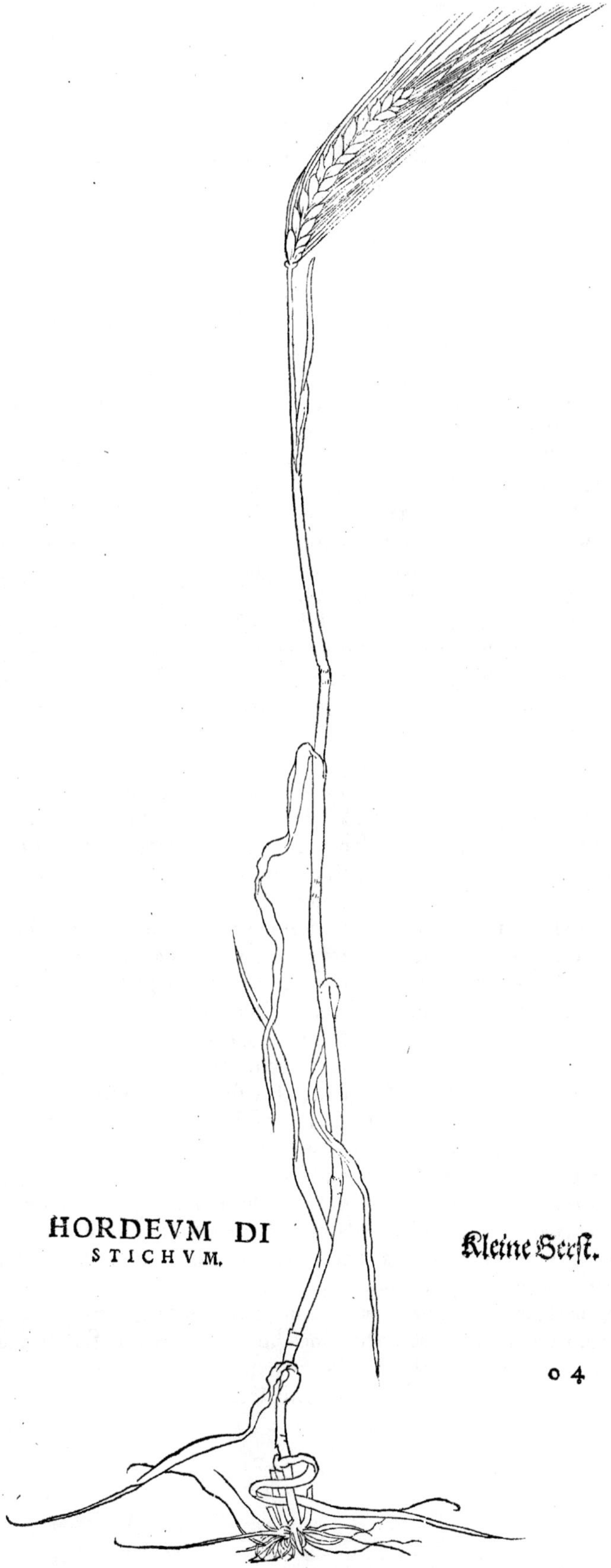

HORDEVM DI
STICHVM.

Kleine Gerst.

C TEMPVS.

Erumpit à primo satu die septimo, & caput alterum grani in radicem exit, alterũ in herbam. Metitur Augusto mense.

TEMPERAMENTVM.

Hordea primi sunt ordinis in exiccando & refrigerando.

VIRES. EX DIOSCORIDE.

Hordeum optimũ est candidum, purumq́. Minus quàm triticum nutrit. Ptisana tamen ob cremorem in elixatione redditum, plus alimenti præbet quàm polenta ex hordeo facta. Contra acrimonias atq; faucium scabritias, exulcerationesq́ pollet, quibus etiam triticea ptisana præsidio est, sed plus alit, magisq́ urinam mouet. Lac abundè suppeditat, si cum Fœniculi semine decocta sorbeatur. Abstergit, urinam ciet, inflat, stomacho aduersatur, & œdemata concoquit. Farina hordeacea cum fico in mulsa aqua decocta, œdemata & inflammationes discutit. Duritias cũ pice, resina & fimo columbino concoquit. Cum meliloto autem & papaueris calyce dolores finit qui latus excruciant. Aduersus intestinorum inflationes, cum lini semine, fœnograeco & ruta illinitur. Strumas cum pice liquida, cera, oleo, & impubis pueri urina, ad concoctionem perducit. Cum Myrto autem, aut uino, aut syluestribus pyris, aut rubo, aut malicorio, alui profluuia sistit. Podagricis inflammationibus cum cotoneis, aut aceto prodest. Decocta in acri aceto, modo quo hordea ceum cataplasma, & calida imposita, lepris medetur. Liquata eadem cum aqua, atq; cum pice & oleo decocta, pus excitat. Cum aceto autem liquata, & cum pice decocta, contra articulorum fluxiones prodest. Farina ex ijs aluum cohibet, inflammationesq́ mitigat.

EX GALENO.

D Hordea pauxillum etiam absterſionis habent. Paulò etiam plus desiccant quàm farina fabacea, cui non insint cortices. Cętera uerò similia sunt foris utentibus. In cibo autem hoc præstant fabis, quod flatuosam naturã exuant: fabis quantumcunq; que coxeris, flatuosa natura remanet: sunt enim crassioris essentiæ quàm hordea, quamobrem ijs plus etiam nutriunt. Quoniam uerò ambo paulum à medio recesserunt, multo sunt usui. Nam talia medicamenta multis alijs miscentur ceu materiæ quædam: itaque etiam cera & oleum paucis medicamentis coniunguntur. Polenta uerò multo plus hordeo desiccat. Plura de hordeo, ptisana & polenta apud Galenum libro primo de alimentorũ facultatibus offendes.

EX PLINIO.

Farina ex hordeo & cruda & decocta, collectiones impetusq́ discutit, lenit & concoquit. Decoquitur aliàs in mulsa aqua, aut fico sicca. Ad iecinoris dolores eam in posca positam cõcoqui opus est, aut cum uino. Cum uero inter coquendum discutiendumq́ cura est, tunc in aceto melius, aut in fęce aceti, aut cotoneis pyrisue decoctis. Ad multipedũ morsus cum melle, ad serpentium in aceto & contra suppurantia, ad extrahendas suppurationes ex posca, addita resina & galla. Ad concoctiones uero & ulcera uetera cum resina. Ad duritias cum fimo columbino, aut fico sicca, aut cinere. Ad neruorũ inflammationes, aut intestinorũ uel laterum uel uirilium dolores, cum papauere aut meliloto, & quoties ab ossibus caro recedit. Ad strumas cum pice & impubis pueri urina. Cum oleo & fœnograeco contra tumores præcordiorum, uel in febribus cum melle, uel adipe uetusto. Suppuratis triticea farina multo lenior. Neruis cum Hyoscyami succo illinitur. Ex aceto & melle lentigini.

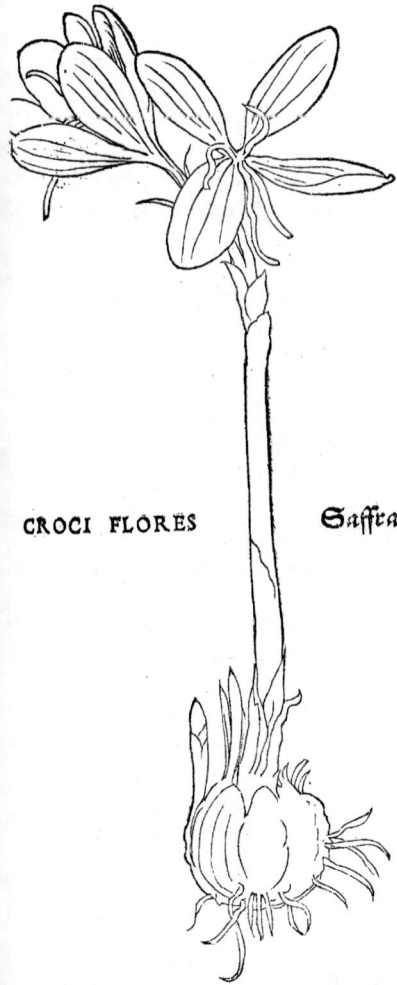

CROCI FLORES Saffranblůmen.

CROCI, FOLIA, Saffranbletter.

C

NOMINA.

ΚΡΟΚΟΣ Græcis, Crocus Latinis appellatur. Officinæ antiquũ nomen retinuerunt. Germani Saffran uocant simpliciter, aut cum adiectione, zamer Saffran. Sic uerò uocatus à Croco iuuene, qui propter amorem Smilacis uirginis, in florem sui nominis uersus est: quod Ouidius testatur, qui sic scriptum reliquit:

Crocus unde dictus.

Et Crocum in paruos uersum cum Smilace flores.

FORMA.

Crocus folio est angusto adusque capillamenti penè exilitatem: flore purpureo Colchici floribus non admodum dissimili, in quo flammea Croci stamina: radice bulbosa, copiosaq́ ac uiuaci.

LOCVS.

Nascitur in Coryco monte Ciliciæ optimus. Proxima nobilitas ei qui in Olympo Lyciæ monte prouenit. Dein ei qui ex Aegis Ætoliæ urbe affertur. Nunc in plerisque Germaniæ locis plantari cœpit haud infeliciter, quod uiribus è locis iam cõmemoratis allatis haud cedat.

TEMPVS.

Florem ante folium ædit: per autumnũ nanq́ Vergiliarum occasu floret, neque ultra mensis spacium flores durant. Postquã autem hi decidunt, statim folia angusta & oblonga prodeunt, uirentq́ tota hyeme.

TEMPERAMENTVM.

Crocus paulum quid adstringens obtinet, quod terreum frigidumq́ est: sed superat in eo calefaciens & qualitas & facultas, ut tota essentia secundi sit ordinis excalefacientium, & primi exiccantium.

D

VIRES. EX DIOSCORIDE.

Crocus emollit, concoquit, leniter adstringit, urinam cit, & coloris bonitatẽ efficit. Arcet crapulam cum passo potus. Fluxiones oculorũ cum lacte muliebri inunctus sistit. Potionibus quæ pro interaneis parantur, utiliter miscetur: item ijs quæ uuluæ sediq́ subijciuntur & illinuntur. Venerẽ stimulat. Inflammationes erysipelatosas inunctus lenit. Aurium remedijs utilissimus est. Letalem sanè dicunt hunc si trium drachmarũ pondere cum aqua bibat̃. Radix eius cum passo pota, urinã cit.

EX GALENO.

Crocus concoquendi uim quandam habet, adiutante scilicet in hoc & pauca adstrictione. Quippe quibus medicamentis, quum non admodũ excalfaciãt, paucula adest adstrictio, ea parem facultatẽ habent essentijs emplasticis nominatis, quas cum iunctas caliditati non uehementi contigerit, concoquentes esse constat.

EX PLINIO.

Discutit inflammationes omnes quidem, sed oculorũ maximè ex ouo illitũ. Vuluarum quoq́ strangulatus. Stomachi exulcerationes, pectoris & renum, iecinorũ, pulmonũ, uesicarumq́, peculiariter inflammationi earum uehementer utile. Item tussi & pleuriticis. Tollit & pruritus. Vrinam cit. Qui Crocum prius biberint, crapulam non sentient. Ebrietati eo resistunt. Coronę quoq́ ex eo mulcent ebrietatẽ. Somnum facit. Caput leniter mouet. Venerẽ stimulat. Flos eius igni sacro illinitur cum creta Cimolia. Ipsum plurimis medicaminibus miscetur.

EX SYMEONE SETHI.

Stomacho bonus est, ciborumq́ concoctionẽ efficit. Obstructiones tollit. Pituitosa & lethargica uitia iuuat. Discutiendi quoque uim obtinet, & uisceribus utilis est, ad spiritusq́ difficultatẽ conducit. Si quis illo mediocriter utatur, bonum colorem habebit: sin uerò citra modum, pallorem contrahet, & capitis dolorem, cibiq́

inappe-

A inappetentiam faciet. Cum opio & lacte & rosaceo pedum doloribus impositus ubi dolent, summopere prodest, superpositis Betæ folijs.

DE CYNOCRAMBE. CAP. CLXVII.

NOMINA.

KYNOKPAMBH, ἢ κυνία, ἢ λινόζωσις ἄγρια ἄῤῥην Grecis, Canina Brassica, Cynia, & syluestris mercurialis mas Latinis, wild Bingelkraut das mennle/Hundßkôl Germanis appellatur.

FORMA.

Caulem ex se mittit dodrantalem, tenerum & subalbidũ. Folia Mercuriali similia, albescentia ex certis interuallis. Semen prope folia paruum, rotundum. Ex qua quidem deliniatione sole meridiano clarius est, herbam cuius picturam damus esse Cynocramben. Siquidem ea caulem binûm palmorum altitudine habet, mollem & subcandidum. Folia Mercuriali similia admodum, certis interstitijs, subalbida. Semen item iuxta folia exiguum, rotundum, geminorũ instar testiculorum connexum: & in summa, nihil est quod non in ea descriptioni adamussim respondeat.

LOCVS.

In syluis copiose prouenit.

TEMPVS.

Semen ueris initio, nempe Aprili mense, profert, maturescit autem Maio.

TEMPERAMENTVM.

Quum gustu nihil à satiua Mercuriali distet Cynocrambe, colligitur hinc idem quod illa obtinere temperamentum.

B

VIRES. EX DIOSCORIDE.

Caulis & folia pota, & olerum modo comesta aluum cient. Ius uero decoctorũ bilem & aquosa detrahit.

APPENDIX.

Alia est Cynocrambe ab hac nostra, ea cuius mentionem facit Galenus, Paulus & alij, adde etiam Dioscorides, uerum sub nomine Apocyni: quod lectorem, ne diuersas herbas unam esse putaret, monere uolui.

DE COLY-

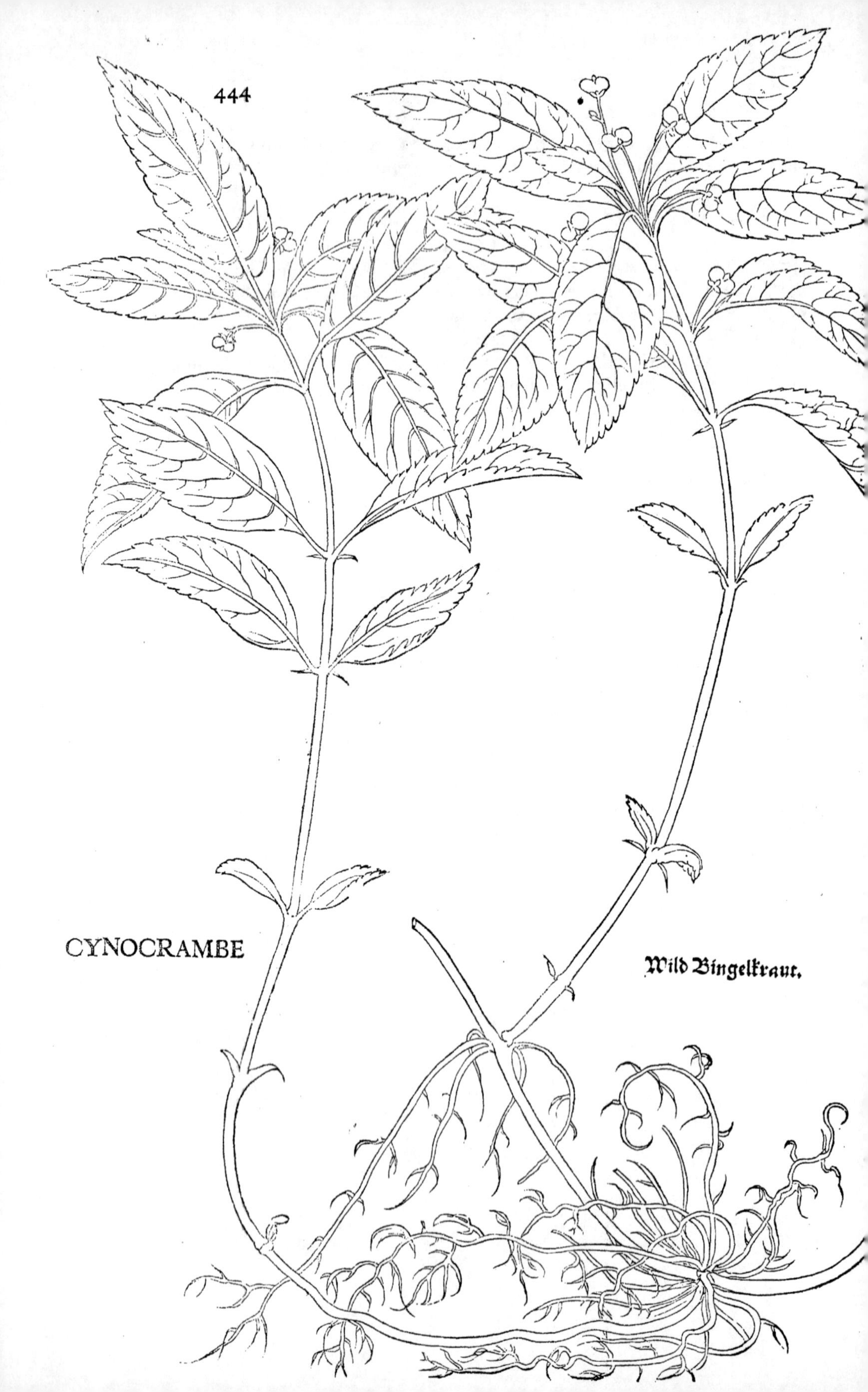
CYNOCRAMBE
Wild Bingelkraut.

A

NOMINA.

Κολυτέα Græcis, Colytea & Colutea Latinis dicitur: à nullo tamen, quod sciam, ueterum, quàm à Theophrasto lib. iij. de plant. hist. cap. xvij. celebrata.

GENERA.

Duo eius sunt genera. Vnum quod priuatim Colytea uocatur, officinis incognitum. Germani welsch Linsen appellant. Alterum officinis cognitum & frequenti usu à medicis usurpatũ, Mauritano sermone Sena nominatur. Germani ad eam alludentes appellationẽ, Senet nuncupant. Differunt autem inter se magnitudine: siquidem primũ genus maius est altero, utpote quod quadriennio, Theophrasto loco paulò antè citato teste, se in arborem efferat. Siliquæ etiam illius magis turgido spiritu distenduntur, Sena uerò siliquas profert lunatas, nec ita prætumidas. Semen deniq; Colyteæ rotundum, lentis obtinens similitudinem: Senæ autem oblongum, cordisq; humani instar acuminatum. Colytea.

FORMA.

Frutex est ramis exilibus, folio fœnigræci, flore genistæ aut pisi luteo, membraneo folliculo, pellucente, prætumido, & ueluti quodam spiritu distendente turgido, ita ut digitis si prematur, crepitans dissiliat, in quo semen atrum, durum, latum, lentis magnitudine, pisi gustu, in ordinemq; digestum clauditur. Colyteæ descriptio.

LOCVS.

Satum utrunque in hortis prouenit.

TEMPVS.

Floret Colytea Maio & Iunio mensibus, ac subinde in siliquis oblongis semen

B profert.

TEMPERAMENTVM.

Arabes calidam in principio secundi, & siccam in primo ordine statuunt.

VIRES. EX ACTVARIO.

Sene siliquosus quidam fructus à barbaris appellatur, qui citra noxam drachmę pondusculo potus, pituitam & bilem deijcit: post hos reliquos humores modestissimè purgat, retorridam atramq; bilem, eiusq; suffusiones ex gallinaceo iure depellit. Vetusto capitis dolori, scabiei, comitialibus, impetigini succurrit. Sed feruefacti ius potius quàm triti farina propinatur. Interaneorum obstructiones tollit.

APPENDIX.

Quum non forma tantum, imò etiam sapore duo hæc Colyteæ genera sibi similia sint, facilè etiam hinc colligitur facultate inter se minimè differre. Quare utrunque citra molestiam atram bilem retorridamq; educit, caputq; ac cerebrum, & instrumenta sensuum à noxijs purgat humoribus. Quid multa? aduersus omnia uitia ab atra bile nata ualet.

COLYTEA

Welsch Linsen.

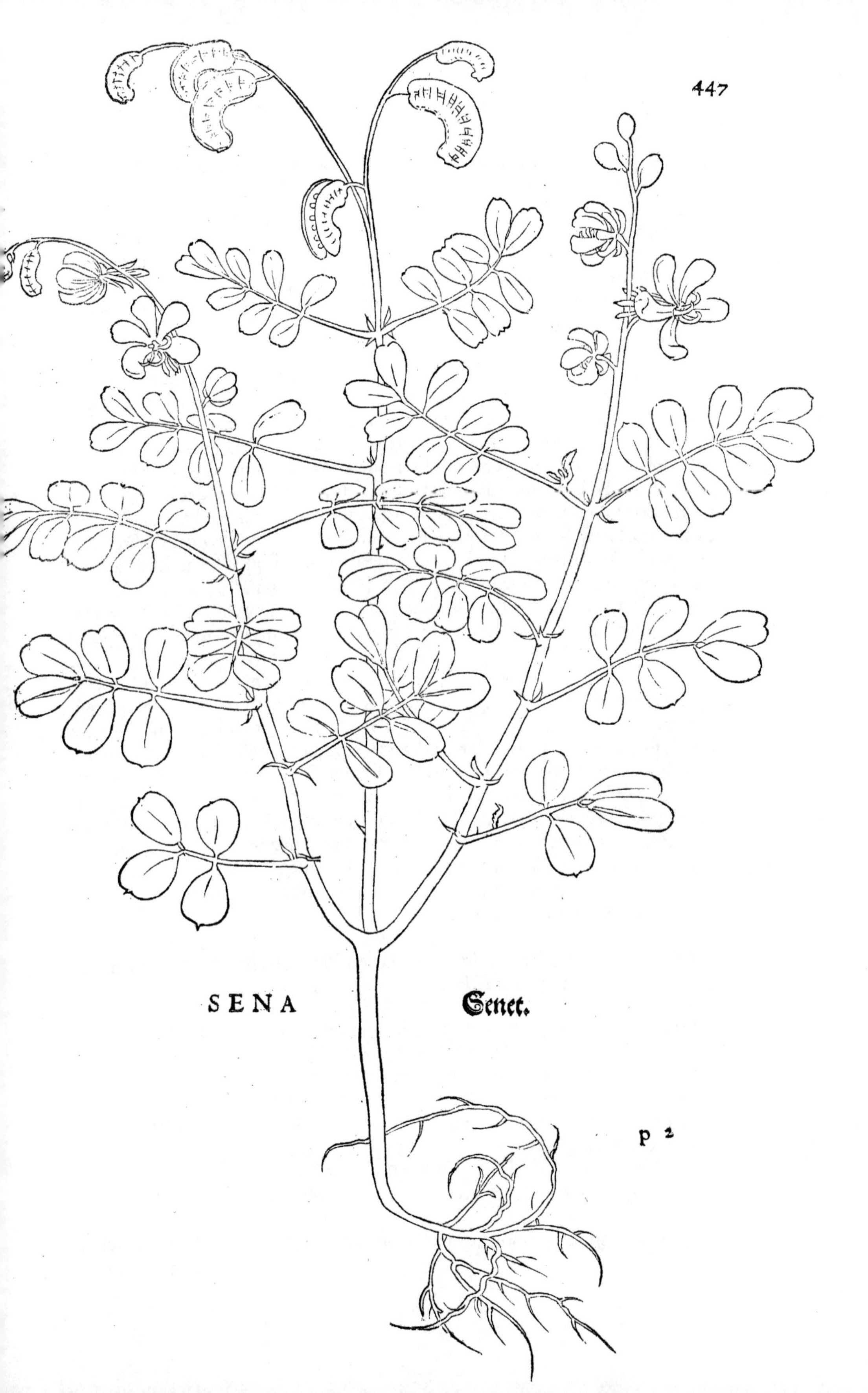

SENA Senet.

C

NOMINA.

Pes Cornicis. KΟΡΩΝΟΠΟΥΣ, ἄστριον Græcis, Pes Cornicis & Sanguinaria Latinis dicitur. Officinis incognita herba, Germanis cõmodè Kråen oder Rapenfůß appellari poteſt. Coronopus enim non alia ratione dici cœpit, quàm quod Cornicis pedem effigie repræſentet. Sanguinaria autem Sanguinalis ue uocata eſt, quod ſanguini ſiſtendo apta ſit herba. Sunt qui herbam Stellæ nominant, alludentes hauddubiè ad græcam appellationẽ aſtrion. Nonnulli quod folium eius multipartitò conſectum in ceruini cornu imaginem effigietur, Ceruinum cornu uocarunt.

Coronopus unde dicta. Sanguinaria. Herba ſtellæ. Cornu ceruinum

FORMA.

Herbula eſt oblonga, per terram ſtrata, folijs fiſsis, radice gracili & adſtringente. Ex qua quidem deſcriptione, etſi conciſa admodum, ſatis liquet, herbam hanc cuius picturam damus eſſe Coronopum. Herbula enim eſt folijs oblongis & ſciſsis ac in multas partes laciniatis, atqueadeo cornicis pedem effigie referentibus, humi quoque ſemper ſparſa proſerpit: radice denique tenui admodum & adſtringente prædita. Quibus omnibus id quoque accedit, quod Dioſcorides Pſyllium folia Coronopo ſimilia habere ſcribit: quod ſi uerum eſſe ex utriuſque herbæ collatione experiri uolueris, ſenties Coronopi huius noſtri folia planè Pſyllij folijs ſimillima eſſe, potiſsimum ubi primum è terra erumpunt: imò quod ad folia, flores & ſemina attinet, omnia in utriſq; ſibi ſimilia deprehendes, in eoq; ſolo diſtare comperies, quod Pſyllium folia non fiſſa habeat, & in altum ſurgat, ſingulaq; iam dicta maiora producat: contrà Coronopus humi repat, minoraq; omnia proferat. Vtraq; igitur herba luteos obtinet flores, & ſemina in capitulis pulicibus ſimilia. Capitula uerò in Coronopo ſunt multo quàm in Pſyllio tenuiora ac longiora, id quod pictura

D graphicè monſtrabit. Ex ijs quoque manifeſtum fit errare illos toto cœlo, qui gramen aculeatum & Coronopum unam & eandem herbam eſſe contendunt, cum tamen forma non parum diſtare uideantur. Atque hinc eſt quod omnes ueteres tam Græci quàm Latini utranque herbam ſeorſim, & in diuerſis locis deſcripſerint. Plinius ſiquidem lib. xxiiij. cap. xix. aculeatum gramen in cacumine aculeos plurimum quinos habere, atqueadeo Dactylon uocatum eſſe hoc nomine, quod ſcilicet digitorum ſpeciem referat, ſcribit. Coronopus uerò neque quinos, neque in cacumine aculeos obtinet, ſed tantum folia fiſſa, uel ſi aculeos placet appellare has fiſſuras, non in cacumine, ſed in ambitu paſsim foliorum eas reperies: ut certum ſit Coronopum non eſſe aculeatum gramen.

LOCVS.

Dioſcorides in incultis, ſemitis, & iuxta domicilia naſci tradit. In Germania tamen, quod ſciam, nuſquam niſi ſata prouenit.

TEMPVS.

Floret Iunio menſe, ac ſubinde in oblongis capitulis ſemen profert.

TEMPERAMENTVM.

Ex adſtrictione ipſa ſatis conſtat radicem ipſam ſiccandi ui præditam eſſe.

VIRES. EX DIOSCORIDE.

Herba cocta eſtur olerum modo. Radicem habet in cibo adſtringentem, quæ cœliacis conducat.

EX GALENO.

Coronopodis radix comeſta cœliacis prodeſſe creditur.

EX PLINIO.

Seritur interim Coronopus, quoniã radix cœliacis præclarè facit in cinere toſta.

DE CYCLA-

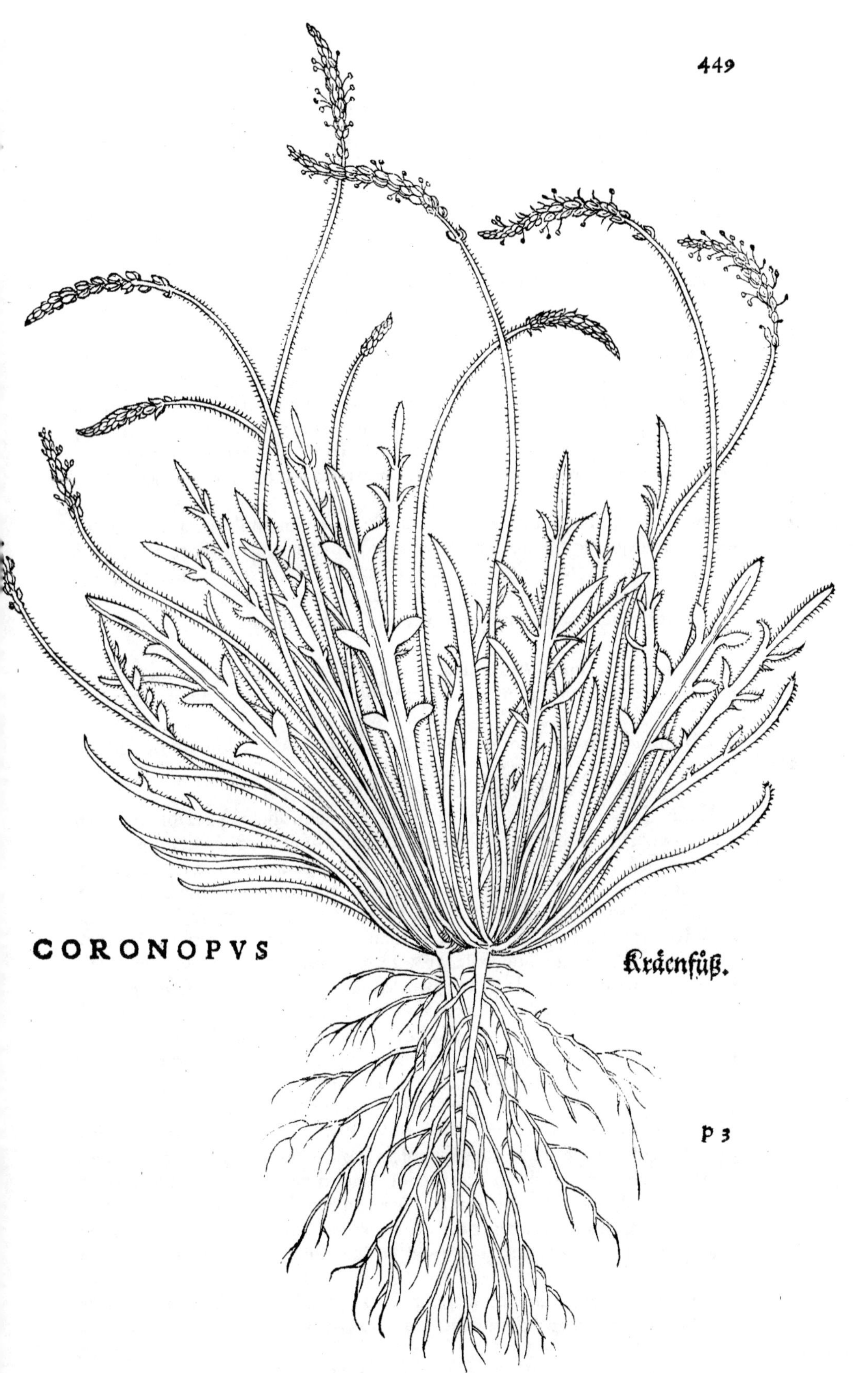

CORONOPVS Kräenfüß.

C

NOMINA.

ΚΥΚΛΑΜΙΝΟΣ, ἰχθυόθηρον Græcis, Rapum & tuber umbilicusque terræ
Latinis, Cyclamen officinis mutata uoce, Panis porcinus & terræ, atque
Arthanita à nostræ ætatis herbarijs, Germanis Erdwurtz oder Apffel/
Cyclaminus unde dicta. Schwein oder Sewbrot dicitur. Cyclamino Græci nomen fecerunt,
circumactã in orbem eius circinationẽ contemplati, ἀπὸ τοῦ κύκλου, quasi ab orbe Cy-
claminon, hoc est, orbiculare dixerunt. Fuitque hæc prior & antiquior plantæ huius
Ichthyotheron. appellatio. Ichthyotheron uerò ijdem, quod pisces ea necantur nominauerunt. Ro
Rapum terræ. mani Rapum terræ, quoniam eius radix in terra uelut Rapum extuberat. Qua sa-
Tuber terræ. nè ratione terræ tuber, quod in molem quandam intumeat: aut umbilicum terræ,
Vmbilicus terræ quoniam ut umbilicus circinata forma emergit, sic & Cyclaminus sub terra conspi-
Panis porcinus. citur, etiam appellarunt. Panem porcinum hauddubiè primum uocarunt subulci,
Panis terræ. qui pecori suo radicem huius gratam pabulis cognouerunt. Cæteri antiquum Cy-
clamini nomen ignorantes, quod sæpius radicem in orbem circumactã intueren-
tur, quæ non in globum intumescens, sed ueluti pressa sese in latitudinem explica-
ret, qua forma quotidiano usu panes uisuntur, terræ panem cœperunt appellare.

FORMA.

Folia Hederæ habet, purpurea, uaria, suprà infraque albicantibus maculis. Caulem longitudine quatuor digitorũ, nudum, folijsque carentem, in quo flores rosarum effigie purpurei. Radicem nigram, rapo similem, in latitudinem se pandentem.

LOCVS.

Nascitur in umbrosis & uepribus, maximè sub arboribus.

TEMPVS.

Cyclaminus ad finem Augusti folia sua quæ per integrũ retinuit, amittit, & sub-
D inde noua emittit, atque statim inter ea flores ostendit, qui integro durant autumno.

TEMPERAMENTVM.

Clarum est ex particularibus operationibus, quas statim subijciemus, Cyclaminum esse calidam & siccam in tertio ordine.

VIRES. EX DIOSCORIDE.

Radix Cyclamini cum hydromelite pota, pituitam, aquamque per inferna trahit. Menses pota & apposita cit. Tradunt si prægnans mulier radicem transgrediatur, abortum fieri. Partum appensa accelerat. Bibitur & in uino contra letalia, præsertim leporẽ marinum. Illita contra serpentiũ ictus remedio est. Immista uino ebrietatem facit. Regium morbum sistit tribus drachmis pota cum passo, aut diluta mulsa. Sed oportet eum qui bibit cubiculo calido reclinare, multis uestibus cõtectum, quò sudet. Eiectus uerò sudor felleus colore inuenitur. Succus eius ad purgandum caput, naribus instillatur. Sedi etiam deijcienda excrementa in lana subijcit. Vmbilico, imo uentri & coxæ illitus succus aluũ mollit, uerum abortũ efficit. Suffusis & hebetibus oculis inunctus cum melle succus prodest. Medicamẽtis abortũ inferentibus admiscet. Sedem procidentẽ cum aceto inunctus succus cõpescit. Exprimitur tusa radice succus, & ad mellis crassitudinẽ decoquit. Radix cutem extergit. Exanthemata reprimit. Vulneribus per se ex aceto aut melle medet. Illita lienẽ minuit. Vitia cutis in facie à sole & alopecias emendat. Decocto eius luxata, podagra, & capitis ulcuscula, pernionesque utiliter fouent. Ipsaque in uetere oleo feruefacta, ad cicatricem perducit quæ oleo illo inuncta fuerint. Cauata radix oleo explet, & cineri feruenti imponit, adiecto interdũ thyrrhenicæ ceræ modico, ut strigmenti crassitudinem contrahat unguentũ, cum primis utile pernionibus. Radix Scillæ modo concisa reponitur. Narrant ad amatoriam assumi cõtusam, & in pastillos conformatã.

EX GALENO.

Cyclaminus uarias uires obtinet, nam & extergit, & incidit, & ora uenarum aperit, & attrahit, & discutit. Clarum uerò id est ex particularibus operibus. Nam succus eius

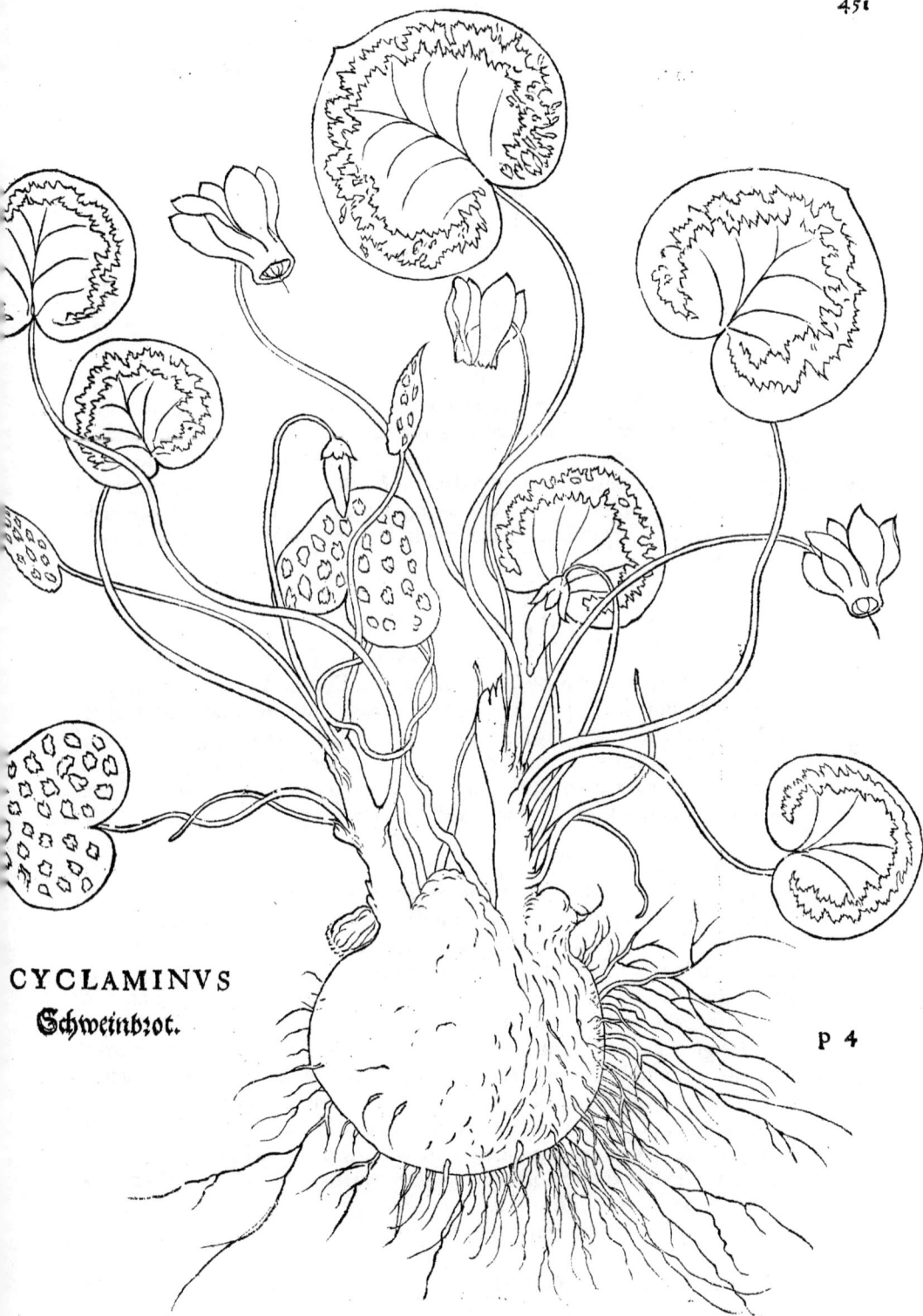

CYCLAMINVS
Schweinbrot.

C cus eius hæmorrhoidas reserat, uiolenterq; ad recessum prouocat in floccis appositus. Sic etiam medicamentis tubercula, strumas, aliasq; durities discutientibus com miscetur, ac suffusis cum melle illitus competit: ad hæc quoq; per nares expurgat. Adeò est uehemens eius facultas, ut abdomine illito uentrem subducat, & fœtum interimat. Nam & alioqui ualidum interimendo conceptui medicamen est, in pesso addita. Tota uerò radix succo imbecillior est, quanquam & ipsa uehemens sit. Nam & menses siue epota, siue apposita euocat, & regio morbo prodest, non modo ipsum uiscus expurgans, sed etiam quæ in toto corpore bilis fuerit, eam per sudorem excernens. Proinde à potione omnibus modis sudoris adiuuanda prouocatio est. Modus eius bibendi est drachmarum trium, siue cum melicrato, siue cum passo. Cutem extergit cum in aliјs, tum quod alopecias, ephelidas, omniaq; exanthemata curet. Lienem quoque induratum iuuat illita, tum recens, tum arida. Sunt qui radicem siccam asthmaticis exhibeant.

EX PLINIO.

Cyclamini radix contra serpentes omnes bibitur. In omnibus serenda domibus, si uerum est, ubi sata sit, nihil nocere mala medicamenta: amuletū uocant: narrantq; ea ebrietatem repræsentari, addita in uinum radice. Et siccata Scillæ modo concisa reponitur, decoquiturq; eadem ad crassitudinē mellis. Suum tamē uenenum inest ei, traduntq; si prægnans radicem eam transgrediatur, abortum fieri. Radix denique tribus drachmis bibitur in loco calido, & perfrictionibus tuto: sudores enim felleos mouet.

DE CYPERO. CAP. CLXXI.

NOMINA.

D ΚΥΠΕΡΟΣ ἢ κύπειρος Gręcis, Cyperus & Cypirus Latinis dicitur. Quum enim Græci quandoq; diphthongo, ut Theophrastus, quandoq; uocali breui, quemadmodū Dioscorides, Galenus & alij quidam, penulti mam scribant, fit ut aliqui e, alij uerò i retineant. Poëtæ qui e ex diphthongo retinuerunt, meritò penultimam in Cypero producunt. Officinæ latinū nomen retinuerunt. Germanis wilder Galgan uocatur.

FORMA.

Cyperus porri folia habet, longiora tamen, graciliora & solidiora. Caulem cubitalem, & nōnunquam altiorē, angulosum, schœno similem, in cuius cacumine minutorum foliorum ac seminis productio est. Radices illi subsunt, quarum usus est, oblongæ, oliuarum modo sibi inuicem cōmissæ, aut rotundæ, nigræ, suauiter olen tes, & amaræ: uel, ut Theophrastus deliniauit, inęquales, partim crassæ, carnosæq;, partim graciles atq; surculosæ. Ex qua descriptione omnibus esse perspicuum arbitramur, stirpem cuius nunc picturā damus esse Cyperum. Siquidem folia fert porracea, longiora exilioraq;: caulem altitudine cubiti, aut altiorem, angulosum, in cuius cacumine minuta folia prodeunt, inter quæ semen residet. Radices huic sunt ob longæ, oliuarum modo inter se connexæ ac inuicem implexæ, aut rotundæ, nigræ, iucundè spirantes, gustu amaræ. Præterea magna inæqualitate notantur, quod pars quædam crassa carnosaq;, quædam gracilis atque lignosa sit. Nemo enim non uidet radicis tenuitatē surculosam protinus in oliuaria tubercula uerticillari. Nascitur quoque è latere huius radicula, quod Theophrastus etiam notauit, unde cau liculus erumpit alius, ut pictura affabrè monstrat.

LOCVS.

Nascitur in locis cultis & palustribus. In Germania certè non nisi cultus in hortis prouenit.

TEMPVS.

Minuta folia in cacumine cum semine Iunio & Iulio mense producit.

CYPERVS
Wilder Galgan.

C

TEMPERAMENTVM.

Cyperi radices maximè usui sunt, excalfacientes pariter & exiccantes citra mordacitatem.

VIRES. EX DIOSCORIDE.

Radici Cyperi calefaciendi uis inest, urinamq́ mouendi. Calculosis & aqua inter cutem correptis pota succurrit. Aduersus scorpionũ ictus remedio est. Refrigerationibus uuluæ & preclusionibus fotu auxiliatur. Pellit menses. Arida trita oris ulceribus, etiam si depascant, prodest. Malagmatis calefacientibus miscetur, & unguentorum spissamentis accommodatur.

EX GALENO.

Cyperi radices maximè usui sunt, excalfacientes pariter & exiccantes citra mordacitatem. Itaq; ulceribus quæ præ nimia humiditate cicatricem difficulter admittunt, mirificè prosunt: habent enim quiddam etiam adstringens, quapropter ulceribus item oris conueniunt. Quin & incidendi uim quampiam illis inesse testificandum, qua & calculo uexatis congruunt, & urinam mensesq́ mouent.

EX PLINIO.

Cypero uis in medicina psilothri. Illinitur pterygijs, ulceribusq́ genitalium, & quæ in humore sunt omnibus, sicut oris ulceribus. Radix aduersus serpentiũ ictus & scorpionum præsertim remedio est. Vuluas aperit pota. Largiori tanta uis, expellit eas. Vrinam ciet & calculos: ob id utilissima hydropicis. Illinitur & ulceribus quæ serpunt, sed his præcipuè quæ in stomacho sunt, ex uino uel aceto illita. Iunci radix in tribus heminis aquæ decocta ad tertias tussi medetur. Semen tostum & in aqua potum, sistit aluum & fœminarũ menses, capitisq́ dolores facit.

D

DE LATHYRI. CAP. CLXXII.

NOMINA.

Cataputia minor quare dicta

ΑΘΥΡΙΣ Græcis, Lathyris Latinis, officinis Cataputia minor, quod in pilulis quibusdam, seu potius catapotijs, semen ferat: aut, quod uerisimilius est, quia granis eius ad aluum subducendam pro catapotijs utantur. Germani Springkraut/Springkörner oder Treibkörner appellant, quod semen scilicet nisi in tempore auferatur, sua sponte ex loculamentis saliendo excidat.

FORMA.

Caulem profert cubitalem, uacuum, digiti crassitudine: in eius cacumine sunt alæ. Folia in caule oblonga, amygdalinis similia, latiora tamen & læuiora. Quæ uerò in summis sunt ramulis, minora, Aristolochiæ aut oblongæ Hederæ figura. Fructum fert in summis ramis tribus loculamentis distinctũ, rotundũ ceu Capparin, in quo terna sunt semina putaminib. inuicẽ discreta, rotunda, maiora eruis, quæ quũ corticibus exuunt̃, candida sunt, & gustu dulcia. Radix illi tenuis & inutilis. Totus autem frutex lacteo liquore, Tithymali modo, plenus est. Hanc certè descriptionẽ, si singula comparare uelis, ita Cataputiæ minori quadrare inuenies, ut nulla prorsus sit nota, quam non pictura referat. Nam hæc caulem cubitali emittit longitudine, & digitali crassitudine. Gignunt̃ in fastigio alæ, & folia in caule oblonga, amygdalæ proxima, latiora & læuiora. Quæ autem in summis emicant ramulis, minora ijs quæ caulem ambiunt conspiciuntur, Aristolochiæ aut longioris Hederæ figura. In cacuminibus fructum gerit triplici cellula conceptaculóue distinctum, ceu Capparin rotundum, in cuius uentriculis grana tria intercursantibus membranis diuisa continentur, eruis maiora, rotunda, quæ corticibus exuta alba spectantur, gustatu dulcia.

Cataputia minor

LOCVS.

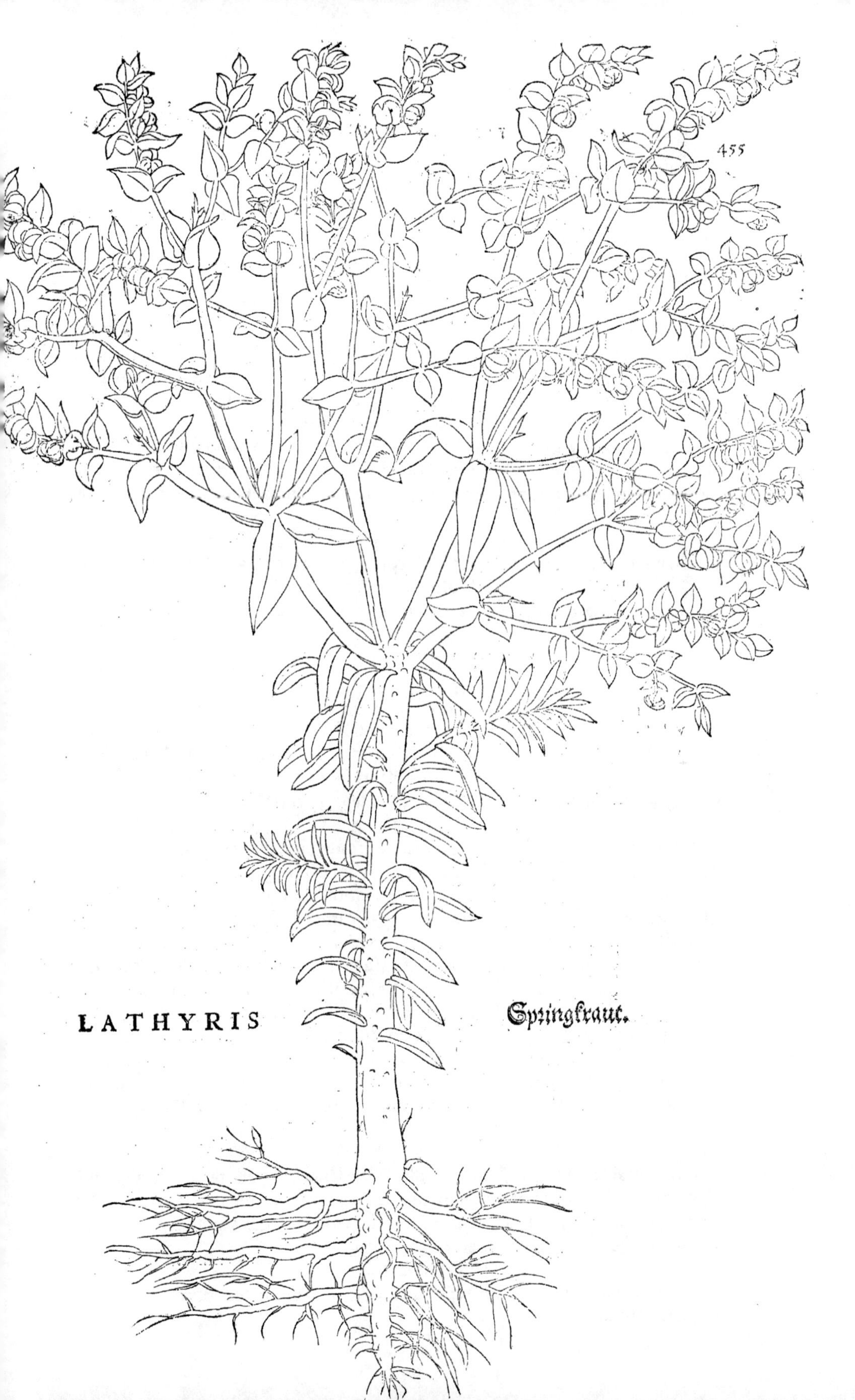
LATHYRIS
Springkraut.

C

LOCVS.

Naſcitur locis cultis & ſabuloſis.

TEMPVS.

Carpitur autumno dum fructu prægnans eſt, ſemenq́ eximitur dum tuniculæ quibus includitur, inaruerunt.

TEMPERAMENTVM.

Calidam in tertio, & in primo ordine humidam ſtatuunt.

VIRES. EX DIOSCORIDE.

Purgant aluum grana eius ſex uel ſeptem ſumpta in catapotio, aut comeſta, aut cum caricis aut palmulis deuorata, frigida ſuperpota aqua. Ducunt autem pituitam & bilem, & aquas. Succus Tithymali modo exceptus, eundem effectum præſtat. Folia cum gallinaceo aut oleribus decoquuntur ad eoſdem effectus.

EX GALENO.

Sunt qui Lathyrin dicant Tithymali eſſe ſpeciem, tum quod ſimiliter illis ſuccum habeat, tum quod eodem modo purget, uniuerſaq́ illis facultate ſimilis ſit, niſi quod ſemen guſtantibus uideatur dulce: quod ſanè etiam maximè purgatoriam uim obtinet.

EX PLINIO.

Grana uicena in aqua pura aut mulſa pota, hydropicos ſanant. Trahunt & bilem. Qui uehementius purgari uolunt, cum folliculis ipſis ſumunt ea, nam ſtomachum lædunt: itaq́ inuentum eſt, ut cum piſce, aut iure gallinacei ſumerentur.

DE LEVCOIO DIOSCORIDIS. CAP. CLXXIII.

NOMINA.

D

Viola alba. *Cheiri.*

ΕΥΚΟΙΟΝ Græcis, Viola alba, uel Viola ſimpliciter Latinis, officinis Mauritana uoce Cheiri uel Keirim appellatur, Germanis Veiel. Non autem temerè adiectũ eſt Dioſcoridis: hac enim uoce à Leucoio Theophraſti, de quo ſuo loco dicemus, ſegregare uoluimus.

GENERA.

Etſi Leucoij nomine Viola ſignificetur candida, tamen & pro lutea, & cœrulea, & purpurea ſolet uſurpari. Quatuor itaque Violæ huius ſunt genera, quæ ſola florum diuerſitate inter ſe differunt. Alia enim candida, alia lutea, alia purpurea. Non eſt tamen quod per purpuream hic intelligas eam quæ Græcis ἴον, & Latinis propriè Viola dicitur: nam eius alia ab ea de qua hic agimus familia eſt, huicq́ tum qualitate tum facultate, adde etiam forma, contraria. Ea enim quæ ἴον Græcis uocatur, humilis eſt, ob id à nonnullis Seſsilis dicta, & latiore folio. Contrà noſtra illa, ut mox dicemus, cubitali eſt altitudine, & minimè ſeſsilis. Idem de candida dictum putes, nam ea quoq́ duplex eſt: una de qua hic fit ſermo, alia ſeſsilis, de qua in præſentia nihil dicemus. Nos tria duntaxat genera picta damus: cœruleas enim uidere non licuit. Quare ſuppoſititium hoc uerbum in Dioſcoride puto, maximè cum Plinius lib. xxi. ubi de ſatiuis Violis loquitur, purpurea ſcilicet, lutea & alba, nullam de cœrulea mentionem fecerit.

Viola purpurea duplex. *Viola candida duplex.*

FORMA.

Cubitali altitudine proſiliunt, ramoſæ, caule Braſsicæ exiliore, folio longo, molli, caneſcente, flore quadrifolio, Violæ ſylueſtris odorem referente, non unius coloris, nam alij candidi, alij lutei, alij purpurei. Semen foliaceum tenuibus quidem, ſed quincuncialibus ſiliquis continetur.

LOCVS.

Vbiq́ ferè in hortis & cultis reperiuntur. Non enim naſcuntur magna ex parte niſi ſatæ fuerint.

TEMPVS.

LEVCOION

Weiß Veiel.

VIOLA LVTEA.

Geel Veiel.

VIOLA PVRPVREA.

Braun Veiel.

C

TEMPVS.

Primo uere & Maio potissimũ mense, inter flores emicat Leucoion. Hoc itaque tempore flores carpendi. Semen inter æstatis initia profert.

TEMPERAMENTVM.

Leucoion abstergentẽ facultatem possidet, & tenuium est partium, Galeno autore, proinde ut calidum sit necesse est.

VIRES. EX DIOSCORIDE.

Lutea in medicina præcipui usus est. Huius flores aridi efferuefacti in desessionibus, contra uuluæ inflammationes ualent, & menstrua educunt. Cerato excepti rimas sedis sanant: cum melle oris ulcera. Semen eius duûm drachmarum pondere ex uino potum, aut cum melle appositum, menses, secundas & fœtus educit. Radices cum aceto illitæ, reprimunt lienem, & podagricos iuuant.

EX GALENO.

Leucoij frutex uniuersus extergentẽ facultatem obtinet, ac tenuiũ partium est, plus tamen flores, & inter hos qui sunt sicciores magis etiam quàm uirides, adeò ut & oculorum crassas cicatrices extenuent. Tum menses quoq; decoctũ eorum mouet, & secundas, fœtumq; emortuum elicit, & si bibatur, abortum facit. Est ergo id medicamentũ, ut si quod aliud, amarum. Quod si quis uirium eius uehementiam multa aqua admista mitiget, aut certè id genus aliquo, habebit & ad phlegmonas bonum medicamentũ. Sic decoctum eius si non merum fuerit, uteri phlegmonas identidem perfusum sanat, potissimum quæ diutino tempore ad scirri modum induruere. Sic cum cerato ulcera ægrè ad cicatricem peruenientia curat. Sunt uerò etiam qui cum melle ad oris ulcera adhibeant. Semen quum eiusdem sit facultatis, aptissimum est duarum drachmarũ mensura potum, tum mensibus ciendis cum
D melle appositum conuenire creditur, fœtumq; uiuentem interficere ac mortuum eijcere. Radices similis quoque facultatis, nisi quatenus crassioris sunt essentiæ, & magis terrenæ, cum aceto lienes induratos sanant. Nonnulli uerò & phlegmonas induratas ijs curant.

EX PLINIO.

Extenuant, menstrua & urinã ciunt. Minor uis est recentibus, ideoq; aridis post annum utendũ. Lutea dimidio cyatho in aquæ tribus, menses trahit. Radices eius cum aceto illitę sedant lienem. Item podagram, oculorũ inflammationes, cum myrrha & croco. Folia cum melle purgant capitis ulcera, cum cera rimas sedis, & quæ in humidis sunt. Ex aceto uerò collectiones sanant.

DE LAPATHO. CAP. CLXXIIII.

NOMINA.

Lapathum unde dictum. λαπάζειν.

ΑΠΑΘΟΝ Græci, Rumicem Latini, barbari Lapatium uocant. Lapathum autem ab effectu nomen accepit, quod scilicet exinaniat: etenim λαπάζειν uacuare uel exinanire Græcis est: omnium siquidem generum folijs decoctis aluus mollitur.

GENERA.

Primum. Lapatium acutum.

Huius quatuor genera facit Dioscorides. Primum oxylapathon Græcis & Latinis dicitur. Officinæ Lapatium acutum, Germani Mengelwurtz/ Grindtwurtz/ Streyffwurtz/ Zitterwurtz/ Wildampffer nominant. Oxylapathũ, quamuis anceps in acidum saporẽ uel acutam figurã uideatur significatio, tamen nomen hoc à folijs quæ in mucronẽ desinunt accepisse uidetur. *Secundum.* Secundũ genus hortense priori dissimile, non quidẽ in uniuersum, sed duntaxat in folijs, quæ Serapione teste, multo sunt latiora. Hoc genus hauddubiè est Rhabarbarũ monachorum, quod passim hodie in hortis plantatur: Oxylapatho enim per omnia ferè simile est, folia tamen latiora obtinet, & ob cultũ paulò tenerius est. Cum autem primùm erumpũt folia, purpurea ferè sunt, dein quotidie uiridiora fiunt, ut pictura ipsa monstrat. *Tertium.* Tertium sylue-

OXYLAPATHVM   Mengelwurtz.

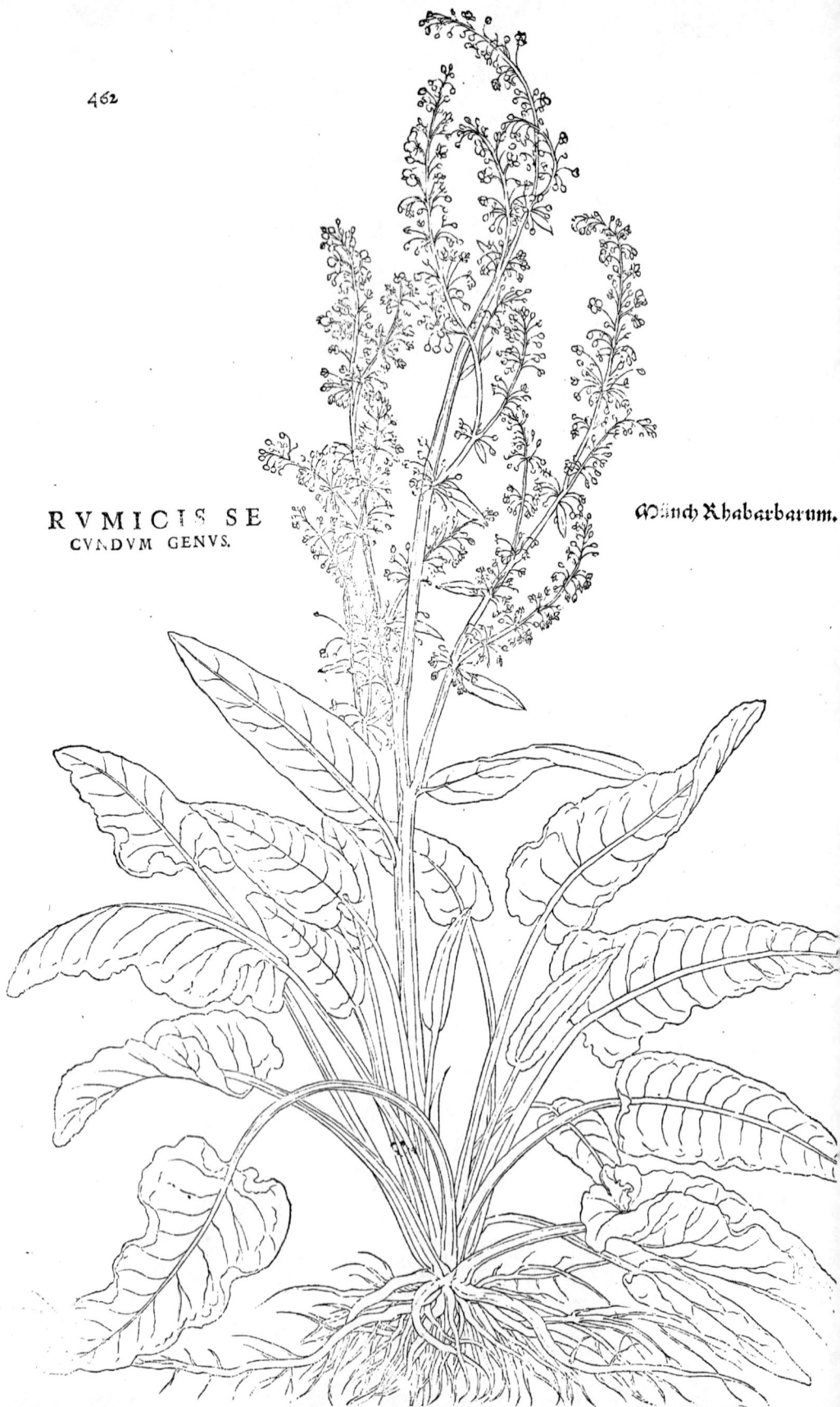

RVMICIS SECVNDVM GENVS.

Münch Rhabarbarum.

VMICIS
TIVM GENVS.

ter Heinrich.

OXALIS

Saur Ampffer.

A syluestre, paruum, plantagini simile, molle & humile est, quod uulgato nomine bonus Henrichus, germanicè güter Heinrich dicitur, id quod ex forma primùm colligitur: folia enim eius oxalidi, nisi quod ampliora sunt, atque adeo ad plantaginis nõnihil accedunt folia, similia sunt. Flores autem eius & semen sic Oxylapathũ referunt, ut uix ab inuicẽ discerni queant. Dein uires etiam cõueniunt: uulneraria enim herba est Bonus Henrichus, ac mirificè ad sordida purganda, ac glutinanda ulcera confert, sic ut appensa etiam, ac trita uulnerib. imposita, uermes qui in ijs nati sunt excidere faciat. Quartũ genus Græci ὀξαλίδα, Latini Oxaliden, officinę Acetosam, Germani Saur Ampffer nominant. Oxalis autem ideo dicta est, quod in gustu acorẽ planè resipiat, unde etiam uulgus Acetosam uocauit. Hanc propriè Romani appellarunt Rumicẽ, forsitan quod ab ea succus non aliter atq; mamma, quam Rumen ueteres dixerunt, sitientibus exugi soleat. Galenus tria tantum genera Lapathi facit, Oxaliden, Oxylapathon & Hippolapathon, quod sic Græci quasi grande Lapathum dicunt, magnis amplisq; rebus hippo præponere soliti, ab equo excellentis amplitudinis animali magnitudinem mutuantes. *Quartum. Acetosa. Rumex unde dicta. Hippo.*

FORMA.

Oxylapathũ folijs duris & in cacumine acutis, semine herbaceo acuminato ex minutissimis pediculis dependente, radice longa & lutea uel potius crocea. Secundũ genus Oxylapatho perquàm simile est, folijs tamẽ latioribus ac teneriorib. constat, caule bicubitali interdum, striato, floribus exiguis, luteis, semine ut Oxylapathon triangulari, radice longa & lutea seu crocea. Tertiũ genus, quod uulgus hodie Bonum Henrichũ uocat, foliũ Oxalidi, latius tamẽ, aut Aro, uel ut Dioscorides inquit, plantaginiue simile obtinet. Aliqua enim Ari, aliqua autẽ plantaginis folia referũt. Caulẽ prioribus duobus humiliorẽ, in quo flores & semina racematim multa dependent. Radicẽ uerò longam & subflauã. Oxalis autẽ folia syluestri & paruo humiliue Rumici similia habet. Caulis eius nõ adeò grandis est, sesquicubitũ altus. Semen acuminatum, rubrum, quod foliaceo uestitur inuolucro, sapore acri, quod in caule & adnascentibus coliculis nascitur. *Oxylapathi. Oxalidis.* B

LOCVS.

Oxylapathon in palustrib. & circa fossas potissimũ nascitur. Secundũ genus hodie in multorũ hortis consitum prouenit. Tertiũ passim in areis, sepibus & circa itinera crescit. Oxalis in omnibus pratis copiosissimè prouenit.

TEMPVS.

Æstate antequam prata demetantur omnium copia haberi potest.

TEMPERAMENTVM.

Recentiores Acetosam statuũt esse frigidã & siccã in secundo. Atqui quale huius & reliquarũ Rumicũ sit temperamentũ, ex facultatibus earundem, quas mox dicemus, facilè deprehendent studiosi. Secundi generis Rumex in folijs manifestissimã aciditatem ostendit, ut hinc etiam conijcere liceat esse Rumicem, utcunq; monachi & cum ijs multi quoq; medici, Rhabarbarum esse contendant.

VIRES. EX DIOSCORIDE.

Omnium Rumicũ olus decoctũ aluum mollit. Crudum illitũ cum rosaceo aut croco melicerides discutit. Semẽ syluestris & Oxylapathi & Oxalidis cum aqua aut uino utiliter contra dysenterias, cœliacos affectus, stomachi fastidia, scorpionumq; ictus bibit̃. Si quis etiã in potu præsumat, nihil ictus patiet̃. Radices ipsarũ ex aceto & crudæ illitæ, lepras, impetigines, scabrososq; ungues sanãt. Sed antea locus aceto & nitro in sole perfricandus est. Pruritus decoctũ earum sedat, si eo foueantur. Coctæ in uino si cum iure colluant̃, aurium dentiumq; dolorẽ mulcent. Strumas parotidasq; discutiunt si cum uino decoctæ illinant̃. Lienes autẽ cum aceto. Aliqui utuntur radicibus contra strumas, uinculo collo eas appendentes. Tritæ & appositę fœminarũ fluxiones sistunt. Decoctę cum uino & potę regio morbo correptos emendant. Calculos uesicæ cõminuunt. Menses cient. Scorpionum ictibus auxiliantur. Hippolapathon easdem antedictis Rumicum generibus uires obtinet.

EX GALENO.

C Lapathum moderatè digerentẽ facultatem habet, oxylapathum uerò mistam: nam simul cum eo quod digerit, nõnihil quoq; reprimendi facultate participat. Semen eorum manifestam quandam adstrictionẽ obtinet, adeò ut & dysenterias, & alui profluuia sanet, potissimum autem oxylapathi. Hippolapathon easdem dictis facultates obtinet, sed imbecilliores.

EX PLINIO.

Syluestria Lapatha scorpionũ ictibus medentur, & ferire prohibent habentes. Radix aceto decocta si coletur, succus dentibus auxiliatur: si uerò bibatur, morbo regio. Semen stomachi inextricabilia uitia sanat. Hippolapathi radices priuatim ungues scabrosos detrahunt. Dysentericos, semen duabus drachmis in uino potum, liberat. Oxylapathi semen lotum in aqua cœlesti, sanguinem reijcientibus, adiecta acacia lentis magnitudine, prodest. Præstantissimos pastillos faciunt ex folijs & radice, addito nitro & iure exiguo. In usu aceto diluunt. Sed satiuũ in epiphoris oculorum illinunt frontibus. Radice melicerias & lepras curant. In uino uerò decocta, strumas & parotidas & calculos. Poto uino & lienes, cœliacos æque & dysentericos & tenasmos. Ad eademq; omnia efficacius ius Lapathi, & ructus facit, & urinã ciet, & oculorum caliginem discutit. Item pruritum corporis, in solia balnearũ additum, aut prius ipsum illitum sine oleo. Firmat & cõmanducata dentes. Eadem decocta cum uino, sistit aluum. Folia soluunt adiecto sale.

APPENDIX.

Rhabarbari monachorum facultas.

Alterius generis Rumicis, qui Rhabarbarũ monachorũ uocatur, radix purgandi etiam uim obtinet, si in puluerem redacta drachmæ pondere sumatur. Neq; id mirum admodum, cum etiam Dioscorides ipse omnium Rumicum olus decoctũ
D aluum mollire, atq; decoctas eorundem radices cum uino, regio morbo correptos emendare, ob bilis nimirum per inferna eductionem, testetur.

DE LIMONIO. CAP. CLXXV.

NOMINA.

Beta syluestris unde dicta. *Tintinabulum terræ.* *Pyrola.*

ΛΕΙΜΩΝΙΟΝ Græcis, Limonion, Beta syluestris & Tintinabulum terræ Latinis, uulgo Pyrola, Germanis Wintergrün/Holtzmangolt/Waldtmangolt/oder Waldtköl appellatur. Beta autem syluestris hęc herba dicta est, quod in syluis & locis muscosis, hortensi Betæ primum erumpenti haud dissimilis, proueniat. Tintinabulum, à floribus eius tintinabulo similibus. Pyrola, quod eius folia arboris pyri folio similia sint.

FORMA.

Folia Betæ similia habet, tenuiora tamen & minora, decem, aut plura. Caulem tenuem, rectum, lilio æqualem, semine rubro, gustuq; adstringente plenum. Ex qua siquidem descriptione abundè liquet, herbam quam uulgus Pyrolam uocat esse Limoniũ. Folijs enim Betæ similis est, uerum tenuioribus & minoribus (legendum enim in Dioscoride μικρότερα, & non μακρότερα, Plinio libro uigesimo, capite octauo, teste) decem, interim pluribus. Caule tenui, recto, lilio simili, pleno seminis rubri, quod gustu adstringit. Quibus accedit quod germanicè Waldtmangolt/ id est, Beta syluestris nominatur. Neque uires discrepant: adstringit enim, uulnerariaq; herba est Pyrola, haud secus atque Limonium. Flores denique tintinabulo similes sunt, ut citra ullum discrimen Pyrolam Dioscoridis esse Limonium asseuerare liceat.

LOCVS.

In umbrosis & syluestribus prouenit locis.

LIMONIVM
Wintergrün.

C

TEMPVS.

Iunio mense floret.

TEMPERAMENTVM.

Folia & semen gustu uehementer adstringunt, ita ut in tertio ordine siccitatis illud recte recentiores collocent.

VIRES. EX DIOSCORIDE.

Semen tritum in uino potum acetabuli mensura, dysentericis ac cœliacis auxiliatur. Rubrum fœminarum profluuium sistit.

EX GALENO.

Limonij semen utpote austerum, cœliacis, dysentericis & sanguinem spuentibus cum uino exhibent. Iuuat & profluuium muliebre. Satis autem est acetabuli mensura.

EX PLINIO.

Huius folia ambustis utilia, guttantia adstringunt. Semen acetabuli mensura dysentericis prodest. Aquæ è radice coctę maculas uestium eluere dicuntur, itemque membranarum.

EX RECENTIORIBVS.

Pyrolæ decoctum interna & externa uulnera potum sanat. Item fistulis ac alijs malignis ulceribus medetur.

DE LAMIO. CAP. CLXXVI.

NOMINA.

Archangelica.

D

Vrtica mortua quare dicta.

LAMIVM Plinio lib. xxi. cap. xv. & lib. xxij. cap. xiiij. uocatur. Vulgo Vrtica iners & mortua. Sunt qui albam Vrticam nominent, & Archangelicam. Officinis inusitatum, germanicè Todtnessel/ oder Taubnessel dicitur. Iners & mortua cognominata, quod folijs non mordentibus sit, & mitissima.

GENERA.

Vrticæ mortuæ tria inueniuntur genera. Vnum albis, quod propriè Lamium dicitur: alterum luteis, & tertium purpureis floribus constat. Nos, quia solis floribus differunt, nec in eorum folijs aliquod discrimen apparet, una icone omnia tria complexi sumus genera.

FORMA.

Folijs constat Vrticæ pungentis, minoribus, fimbriatis, candidioribus, lanugine nequaquã mordaci, caule quadrangulo, flore albo, luteo, aut purpureo, radice ex interuallis cincinnis capillata. Graui odore tota fragrat. Innoxia est & morsu caret. Semen in caulibus per interualla copiosum & nigrum profert.

LOCVS.

Passim circa semitas & sepes nascuntur.

TEMPVS.

Vere primo, Maio potissimum mense, floribus abundant, & tota ferè æstate.

TEMPERAMENTVM.

Calidum & siccum est Lamium, ueluti etiam alia Vrticæ genera, id quod ex gustu, eiusque facultatibus deprehenditur.

VIRES. EX PLINIO.

Medetur cum mica salis contusis incussisque, inustis & strumis, tumoribus, podagris, uulneribus. Album habet in medio folio, quod ignibus sacris medetur. Quidam è nostris tempore discreuere genera. Autumnalis Vrticæ radice alligata in tertianis, ita ut ægri nuncupentur cum eruitur ea radix, & dicatur quæ, & cui, & quorum filio eximatur, liberari morbo tradiderunt. Hoc idem contra quartanas pollere. Iidem

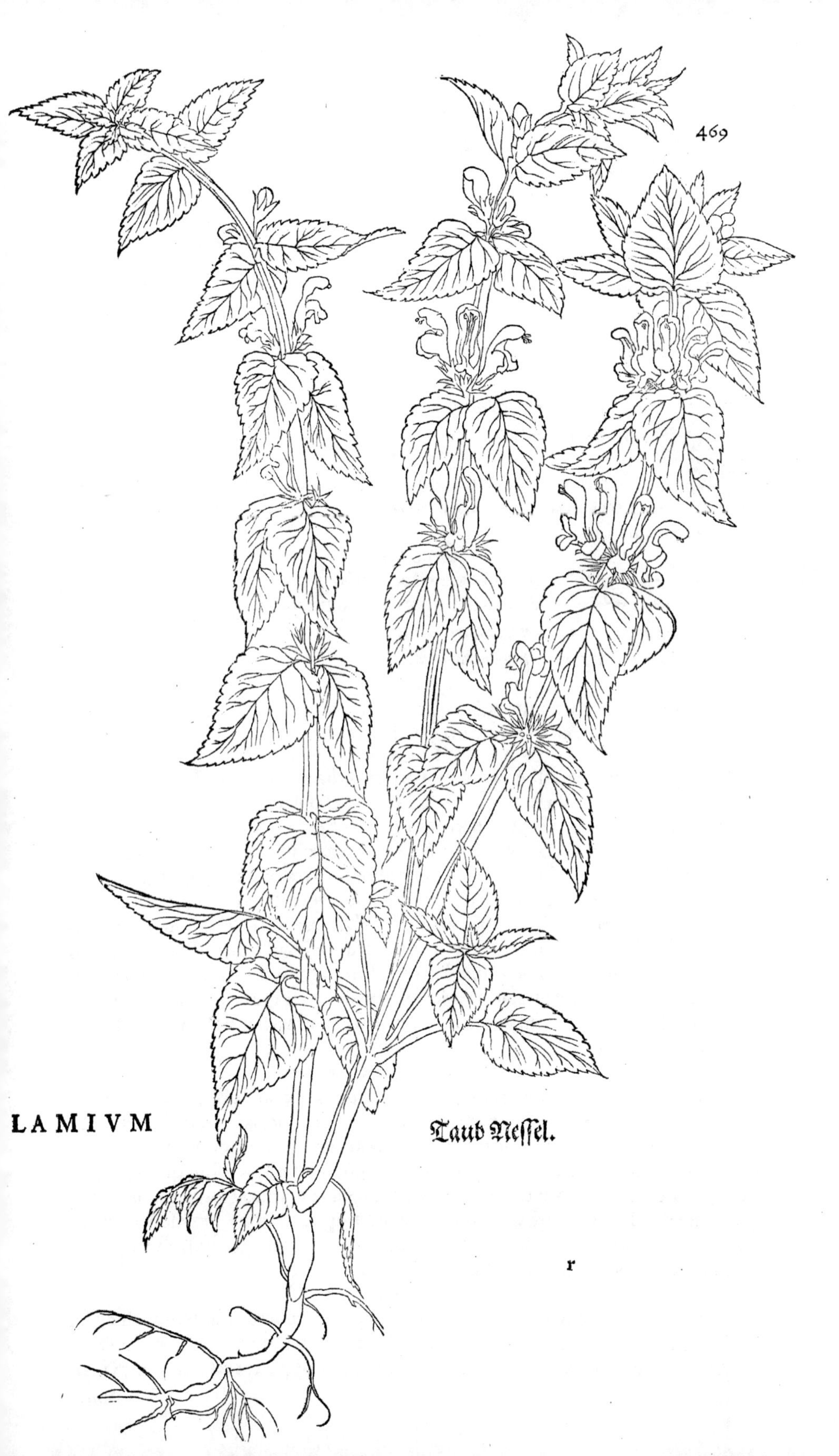
LAMIVM
Taub Nessel.

C re. Iidem radice urticæ addito ſale, infixa corpori extrahi. Folijs cum axungia ſtrumas diſcuti, uel ſi ſuppurauerint, erodi complerique.

EX RECENTIORIBVS.

Recentiores hac inerti Vrtica utuntur ſiſtendo ruentis è naribus ſanguinis impetu, imæ ceruici uel ſcapulis alligando, inde ſperant in aduerſum trahi cruoris manantis impetum. Vlceribus denique, putredinibus & fiſtulis mirificè conferre, ac mederi tradunt.

DE LINO. CAP. CLXXVII.

NOMINA.

Λίνον Græcis, Linum Latinis & officinis, Germanis Lein / oder Flachß appellatur.

FORMA.

Herba eſt tenui caule, folijs anguſtis, oblongis, & in ſummo acuminatis, floribus cœruleis, ſpecioſis, quibus decidentibus folliculus enaſcitur in quo ſemina continentur fulua.

LOCVS.

Linum agris noxium. Gaudet pingui ſolo & modicè humido. Agris autem noxiũ eſt, deteriores enim eos facit, id quod ijs carminibus in Georgicis ſignificauit Virgilius:

Vrit enim lini campum ſeges, urit auenæ,
Vrunt letheo perfuſa papauera ſomno.

TEMPVS.

Vellitur æſtate ubi maturitatẽ conſecutum fuerit, quæ ſanè duobus argumentis
D intelligitur, intumeſcente ſemine, uel flaueſcente colore.

TEMPERAMENTVM.

Eſt in primo ordine calidũ, ac humiditatis & ſiccitatis quodãmodo in medio ſitũ.

VIRES. EX DIOSCORIDE.

Semen Lini eandem Fœnogræco facultatem obtinet. Omnem intus foriſque inflammationem diſcutit & emollit, cum melle, oleo, exiguaque aqua decoctum, aut melle cocto exceptũ. Vitia cutis in facie crudum, uaroſque cum nitro & ficu illitum. Cum lixiuia autem parotidas, duritieſque diſcutit. Herpetas in uino decoctũ, & fauos purgat. Vngues ſcabros cum pari modo Naſturtij & mellis eximit. Cum melle uice eclegmatis ſumptum, ea quæ in thorace ſunt educit. Tuſsim lenit. Venerem ſtimulat ſi cum melle & pipere mixtũ pro placenta largius ſumatur. Huius decoctũ inteſtinorum uterique eroſionibus iniectum medetur, adque excrementorũ eductionem prodeſt. Ad uuluæ inflammationes in deſeſsionibus haud aliter quàm Fœnigræci perquam utile eſt.

EX GALENO.

Lini ſemen eſum flatuoſum eſt, etiamſi frigatur, adeò ſanè excrementitia humiditate plenum eſt. Viſceribus tamen quę circa hypochondria ſunt, ut ſi quid aliud, gratum exiſtit. Quidam hoc toſto inſtar obſonij non ſecus ac factitio ſale cum garo utuntur. In uſu eſt & melle conſperſum. Inſerunt nonnulli panibus quoque. Stomacho & concoctioni repugnat. Tenuiter corpus alit. Quod ſpectat ad deiectionem, nec laudandum, nec uituperandum, perexiguam tamen uim mouendæ urinæ tenet, quæ in toſto efficacior eſt. Idem quoque aluum magis ſiſtit. Ruſtici ſæpenumero torrefacto adiecta portione mellis utuntur.

EX PLINIO.

Lini ſemen cum alijs quidem in uſu eſt. Et per ſe mulierum cutis uitia emendat in facie. Oculorum aciem ſucco adiuuat. Epiphoras cum thure & aqua, aut cum myrrha. Cum uino ſedat parotidas. Cum melle, aut adipe, aut cera, ſtomachi ſolu-

tiones

LINVM

Flachß.

C tiones insperſum polentæ modo. Anginas in aqua & oleo decoctum, & cum aniſo illitum. Torretur ut aluum ſiſtat. Cœliacis & dyſentericis imponitur ex aceto. Ad iecinoris dolores eſtur cum uua paſſa & ad phthiſin utiliſsimè. Semine fiunt & ecligmata. Muſculorum, neruorum, articulorum, ceruicum duritias, cerebri membranas mitigat farina ſeminis, nitro aut ſale, aut cinere additis. Eadem cum fico item concoquit ac maturat. Cum radice uero cucumeris ſylueſtris extrahit quæcunque corpori inhærent. Sic & fracta oſſa. Serpere ulcus in uino decocta prohibet. Eruptiones pituitæ cum melle emendat. Vngues ſcabros cum pari modo Naſturtij, & teſtium uitia & ramices cum reſina & myrrha, & gangrænas ex aqua. Stomachi dolores cum Fœnogræco ſextarijs utriſq; decoctis in aqua mulſa. Inteſtinorum & thoracis pernicioſa uitia, clyſtere in oleo & melle.

DE LICHENE. CAP. CLXXVIII.

NOMINA.

Hepatica. Lichen quare dicta. Hepatica quare.

ΛΕΙΧΗΝ Græcis, Lichen Latinis, officinis & herbarijs Hepatica, Germanis Stein oder Brunnenleberkraut dicitur. Lichena autem Græci & Latini nominauerunt, quod cõtra Lichenas omnibus remedijs anteponatur: aut à re ipſa nomen dederunt, quoniam ſaxa quibus hæret linguæ modo lambat. Hepaticam uerò recentiores uocarunt, quod iecinorum fibris ſimilis conſpiciatur.

FORMA.

Folio ſucci pleno, craſſo & oblongo conſtat, rorulentis petris adhærẽte, ſub quo cauliculi, pediculorum forma, capitula ſtellata habentes, exeunt.

D

LOCVS.

Naſcitur in roſcidis & grauiter olentibus ſaxis.

TEMPVS.

Iulio menſe ea qua picta eſt forma decerpitur.

TEMPERAMENTVM.

Abſtergentem ac modicè refrigerantem facultatem, utranq; uerò reſiccantem habet. Abſtergentem quidem atq; exiccantem à petra, refrigerantem autem ab aqueo humore.

VIRES. EX DIOSCORIDE.

Lichen illitus ſanguinis eruptiones ſiſtit, & inflammationes compeſcit. Impetigines ſanat. Inunctus cum melle regio morbo affectis prodeſt. Oris & linguæ defluxiones arcet.

EX GALENO.

Lichen qui in petris naſcitur, eſt ueluti muſcus quidam, ſed recte ex plantarum genere cenſeri poteſt. Sic nominatus uidetur, quod lichenas ſeu impetigines curet. Extergentem & mediocriter frigidam facultatem obtinet. Porrò quod ex talibus ſubſtantijs cõponitur, aduerſum eſſe inflammationi nihil mirum eſt. An uerò ſanguinis eruptiones ſiſtat, ut Dioſcorides ait, id neutiquam dicere queo.

EX PLINIO.

Sanguinem ſiſtit uulneribus inſtillatus, & collectiones illitus. Morbum quoq; regium cum melle ſanat ore illito & lingua. Stigmata etiam delet.

DE LINO.

LICHEN Stein Leberkraut.

C

NOMINA.

Mercurialis.

LINOZOSTIS,  Græcis, Mercurialis Latinis & officinis dicit. Germanis Bingelkraut/ Mercuriuskraut/ oder Kűwurtz.

Mercurialis cur dicta

Mercurialis dicta est, quod à Mercurio inuenta sit.

GENERA.

Duo eius genera, mas & fœmina, quæ facilè ex eorundē descriptionibus discerni poterunt. Folia uerò maribus nigriora, fœminis candidiora.

FORMA.

Mercurialis folia Ocimo similia habet, ad Helxines foliorum figuram accedentia, minora tamen. Ramulos geniculatos, alarū caua multa & densa habentes. Fœmina semen fert racemosum & multum. Mas uerò iuxta folia exiguum, rotundū, geminorum testiculorum modo connexum. Totus frutex dodrantalis, & nonnunquam maior.

LOCVS.

Nascitur in campestribus cultis, uinetisq;, aliquibus locis tam copiosa & efficax, ut sapore suo uina etiam inficiat, & bibentibus ingrata reddat.

TEMPVS.

Augusto mense semine prægnans est.

TEMPERAMENTVM.

Calidam & siccam in primo ordine esse asserunt.

VIRES. EX DIOSCORIDE.

Vtraq; aluum mouet olerū modo comesta. Cocta in aqua & epota aqua, bilem & aquosa ducit. Creduntur præterea fœminæ folia trita & pota, aut post purgationem pudendis apposita, ut fœminæ concipiantur efficere. Masculæ uerò similiter

D adhibita, mares progenerare.

EX GALENO.

Mercuriali omnes duntaxat ad uentris purgationes utuntur. Verumenimuero si quis eius facere periculum uolet in cataplasmate, sanè digerentis admodum facultatis esse experietur.

EX PLINIO.

Mirum est quod de utroq; eorum genere proditur: ut mares gignantur hunc facere, ut fœminæ illam. Hoc cōtingere si à conceptu succus protinus bibatur in passo, edantúrue folia decocta ex oleo & sale, uel cruda ex aceto. Quidam decoquunt eam in nouo fictili cum heliotropio, & duabus aut tribus spicis, donec decoquatur. Decoctum dari iubent & herbam ipsam in cibo altero die purgationis mulieribus per triduū, quarto die à balneo coire eas. Hippocrates miris laudibus in mulierum usu prædicauit illas. Easq; ad hunc modum adhuc medicorū nemo nouit. Ille eas uuluæ cum melle, uel rosaceo, uel irino, uel lirino admouit. Item ad ciendos menses, secundasq;. Hoc idem præstare potu fotuq; dixit. Instillauit auribus surdis succum, inunxitq; cum uino uetere. Aluo folia imposuit, epiphoris, stranguriæ & uesicæ. Decoctum eius dedit cum myrrha & thure. Aluo quidem soluendæ, uel in febri, decoquitur quantum manus capiat, in duobus sextarijs aquæ ad dimidias, bibitur sale & melle admixto: necnon cum ungula suis, aut gallinaceo decoctum salubrius. Purgationis causa putauere aliqui utranq; dandam, siue cum malua decoctum. Thoracem purgant, bilem detrahunt, sed stomachum lædunt.

DE LIBA-

MERCVRIALIS MAS.

Bingelkrautmennle.

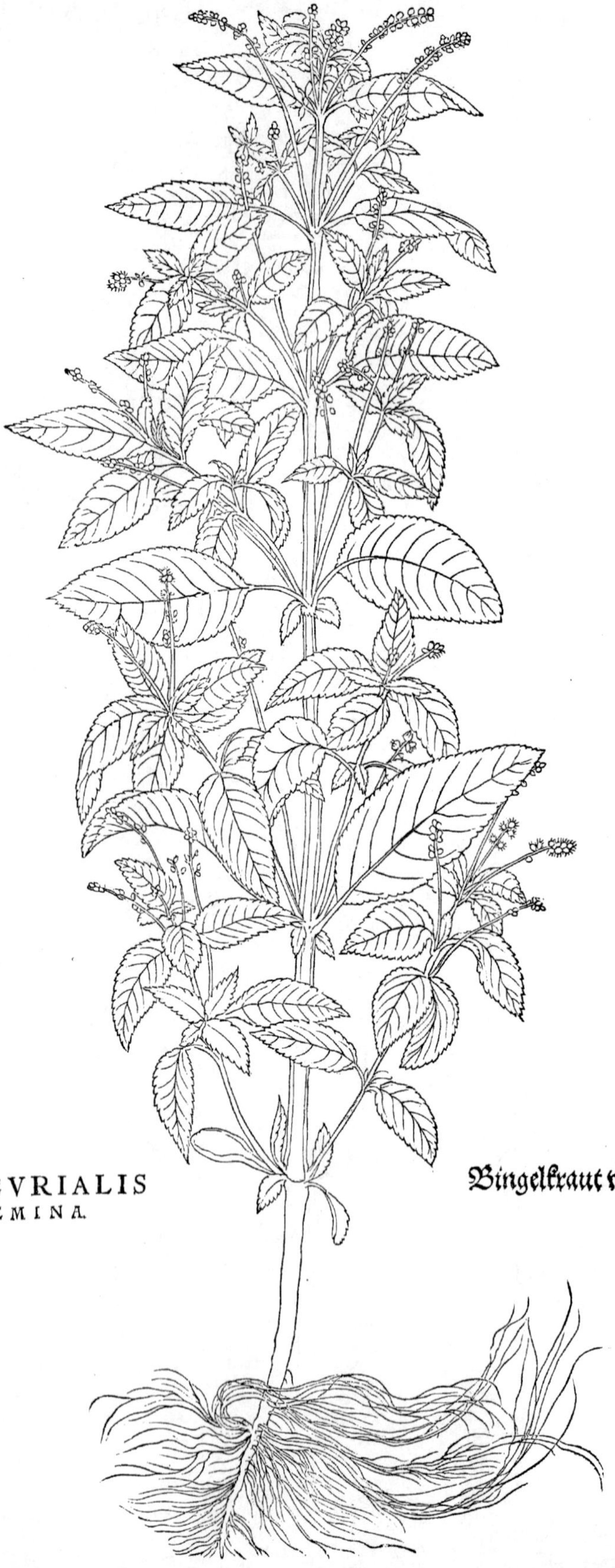

MERCVRIALIS
FOEMINA.

Bingelkraut weible.

DE LIBANOTIDE CORONARIA. CAP. CLXXX.

A

NOMINA.

Λιβανωτὶς Græcis, Rosmarinus Latinis & officinis, Germanis Rosmarin appellatur. Libanotis uerò dicta est, quod odorem thuris redat. Libanotida autem nō eam quæ simpliciter sic nominatur à Græcis intellige, sed eam quę cum adiectione, coronaria Libanotis appellatur.

Rosmarinus. *Libanotis cur dicta.* *Libanotis coronaria.*

FORMA.

Rosmarinus qua nectentes coronas utunt, uirgas habet tenues, circa quas sunt folia tenuia, crebra, oblonga & gracilia, intus candicantia, exteriore autem parte uiridia, grauiter odorata. Florem, quod Dioscorides omisit, in candido cœruleum, radicem nigram, multis fibris capillatam.

LOCVS.

Hodie passim in hortis & fictilibus uasis plantatur. In Narbonensi autem Gallia sua sponte prouenit tam copiose, ut eius incolæ aliud lignum non urant.

TEMPVS.

Carpitur Maio mense & deinde usque ad Septembris medium. Floretq; bis annuatim, uere & autumno.

TEMPERAMENTVM.

Calida & sicca est, id quod ex gustu & uiribus conijcere quisq; poterit.

VIRES. EX DIOSCORIDE.

Calfacit. Regium morbum sanat, si quis eam in aqua decoxerit, & ante exercitia bibendam dederit, dein post exercitia lauerit, & uino potauerit. Miscetur etiam acopis, & musteo oleo.

EX GALENO.

Libanotidis, quæ ad coronas est utilis, quam Romani Rosmarinū nuncupant, decoctum regio morbo laborantes potum adiuuat. Omnes enim Libanotides abstergentis & incidentis facultatis sunt participes.

APPENDIX.

B

Recentiores Rosmarinum suffitu tussim & destillationem sedare tradunt. Et quod in primis nobile, tutam præstare in pestilentia domum crematam, nidore improbam aëris diluentem perniciem. Adijciunt & alias facultates, eas nempe: Rosmarinus corroborat cerebrum, sensus interiores, memoriam & cor. Succurrit tremori, resolutioniq; partium. Loquelam amissam reparat, & alia multa potest, quæ cōmemorare superuacaneum est.

DE LIGV-

ROSMARINVS
Roßmarin.

A

NOMINA.

LIGVSTRVM Plinio aliisque Latinis nominatur. Officinis inusitatum, Germanis Beinhöltzlin/ Mundtholtz/ Rein oder Schülweiden dicitur. Quo autem nomine Græcis appellatum sit, nondum certo nobis constat: neque enim ut ferè omnes hodie putant Cypros est, quæ Plinio libro duodecimo teste, semen habet Coriandri, peregrinaque existit arbor. At Ligustrum semen non Coriandro simile, quod rotundum ac subflauum est, sed potius atrum, & altera parte latum modiceque cōcauum in racemis profert. Nec arbor est peregrina, sed sponte in sepibus & senticetis ubique prouenit. Mea tamen sententia Phillyrea potius apud Dioscoridem erit, quod hæc Cypro congener ac similis sit, easdemque quas Ligustrum facultates habeat. Iudicium tamen penes prudentem lectorem esse uolumus.

Ligustrum non est Cypros.

Phillyrea uidetur esse Ligustrū

FORMA.

Ligustrum arbor est parua, foliis Oleæ similibus, floribus paruulis, candidis & odoratis, racematim florentibus, fructibus initio uirentibus, processu temporis nigris, uuarum more congestis.

LOCVS.

Nihil frequentius Ligustro in uepribus occurrit, nihilque crebrius in dumetis inuenitur, ita ut hoc nomine contemptui habeatur. Quapropter huc respiciens Virgilius in Bucolico carmine, eius flores negligi à pastoribus, ac inutiliter perire canit, dicens:

Alba ligustra cadunt, uacinia nigra leguntur.

TEMPVS.

B Maio mense floret, autumno autem cum maturis baccis nigrescit.

TEMPERAMENTVM.

Etsi forma nōnihil à Cypro distet Ligustrum, temperamento tamen eodem est præditū. Eius enim folia & surculi mixta qualitate constant: discutiens enim quiddam cum aquea substantia, modicè calida, & quiddam etiam adstrictorium ex terrena substantia frigida, & sine morsu siccante, obtinent.

VIRES. EX PLINIO.

Succus eius neruis, articulis, algoribus, folia ubique ueteri ulceri cum salis mica, & oris exulcerationibus prosunt. Acini contra phthiriasin, item contra intertrigines, foliáue. Sanant & gallinaceorum pituitas acini.

APPENDIX.

Recentiores Ligustri succum ulcera oris, ueretrique sanare tradunt. Idem etiam posse folia in uino decocta adiiciunt: ut hinc euidentissimū sit, foliis Ligustri, haud secus atque Cypri aut Phillyreæ, adstrictoriam inesse uim, propter quam cōmanducata & decocta, oris potissimum ulceribus opitulantur.

DE LV-

LIGVSTRVM
Beinhöltzlin.

DE LVNARIA MINORE.
CAP. CLXXXII.

A

NOMINA.

DIV multumq́ de huius herbæ nomenclatura fuimus soliciti, at utcunque multos interrogauerimus, tamen aliud nomen quàm idipsum quo nunc appellamus expiscari haud potuimus. Vocetur itaque Lunaria minor, donec certiorem appellationem habere contigerit. Germanicè klein Monkraut/ ut sit ad Latinam nomenclaturam allusio quędam, nuncupetur. *Lunaria minor.*

FORMA.

Rotundo est caule, cui folia utrinq́ septem annexa, cordis ferè humani formam habentia: in summitate caulis semen Betæ simile profert.

LOCVS.

Nascitur in montibus. Copiosissimè autem Tubingæ in pede montis Austriaci prouenit. Prope hanc nunquam nō Ophris, de qua suo dicemus loco, inuenitur.

TEMPVS.

In fine Maij & Iunio mense inuenitur, dein statim euanescit.

TEMPERAMENTVM.

Terrestre quid præ se fert gustata, atque parum adstringit, ut hinc mediocriter frigidam & siccam esse uerisimile sit.

VIRES.

Vis foliorum eius hauddubiè uulneribus efficax, glutinandi nanque facultate prædita est. Chymicorum nugas, quibus eius herbæ usus frequentissimus est, lubens pręterea. Cōstat autem experientia, ad supprimendos menses, & album muliebre profluuium, mirificè conferre hanc herbam.

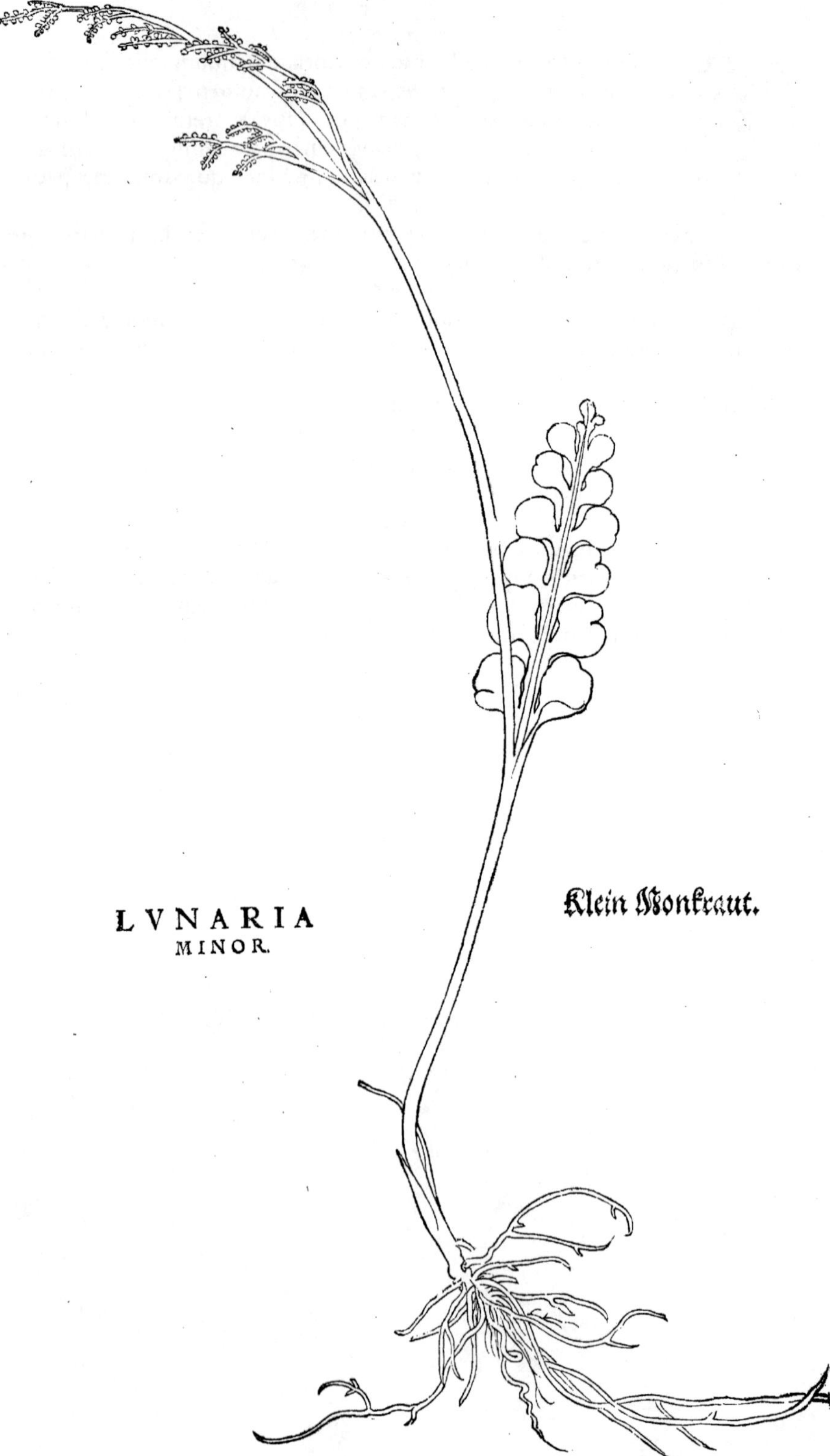
LVNARIA
MINOR.
Klein Monkraut.

A NOMINA.

ΛΕΠΙΔΙΟΝ Græcis, Lepidium Latinis appellatur. Vulgus herbariorũ Piperitim nominãt. Quam denominationẽ sequentes Germani nostri Pfefferkraut uocant. Nomen uerò hoc à pipere traxit, cuius acrimoniam herba hæc gustata refert. Diuersa est uerò, ut obiter parum attentos moneam, ab ea planta quam Plinius Piperitim nuncupat, de qua suo loco dicemus copiose. Sunt qui Lepidium alio nomine raphanum nominent, quod non alia fit ratione, quàm quod herba hæc quod ad folia attinet, raphano syluestri, quem Amoraciam alio nomine dicunt, admodum similis sit. Lepidium uerò appellatũ, quod λεπίδας, hoc est, squamas & maculas in facie deleat & repurget. *Piperitis.* *Raphanus cur dicatur Lepidium.* *Lepidium unde dictum.*

FORMA.

Fruticosum est, in cubitalem altitudinem surgens, folijs laurinis, sed mollibus, & maioribus. Sic quidem Lepidion depingit Plinius & Paulus. Vnde sole clarius fit, herbam cuius picturam damus esse Lepidion: cubitalis enim & interdum bicubitalis est, caule solido & rotundo, folijs oblongis & laurinis, maioribus tamen & mollioribus, gustu piper referentibus & acribus, magnopereq́ linguam uellicantibus, floribus candidis exiguis admodum, semine paruo, radice oblonga. In summa, forma totius herbæ raphano, ut diximus, syluestri similis est.

LOCVS.

In hortis potissimum prouenit, in quibus uiuacitatem suam usque ad multos annos prorogat.

TEMPVS.

Floret Iunio & Iulio mensibus, deinde semen profert.

TEMPERAMENTVM.

B In ordine quarto calefacit, ut Nasturtium, exiccat autem ipso minus.

VIRES. EX DIOSCORIDE.

Salgamorum more, sale cum lacte condîtur. Foliorum uis acris & exulceratrix est. Quapropter ischiadicis præsenti remedio illinitur, tritum cum radice Inulæ, & quarta unius horæ parte impositum. Similiter & lienosis prodest. Lepras idem pellit. Radix collo adalligata, dentium dolorem leuare creditur.

EX GALENO.

Facultate Nasturtio simile est.

EX PLINIO.

In facie cutem emendat exulcerando, ut tamen cera & rosaceo facilè sanetur. Sic lepras & psoras tollit semper facilè, & cicatricũ ulcera. Tradunt in dolore dentium adalligatum brachio quà doleat, compescere dolorem.

APPENDIX.

Lepidion crassos & glutinosos cibos & humores extenuare, & incidere ualet: ideoq́ culinaria est herba, & salsamentis idonea.

LEPIDIVM
Pfefferkraut.

DE LEVCOIO THEOPHRASTI CAP. CLXXXIIII.

A

NOMINA.

ΛΕΥΚΟΙΟΝ Theophraſti hoc loco deſcribimus, quod planè diuerſum eſt à Leucoio Dioſcoridis, quod ſuprà depinximus, id quod tamen plerique etiam docti uiri non animaduerterunt. Latinis Viola alba dicitur. Germanicè weiß Hornungßblůmen/oder Mertzenblůmen. Non autem ab re Viola alba dici cœpit; flos enim huius herbæ colorem album, & Violarum odorem refert.

Viola alba.

Viola alba cur dicta.

FORMA.

Folia habet Porro ſimilia, tenuiora tamen & molliora, ex radice bulboſa prodeuntia. Pediculum etiam profert dodrantalem, tenuem ac ferè iunceum, in quo candidus flos eſt, in medio croceus, Violarum purpurearũ odorem referens, quo decidente, capitula Nucis auellanæ quantitate erumpunt, in quibus ſemen Sinapi haud diſsimile continetur. Quod ſi ad hanc deſcriptionem adhibeas ea quæ de Viola alba Theophraſtus libro ſexto & ſeptimo de ſtirpium hiſtoria tradit, certè ſole manifeſtius erit herbam hanc cuius picturam damus eſſe eam, quam λευκόιον Theophraſtus uocat. Nam hæc prima florum ſe oſtendit. Emicat ubi cœlum clementius ſtatim, etiam non hyeme exacta: ubi uerò immitius, poſtea. Celeriter quoque euaneſcit. Radicem denique bulboſam & florem odoratum obtinet. Quę ſingula etiam de hac noſtra herba uerè dici poſſunt. Prima ſiquidem florum, hyeme etiam nondum exacta, Februario nimirum menſe, & die diuo Valentino ſacro, ubi cœlum clementius fuerit, apparet. In Aprili, ubi appropinquare iam cœperit Maius, euaneſcit. Flos item eius, Violarum purpurearum prorſus odorem refert. Radix etiam ad Bulbi ſimilitudinem orbiculata exiſtit, ut hoc nomine nemini dubium eſſe debeat, quin ſit Viola alba Theophraſti.

Theophraſti alba uiola.

Flos Februarij uocatus.

B

LOCVS.

Prouenit in umbroſis ſyluis & locis, qualis eſt non procul à Tubinga paulò ſuprà & infrà monaſterium Bebenhuſum uocatum, ubi copioſiſsimè naſcitur. Plantatur nunc etiam paſsim in hortis.

TEMPVS.

In Februario ſtatim hæc erumpit, ut diximus, herba, & inter initia Martij ad perfectionem uenit. Semen in Aprili oſtendit in capitulis, ut in altera pictura uides.

TEMPERAMENTVM.

Folia ferè qualitatis omnis expertia, radix autẽ dulcis & glutinoſa eſt, ut hoc nomine adſtringat & exiccet, ut reliqui bulbi.

VIRES.

Digerentem leuiter, & cum hoc adſtringentẽ facultatem, ſicut reliquos bulbos, habere ex ijs quæ cõmemorauimus ſatis conſtat. Tamen nunc nullus, quod ſciam, eius ſtirpis uſus eſt.

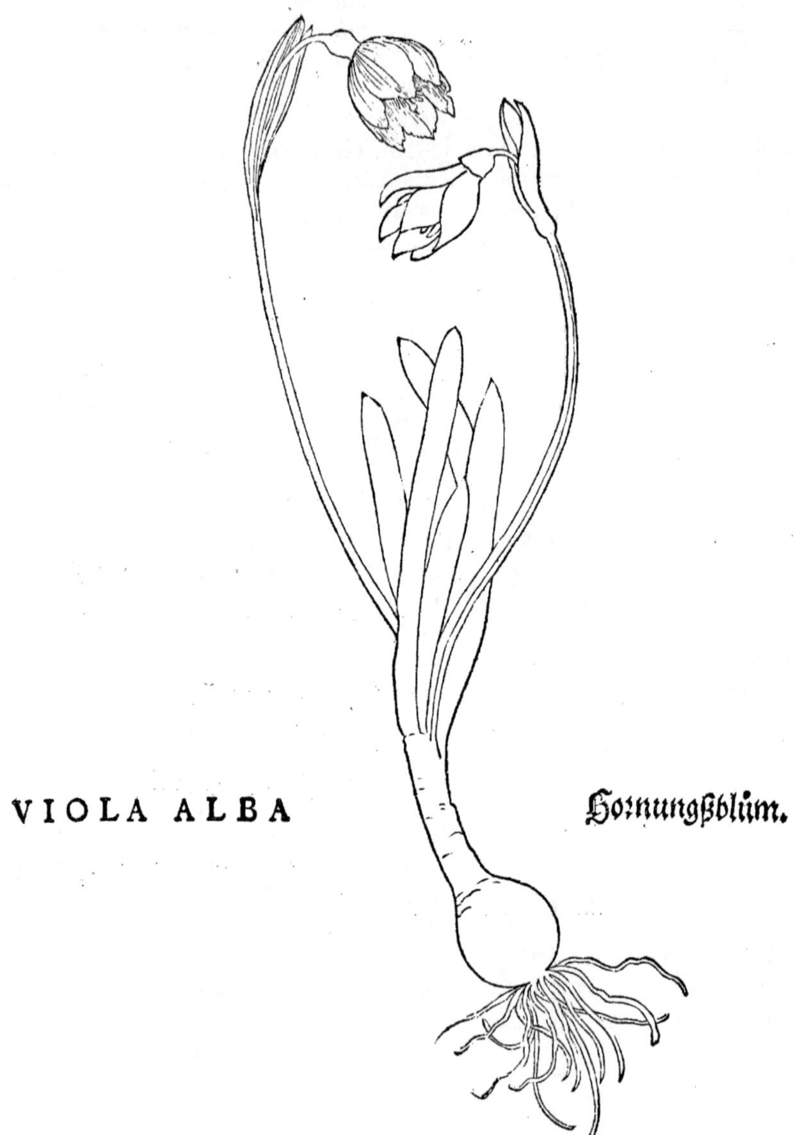

VIOLA ALBA Hornungßblům.

VIOLAE ALBAE FOLIA
CVM SEMINE.

Weiß Hornungßblům mit dem somen.

C

NOMINA.

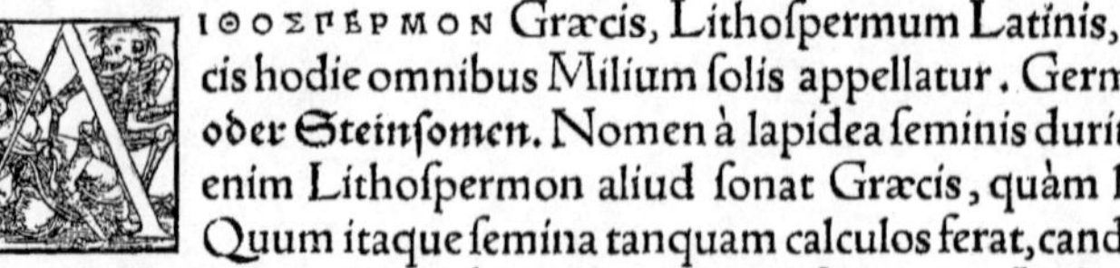

Milium solis.

Lithospermon unde dictum.

ΙΘΟΣΠΕΡΜΟΝ Græcis, Lithoſpermum Latinis, officinis & medicis hodie omnibus Milium ſolis appellatur. Germanis Meerhirß/ oder Steinſomen. Nomen à lapidea ſeminis duritia accepit: neque enim Lithoſpermon aliud ſonat Græcis, quàm lapideum ſemen. Quum itaque ſemina tanquam calculos ferat, candore & rotunditate margaritarum, duritia uerò lapidea, cõmodiſsima uoce Lithoſpermon dictum eſt. Milium uerò ſolis recentioribus nominatum puto, quod ſemen eius candore ſolis & lucis ſplendore fulgeat.

FORMA.

Folia habet Oleæ ſimilia, longiora tamen & latiora, & quæ in ima parte ſunt, humi iacent. Ramulos uerò rectos, tenues, craſsitudine Iunci acuti, ſolidos, lignoſosq́;. In quorum cacumine bifidi diuaricatiq́; exortus, cauliculorum ſpeciem exhibent longa habentes folia, inter quæ ſemen lapideum, rotundum, paruum, eruo ęquale. Plinius graphicè candore & rotunditate margaritas referre dixit. Noſtrum autem Lithoſpermon multo minus quàm Dioſcorides & Plinius tradiderunt ſemen profert, quod ſoli diuerſitati acceptum referendum erit. Radix etiam Lithoſpermi, quod adijciendum eſſe arbitror, exteriore ſui parte rubore perfunditur.

LOCVS.

Lithoſpermon aſperis & ſublimibus locis gaudet. Satum etiam in hortis prouenit.

TEMPVS.

Floret Iunio & Iulio menſibus, eoq́; tempore ſemen etiam profert.

D

TEMPERAMENTVM.

Semen Lithoſpermi, cuius maximè uſus eſt, calidum & ſiccum eſſe facilè ex eiuſdem facultatibus conijcitur. Omnia ſiquidem urinam cientia, Galeno lib. v. de ſimpl. medicam. facult. cap. xij. teſte, calida & ſicca ſunt.

VIRES. EX DIOSCORIDE.

Semen cum uino albo potum, calculos frangit, & urinam ducit.

EX PAVLO.

Semen cum uino albo potum, calculos conterit, & urinas pellit.

EX PLINIO.

Lapillis eius drachmæ pondere potis uino albo calculos frangi pelliq́; conſtat, & ſtranguriam diſcuti.

DE LYSI-

ITHOSPERMVM

Meerhirß.

DE LYSIMACHIA. CAP. CLXXXVI.

C

NOMINA.

Lysimachia unde appellata.

ΛΥΣΙΜΑΧΙΟΝ græcè, Lysimachia latinè, uulgò Salicaria, germanicè Weiderich nominatur. Lysimachia uerò ab eius inuentore Lysimacho appellata, aut quia uis tanta herbę, ut iumentis discordantibus imposita iugo, asperitatem cohibeat. Quare à dissoluenda dissidentium pugna, non ineptè Lysimachia uidebitũ nominata. Salicaria uerò quod folia salicis, aut quod inter salices nascatur, dicta est.

Salicaria.

GENERA.

Lysimachię duo esse genera ex Dioscoride & Plinio satis liquet. Plinij enim purpureum florem habet, hinc nos illam purpureã appellauimus, Germanicè braun Weiderich. Dioscoridis uero rufos, hoc est, aureos, ut metipse interpretatur, flores obtinet, ideoq́ luteam nominauimus, Germanicè geel Weiderich. Et hæc quidem altera magis adstringit, inq́ usu medico hoc nomine eidem præferenda.

FORMA.

Caules profert cubitales, aut etiam maiores, tenues, fruticosos, quorum à geniculis folia exeunt gracilia, salici similia, gustum adstringentia, flores rufos, aut ad auri colorem declinantes. Ex qua pictura nulli non notum fit, plantas quas pictas damus esse Lysimachias. Caules enim emittunt cubitales, & multo quoque longiores, tenues & fruticosos. Folia etiam habent salicis, cum lentore quodam adstringentia. Flores hæc rufos, illa autem purpureos habet, ut non contemnendus autor est Plinius. His accedit locus natalis, & alia quæ referre non attinet.

LOCVS.

Nascuntur palustribus locis, & prope aquas, potissimũ ubi salices proueniunt.

TEMPVS.

D

Iunio & Iulio mensibus florent, ac subinde purpurea in siliquis oblongis semen producit, lutea uerò decidentibus floribus, semen exiguum, Coriandro haud dissimile profert, quod gustum non secus atque folia adstringit.

TEMPERAMENTVM.

Superantem adstrictoriam qualitatem, adeoq́ exiccatoriam uim obtinent.

VIRES. EX DIOSCORIDE.

Succus foliorum eius, cui adstringendi facultas est, ad sanguinis excreationes & dysenterias potus & infusus confert. Sistit & mulierum fluxum appositus. Contra erumpentem è naribus sanguinem herba ipsa utiliter inseritur. Vulneraria etiam est, & sanguinem compescit. Incensa acerrimum habet fumum, ut serpentes quidem abigat, & muscas enecet.

EX GALENO.

Vulnera glutinat, erumpentemq́ ex naribus sanguinem emplastri modo illita sistit: quin & reliquas sanguinis eruptiones compescere tum ipsa, tum succus eius multò magis potest. Pota dysenterias, sanguinis reiectiones ac muliebrem fluxum sanat.

EX PLINIO.

Vis eius tanta est, ut iumentis discordantibus iugo imposita, asperitatem cohibeat. Pota uel illita, uel naribus indita, sanguinis profluuium sistit. Vulneribus ijs priuatim quæ calceamento facta sunt contrita & arida infricata efficax est.

LYSIMACHIA PVRPVREA.

Rot Weiderich.

LYSIMACHIA
LVTEA.
Geel Weiderich.

A

NOMINA.

ΛΑΓΩΠΟΥΣ Græcis, Leporinus pes Latinis, Trifolium humile & Trinitas à tribus folijs herbarijs dicitur. Officinis nostris ignota est herba. Germanis Hasenfüß / oder Katzenklee / oder Kätzle nominatur. Sic uerò Græci atque Latini hanc herbam appellarunt, quod Leporino pedi similem paniculam habeat. *Trinitas.* *Lagopus cur dicta.*

FORMA.

A nullo, quod sciam, Lagopus describitur. Herba autem quam pro eo exhibemus, caules habet rotundos, hirsutos, folia Loto trifoliæ quæ in pratis gignitur similia, semen in paniculis muscosis lanuginosisque, leporino pedi similibus admodū, adstringentis gustus.

LOCVS.

In segetibus, Plinio etiam authore, & in hortorum areis, ut testatur Dioscorides, gignitur.

TEMPVS.

Iulio & Augusto mensibus potissimum apparet.

TEMPERAMENTVM.

Exiccandi facultatem obtinet, Galeno teste, Lagopus.

VIRES. EX DIOSCORIDE.

Vim habet Lagopus herba sistendi aluum cum uino pota. Febrientibus autem cum aqua danda. Alligatur eadem contra inguinum inflammationes.

EX GALENO.

Fluxus alui probè exiccat.

EX PLINIO.

B Lagopus sistit aluum è uino pota, aut in febri ex aqua. Eadem inguini adalligatur in tumore.

APPENDIX.

Ex ijs omnibus abundè constat, herbam eam quam depictam damus esse Lagopum, siquidem & nomen & forma illi aptissimè respondent. Locus etiam conuenit: nascitur enim copiosissimè in segetibus. Nec temperamentum abhorret, quod illi est adstrictorium & exiccans. His omnibus accedunt uires: uulgò enim omnes hac planta in dysenteria, & alui profluuio utuntur.

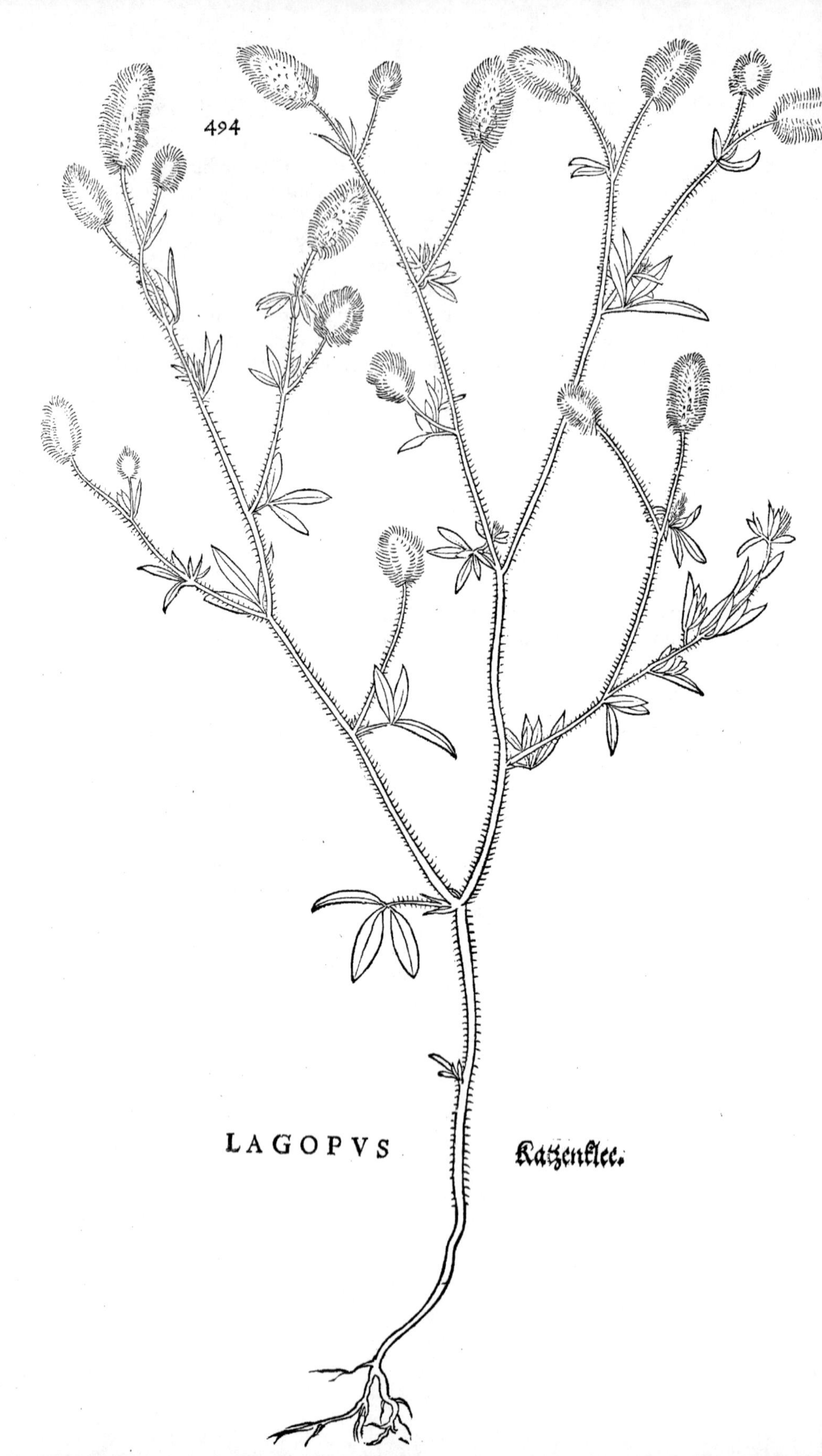
LAGOPVS
Katzenklee.

A

NOMINA.

Λάριξ Græcis, Larix & Larex Latinis, officinis & uulgò Larga, Germanis Lörchbaum appellatur. *Larix seu Larex*

FORMA.

Larix arbor est magna, Piceæ similis, crassior, læuiorique cortice, folio uilloso pectinum modo, pingui & denso, mollique flexu, materia præstanti, rubente, odore acri. Hinc erumpit nonnihil liquoris melleo, Dioscoride ac Plinio testibus, colore atque lento, nunquam durescentis. Est autem resina quam Larignam, aut certè Laricinam uel Lariceam uocant, qua hodie omnes ferè officinæ pro terebinthina, non sine errore utuntur. Terebinthina enim candida est, pellucida, & in modum coloris uitri cœrulea & odorata. Lignum eius propémodum ignibus inuictum, neque flagrat, neque in carbones recidit: nec alio modo ignis ui consumitur, quàm saxum in fornace ad calcem coquendam adhibitum, quod quidem nec flammam recipit, nec carbonē remittit, sed longo spacio tardè comburitur. E ramis eius panicularum modo nucamenta dependent, quod pictura affabre ostendit. *Resina laricina hodie pro terebinthina utuntur officinæ.*

LOCVS.

Larix, ut autor est Vitruuius, circa ripam fluminis Padi, & litora maris Adriatici nascitur. Copiosissimè autem in Silesia prouenit, unde Illustrissimus Princeps GEORGIVS Marchio Brandenburgensis dominus meus clementissimus, plures arbores Onoltzbachiū transferre curauit, à quo sanè hanc etiam cuius hic damus picturam ad me Tubingam transmisit. In Silesia ex eius arboris ligno hypocausta construuntur, tantus illius ibidem prouentus est. *GEORGIVS Marchio Brandenburgensis.*

TEMPVS.

Larix nullo exhilaratur flore, sed turgens tantum ædit germina.

B

TEMPERAMENTVM.

Minimum in eius temperamento ignis & aëris, humoris autem terreni plurimum. Hinc cum non habeat spacia foraminum quà possit ignis penetrare, fit ut eius uim, quemadmodū paulò antè diximus, reijciat, nec patiatur ab eo citò lædi. Adstrictoriam itaque facultatem, haud secus atque piceæ, eius folia & cortices, ut statim dicemus, obtinent.

VIRES. EX DIOSCORIDE.

Cortex eius adstringit, ac intertriginib. tritus & illitus prodest, & ulceribus summam cutem occupantibus, ambustisque cum lithargyro & manna thuris. Vlcera in teneris corporibus cerato myrtino exceptus ad cicatricem perducit. Tritus cum atramento sutorio, serpentia cohibet. Fœtus & secundas suffitu eijcit. Potus aluum sistit, & urinam mouet. Folia eius trita illitaque inflammationes leniunt, & uulnera ab inflammatione uindicant. Trita uerò & in aceto cocta, calida collutione dentiū dolorem mulcent. Resina eius, ut omnes aliæ, emollit, calefacit, discutit, expurgat. Tussientibus ac tabidis in ecligmate per se aut cum melle conuenit. Thoracis uitia expurgat. Vrinam etiam cit, maturat, & aluum mollit. Pilos in palpebris glutinat. Cōtra lepras cum ærugine, atramento sutorio, & nitro inungitur. Auribus saniem stillantibus cum melle & oleo, & in genitalium pruritu. Miscetur etiam emplastris, malagmatis & acopis. Lateris doloribus per se inuncta & imposita auxiliatur.

EX GALENO.

Cortex eius uincentem habet adstrictoriā facultatem usqueadeo, ut & intertrigines bellissimè sanet, & uentrem potus sistat. Sed & ambustis cicatricem inducit. In folijs arboris, ut quæ multo sunt cortice humidiora, uis inest uulnerum glutinatoria. Resina eius desiccat & calefacit.

EX PLINIO.

Laricis folia trita & decocta in aceto, dentium dolori prosunt. Cinis corticum

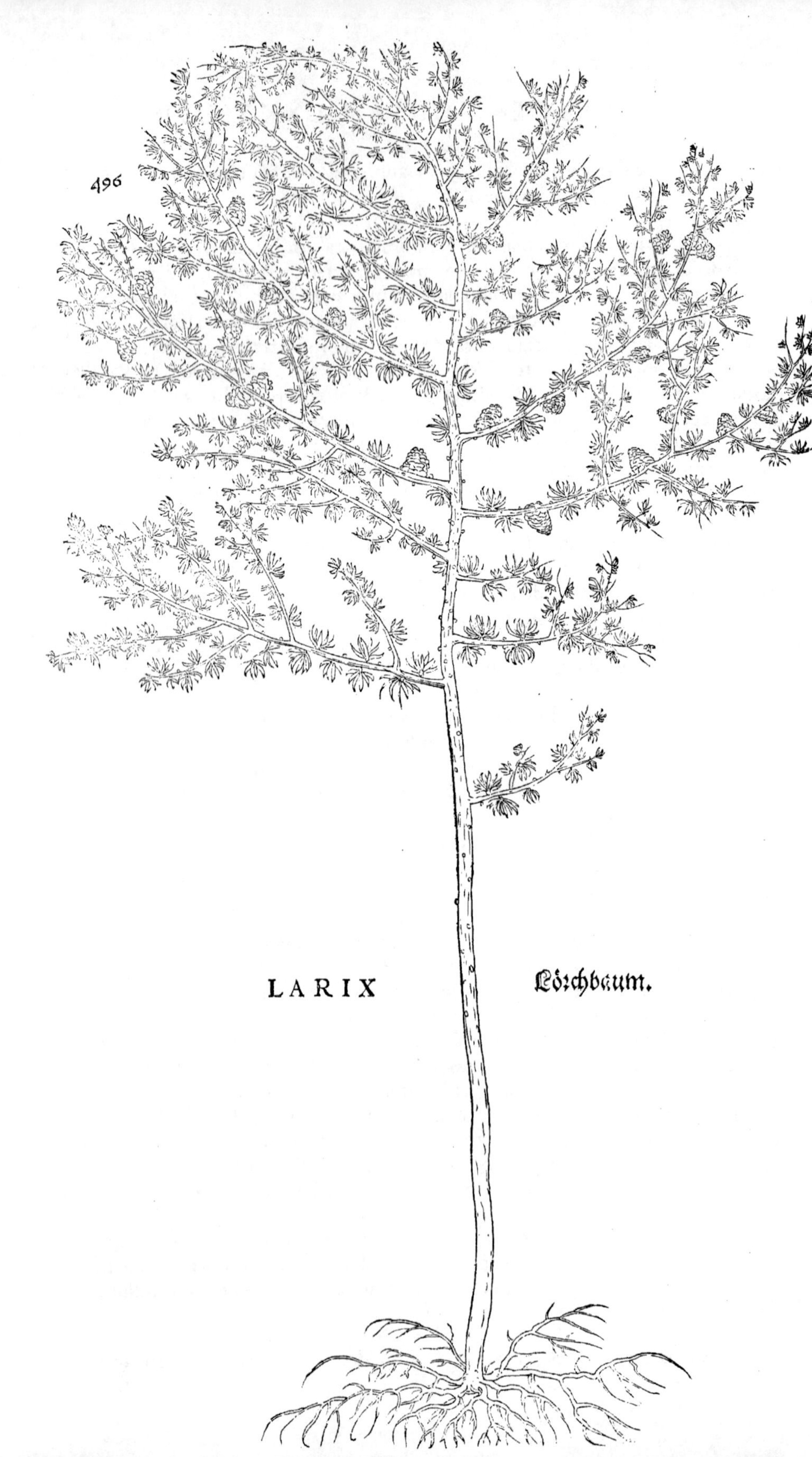

LARIX Lörchbaum.

A intertrigini & ambustis medetur. Potus aluum sistit. Vrinam mouet. Suffitu uuluas corrigit. Resina larigna tussi efficax habetur, polletq; contra uiscerum ulcera.

DE MELISSOPHYLLO. CAP. CLXXXIX.

NOMINA.

ΜΕΛΙΣΣΟΦΥΛΛΟΝ, ἢ μελίφυλλον Græcis, Apiastrum siue Citrago Latinis, officinis Melissa dicitur. Germanis Melissen / Melissenkraut / Honigblům. *Melissa.* Melissophyllum non alio nomine appellatum est, nisi quod apes eius folio magnopere delectentur: *Melissophyllum unde dictum.* neq; enim μελισσόφυλλον aliud quàm apum folium significat. Meliphyllon uerò, qua uoce Nicander usus est, mellis folium indicat. Sic itaque nominari cœpit, quod hinc apes mellis materiam colligant. Pari ratione Latini Apiastrum hauddubiè dixerunt, quod ea herba apes plurimum lætentur, *Apiastrum.* adeò ut si ea aluearia confricentur perunganturúue, detentum in eis examen non fugiat. Citraginem autem ab odore Citri: nares enim si consulantur Citrium mâlum olebit. *Citrago.*

GENERA.

Duo sunt ex uulgarium herbariorum sententia Melissophylli genera. Vnum uerum: alterum adulterinum, quod Germani Wantzenkraut nominant, ut paulò pòst dicemus.

FORMA.

Folia & cauliculi ueri Melissophylli, Balloti seu Marrubio nigro similia sunt, maiora tamen & tenuiora, nec ita hirsuta, citri mâli odore. Perperàm hodie officinæ
B pro uera Melissa utuntur herba passim in hortis proueniente, quam Germani, ut diximus, quia cimices olere uidetur, Wantzenkraut nominant. Fœdus itaq; cum huius herbæ odor sit, non est cur apes ea delectentur, neq; ei florenti insident, sed eam potius fugiunt. Contrà illa quam pro uera pictam damus unicè oblectantur, quod illius tam gratus odor sit, ut in ædibus strata, eas gratissimo odore compleat.

LOCVS.

Nascitur in syluis uerum, adulterinum autem in hortis.

TEMPVS.

Carpitur æstate, Iunio potissimum mense, quo floribus prægnans est.

TEMPERAMENTVM.

Melissophyllon ex secundo ordine calefacientiū censetur, desiccat uerò non æquè, sed ipsum quispiam in hoc primi ordinis esse posuerit.

VIRES. EX DIOSCORIDE.

Folia cum uino pota aut illita, contra scorpionū, phalangiorū, canumq; morsus prosunt. Decoctū eorundem, si eo perfundantur, idem potest. In insessionibus ad ducendos menses utile est. Dentes eodem in dolore colluuntur. Dysentericis iniectum prodest. Fungorū strangulationibus, folia cum nitro pota succurrunt. Torminibus auxiliant̃. Dantur in eclegmate orthopnoicis. Illita cum sale strumas discutiunt. Vlcera purgant. Articularios dolores illita mitigant.

EX GALENO.

Melissophyllon Marrubio facultate simile est, sed plurimū ab eo uincit̃: quamobrem nec utitur illo quispiam. Superuacaneum siquidem foret præsente Marrubio, cuius tantus est ubiq; terrarum prouentus, uelle uti Melissophyllo. Cæterum si cui fortè ad manum quandoq; Marrubium non fuerit, illo ad quæcunque uti licebit, modo quanto ab hoc exuperetur cognitum habuerit.

EX PLINIO.

Melissophyllo siue Melittæna si perungantur aluearia, non fugient apes: nullo

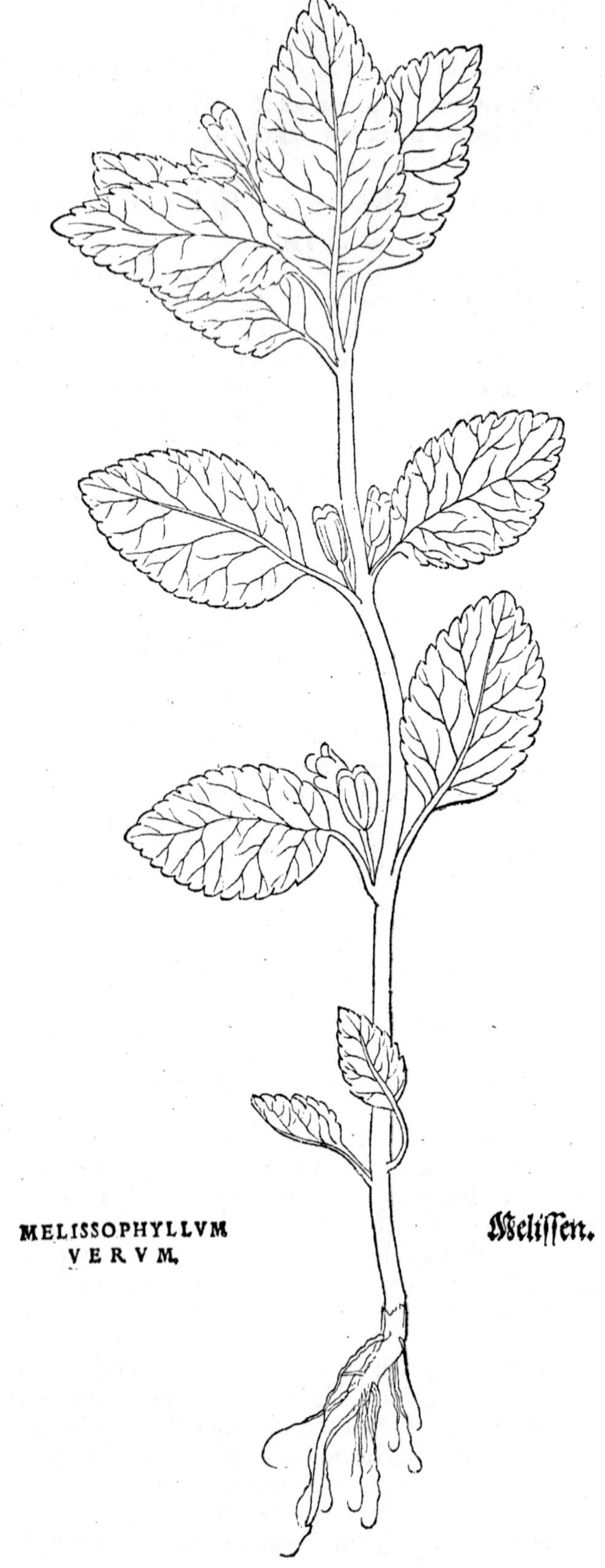

MELISSOPHYLLVM VERVM.

Meliſſen.

MELISSOPHYLLVM
ADVLTERINVM.
Wantzenkraut.

C enim magis gaudent flore. Copia istius examina facillimè continentur. Idem præsentissimum est contra ictus earum uesparumque, & araneorum, item scorpionum, remedium. Item contra uuluarum strangulationes addito nitro. Contra tormina è uino. Folia eius strumis illinuntur, & sedis uitijs cum sale decocta. Succus fœminas purgat, & inflationes discutit, & ulcera sanat. Articularios morbos sedat, canisque morsus. Prodest dysentericis ueteribus, & cœliacis, orthopnoicis, lienibus, ulceribus thoracis. Caligines oculorum succo cum melle inungi eximium habetur.

EX SYMEONE SETHI.

Ad stomachi ex frigiditate morsus, & à nigra bile tristitias & timores qui sine ratione ex illa fiunt, confert. Hilaritatem efficit, & ad melancholicũ ac pituitosum humorem prodest. Fertur quod industriam afferat, & quod ante somnum sumptum, bona somnia faciat, contraria ratione cum Brassica, quæ mala insomnia affert. Bubones lædit.

DE MARATHRO. CAP. CXC.

NOMINA.

Marathrum cur appellatum.

Fœniculum.

ΜΑΡΑΘΡΟΝ græcè, Fœniculum latinè, officinæ antiquum & latinum nomen retinuerunt, Germanicè Fenchel dicitur. Marathrum Græcis dictum putant à marcescendo, quod ad cõdienda plurima cum inaruerit cõmendatissimum sit. Fœniculum autem dici existimant, quod satum magno cum fœnore semen reddat.

FORMA.

D Fœniculum ferulacei generis est, hominisque plerunque proceritatem superat, caule geniculato, fungosa intus medulla, leui exterius cortice & herbaceo, folia Abrotoni, sed longiore molliorique, iucundo odore, umbella rotunda, ampla, lutea, in orbem radiatim circinato, in qua semen nudum dependet, radice candida, longa & odorata.

LOCVS.

Passim in hortis satum prouenit. Sua etiam sponte interdum ceu Anethum nascitur.

TEMPVS.

Colligitur caule turgescente. Floret Iunio & Iulio mensibus.

TEMPERAMENTVM.

Fœniculum tam ualenter excalfacit, ut ex tertio ordine excalefacientium censeri possit. Exiccat uerò non æquè, sed ipsum quispiam in hoc primi esse ordinis posuerit. Proinde lac procreat, quod, si admodum desiccaret, non sanè efficeret.

VIRES. EX DIOSCORIDE.

Fœniculi herba comesta mammas lacte replet. Idem potest semẽ potum, aut decoctum cum ptisana. Comæ decoctum subditum impositúmue, renum & uesicæ uitijs utile: quippe quod urinam ciere potest. Contra serpentium ictus in uino potum prodest. Menses ducit. In febribus nauseam, & stomachi ardorem ex aqua frigida potum, sedat. Radices contritæ & cum melle illitæ, morsibus canum medentur. Succus caulibus & folijs expressis in sole siccatus, medicamentis quæ ad excitandam oculorum aciem cõficiuntur, utiliter adijcitur. Extrahitur etiam succus ex semine uiridi, folijs, ramulisque, ad eadem utilis. Radix in prima germinatione exprimitur. In occidentali Iberia liquorem gummi similem reddit. Caulem medium dum herba floret incolæ demetunt, ignique admouent, quo facilius ui caloris exudans gummi remittat. Hoc efficacius succo est ad medicamenta oculorum.

EX GALE-

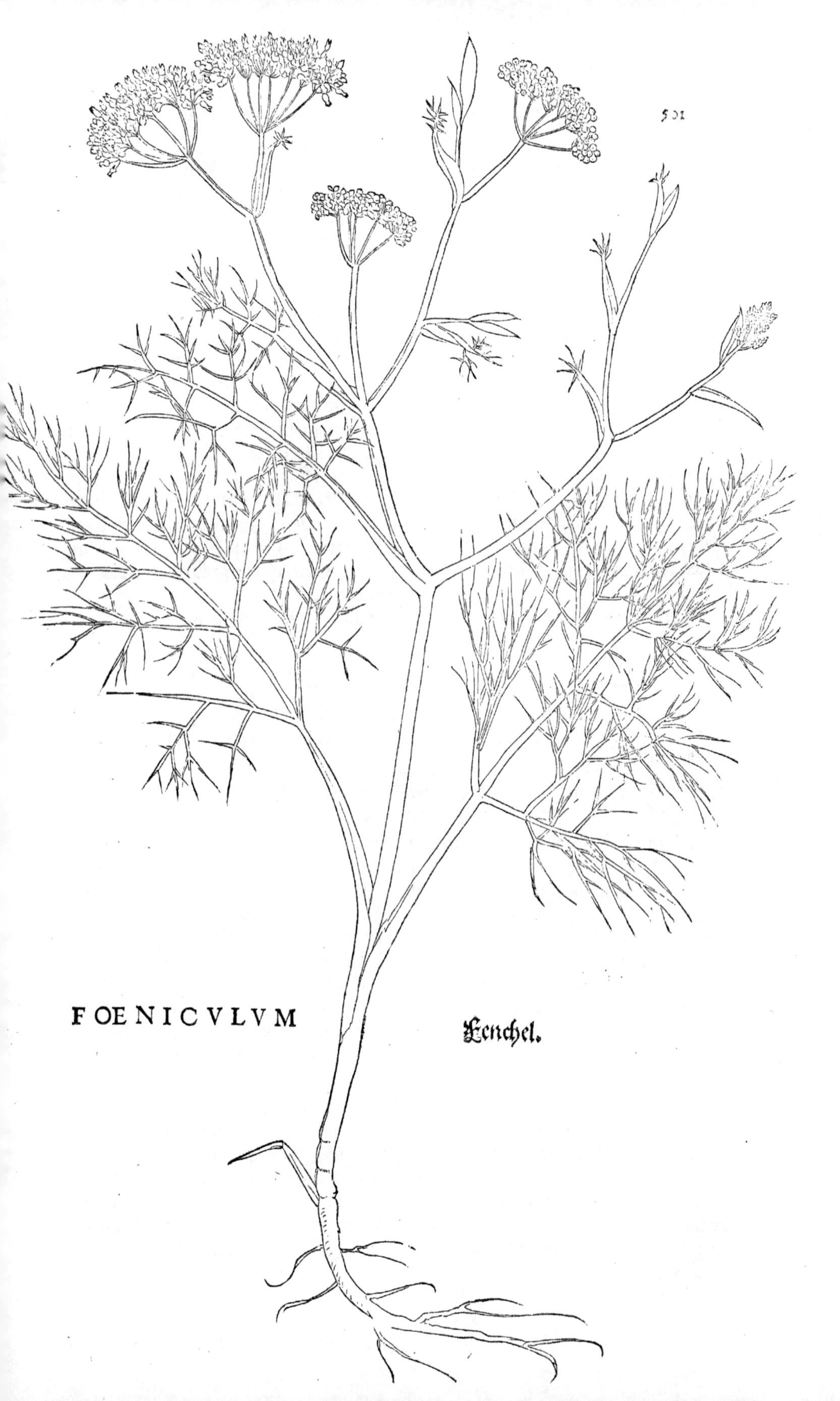
FOENICVLVM
Fenchel.

C

EX GALENO.

Fœniculum lac procreat. Suffusis auxiliatur. Vrinas mensesq́ cit. In condimentis asiduus Anethi usus, Fœniculi uerò & in obsonijs. Apud nos in hoc reponunt, non secus ac Pyrethrum & Terebinthum condientes, ut in totum annum usui sit, quemadmodum & cepas & rapas & alia huiusmodi quædam in solo aceto, alia in oxhalme asseruantes.

EX PLINIO.

Ad scorpionum ictus & serpentium, semine in uino poto ualet. Succus & auribus instillatur, uermiculosq́ in his necat. Idipsum condimentis propè omnibus inseritur. Oxyporis etiam aptisimè. Quin & crustis subditur panis. Semen stomachum dissolutum adstringit. Nauseam ex aqua tritum sedat. Pulmonibus & iecinoribus laudatisimum. Ventrem sistit cum modicè sumitur, urinam excitat, & tormina mitigat decoctum, lactisq́ defectu potum mammas replet. Radix cum ptisana pota renes purgat, siue decocto succo, siue semine sumpto. Prodest & hydropicis radix ex uino cocta: item conuulsis. Illinuntur folia tumoribus ardentibus ex aceto. Calculos uesicæ pellunt. Geniture abundantiam quoquo modo haustum facit. Verendis amicisimum, siue ad fouendum radice cum uino cocta, siue contrita in oleo illitum. Multi tumoribus & sugillatis cum cera illinunt. Et radice in succo uel cum melle contra canis morsum utuntur. Et contra multipedē ex uino.

EX SYMEONE SETHI.

Lac procreat, & suffusis remedio est. Vrinam cit, & menses ducit.

DE MELANTHIO. CAP. CXCI.

D

NOMINA.

Nigella.

Melanthion unde dictum.

ΜΕΛΑΝΘΙΟΝ Græcis, Papauer nigrum, Nigella & Gith Latinis dicitur. Officinæ omnes Nigellam appellant. Melanthion autem & Nigella, à nigro seminis colore hæc herba hauddubiè dicta est.

GENERA.

Etsi apud Dioscoridem aliosq́ ueteres una duntaxat Nigellæ species reperiatur, nobis tamen domesticas & hortenses tres uidere contigit, quarum duæ quidem habent semina nigra, tertia uerò subflauum. Inter eas quæ habent semina nigra, primā schwartz Kommich germanicè appellauimus, alteram autem schwartz Coriander/quod folia eius Coriandri folijs non disimilia sint. Tertia, quod ad folia & flores attinet, primæ per omnia similis est, in semine tantum quod flauescit, ut diximus, diuersa. Herbarij huius temporis Nigellam citrinam nominant. Præter has tres iam cōmemoratas est quarta, quæ syluestris Nigella dicitur, quod scilicet sua sponte in aruis nascatur. Germanis wild schwartzer Coriander nominatur. Videtur autem esse potius tertium genus Cumini syluestris.

FORMA.

Melanthion. Melanthion frutex est pusillus, ramulis tenuibus, altitudiue palmorum duorum uel amplior, folijs paruis Senetionis herbæ similibus, multo tamen exilioribus, capitulo in cacumine, exiguo ceu Papaueris, oblongo, intercursantibus internè distinctionibus loculosis quinque aut sex, in summitate extrinsecus corniculatis, quibus semen nigrum, acre, odoratum includitur. Syluestre alteri hortensi ferè simile est, folia siquidem anethi habet, flores primo similes, nisi quod colore sint elegantiores. Capitulum planè Aquileiæ respondet, atque in se semina nigra & odorata continet.

LOCVS.

MELANTHIVM HOR
TENSE PRIMVM.

Schwartz Kommich.

NIGELLA HORTEN
SIS ALTERA.
Schwartz Coriander.

MELANTHINVM SYLVESTRE.

Wilder schwartzer Coriander.

C

LOCVS.

Melanthion domesticum non nisi in hortis satum prouenit. Syluestre autem, ut dictum est, in agris sua sponte prouenit.

TEMPVS.

Melanthion floret Iunio mense, Iulio autem & Augusto semine prægnans est.

TEMPERAMENTVM.

Melanthium excalefacit atque desiccat tertio ordine.

VIRES. EX DIOSCORIDE.

Capitis doloribus illitum fronti Melanthiũ, & incipientibus suffusionibus cum irino tritum & naribus infusum prodest. Tollit lentigines, lepras, œdemata uetusta, duritiesq́ cum aceto illitum. Circunscarificatos clauos excutit cum uetere uino impositum. Dentium doloribus cum aceto & teda decoctum, si eo colluantur, succurrit. Rotundos uentris lumbricos expellit, ex aqua umbilico illitum. Tritum autem & in linteo colligatum & olfactum, destillatione laborantes adiuuat. Pluribus diebus potum, urinam, menses & lac prouocat. Difficultatem spirandi cum uino potum finit. Phalangiorum morsibus drachmæ pondere cnm aqua haustum auxiliatur. Suffitu serpentes fugantur. Tradunt largius epotum enecare.

EX GALENO.

Tenuium est partium Melanthium, unde destillationes sanat calidum in linteo admotum, atque assiduò olfactum. Quinetiam si intrò in corpus sumatur, uel maximè flatus extinguit. Hinc constat essentiæ ipsum esse tenuis, & ad unguem à caliditate elaboratæ. Propterea sanè etiam amarum est. Itaque mirum non est si lumbricos interimat non esum modo, sed etiam foris impositum. Neque sanè etiam mirandum si lepras, clauos, myrmecias eijciat. Sic uerò etiam orthopnœam iuuat, &
D menses prouocat, qui ob crassitiem aut uiscedinem retenti fuerint. In summa, ubi incisione, extersione, desiccatione, excalefactione est opus, præstantissimum id remedium est.

EX PLINIO.

Melanthion medetur serpentium plagis & scorpionum. Illini ex aceto & melle reperio, incensoq́ serpentes fugari. Bibitur drachma contra araneos. Destillationem narium discutit tusum in linteolo olfactum. Capitis dolores illitum ex aceto, & infusum naribus mitigat. Cum irino oculorũ epiphoras & tumores lenit. Dentium dolores coctum cum aceto. Vlcera oris tritum & cõmanducatum. Lepras & lentigines ex aceto tritum emendat. Difficultates spirandi addito uino potum. Duritias tumoresq́ ueteres & suppurationes illitum. Lac mulierum auget continuis diebus sumptum. Colligitur succus ut Hyoscyami. Oculos purgat, urinam & menstrua ciet. Similiter largius uenenum est, quod miremur, cum semen gratissimè panes etiam condiat. Quinimo linteolo alligatis tantum granis triginta, secundas trahi reperio. Aiunt & clauis in pedibus mederi tritum in urina. Culices suffitu necare: item muscas.

EX SYMEONE SETHI.

Est tenuium partium, lumbricos in uentre necat, flatus discutit, pituitamq́ incîdit. Ad orthopnœas & defluxus capitis facit odoratum, præsertim postquam calefactum fuerit. Dicitur uerò quod si teratur, & cum aceto uentri imponatur, etiam sic lumbricos necare. Et si cum melle fermentetur, & calida aqua hauriatur, calculos in renibus & uesica minuit, urinam cit, menses ducit, & ueluti remedium contra uenena est, si quis ipsum ieiunus assumat.

DE MALA-

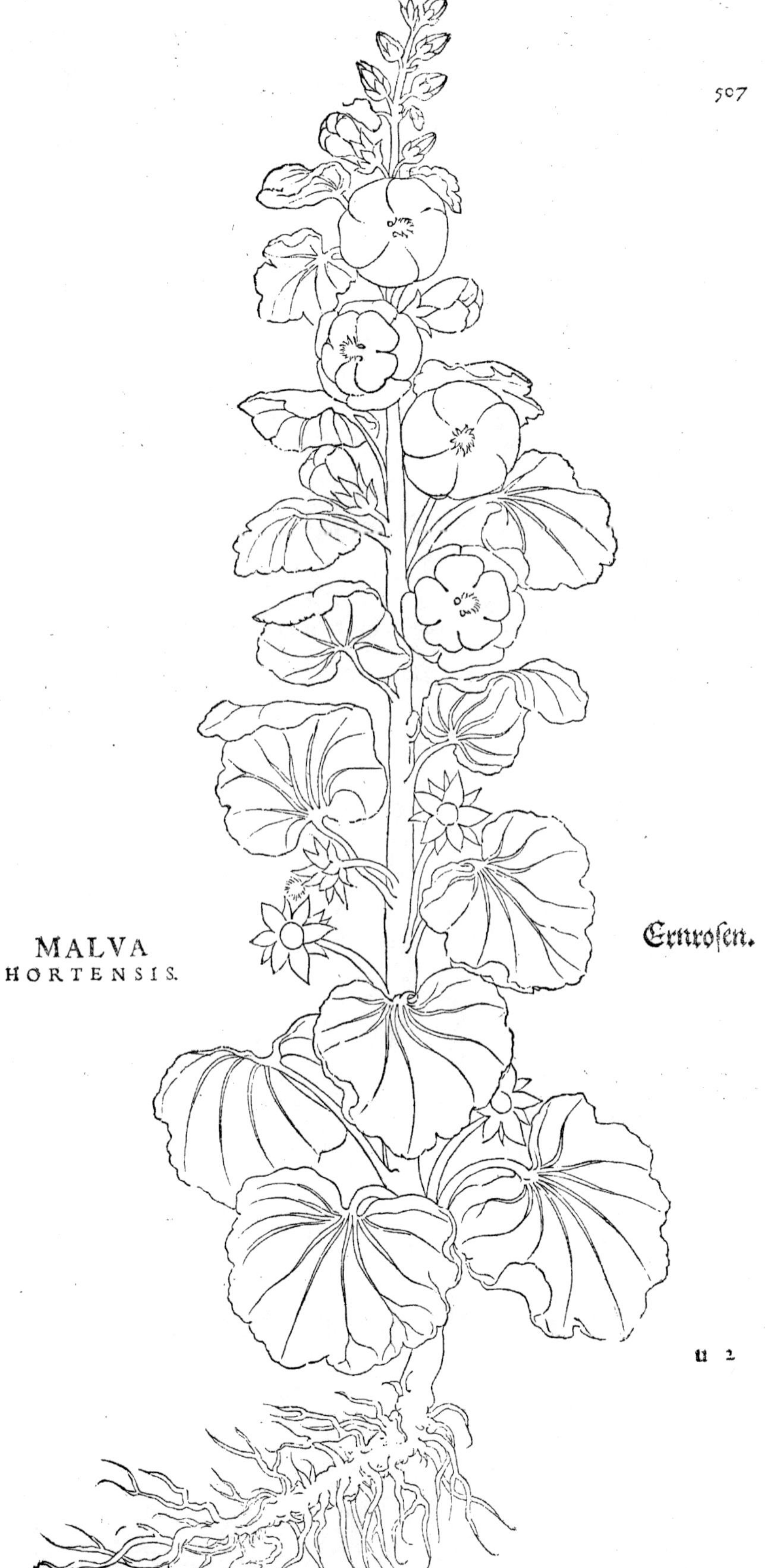

MALVA
HORTENSIS.

Ernrosen.

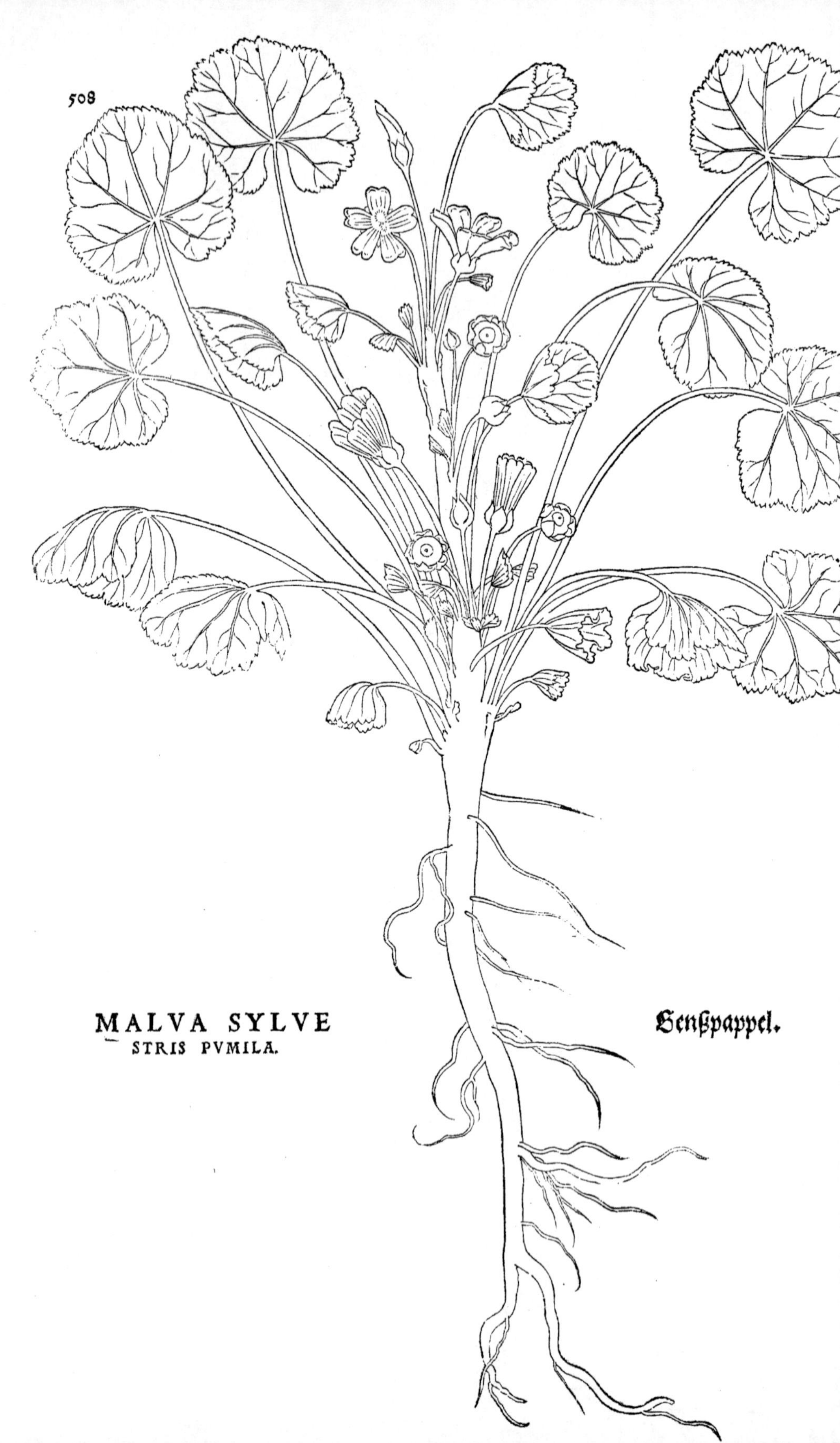

MALVA SYLVE-
STRIS PVMILA.

Genßpappel.

MALVA SYLVESTRIS
ELATIOR.

Roßpappel.

C

NOMINA.

Malua quare dicta. μαλάσσειν.

ΑΛΑΧΗ græcè, Malua latinè, officinis latinum nomen retinuit, Germanicè Pappel dicitur. Malua autem Græcis ab emolliendo aluo nomen traxit: μαλάττειν enim mollire ſignificat. Quinetiam Latinis Varro Maluam quaſi moluam, quod aluum molliat, dictam eſſe contendit. Antiqui enim ea utebantur in acetarijs cum Lactuca ad ſubducendam aluum. Vnde Martialis libro decimo ait:

Exoneraturas uentrem mihi uillica maluas
Attulit, & uarias quas habet hortus opes.

GENERA.

Maluarũ genera eſſe duo Dioſcorides & Galenus tradunt. Vna enim hortenſis, altera ſylueſtris Malua dicitur. Hortenſis Malua. Hortenſis, quæ in hortis ſata prouenit, Germanis Rômiſche Pappel/uel Ernroſz/quod ſcilicet meſsis tempore floreant, uel Herbſt roſz nominatur. Huius iterum uaria ſunt genera: alia ſiquidem roſas purpureas, & has uel ſimplici uel multiplici foliorũ textura conſtantes, ut pictura monſtrat: alia candidas & iterum foliorũ textura differentes producit. Nos una pictura quatuor hæc hortenſis Maluæ genera complexi ſumus. Sylueſtris. Sylueſtris non quæ in ſyluis, aut aſperis locis, ſed quæ in incultis locis ſua ſponte naſcitur, intelligi debet: id quod χέρσαια. græca uox χέρσαια, qua Dioſcorides utitur, maximè docet. Hæc enim Græcis incultam & inelaboratã terram ſignificat, qualis in ſemitis, pratis, alijsq́ huiuſcemodi ruris & agri partibus eſt. Erratica hæc ſeu ſylueſtris Malua itidem in duas diſtribuitur ſpecies: Pumila. quædam enim pumila eſt, & humi ſerpens, hanc Germani Genſzpappel/ Käſz oder Haſenpappel uocant. Arboreſcens. Quædam altius attollitur, & ferè arboreſcit, hanc germanicè Roſzpappel nominant.

D

FORMA.

Hortenſis. Hortenſis Malua grandeſcit in arborem, eiusq́ ſcapus tanta magnitudine proficit, ut baculi uſum præbeat. Folia huic ampla, circinatæ rotunditatis, multis in ambitu ſegmentis. Caudex ſimplex, luxurioſæ proceritatis attollitur, à medio ferè ad uerticem pulcherrimis floribus decoratus, breui admodum pediculo dependentibus, qui uenuſtate roſis non cedunt, & ſi ſuppeteret odor, de principatu certarent. Colore conſtant purpureo, uermiculatóue & candido. Capitula quędam breuibus innixa petiolis, & leuiter in mucronem faſtigiata primùm è caule proſiliunt, ijsq́ paulatim intumeſcentibus, prægnantia florũ inuolucra fatiſcũt, in quibus dehiſcentes roſæ ſeſe pandunt, & explicant in folia quinq́, interdum ſtructili quadam ſerie, ut diximus, numeroſa, calycibus apices paucos cõplexis, qui lutei medijs emicant, quibus decidentibus erumpunt purpurea ſtamina. His fœtus ſuccreſcit multipliciter tunicatus, atq́ in umbilici formam numeroſo ſemine coagmentatus, in quibus cum decuſſa ſunt folia, reliquarum Maluarũ modo ſemina recluduntur. Sylueſtris pumila. Sylueſtris pumila & humi repens, folio rotundo, pingui, & in ambitu ſerrato conſtat: caule magno, floribus ex candido purpuraſcentibus, radice candida. Sylueſtris procerior. Sylueſtris altior folio magis laciniato naſcitur, floribus ex cœruleo purpureis, radice candida.

LOCVS.

Hortenſis in hortis ſata prouenit. Sylueſtris autem locis incultis, pinguibus potiſsimum, & humidis.

TEMPVS.

Hortenſis floret Iulio & Auguſto præſertim menſibus: neque enim flos is ut roſa fugax eſt, ſed diu uigor uitaq́ durat. Sylueſtris pumila per totam æſtatem, & in maximam autumni partem durat. Arboreſcens autem Iunio & Iulio menſibus, floribus quammaximè abundat.

TEMPERA-

A

TEMPERAMENTVM.

Malua ſylueſtris digerentis paululum, & emollientis leuiter eſt facultatis. Hortenſis uerò quanto plus habet aqueæ humiditatis, tanto facultate imbecillior eſt. Fructus eius tanto ualidior eſt, quanto & ſiccior. Inter Lactucã, Betam & Maluam id eſt diſcriminis, nempe quod ſicciora ſint ſylueſtria, ſatiua humidiora. Permiſtũ eſt Maluę ſucco aliquid glutinoſum, quo Lactuca caret. A refrigerãdi facultate manifeſtè abeſt, ut ante ſumptionẽ cernere licet, ſi ex ambobus particulatim oleribus, quemadmodũ factitare homines conſueuerunt, cataplaſma ad calidum quempiam affectum, qualis eſt eryſipelas, componas, molliuſcula folia diligenter tundens donec ad leuorem redacta ſint exactiſsimum. Tum nanque cognoſces Lactucam manifeſtè refrigerare, Maluam uerò modicum, & quaſi tepidum quendam calorem obtinere. Facilè hoc olus deorſum labitur, non tantum quia humidum eſt, ſed etiam quia glutinoſum. Si horum trium olerum ſuccos inter ſe compares, tenuis & abſterſorius Betæ, craſsior glutinoſiorq́ue Maluæ, in utriuſq́ue medio Lactucæ ſtatuetur. Hæc Galenus lib. ij. de alimentorũ facultatibus.

Sylueſtria ſatiuis ſicciora.

VIRES. EX DIOSCORIDE.

Eſui aptior hortenſis multò quàm ſylueſtris. Stomacho noxia, aluum bonam efficit, præſertim caules, inteſtinis & ueſicæ utiles. Folia cruda illita, & cum modico ſale addito melle cõmanducata, ęgilopas ſanant. Verum in inducenda cicatrice, ea ſine ſale utendum eſt. Contra apum ueſparumq́ue ictus illita prodeſt. Et ſi cruda tritaq́ue cum oleo antea ſe inunxerit aliquis, non feritur. Achoras, furfuresq́ue cum urina illita ſanat. Sacris ignibus & ambuſtis decocta folia tritaq́ue utiliter cum oleo imponuntur. Eius decoctum uuluas inſeſsione mollit. Prodeſt eroſionibus inteſtinorum, uuluæ ſedisq́ue, clyſtere infuſum. Ius decoctæ cum radice ſua omnibus letalibus uenenis auxiliatur, ſi continuò à bibentibus reuomatur. Contra phalangiorum morſus remedio eſt. Lac proritat. Semen eius admixto Loti ſylueſtris ſemine potum cum uino ueſicæ dolores lenit.

B

EX PLINIO.

Maluæ contra omnes aculeatos ictus efficacior uis, præcipuè ſcorpionũ, ueſparum ſimiliumq́ue, & muris aranei. Quin & trita cum oleo qualibet earum peruncti antè, uel habentes eas non feriuntur. Folium impoſitum ſcorpionibus torporem affert. Valent contra uenena. Aculeos omnes extrahunt illitæ crudæ, aut cum † anetho potæ. Decoctę uerò cum radice ſua, leporis marini uenena reſtringunt: & ut quidam dicunt, ſi uomatur. De eiſdem mira & alia traduntur, ſed maximè, ſi quotidie quis ſucci ex qualibet earum ſorbeat cyathum dimidium, omnibus morbis cariturum. Vlcera manantia in capite ſanant, in urina putrefactæ lichenas, & ulcera oris cum melle. Radix decocta furfures capitis & dentium mobilitates. Eius quæ unum caulem habet, radice circa dentem qui doleat punge, donec deſinat dolor. Eadem ſtrumas & parotidas panóſque, addita hominis ſaliua, purgat citra uulnus. Semen in uino nigro potum, à pituitis & nauſeis liberat. Radix mammarum uitijs occurrit, adalligata in lana nigra. Tuſsim in lacte cocta, & ſorbitionis modo ſumpta, quinis diebus emendat. Stomacho inutiles Sextus Niger dicit. Olympias Thebana, abortiuas eſſe cum adipe anſeris. Aliqui purgari fœminas, folijs earum manus plenæ menſura, in oleo & uino ſumptis. Vtique conſtat parturientes ſubſtratis folijs celerius ſolui, protinus à partu reuocanda, ne uulua ſequatur. Dant & ſuccum bibendum parturientibus ieiunis, in uino decocta hemina. Quin & ſemen tritum adalligant brachio, genitale non continentium. Adeóque eæ Veneri naſcuntur, ut ſemen unicaulis aſperſum genitali, fœminarum auiditates augere ad infinitum Xenocrates tradat. Item tres radices iuxta

† aliàs aceto.

C adalligatas, tenasmo & dysentericis utilissimè infundi. Item sedis uitijs, uel si foueantur. Melancholicis quoque succus datur cyathis ternis tepidus, & insanientibus quaternis. Decoctæ comitialibus heminæ succi. Hic & calculosis, & inflatione, & torminibus, aut opisthotonico laborantibus tepidus illinitur. Et sacris ignibus & ambustis decocta in oleum folia imponuntur, & ad uulnerum impetus cruda cum pane. Succus decoctæ neruis prodest, & uesicæ, & intestinorum rosionibus. Vuluas & cibo & infusione mollit in oleo. Succus decoctę pori meatus suaues facit.

EX SYMEONE SETHI.

Ventriculum facilè subit, non solum propter humiditatem, uerumetiã glutinositatem, atq; inprimis si cum oleo & garo offeratur, uino quo editur tempore irrorata. Vesicam, thoracẽ, pulmonemq; iuuat, & raucam uocem lenit. Syluestris malua, ut ferunt, comesta, dolores ex uesparũ morsu tollit. Si quis morsus à uespis aut apibus, succo Maluæ, præsertim syluestris, perungatur, confestim dolore leuatur. Dicitur etiam quod huius decoctum potum, lapides conterit, somnum conciliat, facilemq; partum præstat, si mulier ea crebrius utatur. Illita inflammationes lenit, eaq; quæ indurata sunt emollit. Illud Maluæ peculiare est, ut imposita ictibus uesparum & apum, dolores leuet.

DE MYRICE. CAP. CXCIII.

NOMINA.

Tamariscus. MYPIKH Græcis, Myrice & Tamarix Latinis, officinis Tamariscus, Germanis Tamarisck & Porst nominatur.

GENERA.

D Dioscorides duo Tamaricis genera facit. Vna enim syluestris est, qualis est ea quæ in plerisq; Germaniæ locis prouenit, quamq; hic pictam damus. Altera satiua, quæ priori in cæteris similis est, nisi quod fructifera est, & minimè, ut illa, sterilis.

FORMA.

Syluestris arbustum frutéxue humilis est, ramis ex herbaceo fuluoq; colore uariegatis, folijs Sabinæ aut Erices, flore muscoso, qui demum in pappos euolat. Satiua cætera similis est syluestri, fructum tamen gallæ non dissimilem profert, qui gustu inæqualiter adstringit.

LOCVS.

Proximè paludes, resides stagnantesq; aquas nascit. Syluestrisq; copiosa in Germania ad Rhenum & Isarum, insignes fluuios, prouenit. Satiua in Syria & Ægypto, ubi procerissimas æquat arbores, gignitur.

TEMPVS.

Perpetua coma frondet.

TEMPERAMENTVM.

Myrice abstergentis est ac incidentis facultatis, absq; perspicua desiccatione: habet uerò etiam adstrictionẽ nonnullam. Cæterum fructus & cortex non paucam sortita est adstrictionẽ, adeò ut gallæ omphacitidi seu immaturæ proxima sint, nisi quod acerbitas euidens est in galla, sed Myrices fructui temperatura inest inæqualis: immista est enim naturæ eius multa partium tenuitas, atque uis abstergendi, quod sanè gallæ haud inest. Porrò Myricæ combustæ cinis admodum desiccatoriæ facultatis est, plurimam abstergendi facultatem habens, pauxillam adstringendi.

VIRES. EX DIOSCORIDE.

Fructu uice gallę in oris oculorumq; medicaminibus utuntur. Cruentis sputis in potu

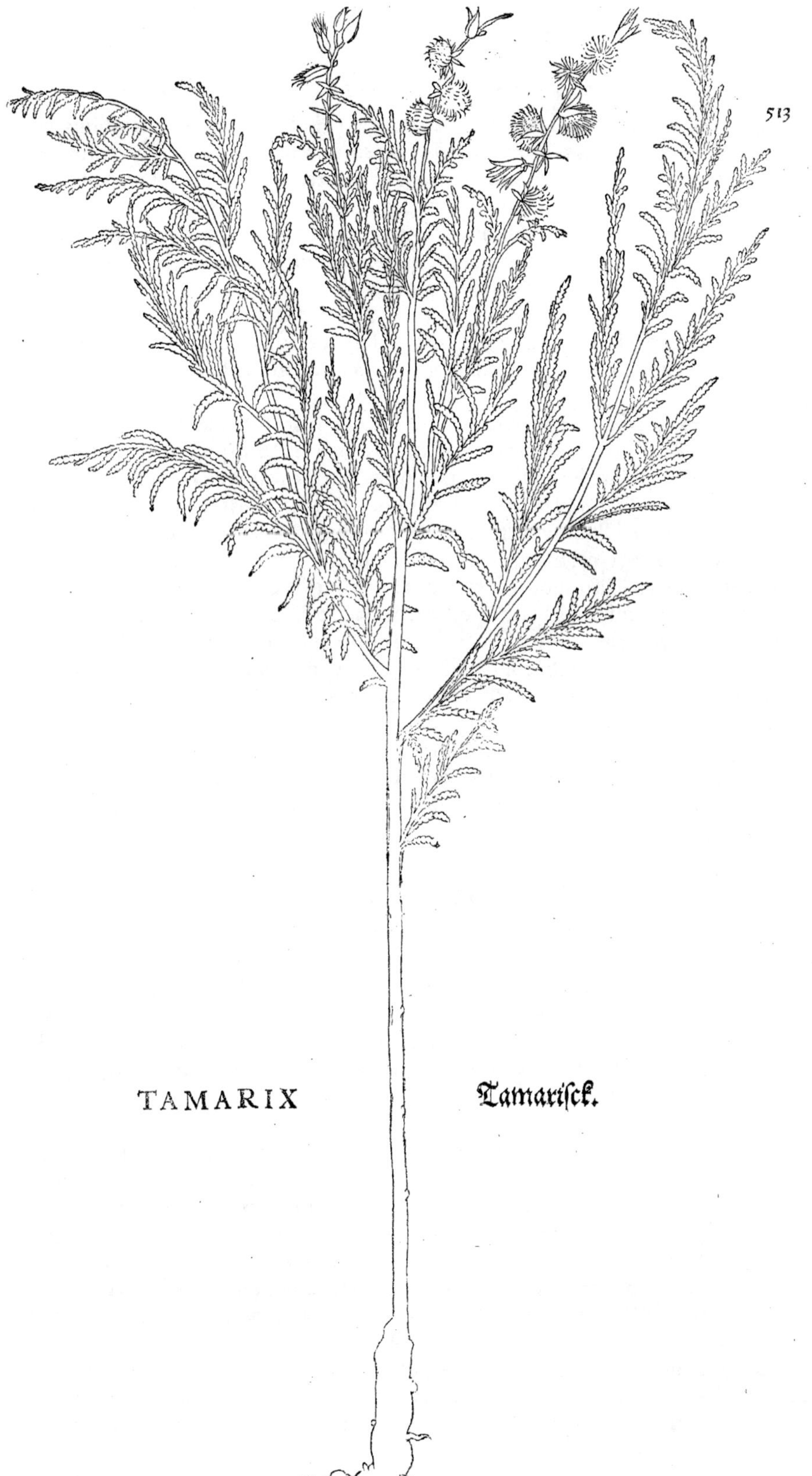
TAMARIX
Tamarisck.

C potu, cœliacis, fœminarũ fluxionibus, morbo regio, & phalangiorũ morſibus pro
deſt. Oedemata illitus reprimit. Cortex eadem quæ fructus poteſt. Decoctum foliorum cum uino potum, lienem minuit. Ad dolorem dentium in collutionibus ſalutare eſt, & mulierum fluxionibus in deſeſsionibus. Aptè his in quibus pediculi
& lendes abundant circunfunditur. Cinis lignorum eius appoſitus profluuiũ ex
Calices potorij ex trunco tamaricis. utero ſupprimit. E trunco eius nonnulli potorios calices fabricant, quibus in lienoſis pro poculo utuntur, quò datus in ijs potus proficiat.

EX GALENO.

Myrice prodeſt admodũ lieni indurato, decoctis cum aceto aut uino radicibus,
ſiue folijs, ſiue extremis ramulis. Sanat uerò etiam dentium dolores.

EX PLINIO.

Lenæus ſanari ea carcinomata in uino decocta tritaq; cum melle dicit. Ad lienem
præcipua eſt, ſi ſuccus eius expreſſus in uino bibatur. Adeoq; mirabilem eius anti-
pathiam cõtra ſolum hoc uiſcerum faciunt, ut affirment, ſi ex ea alueis factis bibant
ſues, ſine liene inueniri. Et ideo homini quoque ſplenetico cibum potumq; dant in
uaſis ex ea factis. Lignum & flos & folia & cortex in eoſdem uſus adhibent̃, quanquam remiſsiora. Datur ſanguinem reijcientibus cortex tritus, & contra profluuia
fœminarum, cœliacis quoq;. Idem tuſus impoſitusq; collectiones omnes inhibet.
Folijs exprimitur ſuccus. Ad hæc eadem & in uino decoquuntur: ipſa uerò adiecto
melle gangręnis illinuntur. Decoctum eorum in uino potum, uel impoſitum cum
roſaceo & cera ſedat. Sic & epinyctidas ſanant. Ad dentium dolorem auriumq;, de
coctum eorum ſalutare eſt. Radix ad eadem, ſimiliter & folia. Hæc amplius ad ea
quæ ſerpunt imponuntur cum polenta. Semen drachmæ pondere aduerſus phalangia & araneos bibitur. Cum altilium uerò pingui furunculis imponitur. Efficax
D & contra ſerpentium ictus, præterquam aſpidum. Necnon morbo regio, phthiriaſi, lendibusq; decoctum infuſum prodeſt, abundantiamq; mulierum ſiſtit. Cinis ar
boris ad omnia eadem prodeſt.

DE MECONE RHOEADE. CAP. CXCIIII.

NOMINA.

Papauer rubeũ. ΜΗΚΩΝ ῥοιὰς Græcis, Papauer rhœas, hoc eſt, fluidum aut erraticum
Latinis, Papauer rubeum officinis & herbarijs, Germanis à ſtrepitu
quem ludentes pueri harum folijs concauo pugno impoſitis, altera pal
ma incuſſa ædunt, Klapperroſen / quaſi dicas crepitaculares roſas, &
Rhœas unde dictum. Glitſchen / & wild Maen / ac Kornroſen appellant. Rhœas autem à flore, qui ei
protinus decidit, dictum eſt.

FORMA.

Folia Erucæ, aut Cichorio ſimilia, & inciſa habet, longiora tamen & aſpera. Cau
† aliàs iunceum lem † lanuginoſum, rectum, aſperum, cubitalem. Florem puniceum, & aliquando
candidum, ſimilem ſylueſtris Anemones flori. Caput oblongum, minus tamen
quàm Anemones. Semen rufum. Radicem oblongam, ſubalbam, minoris digiti
craſsitudine, amaram. Ex qua deliniatione omnibus perſpicuũ fit, herbam quam
Papauer rubeum hodie uulgò nominant, eſſe Rhœada, quod ſit folio Erucæ, laciniato, ſcabro, & longiore: caule lanuginoſo, recto, aſpero, cubitali: flore ſylueſtris
Anemones puniceo, nonnunquã albo, oblongo capite: ſemine rufo, radice longa,
Papauer rubeũ nõ eſt Anemone. ſubalbida, minoris digiti craſsitudine, guſtu amara. Errant itaque qui Anemonem
eſſe arbitrantur, quod folia eius, quæ Coriandri ſunt, euidentiſsimè reclament.
Nos Rhœadis utriuſque picturas damus. Vnius, atqueadeo primi, quod Erucæ
folia habet, alterius quod Cichorij.

PAPAVER ERRATICVM PRIMVM.

Klapperrosen.

PAPAVER ERRATI GVM ALTERVM.

Kornrosen.

A

LOCVS.

Naſcitur in aruis & ſegetibus paſsim.

TEMPVS.

Vere & æſtate dum frumenta meſſem appetunt, floret: quo etiam tempore decerpitur.

TEMPERAMENTVM.

Refrigerat, ut alia genera Papaueris.

VIRES. EX DIOSCORIDE.

Huius Papaueris quinque ſexue capita cum tribus uini cyathis decocta donec ad duas reducantur, potui dabis quibus ſomnum accerſere uolueris. Semen acetabuli menſura cum aqua mulſa potum, aluum leniter emollit. Ad idem præſtandũ mellitis & dulciarijs immiſcetur. Folia cum calycibus illita inflammationes ſanant. Eorundem perfuſione & fotu ſomnus allicitur.

EX GALENO.

Papauer quoddã Rhœas nuncupatᷓ, quod ſcilicet celeriter flos eius defluat. Huius ſemen ualidius refrigerat, ita ut nequaquam eo quis innoxiè ſolo uti poſsit, uelu ti ſatiuo melli admiſcens. Admodũ uerò ita ſumptum ſomnum conciliat. Sed & pu ſillum eius inſpergunt ijs quæ ex melle conficiuntur bellarijs, placentis & panibus.

EX PLINIO.

Aluum exinaniunt capita quinq; decocta in uini tribus heminis: pota ſomnum faciunt.

EX RECENTIORIBVS.

Sacro igni medetur. Mulierum menſtrua profluuia compeſcit. Sanguinem è naribus fluentem iecori impoſitum ſiſtit. Lingua ex decocto eius lota, ardorem faucium ſanat. Pudendorũ tumores detumeſcere facit. Temporibus illitum, phreneticis ſomnum conciliat. Calidos oculorum dolores linteo impoſitum mitigat. Vnde rurſus omnibus liquet, Papauer hoc rubrum non eſſe Anemonem, quod ſcilicet hæc ipſa contrarias planè facultates obtineat.

B

DE MECONE SATIVO. CAP. CXCV.

NOMINA.

MHKΩN ἥμερος græcè, Papauer ſatiuum latinè dicitur. Officinæ antiquũ nomen retinuerunt. Germanicè Magſomen oder Mån uocatur. Dictum autem Græcis μήκων à μὴ κονεῖν, hoc eſt, non miniſtrando, quod ſuis fungi munijs ueſcentes non patiatur. *Mecon quare appelletur.*

GENERA.

Satiui Papaueris duplex genus, albũ uidelicet, cuius flos & ſemen candidũ: & nigrum, quod ſemine nigro cõſtat. Nos utrunq; genus una pictura complexi ſumus.

FORMA.

Folijs conſtat longis, per ambitum ſerratis, nulloq; pediculo cauli adhærentibus: floribus uel candidis, uel ex candido leniter purpureis: capitibus oblongis, in quibus ſemen atrum uel candidum.

LOCVS.

Paſsim in hortis ſatum prouenit.

TEMPVS.

Æſtate floret, ac ſubinde ſemen profert.

TEMPERAMENTVM.

Refrigerat, ſicut omnia alia Papaueris genera, in quarto ordine.

VIRES. EX DIOSCORIDE.

Cõmunis ipſis refrigerandi uis eſt: proinde folia & capita in aqua decocta fotu

PAPAVER
SATIVVM.

Magsomen.

A ſomnum accerſunt. Bibitur & decoctum contra uigilias. Capita trita & cum polenta cataplaſmatis mixta, ignibus ſacris & inflammationibus proſunt. Oportet autem uiridia ipſa tundere, & in paſtillos conformare, ſiccatosꝗ reponere ac uti. Capita per ſe etiam ad dimidias in aqua decocta, dein iterũ cum melle dum humor denſetur craſſeſcatꝗ decocta, eclegma medicamentũ efficiunt, dolorẽ mitigans in tuſſi, fluxionibus arteriæ & cœliacis affectionibus. Efficacius redditur adiecto Hypociſtidis ſucco & Acacia. Papaueris nigri ſemen tritum cum uino bibitur contra fluxiones alui & fœminarum profluuia. In peruigilijs fronti temporibusꝗ cum aqua illinitur. Eiuſdem liquor plus refrigerat, inſpiſſat, ſiccatꝗ. Erui quantitate ſumptus dolorem leuat, ſomnum conciliat & concoquit. Tuſsi atque cœliacis affectibus auxiliatur. Maiori autem copia hauſtus nocet, lethargicos efficiens, & interimit. Ad dolores capitis cum roſaceo perfuſus facit. Aures dolentibus cum amygdalino, myrrha & croco inſtillatur. In oculorum inflammationibus cum toſto oui luteo & croco. Igni ſacro & uulneribus cum aceto, podagris cum lacte mulieris & croco ſedi pro balano ſubditus, ſomnum allicit.

EX GALENO.

Satiui Papaueris ſemen panibus utiliter ceu dulciarium inſpergitur, non ſecus ac Seſamum. Candidius nigriore præſtat, uimꝗ refrigerandi habet, ideoꝗ ſomnificum eſt. Si uerò liberalius ſumatur, ſoporem etiam inducet, ægreꝗ concoquetur. Tuſsim præterea ex thorace & pulmone compeſcit. Confert aduerſus tenues ex capite deſtillationes. Corpori nullum notatu dignum exhibet nutrimentum.

EX PLINIO.

Candidi ſemen toſtum in ſecunda menſa cum melle apud antiquos edebatur. Calyx ipſe teritur & bibitur ſomni cauſa. Semen elephantijs medetur. E nigro Pa-
B pauere lacteus ſuccus ſcapo inciſo exprimitur, qui denſatur, & in paſtillos tritus in umbra ſiccatur, non ui ſoporifera modò, uerum ſi copioſior hauriatur, etiam mortifera per ſomnum: opion uocant. Semine eius trito in paſtillos, è lacte utuntur ad ſomnum. Item ad capitis dolores cum roſaceo. Cum his aurium dolori inſtillatũ. Podagris illinitur cum lacte mulierum. Sic & folijs ipſis utuntur ad ſacros ignes. Item uulnera cum aceto. Ego tamen damnauerim collyrijs addi, multoꝗ magis quas uocant lexipyretas, quasꝗ pepticas & cœliacas. Nigrum tamen cœliacis in uino datur.

EX SYMEONE SETHI.

Melius eſt album quàm nigrum. Somnificam uim habet, & difficilis eſt concoctionis, parumꝗ nutrit. Si autem cum melle edatur, ſemini genitali adijcit. Prodeſt & thoraci, & aſperæ arteriæ, ac tuſsi. Ventrem ſiſtit, etſi quidam falſo putauerunt ipſum mouere, cum contrariam habeat uim. Lædit caput, ſi copioſius ſumatur, idemꝗ aggrauat. Sunt qui ipſum conterunt, & uigilantiũ fronti imponunt, in hoc ut ſomnum conciliet. Cæterũ nigrum Papauer frigidius eſt, & magis ſomniferũ, adeò ut ſi quis eo immodicè utatur, ſomno profundo ſimiliter lethargicis capiatur. Cum roſaceo impoſitum capiti, eiuſdem dolores à calore ortos ſanat. Dicitur etiam quod illitum cum lacte muliebri & croco, podagricos iuuet. Huius lachryma uenenum eſt. Nigri autem ſuccus eſt uocatum opium.

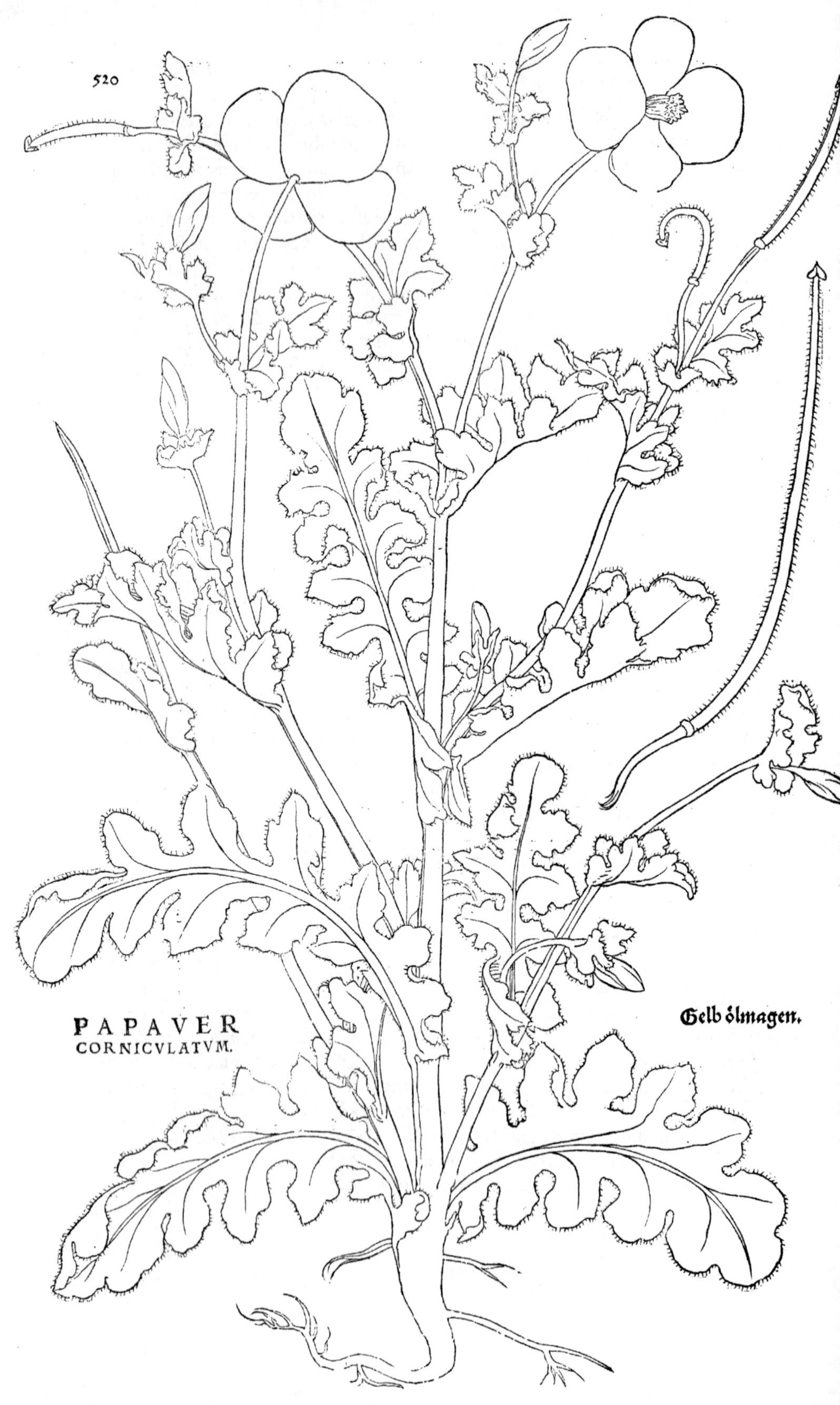
PAPAVER
CORNICVLATVM.
Gelb ölmagen.

DE MECONE CERATITE. CAP. CXCVI.

A

NOMINA.

Μηκων κερατῖτις Græcis, Papauer corniculatum Latinis, officinis Papauer cornutum, Germanis Gelb ölmagen appellatur. Corniculatum à fructu, quem producit, cornu modo inflexo nominatum est. *Papauer cornutum.*

FORMA.

Folia habet candida, hirsuta, Verbasco similia, per ambitũ Papaueris syluestris modo serrata: caulem etiam similem, florem luteum pallidúmue, fructum paruum ut cornu inflexum, fœnigræci corniculo similem, unde & nomen inuenit. Semen pusillum, nigrum quale Papaueris. Radicem in superficie terræ herentem, nigram, crassam.

LOCVS.

Dioscorides in maritimis & asperis locis prouenire ait. In Germania tamen nostra non nisi satum fuerit nascitur.

TEMPVS.

Iunio floret mense. Semen autem circa messes legitur.

TEMPERAMENTVM.

Calidum & siccum esse, facultates eius, & in gustu nitrositas, satis ostendunt.

VIRES. EX DIOSCORIDE.

Radix ad dimidias cocta in aqua & pota, ischiadas, & iecinoris affectus sanare potest. His etiam qui crassas & araneosas faciunt urinas prodest. Semẽ acetabuli mensura cum aqua mulsa potum, aluum leniter purgat. Folia præterea floresq; cum oleo illita crustas emarginant. Eadem inuncta iumentorum argema ac nubeculas emendant.

EX GALENO.

B Papauer corniculatũ nominatum quidem est à fructu leuem inuersionẽ habente, ueluti & fœnumgræcũ, ut bouis cornu simile esse uideatur. Vim habet incidendi & abstergendi. Proinde radix herbæ in aqua decocta ad dimidium, iecinoris affectus adiuuat. Folia & flores, sordida admodum & maligna ulcera iuuant. Sed ab his abstinere oportet ulceribus iam purgatis: adeò enim abstergere ualent, ut & puræ quoque carnis nonnihil eliquent. Hoc facultatum robore non sordes duntaxat, sed & crustam ulceribus detrahit.

EX PLINIO.

Semen aluum purgat dimidio acetabulo in mulso. Folia trita cum oleo, argemas iumentorũ sanant. Radix acetabuli mensura cocta in duobus sextarijs ad dimidias, datur ad lumborum uitia & iecinoris. Carbunculis medentur ex melle folia.

DE MORO. CAP. CXCVII.

NOMINA.

Μορέα, ἢ συκάμινα Græcis, Morus Latinis, officinis & uulgaribus herbarijs Morus celsi, Germanis Maulberbaum appellatur. *Morus celsi.*

FORMA.

Morus arbor notior est quàm ut describi desideret. Folia autem rotunda ferè habet, nisi quod in summo sint acuminata, in extremitatib. serrata, & ad Menthæ hortensis primi & secundi generis folia accedentia. Flores lanugineos, fructum statim ab ortu candidum, cum pubescit rubrum, ubi maturuit atrum. Non est certè silentio transeundum, quod Mori folijs quadraginta ferè diebus à Vergiliarum exortu usq; ad solstitiũ pasti uermiculi, qui σῆρες Græcis, Latinis bombyces ac Seres nominantur, sericeũ uellus, quo turget uterus, pedibus explicantes conficiunt: nulla enim in re alia natura sagacior deprehendit, nec ars aliquid ab ijs accepisse uidebitur, in quo ingeniosius laborauerit, si tam multas dum id uellus perfici- *Seres uermiculi unde nutriantur, & eorundem miranda metamorphosis.*

 tur na-

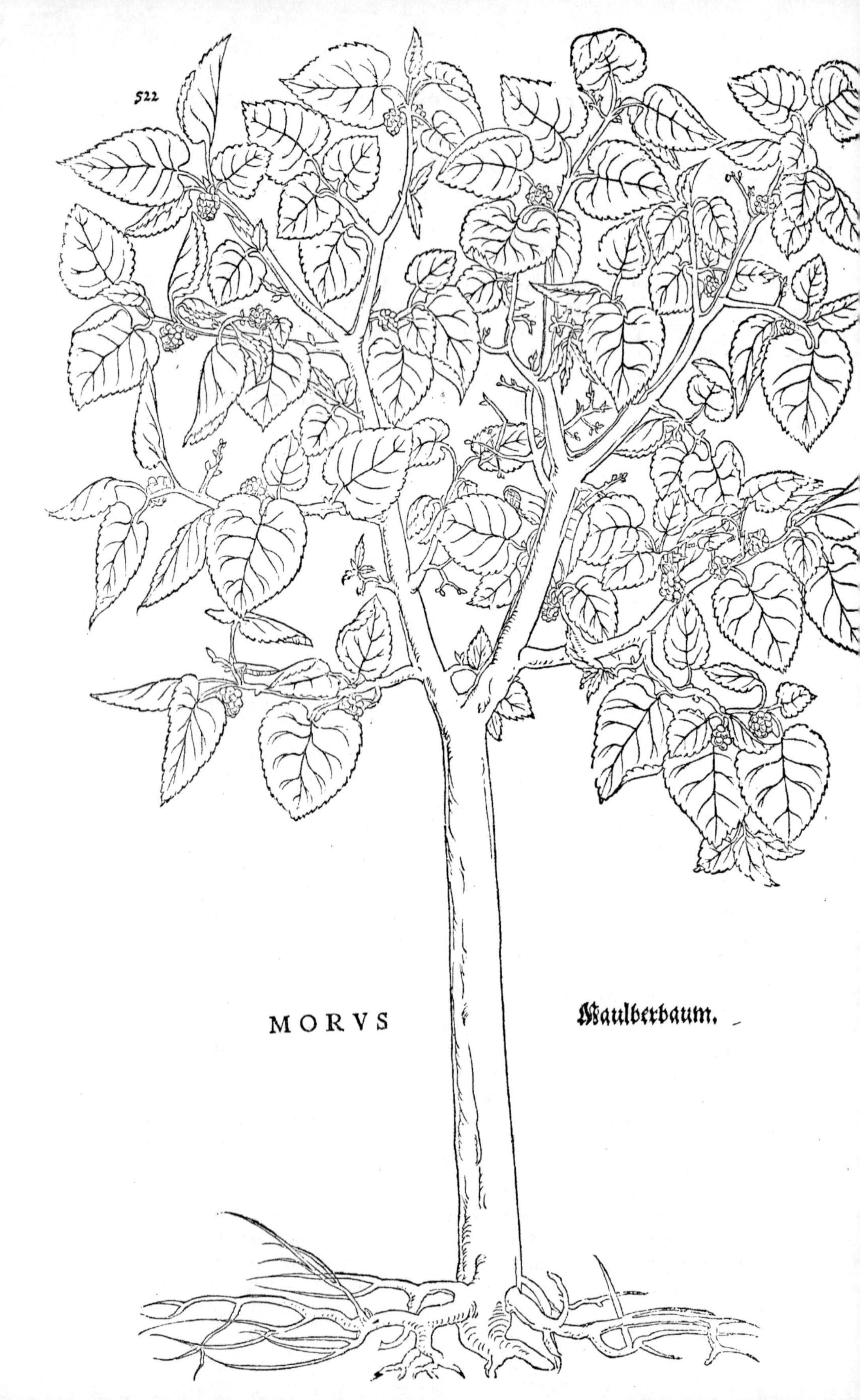
MORVS
Maulberbaum.

A tur naturæ mutationes, & artis dum ad uitæ usum disponitur labores æstimemus. Appetente siquidem uere oua, piscium ouis haud dissimilia, linteolo chartæúe adhærescentia, quæ proximo autumno produxerunt, radijs solis exponuntur, aut calido in loco, hypocausto nimirum, seruantur. Quo fit ut uermiculi excludantur exigui, qui mox Mori folijs nutriuntur, quoad grandiores facti fuerint: tum statim penulæ cuiq; chartaceæ, uel potius inuolucra conficiuntur, quibus inclusi mirabili naturæ opere lanitio sese inuoluunt, ac congesto glomeri se condentes, postquam suum nendi obierunt munus emoriuntur, adeò ut semestris tantum illis apud nos uita sit. Mortuis testacea subinde tunica inducitur, qua aliquot diebus obducti reuiuiscunt, ac ascitis sibi alis in uolucres papiliones degenerant, qui assiduè inuicem insidentes coëuntesq;, tandem relictis ouis milij forma & colore, quibus sua rediuiua proles sequente anno renascitur, iterũ moriuntur, atqueadeo cum nullius præterea sint usus abijciuntur. Oua autem ad ueris usq; initia seruantur. Hanc mirificam metamorphosin quam nõ rarò summa cum admiratione ac delectatione sum contemplatus, non potui non cõmemorare, quò studiosis uermiculorum istorum qui Mori folijs pascuntur natura prorsus perspecta esset.

LOCVS.

Nascitur in hortis quibusdam. Amat autem inprimis loca calida sabulosaq;. Gaudet fossione & stercore.

TEMPVS.

Nouissima urbanarũ germinat, nec nisi exacto frigore, ob id dicta sapientissima arborum. Proinde cum hanc germinare uiderimus, frigus minimè timendum erit. *Morus sapientissima arborũ.*

TEMPERAMENTVM.

Immaturus Mori fructus ubi exaruerit admodũ adstringit. Maturus autem mediocriter adstringit. Cortex radicis arboris amaritudinis cuiusdam & purgantis facultatis particeps est. Folia & germina quodammodo media temperie inter adstrictionem & purgatoriam facultatem sunt prædita.

B

VIRES. EX DIOSCORIDE.

Mori fructus aluum soluit. Facilè corrumpitur. Stomacho inimicus est. Præstat hoc idem eius succus. Decoctus autem æreo uase, aut insolatus, magis adstringit. Admixto mellis exiguo, ad fluxiones, nomas & tonsillarũ inflammationes facit. Augetur uis eius adiecto scissili alumine, galla, croco & myrrha, item tamaricis semine, iride & thure. Mora uerò immatura sicca tusaq;, Rhois uice obsonijs miscent, & cœliacos iuuant. Radicis cortex decoctus in aqua & potus aluum soluit. Latos uentris lumbricos expellit: ijs quoq; auxiliat qui aconitũ hauserũt. Folia trita & cum oleo illita, ambustis igne medentur. Decocta in aqua cœlesti cum uitis & nigræ fici folijs capillos tingunt. Succus foliorum cyathi mensura potus, phalangiorum morsibus auxiliatur. Corticis & foliorum decocto colluuntur utiliter in dolore dentes. Colligitur per messem succus, circũfossa & secta radice arboris: inuenitur enim postridie concretus, qui in dolore dentiũ utilis est. Tubercula discutit, & aluũ purgat.

EX GALENO.

Mori fructus maturus uentrẽ quidẽ subducit: immaturus arefactus medicamentum fit satis cõstringens, adeò ut ad dysenterias & cœliacos affectus, aliosq; omnes qui ex fluxionum sunt genere efficax sit. Contunditur autem & obsonijs miscetur, ueluti Rhois fructus: aut si cui ita uideatur, ex aqua aut uino bibitur. Porrò quod maturorum succus ad stomatica medicamenta sit utilis, propter eam uidelicet quæ inest illi adstrictionem, neminem latet. Preterea ad alia complura particularia, quæ mediocrem poscunt adstrictionẽ, competit. At immatura præter acerbitatẽ aciditate etiam participant. Tota quoq; arbor in omnibus suis partibus mistam aliquam obtinere facultatem ex constringente & purgante compositam uidetur. Attamen in radicis cortice purgatoria cum quadam amaritudine exuperat, adeò ut & latum

C lumbricum interficiat. In aliis autem partibus conſtringens uincit. In foliis tamen & germinibus media quodammodo cõprimentis & ſubducentis facultas eſt. Cæterum Mora ubi in uentriculum purum, & prima fuerint ingeſta, citiſsimè per inteſtina tranſeunt, & aliis cibis ſuo ueluti ductu uiam ſtruunt. Verum ſecundo loco aſſumpta, aut prauum in uentre humorẽ inuenientia, celerrimè aliis unà cum cibis corrumpunt̃, extraneã quandam atq; inexplicabilem corruptelam inducentia ſimiliter Cucurbitis. Tametſi enim fugacibus hæc omnia ſint eſculentis innocentiora, corruptione tamen niſi uelociter deorſum concedant, non ſecus ac Pepones, uitiantur. Porrò quando uentriculi os ſqualidum calidumq; erit, tum ſicut peponibus, ita & Moris utendum. Tale nanq; iecur etiam tunc eſſe neceſſe eſt. Immatura Mora ab arbore decerpta, ſiccataq;, in hyemem reponunt, ut ſibi medicamẽ ex iis parent, utile ad dyſenteriam, aluiq; diuturnum fluorem perſanandũ. Quod quidem facilè deſcendant fortè eis uſuuenit ſola ſubſtantiæ humiditate & lubricitate, fortè etiam admiſtione acrioris facultatis, quæ ſtimulandę ad excretionem aluo ſit ſatis. Nam adſtringens qualitas adeò nihil ad deiectionem opitulatur, ut etiam reprimere ſtipareq; ſit nata. Proinde Moris exiguam quandam eius facultatis portiunculam ineſſe cõiicio, cuius permagna in purgantibus medicamentis habetur: quæ facit non ſolum ut facilè deiiciantur, uerumetiã ut diutius morata in uentre corrumpantur. Quod ſi corruptionem effugiant, omnino quidem humectant, ſed non planè refrigerant, niſi frigida accipiantur. Parciſsimè corpus alunt, ſimiliter ut Pepones, haud tamen uomitum cient, nec ſtomacho ut illi aduerſantur.

DE MYRRHIDE. CAP. CXCVIII.

D

NOMINA.

Cicutaria.

Error de duplici Cicuta.

Μυρρις ἢ μυῤῥα Græcis, Myrrhis Latinis, uulgaribus herbariis Cicutaria, quod ſcilicet caule & foliis Cicutæ ſimillima ſit. Hac ſimilitudine quidam decepti, ueram eſſe Cicutam putauerunt, cum tamen ab ea, uiribus potiſsimũ, diuerſiſsima ſit. Germanis Wilderkörffel appellatur.

FORMA.

Cicutæ caule & foliis ſimilis eſt, radicem obtinet longam, teneram, rotundam, odoratam, in cibo non inſuauem. Hæc tota Dioſcoridis deliniatio, nulla prorſus reclamante nota, herbæ cuius effigiem damus pictam ſuffragatur. Siquidem caule ſtriato, foliis & flore Cicutæ ſimillima eſt, adeò ut eam nonnulli à Cicuta diſcernere neſciant. Radicem etiam habet longam, teneram, rotundam, cibo iucundam & odoratam.

LOCVS.

Paſsim in hortis & pratis nonnullis prouenit.

TEMPVS.

Maio menſe loca in quibus naſcitur huius floribus quaſi candicant.

TEMPERAMENTVM.

Ex ſecundo eſt ordine excalfacientium, adiuncta partium tenuitate.

VIRES. EX DIOSCORIDE.

Phalangiorũ morſibus radix Myrrhidis ſuccurrit cum uino pota. Menſes purgat & ſecundas educit. Cocta in ſorbitione tabidis utiliter datur. Ferunt præterea aliqui eam bis térue die potam ex uino in peſtilentialibus conſtitutionibus, à morbo ſeruare incolumes.

EX GALENO.

Radix eius menſes mouet, quæq; in thorace & pulmone ſunt expurgat.

EX PLINIO.

Cit menſtrua & partus cum uino. Aiunt quoque eandem potam in peſtilentia

ſalutarem

MYRRHIS
Wildkörffel.

C salutarem esse. Subuenit & phthisicis in sorbitione. Auiditatem cibi facit. Phalangiorum morsus restringit. Vlcera quoque in facie aut capite succus eius in aqua triduo maceratæ sanat.

DE MELILOTO. CAP. CXCIX.

NOMINA.

Sertula cur dicta. *Corona regia.*

ΜΕΛΙΛΩΤΟΣ Græcis, Melilotus, Sertula campana, & Corona regia Latinis dicitur. Meliloti nomen officinæ retinuerunt. Sertulam uerò dixerunt, quod flos eius coronamentis dicatus sit, & quia ex ea antiquitus coronæ & serta factitata sint. Coronam autem regiam, quoniam luteis floribus supernè coronetur.

GENERA.

Vulgaris Melilotus. *Primum genus nō est uera Melilotus.* *Germanica Melilotus.* *Italica Melilotus.*

Tria Meliloti hodie faciunt genera. Primum uulgarē, statim à radice fruticosam, cubitalem, folio fœnigræci minuto ac lentè fimbriato, flosculo luteo, odoris suauis, tereti per ramos diffuso semine. Hoc quanquam tertio generi, quod nos uerum esse putamus, folijs & floribus simile sit, tamen cum nullam gustu præ se ferat adstrictionē, quam summè requirunt Dioscorides, Galenus & alij ueteres medici, & præter amaritudinē haud exiguam acrimoniā habeat, fit ut inter Melilotos, meo quidem iudicio, rectè cōnumerari non possit. Hinc est quod nos infrà, hanc alio nomine dignati sumus, Saxifragamq́ luteam appellauerimus. Alterum aspectu cano, Croci flore, folijs Trifolij, minutissimis, ut paulò pòst fusius dicemus. Hoc sanè genus nos Melilotum germanicā uocauimus, quod illa, & non prior, in Germania nostra pro uera Meliloto sit usurpanda, ob adstrictionem illam manifestam quam gustu præfert. Accedunt folia quæ pinguia sunt, & flores Croci colorē referentes,
D quos Dioscorides requirit. Sententiā nostram confirmat antiquus manuscriptus herbarius, qui hanc pro Meliloto pingit. Neq; obstat quod hæc herba non admodum odorata sit: fatemur enim non esse laudatissimam Melilotum, sed eam quam Germania nostra profert. Nam quum Plinio lib. xxi. cap. xi. teste, Melilotus ubiq; nascatur, suam quæuis habeat ferè regio necesse est. Nihil igitur mirum si huic herbæ non adsint singulæ notæ, quas illi ueteres Græci & Latini attribuunt. Satis autem est ei mistam quandam, nempe adstringentē & digerentem inesse facultatem, haud secus quàm optimæ. Germani hanc herbā nominant Vnser frawen schüchlin/ uel wilden klee. Tertium genus nos optimam & legitimam esse arbitramur Melilotū, quam nos maioris discriminis causa Italicam nuncupauimus, quod mos sit patrius Germaniæ nostræ, omnia ferè peregrina uocare Italica. Germanicè itaq; haud ineptè welscher Steinklee nominabitur.

FORMA.

Melilotus Germanica. *Italica.*

Vulgaris Meliloti descriptionē inuenies suo loco. Germanica, herba est humilis, palmi altitudine, folio pratensis Trifolij, pingui & cano, flore pisi, minore tamē, luteo, semine in siliquis, radice rufa. Italica, quam è Campania allatam in Germaniam arbitror, caulem habet subrufum, rotundū, folium fœnigræci, in ambitu serratum, flore luteo, odorato, semine in siliqua lunata, ut pictura luculenter ostendit. Tota etiam herba odorata est, ut hinc etiam conijcere liceat ueram esse Melilotum.

LOCVS.

Germanica passim in pratis Germaniæ, montosis potissimum, nascitur. Italica in Germania, nisi sata fuerit, non prouenit. In Campania uerò circa Nolam, Dioscoride teste, copiose nascitur.

TEMPVS.

Floret ferè per integram æstatem utrunque genus. Siliquas tamen in fine Iulij & Augusto mense proferunt.

MELILOTVS
GERMANICA.

Vnser frawen schüchlin.

MELILOTVS
ITALICA.
Welscher Steinklee.

TEMPERAMENTVM.

A Mixtæ est facultatis: habet enim quiddam adstringens, sed & discutit & maturat: copiosior enim in ea est substantia calida quàm frigida.

VIRES. EX DIOSCORIDE.

Melilotus adstringendi facultatẽ obtinet. Mollit omnes inflammationes, præcipuè autem oculorũ, uteri, sedis & testium in passo decocta & illita. Aliquando autẽ addito oui luteo assato, aut fœnigræci farina, aut lini semine, aut polline molario, aut capitulis Papaueris, aut Intybo. Recentes meliceridas per se cum aqua, & achoras cum creta Chia & uino aut galla illita sanat. Stomachi dolorẽ cum uino cocta, & cruda cum antedictis leuat. Aurium etiam dolores crudæ expressus succus, & cum passo instillatus sedat. Capitis dolorem lenit, cum aceto & rosaceo inspersa.

EX PLINIO.

Melilotos oculis medetur cum lacte, cut cum lini semine. Maxillarũ quoq; dolores lenit, & capitis cum rosaceo: item auriũ è passo, quæq; in manibus intumescunt uel erumpunt. Stomachi dolores in uino decocta, uel cruda tritaq;. Idem effectus est ad uuluas. Testes uerò & sedem prociduam, quæq; ibi sunt uitia, recens ex aqua decocta, uel ex passo. Adiecto rosaceo illinuntur ad carcinomata. Deferuescit in uino dulci. Peculiariter & contra meliceridas efficax.

DE MANDRAGORA. CAP. CC.

NOMINA.

ΜΑΝΔΡΑΓΟΡΑΣ, ἢ κιρκαία Græcis, ἀνθρωπόμορφος Pythagoræ, Latinis canina aut terrestris mâlus, officinis Mandragora, Germanis Alraun dicitur. Qui Circæam uocarunt, nomen illi à Circe fecerunt, quoniam

B creditur radix eius ad amatoria conducere. Pythagoras hauddubiè ab humana forma, quam radix eius referre uidetur, Anthropomorphon appellauit. Hinc sumpta occasione, agyrtæ & impostores illi circũforanei radices humana effigie insignitas circunferunt, quas Mandragoras esse testantur, cum tamen constet eas esse fictitias, & manu factas ex cannarum radicibus humana specie sculptis, postea plantatis. Nascuntur autem subinde radiculæ paruæ, quæ repræsentant capillos, barbam, pectinis pilos, & ex terra eum acquirunt colorem, ut radices esse appareant. Sunt & alia multa quæ nebulones illi fabulantur ut pecuniam ab imperitis extorqueant, quæ cõmemorare in præsentia nihil attinet. Terrestrem mâlum Romani dixerunt, quod mâla proferat, nec in altum ut reliquæ arbores surgat.

Circæa quare dicta Mandragora.

Anthropomorphos cur nominata.

Agyrtarum commentum.

Terrestris mâlus

GENERA.

Duo Dioscoridi & Plinio Mandragoræ sunt genera. Mas candida est, μώριον Græci uocant. Huius hic effigiẽ, citra tamen poma, quæ habere non potuimus, damus. Fœmina nigra, Græcis θριδακίας à similitudine foliorum appellata. Theophrastus tamen lib. vi. de historia plantarũ, cap. ij. tertium quoddam genus Mandragoræ constituere uidetur, cuius fructus sit μέλας, καὶ ῥαγώδης, καὶ οἰνώδης τῷ χυμῷ, hoc est, niger, acinosus, & sapore uinosus. Et nisi hoc genus à priorib. diuersum esse statuas, discrepare inter se non leuiter Theophrastũ & Dioscoridẽ necesse est fatearis. Nam Dioscorides palàm asserit poma priorum duorũ generum uitellis ouorũ esse similia, & pallida: contrà Theophrastus nigra, acinosa, ut diximus, & sapore uinosa esse tradit. Accedit quod idem Theophrastus eodẽ loco Mandragoræ caulem tribuat, perinde atque Plinius, quem Dioscorides penitus aufert: ut hoc nomine necesse sit hæc omnia ad tertium hoc genus Mandragoræ referre, quod nos tamen infrà inter Solani genera recensebimus, ubi etiam eius picturam offendes.

Mas.

Fœmina.

Locus Theophrasti explicatu difficilis.

FORMA.

Fœmina angustiorib. & minoribus quàm Lactuca folijs est, grauiter odoratis & Fœmina.

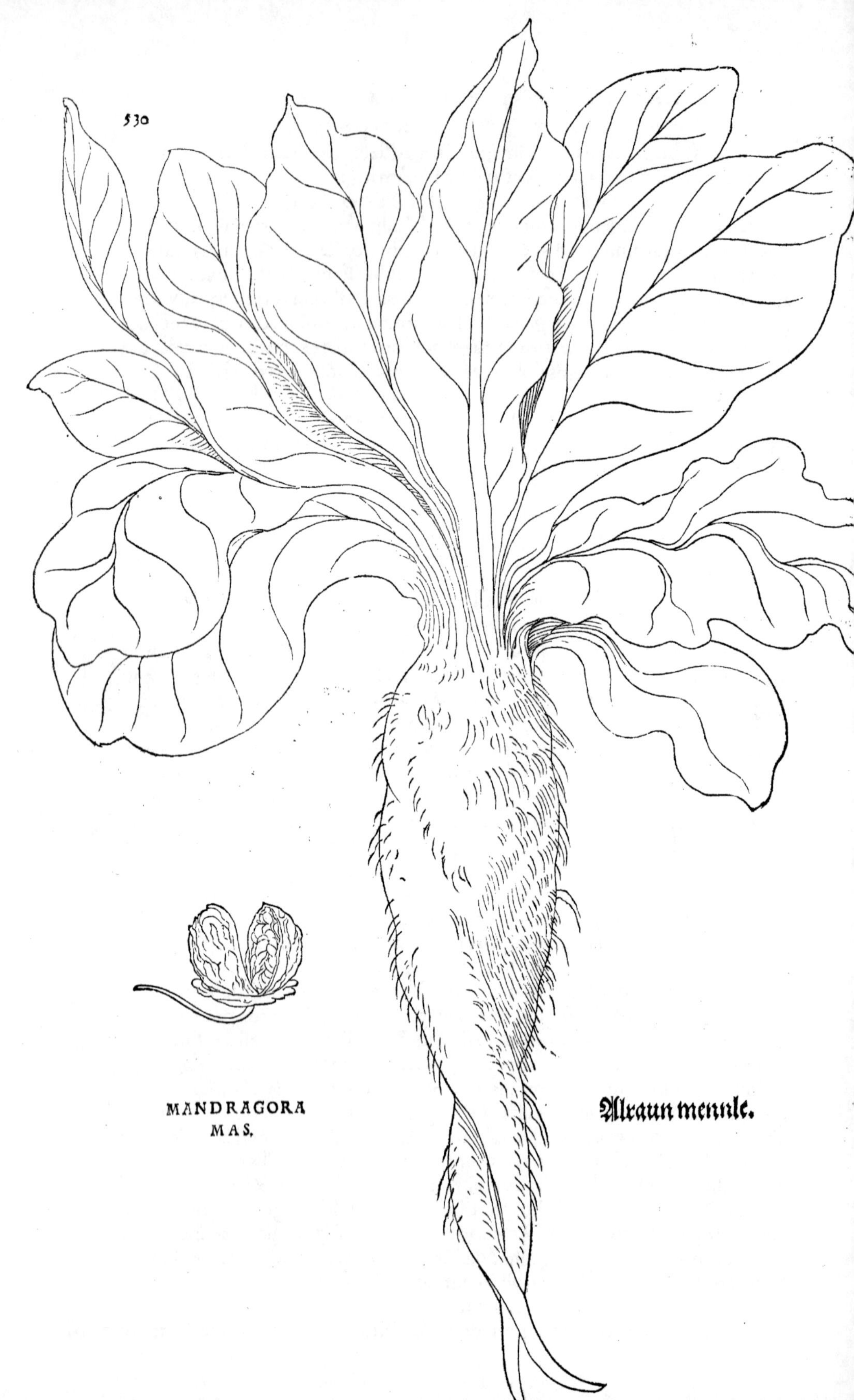

MANDRAGORA MAS.

Alraun mennle.

A uirosis, per terram sparsis, iuxtaque folia pomis uitellis oui similibus, pallidis, odoratis, in quibus semen quale pyri, radicibus magnis, binis ternisue, sibi inuicem implicitis, in superficie nigris, intus candidis & crassi corticis. Caulem uerò non fert. Maris folia sunt magna, candida, lata, læuia ut Betæ. Mâla duplo maiora quàm fœminæ, croci colore, cum aliqua grauitate odorata, quæ comedentes pastores quadantenus soporantur. Radix supradictæ similis, maior tamen candidiorque. Orbata & hæc est caule.

LOCVS.

Prouenit in syluis & umbrosis locis. Nunc in hortis etiam plantatur.

TEMPERAMENTVM.

Mandragora uincentem habet facultatem refrigeratoriam, adeò ut tertij sit ordinis refrigerantium. Veruntamen nonnihil etiam caloris inest, & in pomis humiditatis. Radicis cortex non tantum refrigerat, sed & desiccat.

VIRES. EX DIOSCORIDE.

Succus colligitur è cortice recentis radicis tuso & prælis subiecto, quem insolatum cum iam cõcreuerit, in fictili uase reponere oportet. Colligitur itidem è pomis succus, ignauior tamen. Delibratur radicis cortex, & traiectus lino ad usum suspenditur. Quidam Mandragoræ radices in uino ad tertias decoquunt, & traiectũ per colum ius seruant, utentes cyathi unius mensura in peruigilijs, & doloribus, & in his quos sine doloris sensu secare aut urere uoluerint. Potus obolorum duorũ pondere cum mulsa aqua Mandragoræ liquor, pituitam, nigramque bilem ueratri modo purgat. Verum maiore copia potus uitam adimit. Miscet medicamentis ocularibus, & ijs quæ dolores finiunt, pessis quoque emollientibus. Per se semioboli pondere appositus, menses & fœtus trahit. Sedi pro balano subditus somnũ facit. Radix ebur emollire fertur, si senis horis cum eo decocta sit, & in quam uoluerit aliquis
B formam fingi & formari facilem reddere. Folia recentia, oculorũ & quas ulcera excitarunt inflammationibus cum polenta illita prosunt. Discutiunt eadem omnẽ duritiem, abscessus, strumas, tuberculaque, quinque aut sex diebus leniter cõfricata. Stigmata sine ulceratione delent. Folia condita sale seruantur in eosdem usus. Radix autẽ trita ex aceto ignibus sacris, & serpentium ictibus ex melle aut oleo medetur. Strumas atque tubercula ex aqua disijcit. Articulorũ dolores cum polenta sedat. Conficitur citra coctionẽ uinũ è cortice radicis. Ternæ minæ in uini dulcis metretã conijciuntur. Dantur ex eo terni cyathi, ijs qui secari, aut uri debent, ut antè dictum est. Siquidẽ nullo tunc afficiuntur dolore, eò quod somno quodam pressi torpescant. Mâla olfactu, & comesta soporem afferunt. Potest idem & eorũ succus. Nimius tamen eorundem usus obmutescere facit. Semen mâlorum potum uterum purgat, appositumque cum sulphure ignem non experto rubra fœminarum profluuia sistit. Colligitur ex radice liquor, ea scarificata multifariam, & eo quod erumpit, in cauum uas recepto. Est autem liquor succo efficacior. Sed non ferunt omnibus locis liquorem radices, idque experientia ostendit.

EX GALENO.

Soporem conciliandi uim habent Mandragoræ poma. Radicis cortex ualentissimus est, reliquum quod intus est imbecillum existit.

EX PLINIO.

Succus fit & è mâlis & è caule, deciso cacumine, & radice punctis aperta aut decocta. utilis hæc uel surculo. Concisa quoque in orbiculos seruatur in uino. Succus non ubique inuenitur, sed ubi potest, circa uindemias quæritur. Odor grauis eius, sed radicis & mâli grauior. Mâla matura in sole siccantur. Succus ex ijs sole densatur: item radicis tusæ, uel in uino nigro ad tertias decoctę. Folia seruantur in murijs efficacius, aliàs recentium succus pestis est; sic quoque uires noxiæ. Grauedinem

C afferunt etiam olfactu, quanquã mala in alijs terris mandantur, nimio tamẽ odore obmutescunt ignari. Potu quidem largiore etiam moriuntur. Vis somnifica pro uiribus bibentium. Media potio cyathi unius. Bibitur & contra serpentes, & ante sectiones punctionesq́, ne sentiantur. Ob hæc satis est aliquibus somnũ odore quæsisse. Bibitur & pro Elleboro duobus obolis in mulso. Ad strumas radix Mandragoræ ex aqua bibit. Articulis prosunt folia cum polenta, uel radix recens tusa cum cucumere syluestri, uel decocta in aqua. Cum cerato apostemata & ulcera tetra, folia Mandragoræ recentia sanant. Radix uulnera cum melle aut oleo.

DE MALIS INSANIS. CAP. CCI.

NOMINA.

QVAE mâla insana hodie appellantur, & à Neapolitanis Melanzana, ab alijs amoris poma, à Germanis uerò Melantzan/num ueteribus cognita fuerint asseuerare non ausim. Non latet tamen Hermolaum in Corollario suo in ea esse sententia, ut putet esse tertiã Mandragorę speciem, quam Morion uocant. Quam tamen sententiam cur non probem, facit inprimis Theophrastus, qui lib. vi. de historia stirpium cap. ij. eius fructum esse nigrum, acinosumq́ scribit, qualia mala insana non sunt. Dein quod Morij fructus letalis sit, mala uerò insana minimè, ut paulò pòst dicemus. Mala autem insana dicta sunt, nõ quod letalia sint, sed quod difficulter concoquantur. Amoris autem poma, quod propter elegantiam & pulchritudinem digna sint quæ amentur.

Mâla insana non sunt tertia Mandragoræ species.

Mâla insana cur dicta.

Amoris poma quare uocata.

GENERA.

Duo sunt malorum insanorum genera. Aliqua enim purpurea ferè tota, aliqua
D uerò lutea, aut candorem aliquem præ se ferentia. Primi generis poma germanicè braun Melantzan/alterius autem, geel Melantzan uocantur.

FORMA.

Mala insana in frutice nascuntur, qui Personatiam propemodum caule & folijs refert. Differunt autem huius folia à Personatiæ, quod longiora, magisq́ laciniata sint. Flores habet purpureos, speciosos, sex folijs è calatho stellatim radiatis, fructus oblongi mali forma & magnitudine, in quibus semen siliquastro non dissimile. Radicem multis capillatam fibris luteamq́.

LOCVS.

In hortis apud nos seruntur, sed frequenter in fictilibus & pensilibus fenestrarũ hortis. Et eodem cultu quo cucumeres & melones gaudent.

TEMPVS.

Floret Augusto & Septembre mensibus, ac subinde fructum profert.

TEMPERAMENTVM.

In his malis hauddubiè ut in cucumere esculento, aut fungo, frigida & humida temperies superat.

VIRES.

Nullum, quod sciam, in medicina usum habent. Eduntur autem à nonnullis ex oleo, sale & pipere fungorũ modo cocta. Alij ubi paululum inferbuerunt igni, in orbiculos uel taleolas digerunt, & in acetarijs ex oleo, uel pipere & aceto comedunt. Salgamarij in muria acida seruant, cibo per hyemem & uer ori grato, sed tamen qui ægrius concoquatur. Quid multa? delicatorum & omnia degustare uolentium cibus est malum insanum. Quare qui sanitatis studio aliquo tenentur, ij statim nomine ipso territi, usum illorum euitabunt.

DE NYM-

MALA INSANA.
Melantzan.

C

NOMINA.

Nenuphar. Nymphaea cur dicta.

YMΦAIA Græcis, Nymphæa Latinis, officinis Nenuphar barbara uoce nominatur. Germanis Seeblům / Wassermåhen. Nymphęæ autem nomen sibi uendicasse uidetur, quod aquosa amet loca: uel, ut ex ueteribus aliqui fabulati sunt, à Nympha, quæ zelotypia Herculis intabuit & mortua est, inq; palustrem hanc plantam mutata.

GENERA.

Candida. Lutea. Duo eius genera. Vna enim à flore candido, Lilij simili, candida appellatur. Germanicè weiß Seeblůmen. Altera itidem à floribus, qui lutei sunt, lutea nominatur. Germanicè geel Seeblůmen. Possent etiam radicibus discerni, cum prior nigra, altera uerò candida cōstet, adeò ut hoc nomine prima candida, altera autem nigra diceretur. Multò uerò consultius est à floribus, quàm radice discrimen sumere, quòd illi nunquam non oculis expositi sint, radices autem non nisi effossæ intueri possint.

FORMA.

Prima, folia Ciborio similia habet, minora tamen & longiora, quadantenus super aquam eminentia, aliqua tamen etiam sub aquis, plura ab una radice prodeuntia. Flos candidus, Lilio similis, in medio quod croceum sit obtinens. Hic cum defloruerit rotundus, & mâlo circunferentia, aut Papaueris capiti similis, colore niger fit. In quo sanè semen clauditur nigrum, latum, densum, gustu glutinosum. Caulis illi læuis, minimè crassus, niger, Ægyptiæ fabæ similis. Radix nigra, aspera, clauæ persimilis. Hæ singulæ notæ alteri Nenuphari uocato quadrant. Folio enim con-
D spicitur orbiculato, læui, herbaceo, amplo, in stagnantibus aquis supernatante: flore candido, Lilio simili, in medio croceum habente, & cum defloruerit capite Papaueris, in quo semen latum, amarum, pingue. Caulis gracilis est & læuis. Radix nigra & ampla, dulcis, nodosa, clauæ formam repræsentans. Altera folia antedictę similia habet, sed radicem albam & asperam: florem luteum, splendentem, rosæ similem. Quæ itidem notæ in uniuersum omnes alteri Nenuphari, quæ luteis est floribus, respondent.

LOCVS.

Nascitur in paludibus & aquis stagnantibus.

TEMPVS.

Flores in fine Maij & Iunio mense colliguntur. Radices autem in autumno effodiuntur.

TEMPERAMENTVM.

Nympheæ tum radix, tum semen refrigerandi & citra morsum desiccandi uim obtinet.

VIRES. EX DIOSCORIDE.

Radix prioris sicca cum uino pota, cœliacis & dysentericis prodest. Lienem absumit. Stomachi uesicæq; doloribus illinitur. Alphos ex aqua exterit. Alopecias cum pice imposita sanat. Eadem contra Veneris insomnia bibitur, siquidē ea compescit. Paucis diebus, si quis continuò bibat, genitale infirmat. Idem semen potum efficit. Alterius quæ lutea dicitur, radix & semen contra muliebria profluuia ex uino nigro bibuntur.

EX GALENO.

Nymphęæ radix & semē, uentris profluuia cohibent, semenq; genitale siue per somnia, siue alio pacto immodicè profluens retinēt. Iuuāt dysentericos. Cęterū Nymphæa quæ candidā radicē habet, potentioris est facultatis, ut & muliebri profluuio medea-

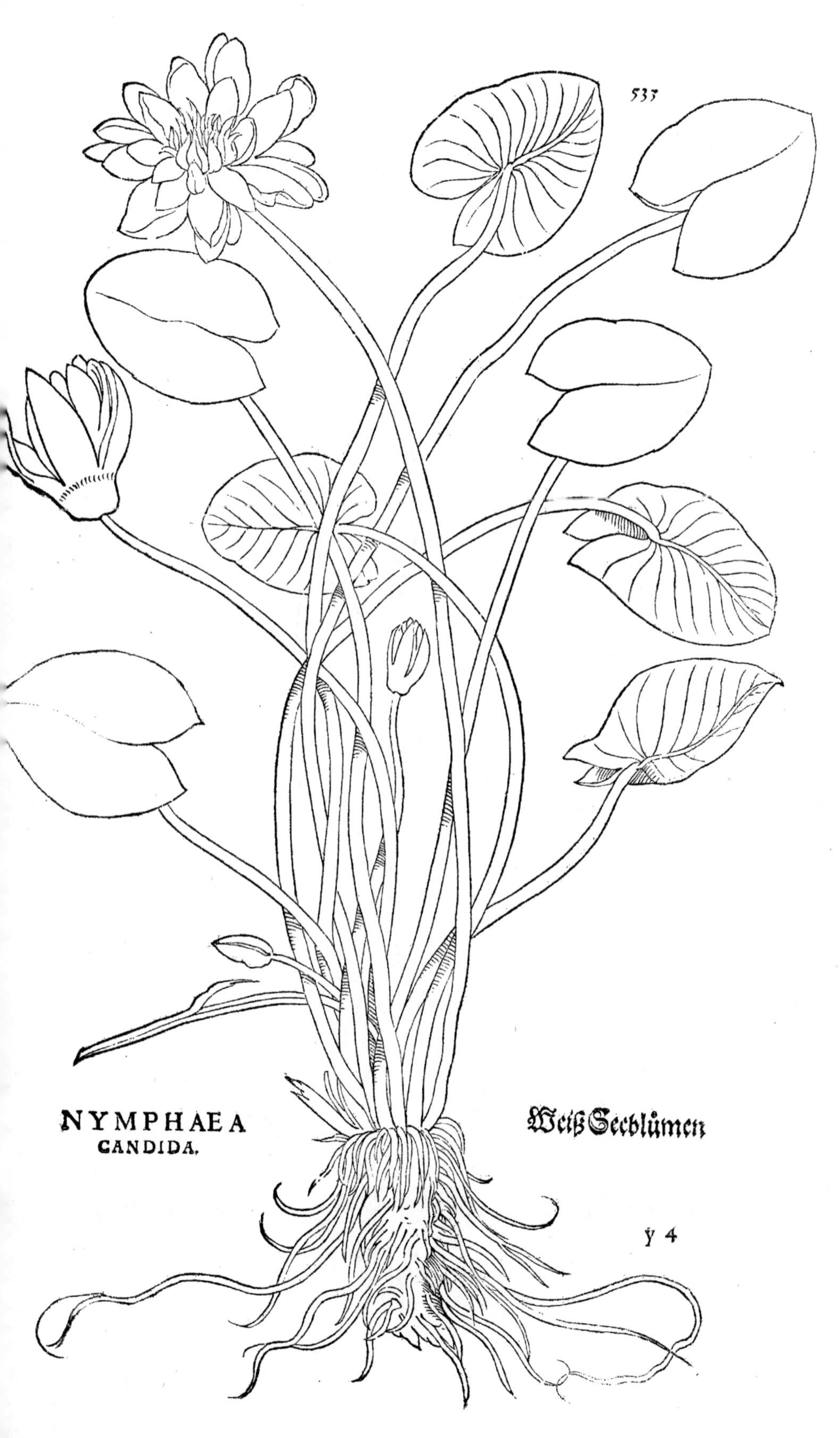
NYMPHAEA
CANDIDA.
Weiß Seeblůmen

NYMPHAEA LVTEA.

Geel Seeblůmen.

A medeatur. Verum & hæc, & ea quoque quæ atram habet radicem, ex uino nigro austero bibitur. Porrò nonnullam etiam abstergendi uim obtinent, ita ut alphos & alopecias sanent. Ad alphos uerò macerantur aqua, ad alopecias pice liquida. Sed ad hæc aptior est ea cuius radix nigra est, sicut ad alia, cuius alba.

EX THEOPHRASTO.

Nymphæa trita plagæ imposita sanguinem sistere traditur. Vtilis & ad difficultates intestinorum pota.

EX PLINIO.

Venerem in totum adimit Nymphęa, semel in quadraginta dies pota. Insomnia quoque Veneris à ieiuno pota, & in cibo sumpta. Illita quoque radix genitalibus, inhibet nõ solum Venerem, sed effluentiam geniture: ob id corpus alere, uocemq; dicitur. Semen cum uino potum dysentericis auxilio est. Tenesmo radix eiusdem ex uino bibitur. In uino quoque pota lienem consumit. Dolores uesicæ sedat ex uino. Manantia sanat ulcera. Maculas omnes emendat. Trita plagis imponitur. Vlceribus, priuatim ijs quæ calceamento facta sunt, prodest arida infricata.

DE NAPY. CAP. CCIII.

NOMINA.

NAPY, ἢ σίναπι græcè, Sinapis & Sinapi latinè uocatur. Officinæ nomen retinuerunt. Perperã tamen faciunt, quod altero genere pro Eruca, quam suo loco depinximus, utunt. Germanicè zam oder Gartensenff nominatur. Sinapis autem nomen è Græcia uenit in Latiũ, censetq; dictum Athenæus lib. ix. Dypnosoph. Sinapi, ὅτι σίνεται τοὺς ὦπας ἐν τῇ ὀδμῇ, hoc est, quod olfa

Officinarum error.

Sinapis unde dicta.

B ctum luminibus officiat. Pleraq; Græcia Napy nominat quasi Naphy, ut idem eodem in loco interpretatur, quoniam non sine natura sit, sed acri & proinde incommoda donetur. Alij Napy per priuationem uidelicet νήπιον, quasi immitè dici uolunt, quoniam acrimoniæ uehementis particeps sit.

Napy cur uocatum.

GENERA.

Sinapis duo inueniuntur genera, folijs, floribus & semine distantia. Primum siquidem genus rapitiam frondem exprimit, floremq; luteum obtinet, ac semen album profert. Nos à floribus luteis germanicè geelen Gartensenff nominauimus. Alterum in Erucæ folium laciniatur, floreq; albicante, & semine uesco pulloq; constat. Nos genus hoc ab albicantibus floribus weissen Gartensenff appellauimus, ut esset huius aliqua ab Erucæ nomenclatura diuersitas, quam Germani simpliciter weissen Senff uocant.

FORMA.

Primum caulem habet hirsutum, longum, ramosum, folia rapi, minora tamẽ & asperiora, flores luteos, siliquas rotundas ac hirsutas, plenas semine candicante. Alterum genus itidem hirsuto caule præditum est, minore tamen, folijs Erucæ, maioribus tamen ac latioribus, laciniatis, floribus albicantibus, crucisq; effigiem referentibus, siliquis teretibus & oblongis, semine pullo rufescentéue refertis.

LOCVS.

Vtrunq; in hortis satum prouenit. Et quamuis nullo cultu plerunq; germinet, terram tamen aratam & congestitiam magis amat.

TEMPVS.

Floret utrunq; Iunio ac Iulio mensibus, eodemq; tempore semen in siliquis suis profert.

TEMPERAMENTVM.

Sinapi calefacit & desiccat quarto ordine.

VIRES. EX DIOSCORIDE.

Calfaciendi, extenuãdi & extrahendi uim habet. Cõmanducatũ capitis pituitã elicit.

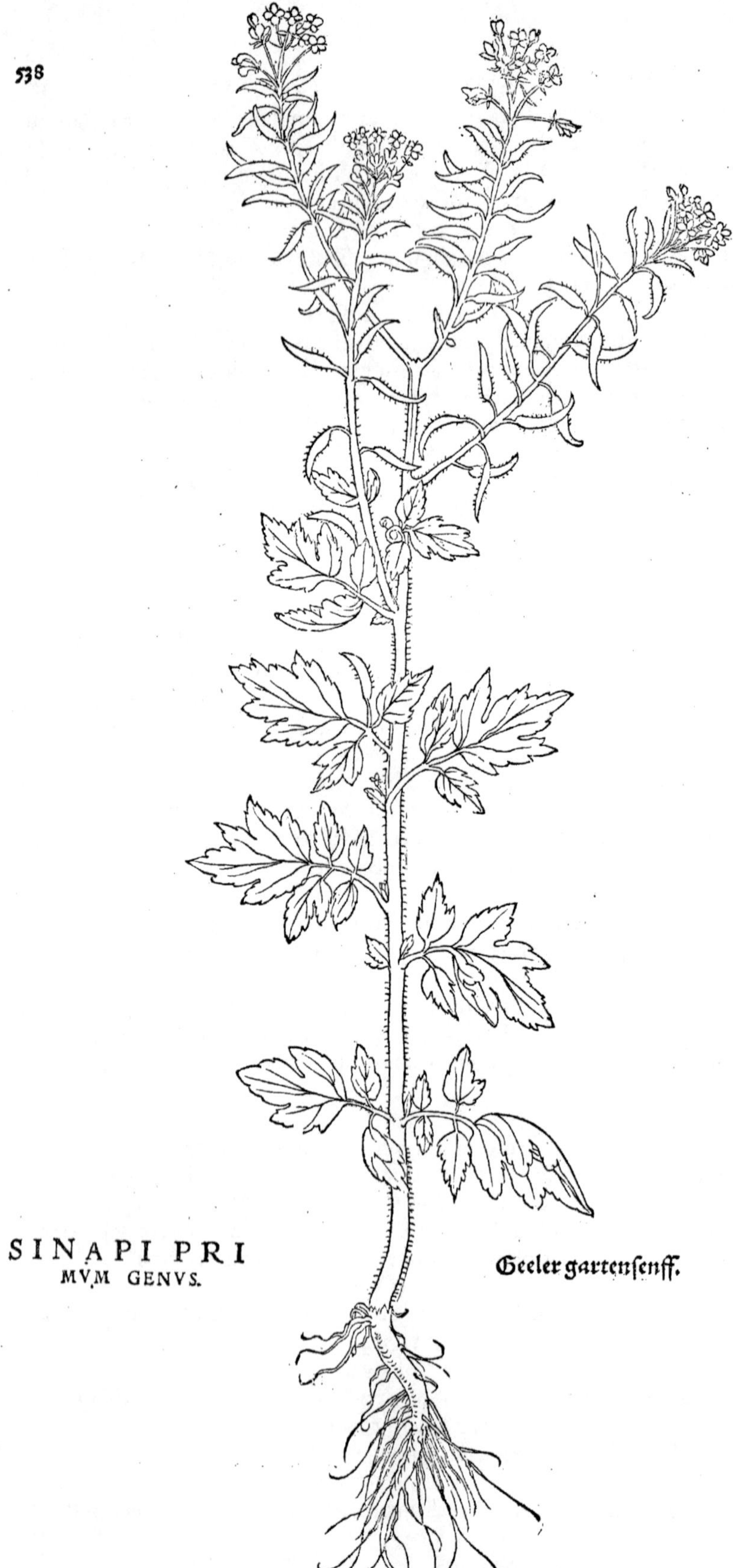

SINAPI PRI
MVM GENVS.

Geeler gartenſenff.

SINAPIS ALTE
RVM GENVS.

Weiß Gartensenff.

C cit. Succus eius hydromeliti mixtus contra tonſillarum prædurosa tumores, ac ueterem calloſamq; arteriæ ſcabritiẽ conuenienter gargarizatur. Tritum naribus admotum, ſternutamenta ciet. Comitialibus quoq; auxiliatur. Fœminas uuluæ ſtran
gulatu oppreſſas excitat. Lethargicis, deraſo capite, illinitur. Ficis ammiſtum & im
poſitum donec rubeſcat locus, ad coxendicum cruciatus, lienes, & omnis generis
diuturnos dolores confert, cum permutandæ paſsionis cauſa ex alto in cutis ſuperficiem aliquid trahere uoluerimus. Alopecijs illitum medetur. Faciem purgat. Sugillata cum melle, aut adipe, aut cerato delet. Ex aceto contra lepras, & feras impetigines perungitur. Aridum contra febrium circuitus bibitur, aut potui polentæ
modo inſperſum. Extrahentibus emplaſtris, ſcabiemq; extenuantibus utiliter am-
miſcetur. Grauitati aurium & ſonitui, tritum cum fico impoſitum prodeſt. Succus
ad hebetudines oculorum & palpebrarum ſcabritiem illinitur. Exprimitur autem
ex uiridi adhuc ſemine ſuccus, & in ſole ſiccatur.

EX PLINIO.

Sinapi Pythagoras principatum habere ex his, quorum ſublime uis feratur, iudi
cauit: quoniam non aliud magis in nares & cerebrum penetret. Ad ſerpentiũ ictus
& ſcorpionum tritum cum aceto illinitur. Fungorum uenena diſcutit. Contra pituitam tenetur in ore donec liqueſcat, aut gargarizatur cum aqua mulſa. Ad dentium dolorem manditur. Ad uuam gargarizatur cum aceto & melle. Stomacho
utiliſsimũ contra omnia uitia, pulmonibusq;. Excreationes faciles facit in cibo ſum
ptum. Datur & ſuſpirioſis. Item comitialibus tepidum cum ſucco cucumerũ. Sen-
ſus atque ſternutamenta capitis purgat, aluum mollit, menſtrua & urinam ciet. Et
hydropicis imponitur. Cum fico & cumino tuſum ternis partibus comitiali morbo. Et uuluarum conuerſionẽ ſuffitum excitat odore aceto mixto. Item lethargi-
D cos: & ſi uehementior ſomnus lethargicos premat, cruribus aut etiam capiti illinitur cum fico & aceto. Veteres dolores thoracis, lumborum, coxendicũ, humero-
rum, & in quacunque parte corporis ex alto uitia extrahenda ſunt, illitum cauſtica
ui emendat puſtulas faciendo. At in magna duritia ſine fico impoſitum: uel ſi uehe
mentior urigo timeatur, per duplices pannos. Vtuntur ad alopecias cum rubrica,
pſoras, lepras, phthiriaſes, tetanicos, opiſthotonicos. Inungunt quoq; ſcabras genas
aut caligantes oculos cũ melle. Succusq; tribus modis exprimitur in fictili, caleſcitq;
in eo in ſole modicè. Exit & è cauliculo ſuccus lacteus, qui ita cum induruit, dentiũ
dolori medetur. Semen ac radix cum immaduere muſto, conteruntur, manusq;
plenæ menſura ſorbentur ad firmandas fauces, ſtomachum, oculos, caput, ſenſusq;
omnes. Mulierũ etiam laſsitudines, ſaluberrimo medicinæ genere. Calculos quoque diſcutit, potum ex aceto. Illinitur & liuoribus ſugillatisq; cum melle & adipe
anſerino, aut cera Cypria. Fit & oleum ex ſemine madefacto in oleo expreſſoq;,
quo utuntur ad neruorum rigores, lumborumq; & coxendicum perfrictiones.

EX SYMEONE SETHI.

Sinapi uim habet diſſoluendi & diſcutiendi humiditates quæ in capite & ſtomacho ſunt. Confert etiã lienis affectib. à humiditate & flatu procreatis. Item quartanis morbis, qui ex aduſta pituita contracti ſunt: ad hæc & podagris à pituita factis.
Officit uerò uiſui, & calido capiti, ac iecori. Adiuuat concoctionẽ & diſtributionẽ
ciborum craſſarũ partium. Minuit quæ in uentriculo ſunt humiditates. Illitum lepris, eas in melius mutat. Linguas etiam humiditate grauatas ſiccat. Si cum melle
ſumatur, tuſſes reſoluit. Cum caricis uerò iſchiadicis illitum, & lienoſis utile
eſt: trahit enim quæ intus ſunt ad corporis ſuperficiem. Suffitum uerò & incenſum, ſerpentes fugat.

DE NE-

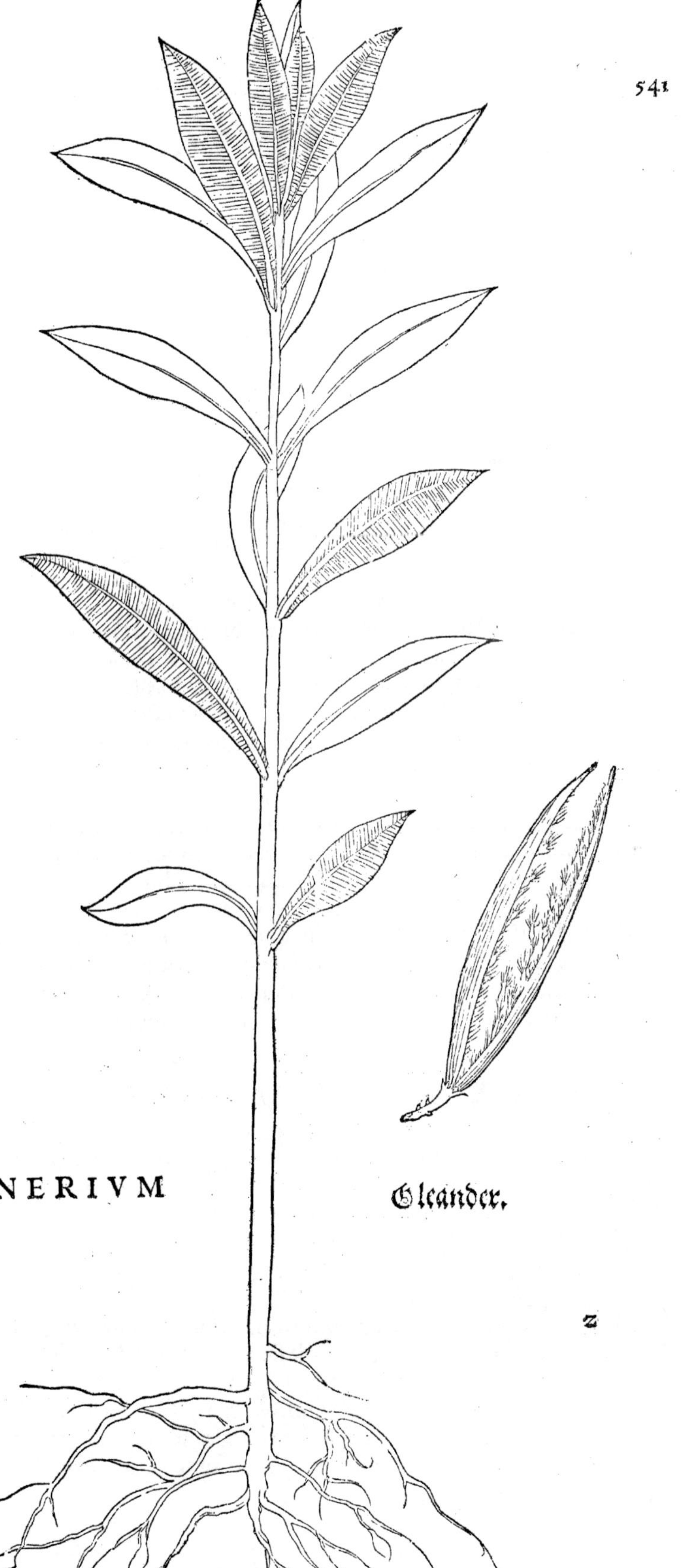

NERIVM Oleander.

C

NOMINA.

Oleander. *Rhododaphne cur dicta.* *Rhododendros quare.*

NΗΡΙΟΝ, ἡ ῥοδοδάφνη, ἡ ῥοδόδενδρον Græcis, Nerion & Rhododendron Latinis, officinis & barbaris Oleander, Germanis Olander dicitur. Rhododaphnen autem Græci dixerunt à rosæ floribus & lauri folijs, quæ fruticis huius præcipuæ sunt notæ. Nec refert quod Dioscorides amygdalæ folijs eius folia cōparauerit, lauro enim & amygdalæ nō dissimilis magnopere foliorū figura est. Fecit idem rosæ flos & arbor, ut eadē gens Rhododendrū nominauerit.

FORMA.

Notus frutex, amygdalæ longiora & crassiora folia habens, florem rosarum figura, fructum amygdalæ similem, ueluti cornu, qui dehiscens lanea natura plenus est, pappis acanthinis simili. Radix illi est acuminata, longa, lignosa, gustanti salsa.

LOCUS.

Nascitur in hortis, maritimis, & secundum amnes locis.

TEMPUS.

Quo mense floribus & fructu prægnans sit Nerion, non satis constat: neque enim uel flores uel fructus eius nobis uidere licuit. Hinc est quod etiam pictura quam exhibemus ijsdem careat.

TEMPERAMENTUM.

Neriū Arabes calefacere in principio tertij ordinis, & in secundo siccare tradunt.

VIRES. EX DIOSCORIDE.

Flores & folia canes, asinos, mulos & quadrupedes plurimos enecant: hominū uerò cum uino pota contra uenenatorū morsus præsidia salutaria sunt, præsertim si rutæ cōmiscueris. Infirmiora uerò animantia, ut oues, caprasq; si aquam biberint in qua folia eius maduerint, moriuntur.

D

EX GALENO.

Nerium aut Rhododaphne notus omnibus est frutex. Foris quidem illitus discutiendi uim obtinet. Intrò autem in corpus assumptus, perniciosus ac uenenosus non tantum hominibus, uerumetiam plerisq; pecudibus.

EX PLINIO.

Rhododendros ne nomen quidem apud nos inuenit latinum: Rhododaphnen uocant, aut Nerium. Mirum, folia eius quadrupedum uenenum esse, homini uerò contra serpentes præsidium, ruta addita, & è uino pota. Pecus etiam & capræ si aquam biberint in qua folia ea maduerint, mori dicuntur.

DE OXYACANTHA. CAP. CCV.

NOMINA.

Berberis. *Oxyacantha unde dicta.*

ΟΞΥΑΚΑΝΘΑ Græcis, Oxyacantha Latinis, officinis Berberis, Germanis Paisselbeer / Saurich / Erbsel / Versich uocatur. Hauddubiè Græci à spinarum acuminatis cuspidibus Oxyacanthan dixerunt.

FORMA.

Syluestri pyro similis arbor est, sed minor & nimis spinosa. Fructum fert Myrto similem, plenum confertúmue, rubentem, fractu facilem, intus nucleos habentem. Radicem multifidam & altam. Huius deliniationis notę, nulla prorsus reclamante, arbori quam uulgò Berberim barbara uoce nominant, adamussim respondent. Nanque arbuscula est pyri syluestris aspectu, sed humilior, ramis ex interuallo spinosis, folio lentè per ambitum aculeato, acinis rubentibus, in pediculo iuxta & racemo pendulis, gustu acido & subaustero, duobus intus granis, radice numerosa.

LOCUS.

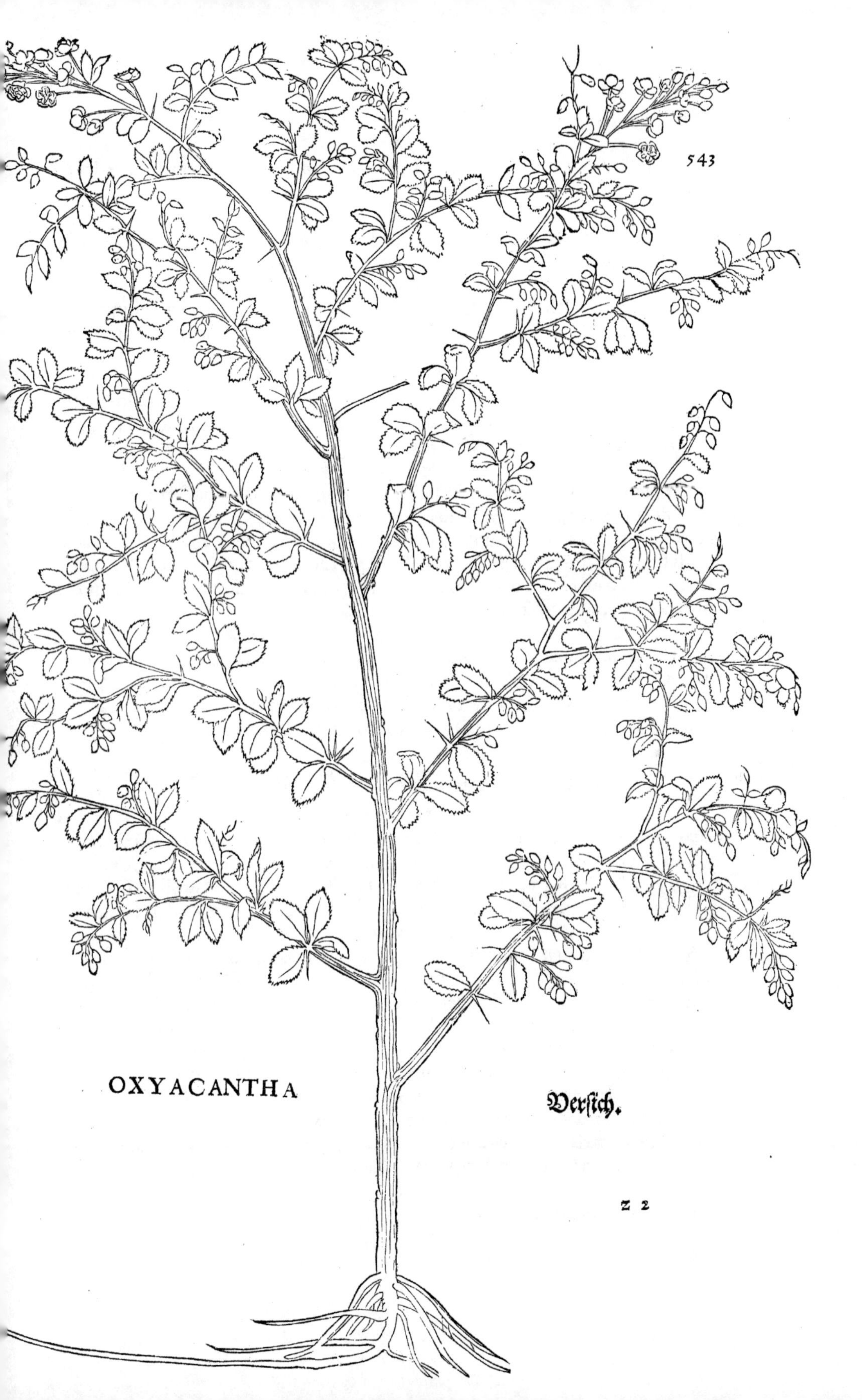

OXYACANTHA

Versich.

C

LOCVS.

Multis nascitur locis, syluis nempe, frutetis, campestribus, montanis, siccis & aquosis.

TEMPVS.

Germinat ineunte uere, ab occasu autem Vergiliarũ fructifera. Per Septembrẽ itaque ac Octobrem menses carpitur, campos syluasq; exornans.

TEMPERAMENTVM.

Oxyacantha adstringit & desiccat, atqueadeo quorundam sententia frigida & sicca in secundo est ordine. Fructus tamen tenuium est partium, & paululum quid dam incisiuum habet.

VIRES. EX DIOSCORIDE.

Huius fructus potus & comestus, alui profluuium, & muliebrem fluxum sistit. Radix trita & illita aculeos & spicula extrahit. Abortum facere tradunt, si sensim uenter ter radice feriatur aut perungatur.

EX GALENO.

Oxyacanthus arbor ut pyro syluestri similem habet speciem, ita & facultates minimè dissimiles. Quin & ipsi fructus. Pyri quidem syluestris prorsum atq; absolutè austerus est, Oxyacanthes autem tenuium partium est, & modicè incîdit. Porrò arboris huius fructus, pyri syluestris similis non est, sed Myrti potius fructui, rubens

† ἀδρὸς uidetur legendum, ut est apud Dioscor.

scilicet & † rarus. Habet uerò & nucleos. Cæterum non tantum esus, sed & bibitus omnes fluxionum affectus cohibet atque sistit.

EX RECENTIORIBVS.

E baccis uinum exprimitur eodem ferè usu, quo uinum ex mâlo punico. Condiuntur item acini uel melle uel saccharo ad restringendã sitim, depellendamq; fe-

D bricitantium malaciam, quorũ morosum nimis palatum cibum ferre quemcunq; respuit. Elanguescens appetentia grato huius acore recreatur.

DE OSYRIDE. CAP. CCVI.

NOMINA.

ΣΥΡΙΣ Græcis, Osyris Latinis, officinis Linaria, nonnullis herba urinalis appellatur. Germanicè Flachßkraut / Lynkraut / Harnkraut / Vnser frawen flachß / Wildflachß / Krotenflachß / Nabelkraut. Linariam autem dixerunt recentiores à folijs quæ Lini faciẽ referre uident.

Linaria quare dicta.

FORMA.

Virgultum sarmentúmue nigrum est Osyris, tenues uirgas lentasq; habens. In quibus foliola sunt terna & quaterna, modo quina, interim & sena, ceu Lini nigra initio, dein colore mutato subrubescentia. Iam si rem diligenter expendas, nullam deliniationis notam Osyridi traditã, in Linaria dicta hodie deesse reperies. Siquidẽ hæc cauliculis fruticat nigricantibus, & qui ob suum lentorem haud facilè franguntur, tenuibus, atris quoque folijs, Lini facie. Concolori denique semine tantisper dum maturescit, postquam ematuruit rubescente. Senescentes quoque ramuli nigritiam in ruborem uertunt. His accedit antiqui & manuscripti herbarij testimonium, qui Linariam eam esse herbam tradit, quæ Dioscoridi Osyris dicitur, floremq; habere luteum inquit. Respondet etiam per omnia pictura.

LOCVS.

Passim in campestribus prouenit.

TEMPVS.

Floret æstate tota & autumno.

TEMPE-

OSYRIS Harnkraut.

C

TEMPERAMENTVM.

Osyridi amara inest qualitas, & obstructiones aperiendi, adeoq; ut calida sit necesse est. Amara nanq;, Galeno lib. iiij. cap. x. de simpl. medicament. facult. teste, qualitate prædita, omnia calida sunt. Sic etiam eodem autore lib. v. cap. xi. eiusdem tractationis, singula quæ poros & meatus expurgant, ab infarctuq; liberant medicamenta, calida sunt & tenuiũ partium. Vehementer itaque errant, qui Linariam frigidam & humidam esse asserunt. Et certè præter ea quæ iam dicta sunt, uel hoc uno argumento erroneam illorum sententiam confutare omnium maximè licebit. Cum etenim Linariæ urinam mouendi facultatem inesse scribant uulgares etiam herbarij, colligitur illam non esse frigidam & humidam, quandò Galeno libro iam citato cap. xij. attestante, omnia quæ urinam ducunt ex acrium atque adeò calidorũ & siccorum sint genere.

Linaria non est frigida.

VIRES. EX DIOSCORIDE.

Huius decoctum potum morbo regio affectos iuuat.

EX GALENO.

Osyridi, ex qua medicamenta ad exterendam leuigandamq; cutem, Græci κορήματα uocant, fieri solent, amara inest qualitas, & obstructiones expediendi facultas. quare & in iecinore consistentes obstructiones adiuuat.

κορήματα enim nõ solum scopas, ut quidam arbitratur, uerumetiam κόσμητρα, Suida & Phauorino testibus, hoc est comptoria & uenustantia faciẽ medicamẽta græci dixerũt: è quorum sanè numero Osyris est, quæ cũ amara sit, extergere etiã quæ sunt in corpore, facie potißimũ, maculas potest. Hinc rectè Plinius ex eius folijs mulieribus, ut potè quæ plus alijs comere & uenustare faciem solent, smegmata fieri tradit.

EX AETIO.

Osyris est herba subfruticosa, tenuibus uirgulis, fractioni renitentibus, folijs Lino similibus, nigris primo, postea subrubescentibus, gustu amaris, unde regio morbo conferunt.

EX PLINIO.

Smegmata mulieribus ex Osyridis folijs faciunt. Radicum decoctũ potum, sanat arquatos. Eædem priusquã maturescit semen concisæ, & sole siccatæ, aluum sistunt. Post maturitatẽ uerò collectæ, & in sorbitione decoctæ, rheumatismis uentris medentur, & per se tritæ ex aqua cœlesti bibuntur.

DE OCIMO. CAP. CCVII.

NOMINA.

OKIMON Græcis, Ocimum Latinis, recentioribus Græcis βασιλικὸν, id est, regium appellatur, quod nomen apud omnes nostræ ætatis herbarios & officinas usurpatur. Sunt tamen quibus Ocimum gariophyllatũ nominetur. Germanicè Basilien/uel Basilgram dicitur. Ocimum autem quibusdã à nascendi celeritate dictum est, siquidem à satu tertio statim die emicat. Quod uerius Ocymo uidetur conuenire, quod pabuli & farraginis quoddam genus est, sic nominatũ ab ὠκὺς græca dictione, quæ citò significat. Proinde sunt qui significantius per z scribendũ ducant Ozimum, ab ὄζω, quod redolere denotat, quoniam herba tota suauissimũ spiret odorem. Ab eodem odore, quod basilica & regia domu dignum sit, Basilicum hodie nuncupatur.

Ozimum cur dictum.

Basilicum.

GENERA.

Sunt qui duo Ocimi cõminiscantur genera: unum latiora folia habens, quod priuatim Basilicum: alterum angustiora, quod Ocimum gariophyllatum appellant. Nos tria tibi exhibemus ex uno promiscuè semine nobis nata. Primũ maioris discriminis ratione Ocimũ exiguũ, Germanicè klein Basilien/nominauimus. Alterum mediocre, Germanicè mittel Basilien. Tertiũ magnum, Germanicè groß Basilien uocauimus. Neq; enim nisi folijs solis distare uident, quæ in primo genere exigua admodũ sunt, in altero uerò paulò latiora, in tertio primi respectu latissima. Odor autem omnibus tribus unus idemq; est.

FORMA.

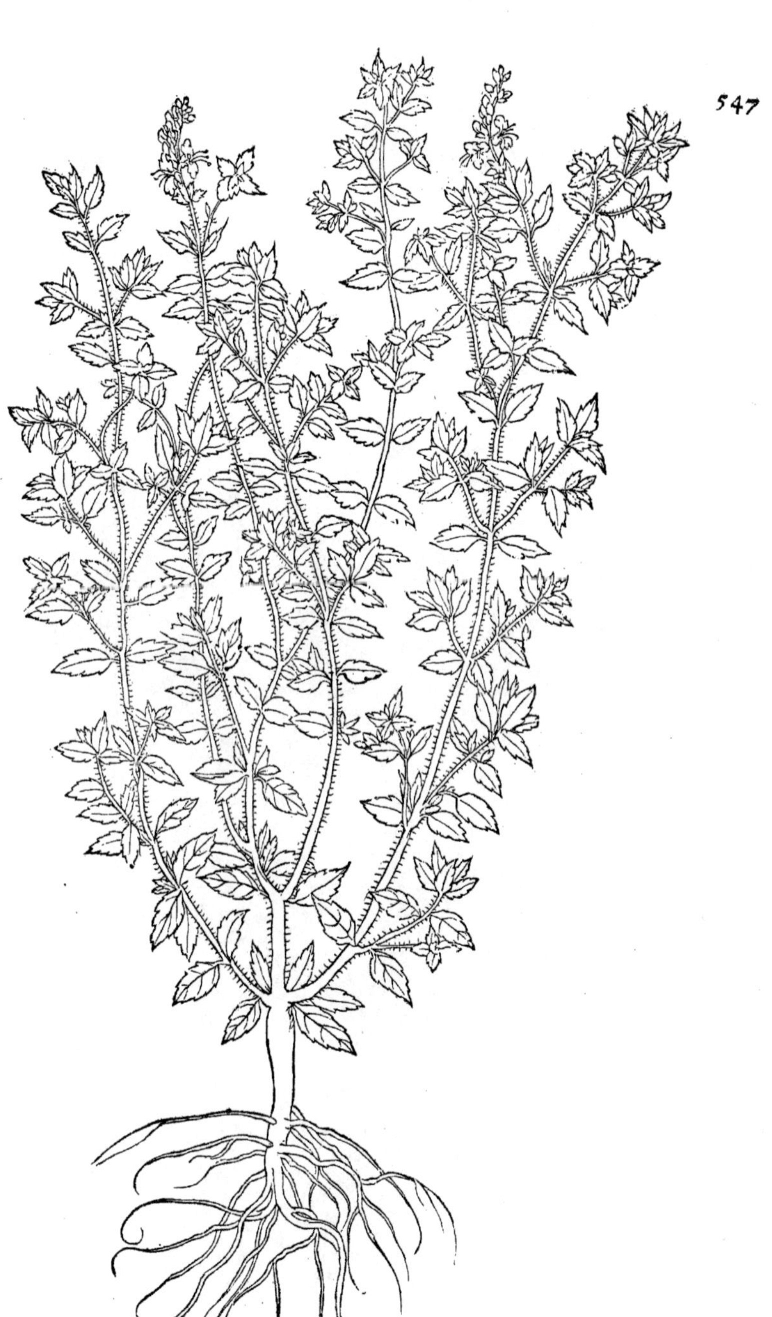

OCIMVM EXIGVVM.

Klein Basilien.

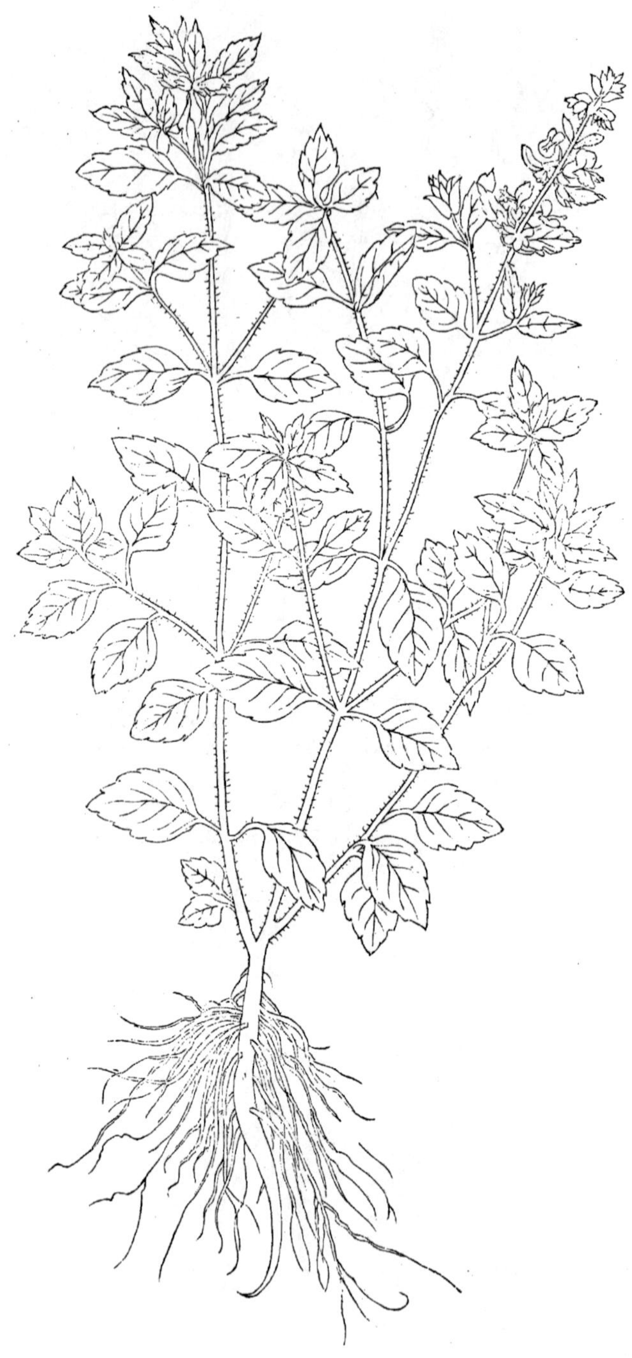

OCIMVM MEDIOCRE.

Mittel Basilien.

OCIMVM MAGNVM.

Groß Basilien.

C

FORMA.

Ocimum pedali altitudine prosilit, surculosum, ramulis rotundis, folio Mercurialis, diluti uiroris. Floret particulatim, primò parte inferiore, demum superiore: flosculo candido, semine pullo nigróue, cui cortex obducitur. Radix una descendit in altitudinem, crassior & lignosa, cæteræ à lateribus funduntur exiles ac prolixæ.

LOCVS.

Passim in figulinis uasis mulieres extra fenestras ædium fouent Ocimũ. In hortis etiam satum prouenit.

TEMPVS.

Iunio & Iulio mensibus floret, dein semen producit.

TEMPERAMENTVM.

Ocimum ex secundo est ordine calefacientium, cum excrementitia quadam humiditate.

VIRES. EX DIOSCORIDE.

Copiose comestum oculorum aciem hebetat, aluum emollit, flatus mouet, urinam cit, lac euocat, ægreq; in uentre mutatur. Illitum cum polentæ farina, rosaceo & aceto, inflammationibus, mariniq; draconis & scorpionis ictibus auxilio est. Per se autem cum uino Chio oculorũ doloribus. Oculorum caligines succus eiusdem abstergit, eorundemq; fluxiones exiccat. Semen potum quibus atra bilis gignitur, difficultati urinæ, inflatisq; conuenit. Olfactu per nares attractum, copiosa sternutamenta mouet. Quod idem herba efficit. Porrò instante sternutamento oculos comprimere oportet. Sunt qui Ocimum cauent minimeq; comedunt, quandoquidem manducatũ, & in sole positum uermes gignat. Libyes autem adiecerunt, quod si feriantur à scorpione qui Ocimum ederint, nullo dolore conflictari.

D

EX GALENO.

Ocimum excrementitiã humiditatem habet, proinde nec cõmodum est quod in corpus sumatur. Cæterum foris illitum, ad digerendum & concoquendũ utile est. Pleriq; hoc etiam ut obsonio utuntur, ex oleo & garo offerentes. Vitiosioris autem succi est. Admentiuntur ob hoc quidam dicentes, si tritum fictili nouo indatur, celerrimè intra paucos dies scorpiones gignere, præsertim ubi quis quotidie ollam soli expositam calfecerit. Sed hoc sanè à uero abest. Id porrò uerè de eo dixeris, praui succi, stomacho inimicum, & concoctu pertinax olus esse.

EX PLINIO.

Ocimum Chrysippus grauiter increpuit, inutile esse dicens stomacho, urinæ, oculorum quoq; claritati. Præterea insaniam facere, & lethargos, & iecinoris uitia, ideoq; capras id aspernari: hominibus quoq; fugiendum censet. Adijciunt quidam, tritum si operiatur lapide, scorpionẽ gignere: cõmanducatum, & in sole positum, uermes afferre. Alij uerò, si eo die feriatur quispiam à scorpione qui ediderit Ocimum, sanari non posse. Quinimò tradunt aliqui, manipulo Ocimi cum cancris decem marinis uel fluuiatilibus trito, cõuenire ad eum scorpiones à proximo omnes. Diodotus in empiricis, etiam pediculos facere Ocimi cibum. Secuta ætas alacriter defendit, nam id esse capras, nec minus quàm mentham & rutam scorpionũ terrestrium ictibus, marinorumq; uenenis mederi cum uino, addito aceto exiguo. Vsu quoq; cõpertum, deficientibus ex aceto odoratum salutarem esse. Item lethargicis, & inflammatis refrigerationi. Illitũ capitis doloribus cum rosaceo, aut myrteo, aut aceto. Item oculorum epiphoris impositum ex uino. Stomacho quoq; esse utile, inflationes & ructum ex aceto dissoluere sumptum. Aluum sistere impositum. Vrinam ciere. Sic & morbo regio & hydropicis prodesse. Choleras eo & destillationes stomachi inhiberi. Ergo etiam cœliacis Philistio dedit, & coctum dysentericis & colicis Plistonicus. Aliqui & in tenasmo, & sanguinẽ excreantibus, in uino. Contra duritiam præcordiorũ illinitur mammis. Extinguit quoq; lactis prouentum. Auribus utilissi-

A utilisſimũ infantium, præcipuè cum adipe anſerino. Semen tritum & hauſtum naribus, ſternutamenta mouet, & deſtillationes capiti quoq; illitum. Vuluas purgat in cibo ex aceto. Verrucas mixto atramento ſutorio tollit. Venerem ſtimulat.

EX SYMEONE SETHI.

Baſilica ocima olfacta cor & caput iuuant. Si aqua irrigantur, humidiora fiunt, & ſomnum conciliant. Semen eorum cardiacis affectibus ſuccurrit. Animi mœrorem ex atra bile ortam, in hilaritatem & lætitiam mutat.

APPENDIX.

Vides in referendis Ocimi facultatibus non parũ inter ſe diſſentire Dioſcoridẽ, Galenũ & Plinium, ita ut uix pugnantes illorum ſententias conciliare poſsis. Quare cõſultum erit ut hic, quemadmodũ in alijs etiam, Galeni amplectaris opinionẽ, qui quodammodo inter hos medius interiectus, cõmendat exteriorem eius uſum in ijs quæ συμπέψιν καὶ διαφόρησιν, id eſt, concoctionem & diſcuſsionẽ deſiderant: damnat uerò internum, ob excrementitiũ humorem quo grauat & lædit interanea. Et ad hunc etiam ſcopum reſpiciens, pleraſq; alias Dioſcoridis & Plinij contradictiones tollere poteris.

DE ORIGANO. CAP. CCVIII.

NOMINA.

ΟΡΙΓΑΝΟΣ Græcis, Origanus uel Origanum Latinis, officinis nomen ſuũ retinuit, Germanis Wolgemůt/Doſten/Braundoſten/uel Bergmüntz nominatur. Origanum uerò quod montibus gaudeat appellationem apud Grecos inuenit, ἀπὸ τοῦ ὄρους, id eſt, monte, & χαρᾶς, gaudio. Herodianus quod uiſum exacuat nomen duxiſſe teſtatur, ab ὁρᾶν uidere, & γανῶ B clarifico, quaſi aciem oculorum illuſtrans. Theodorus grammaticus nomen ex aduerſo datũ putat, à ῥιγῶ, quod eſt algeo, fieri ῥίγανον, quaſi rigens, cenſet, & tandem aſcita litera principe, o, in Origanum eſſe confictum, contrario tamen ſenſu, quod minimè refrigeret.

Origanum unde dictum.

GENERA.

Origani genera ſeu rectius cognomina quatuor eſſe conſtat. Eſt enim Heracleoticum, Onitis, Tragoriganũ, & ſylueſtre. Primum ab Heraclea Ponti dictum, cætera à pecoribus cognomenta deſumpſerunt. Onitis, quod ab aſinis impeteretur, ac in cibo gratum eſſet. Tragoriganũ, quaſi hircinum Origanum, non alia forſitan ratione quàm quod eius pabuli uoluptate animal hoc caperetur. Sylueſtre, quod ſine cultura, & ſua ſponte proueniat, cognominatum fuit. Cæterum quum in tanta cum nomenclationũ tum hiſtoriæ ambiguitate uarietateq; tam Græcorum quàm Latinorum nõ facilè ſit quicquam in ſolidum de his ſtatuere, ſatis ſit unum genus, ſylueſtre nimirum & uulgare, pro omnibus pictum exhibere, quòd, ut Paulus ait, utcunque nominibus diſtinguantur, una tamen omnium ſit facultas, adeoq; in re admodum incerta, multum operæ aut laboris temerè inſumere minimè neceſſarium putaui.

Heracleoticum. Onitis. Tragoriganum. Sylueſtre.

FORMA.

Origanum uulgare fruticulus eſt, tam folijs quàm ramis Serpyllo ſylueſtri ſimilis, comante ſupra cacumen umbella, in qua flores haud ſecus quàm in Serpyllo in albo purpurei, odore iucundo prediti emicãt. Ex qua ſanè deliniatione ſatis liquet, Origanum hoc uulgare, Tragoriganũ, uel ſaltem eiuſdem ſpeciem quandam eſſe, quod hoc ut Dioſcorides refert, folijs & ramulis ſylueſtri Serpyllo ſimile exiſtat.

Vulgare.

LOCVS.

Montibus cliuoſiſq; locis gaudet Origanum noſtrum, paſsimq; in his propter ſepes naſcitur.

ORIGANVM SYLVESTRE SEV VVLGARE.

Wolgemůt.

A

TEMPVS.

Floret Iulio mense.

TEMPERAMENTVM.

Omnes Origani species, Galeno & Paulo testibus, calefaciunt & exiccant in tertio ordine.

VIRES. EX DIOSCORIDE.

Heracleoticū excalfacit, unde decoctum eius cum uino potum uenenatorū morsibus prodest: cum passo autem ijs qui cicutam, aut meconiū: cum oxymelite ijs qui gypsum aut ephemerū hauserunt. Ruptis, conuulsis, hydropicis cum fico manditur. Aridū acetabuli mensura potum cum aqua mulsa, atros humores per aluum ducit, mensesq; ciet. Linctū ex melle tussibus medetur. Prurigines itidem, scabies, regiumq; morbū, decoctum eius cum in balnea descensum est, iuuat. Succus eiusdem adhuc uirentis, tonsillas, columellas, orisq; ulcera sanat. Per nares cum oleo irino infusus trahit. Cum lacte aurium dolores mitigat. Conficitur ex eo & cepis, & rhu obsoniorū uomitorium medicamentū, omnibus ijs in ere Cyprio sub Canis ardenti æstu per quadraginta dies insolatis. Herba uerò substrata serpentes fugat. Onitis eadem quæ Heracleoticū Origanum præstat, non tamen eadem efficacia. Syluestre priuatim folijs & floribus cum uino potis, uenenatorū morsibus auxiliatur. Omnia autem Tragorigani genera calefaciunt, urinā mouent, bonam faciunt aluum, si decoctū eius bibatur: biliosa enim deijciunt. Lienosis cum aceto pota utilia: cum uino autem his qui Ixiam hauserunt. Menses ducunt. Tussientibus, peripneumonicis, ex melle in eclegmate dantur. Est & efficax potio, quare cibum fastidientibus, & stomacho male affectis, & acida ructantibus datur. Item ijs quibus † à maris iactatione nausea, & hypochondriorū calor excitatur. Oedemata cum polenta illita discutiunt.

† aliàs repletione

B

EX GALENO.

Origanus Heracleotica efficacior est Onitide. Syluestris uerò utraq; ualentior. Omnes autem incidendi, extenuandi & calfaciendi facultatem obtinent. Tragoriganus quippiam etiam adstrictionis assumpsit.

EX PLINIO.

Origani priuatim usus contra torsiones stomachi in tepida aqua, & cruditates. Contra araneos scorpionesq; in uino albo. Luxata & contusa in aceto & oleo & lana. Tragoriganū urinam ciet, tumores discutit, contra uiscum potū uiperæq; ictum efficacissimū, stomachoq; acida ructanti & præcordijs. Tussientibus quoque cum melle datur, & pleuriticis, & peripneumonicis. Heraclium serpentes fugat. Percussis esui datur decoctū. Potu urinā ciet. Ruptis, conuulsis medetur cum Panacis radice. Hydropicis cum fico, aut cum hyssopo, acetabuli mensuris decoctū ad sextā. Item scabiem, pruriginē, psoras, in descensione balnearū. Succus auribus infunditur cum lacte mulieris. Tonsillis quoq; & uuis medetur. Capitis ulceribus. Venena opij & gypsi extinguit decoctū, si cum cinere & uino bibatur. Aluum mollit acetabuli mensura. Sugillatis illinitur. Item dentiū dolori, quibus etiā & candorē facit cum melle & nitro. Sanguinē narium sistit. Ad parotidas decoquitur cum hordeacea farina. Ad arterias asperas cum gallo & melle teritur. Ad lienem folia cum melle & sale. Crassiores pituitas & nigras extenuat coctum cum aceto & sale sumptum paulatim. Regio morbo tritum cum oleo in nares infunditur. Lassi perunguntur ex eo, ita ut ne uenter attingatur. Epinyctidas cum pice sanat. Furunculos aperit cum fico trita. Strumas cum oleo & aceto & farina hordeacea. Lateris dolores cum fico illitum. Fluxiones sanguinis in genitalibus tusum ex aceto illitum. Reliquias purgationum à partu.

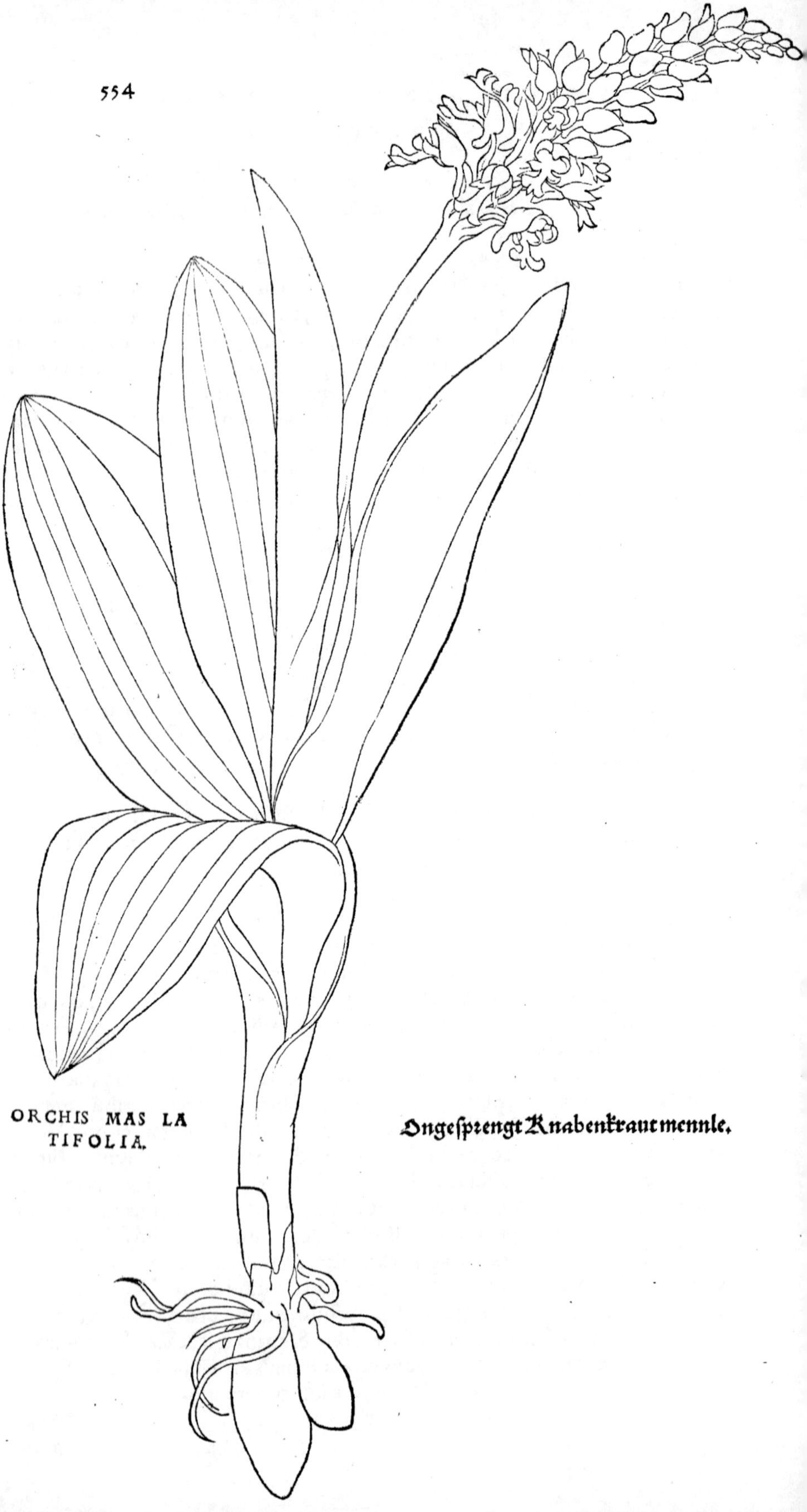

ORCHIS MAS LA
TIFOLIA.

Ongesprengt Knabenkrautmennle.

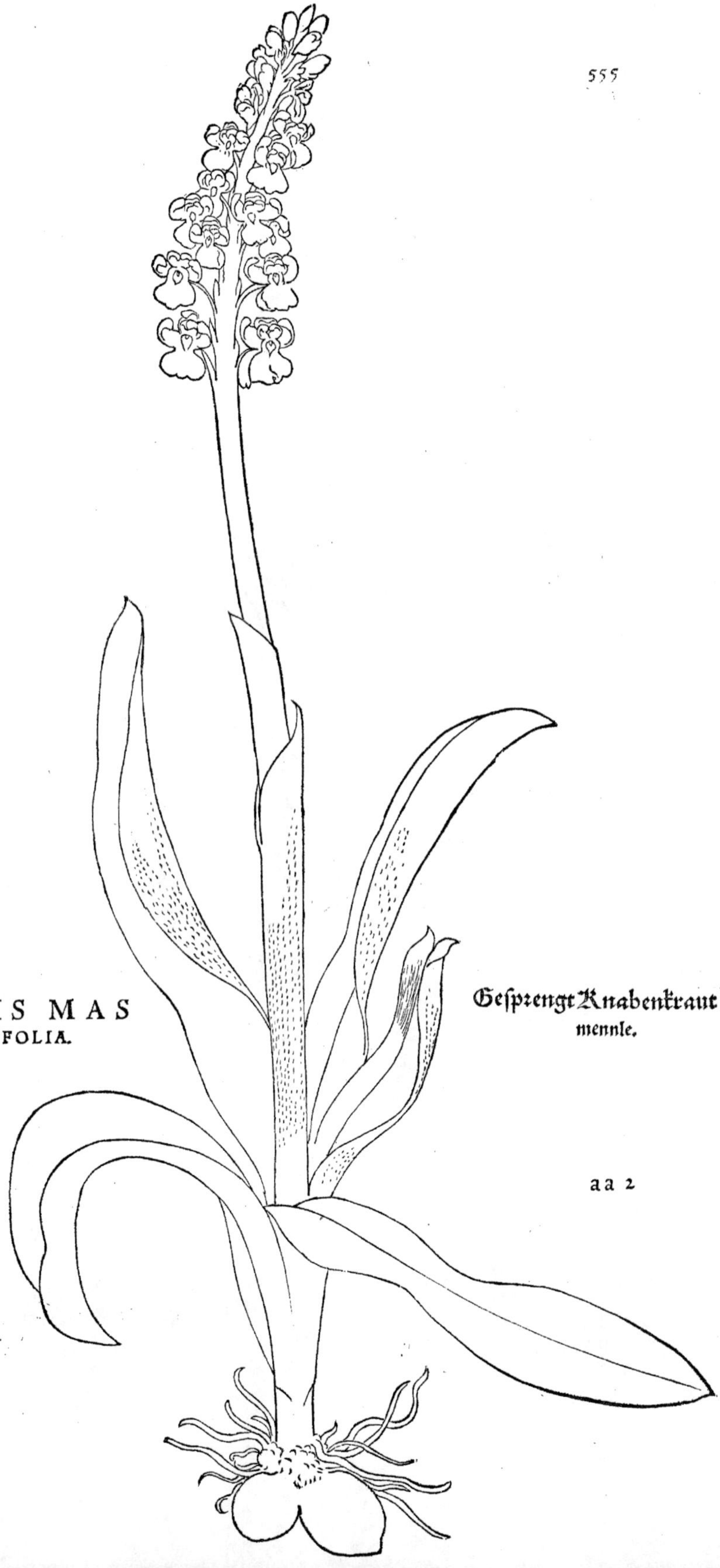

ORCHIS MAS
ANGVSTIFOLIA.

Gesprengt Knabenkraut
mennle.

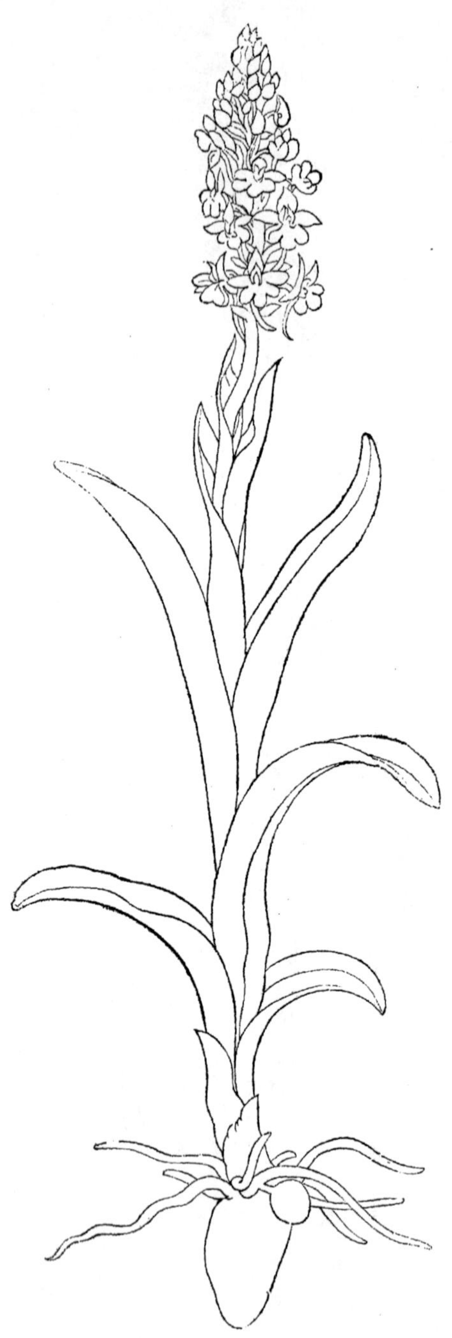

ORCHIS FOE
MINA MAIOR.

Das grösser Knabenkraut
weiblin.

ORCHIS SIVE CYNOSORCHIS FOEMINA MINOR.

Knabenkraut weiblin das kleiner.

C

Testiculus canis. *Orchis cur dicta.* *Cynosorchis.*

NOMINA.

ΡΧΙΣ ἢ κυνὸς ὄρχις Græcis, Orchis & Cynoſorchis Latinis, Teſticulus canis officinis, Germanis Knabenkraut uocatur. Orchis dicta hęc herba eſt, quod radices ſibi inuicem haud ſecus atque duo teſticuli cohæreant. Cynoſorchis uerò, quod canum teſticulis ſimilem radicē habeat.

GENERA.

Orcheos duo eſſe genera animaduertimus, marem nimirum & fœminam. Mas in uniuerſum maior quàm fœmina procerioŕq; eſt, ut pictura ipſa pulchrè declarat. Eſtq; duorum generum. Vnum latioribus folijs & candicantibus ferè floribus, quod Orchin marem latifoliam uocauimus. Alterum quod anguſtioribus folijs, & maculoſis magis, floribusq; purpureis conſtat. Nos maioris diſcriminis rationem habentes, Orchin marem anguſtifoliã nuncupauimus. Fœmina itidem duorum eſt generum: una enim maior, altera minor eſt, ut pictura ſatis demonſtrat.

FORMA.

Folia habet circa caulem & ima eius parte per terram ſtrata, oleæ molli ſimilia, anguſtiora tamen, leuia & longiora. Caulem dodrantali altitudine, in quo purpurei flores. Radicem bulbo ſimilem, oblongam, duplicem, in modum oliuæ anguſtam, ſuperiorem alteram, inferiorem alteram: & hanc quidem mollem ac rugoſam, illam uerò plenam.

LOCVS.

Naſcitur locis, Dioſcoride autore, petroſis & arenoſis. In Germania certè noſtra
D in hortis & pratis, locisq; ſabuloſis copioſe prouenit.

TEMPVS.

In Maio & Iunij principio carpitur.

TEMPERAMENTVM.

Radix eius maior calida & humida eſt, guſtantibusq; dulcior eſſe apparet. Minor admodum elaborata eſt, ad calidius ſicciusq; tendit.

VIRES. EX DIOSCORIDE.

Radix editur ut bulbus cocta. Fertur de ea, ſi maiorem edant uiri, mares generari: minorem uerò fœminæ, fœminas. Addunt etiam in Theſſalia mulieres paruam cum caprino lacte bibendam dare, ut ad uenerea excitent: aridam uerò ad inhibenda atque diſsipanda. Alterum etiam alterius potu reſolui.

EX GALENO.

Radix maior Orchios multam uidetur habere humiditatem excrementitiam & flatuoſam: quapropter pota Venerem excitat. Altera uerò, minor uidelicet, contrà non modo non ſtimulat ad coitum, ſed planè cohibet ac reprimit. Eduntur bulborum more aſſæ.

EX PLINIO.

Tumores & uitia partium earum erumpentia, cum polenta illita radix ſedat, uel per ſe trita. Eadem ex lacte ouillo neruos intendit, & ex aqua remittit.

TRIORCHIS SERAPIAS MAS.

Knabenkraut mennle das kleiner.

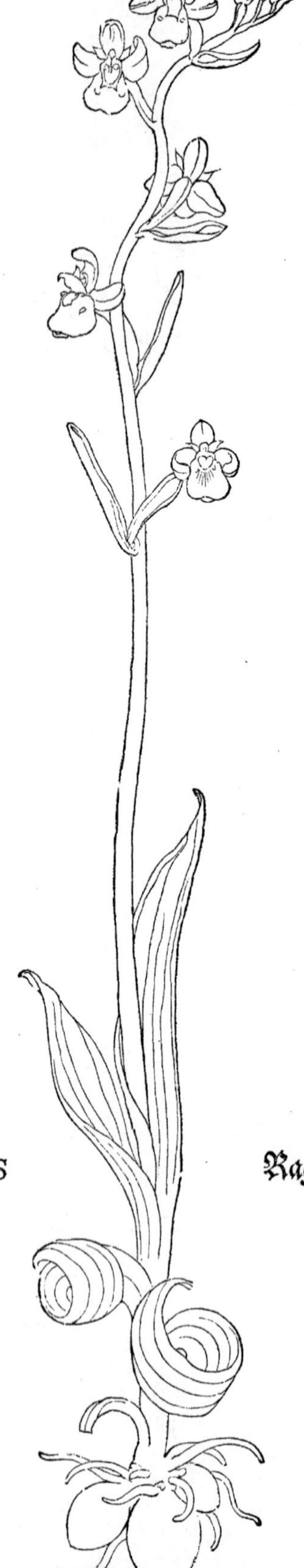

TRIORCHIS
FOEMINA.

Ragwurtz weible.

DE ORCHI SERAPIADE. CAP. CCX.

A

NOMINA.

ΟΡΧΙΣ σεράπιας, ἢ τριόρχις, Paulo & Aëtio teſtibus, Græcis dicitur. Orchis ſiue teſticulus Serapias Latinis. Officinæ eius cognitionẽ non habent. Germanicè Ragwurtz dicitur. Serapias autem ab Andrea medico ob multos radicis uſus, ut inquit Dioſcorides, appellata eſt. Sunt qui à Sarapi Alexandrinorũ deo nominatã uelint, propter laſciuiã impudentẽ, qua is deus Canopi, ubi templum & cultu & religione excellens habebat, colebatur: de quo Strabo in xvij. ſuæ Geographiæ libro. Triorchis uerò, manifeſto ex ea appellatione argumento, quod non duabus, ſed tribus teſticulatis radicibus in terra nitatur. Qua una quidem re facilè à prioribus diſcriminantur Orchibus.

Serapias quare dicta.

Triorchis cur dicatur.

GENERA.

Duo eſſe Orchis Serapiadis ſeu Triorchis genera, res ipſa ſatis monſtrat. Etſi enim in folijs ac radicibus nihil aut parum diſcriminis habeant, tamen in floribus manifeſtè differre uidentur. Nam alterum genus, quod nos marem uocauimus, floribus conſtat purpureis, & parumper albicantibus. Alterum uerò, quod nos ut certius à priori diſcerneretur, fœminam nominauimus, flores obtinet diuerſis coloribus diſtinctos, purpureo uidelicet, candido, uiridi ac nigricante, inferioreq́ parte fuci planè effigiem exhibent.

Triorchis mas.

Triorchis fœmina.

FORMA.

Folia habet Porro ſimilia, oblonga, latiora & pinguia, in alarũ cauis inflexa. Cauliculos dodrantales, ſubpurpureos flores. Radicem minimis teſticulis ſimilem.

LOCVS.

Prouenit in pratis & campeſtribus.

B

TEMPVS.

In fine Maij menſis & initio Iunij hoc genus apparet, dein nuſquam inueniri poteſt.

TEMPERAMENTVM.

Valentius quàm primo ordine exiccat.

VIRES. EX DIOSCORIDE.

Radix illita tumores diſijciendi uim obtinet, atque ulcera expurgat. Herpetas cohibet. Fiſtulas abolet, inflammatione laborantia illita mitigat. Sicca nomas compeſcit, ulceraq́ putreſcentia & maligna oris ſanat. Cum uino pota aluum ſiſtit. Feruntur de hac etiam quæcunque de Cynoſorche dicta ſunt.

EX GALENO.

Orchis Serapias ad Venerem nõ ſimiliter accõmodus eſt. Oedemata illitus diſcutit, & ulcera ſordida purgat, & herpetes ſanat. Siccatus multò magis deſiccat, adeò ut & putreſcentia contumaciaq́ ulcera ſanet. Habet etiam quippiam ſubadſtringens, ac proinde uentrem in uino potus ſiſtit.

EX PLINIO.

Eius radices ſanant oris ulcera, thoracis pituitas, aluum ſiſtunt è uino potæ.

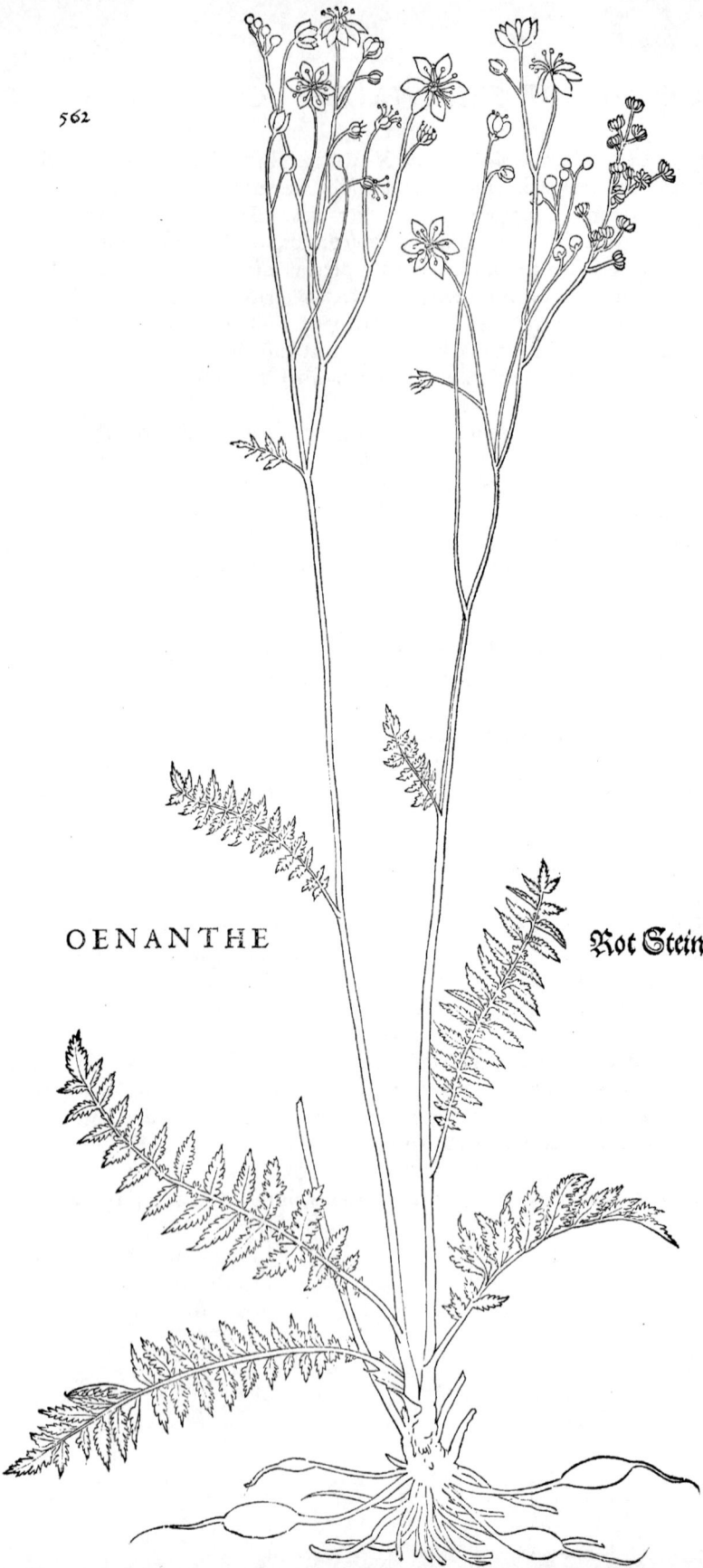

OENANTHE

Rot Steinbrech.

A

NOMINA.

ΟΙΝΑΝΘΗ, ἢ λευκάνθος Graecis, Oenanthe Latinis, Filipendula officinis, & Saxifraga rubea, Germanis rot Steinbrech nominatur. Oenanthe autem dicta hauddubiè est quod cum uino floreat. Leucanthon uerò à florum quos producit candore. Filipendulam à numerosis illis & rotundis in radice capitibus tuberibúsue, quae quasi ex filo quodam pendere uidentur, appellatam esse constat.

Saxifraga rubea
Oenanthe quare dicta.
Filipendula.

FORMA.

Folia Pastinacae syluestris habet, flores candidos, caulem crassum, dodrantalem, semen Atriplicis, radicem magnam, multa habentem capita rotunda. Ex qua descriptione palàm apparet, Oenanthen eam esse herbam quam aetas nostra Filipendulam uocat, quod nulla prorsus sit nota quae illi non conueniat. Folijs enim Pastinacae erraticae est, quae planè eius herbae quae uulgò Petroselinon hodie appellatur folijs similia sunt. Hinc est quod in uulgaribus herbarijs scribatur folia Petroselino similia habere: quamuis Staphylino legendum esse putem. Manuscriptus etiam herbarius Filipendulam folia Dauci agrestis habere tradit. Flores denique illi albi, caulis crassus, dodrantalis, Atriplicis semen. Radices quoque multa, quinque interdum aut sex, nonnunquā etiam plura capita rotunda, tanquam à filo pendentia, ut ait antiquus herbarius, habentes: ita ut hinc esse Oenanthen abundè constet. Sed demus non esse, nihil tamen inde periculi erit, quod scilicet Oenanthe easdem quas Filipendula, sicut ex paulò pòst dicendis patebit, facultates obtineat.

LOCUS.

Nascitur in petris & montibus asperis. Tubingae certè in monte Austriaco nominato copiosissimè prouenit, & in sylua non procul ab arce eius oppidi distante.

B

TEMPUS.

Iunio mense floret, quo sanè tempore quia facilè ex floribus agnoscitur, carpi potest. Radices tamen inter autumni initia colligendae erunt.

TEMPERAMENTUM.

Amara admodum est Filipendula, ita ut non temerè hanc recentiores calidam & siccam in tertio ordine statuant.

VIRES. EX DIOSCORIDE.

Oenanthes semen, caulis & folia cū mulso ad secundas ejciendas bibuntur. Radix cum uino contra stranguriam conuenit.

EX PAULO.

Oenanthe secundas ejcit, urinae stillicidio, morbóq; regio medetur.

EX PLINIO.

Caulis eius & folia cum melle ac uino nigro pota, facilitatem pariendi praestant, secundasq; purgant. Tussim è melle tollunt. Vrinam cient. Radix uesicae uitijs medetur.

EX RECENTIORIBUS.

Filipendula in lotij stillicidio & urinae remoratu, neque non renum doloribus, atque lapide eorundem, cōuenit. Eadem stomachi inflationes discutit, medetur & suspiriosis & anhelantibus, & omnibus morbis quos causa frigida concitauit. Farinam eiusdem cibis comitialium inspergunt.

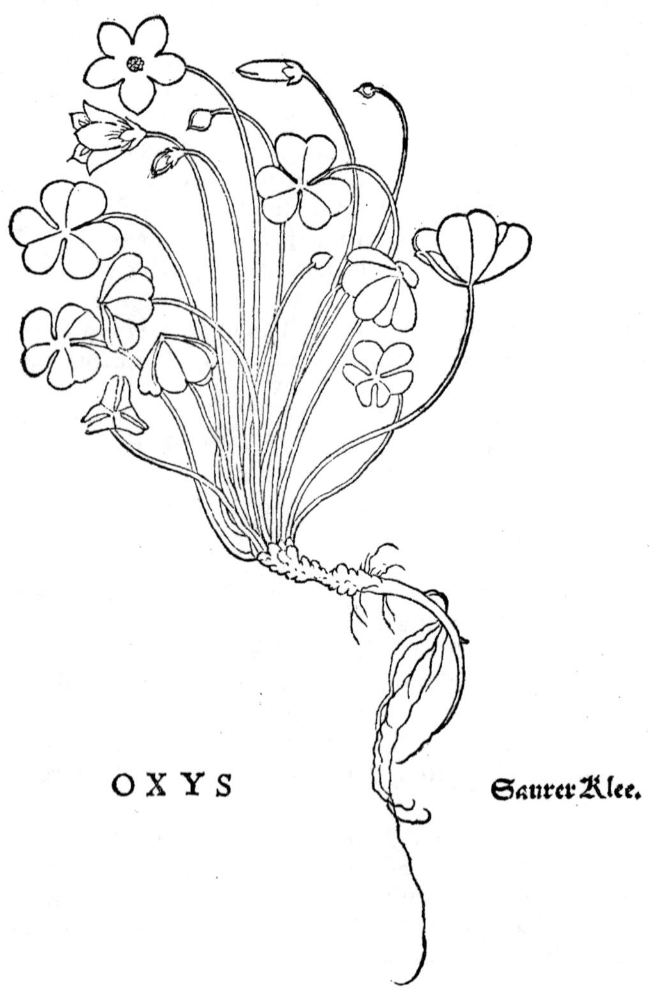

OXYS Saurer Klee.

A

NOMINA.

ΞΥΣ græcè, Oxys Plinio & Latinis, Trifolium acetoſum & Alleluya officinis, uulgo Panis cuculi, uel quod cuculus auis eo ueſcatur, uel quia hoc erumpente, cuculus uocem ſuam ędere incipiat. Germanis Saurer klee/ Bůchklee/ Bůchampffer/ Bůchbrot/ Gauchklee/ Guckgauchklee & Haſenklee appellatur. Oxys uerò ab acido ſapore dicta eſt.

Trifolium acetoſum. Alleluya. Panis cuculi.

Oxys quare dicta.

FORMA.

Humilis herba eſt, longis tantum pediculis, tria ſummatim folia perinde atque Trifolium proferens, exigua, & in cacumine laciniata, ſapore acido. Florem habet candidum, in ſimplici ſtylo inter folia proſilientem: rufum in lunatis ſiliquis ſemen. Radicem in tranſuerſum longam, geniculatã ac rufam. Antiquus & manuſcriptus herbarius putat hanc herbam eſſe Lotum ſatiuã, cuius certè ſententiã, quòd à Dioſcoride non deſcribatur Lotus, neqꝫ probo neqꝫ improbo. Cur tamen non ſequar̃, facit quod herba quam Alleluya barbari uocant, non ſit ſatiua, ſed paſsim in ſyluis & alijs locis umbroſis naſcatur futuræ tempeſtatis prænuncia. Siquidem appropinquante aliqua tempeſtate, arrigitur contrà tanquam tempeſtati colluctatura.

LOCVS.

Multis locis prouenit: nam in ſyluis circa petroſa & aquea loca naſcentem conſpeximus. Nullibi autem copioſiorem quàm Tubingæ in primo ſtatim conſcenſu montis Auſtriaci ad dextram prouenire uidimus.

TEMPVS.

Aprili atque interdum Maio menſe floret, dum ſcilicet cuculi uox primùm exauditur, atqꝫ hinc Cuculi panem dictam eſſe puto, ut dictum eſt antea. Obſeruatũ autem eſt à nobis, atque adeo multorum aliorum experientia cognitũ, quod eius herbæ copioſi flores, crebras illius anni pluuias, & aquarum inundationes certò portendant: pauci contrà ſiccitatem.

B

TEMPERAMENTVM.

Quum acidum in guſtu ſaporem præ ſe ferat, idem cum Oxalide habere temperamentum, frigidum nempe & ſiccum, euidentiſsimum eſt.

VIRES. EX PLINIO.

Datur ad ſtomachum diſſolutum: edunt & qui enterocœlen habent.

EX RECENTIORIBVS.

Vlceribus, uulneribus & fiſtulis, potiſsimum autem oris, medetur. Sitim arcet, & ut ſummatim dicam, eaſdem quas Oxalis, acetoſam noſtri nominant, facultates obtinet.

DE OPHRI. CAP. CCXIII.

NOMINA.

PHRIN hanc herbam nominare placuit, quod inuenerim plantã binis duntaxat folijs conſtantem hac appellatione inſigniri. Germanicum nomen nullum extorquere potuimus: neque enim ea eſt quæ Durchwachs/ hoc eſt, Perfoliata uocatur, ideoꝗ hanc à geminis folijs Zweyblatt nominauimus.

Ophris.

FORMA.

Caulem à radice ſingularem ac rotundũ emittit, per bina quæ tantum habet folia penetrantem, à cuius medio ad ſummum uſque calyculi multi ſunt, & in his ueluti linguæ diſſectæ nutantes floſculi. Radix uerò illi ſubeſt tenuis, adnaſcentes ſibi radiculas multas, obliquas & odoratas obtinens.

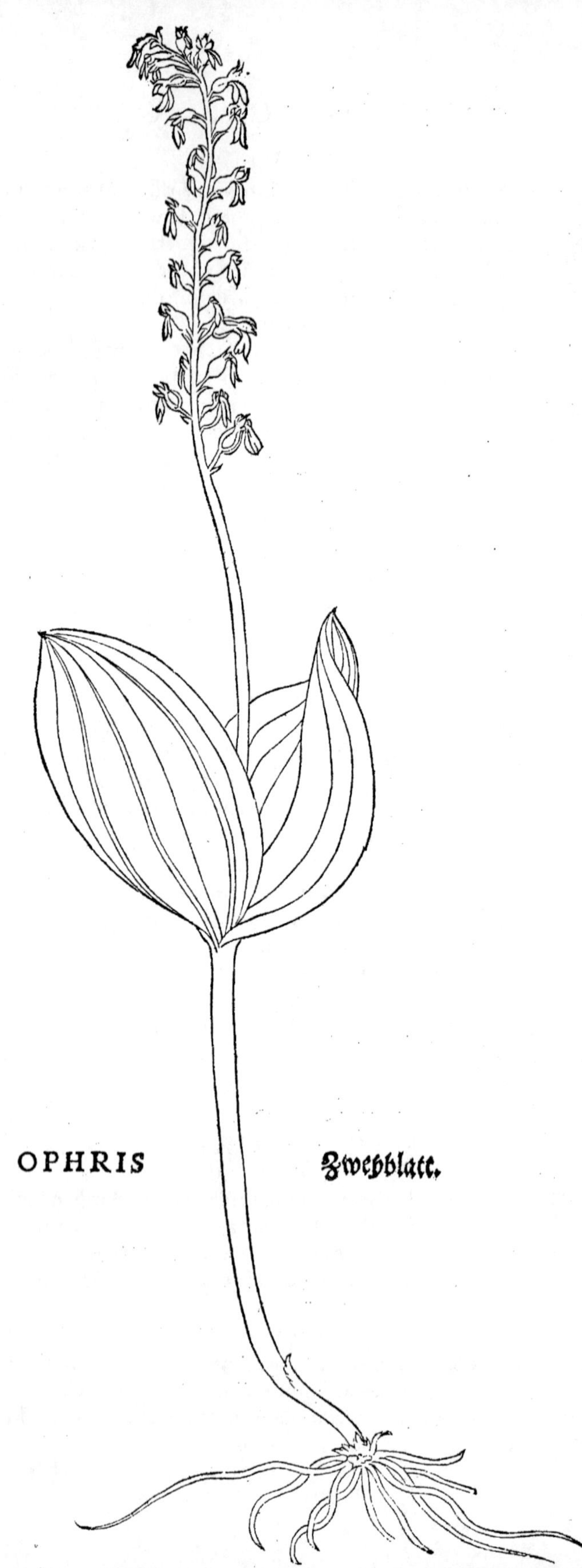

OPHRIS Zweyblatt.

A

LOCVS.

Naſcitur in montibus, & nullibi maiori copia quàm Tubingæ in pede montis Auſtriaci prouenit.

TEMPVS.

Maio & Iunio menſibus floret, dein ſtatim euaneſcit. Quapropter hoc potiſsimum tempore colligenda.

TEMPERAMENTVM.

Guſtanti glutinoſa eſſe apparet, & quodammodo dulcis, ideoq́ calidam & ſiccam eſſe conijcere licebit.

VIRES.

Iuxta dictarum qualitatum miſtionem contrahendi & conſtringendi facultate præditam eſſe nemini non conſtat. Hinc eſt quod ad rupta, & uulnera cōglutinanda hac herba cōmodè utantur recentiores.

DE ORMINO. CAP. CCXIIII.

NOMINA.

ORMINON Græcis, Orminum & Geminalis Latinis, Gallitricum officinis, Germanis Scharlach appellatur. Orminon autem Græcis haud dubiè dictum eſt, quia Venerem extimulat. *Gallitricum. Orminon cur dictum.*

GENERA.

Ormini duo ſunt genera. Vnum ſatiuum, quod Gallitricum ſimpliciter nominant, & germanicè Scharlach. Alterum ſylueſtre, quod alio nomine Saluiam ſylueſtrem herbarij uocant, Germani wilden Scharlach / oder wilde Salbey. *Saluia ſylueſtris.*

FORMA.

B Orminum ſatiuum herba eſt folijs Marrubio ſimilis, caule quadrangulo, ſemicubitali, circa quem eminentiæ ſiliquis ſimiles prodeunt, ad radicem uerſus nutantes, in quibus ſemen eſt. Ex qua deliniatione abundè liquet herbã quam hodie Gallitricum uocant eſſe Orminum ſatiuum: hæc enim folijs Marrubio ſimilis eſt, niſi quod ſunt maiora & mirificè odorata: caule ſemicubitali, quadrangulo, ab imo rufeſcente, calyculis circa caulem ſiliquarum effigie prominentibus, & ad radicem deorſum ſpectantibus, in quibus ſemen nigrum & oblongũ includitur: floſculis in candido purpureis, aut in dilutum ruborem inclinatis. Sylueſtre priori non admodũ diſsimile eſt, folijs ſatis ad Saluiam accedentibus, rugoſaq́ aſperitate præditis: caule ſeſquipedali, leniter hirſuto, in quadrangulum ſtriato: floribus è cœruleo in purpureum uergentibus, ad aquilini roſtri effigiem falcatis, calyculis pluribus in terram inclinatis, in quibus ad ſummum quatuor ſemina, parua, rotunda & fulueſcentia reperiuntur. *Orminum ſatiuum. Sylueſtre.*

LOCVS.

Satiuum nuſquam non in hortis ſatum prouenit. Sylueſtre autem paſsim omnia prata exornat, ſuaq́ ſponte in ijs naſcitur.

TEMPVS.

Vtrunque Iunio menſe floribus & ſemine prægnans eſt.

TEMPERAMENTVM.

Orminum calidum & mediocriter ſiccum eſt, id quod amaritudo atque adſtrictio in guſtu ſatis monſtrant.

VIRES. EX DIOSCORIDE.

Creditur ſemen ſatiui cum uino potum Venerẽ ſtimulare. Cum melle argema & oculorum albugines purgat. Illitum cum aqua œdemata diſcutit. Surculos extrahit. Herba ipſa illita eadem poteſt. Sylueſtre uehementiorem facultatem habet, quare unguentis miſcetur.

ORMINVM
SATIVVM.

Scharlach.

ORMINVM SYLVESTRE.

Wilder Scharlach.

C

EX PAVLO.

Orminon Venerem stimulat, oculorum crassities cum melle repurgat, œdemata discutit, & extrahit aculeos. Syluestre domestico est ualentius.

EX PLINIO.

Semen ad Venerem stimulandam, & ad oculorum argema & albugines ualet. Vtroque genere tuso extrahuntur aculei ex corpore, per se illito ex aqua. Folia ex aceto imposita, panos per se uel cum melle discutiunt. Item furunculos, priusquã capita faciant, omnesq; acrimonias.

EX RECENTIORIBVS.

Recentiores etiam easdem facultates suo Gallitrico attribuunt: potissimum autem conferre ad albugines & oculorũ caliginem tradunt, ut hinc etiam colligi possit, herbam hanc Orminon esse Dioscoridis.

DE OROBO. CAP. CCXV.

NOMINA.

ΟΡΟΒΟΣ Græcis, Eruum Latinis dicitur. Officinæ græcam appellationem retinuerunt. Germanis Eruen / ad imitationem latini nominis, appellari possunt.

GENERA.

Duo sunt genera Erui: unum enim candidum, alterum autem rufum inuenitur. Nec inter se nisi floribus & radicibus differunt, quemadmodũ pictura affabre monstrat. Rufum uerò syluestre est, suaq; sponte in aruis, & inter dumeta prouenit.

FORMA.

D Exiguus frutex est, tenuis, angustis folijs, floribus uel candidis, uel in candido cœruleis aut puniceis, seminibus in siliquis sine septo cylindraceis, quemadmodũ pisa, se inuicem tangentibus.

LOCVS.

Lætatur loco macro, non humido, quia plerunque luxuria corrumpitur.

TEMPVS.

Floret Iunio & Iulio mensibus, ijsdemq; semina profert.

TEMPERAMENTVM.

Desiccat quidem Eruum excessu secundo intenso, calefacit uerò primo.

VIRES. EX DIOSCORIDE.

Capitis grauitatẽ facit Eruum, uentrem turbat, sanguinemq; per urinã ducit si comedatur. Coctum tamen appositũ boues saginat. Farina eius bonam facit aluũ, urinam cit, corporis colorem cõmendat. Frequentior in esu aut potu sanguinẽ cum torminibus per aluum & uesicam ducit. Vlcera cum melle purgat, & lentigines, & aspredinẽ cutis in facie, eiusdemq; maculas & reliquũ corpus. Nomas, gangrenasq; cohibet, & mammarũ duritias emollit. Fera ulcera, carbunculos, fauosq; rumpit. In uino macerata canum, hominũ, uiperarumq; morsus illita sanat. Cum aceto autem difficultates urinę, tormina & tenesmos lenit. Prodest etiã ijs qui cibo non nutriuntur, nucis magnitudine frixa & cum melle sumpta. Decoctum eius fouendo perniones, & in corpore pruritus sanat.

EX GALENO.

Orobus quatenus amaritudinis est particeps, eatenus incidit, extergit, atq; obstructiones expedit. Cæterũ si sumatur copiose, sanguinẽ per urinas euocat. Hominum cibis prorsus hoc semen damnat: est enim & insuauissimũ & praui succi. Eruo autem instar lupini præparato ex melle utimur, ut medicamento crassos pulmonis thoracisq; humores expurgante. Candidum minus est medicamentosum, quàm id quod ad flauum aut pallidum colorem tendit.

DE OROBO.

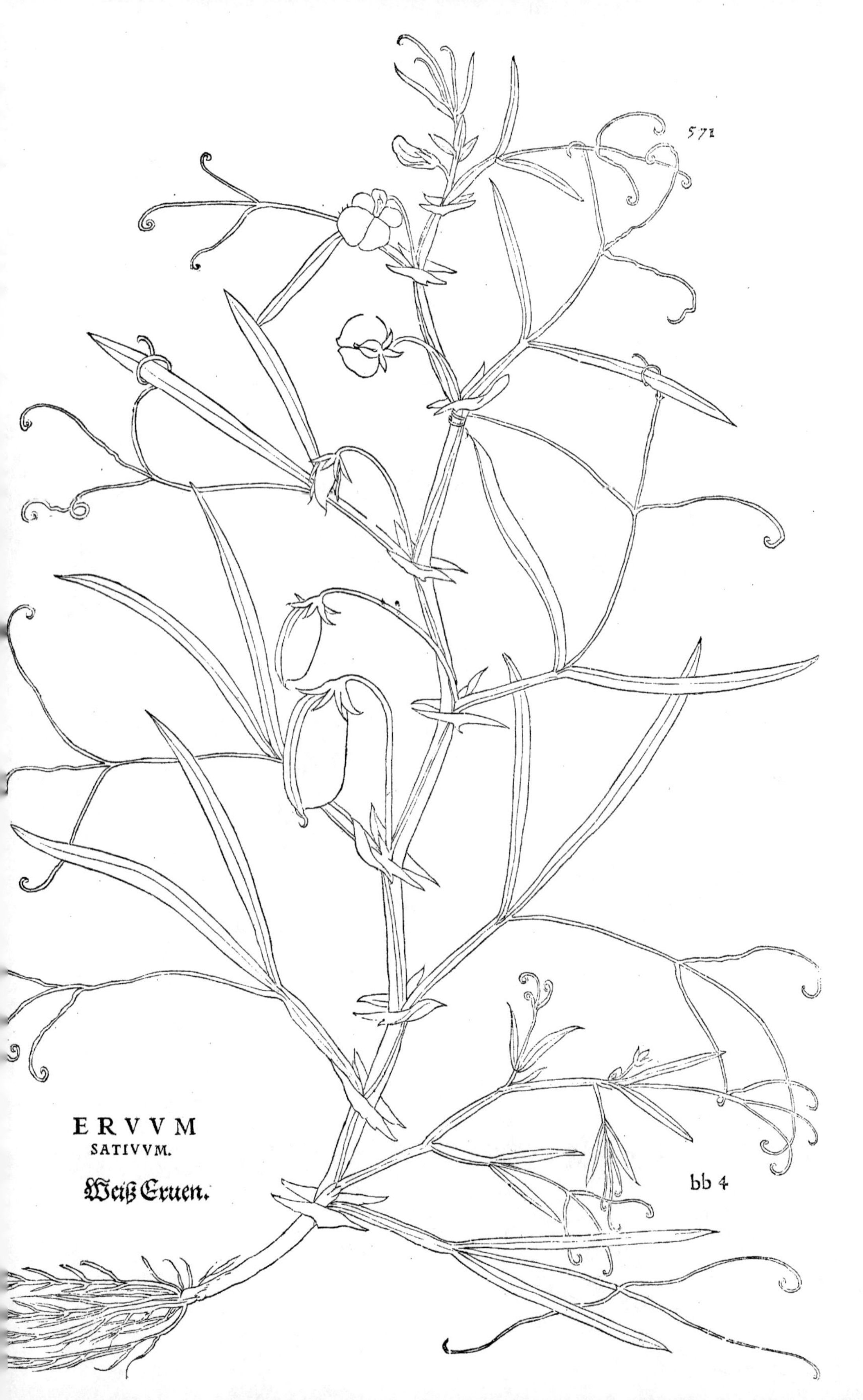

ERVVM
SATIVVM.

Weiß Eruen.

ERVVM
SATIVVM.
Rot oder wild Eruen.

A

NOMINA.

ΟΡΕΟΣΕΛΙΝΟΝ, ἢ πετροσέλινον ἄγριον Græcis, Syluestre Petroselinum, & Apium montanū Latinis, officinis & barbaram sectantibus medicinā Petroselinum dicitur. Id quod hinc accidisse puto, quod linguæ græcæ inscitia, Oreoselinum dictionem in Petroselinum mutauerint: uel quia simpliciter enunciauerint quod cum adiectione nominandum erat Petroselinū syluestre, ad differentiā nimirum Macedonici, quod uerè est Petroselinum ueterum. Germani Petersilgen uocant. Nos teutsch Petersilgen/oder Peterlin nominauimus, ut discerneretur à Macedonico, de quo suo dicemus loco.

Apiū montanū. *Petroselinū officinarum.* *Petroselinum syluestre.*

FORMA.

Caulem habet unum dodrantalem à radice tenui exeuntem, circa quem ramuli & capitula Cicutæ similia, multò tamen tenuiora. In his semen oblongum, acre, tenue, odoratū, Cumino simile. Ex qua sanè descriptione sole clarius apparet, Petroselinum officinarum esse Oreoselinum ueterum: caule enim uno prouenit dodrantali ex radice pertenui, qui per ambitum ramulos spargit capitulis Cicutæ, tametsi multò tenuioribus: in ijs semen, acrimoniā gustu præferens, odoratum, tenue, Cumino proximum. Neque obstat quod in plerisque exemplaribus Dioscoridis capitulorum Papaueris fiat mentio: error enim haud exiguus subest, quod scilicet non μηκωνίῳ παρεμφερῆ, hoc est, Papaueri similia, sed κωνείῳ, id est, Cicutæ legendum sit. Id quod in primis confirmant ea quæ scribit Plinius libro xix. capite octauo, in hunc modum: Oreoselinum est Cicutæ folijs, radice tenui, semine Anethi, minutiore tamen. Quod si tamen hæc sententia minus arriserit, nihil moror quin dicas Petroselinum germanicum, cum forma parum admodum à uero Petroselino distet, ut palàm fit utriusque picturas intuenti.

Dioscoridis locus emendatur.

LOCVS.

B Nascitur in locis petrosis & montanis, unde etiam nomen accepit. In Germania uerò nostra in hortis passim plantatur.

TEMPVS.

Iunio & Iulio mense floribus & semine prægnans est.

TEMPERAMENTVM.

Calidum est in secundo gradu extenso, siccum uerò in medio tertij.

VIRES. EX DIOSCORIDE.

Semen & radix in uino pota urinam cient. Menses etiam ducunt. Miscetur antidotis, necnon medicamentis urinam cientibus & excalfacientibus. Non hallucinari nos oportet, existimantes Oreoselinum esse quod in petris prouenit: aliud enim ab hoc est Petroselinum.

APPENDIX.

Vtcunque autem diligenter hoc monuerit Dioscorides, tamen cauere non potuit quin posteritas medicorum Oreoselinum esse Petroselinum certò crediderit.

EX GALENO.

Oreoselini similis Apio uis est.

EX PLINIO.

Oreoselinum urinæ & menstruis efficax. Eo etiam purgantur fœminæ è uino.

DE OIS.

OREOSELINVM

Teutsch Petersilg.

A

NOMINA.

H Græcis, Sorbus Latinis, est arbor cuius fructus Græcis ὄα καὶ οὖα, Ga- *Sorbus.*
leno teste, Latinis uerò Sorba appellantur. Officinæ latinam nomen- *Sorba.*
claturam retinuerunt. Germanis Speierling/ uel Sporöpffel corrupta puto uoce pro Sorböpffel nominantur. Vel sic ab austeritate uocata sunt, quasi mâla austera.

GENERA.

Sorborum duo genera tradit Theophrastus lib. iij. de historia stirpium, cap. xij. *Duo sunt genera*
fœminam fructiferam, & masculam sterilem. Differre quoque fructibus idem scri- *Sorborū Theo-*
bit, quod aliæ orbiculatum, aliæ ouatum ferant. Fructus autem orbiculati dulcio- *phrasto.*
res sentiuntur, ouati sæpenumero acidi, minusq́ odorati. Plinius lib. xv. cap. xxi. *Plinius quatuor*
in Sorbo quatuor differentias Latinos nosse memoriæ prodidit: alijs enim eorum, *differentias Sor-*
ait, rotunditas mâli est, alijs turbinatio pyri, alijs ouata species ceu mâlorum. Quar *borum ponit.*
tum genus torminale appellant. Nos picturam eius generis damus, quod turbina-
tum pyri instar fructum ædit, qui Germanis Spörbirn/ corrupta uoce pro Sorb
birn/ aut quasi austerum pyrum dicitur.

FORMA.

Sorbus arbor est procera, recto caudice, cortice leui, pinguiusculo, colore ad flauum albicante, cuius folia pediculo singulari, prolixo, neruaceoq́, in uersus condita, alæ modo à lateribus exeuntia, tanquam ex omnibus unum fiat, ad neruum usque laciniatum, uerum ampliusculo interuallo distantia. Omnibus ramulis in extremo pediculi folium impar prominet, cuius accessione impar numerus efficitur.
Figura laurum tenuifoliam imitantur, uerum ambitu serrata, breuioraq́ sunt, nec
B in extremum acutum mucronata, sed in rotundius orbiculata. Flos racematim singulari petiolo, è multis minutis & candidis constans. Fructus uel orbiculatus, ut di
ctum est, uel ouatus, uel pyri instar turbinatus. Radices haud multas, nec altè de-
scendentes, ualidas tamen & crassas & incorruptibiles agit.

LOCVS.

Loca amat humida, montana & frigida, eodem Theophrasto autore.

TEMPVS.

Autumno fructus suos Sorbus ostentat.

TEMPERAMENTVM.

Adstringentē obtinet qualitatem Sorbus, sed multò imbecilliorem q̃ Mespilus.

VIRES. EX DIOSCORIDE.

Sorba mâlorum colorem referentia, necdum maturescentia, dissecta & in sole sic
cata, cum manduntur aluum sistunt. Farina eorum cum mola teritur, polentæ loco in eundem usum sumitur. Potest idem & decoctum eorum.

EX GALENO.

Sorba quidem adstringunt, sed multò fortius Mespila quàm Sorba. Quamobrem aluo fluenti in cibo accōmodatissimè exhibentur. Sorba maiori cum uoluptate sumuntur: prorsus enim initio nihil acerbi uti Mespila habent, sed succus eorum
citra acerbitatē duntaxat austerus est. Illud porrò neminem puto latêre, hæc omnia
parcè, non largè ut ficus, uuasq́ esse comedenda. Nequaquam enim eis
ut cibis, sed magis ut medicamentis egemus.

DE OPHIO-

SORBVM OVATVM.

Speierling.

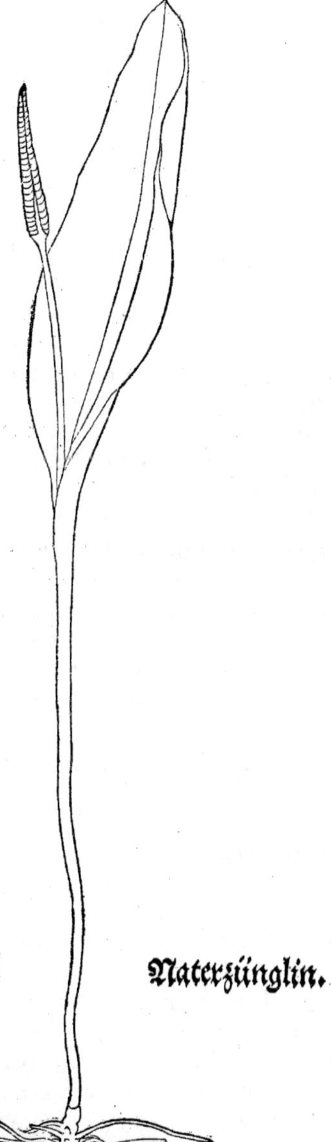

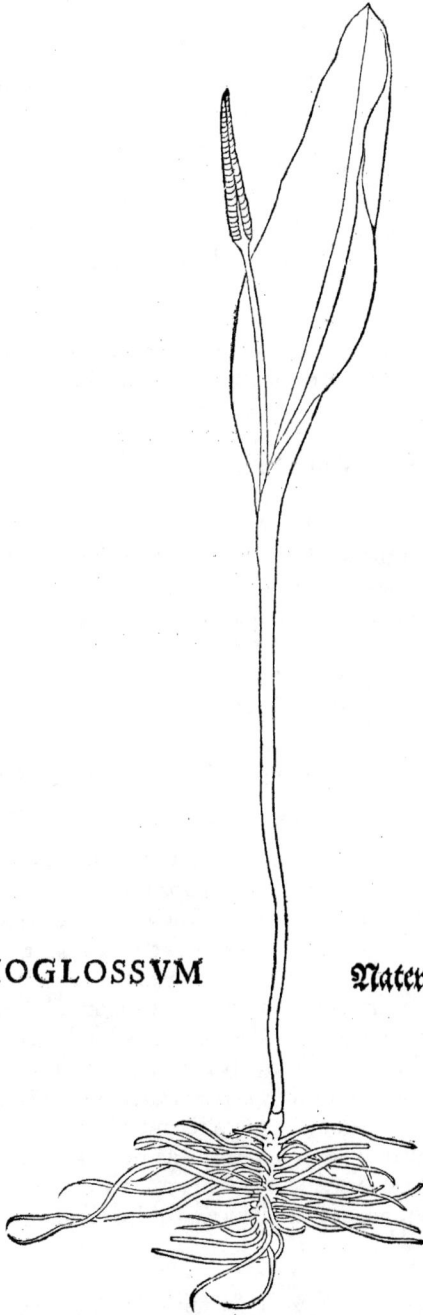

OPHIOGLOSSVM Naterzünglin.

DE OPHIOGLOSSO. CAP. CCXVIII.

C

NOMINA.

ὀφιόγλωσσον cur dicta.

HERBA hæc appositissima uoce græcè ὀφιόγλωσσον appellari potest, non quod sic eam ueteres aut recentiores greci nominauerint, sed quod cum germanica nomenclatura optimè quadret. Neque enim certò constat an Græcis, & sub quo nomine herba illa cognita fuerit. Quapropter ut nouam ei inderemus appellationē necessum erat: meliorem uerò hac ipsa quam retulimus, inuenire haud potuimus. Latinè Ophioglossum, aut lingua serpentina dici potest: germanicè enim Naterzünglin uocatur, à forma & figura quam refert. E singulis nanque folijs singulari pediculo prodit, quod ligulam serpentis forma sua referre uidetur, ut pictura affabrè monstrat.

Lingua serpentina.

FORMA.

Folium unicū obtinet pingue, digiti longitudine, Plantagini aquaticæ uocatæ haud dissimile, è cuius sinu inferiore pediculus exit, cui quippiam herbacei coloris insidet, quod serpentinæ linguæ uocati lapilli similitudinē refert.

LOCVS.

Copiose in monte prope Tubingā Austriaco nominato prouenit. Amat & alia prata in montanis sita.

TEMPVS.

Maio mense reperitur, subinde autem euanescit, ac nusquam apparet.

TEMPERAMENTVM.

Citra caliditatem insignem exiccat, id quod gustus satis docet.

VIRES.

Vulneraria est herba, maligna siquidē & curatu difficilia uulnera sanat. Tumo-
D res etiam discutit, & ferè Symphyti facultates obtinet.

DE XANTHIO. CAP. CCXIX.

NOMINA.

ΞΑΝΘΙΟΝ, ἢ φάσγανον græcè, Xanthium latinè nominatur. Ab herbarijs nostræ tempestatis Lappa minor & Lappa inuersa uocatur. Germanicè Bettlersleuß / oder Bübenleuß. Xanthion dictum, quod ξανθὰς, hoc est, flauos capillos faciat.

Lappa inuersa.

Xanthion unde dictum.

FORMA.

Caulem habet cubitalem, pinguem, angulosum, & in ipso alas multas. Folia Atriplici similia, incisuras habentia, odore Nasturtij. Fructū rotundū ceu grandem oliuam, aculeatum ut Platani pila, contactu uestibus adhærentē. Ex qua quidem deliniatione nemo non uidet herbam cuius picturā damus esse Xanthion, quod illi omnes notæ ad amusim respondeant. Caule enim est cubitali, pingui, anguloso, crebras fundente alas, folijs Atriplicis incisuras habentibus, Nasturtium manifestissimè olentibus, fructu magnæ oliuæ modo rotundo, ut Platani pila spinoso, contactu uestes apprehendente. Nucleus qui in echinata pilula clauditur à pueris estur dulci & grato cibo.

LOCVS.

Nascitur lætis & pinguibus locis, & lacubus paludibúsue exiccatis.

TEMPVS.

Fructus Autumno maturescit, quo sanè tempore colligi debet.

TEMPERAMENTVM.

Cum discutiendi uires habeat, facilè colligitur temperamento esse calido & sicco præditum, id quod ex sapore etiam, qui est amarus & subacris, deprehendi potest.

VIRES.

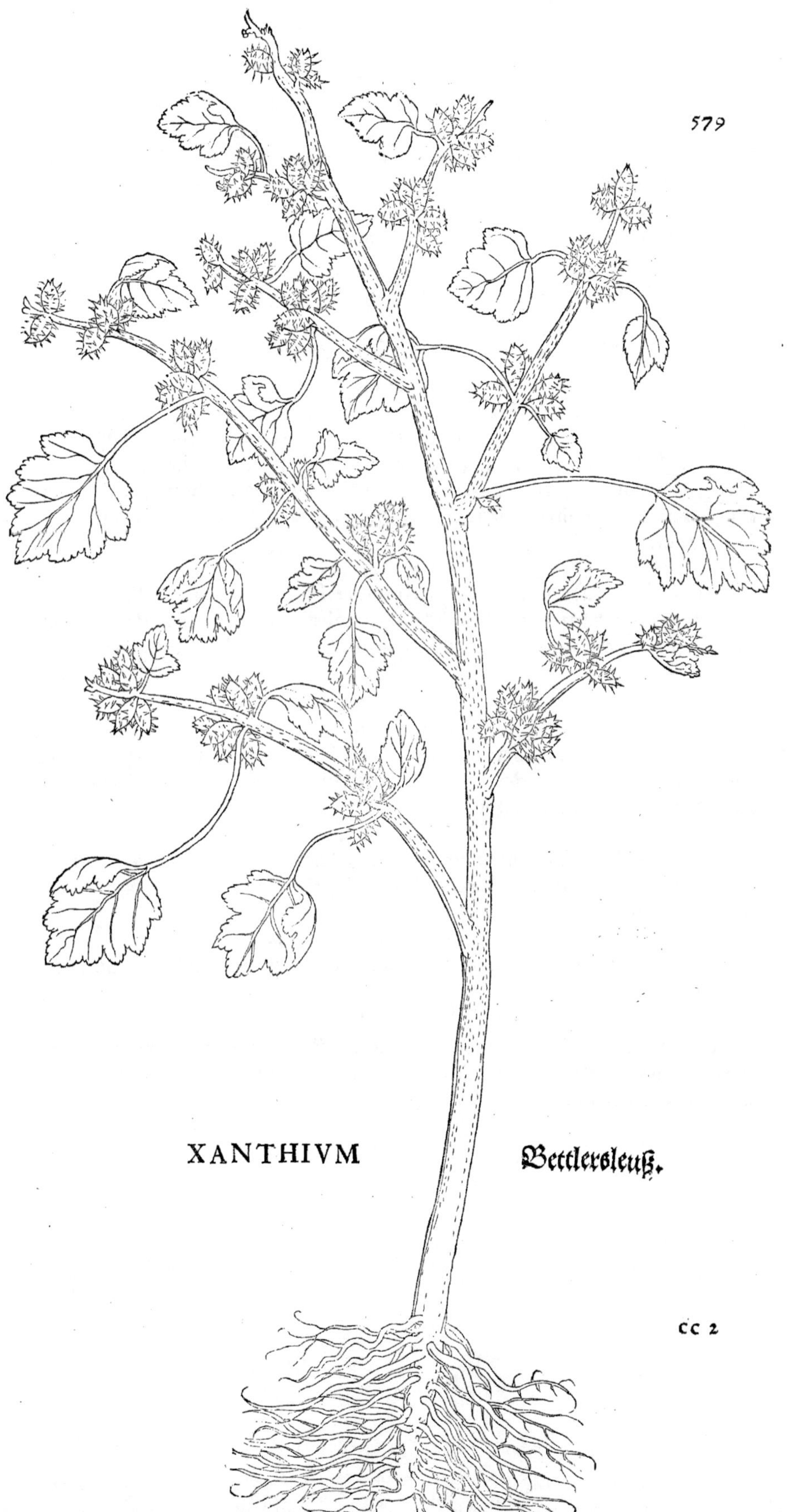

XANTHIVM

Bettlerßleuß.

C VIRES. EX DIOSCORIDE.

Potest fructus antequam penitus inarescat collectus, tusus, & in fictili uase reconditus, capillos flauos reddere, si quis cum usus exigit tryblij pondus ex eo sumens, tepidaq́ue aqua madefaciens, nitro prius capite præparato illinat. Alij cū uino tusum ipsum reponunt. Fructus etiam cōmodè tumoribus illinitur.

EX GALENO.

Xanthion uocatur etiam Phasganion. Fructus discutiendi facultatē obtinet.

DE XYLO. CAP. CCXX.

NOMINA.

Goßipion. Cotum. Cotonium. Cotonum. Xylinæ uestes. Lana lignea.

XYLON & Gossipium Plinio & alijs Latinis dicitur. Græci, quod sciam, eius nusquam meminerunt. Barbaris ac Arabibus Cotum & Bombax seu Bombasum, Germanis Baumwoll appellatur. Linum eius cotonium uulgò uocatur, sicut lanugo ipsa cotonū. Ab huius generis planta uestes xylinæ, & lina xylina nominata sunt. Iurisconsulti lanam hanc ligneam nuncupant.

FORMA.

Frutex est exiguus, folio uitium, sed minore, floribus luteis in medio purpurascentibus, fructu barbatæ nuci simili, lanugine pleno, quę netur in linum candidissimum, mollissimumq́ue. Nux autem ipsa cum hiascens fatiscit, lanuginis globos repræsentat.

LOCVS.

Superior pars Ægypti in Arabiam uergens, Plinio lib. xix. capite primo teste, D fruticem hunc gignit. In Creta etiam nascitur, & in Apulia, ac Maltha prope Siciliam insula. Nunc in Germaniæ nostræ hortis plantatur, ut plurima alia peregrina, nobis antea prorsus incognita.

TEMPVS.

Tam fertilis hic frutex est, ut simulatque adoleuit, quod duorum mensium spacio accidit, nunquam desinat florem & fructum proferre, donec asperitate & inclementia hyemis impediatur.

TEMPERAMENTVM.

Arabes, ut annotauit Serapion, fruticis huius lanuginem calidam & humidam esse statuunt.

VIRES EX ARABIBVS.

Foliorum succus medetur infantium alui profluuio atque torminibus. Semen tussi & thoracis uitijs. Oleo seminis emaculantur lentigines & faciei pustulæ. Semen etiam eius genitale semen procreat.

DE PARTHE-

XYLON
Baumwoll.

C

NOMINA.

ΠΑΡΘΕΝΙΟΝ, ἀμάρακον, χαμαίμηλον Græcis: Partheniũ, Amaracum, Solis oculus, Millefoliũ Latinis: Thuſcis Cauta, officinis & herbarijs Cotula fœtida dicitur. Germanis Krottendill / Hundßblům / wild Chamillen. Cæterum cogitabunt hoc loco ſtudioſi, Amaracum de quo nunc agimus diuerſum eſſe ab eo quem alio nomine Sampſychon Græci uocant, ut ſuo loco fuſius dicemus.

Cauta.
Cotula fœtida.

FORMA.

Folia Coriandro ſimilia habet tenuia. Flores per ambitũ candidos, in medio luteos, odore graui & ſubuiroſo, guſtuq; amaro. Hæc Dioſcoridis deſcriptio pulchrè & per omnia herbæ illi quæ hodie uulgò Cotula fœtida nominatur, reſpondet. Siquidem ea folijs eſt Coriandri tenuibus, flore per ambitum albo, intus luteo, odore graui, & ſapore amaro. Folijs autem Coriandri, non quidem iam erumpentis & paulò antè enati, necdum matureſcentis, quæ ſunt quadantenus lata & ſubrotunda, atque in extremitatibus inciſa: ſed maturi, cuius quidem in alto folia ad Chamæmeli aut Fœniculi foliorum formam accedunt, capillataq; ſunt, conſtare ſcias. Sic enim utriuſque folia ſimilia ſunt, ut Coriandrum Parthenij, & rurſus Parthenium Coriandri prorſus referre folia uideatur. Quod ut diſertè innueret Dioſcorides, φύλλα λεπτὰ, id eſt, folia tenuia dixit, ut ſcilicet hac uoce latiora, quæ in infima ſunt Coriandri parte, ſecluderet. Quod autem de ijs folijs Dioſcorides locutus ſit, ex tractandi ordine abundè liquet. De tribus ſiquidem herbis, Chamæmelo, Parthenio & Buphthalmo, quæ ſanè inter ſe congeneres, atque folijs admodum ſimiles ſunt, ordine agit, quod nunquã feciſſet ſi nulla inter has ſimilitudo intercederet foliorum, adde etiam florum. Buphthalmũ tamen folijs ad Fœniculi formam propius quàm reliquæ duæ accedit. Sententiam hanc noſtram confirmat, quod aliqui Parthenium, ob ſimilitudinẽ quam habet cum Anthemide, Chamæmelon dixerint. Tam ſimilis enim eſt Chamæmelo, ut frequenter etiam ab imperitis pro illa carpatur. His accedit & hoc, quod ob foliorum tenuitatem nonnullis Millefolium appellatum ſit Parthenium, quod fieri minimè potuiſſet ſi ad latiora Coriandri folia Dioſcorides reſpexiſſet. Præterea eſſe Parthenium Cotulam, nomen quod illi Thuſci indiderunt ſatis declarat: Cautam enim appellauerunt, unde diminutiuũ Cautula deductum eſt, & tandem corrupta uoce Cotula. Fœtidam autem eſſe, grauis odor qui in ea omnium maximè ſentitur, euidenter declarat. Nequaquã itaq; ea eſſe herba poteſt, quam Matricariã uulgò uocant, ut Hermolaus, & alij multi docti uiri hunc ſequentes putant: quòd huius folia latiora ſint, quàm ut cum Chamæmeli, Buphthalmi aut Coriandri tenuibus folijs cõparari queant, tantum abeſt ut ſimilia ſint. Huc accedit, quod omnium maximè euertere uidetur aduerſariorũ ſententiam: nemo unquam ex recentioribus Matricariæ herbæ bilis & pituitæ per inferna tractricem facultatem tribuit, quam tamen Parthenio Dioſcorides, Paulus & alij ueteres aſsignant, ut etiam hoc nomine Parthenium non poſsit eſſe Matricaria herba dicta uulgò.

D

Cotula uox unde deducta.

Parthenium nõ eſt Matricaria.

LOCVS.

Naſcitur inter ſegetes & iuxta ſemitas, intermixta ferè ſemper Chamæmelo. In hortorum etiam ſepibus, Plinio teſte, prouenit.

TEMPVS.

Primo ſtatim uere, Maio potiſsimũ menſe, erumpit, ac totam æſtatem durat.

TEMPERAMENTVM.

Haud inſtrenuè, Galeno autore qui Amaracum uocat, calefacit, non autem uehementer deſiccat. Itaq; in caliditate tertij eſt ordinis, in ſiccitate uerò ſecundi.

VIRES.

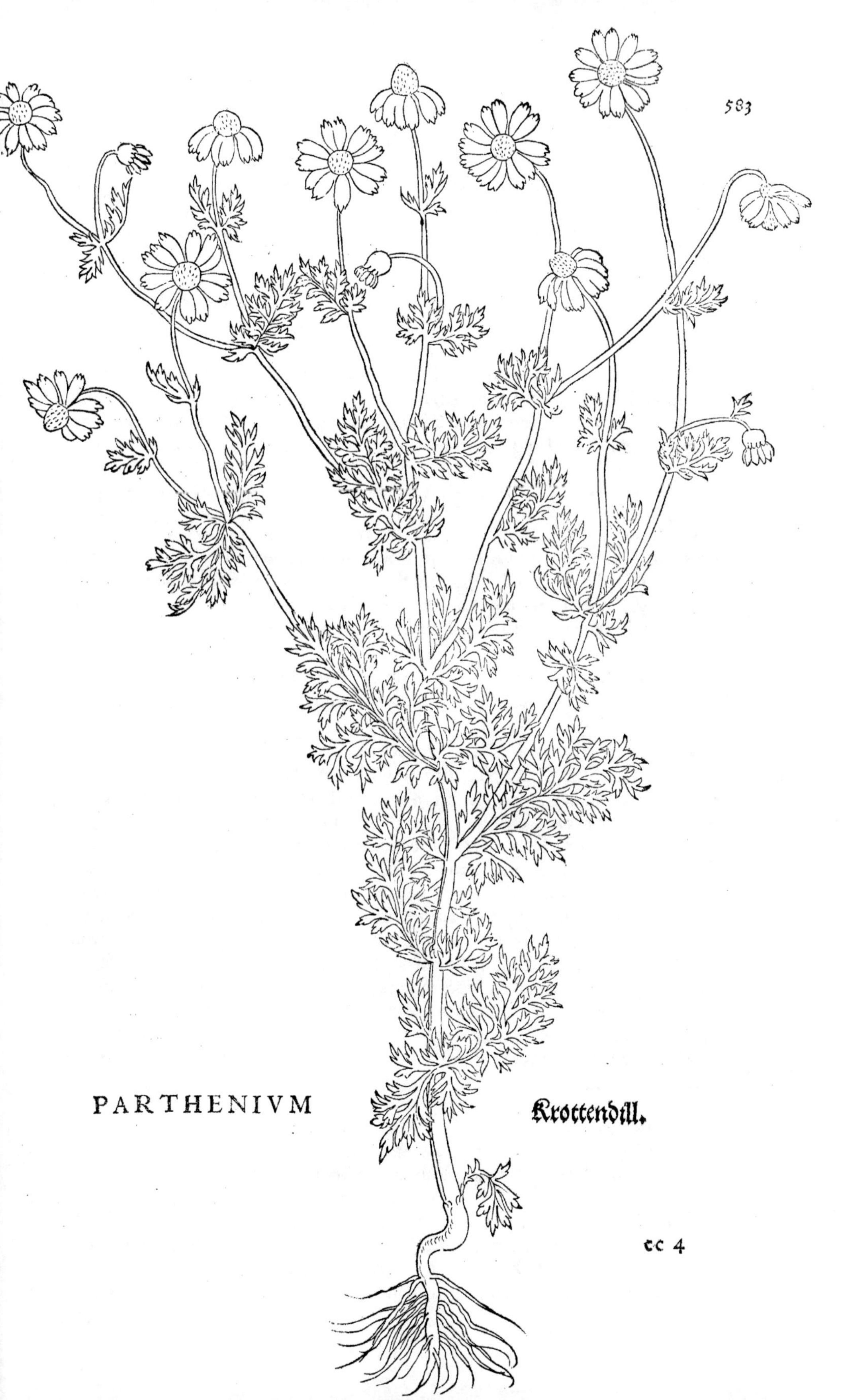

PARTHENIVM Krottendill.

C VIRES. EX DIOSCORIDE.

Sicca cum oxymelite, aut sale pota, non secus atque Epithymum bilem atram & pituitam per inferna ducit. Asthmaticis & melancholicis prodest. Herba ipsa floribus demptis à calculosis & asthmaticis utiliter bibitur. Decoctum eius ad insidendum prodest in uuluæ duritia & inflammatione. Illinitur cum floribus sacris ignibus, & inflammationi.

EX PAVLO.

Parthenium aridum in potu sumptum atram bilem per inferna deducit.

EX PLINIO.

Siccatum cum melle & aceto potum, bilem trahit atram. Ob hoc contra uertigines utilis & calculosis. Ad insidendum decoctũ in duritia uuluarum & inflammationibus. Illinitur & sacro igni, item strumis cum axungia inueterata. Magi contra tertianas sinistra manu euelli eam iubent, diciq́ cuius causa uellatur, nec respicere: dein eius folium ægri linguæ subijcere, ut mox in cyatho aquæ deuoretur.

Superstitiosum.

DE POLYGONATO. CAP. CCXXII.

NOMINA.

ΠΟΛΥΓΟΝΑΤΟΝ Græcis, Polygonatũ Latinis dicitur. Officinis, item herbarijs & uulgo, sigillum Salomonis, Germanis Weißwurtz/hoc est, radix alba nominatur. Polygonatũ autem à radice geniculorũ frequentibus nodis ex interuallis tumente appellauerunt.

Sigillum Salomonis. Polygonatum cur dictum.

GENERA.

Duo eius genera damus. Vnum uerum, latioribus folijs: alterum multò angu-
D stioribus, quemadmodũ pictura graphicè ostendit. A folijs utrique nomina sunt indita.

FORMA.

Frutex est cubito altior, folia lauro similia habens, latiora tamen & leuiora, sapore mâli cotoneæ aut punicæ: gustatum enim adstrictionẽ quandam resipit. Per singulos foliorum exortus candidos flores promit numero maiore quàm folia, supputatione à radice facta. Radicem habet candidã, mollem, longam, geniculis plenam, densam, graueolentem, digiti crassitudinẽ obtinentem. Iam si singulas Salomonij sigilli notas libeat prosequi, omnes, ne una quidem reclamante, adesse comperies. Nanque in montibus gignitur, frutice cubito proceriore, folijs lauri latioribus, & læuioribus, quæ gustata quendam mâli cotoneæ aut punicę saporem referant cum aliqua adstrictione. Flores per singulas foliorum eruptiones exiliunt candidi, qui folia numero longè superent, à radice ad cacumen supputata. Siquidem bini, terni, aut plures ab unoquoque foliorum sinu prodeunt. Radix illi candida, mollis, longa, crebris nodis articulata, densa, grauiter olens, digitali crassitudine. Floribus excussis baccæ pisi ferè magnitudine dependent, ex uiridi nigricantes, & in quendam ordinem digestæ.

Sigillum Salomonium.

LOCVS.

Nascitur in montibus.

TEMPVS.

Maio mense floret, quo etiam tempore carpi debet.

TEMPERAMENTVM.

Polygonatum mistam habet qualitatem. Est enim in eo adstrictionis pariter & acrimoniæ quippiam, necnon fastidiosæ cuiusdam amaritatis explicatu difficilis.

VIRES. EX DIOSCORIDE.

Radix illita uulneribus auxiliatur. Quinetiã uultus maculas delet & aufert.

EX GALE-

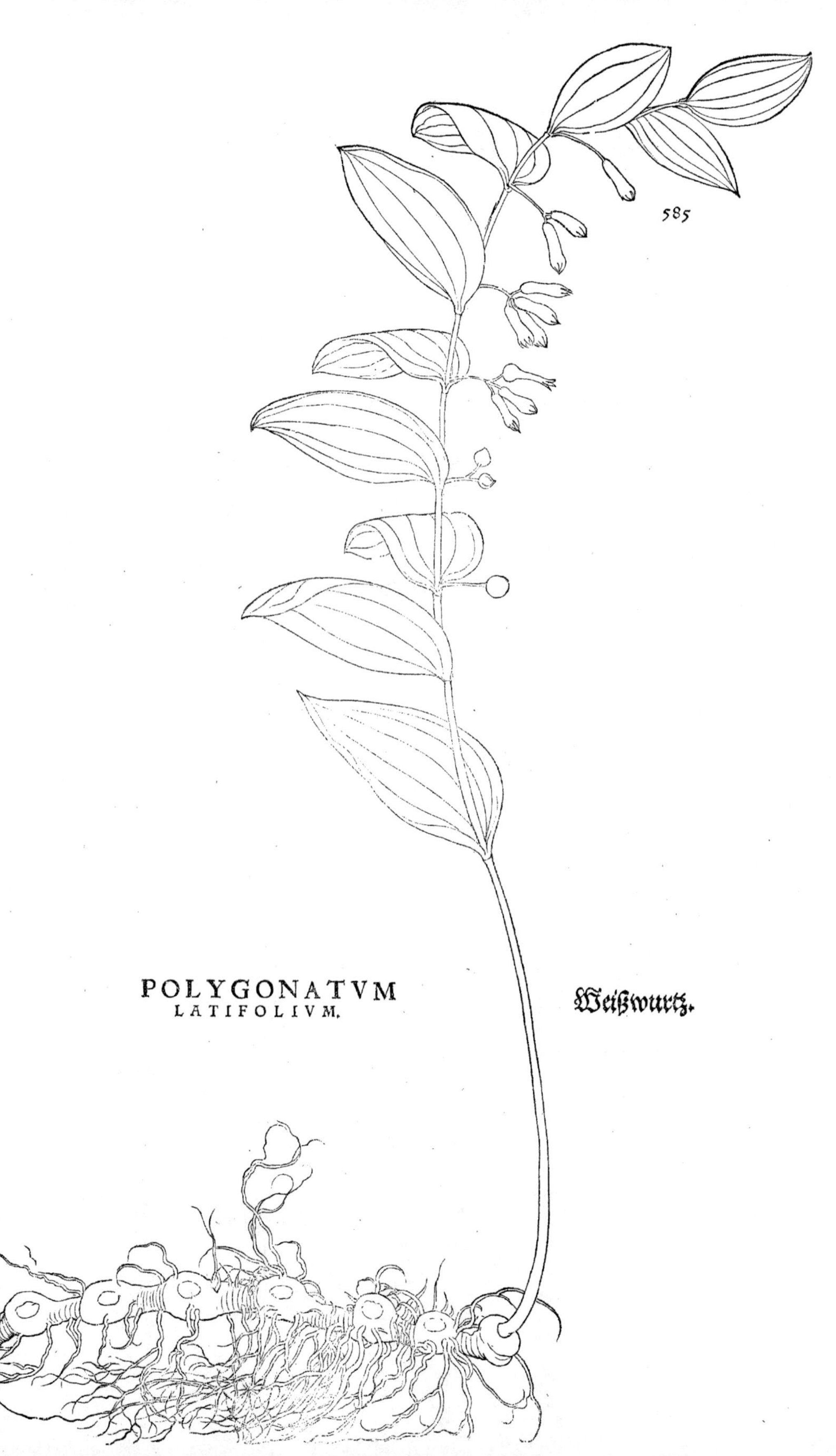

POLYGONATVM
LATIFOLIVM.

Weißwurtz.

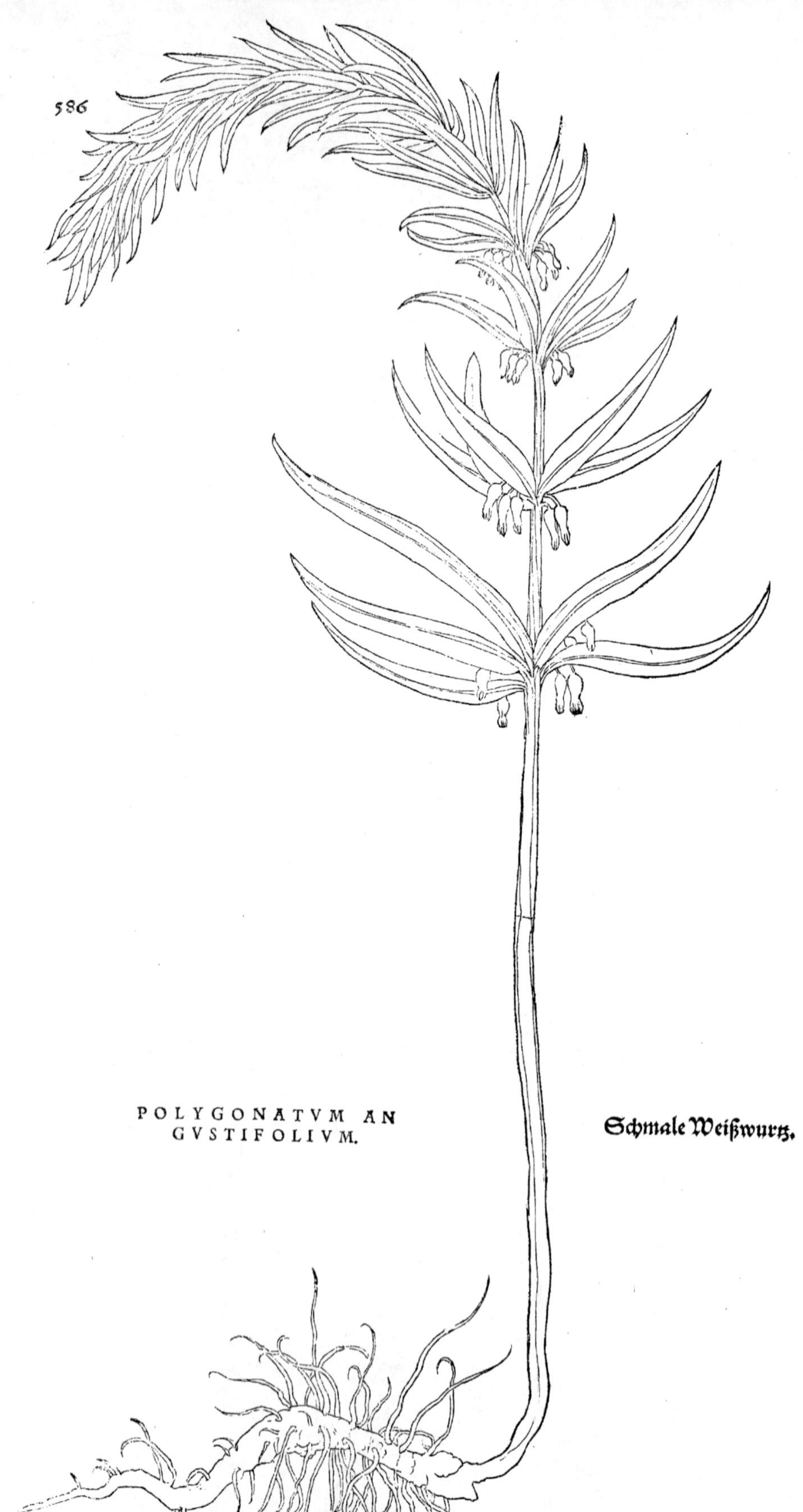

POLYGONATVM AN
GVSTIFOLIVM.

Schmale Weißwurtz.

A EX GALENO.

Radicem Polygonati quidam uulneribus illinunt. Sunt etiã qui illo næuos maculasq; in facie detergant.

APPENDIX.

Hodie quoq; mulieres sigillo Salomonis sibi faciem extergunt & fucant, ut planè nullum subsit dubium, quin Polygonatum esse constanter credamus.

DE POLYPODIO. CAP. CCXXIII.

NOMINA.

ΠΟΛΥΠΟΔΙΟΝ græcè, Polypodiũ, Filicula latinè, officinæ græcam appellationem retinuerunt, Germanicè Engelsüß/ Baumfarn/ Dropffwurtz uocatur. Polypodio nomen à radice quæ polyporum modo cirros obtinet inditum est. Filiculam autem Latini à similitudine foliorũ cum Filice nuncupauerunt.

Polypodium unde dictum.
Filicula.

FORMA.

Herba est palmi altitudine, Filici similis, subhirsuta, incisuris diuisa, non tamen adeò tenuibus. Radix illi est hirsuta, cirros polyporum modo habens, minimi digiti crassitudine. Derasa hæc intus uiridis est, acerba, gustu subdulcis. Parte auersa folia fuluis maculis notata, sine semine.

LOCVS.

Gignitur in muscosis petris, & in agrestibus quercuum truncis.

TEMPVS.

Radix in fine Augusti carpenda.

B TEMPERAMENTVM.

Polypodium dulcem simul & austeram habet uincentem qualitatẽ, ut facultatis sit admodum desiccantis, citra morsum tamen.

VIRES. EX DIOSCORIDE.

Purgandi uim obtinet. Coquitur autem cum gallina, aut piscibus, aut Beta, aut Malua ad purgationem. Arida aquæ mulsæ inspersa, bilem & pituitam ducit. Radix trita & illita luxatis confert, & ad fissuras quæ inter digitos sunt.

EX PAVLO.

Polypodiũ exiccat admodum citra morsum, & potum per inferna purgat.

EX PLINIO.

Radix in usu. Exprimitur succus aqua madefacta, & ipsa concisa inspergitur oleri, & Betæ, & Maluæ, uel salsamento, uel cum pulticula coquitur ad aluum leniter soluendam, uel in febri. Detrahit bilem & pituitam. Stomachum offendit. Aridæ farina indita naribus Polypum consumit. Illita luxatis medetur.

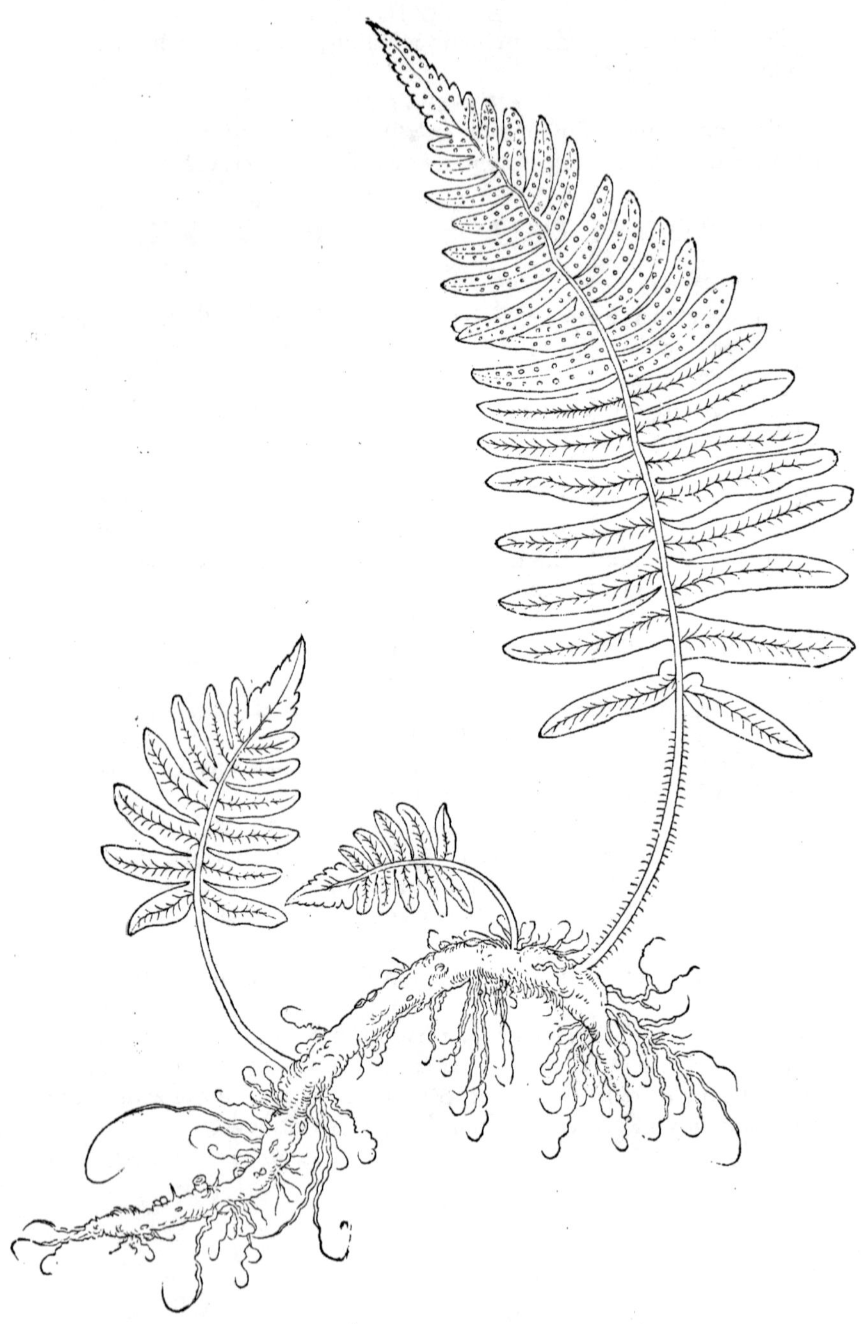

POLYPODIVM Engelsüß.

A

NOMINA.

Πράσιον Græcis, Marrubiũ Latinis, Prasium officinis uocatur. Germanis Andorn das weiblin/weiß Andorn/Marobel/Gottßvergeß. Marrubium. Prassium.

FORMA.

Frutex est ab una radice ramosus, subhirsutus, albicans, uirgis quadrangulis. Folium pollici æquale, subrotundũ, hirsutũ, rugosum, gustu amarũ. Semen per interualla in caulibus est. Flores asperi uerticillorũ figura. Hæc deliniatio adamussim Marrubio hodie dicto respondet. Siquidem singulari radice, angulosis ramulis fruticat, lanuginosum: folijs ferè orbiculatis, pollicis magnitudine, incanis, hirtis, amaris, lacteo flore, uerticillato cinctu caulem ex interuallo amplectente, cui succrescit teres & asperum semen. Marrubium.

LOCVS.

Nascitur circa domicilia collapsa, & inter rudera.

TEMPVS.

Colligitur herba in æstate, Iulio potissimũ mense, dum semine est prægnans.

TEMPERAMENTVM.

Marrubiũ in caliditate quidem secundi ordinis iam completi est, in siccitate uerò tertij medij aut completi.

VIRES. EX DIOSCORIDE.

Huius folia arida cum semine decocta in aqua, aut uiridium expressus succus, datur cum melle asthmaticis, tussientibus & tabidis. Crassa è thorace cum iride sicca ducunt. Datur mulieribus quæ non purgantur, ut menstrua & secundas pellant. Item difficilè parientibus, his qui à serpentibus morsi sunt, & qui letale quid biberunt. Vesicæ tamen & renibus nocent. Folia cũ melle illita sordida ulcera purgant,
B pterygia nomasq; cohibent. Dolores laterum mitigant. Ad eadem pollet ex folijs contusis expressus succus & sole coactus. Cum uino & melle illitus, oculorum claritatem exacuit. Morbũ regium per nares expurgat. Aurium doloribus per se, aut cum rosaceo instillatus prodest.

EX GALENO.

Prasium ut gustu amarum est, ita si quis utatur consentientẽ huic sapori actionẽ habet, iecur ac lienem obstructione liberans, & thoracem pulmonemq; expurgans, ac menses promouens. Sed & illitum detergit ac discutit. Succo eius cum melle ad aciei oculorum claritatem utuntur. Quinetiam & per nares morbum regium purgant, & ad aurium dolores inueteratos adhibent, in quibus utique obstructionem disijcere, meatumq; ipsum & explantationes membranarũ expurgare necesse est.

EX PLINIO.

Huius folia semenq; contrita prosunt contra serpentes, pectorum & lateris dolores, tussim ueterẽ. Iis qui sanguinẽ eijciunt eximiè utile, scapis eius cum panico aqua decoctis, ut asperitas succi mitigetur. Imponitur strumis cum adipe. Sunt qui uiridis semen, quantum duobus digitis capiant, cum farris pugillo decoctũ, addito exiguo olei & salis, sorbere ieiunos ad tussim iubeant. Alij nihil cõparant. In eadẽ causa Marrubij & Fœniculi succis ad sextarios ternos expressis, decoctisq; ad sextarios duos, si cochlearij mensura in die sorbeatur in aquæ cyatho. Virilium uitijs tusum cum melle mirè prodest. Lichenas purgat ex aceto. Ruptis, conuulsis, neruorum contractionibus salutare. Potum aluum soluit cum sale & aceto. Item menstrua & secundas mulierũ. Arida farina cum melle ad tussim siccam efficacissima est. Item ad gangrenas & pterygia. Succus uerò articulis, & è naribus morbo regio, minuendæq; bili cum melle prodest. Item contra uenena inter pauca potens. Ipsa herba stomachũ & excreationes pectoris purgat. Cum iride & melle urinam ciet. Cauenda tamẽ exulceratæ uesicæ, & renum uitijs. Dicitur succus claritatẽ oculorũ adiuuare.

MARRVBIVM
Weiß Andorn.

A

NOMINA.

Περιστερεών, ἱερὰ βοτάνη græcè: Verbenaca, Verbena, Columbaris seu Columbina, herba Sagminalis latinè, herbarijs & officinis Verbena uocatur. Germanicè Eisenkraut/uel Eisernhart/hoc est, ferraria, quod nomen ut olim, sic hodie quoque habet. Peristereon nomen inditũ à columbis, qui in ea uersari plurimum delectantur. Hierobotane autem, hoc est, sacra herba ideo dicta, quod ea olim apud Romanos domus purgabatur, familia lustrabatur, Iouis mensa ad sacrificiũ & epulas uerrebat, & fœciales in sacris legationibus illa coronabantur, uel ut Dioscorides inquit, quod in expiationibus suspensa & alligata mirè utilis sit. Sagminalis uerò, quod inter sagmina, hoc est, gramina ex loco sacro, præsertim arce Capitolij, cum sua terra euulsa, primum hæc honorẽ haberet. Verbenaca. Verbena. Peristereon cur dicta. Hierobotane. Sagminalis.

GENERA.

Duo Verbenacæ & Græci & Latini fecerunt genera. Dioscorides & alij Græci à plantæ habitu rectam & supinam. Plinius à sexu marem & fœminam. Recta Dioscoridis, est Plinij mas, alioque nomine Crista gallinacea, à serratis folijs quæ gallinaceæ cristæ formam referunt, dicitur. Recta autem nominata est, quod rectis ramulis assurgat. Supina autem Dioscoridis apud Plinium fœmina est, Romanisque Cincinnalis uocatur. Supinam uerò uocarunt, quod semper humi supinè procumbat. Germani etiam per sexum genera illa distinguunt, uocantque rectam Verbenacam Eisenkraut das menle/Supinam uerò das weible. Crista gallinacea.

FORMA.

Recta siue mas herba est altitudinis palmi, aliquando etiam maioris. Folia huic incisa, subalbida, è caule prodeuntia, qui ei unus est magna ex parte, quemadmodũ & radix una. Flos luteus, quo solo ferè à fœmina differre uidetur. Hæc descriptio pulchrè Verbenacæ mari respondet: est enim herba dodrantalis, interdum uerò procerior, quemadmodũ ea est quæ in Germania nostra prouenit: nunquam enim aut rarissimè palmi altitudinẽ non excedit. Folia habet incisuris diuisa, albescentia, erumpentia è caule. Singularis denique illi, ut plurimum, caulis & radix una. Supina seu fœmina ramos profert cubitales, aliquando etiam maiores, angulosos, circa quos folia sunt per interualla quernis similia, angustiora tamen & minora, per ambitum incisa, colore subcæsio. Radicem habet oblongam, tenuem. Flores purpureos, tenues. Cuius iterum deliniationis notæ Verbenæ fœminæ adamussim conueniunt. Siquidem multis statim à radice angulosis coliculis constat, coma subtus incana, folio querno non dissimili, nisi quod minus est & angustius, multis per ambitũ incisuris: flosculo ex albore & purpura uersicolore. Quibus omnibus manuscripti codicis, qui Peristereon interpretatur Verbenam, accedit testimonium, & communis omnium consensus, à quo sine manifestis coniecturis & rationibus nunquam est discedendum. Recta. B Supina.

LOCVS.

Vtraque in planis & aquosis locis prouenit.

TEMPVS.

Mas citius quàm fœmina apparet. Colligi debent, potissimũ fœmina, circa Canis ortum, nam hoc tempore floret.

TEMPERAMENTVM.

Vtraque desiccat & adstringit.

VIRES. EX DIOSCORIDE.

Rectæ Verbenacæ folia cum rosaceo, aut adipe suillo recenti apposita, uuluarum dolores finire putantur. Ignem sacrum cum aceto illita reprimunt. Putrescentia ulcera cohibent. Vulnera glutinant, ueteraque ex melle ad cicatricem perducunt.

VERBENACA RECTA SIVE MAS.

Eiſenkrautmennle.

ERBENACA SVPINA SIVE FOEMINA.

Eisenkraut weible.

C Supinæ autem folia & radix in uino pota illitaq́, aduersus reptilia serpentésue faciunt. Eadem drachmæ pondere cum thuris obolis tribus, & uini ueteris hemina, quadragenis diebus ieiuno contra regium morbum bibuntur. Vetera œdemata, & inflammationes illita mitigant. Sordida ulcera purgant. Tota autem herba in uino decocta tonsillarum crustas abrumpit, & oris nomas gargarissata cohibet. Fertur sparso aqua triclinio qua maduerit, lætiores conuiuas fieri. Datur potandum in tertianis febribus tertium à terra geniculum cum adiacentibus folijs: quartanis, quartum.

EX GALENO.

Vim habet adeò desiccantem ut uulnera glutinet.

EX AETIO.

Verbenaca recta ad capitis dolores summo præsidio esse testatur Archigenes, si ea coronetur patiens, aut si teratur cum aceto & rosaceo & illinat̃, aut oleo decoquatur, ac foueatur caput. Nec tantum capitis dolores sedat, sed capillos quoq; fluentes compescit. Radicis decoctum calidum ore retentum dentium dolores mitigat, ac mobiles firmat, orisq́ ulceribus medetur. Ad colicos radices semicontusas in aqua ad dimidiam decoquito, & diebus quinque decoctum potandum dato: efficacissimum id esse experientia compertum est. Facit & ad calculos atq; ad inchoantem elephantiasim, si cum melle propinetur. Vtere itidem ad epilepticos, & ad quotidiana, quartanáue febre laborantes. Ad podagricos uerò & coxendicũ morbo affectos uino decocta exhibetur. Succi è radice expressi collutio ad fistulas commodissima est. Et si mororum liquori ac melli mixtus exuratur, & acidus illinatur, fistulas sanat. Potest etiam melle assumi, & fistulæ tanquam collyrium injci, ac mirum in modum prodest.

D

EX PLINIO.

Aiunt si aqua spargatur triclinio qua maduerit Verbenaca, lætiores conuictus fieri. Aduersus serpentes conteritur ex uino. Omnibus uisceribus medetur, lateribus, pulmonibus, iecinoribus, thoraci, peculiariter autem pulmonibus, & quos ab ijs phthisis tentat. Dysenterias emendat ex aqua data carentibus febre, aut ex uino aminæo cochlearibus quinque, additis in cyathis tribus uini.

EX SYMEONE SETHI.

Verbenaca recta facit ad capitis dolores & defluentes capillos inuncta. Dentiũ dolores sedat, & motos atq; concussos cõfirmat. Oris ulcera sanat. Decoctum eius colicos & calculosos iuuat. Pota ijs qui primum elephantia laborare incipiunt, & comitiali morbo affectis succurrit. Item quotidiana & quartana laborantes similiter iuuat. Podagricos uerò & coxendicis morbo captos, uulneratosq́ illita sanat.

DE PTERIDE. CAP. CCXXVI.

NOMINA.

Filix. Pteris cur dicta.

ΤΕΡΙΣ, ἢ πτέριον Græcis, Filix Latinis dicitur. Officinæ latino nomine utuntur. Germanicè Waldtfarn. Pteris autem & Pterion ab alis auiũ, quarum formã in ramulis disposita eius folia referunt, Græcis dicitur: pennatus enim, & pennatis folijs frutex Filix est.

GENERA.

Pteris. Thelypteris.

Duo Filicis sunt genera, mas scilicet & fœmina. Mas Græcis simpliciter πτέρις, Latinis Filix mas, Germanis Waldtfarn mennle dicitur. Fœmina Grecis θηλυπτέρις, Latinis Filix fœmina, Germanis Waldtfarn weible appellatur.

FORMA.

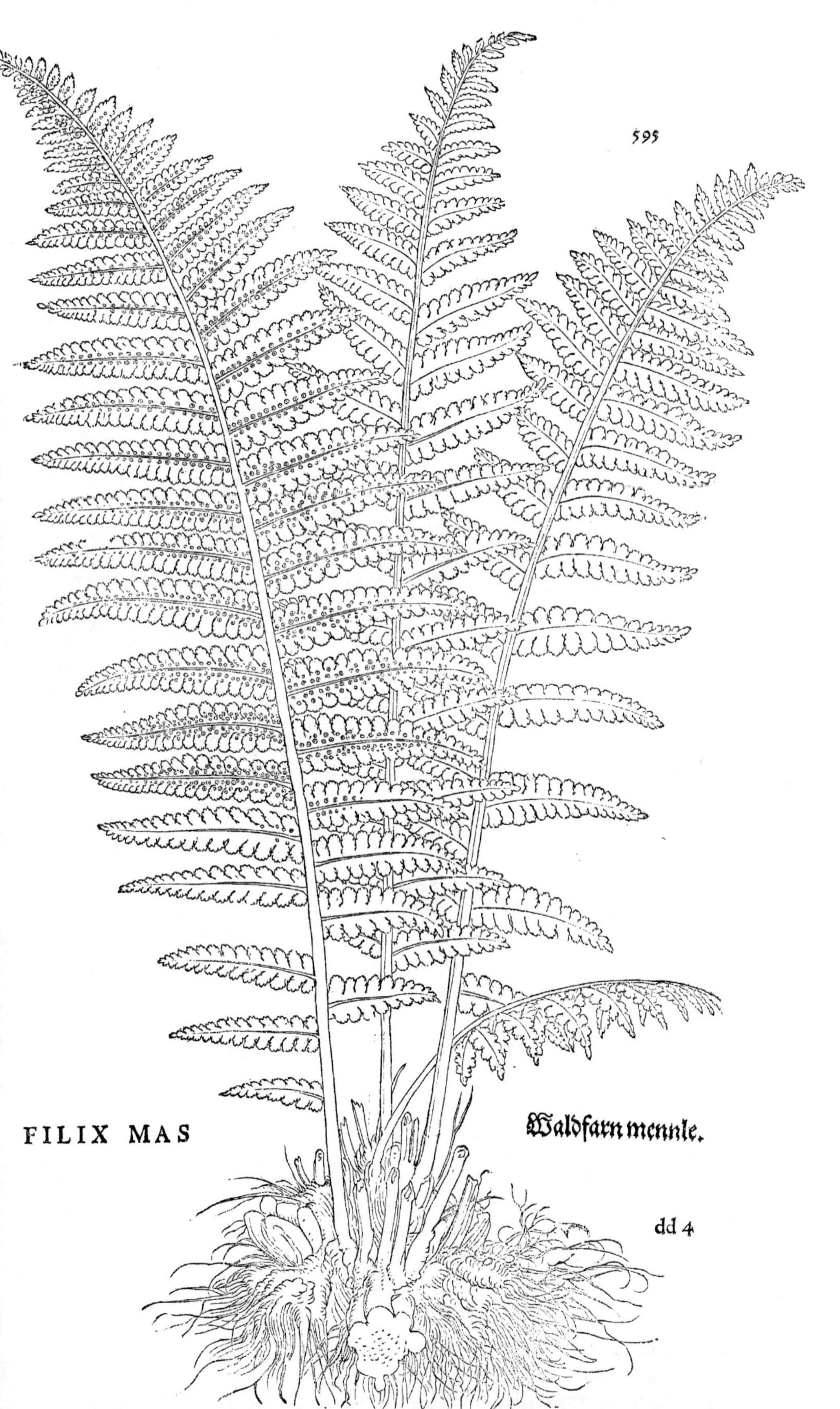

FILIX MAS

Waldfarn mennle.

FILIX
FOEMINA.

Waldfarn weible.

A

FORMA.

Filix mascula folia habet sine caule, sine flore, sine semine, ex uno pediculo cubitali longitudine exeuntia, incisa, alarum auium modo explicita, odore subgrauia. Radicem in terræ superficie foris nigram, crassam, oblongam, adnascentias appendicésue multas habentem. Ex qua siquidem descriptione satis constat hanc quam sub hoc nomine pictam damus herbam esse Filicem masculam: hæc enim neque caulem (quod enim in ea supra terram extollitur, pediculi foliorũ, non caulis rationem obtinet) neque florem, neque semen habet: folia ex uno pediculo cubitali à terra statim, aut ex stipite eius exeunt, utroque latere pinnata, subgraui odore. Radix denique illi est per summa cespitum nigra, & ut Theophrastus ait, crassa, oblonga, multis adnatis & capillamentis fibrata, atque, ut summatim dicam, omnes illi notæ adamussim respondent. Filix fœmina folia priori similia obtinet, non tamen uno singularíq; pediculo ut illa hærentia, sed adnascentes ramulos multos altiorésq; habentia. Radix illi longa, obliqua, in nigro colore subflaua, aliquando uerò rubescens. Quę descriptio iterum per omnia cum ea herba cuius picturam exhibemus ita conuenit, ut nulla prorsus sit nota quæ illi non respondeat.

Filix mascula.

Filix fœmina.

LOCVS.

Nascuntur ubiq;, sed maximè in montibus, syluis & saxosis locis.

TEMPVS.

Effodiuntur Vergilijs occidentibus, hoc est, autumno.

TEMPERAMENTVM.

Amaræ sunt Filices, paululum habentes adstrictionis, ut euidentissimum sit has calefacere & exiccare posse.

B

VIRES. EX DIOSCORIDE.

Filicis masculæ radix pellit latos lumbricos pondere drachmarum quatuor cum aqua mulsa pota. Melius autem si cum Scammoniæ, aut ueratri nigri quatuor obolis detur: ueruntamen oportet sumentes allia præsumpsisse. Lienosis ut restituantur prodest pota. Radix etiam cum axungia illita contra ictus ab harundine factos utilis est. Eius autem hæc probatio. Peribit Filix quam per ambitum copiosior harundo coronet: & contrà euanescet harundo, quam obsepiens multa Filix in orbem cinxerit. Fœminæ radices cum melle in eclegmate sumptæ, latos lumbricos pellunt. Cum uino autem pondere trium drachmarum potæ, rotundos lumbricos eijciunt. Mulieribus datæ sterilitatem faciunt. Et si prægnans sumat, abortum. Siccæ & in farinam tritæ, humidis & ijs quæ difficulter sanantur ulceribus insperguntur. Medentur iumentorum ceruicibus. Folia eius nuper prodeuntia olerum modo elixa comeduntur, aluumq; molliunt.

EX GALENO.

Filix mas radicem habet maximè utilem: latum enim lumbricum interficit, si quis eam quatuor drachmarũ pondere in aqua mulsa sumpserit. Ad eundem modum fœtum quidem uiuum necare, mortuum autem eijcere mirum non est. Vlceribus imposita ualenter desiccandi facultatem obtinet, nõ tamen mordax est. Similem ei uim habet Thelypteris nominata.

EX THEOPHRASTO.

Thelypteris seu fœmina Filix, contra lumbricos uentris & latos & graciles utilis est. Contra latos quidem cum melle mixta, contra tenues autem in uino dulci cum polenta data. Quinetiam mulieri si detur, prægnanti quidem abortum: simpliciter autem fœminis sterilitatem facere affirmant.

EX PLINIO.

C

EX PLINIO.

Vsus radicis in trimatu tantum, neque antè neq; postea. Pellunt interaneorum animalia. Ex his tineas cum melle, cætera ex uino dulci triduo potæ. Vtraque stomacho inutilissima. Aluum soluit, primo bilem trahens, mox aquam. Melius tineas cum Scammonij pari pondere. Radix eius duûm obolorũ pondere ex aqua, post unius diei abstinentiã bibitur, melle prægustato, contra rheumatismos. Neutra danda fœminis, quoniam grauidis abortum, cęteris sterilitatem facit. Farina earum ulceribus tetris inspergitur. Iumentorum quoque ceruicibus. Folia cimicem necant, serpentem non recipiunt, ideo substerni utile est in locis suspectis. Vstæ etiam fugant nidore.

APPENDIX.

Filix semine prorsus caret.

Falsum & cõmentitium hauddubiè est quicquid neoterici aliqui de Filicis semine fabulantur: quod scilicet una solstitiali nocte floreat, eademq; hora cum defloruit maturum in terram semen cadat, ideoq; nisi quispiam tunc affuerit, nec uideri florem, nec colligi semen posse, tum quia incredibilia sunt, tum quod omnes, Theophrastus scilicet, Galenus, Dioscorides, Plinius, sterilem & sine semine dixerunt. Neq; etiam medici uel Arabes uel Persæ ad magicas uanitates nati, seminis huius meminerunt. Quapropter omnia hæc agyrtarum cõmenta esse uidentur humanæ ignorantiæ ad quæstum impudenter illudentium, quæ certè uel una hac ratione abundè satis confutari possunt, quod cuncta illa fieri & obseruari natali nocte diui Ioannis Baptistæ præcipiunt, cum natalis ea nox & solstitialis illa duodecim dierum numero nunc inter se distent.

D

DE PEVCEDANO. CAP. CCXXVII.

NOMINA.

Fœniculus porcinus.

Peucedanus unde dicta.

Pinastellus.

ΠΕΥΚΕΔΑΝΟΣ Græcis, Peucedanus Latinis, officinis & herbarijs nostræ ætatis Fœniculus porcinus dicitur. Germanis Harstrang/ Sewfenchel/ oder Schwefelwurtz/ quod lachryma è radice sulphuri aut thuri similis exudet. Peucedanum autem nomen inuenit à pinu, quæ Græcis πεύκη dicitur, cui folio par est. Hinc posteriores Latini Pinastellum eum uocauerunt.

FORMA.

Caulem emittit tenuem, macilentum, Fœniculo similem. Comam habet circa radicem copiosam & densam. Florem luteum, radicem foris nigram, intus albam, graui odore, crassam, liquore plenam. Hæ sanè omnes notæ, nulla prorsus reclamante, huic quam pictam exhibemus herbæ conueniunt. Officinæ, quæ non rarò adulterinas pro genuinis uendũt herbas, Peucedanũ ostendunt radice nõ succosa, sed lignosa, nec graui odore, sed iucundo: unde satis cõstare potest uerum non esse.

Officinarũ Peucedanus non est genuina.

LOCVS.

Gignitur in montibus opacis, potissimum in monte prope Tubingam, cui olim arx imposita fuit, in itinere uersus Rotenburgum sito.

TEMPVS.

Floret Iulio & Augusto mensibus, atque deinceps semen producit. Radix foditur exitu autumni.

TEMPERAMENTVM.

Calefacit ordine secundo iam completo: desiccat uerò tertio iam incipiente.

VIRES. EX DIOSCORIDE.

Radice adhuc tenera Peucedani cultello incisa liquor effunditur, profluensq; statim in umbra reponiť: in sole siquidem languescit. Facit cum colligiť capitis dolores & uertigines, nisi quis antea rosaceo nares præungat, & caput irrigat. Radix assata

inutilis

PEVCEDANVS

Harſtrang.

C inutilis fit. Colligitur & ex caulibus & ex radice ſicut è Mandragora liquor atq; ſuc
cus. Minus tamen efficax ſucco liquor, & uelocius expirat. Interdũ etiam cõcreta in
uenitur lachryma thuri ſimilis, caulibus radicibusq; adhærens. Ex aceto & roſaceo
inunctus lethargicis, phreneticis, uertiginoſis, comitialibus, diuturnis capitis dolo
ribus, reſolutis, iſchiadicis, conuulſis: in uniuerſumq; neruorũ affectionib. ex oleo
& aceto inungitur. Strangulatu uuluæ laborantes olfactus, ſoporeq; profundo cor
reptos reuocat. Suffitu ſerpentes fugat. Aurium doloribus cum roſaceo inſtillatus
prodeſt. Cauis dentium eroſis inditus eorundem dolores mitigat. Contra tuſsim
in ouo ſumptus facit. Difficultati ſpirandi, torminibus & inflationibus ſubuenit.
Aluum leniter mollit. Lienem minuit. Difficiles partus egregiè adiuuat. Ad ueſicæ
renumq; dolores & diſtentiones potus confert. Aperit uuluam. Radix ad eadem
utilis eſt, ſed inefficacior. Eius decoctum bibitur. Sicca trita ſordida purgat ulcera,
oſsiumq; ſquamas detrahit, ueteraq; cicatrice obducit. Ceratis malagmatisq; calc-
faciendi ui præditis miſcetur. Eligi debet recens, non carioſum, ſolidum, odoris
plenum. Succus ad potiones amaris amygdalis, aut ruta, aut pane calido, aut anetho diſſoluitur.

EX GALENO.

Peucedani radice quidẽ maximè, ſed tamen etiam ſucco & liquore utimur. Sunt
autẽ hæc omnia eiuſdẽ ſpecie facultatis, ſed ualentior liquor, admodũ excalfaciens
& digerens. Quare affectibus omnibus circa neruos conſiſtentibus conuenire creditur, tum morbis in pulmone & thorace ex craſsitudine atque uiſcoſitate humorũ
factis. Et intrò quidem in corpus ſumpta, ſed tamen etiam olfactu proſunt. Porrò
quod incĩdat atque extenuet, ſæpe etiam dentium perforatorũ dolores cauitati impoſitus protinus ſedauit, quia uidelicet eſt tenuiũ partium, & excalfactorius. Quin
D etiam lienes induratos iuuat, nempe incidendo, digerendo & extenuando craſſos
humores. Sed & radice ad hæc uti licebit, quæ & ſquamas ab oſsibus celerrimè detrahit, quia uidelicet ualidè deſiccat, minus tamen quàm ſuccus excalfaciens. Et ulceribus malignis arida illita optimum eſt remedium; ipſa enim expurgat, carnem
generat, & ad cicatricem perducit.

EX PLINIO.

Peucedani radices conciduntur in quaternos digitos oſſeis cultellis, funduntq;
ſuccum in umbra, capite prius & naribus roſaceo perunctis, ne uertigo ſentiatur.
Et alius ſuccus inuenitur caulibus adhærens, inciſisq; manat. Probatur craſsitudine mellea, colore ruffo, odore ſuauiter graui, feruens guſtu. Et hic in uſu & radix,
& decoctum eius pluribus medicamentis. Succo tamen efficaciſsimo, qui reſolui-
tur amaris amygdalis, aut ruta, bibiturq; contra ſerpentes, & ex oleo perunctos tue
tur. Idem pectoris doloribus ſubuenit. Pituitam & bilem detrahit Peucedani radix. Eadem decocta lieni & renibus prodeſt. Perungunt & radicẽ ſudoris cauſa eli-
ciendi, quoniam cauſtica uis ei eſt. Peucedano ad recentia uulnera tanta uis eſt, ut
ſaniem oſsibus extrahat. Cum ſemine Cupreſsi bibitur, ſi ſanguis per os redditus
eſt, fluitq; ab infernis. Strangulatus uuluæ nidore uſtum recreat, laxanturq; ſuffo-
cationes eo: ſed quidam ammiſcent in uino ſemen Cupreſsi cõtritum. Potum cum
coagulo uituli marini æquis portionibus comitiales ſanat. Succus infantium ramici, & umbilicis eminentibus inungitur. Stranguriæ cum melle medetur.
Item ſemine lethargici excitantur, & ut perhibent ex
euphorbio naribus tactis Peuce-
dani ſucco.

PERSICA
Pferſichbaum.

C

NOMINA.

ΠΕΡΣΙΚΗ μηλέα Græcis, Persica mâlus Latinis: antiquum nomen herbarij uulgares retinuerunt: Germanis Pferſichbaum appellatur. Persica fortè dicta, quod ex Perside primum aduecta sit.

Persica cur dicta.

FORMA.

Persica folijs amygdalæ maioribus constat: flore subpuniceo, pomo carnoso, succulento, foris lanuginoso, dura intus & scabra nuce, in qua nucleus qualis amygdalis.

LOCVS.

Passim in hortis, uineis potissimũ, nascitur. Gaudet autem aquosis.

TEMPVS.

Floret primo statim uere, fructus uerò eius autumni ferè exitu maturescit, celerrimè marcescens.

TEMPERAMENTVM.

Persica arbor in germinibus & folijs uincentem amaram qualitatẽ habet, ut hoc nomine calidam esse nemo dubitare possit. Fructus eius in secundo ordine frigidus & humidus existit.

VIRES. EX DIOSCORIDE.

Persica poma stomacho grata sunt, matura bonum faciunt aluum, cruda uerò aluum constringunt. Siccata uehementius adstringunt. Siccorum decoctum haustum stomachi & uentris fluxiones sistit.

EX GALENO.

Folia Persicæ trita & super umbilicum imposita lumbricos necant. Alioqui sanè etiam discutiens medicamentũ est. Pomorum uerò eius succus & ueluti caro facilè corrumpitur, omninoq; noxam infert, quapropter haud post alios cibos ultimoq;,
D sicut nonnulli solent, illa offerri oportet: nam in summo natantia corrumpuntur. Huius uerò, quod omnibus cõmune est, meminisse oportet: quæcunq; uitiosi succi, quæ humida & lubrica sunt, facileq; descendunt secedúntue, præ alijs comedenda esse: sic enim & ipsa celeriter subeunt, & alijs præeunt, ac quasi iter muniunt. Postremò autem sumpta, unà secum alia quoq; in corruptionem trahunt.

EX PLINIO VALERIANO.

Persicorũ cibus est quidem stomacho inutilis, eò quod citò succus eius inacescat, & caro æque in digestione uitietur, uerum minimè grauis, dum non diutius in intestinis moratur, & ad ima semper exitu celeri festinat. Persicorum cibus negatur à medicis membra nutrire. Sed & Galenus suadet nunquam omnino post cibum sumere, corrumpi affirmans si cibis cæteris innatent. Persicorũ folia trita & imposita uentris animalia perimunt & expellunt. Eadem sicca & in puluerem tusa, recentes plagas cruentorũ uulnerum claudunt. Nucleus persicorum capitis dolori cum oleo & aceto tritus illinitur: quamuis quidam cum solo rosaceo terere maluerint. Gummi gutta quam Persici truncus illachrymat, fluenti aluo medetur. Eadem mixta cum uino etiam in uesica lapillos frangit. Trita ex aceto impetigines reprimit. Decocta cum croco tumores faucium mitigat. Asperam arteriæ canalem leuiorem facit. Excreantibus sanguinem miro modo subuenit. Thoracis obstrictos sinus reserat: uitia pulmonis expurgat.

APPENDIX.

Flores Persicæ saccharo condîti, instar rosarum aut uiolarum, aluum haud leuiter mouent atque subducunt.

DE PEPLO.

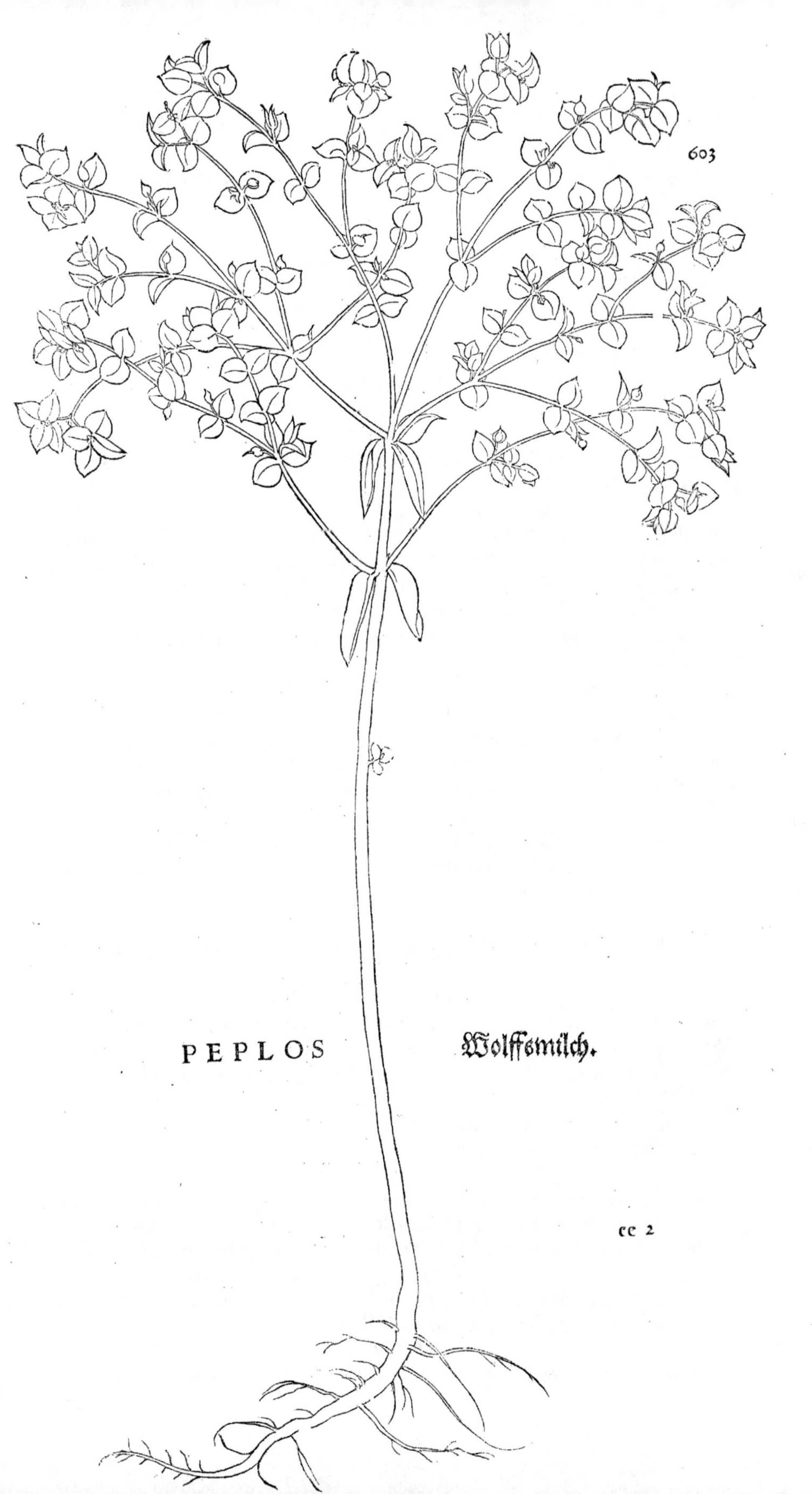

PEPLOS Wolffsmilch.

DE PEPLO. CAP. CCXXIX.

C

NOMINA.

Esula rotunda.

ΠΕΠΛΟΣ Græcis, Peplos Latinis, officinis & uulgo Esula rotunda, Germanis Teufelßmilch appellatur.

FORMA.

Exiguus frutex est albo liquore plenus: folijs paruis ut Rutæ, latioribus tamen. Tota eius coma dodrantalis, rotunda, humi fusa: semine sub folijs paruo & rotundo, minore quàm candidi papaueris. Radice una, ex qua totus frutex prouenit.

LOCVS.

Nascitur in hortis & uineis.

TEMPVS.

Colligitur messibus, siccaturque in umbra, & continuè uertitur.

TEMPERAMENTVM.

Idem cum Tithymallis habet temperamentū, atqueadeo ex quarto calefacientium ordine est.

VIRES. EX DIOSCORIDE.

Herba ipsa multos habet usus, radix uerò inutilis. Semen eius tusum, feruidaque aqua madefactū reconditur. Pituitam & bilem acetabuli pondere cum hydromelitis cyatho potū ducit. Obsonijs mixta herba aluū conturbat. Conditur in muria.

EX GALENO.

Peplos frutex liquorem similem Tithymallis habet, cum in alijs, tum quia purgat ceu illi.

EX AETIO.

Pituitam ac bilem ducit acetabuli mensura cum mulsæ cyatho bibitum Pepli semen. D Sale etiam herba maceratur, flatusque discutit, ut Hippocrates asserit. Summopere igitur confert flatuosis affectibus, qui in melancholia dominantur, item diuturnis lienis & uteri & coli flatibus, tumefactisque œdematibus in abdomine.

EX PLINIO.

Semine Pepli poto aluus soluitur, bilis ac pituita detrahitur. Media potio est acetabuli mensura, in aquæ mulsæ heminis tribus. Et cibis inspergitur obsonijsque ad molliendam aluum.

DE PILOSELLA. CAP. CCXXX.

NOMINA.

QVO nomine ueteribus Græcis aut Latinis nominata sit hæc herba, ingenuè fateor me ignorare. Neque enim est μυὸς ὦτος Dioscoridis. Cum itaque græco & latino nomine destitueremur, barbaro uti nobis necesse fuit, nisi planè herbam hanc uulneribus glutinandis mirè utilem, prætereire uoluissemus. Herbarij itaque nostræ ætatis à copiosis pilis quibus uestitur, Pilosellam, Germani Meußörlin/uocant.

Pilosella unde dicta.

GENERA.

Maior. Duo eius herbæ genera reperiuntur, in nullo ferè nisi floribus distantia. Vnum genus maioribus folijs, & quæ se à solo sustollunt, floribusque luteis, maior Pilosella *Minor.* nominatur, Germanis propriè Nagelkraut. Alterū minoribus folijs, in terra sessilibus, floribus purpureis, & quasi in pappum euanescentibus, Germanis Meußörlin/oder Hasenpfätlin peculiariter appellatur. Sic etiam suam Pilosellam manu scriptus herbarius in maiorem & minorem digessit.

FORMA.

Herba est folijs in terram graminis modo sparsis, pilosis, albicantibus à terra, supernè

ILOSELLA
MAIOR.

Nagelkraut.

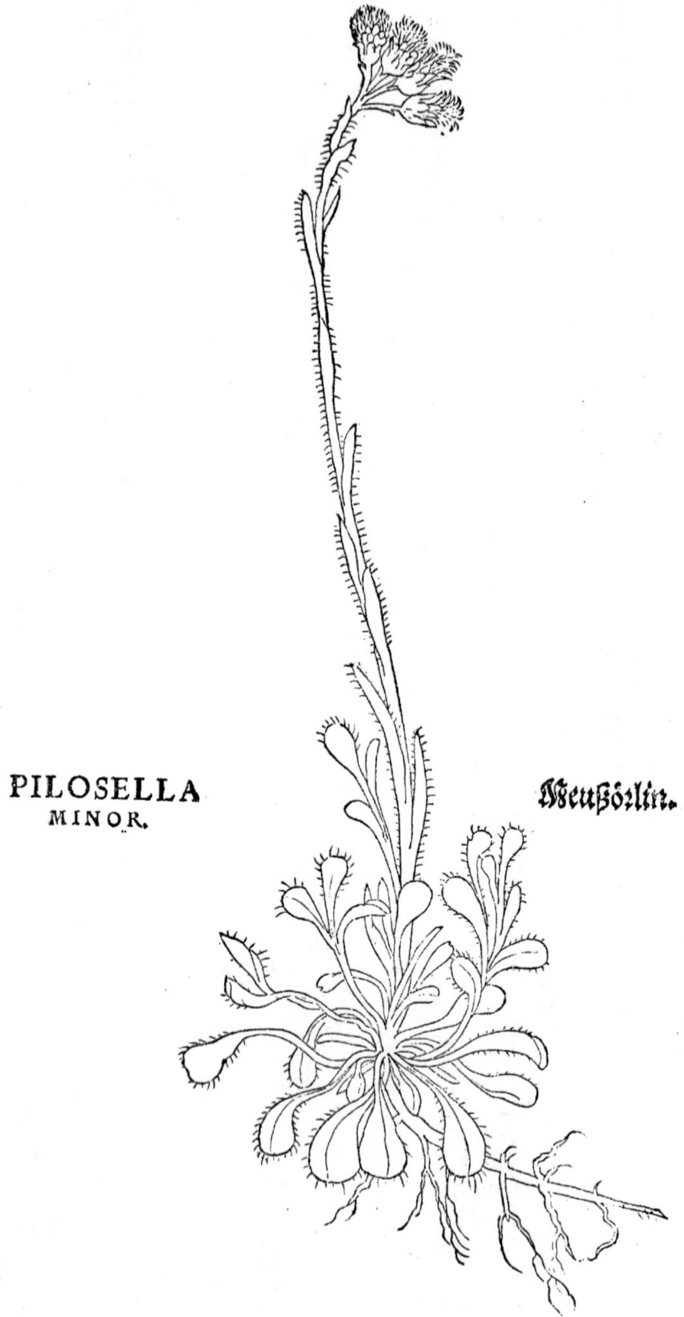

PILOSELLA MINOR.

Meußörlin.

A superné uirentibus, floribus luteis aut purpureis, radice in exilitaté multam extenuata. Ex qua descriptione sole clarius fit, eam herbam quæ à Græcis Myosotis, à Latinis autem Auricula muris dicitur, non esse Pilosellam: nam, ut reliqua taceam, neque maior neque minor Pilosella cœruleum flosculum uelut Anagallis obtinet: ut non parum errent herbarij nostri temporis qui Pilosellam alio nomine Muris auriculam appellari tradunt.

Myosotis non est Pilosella. Auricula muris non est Pilosella.

LOCVS.

Nascitur utrunque genus locis montosis & collibus terrenis. Maior autem inuenitur etiam in asperis & incultis agrorum limitibus.

TEMPVS.

Maio & Iunio potissimũ mense florent. Minor tamen Pilosella paulò post initia Iunij mensis disperit, & nusquam subinde inuenitur.

TEMPERAMENTVM.

Esse calidas & siccas Pilosellas gustus palàm declarat: habent enim adstrictionẽ cum exigua quadam acrimonia coniunctam, ut hoc nomine ad purificanda ac subinde glutinanda uulnera sint mirificè utiles.

VIRES EX RECENTIORIBVS.

Ferunt foliorum farinam uulnera mirum in modum glutinare. Herbæ recentis succum exprimunt ad cohibendos quartanæ febris horrores. Eodem tingunt gladiorum aciem, ut omne ferrum aliud domet, secetq́ue: ferrum enim quod huius succo cõmaduit tantam contrahere duritiam, tamq́ue magnũ induere robur produnt, ut chalybis aciem respuat. Has certè omnes facultates manuscriptus herbarius Pilosellæ adscribit. Recentiores huius herbæ radicem Maio mense effossam, siccatã, & in puluerem redactam, ac subinde potam, aut in cibo datam, efficacissimũ esse ad B uersus ramicem remedium tradunt.

DE PIMPINELLA. CAP. CCXXXI.

NOMINA.

Vt appellata sit Græcis aut Latinis herba hæc quam hodie uulgus herbariorum & officinæ Pimpinellam uocant, nondum nobis certò scire licuit. Sunt qui Pampinulam & Bipennulam nominent. Germani Bibinellen & Bibernellen appellant.

Pampinula.

GENERA.

Duûm est generum Pimpinella. Vna maior, radice admodũ longa, folijs multifariam scissis, Siser haud dissimilibus, caulibus angulosis, floribusq́ue in summo exiguis & candidis. Altera minor, caulibus rufescentibus, folijsq́ue minoribus, & non dissectis multifariam, sed serratis tantum, aliàs priori per omnia similis.

FORMA.

Herba est folio mucronato, dissecto, aut in extremitatibus serrato, caulibus ab eadem radice binis aut trinis, angulosis, & interdum rubentibus, in quorum summo nascuntur flores minuti & candidi, & ijs decidentibus semen exiguum Oreoselini semini simile. Radice crassa, longa, & subrubente, acri admodum.

LOCVS.

Lucis & opacis locis minus, in pratis autem maius, affatim citra cultũ erumpit.

TEMPVS.

Æstate in autumnum usque floret.

TEMPERAMENTVM.

Quum acrimoniam non exiguam in gustu præ se ferat, hauddubiè in secundo ordine calida & sicca erit, imò secundum calefaciendi ordinem excedere credibile est, & ad tertium ferè accedere.

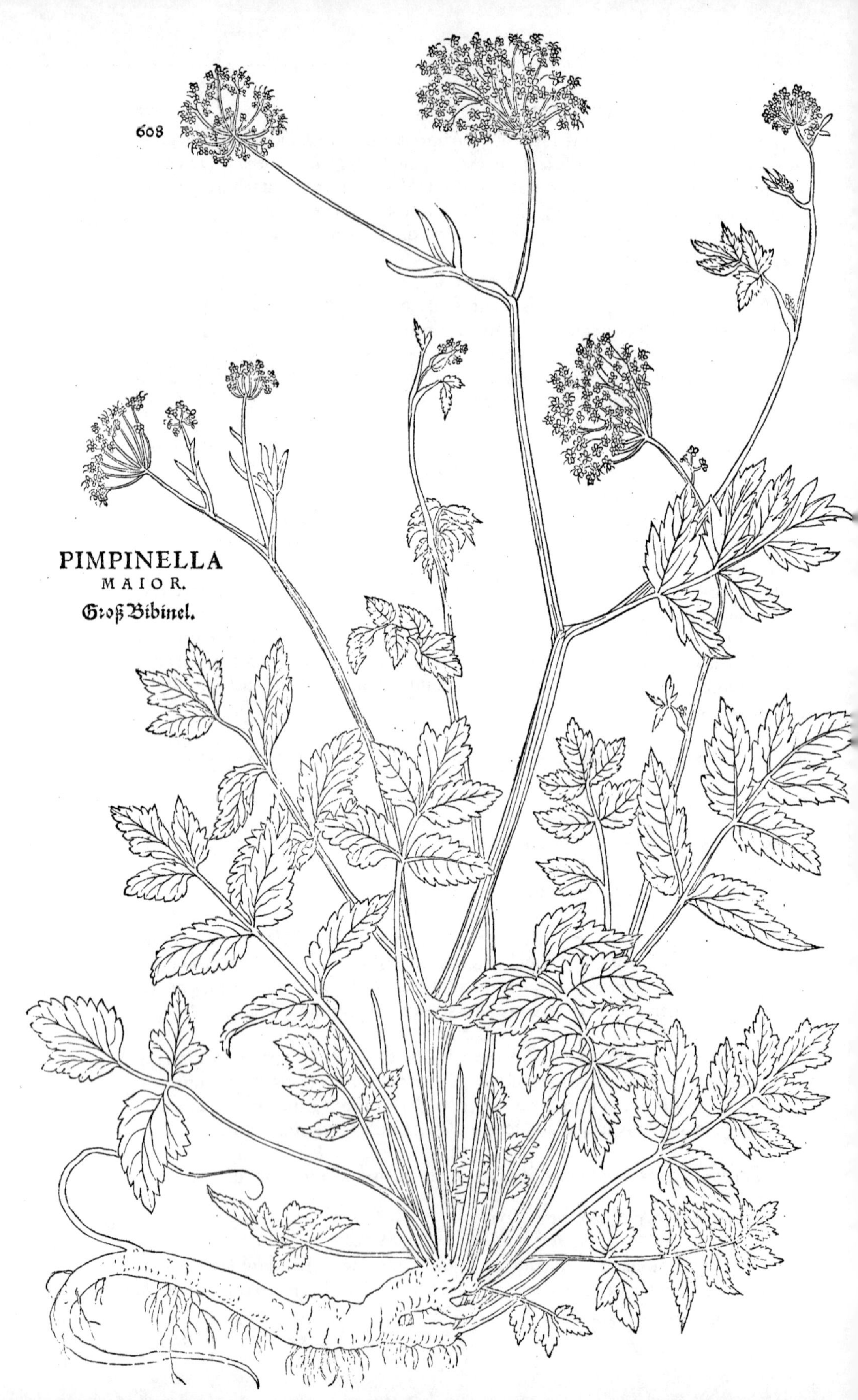

PIMPINELLA
MAIOR.
Groß Bibinel.

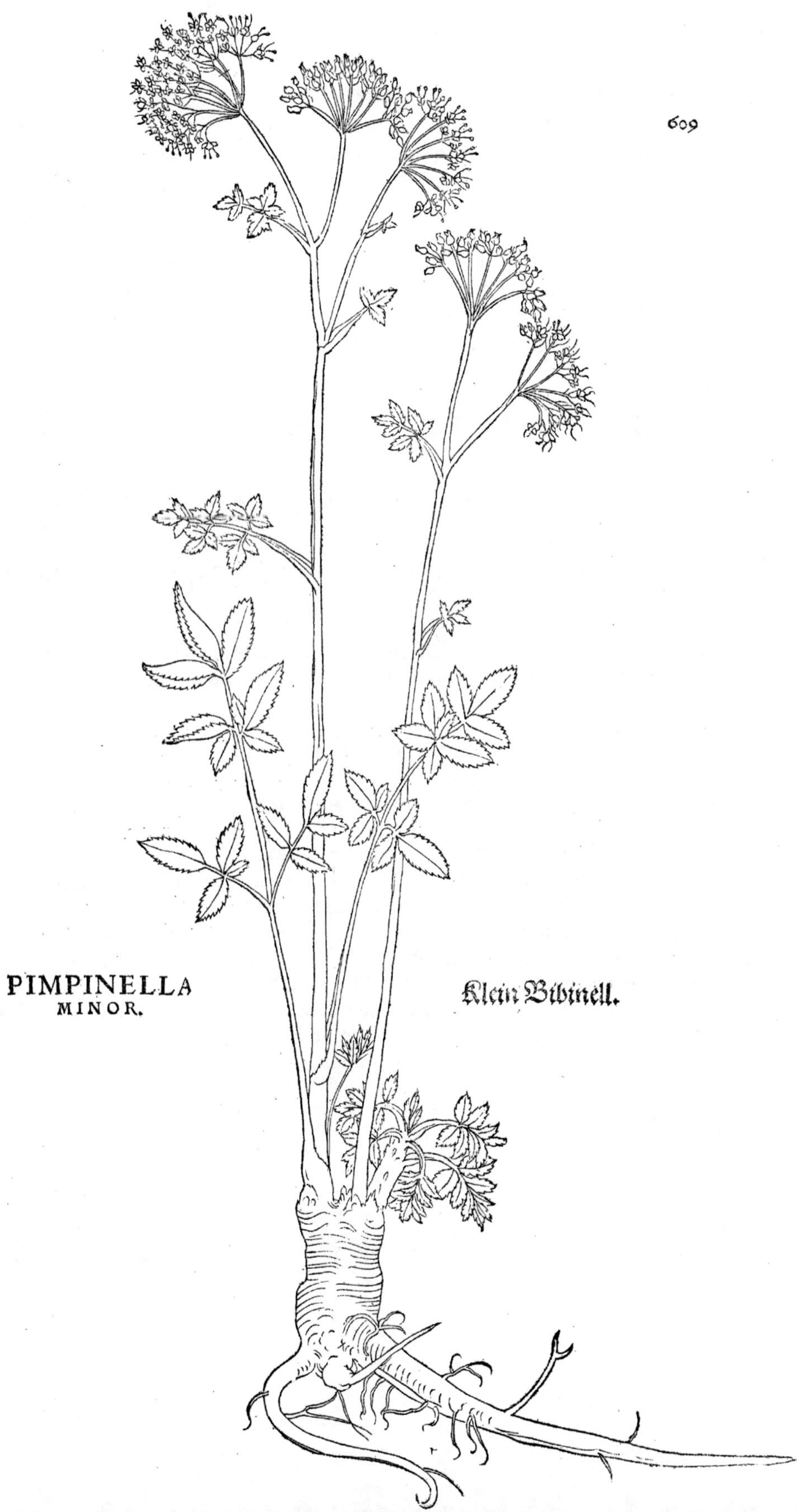
PIMPINELLA
MINOR.
Klein Bibinell.

C VIRES EX RECENTIORIBVS.

Pimpinellæ ſuccus bibitur contra ſerpentium morſus. Ex uino pota calculos terit. Stranguriã etiam decocta leuat. Succus eius potus omne uenenum diſcutit. Aqua eius ignis ui expreſſa oculorũ caliginem diſcutit. Hæ ſunt facultates quas illi antiquus herbarius tribuit. Alij tradunt ſuccum eiuſdem faciei maculas detergere poſſe. Eſt autem radicis Pimpinellæ tum uſus præcipuus, quum ſæuientis populatim peſtilentiæ contagia arcere conamur: unicè enim uenenis aduerſatur, & corpora ab hac lue uindicat, ut adfirmant, ſi tantum in ore teneatur. Quod certè non poteſt ea quam hodie Sanguiſorbã uocant herba. Quare mirum in modũ errant, qui hanc cum Pimpinella confundunt, ut fuſius ſuo dicemus loco.

Sanguiſorba nõ eſt Pimpinella.

DE PASTORIA BVRSA. CAP. CCXXXII.

NOMINA.

QVO nomine herba quam uulgus Paſtoriam burſam appellat græcis & latinis medicis dicta ſit, ignorare me ingenuè fateor. Sunt qui peram etiam paſtoris nominent, à folliculis in exiguæ uulgæ ſimilitudinem compreſsis, turbinata cordis effigie. Germanis Deſchelkraut & Hirtenſeckel uocatur.

Burſa aut pera paſtoris cur dicta.

FORMA.

Herba raro pede altior, ramoſa, Erucæ folia habens, at minora. Flores exiguos, candidos. Semen in uulgis minutum & nigrum. Radicem candicantẽ & oblongã.

LOCVS.

Naſcitur propter uias paſsim, & in parietinis.

D TEMPVS.

Iunio & Iulio menſibus legitur.

TEMPERAMENTVM.

Refrigerat & adſtringit.

VIRES EX RECENTIORIBVS.

Ex aceto trita collectionum inflammationes refrigerat, ac eò confluentes humores cohibet. Imponitur ſacris ignibus, & quibus ſtomachus æſtuat. Succus eius purulentis auribus infunditur. Cruenta ſanat uulnera. Medetur dyſentericis, ſanguinem excreantibus, necnon muliebri profluuio. Manuſcriptus herbarius addit hanc ſanguinem è naribus profluentem ſiſtere mirificè poſſe. Herbam quoque manu tantum geſtatam, mox idem efficere tradit. Quid multa? mirè efficax eſt in comprimendis omnibus ſanguinis eruptionibus.

DE PEDE

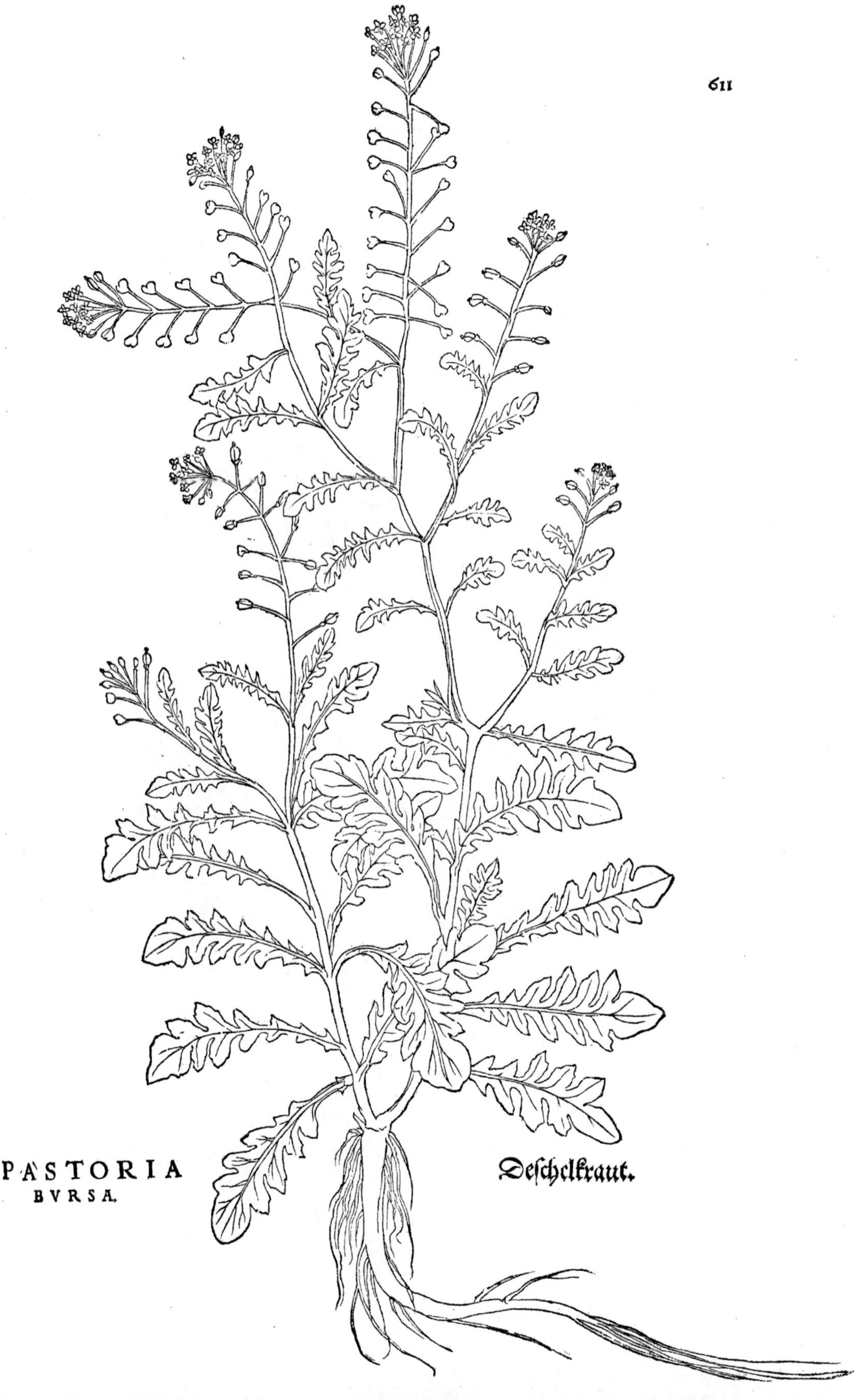
PASTORIA
BVRSA.
Deschelkraut.

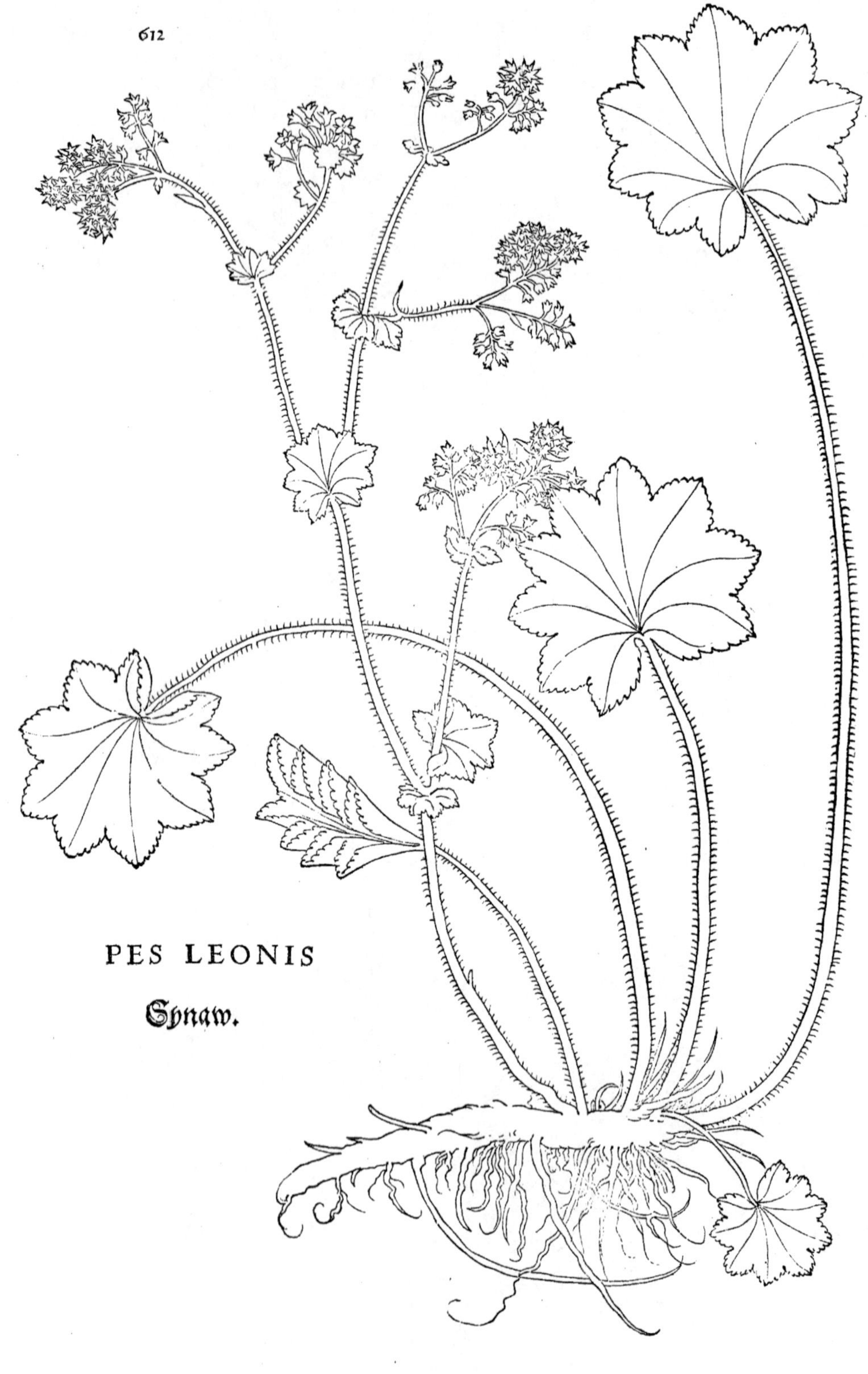

PES LEONIS

Synaw.

DE PEDE LEONIS. CAP. CCXXXIII.

A

NOMINA.

QVAM uulgus herbariorũ Pedem leonis nominat, non est Dioscoridis Leontopodion, id quod descriptio satis monstrat. Quo uerò nomine Græcis & Latinis appellata sit, mihi nondum constat. Sunt ex barbaris qui Alchimillam, alij etiam qui plantam leonis nominant. Sic autem dicta, quod folia habeat instar leonini pedis lata & rotunda. Germanis Synnaw / Löwentapen / Löwenfüß / & vnser frawen mantel uocatur.

Leontopodion Dioscoridis non est Pes leonis herbariorum. Alchimilla. Pes leonis cur dicta.

FORMA.

Dodrantalis est herba, folia lata, crispa & rotunda octo serratis incisuris distincta, non tamen ad pediculos usque, qui statim è radice exeunt, fissa habens. Flores item exiguos & luteos profert. Radicem digito crassiorem, & sesquipalmo longiorem, subrubescentem.

LOCVS.

Passim in pratis, in alto potissimum sitis, nascitur.

TEMPVS.

Maio mense erumpit, ac inter Iunij initia floret.

TEMPERAMENTVM.

Folia & radix adstrictione uehementi participant, atq; adeo exiccant. Recentiores idipsum in secundo efficere ordine tradunt.

VIRES EX RECENTIORIBVS.

Vulneribus glutinandis aptissima est. Decocto enim illius lauant̃ utiliter omnia uulnera. Linteum quoque in eo madefactum illis cõmodè imponitur. Mulierum mammas impense laxas linteum decocto eiusdem intinctum & impositum, duras solidasq; efficit. Decoctum denique hoc epotum interanea uulnera, rupturasq; glu
B tinat. Et quod dictu mirum est, tanta eius plantæ in glutinando uis est, ut ramices intestinorum, in pueris potissimum, sanare possit.

DE POLYGONO MARE. CAP. CCXXXIIII.

NOMINA.

ΠΟΛΥΓΟΝΟΝ ἄῤῥεν græcè: Proserpinaca, Seminalis à seminis multitudine, & Sanguinalis à cohibendo sanguine nominatur. Officinis Corrigiola & Centumnodia. Germanicè Weggraß / Denngraß / Wegtritt appellatur. Polygonon à geniculorum frequentia, & multitudine dictum est.

Seminalis cur dicta. Sanguinalis. Corrigiola. Centumnodia.

FORMA.

Herba est ramis tenuibus, teneribus, copiosis, geniculis intersectis, in terra graminis modo repentibus. Folijs Rutæ similibus, longioribus tamen. Iuxta singula folia semine, unde masculum uocatur. Flore albo aut puniceo.

LOCVS.

Nascitur passim, quotidieq; pedibus conculcatur, sua sponte in aggeribus & semitis proueniens.

TEMPVS.

Æstate floret, quo etiam tempore legitur.

TEMPERAMENTVM.

Vt adstrictionẽ quandam obtinet Polygonum, ita sanè uincit in eo aqueum frigidum, ut uidelicet secundi sit ordinis medicaminũ refrigerantium, aut etiam quodammodo in initio tertij. Est etiam exiccatorium.

VIRES. EX DIOSCORIDE.

Vim habet adstringendi & refrigerandi succus Polygoni potus. Prodest sangui

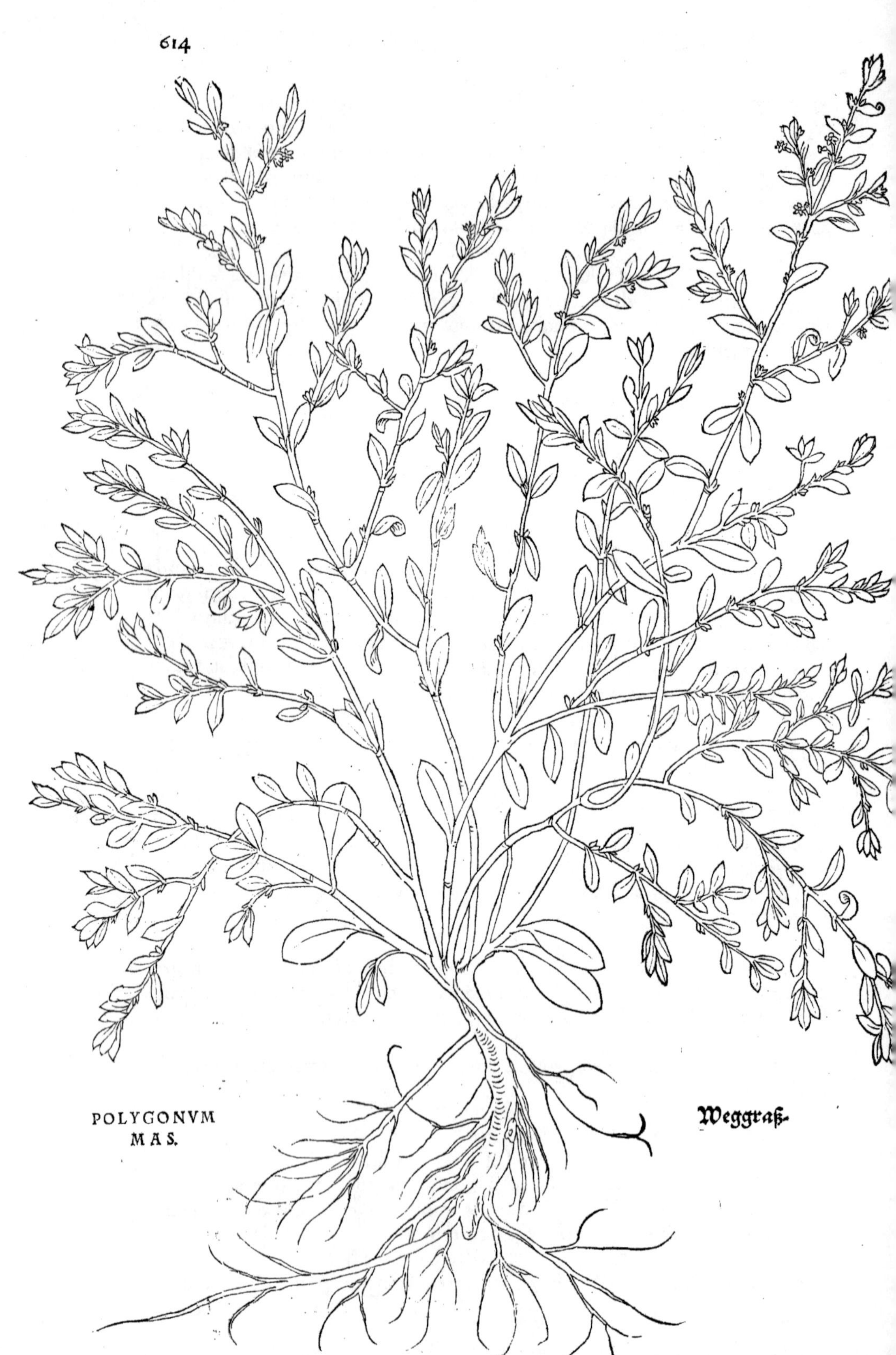

POLYGONVM MAS.

Weggraß.

A nem expuentibus, & alui defluxionibus, cholericis & urinæ stillicidio. Vrinā enim euidenter ducit. Cum uino potus uenenatorū morsibus auxiliatur. Valet etiam ad febrium circuitus una hora ante accessionē sumptus. Muliebre profluuium appositus sistit. Aurium doloribus, & purulentis auribus instillatus confert. Cum uino decoctus melle adiecto, eximiè ad genitalium ulcera facit. Folia contra stomachi ardorem, sanguinis reiectionem, herpetas, ignes sacros, inflammationes, œdemata, & uulnera recentia illinuntur.

EX GALENO.

Polygonū ijs sanè quibus stomachus æstu feruet extrinsecus illitum auxiliatur: ueluti etiam ignes sacros & calidas phlegmonas iuuat. Porrò tale cum sit, & fluxiones reprimit, & hac ratione uidetur exiccatorium esse. Quare cum herpetum, tum ulcerum, aliorumq; bonum est remedium: efficacissimū autem inflammatione & fluxione laborantium partium. Est & cruentorum uulnerum glutinatoriū. Sed & auriū ulceribus prodest: & si uel satis puris insit, hoc tamen etiam desiccat. Easdem ob facultates & muliebre profluuium, & dysenteriā, & sanguinis eiectiones, & undecunque aliunde immoderatiores impetus sistit. Refert Dioscorides quod & urinam prouocet exhibitum stillicidio affectis. Non tamen affectum exactè discriminat in quo dari ipsum expediat.

EX PLINIO.

Succus eius infusus naribus supprimit sanguinem, & potus cum uino, cuiuslibet partis profluuium excreationesq; cruentas inhibet. Vis eius spissare ac refrigerare. Semen aluum largius sumptum soluit, urinam ciet, rheumatismos cohibet: qui si non fuere, non prodest. Stomachi feruori folia imponuntur. Vesicæ dolori illinuntur, & ignibus sacris. Succus & auribus purulentis instillatur, & oculorū do
B lori per se. Dabatur & in febribus ante accessiones, duobus cyathis in tertianis quartanisue præcipuè. Item cholericis, dysentericis, & in solutione stomachi.

DE PEGANO. CAP. CCXXXV.

NOMINA.

ΠΗΓΑΝΟΝ κηπευτὸν græcè, Ruta hortensis latinè: officinæ retinuerunt nomen latinum: Rauten & Weinrauten germanicè uocatur. Peganon Græci, Plutarcho libro tertio sui symposij teste, à facultate, quod calore siccitateq; genituram coagularet, dixerunt: πήγνυσθαι enim coagulare, & quasi in glaciem contrahere est. Hinc uterum gestantibus inimica etiam coronis inserta putatur. Peganon unde dictum.

FORMA.

Frutex est Ruta hortensis grauissimi odoris, semper ferè uirens: folio exiguo, penè rotundo, cæsij coloris, denso, surculosis ramis: flore luteo, angulosis calycibus, in quibus semen album continetur.

LOCVS.

Prouenit passim in hortis, amat aprica & sicca loca.

TEMPVS.

Floret æstate, semen autem Autumno maturescit, quo etiam tempore carpendum uenit.

TEMPERAMENTVM.

Gustū non solum acri, sed & amaro est, ex tertio ordine excalfacientium, & strenuè desiccantium.

VIRES. EX DIOSCORIDE.

Vrit, calfacit, exulcerat, urinam mouet, menstruáque ducit. Aluum sistit pota

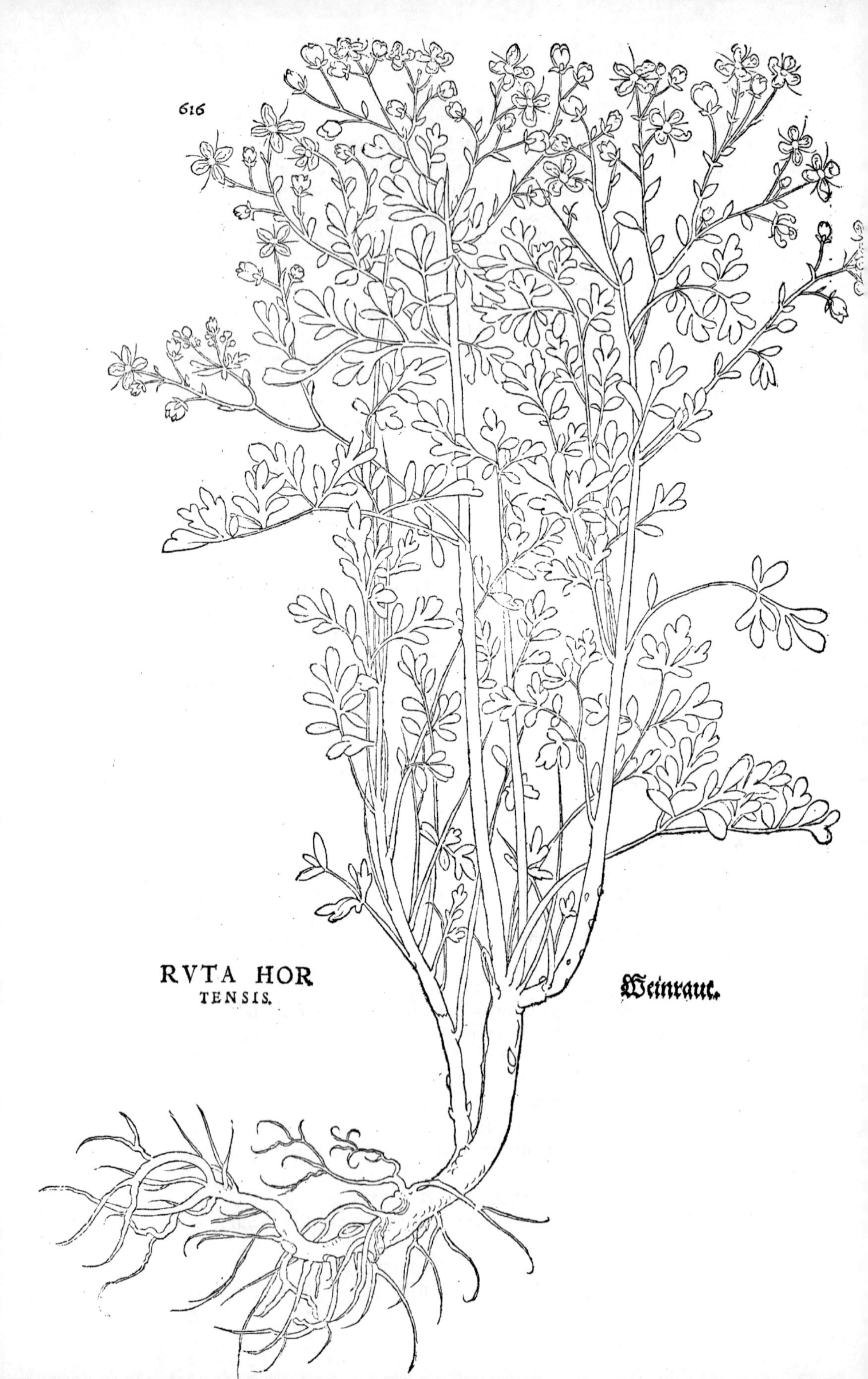
RVTA HOR
TENSIS.
Weinraute.

A & comeſta. Letalium uenenorū antidotum eſt, ſi ſemen acetabuli menſura in uino bibatur. Folia per ſe ante cibum ſumpta, & cum nucibus iuglandibus, aridiſq; ficis, inefficacia uenena reddunt. Contra ſerpentes ſimiliter ſumpta proſunt. Geniturā tam in cibo quàm potu extinguit. Coctum cum anetho ſicco, tormina ſiſtit. Facit etiam ad lateris thoraciſq; dolores, difficultatē ſpirandi, tuſſes, pulmonis inflammationem, coxendicum, articulorumq; cruciatus, rigores circuitibus certis repetentiū febrium, uti prædictū eſt, pota. Ad inflationes coli, uteri & recti inteſtini, decocta cum oleo & infuſa. Vuluæ ſtrangulatu liberat trita cum melle, ſi à genitali uſq; ad ſedem imponatur. Feruefacta cum oleo & pota, lumbricos excutit. Articulorū doloribus cum melle, aquę inter cutem, quæ hypoſarca dicitur, cum ficis illinitur. Eiſdem pota auxiliatur, in uino decocta ad dimidias partes, & ſi ea abſtergantur. Cruda, ſaleq; condîta ac comeſta, uiſus aciem exacuit, & oculorū dolores cum polenta illita ſedat. Cum roſaceo & aceto capitis doloribus ſuccurrit. Sanguinis narium profluuia trita & impoſita ſiſtit. Teſtium inflammationibus cum Lauri folijs illita, & exanthematis cum myrto & cerato prodeſt. Cum uino autem, pipere & nitro confricta, albæ uitiligini medetur. Cum iiſdem illita thymos & myrmecias tollit. Cum melle & alumine impoſita lichenibus prodeſt. Succus in malicorio calfactus & inſtillatus aurium doloribus ſuccurrit. Oculorū hebetudinibus cum ſucco Fœniculi & melle inunctus ſubuenit. Ignes ſacros, herpetes & achores cum aceto, ceruſſa & roſaceo inunctus ſanat. Ceparum & alliorum acrimoniam cōmanducata domat.

EX GALENO.

Ruta incidere atque digerere craſſos lentoſq; humores poteſt. Ob eam autem uim & urinas mouet. Quinetiā tenuium eſt partiū, flatuſq; extinguit. Quare ad inflationes prodeſt, ac Veneris appetitum cohibet. Diſcutit atq; exiccat ſtrenuè: eſt

B enim ex eorum medicamentorū numero quæ ualenter exiccant.

EX PLINIO.

Quęcunq; Ruta & per ſe pro antidoto ualet, folijs tritis & ex uino ſumptis. Contra aconitū maximè & ixiam. Item fungos, ſiue in potu detur, ſiue in cibo. Similimodo contra ſerpentiū ictus, utpote quū muſtelæ dimicaturæ cum his, Rutam prius edendo ſe muniant. Valent & cōtra ſcorpionū ictus, & araneorū, apum, crabronū, ueſparū aculeos, & cantharidas, ac ſalamandras, caniſue rabioſi morſus, acetabuli menſura ſi ſuccus è uino bibitur, & folia trita uel cōmanducata imponunt cum melle & ſale, uel cum aceto & pice decocta. Succo uerò perunctos, aut etiā habentes, negant feriri ab his maleficijs. Serpenteſq;, ſi uratur Ruta, nidorem fugere. Efficaciſſima tamen eſt ſylueſtris radix cum uino ſumpta: eandem adijciunt efficaciorē eſſe ſub dio potam. Pythagoras oculis noxiam putauit falſo, quoniam ſculptores & pictores hoc cibo utuntur oculorū cauſa. Cum pane quoq; uel naſturtio ſatiuæ atq; ſylueſtris propter uiſum. Vt aiunt, multi ſucco eius cum melle attrito inuncti diſcuſſerunt caligines, uel cum lacte mulieris puerum enixæ, uel puro ſucco angulis oculorū tactis. Epiphoras cum polenta impoſito. Lenit autem capitis dolores pota cum uino, aut cum aceto & roſaceo illita. Si uerò ſint cephalæa, cum farina hordeacea, uel aceto. Eadem cruditates diſcutit, mox inflationes, dolores ſtomachi ueteres. Vuluas aperit, corrigitq; conuerſas, illita in melle toto uentre & pectore. Hydropicis cum ficu, & decocta ad dimidias partes, potaq; ex uino. Sic bibitur & ad pectoris dolores laterumq;, & lumborū, tuſſes, ſuſpiria: pulmonū, iecinorū, renum uitia: horrores frigidos. Ad crapulæ grauedines decoquuntur folia poturis. Et in cibo uel cruda uel decocta condîtaue prodeſt. Item torminibus in Hyſſopo decocta, & cum uino. Sic & ſanguinem ſiſtit interiorem, & narium, indita: ſic & collutis dentibus prodeſt. Auribus quoque in dolore ſuccus infunditur, cuſtodito ut diximus modo. E ſylueſtri uerò contra tarditatē & ſonitum cum roſaceo, uel cum laureo oleo, aut cumino & melle. Succus & phreneticis ex aceto tritæ instillatur in tempora & cerebrum. Adiecerunt aliqui & Serpyllum, & Laurum, illinentes capita & colla. Dederunt & lethargicis ex aceto olfaciendũ. Dederunt & comitialibus bibendum decoctæ succum in cyathis quatuor ante accesſiones, quarum frigus intolerabile est. Alsiosisq; crudam dari in cibo. Vrinam quoque uel cruentam pellit. Fœminarũ etiam purgationes, secundasq;, etiam emortuos partus, ut Hippocrati uidetur, ex uino dulci nigro pota. Itaque illitam & uuluarum causa etiam suffire iubet. Diocles & cardiacis imponit ex aceto & melle cum farina hordeacea. Et contra ileum decocta farina in oleo, & uelleribus collecta. Multi uerò & contra purulentas excreationes siccæ drachmas duas, sulphuris unam & dimidiam sumi censent. Et contra cruentas, ramos tres in uino decoctos. Datur & dysentericis cum caseo in uino contrita. Dederunt & cum bitumine infrictam potioni propter anhelitum. Ex alto lapsis seminis tres uncias, ex olei libra, uiniq; sextario. Illinitur cum oleo coctis folijs partibus quas frigus adusserit. Si urinam mouet, ut Hippocrati uidetur, mirum est quosdam dare uelut inhibentem potui contra incontinentiã urinæ. Psoras & lepras cũ melle & alumine illita emendat. Item uitiligines uel rugas, strumas, & similia, cum hircino & adipe suillo, ac taurino seuo. Item ignem sacrum ex aceto & oleo, uel psimmythio. Carbunculum ex aceto. Nonnulli laserpitiũ unà illini iubent, sine quo epinyctidas pustulas curant. Imponunt & mammis turgentibus decoctam, & pituitæ eruptionibus cum cera. Testium uerò epiphoris cum ramis laureæ teneris, adeò peculiari in uisceribus his effectu, ut syluestri Ruta cum axungia ueteri illitos ramices sanari prodant. Fracta quoque membra semine trito cum cera imposito. Radix Rutæ sanguinem oculis suffusum, & in toto corpore cicatrices aut maculas illita emendat. Ex reliquis quoque quæ traduntur, mirum est, cum feruentem Rutæ naturam esse conueniat, fasciculum eius in rosaceo decoctum addita uncia aloës, perunctis sudorẽ reprimere. Itemq; generationes impediri hoc cibo, ideo profluuio genitali datur, & Venerẽ crebrò per somnia imaginantibus. Præcauendum est grauidis, abstineant hoc cibo, necari enim partus inuenio. Eadem ex omnibus satis quadrupedũ quoq; morbis in maximo usu est, siue difficilè spirantibus, siue contra maleficorum animalium ictus, infusa per nares ex uino: aut si sanguisugam exhauserit, ex aceto, & quocunque in simili morborum genere, ut in homine temperato.

EX SYMEONE SETHI.

Incidit crassos & tenaces humores, perq; urinam uacuat, & ad inflationes conducit, appetentiamq; Veneris compescit, ac strenuè exiccat. Ad inflatas aquas inter cutem, & anasarcam, morsos à uipera, succum Papaueris aut aconitum bibentes, colicosq;, pota & iniecta. Traditur quod comesta uisum acuet, ob id antiqui pictores hanc aſsiduè degustabant. Nonnulli & succum eius melli cõmiscentes, medicamentum ad oculorũ aciem acuendam cõficiunt. Succurrit difficultati urinæ si cum oleo coquatur, & ea uesica foueatur. Item difficulter spirantes cum melle data, confestim iuuat. Lethargicis pota, & per clysteres iniecta remedium fit. Intestina corroborat, non solum caliditate, sed proprietate quadã. Fertur etiam quod si prægnans mulier ex eius succo bibat, abortiat. Et si in dies quindecim folia assumat, idem facit. Obstructiones iecoris & lienis tollit. Si ieiunus quisquam ipsam assumpserit, eo die à ueneno non lædetur.

DE POTEN-

POTENTILLA
Genserich.

C

NOMINA.

Potentilla.

Tanacetum syl- uestre.

VO nomine Græci & Latini hanc herbam appellarint, à nullo, quod sciam, adhuc proditum est. Recentiores herbarij Potentillam, aliqui ob similitudinẽ Agrimoniam & Tanacetum syluestre nuncupant. Germani, quod herba illa anseres in cibo delectentur, Genserich uocant.

FORMA.

Herba Eupatorio, quod Agrimoniam hodie uocant, haud dissimilis. Caules ex una radice multos profert, humi stratos. Folia Eupatorio similia, supernè uiridia, infernè candicantia. Flores luteos singulari pediculo pendentes. Radicẽ extrinsecus rufescentem, intus candidam.

LOCVS.

Nascitur passim circa semitas & loca aquosa, atque in fluuiorum ripis ac marginibus.

TEMPVS.

Æstate floret, quo etiam tempore legi debet.

TEMPERAMENTVM.

Potentilla nõ est humida.

Quum folia eius & radix adstringant, temperamento à Pentaphyllo seu Quinquefolio nihil differre uidetur. Quare hæc, potissimum autem eius radix, ex tertio ordine desiccatoria est, minimumq; euidentis caliditatis habet. Errant itaq; mirum in modum recentiores, qui hanc humidam esse statuunt, nulla alia moti ratione quàm quod in humidis locis proueniat: quasi uerò Nasturtium aquaticum, quod Sisymbrium cardamine Dioscoridi uocatur, haud obstante quod in aquosis nascitur, non etiam in tertio desiccet ordine. Debuisset certè illos ab hac sententia deter-

D rere non leuis illa adstrictio, quę certissimus est siccitatis index: adstringentia enim, Galeno libro quarto de simpli. medicament. facult. capite sexto teste, terrena sunt & crassa corporis consistentia, atque adeo sicca.

VIRES.

Recentiores Potentillã fluxionibus & puncturis oculorũ prodesse, recentia uulnera glutinare, & exedentia sanare, mulierũ menstrua cõpescere, artus & membra cõfirmare, rectè tradunt: nam idipsum posse, adstrictio, quæ in hac herba haud modica est, abundè docet. Et cum habeat Quinquefolij temperamentũ, eius etiam facultates obtineat necesse est. Dentiũ itaq; dolorẽ finit. Exedentia oris ulcera sanat. Dysentericis & alui profluuijs, coxendicis articulorumq; doloribus subuenit. Sanguinis eruptiones sistit, aliaq; potest quæ à Dioscoride Quinquefolio tribuuntur. Quod uerò adijciunt hanc etiã lumbricos exterminare posse, id minus rectè faciũt. Ea siquidem facultas non huic, sed illi inest herbæ quæ uerè Tanacetũ dicitur, quæ quidem est tertia, ut suo diximus loco, Artemisiæ species. Proinde non sine magno errore, Potentillam cum ea quæ propriè Tanacetum uocatur herba confuderunt.

Herbarij Potentillam cum Tanaceto confuderũt.

DE PRV-

PRVNELLA Braunellen.

DE PRVNELLA. CAP. CCXXXVII.

C

NOMINA.

Prunella. NONDVM nobis constat quo nomine hæc herba ueteribus tum Græcis tum Latinis appellata sit. Vulgus tamen medicorũ & herbariorũ Prunellam nominant. Germani Braunnellen oder Gottheyl.

FORMA.

Caules habet in medio striatos, pingues & hirsutos: folia Ocimo similia, coloris herbacei, & acuminata. Flores in summis caulibus spicatos, Lauandulæ uocatę herbæ non dissimiles. Radicem tenuem, multis capillamentis fibratam.

LOCVS.

Nascitur passim in pratis.

TEMPVS.

Maio & Iunio mensibus floret.

TEMPERAMENTVM.

Calidam & siccam esse constat, id quod ex gustu patet: glutinosa enim admodũ, & modicè amara est.

VIRES.

Vulnerariam esse herbam euidentissimũ est. Succum eius cum aceto & rosaceo mixtum, uehementes capitis dolores sedare recentiores uno consensu tradunt, si tempora ex eo inungantur. Aphthas & oris ulcera, fauciumq; uitia succus eiusdem sanat.

DE PENTAPHYLLO. CAP. CCXXXVIII.

D

NOMINA.

Quinquefolium unde dictum. ΠΕΝΤΑΦΥΛΛΟΝ Græcis, Quinquefoliũ Latinis & officinis, Germanis Fünffingerkraut/oder Fünffblatt appellatur. Nomen à numero foliorũ habet; in unoquoq; enim pediculo quinq; esse deprehendunt.

GENERA.

Etsi Dioscorides unum duntaxat Pentaphylli genus faciat, tamẽ nos ad nostras respicientes terras tria eius genera in uniuersum produximus. Vnũ quod maius appellauimus, prorsus ad Dioscoridis picturã accedẽs, ut hoc nomine uerũ esse Quinquefoliũ putemus. Estq; duûm generũ: unum quod pallidos seu candidos flores obtinet, hinc est quod Quinquefoliũ maius candidum appellauerimus, Germanicè groß weiß Fünffingerkraut. Alterum floribus ornatur auri colorẽ æmulantibus, seu luteis. Nos ut discerneremus à priori, Quinquefoliũ maius luteum nominauimus. Dioscorides etiã hæc duo genera innuere uidetur, cum inquit florem habere uel candidum uel auri æmulũ. Tertiũ minus diximus, quod priori haud dissimile est, non tamen passim ut illud quinque folia obtinens. Hoc, cum non haberemus aliud nomen quo ipsum appellaremus, inter Quinquefolij genera connumerare placuit. Videtur uerò Hippocrates etiam duo Quinquefolij genera nouisse, unũ humilius, alterũ procerius, ut hoc nomine nobis etiã liceat minus & maius statuere.

Maius Pentaphyllon. *Minus.*

FORMA.

Ramulos habet festucarũ instar graciles, dodrantales, & in ijs semen. Folia Menthæ similia, in singulis pediculis quina, rarò plura, per ambitum serræ modo incisa: florem in candido pallidum, auri æmulũ. Radicem subrubrã, oblongam, Elleboro nigro crassiorẽ. Ex qua sanè descriptione omnibus liquet, maius Quinquefoliũ esse legitimum. Ex una siquidem radice subrubra & oblonga, ramulos profert tenues, ac prorsus festucaceos, & in ijs semen, folia Menthę, quina in singulis pediculis, per ambitum serræ modo crenata, florem luteum, aut aureum. Quibus accedũt natalis locus (in riguis enim nascitur) & immensa adstringendi facultas; quæ quidem singula ue-

Maius Quinquefolium est uerum Pentaphyllon.

QVINQVEFOLIVM
MAIVS CANDIDVM.

Groß weiß Fünffingerkraut.

QVINQVEFOLIVM
MAIVS LVTEVM.
Groß Fünffingerkraut.

QVINQVEFO
LIVM MINVS.

Klein Fünffingerkraut.

gg

C gula uerum esse Quinquefoliũ docent. Adeoq; mirari satis non possum, cur nonnulli adulterina hæc esse Pentaphylla sibi persuaserint.

LOCVS.

Prouenit aquosis locis, & iuxta aquæductus. Interdum etiam in incultis, siccis & arenosis locis.

TEMPVS.

Floret Maio & Iunio mensibus potissimum.

TEMPERAMENTVM.

Vtriusq; certè folia, flores & radices uehementer adstringunt: atque adeo, ut Galenus ait, radix, cuius multus est usus, ex tertio est ordine desiccantiũ, minimum habens euidentis caliditatis.

VIRES. EX DIOSCORIDE.

Radicis Quinquefolij decoctum ad tertias depressum deductúmue, si in ore retineatur, dentium dolores sedat. Putrescentia oris ulcera collutione sistit. Arteriæ asperitates gargarizatum emendat. Contra alui profluuia, & dysenterias auxiliatur. Item articulorũ & coxendicũ dolores potum sanat. Cocta in aceto & illita, herpetas cohibet. Strumas discutit, duritias, œdemata, aneurysmata, abscessus, erysipelata, digitorum pterygia, condylomata, scabiesq; sanat. Teneræ radicis succus, contra iecinoris pulmonisq; affectiones & uenena prodest. Folia cum hydromelite, aut uino diluto, & exiguo pipere, contra febrium circuitus bibuntur: in quartana quidem quaternorũ ramulorum folia, in tertiana uerò trium, in quotidiana unius. Tricenis diebus pota comitiali morbo medentur. Succus foliorũ per dies aliquot triũ cyathorũ mensura potus, celeriter regiũ morbum sanat. Vulneribus ac fistulis cum sale & melle illita medentur. Enterocelicis, id est, intestinorum ramice laboranti-
D bus succurrunt. Sanguinis eruptiones potum & illitum Quinquefoliũ sistit. Inciditur ad expiationes lustrationésue, sanguinis profluuia & castimonias.

EX GALENO.

Pentaphylli radix desiccat uehementer, minimum uerò acris est: quare in multo est usu, uelut alia quoque omnia, quæ quum sint tenuium partium, citra morsum desiccant.

EX PLINIO.

Quinquefoliũ adhibetur purgandis domibus. Strumis medetur, & pectoris uitijs. Idem ischiadicis bibitur & imponitur. Panos sanat. Impositũ articulis utilissimum. Fistulis quæ in omni parte serpunt auxilio est cum sale & melle. Phalangio aduersatur, lichenas emendat. Succus de Quinquefolio potus cyathis tribus anginę medetur. Idem iecinoris & pulmonis uitijs, sanguinemq; reijcientibus, cuicunq; sanguinis uitio intus occurrit. Multi supra omnia laudant ad deploratos dysentericos Quinquefoliũ, decoctis in lacte radicibus & potis. Item decoctum ad tertias in uino ictericis dari atq; illini utilissimũ est. Eius folia ex aqua comitiales sanant. Item contrita ex uino sumpta triginta diebus in betonicæ farinæ pondo denariorũ tredecim cum aceti scillitici cyatho, comitialibus morbis liberant. Celerrimè succus regio morbo medetur, tribus cyathis cum sale & melle potus. Quinquefolij folia quidam terna tertianis dedêre, quaterna quartanis, plura cæteris, omnibus obolis tribus cum pipere ex aqua mulsa.

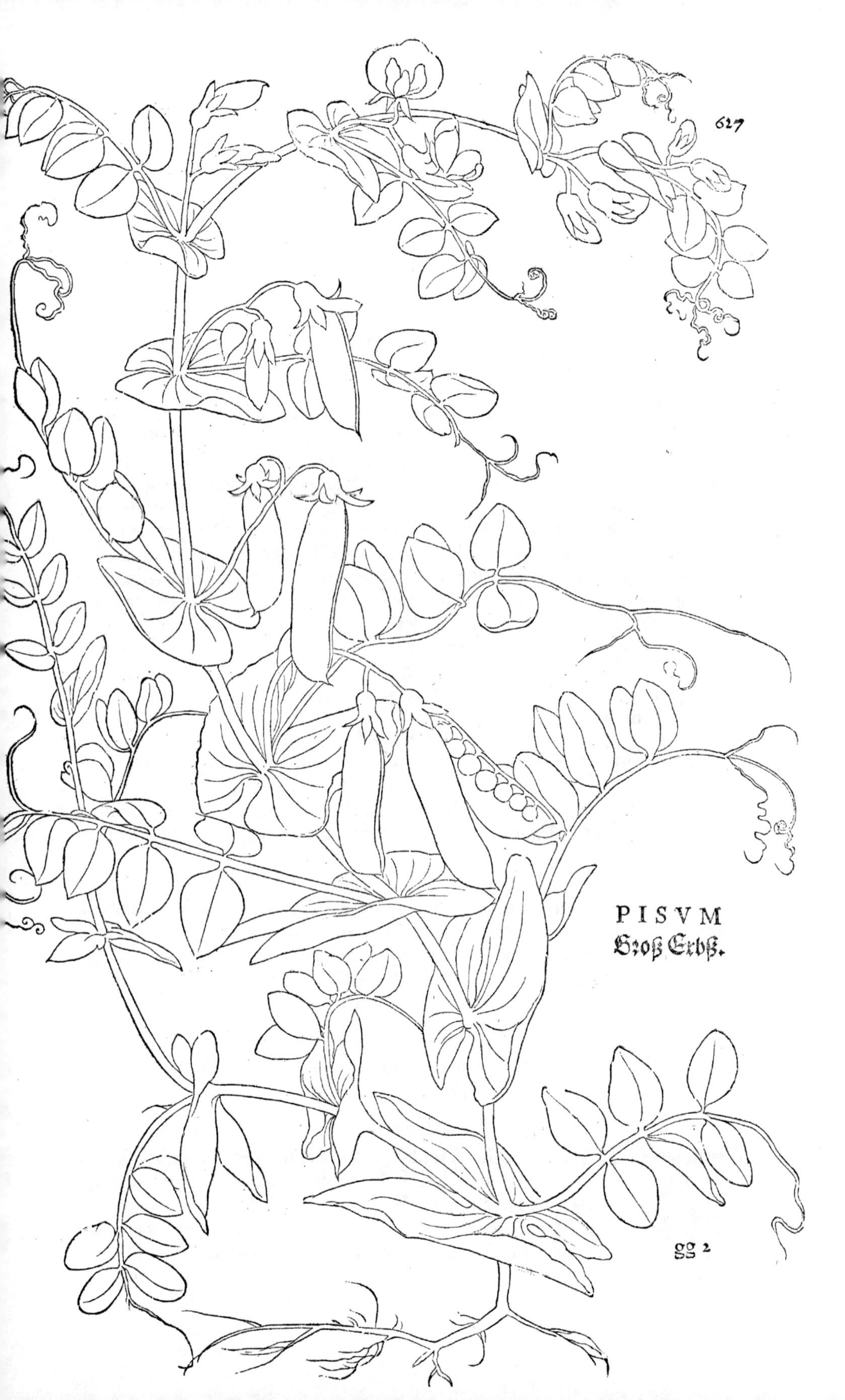

PISVM
Groß Erbß.

DE PISIS. CAP. CCXXXIX.

C

NOMINA.

Pisum quare dictum.

ΠΙΣΟΝ, πίσκυθος græcè, Pisum latinè dicitur. Officinis hoc nomine notum. Germanicè Erbß/oder Erweyssen. Sic autem à Pisa loco in quo olim copiosissimè nascebatur, nominatum est.

GENERA.

Duo apud nos genera Pisorum reperiuntur. Vnum in aruis caducũ, humi serpens, quod genus Germani klein feld Erweyssen nominant. Huius, utpote uulgaris, picturam haud damus. Alterum in altum scandit, arboribus aut palis quibus accubet adfixis, quibus sese capreolis uinciens illigat. Hoc Germani groß garten Erweyssen uocant. Genus hoc pictum exhibemus.

FORMA.

Caules in terram spargit concauos, ramososq; prætenui surculo: folio frequenti præter cæterorũ morem longiusculo: flore papilionis forma, circa umbilicum purpureo: siliqua oblonga seu cylindracea: granis rotundis, &, ut Plinius lib. xviij. capite xij. ait, angulos multos inæquales habentibus: radice imbecilla: ut mirari satis non possim, unde plerisq; suspicio orta sit, ut Pisum nostrum legitimum esse dubitauerint. Scio autẽ esse qui legumen hoc quod hodie passim Pisum appellatur, putent esse Cicer arietinũ, quod scilicet ualuulæ seu siliquæ eius cornu arietini formã habeant. Quorum certè sententiam probare non possum, quòd, Plinio teste, Cicer arietinũ sic non sit dictum quia ualuulæ effigiẽ arietini cornu exprimant, sed quia legumen ipsum seu granum Ciceris arietino capiti simile sit. Eam autem formã legumen hoc quod Pisum nominamus non refert.

LOCVS.

Apricis gaudet locis, frigorum nanq; impatientissimũ. Tepidum itaque locum, & cœlum frequentis humoris desiderat.

D

TEMPVS.

Iunio & Iulio mensibus floret, & subinde etiã semina in ualuulis profert.

TEMPERAMENTVM.

Quũ Pisum simile quid tota substantia cum faba, ut testatur Galenus, obtineat, necesse est ut non multum à medio temperamento in refrigerando & exiccando recedat.

VIRES EX GALENO.

Simile quid tota substantia cum fabis obtinent Pisa, nec alio quàm illæ modo manduntur. In duobus autem euariant. Non enim similiter ac fabę inflant, nec abstergendi facultatẽ habent, ideoq; segnius quàm illæ per aluum secedunt.

EX PAVLO.

Pisum molle quidem & laxum est, non tamen adeò inflat.

DE POLYTRICHO APVLEIANO. CAP. CCXL.

NOMINA.

Polytrichũ Apuleij cur dictum.

NON temerè adiectũ est Apuleij, ne scilicet quispiam Dioscoridis & aliorum Græcorum intelligeret Polytrichon, quod sanè forma ab eo quod nunc describimus alienissimũ est. Germanicè à colore aureo quam habet, guldiner Widerthon uocatur. Officinis incognita est hæc herba. Polytrichon dicta est à ramulis, qui capillorum instar tenues sunt.

GENERA.

A

GENERA.

Duo Polytrichi Apuleiani damus genera. Vnum maius, alterũm minus: necq́ enim differunt nisi sola magnitudine.

FORMA.

Ramulos habet capillorũ instar tenues, colore aurum referentes, circumq́ hos folia multa capillacea, in summo capitula lentis aquaticæ ferè forma, eiusdem cum ramulis coloris.

LOCVS.

Maius nascit in pratis humidis & uliginosis. Minus in petris ac muris humidis.

TEMPVS.

Mense Iulio utrunque reperitur.

TEMPERAMENTVM.

In caliditate & frigiditate symmetra sunt: desiccant tamen, extenuant & digerũt.

VIRES.

Decoctum eorundem in aqua aut lixiuia capillorũ radices firmat, ideoq́ in alopecia caput glabrum capillis uestit. Potum, uiscosorum crassorumq́ è thorace pulmoneq́ excreationibus non mediocriter confert: lapides frangit, & urinas ducit. Morbo regio correptis & lienosis auxiliatur. Strumas discutit, & in summa eadem quæ Adiantum potest. Recentiores superstitione quadam ducti, illis multa ridicula & incredibilia tribuunt.

Maius Polytrichum Apuleij.
Das groß guldin Widerthon.

Minus Polytrichum Apuleij.
Das klein guldin Widerthon.

PERSICARIA Flöhkraut.

DE PERSICARIA. CAP. CCXLI.

A

NOMINA.

Non clàm me est quàm uariè à multis diuinatum sit, quo nomine Persicaria uocata ueterib. sit. Sed mea quidē sententia, in uniuersum omnes coniecturis usi non satis firmis, decepti sunt. Et ego quidem fateor ingenuè, nec mihi constare num à ueteribus descripta sit, tantum abest ut scire queam quo illam appellauerint nomine. Vulgus herbariorū uno consensu hodie, quod folia Persicæ habeat, Persicariā nominant. Germani Flöhkraut.

Persicaria.

Persicaria unde dicta.

FORMA.

Folia Persicæ arboris habet, fusca in medio macula plumbaginéue: caule geniculato, rubente, longo: flore spicaceo, primùm candido, dehinc purpureo: semine minuto, radice lutea, numerosa.

LOCVS.

In humidis & palustribus locis frequentius prouenit.

TEMPVS.

Iulio & Augusto mensibus floribus ornatur.

TEMPERAMENTVM.

Frigidam & admodum siccam esse gustus abundè monstrat: mirificè enim gustata adstringit.

VIRES.

Vulnerariam herbam esse temperamentū eius satis docet. Recte itaq; iuniores medici in uulneribus, & maximè fistulis curandis utuntur. Vtilis hauddubiè in dysenteria, alijsq; malis quæ refrigerationē & adstrictionem requirunt.

B

DE PERFOLIATA. CAP. CCXLII.

NOMINA.

An hæc herba ueteribus cognita fuerit Græcis & Latinis, affirmare certò non possum. Ego planè Cotyledonem putarem Dioscoridis, nisi radix in diuersam me traheret sententiam, quæ oliuæ instar rotunda non est. Hodie tamen, quòd caulis eius singula folia dissecat atq; penetrat, Perfoliata ab omnibus appellatur. Germanicè Durchwachß & Bruchwurtz dicitur.

Perfoliata cur dicta.

FORMA.

Caulis illi rotundus, rubescens, folia singula penetrans, quæ Pisorum folijs haud dissimilia sunt, tenuia admodum & glabra. In summo coliculorum capitula, & in ijs flores lutei, & semina formam ferè Tithymalli, quam uulgo Esulam nominant, præ se ferentia. Radix candida, fibris capillata.

LOCVS.

Nascitur in hortis sata, & interdum sua sponte in arenosis locis prouenit.

TEMPVS.

Floret Iulio mense, & subinde semina producit.

TEMPERAMENTVM.

Amara modicè est & adstringit, ut hinc colligi liceat calidam & siccam esse.

VIRES.

Vulneribus & ulceribus tam externis quàm internis curandis aptissima est herba: hæc enim glutinat. Valet autem potissimum ad ramices puerorum sanandos. Auxiliatur etiam exulcerationibus & prominentijs umbilici. Plurimus huius apud chirurgos usus.

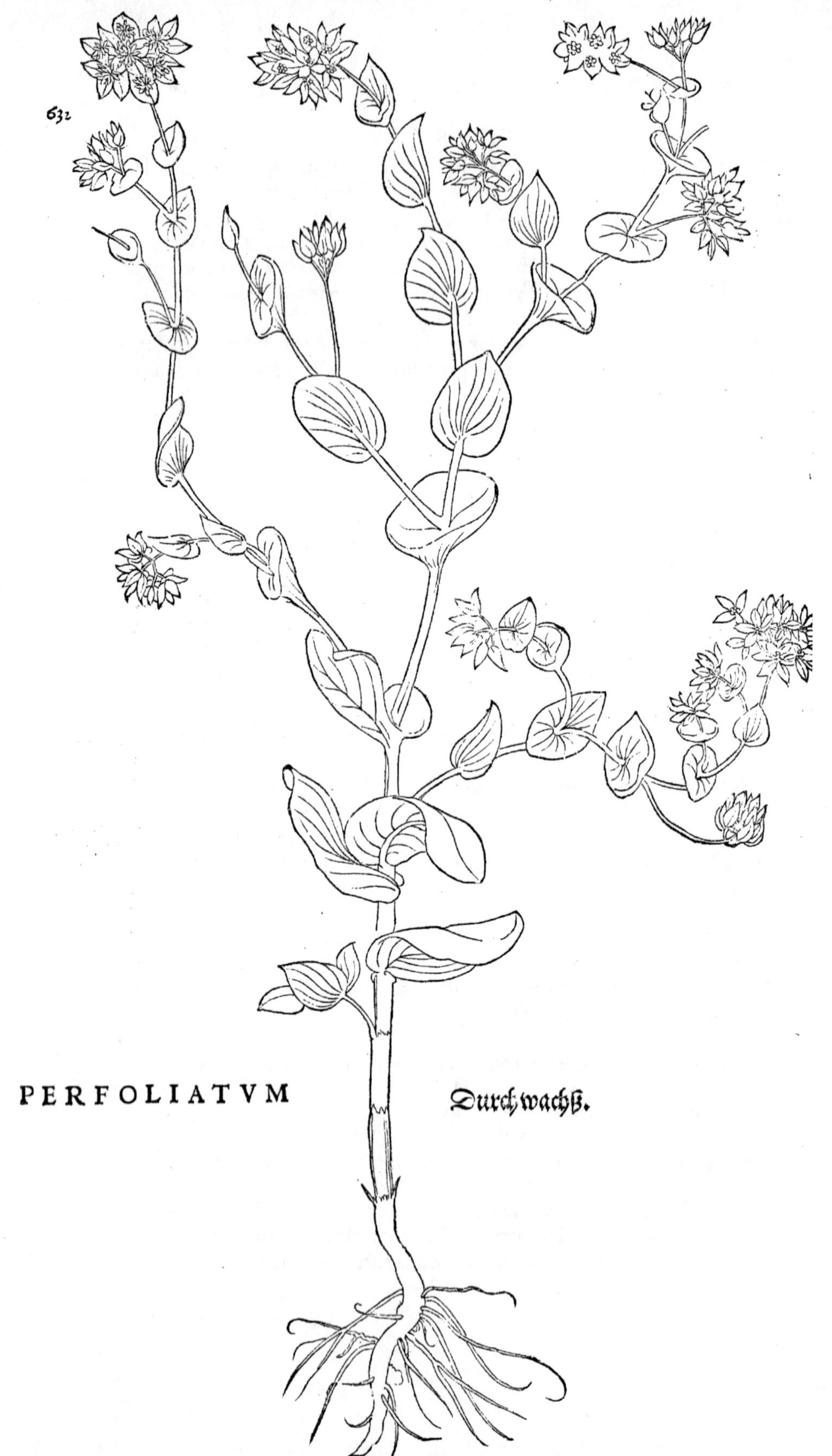

PERFOLIATVM Durchwachß.

A

NOMINA.

ΡΑΣΟΝ Græcis, Porrum Latinis & officinis, Germanis Lauch appellatur. Porrum autem dictum putant, quod porrò eat, & longè lateq; graſſetur. *Porrum unde dictum.*

GENERA.

Porri duo genera ſignauit antiquitas. Vnum capitatum, ſic nominatum quod eius radix in caput increſcat atque extuberet. Alterum ſectiuum, cui frondens coma ſuper terram eminens aufertur amputatúrue. Hoc Germani pulchrè ad nomen latinum alludentes, Schnittlauch nominant, & Bryßlauch. *Capitatum Porrum. Sectiuum.*

FORMA.

Capitatũ ſimplici capite ex albæ ceruicis anguſtijs extuberante conſtat, fronde ſuper terram carinata, & in angulum oblonga. Sectiuo uerò caulis eſt longus, intus cauus, multis in uertice floribus aceruatim collectis, & in ſpeciẽ abſoluti orbis conglomeratis, id quod in bimo accidit: quod etiam ſementeſcit, ſparſo per eius cacumen ſemine, & emoritur. Radix candicans, craſſa, multis fibris capillata, ac tunicis quibuſdam ueſtita.

LOCVS.

Læto ſolo gaudet, odit rigua.

TEMPVS.

Duodeuigeſimo die à ſatu prorumpit, bimatumq; perfert.

TEMPERAMENTVM.

Calefacit & extenuat perinde atque cepa, ut ex eius facultatibus euidentius innoteſcet. Symeon Sethi calidum & ſiccum in ſecundo facit ordine.

VIRES. EX DIOSCORIDE.

Porrum capitatum inflationẽ facit. Noxium ſuccum creat, difficilia inſomnia pa-
B rit. Vrinam ciet. Aluo accõmodum. Extenuat. Oculorum obſcuritatẽ facit. Menſes pellit, ueſicam exulceratã, renesq; lædit. Cum ptiſana uerò coctum & comeſtũ, ea quæ in thorace ſunt educit. Coma eius in aqua maris & aceto cocta, in deſeſsionibus ad præcluſiones uuluæ & duritias, utilis habetur. Vna & altera aqua coctũ, aut aqua frigida maceratum, dulceſcit, & multò minus inflat. Semen acrius eſt, & quandam adſtrictoriã uim habet. Quare ſuccus eius cum aceto, addito thure aut manna, ſanguinem, maximè è naribus prorumpentẽ, ſiſtit. Venerẽ ſtimulat. Contra omnia thoracis uitia pro delinctu efficax eſt, & ad tabem comeſtũ. Purgat etiam arteriam. Sed ſi aſsiduè eſtur, uiſus obſcuritatẽ inducit. Stomacho aduerſatur. Succus ex melle potus, contra beſtiarũ morſus auxilio eſt. Idem quoque illitus poteſt. Cum aceto, thure & lacte, aut roſaceo inſtillatus, aurium doloribus & ſonitui prodeſt. Varos tollunt folia, cum rhoë obſoniorum illita. Epinyctidi medentur. Cruſtas ex ſale illita rumpunt. Veteres ſanguinis reiectiones cohibent ſeminis drachmæ binæ cum æquali baccarum Myrti pondere potæ.

EX GALENO.

Corpus calefacit, & craſſos in eo humores extenuat, glutinoſosq; incîdit. Bis tamen aut ter in aqua decoctum, acrimonia ſpoliatur: quanquam ne ſic quidem uim perdit extenuandi.

EX AETIO.

Porri capitati acris ſaporis ueluti & cepe ſunt, cuius ratione corpus calefaciunt, craſſosq; humores attenuant, ac lentos incîdunt, urinam prouocant, ſanguinẽ purgant. Præſtantiſsimus uſus eorum qui bis coquuntur: ita enim acrimoniam deponunt, neque amplius deprauatum ſuccum retinent.

EX PAVLO.

Porrũ mali ſucci eſt & acre. Vt autẽ Dioſcorides ait, grauia facit inſomnia, aluũq; bonam, urinã cit & extenuat. Habet & abſtergendi uim aliquã, cum ptiſana: ſiquidem

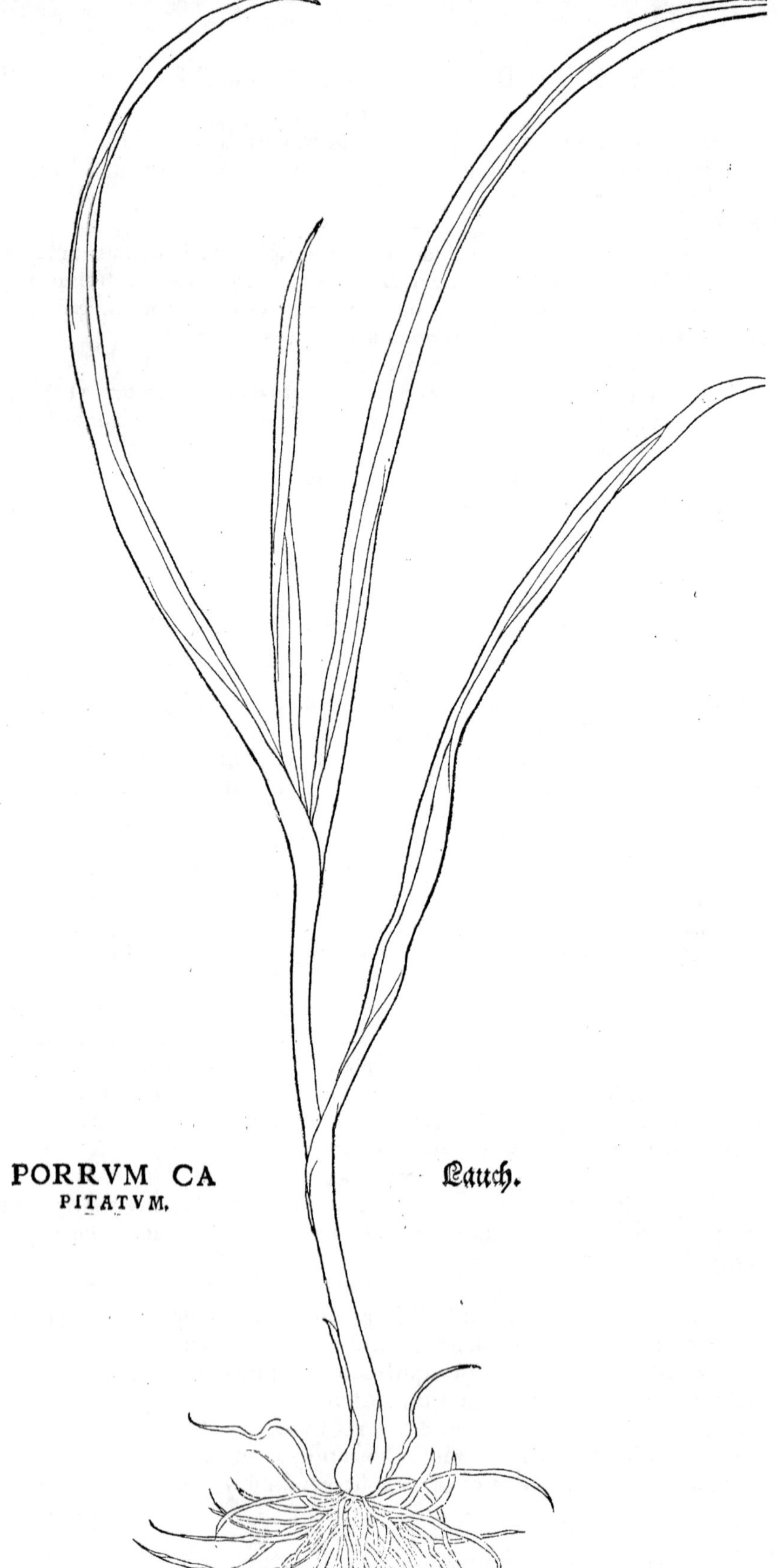

PORRVM CA
PITATVM.

Lauch.

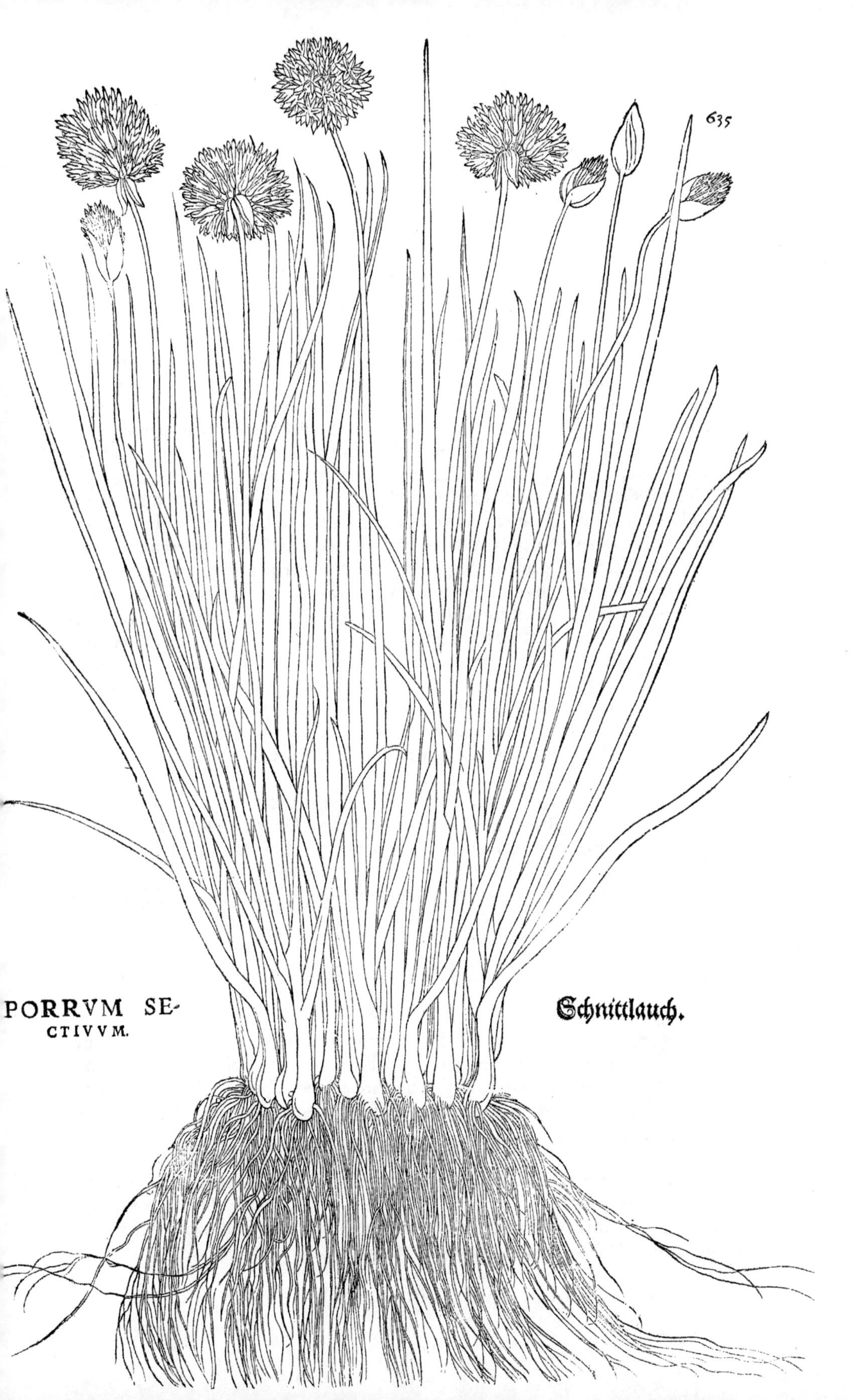

PORRVM SECTIVVM.

Schnittlauch.

C dem coctum, ea quæ in thorace sunt educit. Semen uerò eius nephriticis miscetur medicamentis. Folia etiam nõnihil adstringunt, ob eamq́ causam succus ipsorum sanguinem supprimit.

EX PLINIO.

Porro sectiuo profluuia sanguinis sisti in naribus, contrito eo obturatis, uel gallæ mixto, aut menthæ. Item ex abortu profluuia, poto succo cum lacte mulierum. Tussi etiam ueteri, ac pectoris & pulmonis uitijs medetur. Illitis folijs sanantur ambusta, epinyctides: ita uocatur ulcus aciem hebetans, & in angulo oculi perpetim humor emanans. Quidam eodem nomine appellãt pustulas liuentes, ac noctibus inquietantes. Et alia ulcera cum melle trito. Vel bestiarũ morsus ex aceto. Item serpentium. Aurium uerò uitia cum felle caprino, uel pari mensura mulsi. Stridores cum lacte mulieris. Capitis dolores, si in nares fundatur, dormiturisue in aurem, duobus succi cochlearibus, uno mellis. Succus & ad serpentiũ scorpionumq́ ictus in potu bibitur cum mero, & ad lumborũ dolores cum uini hemina potus. Sanguinem uerò excreantibus & phthisicis, destillationibus longis, uel succus, uel ex ipso cibus prodest. Item morbo regio, uel hydropicis. Et ad renum dolores, cum ptisanæ succo acetabuli mensura. Idem modus cum melle, uuluas purgat. Tostus uerò editur & contra fungorum uenena, imponitur & uulneribus. Venerem stimulat, sitim sedat, ebrietatẽ discutit. Sed oculorũ aciem hebetare traditur, inflationẽ quoque facere, quæ tamen stomacho non noceat, uentremq́ molliat. Capitato maior est ad eadem effectus. Sanguinem reijcientibus succus eius cum caule aut thuris farina, uel acacia datur. Hippocrates & sine alia mixtura dari iubet, uuluasq́ contractas aperiri putat. Fœcunditatẽ etiam fœminarum hoc cibo augeri. Contritum ex melle ulcera purgare. Tussim & destillationes thoracis. Pulmonis & arteriæ sanat
D uitia, datum in sorbitione ptisanæ: uel crudum, præter capita, sine pane, ita ut alternis diebus sumatur: uel si purulenta excreentur. Sic uoci uel Veneri, somnoq́ multum confert. Capita bis aqua mutata cocta, aluum sistunt, & inflationes ueteres. Cortex decoctus illitusq́, inficit canos.

EX SYMEONE SETHI.

Vrinam cit, & mali succi est. Assiduè comestum uisus hebetudinẽ efficit. Difficilia inuehit somnia, & stomacho nocet. Semen genitale calefacit, & capitis dolores excitat. Iecur, renes & uesicam lædit. Confert ad hæmorrhoidas. Bis uerò aqua coctum, & aceto, garo & oleo, cuminoq́ condîtum, salubre est ijs qui frigido sunt stomacho.

DE PVLMONARIA. CAP. CCXLIIII.

NOMINA.

Pulmonaria cur nominata.

VT ueteribus Græcis & Latinis nominata sit hæc herba, nondum scire licuit. Hodierni temporis medici & herbarij Pulmonariam uocant, Germani Lungenkraut. Sic autem hauddubiè appellari cœpit, quod pulmonum uitijs, exulcerationibus potissimum eorundem, præsens remedium sit.

FORMA.

Folia mollia habet, inuicem incumbentia, leniter laciniata, cauis multis prædita, superiore parte uiridia, inferiore in luteo albicantia, ac ueluti punctis aut pustulis quibusdã notata, atq; hoc nomine aliquam pulmonis humani formam referentia: unde etiam Pulmonariam dictam esse conijcimus.

LOCVS.

Prouenit in quercu arbore, & saxosis locis.

TEMPVS.

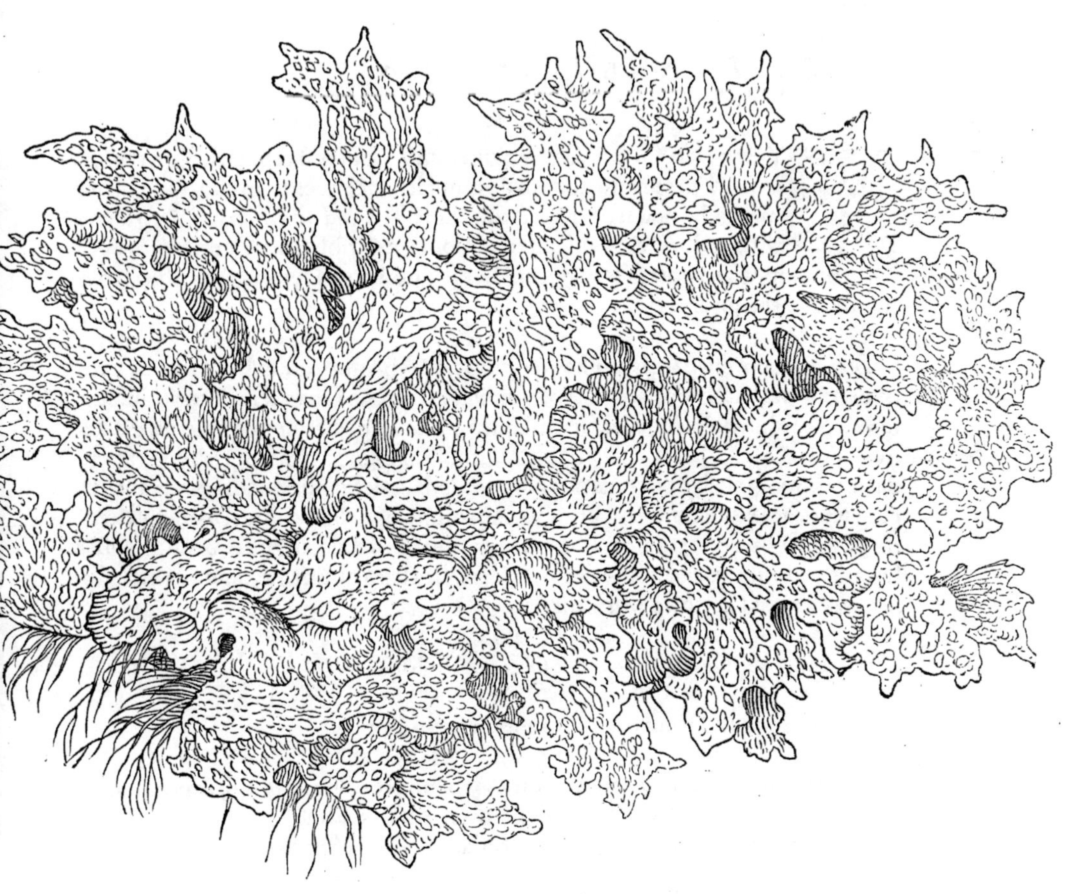

PVLMONARIA Lungenkraut.

C

TEMPVS.

Tota æstate inuenitur locis iam monstratis.

TEMPERAMENTVM.

Recentiores frigidam & humidam esse, mea quidem sententia, falso statuūt: admodum enim adstringit, ut hoc nomine idem cum quercu in qua nascitur habeat temperamentum. Desiccat itaque & paulò infra media calefacit, in genere eorum quæ tepida sunt.

VIRES.

Desiccandi & adstringendi facultatem obtinet, quamobrem uulnera recentia glutinat, potissimum autem pulmonis. Ad incipientes quoque ac crescentes phlegmonas utilis: nam quæ iam uehementes sunt, adstringentia respuunt. Confert autem hauddubiè etiam ad muliebre profluuium, & sanguinis expuitiones, & diuturnos alui fluores.

DE PTARMICE. CAP. CCXLV.

NOMINA.

Sternutamentaria. Syluestre Pyrethrum.

ΠΤΑΡΜΙΚΗ Græcis, Sternutamentaria Latinis dici potest. Sunt qui syluestre Pyrethrum nominent, quod scilicet Pyrethri modo, quanquam mitius, linguam uellicet. Atque hinc est quod nonnulli pro uero Pyrethro, seducti eius titillante acrimonia, descripserint. Germanis wilder Bertram appellari potest. Ptarmice dicta est, quod flores eius naribus obiecti sternutamenta eliciunt.

Ptarmice cur dicta.

D

FORMA.

Breuis frutex est, paruis, multis, teretibus, & Abrotono similibus ramulis, circa quos folia multa, oblonga, oleaginis similia. In summo Chamæmeli capitulū, paruum, rotundum, olfactu acre, sternutamenta ciens, unde & nomen inuenit. Hactenus Dioscorides. Quod si itaq; naturam atque imaginem eius fruticis rectè expendas, undiquaq; ei plantæ cuius picturā damus, hæc descriptio quadrabit. Nam surculis fruticat exiguis, multis, rotundis, Abrotono non dissimilibus, lentè rufescentibus, qui folijs frequentibus, longiusculis, oleæ similibus, angustis, utrinq; leniter serratis ambiuntur, cacumine Anthemidis umbellam obtinente, quæ acri suo odore nares feriens sternutamentum irritat.

LOCVS.

Inuenitur sæpius in montibus altis & saxosis locis.

TEMPVS.

Floret æstate: radix eius extremo effoditur autumno.

TEMPERAMENTVM.

Eius temperies est calida & sicca, uiridis etiamnū ordine secundo, siccatæ tertio.

VIRES. EX DIOSCORIDE.

Folia cum floribus illita sugillata emendare possunt. Flores sternutamenta efficacissimè mouent.

EX GALENO.

Ptarmices flores ciendæ sternutationis uim obtinent, unde & herbæ nomen. Sugillata & reliquas ecchymoses discutit.

EX PAVLO.

Ptarmices folia sternutamenta mouent. Totus autem frutex uiridis sugillata, liuoresq; alios disijcit.

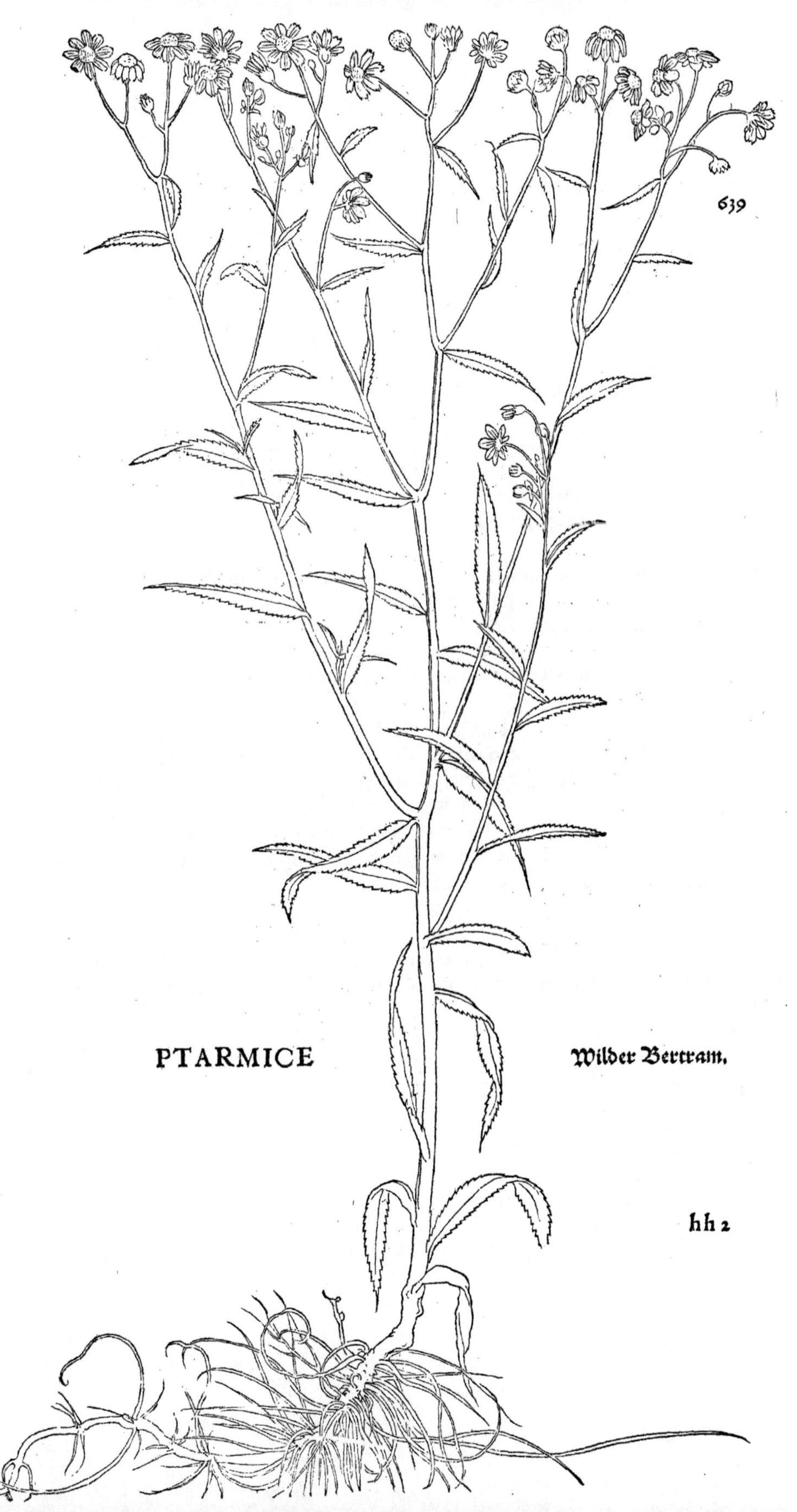

PTARMICE

Wilder Bertram.

C

NOMINA.

ΥΡΕΘΡΟΝ græcè, Saliuaris latinè dicitur. Officinæ græcam appellationem retinuerunt. Germanicè Bertram nominatur. Pyrethron autem à feruido, ac ignis simili, qui in eius radice est sapore, Græci dixerũt. Saliuaris uerò, quod mansa uel ore tantum detenta eius radix, copiosam saliuam eliciat, Romanis appellata est.

Pyrethron cur dictum.
Saliuaris herba quare nominata.

FORMA.

Herba est caulem foliaq; syluestris Dauci, & Fœniculi instar proferens. Vmbellam Anetho similem orbiculatam. Radicem pollicis crassitudine, longam, sapore feruidissimã. Hæc Dioscorides. Vbi nobis monendus uenit lector, Pyrethrum nostri soli non ex omni parte huic descriptioni respondere. Non enim umbellam anetho similem, sed anthemidis potius orbiculatum capitulum, quod Ptarmici tribuit Dioscorides, habere deprehenditur. Cætera omnia adamussim respondent. Siquidem habet Pyrethrum caules & folia Dauci syluestris & Fœniculi, radicem pollicis crassitudine, gustus ardentissimi.

Pyrethrum nostrum Ptarmices flores obtinet.

LOCVS.

In Germania nostra, quod sciam, non nisi plantatum prouenit.

TEMPVS.

Floret æstatis maxima parte.

TEMPERAMENTVM.

Excalfacit & siccat in tertio ordine, uel ut aliqui putant, in quarto.

VIRES. EX DIOSCORIDE.

Pituitã elicit radix: ideoq; dentium doloribus decocta in aceto, colluto inde ore,
D auxiliatur. Mansa pituitam extrahit. Sudores ciet, inuncta ex oleo. Diuturnis rigoribus efficax. Contra refrigeratas partes corporis ac resolutas eximiè conducit.

EX GALENO.

Pyrethri radice potissimũ utimur urentem facultatem obtinente, qua utiq; dentium etiam refrigeratorum dolores mitigat. Et ad rigores ante circuitum cum oleo infricatur. Ad hæc stupidos & resolutos adiuuat.

EX PAVLO.

Pyrethri radix adurentem potestatem occupat, dentium qui frigori patuerunt dolores lenit. Item ad febrium rigores ante circuitum infricatur cum oleo. Ad hæc ijs quorum corpora ex refrigeratione stupent, & resoluta sunt, efficacissimè adhibetur.

DE PYXO.

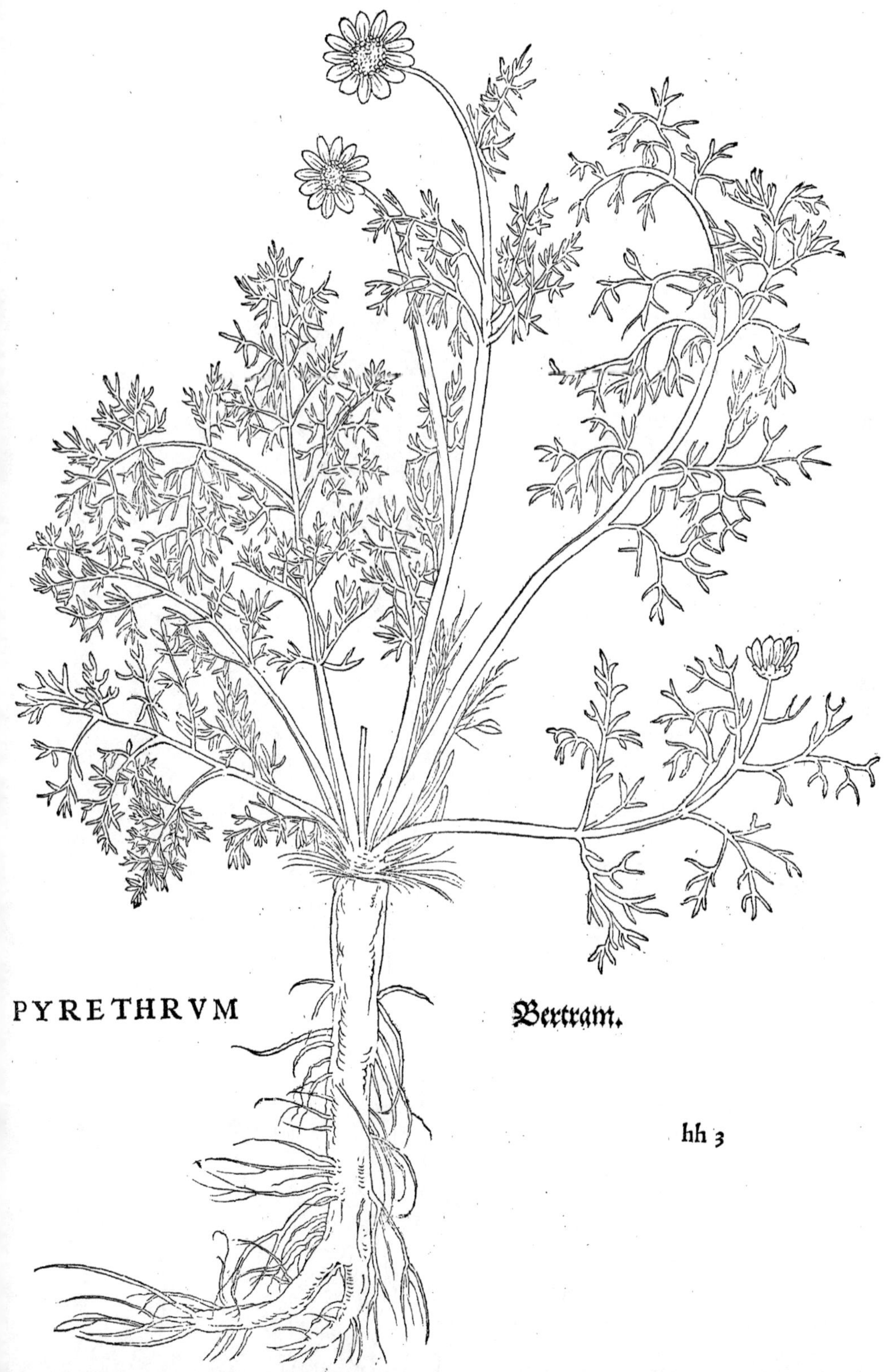
PYRETHRVM
Bertram.

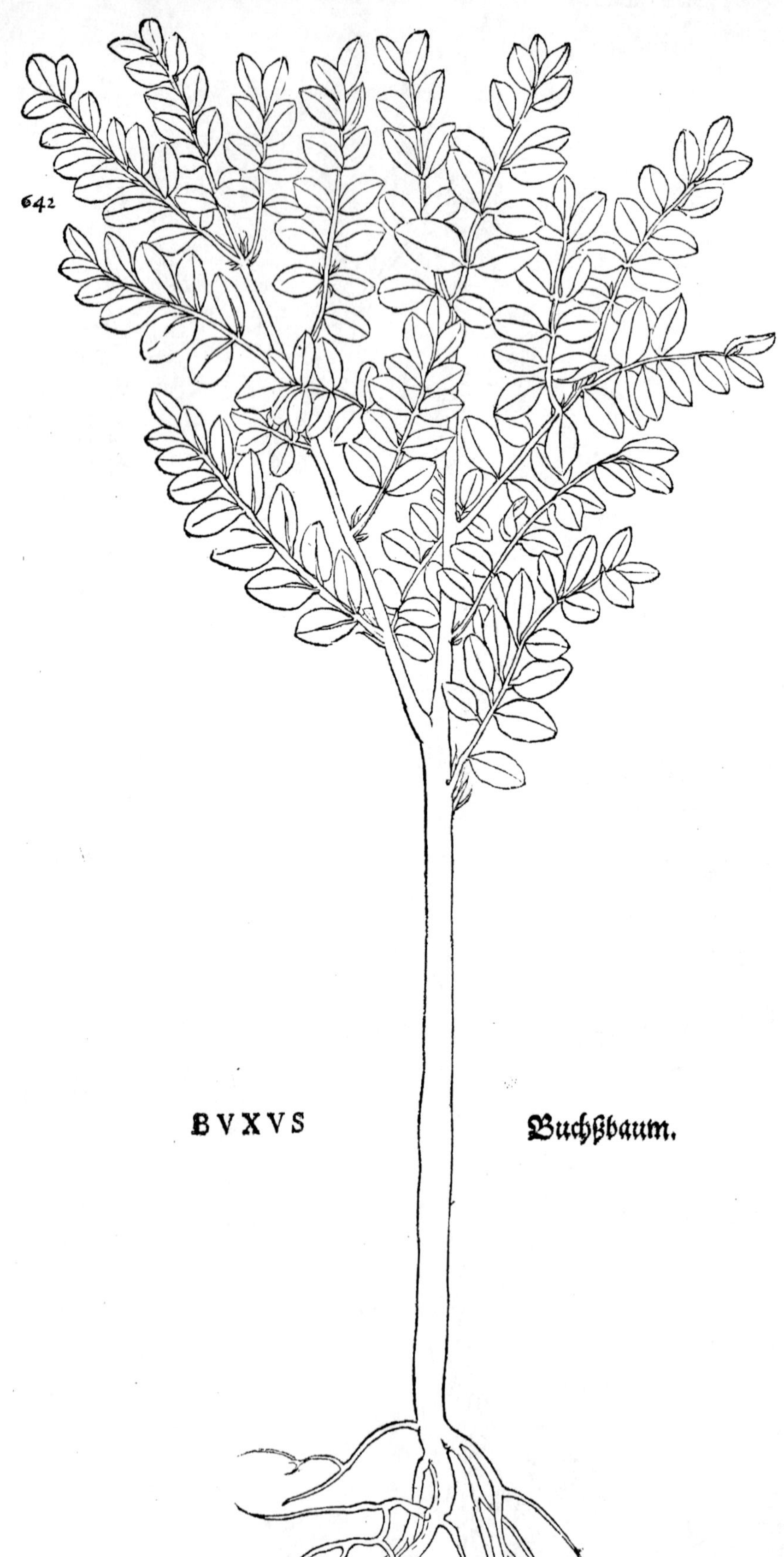
BVXVS
Buchßbaum.

DE PYXO. CAP. CCXLVII.

A

NOMINA.

ΠΥΞΟΣ Græcis, Buxus Latinis, Germanis Buchßbaum dicitur.

FORMA.

Arbor immortali coma uirens: folio Myrti, exiguo, subrotundo: flore herbaceo: semine rufo & rotundo, omnibus animantibus inuiso.

LOCUS.

Gaudet frigidis & apricis, plurimaq; ubiq; Buxus.

TEMPUS.

Perpetua fronde uiret, neque ei ullo tempore decidunt folia. Quo nomine potissimum hanc celebrat germanica illa cantilena, eiusdem ac Salicis contentionem continens.

TEMPERAMENTUM.

Recentiores temperatam eius arboris essentiam esse statuunt, id quod ob multas causas, quas recensere superuacuum est, non uidetur uerisimile. Hauddubiè uerò adstringit, atqueadeo exiccat.

VIRES.

Non admodum magnus. Buxi in medicina usus est. Folio eius in lixiuio decocto rufant, aut flauescere efficiunt capillos. Scobem eius decoctam in aqua alui profluuium sanare tradũt. Somnum capere sub hac arbore, cerebro uehementer incõmodat, quod eius odor naturæ prorsus aduersetur. Ferunt serpentes uulneratas eius radice degustata, statim sanitatem recuperare.

DE PETASITE. CAP. CCXLVIII.

B

NOMINA.

ΠΕΤΑΣΙΤΗΣ Gręcis, Petasites Latinis appellat̃. Officinis penitus ignota. Germanis Pestilenzwurz nominatur, quod nimirum eius radix præsentaneum sit contra pestilentiales febres remedium. Petasites autem à petaso, pileum significante, dicta est, quod foliũ eius pediculo superpositum, petasi modo amplum, ut fungus dependeat. *Petasites quare dicta.*

FORMA.

Pediculus est cubito maior, crassitudine pollicis, in quo petasi figura folium magnum, ut fungus dependet. Ex qua sanè descriptione satis perspicuũ fit, herbam cuius picturam damus esse Petasiten. Hæc enim statim inter initia Martij, flores suos in albo purpureos, agglomeratos, & botri figuram referentes profert, citra quidem folia, quod Dioscorides omisit. Hi marcescentes sine fructu abeunt ac decidunt. Postea purpureos emittit pediculos, cauos, hirsutos, quibus folia superposita sunt magna, pilei ampli figuram obtinentia, supernè uiridia, infernè uerò candicantia: quæ in tantam crescunt amplitudinem, ut unum interdum, orbicularẽ mensam prorsus tegat. Radix illi crassa & longa, intus candida, uehementer odorata & amara. Quibus accedit quod uires huius herbæ à uiribus Petasites, ut ex sequentibus patebit, non discrepent: ut hoc nomine nihil euidentius sit, quàm eam herbam esse planè ueterum Petasiten.

LOCUS.

Nascitur copiosissimè in pratis humidis & iuxta riuulos sitis.

TEMPUS.

Initio Martij mensis, ut comprehensum est, floribus suis conspicua est herba, qui Aprili imminente statim citra fructum decidunt. Quo facto folia cum pediculis suis prodeunt.

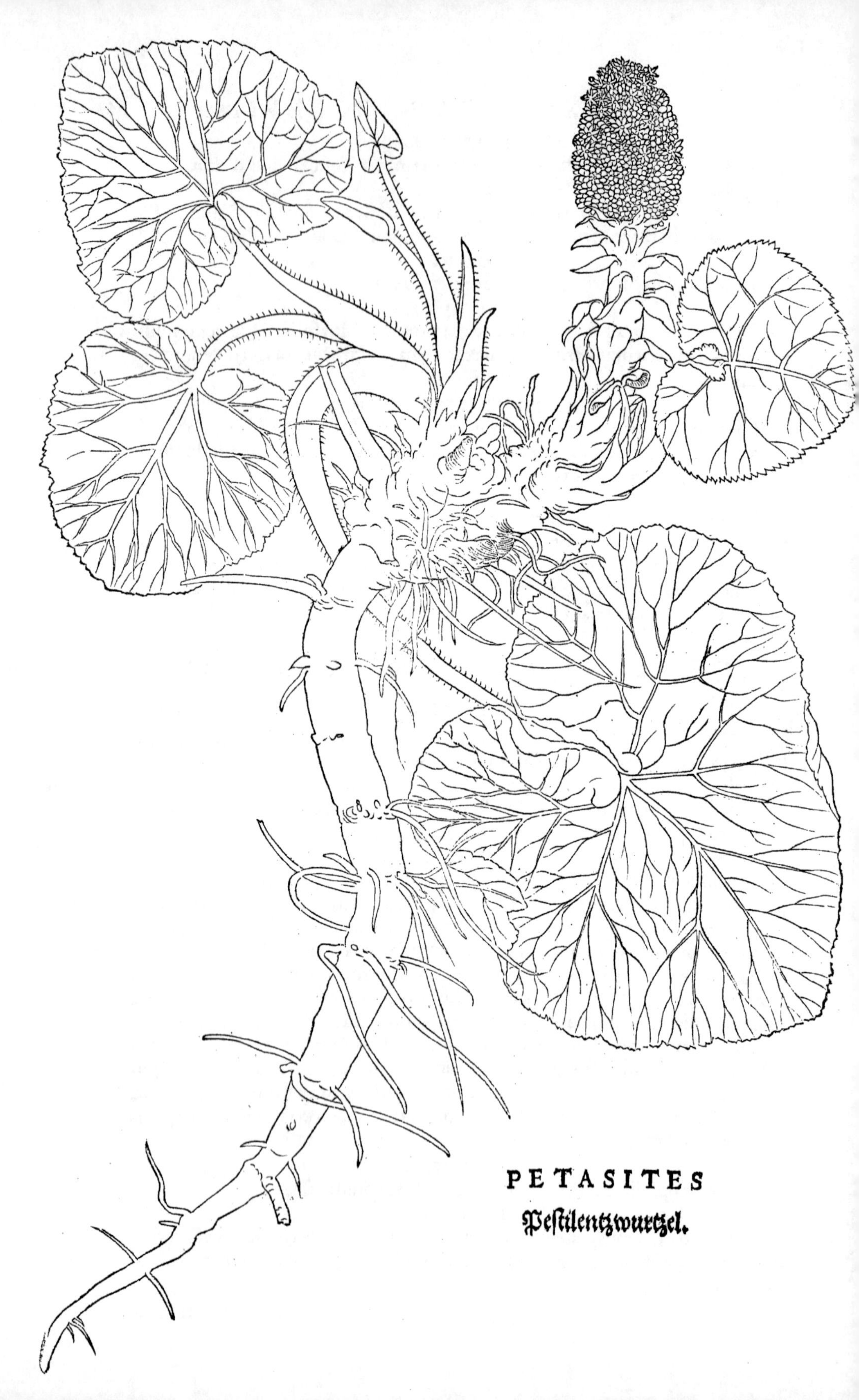

PETASITES
Pestilentzwurtzel.

TEMPERAMENTVM.

A Ex tertio est ordine desiccantiũ, id quod amaritudo eius, quam gustu deprehendimus, facilè monstrat.

VIRES. EX DIOSCORIDE.

Facit ad maligna & phagedænica ulcera tritum & illitum.

EX GALENO.

Ad maligna & phagedænica ulcera, ea utuntur. Idem etiam de Petasite tradit Paulus.

APPENDIX.

Experimento comprobatũ est radicem hanc mirificè cõferre pestilentialibus febribus, quod sudorẽ uehementer moueat, si in puluerẽ redacta cum uino sumatur. Nec minori efficacia bibitur à mulieribus quas uteri tormina & præfocationes exercent. Valet etiam unicè ad enecandos lumbricos. Succurrit quoqꝫ ijs qui spiritus difficultate laborant. Ducit urinã & menses. Efficax est ad uulnera præhumida, & ad reliquas cutis fœditates. Hęc uerò posse, amaritudo eius euidentissimè docet, cuius quidem hæ sunt facultates, ut ex ijs quæ sæpe iam diximus, & Galenus lib. iiij. de simpl. medi. facult. cap. xvij. fusius docet, manifestum est.

DE PERICLYMENO. CAP. CCXLIX.

NOMINA.

ΠΕΡΙΚΛΥΜΕΝΟΝ Græcis, Volucrũ maius Latinis, Scribonio Largo Syluæ mater, uulgo Caprifoliũ & Matersylua, & nonnullis Lilium inter spinas dicitur. Germanis Geyßblatt/ Speck oder Waldtgilgen/ & Zeunling. Sic sanè dictum, quod circumuoluendo ad se uicinas arbores aut frutices uocet. *Syluæ mater. Caprifolium. Lilium inter spinas. Periclymenon unde dictum.*

B

FORMA.

Simplex frutex est, ex interuallis folia spargens ipsum amplectentia, subcandida, Hederę similia: flores candidos, Fabę similes, subrotundos, quasi in folium procumbentes: semen durum, & quod difficilè uellitur: radicem crassam, rotundã. Ex qua quidem descriptione perspicuũ fit, fruticem quem pictum exhibemus esse Periclymenon: siquidem caulibus suis uicina amplectitur, gemina per interualla umbilicata folia habens, à terra cæsijs, supernè herbosis, ad Hederæ similitudinẽ: flores albos, Fabæ non dissimiles, subrotundos, potissimum antequam dehiscant, baccas hederaceas aut Rusci, radicem crassam.

LOCVS.

Nascitur in aruis ac sepibus, conuoluens se uicinis fruticibus. Nunc in hortis etiam passim plantatur.

TEMPVS.

Floret Iunio & Iulio mensibus.

TEMPERAMENTVM.

Vehementer calefacit & desiccat, id quod gustu etiam ipso deprehenditur. Folia siquidem acrimoniam quandam præ se ferunt gustata.

VIRES. EX DIOSCORIDE.

Huius semen postquã maturuit collectũ, & in umbra siccatũ, drachmæ pondere datur in uino quadraginta diebus, ut lienẽ minuat absumátue, & lassitudinẽ discutiat. OrthopnϾę & singultui prodest. Vrinã cit à sexto die cruentã. Partum accelerat. Habent easdem uires & folia: quæ trigintaseptem diebus pota, sterilitatẽ facere produntur. In periodicis febribus cum oleo inuncta, earũ horrores mitigant.

EX GALENO.

Periclymeni utilis est tum fructus, tum folia, adeò uehementer incidentis & excalefa-

PERICLYMENVS
Geyßblatt.

A calefacientis facultatis, ut si plusculum bibantur, urinam sanguinolentã efficiant. Principio quidem urinam tantum mouent: porrò foris cum oleo illita calfaciunt. Iuuãt & lienosos, & difficulter spirantes. Cõpetens potionis mensura est, drachmæ unius pondus cum uino. Cæterum desiccat quoque semen. Et quidam aiunt, si copiosius bibatur, sterilitatẽ omnino bibentibus afferre. Sunt etiam qui certum dierum numerum ad talem potionem præfiniunt, quemadmodũ Dioscorides, qui septem & triginta dies eos tradi refert. Hic quoque cruentam urinam reddi à sexto die memorat.

EX PLINIO.

Semen eius in umbra siccatum tunditur, & in pastillos digeritur. Hi resoluti dantur in uini albi cyathis tribus, tricenis diebus ad lienem, eumq́ urina cruenta, aut per aluum absumit, quod intelligitur à decimo statim die. Vrinam cient & folia decocta, quæ & orthopnoicis prosunt.

APPENDIX.

Ex iam cõmemoratis facultatibus nemo non intelligit fruticem hunc esse Periclymenon: cum enim gustu acrimoniã præ se ferat, necesse est omnia hæc quæ ueteres Periclymeno tribuunt, posit. Quibus accedit, quod recentiores etiam herbarij suo Caprifolio easdem uires assignent. Exiccare enim ipsum tradunt ulcera humida & sordida, sanare impetigines, & alias cutis fœditates, lienem absumere, difficultati spirandi conferre, partus celeritatem facere, calculos pellere, faciei maculas abstergere, & alia posse quæ non attinet referre.

DE PYRO. CAP. CCL.

NOMINA.

B Πυρος Græcis, Triticum Latinis dicitur. Officinæ antiquum latinum nomen retinuerunt. Germanis Weyssen appellatur. Triticum uerò dicitur, quod tritum ex spicis sit, ut autor est Marcus Varro. *Triticum unde dictum.*

GENERA.

Tritici summa genera tria obseruant qui frumentariæ rei periti sunt. Primum quod Robus dicitur, quoniam & pondere & nitore præstet. Germanis simpliciter Weyssen nominatur. *Primum.* Secundum trimestre, & nonnullis Sitanium dicitur. Trimestre quidem, quod tertio ferè satum mense maturescat: id quod tamen nostro in orbe non fit, in quo Martio mense satum, quinto tandem, hoc est, Iulio mense metitur. *Secundum.* Germanis Amelkorn dicitur, hauddubiè non alia ratione, nisi quod ex hoc genere tritici amylum optimum conficiatur. Eius picturam dare hoc tempore non potuimus. Tertiũ genus tritici, non undiquaq́ notum, Germanis welscher Weyssen / & Weyssenkolb dicitur. *Tertium.*

FORMA.

Primum tritici genus culmo est quàm hordeũ altiore, tribus geniculis constante, folio arundineo, spica à folijs remotiore, incondita, & in nullos uersus disposita. Exteritur in area, ut alia quædã frumenta. Alterũ culmo, geniculis, granisq́ priori simile, nec ab eo differt, nisi quod spicam multis aristis uallatam, & in duos uersus dispositam obtinet. Tertium genicula habet quaterna, aliàs præcedenti per omnia propémodum simile.

LOCVS.

Pasim prouenit Triticum primi & secundi generis. Postremum in Alsatia, & agro Tubingensi gignitur.

TEMPVS.

Floret, ut alia ferè omnia frumenta, Iunio mense: in Iulio autem metitur.

TEMPERA-

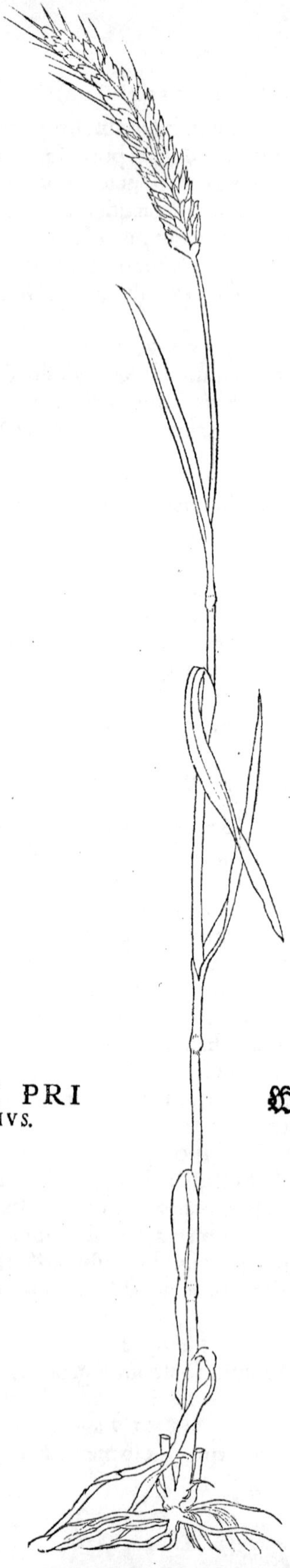

TRITICI PRI
MVM GENVS.

Weyssen.

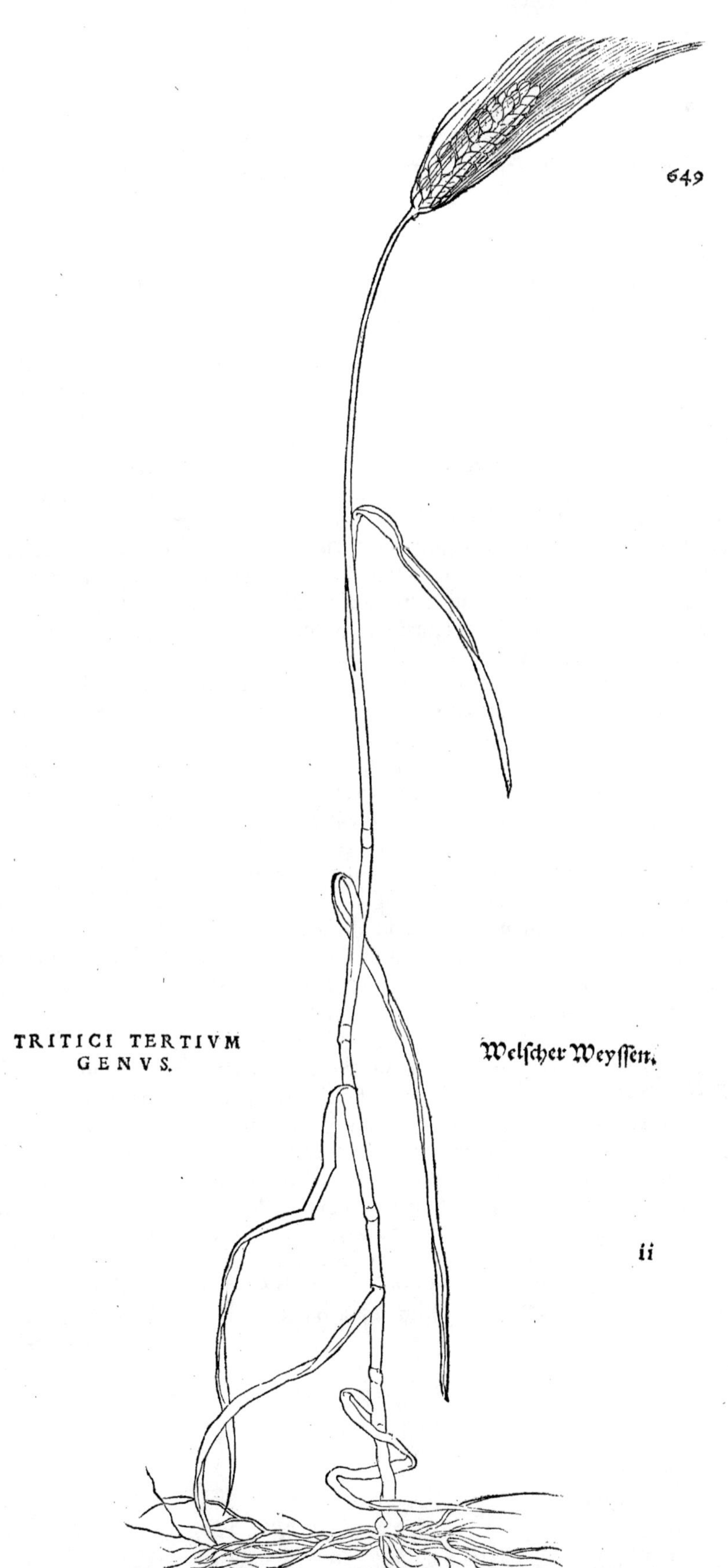

TRITICI TERTIVM GENVS.

Welscher Weyssen.

C TEMPERAMENTVM.

Triticum ut medicamentũ foris impositum, primi est ordinis excalefacientiũ, non tamen nec resiccare, nec humectare manifestò potest. Porrò quod ex eo conficitur amylum, eo tum frigidius est, tum siccius.

VIRES. EX DIOSCORIDE.

Optimum ad secundæ ualetudinis usum Triticum habetur quod recens & iam perfectè adultum, & colorem mâli refert. Crudum in cibis rotundos lumbricos gignit. Canum morsibus prodest mansum & illitũ. Confectus ex eius similagine panis, plus alit quàm cibarius, quem Græci συγκομιστὸν uocant. E Sitanij farina panis leuiorem cibum præbet, & qui facilè in membra demandetur. Farina eius cum hyoscyami succo illinitur aduersus neruorũ fluxiones. Item contra intestinorũ inflationes. Lentigines ex oxymelite tollit. Furfures autem acri in aceto elixi & calentes illiti, lepras pellunt. Incipientes etiam inflammationes omnes illiti leniunt. In Rutæ uerò decocto elixi, mammas turgentes sedant. Viperarũ ictibus auxiliantur, & torminosis prosunt. Confectũ ex farina triticea fermentum calefaciendi extrahendiq; uim habet. Priuatim quæ in plantis pedum sunt extenuat. Cętera tubercula, furunculosq; ex sale concoquit, & aperit. Sitanij farina contra uenenatos ictus cum aceto aut uino cõmodè illinitur. Eadem si decocta in glutini modum delingatur, cruenta excreantibus succurrit. Cóntra tussim & exasperatam arteriam, cum menta & butyro decocta efficax est. Tritici pollen si ex aqua mulsa, aut hydrelæo decoquatur, omnẽ discutit inflammationẽ. Panis & cum melicrato coctus & crudus inflãmationes omnes illitus mulcet, cum emolliat, & quadantenus refrigeret, mixtus herbis succisq; quibusdã. Vetus autem & aridus per se, adiectisq; alijs quibusdã, citam aluum cohibet. Recens muria maceratus & illitus, uetustas impetigines sanat. Glu-

D tinum ex similagine & polline, quo chartæ glutinantur, sanguinem excreantibus prodest, si liquidius ac tepidum cochlearis mensura detur sorbendum.

EX GALENO.

Triticum quiddam lentoris, & obstruentis naturæ habet. Quod uerò ex pane fit cataplasma, uim obtinet magis digerentem, quàm quod ex Tritico: nimirum quum & salem & fermentum panis adiuncta habeat: quippe cum fermentum uim habeat attrahendi digerendiq; ea quæ in alto resident. Plura de Tritico petenda erunt ex capite primo, libri primi de alimentorum facultatibus, quo in loco uarię panis species exponuntur.

EX PLINIO.

Grana Tritici ferro combusta, ijs quæ frigus usserit præsentaneo sunt remedio. Farina ex aceto cocta, neruorũ contractionibus auxiliatur: cum rosaceo uerò & fico sicca myxisq; decoctis. Item suppuratis neruis cum hyoscyami succo illinitur. Ex aceto & melle lentigini. Furfures tonsillis faucibusq; gargarizatione prosunt. Sex. Pompeius prætorij uiri pater, Hispaniæ citerioris princeps, quum horreis suis uentilandis præsideret, correptus dolore podagrę, mersit in Triticum sese super genua, leuatusq; siccatis pedibus mirabili modo, hoc postea remedio usus est. Vis tanta est, ut cados plenos siccet. Paleam quoq; tritici uel hordei calidam imponi ramicum incõmodis experti iubent, quaq; decoctæ sunt aqua foueri.

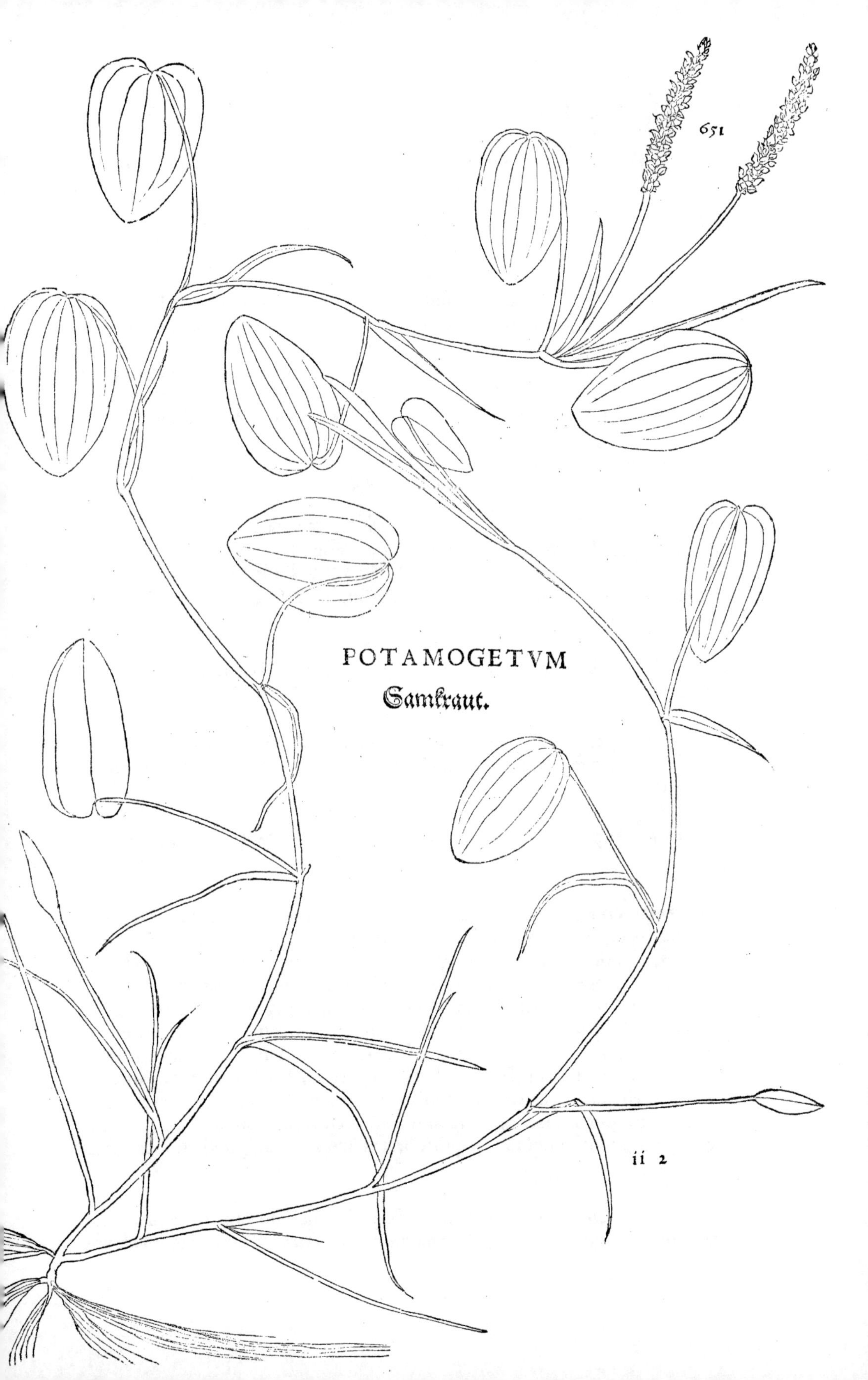

POTAMOGETVM
Samkraut.

DE POTAMOGETONE. CAP. CCLI.

C

NOMINA.

Potamogeton unde dicta. Stachyites.

ΠΟΤΑΜΟΓΕΙΤΩΝ, ἢ σταχυΐτης græcè, Fontalis & Potamogeton Latinis dicitur. Officinis ignota est herba. Germanis Samkraut uocatur. Potamogeton autem quasi fluminibus uicina dicta est: siquidem aquosis & palustribus locis nasci amat. Stachyites uerò quasi spicata, ob caulem quem ex se mittit floribus & semine spicatum.

FORMA.

Folium Betæ simile habet, densum, & paulum extra aquã eminens. Ex qua quidem breui admodum deliniatione satis intelligi potest, herbam cuius picturam damus esse Potamogetona. Caulem nanque rotundũ habet, geniculis intersectũ, è quibus pediculi exeunt folijs Betæ aut Plantaginis uestiti, paulum supra aquam eminentibus. Flores etiam spicatos, Plantaginis instar, profert, ac subinde semẽ. Quid multa? folia huius herbæ planè referunt folium Indum uocatum officinis.

LOCVS.

Nascitur in lacustribus & aquosis locis.

TEMPVS.

Floribus prægnans est Iulio mense.

TEMPERAMENTVM.

Refrigerat & exiccat, ut gustus etiam abundè docet.

VIRES. EX DIOSCORIDE.

Refrigerat & adstringit: pruritibus, ulceribusque uetustis, & ijs quæ pascendo serpunt, confert.

EX GALENO.

D

Adstringit & refrigerat similiter Polygono, sed essentia eius crassior quàm Polygoni est.

EX PLINIO.

Potamogeton ex uino dysentericis & cœliacis medetur. Peculiariter refrigerat, spissat. Vsus in folijs, cruribus uitiosis utilia, & contra ulcerum nomas, cum melle uel aceto.

DE PEDE ANSERINO. CAP. CCLII.

NOMINA.

Pes anserinus cur dicta.

QVO nomine ueteribus tum Græcis tum Latinis sit appellata hæc planta, nondum cognoscere potui: quapropter nouam ut illi nomenclaturã inderem necesse fuit. Aliam autem & cõmodiorem non licuit inuenire præter eam, quam alludentes ad germanicam appellationem imposuimus. Nam si folia eius spectes in ambitu laciniata, planè anserini pedis formam ac similitudinẽ repræsentant. Hinc appositissimè Germanis nostris uocata est Genßfüß/ oder Genßfüßle. Quum uerò eadem herba suibus inimica admodum sit, atqueadeo mortem inferat, factum est ut à mulierculis etiam sit nominata Sewtod/ & Schweinßtod. Etsi uerò in officinis eius herbæ nullus sit usus, tamen quia passim nascitur, & temerè fortassis à nonnullis uires eius ignorantibus usurpari posset, eam silentio transire noluimus, quò scilicet facultas tam uulgaris herbæ omnibus patefieret.

FORMA.

Caulem profert cubitalem, striatum: folia ad Halicacabi formam accedentia, in ambitu tamen laciniata, atqueadeo anserini pedis speciem referentia: flores exiguos ruben-

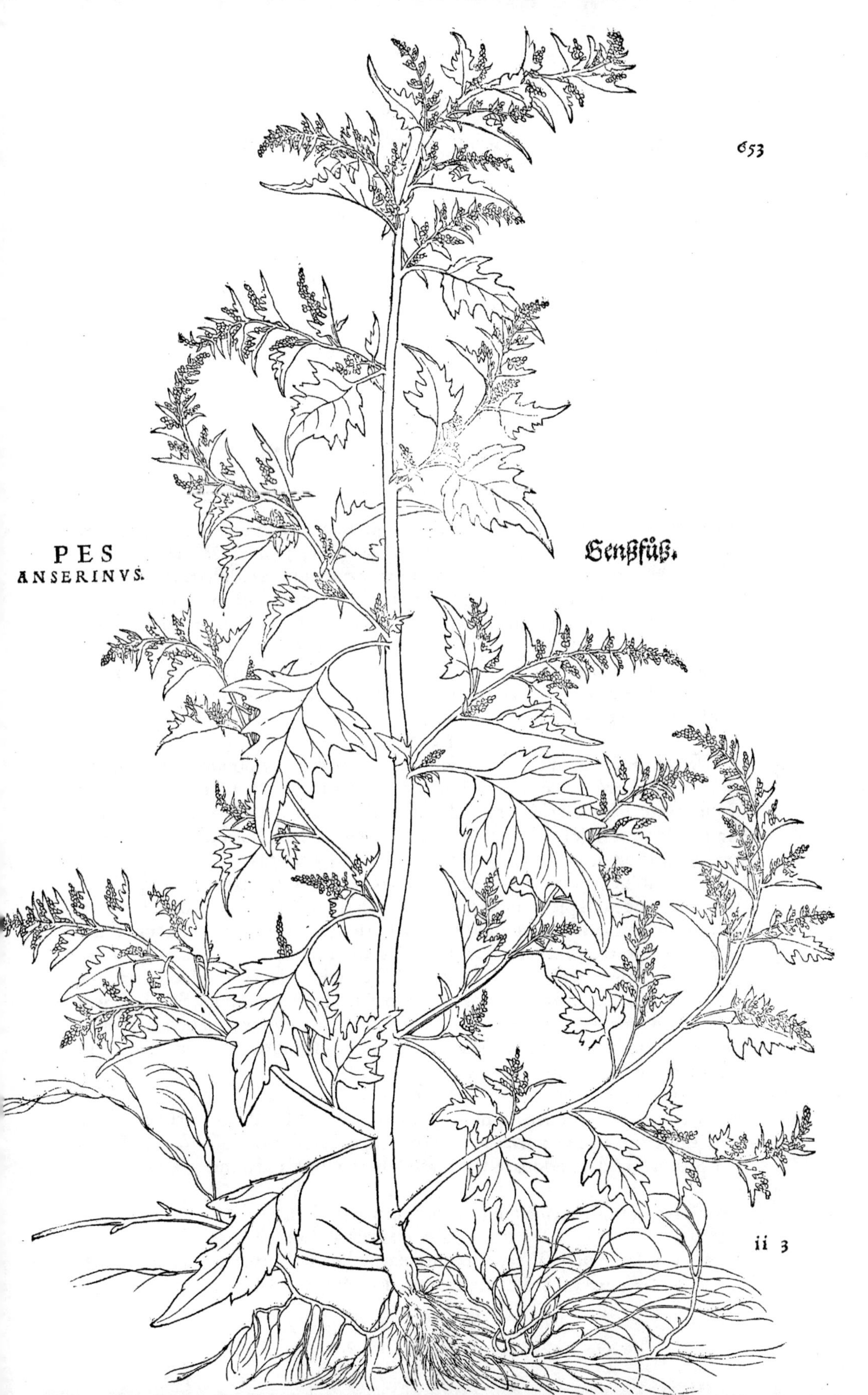

PES ANSERINVS.

Genßfüß.

C rubentes, semen racematim, ueluti in atriplice syluestri, singulis ramis insidens: radicem obliquam, multasq; adnascentias habentem.

LOCVS.

Passim in hortis, alijsq; locis ubi fimum reponitur, nasci solet.

TEMPVS.

Iulio mense potissimum floret.

TEMPERAMENTVM.

Hauddubiè in secundo refrigerat ordine, non secus atque Solanum hortense.

VIRES.

Suibus exitium affert herba hæc comesta, id quod experientia cognitum est. In humano corpore idem potest quod Solanum hortense. Quare facultates eiusdem suo quæres loco.

DE PETROSELINO. CAP. CCLIII.

NOMINA.

Apium saxatile.

Officinarum erratum.

ΠΕΤΡΟΣΕΛΙΝΟΝ Græcis, Apium saxatile Latinis, & Petroselinum appellatur. Germanicè frembder Petersilien nominari commodè, ad alterius quod Oreoselinum est, ut suo diximus loco, differentiam, potest. Officinæ eius herbæ cuius nunc picturam damus semine pro Amomo utuntur, non tamen sine magno errore, quum constet omnibus, modò conferre inter se utriusque historiam non pigeat, Amomum ab ea herba esse diuersissimum. Nos ut tandem sciremus è qua stirpe semen hoc decerperetur, terræ illud mandauimus, & hæc cuius pictura formã ostendit herba erupit, quam nos uerum esse Pe-
D troselinum, ut paulò pòst ostendemus, credimus.

FORMA.

Dioscorides negligentiæ insimulatur.

Petroselinum, inquit Dioscorides, semen Ammi simile obtinet: odoratius tamen, acre, & aroma olens. Breuis quidem deliniatio hæc est, atque imperfecta, ut nihil mirum sit, nos hactenus quod uerum esset Petroselinum non potuisse cognoscere. Meritò itaque hoc loco, ut compluribus etiam alijs, Dioscorides negligentiæ insimulari potest, ut qui mancas ac mutilas plerasq; posteritati relinquere stirpium historias uoluerit. Si uerò quispiam paucas etiam has notas expendat, hauddubiè herbam hanc cuius picturam oculis subiecimus, Petroselinum esse comperiet. Semen enim eius Ammi tam simile est, ut ab eo uix discerni queat: odoratius etiam existit, & acre, ac aroma olet. In summa, nulla est nota quę illi nõ respondeat, ut hoc nomine uerum Petroselinum esse credam. Quinetiam tota eius herbæ forma, quæ non multum à nostro & Germanico Petroselino abest, atque odor, Selini speciem esse docent, ut pro Petroselino usurpare hanc ipsam officinæ tutò possint: semen enim quo hodie utuntur, non Macedonicum Petroselinum, sed Hipposelinum, ut suo diximus loco, existit.

LOCVS.

In Macedonia frequens optimumq; nascitur, hinc Macedonicũ dicitur: inq; saxis & præruptis potissimũ locis, unde cœpit appellari Petroselinũ. Nascitur & alijs in locis, ut lib. i. de antidotis testatur Galenus, at minus laudatum.

TEMPVS.

Floret Augusto mense, atque subinde semen profert.

TEMPERAMENTVM.

Petroselinum ut gustu acre est cum amaritudine, sic & in operibus calidũ. Fuerit itaq; & ipsum tertij ordinis tum excalfacientium, tum desiccantium.

VIRES.

ROSELINVM

nbder Peterſilien

C

VIRES. EX DIOSCORIDE.

Vrinam cit, & menstrua ducit. Stomachi & coli inflationibus auxiliatur, & torminibus. Laterum quoque, renum & uesicæ doloribus in potu sumptum succurrit. Miscetur antidotis urinam cientibus.

EX GALENO.

Petroselini semen maximè usui est, quum tota etiam herba unà cum radice similem, sed imbecilliorẽ, facultatem sortiatur. Incidendi etiam uim habet: hinc menses & urinas largiter prouocat. Flatus quoque extinguit.

APPENDIX.

Sunt qui hanc herbam quam pro Petroselino damus, Sisona esse putent: quorũ sententiæ cur non magnopere repugnẽ, facit in primis Dioscorides, qui Sisona perinde atq; Petroselinũ suis notis haud descripsit. Dein quod uiribus nõ discrepent, atque adeo in usu huius aut illius nullum sit periculũ. Nos tamen nostram sententiam propter adductas paulò antè rationes deserere, nisi euidentibus conuicti argumentis, non possumus.

DE ROSA. CAP. CCLIIII.

NOMINA.

ΡΟΔΟΝ græcè, Rosa latinè, officinis eodem seruato nomine appellatur. Germanicè Rosen. Rhodon autem Græcis, Plutarcho autore, nominatur, quod largum odoris effluuium emittat. *Rhodon cur dictum.*

GENERA.

D Theophrastus libro sexto, cap. vi. de plantarum historia, genera rosarum multa esse tradit, quæ foliorũ multitudine, paucitate, asperitate, leuitate, colore & odore differunt. Plinius etiam lib. xxi. capite quarto, ex loci diuersitate multa rosarum genera colligit. Nos simpliciter duo duntaxat illarum genera faciemus, syluestres scilicet & domesticas. Syluestres, quæ etiã Caninæ rosę uocantur, asperiores tum uirgis, tum folijs sunt, ac odore, colore, magnitudine à domesticis superantur. Germani Heydrosen/& Wildrosen uocant. In utroque uerò genere duplices existunt, puniceæ nimirum & candidæ. Nos utrunque genus una pictura complexi sumus.

FORMA.

Vulgò omnibus nota est Rosa. Virgas siquidem fuscis maculis tinctas, & aculeis plenas emittit: folia incisuris diuisa, nigricantia & aspera. Germinat primum inclusa granoso cortice, quo mox intumescente, & in uirides alabastros fastigiato, paulatim rubescens dehiscit, ac sese pandit, in calycis medio sui stantis complexa luteos apices staminaq; capillamentis insidentia, quæ propriè flores dicuntur. Syluestris spongiolas etiam producit, quas pleræq; officinæ Germaniæ nostræ, non sine detestando errore pro Bedegar usurpant: fructum quoq; parit rotundũ, initio uiridem, dein puniceũ.

LOCVS.

Domestica passim in hortis prouenit. Syluestris etiam nusquam non in campestribus & dumetis nascitur.

TEMPVS.

Rosa ut nouissima inter uernos flores erumpit, ita etiã statim deficit. Decerpenda itaq; erit Iunio mense ubi primum erupit, ne mox nusquam compareat.

TEMPERAMENTVM.

Rosarum uis ex aquea calida substantia duabus alijs qualitatibus, adstringenti uidelicet & amaræ mista, composita est. Flos earũ magis etiam ipsis Rosis adstringit, ac proinde sanè exiccatorius est.

ROSA

Rosen.

C

VIRES. EX DIOSCORIDE.

Roſa refrigerat & adſtringit, ſed ſicca magis adſtringit. Succus recentibus folijs exprimendus, detracto forfice ungue. Sic appellatur quod candidū eſt in folio: reliquū mortario premi & teri debet in umbra donec denſetur, & ita ad oculorū circumlitiones recondi. Siccantur etiam folia in umbra crebrò uerſata, ne muceſcant. Ex aridis roſis in uino decoctis expreſſus liquor, ad capitis, oculorum, aurium, gingiuarum, ſedis, recti inteſtini ac uuluę dolores penna illitus, collutus infuſúsue, conducit. Eadem ſine expreſsione contuſa & illita, præcordiorum inflammationibus, ſtomachi humiditati, & ſacris ignibus medentur. Siccæ ac tritæ femoribus inſperguntur. Miſceri ſolent compoſitionibus quas antheras uocant, & uulnerarijs antidotis. Vruntur folia ad honeſtandas palpebras. Flos qui in medijs Roſis inuenitur ſiccatus, gingiuarum fluxionibus efficaciter inſpergitur. Capita pota, aluum profluentem, & ſanguinis reiectiones ſiſtunt.

Vnguis.

EX PLINIO.

Vſus ſucci ad aures, oris ulcera, gingiuas, tonſillas, gargarizatu: ſtomachū, uuluas, ſedis uitia, capitis dolores. In febre per ſe, uel cum aceto ad ſomnos, nauſeas. Folia uruntur in calliblepharum. E ſiccis femina aſperguntur. Epiphoras quoque aridas leniunt. Flos ſomnum facit. Inhibet fluxiones mulierum, maximè albas, in poſca potus, & ſanguinis excreationes. Stomachi quoque dolores, quantum in uini cyathis tribus. Semen his optimum crocinum, nec anniculo uetuſtius, & in umbra ſiccatur. Nigrum inutile. Dentium dolori illinitur. Vrinam ciet. Stomacho imponitur. Item igni ſacro non ueteri. Naribus ſubditum caput purgat. Capita pota, ſanguinem & uentrem ſiſtunt. Vngues Roſæ epiphoris ſalubres ſunt: ulcera enim oculorū Roſa ſordeſcunt, præterquàm initijs epiphoræ, ita ut arida cum pane imponatur. Folia quidem uitijs ſtomachi, roſionibus, & uitijs uentris, & inteſtinorū, & præcordijs utiliſsima uel illita. Cibo quoque Lapathi modo condiuntur. Cauendus quoque in ijs ſitus celeriter inſidens. Et aridis & expreſsis aliquis uſus. Diapaſmata inde fiunt ad ſudores coërcendos, ita ut à balneis inareſcant corpora, dein frigida abluantur. Sylueſtris cum adipe urſino alopecias mirificè emendat.

D

EX SYMEONE SETHI.

Odorata calidis capitibus prodeſt, humida uerò offendit, eaq; deſtillationi obnoxia reddit. Sumpta uerò ad febres ex flaua bile procreatas iuuat, & roborat ſtomachum & iecur. Proprietate autem quadam teſtes lædit, prohibetq; acres exhalationes ne ad caput ferantur.

APPENDIX.

Spongiolæ ac fructus Cynorrhodi ſeu ſylueſtris Roſæ mirificè ualent contra calculum, & urinæ difficultates, ſi leuigatæ in puluerem exhibeantur.

DE RAPHANO. CAP. CCLV.

NOMINA.

ΡΑΦΑΝΟΣ, ῥαφανὶς Græcis: Raphanus, Radix, Radicula Latinis dicitur. Hæc autem generis ſunt nomina, ideoq; errant non pauci noſtræ ætatis medici & herbarij, qui Radiculæ nomen ad ſatiuū duntaxat Raphanum transferunt. Raphanus autem ſibi nomen ἀπὸ τοῦ ῥᾶ φαίνειν id eſt, quod facilè appareat, adſciuit: nam die tertio à ſatu proſilit. Radicis uerò nomen ſibi arrogauit, quod cæteras amplitudine corporis ſuperet, uel quampauciſsimis magnitudine cedat. Etenim plerunq; in tantam molem coaleſcit, ut frigidis locis quibus gaudet, ſicut in Germania, Plinio lib. xix. cap. v. teſte, infantium puerorum magnitudinē æquet. Et memini me ſtupendæ magnitudinis Raphanos Erfordię, Turingiæ celeberrimo oppido, uidiſſe.

Raphanus unde dictus.

Radix.

GENERA.

RAPHANVS SATIVVS,

Rettich.

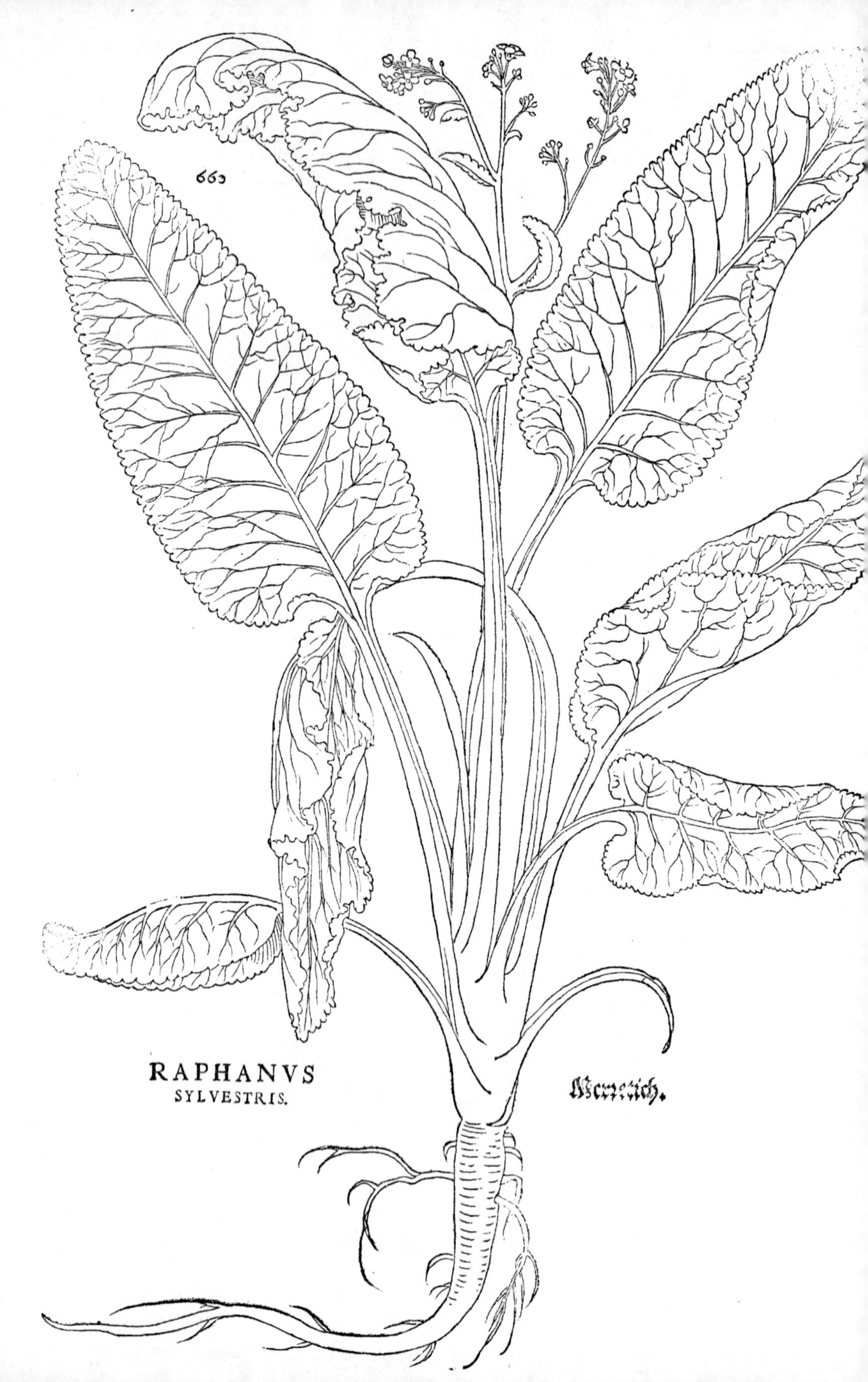

RAPHANVS SYLVESTRIS.

Meerrettich.

GENERA.

A Raphani Græci duo faciunt genera, satiui & syluestris. Satiuus officinis hodie peculiariter Raphanus minor dicitur, Germanicè Rettich. Syluestris Latinis Armoracia appellatur. Germani ad uocem Romanã alludentes, Merrettich & Kren nominant. Nostri hodie herbarij, sua potius quàm ueterum autoritate freti, Radicem simpliciter, generis nomine, uocant. Nonnulli Raphanũ maiorem appellant, propter folia ipsa, quæ satiui folia magnitudine superant: aut quia acrimonia maiore, aut uiribus efficacioribus præditus est.

Raphanus minor. *Armoracia.* *Raphanus maior*

FORMA.

Radix satiua caudice uno assurgit nonnunquã arboreo, radice ad Rapi similitudinẽ, folijs laciniatis, angulisq; horrida: floribus candidis, & semine in siliquis. Syluestris dicta Armoracia fronde copiosior quàm corpore, folia satiuæ ferè similia habet, magis tamen ad Lampsanæ formã accedentia, longa & acuta: radicẽ gracilem, mollem, Sinapi instar acerrimã, adeò ut caput tentet, & lachrymas incitet.

Satiua radix. *Syluestris.*

LOCVS.

Raphanus in hortis nascitur. Amat autem terram pinguem, Palladio lib. ix. cap. quinto teste, solutam & diu subactã. Syluestris etiam hodie in hortis habetur, sicq; translatus ad culta, edomita feritate mitescit meliorq; fit. Crescit aliàs circa margines itinerũ, & loca arenosa, inq; pratis nonnunquã sua sponte copiose prouenit, ut fit in prato ad oppidum Tubingam sito, sacrificorũ uocato.

TEMPVS.

Cum frigoris patientissimus sit Raphanus, non solum ęstate, uerumetiã hyeme colligi potest, Estq; illius usus quotidianus. Floret æstate.

TEMPERAMENTVM.

B Raphanis satiua excalefacit quidem ordine tertio, desiccat uerò secundo. Syluestris autem in utroq; efficacior est, Quin & semen ipsum planta efficacius est.

VIRES. EX DIOSCORIDE.

Raphanus satiuus excalfacit, flatus gignit, ori suauis est, sed stomacho inimicus. Ructus & urinam cit. Bonam facit aluum. Si quis à cibo ipsum sumpserit, distributioni eius magis conferet. Pręsumptus autem, cibum subleuat. Prodest ante cibum datus uomituris. Sensus exacuit. Decoctus contra ueterem tussim, & crassitiem in thorace natam prodest. Cortex eius cum oxymelite sumptus maiori efficacia uomitiones citat. Hydropicis utilis. Illitus lienosis etiam confert. Cum melle ea quæ serpendo pascunt sistit. Sugillata tollit. Contra uiperarum ictus auxiliatur. Alopecias pilis explet. Lentigines cum farina loliacea exterit. His qui à fungis strangulantur subuenit. Menses trahit. Semen eius uomitum prorritat, urinamq; mouet. Cum aceto potum lienem extenuat. Coctum cum oxymelite calido angina laborantibus utiliter gargarizatur. Contra Cerastis morsum ex aceto potum auxilio est. Cum aceto illitum gangrænas efficaciter disrumpit scarificatæ. Syluestris tam folia quàm radix olerum modo in cibo coquuntur. Excalefacit autem, urinam cit, æstuosus est.

EX GALENO.

Facultas inest Raphano discutiendi, itaque ad sugillata, & alios id genus liuores ob eam facultatem conducit. Radix eius ex eorum numero est quæ obsonij potius quàm nutrimenti nomine frequenter comeduntur. Vis illi extenuatoria, cum qua conspicuè unà excalfacit: acris enim in ea qualitas exuperat. Verno tempore caulem in altum assurgentem producere solet, ceu alia quæ nata sunt excaulescere. Hic elixus estur ex oleo, garo & aceto, ut Rapæ caulis, Sinapi & Lactucæ. Et sanè caulis hic magis quàm crudus Raphanus nutrit, ut qui acrimoniam in aqua deponat: quanquã minimam sanè & ipse alendi potestatem habeat. Quidam non solum cau

C lem, sed unà Raphanos ipsos elixantes comedunt Raparũ modo. Cæterum cum medicos, tum idiotas illos mirari subit, qui à cœna crudos eos concoctionis iuuandæ gratia edunt. Ipsi quidem se experientia id abundè compertũ habere dicũt, nullus tamen exemplum illorum sine damno imitari potuit. Hactenus Galenus, cuius equidem uerba eò libentius recitauimus, quod uulgi errorem Raphanos à cœna comedentis lepidè notare uideantur.

EX PLINIO.

Raphani decocti mane poti ad ternos cyathos, cõminuunt & eijciunt calculos. Iidem in posca decocti, contra serpentiũ morsus illinuntur. Ad tussim etiam mane ieiunis prodest Raphanus cum melle. Semen eorum tostum, ipsumq́ cõmanducatum ad lagonoponon: In aqua folijs eius decoctis, bibere uel succum ipsius cyathis binis. Contrà phlegmoni ipsos illinire tusos utile. Inchoantibus autem recentem corticẽ cum melle, ueternosis uerò quamacerrimos mandere. Semenq́ tostũ, dein contritũ cum melle suspiriosis. Iidem & contra uenena prosunt. Cæterum cerastis, scorpionibus aduersatur, uel ipso semine infectis manibus impunè tractantibus. Imposito Raphano scorpionibus, moriuntur. Salutares & contra fungorũ aut hyoscyami uenena ęquè, ut Nicander tradit. Et contra ixiam quoq́ dari duo Apollodori iubent, sed Citieus semen ex aqua tritum, Tarentinus succum. Lienem item extenuant, iecinori prosunt & lumborum doloribus. Hydropicis quoque ex aceto & sinapi sumpti, & lethargicis. Praxagoras & iliosis dandos censet. Plistonicus & colicis. Intestinorũ ulcera sanant. At purulenta pręcordiorũ, si cum melle edantur. Quidam ad hæc coquere eos in luto illitos malunt, sic & fœminas purgari. Ex aceto & melle sumpti intestinorũ animalia detrahunt. Item ad tertias decocto eorum poto cum uino enterocelis prosunt. Sanguinem quoque inutilem sic extrahunt.
D Medius ad hæc & sanguinẽ excreantibus coctos dari iubet. Et puerperis ad lactis copiam augendã. Hippocrates capillos mulierũ defluos fricari Raphanis, & super umbilicum imponi, contra tormenta uuluæ. Reducunt & cicatricẽ ad colorem. Semen quoque ex aqua impositũ sistit ulcera quæ phagedænas uocant. Democritus Venerem hoc cibo stimulari putat, ob id fortassis uoci nocere aliqui tradiderunt. Folia quæ in oblongis tantum nascuntur, excitare oculorum aciem dicuntur. Vbi uerò acrior Raphani medicina admota sit, Hyssopũ dari protinus imperant. Hæc antipathia est. Et aurium grauitati succum Raphani instillant. Nam uomituris, summo cibo esse eos, utilissimũ est. Syluestris urinæ duntaxat eijciendæ utilior.

DE RIBE. CAP. CCLVI.

NOMINA.

Ribes GRAECIS cognitus fuerit nec ne frutex ille, nondum compertũ habeo. Mauritanis & officinis hodie Ribes nominatur. Germanis S. Johanß treublin oder beerlin/ quod scilicet circa diui Ioannis Baptistæ diem fructus eius fruticis ad maturitatem pertingant.

FORMA.

Frutex est nullis spinis horridus, sed topiarius magis, uitis pusillæ folijs, baccis rubentibus ex pediculis longis dependentibus refertus, ut pictura ipsa abundè docet. Vnde manifestum fit Mauritanorũ Ribes à nostro diuersum esse, quod non uitis, sed lata potius, magna, rotunda & uiridia folia habeat. Quanquam non lateat Arabes etiam in Ribes descriptione non admodum concordes esse.

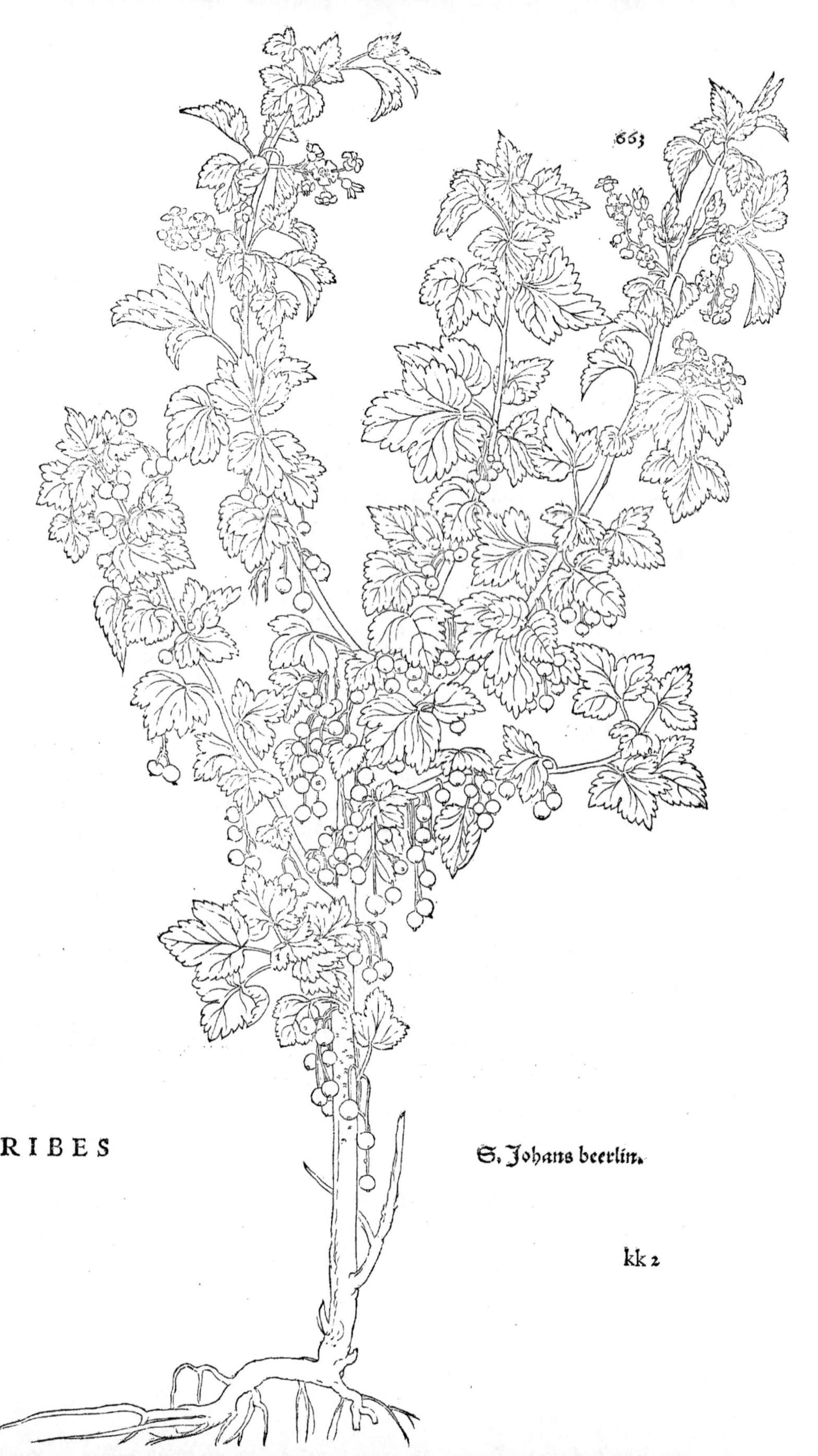

RIBES

S. Johans beerlin.

C

LOCVS.

Passim in hortis nascitur, ac eorundem puluinos & areas sepit.

TEMPVS.

Circa diui Ioannis Baptistæ natales ferias, & Iulio potissimũ mense, baccis ac uuis rubentibus frutex ille ornatur.

TEMPERAMENTVM.

Folia & fructus uehementer adstringunt. Mauritani frigidum & siccum faciunt in secundo ordine.

VIRES EX MAVRITANIS.

Baccæ acido sapore placent. Refrigerant æstuantẽ stomachũ: sitim restinguunt, quæ cum alios, tum maximè febricitantes excruciat. Cibi fastidia discutiunt, & appetentiam inuitant. Fœdam uentris proluuiem cohibent. Vomitiones sistunt, stomachum firmant. Alui profluuiũ quod bilis attulit, retinent: erosiones & uellicationes eiusdem tollunt. Sanguinis feruorẽ demulcent, & bilis acrimoniã domant. Seplasiarij succũ eius fructus condiunt, ad anni totius usum, Rob de ribe appellantes.

DE RHODIA RADICE. CAP. CCLVII.

NOMINA.

Rhodia radix cur dicta.

ΡΟΔΙΑ ῥίζα græcè, Rhodia radix latinè nominatur. Officinis ignota, germanicè Rosenwurtz uocatur. Rhodiam autem tam Græci quàm Latini dixerunt, quoniam contrita Rosas redolet. Quapropter Rosæ, quas Græci ῥόδα nominant, non Rhodus insula, ut imperiti putant, huic radici nomen fecerunt.

D

FORMA.

Radix rhodia Costo similis est, leuior tamen minorisq́ ponderis, & inæqualis, odorem Rosarũ cum teritur reddens. Reliqua eius facies Telephiũ refert, nisi quod flore & semine carere uidetur, id quod Galenus etiã asserit, & in Corollario suo annotauit Hermolaus. Dioscorides etiam illorum nullam facit mentionem.

LOCVS.

Nascitur potissimũ in Macedonia. Nunc in multis Germaniæ hortis plantatur.

TEMPVS.

Radix autumno effodienda.

TEMPERAMENTVM.

Rhodia radix in calefaciendo secundi ordinis, aut certè tertij incipientis.

VIRES. EX DIOSCORIDE.

Vtilis est capitis doloribus, si madefacta fronti & temporibus cum modico rosaceo imponitur.

EX GALENO.

Tenuium partium, & discutientis est facultatis.

DE SAMPSV-

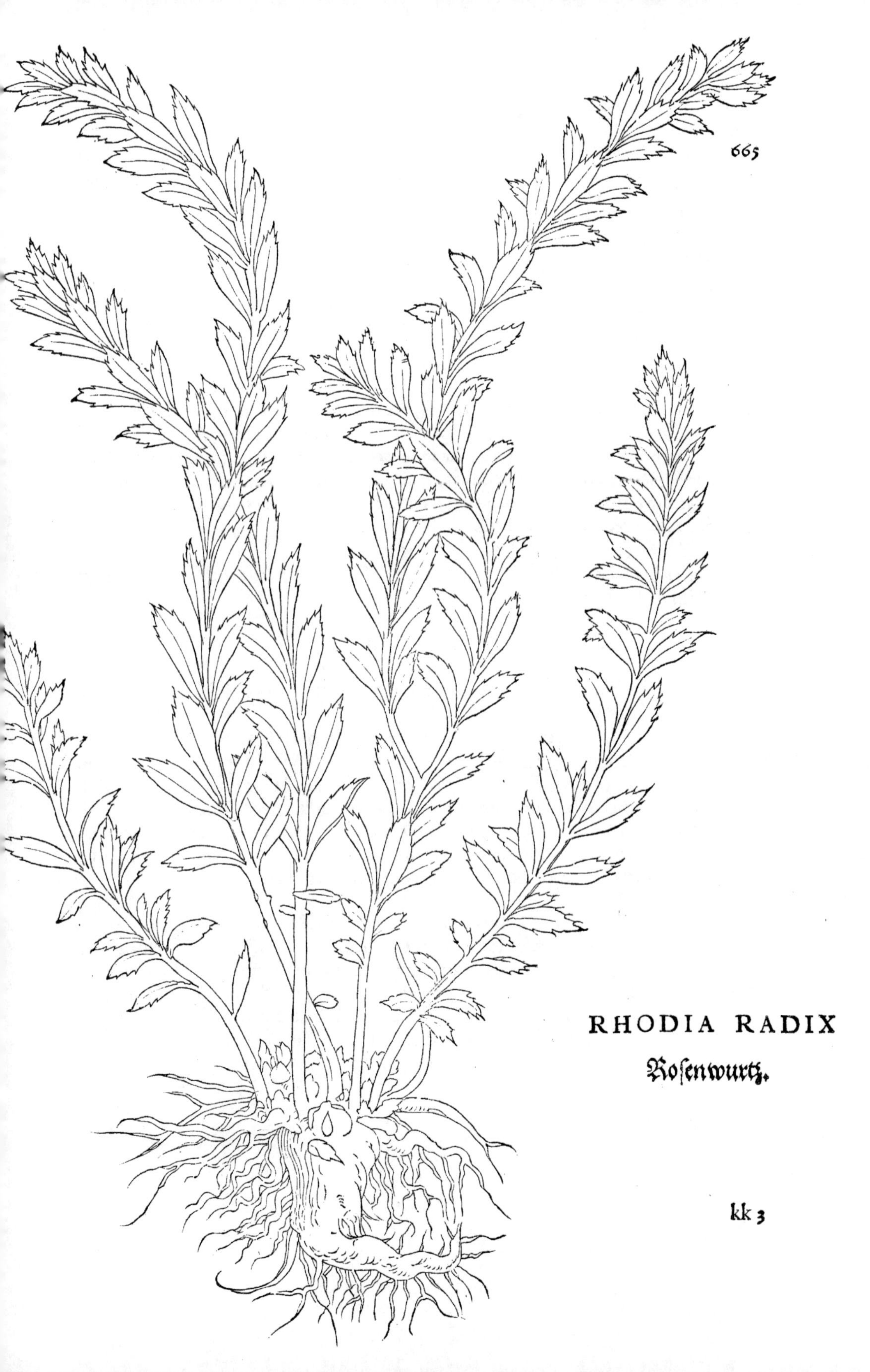

RHODIA RADIX
Rosenwurtz.

C

NOMINA.

Maiorana.

Duplex Amaracus.

ΑΜΨΥΧΟΝ, ἢ ἀμάρακον Græcis: Maiorana, Amaracus Latinis: officinæ latinam appellationem retinuerunt, Germanis Maioran / uel Meyran dicitur. Animaduertendũ autem nos hic de Amaraco ea loqui quæ iucundo placet odore. Duplex enim Græcis Amaracus est. Vna quæ Dioscoridi alio nomiue Parthenium dicitur, ingrato prorsus & uiroso odore prædita, meritoq; ea de causa hodie Cotula fœtida nominata. Altera de qua hic agimus, odorata, quam Sampsuchon Græci priuatim nominant. Id, ne imperitis uox illa πολύσημος imponeret, monendum esse duximus.

FORMA.

Herba est Sampsuchum surculosa, per terram serpens: folijs hirsutis & rotundis, Calaminthę tenuifoliæ similibus, admodum odoratis. Hæc deliniatio adamussim herbæ Maioranæ uulgò dictæ fauet: est enim surculis lentè rubentibus, folijs pilosis, & rotundis, iucundo odore, semine copioso, quod bullulis quibusdam continet: flore candido & exiguo. Serpit etiam per terram: uerum id non ubiq; fit, interdum enim rectà surgit in altum.

LOCVS.

Passim in hortis & fictilibus uasis prouenit. Gaudet autem locis umbrosis, aqua & fimo.

TEMPVS.

Æstate dum floribus prægnans est carpitur.

TEMPERAMENTVM.

D Sampsuchum tenuium partium, & digerentis est facultatis: desiccat enim & calefacit ordine tertio.

VIRES. EX DIOSCORIDE.

Calefaciendi uim obtinet, & coronamentis apta. Decoctũ eius potum, incipienti aquæ inter cutẽ prodest, & ijs quos urinæ difficultas, & tormina discruciant. Arida folia ex melle illita, sugillata tollunt. In pesso subdita menses ducunt. Cõtra scorpionis ictum ex sale & aceto illinuntur. Luxatis cerato excepta imponuntur. Similiter & œdematis. Aduersus oculorum inflammationes cum polline polentæ illinitur. Miscentur acopis & malagmatis calefaciendi gratia.

EX PLINIO.

Sampsuchum scorpionibus aduersatur ex aceto & sale illitum. Menstruis quoque multum confert impositum. Minor est eidem poto uis. Cohibet oculorum epiphoras cum polenta. Succus decocti tormina discutit. Vrinis & hydropicis utile.

Oleum Amaracinum.

Mouet & narium sternutamenta. Fit ex eo oleum quod Sampsuchinum uocatur, aut Amaracinum, ad excalfaciendos emolliendosq; neruos. Vuluas calefacit. Et folia sugillatis cum melle, & luxatis cum cera prosunt.

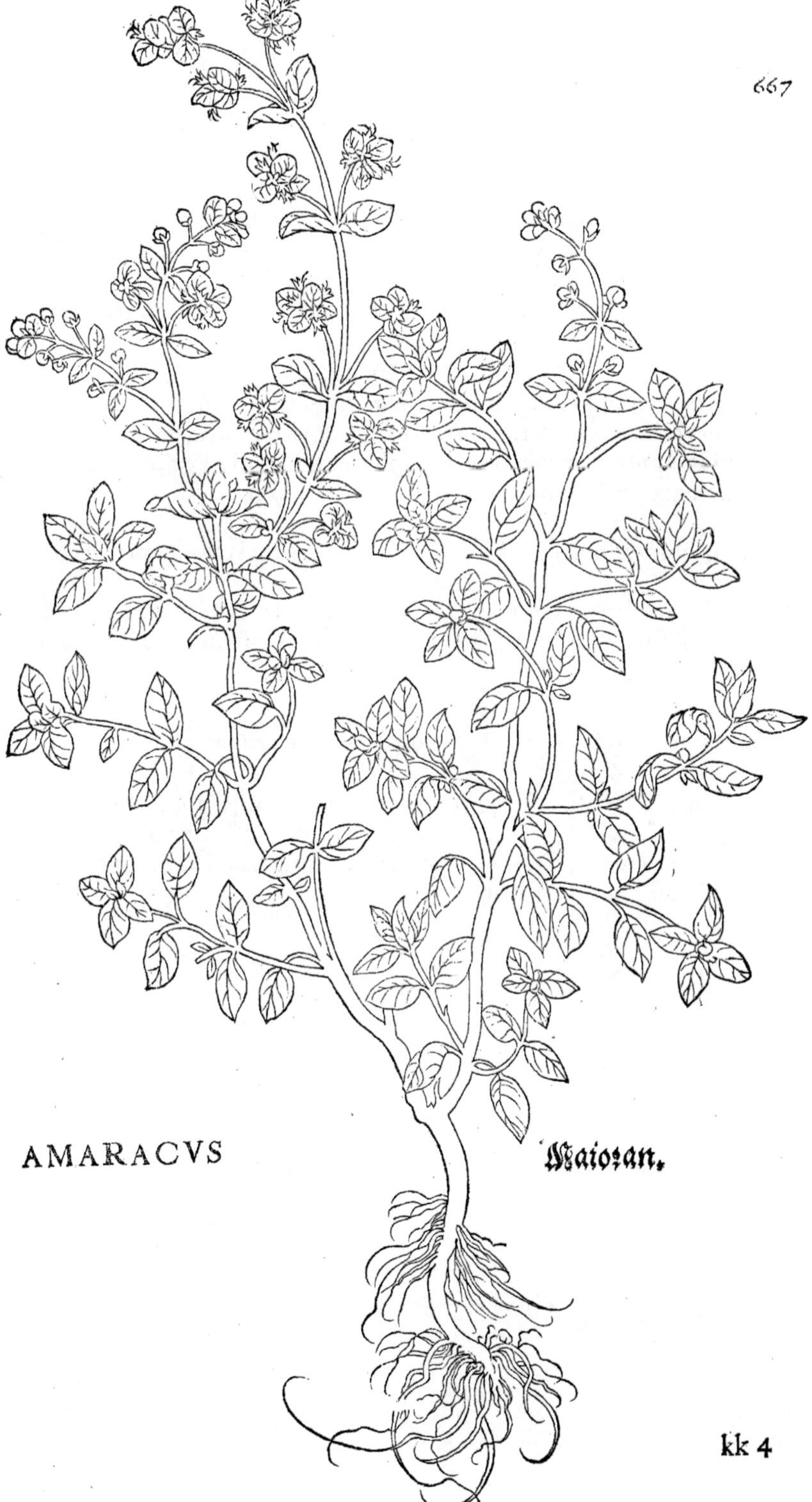

AMARACVS Maioran.

C

NOMINA.

ΣΠΑΝΑΧΙΑ Græcis recentioribus, Spinacia uel Spinaceum olus Latinis appellari poteſt. Arabicæ factionis principes Hiſpanach, hoc eſt, Hiſpanicum olus nominant. Germani Spinet / oder Spinnat. Spanachiam hauddubiè ab oleris raritate dixerunt Græci: raro enim illo utebantur medici, quod cibo magis forſitan, quàm medicinæ nata eſſet, nec quicquam illuſtre ſortita. Vel, quod etiam ſimile ueri eſt, ab alijs nationibus emendicato ſpinaceo nomine. Spinacia uulgò dicta eſt ab inſigni ſeminis ſpiculorum nota: etſi enim herba ipſa glabra & mollis ſit, ſemen tamen in ſpinas occaleſcit. Hiſpanicum uerò olus nominauere, forſitan quod inde primum duxerit originẽ, ad cæteras tandem nationes translata.

Spanachia cur dicta.

Spinacia unde uocata.

Hiſpanicum olus

FORMA.

Exit ſeptem diebus à ſatu, folio primùm triangulo, molli, mox intybi, pleruncꝗ quà pediculo cohæret laciniato, inerti ſapore, exigua radice, tenuibus capillamentis fibrata, caule cubitali, nonnunquã altiore, intus cauo: floribus in uertice rotundis, racematim coëuntibus, exiguis: ſemine ſpinulis horrido.

LOCVS.

Nullum ſolum reſpuit, ſed ubicunque ſatum fuerit hic lætiſsimè prouenit.

TEMPVS.

Seritur Septembri menſe, non horrens hyemis frigora, ut uerno tempore cibũ ſuppeditare poſsit. Martio etiam menſe ſeritur, Iunio autem & Iulio menſibus ſemen & flores profert.

TEMPERAMENTVM.

D Spinachia primi refrigerantium & humectantium ordinis eſt.

VIRES.

Aluum emollit. Melius Atriplice ſuppeditat alimentũ, ſed aluo parum hærens facilè exigitur. Flatus colligit, & uomitiones concitat, niſi excrementitius humor abijciatur. Ventrem decoctæ ius proluit. Stomacho inutile. Et cæteras ferè omnes Atriplicis uires ſibi fertur arrogaſſe.

DE SANI-

SPANACHIA Spinet.

SANICV
FOEMINA.
Sanickel weible

SANICVLA
MAS.
Sanickel mennle.

C

NOMINA.

Diapensia. Sanicula curacta.

HERBA quam omnes hodie Saniculã uocant, à nullo, quod sciam, ueterum descripta est, sed à recentioribus inuenta, ut multæ aliæ uulnerariæ herbæ. Sunt autẽ qui Diapensiam nominent. Germanis Sanickel dicitur. Nomen Saniculam à sanandis uulneribus traxisse uulgò constat.

GENERA.

Duûm est generũ. Vna quæ propriè appellatur Sanicula, ideoq; marem, ut certius esse discrimen, appellauimus. Germanicè Sanickel mennle. Altera ab omnibus ferè herbarijs pro specie Osteritij uulgò uocati habetur, sed falso, quando neq; in folijs, neque in radice ulla appareat acrimonia, sed perinde atque in mare Sanicula, amaritudo & adstrictio. Germanis errore etiã quodam die klein Meisterwurtz nominatur. Nos eandem cum & forma & facultate ad ueram Saniculam, quam marem fecimus, proximè accederet, Saniculam fœminam nuncupauimus. Germanicè Sanickel weible.

FORMA.

Sanicula uera, atque adeo mas herba est folio uitis, aũt Apij, in quinq; partes dissecto, rubentibus in fine sectionũ maculis quibusdam: surculis quoq; rubris ad radicem, quæ multis ei capillamentis fibrata subest: capitulis in summis coliculis pusillis, herbacei coloris & subnigris. Fœmina quod ad folia attinet priori similis, rubentibus tamen maculis caret, itemq; rubris ad radicem surculis, quod in ea hæc singula candida sint. Flores in summo candidos, ac subinde semen striatum & oblongum profert.

LOCVS.

Nascitur in syluis & umbrosis locis.

D

TEMPVS.

Carpenda cum suis capitulis Maio & Iunio mensibus.

TEMPERAMENTVM.

Non est simplicis naturę, sed, ut indicio est gustus, adstringit simul & amara est, ut hoc nomine calefactoriam & exiccatoriam esse nulli dubium sit. Statuunt autem calidam & siccam ordine secundo.

VIRES.

Saniculæ herbæ succum uulneratis in potu mirificè conferre experientia compertum est. Tumores quoque reprimere decoctam herbam impositam, aut eius succum illitum tam in homine quàm in pecoribus constat. Neque enim aliud præsentius est auxilium, cum ad fauces uel pulmones uitium decubuit. Et in summa, omnia quæ Symphyton, præstat etiam Sanicula. Potissimũ uerò sanguinis sputo, dysenteriæ, renumq; uitijs medetur.

A

NOMINA.

ΣΟΓΧΟΣ græcè, Sonchus, Cicerbita latinè dicitur. Sunt qui Lactucellã & Lacteronem appellent, quod scilicet caulis eius dissectus copioso diffluat lacte. Germanicè Moß/oder Genßdistel uocatur. Sonchus autem sibi nomen uendicauit ἀπὸ τοῦ σῶον χέον, eò quod salubrem fundat succum, utpote qui sua sorbitione stomachi rosiones leniat, & lactis abundantiam nutricibus sumministret, genitalibusq; locis collectione laborantibus præsidio sit. Cicerbitę tamen uocabulũ, quo omnis Hetruria adhuc utitur, recens esse adiectitiumq;, & ex non multo tempore Dioscoridi accreuisse uidetur. *Sonchus cur dicta.* *Cicerbita.*

GENERA.

Sonchi duo sunt genera. Alterum syluestrius, aculeatius, & nigrius, quod Genß distel germanicè uocatur. Alterũ tenerius esculentumq;, ac minus nigrum, Germanis Hasenköl dicitur. Et Apuleio Lactuca leporina, quod cum lepore animus defecit æstu, hac sibi herba mederi soleat. *Sonchus aspera.* *Non aspera.*

FORMA.

Cubitalis & angulosus Soncho caulis est, cauus & aliquando rubescens, & qui fractus copioso lacte manat. Folia habet per interualla in ambitu scissa. Florem luteum, qui, ut Senecionis, breui digestus abit in pappos, uanescitq; in lanugines.

LOCVS.

Vbiq; ferè in macerijs hortorum, potissimũ autem in uineis Sonchus prouenit.

TEMPVS.

Floret Iunio & Iulio mensibus Sonchus uterq;.

TEMPERAMENTVM.

Temperamentũ eius quodammodo mixtum est: constat enim ex aquea terreaq; B essentia, utraq; leuiter frigida. Nam & adstrictionis cuiusdam est particeps. Et siue cataplasmatis in morem imponatur, siue edatur, manifestè refrigerat. Postea uerò quàm planè resiccatus fuerit, terrestre eius temperamentũ redditur, modicam habens caliditatem.

VIRES. EX DIOSCORIDE.

Vis utrique Soncho refrigeratoria, modiceq; adstringens. Proinde stomacho æstuanti & inflammationibus illiti prosunt. Succus eorum in sorbitione datus stomachi rosiones morsusúe mitigat, & lactis abundantiã efficit. In lana appositus, sedis ac uuluæ inflammationibus opitulatur. Tam herba quàm radix illita scorpionum ictibus subuenit.

EX GALENO.

Sonchus ubi adoleuerit, ex spinosis plantis est. Cæterum uiridis etiamnũ & tener estur perinde ut cætera olera syluestria.

EX PLINIO.

Albus qui è lacte nitor, utilis orthopnoicis Lactucarũ modo. Erasistratus calculos per urinam pelli eo monstrat, & oris graueolentiam cõmanducato corrigi. Succus trium * cyathorũ mensura in uino albo & oleo calefactus adiuuat partus, ita ut à potu ambulent grauidæ. Datur & in sorbitione. Ipse caulis decoctus facit lactis abundantiã nutricibus, coloremq; meliorẽ infantiũ: utilissimus ijs quę lac sibi coire sentiant. Instillat auribus succus, calidusq; in stranguria bibitur, cyathi mensura: & in stomachi rosionibus cum semine Cucumeris, nucleisq; pineis. Illinit & sedis collectionibus. Bibitur cõtra serpentes scorpionesq;, radix uerò illinitur. Eademq; decocta in oleo punici mâli calyce, auriũ morbis præsidium est. Hæc omnia ex albo. Cleomporus nigro prohibet uesci, ut morbos faciente, de albo consentiens. Agathocles etiam contra sanguinem tauri demonstrat succo eius uti. Refrigeratoriã tamen uim esse cõuenit nigro, & hac causa imponendũ cum polenta. Zeno radice albi stranguriã docet sanari. ** al. obolorum*

SONCHVS
ASPERA.

Genßdistel.

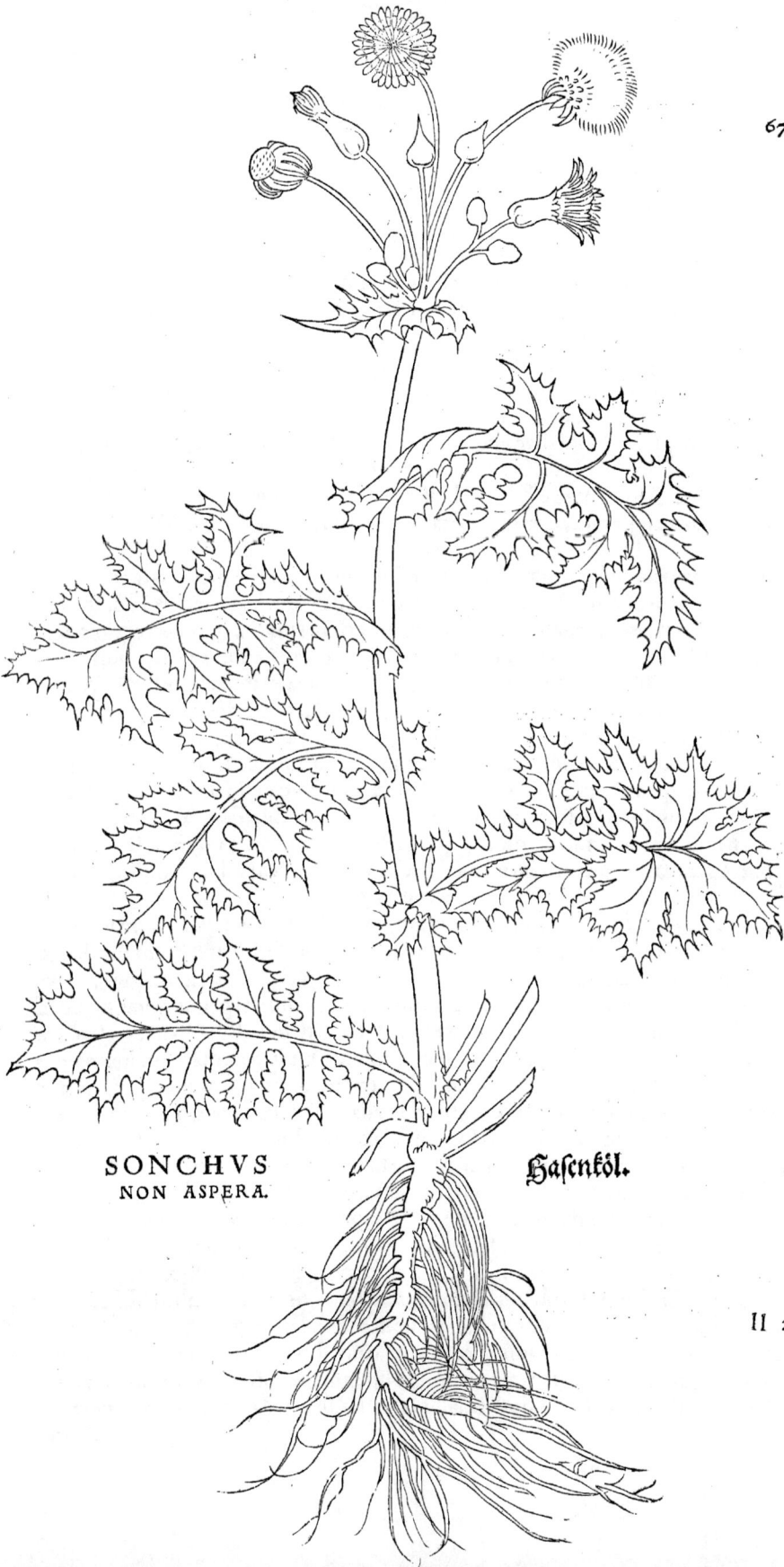

SONCHVS
NON ASPERA.

Hasenköl.

C

NOMINA.

ΣΕΡΙΣ Græcis, Seris & Intubus Latinis uocatur. Reliqua quæ illi sunt nomina, in generum distinctione mox dicemus.

GENERA.

Serin Græci in duo fastigia partiuntur, in satiuam & syluestrē. Sic &
Satiuus Intubus. Intubum Latini in duo genera digesserunt, in satiuũ & erraticum. Satiuũ, qui non
Erraticus. nisi cultu & humana diligentia prouenit. Erraticũ uerò, qui suæ spontis & liber, sub nulla olitoris lege uagatur & errat, dixerunt. Satiuus Intubus, quem priuatim, Plinio lib. xx. cap. viij. teste, Serin nominarũt ueteres, in duas distrahitur species. Vna latiore folio constat, Lactucæ similior. Hæc corrupta ab Intybo uoce, in Hetruria
Endiuia. passim Endiuia appellatur. Et debet in omnibus pro uera Endiuia usurpari officinis. Nam qua hodie sub hac uoce utuntur, non est uera Endiuia, sed Lactuca syluestris, ut suo diximus loco. Germanicè Endiuien uocari potest. Altera angustiora
Seriola. folia habet, & subamara est. Hæc diminutiuo à Seris nomine Seriola dicitur, quod
Scariola. deinde corrumpentes recentiores Scariolam fecerunt, germanicè Scariol appellari poterit. Erraticus iterum Intybus in duas species, Plinio loco antea citato autore, degenerat. Vna, quæ Græcis ab insigni amaritudine πικρὶς, ἢ κιχώριον nomina-
Cichorea. tur, Latinis autē Ambubeia. Vulgus herbariorũ & officinæ Cichoreã uocant, Germani Wegwarten/ quasi uiarum custodem, uel Wegweiß/ quod peregrinis quasi
Hedypnois. uiam indicare uideatur. Altera, quæ latiore folio prodit, Plinio Hedypnoïs nominatur, hauddubiè non alia ratione, nisi quod suauiter dormire, somnumq́ irrepere faciat. Vel, si paulò durior hæc uidetur interpretatio, quod flos eius preter alias Se-
D rides suauiter admodũ spiret. Theophrasto libro septimo de plantarũ historia, ca-
Aphaca. pite septimo, & Plinio lib. xxi. cap. xv. Aphaca alio nomine appellatur: diuersa tamen ab ea quam suprà descripsimus, & quæ aliàs Vitia syluestris dicitur. Vulgo
Dens leonis. Dens leonis, quod folium sinuatim per lacinias denticulatũ sit, & Rostrum porci-
Rostrum porcinum. num nominatur. Officinis nostris, quę barbaris delectantur uocibus, Taraxacon,
Taraxacon. aut Altaraxacon dicitur, Germanis Röhlkraut/ Pfaffenröhrlin/ Pfaffenblatt.

FORMA.

Satiuus Intubus. Satiuus Intubus caulem edit magnum, rotundum, striatum, frequentibus surculis brachiatũ. Germinat foliatu statim à radice uenoso. Flos illi in ramusculis cœruleus, & nonnunquam etiam candidus emicat. Prima autem eius species, ut diximus, folio latiore, altero angustiore constat. Erratici Intubi genus primum, quod
Cichorium. Cichorium uocant, germinat à radice post Vergilias, folio Betæ laciniato, ferè semper in solo procumbente: caule magno, fistuloso, frangi cõtumace, multis ramulis brachiato, ad uinctum quoque lentis: flore cœruleo, interdum albo, particulatim usque in autumnũ erumpente, qui nubilo etiam die solis exortu panditur, & cum eo circumagitur in occasum, noctu semper compressus, & interdiu hiscens. Hinc panditur rudissimus quorundã error, qui hanc herbã quam Germani Wegwart nominant, Heliotropiũ esse cõtendunt, cum tamen primum folia repugnent, quæ non sunt Ocimo similia, neque candida, sed nigricantia magis. Deinde non candidum, sed magna ex parte cœruleũ florem habet. Radix denique eius, ut Heliotropij, non inutilis, sed, experientia teste, mirè efficax. Quibus omnibus accedit manifesta cum alijs satiuis Intubis similitudo, quæ una satis docet Intubũ esse syluestrē, & non Heliotropiũ. Vt quorundam temeritatē non satis mirari queam, qui contra apertam ueritatem, & omnium medicorum cõsensum, secus pronunciare audent.
Leonis dens. Alterum, quod Leonis dens nominatur, folijs multis constat, utrinq́ denticulatis, in terra sessilibus, cauliculis dodrantalibus, concauis, leuibus & enodibus, flore luteo, sti-

INTVBVM SATIVVM LATIFOLIVM.

Endiuien.

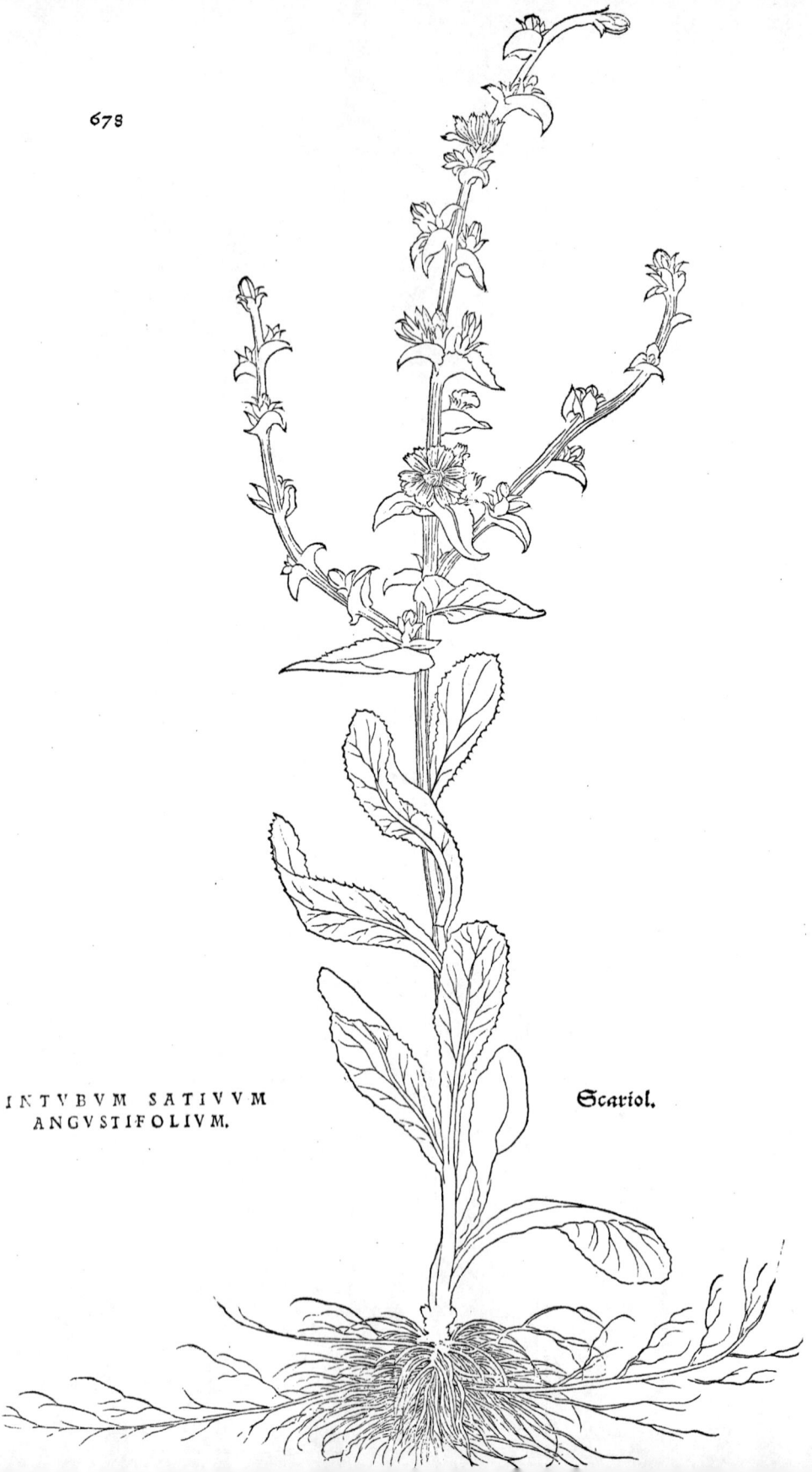

INTVBVM SATIVVM
ANGVSTIFOLIVM.

Scariol.

INTVBVM SYL-
VESTRE.

Wegwart.

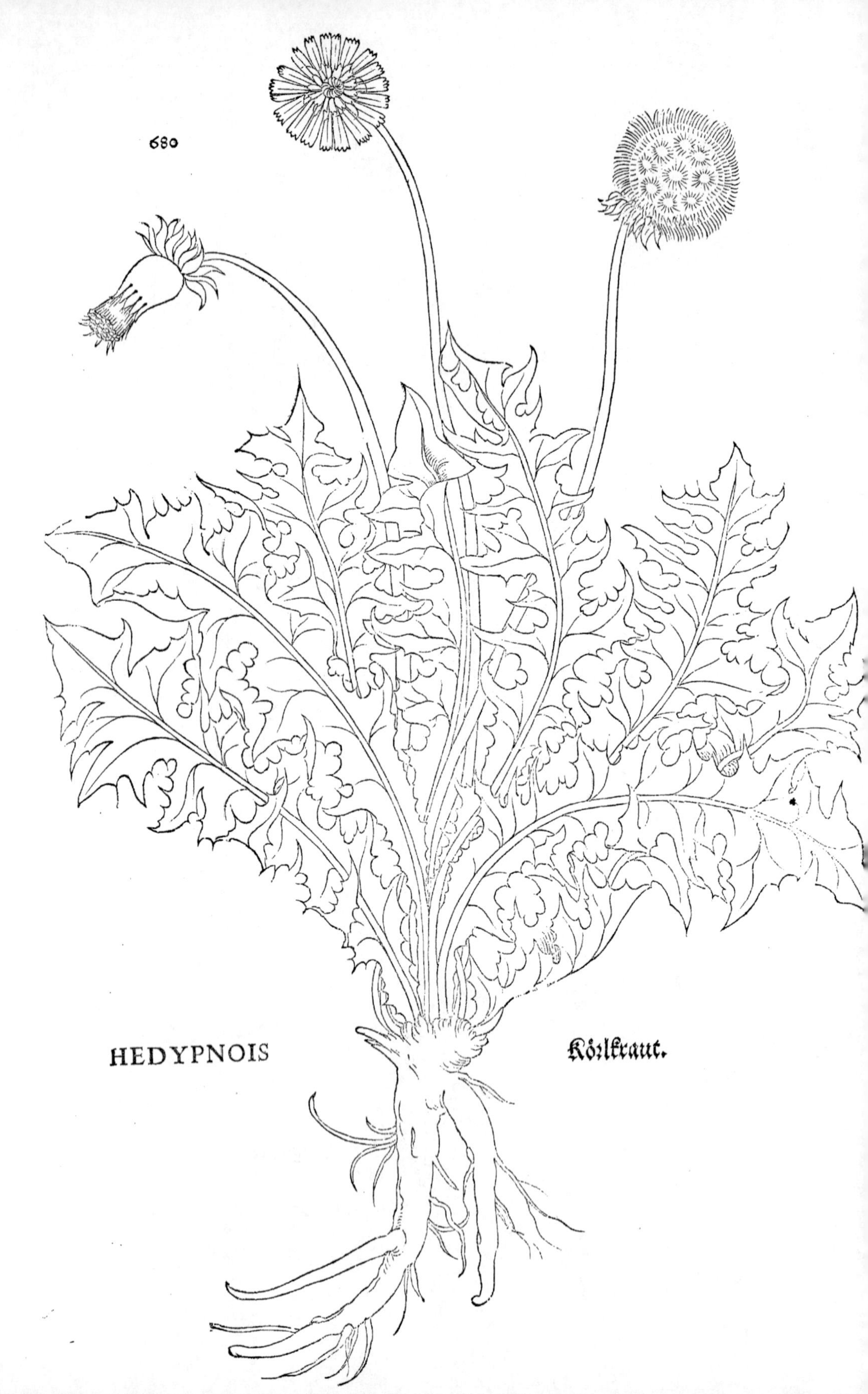
HEDYPNOIS
Körlkraut.

A teo, stipantibus in circulum foliolis coronato, qui senescens euanescit in lanuginē, quæ cum aura raptim fertur.

LOCVS.

Satiuus non prouenit nisi in hortis cultu & diligentia humana: haud tamen difficulter ubi satus fuerit, emergit. Erratici prima species passim iuxta itinera nascit. Altera in hortis, & passim ferè etiam sponte sua gignitur.

TEMPVS.

Satiuus Iunio & Iulio mensibus floret. Cichoriū eodem ferè tempore incipit florere, & in autumnum usque durat. Hedypnoidis in Martio erumpunt flores, & in æstatem usque perdurant.

TEMPERAMENTVM.

Seris olus est subamarū, & magis quod syluestre est, quod ob idipsum Picrida quidam nuncupant, quidam uerò Cichorium appellant. Est autem ea siccæ frigidæq; temperaturæ, utrunq; secundo abscessu. Porrò domestica magis etiam quàm syluestris refrigerat. Sed & humiditatis multæ admistio siccitatem extinguit. Vtraque autem adstringentis qualitatis particeps est.

VIRES. EX DIOSCORIDE.

Omnes adstringunt & refrigerant, & stomachū adiuuant. Aluum sistunt coctę, si cum aceto assumantur. Syluestres autem stomacho meliores. Comesti imbecillū & æstuantem leniunt. Cardiacis per se, aut cum polenta utiliter illinuntur. Podagris & oculorū inflammationibus succurrunt. Herba & radix illita, percussis à scorpione subuenit. Ignibus sacris cum polenta medetur. Succus eorum cum cerusa & aceto utiliter ijs quæ refrigerationem desiderant inungitur.

EX PLINIO.

B Intubi quoq; nō extra remedia sunt. Succus eorum cum rosaceo & aceto capitis dolores lenit. Idemq; cum uino potus, iecinoribus & uesicæ & epiphoris imponit. Cichoriū refrigerat. In cibo sumptum & illitum collectiones, succusq; decocti uentrem soluit. Iecinori & renibus, & stomacho prodest. Item si in aceto decoquatur, urinæ tormina discutit. Item morbum regium è mulso, si sine febre sit. Vesicam adiuuat. Mulierum purgationibus quidem decoctū in aqua adeò prodest, ut emortuos partus trahat. Adijciunt magi, succo totius cum oleo perunctos fauorabiliores fieri, & quæ uelint facilius impetrare. Hedypnois stomachum dissolutū adstringit cocta: crudaq; sistit aluum. Et dysentericis prodest magis cum lente. Rupta & conuulsa utroque genere iuuantur. Item quibus genitura ualetudinis morbo effluat. Seris utraq; stomacho utilissima, præcipuè quem humor uexat. Cum aceto in cibo refrigerant uel illitæ, discutiuntq; & alios quàm stomachi. Cum polenta syluestrium radices stomachi causa sorbentur, & cardiacis illinuntur super sinistrā mammam ex aceto. Omnes hæ & podagricis utiles, & sanguinē reijcientibus. Item quibus genitura fluit, alterno dierum potu.

Hedypnoidis facultates.

EX SYMEONE SETHI.

Stomacho bonum est Intubum, si cum aceto quis eo utatur. Postquam decoctū est, aluum sistit. Obstructiones auferendi uim habet, ut nullum aliud olus. Sanguinis feruorem sedat, & inflammationes iecoris discutit, & ictericos iuuat. Iecur proprietate quadā corroborat. Mediocriter somnū inducit. Tradunt quidā post uenæ sectionē, aut cucurbitas, si quis cum aceto utatur, iecinoris sanitatē conseruare. Veneris appetentiā extinguit, & semen genitale in ijs qui frigidam habent temperaturam, minuit. Vtile est ad sanguinis excreationē. Huius etiam decoctum iecinori admodum utile. Semen febres ex flaua bile ortas iuuat; at lieni nocet.

DE STAPHY-

PASTINACA SATI
VA PRIMA.

Zam Pasteney.

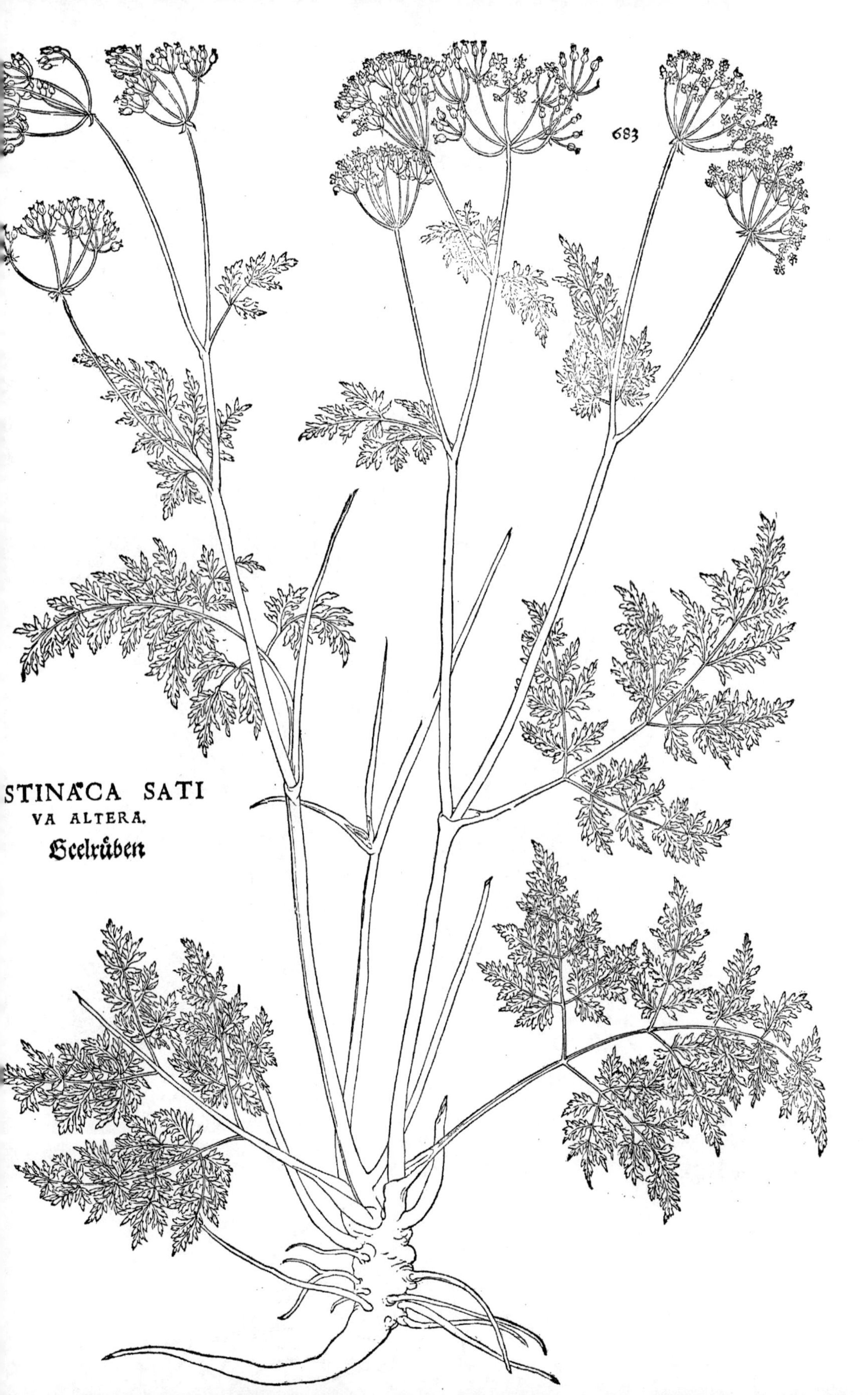
STINACA SATI
VA ALTERA.
Seelrüben

PASTINACA ER
RATICA.

Wilde Pasteney.

A

NOMINA.

ΣΤΑΦΥΛΙΝΟΣ græcè, Pastinaca latinè dicitur, Germanicè Pastiney/ oder Pastnachen. Pastinacæ uerò nomen à pascendo dictum uidetur: natura enim ei calens, sapor uehemens, alit corpus, & Venerem cit. Pastinaca unde dicta.

GENERA.

Duplex Pastinacę genus. Vna enim satiua est, quæ iterum duorum est generũ. Vnum genus quod uulgò Carota dicitur, Germanicè zam Pastiney/ & rot Rüben. Alterũ, quod quidam inter Rapa connumerant. Hinc est quod Germani geel Rüben uocant. Syluestris altera, quæ propriè Staphylinus Gręcis nominatur, germanicè autem wild Pastiney/ oder Vogelnest.

FORMA.

Folia Gingidij habet Pastinaca syluestris, latiora tamen & subamara. Caulem rectum, asperumq́, umbellam Anetho similẽ obtinentẽ, in qua flores candidi, exiguum quiddam purpurei in medio habentes, & ferè ad croceũ accedentis. Radix digiti crassitudine, dodrantalis, odorata, quæ cocta mandit̃. Hortenses syluestribus per omnia similes sunt, nisi quod flores in medio purpureũ quiddam non habeant, & radix unius in suprema sui parte purpurea sit, alterius autẽ magis lutea.

LOCVS.

Passim circa itinera, loca petrosa, & hortorũ maceries sua sponte proueniunt erraticæ. Satiuæ in hortis nascuntur.

TEMPVS.

Iulio & Augusto mensibus flores & semina Dauco similia producit utraq́.

TEMPERAMENTVM.

Calefacit & abstergit utraq́, magis tamen syluestris.

B

VIRES. EX DIOSCORIDE.

Erraticæ semen potum aut appositũ menses ducit. Vrinæ difficultatibus, hydropicis, & pleuriticis in potu confert. Contra uenenatorum morsus & ictus utile. Ferunt non lædi à uenenatis qui id pręsumpserint. Cõceptus adiuuat. Radix ipsa urinam cit, & Venerem stimulat. Fœtus ex utero pellit apposita. Folia trita cum melle imposita ulcera depascentia expurgant. Hortensis Pastinaca cibo aptior est. Ad eadem, sed minori efficacia, prodest.

EX GALENO.

Pastinaca satiua imbecillior, syluestris ad omnia potentior. Vrinas mouet, & menses prouocat cum herba quidem tota, tum maximè semen & radix. Habet porrò etiam abstersorium in se quippiam: quamobrem pascentia ulcera quidam folijs eius cum melle, quò pura reddant, illinunt.

EX PLINIO.

Pastinacæ erraticæ semen contritum, & in uino potum, tumentẽ aluum, & suffocationes mulierũ doloresq́ lenit in tantum ut uuluas corrigat. Illitum quoq́ è passo uentri earũ prodest. Viris uerò cum panis portione æqua tritum. Ex uino potum contra uentris dolores. Pellit & urinã, & phagedęnas ulcerũ sistit recens cum melle impositũ. Vel aridæ farinę inspersam radicẽ eius Dieuches cõtra iecinoris & lienis, ilium, lumborũ & renũ uitia, ex aqua mulsa dari iubet. Cleophantus & dysentericis ueteribus. Philistion in lacte coquit, & ad stranguriã dat radicis uncias quatuor. Ex aqua hydropicis, similiter & opisthotonicis, & pleuriticis, & comitialib. Habentes eam feriri à serpentibus negantur, aut qui antè gustauerint, non lædi. Percussis imponit̃ cum axungia. Folia contra cruditates mandunt̃. Orpheus amatoriũ inesse Staphylino dixit, fortassis quoniã Venerem stimulari hoc cibo certum est: ideo cõceptus adiuuare aliqui prodiderũt. Ad reliqua & satiua pollet, efficacior tamen syluestris. Semen satiuæ quoq́ contra scorpionũ ictus, ex uino aut posca salutare est. Radice eius circunscalpti dentes, dolore liberantur.

SOLANVM HORTENSE.

Nachtschatt.

HALICACABVM VVLGARE.
Judendocken.

HALICACABVM PEREGRINVM.
Welsch Schlutten.

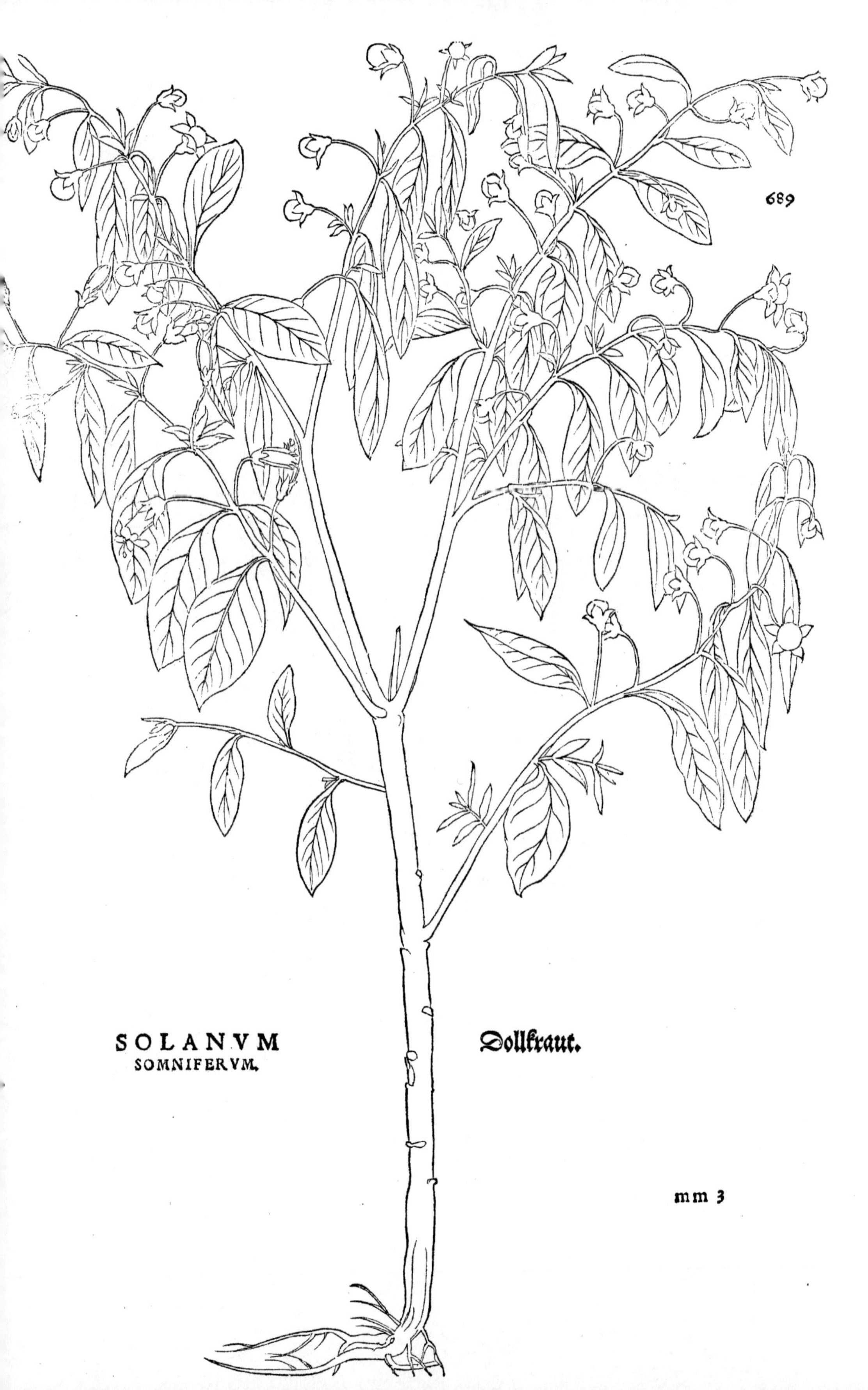
SOLANVM
SOMNIFERVM.
Dollkraut.

STRAMONIA.

Rauch öpffelkraut.

A

NOMINA.

ΣΤΡΥΧΝΟΣ græcè, Galeno per unius literæ abiectionem τρύχνος, Solanum latinè, officinis Solatrum, uulgo Cuculus, Vua lupina, Vua uulpis, Morellaq́ꝫ dicitur. Germanicè Nachtschatt.

Solatrum. *Morella.*

GENERA.

Quatuor, Dioscoride & Galeno autoribus, Solani sunt genera. Primũ hortense dicitur, quod scilicet olim in hortis cum alijs oleribus quæ edendo sunt, seminabatur. Hodie sua sponte, & inuitis cultoribus prouenit. Nigrum alio nomine, à nigris nimirum folijs, aut in extrema maturitate fructu nigro, appellatur. Germanis simpliciter Nachtschatt uocatur. Secundum, quod priuatim Halicacabum nominatur. Vesicariã quoqꝫ uocant à folliculis quos producit, uesicarum in animantibus speciem imitantibus, uel quod uesicę caclulis medeatur. Officinæ Arabes secutę, corrupto Halicacabi nomine, Alkakengi appellant. Germani nostri Judenhütlin/ oder Docklin/ Judenkirsen/ Schlutten/ Boberellen/ Rot Nachtschatten. Est præterea alia Halicacabi species nuperrimè inuenta, & aliunde in Germaniam allata, cuius nemo antiquorum scriptorum, quod sciam, mentionem fecit. Nos discriminis gratia Halicacabũ peregrinũ nominauimus. Germanicè welsch Schlutten non ineptè nuncupauimus. Tertium Solanum somnificũ, ab effectu scilicet nominant. Sunt qui Solatrum dormitoriũ uel marinum dicant, quod rupibus non longè à mari inueniatur. Quartum Gręcis μανικὸν, hoc est, furiosum nominatur, officinis Solatrum mortale.

Solanum hortense. *Halicacabum.* *Vesicaria.* *Alkakengi.* *Solanum somnificum.* *Solanum furiosum.*

FORMA.

B Solanũ hortense frutex est esculentus, exilis, alas multas habens, folia nigra Ocimo maiora & latiora, fructum rotundũ, uiridem, cum autem maturuerit nigrum, aut rufum. Flos huic candicat. Halicacabũ folijs priori simile, latioribus tamen. Caules eius postquam increuerunt in terram inclinant. Fructum fert in folliculis rotundis uesicis similibus, rufum, rotundum, leuem, uuarum acinis similem, quo coronarij utuntur texentes coronas. Peregrinum planta est pergulis operiendis aptissima: latissimè enim suis clauiculis sese diffundit. Folia habet oblonga, & laciniata. Flores candidos, uesiculas Halicacabo similes, in quibus semen includitur pisis aut ciceribus simile, in cuius medio effigies ueluti cordis humani insculpta & incisa apparet. Somnificum frutex est ramos habens multos, densos & lignosos, difficile fragiles, folijs pinguibus refertos, mâli cotonei similitudine, florem rubrũ, grandem. Semen in siliquis croceum. Radicem corticem habentem subrubrum, grandem. Furiosum folium obtinet Erucæ simile, maius tamen, satis ad spinam quam Pæderota uocant accedens. Caules à radice proceros decem aut duodecim emittit, ulnarũ cubitorúmue quatuor altitudine, capitulum effigie oliuæ insidens, sed hirsutum ut Platani pilulæ, maius tamen & latius. Florem nigrum, post hunc fructum racemosum, rotundum, nigrum, denis aut duodenis acinis constantem, Hederæ corymbis similibus, mollibus ut uuæ. Radicẽ candidam, crassam, cauam, cubitalem. Cæterum plantatur nunc in hortis Germaniæ herba Italis uocata Stramonia, & pomum spinosum, quam nonnulli inter Solani species numerant, non quod descriptioni respondeat, sed quod eius folia opij odorem referre uideantur. Quare ut alijs occasionem daremus cogitandi de hac planta, hoc loco eius picturam inserere placuit. Flores huius herbæ suauem Lilij spirant odorem. Videtur uiribus parum à posterioribus generibus Solani distare. Germanicè à pomis appellare libuit, stechend oder rauch öpffelkraut.

Hortense. *Halicacabum.* *Somnificum.* *Furiosum.*

C LOCVS.

Hortense paſsim in opacis locis, & ſemitis obuiũ eſt. Naſcitur & in hortis. Halicacabum in uineis copioſiſsimè prouenit. Somnificũ in ſaxoſis nec procul à mari locis producitur. Furioſum in montanis, ac uento perflatis locis, & ubi Platani naſcuntur.

TEMPVS.

Hortenſe tota ferè æſtate floret, autumno autem fructus eius matureſcit. Halicacabum ueſicas illas ſuas in fine Auguſti, & inter initia Septembris menſis colore primum uiridi, mox paulatim rubeſcente profert.

TEMPERAMENTVM.

Hortenſe refrigerat & adſtringit in ſecundo ordine, medium autem abſolutè in humectando & exiccando, Galeno lib. v. ſimpl. cap. ix. teſte. Idem faciunt Halicacabi folia. Somnificum tertij eſt refrigerantiũ ordinis. Manici ſeu furioſi cortex radicis refrigerat ſecundo ordine incipiente, & deſiccat in ſecundo iam completo, & tertio incipiente.

VIRES. EX DIOSCORIDE.

Hortenſe refrigerandi facultatẽ obtinet, quapropter folia ignibus ſacris, herpetibus cum farina polentæ illita proſunt. Per ſe autem trita & impoſita ægilopas, capitisq́ dolores ſanant. Stomacho æſtuanti auxiliantur. Parotidas cum ſale trita & illita diſcutiunt. Succus eius ualet aduerſus ignes ſacros, & herpetas, cum ceruſa, roſaceo & lithargyro. Ad ægilopas uerò cum pane. Infantium quoq; ardori, quem ſyriaſin uocant Græci, cum roſaceo perfuſus proficit. Miſcetur collyrijs pro aqua aut ouo contra acres fluxiones ad inunctioues. Aurium dolori inſtillatus prodeſt. Muliebria profluuia in lana appoſitus ſiſtit. Succus fuluo gallinarum in domibus ober
D rantium fimo ſubactus & linteo appoſitus ægilopis remedio eſt. Halicacabum uim uſumq́ hortenſis Solani habet, uerum non comeditur. Fructus eius potus, eò quod urinã mouet, regium morbum expurgat. Vtrorumq; herba exprimitur, & ſuccus ſiccatus in umbra reponitur, ad eadem utilis. Somnifici radicis cortex in uino drachmæ pondere pötus ſomnificam facultatẽ obtinet Papaueris ſucco mitiorem. Fructus uehementer urinam cit. Corymbi eius ferè duodecim hydropicis dantur. Plures autem poti ecſtaſin faciunt. Remedio eſt aqua mulſa copioſa potui data. Succus eius medicamentis dolorem leuantibus & paſtillis miſcetur. In uino decoctus & in ore retentus dentiũ doloribus ſuccurrit. Radicis ſuccus cum melle inunctus oculorũ hebetudines tollit. Furioſi radix in uino drachmæ unius pondere pota non illepidas neq; iniucundas imagines ſpecieſue efficit. Duarũ uerò drachmarum pondere pota, ad tres uſq; dies ecſtaſin affert. Quatuor autẽ drachmæ hauſtæ interimunt. Remedio eſt aqua mulſa maiore copia pota, & uomitione reiecta.

EX GALENO.

Solanum eſculentũ quod in hortis naſcitur, notũ eſt omnibus, utunturq́ illo ad omnia ea quæ refrigerari & adſtringi poſtulant. Cæterorũ uerò non eſculentorum unum quidem nuncupatur Halicacabum, fructum habens rufum, acino uuæ tum figura, tum magnitudine adſimilem, quo etiam ad coronas utuntur. Alterũ autem fruticoſum, quod ſomnificũ, & tertium quod furioſum dicitur. Halicacabum igitur in foliorũ facultate hortenſi ſimile eſt, fructum habens ciendæ urinæ idoneum: proinde multis compoſitis facultatibus quæ ad iecur, ad ueſicam & renes accõmodantur, miſcetur. Solani uerò ſomnifici cortex radicis ſi cum uino bibatur, ſomnũ accerſit drachmę pondere ſumptus. Sed & ad cætera Papaueris ſucco perſimilis eſt, niſi quod eouſq; imbecillior eſt, ut ipſe tertij habeatur ordinis refrigerantiũ, quum hic in quarto ſit conſtitutus. Huius ſemen urinã mouendi facultatem habet. Si au-

tem plus

A tem plus duodecim corymbis hauseris, dementiã furiámue adsciscet. Porrò quod reliquum est ex dictis Solanis, ad medicationes quę intrò in corpus adhibentur, inutile est. Nam si quatuor eius drachmæ sumantur, mortem inferent: si pauciores, insaniam. Vna certè innoxiè offertur, cæterũ nec ipsa utile quid obtinet. Verum si foris corpori illinatur, ulcera maligna & depascentia curat. Sed ad talia radicis cortex optimus est.

EX PLINIO.

Strychno, quam quidam Trychnon scripsere, utinam nec coronarij in Ægypto uterentur, quos inuitat Hederæ florũ similitudo, in duobus eius generibus. Quorum alterum cui acini coccinei, granosi folliculi, Halicacabũ uocant. Nostri autem uesicariam, quoniam uesicæ & calculis prodest. Frutex est surculosus uerius quàm Vesicaria.
herba, folliculis magnis latisq́, & turbinatis, grandi intus acino, qui maturescit Nouembri mense. Tertio folia sunt Ocimi, minimè diligenter demonstranda. Remedia enim, non uenena tractamus: quippe insaniam facit paruo quoq́ succo. Quanquam & Græci autores in iocum uertêre. Drachmæ enim pondere lusum pudoris gigni dixerunt, species uanas imaginesq́ conspicuas obuersari demonstrantes. Duplicatum hunc modum, legitimã insaniam facere. Quicquid uerò adijciatur ponderi, repræsentari mortem. Hoc est uenenum quod innocentissimi autores simpliciter Dorycnion appellauere, ab eo quod cuspides in prælijs tingerentur illo passim nascente. Quin & alterum genus soporiferum est, atq́ etiam opio uelocius ad mortem. Laudatum uerò à Diocle & Euenore: quippe præsentaneum remedium ad dentes mobiles firmandos, si colluerentur: huic tamen exceptionem addidere, ne diutius id fieret: delirationem enim gigni eo. Cõmendatur & in cibis tertium genus, licet præferatur hortensis saporibus. Et nihil esse corporis malorum, cui non
B salutare sit Strychnos, Xenocrates prędicat. Somnifici radicem bibunt qui sunt uaticinandi callentes, quod furere ad confirmandas superstitiones aspici se uolunt. Remedio est (id enim libentius retulerim) aqua copiosa mulsa calida potui data. Nec illud præteribo, aspidum naturæ Solanũ somnificum in tantum aduersum, ut radice eius propius admota soporentur, illud sopore enecante uim earum. Ergo trita ex oleo percussis auxiliatur.

APPENDIX.

Quod nos somnificum esse dicimus Solanum, aliqui hortense non sine maximo errore esse putant, plurimumq́ suibus conferre, ac easdem à letalibus morbis præseruare asserunt. Nos tamen non laboramus magnopere quomodo suibus succurrat, sed quid in homine possit magis consideramus, quum constet pleraque alijs animantibus esse cibum, quæ homini uenenum sunt. Experientia uerò cognitum est, geminos pueros statim ex esu acinorum huius generis Solani mortuos esse. Quod sanè exemplum nos mouet ut somniferum esse credamus, potissimũ cum in uniuersum ferè illi descriptio quadret, uno hoc dempto, quod semen non habet in siliquis croceum. Sunt autem notæ quædam in hortensis etiam deliniatione quę illi non conueniunt. Neque enim exilis est frutex, sed propémodum arborescens: neque etiam florem candidum, sed spadiceum obtinet. Quod uerò ad flores & fructum attinet, uidetur accedere ad historiã Solani furiosi, ut suspicio ferè sit duorum horum generum historias esse confusas: quam quidem auget Theophrastus, qui in eorundẽ descriptione nonnihil à Dioscoride uariat. Quicquid uerò sit, certum est Solani esse speciem, quod forma ipsa foliorũ abundè docet: atq́ huic uehementẽ refrigerandi uim, maximè si paulò copiosius sumat̃, inesse, ut hoc nomine pro somnifero Solano eius usus medicis nullo periculo esse queat. Nos uulgi sententiã sequuti, appellauimus Dollkraut. Posset etiam germanicè uocari Schlaff Nachtschatt. Sunt qui Sewkraut nominant. Quod si tamẽ hæc nõnullis haud satisfecerint, certè necesse erit Mandragoræ speciem esse fateantur tertiã, quam pingit Theophrastus lib.

C stus lib. vi. de hist. plant. cap. ij. ijs uerbis: ἴδιος δὲ ὁ καρπὸς τοῦ μανδραγόρου τῷ μέλανι καὶ ῥαγώδης καὶ οἰνώδης εἶναι τῷ χυμῷ. hoc est, fructus Mandragoræ peculiaris, quia niger, acinosusq́, & uinosus suo sapore sentitur. Hæc enim omnes notæ in fructu huius fruticis reperiuntur. Sed plura ea de re in capite de Mandragora diximus.

DE SYMPHYTO MAGNO. CAP. CCLXV.

NOMINA.

Symphytum cur dictum.

ΥΜΦΥΤΟΝ, ἢ σύμφυτον μέγα Græcis, Symphytũ & Solidago Latinis, officinis & herbarijs Consolida maior, Germanis Walwurtz/Schwartzwurtz/Schmerwurtz/grosse beynwell. Nomen illi apud Græcos Latinosq́ egregia constringendi & conglutinandi uis fecit.

FORMA.

Caulem emittit binûm cubitorum, aut maiorem, leuem, crassum, angulosum, Sonchi modo inanem, circa quem folia sunt non magnis interuallis distantia, hirsuta, angusta, oblonga, ad Buglossi foliorum figuram accedentia. Habet caulis secundum angulos eminentias quasdam productas. Folium tenue ex singulis alis prodit. Flores lutei, & semen Verbasci. Totus uerò caulis & folia quandam lanuginẽ modicè asperam, tactu pruritum mouentem, habent. Radices in superficie extrà ue nigræ, intus candidæ & glutinosæ, quarum est usus. Hæc siquidem deliniatio adamussim huic herbæ quæ uulgò Consolida maior appellatur, competere uidetur, quod nulla prorsus sit nota quę illi non quadret. Sed obtrudet quispiam, florum colorem non respondere, quem Dioscorides luteum esse dicit, quum in nostra Consolida alius sit. Cui ita responsum uolo. Coloris ista in floribus diuersitas non tanti momenti est, ut aliud à Consolida maiori Symphyton esse, conuincere possit: neque enim ubique terrarum, etiam earundem herbarum, flores similes sunt. Exemplo est Buglossum, quod Boraginem hodie officinæ uocant: hoc enim interdũ albos, quos nos Norimbergæ & Culmachij sæpe uidimus: magna autẽ ex parte purpureos producit flores. Sic quoque Symphytum frequenter flore subrubro, uel leniter purpurascente, ut Onoltzbachij, rarius candido conspicitur. Tubingę tamen omnia flore albo uisuntur. Luteis floribus nullum in Germania uidisse me memini. Quod autem alios quàm luteos nonnunquam proferat flores Symphytum, satis docet Apuleius in cõmentariolo illo quem de herbis conscripsit, qui illius flores nigros esse tradit, subrubros aut subpurpureos hauddubiè innuens. Nos una pictura utrosq́ flores exhibemus. Germani candidis floribus Symphytum fœminã, subrubris uerò marem appellant. Cæterum non est quod in Symphyti descriptione te perturbet aut remoretur, quod idem caulis simul leuis & angulosus dicitur: id enim sic intelligendum uenit, quod caulis nõ perpetuò leuis aut angulosus sit, sed modo hunc, modo illum producat pro soli diuersitate.

Consolida maior

Obiectio diluitur

D

LOCVS.

Locis aquosis, palustribusq́ abundè prouenit.

TEMPVS.

Per integram æstatem floret. Radix tamen in autumno carpenda uenit.

TEMPERAMENTVM.

Modicè, ordine scilicet secundo, calefacit, exiccat & contrahit.

VIRES. EX DIOSCORIDE.

Radices tritæ & potæ cruenta expuentibus, ruptisq́ prosunt. Recentia uulnera illitæ glutinant. Carnes si unà coquantur cogunt. Inflammationibus, sedis potissimum, cum Senecionis folijs utiliter illinuntur.

YMPHYTVM
MAGNVM.

Walwurtz.

C

EX GALENO.

Symphytũ magnum similem petræo facultatem habet, non tamen gustantibus dulce, neq; odorantibus odoratum apparet, sed ijs sanè ab illo diuersum est. Cæterum quatenus uiscositatẽ quandam & mordacitatẽ obtinet, Scillæ simile est. Vtitor eo ad omnia quæ petræo. Potest autem petræum collectũ in thorace, pulmoneq; pus expurgare. Habet etiam contrahendi uim, qua sanguinis eiectionibus auxiliatur. Enterocelijs imponitur, & ad conuulsa & rupta cum oxymelite bibitur. In uino decoctum ad dysenteriam, & profluuium muliebre rubrum constringendum exhibetur.

EX PLINIO.

Symphyti radix illita, enterocelas cohibet. Vulneribus sanandis tanta præstantia est, ut carnes quoq; cum coquuntur, conglutinet addita, unde & Græci nomen imposuere. Ossibus quoque fractis medetur.

SYMPHYTI PETRAEI VIRES.

Quum Dioscorides & Galenus ad Symphyti facultates lectorem in Symphyti magni historia ablegent remittantq;, necesse est ut illas ordine cõnumeremus more quidem nostro primum ex Dioscoride, deinde ex Galeno & Plinio.

EX DIOSCORIDE.

Decoctum in aqua mulsa & potum Symphytũ petræum, quæ in pulmone sunt expurgat. Sanguinẽ reijcientibus & renum doloribus cum aqua datur. Ad dysenteriam & rubra fœminarum profluuia in uino decoctum bibitur. Ad conuulsa & rupta ex aceto mulso sumitur. Cõmanducatum sitim arcet. Gutturis asperitatibus prodest. Recentia uulnera glutinat, & intestinorũ ramices illitum coërcet. Carnes
D cum unà coquitur conglutinat.

EX GALENO.

Symphytũ petræũ ex contrarijs constat facultatibus: habet enim incidendi uim quampiã, qua collectũ in thorace & pulmone pus expurgare potest. Habet etiam quandam contrahendi facultatem, qua eiectionibus sanguinis auxiliatur: & tertia ad eas inest humiditas quædam non immodicè calida, per quam gustantibus dulce apparet, & odoratu iucundum. Mansum sitim extinguit, & arteriæ asperitates sanat. Porrò secundum omnium dictarũ uirium mistionẽ simul digerere abundè potest, simulq; corpora contrahere & constringere. Proinde enterocelijs imponitur, & ad conuulsa & rupta cum oxymelite bibitur. Cæterum qui ipsum in uino decoctum ad dysenteriam, & rubrum muliebre profluuium exhibent, tanquam desiccante & contrahente utuntur. Qui uerò ad nephritin renúmue dolorem, tanquam expurgante & incidente.

EX PLINIO.

Vtilissimũ lateribus, lienibus, renibus, torminibus pectoris, pulmonibus, sanguinem reijcientibus, faucibus asperis. Bibitur radix trita, & in uino decocta, & aliquando superlinitur. Quin & cõmanducata sitim sedat, præcipueq; pulmonem refrigerat. Luxatis quoque imponitur & cõuulsis, lieni, interaneis. Aluum sistit coacta in cineres. Detractis quoq; folliculis trita cum piperis nouem granis, & ex aqua pota. Vulneribus sanandis tanta præstantia est, ut carnes quoque cum coquuntur, conglutinet addita, unde & Græci nomen imposuerunt. Ossibus quoq; fractis medetur.

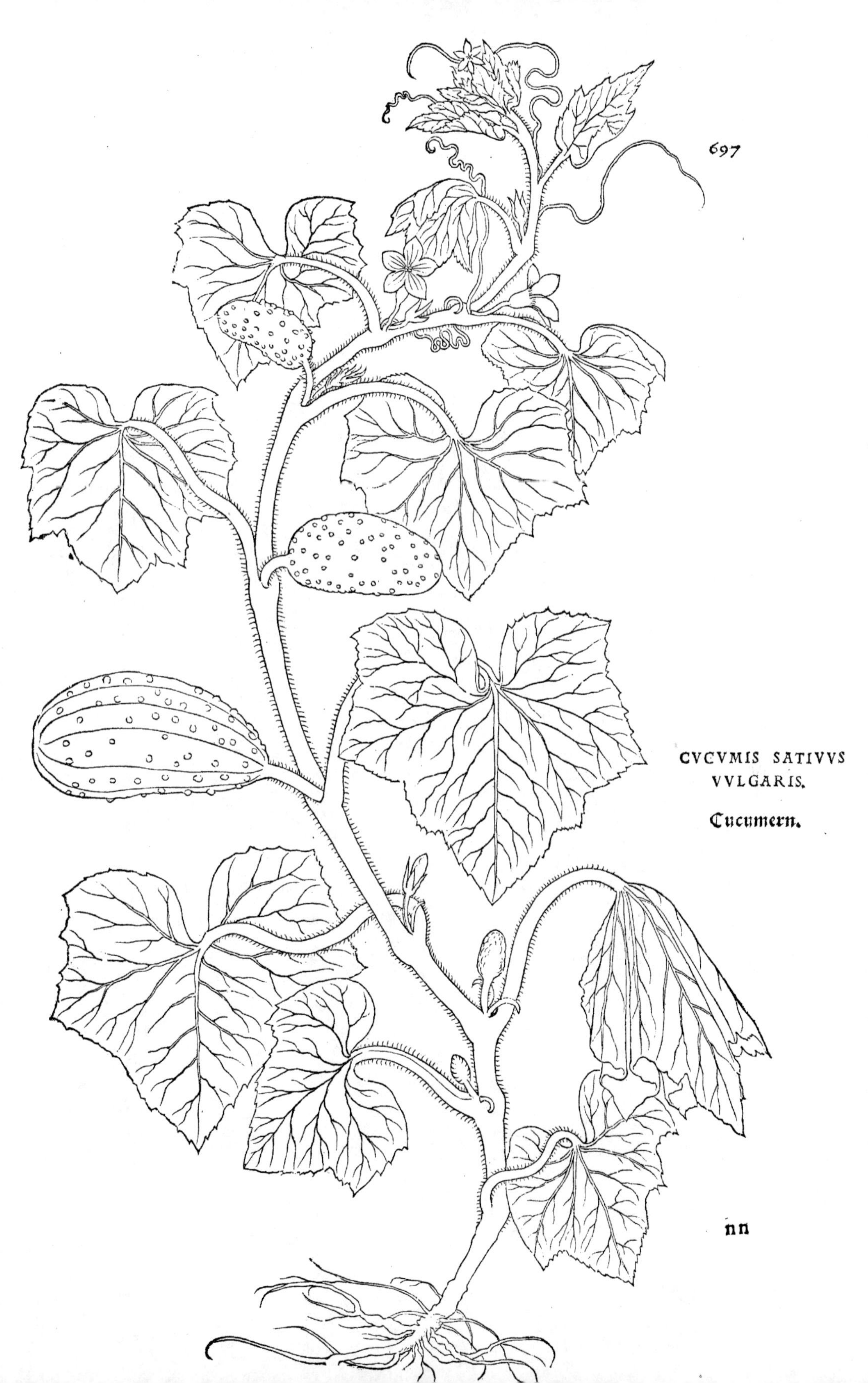

CVCVMIS SATIVVS VVLGARIS.

Cucumern.

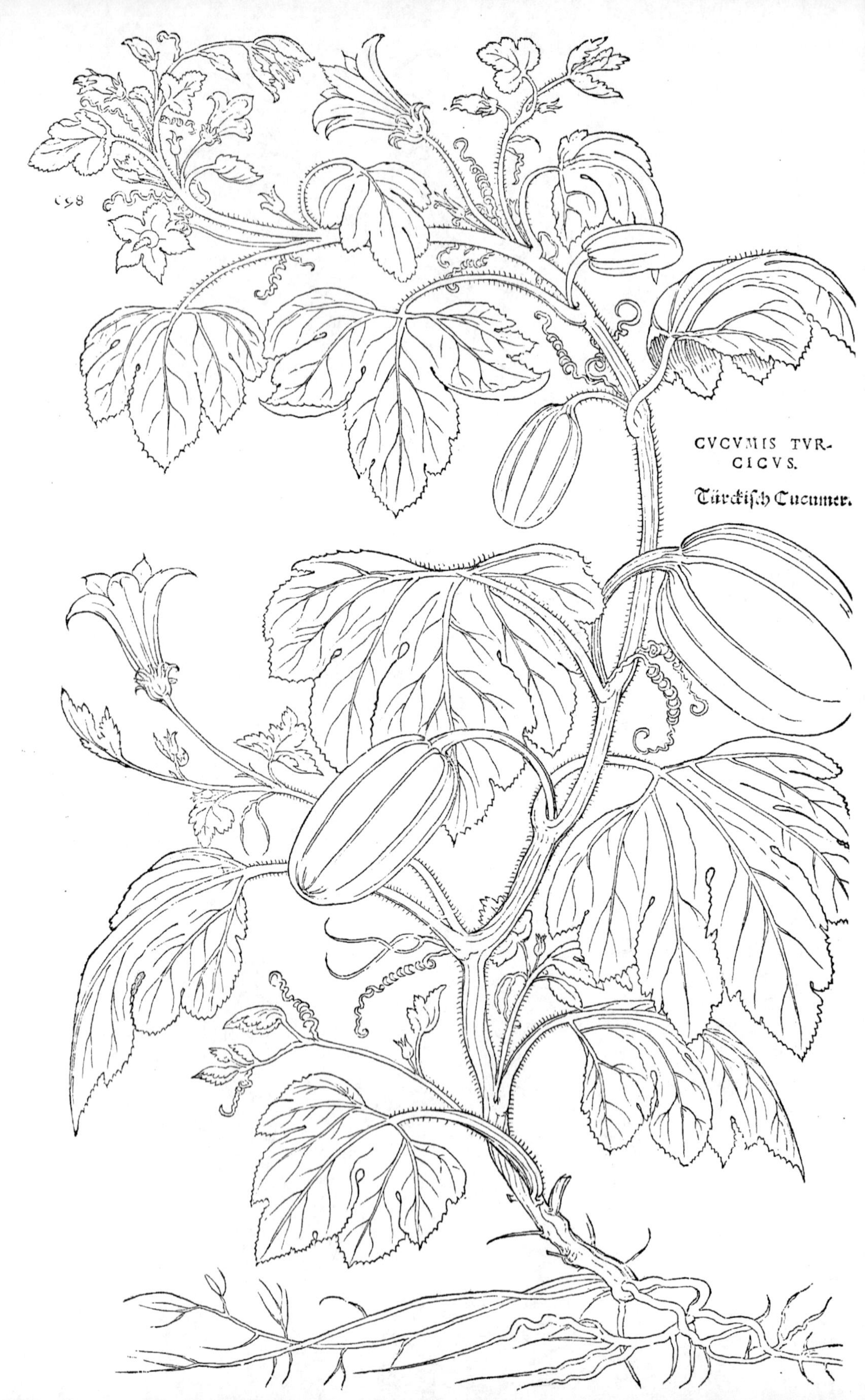
CVCVMIS TVR-
CICVS.
Türckisch Cucumer.

CVCVMER
MARINVS.
Meer Cucumer.

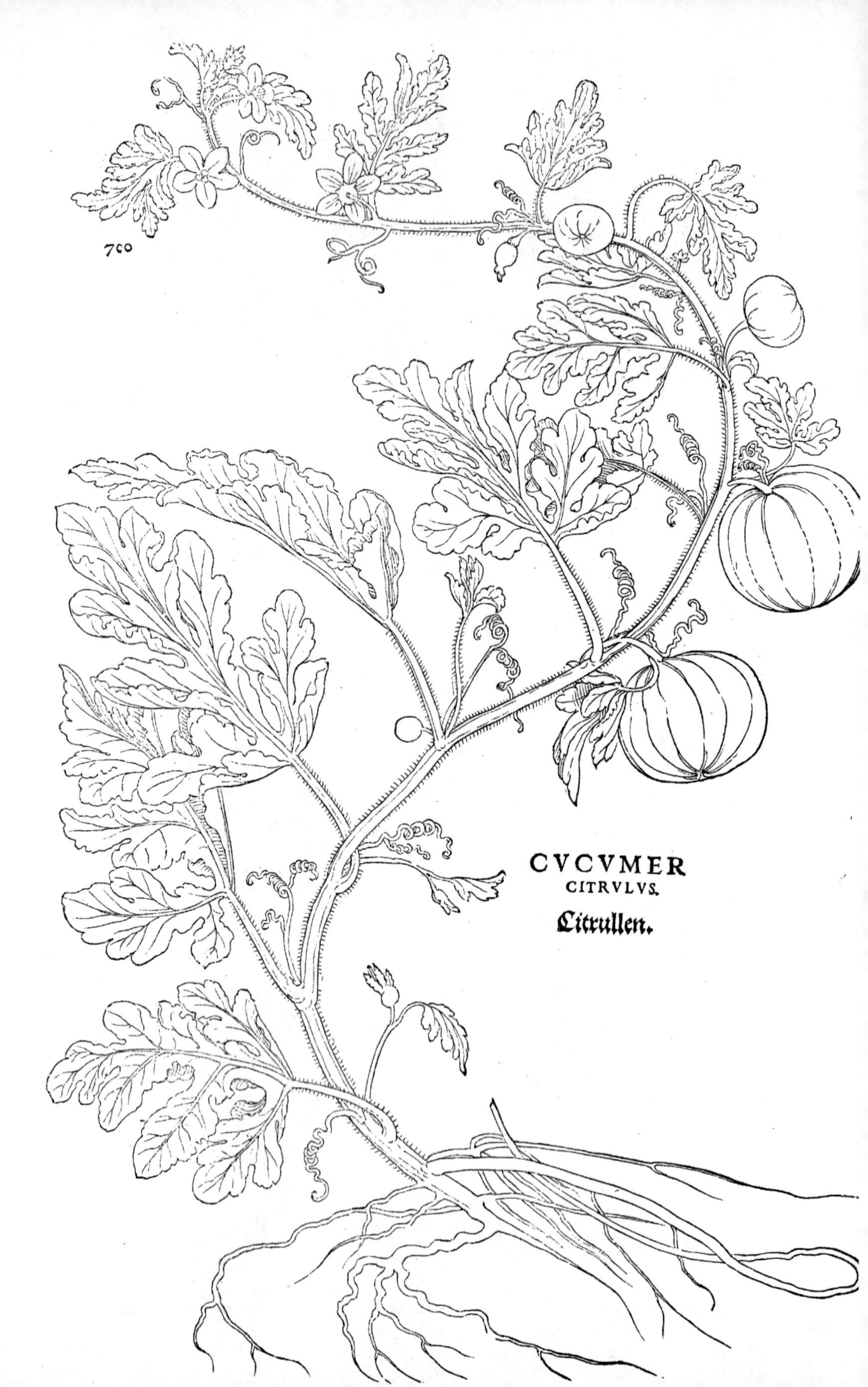
CVCVMER
CITRVLVS.
Citrullen.

PEPO
Pfeben.

C

NOMINA.

ΣΙΚΥΣ, καὶ σίκυος ἥμερος Græcis, Cucumis & Cucumer Latinis dicitur. Officinæ latinam appellationẽ retinuerunt. Aëtius Anguriũ etiam uocari tradit. Germani Cucumern uocant. *Cucumer unde dictus.* Cucumer autem, ut Varroni placet, dicitur à curuore, quasi Curuimer. Sicyn uerò Grçci ex aduerso *Sicys.* ἀπὸ τοῦ σεύειν καὶ κύειν, quod scilicet appetentiã concumbendi minimè stimulet, nominasse uidentur. *Adagium.* Hinc celebratum Græcis prouerbiũ est, ut ex Athenæo annotauit Hermolaus: Texens pallium mulier cucumerẽ deuoret. *Textrices magna ex parte impudicæ.* quòd textrices magna ex parte, si Aristoteli credimus, impudicæ sint, & opportunæ Veneri. Vt ergo ijs impetus infrenet̃ & elanguescat, adagiũ edendos cucumeres textricibus consulebat.

GENERA.

Pepones. Melopepones. Cucumerũ genera sunt Pepones & Melopepones, in quos statim degenerant, figura tantum & quantitate inter se dissidentes. Siquidem qui magnitudine excedunt, aut in longitudinẽ procedunt, quales multis locis nascuntur, Pepones quondam uocati fuerunt. Sed qui formam & effigiẽ mâli referunt, & humi rotundantur, Melopepones Grçcis uocantur, facto ex Pepone & mâlo nomine: neq; inter Pepones & Melopepones aliud quàm quod sumitur ex figura quondam, ut diximus, discrimen fuit. *Melones cur dicti.* Totum hoc genus Palladius Melones, quasi μήλωνας, id est, pomeos, à mâlorum figura appellauit, quo nomine maior pars hodie medicorũ simul cum officinis utitur. Sunt itaq; in uniuersum tria Cucumerũ satiuorum genera. *Cucumis.* Primum genus absolutè Cucumis, à nostræ ætatis herbarijs, cum adiectione Cucumis citrinus, hoc est, flauus, à colore quem habet cum maturuerit, appellatur. *Anguria.* Aëtius, quod equidem sciam, primus Anguria uocari tradit, quæ ueteribus σίκυα, id est, Cucumeres nominantur. Horum sanè plura sunt genera, nos quatuor potiora
D
cõmemorabimus, quorũ etiã picturas exhibemus. Primi generis est uulgaris Cucumer, fructũ obtinẽs oblongũ & maculosum, germanicè uocat̃ gemeyn Cucumern. Sunt qui illum priuatim Anguriã appellent. Ad quod sanè nomen alludentes Germani nostri, alio nomine Gurchen nominant. Alterius generis Cucumer est peregrinus, quem uulgus Turcicũ nuncupat, priori multò maior ac procerior folijs, floribus & fructu, qui ut in primo nõ est maculosus, sed tamen oblongus etiã. Germani Türckisch Cucumern appellant. Fructus eius admodũ flauus existit, hinc est *Citreoli aut Citruli.* quod multi eundẽ priuatim Citrulum & Citreolũ, quasi citrinũ, hoc est, flauũ uocent. Huius semina alba & lata sunt. Tertij generis Cucumer est qui marinus dicitur, Turcico, quod ad folia, flores & semina attinet, ferè similis, nisi quod in hoc omnia sint minora. Fructus uerò rotundus, ut pictura monstrat. Vulgus Zucco marin uocat. Germani meer Cucumer. Officinis perinde atq; Turcicus ignotus. Quarti generis Cucumer est, quem officinę hodie Citrulũ uocant. Folia habet ferè Colocynthidis, multifariã dissecta & incisa: fructũ rotundũ, herbacei coloris, & in eo semina lata, & colore spadicea, hoc est, in rufo atra. Nos officinas respicientes nominauimus hunc Cucumerẽ citrulũ, germanicè Citrullen. Alterũ genus Cucumeris *Pepo.* est, qui nunc simpliciter Pepon, ἀπὸ τοῦ πεπαίνεσθαι, hoc est, maturescere dicit̃. Is enim mitis ac tener maturitate flaccescit. Germani Pfeben appellant. Tertiũ genus Cu*Melon.*cumeris hodie Melon ab omnibus uocatur, Germani Melaun nominant. A priore forma & suauitate differt: rotundior siquidẽ & mâli cotonei quasi formã referẽs, mitiorq; existit. Discrimen hoc sentientes posteriores Græci σίκυον simpliciter dixerunt, quem nos priuatim modo Cucumerẽ uocamus. Adiecta autem Peponis uoce, hunc quem nostra ętas priuatim Peponẽ nominat, σίκυον πέπονα, id est, Cucumerẽ Peponẽ dixerunt, mitẽ scilicet & maturitate tenerũ Cucumim innuentes. Sub quo eum etiam, quem à tereti ac rotunda mâli effigie μήλωνα peculiariter dixerunt, complexi sunt.

FORMA.

Cucumis. Cucumis sarmentis uiticulisq; prælongis serpit, in ramosq; uitis modo se diffundit, ta-

A dit,tamen ob caulis infirmitatē humi ſpargitur, ni propius adſit cui caducus incum bat: folio anguloſo,flore luteo, fructu cartilagineo, & interdum maculoſo,coloris tum herbacei, tū citrini,tum nigri. Pepo uite ſerpit prælonga,flagellis ultro citroꝗ reptantibus,uitigineis ferè frondibus,ſcabris,flore luteo,fructu cartilagineo,orbiculatim ſtriato,prominulis puluinorū toris,ſtrigilibus in uertice pomi & umbilico coëuntibus, ibidemꝗ ſtellatim decuſſatis, cute aſpera uelut lentiginibus occupata, carne intus ſuaui,ſeminibus in utero liratim digeſtis. Pepo.

LOCVS.

Pingui gaudet ſolo,locisꝗ apricis uberior prouenit Cucumis. Naſcuntur & pepones bene cultis locis,eoꝗ lætius ſi ſubinde rigentur. Amant tamen aprica loca, & ſole irradiata: ideoꝗ cum annus eſt pluuioſus & nubilus, non æquè ut in ſiccis annis proueniunt. Libertate etiam gaudent, qua poſsint ultro uagari. Magna copia Peponum & Melonum apud Norimbergam,celeberrimū Germaniæ noſtræ oppidum,prouenit.

TEMPVS.

Æſtatis fine, Iulio potiſsimū menſe,mature ſcunt. Citius tamen Melones,quàm priuatim Cucumeres dicti.

TEMPERAMENTVM.

In Cucumeribus ſuperat humida & frigida temperies,non tamen uehementer, ſed quaſi in ſecundo cenſetur ordine. Attamen ſi quis aut ſemen aut radicem arefaciat,haud etiam humidæ fuerit naturæ,ſed iam deſiccantis, idꝗ in primo quodammodo ordine,aut in ſecundo incipiente.

VIRES. EX DIOSCORIDE.

Satiuus Cucumis bonam facit aluum,ſtomachoꝗ accōmodatus eſt. Refrigerat,
B nec corruptionē ſentit. Prodeſt ueſicæ. Olfactu animo deficientes reſtituit. Semen eius mediocriter urinā cit. Cum lacte aut paſſo ueſicæ exulcerationibus ſubuenit. Folia eius cum uino illita, morſus canum ſanant, cum melle uerò epinyctidas. Peponis autem caro comeſta urinam cit. Inflammationes oculorum illita ſedat. Superior eius cortex contra aduſtionem infantiū, quam ſiriaſin uocant, ſyncipiti imponitur. Fronti ut oculorū fluxiones auertat,imponitur. Mixtus farinæ,&cum ſemine in ſole ſiccatus ſuccus,ſmegma fit ad extergendā cutem, & nitorem in facie conciliandum. Radix ſicca, & cum hydromelite drachmæ pondere pota, uomitiones mouet. Quod ſi quis modicè à cœna uomere cupiat,gemini oboli ſatis erunt. Sanat & ulcera in modum faui concreta,ceria uocant,cum melle illita.

EX GALENO.

Cucumis eſculentus maturus quidē tenuioris eſſentiæ eſt, qui uerò immaturus eſt, craſsioris. Sed & abſtergendi & incidendi facultate participant, quare & urinā mouent,& corpus ſplendidum reddunt:at magis ſi quis ſemine arefacto contuſoꝗ atꝗ cribrato,uice pulueris abſterſorij utatur. In ſemine & radice maior abſtergendi facultas, quàm in fructus ipſius carne. Vniuerſa Peponū natura frigidior cum larga humiditate exiſtit. Habent & quandā abſtergendi uim, ideoꝗ urinam cient, & deorſum expeditius quàm Cucurbita & Melopepones rapiuntur. Quod porrò abſtergant,diſcere licet ſordidam cutem defricando. Quamobrē maculas etiam ſolis calore factas,& lenticulas faciem occupantes, & in ſuperficie alphos extergere poſſunt. Semen quod in eorum ueluti carne continetur, ad hoc efficacius, adeò ut renibus etiam calculo infeſtatis ſit accōmodatum. Gignit in corpore uitioſum ſuccum,potiſsimū quando non rectè concoquitur. Tum uerò morbū etiam qui cholera dicitur,inducere conſueuit. Etenim priuſquam ad corruptionem peruenit,uomitioni quoque idoneus eſt: largiuſꝗ ingeſtus, niſi quis aliquid eorum quæ boni ſunt ſucci ſupermandet,omnino uomitum concitabit. Melopepones minus hu-

C midi quàm Pepones sunt, nec adeò praui succi, segnius item prouocant urinam, tardiusq; deorsum descendunt. Ad uomitũ excitandum non eandem uim Peponibus obtinent, sicut nec celeriter in uentriculo, quando illic prauus humor coaceruatur, aut alia corruptionis causa illum infestauerit, corrumpunt̃. Ventriculo haudquaquam ceu Pepones officiunt. Cucumeres autem urinam mouendi facultatem, perinde atque Pepones habent, sed imbecilliorem: minus nanque substantia humidi, ideoq; nõ facilè, ut illi, in uentriculo corrumpuntur. Inuenias qui hos ceu alia multa, quæ bonæ hominum parti concoqui non possunt, conficiant, ob totius scilicet naturæ cum eis proprietatem.

EX PLINIO.

Pepones qui uocantur, refrigerant, maximè in cibo, & emolliunt aluum. Caro eorum epiphoris oculorum, aut doloribus imponitur. Radix sanat ulcera concreta in modum faui, quæ ceria uocant. Eadem contra uomitiones siccatur, in farina tusa datur, quatuor obolis in aqua mulsa, ita ut qui biberit, quingentos postea passus ambulet. Hæc farina & in smegmata adijcitur. Cortex quoque uomitionẽ mouet, faciem purgat. Hoc & folia cuiuscunq; satiui illita. Eadem cũ melle epinyctidas sanant: cum uino canis morsus. Cucumis odore defectum animi.

EX SYMEONE SETHI.

Anguria, quæ Cucumeres dicuntur, secundum uerò cõmunem sermonem Tetrangura, ob frigidũ & humidum temperamentũ noxia sunt, & mali succi. Ex ijs autem parua magnis anteferre oportet. Hæc urinã ducunt, & si in aceto macerentur, in acutis præsertim febribus, mitiorẽ calorem reddunt. Crebrior uerò horum usus semen genitale minuit, in Veneremq; impetũ aufert. Semen autem horũ de-
D siccatũ, caliditatem quandã possidet, contrariamq; his actionẽ efficit, urinamq; magis prouocat. Pituitã glutinosam Tetrangura in uentriculo gignunt, quę cruda per uenas diffunditur. Propterea qui his crebrius utuntur, illi propter humores temporis spatio in uenis, & alijs corporis cauitatibus coactos, longis corripiuntur febribus. Semen uerò horum urinã cit, sed minus quàm Peponũ, quoniam celerius in uentriculo corrumpuntur. Meliora in his sunt quæ habent semen exiguũ. Calidos autẽ & siccos stomachos iuuant, & si in ardente febre cum aceto porrigantur, ualde prosunt. Propriũ uerò horum est nauseas uentriculi calore excitatas, sedare. Horum autem interiora esse oportet: nam quę foris sunt, mali succi existunt, & difficulter admodũ concoquuntur, & ferè uenenata. Habent uerò & alias proprietates, ut animo deficientes propter excedentẽ calorẽ reficiant. Si autẽ pituitã in uentriculo nanciscant̃, nauseas faciunt, & colicos affectus, & hypochondriacas passiones.

DE SICY SYLVESTRI. CAP. CCLXVII.

NOMINA.

Cucumis anguinus. *Cucumer asininus.*

ΣΙΚΥΣ ἄγριος, ἢ ἐλατήριον, sic autẽ propriè uocatur succus eius Græcis, Cucumis anguinus, syluestris & erraticus Latinis, officinis & barbaris Cucumer asininus, Germanis wild Cucumer / uel esels Cucumer appellatur.

FORMA.

Solo fructu à satiuo Cucumere distat, quem multo minorẽ habet, glandibusq; longiusculis similem. Folia & sarmenta satiuo similia. Radicem albam & magnam. Totus frutex amarus.

LOCVS.

Ruderibus sabulosisq; locis prouenit. Nusquã tamen in Germania, quod sciam, nisi satus nascitur.

TEMPVS.

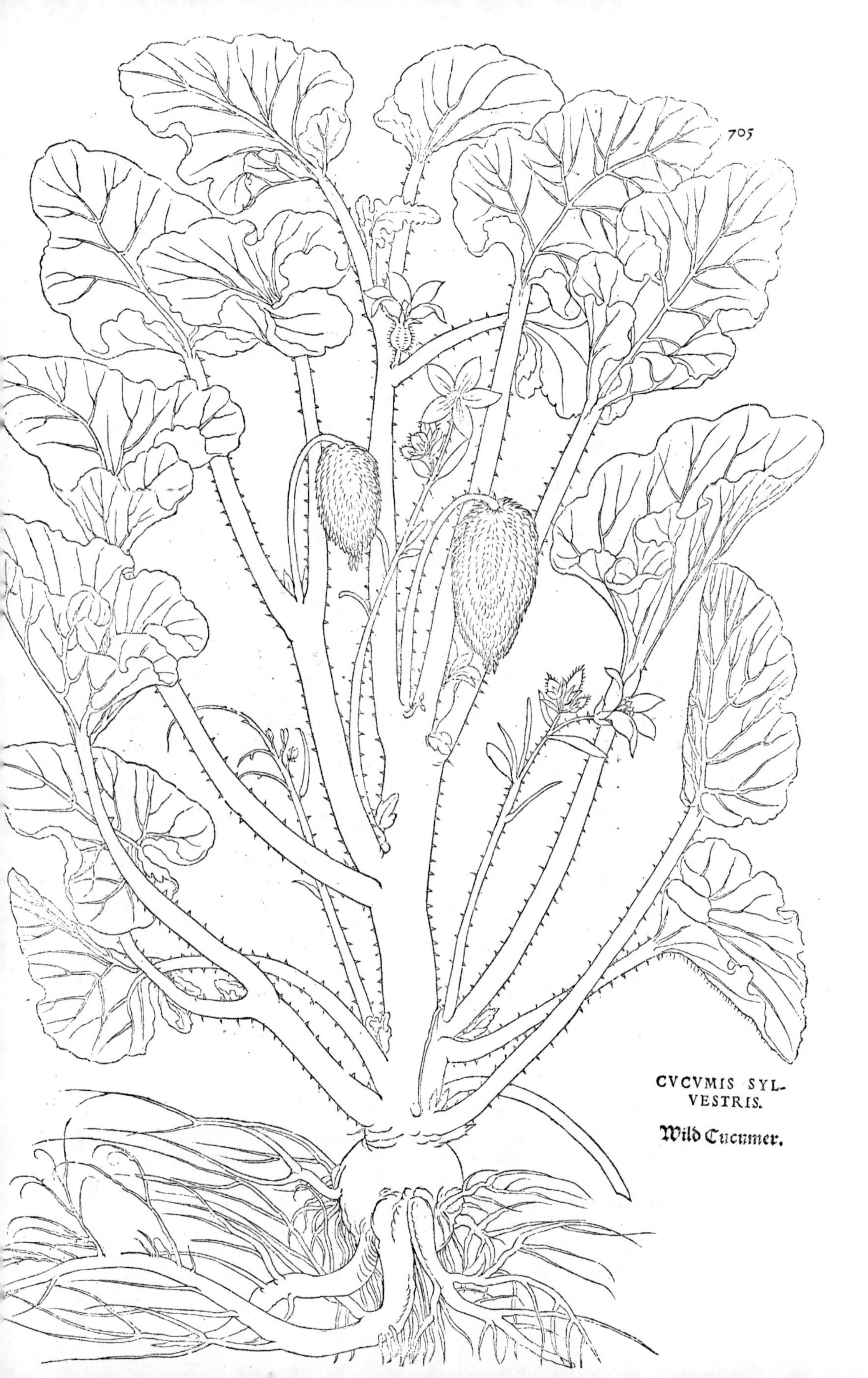

CVCVMIS SYLVESTRIS.

Wild Cucumer.

C

TEMPVS.

Augusto mense floret, atque subinde autumno fructum tempestiuũ producit, qui seminibus ac succo plenus est, qui decerpto pediculo confestim exilire solet.

TEMPERAMENTVM.

Calidus & siccus est Cucumis syluestris, ut ex uiribus latius patebit.

VIRES. EX DIOSCORIDE.

Foliorũ succus instillatus aurium dolori conuenit. Illita ex polenta radix omne uetus œdema discutit. Imposita cum resina terebinthina, tubercula rumpit. Decocta ex aceto & illita podagras discutit. Ischiadicis infunditur eius decoctum, eoq; in dolore dentes colluuntur. Arida trita, alphos, lepras & impetiginẽ abstergit. Cicatrices nigras, & in facie maculas expurgat. Radicis succus sesquioboli pondere, & item cortex acetabuli quarta parte, bilem pituitamq; deijciunt, præsertim in hydropicis. Purgat uerò citra stomachi iniuriam. Radicis selibram accipere oportet, inq; duobus uini, præsertim Libyci, sextarijs conterere, ac dandi ex eo terni cyathi, donec tumor abundè subsederit. Quod uerò Elateriũ uocatur, ex fructu huiusce Cucumeris paratur ad hunc modum. Eligito Cucumeres qui tacti saliendo succum ex se profundunt, ac nocte una repositos dimitte. Postridie cribrum rarius neque crebra foramina habens crateri superponito, supinoq; cultro sursum uersus aciem habente sigillatim Cucumeres utrisq; manibus prehendens diuidito, & per cribrum in subiectum craterem humorem exprimito, simulq; carnosum in eis quod iam cribro adhæret exprimito, ut & illud descendat. Quæ expressa sunt in paratã peluim cõijcito. Coaceruatis autem in cribro quæ antea dissecta fuerunt, ea dulci aqua perfundito, & cum expresseris abijcito. Humorẽ in pelui agitatum, & linteo opertum, soli exponito, dumq; steterit totam supernatantẽ aquam, cum humore cõcreto, per

Elaterij confectio.

D colato. Facitoq; id sæpius donec supernatans aqua subsidat, quam cum diligenter excolaueris, coniectum in mortarium sedimentũ terito, & in pastillos conformato.

Vires Elaterij. Elaterium uerò à bimatu ad decenniũ purgationibus utile. Integra quantitas obolus est, minima semiobolus, pueris chalci duo. Copiosius enim potum, periculũ adfert. Pituitã & bilem per inferna pariter & superna trahit. Optima autem per ipsum difficulter spirantibus fit purgatio. Quod si itaque in animo est per aluum purgare, adiecto salis duplo, & stibij quod colorari sufficiat, ex aqua catapotia erui magnitudine dato. Postea cyathus unus aquæ tepidæ sorbeatur. Ad citandas uerò uomitiones aqua diluens Elaterium, subiectas linguæ partes penitissimè penna oblinito. Quod si quispiam difficilius uomat, oleo aut unguento irino diluito. Somnum inhibeto. Porrò ijs qui supra modum purgantur, uinum cum oleo mixtum continuò dare conuenit: etenim uomendo emendantur. Quod si uomitiones non finiantur, aqua frigida, polenta, posca, poma, & quæ stomachum densare possunt offerenda sunt. Ciet Elateriũ menses. Fœtus enecat in pesso subditum. Morbo regio medetur, cum lacte naribus infusum. Diuturnos capitis dolores finit. Efficaciter angina laborantibus inungitur, cum uetere oleo, melle, aut felle taurino.

EX GALENO.

Cucumeris syluestris, & fructus ipsius succus, quem Elaterium uocant, & non minimè radicis ac foliorũ, ad medicationes perutilis est. Elateriũ itaq; menses ciet, & fœtum interimit appositum, ceu alia omnia amara & subtilium partiũ, maximè si aliquam habeant caliditatẽ, ueluti Elaterium. Summè siquidem amarum est, leuiter calidum, ut ex secundo sit ordine calefacientiũ. Porrò tale protinus quoq; digerendi uim obtinet. Sic igitur eo angina laborantes inungunt quidam cum melle, aut oleo uetere. Bonũ item est regio morbo affectis fusum cum lacte in nares. Hoc etiam usu dolores capitis sanat. Atq; Elateriũ quidem eiusmodi est. At radicis succus, ut & foliorum, licet similem uim habeat, imbecilliorẽ tamen. Sed & ipsa radix adsimi-

A adsimilem facultatem possidet, abstergit nanque, digerit atque emollit. Porrò cortex eo potentius desiccat.

EX PLINIO.

Ex Cucumere syluestri fit medicamentū quod uocatur Elaterium, succo expresso è fructu. Cuius causa nisi maturius incidatur, succus exilit, oculorū etiam periculo. Obscuritates & uitia oculorū sanat, genarumq; ulcera. Tradunt hoc succo tactis radicibus uitium, non attingi uuas ab auibus. Radix autem ex aceto cocta podagris illinitur, succoq; dentium dolori medetur. Arida cum resina impetiginē & scabiem, quam psoram & lichenas uocant. Parotidas & panos sanat, & cicatricibus colorem reddit. Et foliorum succus auribus surdis cum aceto instillatur. Nullum ex medicamentis Elaterio longiore æuo durat. Incipit à trimatu. Melius autem quo uetustius erit, quod iam ducentis annis seruatū esse autor est Theophrastus. Et usq; ad quinquagesimū lucernarū lumina extinguit. Hoc enim ueri experimentum est, si admotū prius quàm extinguat, scintillare sursum ac deorsum cogat. Efficax est contra scorpionū ictus Elateriū, & ad purgandū uterum, aluumq;. Modus portione uirium à dimidio obolo ad solidū. Copiosius necat. Sic & contra phthiriasin bibitur & hydropises. Illitū, anginas & arterias cum melle, & oleo uetere sanat.

DE SMILACE HORTENSI.
CAP. CCLXVIII.

NOMINA.

ΣΜΙΛΑΞ κηπαία græcè, Smilax hortensis latinè, officinis inusitata: recentiores Græci ac herbarij, & qui Arabum, præsertim Serapionis & Auicennæ, sectantur placita, Phasiolos uel Faseolos. Galenus & alij ueteres Græci Dolichos appellant. Germani Faselen / welsch oder wild Bonen uocant. — B — Phasioli. Dolichi.

FORMA.

Folia Hederæ similia habet, molliora tamen: caules tenues, & capreolos uicinis fruticibus se implicantes, in tantum increscentes, ut tabernacula effingere possint. Fructum Fœnogræco similem profert, longiorem tamen maioremq;, in quo semina renibus similia, non unius coloris, sed ex parte subrufa continentur. Ex qua certè deliniatione sole clarius fit Smilacem hortensem Dioscoridis non esse nisi phaseolos uulgò uocatos, cum sint folijs Hederæ, mollioribus atque uenosis, cauliculis tenuibus, clauiculis propinquis fruticib. se implicantibus, ramis incremento suo tentoria & hortorū cameras fornicésue facientibus, siliquis Fœnogræco haud dissimilibus, longioribus autem & maioribus, seminibus intus uersicoloribus, & renibus in uniuersum similibus. Quę certè unica nota ad docendum Smilacē hortensem esse Phaseolos sufficere posset. Accedit quod Phaseolorū apud Serapionē descriptio non sit alia quàm apud Dioscoridē Smilacis hortensis, id quod manifestè patebit utrasq; conferenti. Cæterum etsi duo Phaseolorū uideantur esse genera: sunt enim aliqui candidi, nonnulli uerò rubentes, tamen quia in folijs nulla est prorsus diuersitas, & Dioscorides quoque innuat semina hæc non esse unius coloris, sed ut Serapion interpretatur, quædam ad candorē, quædam uerò ad ruborem accedant, ideo sub unica pictura utriusq; coloris Phaseolos exhibemus: neq; enim distant alia ratione, quàm quod albi producant flores candidos, rubentes uerò purpurascentes. Licet non ad candidos & rubentes tantum hæc Dioscoridis uerba, οὐκ ἰσόχροα, referenda esse existimem, sed ad alios etiam: sunt enim nōnulli fusci, alij uerò giluі, cœrulei & cæsij, alij maculis & orbibus atris uariegati, nisi quis omnes iam dictos colores sub candido & rubro, ex quibus ij cōmixti esse uidentur, complecti uelit. — ἰσόχροα.

LOCVS.

SMILAX HORTENSIS.

Welsch Bonen.

A LOCVS.

Smilax de qua hic agimus, ut ex nomine satis constat, in hortis sata prouenit, & cum longis serpat flagellis, propè poni ridicę paliue debent, quas capreolis suis, ubi increuerit, complectatur.

TEMPVS.

Æstate florent, ac subinde siliquas & in ijs semen producunt.

TEMPERAMENTVM.

Symeon Sethi & Mauritani in primo ordine calidos & humidos esse Phaseolos statuunt. Galenus etiam in libro primo de alimentorũ facultatib. humidiores natura esse asserit.

VIRES. EX DIOSCORIDE.

Olerũ modo esui apta est siliqua cum semine Asparagi modo elixa. Vrinam pellit, insomniaq́ꝫ grauia & tumultuosa facit.

EX GALENO.

Dolichi non minus quàm Pisa nutriunt, similiter etiam flatu carent: sed quod ad suauitatẽ attinet & deiectionẽ, peiores sunt. Alibiles itaq́ꝫ sunt, nisi quando integri & etiamnũ uirides unà cum suis siliquis ex oleo & garo ab hominibus ingeruntur. Aliqui uinum etiam adijciũt. Sed horum in repositione, ut Pisorũ, nullus est usus: quippe quum natura sint humidiores, citò corrumpi cõsueuerunt. Attamen si quis hos tutò reponere cupiat, siccare prius diligenter & exactè oportebit. Siquidem eo modo & à putrefactione, & à corruptione tota hyeme uindicantur, eundem quem nobis Pisa usum exhibentes.

EX AETIO.

Siliquæ seu Lobi qui nunc passim uocãt, apud omnes antiquos Dolichi & Phasioli appellati, de genere Pisorum sunt, similes illis quantũ ad minimam flatus gene
B rationem: quantum uerò ad iucunditatẽ cibi & egestionem, peiores. Peculiariter autem Lobi dicuntur, quoniam ferè isti tantum eorum omniũ quæ siliqua uestiuntur, cum siliquis suis comeduntur.

EX SYMEONE SETHI.

Qui ex ijs magis rubri sunt, calidiores. Manifesta quoque in ijs humiditas, quod citò putrescant. Humorẽ generant crassum & pituitosum. Medium locum habent, ut ait Galenus, inter ea quæ facilè & difficulter cõcoquuntur, celeriter & tardè transeunt, inflant & non inflant, parum & multum nutriunt. Ante alios cibos cum sapa sumpti, uentrem proritant. Cum sinapi oblati, plurimum noxæ deponũt. Albi igitur Phasioli crassiores, & difficilioris coctionis, ac humidiores sunt quàm rubri. Proprietate autem quadam turbulenta somnia facit, sed ad bonam habitudinẽ corporis conferunt, & urinas mouent. Et horum decoctum menses mouet.

DE SATYRIO TRIFOLIO. CAP. CCLXIX.

NOMINA.

SATYPION τρίφυλλον Græcis, Satyrium trifolium Latinis, officinis nostris incognitum aut inusitatũ: uulgo Testiculus uulpis aut sacerdotis, Germanis Stendelwurtz nominatur. Satyrio autem nomen fecerunt Satyri, qui primi syluestres dij colludentes nymphis per syluas & antra, ad firmiorem Venerem herbam hanc inuenerunt. Trifolium uerò, quoniam tria fert folia ad terram uersa.

Testiculi uulpis. *Satyrium unde dictum.* *Trifolium.*

FORMA.

Folia tria fert Rumici aut Lilio similia, minora tamen & rubentia. Caulem nudum, longum, cubitalem. Florem Lilio similem, album. Radicem bulbo similem,

SATYRION
TRIFOLIVM.

Stendelwurtz.

A mâli modo extuberantē, foris rufam, intus oui modo albam, gustu dulcē & ori gratam. Quod uerò hic dicimus Lilio similem, non sic intelligendū uenit quasi quantitate & tota figura Lilio similis flos sit, quando euidentissimū sit Lilium quantitate sua Satyrij florem multis modis superare. Deniq; nec figura etiam per omnia respondet: quare hæc similitudo ad colorem & floris essentiam referri potius debet, quæ planè eadem est cum Lilij colore & essentia, id quod conferenti hos duos flores manifestum fiet.

LOCVS.

In montosis & apricis nascitur.

TEMPVS.

In Iunio mense potissimum compâret.

TEMPERAMENTVM.

Calidum & humidum est, quamobrem gustu dulce apparet.

VIRES. EX DIOSCORIDE.

Radix in uino austero, nigro, ad opisthotonū bibitur. Ferunt etiam hanc impetum ad Venerem excitare.

EX GALENO.

Satyrion excrementitiā & flatuosam humiditatē possidet, quocirca ad Venerē incitat. Hæc uerò & herbę ipsius radix præstare potest. Porrò ut nonnulli scribunt, cum uino nigro austero potum opisthotonum sanat.

EX PLINIO.

Radix cum Satyrio gemina sit, eius inferior pars & maior mares gignit, superior ac minor fœminas.

B

DE SATYRIO BASILICO.
CAP. CCLXX.

NOMINA.

ΣATYPION βασιλικὸν posterioribus Græcis, Satyriū regium Latinis, officinis Palma Christi, Arabibus Bucheiden, Auicennæ Digiti citrini, Germanis Kreutzblůmen uocantur. Palmā Christi propter similitudinem quam eius radix cum humana habet manu, dixerunt. *Palma Christi. Digiti citrini.*

GENERA.

Duo eius sunt genera, quorum alterum mas folia non maculosa, floresq; purpureos habet. Alterum fœmina maculosis est & paulò latioribus folijs, floribus in purpureo albescentibus. Radicum etiam in colore est differentia, quod maris quidem radix flauescat citra albedinem, fœminæ autem cum albedine. Quam sanè differentiam Auicenna etiam expressisse uidetur, dum unam ex flauo & albo cōmistam esse colore, alteram uerò ex flauo sine albedine inquit. *Mas. Fœmina.*

FORMA.

Folia cum reliqua superficie Cynosorcho similia sunt. Radix tamen ei subest lutèa aut flauescens, instar manus ramosa: modo enim quatuor, modo quinque, modo sex aut plures radices prodeunt, quæ ferè humanos digitos imitari uidentur.

LOCVS.

Prouenit in montibus, & locis soli expositis.

TEMPVS.

In Maio & Iunio mensibus inuenitur. Mas quidem Iunio, fœmina uerò Maio.

TEMPERAMENTVM.

Vtrunq; amarū est, magis tamen amarum quod maculosis constat folijs. Ideoq;

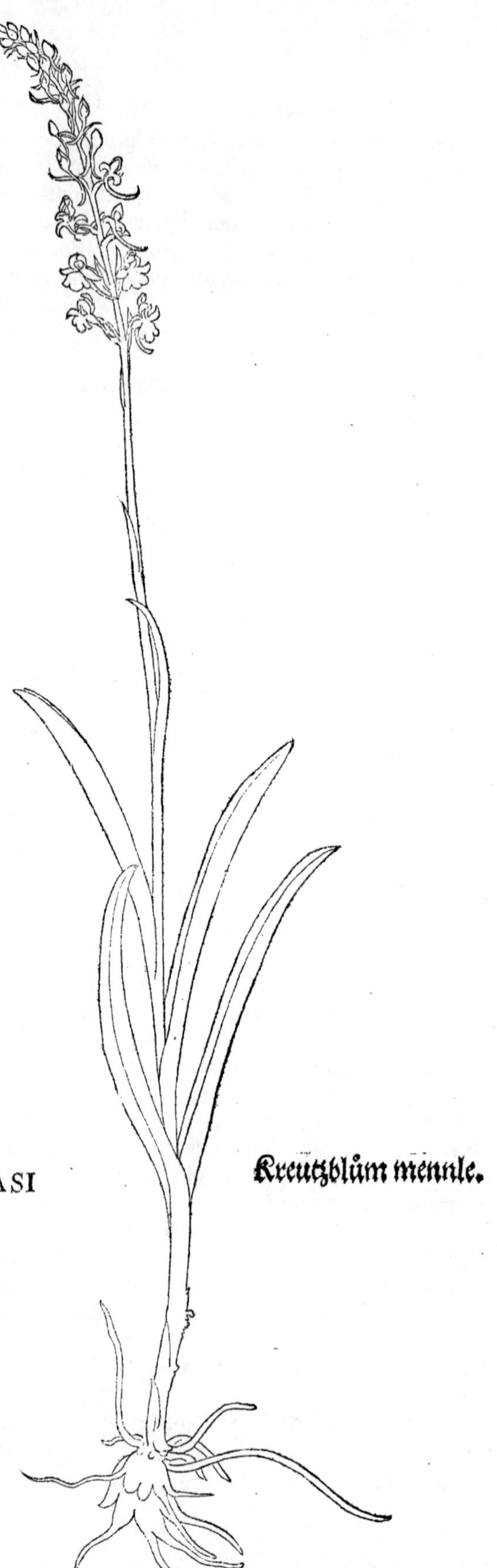

SATYRIVM BASI
LICVM MAS.

Kreutzblům mennle.

SATYRIVM BASILI
CVM FOEMINA.

Kreutzblům weible.

C non perperàm censent Auicenna & alij quidam ex recentioribus medicis, qui calidum esse & siccum in secundo ordine tradunt.

VIRES EX RECENTIORIBVS.

Vsus eius ad erugandã cutem, ad neruorũ dolores, & contra noxia medicamenta. Fertur & amuletum esse radix gestata. Semen ex uino sumptum nouem diebus, comitiales sanat. In eundem effectum uinum diluitur herbę decocto. Scobs radicis propinatur in uino ad arcendam quartanã, quam & uomitione curat paulò ante accessionem pota. Plura in præsentia rescire de huius facultatibus non licuit.

DE SVCCISA. CAP. CCLXXI.

NOMINA.

VO nomine ueteres aut posteriores Græci appellauerint hanc herbam, cognitamq́ illam habuerint necne, nobis nondum constat. Nonnulli Geum esse arbitrant̃. Nos Succisam nominare uoluimus, partim quod id nominis latinum esset, & pulchrè huic herbæ quadraret, cuius radices circunrosæ sunt, partim quod antiquus manuscriptus herbarius sic uocaret. Vulgus superstitione quadam motum credit cacodęmona, tantæ efficacię radicem inuidere hominibus, atque hac ratione ubi succreuerit statim eam undiquaq; circunrodere. Hinc est quod Diaboli morsum appellitent. Quam etiam superstitionem plusquam muliebrem secuti Germani, Teuffels abbiß/hoc est, præmorsam à diabolo, nominant.

Succisa. *Morsus diaboli.*

FORMA.

D Binûm cubitorum fastigiatur altitudine, folijs Plantaginis minoris, aut Cirsij leuioribus, solidioribusq́, leniter laciniatis. Floribus purpureis. Radicib. subnigris, succisis & circunrosis.

LOCVS.

Nascitur locis incultis & montanis, saltibus, ac interdũ etiam pratis & dumetis.

TEMPVS.

In Augusto eius magna est passim in locis iam dictis copia.

TEMPERAMENTVM.

Supra modum amara est, unde calidam & siccam esse satis constare cuiuis potest.

VIRES.

Præsentaneo remedio ad maturandos, atqueadeo sanandos carbunculos adhibetur, si herba uiridis trita imponatur, aut uinum in quo decocta fuerit bibatur. Radix per se estur, aut uinum eius decocti in uuluę doloribus bibitur. Hæc manuscriptus herbarius. Hodie, cum habeat facultatem discutiendi & incidendi, utuntur ea ad dissoluendos sanguinis grumos.

DE SCABIO-

SVCCISA

Teuffels abbiſſz.

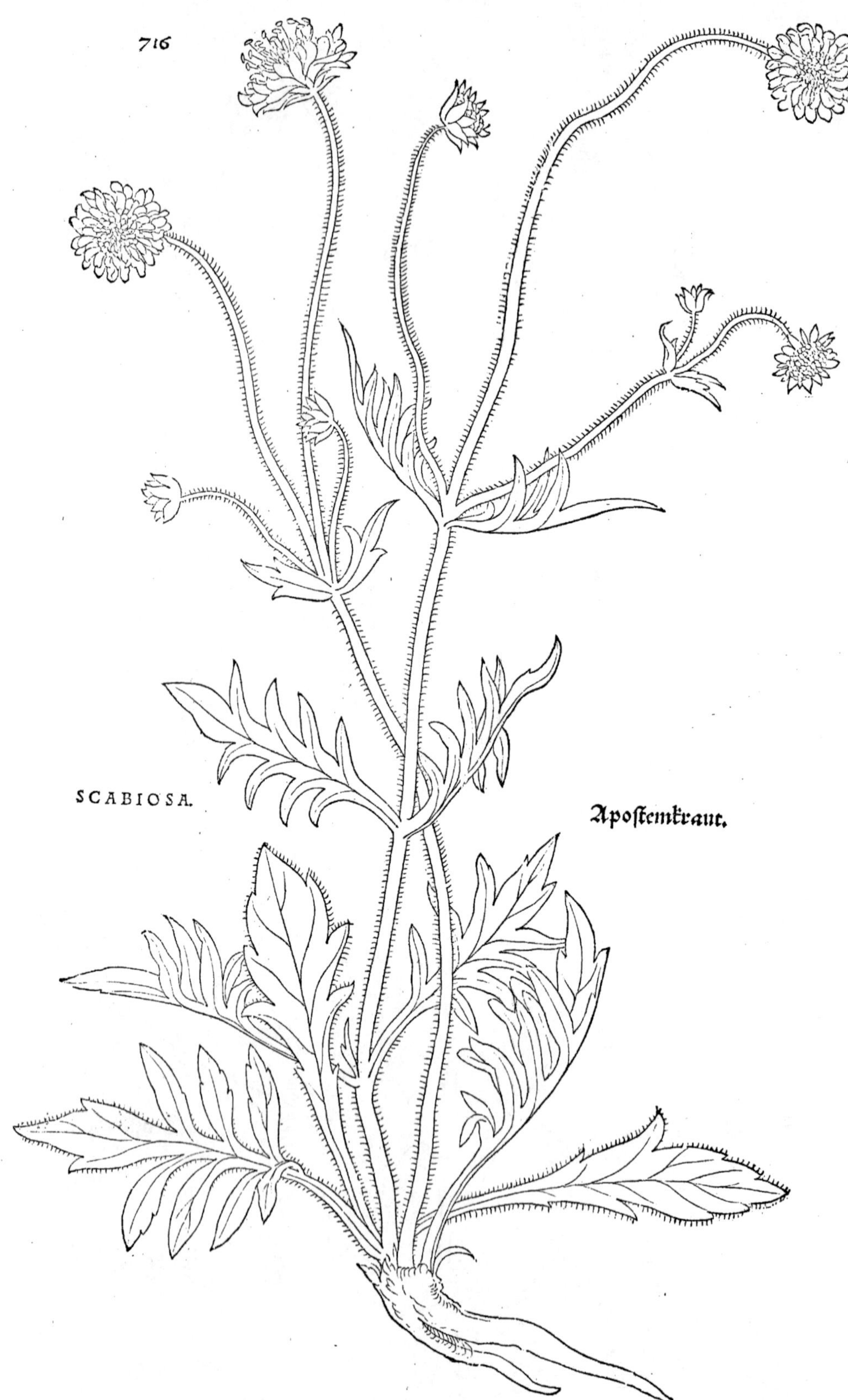

SCABIOSA. Apostemkraut.

DE SCABIOSA. CAP. CCLXXII.

A

NOMINA.

ET hæc herba quo nomine Græcis uocetur, fatemur nos ignorare. Sunt qui Aëtio ψώραν dictam uelint: uerum cum nomine tenus eam tantum prosequatur non adiecta descriptione, nihil certi constitui potest. Vulgus Scabiosam uocat, quo nomine nobis utendum erit donec legitimũ compertũ fuerit. Germani Scabiosen/oder Apostemkraut nominant. Scabiosam uerò aut à scabro herbæ habitu, aut quod scabiei medeatur appellatam esse euidentissimum est: id quod etiam Psora uox prætendere uidetur. Stœben Dioscoridis non esse multis argumentis constat, quæ prætereo.

Scabiosa. *Scabiosa unde dicta.* *Scabiosa non est Stœbe.*

FORMA.

Folia carnosa, Erucæ modo laciniata & multifida habet, subhirsuta, non tamen aculeis horrentia. Flores speciosos, diuturnos, coloris ex cæsio aut purpureo albicantis. Radicem crassam.

LOCUS.

Passim in omnibus, potissimũ autem humidis pratis prouenit.

TEMPUS.

In Iunio, antequã gramine denudentur prata, passim floret.

TEMPERAMENTUM.

Quum sit uehementer amara, calidã & siccam esse nemo nescit, idemq; cum Succisa temperamentum habet.

VIRES.

Easdẽ quas Succisa facultates obtinet. Potissimũ autem scabiem & tussim sanat.

B

DE SMILACE ASPERA. CAP. CCLXXIII.

NOMINA.

ΣΜΙΛΑΞ τραχεῖα Dioscoridi, μίλαξ Galeno, Smilax aspera Latinis dicitur, officinis nostris incognita, germanicè groß stechend oder scharpff Windt/ab aculeis quos habet, nominari aptè potest.

Smilax et Milax

FORMA.

Folia habet Peryclimeno similia, uel, ut Theophrastus ait, hederacea: ramulos multos, tenues, Paliuri aut Rubi modo aculeatos. Circũuoluitur arboribus sursum deorsum se circũagens. Florem candidũ, fructum racemosum fert, cum maturuerit rubentem, gustu leuiter mordentẽ. Radicem crassam & duram.

LOCUS.

In palustribus & asperis nascitur, Plinio autem teste in conuallibus opacis.

TEMPUS.

Smilacẽ quidem asperam nascentem, non uidi: sicca enim aliunde ad me transmissa est, ita ut certò indicare quo tempore floreat aut fructum producat, haud possim. Id quod ideo referre uolui, ne nos calumniandi ansam habeat osor peruersus, si non ex omni parte picturam natiuæ ipsius herbæ formæ respondere uiderit. Cogitet enim non uiridem, sed siccam nos pingendam tantum dedisse. Theophrastus tamen libro iij. cap. ult. de histor. plant. hanc uerno tempore florere scribit.

TEMPERAMENTUM.

Quale sit eius temperamentũ, uires satis declarant, & folia ipsa atq; fructus, quæ singula in gustu lenem quandam mordicationẽ præ se ferunt, ut calidam esse & siccam haud dubium sit.

VIRES. EX DIOSCORIDE.

Huius folia & fructus si antè & pòst bibantur cõtra letalia uenena efficacia sunt.

Traditum

SMILAX ASPERA.

Groß stechend Windt.

A Traditum est, quod si quis tritum eorum aliquid nuper genito infanti bibendũ dederit, nullum illi postea uenenum nociturũ. Conciditur etiam in alexipharmaca.

EX GALENO.

Milax aspera clauiculis plena est, ut arboribus sursum deorsum diuersimodè circumuoluatur. Folia gustata acrimoniã aliquam habent, & alioqui si illis utaris calefaciunt.

EX PLINIO.

Coronam ex ea factam impari foliorũ numero, aiunt capitis doloribus mederi. Contra uenenata efficacissimi acinorũ corymbi, in tantum ut acinorũ succo infantibus sæpe instillato, nulla postea uenena nocitura sint.

DE SMILACE LEVI. CAP. CCLXXIIII.

NOMINA.

ΣΜΙΛΑΞ λεία Dioscoridi, μίλαξ Galeno & Paulo dicitur. Latinis Smilax læuis. Officinis & herbarijs Volubilis maior, à nõnullis Campanella, & Funis arborum, Germanis Windenkraut/glatte Winden/oder weiß Glocken uocatur. Læuis autem non alia ratione, nisi quod aculeis careat, dicta est.

Volubilis maior. Funis arborum. Smilax læuis cur nominata.

FORMA.

Hederæ similia folia habet, molliora tamen, læuiora & tenuiora. Ramulos supra dictæ similes, aculeis carentes. Conuoluitur & hæc arboribus, ut prior. Fructũ fert Lupino similem, nigrum, paruum, super quem semper flores albi, copiosi, & orbiculati per totam Smilacẽ exeunt. Æstate tabernacula per ipsam fiunt, autumno autem folia cadũt.
B Ex qua descriptione planum fit omnibus, herbam hanc quam uulgus herbariorũ Volubilem maiorem uocat, esse Smilacem læuem, quod illi scilicet singulæ notæ à nobis cõmemoratę conueniant. Id quod etiã pictura Smilacis asperæ, si cum hac cõferas, satis demonstrat, quam uno hoc nomine dedimus, ut ex eiusdem collatione manifestius lęuis ipsa agnosceretur. His accedit antiqui & manuscripti herbarij testimoniũ, qui Smilacem lęuem, Volubilẽ maiorẽ interpretatur. Eius etiam pictura, Volubilem quam maiorem appellamus, penitus exprimit.

LOCVS.

Nascitur passim per fruteta, & sepibus sese inuoluit. Amat culta, & in ijs etiã potissimum gignitur.

TEMPVS.

Æstate floret, autumno semen profert.

TEMPERAMENTVM.

Modicam amaritudinem in gustu præ se fert.

VIRES. EX DIOSCORIDE.

Huius semen cum Dorycnio, & utrunque trium obolorũ pondere potum, somnia multa & turbulenta facere fertur.

EX GALENO.

Milax læuis facultate quodammodo prædictæ similis est.

EX PLINIO.

Nullius est effectus.

APPENDIX.

Empirici hodie succo Volubilis maioris ad calidas utuntur passiones, capitis potissimum & oculorum.

SMILAX
LEVIS.

Groß glatte Winde

A

NOMINA.

ΣΙΣΥΜΒΡΙΟΝ Grecis, Sisymbriũ Latinis appellatur. Sisymbriũ dici putat Varro à Sisymbrio, quæ fuit ueteribus comœdijs meretricula. Coronam etiam Veneris nõnulli dixerunt, uel quod ob odoris suauitatẽ quam prę se fert, eo iuuentus quę amoribus gaudet coronata, in comessationibus suis blando odoris oblectamento suas illecebras cõmendaret. Vel potius, quod Sisymbrij caulis articulatim per internodia uerticillato florum ambitu concinnè coronetur. *Corona Veneris cur dicta.*

GENERA.

Sisymbrij duo sunt genera. Vnum quod simpliciter Sisymbriũ dicitur: hoc seplasiarij Balsamitã, ut manuscriptus etiam testatur herbarius, uulgus autem Menthã aquaticam, Germani **Fischmüntz/Wassermüntz/ oder Bachmüntz** uocant. Alterum cum adiectione Sisymbriũ cardamine nominatur. Officinis Nasturtiũ aquaticum, Germanis **Brunnenkreß**. Sic uerò dictum, quod sapore Cardamum, hoc est Nasturtium, imtietur. *Balsamita: Mentha aquatica. Nasturtiũ aquaticum.*

FORMA.

Sisymbriũ hortensi Menthę simile, quadrato caule, quadantenus purpurascente, folijs Menthæ, serratis, latioribus & odoratioribus: floribus internodia geniculatim coronantibus, uerticillato semper ambitu. Sisymbriũ cognomento cardamine folia inter initia orbiculata habet, cum autẽ creuerint ut Erucę folium laciniatim finduntur. Caule prosilit cauo, sesquipedali, ima sui parte pluribus radicularum fibris subinde capillato, è cuius alarũ cauis cirri frequentes sinuatim erumpunt. Flore candido. Semine Erucæ instar in siliquis acri & exiguo. *Sisymbrium. Sisymbrium cardamine.*

B

LOCVS.

Vtrunque riguos tractus amat. Primum autem potissimũ circa stagna & piscinas nascitur. Alterum nusquam non in aquatilibus.

TEMPVS.

Æstate, potissimũ uerò Augusto mense, cum Mentha florent.

TEMPERAMENTVM.

Sisymbriũ primũ excalfacit atque resiccat in tertio ordine. Alterũ autẽ quum siccũ est, itidem tertij est ordinis excalfacientiũ & exiccantiũ: quum humidũ & uiride, secundi.

VIRES. EX DIOSCORIDE.

Sisymbrium primum uim calfaciendi obtinet. Semen eius ad strangurias & calculos cum uino potum prodest. Tormina & singultus sedat. Folia temporibus & fronti illinuntur contra capitis dolorem. Aduersus etiam apum & uesparum ictus ualent. Vomitiones potum sistit. Alterum cardamine cognominatũ calefacit, urinam ciet. Comeditur quoque crudum. Lentigines & cutis à sole nigriciem & asperitatem exterit tota nocte illitum, mane autem ablutum.

EX GALENO.

Sisymbriũ primum tenuiũ partium est, digerentis, calefacientis & exiccantis facultatis. Semen quoque eius tenuium partium est & calidum. Quocirca ipsum quidam cum uino exhibent singultientibus, & tormina patientibus. Sisymbriũ quod quidã Cardaminen uocant, quandoquidẽ Cardamo, id est, Nasturtio simile quiddam gustu præfert, eadem ferè potest.

EX PLINIO.

Vtrunque Sisymbriũ efficax aduersus aculeata animalia, ut sunt crabrones & similia. Sedant capitis dolorẽ, item epiphoras. Alij panẽ addunt. Alij per se decoquunt in uino. Sanat & epinyctidas, cutisque uitia in facie mulierum intra quartum diem noctibus impositũ, diebusque detractũ. Vomitiones, singultus, tormina, stomachi

SISYMBRIVM

Kirschmüntz.

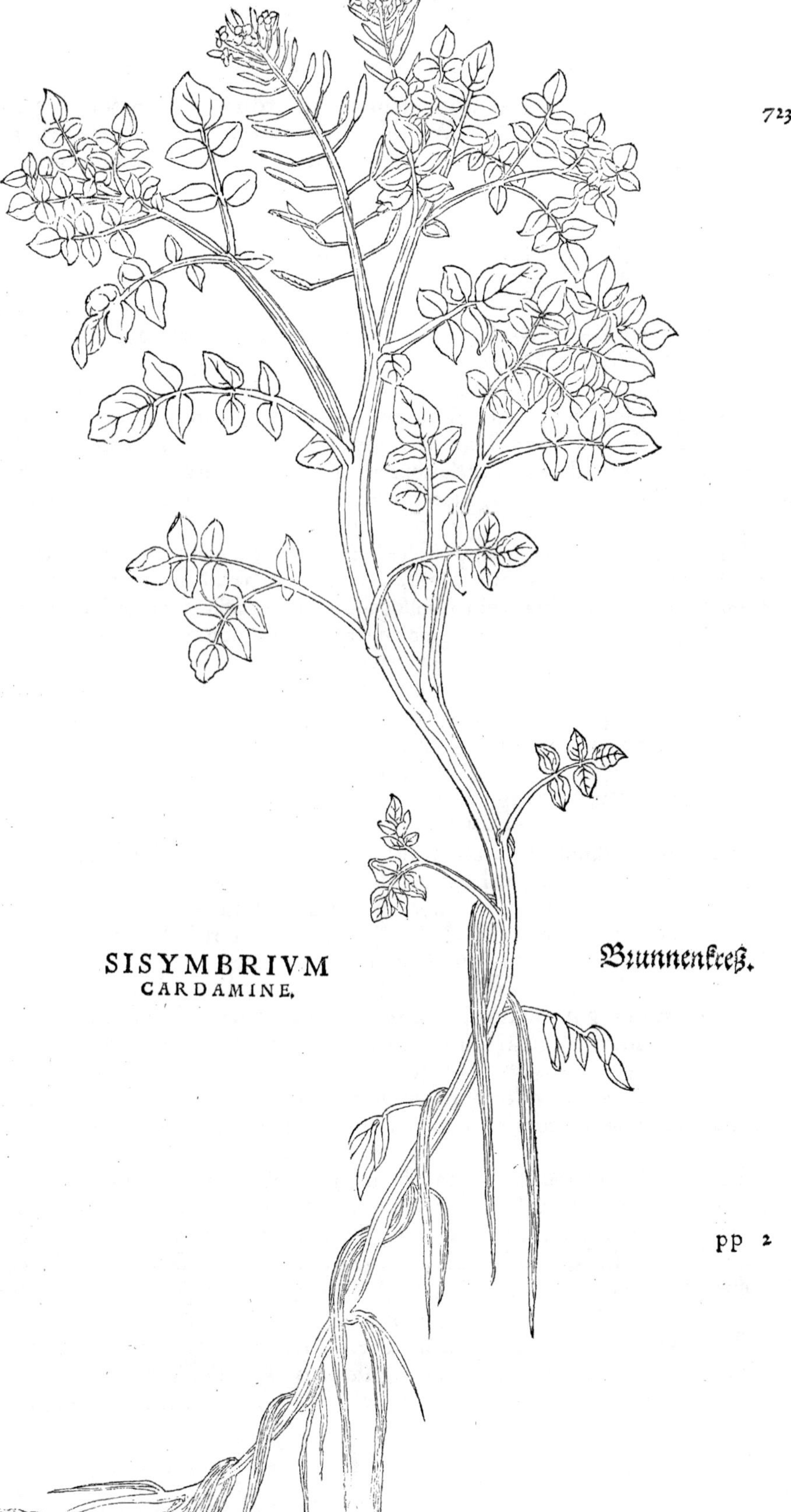

SISYMBRIVM CARDAMINE.

Brunnenkreß.

C dissolutiones cohibet siue in cibo sumptum, siue in succo potum. Non edendũ grauidis nisi mortuo conceptu. Quippe etiam impositum eijcit. Mouet urinam cum uino potum. Syluestre & calculos. Quos uigilare opus sit excitat infusum capiti cum aceto.

DE SIO. CAP. CCLXXVI.

NOMINA.

Sion, πελαγαλλὶς ἐνυδρος Græcis: Sion, Lauer & Anagallis aquatica Latinis dicitur. Officinis ignota herba. Germanis Wasserpungen/ Bachpungen/oder Pungen appellatur. Sion autẽ nomen sibi adsciuit à concussu, quod Græci σείειν dicunt: nam excutiendi uim nactum est, utpote quod à renibus calculos pellat, urinã & menses ducat. Anagallis aquatica, quod flores eius Anagallidis fœminæ floribus per omnia respondeant. Lauer nomen haudubiè à lauando cõtraxit, quod sonantibus aquis enatũ semper elui gaudeat.

Sion unde dictũ.

Anagallis aquatica.

Lauer.

FORMA.

Pusillus est frutex, rectus, pinguis, folijs latis, Olusatro similibus, minora tamen, & odorata. Quæ deliniatio prorsus astipulatur huic herbæ quam Germani Wasserpungen nominant. Hæc enim riuulis gaudet, frutex pusillus pinguisq́ue est, latis folijs, Hipposelino similibus, & digitis leniter friata iucundũ expirantibus odorẽ. Floribus cœruleis, Anagallida fœminam referentibus.

LOCVS.

Inuenitur in aquis citato lapsu repentibus, aut etiam resedibus. Sæpe uerò intumescentibus demersum uidetur.

D

TEMPVS.

Iunio mense floribus prægnans est.

TEMPERAMENTVM.

Quum amara admodũ sit hæc herba, ut calefaciat & exiccet necesse est. Atq́ue hinc iterum colligere licebit, ut patebit ex uerbis Aëtij, eam esse Sium.

VIRES. EX DIOSCORIDE.

Sij folia cocta crudaq́ue comesta calculos cõminuunt & excernũt. Vrinas mouent. Fœtus & menses educunt. Dysentericis utiliter comeduntur.

EX GALENO.

Sium quantum gustu odoratũ est, tantum etiam calefacientis facultatis est particeps. Digerit autem & urinã mouet, & calculos renum frangit, & menses euocat.

EX AETIO.

Sium quatenus gustu odoratũ est, eatenus calefacit, & exiccat. Discutiendi etiã uires habet, urinã mouendi, calculos in renibus dissoluendi, ac menses ciendi.

EX PLINIO.

Prodest urinis, renibus, lienibus, mulierumq́ue mensibus, siue ipsum in cibo sumptum, siue ius decocti, siue semẽ è uino drachmis duabus. Calculos rumpit, aquisq́ue quæ gignunt eos, resistit. Dysentericis prodest infusum. Item lentigini illitum, & mulierum uitijs in facie, noctu illitũ momento cutem emendat, & ramices lenit, & scabiem equorum.

APPENDIX.

Veterinarij in hodiernũ usq́ue diem hac herba in tumoribus discutiendis, & scabie equorum sananda utuntur, ut hinc manifestũ fiat illam esse Sium.

DE STRATIO-

SIVM Wasserpungen.

C

DE STRATIOTE MILLEFOLIA CAP. CCLXXVII.

NOMINA.

Millefolium.

Stratiotes unde dicta.

ΤΡΑΤΙΩΤΗΣ ὁ χιλιόφυλλος Græcis, Stratiotes millefolia Latinis, officinis & herbariis Millefolium, Germanis Garben / Schafgarben / Schafripp / Tausendtblatt / & Gerwel nominatur. Stratiotes uerò Gręcis, id est, militaris dicta est, quod uulnera ferro facta sanet, atqueadeo in militia & castris multus eius usus sit.

FORMA.

Frutex est exiguus, dodrantalis & maior. Folia habet pulli auium pennis similia. Suntq; foliorum exortus admodũ breues, incisuris diuisi. Breuitate uerò & asperitate Cumino syluestri maximè assimilantur, & etiamnum breuiora. Huius denique umbella densior & plenior: surculos enim in cacumine paruos habet, in quibus Anethi modo umbellæ sunt. Flores illi candidi & exigui sunt.

LOCVS.

Nascitur in agris asperis, & præcipuè circa uias ac semitas.

TEMPVS.

Per integram floret æstatem.

TEMPERAMENTVM.

Nonnihil adstrictionis habet, atqueadeo exiccat.

VIRES. EX DIOSCORIDE.

Eximiè utilis est herba ipsa ad sanguinis eruptionẽ, & ad ulcera uetera ac recentia: item ad fistulas.

EX GALENO.

D Vulnera glutinare potest, & ulcerib. utilis est. Sunt qui ea ad sanguinis eruptiones utantur, & ad fistulas.

EX PLINIO.

Hetruria Millefolium appellat herbam in pratis tenuem, à lateribus capillamenti modo foliosam, eximii usus ad uulnera. Boum neruos abscissos uomere, solidari ea, rursusq; iungi addita axungia affirmant.

APPENDIX.

Recentiores ad eosdem usus Millefolium suum adhibent, ad sananda nimirum omnis generis uulnera, dissoluendum sanguinem concretũ, & ad constringendos menses. Vnde à Stratiote millefolia non esse diuersum omnibus perspicuũ fit.

STRATIOTES
MILLEFOLIA.

Garben.

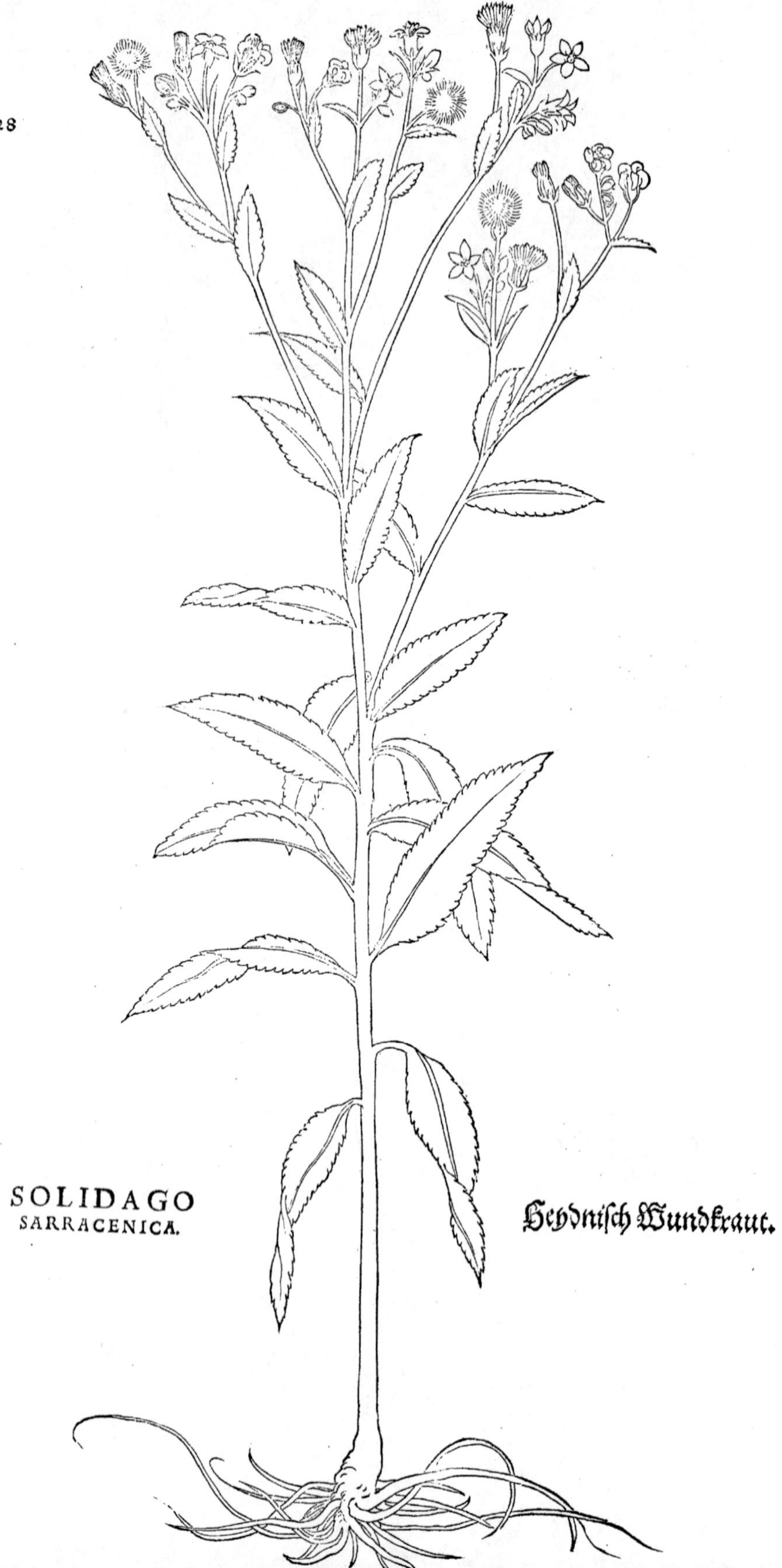

SOLIDAGO
SARRACENICA.

Heydnisch Wundkraut.

A

DE SARRACENICA SOLIDAGINE. CAP. CCLXXVIII.

NOMINA.

VVM nobis non constet quo nomine ueteribus nominata sit herba hęc, placuit usitatã ac tritam nostri temporis herbarijs appellationẽ usurpare, donec ueriorem comperire contingat. Non tamen latet à nonnullis corrupta uoce Cartafilaginẽ, uel magis deprauata Filaginem nominari, cum dicendum esset Ceratophylacẽ, quia nimirum partem oculorũ ceratoida, hoc est, corneam, defendat, salutiq; percussam ac læsam restituat. Cur uerò hoc nomine non appellandã censeam, facit in primis quod descriptio Ceratophylacis illi non conueniat. Dein quod pictura eiusdẽ in manuscripto herbario illi herbę quam Fortem uocant, prorsus non respondeat. Herbam itaq; Fortem, uel ut alij habent Sortis, nominamus eam quæ Germanis heydnisch Wundkraut uocat̃, quod fortè à Sarracenis reperta putetur. Hinc, ni fallor, à quibusdã Consolida Sarracenica dicitur. Fortis uerò à uehementi odore.

Herba Fortis nõ est Cartafilago, seu ut rectius dicam, Ceratophylax.

FORMA.

Caulem rubescentẽ, duûm triúmue cubitorum ac cauum habèt, è quo prodeunt folia oblonga, in extremitatibus serræ modo incisa, Saliciq; similia. Flores luteos in pappos euanescentes. Radicẽ multifidam, forisq; rubentem.

LOCVS.

Nascitur in syluis & in montibus altis. Copiose autem in monte post arcem Tubingensem, quem germanico nomine die öden burg uocant, prouenit.

TEMPVS.

Augusto mense floret.

B

TEMPERAMENTVM.

Gustu adstringit, modiceq; amara est, atque adeo siccare euidentissimũ est.

VIRES EX RECENTIORIBVS.

Vulneraria herba est, id quod germanica appellatio abundè satis monstrat. Imposita itaq; uulneribus carnem primum generat, dein statim glutinat. Sicca in puluerem trita recentia uulnera, si inspergatur, celeriter sanat. Fistulis etiam medetur, malignaq; ulcera mundificat, ac confestim sanat.

DE SAXIFRAGA. CAP. CCLXXIX.

NOMINA.

ΣΑΡΞΙΦΡΑΓΟΝ, ἢ σαρξίφαγον, ἢ ἔμπετρον Græcis, Saxifragon & Saxifraga Latinis. Officinis quibusdam perperàm Capillus Veneris dicitur, ut in Adianto docuimus. Rectius muraria ruta uocaretur. Sunt qui Saluiã uitam hodie nominent. Germanis Maurrauten & Steinrauten appellat̃. Saxifragon, quod calculos è corpore pellat frangatq;. Empetron uerò, quoniam in saxis proueniat. Officinę hodie alias præter hanc latinorũ Saxifragas ostendunt, de quibus suo dicemus loco.

Officinarũ error

Saxifragon cur dictum.

Empetron.

FORMA.

Surculosus frutex saxis hærens, iuncis tenuibus, Epithymi non dissimilibus, nigris, breuibus, folijs Trichomanis, maioribus, interius leuibus, auersa uerò parte annexa puncta habentibus, sine flore, sine semine, radice nigra, superuacua.

LOCVS.

In saxis & asperis locis prouenit. Ideo eius magna copia inuenitur apud uetusta ædificia, in lapidum cõmissuris.

SAXIFRAGA Maurrauten.

A TEMPVS.

Vere & æstate inuenitur, potissimum autem Iunio mense.

TEMPERAMENTVM.

Satis ex facultatibus eius gustuq́, in quo manifesta quædam adstrictio apparet, colligitur hanc herbam calidam & siccam esse.

VIRES. EX DIOSCORIDE.

In uino cocta & pota, febricitantibus opitulatur, stranguriæ & singultui medetur. Lapides uesicæ frangit, & urinam mouet.

EX PAVLO.

Saxifraga urinam ciet, & calculos conterit.

DE SILIQVASTRO CAP. CCLXXX.

NOMINA.

SILIQVASTRVM conuenientissimo nomine à Plinio lib. xx. cap. xvij. Siliquastrum.
dicta est herba hæc, à siliquis nimirũ magnis & oblongis quas producit. Eadem etiam ab eodem Piperitis, quod semen eius gustatum pipe- Piperitis.
ris saporem & acrimoniã præ se ferat, nominatur. Alia tamen est ab ea
quam uulgò Piperitim appellant, ut suprà etiam monuimus. Sunt qui piper Hispa
num, alij piper Indianum, nonnulli etiam piper ex Chalechut uocant. Auicenna ui Piper Indianum.
detur appellare Zinziber caninum. Germanicè dici potest Chalechutischer oder Zingiber caninum.
Indianischer Pfeffer.

GENERA.

Maius & minus est Siliquastrũ. Maius siliquas producit maiores, & colore sub-
B nigras, aut fuscas. Minus contrà minores profert, & colore puniceas. Nos tamen
utrunq́ genus una pictura complexi sumus, utq́ hiantes duæ pingerentur siliquæ
curauimus, non sanè quod sponte sua sic rumpantur, sed ut quale intus esset semen
cerneretur. Præter hæc, genera alia sunt bina, quorum unum longissimas & colore puniceas, alterum uerò latiores multoq́ breuiores producit siliquas. Damus itaq́
quatuor Siliquastri distincta genera, ut ex pictura manifestissimè deprehendit. Ho
rum primum discriminis gratia maius, alterum minus, tertium longum, quartum
latum appellauimus Siliquastrum.

FORMA.

Herba est caule rubro & longo, crebris geniculis, folijs Lauri, floribus candidis, semine in siliquis oblongis & magnis albo, uel potius flauescente, tenui, gustu Piperis acerrimo. Radice unica, subalba, capillamentis fibrata. Ex qua nimirum deliniatione satis constat herbam cuius picturam damus esse Plinij Siliquastrum seu Piperitim. Caule siquidem, ut ex Castore collegit Plinius, rubro & longo, densis etiam geniculis, unde folia Lauri folijs similia erumpunt, seminè albo, tenui admodum, gustu piperis. Quibus omnibus etiã Siliquastri & Piperitidis nomenclaturæ, quæ huic optimè quadrant, accedunt.

LOCVS.

In Germania iam in fictilibus ac testaceis satum passim ferè prouenit. Perpaucis antè annis Germanis incognitum fuit.

TEMPVS.

Æstate quidem floret, atque mox decidente flore siliquæ primum herbacei, dein punicei aut fusci coloris subnascuntur, plenæ semine.

TEMPERAMENTVM.

Valenter excalfacit atque desiccat, id quod seminis immensa acrimonia, & foliorum amaritudo euidentissimè monstrat: ut certè non temerè plerìq́ hoc semine lo-

co ueri

SILIQVASTRVM MAIVS ET MINVS.

Calechutischer Pfeffer.

SILIQVASTRVM TERTIVM.

Langer Indianischer Pfeffer.

SILIQVASTRVM QVARTVM.

Breyter Indianisch Pfeffer.

A couer i Piperis utantur: easdem enim facultates hauddubiè habet, quas etiã ex Dioscoride sumptas subijciemus.

VIRES. EX DIOSCORIDE.

Piper cõmuniter calefaciendi facultatẽ habet, urinã mouendi, cõcoquendi, extrahendi, discutiendi, & quæ pupillas oculorũ obtenebrant exterendi. Prodest rigoribus circuitu certo inuadentibus potũ & inunctũ. Venenatorũ morsibus succurrit. Fętus ex utero ducit. Tussi & omnibus thoracis affectib. in eclegmate & potu sumptum auxiliat. Cum melle inunctũ angina correptos iuuat. Tormina cum teneris Lauri folijs potũ soluit. Pituitã ex capite purgat cum Staphysagria cõmanducatũ. Dolores leuat, ualetudinemq; tuetur. Appetentiã mouet. Concoctionẽ adiuuat ad intinctus additũ. Strumas cum pice exceptũ discutit. Cum nitro alphos abstergit.

EX PLINIO.

Siliquastrũ utile gingiuis, dentibus, oris suauitati, & ructibus.

APPENDIX.

Auicenna Zinziber caninum abstergere cutis & faciei maculas, lentesq; tradit. Item strumas aliosq; tumores, eius semen digerere scribit, ut hinc etiã easdem cum uero Pipere habere facultates colligere liceat.

DE SCORODO. CAP. CCLXXXI.

NOMINA.

ΣΚΟΡΟΔΟΝ gręcè, Allium latinè appellatur. Officinæ latinum nomen retinuerunt. Germanicè Knoblech/oder Knoblouch. Scorodon autẽ dicit, ut nõnullis placet, quasi σκαιὸν ῥόδον, id est, rudis Rosa, quod aspe- (Scorodon unde dictum.)
B rè supra modum redoleat, & olfacientiũ nares offendat. Latini Allium (Allium.) à Gręco fortassis uerbo ἄλλεσθαι, id est, exilire, uocãt, quod nimirũ exiliendo crescat.

GENERA.

Tria in uniuersum Allij sunt genera. Vnum hortense & satiuũ domesticúmue, quod Germani garten oder heymisch Knoblouch uocant. (Allium hortense.) Alterũ syluestre, quod Græci ὀφιοσκόροδον, id est, anguinũ Allium nominant, in aruis ac campestribus sponte nascens. (Anguinũ Allium) Cuius nos duo genera damus, quorum primũ Germanis wilder Knoblouch dicitur, alterum uerò Feldknoblouch. Tertium itidem syluestre, ursinum cognominant, in syluis proueniens, Germanis Waldknoblouch appellatur. (Vrsinum.)

FORMA.

Allium hortense fronde uiret cępitia, caule tereti & inani. (Hortense.) In cacumine flores in globum circumaguntur, in quo semẽ emicat. Radicis bulbus tenuis, uelatur membranis, mox pluribus coagmentatur nucleis, & ijs separatim uestitis, in cuius uertice complures fibræ cirrorum exemplo crispantur, tedioso habitu, & aspero sapore. Syluestre folijs constat prælongis, teretibus, intus concauis, iunceã speciem repræsentantibus, caule procero, leni, purpureos flores ostentante, cacumine tum colore tum forma conspicuo, radice bulbosa & capitata, nucleis spicatim cõpactilibus intumescente, summo uertice capillamentis fibrato. (Syluestre.) Vrsinũ odore molli, folijs grandibus, & Ephemeri non letalis folijs similibus, floribus in summo candidis, capite prætenui. (Vrsinum.)

LOCVS.

Hortense passim in hortis satum & plantatũ prouenit. Syluestre sponte in aruis, ut diximus, & campestribus nascitur. Vrsinũ autem in nemoribus.

TEMPVS.

Hortense & syluestre æstate florent. Vrsinũ autẽ uere, Aprili & Maio mensibus.

TEMPERAMENTVM.

Allia desiccant & calfaciunt quarto excessu.

VIRES. EX DIOSCORIDE.

Facultas Allio est acris, calfacit, flatus excernit, aluum turbat, stomachũ exiccat.

ALLIVM
HORTENSE.

Gartenknoblouch.

ALLIVM SYLVE
STRE PRIMVM.

Wilder Knoblouch.

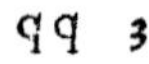

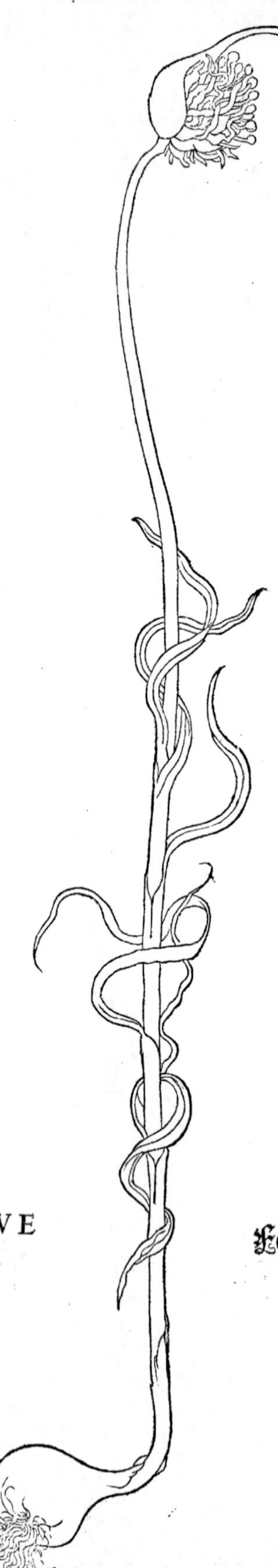

ALLIVM SYLVE
STRE ALTERVM.

Feldknoblouch.

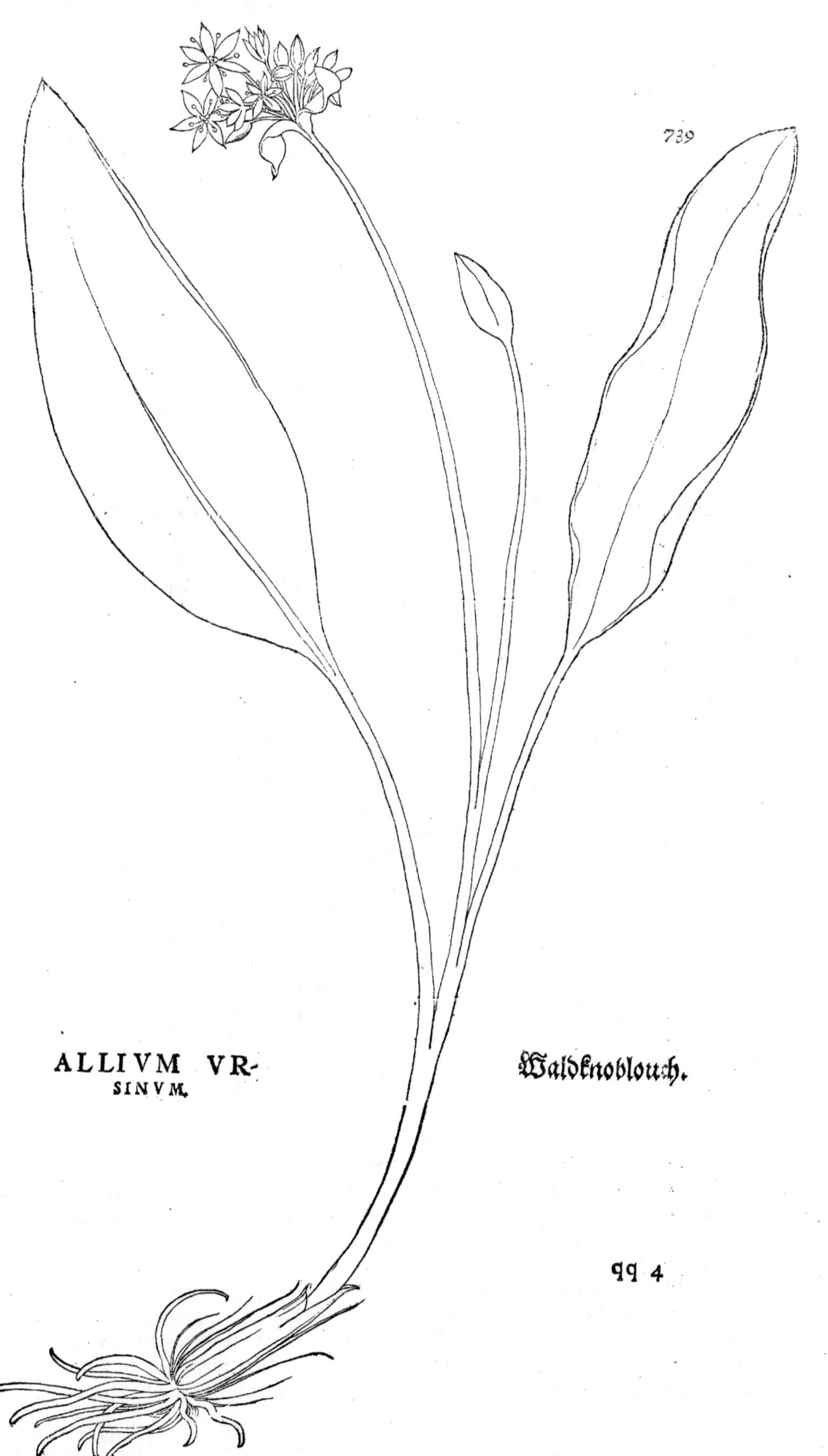

ALLIVM VR-
SINVM.

Waldknoblouch.

C Sitim efficit. Inflationes permutat alterátue, & summam corporis cutem exulcerat. Eadem potest Anguinum allium. Comestũ latos uentris lumbricos expellit. Vrinas ducit. Contra uiperarũ morsus & hæmorrhoidũ prodest, ita ut non aliud magis, si uinum iugiter sumatur, aut in eodem tritum bibatur. Contra rabiosorũ morsus utiliter illinitur. Allium ipsum in cibo sumptum contra aquarũ mutationes confert. Asperas arterias clarificat. Veterem tussim crudum & coctum comestũ lenit. Cum Origani decocto potum, pediculos & lendes enecat. Vstum & cũ melle subactum illitumq́, hypopya & alopecias sanat. Exanthemata cum nardino unguento, sale & oleo curat. Alphos, impetigines, lentigines, achoras, lepras, furfuresq́ eximit. Cum teda & thure decoctum, si in ore contineatur, dentium dolorem leuat. Contra muris aranei morsus cum ficulneis folijs, & Cumino illinitur. Comæ decoctum in insessionibus menses & secundas trahit. Eiusdem gratia suffitur. Factum ex eo & nigra oliua intritum, quod Græci μυττωτὸν uocant, urinã cit, & obstructiones aperit. Vtile etiam hydropicis.

Legendũ in Dioscoride, καὶ ἐπιφανείας σωμάτων ἑλκωτικόν

EX GALENO.

Excalefacit corpus, crassos in eo humores extenuat, glutinososq́ incidit. Bis tamen aut ter in aqua decoctũ, acrimonia spoliatur: quanquã nec sic quidem uim perdit extenuandi, uerum facultatẽ quandam obscurissimã alendi corporis acquirit, cuius antea quàm coqueretur, nihil prorsus obtinebat. Cæterũ Allium non modo ut obsoniũ, uerumetiam ut medicamentũ sanitati accõmodum, quod obstructa soluere & discutere possit, usurpatur. Est autem Allium ex eorum ciborũ genere, qui & flatum discutiant, & minimè sitim inferant. Ophioscorodon domestico, uel reliqua omnia syluestria, ualentius est.

EX AETIO.

D Allium comestũ flatus discutit, sitim reprimit, crassos & lentos humores incidit. Habet tamen quidpiã uirosum, & mali succi, quod amittit si aqua elixetur. Ab eius assiduo usu præsertim calidas temperaturas cauere oportet.

EX PLINIO.

Allio magna uis, magnæ etiam utilitates contra aquarũ & quorumlibet locorũ mutationes. Serpentes abigit & scorpiones odore: atq́, ut aliqui tradidere, bestiarum omniũ ictibus medeť, potu uel cibo, uel illitu. Priuatim contra hæmorrhoidas prodest, cum uino redditũ uomitu. Ac ne contra araneorũ murum uenenatũ morsum ualere miremur, aconitũ, quod alio nomine pardalianches uocatur, depellit: item Hyoscyamũ: contra canũ morsus, inq́ uulnera cum melle imponitur. Ad serpentiũ quidem ictus potũ cum restibus suis, efficacissimè ex oleo illinitur. Attritisq́ corporũ partibus, uel si uesica intumuerit. Quin & suffitu eo, secundas partus euocari existimauit Hippocrates: cinere eorũ cum oleo, capitis ulcera manantia sanitati restituens. Suspiriosis coctum, aliqui crudum id dedêre. Diocles hydropicis cum Centaurea, aut in fico duplici ad euacuandã aluum: quod efficacius præstat uiride, cum Coriandro in mero potum. Suspiriosis aliqui & tritũ in lacte dederunt. Praxagoras & contra morbũ regiũ uino miscuit: & contra ileum in oleo & pulte, sic illinens. Strumis quoque. Antiqui & insanientibus dabant crudum. Diocles phreneticis elixum. Contra anginas tritum imponi & gargarizare prodest. Dentiũ dolorem tribus capitibus in aceto tritis imminuit: uel, si decocta aqua colluantur, addaturq́ ipsum in caua dentiũ. Auribus etiam instillatus succus cum adipe anserino. Phthiriases & prurigines potum, tusum item in aceto & nitro. Cõpescit & destillationes cum lacte coctũ, uel tritum permixtúmue caseo molli: quo genere & raucitatem extenuat: uel phthisin, in fabę sorbitione. In totum autẽ coctum utilius est crudo, elixumq́ tosto, sic & uoci plus confert. Tineas & reliqua animalia interaneorũ pellit, in aceto mulso coctũ. Tenasmo in pulte medetur. Temporũ doloribus illitum, elixum, & pustulis coctum cum melle, deinde tritum. Tussi cum adipe uetusto deco-

A sto decoctū, uel cum lacte. Aut si sanguis etiā excreetur, uel purulenta sint. Et pituitæ sub pruna coctum, potum, & cum mellis pari modo sumptū. Cōuulsis & ruptis
cum sale & oleo. Nam cū adipe tumores suspectos sanat. Extrahit fistulis uitia cum
sulphure & resina, etiam harundines cum pice. Lepras, lichenas, lentigines exulcerat, sanatq; cum origano, uel cinis eius ex oleo & garo illitus. Sic & sacros ignes. Sugillata aut liuentia ad colorē reducit, cōbustum ex melle. Credunt & comitialē mor
bum sanare, si quis in eo cibo utatur aut potione. Quartanas quoq; excutere potū
caput unum cum Laserpitij obolo. In uino austero tussim, & alio modo acceptum.
Suppurationes quantaslibet sanat, fractæ incoctū fabæ, atq; ita in cibo sumptum,
donec sanitatē restituat. Facit & somnos, atq; in totum rubicundiora corpora. Venerem quoq; stimulat cum Coriandro uiridi tritum, potumq; è mero. Cæterū contra pituitam & gallinæ & gallinaceis prodest. Mixtum farre in cibo, iumentis urinam reddere, atq; non torqueri tradunt, si eo trito natura tangatur.

EX SYMEONE SETHI.

Cōmodissimū est crassum & tenacē, aut crudum humorē aggregantibus: eum
enim incidit, & obstructiones ab eo factas tollit. Habet uerò quippiam mali succi,
quod decoctū aqua abijcit. In frigidis temperaturis sæpe sanitatē præseruat. Temperatura uerò calidos, lædit, & maximè oculos, caput, pulmonem, & renes eorum.
Proprietate autem quadā sitim à salso humore factam sedat, & lumbricos eijcit, &
flatus discutit. Etsi uerò sanum uisum offendat, nihilominus tamen eius hebetudinem propter humiditatē ortam sanat. Semen in calidis corporibus exiccat. In frigidis uerò & humidis corporibus idem calefacit, Veneremq; excitat. Est etiam remedium contra uenena, & morsus uenenatorū, perinde atq; theriaca: unde & Galenus hoc theriacam rusticorum uocat. Hoc ipsum fugiunt serpentes, tanquam Ru-
B tam. Quapropter Persæ coquinas ipsorum Allijs replent. Non solum autem flatus discutit, sed etiam horum generationē prohibet. Colicos affectus à flatibus ortos, & diuturnos coxendicū qui à pituita proueniunt dolores, iuuat. Alimentū &
sanguinē extenuat, & faciem rubificat, asperamq; arteriam purgat. Si uerò assetur,
& corrosis dentibus aut propter humiditatē dolentibus imponatur, prodest. Non
solum uerò sumptum ad uenenatorū morsus confert, sed etiam postquā tritum est,
superpositum. Lædit prægnantes & lactentes, mensesq; ducit.

DE SANCTI IACOBI FLORE.
CAP. CCLXXXII.

NOMINA.

VM herba hæc ueteribus Græcis & Latinis cognita fuerit, nondum cer
tò affirmare aut inficiari audeo. Vulgus tamen herbariorū sancti Iacobi
florem aut herbam nominat. Officinis incognita est. Germani S. Jacobs blům appellant.

FORMA.

Herba est fruticosa, cauliculo rubente, multifariā striato, folijs exiguis, Erucæ in
star consectis, floribus luteis, forma Chamæmeli floribus haud dissimilibus, radice
adnascentias multas habente.

LOCVS.

Nascitur in agrorū marginibus, & aquarum ripis, locisq; arenosis.

TEMPVS.

Iulio & Augusto mensibus floret.

TEMPERAMENTVM.

Amara est & adstringit, ideoq; calidam & siccam esse constat.

VIRES.

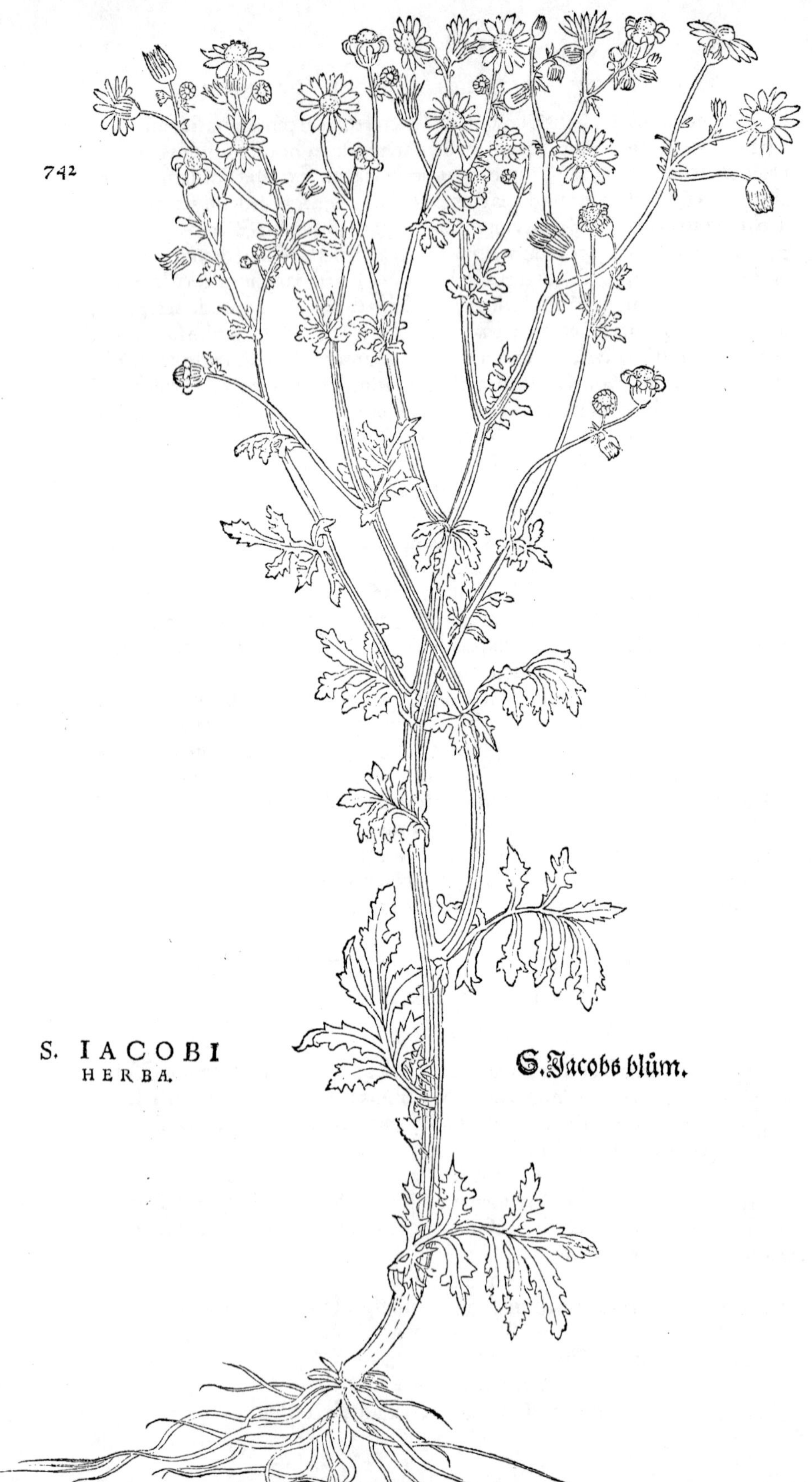

S. IACOBI HERBA.

S. Jacobs blům.

A VIRES.

Recentioru medicorum experientia cognitu est, herbam hanc uulneribus mirifice mederi, & ad interanea prodesse. Fistulas quoque ijdem curare, & ne ultra serpant prohibere, impositam tradunt. Quae sane omnes facultates pulchre eius temperamento respondere uidentur.

DE SELINO HORTENSI. CAP. CCLXXXIII.

NOMINA.

ΣΕΛΙΝΟΝ κηπαῖον Græcis, Apium hortense aut satiuum Latinis uocatur. Officinæ latinum retinuerunt nomen. Germanis Eppfich/oder Eppich nominatur. Selinon autem Græci uocant, quasi ἑλεσσόμενον, hoc est, paludibus impulsum: paludosis enim gaudet, & in ijs enatum lætius exurgit. *Apium hortense* *Selinon quare dictum.*

FORMA.

Apium hortense sæpe cubitalem æquat altitudine: caule rotundo, tenuiter striato, multisq; ramulis brachiato: folijs tripartito dissectis, & leniter crispis, in extremitatibus laciniatis: flosculis candidis, & quibus minores haud temere reperias: semine exiguo: radice singulari, longa, capillata. Hæc itaq; herba, cuius picturā damus, est uerum Apium, quod illi omnes respondeant notæ, adeo ut temere nonnulli putent esse uulgare nostrum Petroselinum.

LOCVS.

In hortis satum prouenit: amat autem loca potissimu aquosa. Hinc est quod sua B sponte no procul à Canstadio Ducatus Vuirtenbergensis oppido in paludosis proueniat.

TEMPVS.

Iunio & Iulio mensibus floret ac semine prægnans est.

TEMPERAMENTVM.

Calidum est in secundo ordine, & siccum in medio tertij.

VIRES. EX DIOSCORIDE.

Ad oculoru inflammationes cum pane aut tenui polenta illitu prodest. Æstum stomachi mulcet. Mammas grumis induratas disijcit. Crudu aut coctum comestu urinā mouet. Decoctum eius radicumq; potum, letiferis medicamētis aduersatur, uomitu ciens. Aluum cohibet. Semen efficacius urinam cit. Succurrit & feraru morsibus, & ijs qui lithargyru hauserunt. Inflationes discutit. Miscetur etiam utiliter medicamentis dolorem leuantibus, theriacis, & tussi medentibus.

EX GALENO.

Apium usqueadeo calidu est, ut & urinas & menses cieat. Flatus quoq; discutit, & magis semen quam herba ipsa. Ori, stomachoq; gratissimum.

EX PLINIO.

Rami Apij largis portionibus per iura innatant, & in cōdimentis peculiarē gratiā habent. Oculis illitu cum melle, ita ut subinde foueant feruenti succo decocti, alijsq; membroru. Epiphoris per se tritum, aut cum pane, aut polenta impositu, mire auxiliatur. Pisces quoq; si ægrotent in piscinis, apio uiridi recreantur. Veru apud eruditos non aliud erutum terra in maiore sententiaru autoritate est. Ad cibos non est admittendu, imo omnino nefas: nam id defunctoru epulis feralibus dicatu existimant. Ipsius quoq; uisus claritati inimicu. Eos qui ederint sterilescere mares fœminasq; tradunt. In puerperijs uero ab eo cibo comitiales qui ubera hauriunt. Innocentiorē tamen esse marem. Eaq; causa est, ne inter nefastos frutices damnet. Mammarum duritiā impositis folijs emollit. Suauiores aquas potui incoctu præstat. Succo maxime radicis cum uino lumboru dolores mitigat. Eodem iure instillato grauitatem

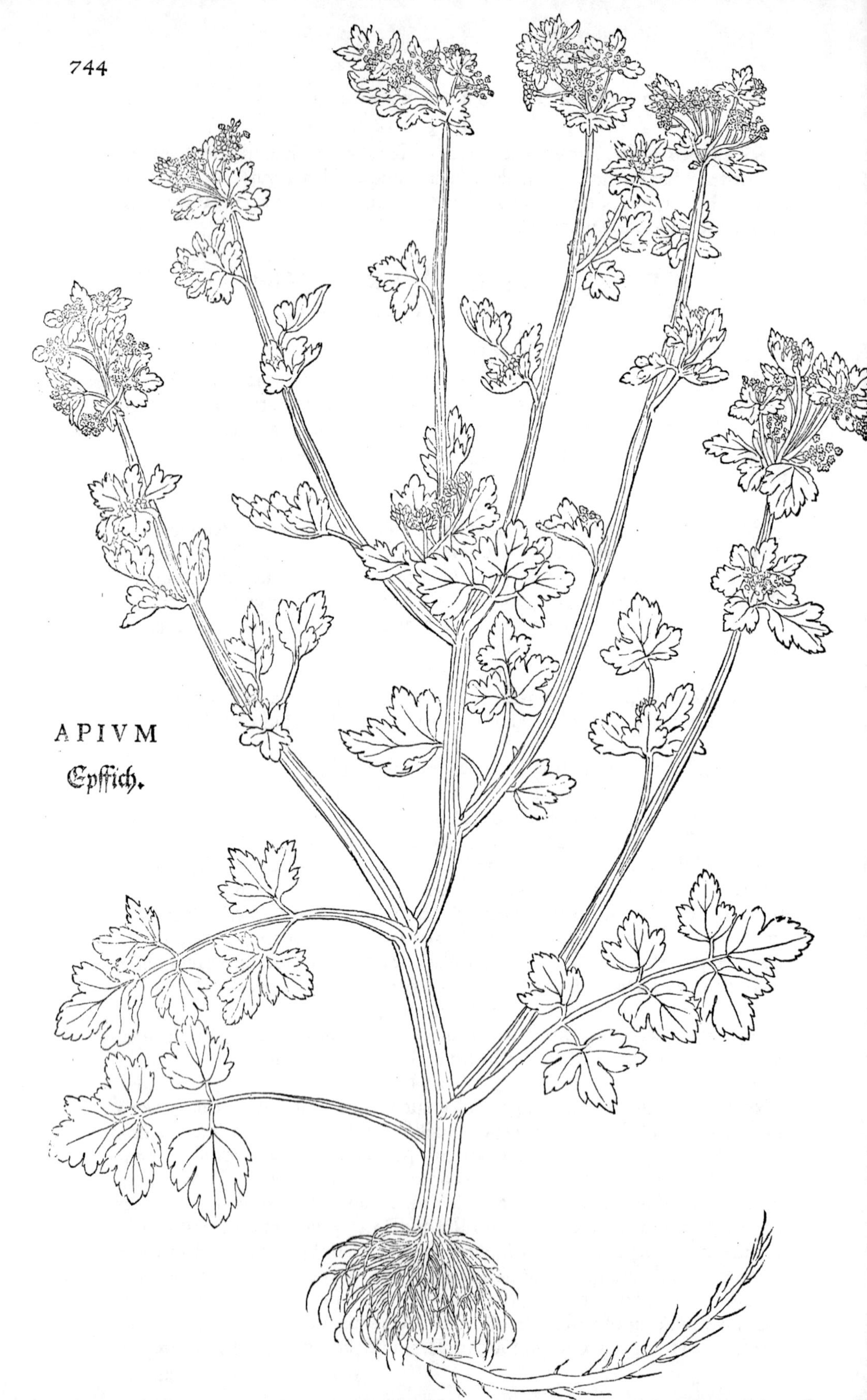
APIVM
Epffich.

A uitatem aurium. Semine urinã ciet, menſtrua ac ſecundos partus. Et ſi foueantur ſemine decocto ſugillata reddit colori, cum oui albo illitum. Aut ex aqua coctum potumq́ renibus medetur. In frigida tritum oris ulceribus. Semen cum uino, uel radix cum ueteri uino ueſicæ calculos frangit. Semen datur ex tribus cyathis ex uino albo.

EX SYMEONE SETHI.

Vrinam cit, obſtructiones tollit, non inflat, magis uerò flatus diſcutit, & menſes ducit. Difficulter autem concoquitur, atq́ ob eam cauſam oportet ipſum in medio ciborũ ſumi. Paululum quid uentrem ſiſtit. Proprietate uerò quadam comitiales lædit, & oportet hos omnino abſtinere. Sæpe enim quidam qui ferè ex hoc morbo conualuere, parati autem eum incidere, ex eius uſu iterum comitiales facti ſunt. Offendit etiam teſtes. Semen autem quàm folia ualidius & efficacius, & eo radix. Prodeſt ad ſingultus à craſsis excrementis profectos. Abſtergit renes & ueſicã. Obſtructiones in uenis & arterijs factas aperit. Semen præſumptũ, ebrietatem arcet. Confert etiam ad bonum * corporis odorem, multiq́ crebriore huius uſu grauem * corporis odorem abegerunt. Mulieres ad rem uenercam promptiores facit. Si in huius decocto calculoſi deſidant, calculos, ut ferunt, eijcit, & difficultatẽ urinæ ſanat, & renes curat. Lactantes mulieres oportet ab eius uſu abſtinere; minuit enim lac. *al. oris * oris

S. BARBARAE HERBA. CAP. CCLXXXIIII.

NOMINA.

B NEQVE huius herbæ aliud nomen, quàm quo uulgò appellatur, afferre potuimus. Superſtitione enim quadam ducti prioris temporis herbarij, diuæ Barbaræ herbam nominarunt. Nec nos aliud nomen utcunque inueſtigantes ex herbariæ rei peritis extorquere potuimus. Germanis S. Barbara kraut uocatur. S. Barbaræ herba cur dicta.

FORMA.

Caulem habet rotundũ, ſolidum, ſtriatum, folia Erucæ modo laciniata, flores luteos, ſiliquas teretes, ſemine refertos, radicem ex obliquo prodeuntẽ, & oblongam.

LOCVS.

Paſsim in campeſtribus naſcitur.

TEMPVS.

Maio & Iunio menſibus floret, ac ſubinde in ſiliquis ſemen profert.

TEMPERAMENTVM.

Guſtanti primum ſubacris eſſe, dein parum etiam adſtringere uidetur, ut calidã & ſiccam eſſe nemo dubitare debeat.

VIRES.

Vulnerariam herbam eſſe & temperamentũ eius & experientia docet. His uerò potiſsimũ ulceribus medetur quæ impura ſunt, & in quibus caro ſupercreſcens fuerit: nam quia ualenter ſiccat, ideo ſordes extergere, & carnes minuere poteſt.

S. BARBARAE HERBA.

S. Barbara kraut.

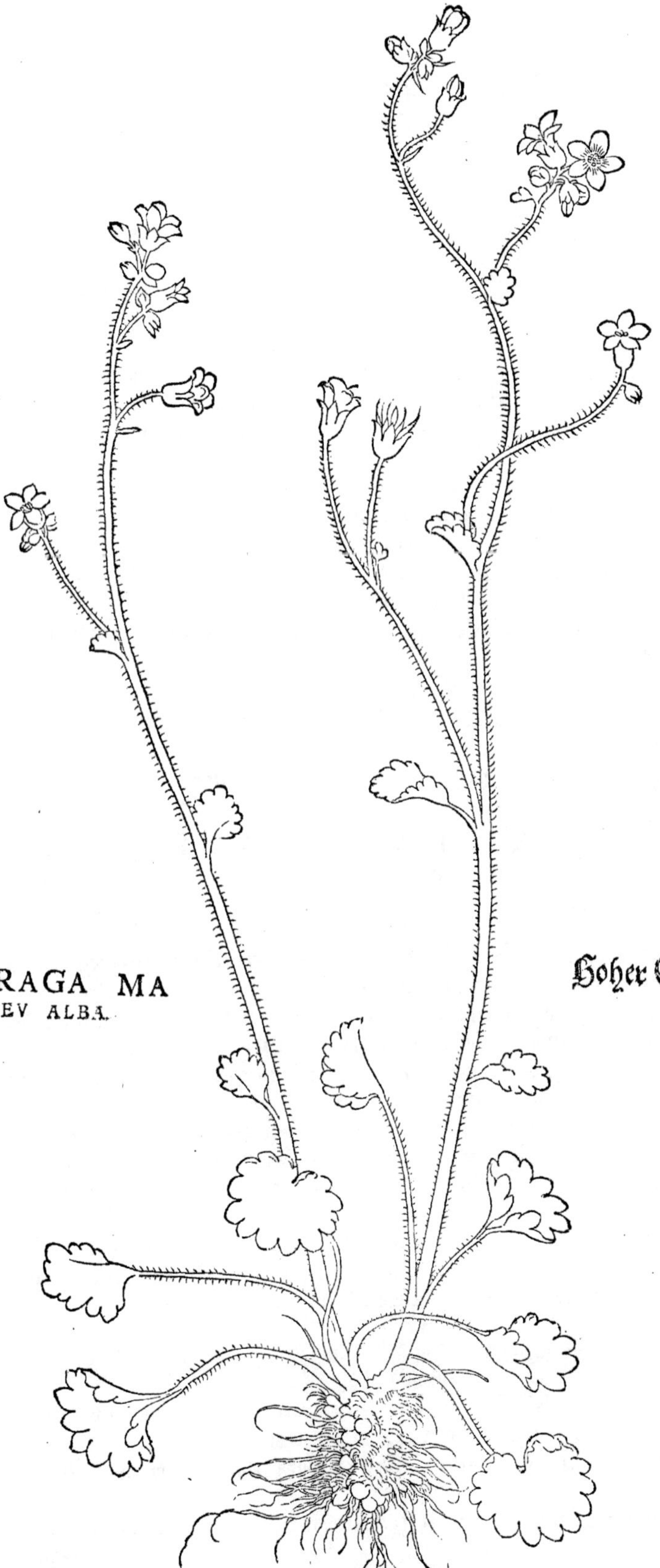

SAXIFRAGA MA
IOR SEV ALBA.

Hoher Steinbrech.

DE SAXIFRAGA MAIORE.

C

CAP. CCLXXXV.

NOMINA.

An ueteribus Græcis & Latinis herba hæc cognita fuerit, nondum mihi constare ingenuè fateor. Vulgus herbariorũ & officinę Saxifragã maiorem, & albam, quod scilicet mirificam in cõminuendis frangendisq; calculis uim, ac flores albos habeat, hodie uocant. Germani hohen Steinbrech/uel weissen Steinbrech appellant.

FORMA.

Caulem habet lanuginosum, subrubicundũ, folia exigua, rotunda, in extremitatibus incisa, flores candidos, radicem exilem, cui granula Coriandri seminis quantitatem referentia adhærent, partim alba, partim rubea, quibus officinæ pro semine eius utuntur.

LOCVS.

In pratis & montibus, potissimum siccis, prouenit.

TEMPVS.

Maio mense floret, dein statim euanescit.

TEMPERAMENTVM.

Quum flores, folia & radix gustanti amara sint, calidam & siccam in ordine tertio esse uerisimile existit.

VIRES.

Vrinã mouet, calculos frangit & conterit. Stranguriæ itaque confert: abstergit enim expurgatq;, & quæ in uenis est crassitiem, sicut omnia alia quæ amara sunt, incîdit. Menses quoque cit, crassaq; ac glutinosa ex thorace educit.

D

DE SAXIFRAGA LVTEA.

CAP. CCLXXXVI.

NOMINA.

Saxifraga cur dicta.

NOMEN hoc in pręsentia fingere adlubuit, cum scilicet aliud quo herbam hanc appellaremus non occurreret, ut hac ratione à priori discerni posset. Saxifragã autem uocare placuit, quod nimirũ calculos frangat. Ad quod sanè nomẽ alludentes Germani Steinklee nominant, quod idem ualet, ac si Trifolium frangens lapidem dicerent. Alio nomine gulden oder geelen klee/&, quod sententiam nostram confirmat, Steinbrechen/à cõminuendo lapide appellant. Luteã uerò diximus à luteis floribus, uolentes eam ab alba discriminare Saxifraga. Cõmodissimè itaq; germanicè geeler Steinbrech uocabitur. Perperàm ea officinæ nõnullæ pro Meliloto usurpant, ut suo etiam loco indicauimus.

Officinarum error.

FORMA.

Caulem cubiti ferè altitudine obtinet, folia fœnogræco similia, in quouis pediculo tria: floribus pisi, multò tamen minoribus, luteis, odoratis, deorsum nutantibus, semine per ramulos diffuso rotundo, radice subcandida.

LOCVS.

Passim in aruis & segetibus prouenit.

TEMPVS.

Floret tota æstate, potissimũ autem Iulio mense, in quo semen etiam producit.

TEMPERAMENTVM.

Calidam & siccam esse gustus abundè docet: amara enim & subacris existit.

VIRES.

Abstergit, expurgat, & quę in uenis est crassitiẽ incîdit, atque adeo obstructiones

iecinoris

SAXIFRAGA
LVTEA.
Grosser Steinklee.

C iecinoris & lienis tollit. Vrinā mouet, menſes cit, lapidem frangit, & quæ in thorace ſunt glutinoſa extenuat & educit. Rectè itaq; recentiores in obſtructionibus renum & ueſicæ, earundemq; partiū calculis hac herba utendum eſſe docent. Succus etiam eius herbæ ac florum eiuſdem ad caliginē oculorum inſtillatus confert.

DE SISARO. CAP. CCLXXXVII.

NOMINA.

Siſer.

Serullum pro Siſerculum.

ΣΙΣΑΡΟΝ Græcis, Siſer Latinis, uulgo Paſtinaca, quod ei congener ſit, appellatur. Sunt qui extritis priorib. literis diminutrice forma Serullū, aut Seruillam, aut Cheruillā, pro Siſerculo nominent. Germani ad corruptam hanc appellationē reſpicientes, Gerlin & Geirlin uocant.

GENERA.

Duo ſunt Siſari, Plinio lib. xx. cap. v. autore, genera. Vnum ſatiuū, quod iterum duûm eſt generum: unum enim magnum dicitur, Germanis groß zam Moren. Alterū uerò minus, quod ijdem priuatim Geirlin/weiß Morelen/klein zam Moren/uel Morchelen nominant. Alterum erraticum, quod wild Moren appellant.

Baucias. Officinis nonnullis Baucias dicitur.

FORMA.

Siſaron ſatiuum. Siſaron ſatiuū caulem habet anguloſum, folia oblonga, & in extremitatibus inciſa, flores magnū luteos, minus uerò candidos, ſemen latum & foliaceū, radices intus candidas, iucundi guſtus, eſuiq; gratiſsimas.

Erraticum. Erraticū caule eſt bicubitali, folijs Pimpinellæ, ſed maioribus, flore luteo & umbella Anethi, ſemine lato & rotundo, ut ſatiuum, radice tenui ac longa.

D

LOCVS.

Copioſe in Germania noſtra prouenit: gaudet enim frigidis locis. Satiuum quidem in hortis, erraticū uerò paſsim in incultis, uberius autem in apricis pratis.

TEMPVS.

Vtrunq; æſtate floret, atque ſubinde ſemen producit.

TEMPERAMENTVM.

Siſaron Paulus in tertio ordine, Galenus autem rectius in ſecundo calidum eſſe ſtatuit. Satiuum autem ſiccum quidem ſimul in primo ordine, quandoquidē Venerem ſtimulat: erraticum uerò, quoniam adiectam habet amaritudinē quandā cum leuicula adſtrictione, ſiccius exiſtit.

VIRES. EX DIOSCORIDE.

Suauis ori elixa Siſari radix, ſtomacho utilis, urinā cit, & appetentiā excitat.

EX GALENO.

Siſari radix cocta, ſtomacho grata eſt, & urinam mouet.

EX PAVLO.

Siſari radix cocta, ſtomacho utilis eſt, & urinæ ciendæ. Semen tenue eſt & diſcuſſorium, ualidumq;: idcirco ijs quos ſingultus & tormina male habent, cum uino exhibetur.

EX PLINIO.

Siſer erraticum ſatiuo ſimile eſt & effectu. Stomachū excitat, faſtidium diſcutit. Ex aceto laſerpitiato ſumptum, aut ex pipere & mulſo, uel ex garo, urinam ciet, ut Opion credit, & Venerem. In eadem ſententia eſt Diocles. Præterea cordi conuenire conualeſcentiū, aut poſt multas uomitiones perquam utile. Heraclides contra argentum uiuum dedit, & Veneri ſubinde offenſanti, ægrisq; ſe recolligentibus. Satiui priuatim ſuccus cum lacte caprino potus, ſiſtit aluum.

DE SYCE.

SISARVM SATIVVM MAGNVM.

Groß zam Moren.

SISER
SATIVVM.

Gerlein.

SISER SYLVESTRE.

Wild Moren.

C

NOMINA.

Ficus. ΣΥΚΗ ἥμερος Graecis, Ficus satiua Latinis & officinis, Germanis Feigenbaum dicitur.

FORMA.

Ficus satiua arbor est non magnopere procera, quanquã amplissimae quaedam inueniantur, uel pyris ęmula magnitudine, caudice breui, cortice leui, medulla carnosa, folio perquam magno umbrosoq́; profundè admodũ laciniato, sine flore, pomo quod supra folij pediculũ nascitur, tubinato, molli, intus granoso, succo cum maturescit lacteo, postea melleo: radicibus multis, obliquis ac longis.

LOCVS.

Iam in plerisq; Germaniae nostrae hortis plantatur, at in paucissimis fructus maturos producit. Calidiora & aprica loca amat: arbor enim omniũ ferè tenerrima & delicatissima, gelicidia & glacies horret.

TEMPVS.

Germinat sub Arcturum post uer, aut paulò ante solstitium.

TEMPERAMENTVM.

Ficus arbor calidae temperaturae est, tenuiumq́; partiũ, ceu indicant tum liquor eius, tum foliorum succus. Valenter enim eorum uterq; calidus est. Ficus quoque recentes & aridae primo ordine completo calefaciunt, aut secundo incipiente: desiccant uerò in medio primi.

VIRES. EX DIOSCORIDE.

Fici maturę, tenerae recentésue stomacho noxiae. Aluum soluunt, sed facilè ab eis contracta fluxio sistitur. Exanthemata & sudores prouocant. Sitim sedant, calorẽ D restinguunt. Siccae nutriunt, calefaciunt, sitim magis afferunt, bonam faciunt aluum. Fluxionibus tamen stomachi & uentris inutiles: arteriae uerò, uesicae & renibus utiles. Amicae etiam ijs quos longa ualetudo decolorauit, asthmaticis, comitiali morbo laborantibus & hydropicis. Decoctae cum Hyssopo & potae, quae in thorace sunt purgant. Veteri tussi, & diuturnis pulmonis affectibus prosunt. Aluum molliunt, tusae cum nitro & croco manducatae. Decoctũ earum arteriae & tonsillarum inflammationibus gargarizatu confert. Cum hordeacea farina cataplasmati miscetur, & in muliebria fomenta cum foenograeco, aut ptisana. Cum Ruta decoctae, in torminibus infundunt. Coctae, tritae illitaeq́;, duritias discutiunt, parotidas ac furunculos emolliunt. Panos maturant, maximè iride, nitro, aut calce addita. Crudae cum antedictis tusae, eadem efficiunt. Cum malicorio, pterygia purgant. Cum atramento sutorio difficiles curatu & maleficas tibiarum fluxiones sanant. Quin cum uino decoctę, addito absinthio & hordeacea farina, hydropicis illitae auxiliantur. Crematae & cerato cõmixtae, perniones sanant. Crudae & tritae sinapi humido exceptae, ac auribus impositae, sonitus & prurigines curant. Succus tam syluestris quàm satiuę Fici, coaguli modo lac coagulat, concretumq́; ut acetum dissoluit. Exulcerat corpora, ac uenarum ora aperit. Soluit aluum. Vterum laxat, cum Amygdala trita potus. Menstrua ciet cum luteo oui appositus, aut tyrrhenica cera. Podagricorũ cataplasmatis cum farina foenigraeci & aceto utilis. Lepras, lichenas, discolorem à sole cutem, alphos, scabies, achoras, cum polenta expurgat. Instillatum plagae percussis à scorpionibus, uenenatorũ ictibus, & rabiosi canis morsibus auxiliatur. Dentium doloribus lana exceptus prodest, & cauis eorum inditus. Myrmeciam tollit cum adipe circunlita in ambitu carne.

EX GALENO.

Fici arboris liquor, & succus foliorũ eius non mordicat tantũ, aut absterget uehementer, sed & ulcerat, & ora uasorũ reserat, & myrmecias eijcit. Verum & purgare potest.

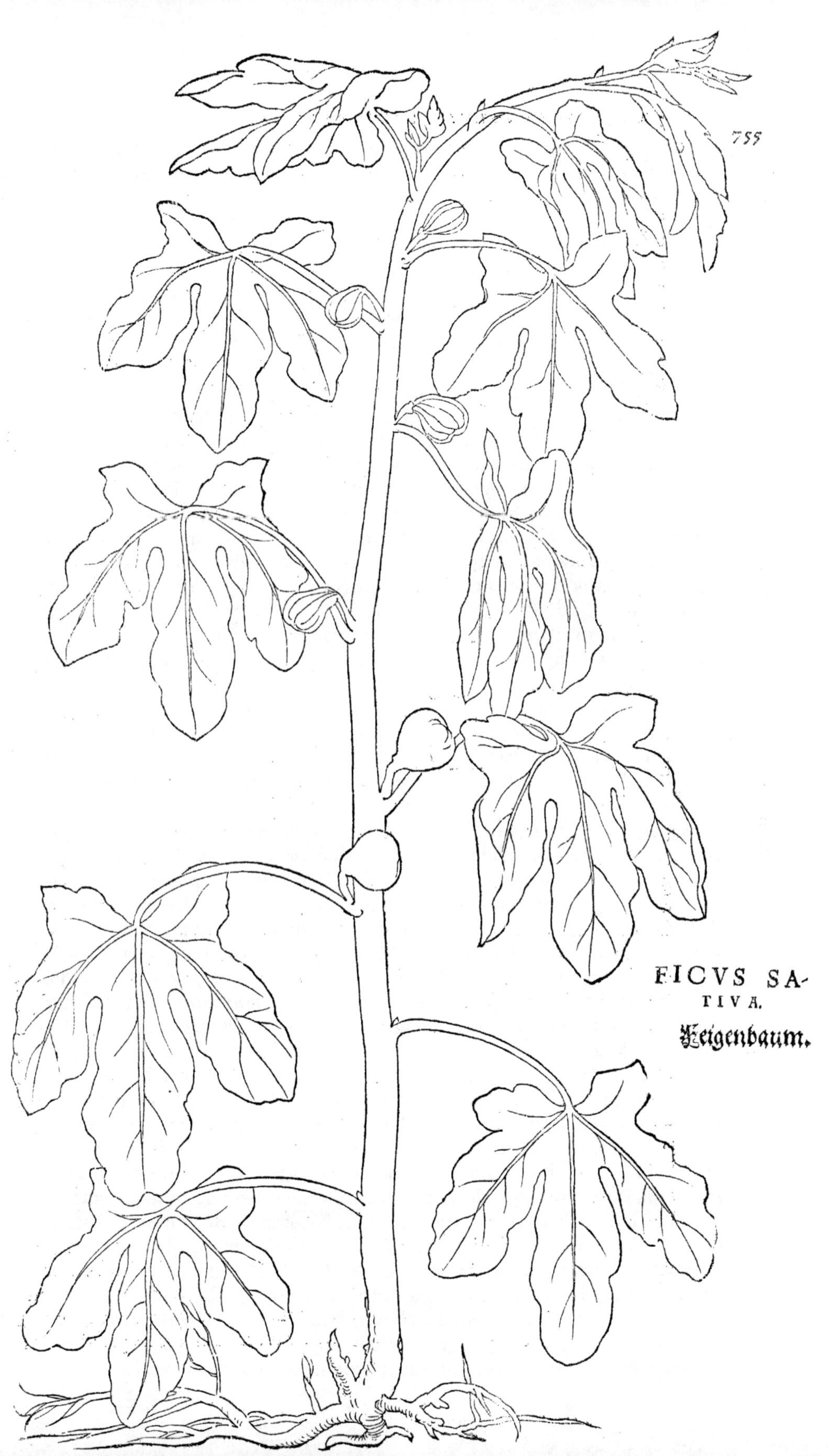

FICVS SATIVA.

Feigenbaum.

C potest. Ficus aridæ tumores duros concoquunt, eosq; statim discutiunt. Atq; ipsæ per se illitæ eiusmodi uim obtinent. Sed & decoctũ earum eiusdem utiq; naturę est. Verum ubi magis cõcoquere consiliũ est, miscenda est farina triticea: ubi uerò plus digerere, hordeacea. Panis horum in medio est. In præsentiarũ hæc de caricis nouisse sufficiat. Scire uerò oportet, quod quæ pinguiores sunt, magis possunt concoquere: quæ uerò gustu acriores, magis tum extergere, tum discutere. Cæterũ quod ex ijs plurimũ in aqua coctis efficitur, simile est melli non solum consistentia, sed & facultate. Porrò Ficus uirides comesæ propter admistam humiditatẽ facultatis sunt imbecillioris: subducunt tamen aluum utræq; tum humidæ tum siccæ. Præterea Ficus cõmeabiles sunt, & facilè in totum corpus peruadunt, penetrantq;. Nam & abstergendi ui pollent haud obscura: cuius gratia cõmansæ, è calculosis renibus arenularũ uim propellunt. Caricę licet multiplici utilitate cõmendentur, si quis tamen crebrò largiterq; esitauerit, sentiet non esse innoxias. Non admodũ enim probum sanguinẽ gignunt, quapropter pediculorũ quoq; agmen eas comitatur. Incidendi extenuandiq; uim habent, quo nomine aluum stimulant ad excretionẽ, renesq; expurgant. Iecori autem lieniq; inflammatione obsessis officiunt, uelut Ficus quoq;, cõmuni ratione omniũ dulcium epularũ, non peculiari quadam eximia facultate. Obstructis autẽ illis, aut scirrho tentatis, ipsæ ex sese proprijs uiribus nihil prosunt, nec obsunt: sed incidentibus, extenuantibus, & abstergentibus iunctæ, non mediocriter auxiliantur: ideoq; medici nonnulli in dictis lienis iecorisq; affectibus eas longè ante cibum cum thymo, aut pipere, aut zingibere, aut pulegio, aut satureia, aut calamentha, aut origano, aut hyssopo dare soliti sunt. Ad eundẽ modum cum alio quouis acrem qualitatem, aut omnino incidendi extenuandiq; uim gerente caricas assumere, nõ solum ita affectis, sed sanis quoq; ex usu fuerit. Siquidẽ iecoris meatus,
D per quos fertur alimentũ, patentes apertosq; seruari non solis laborantibus, sed bene ualentibus etiam tutissimũ est. Proinde hoc pacto Ficus extenuante sale, aceto garoq; condîtas uulgò comedunt, experimento id utile esse cõpertum habentes.

EX PLINIO.

Fici succus lacteus, aceti naturã habet: itaq; coaguli modo lac contrahit. Excipitur ante maturitatẽ pomi, & in umbra siccat̃ ad aperienda ulcera, cienda menstrua, appositus cum luteo oui, aut potus cum amylo. Podagris illinitur cum farina fœnigræci & aceto. Pilos quoq; detrahit, palpebrarumq; scabiẽ emendat. Item lichenas & psoras. Aluum soluit. Lactis ficulni natura aduersatur crabronũ, uesparumq;, & similium uenenis, priuatim scorpionũ. Idem cum axungia uerrucas tollit. Folia & quæ non maturuere Fici strumis illinuntur, omnibusq; quę emollienda sunt discutiendáue. Præstant hæc & per se folia. Et alij usus eorũ, tanquam in fricando liene & alopecijs, & quæcunq; exulcerari opus sit, & aduersus canis morsus. Ramorũ teneri cauliculi cuti imponunt̃. Iidem cũ melle ulceribus quæ ceria uocantur, illinuntur. Extrahunt infracta ossa cum Papaueris folijs syluestris. Canum rabiosorũ morsus, folio trito ex aceto restringunt. E nigra Ficu candidi cauliculi illinuntur furunculis, muris aranei morsibus cum cera. Cinis earum è folijs, gangrænis, consumendisq; quæ excrescunt. Fici maturæ urinã ciunt, aluum soluunt, sudorẽ mouent, papulasq;. Ob id autumno insalubres, quoniã sudantia huius cibi opera corpora refrigescunt. Nec stomacho utiles, sed ad breue tempus. Nec uoci contrariæ intelliguntur. Nouissimæ salubriores quàm primæ. Medicatæ uerò nonnunquã iuuenum uires augent. Senibus meliorem ualetudinẽ faciunt, minusq; rugarũ. Sitim sedant, calorem refrigerant: ob id non negandæ in febribus constrictis, quas stegnas uocãt. Siccæ Fici stomachũ lædunt, gutturi & faucibus magnificè utiles. Natura ijs excalfaciendi. Sitim afferunt. Aluũ molliunt, rheumatismis eius & stomacho contrariæ. Vesicæ semper utiles, & anhelatoribus, ac suspiriosis. Item iecinorũ, renum, lienum uitijs. Corpus & uires adiuuant, ob id antè athletæ hoc cibo pascebantur.

Pythago-

A Pythagoras exercitator, primus ad carnes eos transtulit. Recolligentibus se à longa ualetudine utilissimæ. Item comitialibus & hydropicis, omnibusq; quæ maturanda aut discutienda sunt, imponuntur. Efficacius calce aut nitro admixto. At coctæ cum hyssopo pectus purgant, pituitam, tussim ueterem. Cum uino autem ad sedem, & tumorē maxillarum, & furunculos, panos, parotidas, decoctæ illinuntur. Vtiles & decocto earum fouere fœminas. Decoctæ quoq; eædem cum fœnograæco utiles sunt pleuriticis & peripneumonicis. Cum Ruta coctæ, torminibus prosunt. Tibiarũ ulceribus cum æris flore. Pterygijs cum punico mâlo. Ambustis, pernionibus cum cera. Hydropicis coctæ in uino, & cum absinthio & farina hordeacea, nitro addito. Aluum sistunt manducatæ. Scorpionũ ictibus cum sale tritæ illinuntur. Carbunculos extrahunt in uino coctæ & impositæ. Carcinomati, si sine ulcere est, quampinguissimã Ficum imponi, penè singulare remediũ est: item phagedænę. Cinis non ex alia arbore aciem purgat acrior, conglutinat, replet, adstringit. Bibitur & ad discutiendũ sanguinem concretũ. Item percussis, præcipitatis, cõuulsis, ruptis, cyathis singulis aquæ & olei. Datur tetanicis & spasticis. Item potus uel infusus cœliacis, dysentericis. Et si quis eo cum oleo perungat, excalfacit. Item cum cera & rosaceo subactus, ambustis cicatricē tenuissimã obducit. Lusciosos ex oleo illitus emendat, dentiumq; uitia, crebro fricatu. Produnt etiam, si quis inclinata arbore, supino ore aliquem nodum eius morsu abstulerit nullo uidente, atq; in aluta illigatum licio è collo suspenderit, strumas & parotidas discuti. Cortex tritus cum oleo, uentris ulcera sanat. Crudæ grossi uerrucas & thymos nitro farinaq; additis tollunt, spodijq; uicem exhibet fruticum à radice exeuntiũ cinis. Bis tostus adiecto psimmythio digeritur in pastillos, ad ulcera oculorum & scabritiam.

EX SYMEONE SETHI.

B Ficus admodũ nutriunt, non tamen adstrictam & robustam carnem efficiunt, ut panis ac caro, sed laxam. Ventrem flatibus implent, nisi probè coquantur. Minus uerò quàm cætera opora sunt mali succi, & uentrem proritant, & facilè exeunt. Effatu dignã extergendi facultatē obtinent: proinde arenosa multa si edantur nephreticis excernuntur. Maturæ Ficus nihil ferè obsunt, proximeq; ad caricas accedunt, quæ multa utilia habent. Malum hoc illis inest, quod sanguinem non admodũ bonum gignunt, unde & pediculi procreantur. Oportet autem post usum Ficuum, alimentum quod extenuet, ingerere. Ad hæc Fici pulmonem & thoracem iuuant. Aiunt insuper cõtra uenena facultatē habere, si quis singulis diebus ieiunus ijs utatur. Caricæ pectus iuuant, & tusses. Vrinam ciunt, satisq; nutriunt, corporis etiam bonam habitudinē efficiunt. Ante cibum sumptę, uentrem irritant, sed nisi celerius uentrem pertranseant, non bonum sanguinē gignunt. Quapropter si ad satietatem usque eduntur, scabiem & pruritum excitant. Cibus autem bonus est, & aduersus uenena remedium, si cum nucibus aut amygdalis comedantur. Renes expurgant, & iecoris, lienisq; obstructiones auferunt, uerum calefaciunt, & sitim inferunt, & flauam in calidioribus temperamentis bilem procreant. Impositæ parotidibus & reliquis abscessibus, emolliunt & concoquunt, potissimum in ijs quibus sunt carnes molliores. Podagricis cum fœnograæco & aceto impositæ, non parum iuuant.

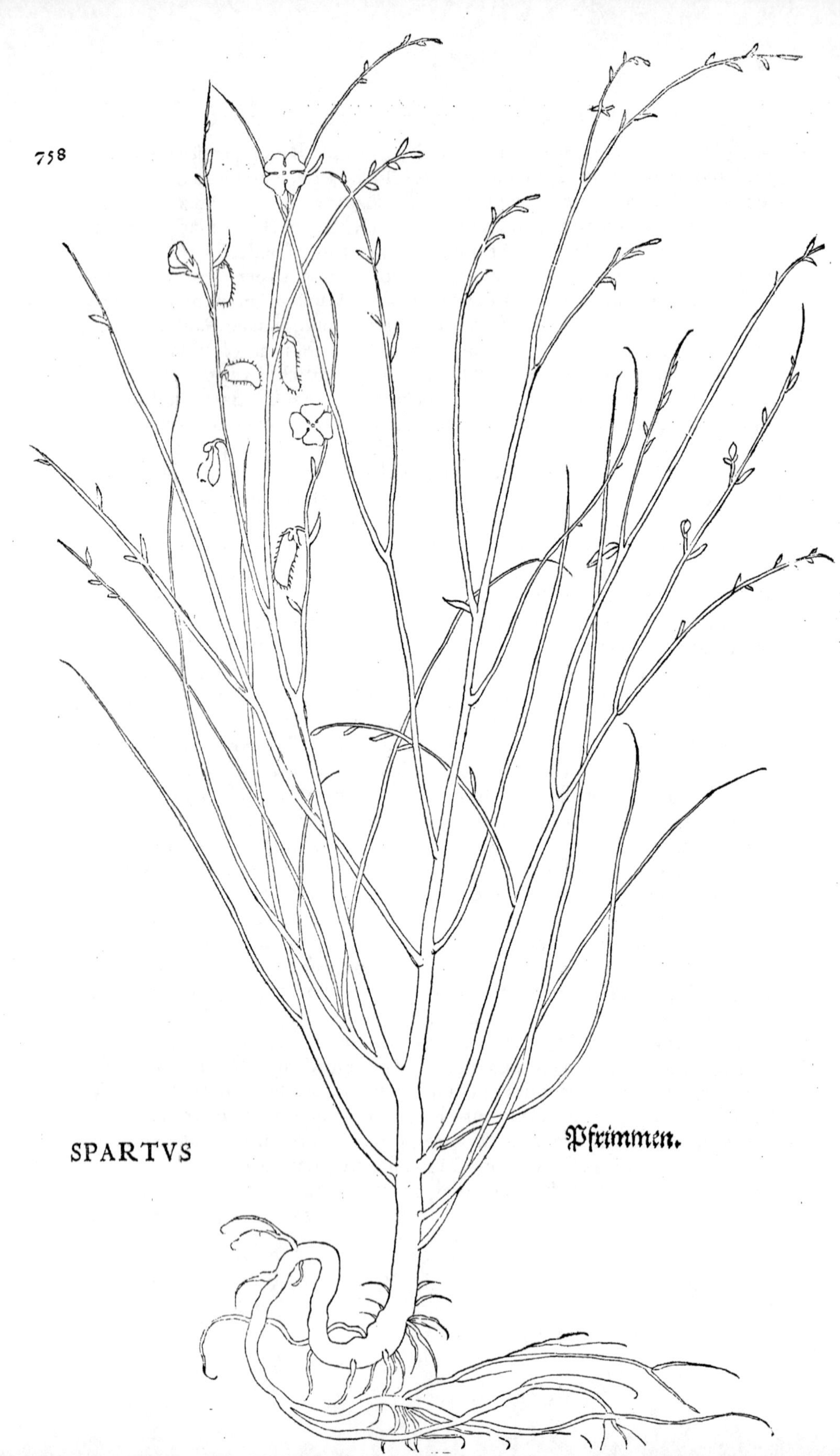
SPARTVS
Pfrimmen.

A

NOMINA.

ΠΑΡΤΟΝ, ἢ σπαρτίον Græcis, Spartum Romanis uocatur. Officinis incognitum. Germanis Pfrimmen appellari poteſt. Sparton uerò dixerunt, quod funiculi ac uinculi uſum in alligandis uitibus præbeat. *Spartum unde dictum.*

FORMA.

Frutex eſt uirgas longas proferens, ſine folijs, ualidas, difficulter fragiles, quibus uites ligant. Siliquas phaſelorum modo fert, & in ijs ſemina lentis formam habentia. Florem luteum, ueluti Leucoion.

LOCVS.

Aridum ſolum amat, eſtq; ueluti terræ iuncus.

TEMPVS.

Floret circa Idus Iunias, ac ſubinde ſiliquas producit.

TEMPERAMENTVM.

Calidum & ſiccum eſſe, & guſtus & uires indicant.

VIRES. EX DIOSCORIDE.

Sparti ſemen & flores in aqua mulſa pota quinq; obolorũ pondere, per ſuperna cum intenſione ueluti Elleborus citra periculũ purgat. Semen per inferna purgat. Quinetiam maceratis in aqua uirgis eius, deinceps uerò tuſis & expreſsis, ſi ſuccus cyathi unius menſura ieiunis bibatur, iſchiadicis & angina laborantibus auxiliatur. Quidam etiam muria, aut marina macerantes, iſchiadicis clyſterem infundunt. Strigmenta autem cruenta elicit.

EX GALENO.

Sparti, quo & uites apud nos alligant, tum ſemen, tum uirgarum ſuccus, nòn inſtrenuè trahentis eſt facultatis.

B

EX PAVLO.

Sparti, quo uites ligant, & ſemen & flos cum mulſa pondere quinque obolorum pota, per ſuperiora purgant ueratri modo ſine periculo. Semen per inferiora quoque purgat. Virgæ ipſius ad coxendicum dolores proficiunt.

EX SYMEONE SETHI.

Sparti, quo uites ligantur, ſemen & flores cum aqua mulſa ſi bibantur pondo obolorum quinque, per ſuperna purgant, ut Elleborus albus, ſine periculo. Semen autem per inferna purgat. Virgæ uerò iſchiadicis proſunt.

DE SMYRNIO. CAP. CCXC.

NOMINA.

ΜΥΡΝΙΟΝ Græcis, Smyrnion Latinis, officinis Leuiſticũ, Germanis Liebſtöckel dicitur. Smyrnion dictũ, quod huic idem ſit odor qui Myrrhæ. Errant qui Leuiſticum hodie nominatã herbam, eam eſſe putant quæ Dioſcoridi Liguſticum appellatur. Neq; enim caulem geniculatum, neque etiam folia Meliloto ſimilia profert. Tolerabilior eſt ſententia eorum qui arbitrantur ſecundam eſſe Dauci ſpeciem. *Smyrnion cur dictum. Leuiſticum non eſt Liguſticum.*

FORMA.

Caulem habet Apio ſimilẽ, adnaſcentias obtinentẽ multas. Folia latiora Apio, ad terram confracta, ſubpinguia, robuſta, cum acrimonia odorata, medicataq;, & colore ſublutea. Vmbellã ſupra caulem Anetho ſimilem. Semen rotundũ, nigrum, ſapore acre. Radicẽ acrem, odoratã, teneram, ſuccoſam, fauces mordentẽ, foris nigram, intus pallidam, aut ſubalbidã. Cæterũ ſi quis ſingulas has notas uelit expendere, facilè perpendet Smyrniũ eam eſſe herbam quam hodie Leuiſticũ nominant. *Smyrnium eſſe Leuiſticum.* Siquidẽ ea ut Apiũ caulem profert concauũ, ac ſtolones multos. Folia quoq; Apij,

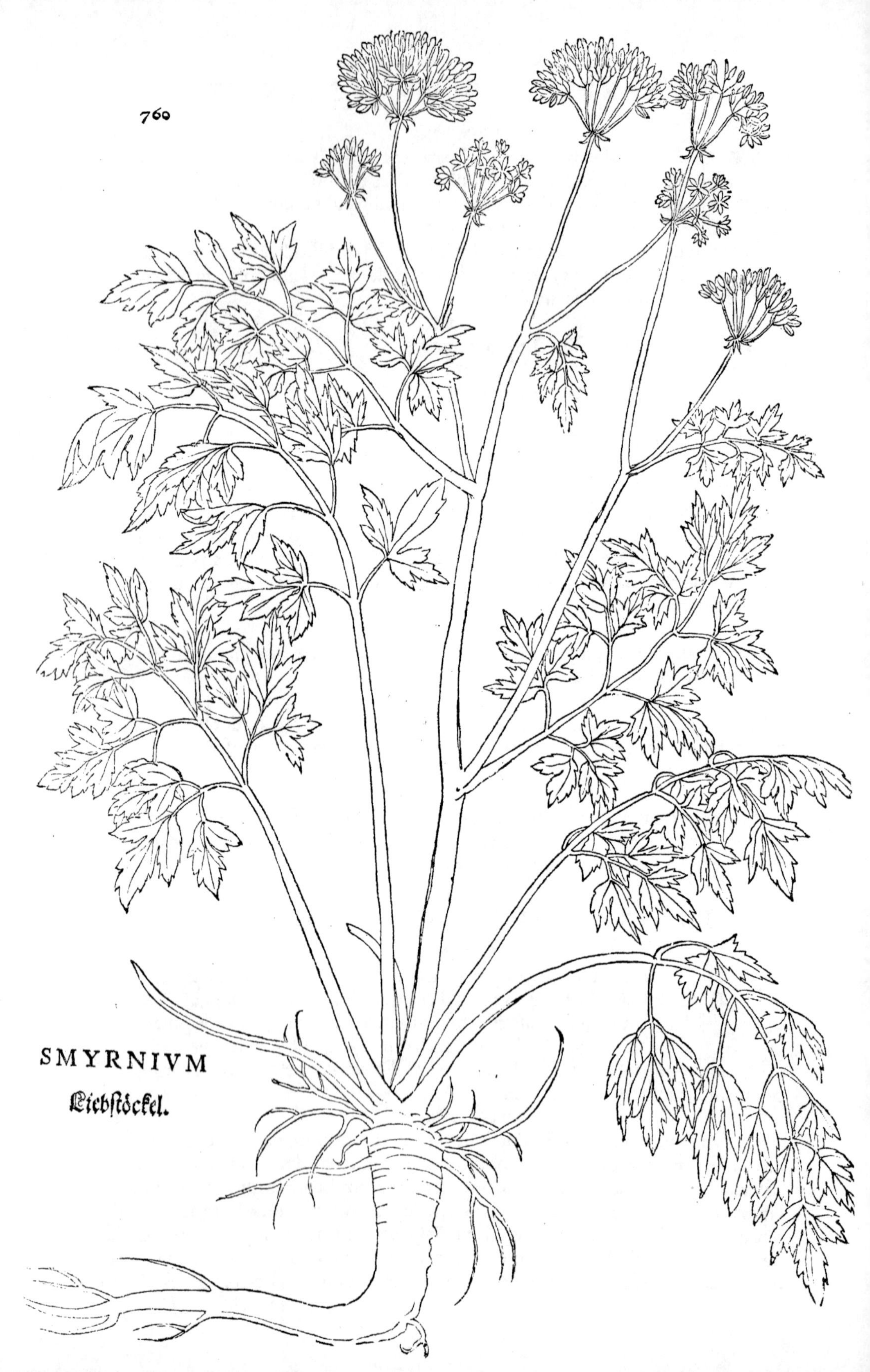

SMYRNIVM
Liebstöckel.

A at latiora, ad terram confracta, subpinguia, firma, cum quadã acrimonia odorata, odore tamen medicato, colore in luteum languido: muscariũ in capitibus caulium Anetho simile: semen rotundũ, nigrum, acri sapore: radicem odoratã, acrem, gustu fauces mordentem, succosam, mollem, foris atram, intus subalbidam, aut pallidam. His accedit quod Leuisticũ forma & odore Apio ualde simile est, ita ut nonnulli hac ratione moti putauerint esse Apij speciem quandã: ut congenerẽ esse herbam, quemadmodũ testatur Galenus, nemini dubiũ esse debeat. Vnde iterum liquidò colligi potest esse Smyrnion, quòd certè statim ab Apio Dioscorides, tanquã similem congeneremq́ herbam, idipsum describat. Conueniunt etiam utrarunque herbarum facultates, ut paulò pòst monebimus. Item Dioscorides scribit Pæoniam fœminã folia Smyrnij habere. Quid uerò folijs Pæoniæ fœminæ, quàm folia Leuistici hodie nominati magis simile? ut nemo dubitare debeat subinde Smyrnion esse Leuisticum. *Leuisticũ forma et odore Apio simile.*

LOCVS.

Nascitur hodie passim in hortis. Humida autem loca amat.

TEMPVS.

Floret æstiuo tempore.

TEMPERAMENTVM.

Calidum & siccum in tertio ordine.

VIRES. EX DIOSCORIDE.

Calefaciendi facultatem habent radix, herba & semen. Olerũ modo comeduntur folia muria macerata, aluumq́ sistunt. Radix serpentiũ morsibus pota succurrit. Tusses & orthopnœas mitigat. Vrinæ difficultati medetur. Illita recentia œdemata, phlegmonas, & duritias discutit. Vulnera ad cicatricem perducit. Feruefacta
B & subdita, abortus facit. Semen eius lienis, renum & uesicæ uitijs prodest. Menses & secundas pellit. Cõmodè datur ischiadicis cum uino. Inflationes stomachi lenit. Sudores & ructus ciet. Potũ peculiariter hydropicis, & febriũ circuitibus prodest.

EX GALENO.

Smyrnion est eiusdem generis cum Apio & Petroselino: fueritq́ Apio quidem ualidius, Petroselino autem imbecillius. Menses itaque & urinas mouet. Cilices in Amano monte natum Petroselinũ uocant. Est quidem & ipsum Smyrnion, minus uerò Petroselino & Smyrnio acre est. Proinde & ulceribus imponi potest, quia uidelicet sine molestia desiccat. Sed & digerere quæ indurata sunt, ualet. Reliqua facultas eius Apio & Petroselino similis est. Quocirca & semine utimur ad menses, urinas & asthmata. Hæc Galenus. Ex ijs Galeni uerbis liquidò apparet duplex esse Smyrnion, unum quod alio nomine Hipposelinon, de quo suo diximus loco, dicitur: alterum autem quod in Amano nascitur monte, de quo hic nobis sermo est.

EX PLINIO.

Vrinã & menses ciunt folia & radix. Aluum sistit semen. Radix suppurationes recentes, & collectiones discutit: item duritias illita. Prodest contra phalangia, ac serpentes, admixto cachry aut polline, aut apiastro in uino pota, sed particulatim, quoniam uniuersa uomitiones mouet, qua de causa nonnunquã cum ruta datur. Partus adiuuat, & secundas pellit. Medetur tussi & orthopnœæ radix uel semen. Item thoracis, lienis, renum & uesicæ uitijs. Radix autem ruptis, conuulsis auxiliatur. Sudores ciet & ructus, ideo inflationem stomachi discutit. Vulnera ad cicatricem perducit. Datur ischiadicis in uino cum crethmo. Exprimitur succus radicis, utilis fœminis, thoracis & præcordiorũ desiderijs: calefacit enim, concoquit, & purgat. Semen peculiariter hydropicis datur potu, quibus & succus illinitur. Concoctiones facit. Sapore simillima piperi, ideo ad obsonia utuntur cum mulso, oleo & garo, maximè in elixis carnibus.

C

APPENDIX.

Confer cum iam dictis facultatibus eas quas Leuistico recentiores tribuunt, & comperies prorsus easdem esse. Tradunt enim eius semẽ mouere menses & urinas, inflationes tollere, serpentiũ morsibus mederi, calculos confringere, sudores ciere, uulnera conglutinare, lienisq́ obstructiones auferre: adeò ut hinc iterum constet, Leuisticum à Smyrnio non esse, saltem uiribus, diuersum.

DE SILPHIO. CAP. CCXCI.

NOMINA.

ΙΛΦΙΟΝ Græcis, Laser, & Laserpitium Latinis dicitur. Vulgo & officinis corrupta uoce, deflexa tamen quadam à Laserpitio pristini nominis umbra, Osteritiũ uocatur. Primùm siquidẽ, ut dictum est, Laserpitium, dein deprauata nomenclatura, Osteritiũ, postremo Ostritium cœpit appellari. Qui sanè lapsus facilis admodum fuit. Abiecta nanq́ prima litera, Asteritium, & dein a mutato in o, Osteritiũ, ac postremo magis concise Ostritium nominare imperiti cœperũt. Veteribus Germanis hauddubie Laserwurtz dicta est hæc herba, quam quidem uocem, utpote semilatinã, posteri non rectè intelligentes, in Meysterwurtz mutarunt. Qua quidem appellatione adhuc hodie omnes utuntur Germani.

Ostritium cur dictum.

FORMA.

Caulem ferulæ similem habet, folia uerò Apij, aurei coloris, semen latum, foliaceum, radicem quæ corticem nigrum obtinet, à qua liquor etiam modicè rubens, translucidus, myrrhamq́ redolens, ac odoratus destillat. Ex qua quidẽ descriptione luce clarius constat, herbã hanc cuius picturã damus, esse Laserpitiũ, saltem germanicũ. Caulis enim ei fœniculaceus, seu ferulæ, hoc est, geniculatus, folia Apij in auri colorẽ languescentia, semen foliaceũ & latum, nempe quod figura exile foliolũ exprimit: radix crassa & multa, foris nigricans, intus candida, miraq́ flagrans iucunditate, quę si uulneratur, liquor profluit lentus, ac modicè rufus, suauissimumq́ spirans odorem, & linguam sua acrimonia uellicans, ut sanè nulla sit prorsus nota quæ reclamare uideatur. His accedit quod facultates Ostritij nominati à Laserpitij uiribus non discrepant, quemadmodum ex sequentibus patebit.

D

Laserpitium germanicum.

LOCVS.

Nascitur in Syria, Armenia, Media & Aphrica. Quod ex Armenia & Aphrica affertur suauissimum odorem habet, præsertim Cyrenaicum, unde & ὀπὸς, id est, succus Cyrenaicus appellatur. Nec hoc Laserpitium aliud est quàm concretus ille succus, quem officinæ Belzuinum, uel Ben Iuinum uocant. Quod uerò ex Media & Syria affertur, Dioscoride teste, uirosum odorem obtinet, ac putrilaginẽ resipit, ideoq́ uidetur esse id quod hodie officinę passim Asam fœtidam nominant. Quod etiam hinc colligi potest, quod in hodiernum usque diem ex Syria Alexandrina, & hinc Venetias deportatur. Nostrum in montosis locis prouenit, ac in omnibus ferè hortis nunc plantatur.

Succus Cyrenaicus.
Belzuinum est Laserpitium.
Asa fœtida.

TEMPVS.

Iunio mense flores admodum exiguos ac candidos, instar Anisi, profert, atque subinde semen latum.

TEMPERAMENTVM.

Silphij liquor calidissimus est. Verumenimuero & folia, & caulis, & radix sat strenuè excalfaciunt. Nostrum etiam Laserpitiũ in uniuersum calidius atq́ acrius est pipere ipso, adeoq́ calefacit & exiccat in tertio ordine. Radix autem & semen, folia & caulem superant, ut in eo etiam efficacissimus omnium aliarum partium sit liquor, secundo loco folia, postremo caulis.

VIRES.

ASERPITIVM
GERMANICVM.
Meysterwurtz.

C

VIRES. EX DIOSCORIDE.

Laserpitij liquor acris est, inflat. Inunctus cum uino, pipere & aceto, alopecias sanat. Oculorũ aciem exacuit. Incipientes suffusiones cum melle inunctus dissipat. Cauernis dentium in eorundem dolore inditur, aut cum thure in linteo circunponitur, aut colluitur eo os cum Hyssopo, & Ficis coctis in posca. His prodest, quos bestia in rabiẽ efferata momorderit, uulneribus impositum. Valet aduersus omnia animantia quæ uirus eiaculantur, uenenata tela, potus aut inunctus. Scorpionum plagis oleo dilutus circunlinit̃. Gangrænis † antea scarificatis immittitur. Carbunculisq; cum ruta, nitro & melle, uel per se. Clauos, callosq; prius circunscarificatos tollit, cerato, aut aridorũ Ficuum carne præmollitus. Recentes lichenas ex aceto sanat. Excrescentias carnis, polyposq;, si aliquot diebus cũ atramento sutorio aut ærugine illinatur. Extuberantia cum forfice extrahit. Diuturnis asperæ arteriæ asperitatibus opitulatur. Vocem subitò exasperatã irraucescentémue, dilutus aqua & absorptus confestim restituit. Vuam cum melle inunctus reprimit. Angina laboranti bus ex aqua mulsa utiliter gargarizatur. Coloris bonitatẽ ijs qui eo uescunt̃ auget. In sorbili ouo datus tussi auxiliatur, pleuriticisq; in sorbitionib. Suffusis felle, & hydropicis cum aridis Ficis utiliter exhibetur. Cum pipere, thure & uino potus, rigores soluit. Neruorum distentione laborantibus, opisthotonicisq; datur oboli pondere deuorandus. Hærentes gulæ hirudines, gargarizatũ cum aceto deijcit. Ad lac intus in grumos concretũ. Comitialibus ex oxymelite sumptus succurrit. Menses ciet cum pipere & myrrha potus. Cœliacos in acino uuæ sumptus iuuat. Cum lixiuio potus, repentinis conuulsionibus & rupturis prodest. Ad potiones dissoluitur amaris amygdalis, aut ruta, aut calido pane. Foliorũ liquor eadem potest, sed multò minori efficacia. Cum oxymelite manditur ad expediendam asperam arteriam, præsertim amissam uocem. Vtuntur eo cum Lactucis, pro eruca comedentes.

† προκαταχαραγέντων legendum.

D

EX GALENO.

Omnes Silphij partes flatulentæ magis sunt essentiæ, ac proinde concoctu difficiles. Foris tamen impositæ corpori, efficaciores, & omnium potissimũ liquor, admodum trahentẽ facultatẽ obtinens. Attamẽ excrescentias imminuendi, & liquandi uim quandam propter iam dictam temperiẽ habent. Liquor Cyrenaicus quidẽ omnes & caliditate & tenuitate exuperat, ac proinde etiam omniũ maximè discutit.

EX PLINIO.

Folia Silphij ad expurgandas uuluas, pellendosq; emortuos partus, decoquuntur in uino albo odorato, ut bibatur mensura acetabuli à balneis. Radix prodest arterijs exasperatis, & collectionibus sanguinis illinitur. Sed & in cibis concoquitur ægrè. Inflationes facit & ructus. Vrinæ quoque noxia. Sugillatis cum uino & oleo amicissima, & cum cera strumis. Verrucæ sedis crebriore eius suffitu cadunt. Liquor eius per se algores excalfacit. Potum neruorum uitia extenuat. Fœminis datur in uino. Et lanis mollibus admouetur uuluæ ad menses ciendos. Pedum clauos circunscarificatos ferro, mixtus ceræ extrahit. Vrinam ciet ciceris magnitudine dilutus. Andreas spondet, copiosius sumptum nec inflationes facere, & concoctioni plurimum conferre senibus & fœminis. Item hyeme quàm æstate utilius, ueruntamen aquam bibentibus, cauendumq; ne qua intus sit exulceratio. Ab ægritudine recreationi efficax in cibo. Tempestiuè enim datus, cauterium obtinet: assuetis etiam utilius quàm expertibus. Ad extera corporum, indubitatas confessiones habet. Venena telorum & serpentiũ extinguit potus: ex aqua uulneribus his circunlinit̃. Scorpionum tantum plagis ex oleo. Vlceribus uerò non maturescentibus, cum farina hordeacea, uel fico sicca. Carbunculis cum ruta, uel cum melle, uel per se uisco superlitũ ut hæreat. Sic & ad canis morsus. Excrescentibus circa sedem, cum tegmine punici mâli ex aceto decoctus. Clauis pedũ, qui uulgò morticini appellant̃, nitro mixto, antè subactus. Carnes replet cũ uino & croco, aut pipere, aut

murium

A murium fimo & aceto. Perniones ex uino fouet, & ex oleo coctum imponitur: sic & callo. Clauis pedum superrasis præcipuè utilitatis. Contra aquas malas, pestilentes tractus, uel dies. In tussi, uua, fellis ueteri suffusione, hydropicis, raucitatibus: confestim enim purgat fauces, uocemq; reddit. Podagras, in spongia dilutus posca lenit. Pleuriticis in sorbitione uinum poturis datur, contractionibus, opisthotonicis, ciceris magnitudine cera circunlitus. In angina gargarizatur. Anhelatoribus & in tussi uetusta, cum Porro ex aceto datur, atq; ex aceto his qui coagulum lactis sorbuerint. Præcordiorũ uitijs, syntecticis, comitialibus in uino, in aqua mulsa linguæ paralysi. Coxendicibus & lumborum doloribus cum decocto melle illinitur. Non censuerim, quod autores suadent, cauernis dentiũ in dolore inditum cera includi, magno experimento hominis qui se eadem causa præcipitauit ex alto.

APPENDIX.

Laserpitiũ nostrum ex traditione recentiorũ unicè uenenis aduersatur. Item pestilentiæ populariter grassantis arcet contagia. Lentitiam pituitosorũ humorum incidit ac discutit: quapropter tussi quam frigus attulit, medet. Crassa quæ in thorace coëunt, discutit. Coloris corporis bonitatẽ ijs qui eo uescuntur, efficit. Concretum in corpore lac & sanguinem resoluit. Stomachũ esu corroborat. Pituitam uentriculi deijcit, & elanguescentẽ appetentiam inuitat. Menses & urinam ciet. Rabiosi canis morsu, aut serpentis ictu liberat, si contrita folia uulneri indantur. Hypochondriorũ uitijs auxiliatur. Item lumborum doloribus. Carbunculos cum polenta tritum & impositũ sanat. Cum uino potum rigores discutit. Herba ipsa in uino & aqua cocta uulnera interna glutinat: & in summa, omnia quæ Angelica uocata herba, & maiori efficacia, potest. Vt hinc etiam constet Osteritium à nostris nominatum, easdem habere quas ueterum Laserpitium, inefficaciores tamen, facultates. *Laserpitij germanici facultates.*

B Quare cum metus sit ne Laserpitiũ adulterinum, aut saltem non optimũ ad nos afferatur, præstat nostro uti, quod scilicet exigua admodũ pecunia comparari posit, & uiribus satis efficax sit. Nam eadem quæ Dioscorides & Plinius Laserpitio assignant, recentiorum testimonio præstare ualet.

DE STACHY. CAP. CCXCII.

NOMINA.

ΣΤΑΧΥΣ Grecis, Stachys Latinis dicitur, officinis ignota. Germanis riechender Andorn nominatur. Stachys uerò dicta, quod uerticillato florum ambitu, & orbibus spicarum caules cingentibus coronetur. *Stachys unde dicta.*

FORMA.

Frutex est Marrubio similis, sed altior, folia ferens plura, sed rara, hirsuta, dura, odorata, incana. Virgas ab una radice plures emittit Marrubio candidiores. Ex hac descriptione perspicuum fit omnibus, herbam quam pictam damus, esse Stachyn: est enim fruticosa, Marrubijq; similitudinem refert, nisi quod altior est: folia quoq; plura, at rara obtinet, item hirsuta, dura, odorata & albicantia. Virgulas denique, etsi pictura idipsum non ostendat, ab una radice plures emittit, candidiores quàm Marrubium. Quibus omnibus florum purpureorũ uerticillatus accedit ambitus, ac orbes spicarum, qui caules circundant.

LOCVS.

Asperis locis, montibus ac collibus prouenit.

TEMPVS.

Floret Iunio & Iulio mensibus.

TEMPERAMENTVM.

Stachys gustu acri & amaro est, tertijq; ordinis excalfacientiũ. Vnde iterũ liquet hanc herbam esse Stachyn, quod gustata acris & amara uideatur.

STACHYS

Riechender Andorn.

A VIRES. EX DIOSCORIDE.

Vim habet excalfactoriã & acrem. Ideoq; decoctum foliorum eius potum, menses & secundas pellit.

EX GALENO.

Menses prouocat, abortum facit, & secundas eijcit.

EX PLINIO.

Pellit menstrua.

DE SECALE. CAP. CCXCIII.

NOMINA.

SECALE dicitur Plinio lib. xviij. cap. xvi. & Farrago, Germanis Rocken & Rorn nominatur. Magno in errore uersantur qui hoc frumenti genus Siliginem esse existimant. Siquidem ex hac, Plinio lib. xviij. cap. ix. teste, lautissimus fit panis, tener, candidus, & primatum tenens: ex illo cibarius, ater, & pondere pręcipuus, ad arcendam pauperum famem tantum utilis, qui ueterascens acorem etiam contrahit. Item Siligo habet spicam erectam, Plinio loco iam citato, cap. x. autore, nec rorem continet, quæ rubiginem faciat: hoc uerò procumbentẽ, & ideo quod imbres retineat, rubigini opportunũ. Siligo præterea grano est candido, leui, & multipliciter tunicato: hoc contrà nigro, striato, & glumis ferè explicito. Deniq; Siligo sine arista est, hoc uerò aristis horret. Postremũ ex Siligine pistrinarũ opera fiunt laudatissima, ex Secale nullum ferè tentatũ est. His itaque rationibus euidentissimũ esse puto, hoc frumenti genus quod Germani nostri Rocken uocant, non esse Siliginem. Secale non est Siligo.

B FORMA.

Secale frumenti genus uulgò notissimũ, stipula est culmo triticeo, graciliore & proceriore, geniculis ut plurimũ quatuor, spica innocentiorib. aristis horrente, non erecta, sed semper propémodum procumbente, grano glumis explicito, & ob id caduco, tristi, nigricante, strigoso. Plinius cap. xvi. libri xviij. scribit, Secale fœcunda, sed gracili stipula esse præditũ, nigritia triste, sed pondere præcipuũ. Quæ singula satis monstrãt, frumentũ quod Rocken uocant Germani, esse secalen, & nõ siliginẽ.

LOCVS.

Gignitur qualicunque solo, ideoq; passim in Germania, præsertim Rhetia, & Vindelica seritur.

TEMPVS.

Floret Iunio mense, metitur autem Iulio.

TEMPERAMENTVM.

Magis uidetur excalfacere quàm Triticum, minus tamen refrigerare quàm Hordeum. Magis item exiccare quàm Triticũ, minus tamen quàm Hordeũ aut Zea.

VIRES.

Habet aliquid lentoris & obstruentis naturæ. Hinc panis ex eo confectus, potissimum si à furfuribus non sit probè purgatus, stomacho grauis esse solet. Reliquæ uires ex capitibus de Tritico & Hordeo colligendæ.

DE SIDE-

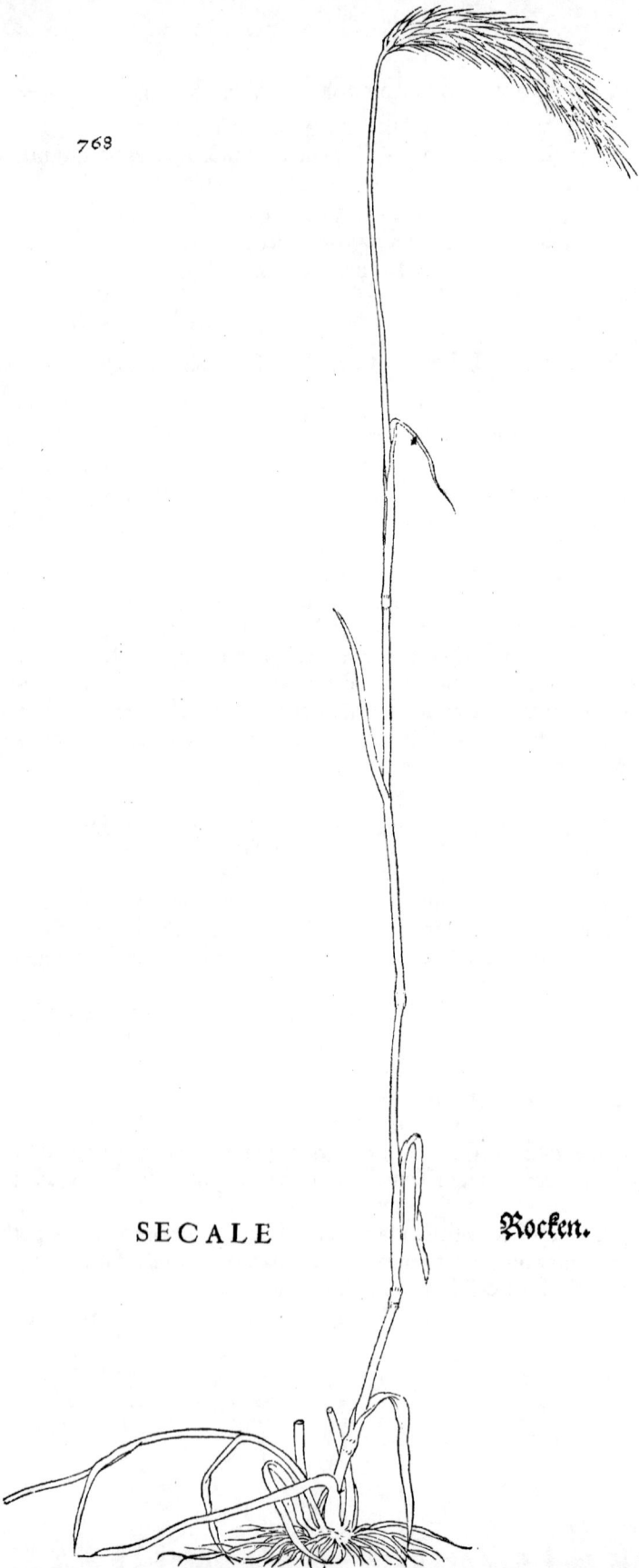

SECALE

Rocken.

SIDERITIS
PRIMA.

Glidkraut.

DE SIDERITIDE PRIMA

CAP. CCXCIIII.

C

NOMINA.

Chamæpitys adulterina. ΣΙΔΗΡΙΤΙΣ Græcis, Sideritis prima Latinis dicitur. Magna officinarũ pars hac herba pro Chamępity uera utitur, non sine errore, cum satis ex forma illius constet, ut paulò pòst monstrabimus, non esse Chamæpityn. Germanis Glidkraut appellatur. Sideritis uerò nominata, quod glutinandis uulneribus apta, præcipuum in bello habeat usum. Sideritis cur dicta.

FORMA.

Herba est folia Marrubio similia habens, longiora tamen, ad saluiæ aut quercus figuram accedentia, uerum minora & aspera. Caules fundit quadratos, dodrantales, aut longiores, gustu non iniucundos, aliquo modo adstringentes, in quibus per interualla uelut in Marrubio uerticilli in orbem circumacti, & in his semen nigrum. Ex qua quidem deliniatione sole clarius cõstat, herbam cuius hic picturam exhibemus, esse Sideritin primam. Siquidẽ folia Marrubij habet, sed longiora, ad saluiæ similitudinem aspera & rugosa, minora tamen. Caulem quadratum & hirsutum, non iniucundi gustus, aliquantum subadstringentis, quem per interualla uerticillati orbes coronant, ut in Marrubio uidere licet, in quibus flores subcandidi ac lutei, & subinde semen nigrum. Radicem exiguam & subluteam, quod silentio transiuit Dioscorides. Non esse uerò hanc herbam Iuam arthriticam, nec Chamæpityos generibus posse annumerari, hinc conijcere licebit: primũ, quod non sit pumila, sed in altum surgat, fruticis uerius quàm herbæ specie. Quod uerò neque primum neq; secundũ genus Chamępityos dici queat, hinc manifestũ fit, quod utrunque folijs Semperuiui minoris sit, à quibus saluiæ, qualia hæc habet, diuersissima sunt. Neq; etiam tertium, quia folia eius non sunt exilia.

Sideritis prima.

Sideritis non est Iua arthritica.

D

LOCVS.

Nascitur asperis, petrosis & incultis locis.

TEMPVS.

Iunio mense florere incipit, nec desinit nisi in Autumni fine.

TEMPERAMENTVM.

Sideritis habet quandam abstergendi facultatẽ, id quod amaritudo eius satis indicat: & pauculam adstrictionem. Plurima tamen eius pars humida est, & mediocriter frigida.

VIRES. EX DIOSCORIDE.

Folia eius illita uulnera glutinare, & inflammationẽ arcere possunt.

EX GALENO.

Phlegmonem sedat, & glutinandi uim obtinet.

EX PLINIO.

Sideritis tantam uim habet, ut quamuis recenti gladiatoris uulneri illigata, sanguinem claudat.

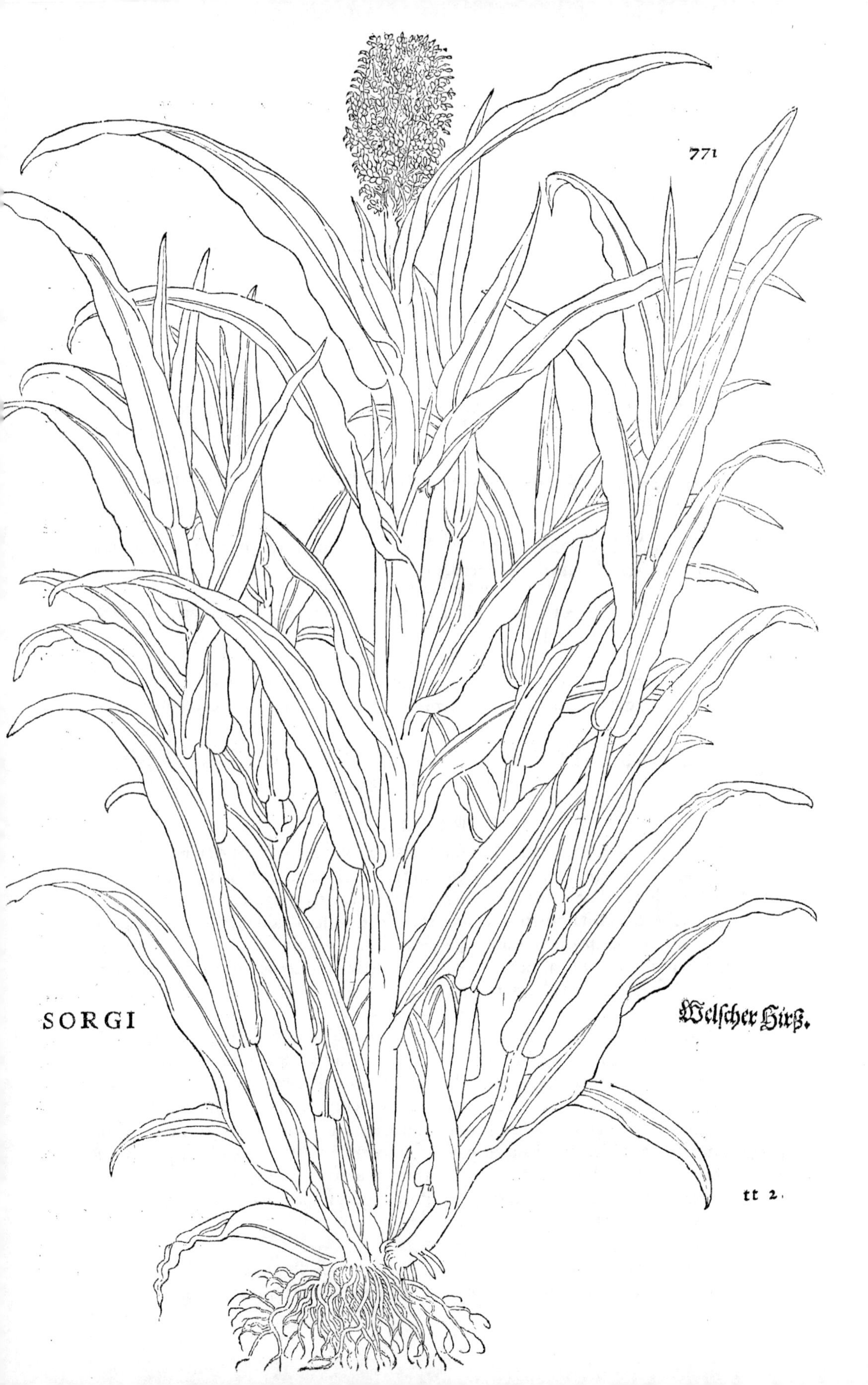

SORGI

Welscher Hirß.

DE SORGI. CAP. CCXCV.

C

NOMINA.

PEREGRINVM est hoc genus frumenti, & ex Italia ad nos allatū, ideoq; Germani welschen Hirß uocant. Alij Sorgsomen / quod scilicet in Italia Sorgi nominetur. Neq; constat quo nomine ueteribus sit appellatum, nisi farris genus sit, quod in Gallia nunc rubrum & barbatū frumentum nuncupant. Probè enim illi hęc nomenclatura uidetur couenire, quod nimirum eius spica rubra & barbata sit. Certò tamen nihil affirmare audemus, nam Panicum etiam referre, quamuis magnitudo repugnet, uidetur.

FORMA.

Culmos habet quatuor aut quinq; altos, crassos, geniculatos, rubicundos, folijs uestitos longis, latis, & in summitate acuminatis, harundini non dissimilibus: spicā quàm Panicū maiorē ac densiorē, rufam & barbatā, in qua semen rufum, rotundū, lentis magnitudine, & acuminatū. Florem luteum. Radicem multis fibris capillatā.

LOCVS.

Non prouenit nisi satum, & nunc in multorū hortis colitur ac plantatur, non tamen facilè emergit.

TEMPVS.

Floret Iulio & Augusto mensibus, flore, ut diximus, luteo, nec nisi extrema ferè autumni parte ad maturitatem peruenit.

TEMPERAMENTVM.

Semen dulce est, & Panicum planè in gustu refert, ideoq; temperamento ab hoc minimè differre putamus.

VIRES.

Tametsi de illius facultatibus nihil comperti habeamus, tamen quia Panicū gu-
D stu refert, easdem illi facultates obtinere existimamus, quas suo loco inuenies.

DE SERPENTARIIS OFFICINARVM. CAP. CCXCVI.

NOMINA.

VO nomine ueteribus medicis Græcis & Latinis appellatæ sint, nemo hactenus, quod sciam, indicare potuit. Recentiores herbarij & officinę non sine magno & intolerando errore Serpentarias uocant, non certè quod in nomenclatura tantum sit situm, sed quod forma & uiribus plurimum ab ea herba quam Græci δρακόντιον, Latini autem Dracunculū ac Serpentariam nominant, plurimum discrepent, ut suo loco latius demonstrabimus. Germani nostri has herbas Naterwurtz sua lingua appellant.

Officinarum erratum.

GENERA.

Duo sunt Serpentariæ recentiorū & officinarū genera, forma non multum uariantes. Vnum quod leuibus admodū folijs, & radice in se contorta constat. Hinc est quod herbarijs nostri temporis Bistorta dicatur. Nos certioris discriminis gratia marem fecimus, germaniceq; Naterwurtz mennle uocauimus. Alterum rugosioribus folijs, maioriq; radice, & minus intorta, ac multum capillata uidetur. Vulgares herbarij Colubrinā nuncupant. Nos fœminā cōstituimus, ideoq; germanicè Naterwurtz weible uocauimus. Serpentarias uerò utrunq; genus dixerunt, propterea quod ubi primum è terra prodeunt, linguæ serpentinæ pelle tenui uestitæ, formam obtinent.

Mas. Bistorta. Fœmina. Colubrina.

FORMA.

Cauliculo constant tenui ac iunceo, glabrescente, per ima tantum foliato, spicoso florū uertice, quibus dilutioris purpuræ color inest: folio Rumicis à terra cæsio, su-

pernè

SERPENTARIA MAS
SEV BISTORTA

Naterwurtz mennle.

COLVBRINA SEV SERPENTARIA FOEMINA.

Naterwurtz weible.

A perne uiridi & herbaceo: radice, mas quidem draconis modo inuoluta & contorta, fœmina uerò oblonga, maiore ac capillata, extrà nigricante, intus rubescente.

LOCVS.

Nascuntur locis umbrosis & humidis, pratis potissimũ Martianæ syluæ.

TEMPVS.

Florent Maio mense & Iunio, quo maximè tempore, ut omnes aliæ quę floribus ornantur plantæ, dignosci ac inueniri possunt.

TEMPERAMENTVM.

Vtriusq; radix mirificè adstringit, ut refrigerandi ac exiccandi facultate præditas esse nemini sit dubium. Antiquus manuscriptus herbarius frigidas & siccas esse in tertio ordine censet.

VIRES.

Radices illarum glutinant uulnera, fœtum in utero retinent, uomitũ biliosum reprimunt, dysenteriã sanant. Hæc antiquus herbarius. Nostræ uerò ætatis medici, aliorũ errata impudenter sectantes, ad longè diuersos usus Serpentariæ utriusq; radices adhibent, nempe ad eos ad quos Dioscorides, Galenus & alij ueteres suum Dracontiũ, cum tamen uiribus inter se maximè discrepent, quod gustus etiã abundè testatur, cum Dracontij radix acris sit, illarũ uerò uehementer adstringat. Vt igitur errorẽ hunc relinquant, subinde medicos & seplasiarios hortor, nisi fortè perdere magis quàm sanare in delitijs habeant: sciantq; Serpentarias suas non alias quàm Britannicã habere facultates, adstringendi nimirum, priuatim ad ea quæ in ore & tonsillis sunt depascentia ulcera accõmodatas, & ad omnia alia quibus adstrictione opus est. Folia etiam in farinam trita labiles dentes confirmant.

DE SCORDIO. CAP. CCXCVII.

B NOMINA.

ΣΚΟΡΔΙΟΝ Græcis, Latinis Trixago palustris dicitur. Officinis ferè omnibus incognita. Germanis allusione quadam ad Romanã appellationem aptè Wasserbatenig nominabitur. Scordion autem Gręcis ab Allijs dicta est herba hæc, quod nimirũ eius folia affricta, Allij, quod Græcis Scorodon uocatur, odorẽ referant. Ab hoc mali & ingrati odoris sensu, ijsdem etiam δυσόσμον appellata est. Vt uerò Trixago dicta sit, similitudo fecit: Trixagini enim, quæ Græcis Chamædrys nominatur, similis est. Palustris autem, quoniã humentibus ac palustribus locis nascatur.

Scordion unde dictum. *Dysosmon.* *Trixago palustris cur uocata.*

FORMA.

Folia Trixagini seu Chamædryi similia habet, maiora tamen, nec sic in ambitu incisa, odore aliquantũ Allium referentia, gustu adstringentia & amara. Caules quadrangulos, in quibus flos subrubescens. Hæc deliniatio sic refert herbã hanc, cuius picturã damus, ut ouum ouo non sit tam simile. Folio siquidem est Trixaginis, maiore, & per ambitum non ita profundè serrato & inciso, odore aliquatenus Allium reddente, adstringentis & amari gustus, quadrangulis caulibus: flore in caulibus, instar Chamædryos & Teucrij, subrubro, & minimè in summis caulibus, ut aliqui putant, quemadmodũ pictura ipsa abundè docet. Hæc itaque herba in theriacos pastillos inserenda erit, & non syluestre Allium, ut maximo in errore uersentur seplasiarij institores, qui pro re tam salutari atq; omnibus putridis marcoribus, Galeno lib. i. de antidotis autore, aduersante, syluestre Allium usurpant. Sed indignius erratum, quàm quod multis explodi debeat. In hunc autem eosdem uicinitate uocabulorũ potissimũ incidisse errorem, libro primo Paradoxorũ, cap. xxiiij. abundè monstrauimus.

Seplasiariorum error.

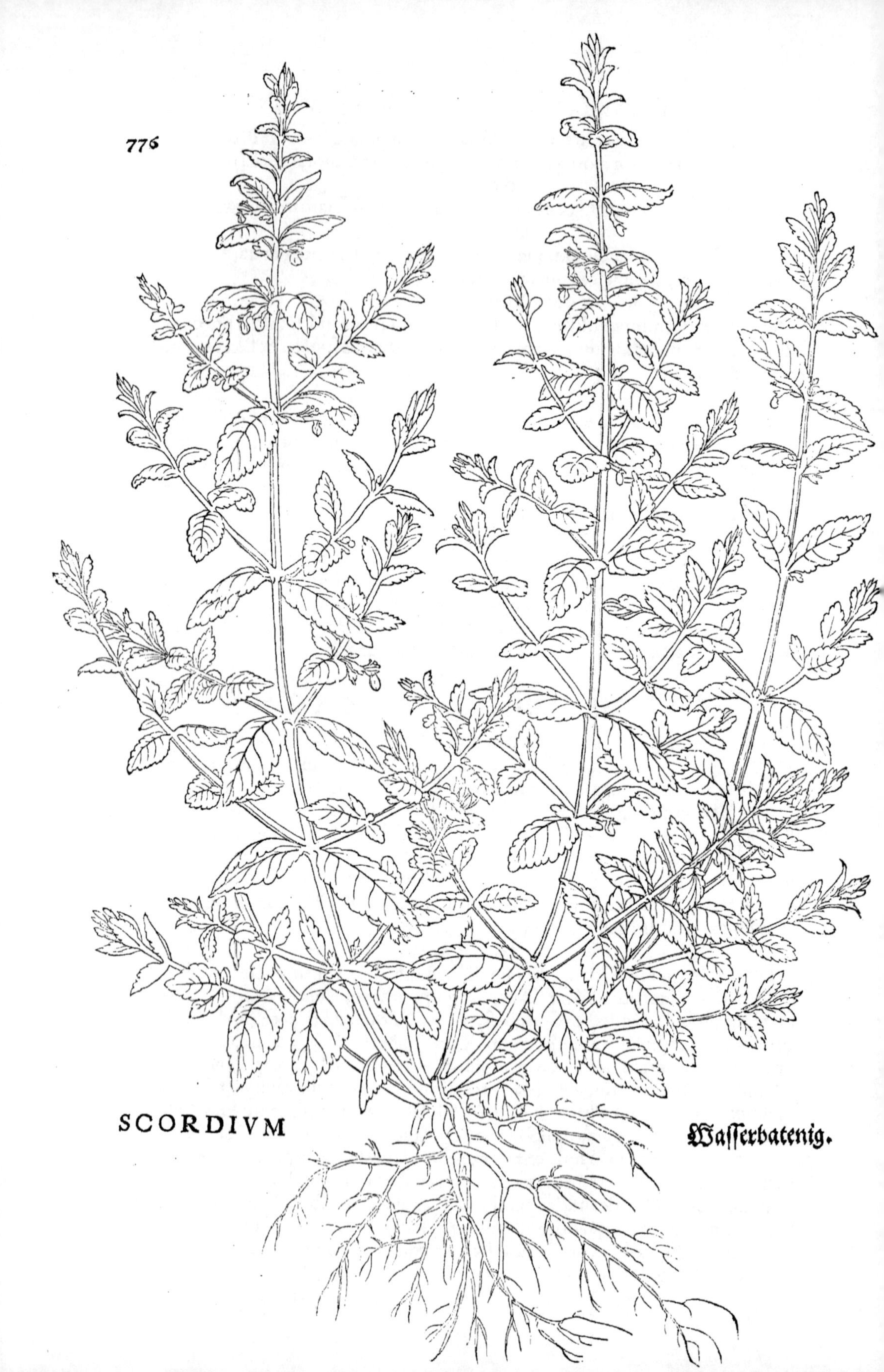
SCORDIVM
Wasserbatenig.

A LOCVS.

Nascitur in montanis & humentibus locis. Nec inter se pugnant Dioscorides & Plinius, dum hic in campis humidis pinguibusq;, ille autem in montanis nasci scribit. Vterq; enim uerum dixit: in campestribus siquidem & montanis, non tamen omnibus prouenit, sed, quod Dioscorides etiam adiecit, humentibus tantum. Plantatum autem Scordium non difficulter nascitur, & possunt de uno duntaxat ramo complures prouenire, modò solo humido cõmittantur.

TEMPVS.

Iunio & Iulio mensibus floret, flos tamen non nisi diem unum durare uidetur, sic continuò unus alium sequitur.

TEMPERAMENTVM.

Tum ex saporibus, tum etiam facultatibus paulò pòst exponendis satis constat Scordiũ calidum esse. Nam, Galeno etiam teste, amarum quid obtinet, & acre.

VIRES. EX DIOSCORIDE.

Herba uim calefaciendi habet, & urinam cit recens trita & pota. Arida quoque cum uino decocta contra serpentiũ morsus, & letalia uenena bibitur. Ad stomachi rosiones, dysenteriã, & urinæ difficultatẽ pondere duarum drachmarũ cum hydromelite. Purgat crassa purulenta è thorace. Facit ad ueterẽ tussim, rupta, conuulsa, cum nasturtio, melle & resina in ecligmate arida cõmixta. Hypochondriorũ uetustas inflammationes excepta cerato lenit. Succurrit eadem podagris cum acri aceto circunlita, aut ex aqua illita. Menses supposita mouet, uulnera glutinat, uetusta ulcera purgat, & cum melle ad cicatricẽ ducit. Siccata carnium excrescentias reprimit. Succus præterea ex ea expressus ad prædicta uitia bibitur.

EX GALENO.

Expurgat simulq; excalfacit uiscera, tum menses urinamq; mouet. Prętерea conuulsa ruptaq; & laterũ dolores ab obstructione & frigore natos sanat potum. Deniq; uiride illitum magna uulnera conglutinat: uerum sordida purgat, & maligna ad cicatricem perducit, illitum aridum.

B

EX PAVLO.

Scordium uarium existit, ut quod amarũ, acerbũ & acre sit. Purgat igitur simul & calfacit uiscera, urinas & menstrua cit, refrigerata omnia recalfacit, uulnera glutinat, repurgatq;, aridum illitum cicatricem inducit.

DE STICHADE. CAP. CCXCVIII.

NOMINA.

ΣΤΙΧΑΣ græcè, Stichas uel Stœchas latinè appellatur. Officinæ cognomento Arabicam uocãt. Germanis nominatur Stichaskraut. Stichas uerò nomen accepit à Stœchadibus ex aduerso Massiliæ sitis Galliæ insulis, in quibus prouenit. Arabę factionis autores patriam Stichada reliquis omnibus prætulerũt, hinc sequaces illorum gentili cognomento Arabicã nuncuparunt.

Stichas arabica.

Stichas unde dicta.

Arabica quare uocata.

FORMA.

Herba est tenuibus ramulis, comam similem Thymo habens, longiore tamen folio, & gustu acris, & aliquantũ subamara. Hactenus Dioscorides, qui flores atq; spicam prorsus omisit. Sunt autem flores, ut pictura abundè monstrat, exigui & cœrulei, spica uerò flauescit, semine referta exiguo, triquetro, & coloris spadicei. Radix illi est tenuis & lignosa.

LOCVS.

Nascitur, ut antea est cõmemoratũ, in insulis Galliæ è regione Massiliæ, quę Stichades appellantur, à quibus etiam gentilitiam appellationẽ accepit. Prouenit etiã in Arabia, alijsq; cõpluribus locis, & in multis etiam Germaniæ nostræ hortis.

TEMPVS.

STICHAS

Stichaskraut.

A TEMPVS.

Floret eo quo Lauandula tempore, nimirum ante Solſtitium æſtiuum, hoc eſt, Iunio menſe.

TEMPERAMENTVM.

Stœchadis qualitas guſtu quidẽ amara eſt, & mediocriter ſubadſtringens. Temperamentũ uerò compoſitum ex terrena eſſentia frigida exigua, unde ſanè adſtringit: & ex tenui, altera, quæ terrena eſt, copioſiore, à qua utiq; amara eſt.

VIRES. EX DIOSCORIDE.

Decoctum eius, quemadmodum & Hyſſopi, ad thoracis uitia efficax eſt. Miſcetur antidotis utiliter.

EX GALENO.

Obſtructione liberare, extenuare, extergere, roborareq; tum omnia uiſcera, tum totum corpus eſt nata.

EX PLINIO.

Menſes cit potu, thoracis dolores leuat. Antidotis quoq; miſcetur.

DE STRVTHIO. CAP. CCXCIX.

NOMINA.

ΣΤΡΟΥΘΙΟΝ Grçcis, Radicula, ſiue Lanaria herba Latinis, Mauritanis & officinis Condiſi, nonnullis herba fullonum, uulgò Saponaria, Germanis Seyffenkraut dicitur. Vnde uerò Græci hanc herbam Struthiũ appellauerint, non ſatis conſtat, niſi fortè à foliorũ poſitura, quæ auium alas quadantenus imitant̃, nomen illi indiderint. Nam gens ea στρουθὸν & στρούθιον paſſerem, & minores alias aues appellat. Vel forſitan quod Venerem ſtimulet. Græci B enim, ut dictum eſt, στρουθὸν paſſerem uocant, & ab eius auis ſalacitate laſciuos, & in Venerem procliuiores homines στρουθὸς, quaſi paſſeres uocant. Porrò ſtrutheum, ut eſt apud Feſtum, nuncupant obſcœnã uirilem partem. Qua imitatione Martialis & Catullus paſſerem pro uirili membro in ſuis uerſibus uſurpaſſe uidentur. Lanariam uerò dixerũt, quod ad candorem & mollitiem lanarũ ea uſa fuerit antiquitas. Nam cum ſuccidæ lanæ œſypo ſpurcatæ colores reſpuerent, prolutæ huius radicis ſucco, ad quoſcunq; ſuffectus imbibendos præparabantur, quibus œſypum erat impedimento. Sic ſordeſcentes lanas ueteres hac herba eluebant, ad munditiẽ contrahendam, quæ primum ab infectoribus quærebatur, ſordidis colores aſpernantibus. Sic quoq; à præcipua & utiliore parte, Radicula Romanis eſt appellata. Saponaria recentiorib. dicta eſt, quoniam eluendis ueſtimentorũ maculis, ſordibuſq; lanarum expurgandis, ſaponis uicem exhibet. Herba autem fullonũ nominata eſt, quod ea interpollandis ueſtibus, & mangonio poliendis fullones utantur.

Radicula. Lanaria. Condiſi. Saponaria. Struthium unde nominatum. στρουθοί. Lanaria cur dicta. Radicula quare appellata. Saponaria cur uocata. Herba fullonum.

FORMA.

Struthion herba eſt caule lanuginoſo, folijs oleæ prodeuntib. ex interuallo quaſi geniculatim, plerunq; quinis in unum coëuntibus, in ſummo coliculorũ floribus candidis: radice, quam ſummo ceſpite non in altum ultrò citroq; per longitudinem fundit, magna, tereti & oblonga, quæ conciditur purgandis lanis.

LOCVS.

Naſcitur in Aſia Syriaq;, ſaxoſis & aſperis locis præcipuè. Nunc in hortis quibuſdam plantatur.

TEMPVS.

Floret æſtate, Iunio maximè menſe, ſed per duos cõtinuos menſes floribus prægnans eſt.

TEMPERAMENTVM.

Calidum & ſiccum temperamento, ex quarto quodammodo ordine.

VIRES.

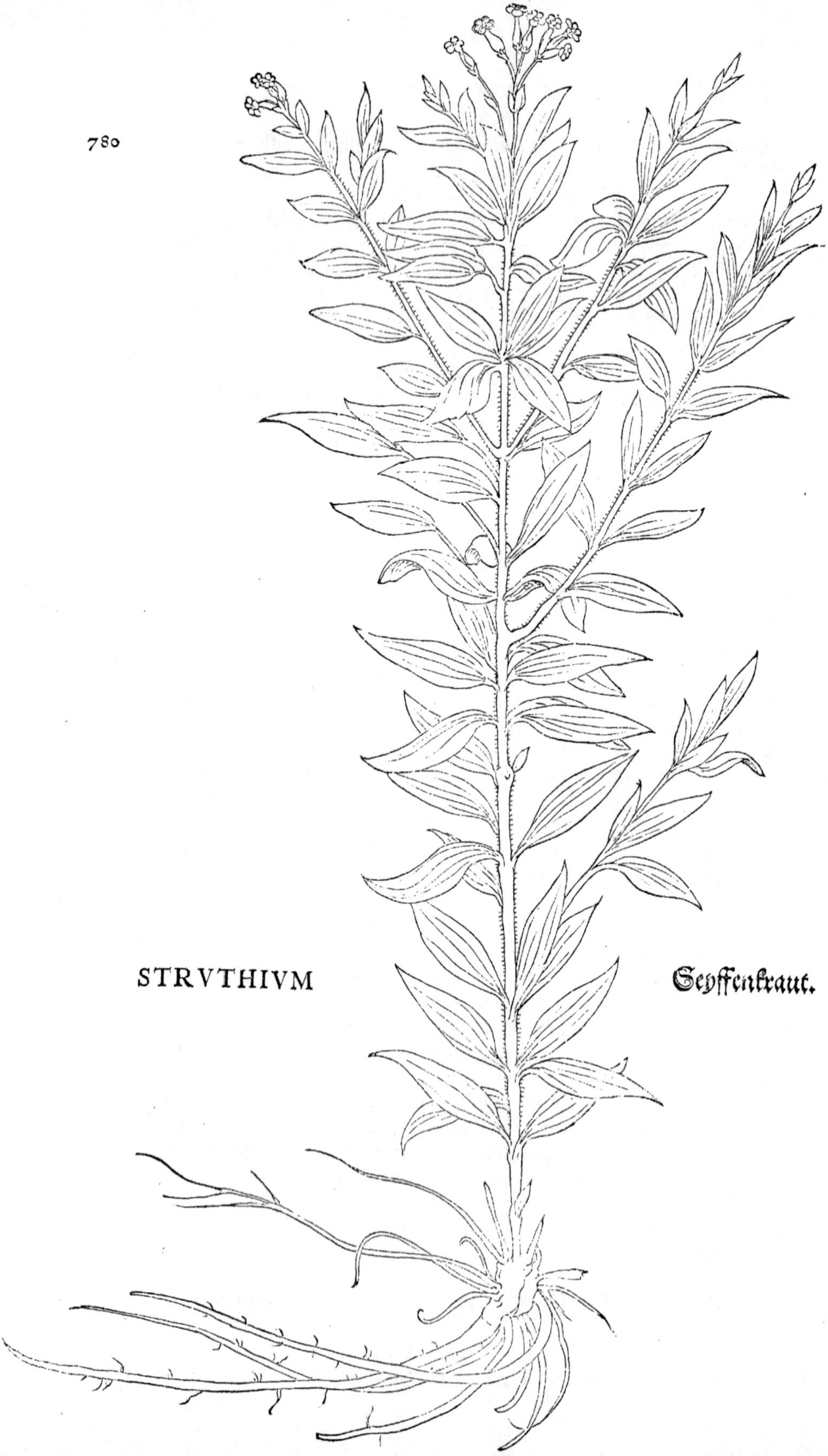

STRVTHIVM

Seyffenkraut.

A VIRES. EX DIOSCORIDE.

Radix eius acris est, urinam cit, iecinorosis auxiliatur, tussi & orthopnœis cum melle cochlearis mensura sumpta. Aluum subducit. Eadem cum Panace & Capparis radice sumpta, calculos frangit, & per urinam exturbat. Lienem induratū minuit. Subdita menses elicit, & fœtum manifestè enecat. Cum polenta & aceto illita, lepras tollit. Cum farina hordeacea in uino elixa, tubercula discutit. Miscetur præterea collyrijs & malagmatis quæ ad claritatē oculorū conficiuntur. Sternutamenta cit, & trita cum melle naribus infusa, per os purgat.

EX GALENO.

Struthij radice potissimū utimur, gustu acri quidem existente. Sed & abstergit, & irritat, ideoq; sternutamenta mouet, ceu cætera omnia quæ gustu acria sunt, & temperamento calida.

EX PLINIO.

Medetur morbo regio ipsa radix decocta, & ius potum: item thoracis uitijs. Vrinam cit, aluum soluit, & uuluas purgat. Ea & ex melle prodest magnificè ad tussim orthopnϾ cochlearis mensura. Cum polenta uerò & aceto lepras tollit. Eadem cum Panace & Capparis radice calculos frangit, pellitq;. Panos discutit, cum farina hordeacea & uino decocta. Miscetur & malagmatis & collyrijs, claritatis causa. Ad sternutamenta utilis inter pauca. Lieni quoq; ac iecinori. Eadē pota denarij unius pondere ex mulsa aqua, suspiriosos sanat.

DE SCILLA. CAP. CCC.

NOMINA.

B ΣΚΙΛΛΑ Græcis, Scilla Latinis, Squilla, exemplo Varronis, omnibus nunc officinis uocatur. Germanis autem Meerzwibel.

FORMA.

Scillæ radix cæpæ modo multipliciter tunicata corticosaq;, ex qua prius, ut in croco, caulis prosilit, tum ex eo flos in luteo candidus emergens insidit, qui cum senuerit folia demum multis pòst diebus emicant lata, nullo nixa pediculo, cæpitia quadam specie, & pleraq; ex ijs in terram deflexa.

LOCVS.

Scilla undique, ut cæpæ & allia, prouenit.

TEMPVS.

Scillam ter florere, triaq; tempora sationū ostendere, Theophrastus libro septimo capite duodecimo tradit. Primum enim florum prouentū, arandi primum tempus significare scribit, secundū medium, tertiū nouissimū. Quot enim fuerint isti, totidem & arari tempora fermè occurrunt. Scillæ præterea flos, ut est Berytius autor, uirgata specie prosiliens, modò celeriter nō emarcescat, largos frugum prouentus, ac uberem annonam nobis promittit.

TEMPERAMENTVM.

Admodū incidentem facultatē obtinet, non tamen admodū calidam, sed secundum hoc eam quispiam secundi ordinis censeat excalfacientiū.

VIRES. EX DIOSCORIDE.

Vim acrem & feruentē habet. Assata uerò multiplicē obtinet usum. Pasta aut luto oblita, in clibanū conijcitur, aut carbonibus obruitur, donec circunlita pasta sufficienter tosta fuerit. Qua amota, si non emollescat, altera pasta aut luto circunlinitur, & eadem quæ prius fiunt. Nam quæ ita non assatur, noxia magis est, præsertim interaneis data. Torretur item in olla indito operculo, & in clibanū coniecta. Sumitur ex ea, abiectis extimis partibus, quod maximè mediū est, quod concisum, effusa priore aqua, coquitur, nouaq; superinfusa usq; dum nec amaritudinē, neque

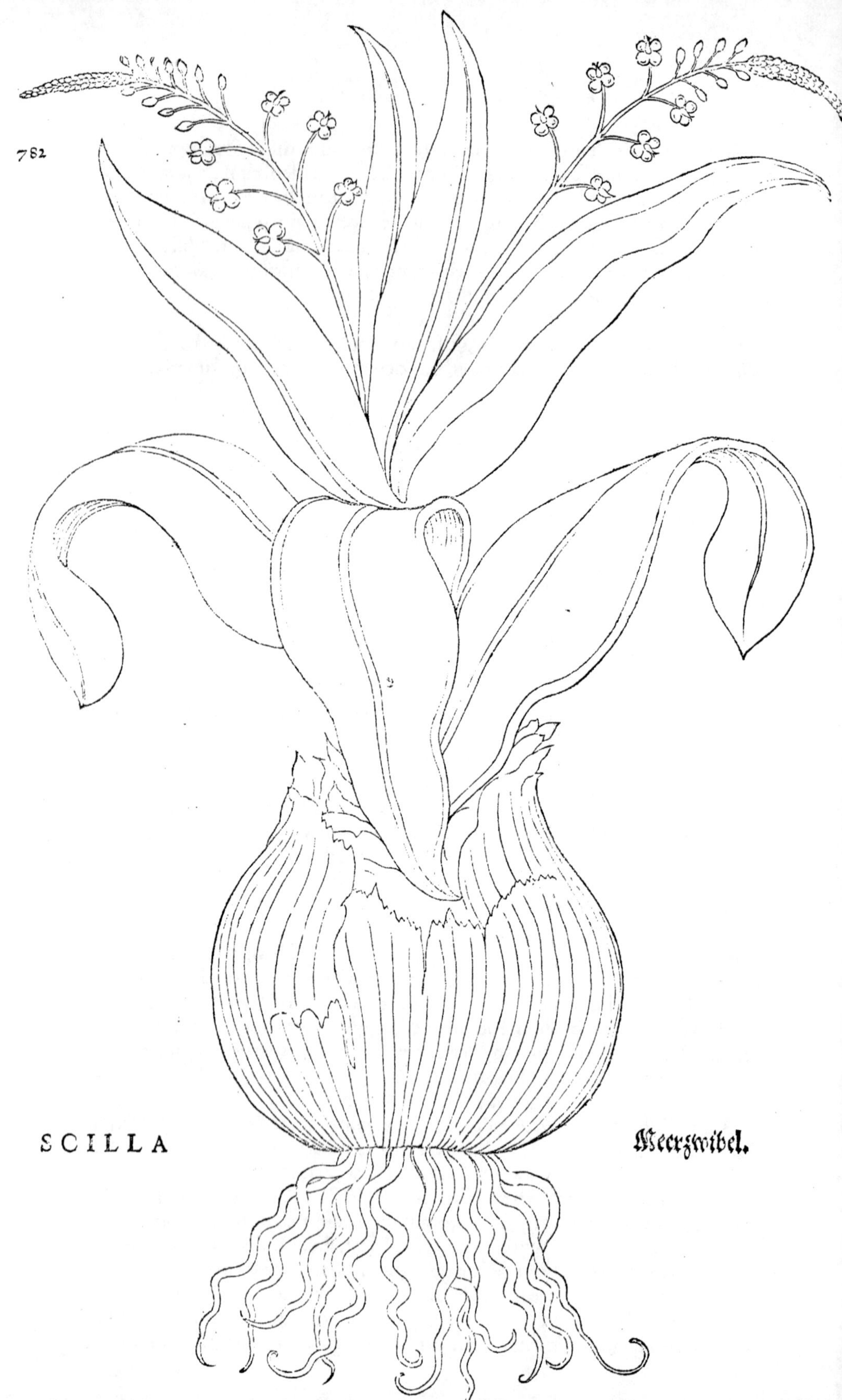
SCILLA
Meerzwibel.

A acrimoniam habeat aqua. Siccatur autem in umbra diſſecta, & lino traiecta, ita ut ne taleolæ inuicem ſe contingant. Sic igitur ſecta, ad oleum, uinum, acetumq́ ſcilliti cum utimur. Ad rimas uerò pedum crudæ Scillæ interanea pars in oleo feruefacta, aut cum reſina liquefacta imponit̃. Decocta in aceto demorſis à uipera cataplaſma eſt. Aſſæ eiuſdẽ pars una toſti ſalis partibus octo ſubigitur, daturq́ ieiunis cochlearis unius duorúmue pondere ad emolliendã aluum. Additur potionibus & odoramentarijs medicamentis, & ijs cum quibus urinam ciere uoluerimus, hydropicisq́ & ſtomachicis, quibus innatant cibi, & morbo regio, torminibus, in uetere tuſſi, aſthmaticis, cruenta reijcientibus. Trium uerò obolorum pondus in delinctu ex melle ſumpſiſſe ſatis eſt. Coquitur eadem cum melle, ſumiturq́ in cibo ad eadem, maximè coctionẽ adiuuans. Strigmentitia per aluum ducit. Cocta & ſimili modo ſumpta, idem poteſt. Cauendus Scillæ uſus ijs, quibus interaneũ aliquod exulceratum erit. Prodeſt uerrucis & pernionibus aſſam inungere. Semen eius tritum, cum caricis aut melle exceptum, ſi manditur, aluum emollit. Pro foribus domus ſuſpenſa tota amuletum eſt.

EX GALENO.

Præſtat aſſam aut elixam ſumere: ſic enim uirium eius uehementia exoluitur.

EX PLINIO.

Scillarum in medicina alba eſt quæ maſculus, fœmina nigra. Scilla quę candidiſſima fuerit, utiliſsima erit. Huic aridis tunicis direptis, quod reliquũ è uino eſt, conſutum ſuſpendit̃ lino modicis interuallis, poſtea arida fruſta in cadum aceti quàm aſperrimi pendentia immerguntur, ita ne ulla parte uas cõtingant. Hoc fit ante Solſtitium diebus quadraginta octo. Gypſo deinde oblitus cadus, ponitur ſub tegulis, totius diei ſolem accipientibus. Poſt eum numerũ dierum tollitur uas, Scilla eximitur, acetum transfunditur. Hoc clariorẽ aciem facit. Salutare eſt ſtomachi late-
B rumq́ doloribus, parum ſumptum binis diebus. Sed tanta uis eſt, ut auidius hauſtum extinctæ animæ momento aliquo ſpeciem præbeat. Prodeſt & gingiuis & dentibus, uel per ſe cõmanducata. Tineas & reliqua uentris animalia pellit ex aceto & melle ſumpta. Linguæ quoq́ recens ſubiecta præſtat ne hydropici ſitim ſentiant. Coquitur pluribus modis in olla, quæ conijciatur in clibanum aut furnum, uel adipe aut luto illita, aut fruſtatim in patinis. Et cruda ſiccatur, deinde cõciditur, coquiturq́ in aceto, tum ſerpentium ictibus imponitur. Toſta quoq́ purgatur, & medium eius iterum in aqua coquitur. Vſus ſic coctæ ad hydropicos. Ad urinam ciendam tribus obolis cum melle & aceto potę. Item ad ſpleneticos & ſtomachicos, ſi non ſentiant ulcus, quibus innatet cibus. Ad tormina, regios morbos, tuſsim ueterem cum ſuſpirio. Diſcutit & ex folijs ſtrumas, quadrinis diebus ſoluta. Furfures capitis, & ulcera manantia illita, ex oleo cocta. Coquitur & in melle cibi gratia, maximè uti coctionem faciat. Sic & interiora purgat. Rimas pedum ſanat in oleo cocta, & mixta reſinæ. Semen eius lumborũ dolori ex melle imponitur. Pythagoras Scillam in limine ianuę ſuſpenſam, malorum medicamentorum introitum pellere tradit.

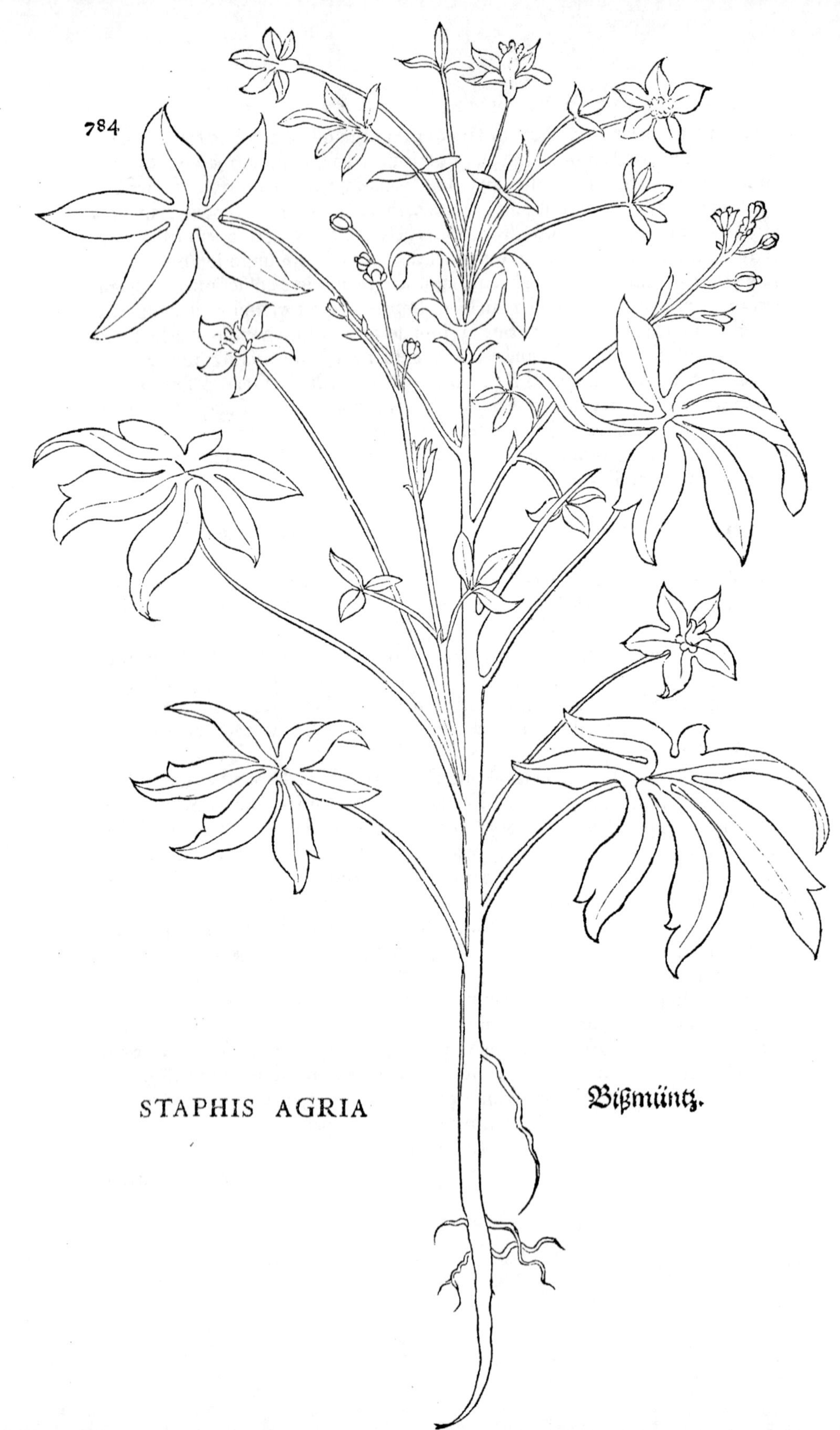

STAPHIS AGRIA Bißmüntz.

A

DE STAPHIDE AGRIA.

CAP. CCCI.

NOMINA.

Σταφὶς ἀγρία Græcis, herba Pedicularis & Pituitaria Latinis, officinis Staphisagria, Germanis Bißmüntz. Pedicularis autem Pituitariaq́ Latinis à uiribus quas habet, dicta est: erumpentibus enim è corpore pediculis ex oleo inuncta aduersatur, & cõmanducata feruore multam pituitam trahit.

Pedicularis quare dicta.
Pituitaria unde.

FORMA.

Folia habet Labruscæ, incisuris diuisa, coliculos rectos, molles, nigrosq́, flores Isati similes, semen in uasculis uiridibus similibus Ciceri triangulũ, asperum, in nigro subrufum, intus candidũ, gustu acre. Hæc descriptio herbæ huic cuius hic effigiem damus per omnia quadrat, floribus tantum exceptis, qui minimè Isati similes sunt, neq; in colore, neq; in quantitate. Isatis enim flores lutei sunt, & exigui, huius contrà subcæsij, ac multò maiores, ut hinc ferè suspicer eam herbam non esse quam ueteres pingunt Staphida agrian. Cæterũ cum proximè tamen ad picturam accedat, neque uiribus distet admodũ, inter Staphidis agrias species rectè à plerisq; hodie herbariæ rei studiosis cõnumeratur. Folia enim fert plerunq; septem, aliquando etiam paucioribus incisuris diuisa, coliculos rectos, nigros, & in folliculis herbaceis semen triquetrum, in nigro subrufum, intus candidum, gustu acre, ita ut illi omnes notæ, demptis floribus, respondeant.

LOCVS.

Nascitur, Plinio authore, in opacis. Ea cuius picturam exhibemus, nunc passim in hortis plantatur.

B

TEMPVS.

Floret æstate.

TEMPERAMENTVM.

Quum urendi uim habeat Staphis agria, consequitur eandem in quarto ordine esse excalfacientium & desiccantium.

VIRES. EX DIOSCORIDE.

Eius grana quindecim si quis trita in aqua mulsa dederit, crassa per uomitũ purgant. Sed qui biberint, ambulare debent. Quinetiam assiduè attendere oportet, & aquam mulsam potui dare, quod strangulationis pericula inferant, & fauces deurant. Trita eadem, & ex oleo inuncta, pediculationi, prurigini & scabiei auxiliatur. Plurimã cit pituitã cõmanducata. Decocta in aceto, dentium dolori, si ea colluantur, subuenit. Gingiuarũ rheumatismũ sistit. Vlcera oris, aphthas nominant, cum melle sanat. Miscetur præterea urentibus malagmatis.

EX GALENO.

Vehementer acrem obtinet facultatẽ, adeò ut ex capite purget pituitam, abstergatq́ ualenter. Itaq; ad scabiẽ accõmodata est. Sed & urendi uim aliquam habet.

EX PLINIO.

Nucleis eius ad purgationes uti non censuerim propter ancipitẽ strangulationẽ, nec ad pituitã oris siccandã: fauces enim lædunt. Phthiriasi caput & reliquũ corpus liberãt triti. Facilius admixta sandaracha. Item pruritu & psoris. Ad dentiũ dolores decoquuntur in aceto. Ad auriũ uitia, rheumatismũ gingiuarũ, ulcera oris manantia. Flos tritus in uino contra serpentes bibitur. Semen enim abdicauerim, propter nimiam uim ardoris. Quidam eam Pituitariã uocant, & plagis serpentium utiq; illinunt. Item phthiriasi, qua Sylla dictator consumptus est. Nascuntur quoq; in sanguine ipso hominis animalia exesura corpus. Resistitur Staphidis agrias succo, cum oleo perunctis corporibus. Hæc quidem in aceto decocta, etiam uestes eo tædio liberat.

SESELI
MASSILIENSE
Seſel.

DE SESELI MASSILIENSI. CAP. CCCII.

A

NOMINA.

ΣΕΣΕΛΙ τὸ μασσαλεωτικὸν Græcis, Seseli Massiliense Latinis, officinis Siler montanũ dicitur. Semen tamen quod à seplasiarijs hoc nomine uenditur, non Massiliensis, sed, si amaritudinẽ respicias, Æthiopici, uel, quod magis uero simile est, Peloponnesiaci (neutrius enim integram imaginẽ uidimus) Seseli semen est: latius enim, odoratius, & carnosius Massiliensi existit. Germanis incognita hactenus planta fuit, ob id Sesel rectè illam appellabunt. Siler montanũ.

FORMA.

Folia gerit Fœniculi, crassiora tamen. Caulem uegetiorẽ, umbellam Anetho similem, in qua semen est oblongum, angulosum, & degustanti confestim acre: radicem longam, & odoratam. Ex qua Dioscoridis deliniatione satis constat stirpem, cuius picturam damus, esse Seseli Massiliense, quod huic nimirum, nulla prorsus nota reclamante, tota descriptio suffragetur. Quid multa? dato etiam quod singulæ illi non responderent notę, tamen cum eas quas ueteres Seseli attribuerunt facultates obtineat, citra omne periculum pro eo usurparetur.

LOCVS.

Optimũ iuxta Massiliam, teste Dioscoride, Galliæ urbem nascitur, unde etiam cognominatũ est Massiliense. Prouenit autem alijs quoq; in locis calidioribus, & nunc in plerisq; Germaniæ hortis, sed non nisi satum & cultum.

TEMPVS.

Floret æstate, & semen subinde producit.

TEMPERAMENTVM.

Calefacit & desiccat in secundo ordine.

B

VIRES. EX DIOSCORIDE.

Semen & radix calefaciendi uim obtinent. Stranguriæ, orthopnϾæ, uteri suffocationibus & comitialibus pota medentur. Menses & fœtus ex utero ducunt. Interaneis omnibus prosunt, & diutinas tusses sanant. Ipsum semen cum uino potum coctioni confert, tormina discutit, & epialis febribus utile est. Ad arcenda in itinere frigora cum pipere & uino bibitur. Datur capris alijsq; quadrupedibus bibendũ, ut partus iuuet.

EX GALENO.

Seseli & radix & semen usqueadeo excalfacit, ut admodum urinã mouere queat. Sed & tenuium est partium, ut & comitialibus, & orthopnϾis competat.

EX PLINIO.

Prodest homini ad tussim ueterẽ, rupta, cõuulsa, in uino albo potum. Item opisthotonicis, & iecinorũ uitijs, & torminibus, & stranguriæ, duarum aut trium ligularum mensura. Sunt & folia utilia, ut quæ partus adiuuent etiam quadrupedum. Hoc maximè pasci dicuntur ceruæ parituræ. Illinitur & igni sacro. Multum in summo cibo concoctionibus confert, uel folio, uel semine. Quadrupedum quoque aluum sistit, siue tritum potui infusum, siue mandendo cõmanducatum è sale. Boum morbis medetur, uel si contritum infunditur.

SANGVISORBA MAIOR.

Groß Kölbleskraut.

ANGVISORBA MINOR.

Klein Kölbleskraut.

C

NOMINA.

QVUM ignoraremus quo nomine stirpem hanc ueteres Græci & Latini, si modo ijs cognita fuit, appellarint, maluimus interea uulgari uti nomenclatura, donec aliud certius nomen inueniremus. Elatinen tamen esse iudicarem, si folia pusilla, pilosa, & rotunda obtineret. Nunc quum neque pusilla, neq; pilosa, neq; rotunda, sed mucronata esse uideantur, certi statuere nihil possum. Sanguisorba uerò dicta est hæc herba, non quod uulneribus iniecta ferrũ & spicula facilè & citra sensum doloris exigat, ut nõnulli arbitrantur: idipsum enim non posse mirifica quæ illi inest adstringendi facultas abundè ostendit: sed potius quod ei in sistendo sanguine undecunq; emanarit, mira admodũ insit efficacia, adeò ut hunc ipsum quasi absorbere uideatur. Erroris autem huius nulla alia causa est, nisi quod hanc stirpem multi cum ea quæ hodie Pimpinella uocatur, confundant, quæ certè propter caliditatẽ quam obtinet haud exiguam, quandã etiam trahendi facultatẽ habere uidetur, adeò ut infixa corpori extrahere facile queat. Quod uerò cum Pimpinella confuderint non alio factum est nomine, quàm quod huius folia proximè ad Pimpinellæ folia, quæ itidem ut hæc serrata sunt, accedere uidentur. Sed hæc confusio non caret errore, ut paulò pòst dicemus. Germanis hæc herba Kölbleskraut / à capitellis quæ ruffescentibus punctis maculata sunt, dicitur. Nõnulli etiam Germanorum Hergots bärtlin nominant. Quidam etiam à sistendo sanguine Blůtkraut.

Sanguisorba cur dicta.

Error eorum qui Pimpinellã cum Sanguisorba confundunt.

GENERA.

Duo sunt eius herbæ quæ Sanguisorba uocatur genera. Vna enim maioribus constat folijs ac longioribus, coliculis tamen tenuioribus, ideoq; ab hac foliorũ forma maior à nobis dicta est. Altera minoribus folijs, coliculis autem maioribus esse deprehenditur, quare ab ista foliorũ effigie rectè minor appellari potest, ut inter eas aliquod discrimen esse herbariæ rei studiosi hac ratione animaduertant.

Sanguisorba maior.

D

Minor.

FORMA.

Herba est à radice crassa & longa, statim foliosa, minor potissimũ, coliculos habens plurimos rubentes, folia aspera, in extremitatib. latè crenata & serrata, in summo coliculorũ capitella ruffescentibus punctis maculata, quæ si hiant flores exeunt herbacei, in medio croceam comam ostendentes.

LOCVS.

Nascuntur locis incultis, aridioribus, & soli expositis. Vnde iterum colligere licebit non esse Elatinen, utcunq; à facultatibus illius non discrepet, quòd Dioscoride & Plinio testibus, Elatine in cultis & segetibus proueniat.

TEMPVS.

Florent Maio & Iunio mensibus.

TEMPERAMENTVM.

Gustantibus adstrictionẽ haud uulgarem ac uiscositatem herba præ se ferre uidetur. Quapropter siccam admodum consistentiã nacta est, simulq; corpora contrahere, & constringere potest, atqueadeo emplasticam, eo quòd glutinosa sit, facultatem obtinet.

VIRES.

Ex ijs quæ diximus abundè constat utranque Sanguisorbam in restringendis ac supprimendis sanguinis profluuijs esse efficacissimas, adeò ut nonnulli constanter asserant, eas etiam manibus gestatas sanguinem undecunq; manantẽ sistere posse. Experientia certè compertũ est ad muliebre profluuiũ sanandũ, nullum posse reperiri præsentius ijs stirpibus præsidiũ. Glutinant etiam uulnera illarũ folia, carcinomatisq; & fistulis medentur. Generosum deniq; ac strenuum remediũ easdem esse ad dy-

A ad dysenterias, & reliquos uentris fluxus, si ex aqua aut uino bibantur, nemini non notum est. Quid multa? Elatines herbæ, cuius certè hæ duæ stirpes genus esse ui dentur, facultates habent. Quare toto cœlo errant qui herbas has, ut suprà etiam cōmemoratum est, cum Pimpinella confundunt, quod hæc ipsa acris admodū sit & multum calida: illæ contrà sapore, haud secus atq; Elatine, adstringente. Verum non tantum differunt facultatibus, imò etiam odore, coloreq; foliorū, maximè uerò florū diuersitate, ut quiuis ex utriusq; herbę picturę collatione statim deprehendet.

Pimpinella nō solum facultatibus, uerumetiam forma à Sanguisorba diuersa.

DE SCOLYMO. CAP. CCCIIII.

NOMINA.

ΣΚΟΛΥΜΟΣ Græcis, Carduus & Strobilus Latinis, Columellæ Cinara dicitur. Sunt qui hodie Arcocum corrupta uoce nominent, primam uocis syllabam articuli uice præponentes. Alij paulò rectius Alcocalum uocant: Cocali siquidem nomine, nux pinea, cui Scolymi capitulum simile est, uenit. Nunc uulgo herbariorū ab articulo statim duabus interiectis literis Articocalus, aut expuncta uocali a, Articoclus, uel magis curtato, ut ferè fit, uocabulo, Articols uel Articoca nuncupatur. Germani instar uulgi Articoca nominabunt, aut Strobildorn. Strobilum autem Romani hanc stirpem non alia ratione dixerunt, quàm quod eius capitulum, ut diximus, structili nucleorū serie pineam nucem referre uidetur. Cinaram uerò sunt qui appellatā putent, quod satum & cultum cineribus gaudeat. Alij à Cinara potius puella, quæ in eius speciei Carduum mutata est, dictam esse uolunt.

Carduus. Strobilus. Cinara. Alcocalus. Cocalus.

Articocalus. Articoca. Strobilus cur dicta.

Cinara quare appellata.

FORMA.

B Folia habet Chamæleontis, & spinæ albæ uocatæ similia, nigriora tamen ac crassiora. Caulem emittit oblongum, foliosum, in quo capitulū spinosum. Radicē uerò nigram & crassam. Hæc Dioscorides. Cæterum caput eius & uertex in squarosum extuberat globum, corticosis unguibus turgentē, spicisq; squamatim coagmentatum, quorū orbis exterior uiret, interior niueo candore nitescit. Flos purpureo rutilat colore, qui tandē euanescit in pappos. Caput uetustate tandem dissilit in corticeas laminas, semen ostendens Cnici figura. Nos tamen integrā Scolymi faciē ac picturā hoc tempore dare non potuimus, quod primo anno fructum suum nō ostendat. Curabimus autem alio tempore ut studiosi integram eius habeant picturam.

LOCVS.

Nusquam, quod sciam, in Germania prouenit Cinara, nisi sata & culta. Quare Scolymus qui in hortis colitur & plantatur, uerè Cinara existit. Quod ideo monendum esse duximus, quia inter Græcos esse constat, ut est Paulus & Aëtius, qui Scolymum à Cinara discriminānt. Non est autē aliud inter eas stirpes discrimen, quàm quod Scolymus ferus est & syluester, Cinara uerò domita cultu, ideoq; à nonnullis Carduus altilis nominatur.

Scolymus hortensis propriè Cinara dicitur.

Scolymus. Cinara. Carduus altilis.

TEMPVS.

Quum Solstitiū æstiuum agitur, Scolymi flos erumpit, Hesiodo in lib. ij. cui titulus Opera & dies, teste, qui ea florente cicadas acerrimi cantus esse, & mulieres libidinis auidissimas, uirosq; in coitum pigerrimos, capite, genibus, ac toto corpore præ Sirij æstu arescentibus, scribit.

TEMPERAMENTVM.

Quæ secundum qualitatē editur actio, calidum in secundo ordine completo, aut tertio incipiente, medicamentū indicat, siccum uerò in secundo.

VIRES. EX DIOSCORIDE.

Radix Scolymi illita graueolentiā alarū, & totius corporis emendat. Item si decocta in

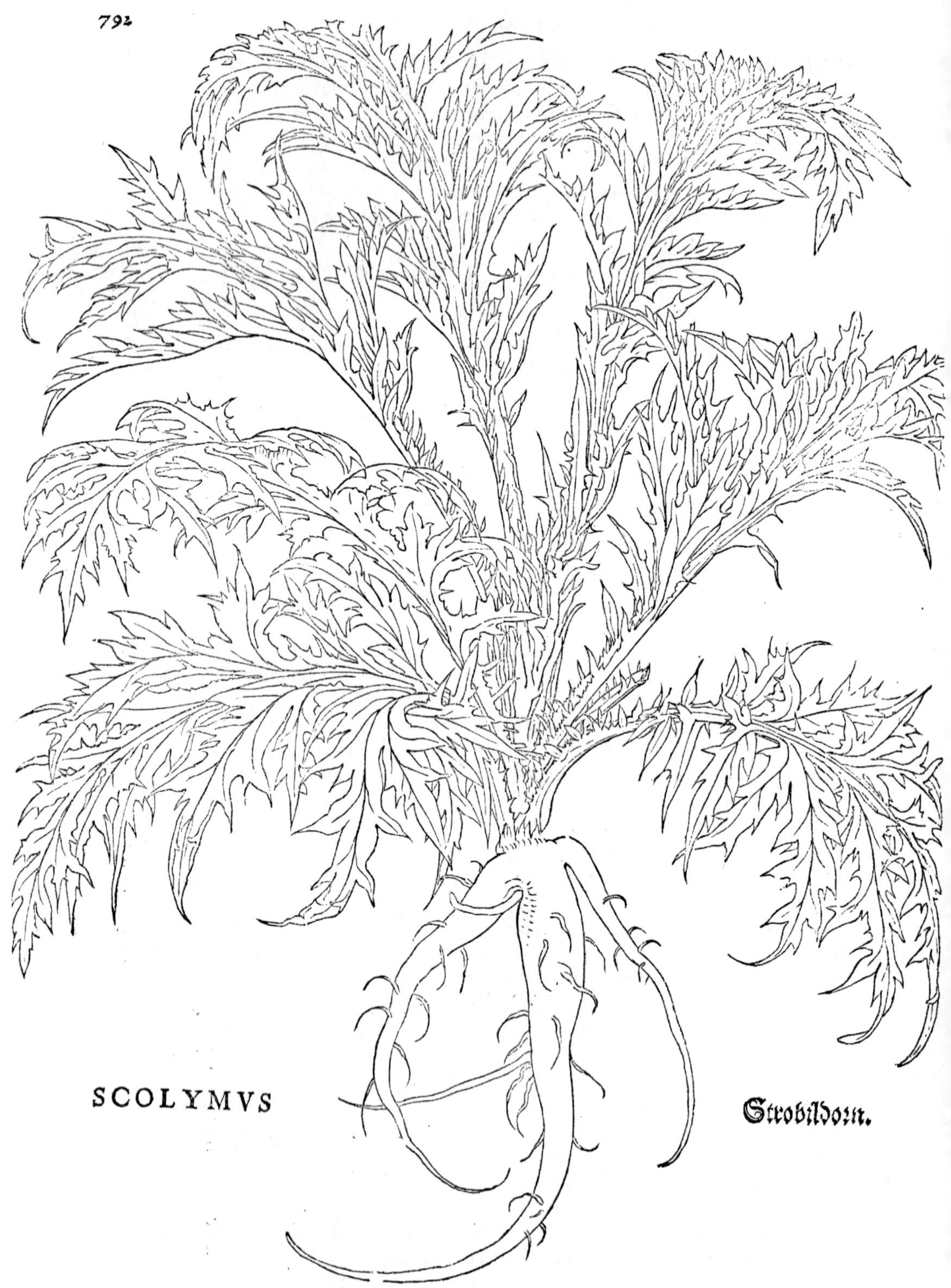

SCOLYMVS Strobildorn.

A cta in uino bibatur. Vrinã etiam copiosam fœtidamq́ pellit. Herba cum recens nascitur tenerescitue, asparagorum modo in olera transit.

EX GALENO.

Scolymi radix copiosam urinam graueolentẽ elicit, si quis eam in uino coctã bibat: ideoq́ graueolentiã sanat, tum alarum, tum totius corporis. Atq; hoc sanè medicamẽto ex tota inest essentia, utpote eius succo existente purgatorio. Et in libro secundo de alimentorũ facultatibus: Praui succi edulium est Cinara, pręcipuè cum iam durior euaserit: tum enim biliosi humoris copia abundat, totaq́ eius substantia durior existit, adeoq́ ut ex ipsa melancholicus, ex succo uerò eius tenuis & biliosus humor producatur. Proinde coctam edere præstiterit adiecto Coriandro, dein ex oleo, garo, uinoq́ sumatur. Si tamen in patina aut sartagine ad esum præparetur, absq; ijs comedatur. Plerique enim sic eius ueluti cacumina comedunt, quæ spondylos nominant.

EX PLINIO.

Vrinam ciere Scolymum præcipuè traditur. Sanare lichenas & lepras ex aceto. Venerẽ stimulare in uino, Hesiodo & Alcęo testibus, qui florente ea cicadas acerrimi cantus esse, & mulieres libidinis auidissimas, uirosq́ in coitũ pigerrimos scripsere, uelut prouidentia naturæ hoc adiumento tunc ualentissimo. Item graueolentiã alarũ emendat radicis emedullatæ uncia, in uini falerni heminis tribus decocta ad tertias, & à balneo ieiuno, itemq́ post cibum cyathis singulis pota. Mirũ est, quod Xenocrates promittit experimento, uitium id ex alis per urinam effluere.

DE SPHATVLA FOETIDA.
CAP. CCCV.

B

NOMINA.

HERBA quam officinæ Sphatulam fœtidam uocant, quod grauem exhalet odorẽ, quomodo ueteribus sit appellata nondum certò scire possum. Nomen quidem ipsum Xiphij seu Gladioli speciem esse docet: Sphata siquidem Latinis gladium significat. Non esse autem Xiphium radix eius euidenter admodũ ostendit, quæ non est bulbosa, nec gemina, ita ut altera alteri insideat, sed capillamentis fibrata. Neq; etiam Sparganiũ esse partim folia eius quæ in terram non procumbunt, partim etiam semina, quæ non in pilulis, sed folliculis aut siliquis profert. Non uidetur etiam esse Xyris, quod illa radicem habeat longam & rufam, Sphatula uerò fœtida nec longam nec rufam, sed rotundam, albam & capillatam. Tamen quicquid sit gentilem ijs esse foliorum similitudine constat. Germani eam Wandtleußkraut/ à necandis cimicibus appellant.

Sphatula fœtida cur dicta. *Sphata.* *Sphatula fœtida non est Xiphiũ.* *Non est Sparganium.* *Non est Xyris.*

FORMA.

Folia Iridi similia habet, minora tamen & angustiora. Caulem ex se mittit, in cuius summo folliculos aut siliquas Pæoniæ fœminæ non dissimiles profert, quibus dehiscentibus semen in ijs apparet rotundum & rubrum. Radicem obtinet capillamentis multis fibratam.

LOCVS.

Circa sepes & dumeta nascitur, frequens in Italia, nusquã tamen in Germania, quod sciam, nisi sata prouenit.

TEMPVS.

Fructum seu siliquas suas autumno profert, ac subinde in ijs, ubi dehiscunt, semen ostendit.

TEMPERAMENTVM.

Vehementer acrem qualitatẽ obtinet, adeò ut gustata, fauces quasi urere uideatur. Proinde calidam & siccam admodum esse constat.

SPHATVLA
FOETIDA.
Wandtleußkraut.

A

VIRES.

Non multum à Staphidis agriæ uiribus abeſſe apparet: ualenter enim abſtergit. Hinc ad ſcabiem, eius potiſsimũ ſuccus, abigendam utilis eſt. Surculos etiam & ſpicula, perinde atque Xiphium & Xyris, ſine dolore extrahit. Cimices quoque necat atque fugat.

DE TRICHOMANE. CAP. CCCVI.

NOMINA.

ΤΡΙΧΟΜΑΝΕΣ græcè, Trichomanes, Capillaris latinè uocatur. Officinis Polytrichon falſo dicitur: id enim nominis Adianto herbæ, quam hodie Capillum Veneris uocant, Dioſcoride & ueteribus alijs teſtibus, debetur. Germanicè Widertodt/oder Abthon appellatur. Trichomanes autẽ à facultate ſua Græci nominauerunt, quod ſcilicet fluentem capillum expleat, & ſubnaſci faciat: μανὸν enim ea gens rarum uocant, τρίχα autem capillum. Hoc etiam nomine Capillarem Latini dixerunt.

Polytrichon officinarum.

Trichomanes cur dictum.

Capillaris.

FORMA.

Filici ſimile eſt Trichomanes, paruum admodum. Ex utraq; parte ordine quodam folia habet tenuia, Lentis figura, contraria inuicem, in ramulis tenuibus, ſplendeſcentibus, ſubnigris & auſteris. Cuius equidem deſcriptionis notæ omnes, nulla penitus reclamante, herbæ illi quam hodie officinæ Polytrichon uocant, pulchrè quadrant. Siquidem cauliculis iunceis, quincuncialibus, à radice ſtatim penè foliatis conſtat, folijs rotundis, lenticulæ forma, aduerſis inter ſe pediculis, ramulis ſub-

B nigris & nitentibus, ſine flore, ſine ſemine.

LOCVS.

Naſcitur in paluſtribus atque umbroſis locis, humentibus muris, & iuxta fontes, haud ſecus atque Adiantum.

TEMPVS.

Carpitur æſtate & autumni initio.

TEMPERAMENTVM.

Trichomanes in caliditate quidem & frigiditate ſymmetrum eſt, uerum deſiccat, extenuat & digerit.

VIRES. EX DIOSCORIDE.

Eadem poteſt quæ Adiantum. Cum itaque Adiantum aliunde in Germaniam ſit deportandũ, & Trichomanes paſsim proueniat, licebit hoc in alterius inopia uti. Et conſultius multò ut Trichomane utantur officinæ, quàm Adianto adulterino. Prodeſt igitur Trichomanis decoctũ potum aſthmaticis, dyſpnoicis, felle ſuffuſis, lienoſis, urinæq; difficultatibus. Calculos frangit. Aluum ſiſtit. Venenatorũ morſibus, & ſtomachi fluxionibus in uino potum medetur. Menſes & ſecundas ducit, ſanguinis autem reiectiones ſiſtit. Crudum illinitur uenenatorũ morſibus. Alopecias explet, ſtrumas diſijcit. Furfures & achores cum lixiuio exterit. Cum ladano, myrtino, ſuſino, aut hyſſopo & uino capillos defluentes continet. Decoctũ etiam eius cum lixiuio & uino ſi eo abſtergantur, idem poteſt.

EX GALENO.

Alopecias denſat, & ſtrumas & abſceſſus diſcutit, lapideſq; frangit potum. Viſcoſorum craſſorumq; ex thorace pulmoneq; excreationibus non mediocriter confert. Ventris profluuiũ ſiſtit, nullam tamen manifeſtam caliditatẽ affert, ſicut nec frigiditatem.

EX PLINIO.

Calculos è corpore mirè pellit, frangitq;, utique nigrum. Qua de cauſa potius quàm quod in ſaxis naſceretur, & à noſtris Saxifragum appellatum crediderim.

XX 2 Bibitur

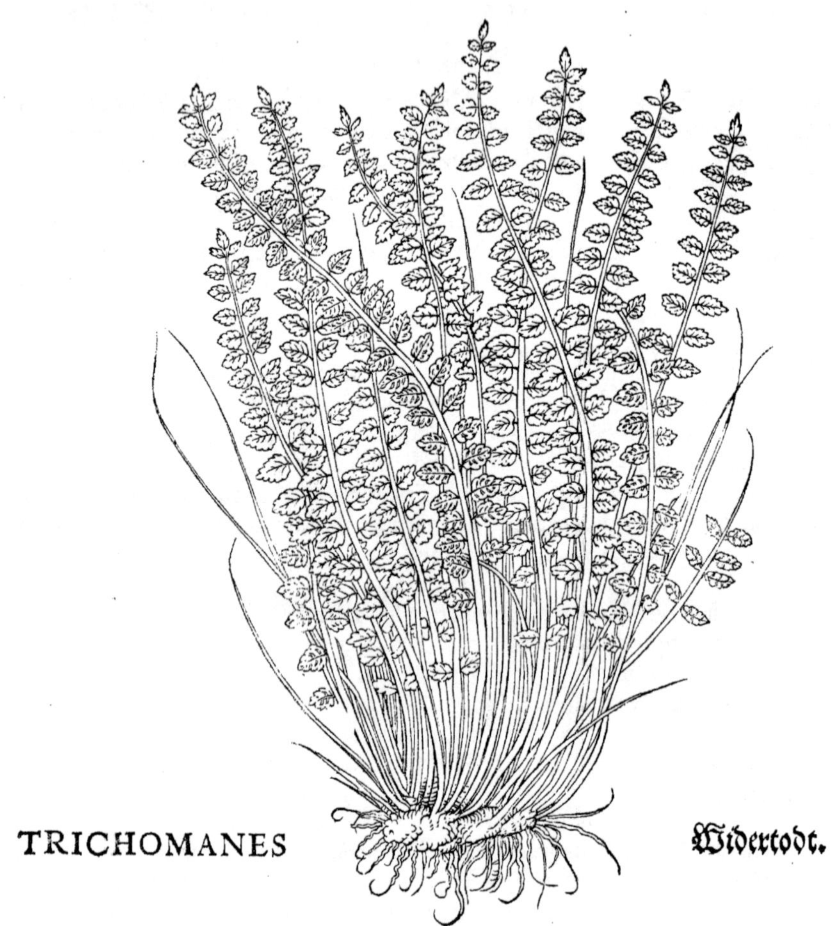

TRICHOMANES Widertodt.

A Bibitur è uino quantum terni decerpſere digiti. Vrinam cient. Serpentiũ & araneorum uenenis reſiſtunt. In uino decocti aluum ſiſtunt. Capitis dolores corona ex ijs ſedat. Contra ſcolopendræ morſus illinuntur, crebrò auferendi ne pereant. Hoc & in alopecijs. Strumas diſcutiunt, furfuresq́ in facie, & capitis manantia ulcera. Decoctum ex his prodeſt ſuſpirioſis, & iecinori, & lieni, & felle ſuffuſis, & hydropicis. Strangurię illinuntur, & renibus cũm Abſinthio. Secundas cient & menſtrua. Sanguinem ſiſtunt ex aceto, aut Rubi ſucco poti. Infantes quoque ulcerati perunguntur ex ijs cum roſaceo & uino prius. Folium in urina pueri impubis, tritum quidẽ cum aphronitro, & illitum uentri mulierum, ne rugoſus fiat, præſtare dicitur. Perdices & gallinaceos pugnaciores fieri putant, in cibum eorum additis, pecoriq́ eſſe utiliſsimos.

DE TELI. CAP. CCCVII.

NOMINA.

THΛΙΣ, κεραΐτις, αἰγόκερος, βούκερος Græcis, Fœnumgræcũ Latinis: officinæ genuinum nomen retinuerunt: Germanis Bockshorn/ oder Kühorn dicitur. Magna græcarum appellationũ pars à ſiliquarum quas producit figura deſumpta eſt: hę enim corniculis ſimiles exiſtunt. Hinc Ceraitis à cornu ſimpliciter dici cœpit: κέρας enim Græcis cornu eſt. Ægoceros autem à caprini cornu ſimilitudine, quemadmodum à bubuli Buceros, quod ſanè nomen Theophraſtus libro quarto de hiſtoria plantarum illi impoſuit. Cum itaque corniculis ſimiles habeat ſiliquas, factum eſt ut illam Columella ſimpliciter Siliquã nominauerit, Plinius Siliciam, Varro Siliculam.

Ceraitis cur dicta. *Aegoceros.* *Buceros.*

B

FORMA.

Cauliculis emicat exilibus, rubicundis, folio penè Trifolij, flore candido & exiguo, ſemine in ſiliquis oblongis, ac cornu inſtar incuruis fuluo. Radice ſubrotunda & oblonga innititur.

LOCVS.

Satum Fœnogræcum paſsim ferè prouenit.

TEMPVS.

Iunio & Iulio menſibus floret, & unà ſiliquas producit. Semen tamen in Auguſto maturum legitur.

TEMPERAMENTVM.

Fœnumgræcum calidum eſt ſecundi ordinis, deſiccat primo.

VIRES. EX DIOSCORIDE.

Molliendi & diſsijciendi facultatem habet Fœnogræci farina. Facit ad inflammationes quæ intus foriſq́ ſunt ſi cum aqua mulſa decocta trita illinatur. Lienem cum nitro & aceto ſubacta & illita minuit. Decoctũ eius inſeſſu ad muliebria mala, quæcunque per inflammationes aut præcluſiones conſiſtunt, utile eſt. Expreſſus Fœnogræci in aqua decocti ſuccus, capillos, furfures & achores exterit. Cum anſerino adipe peſsi uice apponitur, loca quæ iuxta uterum ſunt emolliens & relaxans. Viride cum aceto imbecillis & exulceratis locis prodeſt. Decoctũ eius aduerſus teneſmos, & grauiter olentia dyſentericorũ excrementa confert. Oleum eius cum myrtino capillos & in genitalibus cicatrices abſtergit.

EX GALENO.

Fœnumgræcũ feruentes inflammationes irritat. Quæ uerò minus ſunt calidæ, & magis duræ, eas digerendo curat.

EX AETIO.

Fœnumgræcũ habet etiam abſtergendi uires. Varijs modis comeditur, ſed copioſius ſumptum caput tentat. At cremor decocti Fœnogræci cum modico melle

FOENOGRAECVM Bockshorn.

A exhibitus, omnes deprauatos intestinorũ humores educit. Permodicũ esse oportet quod permiscetur mel, ne erodat. In diuturnis uerò doloribus qui sine febri thoracem infestant, pingues simul palmulæ elixantur, inde succo expresso melleq; admixto suppositis carbonibus rursus decoquuntur usq; ad congruam consistentiam. Datur id diu ante cibum, obseruariq; oportet ne ijs exhibeatur quibus facilè caput dolet: palmulæ enim capiti infestæ sunt.

EX PLINIO.

Vis eius siccare, mollire, dissoluere. Succus decocti fœminarum pluribus malis subuenit: siue duritia, siue tumor, siue contractio sit uuluę, fouentur, insidunt. Infusum quoq; prodest. Furfures in facie extenuat. Spleni addito nitro decoctum & impositum medetur. Item ex aceto. Sic iecinori decoctũ. Diocles difficilè parientibus semen eius dedit acetabuli mensura tritum in nouem cyathis sapæ ad tertias partes bibere, ut qui biberent in calida lauarentur. Et in balneo sudantibus dimidiũ ex relicto iterum dedit, mox à balneo reliquum, pro summo auxilio. Farinã Fœnogræci cum hordeo aut lini semine decoctam aqua mulsa cõtra uuluę cruciatus subiecit. Itemq; imposuit imo uentri. Lepras, lentigines, sulphuris pari portione mista farina curauit, nitro antè pręparata cute, sæpius die illinens, perungiq; præcipiẽs. Theodorus Fœnogræco miscuit quartã partem purgati Nasturtij acerrimo aceto ad lepras. Damion Fœnigræci semen acetabuli dimidia mensura cum sapæ & aquæ nouem cyathis ad menses ciendos dedit potu. Nec dubitatẽ quin decoctũ eius utilissimum sit uuluis, interaneisq; exulceratis, sicuti semen articulis atq; pręcordijs. Si uerò cum Malua decoquatur, postea addito mulso potus, ante cætera uuluis interaneisq; laudatur: quippe cum uapor quoque decocti plurimũ prosit. Alarum etiam graueolentiã decoctum Fœnogræci semen emendat. Farina porrigines capitis fur-
B furesq; cum uino & nitro celeriter tollit. In hydromelite autem decocta addita axungia genitalibus medetur. Item parotidi, podagrę, chiragrę, articulis, carnibusq; quę recedũt ab ossibus. Aceto uerò subacta luxatis. Illinitur & lieni decocta in aceto, & melle tantum. Carcinomata subacta ex uino purgat, mox addito melle persanat. Sumitur & sorbitio è farina ad pectus exulceratũ, longamq; tussim. Diu decoquitur donec amaritudo desinat, postea mel additur.

DE TELEPHIO. CAP. CCCVIII.

NOMINA.

ΤΗΛΕΦΙΟΝ, ἢ ἀείζωον ἄγριον Gręcis, Telephiũ & Illecebra Latinis, officinis & uulgo Crassula maior appellatur. Sunt qui Fabam crassam, à foliorũ quam cum faba habent similitudine, nominẽt. Germanis Wundtkraut/ Knabenkraut/ Fotzwang/ Fotzwein dicitur. Telephiũ uerò dictum est, quod ulceribus malignis & deploratis, quibus Telephus Mysiæ rex ab Achille uulneratus consenuit, quæ eam etiam ob rem Telephia uocantur, auxilietur. *Crassula maior. Faba crassa. Telephium unde dictum. Telephia ulcera.*

GENERA.

Dioscorides duo genera facit. Vnum floribus albis, quod nobis Telephiũ album nominare placuit, germanicè Wundtkraut das weible. Alterum floribus luteis, quod Norimbergæ me uidisse memini. Damus pro illo Telephiũ purpurascentibus floribus emicans, quod ad differentiã prioris Telephiũ purpurascens appellare uoluimus, germanicè Wundtkraut das mennle. Præter flores qui in primo candidi sunt, in hoc autem purpurascentes, foliorum etiam colore differunt, qui in candido uiridis & herbaceus existit, in purpurascente autem paulò pallidior. Cætera omnia in ijs similia apparent, folia potissimũ, quę fabacea prorsus sunt, nisi quod pinguiora, & crassiora existunt. *Telephium album. Telephium purpurascens.*

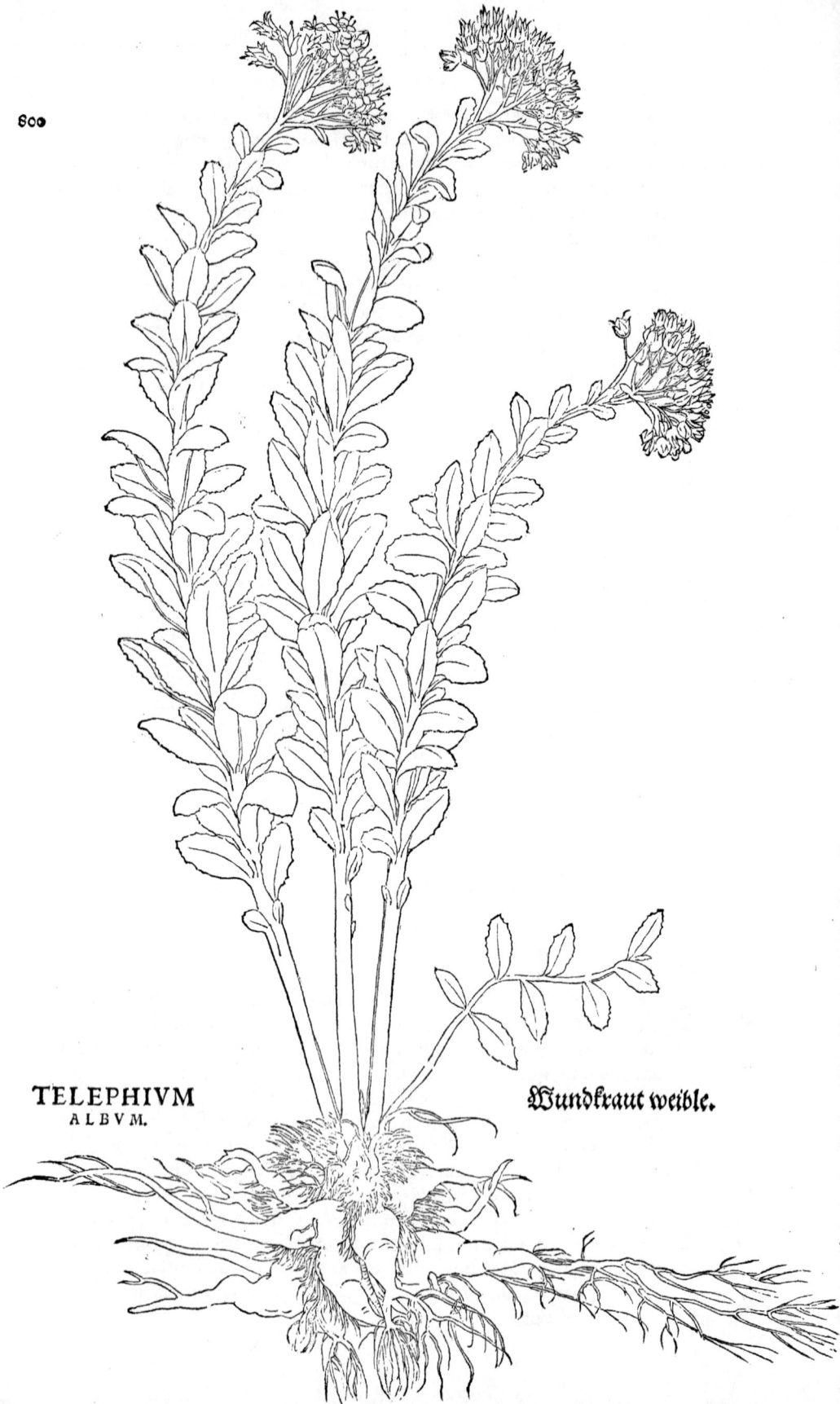

TELEPHIVM
ALBVM.

Wundkraut weible.

TELEPHIVM
PVRPVRASCENS.
Wundkraut mennle.

C

FORMA.

Folijs & caule Portulacæ similis herba Telephium. Alas binas in singulis foliorum geniculis inhærentes habet. Ramuli à radice seni septeníue prodeunt, referti folijs cœruleis, crassis, glutinosis, carnosis: flores illi lutei, uel albi, uel purpurascentes: radix ima, quod Dioscorides omisit, innumeris tuberibus scatet. Non est autē cur diuersum Telephiū hoc nomine ab ea herba, quam herbarij hodie Crassulam maiorem nominant, suspicemur, cum omnes reliquæ notæ à Dioscoride cōmemoratæ, illi adamussim conueniant. Et solenne certè est Dioscoridi ut multas notas, in his potissimū herbis quæ ipse non uidit, atqueadeo ex aliorū fide pingit, easq; maximè quidem necessarias omittat, & silentio transeat. Quibus etiā accedit locus natalis, & facultates Telephij, quæ eædem sunt cum ijs quæ Crassulæ maiori recentes herbarij adscribunt. Sunt qui alterum acetabulū esse putent, quorum sanè sententiam non admodum absurdam esse iudico.

LOCVS.

Nascitur inter uites, locis cultis & incultis humidis.

TEMPVS.

Vere statim prosilit, Iulio autem & Augusto mensibus floret.

TEMPERAMENTVM.

Telephiū exiccat ordine secundo intenso, aut certè principio tertij, nō tamen insigniter calida, uerum in hoc forsan quispiam ipsum primi esse ordinis censeat.

VIRES. EX DIOSCORIDE.

Folia senis horis illita, albas uitiligines sanant: sed oportet postea hordeacea farina illinere locum. Quinetiā alphos tollunt cum aceto in sole inuncta. Sed ubi inaruerint, absterguntur.

D

EX GALENO.

Telephiū detergendi & exiccandi facultate est præditū: proinde ad putrida ulcera conuenit, & leucas & alphos cum aceto sanat.

EX PLINIO.

Illinitur lentigini, & cum inaruit teritur. Illinitur & uitiligini, ternis ferè mensibus senis horis noctis aut diei, postea farina hordeacea illinitur. Medetur & uulneribus & fistulis.

APPENDIX.

Recentiores herbarij sua Crassula maiori in curandis uulneribus, & sistendo sanguinis profluuio utuntur, ut eandem esse cum Telephio uel hoc saltem nomine nemo dubitare debeat. Magnam autem efficaciā habere in internis potissimū uulneribus & ulceribus, mirificeq; herniosis prodesse ijdem tradunt.

DE TRINITATIS HERBA.

CAP. CCCIX.

NOMINA.

Iouis flos. *Herba Trinitatis unde dicta.* *Iacea.*

QVO nominè priuatim planta hæc Græcis aut Latinis appellata sit medicis, ignorare me fateor. Constat tamen Violæ inodoræ genus esse, & mea quidem sententia Iouis florem. Vulgus à triplici colore floris, herbam Trinitatis nominat. Sunt qui Iaceam, & herbam clauellatā appellent. Germani Dreyfeltigkeyt blůmen / & Freyschamkraut uocant.

FORMA.

Herba hæc folio est initio rotundo, per ambitum serrato, processu temporis oblongiore, cauliculo triangulo, intus cauo, leuiter striato, ex interuallis geniculato, prodeuntibus ex alarum sinu pediculis longis, in quibus summatim elucent flores figura

HERBA TRI
NITATIS.

Trcyschamkraut.

C figura & specie uiolarum purpurearũ, superiore parte purpurei, in medio candidi, inferiori uerò lutei, radijs quibusdam nigris distincti. Quibus decidentibus semina protuberant.

LOCVS.

Sua sponte in aruis interdum prouenit. In hortis tamen ut plurimum plantatur, speciosiorq́; nascitur.

TEMPVS.

Vere uiola hæc post purpuream emicat, & tota æstate floret.

TEMPERAMENTVM.

Herba in gustu lentorem quendam, atque modicam acrimoniam seu mordacitatem præ se fert, atque adeo à Symphyti temperamento non admodũ abesse uidetur, id quod etiam ex facultatibus quas illi recentiores tribuunt facilè deprehenditur. Calida itaque & sicca est.

VIRES.

Quum acrimoniæ ratione incidendi uim quampiã habeat, ideo rectè recentiores asthmaticis, pulmonisq́; phlegmonibus prodesse tradunt: collectũ siquidem in thorace & pulmone pus expurgare potest. Hac ratione puerorum etiam comitialibus morbis auxilio esse solet. Cæterũ non parum ad pruritũ & scabiem confert, omniaq́; cutis uitia emendat, idq́; mediocris acrimoniæ & siccitatis ratione. Vlcera etiã, quia uiscositatem obtinet, glutinare potest.

DE TEVTLO. CAP. CCCX.

NOMINA.

D TEYTΛON, ἢ σεῦτλον Græcis, Beta Latinis appellatur. Germanis Mangolt/oder Piessen.
σεῦτλον unde dictum. σεῦτλον autem Græci ab impulsu nominarunt, etenim cultus ratione quadam incrementũ capessit arboris, neque ulli hortensium latitudo foliorũ maior.
Beta cur dicta. Betæ nomen sibi adsciuit, quoniam figuram β literæ græcæ dum semine turget referre uidetur. Nam summitatem in cacumine reflexam obtinet. Id quod testatũ nobis reliquit Lucius Columella in suo carmine de cultu hortorum ita canens:

Nomine tum graio, ceu litera proxima primæ,
Pangitur in cera docti mucrone magistri,
Sic & humo pingui ferratæ cuspidis ictu
Deprimitur folio uiridis pede candida Beta.

GENERA.

Candida Beta. Eius à colore omnes duo genera faciunt, candidam & nigram. Candida alio nomine Sicula, ut Theophrastus libro octauo de historia plantarum, & Plinius libro decimonono, capite octauo, memoriæ prodiderunt, appellatur. Et nunc extrita litera una ferè omnibus nostri seculi medicis
Sicla. Sicla nominatur. Germanicè weisser Mangolt.
Nigra Beta. Nigra ad atrum uidetur tendere colorem, & à Germanis roter Mangolt uocatur.

FORMA.

Caulem habet striatũ, bicubitalem, folium ferè Atriplicis, flores exiguos luteos, semẽ in caulibus copiosum: radicẽ unicam in longum protensam, è cuius lateribus aliæ, modò singulæ, modò binæ, nonnunquã ternæ funduntũ, fibris multis refertæ.

LOCVS.

In hortis passim, & cultis locis nascuntur Betæ.

TEMPVS.

Iulio & Augusto mensibus floribus & semine turgent.

TEMPERA-

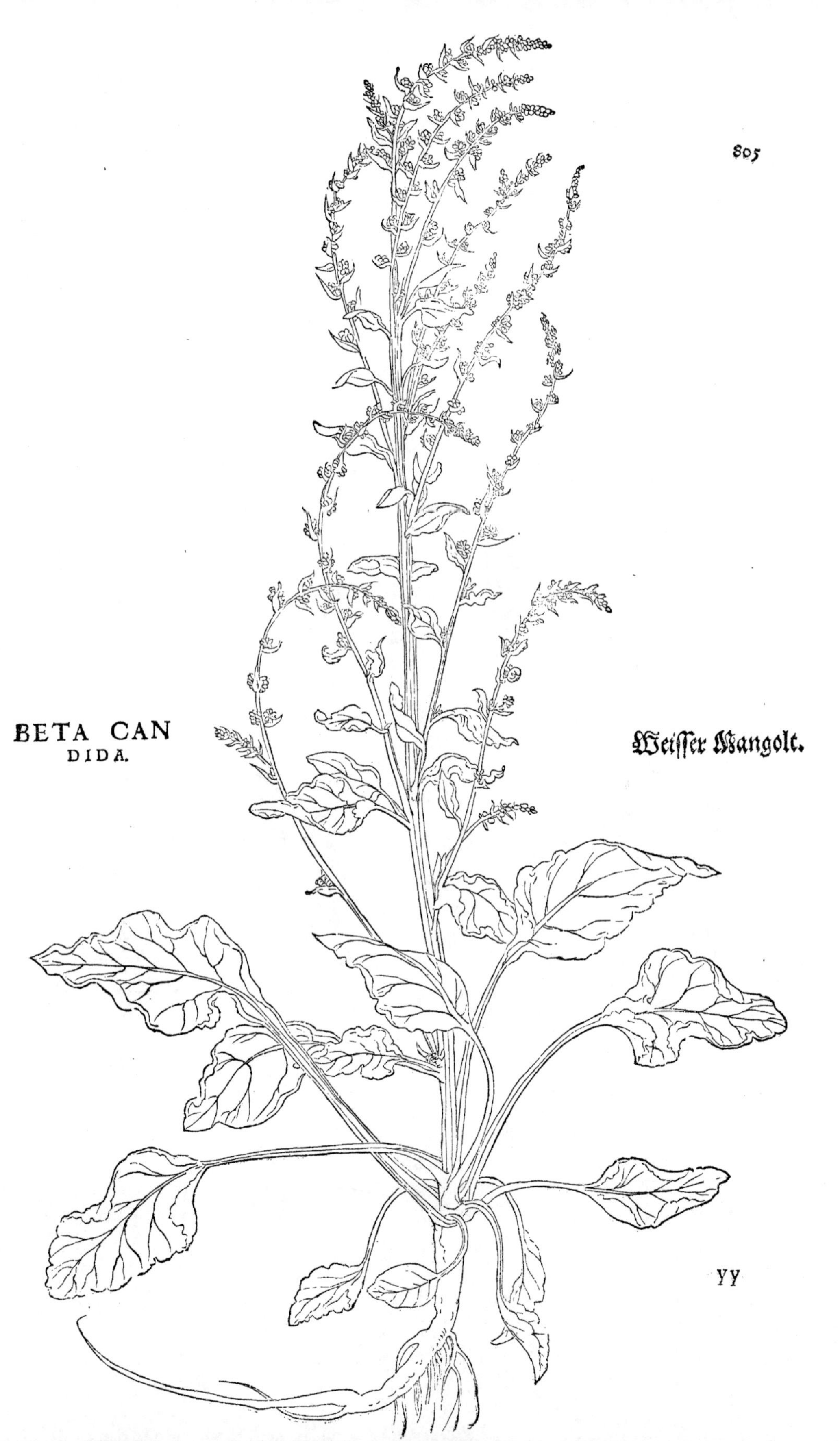

BETA CAN
DIDA.

Weisser Mangolt.

BETA
NIGRA.
Roter Mangolt.

A

TEMPERAMENTVM.

Nitrosa qualitate particeps est. Nigra tamen adstrictionis quippiam adiunctũ habet, & magis in radice quàm in alijs partibus. Symeon Seihi calidam & siccam esse in tertio ordine asserit.

VIRES. EX DIOSCORIDE.

Nigra Beta cum lente cocta aluum efficacius cohibet, multoq́ magis radix. Candida aluo utilis est. Vtraq́ uerò propter nitrosam uim quam habet mali succi est. Vnde succus earum cum melle naribus inditus caput purgat. Auriũ etiam doloribus auxiliatur. Decoctũ radicum & foliorum, furfures & lendes deterget. Perniones fotu mitigat. Crudis folijs alphos nitro prius perfrictos, alopecias prurientes, atq́ depascentia ulcera illini prodest. Cocta exanthematis, erysipelatis, & ambustis medetur.

EX GALENO.

Beta nitrosæ facultatis est particeps, qua tum extergit, tum digerit, & per nares purgat. Cæterum cocta nitrositatẽ omnem exuit, fitq́ facultatis phlegmonis aduersæ, leuiter discutientis. Porrò ad detergendũ digerendumq́ ualidior est Beta alba. Nam nigra adiunctũ habet quippiã adstrictionis, & magis in radice quàm alijs partibus. Betæ itaq́ abstersorius inesse succus conspicitur, adeò ut aluum ad excretionem extimulet, & nonnunquã stomachũ demordeat, præsertim ijs quibus ille sensilior obtigit: eoq́ largius commansa, stomachum infestat. Huius ceu aliorum olerum, exigua est alimonia. Iecoris obstructionibus, quàm Malua, aptius accõmodatur, magis autem ubi cum Sinapi estur, aut aceto. Lienosos item similiter manducata, mirificè iuuat.

EX PLINIO.

B Nec Beta sine remedio est utraq́. Siue candidæ, siue nigræ radix recens & madefacta, suspensa funiculo, contra serpentiũ morsus efficax esse dicitur. Candida Beta cocta, & cum Allio crudo sumpta, contra tineas. Nigræ radices ita in aqua coctę, pruriginẽ tollunt, atq́ in totum efficacior esse traditur nigra. Succus eius capitis dolores ueteres & uertigines, item sonitum aurium sedat, infusus ijs. Ciet urinã. Medetur dysentericis iniecta, & morbo regio. Dolores quoque dentium sedat illitus succus. Et contra serpentium ictus ualet, sed huius radici duntaxat expressus. Ipsa uerò decocta, pernionibus occurrit. Albę succus epiphoras sedat, fronte illita. Aluminis pauco admixto, ignem sacrum. Sine oleo trita licet, adustis medetur. Et contra eruptiones papularum cocta. Eadem contra ulcera quæ serpunt. Illinitur & alopecijs cruda. Et ulceribus quæ in capite manant. Succus eius cum melle naribus inditus, caput purgat. Coquitur & cum lenticula addito aceto, ut uentrem molliat. Validius cocta, fluctuationes stomachi sistit & uentris.

EX SYMEONE SETHI.

Eius succus mediocriter abstergit. Hic etiam uentrem ad effluxũ proritat, & stomachum aliquando uellicat, eorum præsertim qui hunc ualde sensilem obtinent. Quapropter edulium est stomacho infestum, si plurimũ comedatur. Exiguum est eius alimentũ, sicut cæterorũ olerum. Vtilis uerò est ad iecoris obstructiones cum aceto comesta. Pari modo si edatur, & lienis obstructionib. bonum fit medicamentum. Constat autem Beta ex contrarijs facultatibus. Succus enim eius calidus est, uentrem constringit, & sitim affert. Eius uerò corpus crassarum partium, flatuosum, concoctu difficilè & frigidum, uentremq́ sistit, maximè si aqua in qua coctum est, subinde abijciatur.

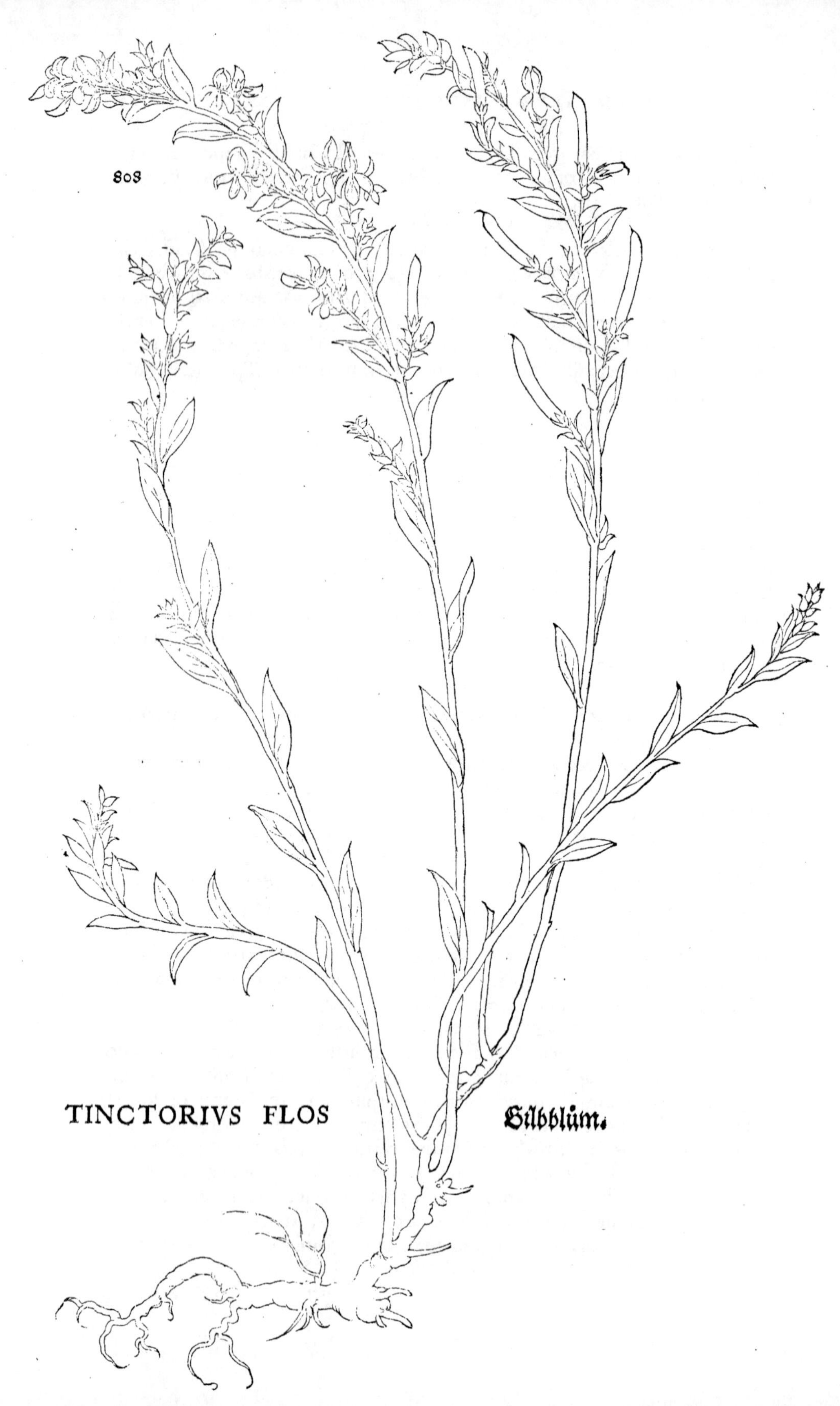

TINCTORIVS FLOS Gilbblům.

A

DE TINCTORIO FLORE.

CAP. CCCXI.

NOMINA.

AN herba hæc ueteribus cognita fuerit nondum compertũ habemus: quapropter ad germanicam alludentes appellationẽ, Tinctoriũ florem interim dum certius nomen nacti fuerimus, nominabimus. Germani Gilb oder Streich oder Ferbblůmen/ quod florũ illius in tingendis libris & alijs quibusdam usus sit, nuncupant. Sunt qui Ackerpfrimmen uocant.

FORMA.

Genistæ non admodũ dissimilis est hæc herba: ramos enim herbaceos, ut illa habet, ac scabros, folia tamen paulò longiora & latiora, ad Hyssopi ferè formam accedentia, florem luteum, Piso similem, semen in siliquis Lenticulæ haud absimile, radicem planè ligneam.

LOCVS.

Prouenit locis altis, incultis & aridis, atque pratis nonnullis.

TEMPVS.

Floret Iunio & Iulio mensibus, atque deinceps semina profert.

TEMPERAMENTVM.

Amara est, haud aliter quàm Genista, ut calefacere illam & siccare in altero ordine sit euidentissimum.

VIRES.

Vt forma & temperamento Genistę similis est, sic etiam facultatibus hauddubiè eidem respondet. Has igitur suo loco reperies.

B

DE TORDYLO. CAP. CCCXII.

NOMINA.

ΤΟΡΔΥΛΟΝ, ἢ τορδύλιον, ἢ σέσελι κρητικὸν Græcis: Tordylon & Tordylion, & Seseli Creticũ Latinis, Paulus Gordylion appellat. Germanis Beerwurtz dicitur, ut suprà in capite de Dauco quoque diximus. Nam cum Dauci semen hirsutum sit, utcunque cætera respondeant, hoc uerò minimè, non est cur Daucum esse credamus. *Seseli Creticum.*

FORMA.

Fruticosa est herbula, semen habens rotundũ, geminatum, clypeo simile, subacre & odoratum. Quæ sanè omnes notæ huic herbæ, quæ à Germanis Beerwurtz dicitur, respondent, ut eius pictura, quam in capite de Dauco reperies, abundè docet. Hanc autem propter radicum similitudinẽ inter Daucorum effigies habere locum uoluimus.

LOCVS.

Nascitur in Amano Ciliciæ monte. In multis etiam Germaniæ nostræ locis copiosissimè prouenit.

TEMPVS.

Iulio mense floret, ac subinde semen profert.

TEMPERAMENTVM.

Calfacit & exiccat, ut ex facultatibus eius abundè colligere licet.

VIRES. EX DIOSCORIDE.

Potum eius semen contra urinæ difficultatẽ, & ducendis mensibus prodest. Succus uerò caulis seminisque adhuc uirentis trium obolorum pondere haustus decem diebus in passo, nephriticos sanat. Efficax etiam radix: cum melle siquidem lincta, quæ in thorace sunt educit.

C

EX PAVLO.

Gordylon alij Seseli appellant, urinæ & mensibus ducendis habile. Radix ipsius ex melle lincta, quæ in thorace hærent, educit.

EX PLINIO.

Combusta potu ciet menses, & pectoris excreationes, efficaciore etiamnum radice. Succus eius ternis obolis haustus renes sanat. Additur radix eius & in malagmata.

DE TITHYMALIS. CAP. CCCXIII.

NOMINA.

ΙΘΥΜΑΛΟΣ, ἢ τιθυμάλλον Gręcis, Lactaria herba, & Lactuca caprina aut marina Latinis, barbaris & officinis Esula, Germanis Wolffsmilch dicitur. *Lactaria herba cur nominata.* Lactariã autem herbam cõmuni appellatione, ob cõmune omnibus lac, uniuersum hoc genus uocauerunt. Lactucam uerò ob eandem *Lactuca caprina quare uocata.* causam, quia scilicet ex hac herba haud secus atq; ex Lactuca secta lac fluit. Caprinam, quod capræ Tithymalis uescantur.

GENERA.

Septem sunt, Dioscoride & alijs ueteribus testibus, Tithymalorum genera. *Characias.* Primus Characias, id est, uallaris dicitur, quod uallis septisq; muniendis idoneus sit. *Myrsinites.* Secundus Myrsinites, à Myrti foliorũ figura: aut à nucibus, quibus similẽ fert fructum, Caryites nominatur. Hunc fructum sunt qui Nucem uomicam, Germanis *Paralius.* Kronäglin uocatam, esse putent. Tertius Paralius, id est, marinus, quod in mari- *Helioscopius.* timis nascatur, appellatur. Quartus Helioscopius, hoc est, solisequus, quia eius co- D ma ad solis cursum circumagitur, nominat̃: germanicè Sonnenwendede Wolffs- *Cyparißias.* milch uocari potest. Alijs nominatur groß Wolffsmilch. Quintus Cyparissias à Cupresi similitudine nuncupatur. Germanicè cypressene Wolffsmilch nominari *Dendroides.* potest. Sextus Dendroides, à ramorũ copia dicitur. Septimus Platyphyllos, id est, *Platyphyllos.* latifolius, à latitudine foliorũ nominatur. Germanicè breytbletterte Wolffsmilch/ alij groß Teuffelßmilch uocant. Nos ex ijs generibus tria tantum depicta damus, quod reliqua uidere nondum nobis licuerit. Proferent fortè alij longè plura.

FORMA.

Nos ea tantum genera quorum picturas exhibemus, omissis alijs, describemus. *Helioscopius.* Helioscopius itaque Portulacæ similia folia obtinet, tenuiora tamen atque rotundiora. Ramos autem à radice prodeuntes quatuor aut quinque mittit, dodrantales, tenues & rubentes, copioso lactis liquore plenos. Caput huic est Anetho simile, & semen ueluti in capitulis inclusum. Circumagit̃ huius coma cum sole, unde & *Cyparißias.* Helioscopij nomen accepit. Cyparissias caulem emittit dodrantalem, aut maiorem, subrubrum, ex quo germinant folia pini similitudine, teneriora tamen ac tenuiora. Et in uniuersum pino nuper natæ similis est, unde & nomen traxit. Abun- *Platyphyllos.* dat hæc etiam succo candido Platyphyllos Verbasco similis est, longioraq; reliquis folia habet.

LOCVS.

Helioscopius in ruderibus potissimum, & circa oppida nascitur. Cyparissias in campestribus frequentissimus occurrit. Platyphyllos uerò in syluis.

TEMPVS.

Semẽ Tithymalorũ autumno legitur, succus uerò incipiente pomorũ lanugine.

TEMPERAMENTVM.

Vincentem habent acrem calidamq; facultatẽ, inest uerò & amaritas. Ex quarto itaque calefacientium sunt ordine, & ualenter desiccant.

VIRES.

TITHYMALVS HELIOSCOPIVS.

Sonnenwendede Wolffsmilch.

TITHYMALVS
CYPARISSIAS.

Cypressene Wolffsmilch.

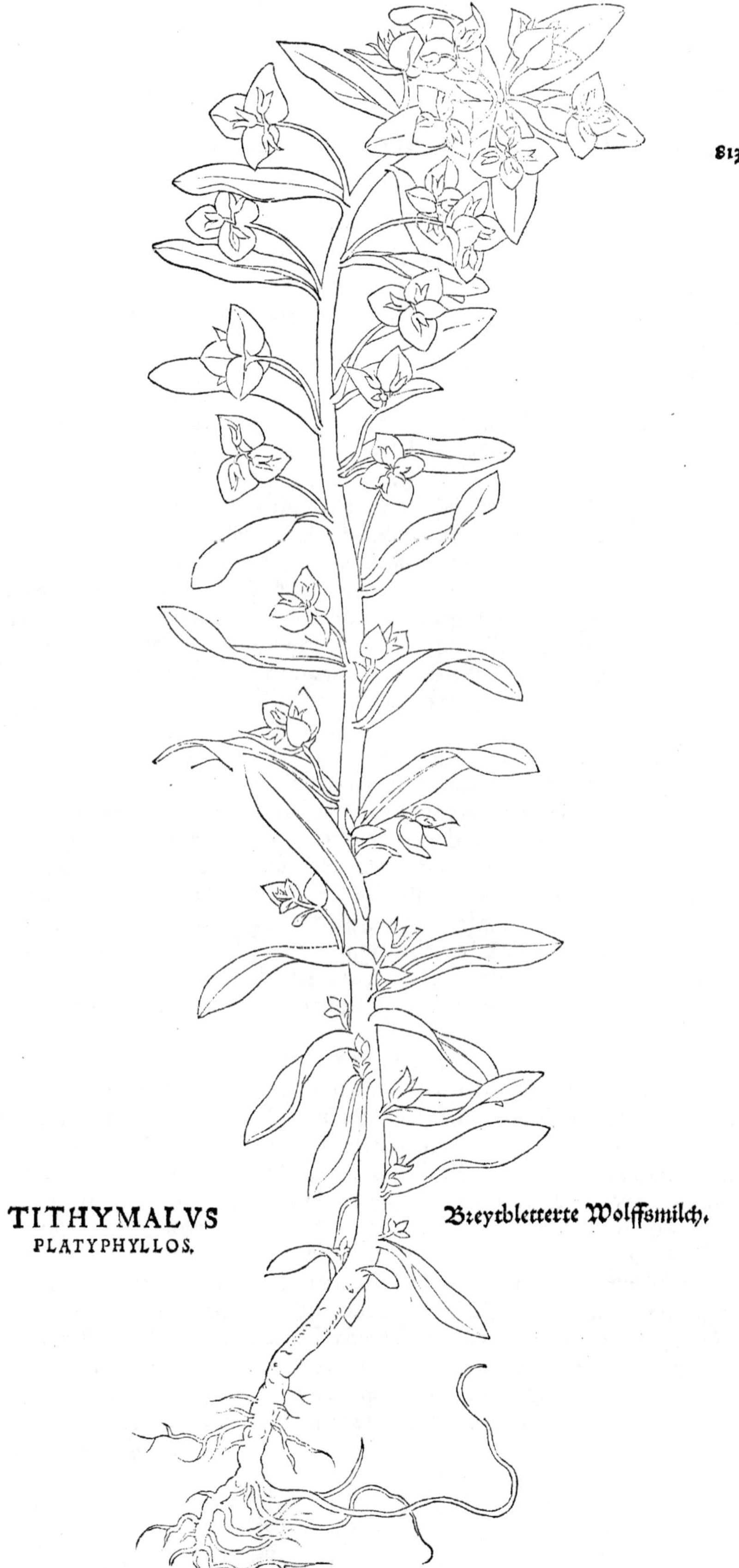

TITHYMALVS PLATYPHYLLOS.

Breytbletterte Wolffsmilch.

VIRES. EX DIOSCORIDE.

C Vim habet Characiæ liquor lacteus aluum per inferna purgandi, pituitã & bilem ducens, duorum oboloru͂ pondere ex posca sumptus. Cum melicrato autem uomitum cit. Appetente uindemia lacteus colligitur liquor. Depilat liquor hic recens ex oleo in sole inunctus, renascentesq́ flauos & exiles efficit, tandemq́ omnes destruit. Cauernis dentium inditur, leuatq́ dolores: sed cera dentes oblinendi, ne effluens fauces aut linguam uitiet. Idem inunctus myrmecias, acrochordonas, thymos & impetigines tollit. Valet etiam aduersus pterygia, carbunculos, phagedænas, gangrænas, fistulasq́. Semen & folia eadem lacteo succo præstant, dimidij acetabuli pondere pota. Radix drachmæ pondere cum hydromelite inspersa & pota, per inferna purgat. Decocta cum aceto, colluto ore, dentiu͂ dolori auxiliatur. Helioscopius eandem priori uim habet, non tamen usqueadeo intentã. Nec diuersam facultatem obtinent Cyparissias & Platyphyllos.

EX GALENO.

Validissimus Tithymaloru͂ liquor est. Secundu͂ locum tenet semen & folia. Sed & radix earundem facultatum particeps est, sed non ex æquo. Sanè ipsa cum aceto decocta dolores dentiu͂ sanat, maximè qui illis erosis proueniu͂t. At liquores ut qui ualentiorem uim habeant, in foramina quidem ipsa dentium induntur. Cæterum si aliam corporis partem contigerint, continuò adurunt, ulcerantq́: quapropter foris illis cera circunlinitur. Sic pilos quoque succus inunctus tollit. Porrò quum uehementior sit, oleo miscetur: & si id sæpe fiat, tandem prorsus radices pilorum adustæ corrumpen͂t, corpusq́ depile reddetur. Eadem facultate myrmecias, acrochordonas, pterygia & thymos auferunt, detergentq́ lichenas & psoras, quia scilicet abstergendi illis facultas inest, propter amaritudin͂e. Pręterea ulcerum phagedænica, D anthracωde & gangrænωde, quia ualenter calefaciunt & abstergunt, si in tempore & moderatè quis utatur, iuuare poterunt. Verumenimuero & fistularu͂ callos, eadem facultate adimunt. Porrò hæc omnia genere quidem similiter, imbecillius tamen & folia & fructus præstare possunt. Quibus sanè & ad pisces in aqua stagnali capiendos uti assolent. Celerrimè nanque ab illis in uertiginem acti, ac semimortui redditi, ad aquæ superficiem feruntur. Cæterum quum septem sint eorum genera, ualentissimus est quem Characiam nominant, & Myrsinites, & qui in petris nascitur ad modum arboris: deinceps qui Verbasco adsimilis est, & Cyparissias: pòst Paralius, denique Helioscopius. Proportione uerò comprehensæ illorum facultatis & cinis & lixiuium erit.

EX PLINIO.

Tradunt toties purgari hydropicos fico sumpta, quot guttas lactis Characię exceperit. Est & semen in usu cum melle decoctum ad catapotia soluendæ alui gratia. Semen & dentium cauis cera includitur. Colluuntur & dentes succo radicis decoctæ in uino aut oleo. Illinunt & lichenas succo, bibuntq́ eum ut purgent uomitiones, & aluo soluta, aliàs stomacho inutilem. Trahit pituitã sale adiecto in potu, bilem aphronitro. Si per aluu͂ purgari libeat, in posca: si uomitione, in passo aut aqua mulsa. Media potio tribus obolis constat. Ficos à cibo sumpsisse melius est. Fauces urit leniter. Est enim tam feruentis naturæ, ut per se extrà corpori impositu͂, pustulas igniu͂ modo faciat, & pro caustico in usu sit. Helioscopius trahit bilem per inferna in oxymelite dimidio acetabulo. Cæteri usus qui Characiæ. Cyparissiæ eadem uis quæ Helioscopio aut Characiæ. Platyphyllos pisces necat, aluum soluit, radice uel folijs, uel succo in mulso, aut aqua mulsa drachmis quatuor. Detrahit priuatim aquas.

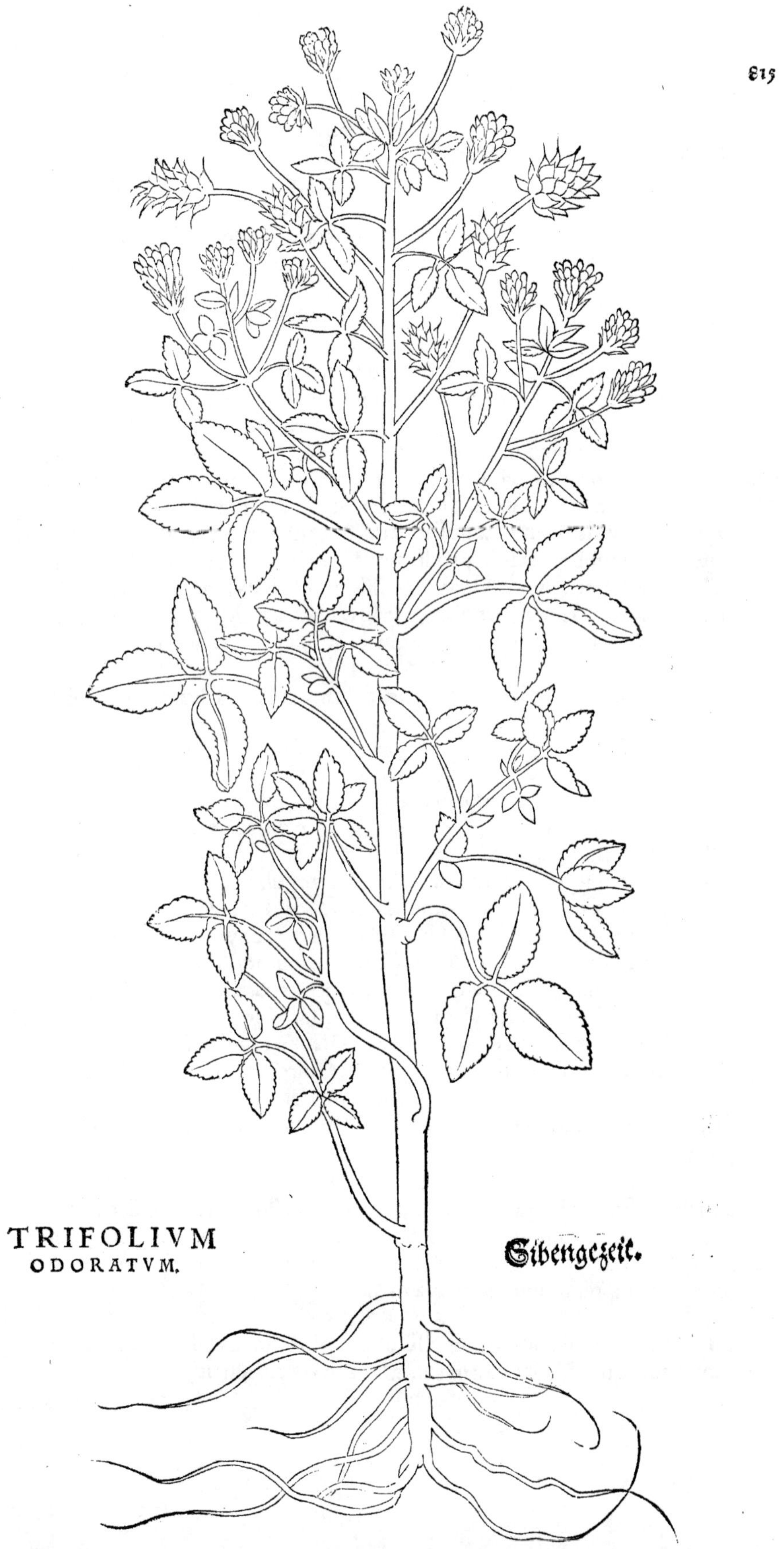

TRIFOLIVM
ODORATVM.

Sibengezeit.

C

NOMINA.

Trifolium odoratum cur dictum.

ΤΡΙΦΥΛΛΟΝ Græcis, Trifolium odoratũ Latinis, officinis simpliciter Trifoliũ dicitur. Germanis Sibengezeit/propterea quod singulis diebus septies odorẽ suum habeat, & toties etiam amittat, quandiu in horto creuerit. Decerptum enim & exiccatum, odorem suum perpetuò retinet. Qui certè pluuiosa temporis constitutione ac tempestate instante multò uehementior est, sic sanè ut totas ædes, in quibus hæc herba reposita est, odore suo compleat. Potest etiam appellari cõmodissimè wolriechender Klee.

FORMA.

Frutex est cubito altior, uirgas habens tenues, nigris, iunceisq́ adnascentijs multis præditas, in quibus folia Loto arbori similia sunt, terna in singulis germinationibus. His recens enatis odor Rutę inest, auctis uerò iam, bituminis. Florem emittit purpureum, semen modicè latum & subhirsutũ, ex altero extremo apicem obtinens. Radix illi tenuis, longa, ualida. Ex qua quidem deliniatione satis constat herbam, cuius picturam damus, esse Trifolium odoratum: siquidem cubito altior est, caules tenues obtinens, unde ramusculi multi nigricantes quodammodo, ac iuncei oriuntur, qui singuli terna folia producunt odorata. Flores etiam habet in purpureo cœruleos. Semen quoq́ Milio haud dissimile in folliculis modicè latis, pilosis, & in summitate aculeum habentibus, profert. Radicem deniq́ longam, candidam ac ualidam habet, ut prorsus nihil sit quod descriptioni non respondeat.

LOCUS.

Sponte sua in Germania non prouenit. Satum uerò nulla difficultate prodit.

TEMPUS.

D Iulio mense floret, ac subinde semen producit.

TEMPERAMENTUM.

Calidum est & siccum in tertio ordine.

VIRES. EX DIOSCORIDE.

Semen & folia in aqua pota lateris dolore laborantibus, difficultati urinæ, comitialibus, incipienti aquæ inter cutem, uuluæq́ strangulationibus auxiliantur. Menses etiam ducunt. Oportet autem seminis tres, foliorũ uerò quatuor drachmas dare. Succurrunt & uenenatorũ morsibus folia trita cum oxymelite & pota. Referũt quidam, si totius fruticis, radicis & foliorũ decocto foueantur facti ex serpentiũ morsibus dolores, eos mitigari. Si uerò alius ulcus habens eodem illo decocto quo quispiam sanatus fuerit foueatur, eadem sentit quæ morsi à serpentibus. Dant quidam etiã in tertianis bibenda folia eius tria, aut totidẽ semina cum uino, in quartanis autẽ quatuor, ueluti quæ circuitus soluere possunt. Miscet̃ uerò eius radix & antidotis.

EX GALENO.

Triphyllum potum laterum dolores ab obstructione natos iuuat, urinã & menses prouocat.

EX PLINIO.

Trifolium scio credi præualere contra serpentiũ ictus & scorpionũ, ex uino aut posca, seminis granis uiginti potis, uel folijs, & tota herba decocta, serpentesq́ nunquam in Trifolio aspici. Præterea celebratis autoribus cõtra omnia uenena pro antidoto sufficere uigintiquinque grana eius.

APPENDIX.

Debet eius Trifolij odorati usus esse subinde in omnibus officinis, quod mirificè uenenis aduersetur, & ad ulcera malefica sananda perquam utile sit.

DE TRIFOLIO

TRIFOLIVM PRATENSE PVRPVREVM.

Braun Wysenklee.

TRIFOLIVM PRATEN
SE ALBVM.

Weiß Wysenklee.

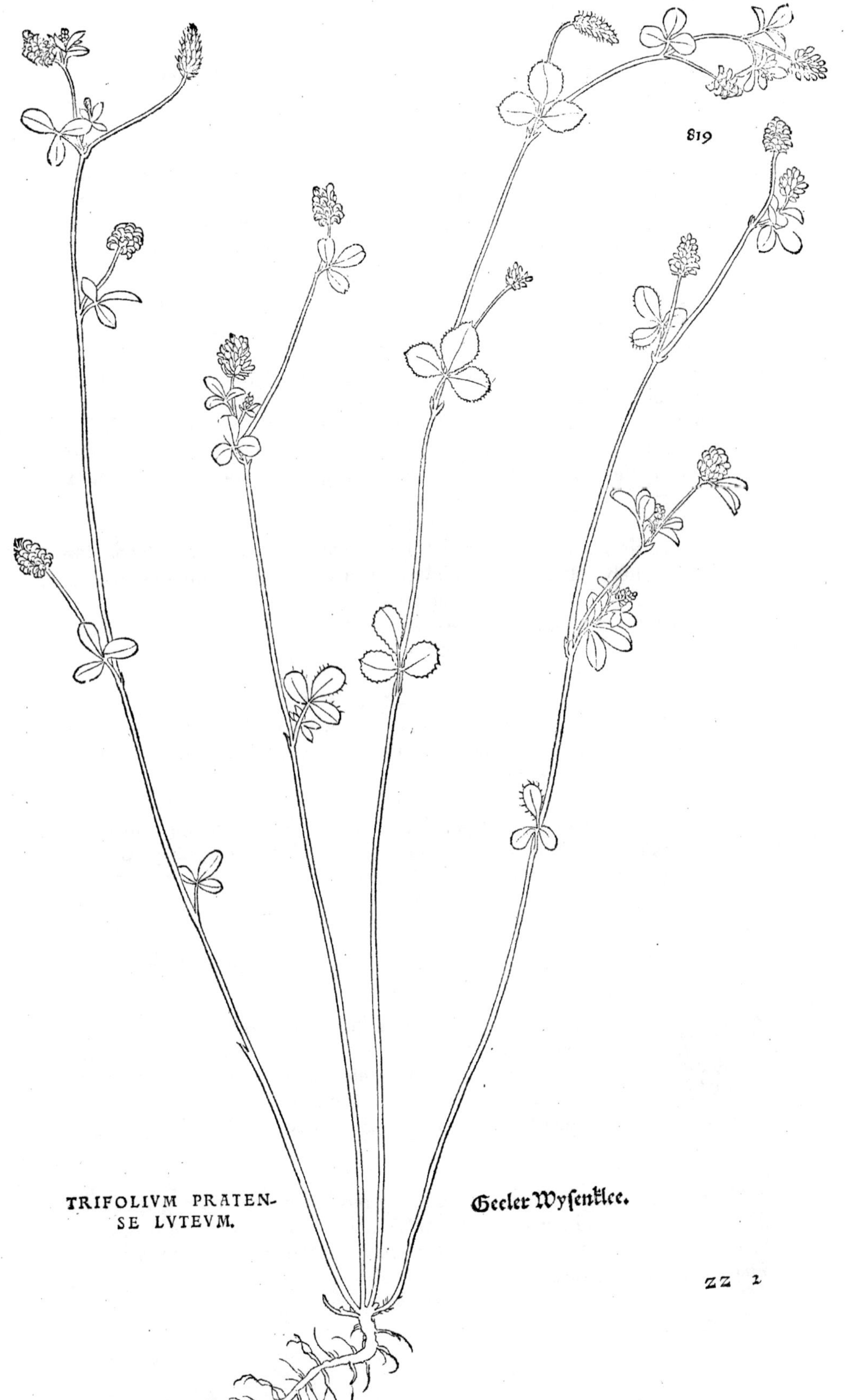

TRIFOLIVM PRATENSE LVTEVM.

Geeler Wysenklee.

C

DE TRIFOLIO PRATENSI.
CAP. CCCXV.

NOMINA.

ΤΡΙΦΥΛΛΟΝ τὸ χορτοκοπείοις γεννώμενον Græcis, Trifolium pratenſe Latinis dicitur. Officinæ latinum nomen retinuerunt, & ſimpliciter Trifolium uocant. Vtendum uerò illis eſſet odorato Trifolio, quemadmodũ altero abhinc capite diximus. Germanis Wyſenklee nominatur.

GENERA.

Tria genera pratenſis Trifolij. Purpureum. Candidum. Luteum.

Tria apud nos paſsim in pratis prouenientia Trifolij inueniuntur faſtigia, quorum primum à floribus purpureis, Trifoliũ pratenſe purpureũ, germanicè braun Wyſenklee / alterum itidem à floribus ſuis candidis, Trifoliũ pratenſe candidum, germanicè weiß Wyſenklee / & tertium luteum, germanicè geel Wyſenklee appellauimus. Quod ad folia ipſa attinet, non admodũ differunt: quoduis enim horum generum tribus conſtat folijs, quæ in primo ſunt latiora & herbacea, in ſecundo autem longiora & anguſtiora, magisq́ palleſcentia candicantiáue. In tertio ſunt minora & rotunda, atque ad Fœnigræci folia accedentia. Sunt qui hoc genus Lagopum eſſe putent. Sed de Lagopo ſuo diximus loco.

FORMA.

Caulem rotundũ, cubitalem obtinent, ramos exiles, folia per interualla tria: flores in ſummo aut purpureos, aut candidos, aut luteos: radicẽ longam & lignoſam.

LOCVS.

Scatent ijs prata omnia, unde etiam nomen nacta.

TEMPVS.

D Florent Maio & Iunio menſibus.

TEMPERAMENTVM.

Adſtrictorię cuiuſdam qualitatis ſenſum in guſtu prę ſe ferunt, non tamen multum admodum, ut nihilominus ſint tenuium partium & exiccatoria, quandoquidem etiam exigua quaſi acrimonia prædita uideantur.

VIRES.

Hauddubiè mediocriter concoquendi & exiccandi uim poſsident, ut non temerè quidam ex recentioribus herbarijs tradant, Trifolia hæc albo muliebri profluuio mirificè conferre. Eadem etiam inflammationibus impoſita, eas cõcoquunt, & ad maturationem perducunt.

DE TRAGOPOGONE. CAP. CCCXVI.

NOMINA.

Hirci barba.

ΤΡΑΓΟΠΩΓΟΝ, ἢ κόμη Græcis nominatur, Latinis Hirci barba, & Coma: officinis ignota eſt herba. Germanis Bockßbart & Gauchbrot dicitur. Hieronymus herbarius Braunſchuuigenſis magno errore hypociſthida in hac herba naſci putauit. Sic autẽ eam Græci uocarunt, quod à calyce eius promiſſæ pendeant barbæ, uel rectius quod lutei illius flores in uolucres barbulas euaneſcant.

Tragopogon cur dicta.

FORMA.

Caulem habet exiguum, longum tamen, & bicubitalem interdum, geniculatũ, folia Croco ſimilia, radicem longam & dulcem, ſupra caulem calycem magnum, & in eius ſummo ſemen nigrũ, florem luteum, qui in caneſcentes barbulas fatiſcit. Hæc etiam cum carpitur lacte manat.

LOCVS.

Sua ſponte in pratis naſcitur.

TEMPVS.

TRAGOPOGON Bocksbart.

C TEMPVS.

Maio & Iunio mensibus floret.

TEMPERAMENTVM.

Dulcedo quæ in radice ac tota ferè planta apparet, satis monstrat eam esse caliditate tepida præditam, & modicè humidam.

VIRES EX DIOSCORIDE.

Herba & cruda & cocta edendo est.

APPENDIX.

Ex recentiorum traditione, & temperamenti ratione, æstuanti stomacho utilis est herba, thoracis & iecoris uitijs, renum item & uesicæ malis. Succus eiusdem mirificè laterum doloribus auxiliatur.

DE TYPHA. CAP. CCCXVII.

NOMINA.

ΤΥΦΗ Græcis, Typha Latinis, officinis inusitata. Germanis Moß/ oder Narrenkolb dicitur. A nonnullis Knospen vnd Ließen.

FORMA.

Foliū profert Cyperidi simile, caulem læuem, enodem, cuius in summo capite flos obducitur densus, euadens in pappum seu lanuginem. Quæ descriptio huic plantæ sic quadrat, ut nulla sit nota quæ reclamet. Folio siquidem Cyperidis erumpit, caule alto, læui, plano, enodi, cuius cacumen densa florum congerie stipatur, & ueluti spissa cingitur lanugine, quæ in pappos tandem euanescit.

LOCVS.

D Gignitur in palustribus & stagnantibus aquis.

TEMPVS.

Iulio mense caulis lanosa floccorū densitate obducitur. Augusto autem in pappos abit, & euanescit.

TEMPERAMENTVM.

Quantum ex uiribus eiusdem colligi potest, non euidenter, potissimū eius flos, calefacit & refrigerat, modiceq; abstergit, atqueadeo exiccat. Quum enim ambustis medeatur, & ambusta, Paulo libro quarto, capite undecimo teste, medicamenta quæ mediocriter citra insignem caliditatem aūt frigiditatem abstergunt, requirant, sequitur hoc quale diximus temperamentum obtinere.

VIRES EX DIOSCORIDE.

Flos eius cum suillo adipe uetusto eloto exceptus ambustis medetur.

DE TVRCICO

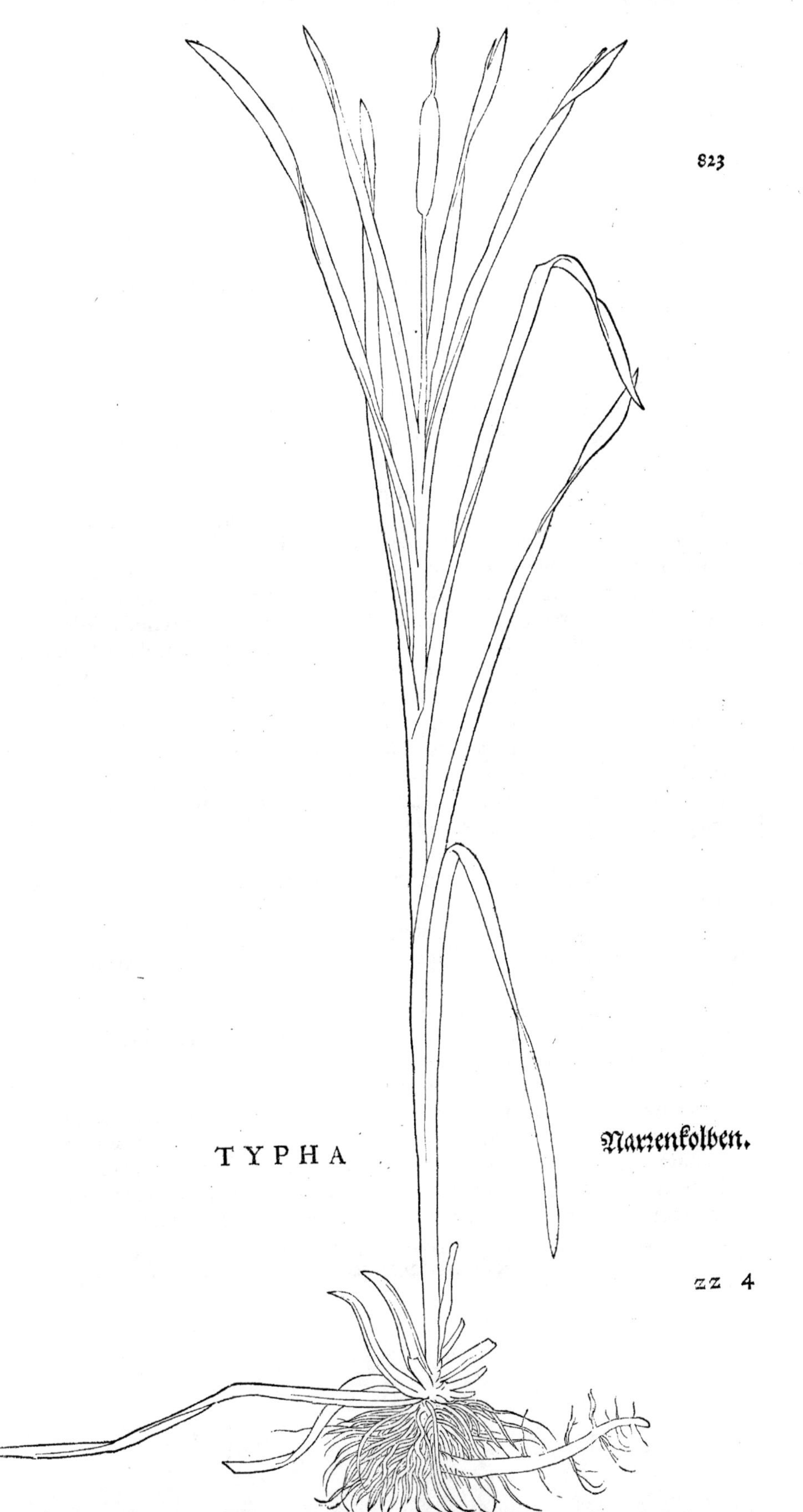

TYPHA

Narrenkolben.

DE TVRCICO FRVMENTO CAP. CCCXVIII.

C

NOMINA.

Turcicũ frumentum cur dictum.

HOC frumentum, ut alia multa, ex eorum est genere quæ aliundè ad nos translata sunt. E Græcia autem & Asia in Germaniam uenit, unde Turcicum frumentum appellatũ est: Asiam enim uniuersam hodie immanissimus Turca occupat. Germani etiã ad loca unde affertur respicientes, Türckisch korn nominant.

GENERA.

Quatuor huius frumenti reperiuntur genera. Quoddã enim grana rufa, quoddam uerò purpurea, aliquod lutea, aliquod subcandida grana profert. Spicarũ seu panicularum etiam in ijs est diuersitas: etsi enim omnes muticæ sint, tamen alia candidos, alia luteos, alia purpureos, prout scilicet grana colorata erunt, flores obtinet. Aliàs, quod ad formam attinet, in ijs nulla est differentia.

FORMA.

Culmum habet crassum, rotundum, altum longúmue, infima eius parte purpureum, geniculis intersectum: folia oblonga & harundinacea, in summitate paniculas, aut spicam muticam, & granis uacuam, instar Secales florentẽ, nunc luteo, nunc candido, nunc purpureo colore, prout fructus quem profert coloratus est. Fructũ uerò & grana triangula, diuersis iam cõmemoratis coloribus tincta, in foliaceis, rotundis ac crassis membranis ac uaginis, quæ è lateribus geniculorum ferè singulorũ prodeunt, contenta obtinent, coaceruata ac penitissimè iuncta, inq; octo aut decem uersus ordine digesta. E fastigio uaginarũ capilli tenues, iam candido, iam luteo, nunc purpureo colore maculati dependent, ut pictura satis ostendit, quæ
D unica quidẽ tibi omnia genera repræsentabit. Hæc in una uagina quatuor tibi granorum colores monstrat, cùm tamen quæuis unius duntaxat coloris grana, nempe aut lutea, aut purpurea, aut rufa, aut subcandida omnia habeat. Quod nos, ne aliquem pictura deciperet, monendum esse duximus.

LOCVS.

E Græcia uel Asia, ut dictum est, primùm ad nos peruenit. Nunc autem passim in omnibus hortis prouenit.

TEMPVS.

Seritur mense Aprili, nec nisi sub finem Augusti & initia Septembris ad maturitatem peruenit.

TEMPERAMENTVM.

Dulcedinẽ & lentorem quendam grana gustu præ se ferunt, ut hauddubiè idem cum Tritico habeat temperamentum.

VIRES.

Cum idem cum Tritico habere uideatur temperamentũ, easdem etiam obtineat facultates necesse est. Grana itaque teruntur in candidissimam farinam, quæ in panificia subinde cogitur. Panis tamen ille lentoris quiddam & obstruentis naturæ habet. Hinc est quod in Asia & Turcia illius nullum in cibo usum esse, nisi cum annonæ premit inopia, dicunt. Cæterum foliorum succum refrigerandi facultatem obtinere tradunt, hinc ad erysipelata utilem admodum esse conijciunt.

TVRCICVM
FRVMENTVM.
Turckisch korn.

C

NOMINA.

Serpyllum Romanum.

Thymus unde dictus.

Θύμος Græcis, Thymus Latinis, herbarijs uulgaribus Serpyllũ Romanum, hauddubiè ab odore quem cum Serpyllo cõmunem habet, dicitur. Officinæ antiquum nomen retinuerunt. Germanis Thym / & Römischer quendel uocatur. Thymus autem Græcis ab excitando, quod θύειν dicunt, nomen inuenit. Nonnullis potius hoc placet etymum, ut Thymos quasi thyæmos, hoc est, sanguinem impellens dicatur.

FORMA.

Thymus surculosus frutex est, minutis multis & angustis folijs circundatus, in summo capitula floribus purpureis referta habens. Ex qua sanè deliniatione omnibus conspicuũ fit, herbam cuius picturam damus esse Thymum. Dodrantalis enim & surculosus frutex est, folijs exiguis, flosculis ex purpura candicantibus, suauissimi odoris, capitella specie complicatarũ formicarum, radice lignosa, enascentias uirides multas obtinente, quibus in terra radicatur.

LOCVS.

Nascitur petrosis & tenuibus locis: neque enim locum pinguem, neq; stercoratum, sed apricum desiderat. Nunc in hortis multis Germaniæ prouenit.

TEMPVS.

Floret serò, quod Theophrastus etiam libro sexto de historia plantarũ, capite secundo testatur, circa Solstitia, cum & apes decerpunt, & auguriũ mellis est.

TEMPERAMENTVM.

Thymus uehementer calefacit. Itaque in calefaciendo & exiccando in tertio ordine statuendus est.

D

VIRES. EX DIOSCORIDE.

Potus cum sale & aceto, pituitã per aluum ducit. Decoctũ eius cum melle orthopnoicis & asthmaticis prodest. Lumbricos uentris, menses, fętus & secundas pellit. Vrinam ciet. Mixtus melle in eclegmate, excreabilia efficit thoracis uitia. Recentia œdemata cum aceto illitus discutit. Sanguinis grumos dissoluit. Thymos & uerrucas pensiles tollit. Ischiadicis cum uino & polenta impositus auxiliatur. Hebetibus oculis in cibo sumptus opitulatur. Vtilis etiã pro condimento in sanitatis usu.

EX GALENO.

Thymus incîdit, & calefacit manifestè: ob id & urinã & menses prouocat, fœtum euellit, & uiscera potus expurgat, educendis ex thorace & pulmone confert.

EX AETIO.

Hæc experimentis de Thymo comperta sunt. Dato ieiunis articulari morbo laborantibus, Thymi aridi minutissimi drachmas quatuor cum oxymelitis cyatho. Bilem enim reliquosq; humores atq; acrem saniem euacuat. Facit & ad uesicæ mala. Ventre inflatis, ubi intumescere cœperint, drachmã unam dato ieiuno cum cochleari aquæ mulsæ. Ad lumborũ coxendicumq; dolorem, laterisq; & thoracis, ac hypochondriorũ suspensiones, ac inflationes, pondere trium drachmarũ cum oxymelite temperato, mensura cochlearij ieiuno exhibeto. Similiter etiam & melancholicis, & mente turbatis, timoreq; detentis drachmas tres cum oxymelitis temperati cochleari præbeto. Dato item ieiunis & ante cœnam aduersus lippitudinẽ, & uehementem oculorum dolorẽ. Præterea contra podagram, etiam quæ motum omnino interceperit, cum uino utilissimè propinatur. Postremò ad tumefactos testes, ieiunis trium drachmarum pondere exhibeatur.

EX PLINIO.

Oculorũ claritati multum conferre existimatur, & in cibo, & in medicamentis. Item diutinæ tussi ecligmate faciles excreationes facere cum aceto & sale. Sanguinẽ concrescere non patitur è melle. Longas faucium destillationes extrà illita cum Sinapi,

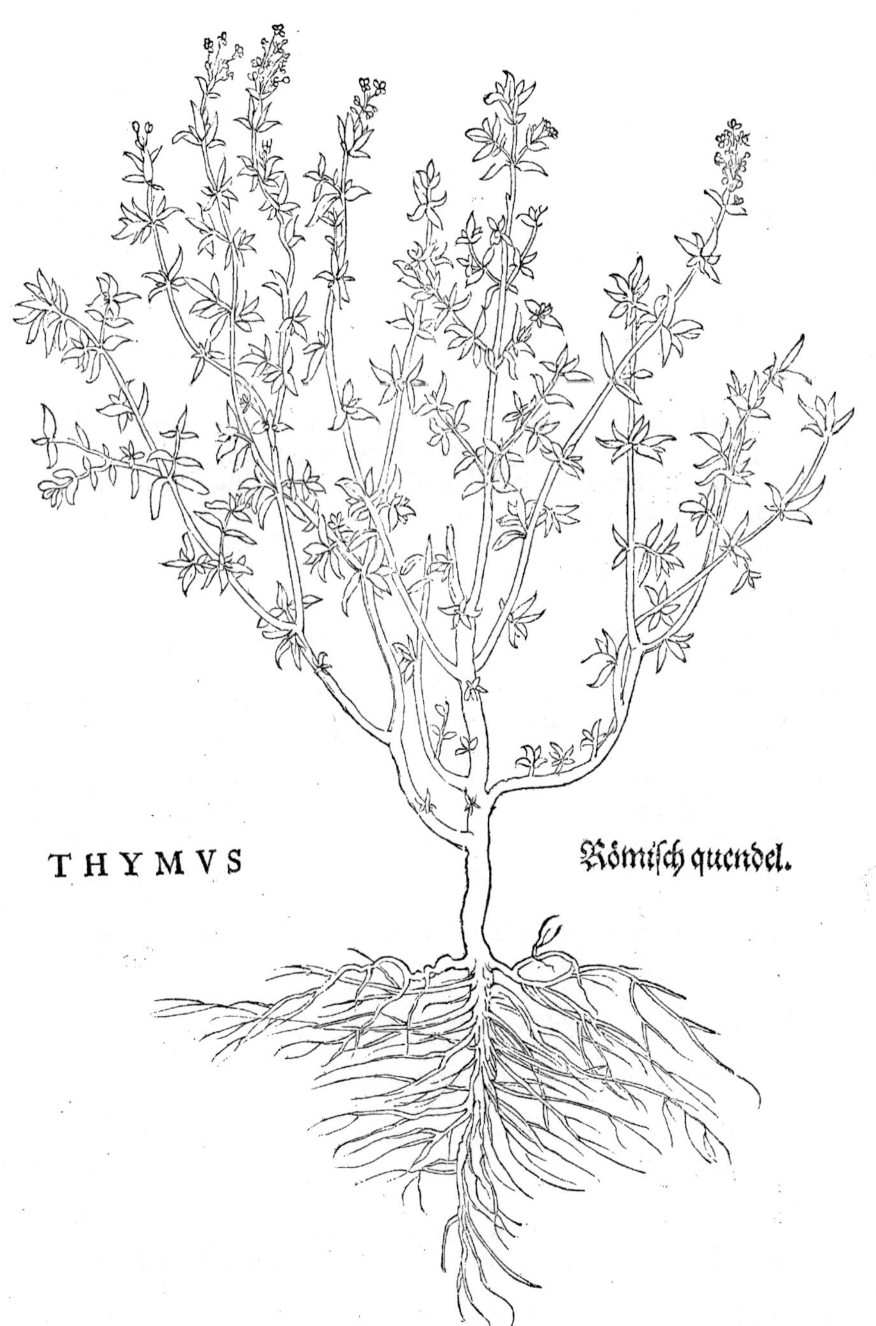

THYMVS

Römisch quendel.

C napi,extenuat:item ſtomachi & uentris uitia. Modicè tamen utendum eſt,quoniã excalfacit, quamuis ſiſtat aluum:quæ ſi exulcerata ſit, denarij pondus in ſextarium aceti & mellis addi oportet. Item ſi lateralis dolor ſit, aut inter ſcapulas, aut in thorace. Præcordijs medentur ex aceto cum melle: quæ potio datur & in alienatione mentis & melancholicis. Datur & comitialibus, quos correptos olfactus excitat Thymi. Aiunt & dormire eos oportere in molli Thymo. Prodeſt & orthopnoicis & anhelationi, mulierumq́ꝫ menſibus retardatis. Vel, ſi emortui ſint in utero partus, decoctum in aqua ad tertias. Viris uerò contra inflationes, cum melle & aceto. Et ſi uenter turgeat, teſtésue aut ueſicæ dolor exigat. E uino tumores & impetus tollit impoſitũ. Item cum aceto, callum & uerrucas. Coxendicibus imponitur cum uino. Articularibus morbis trium obolorũ pondere in tribus cyathis aceti & mellis. Et in faſtidio, tritum cum ſale.

DE TEVCRIO. CAP. CCCXX.

NOMINA.

ΤΕΥΚΡΙΟΝ, ἢ χαμαίδρυς Græcis, Teucrion Latinis appellatur. Officinis ignotum. Germanis groß Bathengel dicitur. Teucrium autem uocatum eſt Græcis pariter & Latinis, quod Teucer Aiacis frater hoc inuenerit. Inuentum uero ab eo ſic tradit Plinius. Quum exta in ſacrificio ſuper id proiecta fuiſſent, lieni adhæſit, eumq́ꝫ exinaniuit. Proinde quod caſus oſtenderat, obſeruatumq́ꝫ à Teucro fuit, ad æternũ humani beneficij decus & famam illi accreuit. Diuerſum tamen hoc Teucriũ ab Hemionitide, quod à Plinio etiam Teucrium appellari diximus. Chamædrys autem nominata eſt hæc herba, quod Chamædry ſimillima ſit, adeò ut uiciſsim etiam Chamædrys hoc nomine, ut ſuo dicemus loco, dicta ſit Teucrium. Maius tamen eſt Teucrium quàm ſit Chamædrys,
D ut meritò Germanis groß Bathengel nuncupari queat.

Teucrium unde dictum.

Teucrium hoc diuerſum ab Hemionitide, quod multi non obſeruant.

FORMA.

Herba eſt uirgæ referens effigiem, Chamædry ſimilis, tenui folio, non multum Ciceri diſsimile. Hæc quanquã breuiſsima ſit Teucrij deliniatio, tamẽ abundè monſtrat herbam hanc, cuius picturã exhibemus, eſſe uerum Teucriũ, cum nihil Chamædry magis ſimile dici queat, ſi diligenter utriuſq; plantæ notas expendas.

LOCVS.

Nuſquam, quod ſciam, ſponte ſua in Germania prouenit. Satum tamen copioſe naſcitur. In Cilicia plurimum habetur.

TEMPVS.

Floret Iunio & Iulio menſibus, ac ſubinde ſemen producit.

TEMPERAMENTVM.

In ſecundo excalfacientium, tertio autem exiccantium exiſtit ordine.

VIRES. EX DIOSCORIDE.

Viride cum poſca potum, aut aridum decoctum ac hauſtum, lienem potenter minuit. Lienoſis cum ficis & aceto illinitur. Venenatorum autem morſibus cum aceto ſine ficis.

EX GALENO.

Teucrium incidendi, & tenuium partium facultatis eſt, quare lienes ſanat.

EX PLINIO.

Recens Teucria in poſca, uel ſicca deferuefacta, potu lienem efficaciter cõſumit. Item ex aqua illinitur. Pota arida & decocta quantum manus capiat, in aceti heminis tribus lieni medetur. Ad uulnus illinitur eadem cum aceto, aut ſi tolerari non poſsit, ex fico uel aqua. Serpentium plagis imponitur cum aceto tantum.

DE HYPE-

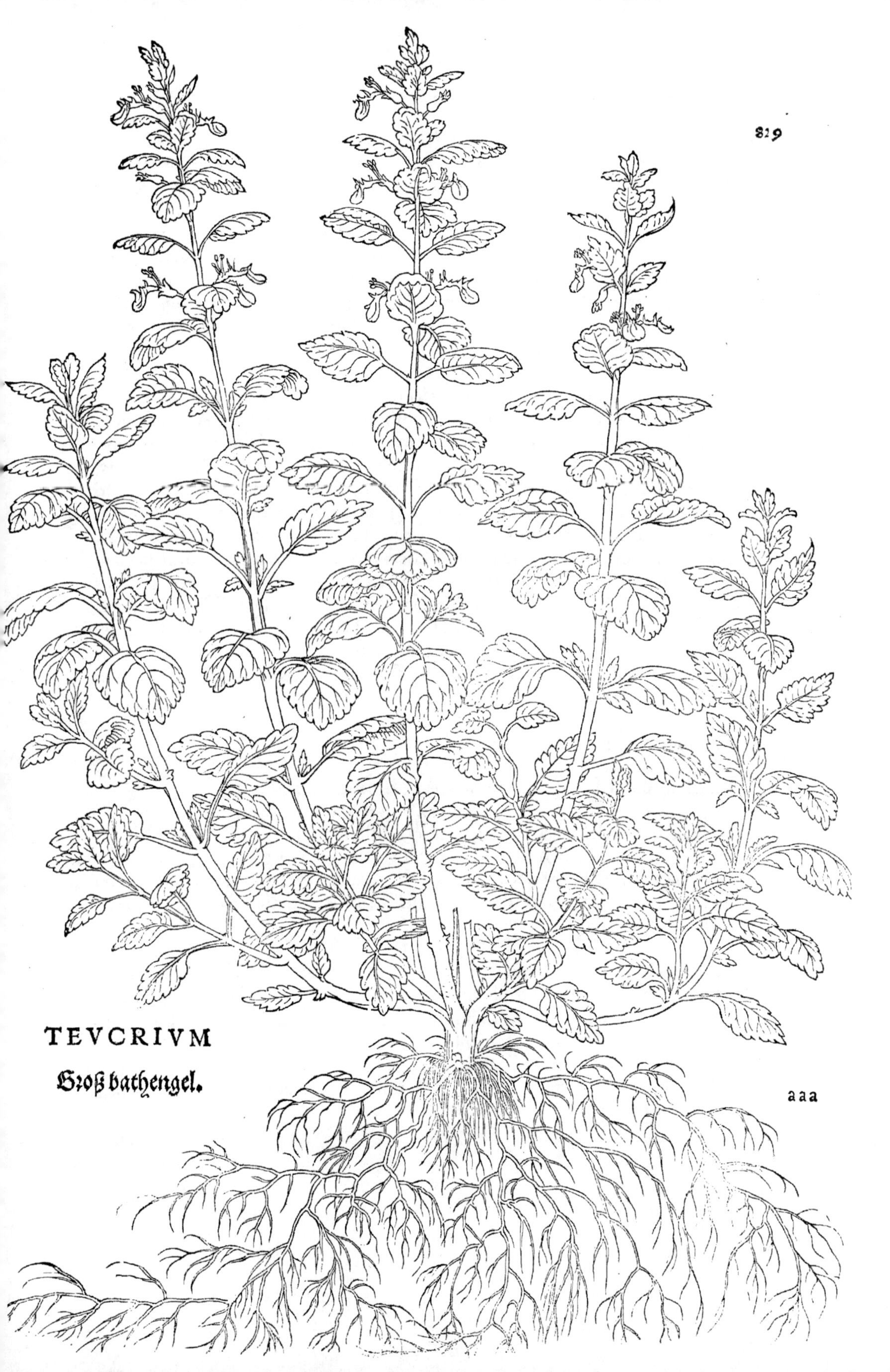

TEVCRIVM

Groß bathengel.

aaa

C

NOMINA.

ΥΠΕΡΙΚΟΝ, ἀνδρόσαιμον, χαμαιπίτυς Græcis, Hypericũ Latinis dicitur. Nomen latinum in officinis seruat. Vulgus herbariorũ Perforatam uocat, quod folia soli obiecta innumeris foraminibus scatere, & omni ex parte punctis quibusdã pertundi uideantur. Herbam quoq; diui Ioannis appellant. Germanis S. Johans kraut nominatur. Androsæmon ob florem eius qui digitis confricatus sanguineũ emittit liquorem, dixerunt. Chamæpitys uerò ab odore seminis resinaceo nominata est. Fugam dæmonũ aliqui, quod superstitione quadam inducti, fugare posse dæmones crediderint, appellauerunt.

Perforata. Androsæmon. Chamæpitys. Fuga dæmonũ.

FORMA.

Folia Rutæ similia habet, surculosus frutex, dodrantalis, rubescens. Florem luteum, qui digitis attritus sanguineum emittit succum, qua ratione Androsæmon, quasi humanum dixeris sanguinẽ, appellatur. Siliquas gerit subhirsutas, in rotunditate oblongas, hordei magnitudine, in quibus semen nigrum, resinam obolens. Cuius nimirum descriptionis notæ ita herbæ illi, quam Perforatam uocant nostri temporis herbarij, respondent, ut nemo nisi prorsus præfracto sit animo Hypericũ esse deinceps reclamare posit. Siquidẽ surculosa est herba, dodrantalis, subrubens, folio Rutæ, flore luteo, quem si digitis libeat terere, manus profectò inuenies sanguineo succo cruentatas. Siliqua denique terete, hordei magnitudine, semine intus nigro, resinam olente. Duo itaq; in Perforata inueniuntur, quæ esse Hypericũ certam tibi faciũt fidem, cruentus nempe floris triti succus, odorq; seminis resinaceus. qui diuersum sentiunt hauddubiè Marcelli Florentini interpretatione falsa seducti sunt, qui flore albo constare Hypericum asserit, cum tamen in Dioscoride sit, ἄνθος ἔχον μήλινον, hoc est, florem luteum habens.

Marcelli Florentini erratum.

D

LOCVS.

Gignitur in cultis, & asperis locis.

TEMPVS.

Aestate floret, Iulio potissimum & Augusto mensibus.

TEMPERAMENTVM.

Hypericum calefacit & exiccat, tenuisq; substantiæ est.

VIRES. EX DIOSCORIDE.

Vrinam cit, menstrua ducit appositũ. A tertianis quartanisq; cum uino potum liberat. Semen quadraginta diebus potum ischiadicis medetur. Folia cum semine illita sanant ambusta.

EX GALENO.

Menses & urinas prouocat: sed ad hæc totus sumendus est fructus, non tantum semen. Cum folijs illitus uiridis ad cicatricem ducit cum alia, tum etiam ambusta. Cæterũ si sicca contusa inspergas, humida & putredinosa ulcera sanabis. Sunt nonnulli qui ischiadicis bibendum exhibent.

EX PLINIO.

Natura semini Hyperici spissandi. Aluum sistit, urinam cit, ad calculos uesicæ cum uino bibitur.

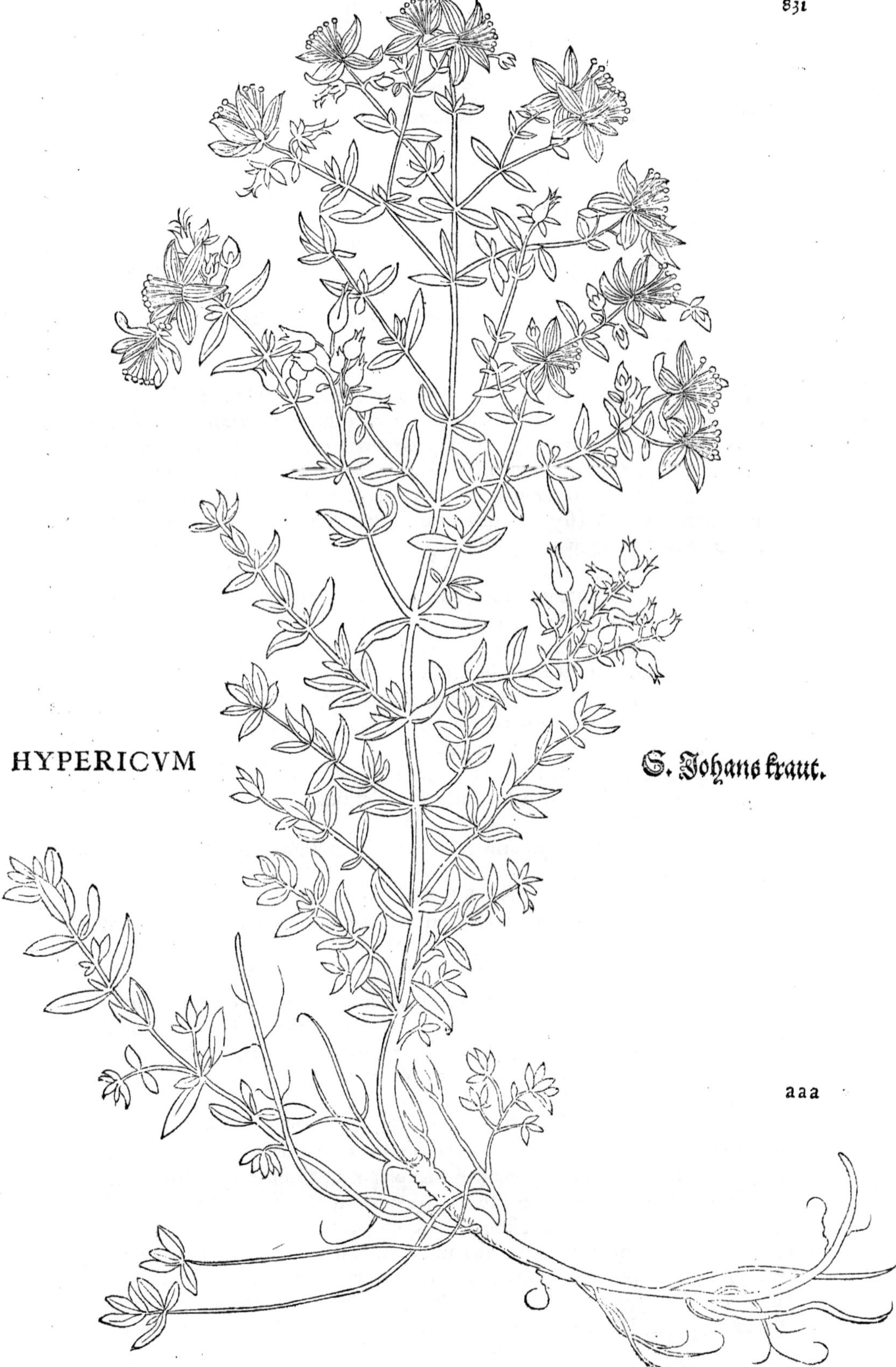

HYPERICVM

S. Johans kraut.

C

NOMINA.

Altercum. Hyoscyamon unde dictum.

ΥΟΣΚΥΑΜΟΣ Græcis, Hyoscyamus, Apollinaris Latinis dicitur. Arabibus Plinius Altercũ uocari testatur. Officinis corrupta uoce Iusquiamus dicitur. Germanis Bilsamkraut/uel simpliciter Bilsen. Hyoscyamon autem Græci uidentur appellare quasi fabam suillam aprinámue, quòd, ut in historia sua Helianus inquit, pastu huius herbę conuellantur sues apriue, præsenti mortis periculo, nisi copiosa aqua statim se foris & intus proluerint. Adeuntq́ aquas non ut proluant se tantum, uerumetiam ut cancros uenentur: ijs enim nactis protinus sanitati restituuntur. Atque hinc est quod à nonnullis etiam Germanis Sewbon nominetur. Apollinarem uerò Latini ab Apolline medicinæ inuentore dixerunt.

Apollinaris.

GENERA.

Niger Hyoscyamus. Flauus. Albus.

Tria sunt Hyoscyami genera. Vnum purpureos fert flores, folia Smilaci similia, semen nigrum, cytinos duros & spinosos. Hoc nigrum herbarij appellant. Alterũ flores luteos ceu mâli effigie, folia & siliquas teneriores, semen subflauũ ceu Irion: flauum uocant. Et hoc est quod pictum damus. Tertium utile ad medicinam, placidissimum existens, pingue, tenerum, lanuginosum, flore & semine candido: album nominant. Quod si uerò illud non adsit, utendum flauo erit. Nigrum ut deterrimum improbandum.

FORMA.

Frutex est caules emittens crassos, folia lata, oblonga, incisa, nigra, hirsuta. Per caulem deinceps flores prodeunt ueluti mâli punici cytini, clypeolis septi, semine, ut Papaueris, plenis. Quid multa? frutex est tristi aspectu, folio lato, longo, pingui,
D hirsuto, uenoso, & laciniato: caulibus crassis, è quorum latere flores prodeunt tanquam mâlorum punicorum cytini, muricatis calycibus, ramos continua serie uestientibus, semine intus Papaueris refertis.

LOCVS.

Primum genus in Galatia nascitur. Alterum passim circa littora, & inter ruinas & rudera prouenit. Tertium in maritimis & ruderibus.

TEMPVS.

Semen nullum nisi postquam inaruerit legendum. Floret ferè per integrã æstatem, potissimum Iulio mense.

TEMPERAMENTVM.

Candidus ex tertio qudammodo ordine refrigerantium est. Reliqua duo genera uenenosa.

VIRES. EX DIOSCORIDE.

Exprimitur succus ex tenero semine, folijs, caulibusq́, in quem usum tunduntur omnia, expressusq́ in sole siccatur. Vsus eius ad annum usq́: facilè enim putrescit. Exprimitur priuatim etiam succus ex arido semine, aqua calida perfuso, tuso & expresso. Est uerò succus liquore prestantior, & magis dolores finit. Herba autem uirens contusa, & trimestri farinæ mixta in pastillos cõformatur & reconditur. Prior uerò succi expressio, & quod à sicco semine exprimitur, collyrijs dolorem lenientibus cõmodè miscetur, & contra acres calidasq́ fluxiones, dolores aurium, & uuluæ uitia. Cum farina autem aut polenta, contra oculorũ, pedum, aliasq́ inflammationes. Semen eadem potest. Facit ad tussim, destillationẽ, oculorum fluxionẽ, uehementes dolores, muliebria profluuia, aliasq́ sanguinis eruptiones, oboli pondere cum Papaueris semine, & aqua mulsa potum. Confert podagris, testibus inflatis, mammisq́ à partu turgentibus, si tritum cum uino illinitur. Miscetur utiliter & alijs cataplasmatis dolorem leuantibus. Folia omnibus medicamentis dolorem sedantibus, per se, & cum polenta mixta utiliter illinuntur. Recentia ad mitigandos omnes

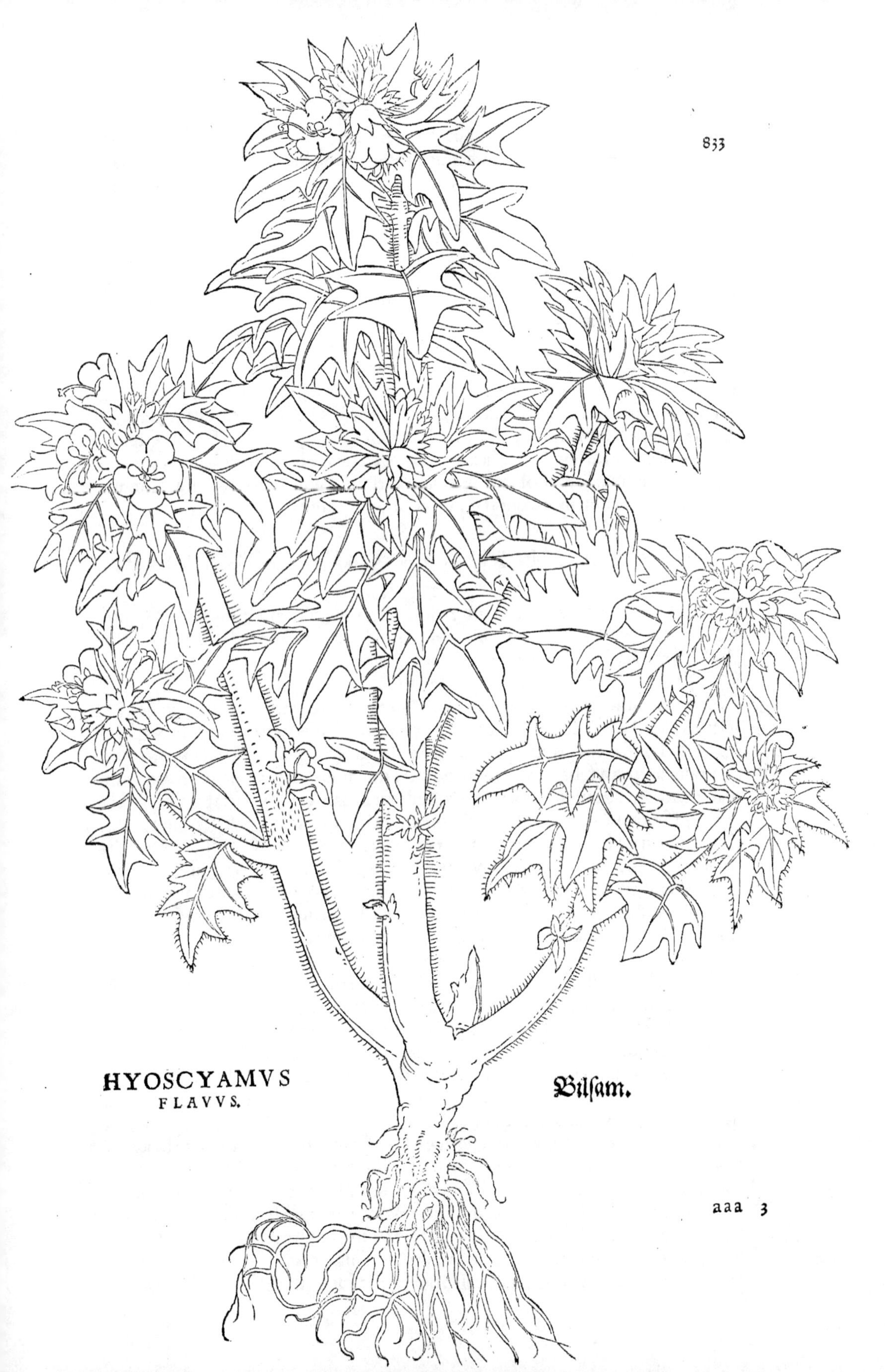
HYOSCYAMVS
FLAVVS.
Bilsam.

C omnes dolores illinunt. Tria aut quatuor cum uino pota, hepialas febres sanant. Decocta olerũ modo, & triblij mensura comesta, mediocrem insaniam gignunt. Idem efficere tradunt, si in colo ulcus habenti quis per clysterem infundat. Radice in aceto decocta, dentes in dolore colluuntur.

EX GALENO.

Hyoscyamus cuius semen atrum est, insaniam & soporem affert. Huic is cui semen mediocriter flauum est propinquam facultatẽ obtinet. Fugiendi autem utrique sunt ut inutiles & uenenosi. Cęterũ cuius semen ac flos candidus est, ad sanationes uel maximè idoneus est.

EX PLINIO.

Hyoscyamũ contra canum morsus ualet, inque uulnera cum melle imponitur. Contusum cum folijs ex uino datur peculiariter contra aspidas. Eius succus sanguinem excreantibus medetur. Nidor quoque accensi tussientibus. Vsus seminis & per se, & succo expresso. Exprimitur separatim, & caulibus folijsque utuntur, & radice, temeraria in totum (ut arbitror) medicina. Quippe etiam folijs constat mentem corrumpi, si plura quàm quatuor bibantur. Etiam antiqui in uino febrẽ depelli arbitrabantur. Et oleum fit ex semine, quod ipsum auribus infusum tentat mentem.

DE HYACINTHO. CAP. CCCXXIII.

NOMINA.

ΥΑΚΙΝΘΟΣ Græcis, Hyacinthus Latinis, officinis incognitus, Germanis Blaw Mertzenblümlin / quod uidelicet cum Viola purpurea in Martio & primo uere erumpat, appellatur.

GENERA.

Albi Hyacinthi.

Duplices sunt Hyacinthi, albi & cœrulei, ut ex hoc Columellę carmine colligi po-
D test: Necnon uel niueos, uel cœruleos hyacinthos. Albos uerò non intelligas prorsus candidos, sed eos potius qui si cum cœruleis cõferas pallescere uidentur, quemadmodũ pictura affabre tibi demonstrat. Germani album fœminã, sicut cęruleum marem uocant. Sunt qui ad ætatem hanc differentiam coloris referre uolunt, quorum ego sententiã ueriorẽ esse existimo: cum enim adolescunt, pallescere incipiunt. Cœruleũ autem Hyacinthũ nostra terra triplicem producit, ut è pictura manifestè cernere licet: maximũ, maiorem, & minorẽ. Minor floribus differt plurimũ à maiore: in illo enim maiores ac patentiores, in hoc autẽ minores & quasi orbiculati sunt flores. Omnibus autem descriptio, ut ex ijs quæ statim subijciemus planũ fiet, pulchrè conuenit, ut hinc congeneres herbas esse conijcere cuiuis liceat.

FORMA.

Folia Bulbo similia habet, caulem dodrantalẽ, leuem, minimo digito tenuiorẽ, uiridem, comam adiacentẽ incuruam, plenam florum purpureorũ, radicẽ & ipsam bulbosam. Hæc certè descriptio ita picturis quas damus quadrat, ut nulla prorsus sit eius nota quæ illas nõ appositissimè exprimat. Folia siquidẽ Bulbi protinus à radice prodeunt, caulis dodrantalis, leuis, & minimo digito tenuior, herbaceus, coma procumbens incurua, plena florum purpureorũ, radix bulbacea. Verũ posset aliquis cauillari, hos quos descripsimus flores non esse Hyacinthos, quod in ijs discurrentibus uenis græcarũ literarum figura ΑΙ, ut Plinius lib. xxi. cap. xi. prodidit, & Poëtæ fabulantur, haud inscripta legatur. Cui sic respondemus: Hyacinthũ, quem Dioscorides & alij historici describunt, diuersum esse ab eo de quo Poëtæ fabulantur. Cuius rei testis est Pausanias, qui refert florẽ qui natus est extincto Aiace apud Salamina, non esse Hyacinthũ, sed literis Hyacintho similem uideri, ex candido rubentem, ac Lilio minorem, quemadmodũ Ouidius, itemque Virgilius describunt. Idem etiam autor Cosmosandalon dici florẽ apud Hermionenses, Trœcenijs confines

Obiectio.

Ouidius xiij. metamor. Ipse suos gemitus folijs inscribit, & αι αι Flos habet inscriptum, funestaque litera ducta est.

Theo Idyll. Νῦν ὑ θε λα σκὲ γρ τα καὶ αἶ αἶ νι τοὶ τάλοι

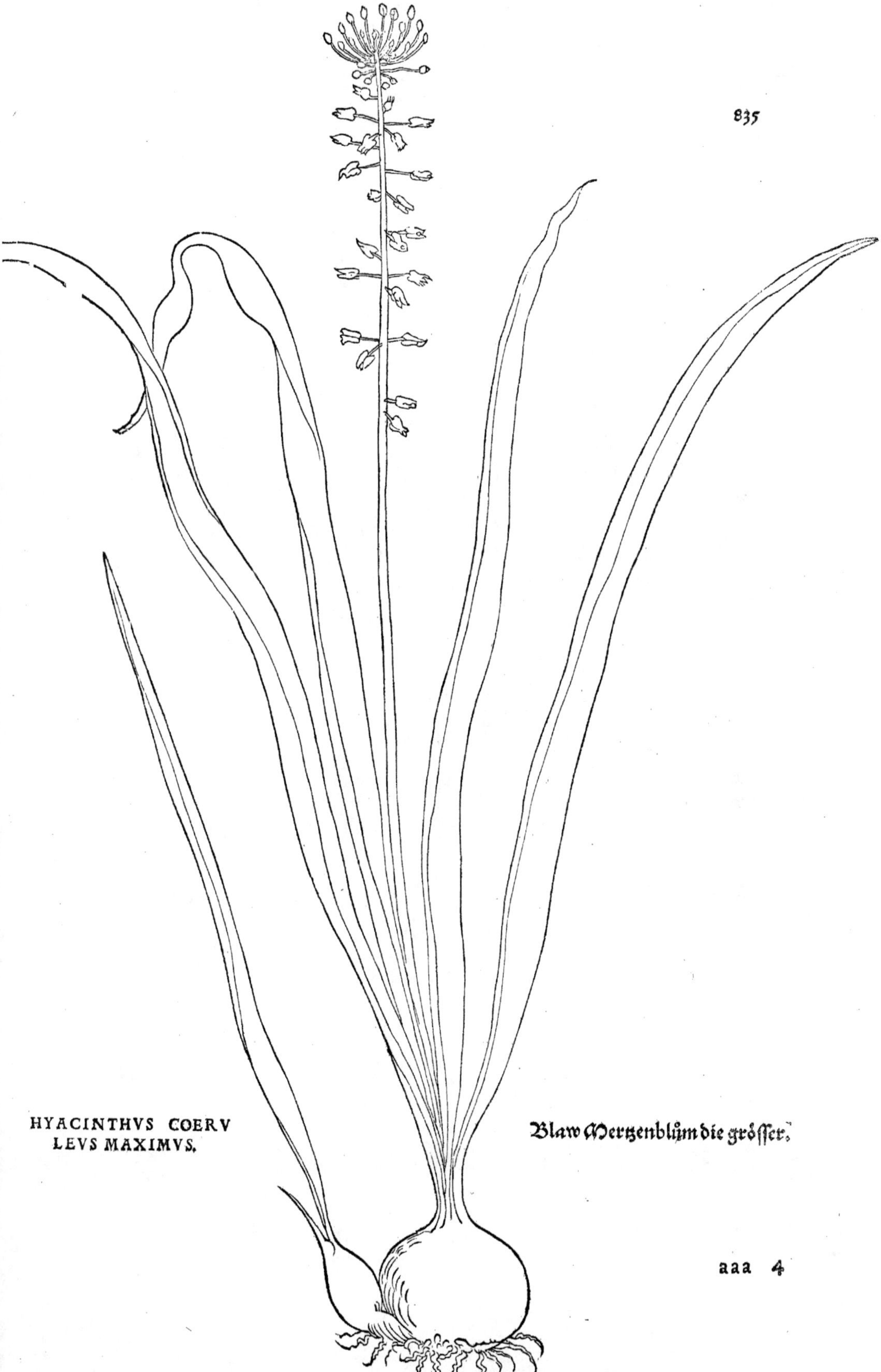

HYACINTHVS COERV LEVS MAXIMVS.

Blaw Mertzenblům die grösser.

HYACINTHVS COERV-
LEVS MAIOR.

Blaw Mertzenblümlin die kleiner.

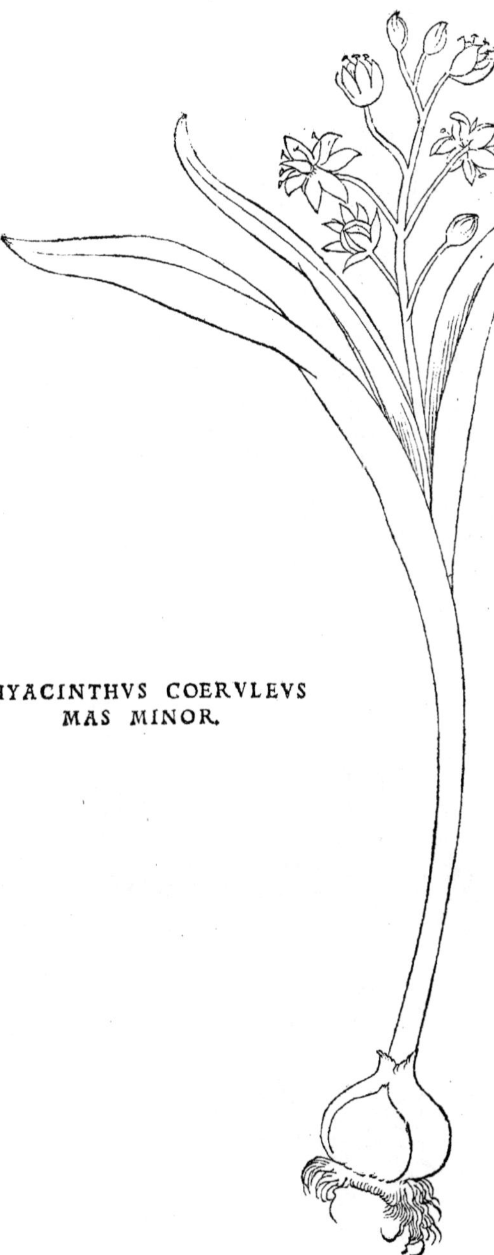

HYACINTHVS COERVLEVS
MAS MINOR.

Blaw Mertzenblům mennle.

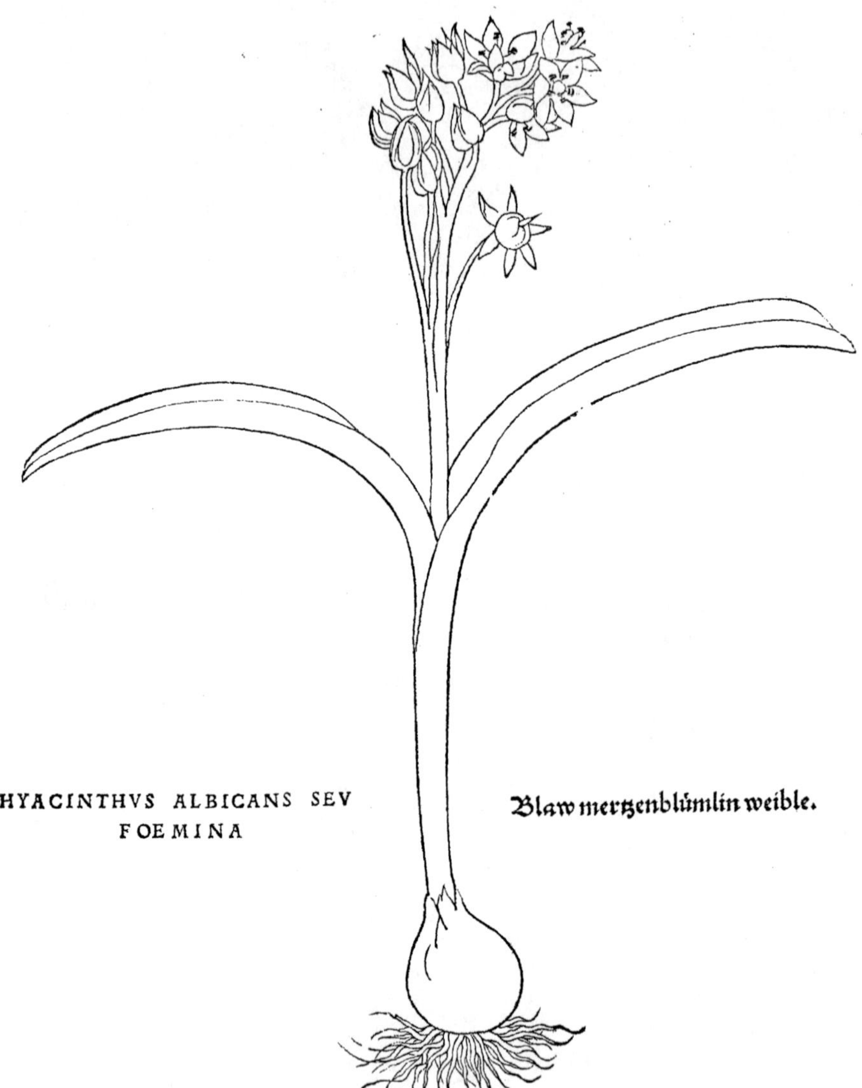

HYACINTHVS ALBICANS SEV FOEMINA

Blaw mertzenblümlin weible.

A fines testatur. Cum itaque constet duplicem esse Hyacinthum, alterum rubentem, cum literis illis inscriptis, qui à Poëtis describitur: alterum uerò purpureũ seu cœruleum (nihil enim refert utrum dixeris, quod Dioscorides per purpureum colorem uiolaceum dilutũ, hoc est, clariorem & apertiorẽ, quem cœruleum uocamus, intellexerit: nam & Plinius lib. xxxvij. cap. ix. Hyacinthi colorem uiolaceũ dilutum uocauit) sine literis, à Dioscoride alijsq́ historicis descriptũ: nihil enim Dioscorides in suo Hyacintho de literis cõmeminit: Haud igitur temerè in Virgilio ferrugineos hyacinthos, non cœruleos, sed rubentes ad similitudinẽ ferruginis quispiam interpretabitur, potissimum cum Poëtarum Hyacinthus, non cœruleus, sed rubens sit, quemadmodũ alibi Virgilius & Pausanias docuere. Rubet etiã color ferrugineus. Neque obstat quod Nonius ferrugineos hyacinthos cœruleos interpretatus est: is enim cœruleũ tantum Hyacinthũ nouerat. Quod si uerò hæc morosis quibusdã non probabuntur, sed prorsus funestas literas inscriptas esse contendant, ijs ita responsum uolo. Quas in Hyacintho literas appellant Poëtæ, ueras non esse, sed potius notas quasdam nigras, id quod hinc palàm fit. Plinius lib. xviij. cap. xij. ubi de leguminibus loquitur, literas lugubres in flore etiam fabæ ex sententia M. Varronis reperiri tradit, in quo tamen flore non literas ullas, sed nigras tantum notas, ut res ipsa & pictura docent, inspicere licet. Quod si nec ista satisfecerint, dicemus tum penitus fabulosum esse quod regum nominibus inscriptum Poëta, florem hunc canit. Si enim id credendũ erit, credendum etiam quod idem ex puero transformato natus sit. Vel, quod uero similius est, de regijs florum appellationib. Poëta iocum struxisse uidetur, cum pastorem inducit sciscitantẽ, quibus in terris inscripti nomina regum nascuntur flores: sunt enim complures flores quibus à suis inuentoribus regibus nomina sunt indita. Neq; nunc ulla prorsus regũ permultorũ extaret me-
B moria, nisi in florũ nomenclaturis, qui nominibus regum inscripti sunt, asseruaret.

Hyacinthus poëtarum. *Hyacinthus Dioscoridis.* *Ferruginei Hyacinthi qui apud Vergilium.* *Vergilius Eclog. tertia: Et suaue rubens Hyacinthus.* *Literæ in Hyacintho quales.* *Virg. Dic quibus in terris inscripti nomina regũ Nascuntur flores. Eclog. iij.*

LOCVS.

Nascitur in nemoribus: atque hinc est quod Galli, apud quos, Plinij etiam testimonio, eximiè prouenit, ut in suis cõmentarijs de Natura stirpium uir eruditione clarus Ioannes Ruellius autor est, nemoralem uel agrestem cepam nominent. Et eius certè magna est copia uerno tempore in nemore haud procul à uico Luschenau iuxta Tubingam sito, ut uel ex natali etiam satis constet flores hos quos pictos exhibemus, esse genuinos Hyacinthos.

Ruellius. *Agrestis cepa.*

TEMPVS.

Vere, mensibus nimirũ Februario & Martio, cum uiola purpurea, Theophrasto lib. vi. de Stirpium historia, cap. ultimo teste, erumpit: hinc Martium florem Germanis nostris dictum esse suprà monstrauimus. Hoc potissimũ tempore prorumpit is quem Hyacinthũ minorem nominauimus. Exit etiam, eodem Theophrasto autore, cum Gladiolo, qui uernus etiam flos est. Quo sanè tempore is maximè floret, quem maiorem appellauimus. Proinde cum tempus etiam cõueniat, nemo est qui deinceps ueros esse Hyacinthos, dubitare meritò possit aut debeat.

Martius flos.

TEMPERAMENTVM.

Hyacinthi radix bulbosa est, ordinis primi in desiccando, secundi uerò completi, aut incipientis in refrigerando. Semen autem tertio quadantenus ordine desiccat, in medio caliditatis & frigiditatis consistens.

VIRES. EX DIOSCORIDE.

Hyacinthi radix pueris cum uino albo illita impuberes seruare creditur. Sistit aluum. Pota urinam ducit, & phalangiorũ morsibus auxiliat. Semen magis adstringit, & cœliacis prodest. Potum cum uino regium morbum emendat.

EX GALENO.

Radix pueros diutissimè seruare impuberes in uino illita creditur. Semen regio morbo affectis in uino exhibetur.

EX PLINIO.

C EX PLINIO.

Radix Hyacinthi in uino dulci illita pubertatẽ coërcet, & non patitur erumpere. Torminibus & araneorũ morsibus resistit. Vrinam impellit. Contra serpentes & scorpiones, morbumq́ regium, semen eius cum Abrotono datur.

DE HYSSOPO. CAP. CCCXXIIII.

NOMINA.

ΥΣΣΩΠΟΣ græcè, Hyssopus & Hyssopũ latinè, Officinæ nomen legitimum retinuerunt. Germanicè Jspen/oder Jsop uocatur.

GENERA.

Hortensis. Montana. Duûm generũ Dioscoridi Hyssopus est, hortensis & montana. Hortensis quę in hortis prouenit, ac culinarũ causa colitur, garten Jspen Germanis uocatur. Montana quæ in montibus nascit̃, & germanicè birg Jspen appellari potest.

FORMA.

Herba est pedali altitudine hortensis, fruticosa, folio Satureiæ satiuæ, floribus in cœruleo purpurascentibus, thyrsos spicæ modo uestientibus, radice longa & lignosa. Montana priori haud dissimilis est. Errant qui nostram Hyssopum hortensem non esse ueram putant: habet enim planè folium origani, nisi quod angustius est. Nec plures sunt eius apud Dioscoridẽ notæ. Nam quę de umbella quidam obijciunt, nihil ad Hyssopũ attinent, cum simpliciter scribat Dioscorides, Origanum non habere umbellam rotæ speciem obtinentem. Id quod uerum est.

Hortensis & nostra Hyssopus est uera & genuina.

D

LOCVS.

In hortis, ut diximus, hortensis, in montibus uerò montana nascit̃. Cæteris præfertur quæ in Tauro monte prouenit.

TEMPVS.

Æstate floret, quo etiam potissimum tempore carpenda uenit.

TEMPERAMENTVM.

Hyssopũ calefacit & desiccat ordine tertio: sed & tenuium est partium.

VIRES. EX DIOSCORIDE.

Vim habet extenuandi & calefaciendi. Decocta cum ficis, aqua, melle ac ruta, & pota, peripneumonicis, asthmaticis, tussi uetustæ, destillationi & orthopnœæ opitulatur. Lumbricos necat. Cum melle lincta idem præstat. Decoctũ eius cum oxymelite potum, crassitudinẽ per aluum ducit. Estur cum ficis uiridibus, aluum subducens. Vehementius purgat adiecto illi cardamomo, aut iride, aut erysimo. Colorem bonum prębet. Cum fico & nitro illinitur ad lienem, aquam intercutẽ. Cum uino ad inflammationes. Discutit sugillata cum aqua feruenti illita. Angina laborantibus cum decocto ficorum optimũ gargarisma. Decocta cum aceto, dentium dolorem collutione mitigat. Inflammationes quæ circa aures sunt suffitu soluit.

EX PLINIO.

Hyssopum in oleo contritum phthiriasi resistit, & prurigini in capite. Stomacho est contrarium. Purgat cum fico sumptum per inferna, cum melle uomitionibus. Putant & serpentium ictibus aduersari, tritum cum melle & sale & cumino.

DE HYDROPI-

HYSSOPVS HORTENSIS

Garten Jspen.

DE HYDROPIPERE. CAP. CCCXXV.

C

NOMINA.

Hydropiper quare dictum.

ΥΔΡΟΠΕΠΕΡΙ Græcis, Hydropiper Latinis, officinis incognitum, Germanis Waſſerpfeffer / oder Muckenkraut nominatur. Hydropiper autem à locis quibus naſcitur, & piperis ſapore quem præ ſe fert, quaſi dixeris piper aquatile, appellatum eſt. Muſcæ denicp ab eo uehementer abhorrent: neque enim id quod ſucco eius aſperſum eſt attingunt, hincq; adeò alteram appellationem Germani illi indiderunt.

FORMA.

Caulem ædit geniculatũ, robuſtũ, circa quem alarum concauitates, & folia Menthæ ſimilia, maiora, teneriora, candidioraq;, guſtu piperis acri, non tamen odorato. Semen in ramulis fert ſecundum folia naſcens, continua ſerie congeſtum, racemoſum, & acre. Radicẽ exiguam & inutilẽ. Ex qua deſcriptione ſatis conſtat herbam hanc, cuius imaginẽ damus, eſſe Hydropiper: nulla ſiquidem nota eſt quæ illi non cõueniat. Caulis enim eius geniculatus, ſolidus, circa quem alæ panduntur, & folia Menthę cõſimilia, maiora tantũ, hoc eſt, longiora multò, teneriora & albiora. Quæ ſingula facilè diligens quiſpiam oculis luſtrabit. Si uerò linguã conſulat, folia meram piperis acrimoniam reſipiunt, nullam tamen odoris ſuauitatẽ in eis deprehendet. Quod ſi reliquam faciem excuſſerit, offendet ſemen prope folia enatum racematim congeſtũ, & quadã ſerie cohærens, ipſumq; acre. Accedunt deniq; natales, facultates, & alia, ut nullus planè ambigendi locus relictus ſit. Damus hîc etiam alterius herbæ quæ in aquis prouenit picturã, quam nõnulli Hydropiperis ſpeciẽ eſſe arbitrantur, quæ ferè Hederę folia obtinet, & ſecundũ ea ſemen, Ari ſemini haud diſsimile. Nos à colore ſeminis appellauimus Hydropiper rubeum, germanicè rot

D Waſſerpfeffer. Huius herbę & racemoſus fructus, & folia acrimonia ſunt prædita.

LOCVS.

Gignitur prope ſtantes aquas, aut quæ leniter fluunt. Copioſe prouenit ad flumen Pegnicum haud procul à Norimbergo.

TEMPVS.

Floret Auguſto menſe floribus albis ſpicatim cohærentibus, ac ſubinde ſemen minutum profert.

TEMPERAMENTVM.

Calidum eſt, non tamen uſqueadeo ut piper, & ſiccum: id quod guſtus abundè docet.

VIRES. EX DIOSCORIDE.

Folia cum ſemine illita, œdemata, ueteresq; duritias diſcutiunt. Sugillata delent. Siccata & tuſa pro pipere ſali & obſonijs miſcentur. Radix parua, nullius in medicina uſus.

EX GALENO.

Hydropiper à locis in quibus naſcitur, & à ſimilitudine quæ illi cum Pipere in guſtu eſt, nomen ſortitum eſt. Cæterum calidum eſt, ſed minus quàm piper. Atq; herba ipſa etiamnum uiridis cum ſemine cataplaſmatis in modum impoſita ſugillata, & induratos tumores digerit.

EX AETIO.

Hydropiper herba eſt in aquoſis naſcens, ramuſculis ac folijs Menthę ſimilis, maior tantum, guſtu acerrima ut piper, perexigua ſemina ſingulis folijs ferens. Calida quidem eſt, non tamen accedens piperi, quæ recens illita ſugillata ac durities ſanat. Hanc nonnulli condimentis piperis loco addunt.

APPENDIX.

Cum interea temporis dum ſub prælo ſunt noſtri cõmentarij, quomodo ueteribus ſit appellata herba quam Hydropiper rubeum uocauimus diligentius cogito, tertiam Dracontij apud Pliniũ lib. xxiiij. cap. xvi. ſpeciem eſſe cõperio: hanc enim ita pingit: Tertia demonſtratio fuit folio maiore quàm Cornus, radice harundinea, totidem

HYDROPIPER

Wasserpfeffer.

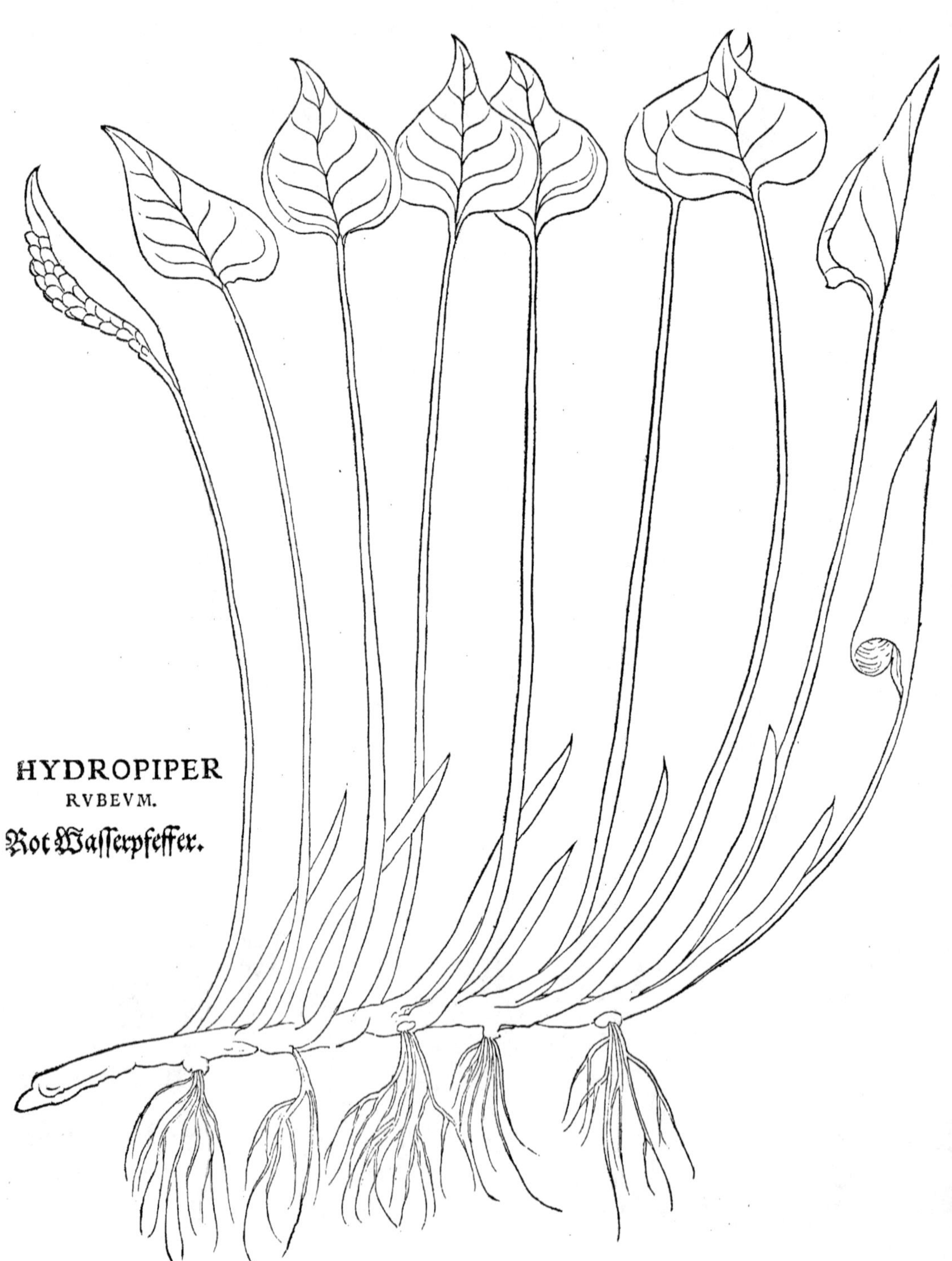

HYDROPIPER
RVBEVM.
Rot Waſſerpfeffer.

A totidem ut affirmabant geniculata nodis, quot haberet annos: totidemq; esse folia. Hi ea ex uino uel aqua contra serpentes dabant. Quæ quidem notæ huic etiam herbæ competere uidentur. Est enim folio maiore quàm Cornus, radice harundinea, nodisq; geniculata. An uerò tot nodis sit geniculata, quot habet annos, totidemq; folijs, nondum obseruare potuimus. Quinetiã uniuersa tum foliorum tum fructus forma, acrisq; sapor, Ari ac Dracontij genus esse euidenter ostendunt. Facultas denique contra serpentes, quam Dioscorides suis etiam tribuit Dracontijs, abundè quod contendimus docet. Non est autem, ut quidã existimant, Plinij Aris, quod eius radix oliuæ grandis magnitudinem atq; formam non referat. Hanc nostram de hac stirpe sententiam hoc loco referre placuit, ne quis nos illam Hydropiperis esse genus pertinaciter asserere ac tueri uelle existimet.

DE PHLOMO. CAP. CCCXXVI.

NOMINA.

ΛΟΜΟΣ græcè, Verbascũ latinè, officinis Tapsus barbatus dicitur. Sunt qui Candelam regis, Candelariam, Lanariamq; nominent. Germanicè Wullkraut/ Kertzenkraut/ Vnholden kertz/ Himelbrant/ Brennkraut uocatur. Phlomon autem hauddubiè dixerunt Græci, quòd ea pro ellychnijs utantur. Candelariã quoque recentiores nominarunt, quod caulibus eius adipe, seuo, uel aliquo pingui illitis, nonnulli pro lucernis utantur.

Tapsus barbatus. Candela regis. Phlomos cur dicta. Candelaria.

GENERA.

Verbascũ omnium ueterũ testimonio duo habet summa genera. Candidũ enim
B alterum folijs, nigrum alterũ est. Candidum rursus in marem & fœminã digeritur. Preter tria hæc, & syluestre habetur, wild Wullkraut Germani appellant. Sunt etiã Verbascula duo, quæ à nostris herbarijs herbæ paralysis, & uulgò artheticæ, cum arthriticæ dicendum esset, uocantur. Germanicè Schlüsselblůmen. Horum unum est odoratũ, alterum odoris expers. Prius germanicè simpliciter Schlüsselblůmẽ/ oder gelb Schlüsselblůmen/ Himelschlüssel/ oder S. Peters schlüssel/ alterum wild Schlüsselblůmen/ oder weiß Himelschlüssel appellant. Est & tertium Verbasculum, quod Lychnitim, alij autem Thryallida appellant, Germani Marienrosen uocant. Hæc sunt genera Verbasci quemadmodũ à Dioscoride & Galeno commemorantur, quorũ sanè omniũ picturas damus, excepto ultimo, quod hoc tempore nondum floruerat. Quanquam distingui genera hæc, ut Plinius libro xxv. cap. x. ait, penè superuacuũ sit, quum sint eiusdem effectus omnia.

Verbascula duo. Herba paralysis.

FORMA.

Verbascum candidum fœmina, Brassicæ similia folia habet, multò tamen hirsutiora, latiora & candida. Caulis eius cubitalis & amplior, candidus, subhirsutus. Flores albi aut subpallidi. Semen nigrum. Radix longa, acerba, crassitudine digiti. Candidum mas à foliorum candore Leucophyllon Græcis dictum, oblongioribus & angustioribus folijs, & tenui caule. Nigrum in cunctis candido simile, nisi latioribus nigrioribusq; constaret folijs. Syluestre uirgas fert altas & arborescentes, folia Saluiæ similia. Habet uerò circa uirgas ramulos Marrubij modo. Florem luteum, auri fulgore. Verbascula duo hirsuta, terræ inhærentia, humiliáue: folijs rotundis, & multò minoribus, rugosis, è quibus medijs stylus exilit tenuis, palmi altitudine, incanus, in cuius uertice terni, quaterni, & plures etiã dependent flores lutei, summis labris denticulati, in altero odorati, in altero inodori, calyculo in albũ pallescente. Lychnitis siue Thryallis folijs ternis, aut quaternis, aut etiam pluculis, crassis, pinguibus, hirsutisq;, ad lucernarũ lumina utilibus, floribus purpureis.

Candidum mas. Nigrum. Syluestre. Verbascula. Lychnitis.

VERBASCVM CANDIDVM MAS.

Weiß Wullkrautmennle.

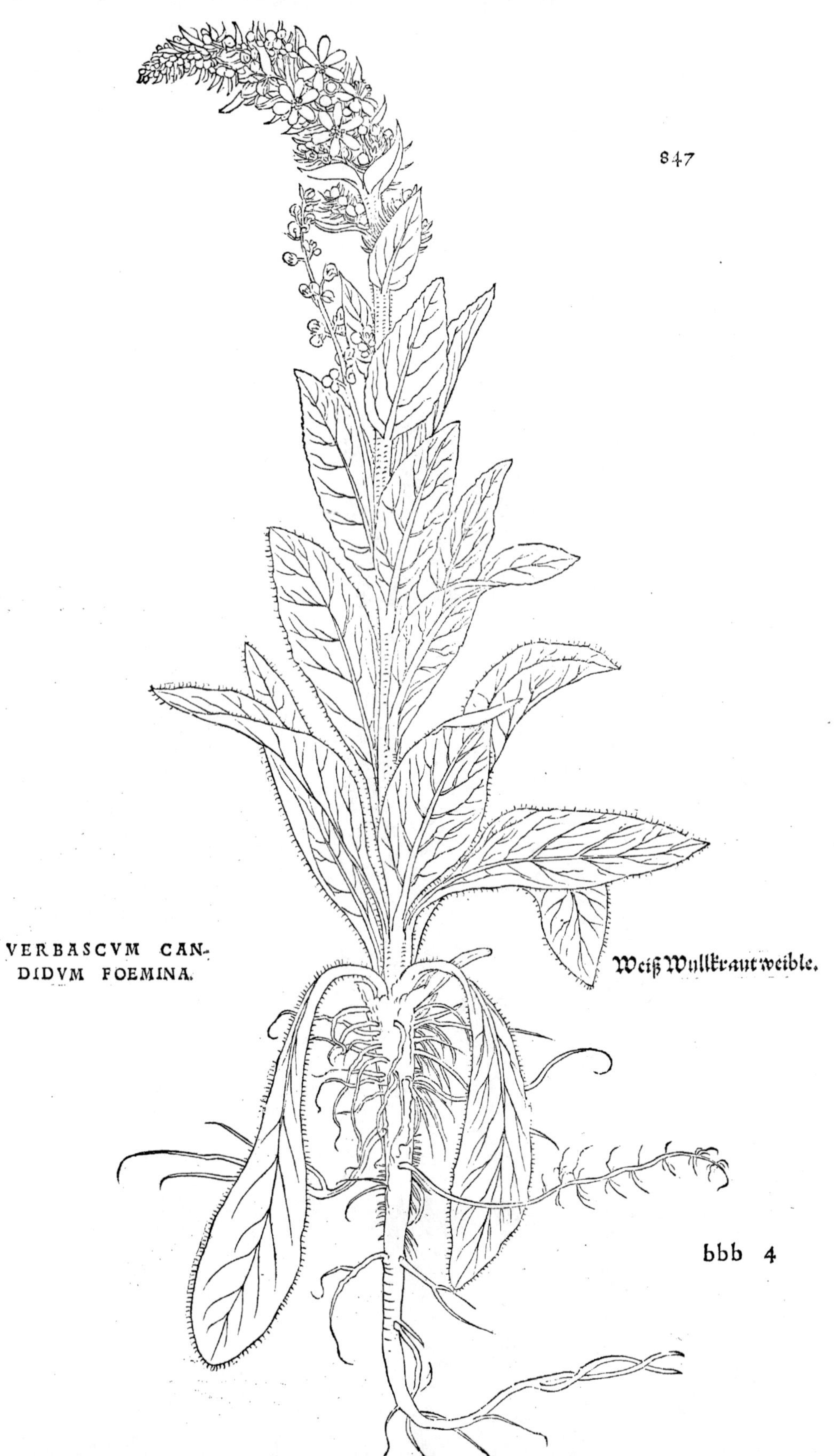

VERBASCVM CANDIDVM FOEMINA.

Weiß Wullkraut weible.

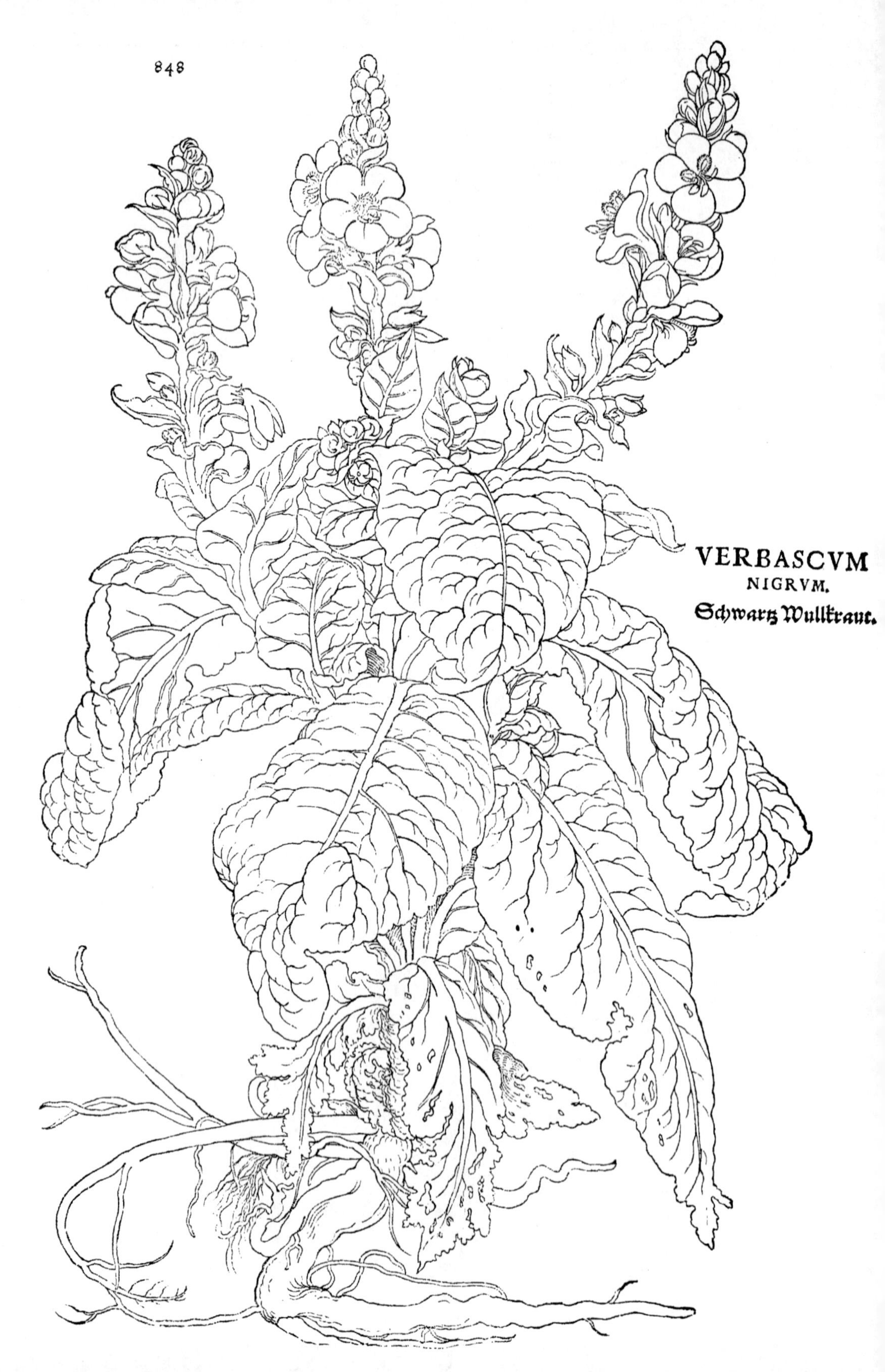

VERBASCVM
NIGRVM.
Schwartz Wullkraut.

VERBASCVM SYLVESTRE.

Wild wullkraut.

VERBASCVLVM
ODORATVM.

Seel Schlüsselblůmen.

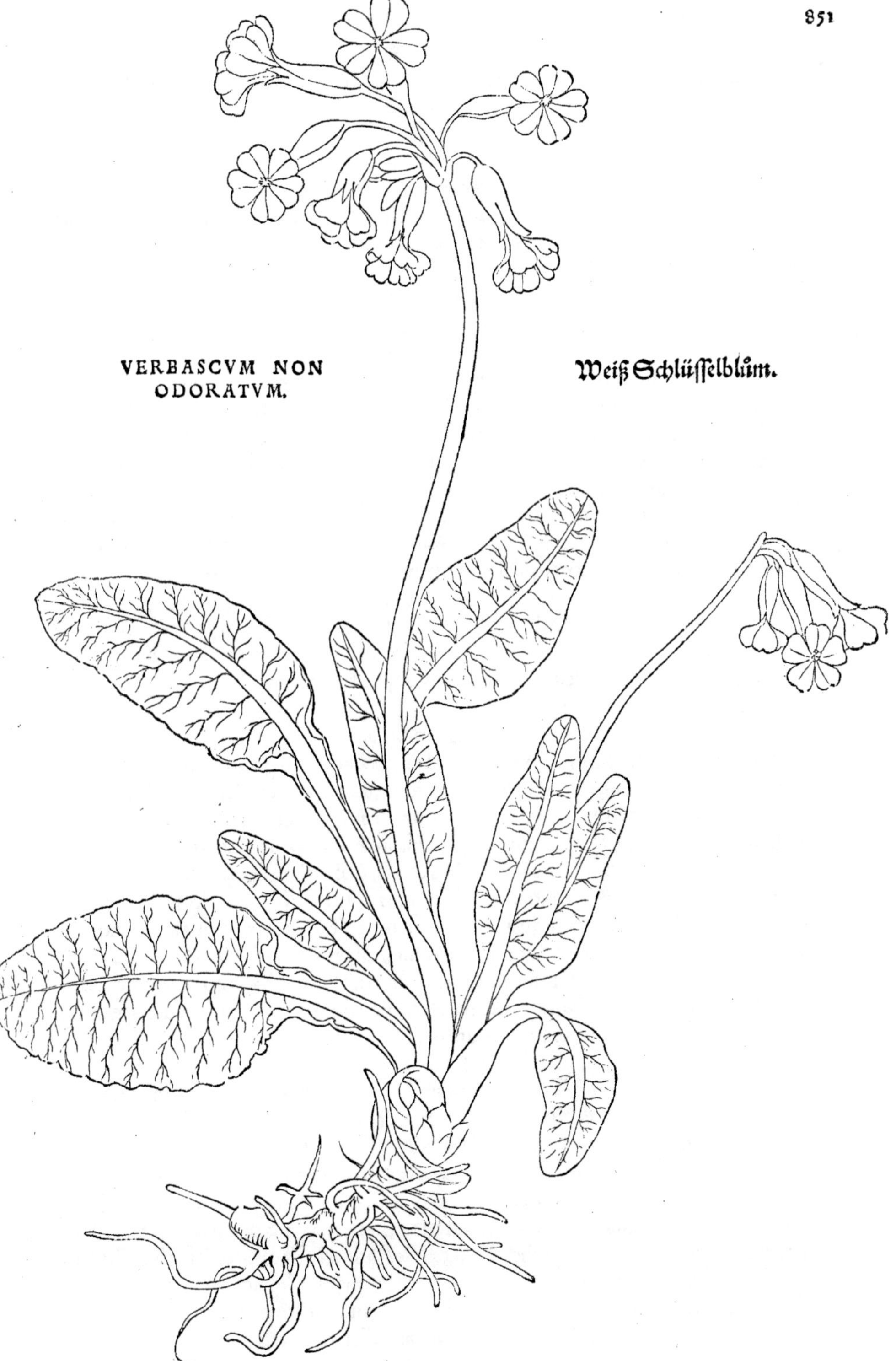
VERBASCVM NON
ODORATVM.
Weiß Schlüsselblům.

LOCVS.

C Candidum & nigrum in campestribus, & in syluis etiam proueniunt. Syluestre in campestribus, potissimũ siccis & lapidosis, nascitur. Verbascula duo passim in pratis & hortis producuntur. Lychnitis similiter alijs in campestribus nasci solet.

TEMPVS.

Verbascula duo primo statim uere emicant, certiq; huius appetentis nuncij. Hoc sanè tempore carpenda ueniunt, quod confestim fugacia euanescant: uita enim illis cum plurimum menstrua, nec temerè ad summum sesquimensem excedunt. Reliqua genera autumno, dum florent & semen proferunt, colligenda.

TEMPERAMENTVM.

Omnium folia desiccandi & detergendi uim possident.

VIRES. EX DIOSCORIDE.

Radix priorum duorum adstringit: unde tali ludicri magnitudine in alui profluuio utiliter cum uino in potu datur. Decoctũ eiusdem ruptis, conuulsis, contusis, & antiquæ tussi auxiliatur. Dentium dolorem collutione mitigat. Verbascum cui flos aurei coloris, capillos tingit, & quocunq; reponatur blattas in se contrahit. Folia in aqua decocta aduersus œdemata, & oculorũ inflammationes illinuntur. Syderata ulcera cum melle aut uino, cum aceto autem uulnera sanat. Contra scorpionum ictus auxilio sunt. Syluestris folia ambustis illinuntur. Ferunt fœminæ folia caricis interposita, incorruptas atq; à putrefactione immunes seruare.

EX GALENO.

Priorum duorũ radix gustu acerba est, & fluxionis affectibus prodest. Sed & ad dentium dolorem eam nonnulli colluunt. Folia tamen digerendi uim habent. Sic etiam aliorum folia, potissimũ autem eius quę aureos flores obtinet. Capillos quoque flauescere faciunt. D

EX PLINIO.

Contra scorpiones bibitur radix cum Ruta ex aqua magna amaritudine, sed effectu pari. Verbascum priuatim tonsillis in aqua potum medetur. Tribus obolis bibitur Verbascũ cuius flos aureus est, contra omnia pectoris uitia, tussem, & purulenta excreantibus. Tanta huic uis est, ut iumentis etiam nõ tussientibus modò, sed ilia trahentibus auxilietur potus. Lateris & pectoris dolores Verbascum cum Ruta ex aqua sedat. Panos sanat cum sua radice tusum, uino aspersum, & ita cinere calfactum, ut imponatur calidum. Semen ex uino decoctum & contritũ luxatis medetur, dolorem & tumorẽ tollens. Radicis medulla collyrij tenuitate in fistulam additur. Contusis, euersis, & si febris sit potatur in aqua Verbascum, cuius flos auro similis est. Folia ex aceto imponuntur in struma. Semine ac folijs decoctis in uino ac tritis, omnia corpori infixa extrahuntur.

APPENDIX.

Recentiores duobus Verbasculis hos effectus assignant. Trita imponuntur efficaciter articulorum doloribus. Radicis decocto uesicę renumq; obstructiones soluuntur. Ius herbæ propinatur & illinitur aduersus rupta, luxata & liuentia. Quod uerò hæc eadem possint, temperamentũ eorundem palàm docet: parum enim adstringunt: si gustaueris, amara, & modicè acria sunt: ut hoc nomine desiccandi & detergendi facultatẽ, quam illis Galenus ascribit, habere nemo dubitare debeat. Nostri etiam temporis herbarij calida & sicca esse statuunt. Et mulieres formæ studentes, succo è floribus illorum expresso faciem illinunt, quod maculas, rugasq;, & alia eiusdem uitia mirificè detergeant. Vt hinc euidentissimũ sit herbas, quas Schlüsselblůmen uocant Germani, esse Verbascula.

FRAGARIA MAIOR
ET MINOR.

Erdtbeer.

C

NOMINA.

Rubus Idæus uidetur esse Fragaria.

GRAECIS ut herba quæ fraga gerit nominata sit, certò constituere nobis nondum licet. Sunt tamen qui βάτον ἰδαίαν, hoc est, Rubum Idæum esse putent, eum potissimum qui sine spinis inuenitur. Quorum certè sententiam ob multas uariasq; causas, ut in sequentibus dicemus, minimè repudiandã existimamus. Apuleius Græcis κόμαρον appellari scribit, quod si uerum est, alia sit à Comaro quam Dioscorides, Galenus & alij quidam depingunt, necesse est: hæc enim arbor est, illa autem herba. Ego tamen uidi codicem manuscriptũ, in quo hæc uerba: Comaron Græci, Romani Fragum nuncupant: non habebantur. Quicquid uerò sit, ex numero Mororũ esse cõstat eius fructum optimi odoris: hinc à frago uerbo, quod odorẽ reddo significat, herba ipsa Latinis Fragaria, & fructus fragum dici cœperunt. Germani Erdtbeer uocant. Græci autem si Comaron appellarunt, ob fructum arboris eiusdem nominis qui fragis ijs terrestribus similis est, hauddubiè sic dixerunt.

Fragaria unde dicta.

GENERA.

Duo Fragariæ sunt genera. Vna flores fructusq; paulò maiores, altera minores obtinet. Nos una pictura utranque expressimus.

FORMA.

Humi sine caule spargitur, multis à radice lanuginosis pediculis, quorum alij flore candido coronantur, alij trigemino comantur, folio per ambitum serrato atque uenoso, alij fructum gerunt exiguis quidem Moris haud absimilem, cæterum sui generis solidum, callosum, tenerũ, quum maturuit rubentẽ, tum gustu, tum etiam odore suauissimum. Radice foris atra aut rubescente, intus candida, multo fibrata capillitio.

D

LOCVS.

In syluis, dumetis, & in opacis montibus, ac secus uias sponte nascitur. Vnde etiã colligi potest esse Rubum Idæum, quando & is in lucis proueniat. In hortis etiam nonnunquam ut grandiorem fructum ministret, colitur Fragaria.

TEMPVS.

Floret uere, & tota æstate, inq; maximã autumni partem. Fructus tamen eius fugax, rarò nisi æstatis initio inueniri potest.

TEMPERAMENTVM.

De temperamento Fragariæ recentiores diuersa tradunt. Serapio calidam & siccam in secundo ordine tradit. Alij frigidam & humidã in primo: nõnulli, qui tamen prorsus meo iudicio hallucinari uidentur, in tertio ordine scribunt. Nos folia ipsa gustu modicè esse amara, & adstringere deprehendimus, ut siccam esse hac ratione, & minimè humidã oporteat. Quapropter in tanta sententiarũ de eius temperamento diuersitate animaduertendũ, idem de Fragaria, quod de Rubo sentiendum esse, nempe quod folia, flores, fructus & radix adstringãt. Differre tamen inter se, quod folia potissimũ recens nata plurimum in se habeant aqueæ substantiæ, parum uerò adstringant: adeò ut uerisimile sit de ijs locutos esse, qui frigidam & humidã in primo ordine Fragariam statuerunt. Est enim eorum temperies ex terrena frigida essentia, & aquea tepida. Fructus immaturus frigida terrea substantia præditus est, ut frigidus & siccus hoc nomine dici mereatur. Maturus autẽ non parum succi temperati calidi qui dulcis est, modicamq; adstrictionẽ habet, ita ut calidus & siccus dicendus ueniat. De fructu itaque intelligendi erunt, qui Fragariam calidam & siccam esse affirmant. Quare ubi de temperamento Fragariæ agitur, non simpliciter, sed cum prædicta distinctione respondendum est. Vnde cum idem ferè cum Rubo temperamentum habeat Fragaria, iterum hanc ab Idæo Rubo nihil differre uerisimile est.

Folia Fragariæ.

Fructus eiusdem.

VIRES.

A

VIRES.

Quum recentiores in cõmemorandis Fragariȩ facultatibus partim eas quas Dioſcorides Rubo Idæo, partim etiam quas Comaro tribuit Apuleius, uires Fragariæ aſcripſerint, operepræcium me facturum arbitror, ſi utriuſq; de ijs uerba præmiſero, ut nimirum quiſq; hac ratione, quapropter iuniores ijs facultatibus Fragariam ornauerint, certius intelligere queat.

EX DIOSCORIDE.

Idæus Rubus eadem poteſt quæ Rubus. Amplius eius flos cum melle tritus & illitus, oculorũ inflammationibus auxiliatur. Sacros ignes extinguit. Stomachicis cum aqua potui datur.

EX APVLEIO.

Ad lienis dolorẽ herbæ Fragi ſuccum ex mellis uncia potui datum mirificè proficere certum eſt. Ad ſuſpirioſos eiuſdem ſuccus cum pipere albo & melle mixtus, potui datus, mirificum eſt remedium. Has facultates etiam antiquus manuſcriptus herbarius Fragariæ adſcribit, nomine tamen Apulei in Dioſcoridis nomen immutato. Addit tamen huius fructum comeſtum ſtomacho conferre, & ex ſucco eius os contra fœtorem collui, id quod Serapion quoque tradit.

EX RECENTIORIBVS.

Herba Fragaria in cibo ſumpta medet̃ lienoſis, item ſuccus ex melle potus. Idem cum pipere candido datur ſuſpirioſis. Fraga ſitim ſedãt, ſtomacho proſunt, ſed prȩſertim bilioſo. Succus Fragis exprimitur, uetuſtate uires accipiens, præſentaneo remedio ad faciei ulcera, oculorũ ſuffuſiones, neq; nõ epiphoras. Radicis decoctũ iecinoris feruores mulcet matutino & meridie potũ. Vtuntur hodie frequenter Fragaria ad glutinanda uulnera, aluum ſiſtendam, menſtrua cohibenda, gingiuas confir-
B mandas, oris ulcera, eiuſdemq; fœtorẽ tollendum, quæ ſingula Rubus etiam Idȩus poteſt, ut inde rurſus conijcere liceat Fragariam ab eodem nihil differre.

DE PHV GERMANICO.

CAP. CCCXXVIII.

NOMINA.

ΦΟΥ, ἡ ἀγρία νάρδος Græcis, Phu & Nardus ſylueſtris Latinis, Valeriana officinis & herbarijs noſtri temporis, Germanis Baldrion/ Dennenmarck/ oder Katzenkraut/ oder Augenwurtzel appellatur, quod ſcilicet catti odore radicis eius, quo eorũ oculi roborant̃, impenſe delectent̃. *Nardus ſylueſtris. Valeriana.*

GENERA.

Duo ſunt præcipua Phu genera. Magnum, quod alio nomine Theriacaria uocatur. Hoc deſcriptioni per omnia reſpondet, germanicè groß Baldrion/ & Triacks appellatur. Vulgus herbariorũ Valerianã maiorem nominat. Alterum uulgare, quod alio nomine Valeriana etiam uulgaris nuncupatur. Germanis gemein Baldrion/ & Katzenwurtzel dicitur. Hoc etiam genus à pictura Dioſcoridis, ut paulò pòſt fuſius docebimus, non abhorret.

FORMA.

Folia Elaphoboſco, ſiue Oluſatro ſimilia habet. Caulem cubitalẽ, aut proceriorem, leuem, tenerũ, purpuraſcentẽ, in medio cõcauum, geniculis interſectũ. Flores ad Narciſsi flores accedentes, minores & teneriores, in ſubalbido purpuraſcentes. Radices in ſuperiore parte minimi digiti craſsitudine. Adnaſcentes etiam radiculas obliquas ueluti iuncus odoratus, aut ueratrũ nigrum, inuicẽ implicitas, ſubflauas, bene odoratas, nardum in guſtu referentes, cum quadam uiroſa grauitate. Ex qua certè deſcriptione ſole clarius fit, herbam quam uulgarẽ hodie Valerianã no- *Valeriana uulgaris.*

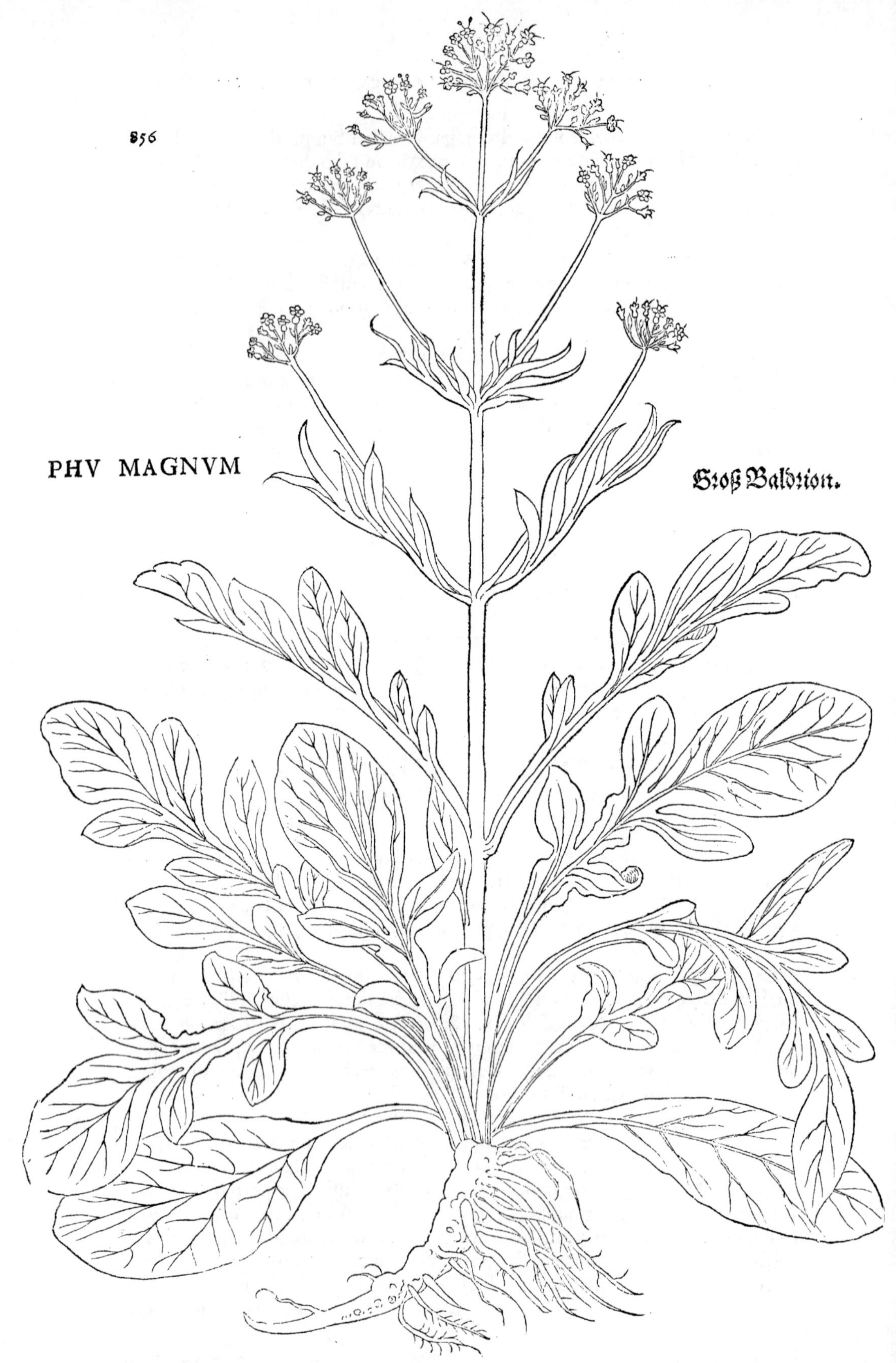

PHV MAGNVM

Groß Baldrion.

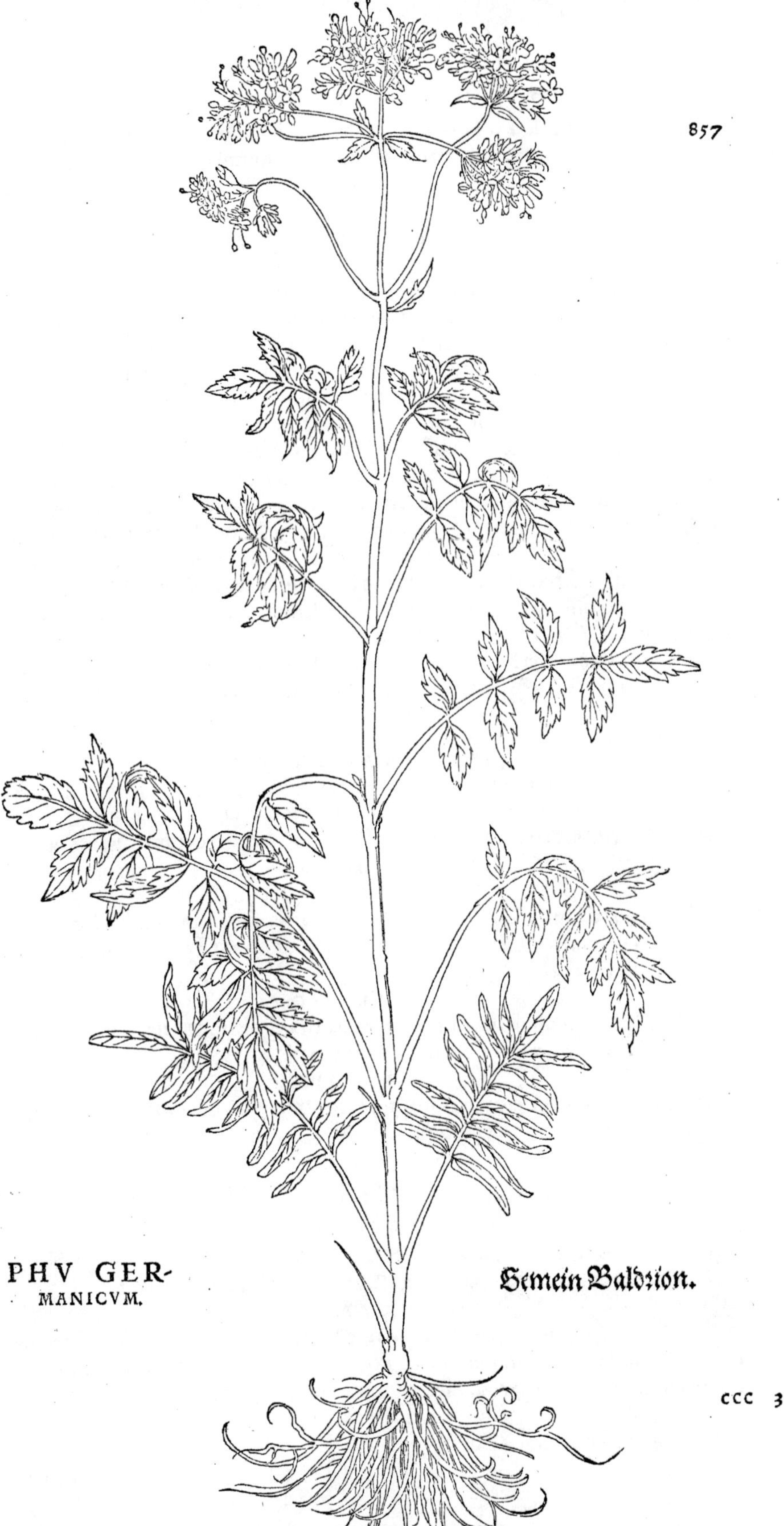

PHV GER-
MANICVM.

Gemein Baldrion.

C minant esse Dioscoridis Phu, quòd omnia ferè sic illi respondeant, ut prorsus nulla reclamare nota uideatur. Folia nanque huius cum primùm erumpunt Elaphobosci præ se ferunt imaginẽ: postea uerò dum adolescit in Olusatri modum laciniantur. Caulis quoque eius cubitalis, & maior (nõ enim rarò ad trium cubitorũ longitudinẽ caulis à nobis uisus est) læuis, potissimũ in infima eius parte, denique tener, purpurascens, in medio cõcauus, geniculatus. Flores eiusdem qui summis caulibus emergunt, Narcissi certam exprimunt effigiẽ, quamuis minores sint, atqueadeo teneriores. Vt hoc nomine cum Ruellio in grecis codicibus Dioscoridis ἥσσονα pro μείζονα legendum esse putem. Nisi quis existimet Phu Ponti, quod Dioscorides potissimũ describit, fauentis cœli beneficio maiusculos habere flosculos. Prædicti etiã flores aceruatim coëuntes in purpuram candicant. Radices quoque in superiore parte minimi digiti crassitudinẽ obtinent, multasque radiculas obliquas, Schęni, aut nigri Veratri modo sibiipsis implicitas, subflauas, odoratas, Nardum, cum uirosa tamẽ grauitate, imitantes. Quum itaque hæ omnes notæ, Valerianę nostrę respondeant, multorumque cõsensus nobis subscribat, & facultates eius quas illi recentiores tribuunt, planè cum iis quæ Dioscorides Phu adscribit cõueniant, quid impediat cur non certò affirmemus Valerianam hanc uulgarem esse Phu Dioscoridis non uideo, præsertim cum manuscriptus etiam herbarius Phu esse Valerianã apertè doceat, ita ut mirari satis non queam cur aliquot docti uiri in Germania nostra diuersum astruere uoluerint.

Phu Ponti.

LOCVS.

Nascitur in humectis locis, & prope aquas, hæcque ad mirandã altitudinẽ surgit. Prouenit etiam in lucis & cæduis syluis, sed hęc in tantam proceritatẽ non emergit.

TEMPVS.

Floret integra æstate.

D

TEMPERAMENTVM.

Calidam & siccam esse in secundo ordine tradunt.

VIRES. EX DIOSCORIDE.

Phu calefacit. Sicca pota urinã mouet. Potest idem & decoctum eius. Ad lateris dolorem prodest. Menses ducit, & antidotis miscetur.

EX GALENO.

Odorata quodammodo est huius herbæ radix, Nardo uiribus similis, sed tamen ad plurima infirmior. Vrinam plus mouet quàm Indica aut Syriaca Nardus, similiter autem ut Celtica.

EX PLINIO.

Radix Phu datur potui trita, uel decocta ad strangulationes, uel pectoris dolores, uel laterum. Menses quoque cit. Bibitur cum uino.

APPENDIX.

Magni Phu radice hodie multi, magno cum errore, pro calamo aromatico utuntur, quod hoc in loco monere placuit.

DE PHACO. CAP. CCCXXIX.

NOMINA.

Lens. ΦΑΚΟΣ, ἡ φακὴ Gręcis, Lens & Lenticula Latinis dicitur. Officinis & herbariis latinum nomen retinuit. Germani Linsen appellant.

FORMA.

Lens racemosum legumen est, foliis Viciæ, sed minoribus, floribus exiguis in candido purpurascentibus, siliquis paruis, molliter in latitudinẽ fusis, in quibus tria aut quatuor grana, inter legumina minima, sunt.

LOCVS.

Prouenit passim in agris satum.

TEMPVS.

LENS Linſen.

C TEMPVS.

Iulio mense floret, & deinceps in siliquis grana profert.

TEMPERAMENTVM.

Lentes mediũ tenent caliditatis & frigiditatis, desiccant tamẽ in secundo ordine.

VIRES. EX DIOSCORIDE.

Lens crebrò comesta, oculorũ aciem hebetat. Ægrè cõcoquitur. Stomacho nocet, eumq; & intestina inflat. Aluum cum cortice suo comesta sistit. Præstat quę facillimè concoquitur, & nihil atri in maceratione reddens. Vim habet adstrictoriã: quapropter aluũ sistit, si detracto antea cortice accuratè coquať, primaq; aqua inter coquendũ effundatur. Primũ enim eius decoctũ aluum soluit. Somnia tumultuosa & grauia facit. Neruis, pulmoni & capiti inutilis. Melius suo fungetur officio contra alui fluxiones, admixto illi cum aceto intybo, aut portulaca, aut beta nigra, aut myrto, aut cortice punici mâli, aut rosis siccis, aut mespilis, aut sorbis, aut pyris Thebanis, aut cotoneis mâlis, aut cichorio, aut plantagine, aut gallis integris, quæ post decoctionẽ abijciuntur, aut rhoïs quę obsonijs inspargitur. Acetum autem cum eo diligenter percoqui debet, aliàs aluum conturbat. Cõtra subuersionẽ stomachi triginta grana lentis suis corticibus denudata, deuorata prosunt. Decocta cum polenta, & illita, podagram lenit. Sinus cum melle glutinat. Crustas rumpit, & ulcera purgat. Decocta in aceto duritias & strumas discutit. Cum meliloto, aut cotoneo mâlo, medetur inflammationibus oculorum & sedis, addito rosaceo. In maioribus sedis inflammationibus & sinu amplo cum malicorio aut siccis rosis, adiecto melle decocta. Contra nomas gangrænicas similiter utuntur, aut adiuncta maris aqua. Aduersus autem pustulas, herpetas, erysipelata, pernionesq;, ut antea dictum est. Contra mammas grumosum lac continentes, & lactis copia turgentes, in aqua maris
D cocta & illita auxiliatur.

EX GALENO.

Lentes non ualenter adstringũt. Ipsum itaq; earum corpus desiccat & sistit uentrem: cæterum decoctũ irritat. Proinde etiam prior aqua abijcitur, ubi retentionis causa adhibenť. Cortex eius uehementer adstringit, carnea substantia tenuiter, quę & crassi succi & terrestris est. Succus porrò Lentis adstringenti est cõtrarius. Quocirca si elixæ in aqua iusculum sale garo oleoq; conditum bibatur, aluum deijciet. At quod ex bis decocta Lente ferculum apparatur, contrariam succo uim obtinet. Nam quę uentri obueniunt fluxiones desiccat, os uentriculi, intestina, & totum deniq; uentrem corroborans. Quamobrem cœliacis & dysentericis accõmodatus est cibus. Lens uerò decorticata, ut illam adstringendi uehementiã, cumq; hac alia uidelicet omnia quæ cõsequuntur, amittit, ita alibilior quàm integra illa efficitur, crassum prauumq; succũ gignens, tardè cõmeans: alui tamen fluores haud desiccat, uti ea quæ cortice non est spoliata. Iurè igitur qui modum in hoc edulio non seruant, elephantiasim quam uocant, & cancrum incurrunt. Siquidem crassa siccaq; cibaria facilè in melancholicos humores uertuntur. Quare ijs duntaxat quibus uitiosa est habitudo ob aquã in carne diffusam, Lens cibo utiliter prębetur, ceu aridis & squalentibus admodũ damnose. Eandem ob causam uisum integrum & inculpatũ hebetat, immoderatè exiccans. Ei uerò qui contrario modo se habet, humidiori uidelicet, opitulatur. Menstruis purgationibus inepta est: crassum enim & tardifluum sanguinem facit. At muliebri appellato profluuio conuenientissima.

EX PLINIO.

Lens optima quæ facillimè coquitur, eaq; quæ maximè aquam absorbet. Aciem quidem oculorũ obtundit, & stomachũ inflat: sed aluum sistit in cibo, magisq; discocta cœlesti aqua. Eadem soluit, minus percocta. Crustulas ulcerũ rumpit, eaq; quæ intra os sunt, purgat & adstringit. Collectiones omnes imposita sedat, maximeq; exulceratas & rimosas. Oculorũ autem epiphoras cum meliloto aut cotoneo. Contra sup-

A tra ſuppurantia cum polenta imponitur. Decoctæ ſuccus ad oris exulcerationes & genitalium adhibetur. Ad ſedem, cum roſaceo aut cotoneo. In ijs quæ acrius remedium exigunt cum putamine punici, melle modico adiecto. Ad id demum ne celeriter inareſcat, adijciunt & Betę folia. Imponitur & ſtrumis panisque, uel maturis, uel matureſcentibus, ex aceto diſcocta. Rimis ex aqua mulſa, & gangrænis cum punici tegmine. Item podagris, cum polenta, & uuluis, & renibus, & pernionibus, ulceribus difficile cicatricem trahentibus. Propter diſſolutionem ſtomachi triginta grana Lentis deuorantur. In choleris quoque & dyſenteria, efficacior eſt in tribus aquis cocta, in quo uſu melius ſemper eam torrere aut tundere, ut quam tenuiſsima detur, uel per ſe, uel cum cotoneo mâlo, aut pyris, aut myrto, aut intubo erratico, aut beta nigra, aut plantagine. Pulmoni eſt inutilis, & capitis dolori, neruoſisque omnibus, & felli, nec ſomno facilis. Ad puſtulas utilis, ignique ſacro, & mammis, in aqua marina decocta: in aceto autem, duritias & ſtrumas diſcutit. Stomachi quidem cauſa, polentę modo potionibus inſpergitur. Quæ ſunt ambuſta, aqua ſemicocta curat, poſtea trita, & per cribrum effuſo furfure, mox procedente curatione addito melle. Ex poſca coquitur ad guttura.

EX SYMEONE SETHI.

Craſsi ſucci eſt, & auſteram uim atque qualitatem poſsidet. Si quis ergo in aqua coquat, & eam aquæ, oleo & ſapæ cum ſale miſceat, potionem faciet quæ uentrem ſubducat. Bis autem cocta, uentriculum & ad ipſum defluxus ſiſtit. Inducit autem ſtomacho robur, & inteſtinis, & uniuerſo uentri. Quapropter utilis eſt cibus cœliacis & dyſentericis. Si uerò cortice ablato ſumatur, uehementiam adſtringendi abijcit, magis uerò nutrit, cum tardi ſit tranſitus, & craſsi ſucci, non tamen adeò ſiccat, ut antea dixi. Qui uerò hoc edulio crebrò utuntur, elephantiam contrahunt, & can-
B cros, & duritias, & neruorum dolores, & melancholicos affectus. Aptus enim eſt craſſus & ſiccus ſanguis, ut fiat ſuccus melancholicus. Quibus igitur habitus quiſpiam malus aquoſus in carne eſt, ijs ſolis utile eſt edulium, quemadmodum ſiccis & ſqualidis maximè noxium. Similiter uiſum ſalubriter ſe habentem nimium exiccando hebetat, contrà uerò affectum iuuat. Neque etiam ad menſtruas purgationes utilis eſt, eò quod craſſum & difficulter fluentem ſanguinem efficiat. Ad hæc Veneris appetentiam, ſemen exiccando, extinguit: ideo caſtè uiuere uolentibus ad hoc maximè confert. Grauia etiam ſomnia facit, eò quod ex ea melancholici ſucci in totum diſtribuantur corpus. Cum Mentha decocta, plurimum inflationis deponit. Nonnulli & Betam huius rei gratia eo quo decoquitur tempore inijciunt. Lens uerò probè decocta & trita, ſi uulneribus ex iaculo aut telo facta imponatur, ſanguinis fluxum uehementer compeſcit. Paruæ uerò Lentis decoctum ſumptum, difficilem partum ſoluit. Auribus ex quibus pus emanat inſtillatum, ſuccurrit.

DE PHILYRA.

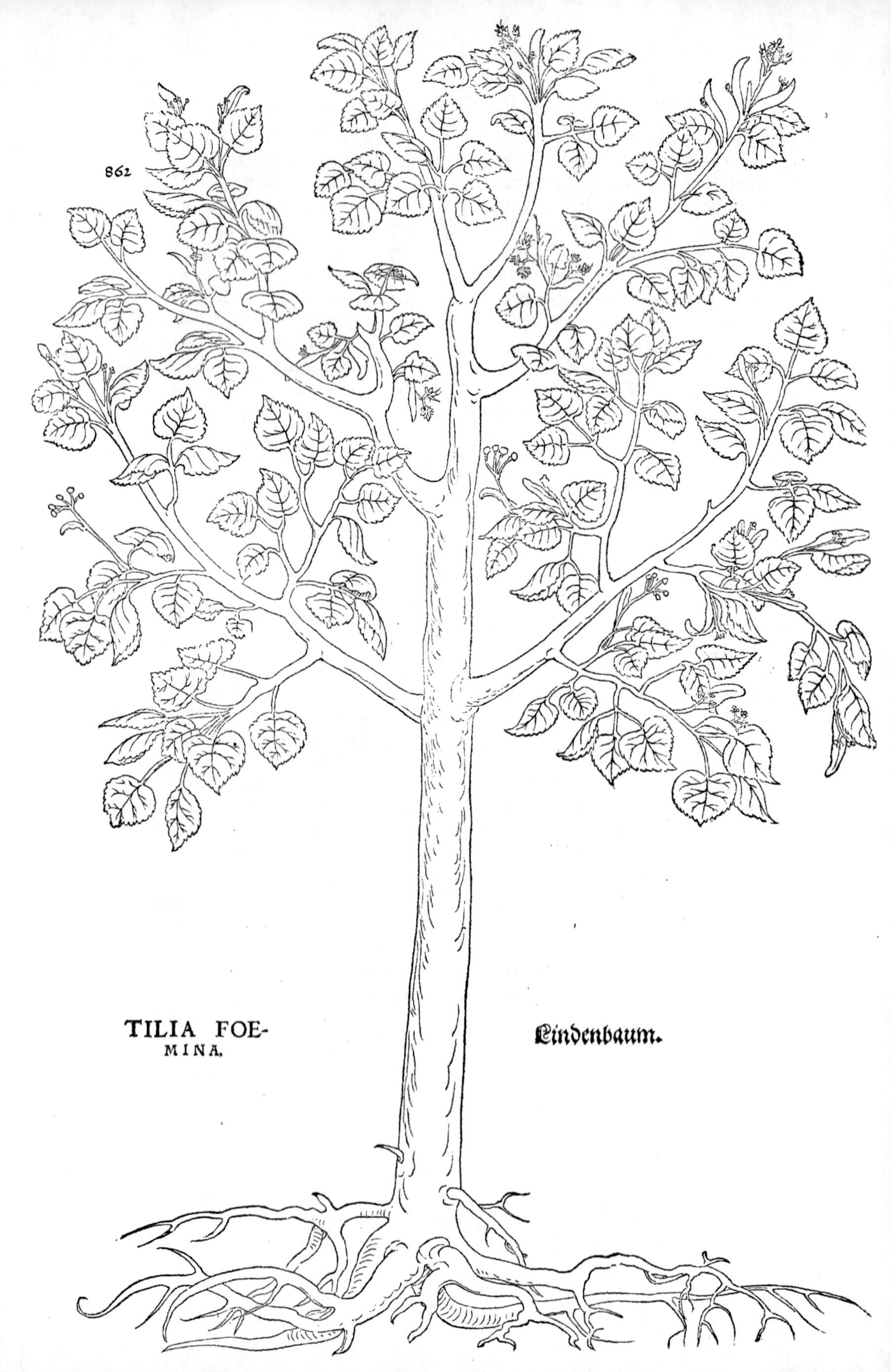
TILIA FOE-
MINA.
Lindenbaum.

A

NOMINA.

ΦΙΛΥΡΑ Græcis, Tilia Latinis & officinis, Germanis Linden appellatur. Alia ab hac est arbor quæ Dioscoridi φιλλυρέα uocatur. Quod non animaduertentes uiri etiam nõnulli doctissimi, utrasque arbores magno errore confundunt, quod forma admodũ discrepent, ut ex ijs quæ paulò pòst dicemus, & è Dioscoride & Theophrasto lib. iij. de plantarũ historia, cap. x. inuicem collatis abundè constabit. Differunt itaque inter se Philyra & Phillyrea, neque una utraque uoce arbor significatur, sed diuersæ. *Phillyrea alia à Philyra.*

GENERA.

Tiliæ, Theophrasto loco iam citato autore, duo habentur genera, mas scilicet & fœmina. Distantque inter se tum materiæ, tum totius corporis forma, & quod altera fructifera, altera sterilis. Materies mari dura, flaua, nodosior, spinosiorque: fœminæ candidior: & cortex mari crassior, detractusque inflexibilis propter duritiã est: fœminę candidior flexibiliorque, ex quo cunas faciunt: item fœminę odoratior. Et mas sterilis, nulloque flore est: fœmina, cuius tibi picturã damus, & florem & fructũ gignit.

FORMA.

Folio est hederaceo, molliore, & in angulũ acutiore rotundiore & prolixiore, & in orbem lentè crispo atque serrato: flore tantisperdum calyculo continetur herbaceo, ubi emersit flauo: fructus magnitudine fabæ, similis acinis hederæ, in quo semẽ prætenue quantũ atriplicis, omnibus animantibus ingratũ, cum foliorũ pabulo maximè ducantur, eorumque mira dulcedine capiantur. Nunc cum ijs confer ea quæ Dioscorides de Phillyrea tradit, & senties esse diuersissima. Nam quis unque dixit Tiliam habere folia oleæ, & fructũ ferre subdulcẽ ad similitudinẽ Lentisci, nigrũ, uuarũ more congestũ? Philyræ enim seu Tiliæ folia sunt hederacea atque serrata, adeoque ab oleæ folijs dissidentia: fructũ denique fert nõ modò non subdulcẽ, sed qui à nullo mandi potest.

B

LOCVS.

Montes & ualles diligit Tilia, sed plus montibus gaudet aquosis.

TEMPVS.

Floret Iunio mense.

TEMPERAMENTVM.

Calidã esse Tiliam, uel ex eo liquet quod frigidis cerebri malis, epilepsię & id genus alijs mirificè conferat. Amaritudo etiam cum glutinositate quadã in ea reliquis qualitatib. præualere uidetur, si hanc degustes. Quare abstergendi planè facultatẽ cum modica adstrictoria, perinde atque Vlmus, cuius facultates illi Plinius, ut ex ijs quæ paulò pòst subijciemus planum fiet, tribuit, habere euidentissimũ est.

VIRES. EX GALENO.

Vlmi folijs aliquando recens uulnus glutinauimus, confidentes adstringentem pariter & extergentẽ illis inesse facultatẽ. Cortex amplius etiam subamarus est & adstrictorius, itaque cum aceto lepram sanat. Porrò uiridis etiamnũ & recens si uulneribus deligaturę uice circunligetur, ea glutinare potest. Radices eandem uim obtinent: proinde & decocto earum quidã perfundũt fracturas quibus callo inducto opus est.

EX PLINIO.

Cortex interior Tiliæ lepras sedat, & folia ex aceto illita. Multi corticẽ cõmanducatum uulneribus utilissimũ esse putant. Folia trita, aqua aspersa, pedũ tumori. Humor quoque è medulla castratæ arboris effluens, capillũ reddit capiti illitus, defluentesque continet. Humor denique cuti nitorẽ inducit, faciemque gratiorẽ pręstat. Folia ad infantiũ ulcera in ore cõmanducata prosunt. decocta & pota, urinã ciunt & menses.

APPENDIX.

Quum Plinius ferè omnes facultates Vlmi etiã Tiliæ adscribat, ut ex eiusdẽ uerbis patet, ideo è Galeno quæ ille de Vlmo tradit produximus. Si uerò quispiã uires quæ à

C quæ à recentioribus Tiliæ tribuuntur, probè expendet, nihil ab ijs quæ ex Plinij & Galeni sententia retulimus differre comperiet. Nam maculas faciei abstergere scribunt Tiliam, si illa eius succo lauetur. Mederi etiam morbo comitiali bibitum eius liquorem stillatitiū, oculis claritatem inducere, calculum sanare, tumores discutere ijdem docent. Quid multa? omnes facultates Vlmi obtinet Tilia, ideoq; uulneribus etiam recentibus succurrit, & alia quæ à Dioscoride & Galeno in Vlmi historia cōmemorantur, potest.

DE CHELIDONIO MAIORE. CAP. CCCXXXI.

NOMINA.

ΕΛΙΔΟΝΙΟΝ μέγα Græcis, Chelidoniū maius Latinis, officinis Chelidonia, Germanis Schelkraut/Schelwurtz/groß Schwalbenkraut dicitur. Chelidonio autem, uel si mauis Hirundinariæ, auis hirundo quæ Græcis χελιδὼν uocatur, nomen indidit, uel, ut autor est Plinius, quod hanc primùm inuenit, & ea oculis pullorum in nido restituit uisum, ut quidam tradunt, etiam erutis, uel quod floret aduentu hirundinum, discessuq; commarcescit: id quod de minore uerè dicitur.

Chelidoniū unde dictum.

FORMA.

Caulem emittit cubitalem & maiorem, gracilem, adnata folijs plena habentem. Folia Ranunculo similia, teneriora tamen, & colore subcæsia, iuxtaq; singula folia florem Leucoio similem. Succus illi croceus, acris, mordax, cum aliqua amaritudine & odoris grauitate. Radix supernè singularis, infernè autem plures. Fructus cor
D nuti Papaueris instar tenuis, longus ueluti galeę conus, in quo exigua semina sunt, Papaueris semine maiora. Huius descriptionis notæ omnes Chelidonio nostro respondent. Siquidem fruticosa est herba, cubitali altitudine, cauliculis lanuginosis, teneris, folio Ranunculi, magis anguloso, tenuiori, aduersa parte cæsio, auersa incano, flore luteo, Leucoio consimili, semine Papaueris, quod in corniculis seu siliquis longis exilibus clauditur. Vulnerata succum croceū emittit, gustum uellicantē. Radix in superiore parte una, in inferiore parte multis luteis fibris capillata.

LOCVS.

Nascitur in opacis & parietinis.

TEMPVS.

Chelidoniū hirundinum aduentu florem excitat, atqueadeo toto deinceps uere & æstate floret, quibus etiam temporibus carpitur.

TEMPERAMENTVM.

Herba hæc tertij ordinis absoluti est in calefaciendo & desiccando.

VIRES. EX DIOSCORIDE.

Succus Chelidonij mixtus melli, & in æneo uase in carbonibus decoctus, contra oculorum caliginem prodest. Exprimitur autem succus ex folijs, radicibus & floribus incipiente æstate, siccaturq; in umbra & in pastillos conformatur. Radix cum Aniso & uino albo pota, regio morbo medet. Sanat herpetas cum uino illita. Dentium dolores commanducata sedat.

EX GALENO.

Chelidoniū admodum extergentis & calidæ facultatis est. Sed & succus eius ad acuendum uisum cōmodus est, utique in quibus crassum quiddam in pupilla colligitur discussione indigens. Vsi sunt quidam radice eius ad morbum regium à iecoris obstructione proficiscentē, in uino albo eam potui exhibentes cum Aniso. Pari modo mansa, dentium doloribus confert.

EX PLINIO.

CHELIDONIVM MAIVS.

Schelkraut.

C EX PLINIO.

Florentibus succus exprimitur, & in æreo uase cum melle Attico leniter cinere feruenti decoquitur, singulari remedio contra caligines oculorum. Vtuntur & per se succo in collyrijs, quæ Chelidonia appellantur ab ea. Eadem oculorum aciem adiuuat, si addita aqua foueantur. Succus eius cum melle culices, nubeculas, obscuritatemque discutit, cicatrices extenuat. Albugines etiam iumentorum.

DE CHELIDONIO MINORE.
CAP. CCCXXXII.

NOMINA.

Scrofularia minor cur dicta.

XΕΛΙΔΟΝΙΟΝ μικρὸν Græcis, Chelidonium minus Latinis, officinis Scrofularia minor uocatur, quod strumosa radix multis granorum frumenti grumis uideatur coaluisse: uel quod strumis, quas imitatione græca Scrofulas uocant, medeatur. Germanis Feigwartzen oder Blaternkraut/ id est Ficariam, Pfaffenhödlin/ klein Schelwurtz/ oder Schwalbenwurtz/ oder Meyenkraut nominatur. Chelidonium autem hæc herba uocata est hauddubiè, quod, ut Theophrastus lib. vij. cap. xiiij. hirundinum aduentu florem excitet.

FORMA.

Herbula est à stolonibus pediculisue pendens, sine caule, folijs Hederæ figura, rotundioribus minoribusque, item teneris & aliquatenus pinguibus. Radices habet paruas multas, ex eodem callo prodeuntes, tritici modo aceruatim congestas, quarum tres aut quatuor in longitudinem progrediuntur. Hæc Dioscoridis deliniatio prorsus herbæ illi quam Scrofulariam minorem uulgò nominant, conuenire uidetur. Nam hæc herbula est à pediculis pendens, uidua caule, folijs Hederę, rotundioribus multò minoribusque, teneris & modicè pinguibus. Radices ostendit ex eodem
D callo prodeuntes, paruas, complures in granorum tritici morem aceruatim collectas, quarum tres uel quatuor in longum protenduntur. Flos ei Ranunculi ut maiori, luteo colore nitens. His accedunt locus, tempora, uires, & alia quæ iam commemorabuntur, quæ singula Scrofulariæ minori adamussim quadrant, ut nemo hanc Chelidonium minus esse inficias ire sine magna impudentia possit.

LOCVS.

In palustribus, prope aquas, & in limitibus humidis, omnibusque uliginosis tractibus ac hortis passim gignitur.

TEMPVS.

Verno tempore, Martio mense, & præsertim hirundinum aduentu floret, nec longo post tempore marcescens euanescit, sic ut irrigui limites, qui largo foliorum florumque stipatu pubescebant, confestim ijs spoliati glabrescere conspiciantur.

TEMPERAMENTVM.

Chelidonium minus, Galeno teste, quarti ordinis absoluti est in calefaciendo & desiccando, ideoque magnam præ se fert acrimoniam, gustum erodentem. Nostrum autem usqueadeo acre non est, ut commanducando sæpe nullam prorsus sentias acrimoniam, potissimum in eo quod humido in loco natum sit. In hoc autem quod locis siccis prouenit, senties & amaritudinem & acrimoniam, sensim tamen gustum erodentem.

VIRES. EX DIOSCORIDE.

Acrem uim habet, Anemones modo summam cutem exulcerantem. Scabiem & unguium lepras tollit. Ex radicibus expressus succus ad purgationem capitis addito melle naribus utiliter instillatur. Similiter decoctum eius cum melle gargarissatum, caput strenuè purgat, & omnia pectoris uitia.

EX GALENO.

CHELIDONIVM MINVS.

Feigwartzenkraut.

C

EX GALENO.

Chelidoniũ minus cum acrius ſit maiore, illitum confeſtim cutem exulcerat, ungueſq; ſcabros eijcit. Succus eius per nares purgat, utpote uehemẽter acris exiſtens.

APPENDIX.

Recentiores ea herba in exterendis ficubus mariſcisue, & ſtrumis, magna experientia utuntur, ut inde certè Scrofularia nominari, quemadmodũ diximus, meruerit. Antiquus etiam ac manuſcriptus herbarius, ſub nomine tamẽ Pedis crituli, quo Aron nominatur, ſe à quodam qui expertus ſit cognouiſſe ſcribit, quod hæc herba contra mariſcas ac ſtrumas mirificè proſit.

DE CHAMAEDRY. CAP. CCCXXXIII.

NOMINA.

ΑΜΑΙΔΡΥΣ græcè, Triſſago latinè, officinis græcum nomen inſedit, uulgo Quercula minor, & à ſerratis folijs Serratula appellatur. Chamædrys uerò Græcis dicta eſt, quaſi humilis ac terreſtris quercus, quod ſcilicet folia Quercus habeat, & huius reſpectu quaſi humi repat. Sunt qui Serratã nominatã ideo putent, quod ab ea ſerra inuenta ſit. Dioſcorides hanc Teucrium etiã, propterea quod Teucrio ſimilis admodũ ſit, appellari à nõnullis ſcribit.

Serratula. *Chamædrys unde dicta.* *Serrata.*

GENERA.

Etſi Dioſcorides alijq; ueteres unicã faciant Chamędryn, tamen nos, quia plures herbas ad eius formam ac picturã accedere uidemus, duo eius genera produximus. Quorum ſanè primum uera Chamædrys exiſtit, & germanicè klein Bathengel nominatur. Illius autem rurſus duo ſunt genera. Vnum enim quod præ cæteris omnibus picturæ

D

Dioſcoridis maximè accedit, mas dicitur, alterum uerò fœmina: neque enim aliter nobis diſcrimen indicare licuit niſi ſexus ratione. Alterum genus uulgaris eſt Chamædrys, quod iterum duûm eſt generum, mas ſcilicet & fœmina. Mas germanicè Erdtweirauch / fœmina uerò Gamenderle / Blawmenderle / Vergiß mein nit / appellatur.

FORMA.

Frutex dodrantalis, folijs exiguis, forma & diuiſuris quernis ſimilibus, amariſq;, flore ſubpurpureo, exili, ſemine in calyculis atro. Quæ utique deſcriptio ita herbis illis quas pictas exhibemus reſpondet, ut nulla prorſus nota reclamare uideatur. Sunt enim herbæ palmum altæ utplurimum, exili folio, effigie & diuiſura Quercus, amaro, flore penè purpureo & exiguo, ita ut mirari ſatis non poſsim, cur nonnulli alteram ſpeciem genuinam Chamædryn eſſe negent, cum tamen Germanica etiam appellatio pulchrè ad antiquum atqueadeo græcum nomen alludat. Sed inſtabit forſitan quiſpiam dicens, Chamædrys Dioſcoridis palmum alta eſt, hæc tua menſuram hanc excedit. Fateor ſanè, attamẽ non multum exuperat, quod ſi etiam plus exuperaret, non tamen hoc nomine alterius ſpeciei herba putanda eſſet: neq; enim adeò ſtatam atque certam menſuram herbis tribuit Dioſcorides, ut quandoque ultra citraq; conſiſtere non liceat: uerum cum alicui herbæ menſuram adſcribit, id ea ratione facit, ut maiori parti indiuiduorũ illius ſpeciei quadrare exiſtimet. In prioris itaque inopia, alterius uſus eſſe poteſt.

Obiectionis ſolutio.

LOCVS.

Naſcitur aſperis & petroſis locis, interdum etiam in montoſis & campeſtribus ſolidis.

TEMPVS.

Primum genus Iunio & Iulio menſibus floret. Alterum autem uere potiſsimũ. Carpuntur ſemine prægnantia.

TEMPERA-

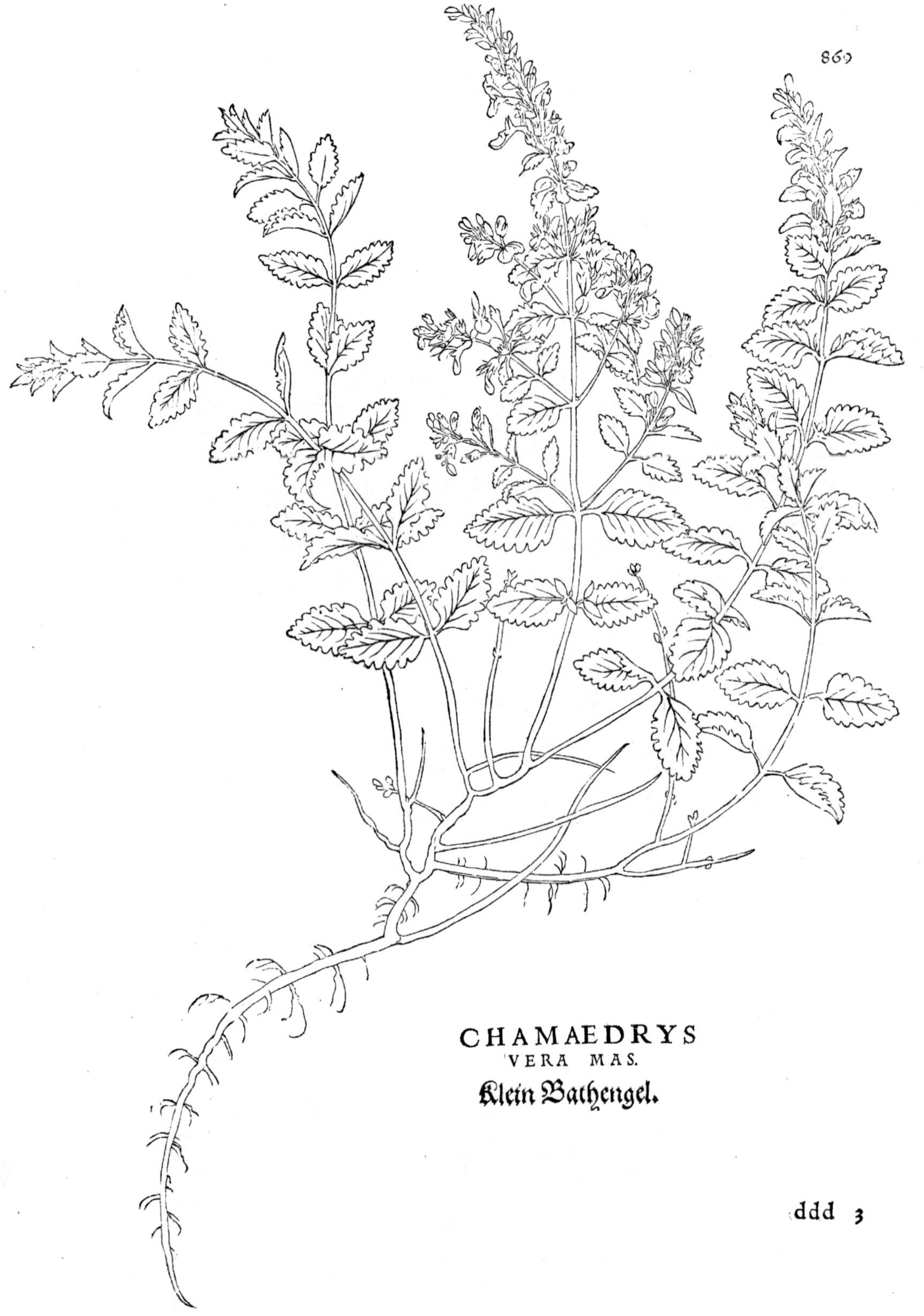

CHAMAEDRYS
VERA MAS.
Klein Bathengel.

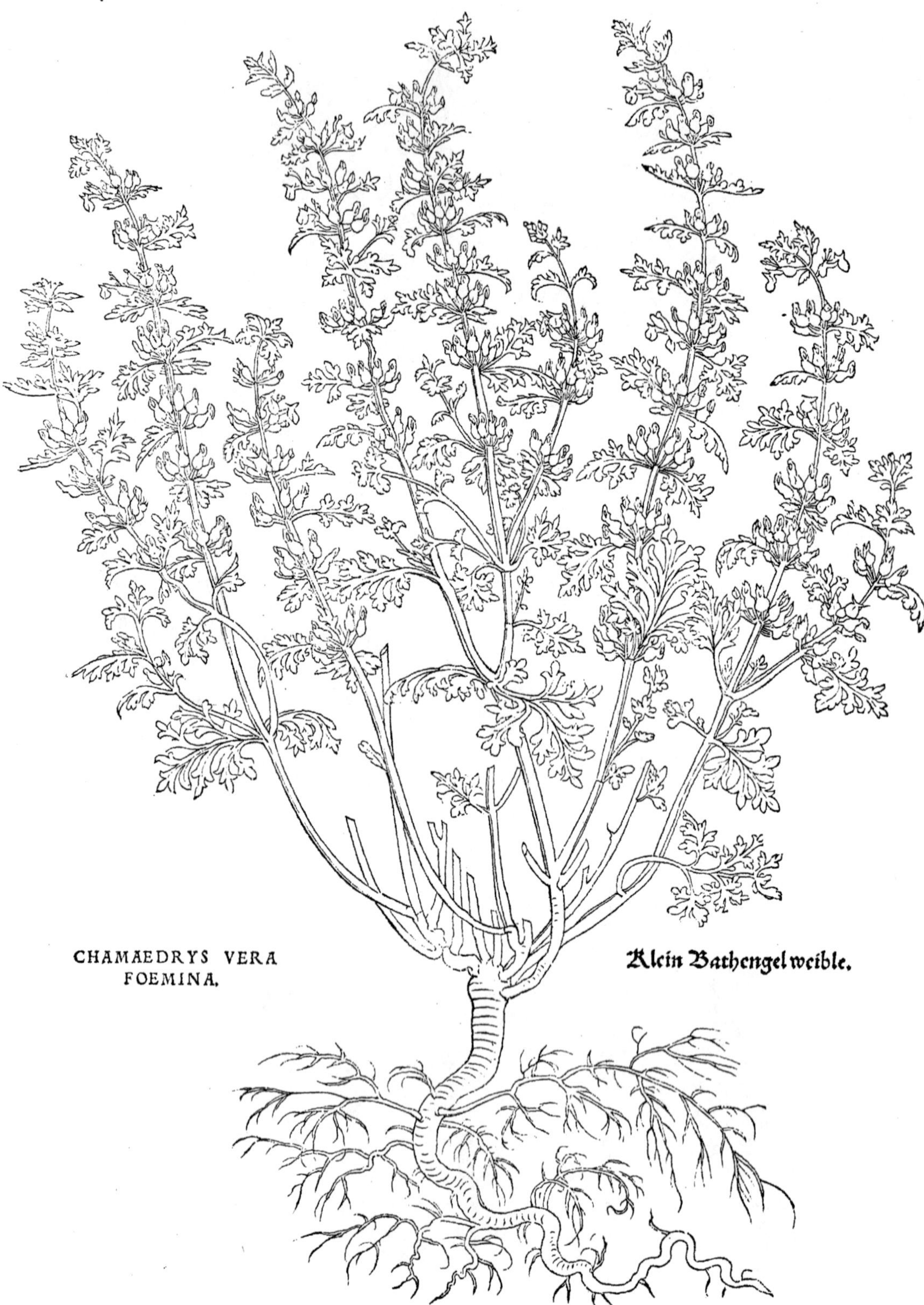

CHAMAEDRYS VERA FOEMINA.

Klein Bathengel weible.

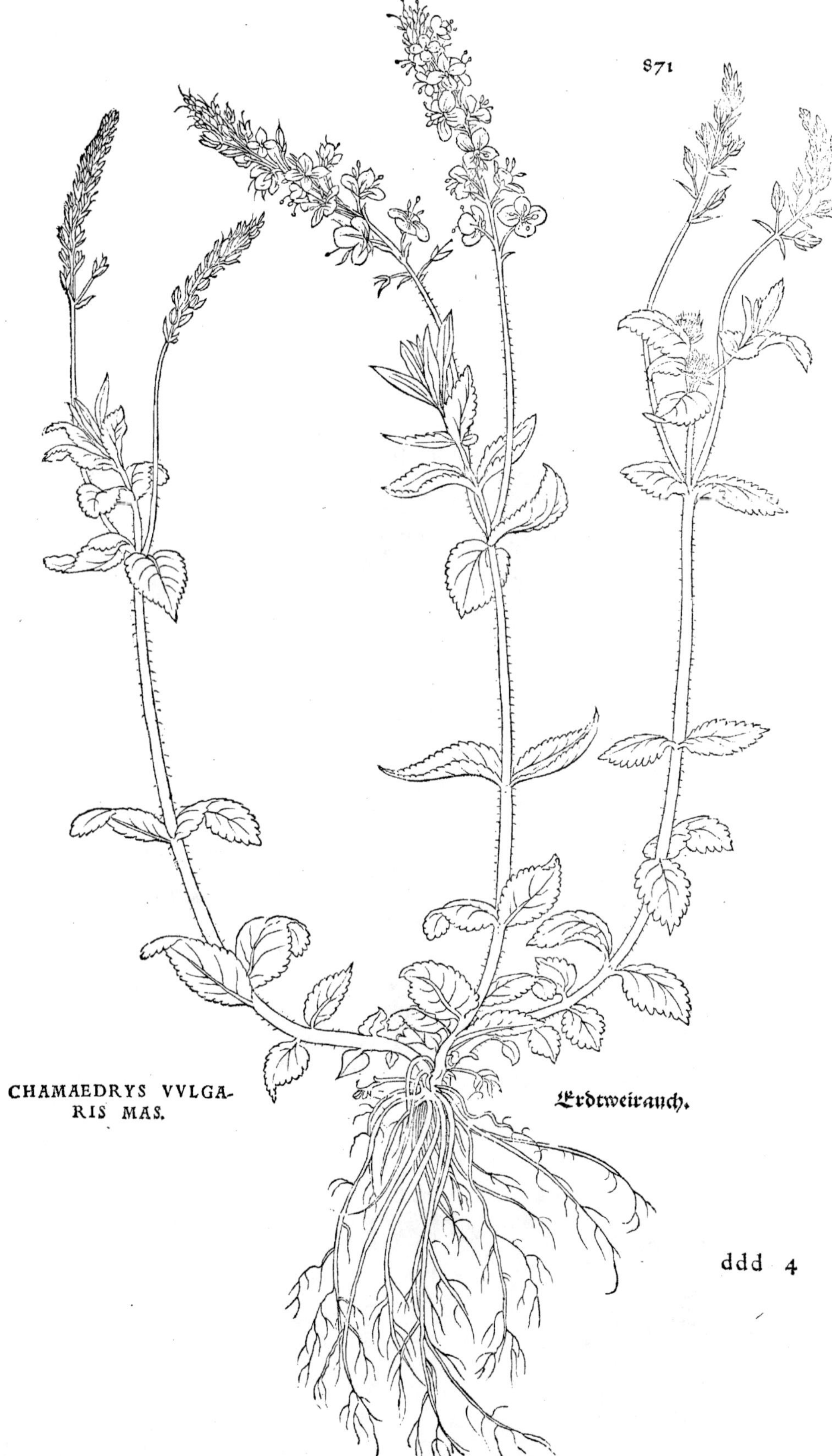

CHAMAEDRYS VVLGARIS MAS.

Erdtweirauch.

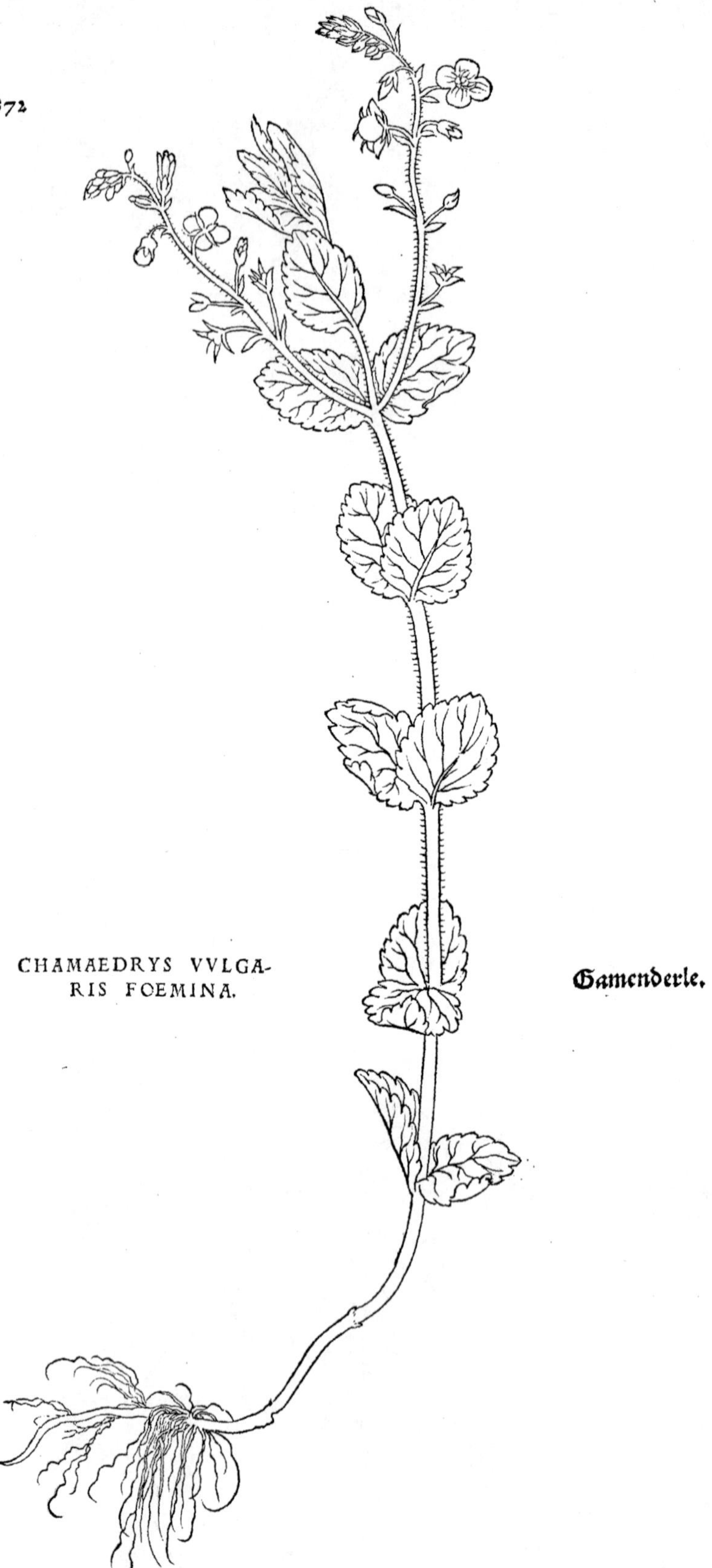

CHAMAEDRYS VVLGARIS FOEMINA.

Gamenderle.

A

TEMPERAMENTVM.

Ex tertio ordine calefacientiũ & desiccantium facit Galenus, Germanicæ tamen minus calefacere & desiccare uidentur, utpote in regione frigidiore natæ.

VIRES. EX DIOSCORIDE.

Recens ac uiridis in aqua decocta & pota, conuulsis, tussientibus, lieni indurato, urinæ difficultatibus, hydropicis inter initia auxiliatur. Cit menses, fœtusq; extrahit. Lienem ex aceto pota minuit. Aduersus uenenata cum uino pota & illita efficax est. Trita ad prędicta in pilulas conformatur. Cum melle uetera ulcera purgat. Cum oleo trita, inuncta & illita, oculorum caliginem discutit.

EX GALENO.

Chamædrys uincentem qualitatẽ amarã habet, & est quodammodo acris. Quocirca meritò lienem colliquat, urinam & menses mouet, crassitudinẽ humorum incîdit, & uiscerum obstructiones expurgat.

EX THEOPHRASTO.

Trissaginis folia ad rupta, uulneraq; in oleo trita ualent, & ad depascentia ulcera. Semen bilem extrahit, & oculis quoq; beneficum est. Folium ad albugines tritum in oleo prodest.

EX PLINIO.

Aduersus serpentiũ uenena potu illituq; efficacissima. Item stomacho, tussi uetustæ, pituitæ in gula cohærescenti, ruptis, conuulsis, lateris doloribus. Lienem consumit. Vrinã & menses cit, ob id incipientibus hydropicis efficax, manualibus scopis eius in tribus heminis aquæ decoctis usque ad tertias. Sanat & uomicas, & sordida ulcera cum melle. Fit & uinum ex ea pectoris uitijs. Foliorũ succus cum oleo, caliginem oculorum discutit. Ad splenem ex aceto sumitur.

B

DE CHAMAECYPARISSO CAP. CCCXXXIIII.

NOMINA.

XAMAIKYΠAPIΣΣOΣ Plinio dicta est, quasi pumila Cupressus. Apud Græcos, quod sciã, eius fruticis nulla fit mentio. Vulgo Cypressus, Germanis Cypreß nominatur. Cypressus ab odore & forma foliorũ eiusdem nomenclaturæ arboris uocata est. *Cypressus unde dicta.*

FORMA.

In arbusculi formam fruticat, folijs incanis, Abrotoni fœminæ modo scissis. Floribus in summo auri instar fulgentibus. Totus frutex odoratus est. Errãt qui Chamæpityn esse arbitrantur: neque enim ut illa humi serpit, sed altius à terra, ut pictura monstrat, consurgit. *Chamæcyparissus non est Chamæpitys.*

LOCVS.

In hortis passim ac figulinis prouenit.

TEMPVS.

Æstate floret. Paucos autẽ frutices inuenies in quibus flores intueri liceat, quandò per uniuersam uitam non nisi unum hunc, cuius picturam damus, fruticem in quo flores apparuerint, uiderim.

TEMPERAMENTVM.

Apparet in ea, sicut gustus testificatur, leuis quidem acrimonia, sed maior amaritudo, multoq; etiam plus acerbitatis in tota planta. Resiccat itaque absq; insigni caliditate.

VIRES. EX DIOSCORIDE.

Quum easdem quas arbor Cyparissus qualitates habeat Chamæcyparissus, necesse est

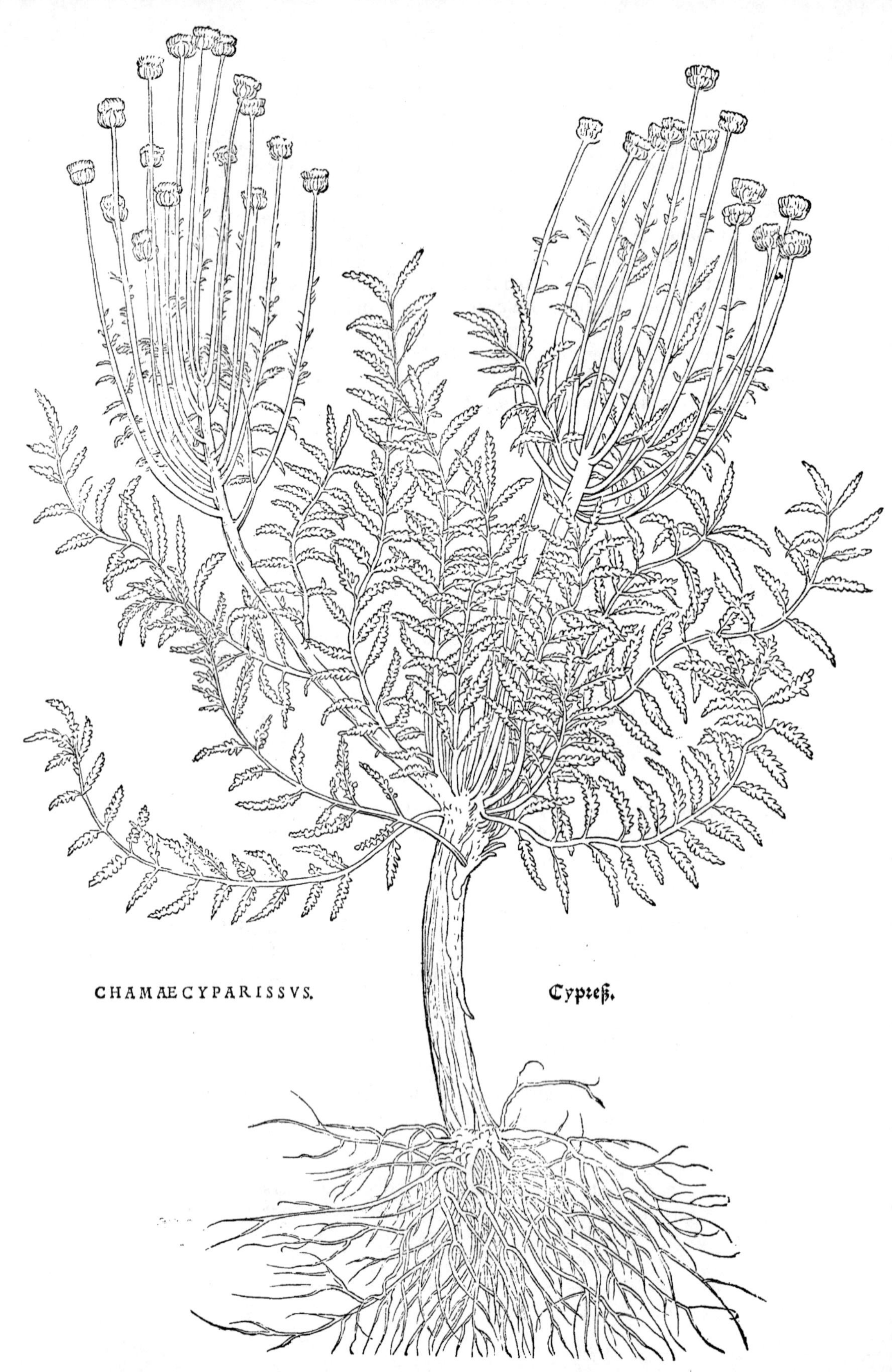

CHAMÆCYPARISSVS. Cypreß.

A cesse est ut etiam facultates easdem obtineat. Arboris igitur hæ sunt uires. Adstringit & refrigerat. Folia eius cum passo & myrrha modica pota, uesicæ fluxionibus & urinæ difficultati medentur. Pilulæ tusæ, & cum uino potæ, contra sanguinis reiectionem, dysenterias, alui fluxiones, orthopnœam, tussimq; prosunt. Decoctum earum idem potest. Tusæ cum fico duritias emolliūt, & polypos in naribus sanant. Leprosos ungues cum aceto decoctæ & tritæ adiectis lupinis tollunt. Intestinorū ramices illitæ coërcent. Folia idem possunt. Pilulæ cum coma suffitæ culices abigere creduntur. Folia trita & illita uulnera glutinant, sanguinemq; supprimunt. Cum aceto autem trita, capillos tingunt. Illinitur per se aut cum polenta ad erysipelata, herpetas, carbunculos, & oculorum phlegmonas. Cerato mixta & imposita uentriculum firmant.

EX GALENO.

Cupressi folia, germina, pilulæ recentes & molles, magna ulcera in duris corporibus glutinant. Ex quo clarum est quod resiccandi uim habeat, absq; insigni acrimonia & caliditate. Tanta inest ei acrimonia caliditasq;, quanta satis sit deducendæ in altum acerbitati: nullam tamen mordicationē aut caliditatem in corporibus efficit. Proinde in alto latentes in flaccidis putrescentibusq; affectibus humiditates, sine molestia tutoq; depascitur, quum quæ calefaciunt & desiccant, eas quidem quę contentæ sunt absumant, cæterum acrimonia & caliditate alias attrahant. Sic intestinorū ramice affectos iuuat: siquidem exiccat & robur addit corporibus præ humiditate laxis, utpote quum adstrictio in altum subeat, eò quod caliditas quę illi admista est deducat, ad eam quidem mensuram perueniens, ut præire quidem ualeat, nondum tamen mordicare. Quidam ea utuntur ad carbunculos & herpetes polentæ miscentes, tanquam absumat citra calefactionem eos morbos efficientem humi-
B ditatem. Sunt qui ad erysipelata utantur, admista nimirum polenta cum aqua, aut oxycrato aquoso.

EX PLINIO.

Cupressi folia trita serpentum ictibus imponuntur, & capiti cum polenta, si à sole doleat. Item ramici, qua de causa bibuntur. Testium quoque tumori cum cera illinuntur. Capillū denigrant ex aceto. Eadem trita cum duabus partibus panis mollis, & è uino Aminęo subacta, pedum ac neruorum dolores sedant. Pilulę aduersus serpentium ictus bibuntur, aut si eijciatur sanguis. Collectionibus illinuntur. Ramici quoq; teneræ tusæ cum axungia & lomento prosunt. Bibuntur ex eadem causa. Parotidi & strumæ cum farina imponuntur. Exprimitur succus tusus cum semine, qui mixto oleo, caliginem oculorum aufert. Item uictoriati pondere in uino potus illitusq;, cum fico sicca pingui, exemptis granis, uitia testium sanat, tumores discutit, & cum fermento strumas. Radix cum folijs trita potaq;, uesicæ & stranguriæ medetur, & contra phalangia. Ramenta pota menses ciunt, scorpionum ictibus aduersantur. Chamæcyparissos herba ex uino pota contra uenena serpentium omnium scorpionumq; pollet.

Chamæcyparißi facultates.

DE CHAMAE-

CHAMAECISSOS Gundelreb.

A

NOMINA.

ΧΑΜΑΙΚΙΣΣΟΣ, ἡ γῆς στέφανος Græcis, Hedera terrestris, Terræ corona Latinis appellatur. Officinæ nomen Hederæ terrestris retinuerunt. Germanicè Gundelreb/corrupto sanè nomine uocatur, cum dicendū esset Grundreb/hoc est, humi repens uiticula. Nominatur etiam Germanis Erdephew/& Erdenkrenzlin. Chamæcissos uerò dicta est, quod nunquā non repat humi, folijs Hederæ similibus. Corona terræ, quod ramulos suos per terram spargens, folioso ueluti serto eandem coronare uideatur.

Hedera terrestris.

Chamæcissos unde dicta.

Corona terræ.

FORMA.

Folia Hederæ similia habet, minora tamen & tenuiora. Ramulos dodrantales multos, folijs plenos, à terra quinq; aut sex prodeuntes. Flores Leucois similes, minores tamen, & in gustu uehementer amaros. Radix illi est tenuis, alba, & inutilis. Ex hac historia satis constat herbam hodie uocatam Hederam terrestrem, esse Dioscoridis Chamæcisson. Siquidem folijs Hederæ constat, minoribus tamen & tenuioribus, ac in circuitu incisis. Legendū enim esse μικρότερα, & non μακρότερα, res ipsa docet: nam etsi folia Chamæcissi aliquatenus Hederæ similia sint, tamen rotundiora, atqueadeo minora etiam & tenuiora existunt. Et est hic lapsus ab ι in α apud Dioscoridem frequens, ut ex alijs etiam locis suprà notatis liquet. Ramulis etiam dodrantalibus multis, foliosis, qui tamen antequam scindantur quinq; aut sex à radice procedunt. Flores denique eius Leucois similes sunt, non quidem luteis, albis, aut purpureis, sed cœruleis: ita ut uehementer errent qui eius flores neque figura neque colore floribus Chamæcissi, qui Leucois adsimilantur, esse similes putant. Etsi enim colore neque albi, neque lutei sint, cœruleos tamen, qui color etiam Leucoiorū est, esse constat. In gustu deniq;, sicut etiam folia, amari sunt. Radix quo-

Dioscoridis locus emaculatur.

B que eius tenuis, & nullius prorsus usus est. His omnibus accedit, quod nomen etiā pulchrè quadrat: neq; enim Græcis aliud sonat Chamæcissos, nisi humilem ac humi repentem Hederam. Cæterum non esse Elatinen, præter alia multa quæ referre superuacaneum arbitror, sapor manifestè ostendit, qui in Hedera terrestri amarus & modicè acris est, atqueadeo calorem præ se fert. Elatine uerò refrigerat atque adstringit. Sic non esse Asclepiada, ut taceam quod Securidacæ simile semen non proferat, uel unus locus natalis satis monstrat. Asclepias enim in montibus, Hedera autem terrestris in decliuibus locis & uallibus, ut germanicum nomen Grundreb abundè indicat, prouenire solet. Quæ autem herba sit Asclepias, suo loco dictum à nobis est.

Chamæcissos Hedera terrestris non est Elatine.

Non est Asclepias.

LOCVS.

Nascitur in cultis locis, iuxta etiam sepes & dumeta.

TEMPVS.

In Martio statim erumpit, & floret in magnam usq; æstatis partem.

TEMPERAMENTVM.

Amaritudo exiguaq; acrimonia foliorū & florum satis monstrant herbam hanc calidam & siccam esse, ita ut hi qui frigidā esse statuunt, reprehensione non careant.

Error quorundā notatur.

VIRES. EX DIOSCORIDE.

Folia eius trioboli pondere in aquæ cyathis tribus, quadragenis aut quinquagenis diebus pota, ischiadicis prosunt. Morbum quoque regium in senos septenósue dies similiter pota emendant atq; expurgant.

EX GALENO.

Chamæcissi flos quum sit admodum amarus, iecoris obstructiones soluit. Sunt qui illum etiam ischiadicis exhibeant.

C EX PLINIO.

Chamæcisson appellant Hederam non attollentē se à terra. Et hæc contusa in uino acetabuli mensura lieni medetur. Eius folia bibunt ischiadici tribus obolis, in uini cyathis duobus septem diebus, admodum amara potione.

APPENDIX.

Has omnes iam cōmemoratas facultates Hederæ terrestri recentiores tribuunt: neq; dubium est, quum sit admodū amara, quin easdem habeat, & alia etiam posit quæ illi adscribunt, ut euocare suppressos menses, urinam mouere, obtusum auditum remouere. Contra pestem etiam tradunt efficacem esse: id quod equites quoque sciunt: hi enim quoties fibula dicta pestis equum corripuerit, hac contra eandē herba magna efficacia utuntur.

DE CHRYSANTHEMO. CAP. CCCXXXVI.

NOMINA.

ΧΡΥΣΑΝΘΕΜΟΝ Græcis, Chrysanthemū Latinis, officinis inusitatum, Germanis Goldtblům/Schmaltzblům/à pinguedine quæ contrito digitis flosculo apparet, & Ortblům nominatur. Chrysanthemon uerò à flosculis auri splendorem & colorem præ se ferentibus, dictum est.

Chrysanthemum unde dictum.

FORMA.

Herba est tenera, fruticis tamen speciem obtinens, leues proferens caules, & multifida folia: luteos flores, uehementer splendentes, & oculi instar circulares. Ex qua sanè descriptione satis clarum est, herbam quam pictam damus, esse Chrysanthemon, quod illi omnes à Dioscoride traditæ notæ, nulla prorsus reclamante, conueniant.

D Quibus Democriti in Hydroscopico accedit testimonium, qui herbam hanc quæ Batrachio similis est, Chrysanthemon Gręcis appellari scribit, folijsq; Apij esse, maioribus tamen, flore auri colore splendente. Addit deniq; ab Aquilegijs mirè celebratā esse, eò quod aquam subesse certum sit, ubi solet emicare. Quæ quidē singula herbę illi quam depictā exhibemus respondent. Nam ut cætera omittam, ubi hæc nascitur aquæ latices subesse non est dubium. Quidam perperàm Wasserhanenfůß germanicè nominant: nam hoc nomine appellata herba, alia ab ea est, ut in capite de Batrachio docuimus. Nam cum hæc nostra acrimonia uacet, quanquam Batrachijs similis sit, tamen in numero illorum esse hoc nomine non potest.

LOCVS.

Nascitur prope urbes, in pratis humidis, & alijs locis aquosis.

TEMPVS.

Maio mense eius floribus prata & loca humida splendescunt.

TEMPERAMENTVM.

Eiusdem esse cum Buphthalmo temperamenti, & gustus & facultates declarant. Calidum itaque esse & siccum constat.

VIRES. EX DIOSCORIDE.

Eius flores cum cerato triti, steatomata discutere produntur. Regio morbo correptis coloris bonitatem tempestiuè reddit, à balneo post longiorem in eo moram exitu pota.

EX PLINIO.

Vesicæ calculos Chrysanthemon eijcit.

CHRYSANTHEMVM

Schmaltzblům.

C

DE CHAMAELEONE ALBO

CAP. CCCXXXVII.

NOMINA.

Carduus ſuarius. *Cardopatium.* *Chamæleon unde dictus.*

AMAIΛEΩN λευκὸς Græcis, Chamæleon albus, Carduus ſuarius & uarius Latinis, officinis & barbaris Cardopatium appellatur. Quod nomen hauddubiè corruptũ eſt, deductumque à dictione Pancration, nam ſic olim eſſe nominatũ Chamęleonem Apuleius teſtatur: aut à Carduo uario, à qua dictione, u ſcilicet litera in p, & r in t mutata, in Cardopatiũ facilis eſt lapſus. Germanis Eberwurtz/eleganti alluſione ad Carduum ſuarium, nuncupatur. Chamæleon autem à foliorũ uarietate dici cœpit. Mutat enim cum terra colores, Plinio teſte: hic niger, illic uiridis, aliubi cyaneus, aliubi croceus, atque alijs coloribus uidetur. Suarius autem Carduus dictus eſt, quod ſues ſi in polenta exhibeatur, perimat. Ob quam etiam cauſam Eberwurtz Germanis nuncupatam puto.

Suarius Carduus quare nominatus

FORMA.

Folia habet Silybo aut Scolymo ſimilia, aſperiora autem, acutiora, nigroque Chamæleone ualidiora. Caule uacat, uerum è medio ſpinam Echino marino, aut Cinaræ ſimilem erigit. Flores purpureos, ueluti capillos, qui in pappos euaneſcunt. Semen Cnico ſimile. Radicẽ in pinguibus collibus craſſam, in montoſis uerò graciliorem, in profundo albam, aliquatenus aromaticam, graueolentẽ & dulcem. Plinius libro xxij. cap. xviij. breuius herbam hanc depingit, ſic inquiens: Aſperiora folia habet, ſerpit in terra Echini modo ſpinas erigens, radice dulci, odore grauiſsimo. Quæ certè notæ in uniuerſum omnes, herbæ quæ hodie barbara & corrupta uoce Cardopatiũ uocatur, adamuſsim reſpondent, ita ut nemo non eſſe Chamæleonem perſpicuè intelligat. Huc accedit quod facultates etiam eædem ſint. Radix

D enim Chamæleonis albi hauſta, uenenis reſiſtit. Radix etiam Cardopatij ex recentiorum traditione, mirificè uenenis aduerſari, & contra peſtilentiam populatim ſæuientem, ut paulò pòſt dicemus, efficaciſsimũ eſſe remediũ dicitur. Quod ſi tamen rectiora quis protulerit, non grauabimur hic, ut in alijs quoque, mutare ſententiã.

LOCVS.

In glabretis montium prouenit, & in ſyluis, ut hinc etiam ſyluaticus Carduus cognominatus ſit.

TEMPVS.

Iulio & Auguſto menſibus cum ſuis floribus effodi poteſt.

TEMPERAMENTVM.

Radix eius calefacit ſecundo ordine abſoluto, deſiccat autem tertio.

VIRES. EX DIOSCORIDE.

Radix pota acetabuli menſura, latos lumbricos pellit. Sumitur autem in uino auſtero, cum decocto Origani. Hydropicis cõmodè drachma in uino datur: etenim eos extenuat. Contra difficultatem urinæ decoctum eius propinatur. Pro theriaca cum uino pota eſt. Occîdit canes & ſues. Mures item necat ſubacta cum polenta, aut hydrelæo madefacta.

EX GALENO.

Radix eius potui datur acetabuli menſura contra latos lumbricos cum uino auſtero. Exhibent etiam aqua inter cutem laborantibus.

EX PLINIO.

Hydropicos ſanat ſucco radicis decoctæ. Bibitur drachma in paſſo. Pellit & interaneorum animalia acetabuli menſura ſucci eiuſdem in uino auſtero cum Origani ſcopis. Facit ad difficultatẽ urinæ. Hic ſuccus occîdit canes ſuesque in polenta. Addita aqua & oleo contrahit in ſe mures & necat, niſi protinus aquam ſorbeant. Radicem

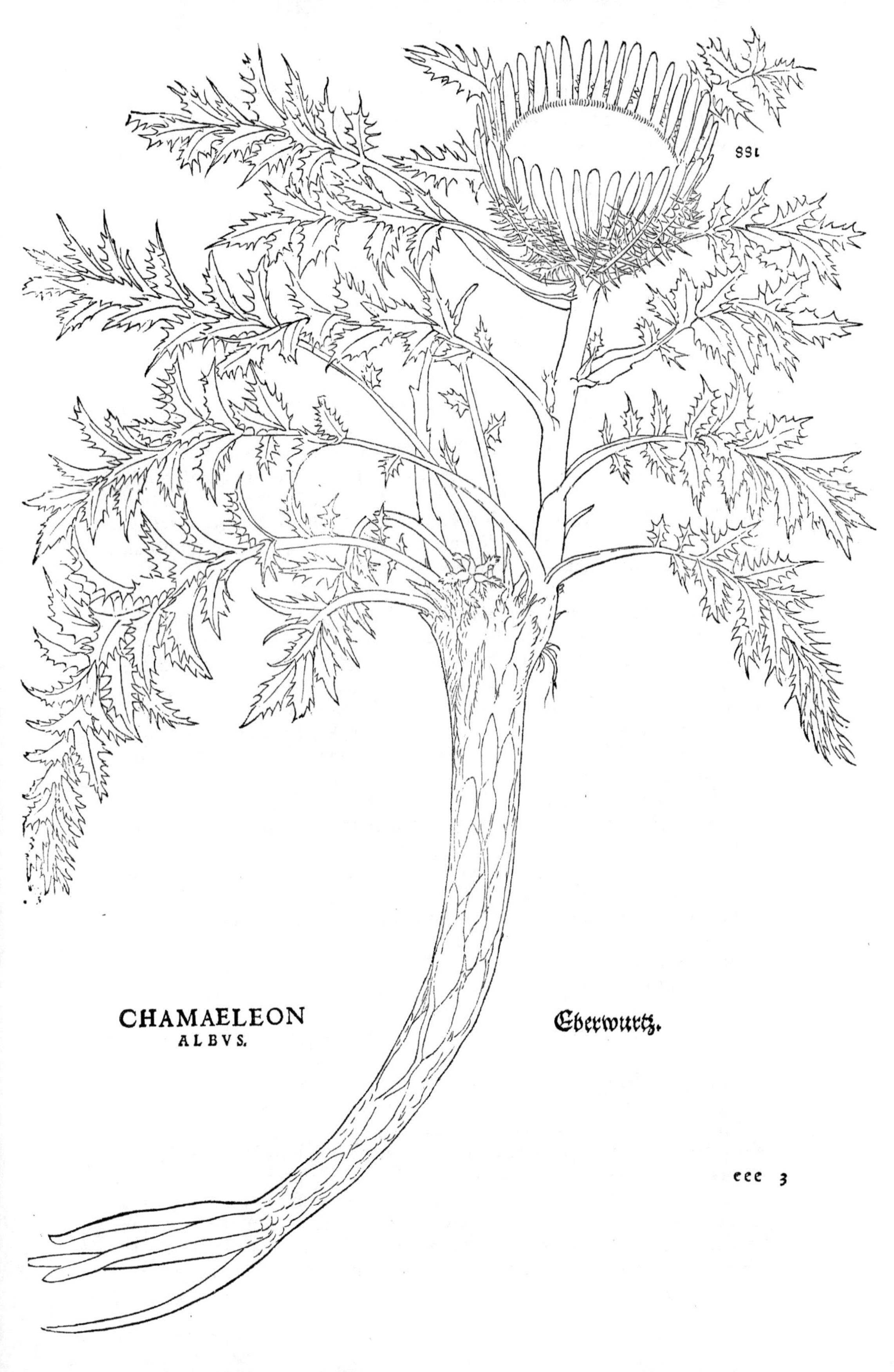
CHAMAELEON
ALBVS.
Eberwurtz.

C dicem eius aliqui concisam seruari iubent funiculis pendentē, decoquuntq́ in cibo contra fluxiones, quas Græci rheumatismos uocant.

APPENDIX.

Recentiores radicē Cardui suarij drachmæ pondere in uino sumptam cōtra pestilentiæ contagia prodesse tradunt. Eandem etiam in aceto decoctam, contra scabiem, impetiginē, & omnes cutis fœditates curatu difficiles conferre scribunt, si eius decocto lauentur. Idem dentium etiam dolori succurrit.

DE CHAMAELEONE NIGRO.

CAP. CCCXXXVIII.

NOMINA.

ΧΑΜΑΙΛΕΩΝ μέλας Græcis, Carduus niger aut Vernilagium Latinis dicitur. Officinis hæc planta incognita existit. Germanis allusione ad latinam nomenclaturam schwartzer Gartendistel uocari potest, quod scilicet in hortis tantum culta proueniat. Sunt qui eam à candore foliorum nominent welsch weiß Distel/sed prior appellatio ad discriminandas plantas melior existit. Chamæleon uerò dictus est à uarietate foliorū, quæ pro terræ & locorū differentia, aut admodū uiridia, aut subalba, aut cœrulea, aut rubra inueniuntur. Niger uerò hauddubiè à radice appellari cœpit.

Chamæleon niger cur dictus.

FORMA.

Folijs Scolymo similis est, minora tamen, tenuioraq́, & rubentia ea habet. Caulem emittit digitali crassitudine, dodrantalem, subrubrū, qui in summo habet umbellam, & spinosos flores tenues, hyacinthi æmulos, uersicolores. Radicē crassam,
D nigram, densam, & aliquando corrosam, quæ dissecta subflauescit, & cōmanducata mordet. Hæ quidem notæ quanquā plantę, cuius hic picturā damus, ferè omnes uideantur quadrare: caulem enim euehit dodrantalē, & altiorē etiam, digitū ęquantem crassitudine, subrubrum, folia instar Scolymi, minora, subalba & leniter punicea, candidū ac hispidum florem, hyacinthina purpura uariatū, radicem nigram & subflauam: tamen cum non admodū linguam uellicet cōmanducata radix, fit ut nō parum an legitimus sit Chamæleon niger addubitem. Verū cum multi huius temporis uiri eruditi hanc plantam Chamæleonē nigrum esse credant, nolui hoc tempore ab ijs prorsus dissentire, atqueadeo eandem quæ illi, plantæ huic indere appellationem uolui, maximè cum nullam aliam eidem cōuenire apud Dioscoridem descriptionem uideam, donec aliquid certius de ea nobis aut alijs compertum fuerit.

LOCVS.

Nusquam sua sponte in Germania prouenit, quare cultura indiget. Nascitur autem Chamæleon niger, Dioscoride autore, siccis, campestribus, cliuosisq́, & maritimis locis.

TEMPVS.

Iulio mense floret, ac subinde in capitulis rotundis Augusto mense semen hispidum profert.

TEMPERAMENTVM.

Chamęleontis nigri radix sicca est in tertio ordine, calefacit uerò in secundo absoluto.

VIRES. EX DIOSCORIDE.

Radix trita, additis exiguo atramento sutorio, cedrino oleo, & axungia, scabiem abigere potest. Abstergit etiam impetigines, admixtis sulphure & bitumine. Decoctum eius collutione dentium dolorē mitigat. Cum pari pipere & cera oblita, dolentibus dentibus auxiliatur. Quinetiā fouentur ea dentes, quū decocta in aceto, & calens imposita fuerit. Scriptorio stylo dolēti denti calida admota, eum frangit. Cum sulphure decolorē ob solē faciē, & alphos emendat. Miscetur medicamentis erodentibus. Phagedęnas, ferinasq́ ac tetra ulcera illita, ad mitiorē habitū trānsferens sanat.

EX GALENO.

CHAMAELEON
NIGER.

Schwartz Gartendistel.

C

EX GALENO.

Radix quiddam letale obtinet, quamobrem eius foris usus ad scabies, impetigines, alphos, & in summa ad omnia quæ detersionẽ postulant. Præterea emollientibus & discutientibus medicamentis miscetur, ac illita phagedænica ulcera sanat.

EX PLINIO.

Radice eius lichenes curantur, cum sulphure & bitumine unà coctis: cõmanducata uerò dentes mobiles, aut in aceto decocta. Succo scabiem etiam quadrupedum sanant. Et ricinos canum necant.

DE CHAMAEPITY. CAP. CCCXXXIX.

NOMINA.

XAMAIΠITYΣ Græcis, Aiuga siue Abiga, autore Plinio, Latinis dicitur. Inuenitur & Ibiga uocari, quod nomẽ, Hermolao teste, ferè seruant hodie Illyrici. Hinc abiectis duabus literis i & g, Iba, & ab Aiuga abiectione literarum a & g, Iua manauit in uulgi nomenclationẽ. Officinę Iuam cognomento muschatam appellant, Germani ye lenger ye lieber. Cæterũ Chamæpitys dicta est, quasi humilis & breuis, humiq́ depressa picea: nam eius folia piceam olent. Abiga uerò uocata propter abortus, quos, educendis ijs quæ in utero sunt, excitare solet.

Ibiga. *Iua.* *Chamæpitys unde dicta.* *Abiga quare uocata.*

GENERA.

Tria eius sunt genera. Vna folijs Sedi seu Aïzoi, quam nos fœminã fecimus. Altera ramis anchoræ modo incuruis, quam nondum uidimus. Tertia mas dicitur etiam Dioscoridi. Harum discrimina è descriptionibus certius cognosces.

Prima. *Altera.* *Tertia.*

D

FORMA.

Prima, herba est per terram serpens, subcurua, folia minori Azioo similia habens, multò tamen tenuiora, pinguiora: hoc est, ut Serapion interpretatur, super se plus humiditatis tenacis habentia, & hirsuta, circa ramos frequentia, odore piceæ, flores exiguos, luteos aut candidos, radicem Cichorij. Altera cubitalibus est ramis anchoræ modo incuruis, tenuibus, coma supradictæ simili, flore candido, semine nigro. Olet autem & ipsa piceam. Tertia quæ mascula appellatur, herbula est foliolis tenuibus, candidis & hirsutis, caule aspero, candido, flosculis luteis, semine secus alas pusillo. Piceam & hæc olet.

LOCVS.

Sua sponte, quod sciam, in Germania non prouenit. Nunc tamen in hortis plantari cœpit. Plinius tertiam in petris nasci tradit.

TEMPVS.

Floret Iunio & Iulio mensibus.

TEMPERAMENTVM.

Chamæpitys gustu quidem amarũ saporem acri ualidiorem obtinet. Est autem in calefaciendo secundi, in siccando uerò tertij ordinis.

VIRES. EX DIOSCORIDE.

Folia primæ septem diebus in uino pota, regio morbo medentur. Quadraginta uerò ex hydromelite, ischiadicos sanant. Dantur peculiariter iecinorosis, urinæ difficultatibus, & renum uitijs. Prosunt etiam torminosis. Ea apud Heracleam Ponticam, perinde atq; antidoto contra aconitum utuntur, bibentes decoctũ. Ad antedicta illinitur, cum polenta iure decocti macerata. Trita & cum fico pro pilulis data aluum emollit. Excepta melle, squama æris, & resina, purgat. Apposita ex melle, ex utero ducit. Mammarũ duritias discutit. Vulnera glutinat. Vlcera quæ serpunt,

cum

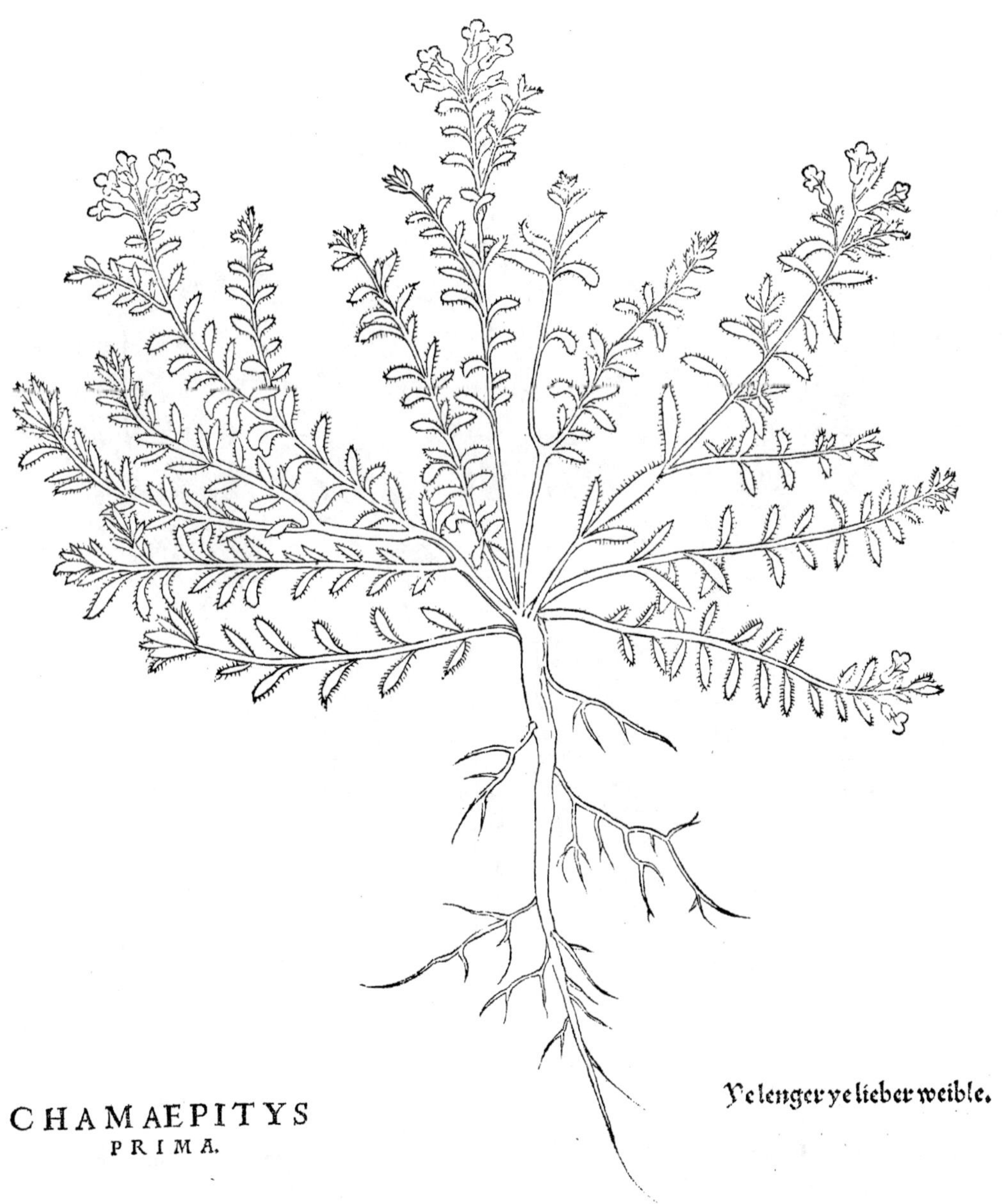

CHAMAEPITYS
PRIMA.

Ye lenger ye lieber weible.

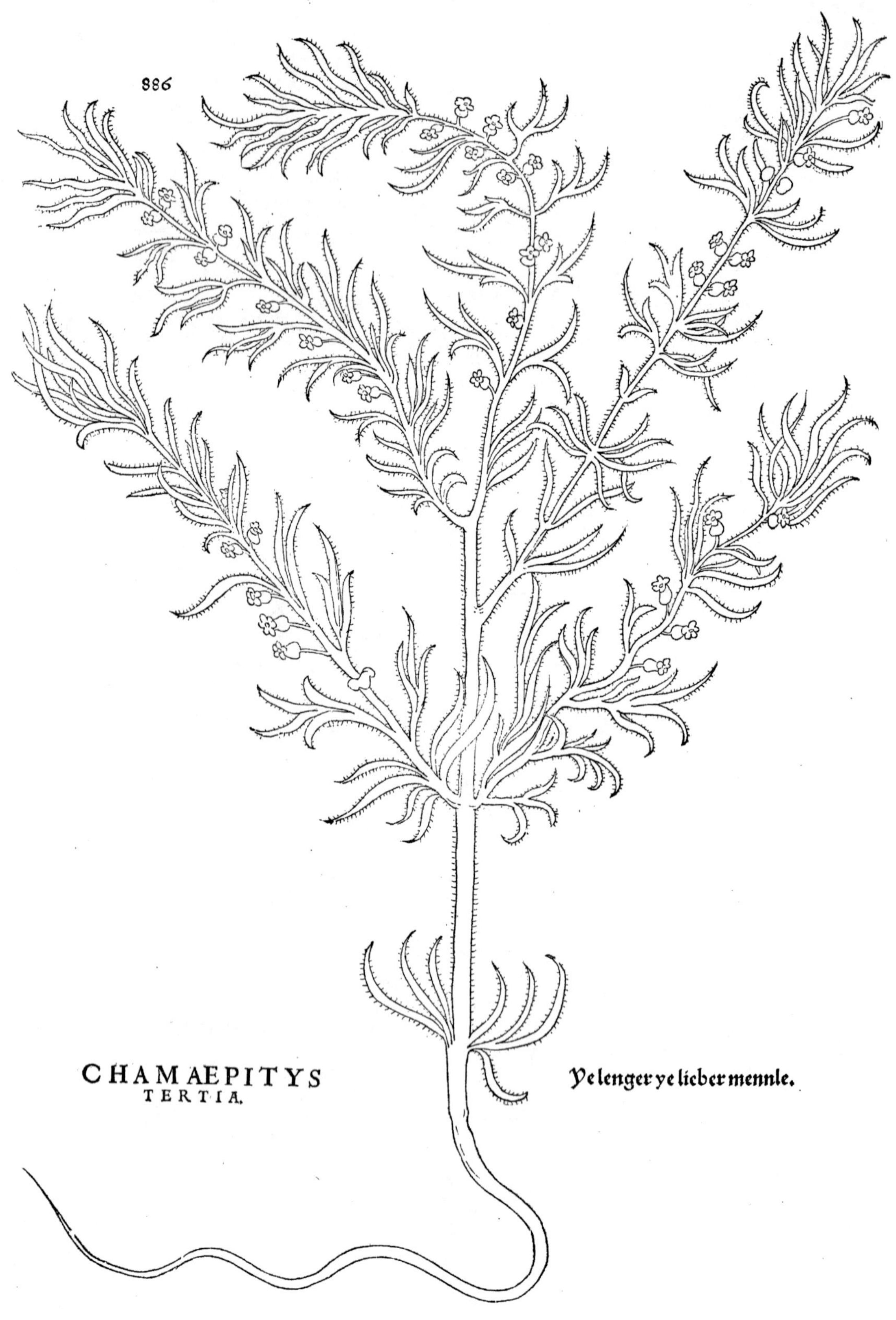

CHAMAEPITYS TERTIA.

Ye lenger ye lieber mennle.

A cum melle illita cohibet. Secunda & tertia eandem uim obtinent, non tamen usque adeò efficacem.

EX GALENO.

Effectu expurgat Chamæpitys, abstergitq́ue uiscera plus quàm calfacit. Proinde regio morbo correptis, & omnino quibus facilè iecur obstruitur, bonum est medicamentum. Quin & menses ducit tum pota, tum apposita cum melle. Sed & urinæ mouendæ aptum est medicamen. Sunt qui etiam eam exhibent ischiadicis decoctã in melicrato. Herba porrò ipsa uiridis magna uulnera conglutinat, & ulcera putrescentia sanat. Mammarum præterea durities discutit.

EX PLINIO.

Prosunt aduersus scorpionũ ictus. Item iecinori illitæ cum palmis aut cotoneis. Renibus & uesicæ, decoctũ earũ cum farina hordeacea. Morbo quoq́ue regio, & urinæ difficultatibus, ex aqua decocta bibunt. Nouissima contra serpentes ualet cum melle. Sic & apposita uuluas purgat. Sanguinẽ densatum extrahit pota. Sudores facit, perunctis ea. Peculiariter renibus utilis est. Fiunt ex ea & hydropicis pilulæ, cum ficu aluum trahentes. Lumborũ quoq́ue dolorẽ uictoriati pondere in uino finit, & tussim recentẽ. Mortuos fœtus ex aceto cocta potaq́ue, eijcere protinus dicitur.

APPENDIX.

Recentiores herbarij, & magna officinarũ pars, aliam Chamæpityn ostendunt, *Officinarum*
folio Saluiæ rimoso, angustiore tamen, & ad radicẽ maiore, flore subcandido ac lu- *error.*
teo, & semine nigro: quæ tamẽ legitima Chamæpitys non est, sed prima potius Sideritidis, ut suo diximus loco, species. Desinant igitur subinde hac herba pro Chamæpity uera uti, ac illius loco has quarum nunc picturas damus usurpent. Erroris autem huius nulla alia fuit causa, quàm quod Chamæpitys etiam ueteribus alio no
B mine dicta sit Sideritis. Hinc plerique decepti eam herbam quæ priuatim ac propriè sic nominatur, pro Chamepity usurpare cœperunt. Sideritis autẽ nulla alia de causa dicta est Chamæpitys, nisi quod illi uulnera glutinandi insit facultas.

DE PSYLLIO. CAP. CCCXL.

NOMINA.

YΥΛΛΙΟΝ græcè, herba Pulicaris latinè, nomen græcum in officinis retinet, germanicè Psilienkraut nominatur. Tam græcam au
tem quàm latinam appellationẽ à pulice, cuius effigiẽ semen eius *Psyllium unde*
refert, sortita est herba. Vel, ut nonnullis uidetur, quia si uiridis in *dictum.*
domum feratur, generari in ea pulices prohibeat.

FORMA.

Psyllion folia Coronopo similia habet, hirsuta, longiora, ramos dodrantales. Tota herba ad fœni graminisue formam accedit. Coma eius à medio caule incipit, capitula bina aut terna in summo contracta conuolutáue, in quibus semen pulicibus simile, nigrum durumq́ue.

LOCVS.

In aruis & incultis nascitur. Nusquam tamen, quod sciam, in Germania nisi satum prouenit.

TEMPVS.

Flores tota ferè æstate ex capitulis eius, quæ spicæ formam obtinent, erumpentes dependent, canino capiti haud dissimiles, ut pictura abundè monstrat. Semen uero autumno profert.

TEMPERAMENTVM.

Semen eius ex secundo refrigerantium est ordine, in desiccando uerò & humectando medium quodammodo & symmetrum. Cõmentum Mesues de substantia *Mesues cõmen-*
eius interiore calida nihil moror. *tum.*

VIRES.

PSYLLIVM

Psilienkraut.

A VIRES. EX DIOSCORIDE.

Vis Psyllio refrigeratoria. Cum rosaceo, aceto, aut aqua illitum articulorũ doloribus, parotidibus, tuberculis, oedematis, luxatis, capitisq; doloribus prodest. Enterocelis seu intestinorũ ramicibus puerorum, & umbilicis prominentibus cum aceto illitum medetur. Oportet autem acetabuli mensura tusum in aquæ heminis duabus madere, & ubi aqua concreuerit illinire: egregiè siquidem refrigerat: deiectum enim in feruentem aquam, calorem eius reprimit. Prodest erysipelatis. Perhibent si uiridis domum importetur, prohibere ne in ea pulices generentur. Tusa cum adipe, sordida & maligna ulcera expurgat. Succus eius cum melle ad aures fluxione tentatas, & uermiculosas conducit.

EX PLINIO.

Vis ei ad refrigerandũ ingens. Semen in usu. Fronti imponitur in dolore & temporibus, ex aceto & rosaceo, aut posca. Ad cætera illinitur acetabuli mensura, sextario aquæ densat ac contrahit. Tunc terere ac crassitudinẽ illinere oportet cuicunq; dolori, & collectioni inflammationiq;. Tenasmo in aqua cum radicibus decoctum medetur. Omnibus articulorũ morbis salutare est huius semen madefactũ in aqua, admistis in heminam seminis duobus resinæ colophoniç cochlearibus, thuris uno.

DE PSEVDONARDO. CAP. CCCXLI.

NOMINA.

ΨΕΥΔΟΝΑΡΔΟΣ græcè & latinè nominatur, quod scilicet non sit uera & genuina Nardus, cuius Dioscorides & alij ueteres meminerunt. *Pseudonardus unde dicta.*

GENERA.

B Duûm cernitur generum. Alterum procerius est, & maiorem spirat odorem, nec minus quàm Nardus placet. Hoc nos Pseudonardũ marem diximus. Officinæ & uulgus herbariorum Spicam à spicatis floribus nominant, Germani Spicanardi. Alterum amplitudine & odore minus, quod nos Pseudonardũ foeminam appellauimus. Officinæ & herbarij recentiores Lauandulam uel Lauendulam, eò quod balneis & hominum lauacris expetatur, elotaq; omnia si permisceatur odoris commendet suauitate, uocant. Germani ad hoc nomen alludentes Lauendel nuncupant. *Spica.* *Lauandula.*

FORMA.

Frutex est folio crassiore, carnoso, angusto, colore languido, in candidum uergente, piloso, frequentibus spicis in aristas sparsis, flosculis in spica ferè coeruleis, in Lauendula autem purpureis.

LOCVS.

Gaudent apricis & petrosis, tanta suauitatis fragantia, ut omnes penè flores odoris iucunditate uincant, qua dote uestibus inseruntur.

TEMPVS.

Vtraque perpetua coma exitu ueris canescit, Iunio & Iulio mense spicatur, floribusq; prægnans est.

TEMPERAMENTVM.

Calefacit & siccat ordine secundo, tenuibusq; constat partibus, haud multum à natura Celticæ Nardi dissidens.

VIRES.

Antiquus manuscriptus herbarius easdem ferè facultates Pseudonardo, quas Celtica habet, tribuit, dum in hunc modum scribit: Stomachi dolorem frigidum, eiusdem inflationes, uteri dolores, lienis duritiem, iecinorisq; obstructiones tollit.

fff Strangu-

PSEVDONARDVS
MAS.
Spicanardi.

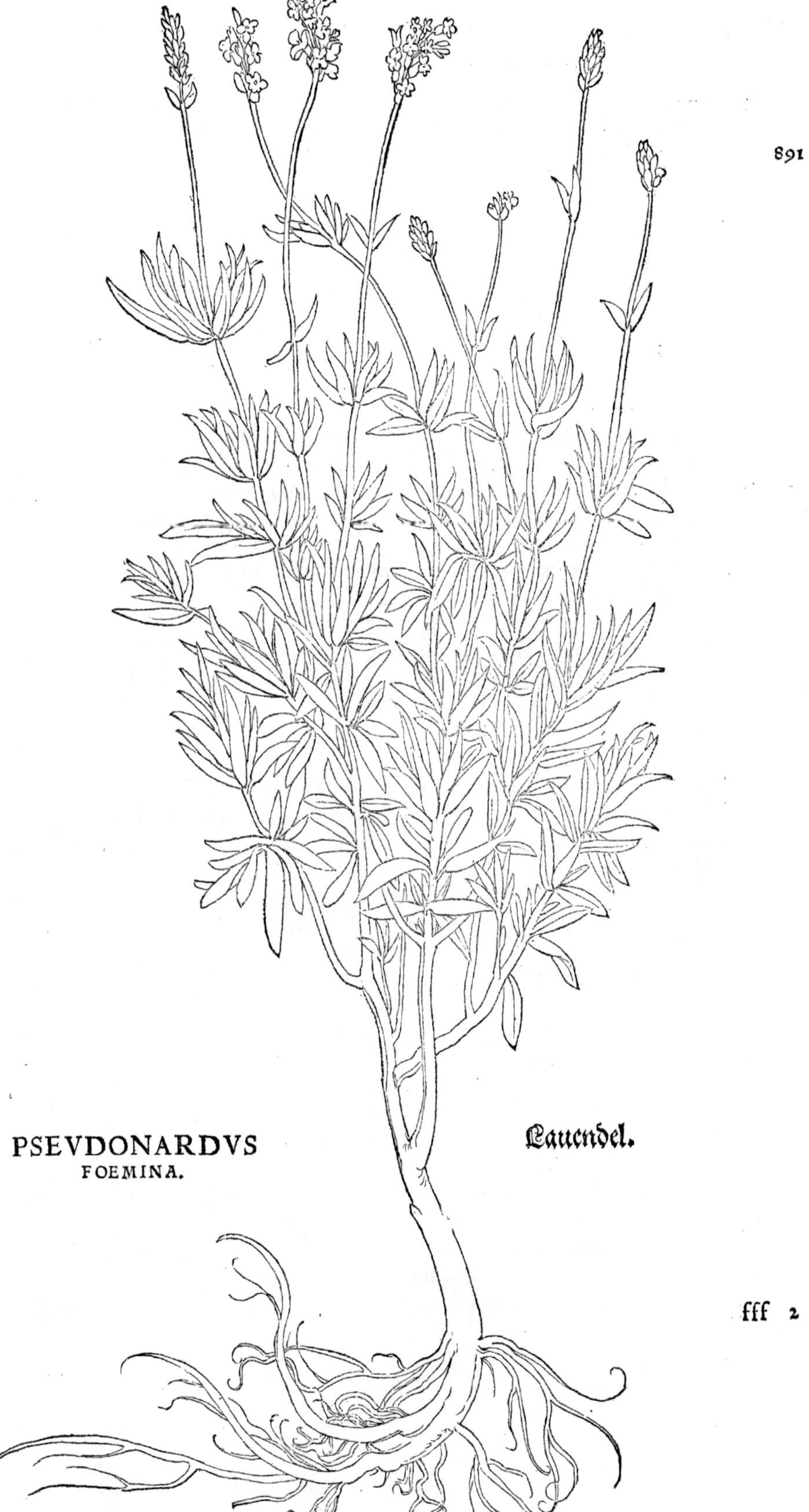

PSEVDONARDVS
FOEMINA.

Lauendel.

C Stranguriæ & difficultati urinæ auxiliatur. Capiti admota calefacit, eiusque humiditates exiccat. Hinc est quod recentiores tantisper eius usum in frigidis cerebri & neruorum morbis, apoplexia, paralysi, & similibus cõmendent.

Sequentia duo capita, quoniam absoluto fermè opere ad nos uenerunt, & idcirco suo loco reponi non potuere, tamen ne lector ijs fraudaretur, in calcem potius reijcere, quàm omnino præterire, collibuit.

DE DIGITALI. CAP. CCCXLII.

NOMINA.

Digitalis. QVod appellatione tum græca tum latina herba hæc hodie destituta sit, nulla alia de causa factum existimamus, quàm quod ueteribus incognita fuerit. Nos pulchritudine eius illecti, ἀνώνυμον esse diutius non sumus pasi. Appellauimus autem Digitalem, alludentes ad germanicam nomenclaturam Fingerhůt/ sic enim Germani hanc stirpem nominant, à florum similitudine, quæ digitale pulchrè referunt ac exprimunt. Hac appellatione utemur, donec nos uel alij meliorem inuenerint.

GENERA.

Digitalis purpurea. Duûm est generũ. Vna enim purpureos obtinet flores, ideoque Digitalem purpuream appellauimus. Germanis brauner Fingerhůt dicitur. Altera luteos habet flo-
Digitalis lutea. res, ob id Digitalis lutea dicta nobis est. Germanis geeler Fingerhůt nominatur. In alijs per omnia similes sunt.

D

FORMA.

Herba est cubitalis, folijs latis & oblongis, Plantagini non dissimilibus, in extremitatibus serratis, floribus à lateribus caulis ordine dependentib. digitalis formam referentibus, purpureis aut luteis. Quibus decidentibus, semen in calycibus latum & oblongum profert. Radix illi est exigua & capillata.

LOCVS.

Nascitur in montibus, umbrosis & saxosis locis.

TEMPVS.

Floret Iulio potissimũ mense, atque subinde cadentibus floribus semen producit.

TEMPERAMENTVM.

Impense amara est herba, perinde atque Gentiana, ut hoc nomine calidã & siccam esse euidentissimum sit.

VIRES.

Hæc herba hauddubiè quum opus est extenuatione, abstersione, purgatione, & obstructionis liberatione, efficax admodũ esse solet. Nam, ut testatur Galenus libro iiij. de simp. med. facul. cap. xvij. amari sapores abstergunt, expurgant, & quæ in uenis est crassitiem incidunt. Quamobrẽ menses etiam quæ amara sunt mouere possunt, & ex thorace & pulmone pus educere. Quid multa? potest hæc herba ferè omnia quæ Gentiana, cuius uires suo in loco inuenient studiosi.

DE OCIMA-

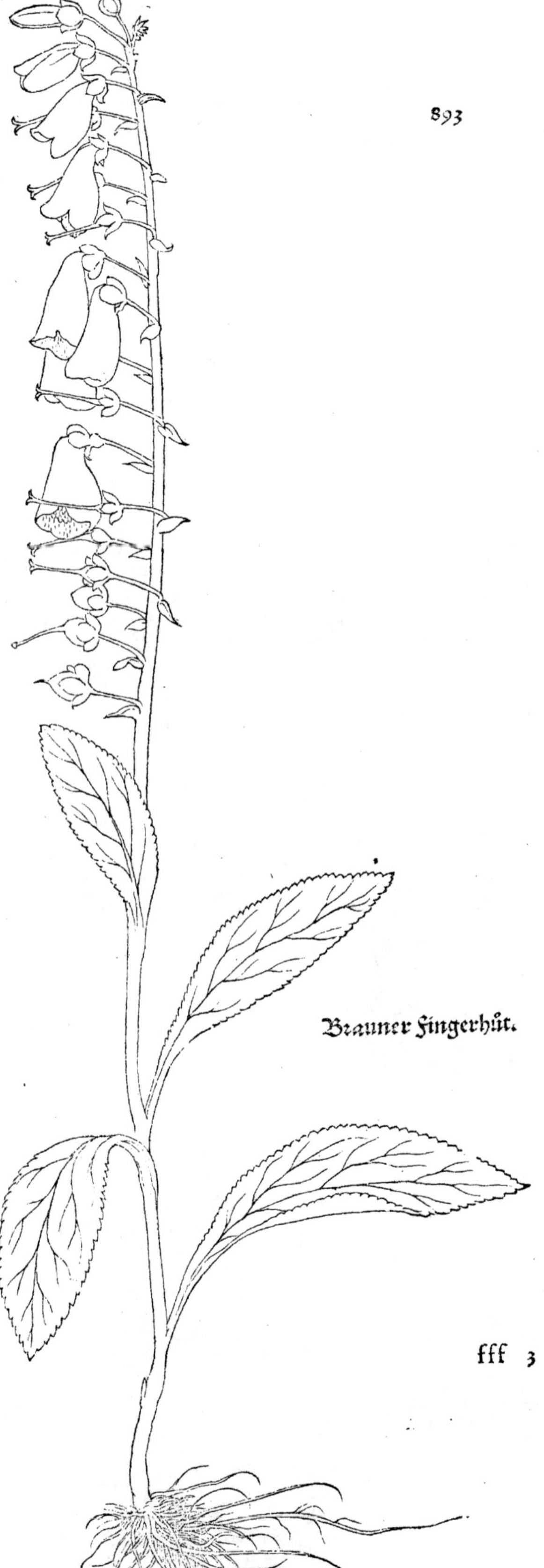

DIGITALIS
PVRPVREA

Brauner Fingerhůt.

DIGITALIS
LVTEA.

Geeler Fingerhůt.

A **NOMINA.**

ΩΚΙΜΟΕΙΔΕΣ Græcis, Ocimastrum Latinis dicitur. Officinis inusitatum atque incognitum. Germanis wild Basilg appellatur. Ocimoides uerò Græcis haud alia ratione dictum est, quàm quod Ocimo, suis potissimum folijs simile sit. Ocimastrum autem Latini, quasi syluestre Ocimum appellauerunt. Nam sic ipsum uocare uidetur lib. xx. cap. xiij. Plinius.

Ocimoides cur dictum.

Ocimastrum.

Syluestre Ocimum.

FORMA.

Folia habet Ocimo similia, ramulos dodrantales, eosdemque hirsutos, siliquas Hyoscyamo persimiles, semine nigro plenas, Melanthio seu Nigellæ simili (legendũ em̃ in Dioscoride ἐοικότ@, & non ἐοικότας, ut habent aliqua exemplaria) Radix illi est gracilis & inutilis. Ex qua quidem deliniatione omnibus palàm fit, stirpem, cuius effigiem atque picturã damus, esse Ocimastrũ: siquidẽ folia fert Ocimi, ramulos palmares & quadratos (quod Dioscorides omisit) hirsutos, flores purpureos (quos itidẽ Dioscorides nõ explicauit) forma Ocimi floribus similes, qui tamen colore, qui illis candidus est, distant: decidentibus floribus siliquas Hyoscyamo similes, seminis nigri, Melanthio similis, plenas ostendit. Radice etiã nititur tenui & superuacua. His omnibus etiam accedit odor, qui planè Ocimum referre uidetur: ita ut nemo dubitare debeat, quin hæc herba uerum sit Ocimastrũ, potissimum cum illi Dioscoridis descriptio sic quadret, ut nulla prorsus nota reclamare uideatur.

Dioscoridis locus emendatus.

LOCVS.

Nascitur arenosis in locis. Copiose autẽ iuxta Nirtingam ad Nicerum oppidulũ prouenit, ubi idipsum primũ uidi, ac reperi: aliàs, quod sciam, mihi nunquã uisum.

TEMPVS.

Floret in fine Septembris & Octobre mense, atque simul in siliquis semen profert.

B **TEMPERAMENTVM.**

Ocimastrum, maximè eius semen, est calidæ & siccæ temperaturæ, quod sapor etiam satis ostendit, qui cum modica adstrictione amarus est.

VIRES. EX DIOSCORIDE.

Semen Ocimastri in uino potum, medetur uiperarũ & aliarum serpentiũ morsibus. Ischiadicis datur cum myrrha & pipere.

EX GALENO.

Ocimoides quidam philitgriũ cognominant. Radix superuacanea est. At semen tenuium partium, & desiccantis citra mordacitatem facultatis est.

EX PLINIO.

Syluestri Ocimo uis efficacior ad eadem omnia, quæ satiuo. Peculiaris ad uitia quæ uomitionibus crebris cõtrahuntur. Vomicisque uuluæ, contraque bestiarũ morsus radix in uino est efficacissima.

APPENDIX.

Vel syluestre Plinij Ocimũ diuersum est ab Ocimastro, aut in uerbis eiusdẽ iam productis, error subest. Quum enim Ocimastri radix, Dioscoridis & Galeni testimonio, inutilis sit, non rectè à Plinio dicitur quod eius radix in uino contra bestiarũ morsus efficacissima sit: sed hoc potius, Dioscoride teste, semini tribuendum erit. Quare in Plinio legendũ, contraque bestiarũ morsus semen in uino est efficacissimũ. Quam sanè lectionem Dioscoridis autoritas abundè confirmat, qui Ocimastri semen cum uino potum, contra uiperarum & aliorum reptilium ictus efficax esse tradit.

Plinij locus emendatur.

COMMENTARIORVM DE STIRPIVM HISTORIA FINIS.

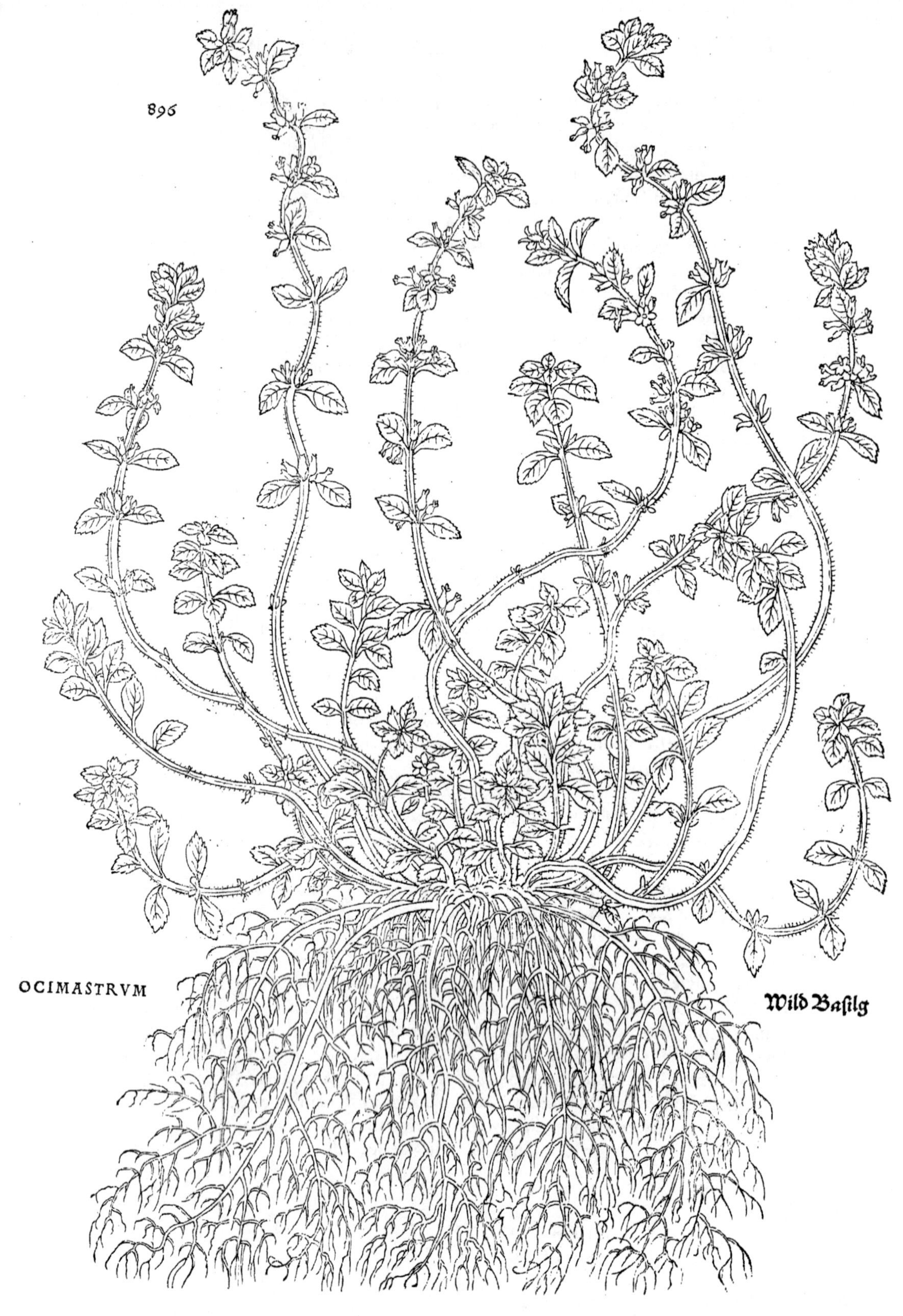
OCIMASTRVM
Wild Basilg

PICTORES OPERIS,

Heinricus Füllmaurer. Albertus Meyer.

SCVLPTOR

Vitus Rodolph. Speckle.

EMENDANDA IN COMMENTARIIS
de Stirpium hiſtoria.

Pag.4.uerſ.11. legendum, Hypochondrijs, iecinori &c̃. Ibid.uerſ.20.legendum, Eadem poteſt præſtare cum ſapa, aut lenticula. Pag.8.uerſ.11. Plin.lib.21.cap.21.marem quidem campeſtre &c̃. Ibid.uerſ.13.eiuſdem nomenclaturæ: expungendum itaq; cõma poſt eiuſdem. Ibid.uerſ.16. quod maſculum appellamus. Pag.11.uerſ.19.Ex Macro. Pag.14.uerſ.39.lege, de Acoro uero affirmare. Pag.16.uerſ.40.tubercula facultatem obtinet. Pag.28.uerſ.29.tenuis inteſtini dolores. Pag.29.uerſ.16.ramoſum. Pag.37.uerſ.ult.acris, ut piper, admodum ſit. Pag.43.uerſ.penult.axungia. Pag.54. uerſ.10. mollibus duntaxat ſpinis prædita. Pag.79.uerſ.22. Tænias, pro Tineas. Pag.86.uerſ.11.ab Aconis. Pag.93. uerſ.9. illita, aduerſus. Pag.98. uerſ.8.ſi quis in uilla eam extruxerit. Pag.126.uerſ.27.deſtituitur. Pag.128.uerſ.34.lege, Cum polenta, & expunge dictionem Si. Pag.135.uerſ.46.Ieiuno. Pag.141.uerſ.26.aqueæ. Pag. 148. iuxta picturam lege, BELLIS MAIOR. Pag.210.uerſ.ult.dulcis eſt quodammodo. Pag.236.uerſ.35.utiq; maximè. Pag.263.iuxta picturam, ERVCA SYLVESTRIS. Pag.264.uerſ.19.Kunigundis. Pag.304.iuxta picturam, SATVREIA SEV THYMBRA SATIVA. Pag.326.uerſ.34.nitatur, adijciendũ, radice. Pag.328. uerſ.37.terrena ſubſtantia conſtat. Pag.344. uerſ.5.κόρις enim Græcis &c̃. Pag.355. uerſ.28.tænias. Pag.363. uerſ.6. quæ in thorace ſunt educit. Pag.397.uerſ.37.craſsisq; nõnullis. Pag.440.uerſ.28.abundat, que. Pag.450. uerſ.25.per integrum retinuit annum amittit &c̃. Pag.eadem, uerſ.38. Sedi etiam ad deijcienda. Pag.452. uerſ.1.ad ſeceſſum prouocat. Pag.472.uerſ.28.utranq; uero. Pag.510.uerſ.14.floreat. Pag.529.uerſ.13.aut cum lini, &c̃, Pag,672,uerſ,9,eſſet diſcrimen.

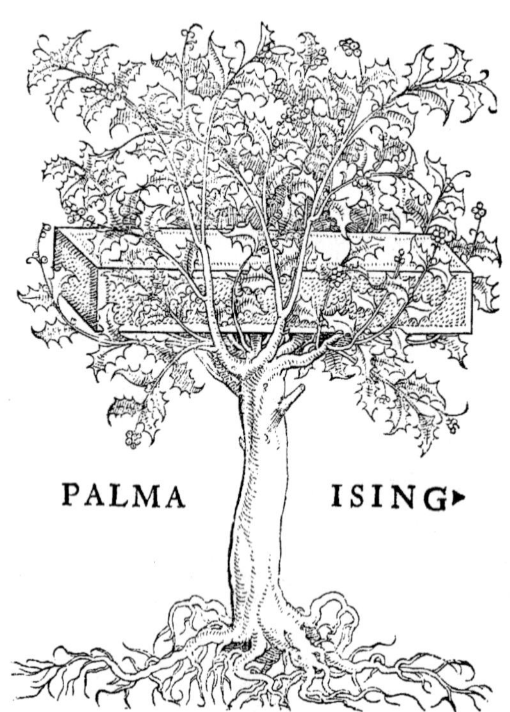
PALMA
ISING